塑料助剂与配方设计技术

中国塑料加工工业协会塑料助剂专业委员会　　组织编写

王兴为　王　玮　刘　琴　等编著

第4版

The Fourth Edition

U0196365

 化学工业出版社

·北京·

本书重点介绍了塑料助剂与配方设计相关技术，具体内容包括塑料安全与环保法规，塑料改性技术，塑料增韧改性，增塑剂，阻燃剂，热稳定剂，抗冲改性剂和加工助剂，润滑剂，抗氧剂与光稳定剂，塑料着色剂与功能母料，抗静电剂，抗菌剂，稀土助剂，转矩流变仪，填充与复合，废旧塑料回收利用，应用技术。

本版更新的重点是塑料助剂的安全性和环保性法规；塑料助剂的"绿色、低碳、循环、生态"发展；塑料助剂的导电、导热、耐温、抗菌、防霉、高韧、超强、阻燃等多功能化。

本书是塑料行业业内人员，特别是材料研究、配方设计、制造加工、管理、销售、教学人员的必备之书，也是广大塑料使用人员重要的参考书籍，还可作为自学教材。

图书在版编目（CIP）数据

塑料助剂与配方设计技术/王兴为等编著．—4 版．—北京：化学工业出版社，2016.12（2019.10 重印）
ISBN 978-7-122-28377-1

Ⅰ．①塑…　Ⅱ．①王…　Ⅲ．①塑料助剂-配方-设计　Ⅳ．①TQ320.424

中国版本图书馆 CIP 数据核字（2016）第 255935 号

责任编辑：仇志刚　　　　　　　　　装帧设计：刘丽华
责任校对：吴　静

出版发行：化学工业出版社（北京市东城区青年湖南街 13 号　邮政编码 100011）
印　　装：北京虎彩文化传播有限公司
787mm×1092mm　1/16　印张 32¾　字数 876 千字　　2019 年 10 月北京第 4 版第 2 次印刷

购书咨询：010-64518888　　　　　　售后服务：010-64518899
网　　址：http：//www.cip.com.cn
凡购买本书，如有缺损质量问题，本社销售中心负责调换。

定　　价：98.00 元

前　言

目前，我国正处于扩展现有技术革命、迎接新技术革命的叠加期，我们要统筹处理好传统产业改造提升、信息技术深度应用和新兴产业培育三者的关系。"十三五"时期是我国全面建成小康社会最后冲刺的关键时期，是我国由中等收入国家迈向高收入国家最低门槛的重要的历史阶段，是深化改革开放、转方式、调结构的攻坚时期，也是塑料加工工业由大变强的重要时期。"十三五"规划要以加快塑料加工业转型升级为重点，以提高塑料加工自主创新能力为核心，以新材料、新技术、新装备和新产品为重点，大力实施赶超战略，努力缩小与发达国家差距，大力实施高端化战略，全面提高产业素质。

我们要认真研究塑料制品行业调结构、转方式的关键点，同时要加快信息化与工业化在技术、产品、业务、产业四个方面进行全方位深度融合的速度，即两化融合。

《塑料助剂与配方设计技术》第四版的出版正赶上"十三五"规划起始之年，正是中国经济进入增速换挡期的时代，也是塑料加工业实现进入世界先进国家行列实现强国梦的重要阶段。因此，本版的重点是塑料助剂的安全性和环保性法规；塑料助剂的"绿色、低碳、循环、生态"发展；塑料助剂的导电、导热、耐温、抗菌、防霉、高韧、超强、阻燃等多功能化。

由于塑料助剂专业委员会自 2012 年后没有举办"塑料助剂与配方设计技术"研讨会，因而第四版的主要、重点论文来自《塑料助剂》和塑料助剂近几年的论文，以及以北京化工大学段雪院士作为项目负责人、承担中国科学院学部咨询评议项目——"塑料制品中限制使用有毒有害物质的建议"咨询研究项目中的部分论文，它们分别刊登在《塑料》、《塑料助剂》2014年第 4 期中。此外，在《塑料工业》陈敏剑主编和宁军副编审、《中国塑料》张玉霞主编和《塑料》杨明锦主编们的大力支持下，他们提供了几十篇相关论文。在此基础上编纂成册。

第四版的格式、体例和章节基本上沿袭第三版，只是增加了"塑料安全与环保法规"，并列为第一章。此外，考虑到本书的主要读者是塑料加工业界的技术员、技术工人和企业管理人员，因而本书把参考文献省略了，但在书中仍保留了论文的出处，以便研发人员可以查找。

本书内容丰富、翔实，理论阐述简明易懂，深入浅出；实践经验真实可靠，密切结合生产实际。既有前沿性研究成果，又有大量的生产第一线经验总结。因而本书既可作为专业培训教材，也是专业人员扩展知识、增长才干的参考读物。

编　者
2016.8

第三版前言

在过去几年中，全球包括中国的塑料行业经历了一段飞速发展的繁荣期，特别是中国这个"世界工厂"展示出的蓬勃生机吸引着全球包括从原料、机械供应商到塑料加工商们的眼球。对于处在全球经济一体化浪潮中的中国塑料行业来说，如何在与国外同行的竞争中保持高增长率的发展势头，如何面对世界能源危机带来的一系列压力，如何进一步发挥塑料对各行各业以及人们生活的积极作用，如何解决塑料带来的回收、污染等问题，任重而道远！

2008年我国塑料用合成树脂产量约1700万吨/年，进口约1600万吨/年，表观消耗量达5191万吨/年，已步入世界塑料消耗大国，消耗量仅次于美国。塑料助剂的表观需求量也将由1999年的157万吨/年增长到245万吨/年，发展空间很大。特别是一些无毒、无污染的塑料助剂以及功能性助剂的需求量将迅速增长。

近年来国家对基础设施的投入加大，很大程度上为塑料在建材领域的推广应用创造了条件，为塑料行业的不断提升提供了良好的政策基础。

由于对REACH法规等贸易法则缺乏足够认识而没有积极应对，因而将会显示出被动局面，并影响我们的对外贸易。为了应对国外的相关法令、法规，顺应人们对环境保护意识的要求，我国政府部门也制定了一系列相关法令、法规。这些法规、指令的出台给我国的助剂行业带来了极大的挑战，同时也使塑料助剂品种的升级换代成为必然趋势。

塑料助剂新品种的不断开发极大地促进了塑料在增强、增韧、阻燃、耐候、耐腐蚀、抗静电、抗菌和多功能化等方面的作用，提高了塑料的性能和应用范围，从而推动了塑料工业的进一步发展。随着人们对塑料产品质量、性能要求的提高，开发高效、多功能的塑料添加剂产品已经成为国内外企业及大公司的投资重点。近几年来，塑料助剂行业大部分企业根据市场需求，积极开发新产品，革新工艺，提高产品质量，适应经济形势的发展对企业提出的要求。高效、特效、无毒、无公害、复配多功能化是塑料添加剂总的发展趋势。

随着市场对塑料制品需求的扩大，特别是在建筑材料、汽车部件、电子电器等行业中，对塑料制品的要求也越来越高，新的塑料加工工艺不断出现。

为了应对新的国际形势，也为了提高塑料加工业与助剂行业的技术水平，2005～2009年间，以中国塑料加工工业协会塑料助剂专业委员会为主体举办了多次"塑料助剂与配方设计技术"研讨会，本书第三版的内容有70%是选用近五年特别是近两年研讨会的授课内容整理而成。

本书力求内容翔实，理论阐述深入浅出，密切结合生产实际。因而既可作为培训教材，也是专业人员扩展知识增长才干的参考读物。

在编辑过程中倘有遗漏和不足之处，还望读者不吝赐教。

编　者
2010年4月

目　录

第1章 塑料安全与环保法规

1.1 概述

1.1.1 "十三五"时期塑料行业的任务

有资料介绍，当人均 GDP 达到 11000 国际元（购买力评价指数）时，主要工业品生产峰值将会出现，2013 年我国人均 GDP 已达到 10000 国际元，因而我国已进入这个临界点，这标志中国经济已进入增速换挡期。经济学界认为：从 1978 年到 2002 年是经济飞速发展阶段，2002 年到 2011 年是高速快增长阶段（平均增速 10.6%），2012～2015 年是高速持续增长阶段（增速 7.7%），2016～2030 年则到了增速回归阶段（增速 6.7%以下）。

现在正处于第四次工业革命时代，即德国提出的"工业 4.0"（相对于 18 世纪引入机械制造设备的"工业 1.0"、20 世纪初实现电气化的"工业 2.0"、20 世纪 70 年代融合信息化的"工业 3.0"），强调通过信息网络与物理生产系统的融合，即建设信息物理融合系统来改变当前的工业生产与服务模式。美国 GE 公司则提出"工业互联网"，两者的主要特征都是智能和互联，主旨都在于通过充分利用信息通讯技术，把产品、机器、资源和人有机结合在一起，推动制造业向基于大数据分析与应用基础上的智能化转型。

目前，我国正处于扩展现有技术革命、迎接新技术革命的叠加期，我们要统筹处理好传统产业改造提升、信息技术深度应用和新兴产业培育三者的关系。"十三五"时期是我国全面建成小康社会最后冲刺的关键时期，是我国由中等收入国家迈向高收入国家最低门槛的重要历史阶段，是深化改革开放、转方式、调结构的攻坚时期，也是塑料加工工业由大变强的重要时期。"十三五"规划要以加快塑料加工业转型升级为重点，以提高塑料加工自主创新能力为核心，以新材料、新技术、新装备和新产品为重点，大力实施赶超战略，努力缩小与发达国家差距，大力实施高端化战略，全面提高产业素质。

《2014～2015 年全球竞争力报告》中，瑞士、新加坡、美国分别名列前三位，中国排名第 28 位，名列金砖国家之首。中国经济的显著特征是已经做大，但还没有做强，中国的 GDP 总量为世界第二。2014 年中国塑料制品的产量为 7387.8 万吨，同比增长 7.4%，已连续多年成为全球最大的塑料制品生产国和消费国，这只说明我国是塑料工业大国，我国出口的合成树脂、塑料助剂和塑料制品是中、低档产品，而进口的是技术含量高的高档产品，因而不是强国。做强的标准是：将一些产业提升到产业链的高端，有品牌，有核心技术，有产业的话语权；能够靠自己的力量解决我国经济、社会发展中关键的、瓶颈性的问题；能够摆脱资源依赖；产业结构更为科学合理，在遵循效率原则的前提下，较大幅度地提高现代服务业的比重；实现生态文明、可持续发展，真正实现社会主义生产目的。

"十三五"规划要以加快塑料加工业转型升级为重点，以提高塑料加工自主创新能力为核心，以新材料、新技术、新装备和新产品为重点，大力实施赶超战略，努力缩小与发达国家差距，大力实施高端化战略，全面提高产业素质。

"十三五"需要坚持"资源节约型、环境友好型、技术创新型"的塑料加工业产业方向，大力实施"绿色、低碳、循环、生态"发展战略，推进塑料加工业稳定、健康、可持续发展。

要牢牢把握"功能化、轻量化、生态化、微成型"的高技术发展方向。要重点发展多功能、高性能材料及助剂,要加快导电、导热、耐温、抗菌、防霉、高韧、超强、阻燃等多功能合金材料的开发及应用。

1.1.2 塑料制品的安全和环保要求

随着世界科学技术和工业化的高速发展,人类的生活物质和质量得到极大的提高,与此同时,人们认识到人类的生存环境已经大大恶化了,人们对健康和环境保护的需要促使各国政府加强对有毒化学品生产、使用的批准和监管。为了有效监管各类制品中有毒有害物质,欧盟理事会于 1976 年通过并施行 76/769/EEC 指令,即:《关于统一各成员国有关限制销售和使用某些有害物质和制品的法律法规和管理条例的理事会指令》,该指令已历经 30 次修订,另外还对原指令已限制物质的范畴进行了 16 次补充,形成了一个较为完善的对有毒有害化学品的监管法规体系。

近年来,为了保护环境和人类健康,我国也在逐步加强对化学品的监管力度。为了减少有毒有害塑料助剂对人体和环境造成的危害,我国发布了一系列标准、法令、指标来限制塑料中有毒有害助剂的使用,相应的法规包括食品安全用塑料国家卫生标准及行业检疫标准,医疗器械用塑料国家技术规范和他用塑料国家安全技术法规等多个方面。这些法规和指标的实行对我国塑料助剂的安全使用带来了积极的指导意义。

中国于 2003 年颁布了 GB 9685—2003《食品容器、包装材料用助剂使用卫生标准》,为了满足日益发展的经济需要 2009 年颁布了 GB 9685—2008 新标准代替原 GB 9685—2003。新修订的 GB 9685—2008《食品容器、包装材料用添加剂使用卫生标准》将于 2015 年年底实施。

塑料助剂可以有效地提升塑料的性能以满足人们生产生活的需要。然而,大部分塑料助剂往往含有有毒有害物质,给人体健康和环境安全带来诸多威胁和隐患;因此,各国政府和组织纷纷制定相关的法律法规来限制和约束塑料生产过程中助剂的使用与塑料中有毒有害物质的残留量。

塑料在产品中的应用是非常广泛的,由于塑料成型工艺和配方成分复杂,再加上我们经常使用回收塑料作为产品的添加成分,又增加了其复杂性,但是这都是可以控制的。原料选择和配方设计是有害物质控制的基础。了解各种法规要求,以及相对应的材料和物质的情况将直接可以帮助找到合理的配方而使产品符合要求。

1.2 我国与欧盟塑料助剂法规标准体系的比较

(刘学之,许 凯,孔秋月,张媛媛,吴大鸣)

1.2.1 塑料助剂概况

塑料助剂是精细化工的重要分支,是塑料工业的伴生产业。塑料助剂又叫塑料添加剂,是聚合物(合成树脂)进行成型加工时为改善其加工性能或为改善树脂本身性能而必须添加的一些化合物。塑料助剂主要包括:增塑剂、阻燃剂、热稳定剂、抗氧剂、光稳定剂、抗冲改性剂、抗静电剂、发泡剂、润滑剂、生物抑制剂、成核剂、偶联剂等,涉及多种常规结构化合物和数以千计的商业化品种。它不但在塑料生产和加工过程中有着重要的作用,而且还能赋予塑料制品以特殊的性能,使其质量提高,用途扩大,是塑料工业中一个必不可少的重要组成部分。但是,塑料助剂在满足提升塑料性能需求的同时,这些助剂可能包含着众多有毒、有害的物质,给人类健康和环境安全带来威胁。随着塑料制品日益广泛的应用,由塑料安全卫生引起的不良事件频见报道。为此,各国政府和国际组织颁布实行了一系列的标准、法规、指令来限制塑料中有毒有害物质的使用和残留量等，如欧盟 REACH 法规、美国 CPSIA 法规等。中国政府在借鉴国际标准的同时，近年来也在不断加强塑料助剂行业的法律法规建设，尤其是对塑料中有毒有害物质的法规和标准进一步细化，可操作性和监管性不断增强。

1.2.2　欧盟塑料助剂中有毒有害物质的管控法规

管理和监控塑料助剂中含有的对人体和环境有毒有害的物质构成了监管塑料助剂的核心，欧盟在这一领域立法最早，形成了以 REACH 法规为总体框架、各领域法规健全的法律体系，值得其他国家借鉴。

1.2.2.1　欧盟 REACH 法规的产生及发展

为了有效监管各类制品中有毒有害物质，欧盟理事会于 1976 年通过并施行 76/769/EEC 指令，即：《关于统一各成员国有关限制销售和使用某些有害物质和制品的法律法规和管理条例的理事会指令》。截至 2008 年 8 月，该指令已历经 30 次修订，另外还对原指令已限制物质的范畴进行了 16 次补充，形成了一个较为完善的对有毒有害化学品的监管法规体系。

REACH 法规及其管理机构。2006 年 12 月 18 日，为了进一步完善有毒有害化学品在欧盟范围内的监管，欧盟议会和欧盟理事会在 76/769/EEC 的基础上出台了 REACH 法规，全称为《化学品的注册、评估、授权和限制》，并于 2007 年 6 月 1 日开始实施。REACH 将原有指令集 76/769/EEC 并入其附录 17 中，并对一系列对人体、环境危害较大的化学品的使用进行了非常严格的限制。

REACH 法规对化学品做出了明确规定，要求任何商品必须有一个列明商品化学成分的登记档案，并要求制造商提供使用这些化学成分的说明以及毒性评估报告，所有信息将会输入到一个数据库中。这个数据库由位于芬兰赫尔辛基的欧洲化学品局（ECHA，European Chemicals Agency）监管，如果发现存在对环境和人体健康存在影响的化学成分，则会采取更为严格的审查措施来限制或禁止。

REACH 要求制造商注册产品中的每一种化学成分，为了严格监管社会和科学界高度关注且危害后果严重的物质，REACH 法规设立了高度关注物质（SVHC，substances of very high concern）清单，要求任何一种年使用量超过 1t 的高度关注物质（SVHC）在商品中的含量不能超过总物品总质量的 0.1%，否则需要履行注册、通报、授权等一系列义务；因此，REACH 的施行影响波及从采矿业到纺织服装、轻工、机电等几乎所有行业的产品及制造工序，其提供了一个完整的化学品管理框架，为未来各项特定指令的确立奠定了基础。

1.2.2.2　欧盟对于各类塑料及塑料助剂中有毒有害物质的监管法规

在 REACH 法规的框架下，针对重要领域中塑料的应用，欧盟出台了专项法规来监管和约束塑料及塑料助剂可能涉及的有毒有害物质的使用。

（1）与食品接触塑料的相关法律规定　1990 年 2 月 23 日，欧盟出台针对与食品接触的塑料中可能存在的有毒有害物质的法规，即 90/128/EC，《1990 年 2 月 23 日委员会关于与食品接触塑料材料和制品的指令》。由于塑料中的添加剂和助剂种类多样，而且其中部分物质对人体健康和环境存在较大的风险；因此，与食品接触产品用添加剂和助剂是管控重点，在 90/128/EC 颁布施行后的十几年中，先后进行了 7 次修改，逐渐完善了塑料中有毒有害物质的监管范围。

2002 年 8 月 6 日，欧盟取代 90/128/EC 指令，颁布了新的食品接触塑料中有毒有害物质的监管指令 2002/72/EC，《委员会关于与食品接触塑料材料和制品的指令》。截至现在已先后进行了 6 次修订，并形成了授权物质联合清单。

2011 年 1 月 14 日，欧盟出台了迄今为止最新最全面的食品接触塑料法规（EU）No10/

2011,《委员会关于与食品接触塑料材料和制品的规定》。相比于 2002/72/EC 法规,新法规对于塑料和制品提出了更严格的要求。在用于塑料物料和制品的塑料层制造时,使用的物质不得超过特定迁移量(SML)和整体迁移量如表 1-1 所示。对于塑料材料或制品中的部分重要管控物质,新法规也做出了严格规定如表 1-2 所示。

表 1-1 特定迁移量表

接触材料	特定迁移量(SML)	整体迁移量
一般食品接触材料	新法规附件一中已列出,若不是特定物质,则迁移量为 60mg/kg	$10mg/dm^2$
儿童及婴儿食品接触材料		60mg/kg

表 1-2 部分物质管控要求

物质	钡	钴	铜	铁	锂	锰	锌	初级芳香胺
迁移限量/(mg/kg)	1	0.05	5	48	0.6	0.6	25	0.01

欧盟成员国法规对塑料的安全卫生指标和限量要求都有具体严格的规定。表 1-3 为德国对塑料助剂的使用的相关法规——LFGB 法案的规定部分,其特点是对用作食品包装材料的种类和组成进行了严格规范,包括聚合物的种类和所含物质组成比例。

表 1-3 苯乙烯共聚酯与聚乙烯树脂主要检测指标

苯乙烯共聚酯		
聚合单体种类	共聚单体限量要求	
间苯二甲酸	含量≤25%	
双酚 A	含量≤2.0%	
聚乙二醇	含量≤10%	
聚乙烯树脂原料安全卫生指标		
指标项目	限量要求	检测方法
感官测试	不影响食物的味觉和嗅觉	DIN 10955—2004
熔融指数(2.16kg,190℃)	≤100g/10min	DIN EN ISO 1133
过氧化值	不得呈现阳性反应	Ph. Eur. Method 2.5.5A
催化剂残余	Cr≤10,Zr≤100,V≤200	

(2)关于电子电气废弃物中有毒有害物质的规定 在现代电子电气工业中,塑料元器件充当着重要角色,为了改良塑料的特性需要向塑料中添加合适的助剂以达到使用要求,因此,对这些物质实施管控也是十分必要的。为此,欧盟在生产和使用阶段分别颁布了 RoHS 和 WEEE 法规来进行监管,形成了对于塑料元器件中有毒有害物质的有效监管体系。

① 欧盟 RoHS 指令 为规范电子电气产品的材料及工艺标准,从而有利于人体健康及环境保护,欧盟在 2003 年 1 月 27 日出台的 RoHS 指令是由欧盟制定并实施的一项强制性标准,中文全称为《关于限制在电子电器设备中使用某些有害成分的指令》,指令编号 2002/95/EC,已于 2006 年 7 月 1 日开始全面实施。该项指令的管制对象主要为电子电气产品中的铅、汞、镉、六价铬、多溴联苯和多溴二苯醚在内的共 6 项物质。

2011 年 6 月 8 日,欧盟颁布了 2011/65/EU 指令,即 RoHS 2.0 指令。RoHS 2.0 指令在原有 RoHS 指令(2002/95/EC)的基础上做出多项重要变动。

RoHS2.0 指令确定了 6 种禁止的物质(铅、汞、镉、六价铬、多溴联苯和多溴二苯醚)在均质材料中能够许可的最高含量(以重量百分比计算),如表 1-4 所示。

表 1-4 均质材料中六项物质最高许可含量

物质	铅	汞	镉	六价铬	多溴联苯	多溴二苯醚
含量/%	0.1	0.1	0.01	0.1	0.1	0.1

② WEEE WEEE 全称为《报废电子电气设备指令》，指令编号 2002/96/EC，该指令于 2005 年 8 月 13 日正式全面生效。该指令定义了废弃物的实施范围，如果被检测产品达到了此定义的范围，那么，即使没有达到使用年限也被视为废弃物。RoHS 在产品的生产阶段对各项有毒有害物质进行了明确规定，作为与 RoHS 指令相互配合的指令，WEEE 则在电子电气设备回收阶段对各项有毒物质的限制和检测进行了严格规定。

（3）对于儿童玩具中有毒有害物质的相关法规 欧盟对于儿童玩具的化学安全性能较为重视，颁布的法令和标准也比较多，针对玩具的指令主要有 88/378/EEC 和 2009/48/EC 这 2 个法令。在 88/378/EEC 附录二和附录三中规定了玩具需要符合的化学标准，如表 1-5 所示。

表 1-5 玩具中部分重要物质化学标准

元素	锑	砷	钡	镉	铬	铅	汞	硒
限量/μg	0.2	0.1	25.0	0.6	0.3	0.7	0.5	5.0

根据 2009/48/EC 的规定，对于玩具的化学要求在 2013 年 7 月 20 日之后开始实施。在其附录中规定了玩具需要符合的化学性能，规定了不准使用的 55 种过敏性芳香剂。针对玩具中的重金属迁移量，不得超过 2009/48/EC 附录二第三条中规定的限量。

（4）涉及日用消费品塑料中有毒有害物质的法规 在日用消费品方面，国内现没有系统全面的法规进行限制，相比之下，欧洲在这一方面更为先进。主要法规是 REACH 中的具体规定条款，该法规在欧盟境内有统一的强制效力，其相关限制措施主要集中于高关注物质清单中，自 2008 年 10 月 28 日公布实施以来，现已发布 8 批、138 种物质。

1.2.3 我国发布的塑料助剂相关的法律法规

为了减少有毒有害塑料助剂对人体和环境造成的危害，我国发布了一系列标准、法令、指标来限制塑料中有毒有害助剂的使用，相应的法规包括食品安全用塑料国家卫生标准及行业检疫标准，医疗器械用塑料国家技术规范和其他塑料国家安全技术法规等多个方面。这些法规和指标的实行对我国塑料助剂的安全使用带来了积极的指导意义。

1.2.3.1 食品容器、包装塑料用添加剂国家卫生标准

2003 年，我国颁布了 GB 9685—2003《食品容器、包装材料用助剂使用卫生标准》，其中塑料包装材料允许使用的添加剂品种 38 种。2008 年，根据《中华人民共和国食品卫生法》，我国颁布了 GB 9685—2008《食品容器、包装材料用添加剂使用卫生标准》。该标准参考了美国联邦法第 21 章第 170～189 部分、美国食品药品管理局食品接触通报列表，以及欧盟 2002/72/EC 食品接触塑料等相关规定。

该标准参考国家批准物质名单，列出了允许使用的添加剂名单、CAS 号、使用范围、最大使用量、特定迁移量、最大残留量及其他限制性要求，将允许使用的添加剂品种扩充到 959 种，其中塑料包装材料允许使用的添加剂品种从的 38 种增加到 580 种。例如，邻苯二甲酸酯类是迄今为止产量和消费量最大的助剂种类，其相关规定见表 1-6。

表 1-6 GB 9685—2008 中邻苯二甲酸酯类添加剂相关规定

名 称	在塑料中的最大使用量	特定迁移/(mg/kg)
邻苯二甲酸二(2-乙基己基)酯(DEHP)	PE、PP、PS、AS、ABS、PA、PET、PC、PVC：按生产需要适量使用	SML=1.5 (仅用于接触非脂肪性食品的容器)
邻苯二甲酸二甲酯(DMP)	PP、PE、PS：3.0%	—
邻苯二甲酸二异丁酯(DIBP)	PVC：10%	—

名　　　称	在塑料中的最大使用量	特定迁移量/(mg/kg)
邻苯二甲酸二异壬酯(DINP)	PVC:43%	—
邻苯二甲酸二异辛酯(DIOP)	瓶垫塑料:50%,PE、PP、PS塑料:AS、ABS、PA、PET、PC、PVC、PVDC:40%	该材料不得长期接触油脂制品 该材料不得长期接触油脂制品
邻苯二羧酸-二-C₈～C₁₀支链烷基酯(C₉富集)	PVC:43%	—
邻苯二羧酸-二-C₉～C₁₁支链烷基酯(C₁₀富集)	PVC:43%	—
己二酸二(2-乙基己基)酯(DEHA)	PE、PP、PS、AS、ABS、PA、PET、PC、PVC:35%	SML=18
环氧大豆油	PE:0.5%,PET:1.0%,其他塑料:按生产需要适量使用	—

1.2.3.2　食品容器、包装用塑料国家及行业检疫卫生标准

我国的食品容器、包装用塑料国家卫生标准和检疫行业卫生标准主要从塑料的灼烧残渣、蒸发残渣等理化卫生指标和单体残留量等方面对塑料中的有毒有害物质进行监控。

（1）食品容器、包装用塑料国家卫生标准　GB 9691—1988、GB 9692—1988、GB 13116—1991 等食品容器包装用塑料国家卫生标准主要涉及聚乙烯、聚丙烯、聚苯乙烯等 7 种塑料。相关规定见表 1-7。

表 1-7　食品容器、包装用塑料国家标准理化指标

塑料名称	规格标准	指标项目	限量要求
聚乙烯	GB 9691—1988	干燥失重	≤0.15%
		灼烧残渣	≤0.20%
		正乙烷提取物	≤2.00%
聚丙烯	GB 9693—1988	正乙烷提取物	≤2%
聚苯乙烯	GB9692—1988	干燥失重	≤0.2%
		正乙烷提取物	≤1.5%
		挥发物	≤1.0%
		聚乙烯	≤0.5%
		乙苯	≤0.3%
聚对苯二甲酸乙二醇酯	GB 13114—1991	铅	≤1mg/kg
		锑	≤1.5mg/kg
		水提取物	≤0.5%
		65%乙醇提取物	≤0.5%
		4%乙酸提取物	≤0.5%
		正乙烷提取物	≤0.5%
聚碳酸酯	GB 13116—1991	水提取物	≤0.5%
		20%乙醇提取物	≤15mg/kg
		4%乙酸提取物	≤15mg/kg
		乙酸提取物	≤15mg/kg
		乙酸提取物	≤15mg/kg
		重金属	≤1.0mg/kg
		酚	≤0.05mg/kg
聚氯乙烯	GB 4038—1994	氯乙烯单体	≤5mg/kg
		1,1-二氯乙烯	≤150mg/kg
		1,2-二氯乙烯	≤2mg/kg
偏氯乙烯-氯乙烯共聚树脂	GB 15204—1994	偏氯乙烯单体残留量	≤10mg/kg
		氯乙烯单体残留量	≤2mg/kg
尼龙 6	GB 16331—1996	己内酰胺	≤150mg/kg

（2）食品容器、包装用塑料检疫行业卫生标准　相关标准主要涉及两个：SN/T1888.1，SN/T1888.13，是进出口辐照食品包装容器及包装用塑料检验检疫行业卫生标准，SN/T1891.1，SN/T1891.13，是关于进出口微波食品包装容器及材料用塑料检疫行业卫生标准，这 2 个标准对 2 种塑料的相关指标做了详细的规定见表 1-8。

表 1-8　进出口辐照及微波食品包装用塑料卫生标准理化指标

塑料名称	规格标准	指标项目	限量要求
聚丙烯	SN/T 1881.1—2007	4%乙酸蒸发残渣	≤30mg/L
		65%乙醇蒸发残渣	≤30mg/L
		高锰酸钾消耗量	≤10mg/L
		重金属(以 Pb)计	≤1mg/L
偏氯乙烯-氯乙烯共聚树脂	SN/T 1891.7—2007	偏氯乙烯单体残留量	≤10mg/L
		氯乙烯单体残留量	≤2mg/L
		乙酸提取物	≤10mg/L
		重金属(以 Pb 计)	≤1mg/L
		苯酚	不得检出
		甲醛	不得检出

1.2.3.3　医疗器械用塑料相关法规

自 1999 年《医疗器械监督管理条例》颁布以来，医疗用器械用塑料和塑料制品的纯度、重金属含量、加工助剂等方面越来越受到重视。目前我国对于医疗器械用塑料的法律法规主要分为技术类和检测标准两大类。国内的技术规范类标准主要包括 GB/T 16886 系列标准，它规范了医疗器械的生物学评价方法；技术类法规包括 GB 5663—1985，药用聚氯乙烯（PVC）硬片检测标准和 GB/15593—1995，输血（液）器具用软聚氯乙烯塑料检测标准。例如，这 2 个标准对采用卫生级聚氯乙烯制成的透明药用聚氯乙烯薄片和采用专用聚氯乙烯制成的输液（血）器具用塑料做出了技术要求，如表 1-9 所示。

表 1-9　输液器用塑料部分检测指标

规格标准	指标项目	限量要求
GB/15593—1985	钡	不得检出
	氯乙烯单体	<1mg/kg
	溶出物试验-澄清度	澄清
	溶出物试验-重金属(铅、镉)	不得检出
GB/15593—1995	色泽	澄明无色
	重金属	≤0.3μg/mL
	锌	≤0.4μg/mL
	醇溶出物	≤100mg/100mL
	氯乙烯单体	≤1μg/mL

1.2.3.4　其他用途塑料相关法规

其他用途塑料因用途种类的不同对人体和环境影响也不相同，按照用途主要分为儿童用具、电子电器产品等方面。

（1）儿童玩具用塑料相关法规　我国于 2003 年发布儿童玩具国家卫生标准 GB 6675—2003《国家玩具安全技术规范》，其技术内容参照了 ISO 8124-3 的有关内容，在其规范中 4.3 条和附录 C 部分规定了玩具材料和玩具部件中可溶性金属元素（锑、砷、钡、镉、铬、铅、汞、硒）最大限量要求、样品取制和测试方法，具体限量要求如表 1-10 所示。

除此之外，我国还制定了 GB/T 22048—2008，即《儿童玩具用品聚氯乙烯塑料中邻苯二甲酸酯增塑剂的测定》，规定了玩具及儿童用品中 DBP、BBP、DEHP、DNOP、DINP 和 DIDP 共 6 种邻苯二甲酸酯增塑剂的气相色谱/质谱测定方法，其他邻苯二甲酸酯的检测也可参照这个标准进行。

表 1-10　可溶性金属元素限量要求

物质	锑(Sb)	砷(As)	钡(Ba)	镉(Cd)	铬(Cr)	铅(Pb)	汞(Hg)	硒(Se)
单位/(mg/kg)	60	25	1000	75	60	90	60	500

（2）电子电器用塑料相关法规　2006 年 2 月 28 日，国家信息产业部、发展改革委员会、国家环保总局等 7 部委联合发布了《电子信息产品污染控制管理办法》，规范电子信息产品废弃后的拆解、处理工序，从而减少电子信息产品废弃后对环境造成的污染，该管理办法也称为"中国 ROHS"。该管理办法于 2007 年 3 月 1 日正式实施，限制使用的物质参照欧盟 ROHS 法规而规定。《电子信息产品污染控制管理办法》的第三条和 GB/T 26572—2011《电子电气产品中限用物质的限量要求》标准的第 4 条对电子电器产品中限制使用物质如表 1-11 所示。

表 1-11　电子电器产品中各种均质材料的限量要求

物质	铅	汞	六价铬	多溴联苯	多溴二苯醚	镉
质量分数/%	0.1	0.1	0.1	0.1	0.1	0.01

此外，该管理办法还要求对有害物质含量低于限量的产品加贴"绿色标识"，而含量超过限量的产品加贴"橙色标识"，并在产品说明书中提供超出限量的有毒有害物质的名称、含量及其所在部件的名称。到目前为止，我国已发布了 24 个涉及产品的拆分、标识、风险评价、检测等方面的相关标准，例如，GB/Z 20288—2006、SJ/T 11363—SJ/T 11365 以及 SN/T 2000—SN/T 2005 系列标准。

1.2.4　我国与欧盟塑料助剂法规体系的对比

以上是对欧盟和我国有关塑料助剂法规体系的分析，总体上看，无论是我国还是欧盟，政府对塑料制品的安全性都高度重视，并且分别制定并实施了系统的技术法规（标准）体系。我国政府也在参照和借鉴了欧盟的有关法规体系成果后颁布了一系列与塑料制品相关的标准，如 GB 9685—2003《食品容器、包装材料用助剂使用卫生标准》、GB 5663—1985《药用聚氯乙烯（PVC）硬片检测标准》、GB 6675—2003《国家玩具安全技术规范》等。其中有关塑料制品的法规体系逐渐健全、完善，也更加接近国际发达国家的彼岸标准和监管法规体系水平。当然，和欧盟关于塑料助剂的法规体系相比，我国的法规体系仍然存在以下几方面问题。

1.2.4.1　我国对塑料制品有毒有害物质的规定不够全面

欧盟在 2002/72/EC 做出了关于《接触食品的塑料制品可使用单体和添加剂的临时清单》的详细规定，包括正文、迁移量检测、用于生产塑料制品的单体和原料名单、用于生产塑料制品的添加剂名单、质量规格要求等 6 部分，目前该清单共包括 800 多种化学物质名单，对近 400 种化学物质制定了明确的迁移限量标准。而我国目前对可使用塑料单体尚缺乏统一的质量规格标准。此外，欧盟对食品接触材料的框架法规 1935/2004/EC 已对包括活性及智能性包装物质的管理范围、一般要求、评估机构等做了相应规定，而我国目前对此类物质制定相应的法规和标准还不够完备。

1.2.4.2　我国有关技术标准不够系统化、国际化

目前，我国针对相关医疗器械产品中有毒有害物质的限量标准与国外相比差距比较大，尤其缺乏涉及有毒有害物质安全、卫生、环保技术规范和检测标准。另外，就现有的毒理学评价体系而言，相比欧盟和许多发达国家，我国现行的标准相对落后，在医疗器械用塑料有毒有害研究方面还存在不足，主要技术标准的系统化和国际化接轨还需进一步提升。

塑料制品行业的健康发展离不开法规和标准的严谨制定与严格实施，因此，结合中国产业

发展特点，科学借鉴欧盟等国的相关经验，及时修订我国的相关法规和标准，增强其实际可操作性，并使之充分与世界发展水平对接，既有利于满足我国民众对塑料产品安全健康的要求，也有利于提升对塑料行业产品的有效监管，也是塑料制品行业健康、有序发展的重要前提。

1.3　欧洲食品包装材料法规目前的动态

（谢鸽成）

1.3.1　引言

食品包装材料是包装材料中的一个分支，按照国内的定义，食品包装材料属于"食品相关产品"。随着生活水平的提高，以及经常爆出食品安全方面的丑闻，食品安全越来越成为小如平民百姓，大至国家领导重视的话题，成为国家立法执法的重要目标。

食品安全有两方面的含义：一是食品本身的安全；二是食品相关产品的安全使用。国家在立法方面已经做了大量工作，例如制定修改了国标 GB 9685—2008（食品容器、包装材料用添加剂使用卫生标准）以及相关的修订、正面清单的清理等。本节旨在简要地介绍欧洲目前在食品包装材料法规方面的动态，重点在用于塑料、涂料、印刷油墨等包装材料中的添加剂和颜料的食品相关产品，以期为国内的食品包装行业提供一些参考。

目前，全球没有食品接触材料统一的立法，每个国家或地区都是按照自己对食品安全的定义和要求而制定适合自身的法律法规。其中最具代表性、最为广泛接受的当属美国的 FDA 和欧盟所颁布的一系列的法律法规。由于美国 FDA 体系与欧盟体系完全不同，笔者无意论述FDA 体系，仅就欧盟体系做一些介绍。

欧盟是一个包含 27 个成员国、世界上最大经济体的政治联盟，立法通常是由欧洲议会或理事会、或欧盟委员会来进行，而欧盟委员会则负责法规的实施和执行。每一个成员国都委派一位代表参加欧盟委员会。由于瑞士不是欧盟成员国，欧盟的法规对瑞士没有法律上的约束力。瑞士是由政府的相关部门单独立法（如瑞士联邦民政事务部）。由于欧盟是瑞士最大的出口市场，所以，一方面欧盟的法律法规也成为瑞士公司产品安全的重要依据，另一方面，欧盟在制定法规时也十分重视与瑞士相关的立法部门的有效沟通和合作，并在某种程度上借鉴瑞士的法规。欧盟最近几年来在食品包装材料的立法方面相当活跃，这些新制定的立法以及原有立法的修订，对整个欧洲市场和全球市场都有重要的影响，值得国内食品及食品相关行业的高度重视。

笔者通过与国内一些企业的接触，感觉有些企业对欧洲的法律法规缺乏了解，甚至有些误区，例如，很多向欧洲出口化工产品的国内企业对 REACH 比较熟悉，认为只要通过了REACH 的认证就万事大吉了，这实际上是个误区。简单讲，REACH 只是一个化学品的注册方面的法规，它只涵盖了与环境安全相关的内容，但不涵盖食品安全的内容。食品安全方面的内容是由其他相关法规来涵盖的。要想在成功地欧洲市场销售与食品包装相关的产品，还必须对该领域的相关法规有正确的认识。

1.3.2　欧盟的相关法规结构

了解欧盟关于食品包装的相关法规，首先必须了解欧盟一个最重要的框架性法规：欧盟与食品接触材料安全法规（EC）No 1935/2004，这个法规是所有其他与食品包装材料有关的法规的基石。该法规最核心部分是其第 3 条（1），即所有食品包装材料应当在符合良好生产规范条件下制造，以确保在正常或可预见的使用条件下，迁移到食品中的相关物质数量不会危害人体健康、不会造成食物不可接受的变化以及不会带来外观或气味的恶化。除了上述第 3 条

（1），其他的主要要求，包括标签、可追溯性、合规申报等，篇幅关系，在此不一一介绍，有兴趣者可自行查询或与笔者联系。

在这个框架性法规之下，欧盟统一的良好生产规范（GMP）法规（EC）2023/2006 适用于所有与食品接触材料的生产规范，其最低要求包括以下几点：建立质量保证体系；建立质量检验体系；建立相关文档。在该法规的附件中，特别提及对印刷油墨的要求。

在这个框架性法规之下，欧盟制定了一些特定材料的法规或指令，但所涉及的特定材料目前比较有限，已经颁布和实施的法规或指令，包括以下几个法规或指令：

-塑料［法规（EU）10/2011 及修订］

-聚氯乙烯（指令 78/142/EEC，80/766/EEC，81/432/EEC）

-在盖垫片中增塑剂的迁移量［法规（EC）No 372/2007 及修订］

-陶瓷（指令 84/500/EEC 及修订）

-再生纤维素薄膜（指令 2007/42/EC）

-再生塑料［法规（EC）No 282/2008］

-特定环氧树脂衍生物（BADGE/BFDGE/NOGE）［法规（EC）No 1895/2005］

-橡胶和弹性体（指令 93/11/EEC）

-活性及智能材料和制品［法规（EC）No 450/2009］。

目前欧盟已有计划但还未立法的食品包装材料，包括纸和纸板、玻璃、木头、软木、金属和合金、纺织品、胶黏剂、离子交换树脂、印刷油墨、硅橡胶、涂料、蜡等，不排除这个清单以后还会扩展的可能性。当缺少欧盟统一法规时，各国执行本国的法规。

1.3.3　欧洲几个重要立法目前的动态

1.3.3.1　欧洲食品接触塑料材料实施措施（PIM）

在食品接触塑料材料领域，欧盟目前最重要法规是（EU）No 10/2011，包括其后续的 4 个修订［（EU）No 321/2011、（EU）No 1282/2011、（EU）No 1183/2012、（EU）No 202/2014］。这个法规取代了以前使用的欧盟指令 2002/72/EC 及其后续的一系列修订，是迄今为止最完备的一部关于食品接触塑料材料的法规，通常称为"欧洲食品接触塑料材料实施措施（PIM）"。

PIM 比以前的指令更为完善，主要表现在以下几个方面：

-将法规适用性扩展到含有塑料层的多层材料体系；

-迁移测试所用模拟物有所调整，如将原来的蒸馏水改成 10％乙醇（模拟水性或亲水性食品）；

-只有一个正面清单，涵盖了单体和添加剂；

-扩展了批准使用的酸、酚和醇的金属盐的范围；

-总迁移量和单一迁移量的不同的测试条件。

PIM 适用于以下材料：纯塑料制品；塑料多层材料，其层间通过胶黏剂或其他方式连接；通过印刷或覆盖涂料的纯塑料或塑料多层类型材料；由两个或两个以上不同材料组成的瓶盖垫片和瓶盖的塑料层或塑料涂层；在多材料多层材料和制品中的塑料层。

PIM 不适用于以下材料：离子交换树脂；橡胶；有机硅；着色剂；溶剂；胶黏剂；印刷油墨；油漆涂料；非有意添加物（NIAS）。

1.3.3.2　德国联邦风险评估研究所（BfR）第 9 号推荐的修订

德国联邦风险评估研究所（BfR）所颁发的第 9 号推荐（用于食品接触的塑料及其他聚合物的着色剂），在德国具有准法规的地位，是德国塑料行业在食品接触材料风险评估时的基本依据之一，由于该建议是德国唯一一个与染料和颜料有关的准法规，所以除了塑料行业，其他行业也将其作为风险评估的重要依据之一。该建议在欧洲很多其他国家也被广泛使用。其目前有效的修改版本是 2010 年 1 月 1 日版。第 9 号推荐设置了色母粒中允许使用的添加剂的正面清单、着色剂中允许最高重金属含量、重金属测试方法、着色剂中芳香伯胺最大允许量及测试方法。

由于近年来欧洲立法发展较快，特别是随着 PIM 的出台和实施，德国政府有关当局迫切感到，第 9 号推荐已经落后于目前的法规环境和行业实际要求，因此德国联邦风险评估研究所开始着手修订该推荐。目前，BfR 正在广泛征求业界特别是行业协会的意见，包括 ETAD 和 EuroColour 等行业协会。尽管新的修订版本将涵盖哪些内容、涵盖到何种程度、何时颁布何时执行新版本等都还是未知数，但有一点是肯定的，即新版本一定会反映出欧洲立法的最新进展，一定会比老版本更加严格。

1.3.3.3　瑞士印刷油墨法规 ［Swiss Ordinance of the FDHA on Materials and Articles（817.023.21），Annex 6］

目前，欧洲还没有一部统一的用于食品包装材料的印刷油墨方面的法规，出台一部适用于该行业的法规的呼声很高。由于各方面的原因，在欧洲层面上出台这样一部法规目前还不现实，一些国家就先行一步，先在本国进行立法。在整个欧洲范围，瑞士最先出台了一部用于食品包装材料的印刷油墨方面的法规：瑞士联邦民政事务部关于材料和制品法规 ［Ordinance of the FDHA on Materials and Articles（817.023.21）］附件 6（允许在食品包装材料里使用的正面物质清单），目前执行的是第 4 修改版，该版本从 2013 年 4 月 1 日开始执行。这是欧洲目前唯一一部关于印刷油墨的法规。

该法规适用于非食品直接接触面的印刷油墨，其涵盖了 5 个正面物质清单，包括①胶黏剂（单体）；②染料和颜料；③溶剂；④添加剂（不包括制造颜料时所用的颜料添加剂）；⑤光引发剂。同时也涵盖了 7 个重金属的最大允许迁移量、芳香伯胺的最大允许迁移量。上述每一个正面清单都分成 A 表和 B 表。

A 表所列物质均经过官方认可专家的安全评估，允许在食品接触包装材料中使用（必须满足相应的特定迁移量 SML）；若无特定迁移量，则总迁移量不得超过 $10mg/dm^2$ 或 $60mg/kg$。

B 表所列物质未经过安全评估或未经过官方认可的评估，这些物质只有当其迁移量不能被检出时才允许在食品接触材料中使用，检出限为 $0.01mg/kg$（10ppb）。

原则上，每年瑞士政府都会修订该法规，以及时反映最新的发展动态，包括新被批准使用的物质或特定迁移量的修改或被取消的物质等。

1.3.3.4　德国印刷油墨法规（草案）

继瑞士之后，德国也开始着手制定印刷油墨应用的食品包装材料法规，该法规系由德国营养、农业和消费者保护部主持制定，目前还处于草案（第 4 版）征求意见阶段，但确切的颁布时间目前不得而知。

该法规（草案）适用于与食品直接或间接接触的印刷油墨。它借鉴了瑞士印刷油墨法规，但比瑞士印刷油墨法规更加严格。它以正面物质清单的形式列出允许使用物质以及相应的最大特定迁移量，瑞士印刷油墨法规中 A 表列出的大部分物质被其采纳，但所有 B 表中的物质均未被采纳。在原来的第 4 版修改稿中，在正面物质清单中未列出颜料（无论是已经过评估的还是未经过评估的），这意味着一旦该法规实施，将会对颜料行业造成重大负面影响。经过包括 ETAD 在内的相关的行业协会与德国相关部门的沟通，现在将经过评估的大部分颜料加到了正面清单中去了。

该法规（草案）对芳香族伯胺的最大迁移量做了非常严格的规定，即总迁移量低于 0.01mg/kg（10ppb）；分类为致癌或致突变或生殖毒性（CMR）的芳香族伯胺单一最高迁移量低于 0.002mg/kg（2ppb）。

该法规（草案）还对纳米材料做了特别要求，即除非在正面清单中列出，所有以纳米形式存在的物质不得使用。这一条也颇具争议，因为按照欧盟委员会的定义，大部分有机颜料都属于纳米材料。目前相关行业协会正在与德国政府相关部门沟通，争取在这个问题上做出调整。

值得注意的是，一旦德国印刷油墨法规颁布实施后，将对整个欧洲食品包装材料行业产生深远影响，譬如如何处理德国与其他不执行该法规的国家之间的化学物质/产品的流通和使用问题，将是一个很大的挑战。可以预料，今后的发展方向，是在整个欧盟的层面上出台一部统一的法规，以便规范和约束所有欧盟成员国的行为。至于这样一部统一的法规何时可以出台，以及是否上述德国印刷油墨法规届时将作为欧盟法规的蓝本，我们拭目以待。

总体而言，出于对消费者健康保护要求的不断提高，欧洲总的发展趋势是立法的强度和频率将会不断提高，对食品接触材料合规的要求将越来越严格。欧洲立法表面上看，只是适用于欧洲，但在今天全球化的大环境下，欧洲的立法将会对其他地区的立法造成间接或直接的影响，甚至在本国/地区直接采用欧洲的法规。所以熟悉了解欧洲的法规具有重要的意义。

1.4 国内外管理化学品和阻燃剂的法律法规及阻燃剂的发展方向

（姚　强，庞永艳）

1.4.1 阻燃剂简介

火灾是历史上导致人类死亡和财产损失的一个主要原因。随着石油工业的发展，具有可燃性的高分子材料在千家万户得到了广泛的应用，进一步增加了火灾特别是民房火灾的发生。据美国防火协会估计，2012 年美国有超过 1.3 百万起火灾，直接导致近 3 千人死亡和超过 120 亿美元的损失。现代社会为降低和避免火灾的发生发展了很多种有效方法，譬如特别的工程设计、建筑规范的制定、火警设备的使用等。但在很多情况下，在高分子材料中添加阻燃剂来降低材料的可燃性仍旧是最经济有效的手段。阻燃剂最大的功能就是防止可燃材料被点燃和点燃后降低火焰的蔓延速度，从而提供更多的时间供人们灭火或逃生。譬如对在软垫产品中使用阻燃剂的英国和不使用阻燃剂的欧盟其他国家的统计对比表明，阻燃剂的使用可以极大地降低火灾的发生。

阻燃剂的应用不仅要满足千差万别材料的阻燃安全性能，也要满足各种材料的力学性能、电性能甚至经济性要求，单一阻燃剂难以满足全方位的需要，因而一系列基于不同结构或阻燃元素的阻燃剂相继得到开发。目前得到主要应用的阻燃剂种类有溴（锑）系、磷系、氮系、硅系、硼系、无机金属氢氧化物等。这些阻燃剂在为可燃材料提供安全性能的同时，某些也显示出了对人类和环境不利的一面。阻燃剂作为一种合成化学品，其或其降解产物的风险长期以来没有得到足够的重视。最近十几年来，大量的证据指向某些阻燃剂，特别是有机溴系阻燃剂对环境和人类健康的威胁，由此引起人们对阻燃剂风险评估的全面重视。

针对化学品潜在的风险，为了减少和避免有害化学品对人类健康和环境的不利影响，世界主要国家和地区在最近 10 年来纷纷加强了对化学品生产、使用和处置的管理。在这一方面，欧洲尤为突出，出台了一系列法律法规对化学品加以规范和引导。最近美国也加强了对化学品风险的控制，正在酝酿改革已经实现将近 40 年的有毒物质控制法（Toxic Substance Control

Act，TSCA）。欧美的法律法规对世界化学品的使用和处置影响很大。由于阻燃剂的使用是为了保障人们对火安全的需要，阻燃剂应用跟人和环境紧密接触，密切相关，因此阻燃剂行业在新化学品管理法规下受到的影响尤其大。下面将着重介绍国内外涉及到阻燃剂的针对有毒化学品风险管理的一些法律法规。

1.4.2　化学品风险

管理化学品的法律法规是为了控制化学品风险对人类健康和环境的影响，为此，需要了解化学品具有哪些风险性。到目前为止，在阻燃剂行业方面，化学品风险或危害性涉及比较多的是 Persistence（P）、Bioaccumulation（B）和 Toxicity（T），简称 PBT，即持久性、生物累积性和毒性。根据美国环保局的定义，持久性指的是化学品在环境中不发生变化的能力，即化学品在环境中越持久，人类或环境暴露在其氛围的可能性越大；生物累积性是指水生生物通过各种暴露途径吸收化学品并将其累积在体内的过程；毒性是化学品对活体生物产生潜在有害影响的可能性，它是一个相对性能，取决于该化学品的浓度和持续暴露时间。毒性对人体的影响包括急性毒性、致癌性、遗传毒性、生育毒性、发育毒性、神经毒性、皮肤增敏性、呼吸增敏性、眼睛刺激性和皮肤刺激性等。毒性对水生物的影响则简单分为急性毒性和慢性毒性。

美国环保局和欧洲各自设定了特定的指标来确定某个化学品是否为 PBT 物质，另外，欧洲还制定了 vPvB（高度环境持久和高度生物累积标准）物质，见表 1-12。

表 1-12　PBT 标准和 vPvB 标准

标　准		美　国	欧　洲
PBT 标准	P：环境持久性（半衰期）	＞60 天（空气）	
		＞60 天（水）	＞60 天（海水） ＞40 天（淡水）
		＞60 天（土壤）	＞120 天（土壤）
		＞60 天（沉积物）	＞180 天（海水沉积物） ＞120 天（淡水沉积物）
	B：生物累计性（生物富集系数（BCF））	≥1000	＞2000
	T：毒性	鱼类长期毒性值（ChV）＜10mg/L	NOEC/EC/10（长期）＜0.01mg/L 微生物；满足致癌性类别 1A 或 1B，生殖细胞突变类别 1 或 1B，或生殖毒性类别 1A，1B 或 2；CLP STOT RE 类别 1 或 2
vPvB 标准	vP（半衰期）		＞60 天（水）或 ＞180 天（沉积物）或 ＞180 天（土壤）
	vB（BCF）		BCF＞5000

由于 PBT 化学品很容易在空气、水和陆地间相互迁移，它们的毒性、环境持久性和在食物链中的生物累积性对人类和生态系统带来了极大的风险。

1.4.3　阻燃剂风险来源

阻燃剂广泛使用于电子电气、建筑材料、交通运输和纺织品等领域中。据统计，全球阻燃剂的消费量在 2010 年达到 180 万吨，其中溴系阻燃剂以其高效阻燃和相对价格优势的特点而占据主要地位，在 2010 年一共有 37 万吨的各类溴系阻燃剂用于聚烯烃、聚苯乙烯、尼龙、聚酯、环氧树脂、聚氨酯等高分子材料的阻燃。

由于在生产、使用和（含阻燃剂）废品处置过程中阻燃剂可控和不可控地散发到环境中，现在阻燃剂已经无处不在。过去几十年来，阻燃剂特别是溴系阻燃剂不仅在人体内被检测到，甚至在北冰洋以及深海哺乳动物体内也发现了它们的踪迹。

阻燃剂的这种无处不在跟其化学结构紧密相连，而化学结构又由阻燃剂的应用场合和要求决定。大多数阻燃剂的应用场合需要阻燃剂结构具有高度的化学稳定性、热稳定性及低水溶性等来满足高分子材料加工和应用的要求，这些要求往往导致阻燃剂特别是溴系阻燃剂具有很高的环境持久性和生物累积性，从而使得它天生就具有较大的化学品风险性。

另外一方面，阻燃剂除了其本身可能具有的 PBT 特性外，一些溴系阻燃剂特别是多溴代联苯醚由于其结构特点在热解或燃烧过程中能产生强烈致癌的二噁英而带来额外的风险。有证据表明即使非联苯醚类溴系阻燃剂，譬如四溴双酚 A 在燃烧过程中也会产生二噁英。一些溴系阻燃剂虽然结构上跟二噁英差别很大，但也有可能同芳香基高分子材料相互作用而最终导致二噁英的产生。因此阻燃剂的风险不仅贯穿其整个生命周期，而且风险的种类也随着生命周期的不同阶段而可能改变，目前对阻燃剂风险的全面认识还刚刚开始。

由于阻燃剂的用量很大，阻燃剂本身或其产生的二级污染源的 PBT 特性，加上阻燃剂的使用跟人类和环境密切相关，使得阻燃剂一直以来都是化学品风险研究的代表，也是环保主义抵制和反对的对象。长期以来对阻燃剂风险研究的结果已经影响到各国对阻燃剂生产和使用的规定。

1.4.4 世界主要国家或地区或行业管理化学品的法律法规

1.4.4.1 美国

所有在美国生产或进口到美国的化学品，不管是新化学物质还是已有化学物质，都受美国环保局（EPA）执行的有毒物质控制法（TSCA）的限制。TSCA 是美国国会于 1976 制定的管理有毒化学品的法律，涉及特定化学品的生产、进口、用途和处置，主要体现在以下几个方面：①规定化学品生产商需要提交新化学品生产的预通知；②要求生产商、进口商和加工商对风险化学品的测试；③签发"重要新用途法规"（Significant New Use Rules，SNUR）；④维持 TSCA 清单；⑤规定某些进出口化学品符合证明报告和（或）其他要求；⑥规定生产商、进口商、加工商或分销商报告和记账；⑦规定生产商、进口商、加工商或分销商知道化学品对健康或环境有危害时必须立即向 EPA 报告。

近几年来，为加强对已有化学品的管理，EPA 有针对性地选择一些化学品做风险评估。通常，被选择的化学品具有以下一个或多个特征：①潜在影响儿童健康；②神经毒害影响；③PBT物质；④已知或潜在致癌物质；⑤用于儿童产品中；⑥存在于生物检测项目中。

对评估得出的高风险化学品，EPA 将逐步减少它们的生产和使用，包括运用 SNUR 法则和 TSCA 测试法则加以限制应用。SNUR 法则要求化学品生产商在生产（包括进口）或加工前 90 天提交"重要新用途通知"（SNUN）给 EPA 以便后者评估数据，EPA 可根据评估结果来调控化学品的生产（包括进口）或加工。TSCA 测试法则要求化学品生产商或使用商进行一系列昂贵的化学品命运、化学品对环境和化学品对人类健康影响的测试。SNUR 法则和 TSCA 测试法则都加大了化学品生产商和使用商对化学品的责任和成本。

阻燃剂多溴二苯醚（PBDEs）、六溴环十二烷（HBCD，异构体混合物）、三氧化二锑（antimony trioxide，ATO）等化学品被列入首轮的风险评估，见表 1-13。

作为增强化学品管理项目的一部分，EPA 在 2012 年决定在 TSCA 框架下进一步扩大对包括 101 种化学品做风险评估，并确定在 2013 年对 23 种化学品做评估或开始收集数据。这 23 种化学品中，20 种是阻燃剂（包括早期确定评估的 HBCD）。2013 年开始进入评估或开始收集数据并已公开化学品名称的阻燃剂，见表 1-14。

表 1-13　PBDE，HBCD 和 ATO 的风险评估及 EPA 措施

阻燃剂	风险	EPA 措施
PBDEs	PBT，神经行为影响	SNUR： 1. Penta/OctaBDE：含有其成分的 PBDE 2. DecaBDE：2013/12/31 后新应用 DecaBDE：同雅宝、科聚亚、ICL 达成协议，于 2014 年 1 月 1 日起停止在美国生产、销售和进口
HBCD	PBT	全面风险评估阶段
ATO	可能致癌	风险评估已经完成，现处于完稿之中

表 1-14　2013 年美国环保局开始评估或收集数据并已公开的阻燃剂

种类	阻燃剂名称	CAS	进入评估	全面风险评估	收集数据
溴代邻苯二甲酸系列	2-乙基己基-四溴苯甲酸(TBB)	183658-27-7	是	是	
	3,4,5,6-四溴-1,2-苯二羧酸双(2-乙基己基)酯(TBPH)	26040-51-7	是	是	
	四溴苯酐二醇	77098-07-8	是		
	四溴苯二甲酸-2-(2-羟基乙氧基化)乙基-2-羟基丙基酯	20566-35-2	是		
	邻苯二甲酸酯	7415-86-3	是		
有机磷氯系列	磷酸三(2-氯乙基)酯(TCEP)	115-96-8	是	是	
	磷酸三(1,3-二氯异丙基)酯(TDCPP)	13674-87-8	是		
	磷酸三(2-氯丙基)酯(TCPP)	13674-84-5 和 6145-73-9	是		
溴代环状脂肪族系列	六溴环十二烷(异构体混合物)(HBCD)	25637-99-4 和 3194-55-6	是	是	
	四溴环辛烷	3194-57-8	是		
溴系阻燃剂	十四溴二苯氧基苯	58965-66-5			是
	十溴二苯乙烷	84852-53-9			是
	1,2-双(2,3,4,5,6-五溴苯氧基)乙烷	1262-53-1			是
	1,2-双(2,4,6-三溴苯基)乙烷(TBE)	37853-59-1			是
	溴代三嗪	25713-60-4			是
	1,3,5-三溴-2-(2,3-二溴丙基)苯	35109-60-5			是

1.4.4.2　欧盟

欧盟对化学品管理一直走在世界前列，影响最大的莫过于 REACH 法规、RoHS 指令和 WEEE 指令。REACH 法规（Registration，Evaluation，Authorization and Restriction of Chemicals），即《关于化学品注册、评估、许可和限制制度》，涉及几乎所有化学品的注册、评估、授权使用和限制，是欧盟对进入其市场的所有化学品进行预防性管理的法规，于 2007 年 6 月 1 日正式生效。REACH 法规已经对许多阻燃剂产品进行了风险评估，包括溴系的 DecaBDE、HBCD、四溴双酚 A（TBBPA），磷系的有机磷氯类以及阻燃协同剂三氧化二锑。经过风险评估确认为高度关注物质（Substances of Very High Concern，SVHCs）列入 REACH 授权表推荐名单中，最后正式列入授权表中的物质则必须在某个给定的日期后停止使用，除非事先得到授权。SVHCs 的评判指标如下：①致癌、致基因突变、致生殖毒性的物质（CMRs）；②持久性、生物累积性、毒性物质（PBTs）；③高持久性、生物累积性物质（vPvBs）；④其他对人体或环境产生不可逆影响的物质，如内分泌干扰物和增敏剂等。

到目前为止，REACH 法规中总共有 155 个 SVHCs（候选）化学品，涉及的阻燃剂见表 1-15，其中 HBCD 和 TCEP 列入正式授权表中，它们的无需授权最后使用日期为 2015 年 8 月 21 日。

RoHS 指令 2002/95/EC 是针对电子电气设备中限制使用有毒物质的法规，于 2003 年 2 月开始执行。受 RoHS 指令影响最大的是溴系阻燃剂，特别是多溴联苯（PBBs）和多溴二苯

醚（PBDEs）。RoHS 指令限制 PBBs 和 PBDEs 在电子电器设备中的含量不能超过 0.1%，原先 RoHS 指令豁免十溴二苯醚（DecaBDE），但欧洲法院判定 RoHS 程序违规，裁定在 2008 年 7 月 1 日后不得在电子电器设备上使用十溴二苯醚。

表 1-15　REACH 法规中的（候选）SVHCs 阻燃剂

化 学 名	EC 号	CAS	列入日	授权使用日	列入原因
磷酸三（二甲苯）酯（Trixylyl phosphate）	246-677-8	25155-23-1	2013/12/16		生殖毒性
十溴二苯醚（DecaBDE）	214-604-9	1163-19-5	2012/12/19		PBT
硼酸（Boric acid）	233-139-2, 234-343-4	10043-35-3, 11113-50-1	2010/06/18		生殖毒性
三(2-氯乙基)磷酸酯（TCEP）	204-118-5	115-96-8	2010/01/03	2015/8/21	生殖毒性
短链氯化石蜡（Short chain chlorinated paraffins）	287-476-5	85535-84-8	2008/10/28		PBT 和 vPvB
六溴环十二烷（HBCD）	247-148-4 221-695-9	25637-99-4 3194-55-6 134237-50-6 134237-51-7 134237-52-8	2008/10/28	2015/8/21	PBT

WEEE 指令（Waste Electrical and Electronic Equipment Directive，2002/96/EC）是 2003 年 2 月 13 日发布的关于提倡回收废旧电子电气设备的法规。WEEE 指令最新修订版（2012/19/EU）于 2012 年 7 月 24 日正式公布。WEEE 指令规定含有溴系阻燃剂的塑料必须同其他废旧设备分离，这对具有化学不稳定性的阻燃剂譬如 HBCD 等提出了一个挑战。

1.4.4.3　日本

日本的化学品由《化学物质控制法》（Chemical Substances Control Law，CSCL）管理。CSCL 制定于 1973 年，其目的是预防化学品造成的环境污染对人体健康和生态体系的危害。最新 CSCL 修订法案于 2009 年 5 月 20 日公布，并于 2011 年 4 月 1 日生效。CSCL 中涉及的阻燃剂及其所属化学品类别见表 1-16。

表 1-16　日本 CSCL 化学品分类

类别和标准	阻燃剂	要　　求
新化学品： 非已有和新宣布化学物质	—	必须通知政府； 生产和进口需要取得政府同意
一般化学品	—	超过 1t/a 需要报告数量,用途和危害信息
优先评估化学品（PACs）	—	强制报告实际数量、用途等
监控化学品： 环境持久和高度生物累积(非持久性化学品也有可能包括在内)	HBCD PBBs(Br:2-5) 氯化石蜡 (C11,C1＝7-12)	强制报告实际数量、用途等； 指导、建议等避免环境污染； 政府或许要求长期毒性调查
Ⅱ级特定化学品： 环境持久并对人体有毒性或在人类居住环境下对植物群或动物群有长久毒性	无	强制报告实际数量、用途等； 政府或许要求改变计划中的生产或进口数量； 给出含有化学品制品的技术指导和建议； 强制和建议标签
Ⅰ级特定化学品： 环境持久、高度生物累积并对人体有长期毒性或对植物群或动物群有长久毒性(类似禁止的化学品)	TetraBDE PentaBDE HexaBDE HeptaBDE	禁止进口

1.4.4.4　中国

近年来，为了保护环境和人类健康，我国也在逐步加强对化学品的监管力度。目前，中国的化学品按照新化学品、危险化学品、有毒化学品和成品进行管理，具体管理法规和部门见表 1-17。

表 1-17　中国的化学品管理

种　类	法　律　法　规	管　理　部　门
新化学品	中国环境保护部第 7 号令 2010 年 1 月 19 日颁布修订版《新化学物质环境管理办法》(中国 REACH/NCSN)，自 2010 年 10 月 15 日起施行	环境保护部(MEP)
	中国环境保护部 2013 年 1 月 14 日发布《中国现有化学物质名录》(2013 年版)(IECSC)，共收录了 45612 种物质信息	环境保护部
危险化学品	国务院令第 591 号 2011 年 3 月 11 日公布新修订的《危险化学品安全管理条例》，自 2011 年 12 月 1 日起施行	国家安全生产监督管理总局(SAWS)等
	国家安全生产监督管理总局令第 53 号 2012 年 7 月 1 日发布《危险化学品登记管理办法》，自 2012 年 8 月 1 日起施行	国家安全生产监督管理总局
	国家安全生产监督管理总局 2003 年 3 月 3 日发布《危险化学品名录》(2012 版)	国家安全生产监督管理总局
有毒化学品	国务院令第 445 号 2005 年 8 月 26 日颁布《易制毒化学品管理条例》，自 2005 年 11 月 1 日起施行	国务院公安部门、食品药品监督管理部门、SAWS、MEP 等
	2013 年 12 月 30 日发布的《中国严格限制进出口的有毒化学品目录》(2014 年)，包含 162 种化学品	环境保护部海关总署
成品	各种成品如化妆品、药物、食品、杀虫剂等各有独立的法规	—

根据以上化学品的管理法规，具体执行措施如下。

对于新化学物质的管理，在《新化学物质环境管理办法》下，凡是未列入《中国现有化学物质目录》(IECSC) 的化学物质为新化学物质。新化学物质生产或进口前必须向环境保护部化学品登记中心 (CRC-MEP) 提交新化学物质申报报告，领取新化学物质环境管理登记证，否则禁止生产、进口和加工使用及进行科学研究。

为了危险化学品安全管理以及危险化学品事故预防和应急救援，根据《危险化学品安全管理条例》的规定，所有涉及危险化学品的相关企业需要向国家安监总局化学品登记中心 (NRCC-SAWS) 对危险化学品进行登记。本条例涉及危险化学品的生产、储存、使用、经营和运输的安全管理。

根据《危险化学品安全管理条例》和有毒化学品进出口管理登记有关规定，环境保护部制订了《有毒化学品进出口环境管理登记批准程序》。凡进出口列入《中国严格限制进出口的有毒化学品目录》中化学品的企业，以及与办理有毒化学品进口环境管理登记证、进出口环境管理放行通知单等登记手续相关的生产、使用和经营企业，须执行《有毒化学品进出口环境管理登记批准程序》，按要求提供资料。有毒化学品进出口管理登记包括有毒化学品进口环境管理登记证、进口环境管理放行通知单和出口环境管理放行通知单三种证单的审批。

需要说明的是，《全球化学品统一分类和标签制度》(Globally Harmonized System of Classification and Labeling of Chemicals，简称 GHS) 由联合国 2003 年通过并正式公告。联合国要求各国 2008 年前通过立法实施 GHS。欧盟 2009 年 1 月 20 日正式生效的 CLP 即是在联合国 GHS 基础上结合 REACH 法规等建立的一套关于化学物质和混合物分类、标签和包装的法规。然而，中国没有专门为 GHS 的实施进行单独立法，中国 GHS 是一个由《危险化学品安全管理条例》、《危险化学品登记管理办法》、如何进行分类的国标、如何制作化学品安全说明书 (SDS) 和标签的国标等组成的法规体系。目前，《危险化学品安全管理条例》是管理中国 GHS 的最高法律。

为了避免人类健康和环境受到阻燃剂的危害，我国在塑料家具、电子电气、纺织品、汽车等领域也制订了相应的法规限制使用某些阻燃剂，汇总见表 1-18。

表 1-18　中国禁止/限制使用阻燃剂的法规

类　别	法　规	规　定	实施日期
塑料家具	2012-06-29 发布的 GB 28481—2012《塑料家具中有害物质限量》	公共场所和申明具有阻燃性能的塑料家具中多溴联苯(PBB)和多溴二苯醚(PBDE)的含量不超过 1000mg/kg	2013-07-01
电子电气	2006-02-28 发布的《电子信息产品污染管理办法》(中国的 RoHS)	减少或消除电子信息产品中含有的多溴联苯(PBB)和多溴二苯醚(PBDE)	2007-03-01
	《电子电气产品污染控制管理办法》(征求意见稿)》(由《电子信息产品污染管理办法》修订而成)	规定同上，但新修订的管理办法将控制范围进一步扩大，从电子信息产品扩展到了电子电气产品，即工作电压在直流电 1500V、交流电 1000V 以下的设备及配套产品，增加了电器、电气产品作为控制对象	
	2011-05-12 发布的 GB/T 26572—2011《电子电气产品中限用物质的限量要求》	电子电气产品中多溴联苯和多溴二苯醚的含量不得超过 0.1%	2011-08-01
	2011-05-12 发布的 GB/T 26125—2011《电子电气产品　六种限用物质的测定》	规定了六种限定物质(铅、汞、镉、六价铬、多溴联苯和多溴二苯醚)的测量方法,其中规定了气相色谱-质谱联用法测定电子电气产品所用聚合物中一溴联苯到十溴联苯、一溴二苯醚到十溴二苯醚的检测方法	2011-08-01
纺织品	2006-11-15 发布的 HJ/T 307—2006《环境标志产品技术要求　生态纺织品》	阻燃剂不得使用多溴联苯、三(2,3-二溴丙基)磷酸酯、三(氮杂环丙基)氧化磷。阻燃整理剂只能使用 Oko-Tex®100 允许的整理,即不得使用多溴联苯、三(2,3-二溴丙基)磷酸酯、三(氮杂环丙基)氧化磷、五溴二苯醚和八溴二苯醚、十溴二苯醚、六溴环十二烷、短链氯化石蜡和三(2-氯乙基)磷酸酯	2007-01-01
	2009-06-11 发布的 GB/T 18885—2009《生态纺织品技术要求》	禁止使用的阻燃整理剂包括:多溴联苯、三(2,3-二溴丙基)磷酸酯、三(氮杂环丙基)氧化膦、五溴二苯醚和八溴二苯醚	2010-01-01
	2009-06-11 发布的 GB/T 24279—2009《纺织品禁/限用阻燃剂的测定》	规定了采用气相色谱-质谱测定纺织品中三(氮杂环丙基)氧化磷、三(2,3-二氯丙基)磷酸酯、三(2,3-二溴丙基)磷酸酯、三(2-氯乙基)磷酸酯、六溴环十二烷、一溴联苯到十溴联苯、五溴二苯醚和八溴二苯醚共 17 种阻燃剂含量的方法	2010-01-01
汽车	2006-02-06 发布的《汽车产品回收利用技术政策》	禁用散发有毒物质和破坏环境的材料,减少并最终停止使用不利于环保的材料	2006-02-06
	2013-10-17 发布的 QC/T 944—2013《汽车材料中多溴联苯(PBBs)和多溴二苯醚(PBDEs)的检测方法》	X 射线荧光光谱法适用于筛选和快速判定汽车材料中溴的含量。气相色谱-质谱联用法适用于测定汽车材料中多溴联苯和多溴二苯醚的含量	2014-03-01
	2014-02-19 发布的 GB/T 30512—2014《汽车禁用物质要求》	限制在汽车材料中使用多溴联苯和多溴二苯醚,含量不得超过 0.1%	2014-06-01

1.4.4.5　汽车行业

为促进沟通及交换有关供应链上汽车产品中使用某些物质的信息,全球汽车供应链制定了《全球汽车化学物质申报清单》(Global Automotive Declarable Substance List,GADSL)。GADSL 将可能车用化学品设定为"禁止采用"(Prohibited,P 类)和"必须申报"(Declarable,D 类)。P 类是被法规禁止在某些零件或材料中采用或者其使用量不能超过某个规定浓度的化学品,D 类是超过某个限定值之后必须申报的化学品。2014 年 GADSL 中共包括有 132 种化学物质,其中所涉及到的阻燃剂见表 1-19。

表 1-19　《全球汽车化学物质申报清单》中涉及的阻燃剂

阻燃剂	种类
三氧化二锑	D
硼酸	D
短链/中链氯化石蜡	P(短链);D(中链)
六溴环十二烷(HBCD)	D/P
多溴联苯(PBB)	P
多溴二苯醚(PBDE)	P,除十溴二苯醚(D)外
多溴化三联苯(PBT)	D
四溴双酚 A(TBBPA)	D
三(2-氯乙基)磷酸酯(TCEP)	D
磷酸三甲酯	D
磷酸三苯酯(TPP)	D
磷酸三(1,3-二氯-2-丙基)酯(TDCPP)	D
三(1-氮丙啶)氧化磷(TEPA)	P
三(2,3-二溴丙基)磷酸酯(TRIS)	P

1.4.5　阻燃剂的发展趋势

随着人们对生活水平不断提高的需要，越来越多的功能将集合在由高分子材料制成的交通和电子电气等设备上，高分子材料将承受更高的电流负荷和使用温度，同时在建筑和装饰材料上可燃性高分子材料的应用将进一步扩大，这些都将增加火灾发生的可能性，因此防火法律法规预计将会日趋严苛，阻燃剂的使用将进一步增加，阻燃测试方法和测试设备为配合新法律法规或发展趋势也将会不断更新或产生。

另外一方面，人们对健康和环境保护的需要将促使各国政府加强对有毒化学品包括阻燃剂生产、使用的批准和监管。这一点，美国特别明显。化学品传统上由"有毒物质控制法案"(TSCA)监管。TSCA 自 1976 年制定以来经过几十年的发展，社会各界对化学品特别是对阻燃剂的挑战迫使 EPA 将对 TSCA 进行全面改革。在这过程中，阻燃剂将首当其冲。虽然当前 EPA 对阻燃剂的风险评估不等于将全面禁止这些阻燃剂的生产和使用，但 EPA 的新风险评估措施显然极大地影响了阻燃剂厂商，促使阻燃剂厂商或使用者改变阻燃剂的生产或应用，甚至调整了阻燃剂的发展方向。另外一方面，美国许多州独立制定法律法规来排除某些化学品，包括阻燃剂的使用。由于床垫中所用的阻燃剂多溴二苯醚（PBDEs）、磷酸三（1,3-二氯异丙基）酯（TDCPP）等已被证明对环境和健康带来严重危害，加利福尼亚最近修改了使用近 40 年的加州防火标准 TB 117。新修订的 TB117—2013 废除了 12s 的明火测试，使得家用软垫制品无需传统阻燃方法就可通过新的标准。TB117—2013 将于 2015 年 1 月 1 日实施。由于 TB117 是事实上的美国国家标准，TB117—2013 预计将会被其他州和厂商采用。在大洋的另一面，欧洲立法者将在 RoHS 指令中对更多的溴系阻燃剂特别是四溴双酚 A 和三氧化二锑提出限制使用。

针对新的或者可预期的法律法规，阻燃工业界积极寻找能同时满足阻燃安全和健康要求的阻燃剂，发展非 PBT 阻燃剂成为一个新的共识。在这一方面，有几个方向值得关注。一是传统溴系阻燃剂的升级，这个方向主要是发展大分子类溴系阻燃剂。美国环保局选择的 20 个阻燃剂基本上都是小分子结构，这促使研发和生产大分子类型溴系阻燃剂在工业界得到了特别重视。二是开发新协同剂特别是三氧化二锑的替代物。大分子类型溴系阻燃剂在大多数情况下仍旧需要三氧化二锑作为协同剂，随着美国环保局对三氧化二锑风险的评估和其价格的不断攀升，阻燃工业界对开发新的阻燃协同剂充满兴趣。三是继续发展无卤阻燃剂来解决传统溴系阻燃剂由于结构缺陷而难以平衡健康和阻燃的难题，具有化学稳定性和热稳定性但又能在环境中分解成无害产品的无卤阻燃剂将在工程塑料中得到快速发展，磷系阻燃剂的多官能团将使其在发展无卤大分子类阻燃剂上具有优势。

　　法律法规的建立不光能够禁止或限制使用有毒有害阻燃剂，以减小或避免其使用对健康和环境的威胁，还能够引导阻燃剂新的发展方向，并进一步带动新的燃烧标准、测试方法的建立及测试仪器的调整。在这一方面，欧美等发达国家在法律法规及标准的修订上一直走在世界前列，最近十几年我国法律法规的逐步出台也加强了对有毒有害阻燃剂的禁止或限制使用。未来阻燃剂也必将沿着更加有利于安全、人类健康和保护生态环境的方向发展。

1.5　阻燃剂的限制法规及发展趋势

（李　丽，杨锦飞）

　　随着高分子材料应用范围的不断扩大及产品安全标准的日益严格，阻燃剂已成为仅次于增塑剂的高分子材料助剂，近几年来，中国阻燃剂产量的年平均增长率可达15%～20%，远高于全球的3%～4%。但中国阻燃行业面临的问题是，产品结构不合理，与当今的环保要求相距甚远。在美国，无机阻燃剂占阻燃剂用量的50%～55%，溴系只占13%～14%，含卤的磷系只占5%～6%，而中国目前的阻燃剂市场依旧是以溴系中的多溴二苯醚、四溴双酚A、六溴环十二烷、十溴二苯基乙烷、卤-磷系中的磷酸三（2-氯丙基）酯、磷酸三（2-氯乙基）酯为主，总的比例占70%～80%，这些阻燃剂都是欧盟进行危害性评估的，甚至有些已经被明令禁止使用的。而目前公认与环境兼容的阻燃剂，如有机无卤磷系、无机及磷氮系等在中国的生产消费比例总量低于30%。在阻燃剂及阻燃塑料环保化的道路上，中国阻燃行业是任重而道远。

1.5.1　限用或禁用阻燃剂的法律法规

　　溴系阻燃剂的生产和使用已有30多年的历史，一直在阻燃领域独占鳌头，在全球范围内其用量曾达到阻燃剂总用量的20%以上，广泛应用于聚苯乙烯、聚烯烃、聚酯、聚酰胺等热塑性塑料的加工，也可用于环氧树脂、酚醛树脂、不饱和聚酯等热固性树脂的阻燃加工，其主要优点是阻燃效率高，对基质的性能影响小，且材料可回收利用，但其在燃烧时释放出具有刺激性和腐蚀性的卤化氢气体，特别是多溴二苯醚阻燃剂常与协同剂五氧化二锑配合使用，燃烧时更会释放出大量烟雾，据调查，火灾中死亡事故大部分是由于吸入有毒气体窒息造成的。尤其是1986年五溴联苯醚及其阻燃的高聚物的热裂解和燃烧产物中被发现含有多溴二苯并二噁英及多溴二苯并呋喃，国际及中国阻燃领域发生了一系列有关环保法规的重要事件，更是把阻燃剂及阻燃塑料的环保化推向了一个新的阶段，各国对有关问题进行了大量的研究，发表了很多的技术报告和论文，聚焦的问题有两个：即多溴二苯醚及三氧化二锑阻燃塑料燃烧或热裂时产生二噁英的问题，即所谓Dioxin问题；另一个是卤系和卤磷系及相关协效系统本身的危害性问题。现将限用/禁用阻燃剂的法律法规列表如表1-20所示。

表 1-20　阻燃剂的限用/禁用法规及标准

法律法规	颁布时间	化学品名称	CAS No.	测试的限制/最大限值
欧盟 2003/11/EC 76/769/EC 79/663/EC 83/264/EEC 83/478/EEC 85/467/EEC	1976 通过 76/769/EEC 指令 2003.2.6 通过第 24 次修订	多氯联苯		0.1%
		多溴联苯	59536-65-1	
		五溴二苯醚	32534-81-9	
		八溴二苯醚	32536-52-0	
		磷酸三（2,3-二溴丙基）酯	126-72-7	

续表

法律法规	颁布时间	化学品名称	CAS No.	测试的限制/最大限值
欧盟 RoHS 指令 EU-D 2002/95/EC 2005/618/EC 2011/65/EU WEEE 指令(2002/96/EC)	2002/95/EC 2003.1.27 实施 2013.1.3 废止	多溴联苯	59536-65-1	0.1%
		多溴二苯醚(包括五溴二苯醚、六溴二苯醚、八溴二苯醚、十溴二苯醚)	1163-19-5	
			32536-52-0	
			36483-60-0	
			32354-81-9	
		六溴环十二烷(优先关注)	25637-99-4	
			3194-55-6	
美国《H.R.2420 电气设备环保设计法案》	2009.5.14	多溴联苯	59536-65-1	0.1%
中国的 RoHS《电子信息产品污染控制管理办法》	2007.3.1	多溴二苯醚	1163-19-5	
日本 RoHS 日本工业标准 JISC 0950	2006.7.1		32536-52-0	
韩国 RoHS《电子电器产品及车辆的资源回收法令》	2006.6.30		36483-60-0	
			32354-81-9	
挪威《禁止在消费品中使用某些有害物质的禁令》POHS 指令	2007.12.15	六溴环十二烷	25637-99-4	0.1%
			3194-55-6	
		四溴双酚 A	79-94-7	1%
		中链氯化石蜡	85535-85-9	0.1%
		As 及其化合物		0.01%
欧盟《化学品注册、评估、授权和限制制度》 REACH 法规 EC1907/2006 之附录 XVII	2006.12.18	多氯三联苯 PCTs		0.005%
		短链氯化石蜡	85535-84-8	1%
		五溴联苯醚	32534-81-9	0.1%
		八溴联苯醚	32536-52-0	
		三-(氮杂环丙基)氧化膦	5455-55-1	
		三(1,3-二氯丙基)磷酸酯	13674-87-8	
		三(2,3-二溴丙基)磷酸酯	548-35-6	
		三(邻甲苯基)磷酸酯	78-30-8	
		三(2-氯乙基)磷酸酯	115-96-8	
		磷酸三-(2,3-二溴丙基)酯	126-72-7	
		多溴联苯	59536-65-1	
		砷化合物		
德国《关于有害物质的技术法规》TRGS 905		多溴联苯	59536-65-1	0.1%
		五溴二苯醚	32534-81-9	
		八溴二苯醚	32536-52-0	
加拿大禁止特定有毒物质法规,SOR/2012-285	2012.12.14	C10-13 短链氯化烷烃	85535-84-8	0.5%
		灭蚁灵	2385-85-5	
REACH 法规 SVHC 高度关注物质	2008.10.8 第一批, 2013.6.20 第九批	短链氯化石蜡	85535-84-8	0.1%
		磷酸三(2-氯乙基)酯	115-96-8	
		硼酸	233-139-2	
			234-343-4	
		无水四硼酸钠	215-540-4	

续表

法律法规	颁布时间	化学品名称	CAS No.	测试的限制/最大限值
REACH法规SVHC高度关注物质	2008.10.8第一批，2013.6.20第九批	七水合硼酸钠	235-541-3	0.1%
		六溴环十二烷	25637-99-4	
		三氧化二硼	215-125-8	
		十溴联苯醚	214-604-9	
美国密歇根州、加利福尼亚州、缅因州、夏威夷州、纽约州法令	2006.7.1	磷酸三(1,3-二氯-2-丙基)酯	13674-87-8	0.1%
		磷酸三(2,3-二氯丙基)酯	78-43-4	
		磷酸三(2-氯丙基)酯	126-72-7	
		十溴联苯醚	1163-19-5	
		八溴联苯醚	32536-52-0	
		五溴联苯醚	32534-81-9	
美国俄勒冈州立法SB596	2009.6	十溴二苯醚（2005/717/EC中被豁免，但2008.7.7此条被删除）	36483-60-0	禁用0.1%
欧盟关于玩具安全的第2009/48/EC号令(TSD)	2009.3.31	磷酸三(2-氯乙基)酯	115-96-8	2013.7.20,≤5% 2015.6.1,≤3%
		磷酸三(2-氯丙基)酯	13674-84-5	5mg/kg
		磷酸三(1,3-二氯异丙基)酯	13674-87-8	
日本《家用产品有害物质控制法》112法	1973	三(氮杂环丙基)氧化磷	5455-55-1	禁用
		三(2,3-二溴丙基)磷酸酯	126-72-7	
		双(2,3-丙基)磷酸酯	5412-25-9	
荷兰立法		四溴双酚A双(2,3-二溴丙基醚)(FR-720)	21850-44-2	禁用
Oeko-Tex标准100	2005修订版	三-(氮杂环丙基)氧化磷	5455-55-1	禁用
		三-(2,3-二溴丙基)磷酸酯	126-72-7	
		多溴联苯	59536-65-1	
		五溴二苯醚	32534-81-9	
		八溴二苯醚	32536-52-0	
		十溴二苯醚	1163-19-5	
		六溴环十二烷	25637-99-4	
		短链氯化石蜡	85535-84-8	
		三-(2-氯乙基)磷酸酯	115-96-8	
欧盟食品中溴化阻燃剂的痕量监控标准2014/118/EU	2014.3.5	聚溴二苯醚	41318-75-6	0.01ng/g
			5436-43-1	
			243982-82-3	
			60348-60-9	
			189084-64-8	
			67888-98-6	

续表

法律法规	颁布时间	化学品名称	CAS No.	测试的限制/最大限值
欧盟食品中溴化阻燃剂的痕量监控标准 2014/118/EU	2014.3.5	聚溴二苯醚	68631-49-2	0.01ng/g
			207122-15-4	
			207122-16-5	
			1163-19-5	
		六溴环十二烷及其异构体	134237-50-6	
			134237-51-7	
			134237-52-8	
		四溴双酚 A 及其衍生物	79-74-7	0.1ng/g
			70156-79-5	
			4162-45-2	
			25237-89-3	
			3072-84-2	
			21850-44-2	
		溴酚及其衍生物	118-79-6	
			615-58-7	
			106-41-2	
			608-33-3	
			39635-79-5	
		溴代磷酸酯	126-72-7	1ng/g
			32588-76-4	
			25495-98-1	
			26040-51-7	
			183658-27-7	
			3296-90-0	
美国服装与鞋业协会（AAFA）的受限物质（RSL）清单第 11 版	2012.9	磷酸三-(2,3-二溴丙基)酯	126-72-7	禁用
		多溴联苯	59536-65-1	
		五溴联苯醚	32534-81-9	
		八溴联苯醚	32536-52-0	
		磷酸三（2-氯乙基）酯	115-96-8	
		短链氯化石蜡	85535-84-8	
		二(2,3-二溴丙基)磷酸酯	5412-25-9	
		三-(氮杂环丙基)氧化磷	5455-55-1	
		十溴二苯醚	1163-19-5	0.1%
中华人民共和国国家标准 GB/T 24279—2009《纺织品禁/限用阻燃剂的测定》标准	2009.6.11	三-(氮杂环丙基)氧化磷	5455-55-1	50mg/kg
		一溴联苯	2052-07-5	5mg/kg
		三-(2,3-二氯丙基)磷酸酯	13674-84-5	10mg/kg
		二溴联苯	57422-14-2	10mg/kg
		三溴联苯	59080-34-1	5mg/kg
		四溴联苯	60044-24-8	10mg/kg
		五溴联苯	14910-04-4	10mg/kg
		五溴联苯醚	32534-81-9	50mg/kg
		六溴联苯	59080-40-9	50mg/kg
		三-(2,3-二溴丙基)磷酸酯	126-72-7	50mg/kg

续表

法律法规	颁布时间	化学品名称	CAS No.	测试的限制/最大限值
中华人民共和国国家标准 GB/T 24279—2009《纺织品禁/限用阻燃剂的测定》标准	2009.6.11	六溴环十二烷	3194-55-6	50mg/kg
		七溴联苯	35194-78-6	100mg/kg
		八溴联苯	27858-07-7	50mg/kg
		八溴联苯醚	32536-52-0	100mg/kg
		九溴联苯	21453-52-2	100mg/kg
		十溴联苯	13654-09-6	100mg/kg
		磷酸三(2-氯乙基)酯	115-96-6	100mg/kg
生态纺织品技术要求 GB/T 18885—2009	2009.6.11	多溴联苯	59536-65-1	禁用
		三-(2,3-二溴丙基)磷酸酯	126-72-7	
		三-(氮杂环丙基)氧化磷	5455-55-1	
		五溴二苯醚	32534-81-9	
		八溴二苯醚	32536-52-0	
中华人民共和国电子行业准 SJ/T 11363—2006《电子信息产品中有毒有害物质的限量要求》	2006.11.6	多溴联苯	59536-65-1	0.1%
		多溴联苯醚包含四溴、五溴、六溴、八溴联苯醚等同系物		
食品中某些污染物最高含量条例 EC/565/2008	2008.6.18	多氯联苯		25.0pg/g

1.5.2 绿色替代产品及阻燃剂的发展方向

全球的阻燃剂及阻燃产品正处于全面的结构调整阶段，以使之同时满足阻燃及环保两方面的要求。环境友好型阻燃剂成为新型阻燃剂的开发趋势，目前主要有以下几个发展方向。

(1) 溴系阻燃剂　目前销售紧俏的新型溴类阻燃剂有十溴二苯乙烷、溴化环氧树脂、溴化聚苯乙烯、四溴双酚 A 碳酸酯低聚物等。美国 Al-bemarle 公司开发的十溴二苯乙烷是十溴二苯醚的最好替代品，既保持了传统溴系阻燃剂的优势，又具有较好的环保性，十溴二苯乙烷分子中不存在醚键，在燃烧过程中不产生多溴二噁英和多溴二苯呋喃，该产品已在多种塑料中得以应用，我国十溴二苯乙烷生产技术已于 2004 年底实现工业化，国内厂商代表有：雅宝公司，大湖公司，苏州晶华工有限公司，山东莱玉化工等。溴化聚苯乙烯的热流动性和稳定性好，分解温度高，低毒，改善了小分子阻燃剂易迁移的缺点，基本不会影响被阻燃基材的物理性质和力学性能，国内市场厂商代表有：美国大湖公司、雅宝公司、寿光市海洋化工有限公司等。四溴双酚 A 碳酸酯低聚物主要用于阻燃 ABS、PBT、PET、PC、PC/ABS 共混体、聚砜、PET/PBT 共混体和 SAN 等。溴化环氧树脂具有令人满意的熔体流动速率，优良的热稳定性和光稳定性，不起霜，广泛用于热塑性塑料及 PC/ABS 塑料合金，代表产品有：以色列死海溴公司 F2100、F2400，台湾地区的长春 BEB 系列等。

(2) 磷系阻燃剂　磷系在腐蚀性、生烟性等方面优于卤系。但大多数磷酸酯为液体，易挥发、与高聚物相容性差，因此应用受到限制。目前已研究出部分热稳定性好的磷酸酯齐聚物和摩尔质量较高的含磷阻燃剂。CellularTechnology 欧洲公司已经成功推出了牌号为 Celltech60 的新型 VOC 聚氨酯阻燃剂，具有低雾化、挥发性有机物含量低等特点。间苯二酚（双二苯基磷酸酯）（RDP）是近年来开发出的新型无卤环保有机磷类阻燃剂，具有阻燃和增塑双重功能，主要销售厂商为美国大湖公司。只含磷的磷酸酯阻燃剂由于其相对分子质量及磷含量高，能够提高与高聚物体相的相溶性、耐迁移、耐挥发、阻燃效果持久而被国内外学者重视，黄东平等合成了有机磷系新型芳香族低聚磷酸酯阻燃剂双酚 AP（二苯基磷酸酯），由于苯环较多，分子的刚性增强，强化了材料的耐热性和阻燃性。

另一方面，由于氮、磷两种元素的协同作用，含氮磷酸酯阻燃剂具有发烟量小、阻燃效果好、用量少等优点，成为目前有机磷系阻燃剂发展的趋势之一。

有机膦系阻燃剂被认为是替代卤系阻燃剂最有前景的阻燃剂之一，尤其以烷基次膦酸盐作为近年开发的新一代绿色环保磷系阻燃剂备受关注。烷基次膦酸盐可用于热塑性塑料及纺织品的阻燃，特别适用于薄壁电子元器件及薄膜，用这种新型阻燃剂改性的阻燃 PBT 可达到比卤系阻燃改性更高的阻燃级别，并符合欧盟 RoHS 和 WEEE 指令要求。德国克莱恩公司推出了新的有机次磷酸盐，商品牌号为 ExolitOP1311 和 1312M1，此阻燃剂适用于玻璃纤维增强 PA6（GRPA6）及玻璃纤维增强 PA66（GRPA66）。

（3）有机硅系阻燃剂　有机硅系阻燃剂是一种新型无卤阻燃剂、成炭型抑烟剂，它在赋予高聚物优异阻燃抑烟型的同时，还能改善材料的加工性能及提高材料的机械强度。美国 GE 公司在中国市场上推广的透明黏稠状的硅酮聚合物 SFR-100，配合硬脂酸镁、氢氧化铝、APP 和季戊四醇等使用，在阻燃和抑烟性能上取得了很好的效果。美国通用电器公司生产的 SFR2100 是一种透明、黏稠的硅酮聚合物，可与多种协同剂并用，已用于阻燃聚烯烃。

（4）氮系阻燃剂　氮系阻燃剂低毒、无腐蚀、对热和紫外线稳定、阻燃效率高且价廉，具有广阔的应用前景。主要有三聚氰胺、三聚氰胺的氰脲酸盐、磷酸盐、硼酸盐、胍盐、双氰胺盐等。美国 Borg-Warner 化学品公司设计合成了具有笼状结构的磷酸酯三聚氰胺盐，以其丰富、合理的碳源、气源和酸源，明显改善了材料吸潮性。荷兰 DSMMelapur 公司是国际最为著名的氮系阻燃剂生产商，产品为 Melapur-MC、Melapur-MP、Melapur-200 系列。

（5）无机阻燃剂　20 世纪 90 年代以来，微胶囊化、表面活化处理是无机阻燃剂的一个重要发展方向，目前，$Al(OH)_3$ 和 $Mg(OH)_2$ 具有热稳定好、高效、抑烟、阻滴、对环境基本无污染等特点，有一定的市场占有率，但由于所需的添加量大，因而对加工工艺和产品的性能有影响。沈兴教授研发出了的一种新型无机阻燃剂产品-无水碳酸镁单位质量吸热量更大，释放二氧化碳气体，隔离助燃空气，有望替代氢氧化铝、氢氧化镁的无机阻燃剂。

（6）有机硼系阻燃剂　硼系阻燃剂符合无卤化、无毒化和抑烟化的发展趋势。硼砂、硼酸盐、五硼酸铵、偏硼酸钠、氟硼酸铵、偏硼酸钡和硼酸锌等硼化合物都是常用的无机硼系阻燃剂。其中硼酸锌能够取代有毒的氧化锑用于阻燃合成纤维。美国 AMAX 的子公司 ClimaxMetals 公司推出的高温级硼酸锌 ZB-233，可用于多种工程塑料。目前国内比较成熟的有机硼阻燃剂是 FR-B，即硼酸三（2,3-二溴）丙酯，具有良好的阻燃效果和抑烟作用，易加工成型，对制品的物理力学性能影响较小。

由于阻燃测试方法及阻燃分类标准的统一化，西欧阻燃塑料工业正面临重大的变化，特别是在建筑及电子电器行业。新的阻燃法规在释热性、生烟性、燃烧产物毒性、熔滴等指标等方面提出更为严格的要求，传统的阻燃剂很难满足，因此阻燃剂的研发必然朝着环保、高效、安全、无毒的方向发展。我国于 2010 年 1 月 30 日成立了"绿色阻燃剂材料产业技术创新战略联盟"，该联盟将通过产、学、研合作模式，联合阻燃行业的生产企业、高等学校和科研院所，科学整合和充分利用资源，研制、生产、应用先进阻燃材料，为中国绿色阻燃材料的大规模生产提供技术和成本保障，提升行业的国际竞争力。

1.6　塑料制品的安全和环保要求与抗氧剂的选择和应用

（李　杰，时　凯，李　惜）

中国塑料制品的生产量和消费总量位居世界第一，塑料制品或制品使用的安全性和环保性受到了国内外各行各业的广泛关注。

塑料制品的安全性，是要求塑料制品在使用时，对人身或人体不产生任何急性、慢性及遗传性等危害。塑料制品的环保性，是要求塑料制品在使用时，对土壤、水系、空气、动植物等不产生污染，并且可回收、再利用。

抗氧剂是添加到塑料制品中，有效地抑制或降低塑料大分子的热氧化反应速率，延缓塑料制品的热氧降解和老化过程，显著地提高塑料制品的耐热性能，延长塑料制品使用寿命，提高制品使用价值的塑料助剂。

对于塑料制品的安全性，抗氧剂的使用可以有效地延缓塑料制品的热氧降解和老化，相对减少了塑料树脂分解产生的有害的小分子化学物质；对于塑料制品的环保性，抗氧剂的使用可以有效地延长塑料制品使用期限，相对减少了资源开采量和树脂生产量。因此，塑料抗氧剂的使用，是一种从根本上提高塑料制品安全性和环保性的方式。

抗氧剂毕竟是化学物质，在塑料制品中选择或使用不当，对于人体健康和自然环境必然造成影响或危害。

1.6.1　塑料制品的安全性和环保性法律、法规要求与塑料抗氧剂

1.6.1.1　塑料制品的安全性和环保性主要法律、法规简介

国外与塑料制品安全性和环保性相关的，对中国塑料制品有极大影响的，最关键、最重要的法律、法规主要有三个，2005 年 8 月 13 日正式实施的《报废电子电气设备指令》（WEEE 指令），2006 年 7 月 1 日正式实施的《关于在电子电气设备中禁止使用某些有害物质指令》（RoHS 指令），2007 年 6 月 1 日正式实施的化学品监管体系《化学品注册、评估、许可和限制》（REACH 指令）。

WEEE 指令是欧盟议会于 2002 年颁发的 2002/96/EC 号决议《Waste Electrical and Electronic Equipment》指令的简称。核心内容是自 2005 年 8 月 13 日起，欧盟市场上流通的电子电气设备的生产制造商，必须在法律意义上承担起回收自己废旧产品的相关指定责任，具体内容包括严格控制塑料材料中的化学物质，如：铅、镉、汞和六价铬等。

欧盟议会和欧盟理事会于 2003 年 1 月通过了 RoHS 指令，全称是 The Restriction of the Use of Certain Hazardous Substances in Electrical and Electronic Equipment，也称 2002/95/EC 指令。2005 年，欧盟又以 2005/618/EC 决议的形式对 2002/95/EC 进行了补充，规范了电子电气产品的材料及工艺标准，使之更加有利于人体健康及环境保护。欧盟各国已于 2013 年 1 月 2 日开始执行新（Restriction of Hazardous Substances，RoHS 2）指令 2011/65/EU。

RoHS 指令开始明确规定了有害物质及其最大限量值，此限量值是制定产品是否符合 RoHS 指令的法定依据。有害物质包括：铅（Pb）、镉（Cd）、汞（Hg）、六价铬（Cr^{6+}）、多溴联苯、多溴二苯醚（PBDE）等。其中铅（Pb）、汞（Hg）、六价铬（Cr^{6+}）、多溴联苯（PBB）、多溴二苯醚（PBDE）的最大允许含量为 0.1%（1000ppm），镉（Cd）为 0.01%（100ppm）。

REACH 是欧盟规章《化学品注册、评估、许可和限制法规》（REGULATION Concerning the Registration，Evaluation，Authorization and Restriction of Chemicals）的简称。REACH

指令要求进口和在欧洲境内生产销售的化学品必须通过注册、评估、授权和限制等综合程序，以更好、更简单地识别化学品的成分，达到确保环境和人体安全的目的。这是一个涉及化学品生产、贸易、使用安全的法规，法规旨在保护人类健康和环境安全，以及研发无毒无害化合物的创新能力，增加化学品使用透明度，追求社会可持续发展等。

对于满足 REACH 第 57 条规定的物质通常被认为是高度关注的物质（SVHC）。

REACH 指令要求任何商品都必须有一个列明化学成分的登记档案，并说明制造商如何使用这些化学成分以及毒性评估报告。所有信息将会输入到一个数据库中，数据库由位于芬兰赫尔辛基的一个欧盟新机构—欧洲化学品局管理。该机构将评估每一个档案，如果发现化学品对人体健康或环境有影响，他们就可能会采取更加严格的措施。根据对人体、动物、污染等因素的评估结果，化学品可能会被禁止使用或者需要经过批准后才能使用。

WEEE 和 RoHS 是限制性指令，重点在于限制，对于有毒有害的化学物质限制使用或限制最高含量。而 REACH 是一个程序性指令，重点在于说明，要求制造商注册产品中的每一种化学成分，并要衡量或说明其对公众健康的潜在危害。REACH 涉及的范围要宽得多，几乎涉及所有行业的产品及制造工序。

国内 2006 年 7 月 1 日实施的《电子信息产品污染控制管理办法》明确："有毒、有害物质或元素，是指电子信息产品中含有的下列物质或元素：①铅（Pb）；②汞（Hg）；③镉（Cd）；④六价铬（Cr^{6+}）；⑤多溴联苯（PBB）；⑥多溴二苯醚（PBDE）；⑦国家规定的其他有毒有害物质或元素。"

2009 年 6 月 1 日实施的强制性国家标准《食品容器、包装材料用添加剂使用卫生标准》GB 9685—2008，规定了食品容器、包装材料允许使用塑料抗氧剂的品种、使用范围、最大使用量等限制性要求。

1.6.1.2　塑料制品的安全性和环保性与抗氧剂

综合 WEEE、RoHS 指令和《电子信息产品污染控制管理办法》，对于出口或国内销售的塑料抗氧剂产品的检测项目，一般情况下应符合表 1-21 的要求。

表 1-21　塑料抗氧剂产品中有毒有害物质限制要求

检测项目	限值	单位	检测方法误差值 MDL
镉（Cd）	100	mg/kg	2
铅（Pb）	1000	mg/kg	2
汞（Hg）	1000	mg/kg	2
六价铬（Cr^{6+}）	1000	mg/kg	2
多溴联苯之和（PBB）	1000	mg/kg	5（各单组分）
多溴二苯醚之和（PBDE）	1000	mg/kg	5（各单组分）

注：多溴联苯之和包含：一溴联苯～十溴联苯；多溴二苯醚之和包含：一溴二苯醚～十溴二苯醚。

塑料抗氧剂生产使用的主要原料、溶剂、催化剂中，如烷基苯酚、脂肪醇、异氰尿酸、三氯化磷、甲苯、二甲苯、甲醇、有机锡类、氨基轻金属化合物等，不含有 WEEE、RoHS 及《电子信息产品污染控制管理办法》等法规直接限制的重金属等有毒有害物质。因此，在不被这些有毒有害物质污染的情况下，塑料抗氧剂也不应含有法规直接限制的重金属等有毒有害物质。

对于塑料制品或抗氧剂产品有特殊及指定的物质含量限制（如锡含量）要求时，塑料制品或抗氧剂生产企业必须在签订合同和检测时予以明确。

国内塑料抗氧剂生产厂家，对抗氧剂产品进行并通过 SGS 检测，取得有效期一年的中文或英文 SGS 检测报告，是证明抗氧剂产品具有安全性和环保性的可行、可靠又相对简单的方式。SGS 检测报告的结论一般叙述为："基于所送样品的测试，镉、铅、汞、六价铬、多溴联苯（PBB）、多溴二苯醚（PBDE）的测试结果符合欧盟 RoHS 指令 2002/95/EC 的重订指令 2011/65/EU 附录Ⅱ的限制要求。"

表 1-22 是国内不同生产厂家的常用抗氧剂 1010（编号 a、b、c）、1076（编号 d、e）、168（编号 f、g、h）的 SGS 检测数据，ND＝未检出（小于检测方法误差值 MDL），其中砷（As）、锡（Sn）、铬（Cr）、苯为指定附加检测项目，1010c 为使用非锡催化剂生产。

表 1-22　常用抗氧剂的 SGS 检测数据　　　　　单位：mg/kg

检测项目	限值	1010a	1010b	1010c	1076d	1076e	168f	168g	168h
镉(Cd)	100	ND	ND	ND	ND	ND	ND	ND	ND
铅(Pb)	1000	ND	ND	ND	ND	ND	ND	ND	ND
汞(Hg)	1000	ND	ND	ND	ND	ND	ND	ND	ND
六价铬(Cr^{6+})	1000	ND	ND	ND	ND	ND	ND	ND	ND
多溴联苯之和(PBB)	1000	ND	ND	ND	ND	ND	ND	ND	ND
多溴二苯醚之和(PBDE)	1000	ND	ND	ND	ND	ND	ND	ND	ND
砷(As)		ND	ND	ND	ND	ND	ND	ND	ND
锡(Sn)		21	19	ND	13	16			
铬(Cr)		ND	ND	ND	ND	ND	ND	ND	ND
苯		ND	ND	ND	ND	ND	ND	ND	ND

塑料制品的安全性危害，从塑料抗氧剂角度分析，主要有三个方面：

① 抗氧剂中杂质（如游离烷基苯酚）或抗氧剂分解产物（如苯酚类物质）的迁移、溶出而导致危害；

② 抗氧剂生产过程使用的溶剂，如苯类、醇类（甲醇）在抗氧剂产品中含量过高，则可能迁移、溶出而导致危害；

③ 对于确定的一种塑料材料，抗氧剂品种选择不当，或添加量过高，而导致抗氧剂直接迁移、溶出而导致危害。

2,6-二叔丁基苯酚是生产抗氧剂用量最大的原料之一，可能因生产抗氧剂时化学反应不完全而游离于抗氧剂产品之中，或因各种条件的分解而存在于抗氧剂产品或塑料制品之中。根据国家标准 GB 15193.3—2003《急性毒性试验》附录 D：大白鼠急性口服毒性试验半数致死剂量 $LD_{50}＝1\sim50mg/kg$ 为剧毒，$LD_{50}＝51\sim500mg/kg$ 为中等毒，$LD_{50}＝501\sim5000mg/kg$ 为低毒，$LD_{50}＝5001\sim15000mg/kg$ 为实际无毒，$LD_{50}＞15000mg/kg$ 为无毒。2,6-二叔丁基苯酚的大白鼠急性口服毒性试验半数致死剂量 LD_{50} 约为 890mg/kg，属于低毒性物质。

抗氧剂是化学合成的化工产品，在生产、存放和塑料制品加工、使用及回收等过程，受温度、湿度等条件的影响，及塑料配方中其他添加剂等物质的作用，产品质量或分子结构可以发生变化。塑料制品生产厂家，不仅要使用品质合格的抗氧剂，还要适当了解抗氧剂的使用条件和分解条件（如分解温度）。

1.6.2　《食品容器、包装材料用添加剂使用卫生标准》允许使用的抗氧剂

1.6.2.1　抗氧剂对食品包装用塑料制品的影响

民以食为天，食品安全问题是直接关系到人身安全的重要问题，食品包装材料的安全是食

品安全必不可少的关键组成部分。食品包装材料中有害物质存在的安全隐患，会直接威胁到人身的健康，可以导致各种急性、慢性、亚慢性甚至遗传疾病或癌症的发生，尤其会对儿童、青少年的健康发育和老年人的寿命产生重大安全隐患。

食品包装用塑料制品所用的高分子树脂和添加剂多种多类，化学成分相对复杂。食品包装用塑料制品，直接接触食品，所用塑料抗氧剂的品种、添加量直接关系到食品和人身安全。

强制性国家标准《食品容器、包装材料用添加剂使用卫生标准》（GB 9685—2008）规定了食品容器、包装材料用塑料抗氧剂的使用原则、允许使用的品种、使用范围、最大使用量、特定迁移量、最大残留量等限制性要求。

按照 GB 9685—2008 中对应的塑料材料，选择适用的抗氧剂品种，并且有效控制添加数量，可以生产有高度安全性的食品包装用塑料制品。安全食品包装用塑料制品，在与食品接触时，在推荐的使用条件下，迁移到食品中的抗氧剂不会危害人体健康。

最大使用量是抗氧剂在食品容器、包装材料加工时所允许加入的总量，一般以抗氧剂占总基材的质量分数表示。

特定迁移量 specific migration limit（SML）是抗氧剂从食品容器、包装材料终产品中迁移到与其接触的食品或食品模拟物中的最大限量，一般以 mg/kg 或 mg/dm^2 表示。

最大残留量 maximum permitted quantity（MQ）是抗氧剂在食品容器、包装材料终产品中的最大残留量，一般以 mg/kg 或 mg/dm^2 表示。

需要注意的是：①塑料抗氧剂只能用于在"最大使用量"一栏中，已经注明的塑料材料；②塑料抗氧剂用于在"最大使用量"一栏中已经注明的塑料材料时，对于不同种类塑料材料，会有不同的最大使用量；③使用的抗氧剂在达到预期稳定效果时，应尽可能降低在食品容器、包装材料中的用量；④使用的抗氧剂必须符合相应的质量规格标准和存放期限。

1.6.2.2 GB 9685—2008 允许使用的抗氧剂

下面表格"QM 或 SML"一栏中，均为特定迁移量（SML）数值，添加剂名称为 GB 9685—2008 标准使用的名称，抗氧剂牌号是为了与常用抗氧剂品种对应而附加标注的。

（1）添加剂名称：（3,5-二叔丁基-4-羟基苯基）丙酸草酰（二亚氨基-2,1-亚乙酯基）；抗氧剂 MD-697。

CAS 号：70331-94-1

使用范围	最大使用量/%	GB 9685—2008 页码
塑料	PP,PE,PS:0.5	4

（2）添加剂名称：1,3,5-三［(4-叔丁基-3-羟基-2,6-二甲基苯基)甲基]-1,3,5-三嗪-2,4,6(1H，3H，5H)-三酮；抗氧剂 1790。

CAS 号：40601-76-1

使用范围	最大使用量/%	QM 或 SML/(mg/kg)	GB 9685—2008 页码
塑料	PE,PP,PS:0.1	6.0	10

（3）添加剂名称：1,3,5-三（3,5-二叔丁基-4-羟基苄基）-1,3,5-三嗪-2,4,6(1H，3H，5H)-三酮；抗氧剂 3114。

CAS 号：27676-62-6

使用范围	最大使用量/%	GB 9685—2008 页码
塑料	PE:0.5;PP,ABS:0.25;PET:0.5	10

（4）添加剂名称：1,3,5-三甲基-2,4,6-三（3,5-二叔丁基-4-羟苄）苯；抗氧剂 1330。

CAS 号：1709-70-2

使用范围	最大使用量/%	GB 9685—2008 页码
塑料	PE,PP,PS,ABS,PA,PET,PC,PVC,PVDC:0.5	10

(5) 添加剂名称：2,2-双[[3[3,5-双(1,1-二甲基乙基)-4-羟苯基]-1-氧代丙氧基]甲基]-1,3-丙二基-3,5-双(1,1-二甲基乙基)-4-羟基苯丙酸酯；四[3-(3,5-二叔丁基-4-羟基苯基)丙酸]季戊四醇酯；抗氧剂 1010。

CAS 号：6683-19-8

使用范围	最大使用量/%	GB 9685—2008 页码
塑料	PE,PP,PS,AS,ABS,PA,PET,PC,PVC:0.5	23

(6) 添加剂名称：2,2′-亚甲基双（4-甲基-6-叔丁基苯酚）；抗氧剂 2246。

CAS 号：119-47-1

使用范围	最大使用量/%	QM 或 SML/(mg/kg)	GB 9685—2008 页码
塑料	PE,PP:0.1;PS:0.4;AS:0.6;ABS:2.0	1.5	23

(7) 添加剂名称：2,4-二甲基-6-(1-甲基-十五烷基)；抗氧剂 1141。

CAS 号：134701-20-5

使用范围	最大使用量/%	QM 或 SML/(mg/kg)	GB 9685—2008 页码
塑料	PS,AS,ABS:0.5;PVC:0.033	1.0	25

(8) 添加剂名称：2,4-二叔丁基苯酚-3,5-二叔丁基-4-羟基苯甲酸酯；抗氧剂 120。

CAS 号：4221-80-1

使用范围	最大使用量/%	GB 9685—2008 页码
塑料	PE,PP:0.3	26

(9) 添加剂名称：2-[3-(3,5-双叔丁基-4-羟基苯基)-丙酰基]肼-3,5-双叔丁基-4-羟基苯丙酸；抗氧剂 1024。

CAS 号：32687-78-8

使用范围	最大使用量/%	QM 或 SML/(mg/kg)	GB 9685—2008 页码
塑料	PE,PP:0.2;AS,ABS,PS:0.1	15.0	30

(10) 添加剂名称：2-[4,6-双(2,4-二甲基苯基)-1,3,5-三嗪-2-基]-5-(辛氧基)苯酚；光稳定剂 1164。

CAS 号：2725-22-6

使用范围	最大使用量/%	QM 或 SML/(mg/kg)	GB 9685—2008 页码
塑料	PE:0.3;PP:0.1	0.05	30

(11) 添加剂名称：2-丙烯酸-2-(1,1-二甲基乙基)-6-[[3-(1,1-二甲基乙基)-2-羟基-5-甲基苯基]甲基]-4-甲苯基酯；抗氧剂 3052。

CAS 号：61167-58-6

使用范围	最大使用量/%	GB 9685—2008 页码
塑料	PP,PE,PS,PVC,PA,PC,ABS,AS,PET,UP: 按生产需要适量使用	31

（12）添加剂名称：2-甲基-4,6-二［(辛基硫基)甲基]苯酚；抗氧剂 1520。

CAS 号：110553-27-0

使用范围	最大使用量/%	QM 或 SML/(mg/kg)	GB 9685—2008 页码
塑料	PE,PP:5.0;PS,AS,ABS:0.2	5.0	43

（13）添加剂名称：3,3-硫代二丙酸二月桂酯；抗氧剂 DLTP。

CAS 号：123-28-4

使用范围	最大使用量/%	QM 或 SML/(mg/kg)	GB 9685—2008 页码
塑料	PE,PP,PS,AS,ABS,PET,PC:0.5;PVC,PVDC:按生产需要适量使用	5.0	49

（14）添加剂名称：3,9-二（2,6-二叔丁基-4-甲基苯氧基）-2,4,8,10-四氧杂-3,9-二磷杂螺（5,5）十一烷；双（2,6-二叔丁基-4-甲基苯基）季戊四醇二亚磷酸酯；抗氧剂 36。

CAS 号：80693-00-1

使用范围	最大使用量/%	QM 或 SML/(mg/kg)	GB 9685—2008 页码
塑料	PE,PP,PS:0.25;ABS,PA,PET:0.5;PC:0.1	5.0(以磷酸盐和亚磷酸盐之和计)	50

（15）添加剂名称：3,9-二［十八氧(烷)基]-2,4,8,10-四氧杂-3,9-二磷杂螺（5,5）十一烷；抗氧剂 618。

CAS 号：3806-34-6

使用范围	最大使用量/%	GB 9685—2008 页码
塑料	PE,PP:0.3;PVC:1.0;PS,ABS,AS:0.25;PC:按生产需要适量使用	50

（16）添加剂名称：3,9-二（2,4-二叔丁基-苯氧基)-2,4,8,10-四氧杂-3,9-二磷杂螺（5,5）十一烷；抗氧剂 626。

CAS 号：26741-53-7

使用范围	最大使用量/%	QM 或 SML/(mg/kg)	GB 9685—2008 页码
塑料	PP,PE:0.1;PC:0.25;PVC:0.86	0.6	51

（17）添加剂名称：3,9-双［2,4-双(1-甲基-1-苯乙基)苯氧基]-2,4,8,10-四氧杂-3,9-二磷杂螺（5,5）十一烷；抗氧剂 9228。

CAS 号：154862-43-8。

使用范围	最大使用量/%	QM 或 SML/(mg/kg)	GB 9685—2008 页码
塑料	PE,PP,PS,AS,ABS,PA,PET,PVC:0.15;PC:0.2	5.0	51

（18）添加剂名称：3,9 双［2-[3-(3-叔丁基-4-羟基-5-甲基苯基)-丙酰基]-1,1-二甲基乙基]-2,4,8,10-四氧杂螺（5,5）十一烷；抗氧剂 80。

CAS 号：90498-90-1

使用范围	最大使用量/%	GB 9685—2008 页码
塑料	PE,PP:0.3;ABS,PA:0.5	51

（19）添加剂名称：4,4′-硫代双（5-甲基-2-叔丁基苯酚）；抗氧剂 300。

CAS 号：96-69-5

使用范围	最大使用量/%	QM 或 SML/(mg/kg)	GB 9685—2008 页码
塑料	PE：0.05；PP，ABS：0.3；PS，AS：0.6	0.48	53

(20) 添加剂名称：4-[(4,6-二辛硫基-1,3,5-三嗪-2-基)氨基]2,6-二(1,1-甲基乙基)苯酚；抗氧剂 565。

CAS 号：991-84-4

使用范围	最大使用量/%	QM 或 SML/(mg/kg)	GB 9685—2008 页码
塑料	PP：0.3；PS，ABS：0.5；AS：0.1	30.0	54

(21) 添加剂名称：N,N'-己基-1,6-二［3-(3,5-二叔丁基-4-羟苯基) 丙酰胺］；抗氧剂 1098。

CAS 号：23128-74-7

使用范围	最大使用量/%	QM 或 SML/(mg/kg)	GB 9685—2008 页码
塑料	PE，PS，PA：1.0；PET：0.6	45.0	76

(22) 添加剂名称：β-(3,5-二叔丁基-4-羟基苯基) 丙酸十八醇酯；十八烷基-3,5-双（1,1-二甲基乙基)-4-羟基苯丙酸酯；抗氧剂 1076。

CAS 号：2082-79-3

使用范围	最大使用量/%	QM 或 SML/(mg/kg)	GB 9685—2008 页码
塑料	PE，PP，PS，AS，ABS，PET，PC：0.5；PVC：0.0060；PVDC：0.2	6.0	81

(23) 添加剂名称：二（十八烷基)-3,3-硫代双丙酸酯；抗氧剂 DSTP。

CAS 号：693-36-7

使用范围	最大使用量/%	QM 或 SML/(mg/kg)	GB 9685—2008 页码
塑料	PE，PP，PS，AS，ABS，PET，PC，PVC，PVDC：0.5	5.0	107

(24) 添加剂名称：二［2,4-二叔丁基-6-甲基苯基］乙基磷酸酯；抗氧剂 38。

CAS 号：145650-60-8

使用范围	最大使用量/%	QM 或 SML/(mg/kg)	GB 9685—2008 页码
塑料	PE：0.2；PP：0.3	5.0	107

(25) 添加剂名称：二［3-(1,1-二甲基乙基)-4-羟基-5-甲基苯丙酸]三聚乙二醇；抗氧剂 245。

CAS 号：36443-68-2

使用范围	最大使用量%	QM 或 SML/(mg/kg)	GB 9685—2008 页码
塑料	PS，AS，ABS：0.3；PA，PET：0.5；PVC：0.2；PVDC：0.1	9.0	108

(26) 添加剂名称：磷酸-（3,5-二叔丁基-4-羟基苄基）二乙酯；抗氧剂 1222。

CAS 号：976-56-7

使用范围	最大使用量/%	QM 或 SML/(mg/kg)	GB 9685—2008 页码
塑料	PET：0.1		145

(27) 添加剂名称：叔二丁基羟基苯基（BHT）；2,6-二叔丁基对甲苯酚；抗氧剂 BHT。

CAS 号：128-30-7

使用范围	最大使用量/%	QM 或 SML/(mg/kg)	GB 9685—2008 页码
塑料	PE,PP:0.5;PS,AS,ABS:1.0; PA,PET,PC,PVC,PVDC:0.13	3.0	167

（28）添加剂名称：亚磷酸三（2,4-二叔丁基苯）酯；抗氧剂 168。

CAS 号：31570-04-4

使用范围	最大使用量/%	GB 9685—2008 页码
塑料	PE,PS:0.2;PP:0.2;AS,ABS:0.4;PA:1.0;PC:0.3	180

1.7　塑料着色安全性及国内外主要法规要求

（陈信华，云大陆）

石油化工的发展促进塑料工业的大发展，塑料以原料易得及可大规模生产的特点，以及近百年来塑料加工技术和加工助剂的迅猛发展，成为目前世界上使用范围最为广泛的材料之一。在消费产品领域，各种不同种类、不同颜色、不同性能的塑料发挥着重要的作用。为了满足产品安全、环保的要求，塑料材料及其制品必须满足世界各国、各地区的法规要求，其中最为重要而且特别受人关注的是化学物质控制的要求，特别是对于作为塑料着色剂——颜料的化学要求。由于各国家、地区的差异和产品类型的不同，目前对于塑料着色用颜料的化学要求，有的是针对颜料本身的，有的是针对塑料材料的，而有的则是针对产品的通用要求，涉及具体的消费产品非常广泛，其中主要有：①玩具；②纺织材料（如一些聚合物化学纤维）和辅料（如拉链和纽扣等）；③电子电器产品；④食品容器和食品接触性材料；⑤汽车产品；⑤船产品。

本节将塑料用颜料的安全性及将世界各国、各地区相关的法律、法规、立法和执法情况以及涉及塑料用着色剂有害化学物质法规限制情况作逐一作介绍，并就如何应对国际相关化学物质控制的要求提出建议。

1.7.1　颜料在塑料着色中的安全性

所谓颜料是指：一种具有色泽的无机或有机化合物的固体微粒状物质，并能选择性地将有色光波中某些光吸收和反射，而产生出颜色，颜料通常分散于被着色物质中。颜料作为化学品其对人类健康的影响，以及在塑料着色中的安全使用是非常重要的。

1.7.1.1　化学品的毒理学性质

化学品毒性的研究涉及许多领域，主要包括以下几个方面。

（1）急性毒性　急性毒性指经短期接触后的危害作用。这种接触可能是口腔接触、皮肤接触或呼吸系统接触后的毒性。

最常用衡量急性毒性的数值是 LD_{50}。LD_{50} 是指半数致死量，其精确的定义指统计学上获得预计引起实验动物半数死亡的单一剂量。LD_{50} 的单位为 mg/kg 体重，LD_{50} 的数值越小，表示毒性越强；反之，LD_{50} 数值越大，毒性越低。

欧盟对于物质的三个急性毒性的类别（大鼠口服）下了定义：$LD_{50} \leqslant 25mg/kg$，极毒；$LD_{50}$ 为 $25 \sim 200mg/kg$，有毒；LD_{50} 为 $200 \sim 2000mg/kg$，有害。

（2）皮肤和黏膜的刺激　化学品对皮肤、眼睛和其他黏膜的作用是在实验室中与受控动物暴露接触后测试其受影响组织的状况，依照暴露接触点受伤害的程度而定。可分为无刺激性、有刺激性或腐蚀性。

刺激是指由于皮肤或眼睛单纯暴露接触化学品而导致的限于局部的反应，其特征为出现红斑和水肿和是否可能导致细胞死亡。

腐蚀是指能使有生命组织在接触部位受化学作用而产生可见的破坏或不可恢复的改变。

（3）反复接触后的毒性 亚急性毒性研究必须包含供试物质反复施用于动物其周期为28天，亚慢性毒性研究整个周期为90天。

（4）诱变性 指对人体基因的锈变，能够使有生命细胞中遗传物质（基因、染色体）发生变异的化学品称为致锈变物。

（5）慢性毒性和致癌性 慢性毒性是以被测动物终身重复暴露接触在一个化学品中致使产生可逆的健康影响为特征的延迟的影响，也被认为是慢性影响。

致癌性是指对动物作慢性毒性试验的意图是检验化学品对动物致恶性肿瘤潜力的可能性。

（6）水中毒性和生物降解性 指在水体系中对鱼、水蚤和细菌等的毒性和生物降解性。

1.7.1.2 有机颜料在塑料着色中的安全性

（1）急性毒性 关于有机颜料的急性毒性，欧洲染料和有机颜料制造工业的生态学和毒理学协会（Ecological and Toxicological Association of the Dyestuffs Manufacturing Industry 简称 ETAD）公布了4000种着色剂摘要，也有专题论文综述了194种颜料口服 LD_{50} 值，大多数颜料大于 5000mg/kg，没有 LD_{50} 值低于 2000mg/kg 的报告。考虑到我们每天食用的盐（NaCl）也是化学品，其口服 LD_{50} 值为 3000mg/kg。对于 LD_{50} 值 5000mg/kg，相当于给平均体重60kg的人吞食 300g 颜料，通常颜料一般通过胃肠排出，而不经尿液排出。所以可得结论是有机颜料急性毒性是低的，不属于有害。

（2）皮肤和黏膜的刺激 有人对192个常用的商品化的有机颜料对小白兔皮肤及黏膜的影响，其影响还包括颜料生产添加的助剂的作用。只有极少数有机颜料能对小白兔的皮肤及黏膜产生刺激，详见表1-23。

表 1-23　常用的 192 个有机颜料对于小白兔皮肤和黏膜刺激影响汇总

刺激程度	皮肤	黏膜	刺激程度	皮肤	黏膜
没有刺激	186	168	中等程度刺激	1	1
轻微刺激	5	20	强刺激	0	3

（3）有机颜料反复接触后的毒性 有机颜料反复接触后的毒性采用在有生命的生物体上采用非杀伤性剂量来测定。从大量有机颜料经过这样测试的结果来看，没有一种显示毒性作用。

C. I. 颜料黄 1 或 C. I. 颜料红 57：1 采用口服剂量≤1g/kg（1000ppm）喂养大鼠30天的观察中没有毒性反应。

C. I. 颜料黄 12、17 和 127（30天观察期）和 C. I. 颜料黄 142（经 42 天观察期）没有毒性反应。

欧盟规定凡是反复施用或延迟暴露接触导致严重伤害的物质需要贴 R48 标志标明。有机颜料没有需用 R 词句标志的。

（4）有机颜料诱变 化学品诱变效应，即对遗传物质的影响情况可通过短期诱变性试验来测定。其中有一种细菌测试法称埃姆斯试验（Amestest），该法快速而且经济。用埃姆斯法测试 25 种有机颜料的诱变性，其中发现只有个别品种有机颜料有轻微的诱变效应，见表1-24。

表 1-24   有机颜料诱变性 (埃姆斯法) 测试结果

颜料索引号	颜料索引结构号	结果	颜料索引号	颜料索引结构号	结果
C. I. 颜料黄 1	11680	阴性	C. I. 颜料红 49：2	15630：2	阴性
C. I. 颜料黄 12	21090	阴性	C. I. 颜料红 53：1	15585：1	阴性
C. I. 颜料黄 74	11741	阴性	C. I. 颜料红 57：1	15850：1	阴性
C. 1. 颜料橙 5	12075	弱阳性	C. I. 颜料红 63：1	15880：1	阴性
C. I. 颜料橙 13	21110	阴性	C. 1. 颜料蓝 15	74160	阴性
C. I. 颜料红 1	12070	弱阳性	C. I. 颜料蓝 15：1	74160：1	阴性
C. I. 颜料红 4	13085	阴性	C. I. 颜料蓝 15：2	74160：2	阴性
C. I. 颜料红 22	12315	阴性	C. I. 颜料蓝 15：3	74160：3	阴性
C. I. 颜料红 23	12355	阴性	C. I. 颜料蓝 15：4	74160：4	阴性
C. I.颜料红 48：1	15865：1	阴性	C. I. 颜料绿 7	74260	阴性
C. I.颜料红 48：2	15865：2	阴性	C. I. 颜料绿 36	74265	阴性
C. I. 颜料红 49	15630	阴性	C. I. 颜料紫 19	73900	阴性
C. I. 颜料红 49：1	15630：1	阴性			

(5) 有机颜料慢性毒性与致癌性 有机颜料是否会引起慢性毒性已引起关注，特别是致癌性。有机颜料的致癌性问题一直存在不同的看法。1994 年 7 月 15 日，德国政府在其《食品、日用品法》(LMBG) 中限制了某些致癌芳香胺物质的使用，欧盟在其指令 76/769/EC 以及其后的修订版 2002/61/EC、2003/3/EC 的附录中对偶氮类着色剂的使用进行了规定，一共限制了 22 种致癌芳香胺物质和一种染料 (海军蓝)。在 22 种致癌芳香胺物质中，能用作重氮组分生产偶氮类有机颜料的芳香胺只有 8 种，按照这个草案的内容，涉及到有《染料索引》号的有机颜料共有 47 个，其中有 C. I. 颜料黄 12、14、17、63、83，C. I. 颜料橙 3、13、16，德国政府把能分解产生有害芳香胺的有机颜料划入禁用行列，然而德国的许多大化工公司和欧洲 ETAD 对此有不同的看法。ETAD 从 20 世纪 70 年代起，有组织地开展了一系列有机颜料毒理学与生态学的研究工作，没有发现由这些致癌芳香胺制成的偶氮颜料有致癌性的问题。尤其是采用动物长期接触的方法对十多个有机颜料进行致癌性测试，没有发现因内源代谢使有机颜料的偶氮键断裂而产生游离的 3,3-双氯联苯胺和 2-甲基-5-硝基苯胺等致癌芳香胺，也没有发现它们有引起肿瘤的活性，这些都表明有机颜料应该没有致癌性。表 1-25 为双氯联苯胺偶氮颜料的致癌性试验。采用长期喂养方式的试验和研究证明既未观察到致癌作用，也未发现在动物的尿或血液中存在裂解产品有害芳香胺或代谢物 (采用血红蛋白和 DNA 加成产物的分子计量测定法)。

表 1-25   双氯联苯胺偶氮颜料的致癌性试验

颜料索引号	时间	试验动物	使用方法	剂量	无影响水平
C. I. 颜料黄 12	104 周	大鼠鼠类	口服/喂入	0,0.1%,0.3%,0.9%	≥9000mg/kg
C. I. 颜料黄 12	8 周	大鼠鼠类	口服/喂入	0,2.5%,5.0%	
C. I. 颜料黄 16	104 周	大鼠鼠类	口服/喂入	0,0.1%,0.3%,0.9%	≥9000mg/kg
C. I. 颜料黄 83	104 周	大鼠鼠类	口服/喂入	0,0.1%,0.3%,0.9%	≥9000mg/kg
结果	肿瘤发病率未上升				

(6) 水中毒性和生物降解性 对各种不同类型的有机颜料如 C. I. 颜料红 122，C. I. 颜料蓝 15：1 (酞菁型)，C. I. 颜料蓝 60 (稠环型) 等进行水生毒理学试验，结果表明它们对人体健康和环境不呈现生态毒理学的威胁，用水栖生物进行急性毒性试验表明对细菌和鱼类均无毒性作用。

(7) 有机颜料中的杂质 有机颜料已广泛用作塑料消费品、玩具，食品包装材料的着色剂。因此除了纯颜料的毒理学性质外。必须考虑有机颜料在生产中产生某些痕迹量杂质，可能影响在上述消费品领域的使用。可能出现的痕迹量杂质为：

① 某些重金属化合物　有些以重金属盐（钡）为色淀化有机颜料（C.I. 颜料红 48：1），所以不推荐用于食品包装材料和玩具；

② 芳烃胺类　在有机颜料中芳烃胺类作为颜料合成的成分只允许出现极低微的量，应用于食品接触包装材料，已明确规定其上限；

③ 芳烃伯胺类：＜500mg/kg（500ppm）（总量）；

④ 4-氨基联苯、联苯胺、2-萘胺、2-甲基-4 氯苯胺：＜10mg/kg（10ppm）（总量）；

⑤ 多氯联苯类　多氯联苯类（polychlorinated biphenyls）主要由于它们在环境中残留持久性的危害比对人类危害还大，在合成以二氯、四氯联苯胺作为重氮组分两类红黄系列有机颜料，在某些副反应中可能形成微量的多氯联苯类；在酞菁蓝绿颜料合成中使用二氯化苯或三氯化苯作为溶剂时可能由于基团的反应而形成多氯联苯类；在欧盟化学品如含有 50mg/kg（50ppm）或大于 50mg/kg（50ppm）的多氯联苯或多氯三苯不准出售；

⑥ 二噁英　颜料紫 23 是采用四氯苯醌与 N-乙基卡唑缩合而成，四氯苯醌在合成过程中不可避免形成少量二噁英。

1.7.1.3　无机颜料在塑料着色中的安全性

无机颜料的化学组成是金属氧化物和金属盐，所以大多数无机颜料都含有重金属成分在过去十年中，关于环境中的重金属讨论在世界范围内流行，因而几乎所有客户均为明确要求：着色塑料制品需不含重金属。国外定义重金属是以密度大于 4.5g/mL 的物质作为定义的，都被称为重金属。因此按此定义，除了铝粉、炭黑、群青蓝、群青紫之外所有无机颜料均含有重金属。

实际上重金属是我们环境的一个自然组成部分，大量存在于岩石和土壤中，植物在土壤中的吸收也会使其在食物中出现。我们的生命是在含有天然重金属的环境中发展形成的，并且它们已经存在我们的身体的组织中。许多重金属（铁、锌、锰、钼、铬和钴）是维持生命所必需的微量元素，没有了它们人类和动物就不能生存。动物试验已经表明缺少铬（Ⅲ）会导致糖尿病、动脉硬化和生长失调。因而在全部生活领域内极端要求无重金属存在是没有科学依据的。

如同其他物质一样，当重金属超过特定浓度时，会被认为对人类和环境有危害。关于无机颜料在塑料着色的安全性，经国外对重要的无机颜料进行仔细的检测，总体来看除了有害的铬系和镉系颜料外，其他的无机颜料在毒物学和生态学上是无害的。这是因为无机颜料具有不溶性，它们不会在胃里（意外吞食）或环境里产生生理效能，而铬系和镉系的毒性效应在人体消化系统，有酸性介质存在，酸溶性铅就容易被人体吸收，引起铅中毒等各项症状。

（1）二氧化钛颜料　二氧化钛由于其良好的分散性、化学稳定性、生物惰性和无毒性，是塑料着色最重要的白色颜料。该颜料通常以无色低溶解度的有机或无机化合物进行包膜以增进其耐气候性、耐光性和分散性。

由于二氧化钛卓越的生理相容性，美国和欧盟核准具有特定纯度的二氧化钛作为着色剂用于食品、化妆品和医药产品。

（2）炭黑颜料　炭黑颜料是用热氧化分解芳烃油而制得。制造工艺有炉黑工艺、气黑工艺和灯黑工艺。

长期调研表明工业炭黑没有任何有害作用，这已被几十年来的经验所证实。按照"国际癌症研究机构""毒物与毒理规划"（NTP/USA）的研究报告，以及欧盟和美国相关的对于危险化学品的法规，都显示和表明炭黑没有任何致突变、致畸和致癌潜力。

但商品炭黑中会有痕迹量杂质多环芳香烃（polycyclic aromatic hydrocarbon 简称 PAHs），炭黑中的杂质多环芳香烃（PAHs）只能在非常严格实验室分析手段下才能抽取出来，多环芳香烃显示致畸和致癌的活性。但炭黑在实验室短时间内萃取量仅为极小量。目前没有科学依据证实，正常接触炭黑，对人体产生潜在有害作用，即致畸和致癌。

（3）铬酸铅颜料　铬黄颜料是纯铬酸铅或铬酸铅与硫酸铅混合相颜料。其通式为 $Pb(Cr,S)O_4$。

钼铬红是铬酸铅、硫酸铅和钼酸铅的混合相颜料，其通式为 $Pb(Cr,S,MO)O_4$。

铬酸铅颜料含有铅和六价铬，两种金属都有慢性危害。铬酸铅是低溶解度的铅化合物。在盐酸中以及胃酸浓度中会发现溶解的铅并导致在有机体内铅累积。摄食高含量铅之后会扰乱血红蛋白的合成。对大鼠在实验室使用内支气管药丸灌输技术经过两年观察未发现统计上值得注意的潜伏致癌证据。多方面的流行病学调研已得知铬酸铅颜料不显示致癌性质，但是六价铬化合物被认为是致癌物。作为一项预防措施，欧盟已把铬酸铅列为 3 类致癌物（怀疑有致癌潜力）。

欧盟已把所有铅化合物列为 1 级对生殖有毒害（胚胎致毒）。铅化合物和配制品如果含有 0.5％的铅，则必须标志"骷髅头和交叉腿骨"图符和标写"对胎儿有害"的词句。

铬酸铅颜料不能用于儿童用品的着色，避免在幼儿对玩具嘴啃或吸吮过程中的伤害。不能用于与食品接触的物品、盛装食品容器内壁着色。

（4）氧化铬绿颜料　氧化铬绿颜料只含有三价铬，在自然条件下不会从氧化铬绿颜料中游离铬离子。甚至在强酸性条件下（pH 1～2）也只有少量（每千克几毫克）的铬（Ⅵ）释出。氧化铬（Ⅲ）只在加热的情况下特别是碱性条件下才有可能氧化为铬（Ⅵ）。

在评价铬的毒性时，三价铬和六价铬化合物必须加以区别。三价铬是人类机体主要的微量元素。对动物研究表明，缺少三价铬会导致糖尿病、动脉硬化和眼睛水晶体混浊。

（5）镉系颜料　镉系颜料分为红色与黄色两大类，其颜色主要是由镉盐的阴离子决定的，含锌的色彩是带绿光的黄颜料，含硒的色彩则变为橙红和酱红色。

镉系颜料是一种具有低溶解度的化合物，但少量镉溶于稀酸（其浓度相当于胃酸浓度）。长期经口摄食镉颜料导致在人体内累积，特别是在肾脏内。尽管如此，镉颜料的毒性还是比其他镉化合物低得多（几个数量级）。用各种镉化合物长期饲喂动物研究表明无致癌潜力。但是对大鼠、小鼠和大颊鼠类使用镉化合物包括硫化镉作吸入研究显示，大鼠每四只有一只其肺癌的发病率有较明显的增大，小鼠无确定性结果，大颊鼠则未观察到致癌性。欧洲议会已把硫化镉列为 3 类致癌物质，但是镉颜料未被列入。

（6）氧化铁颜料　自然界存在的氧化铁和氢氧化铁早已被人们用作颜料了。现今氧化铁颜料是用合成方法生产的。合成氧化铁制造工艺是在控制条件下生产的，所以比自然界存在的氧化铁纯度要高，并且由于铁含量高，比自然界存在的氧化物呈现出较亮的色泽。大量毒物与毒理学试验没有显示氧化铁对人体组织有危害。用纯净原料生产的氧化铁颜料，可用于食品和医药产品的着色。氧化铁颜料与日俱增的重要性是基于其无毒性和化学稳定性。合成的氧化铁不含结晶的二氧化硅，因此即便是在严格的加利佛尼亚州法规也不认为存在毒性。

（7）复合（CIPC）无机颜料　钛镍系无机颜料又名彩色复合无机颜料，是一种或几种金属离子掺杂在其他金属氧化物的晶格中而形成的掺杂晶体，掺杂离子导致入射光的特殊干扰，某些波长被反射而其余的则被吸收，使之成为彩色颜料。在国外称之为 CICP 颜料（Complex Inorganic Color Pigment）。

CICP 颜料的金红石晶格吸纳了氧化镍、氧化铬（Ⅲ）或氧化锰等作为发色组分。这些金红石型颜料中的镍、铬、锰、锑等元素填补了二氧化钛中原来的晶体缺陷，形成更为完整的晶体结构，提高了晶体晶格稳定性。这些金属元素失去了它们原来的化学、物理和生理性质。所以这类金红石颜料不能认为是镍、铬或锑化合物或其单纯的氧化物，CICP 颜料的惰性很高，其热水渗出量在 2mg/kg（2ppm）以下，人体的胃酸根本无法使其溶解，因此即使进人胃肠内也对人体无害，人身接触它也是绝对安全的，由于这个原因不把它们列入危害类物质。按制造商就相容性、纯度和安全处理的说明，大部分此类颜料被视为无毒，并且符合接触食品的要求以及玩具的法规要求。

(8) 群青蓝 群青蓝这种独特的蓝色是来自在钠铝晶格中捕获并稳定多硫化物的自由基而形成的钠盐，群青蓝是在 800℃ 左右煅烧制成的。群青紫和群青粉红衍生于群青蓝，使之进一步氧化和离子交换，它们具有很相似的结构。

群青具有卓越的耐光性和耐热性。除了对酸敏感外，耐化学性很好。群青颜料对皮肤和眼睛的刺激性研究报告是阴性的，在超过百年生产和使用中无有害的慢性作用报告。世界各地广泛用于纺织品增白，以前还用作糖的增白剂，并无致病作用的报道。

(9) 锰紫颜料 锰紫颜料发明于 1900 年左右，除了对碱敏感外，不溶于水和有机溶剂，耐化学性也良好。锰紫颜料无毒，使用安全，可以用于唇膏等化妆品，也可用于塑料着色。没有对健康有害的报道，也没有关于经呼吸道吸入的影响。

(10) 钒酸铋颜料 钒酸铋颜料是带绿的黄色，它们具有高的着色力、明度和遮盖力。

钒酸铋颜料对动物试验结果有吸入毒性，可能是含有钒酸盐的缘故。大鼠吸入三个月的研究观察到肺组织发生变化，发现只有当极高浓度时才转变为不可恢复性。毒性作用只有当肺中某些浓度超量时才能观察到，如果达到工业卫生标准就不会这样。为了进一步降低风险，钒铋颜料应以高流动性、细的无粉型产品出现，颗粒的大小不在可吸入细尘范围之内。

(11) 珠光颜料 珠光颜料是通过云母片与一种或多种金属氧化物，例如 TiO_2、Fe_2O_3 或其他颜料组成，使之构成层状结构以达到珠光色彩效应。珠光颜料最重要的应用领域是塑料化妆品容器。

珠光颜料对皮肤或黏膜不显示任何刺激或敏感作用。在正常职业接触珠光颜料的情况下评价对人类健康的影响，也无有害作用显示，尚未确认接触珠光颜料对健康的慢性毒性作用。

(12) 金属颜料 金属颜料是指含有铝薄片、铜、铜合金的粉料或浆料。金属颜料无急性毒性，如以色浆形式使用应考虑溶剂的毒性。

须特别注意的是粉状铝颜料是易燃固体，铝粉与水作用能游离出氢气；它也可与氯烃发生作用。铝粉着火灭火最为安全迅速的方法是盖以干沙，在这种情况下，必须避免引起铝尘云，它能导致突爆，绝对禁止吸烟，必须严禁火种和静电火花。

1.7.1.4 颜料的安全数据表

为了能够准确说明和标注颜料对人类健康和环境的危害性，并提供如何安全搬运、贮存和使用该颜料的信息，颜料生产企业应提供相应的颜料安全数据表（Material Safety Data Sheet 简称 MSDS），使用户及相关的化学品管理机构了解该化学品的相关潜在危害，使用时能主动进行防护，起到减少职业危害和预防化学事故的作用。

MSDS 是化学品生产商和进口商用来阐明化学品的理化特性（如 pH 值，闪点，易燃度，反应活性等）以及对使用者的健康（如致癌，致畸等）可能产生的危害的一份文件。是一份关于危险化学品的燃、爆性能，毒性和环境危害，以及安全使用、泄漏应急救护处置、主要理化参数、法律法规等方面信息的综合性文件。它提供了有关化学品的危害信息；保护化学品使用者安全；确保工业化生产安全操作，提供了有助于紧急救助和事故应急处理的技术信息；指导化学品的安全生产、安全流通和安全使用。它是化学品登记管理的重要基础和信息来源（如欧盟的 REACH 等）。目前美国、日本、欧盟等发达国家已经普遍建立并实行了安全数据表制度，要求化学品的生产厂家在销售、运输或出口其产品时，同时提供一份该产品的安全说明书。世界各国无论是国内贸易还是国际贸易，卖方都必须提供产品说明性的法律文件。

每个颜料都应该有相应的 MSDS，并且需要随着人们对其的深入研究发现而对 MSDS 进行相应的修订升级。需要牢记的是，MSDS 上所提供的信息对于使用者来说也许是唯一的信息来源，所以提供规范、正确而且全面的产品安全说明书十分重要。相应的化学品相关企业都有相应的责任。

1.7.2　塑料着色国内外的法规以及相应的要求和标准

世界各国拥有不同的司法体系，决定了不同的国家法律法规制定程序和运作方式，也决定了不同的国家产品的准入体系、监督体系和处罚方式的差异。

世界上的司法体系，主要分为海洋法系（英美法系）和大陆法系。海洋法系（美国）国家对于产品安全质量方面的判定往往基于案例、公民和社会利益、普世价值、公认性、以及陪审团成员和法官的倾向性，更加讲究完全绝对的科学依据和证据；大陆法系（欧盟和中国）来源于罗马帝国的法律体系，其审判机关分为普通法院和专门用于行政案件诉讼的行政法院；审理的依据是以成文法律为主，大陆法系更加依据权威和国家政策导向性。

1.7.2.1　主要国家法规和标准体系简介

（1）美国的法规体系以及相应的要求和标准　美国是一个联邦制的国家，其法规体系是以联邦主义为基础，联邦主义是美国宪法的基本原则之一，联邦政府的权利，在合众国范围内这种权力是最高的，各州的宪法和法律如果与联邦的宪法、法律或订立的条约相抵触，均属无效；各州在其范围内享有充分的管理权，各州政府的职能有完整运转的自由、各州只能在不违反联邦宪法、法律和条约的前提下行使其保留权利，但联邦政府也必须在确认各州自主的基础上行使其权利。鉴于此，美国的法律制定一般十分谨慎，而美国市场对于产品的质量和安全要求一般是很高的，因此又有一类由生产商或零售商自愿执行的产品标准也具有一定的规范作用。

美国对于有害化学物质的管理法规有：法律、联邦法规、各州的法律，以及各种协会的规定和标准等。

① 美国法律　由联邦参议院或众议院表决通过，由美国国家总统签字实施的法律，如美国食品药品和化妆品法 FFDCA（Federal Food Drug，cosmetics Act.），美国消费产品安全法 CPSA（Consumer Product Safety Act）。

② 美国法规（REGULATION）如美国联邦法规 CFR，（Code of Federal Regulation）等，是美国联邦政府执行机构和部门在"联邦公报"（Federal Register，简称 FR）中发表与公布的一般性和永久性规则的集成，具有普遍适用性和法律效应。如联邦法规 21CFR178.3297《与食品接触的聚合物材料中着色剂的要求》。

③ 法案　有州法案和联邦法案，是新法律或者对现有法律进行修订的提案。在其正式被批准立法之前，都将被称为法案。一旦法案经过联邦或者州参议院或/和众议院投票通过，经总统、州长的签署，才会成为正式的联邦或者州的法令法规，如果被拒绝就是否决。对于法案的编号：联邦参议院法案代号由 S 打头；联邦众议院法案代号由 HR 打头，如美国 H.R.4040《消费品安全改进法案》，H.R.2420《电气设备环保设计法案》。

④ 规章　包括各种规程（Procedure）、标准（Standard）、手册（Handbook）、指令（Directive），如美国《关于玩具特定元素的限量要求》ASTM F963 标准。

美国主要涉及相关产品安全的联邦政府管理机构是美国食品和药品管理局（Food and Drug Administration 简称 FDA）和美国消费品安全委员会（Consumer Product Safety Committee 简称 CPSC）。

美国食品和药品管理局（FDA）的工作使命是通过确认人类药物、兽药、生物产品、医疗设备、国家的食品供应、化妆品和放射性产品的安全和功效来保护公众健康。其监管产品有：食品、药物、生物制品、食品间接添加产品、食品直接添加剂、医疗设备、放射性产品、化妆用品、动物饲料和药品。

美国食品和药品管理局（FDA）的监管手段主要是：罚款、扣留、召回存在问题的产品，通过法律程序诉讼等。同时，FDA也通过发布《符合政策指南》的方式来提供符合性的指导和一些标准。

美国消费品安全委员会（CPSC）在现有的目录上管理着15000种不同的产品，主要是家用电器、儿童玩具、烟花爆竹及其他用于家庭、体育、娱乐及学校的消费品。CPSC主要职责是对消费产品使用的安全性制定标准和法规并执行监督。

CPSC管理手段主要是：罚款、电视媒体曝光、召回有问题的产品、通过法律程序诉讼等。

（2）欧盟及中国的法规体系以及相应的要求和标准

① 欧洲联盟法规体系　欧盟法律是一个独立的法律体系，凌驾于各成员国国家法律之上。欧盟法律通常由相互关联的三种不同立法形式构成。

a. 基本法　主要包括各类条约及具有同等地位的其他协定，例如：1987年的《统一欧洲法案》、1992年的《欧洲同盟条约》。

b. 辅助性法规　在欧盟条约框架内，欧盟辅助性法规按照其实施目标可分为四种类型：法令、指令、决议及建议和意见。这四种法规的性质和法律效力各有不同。

ⓐ 法令（Regulations）　法令是一种具有普遍适用性和总约束力的法规，它们适用于所有成员国，包括成员国的自然人。法令一经生效，各成员国都必须执行，没有必要再制定相应的本国法令。如REACH（No.1907/2006）法令《化学品注册、评估、授权和限制条例》。

REACH法规包括以下四个部分。

注册　对目前正在广泛使用和新的化学品，当产量或进口量每年超过1t（大约涉及3万种化学物质），其生产商或进口商均需向REACH中央数据库提交相关信息。

评估　化学品主管机构进行资料符合性审核和进行物质评估，批准检测计划。

许可　对应引起高度关注的物质或其产品中的成分（SVHC），如致癌、诱导基因突变或对生殖有害物质（CMR）和难降解有机污染物物质（POPs），政府主管机构应对其按某一用途的使用方式给予许可。

限制　任何物质或在配制品和物品中的物质如果对人类健康和环境产生不可接受的危害，欧盟可限制在某些产品和消费者使用该物质，或完全禁止使用。

目前，市场上现有化学物质共有100106个，其中每年进入欧盟市场的量大于1t的化学物质大约是70000个，因此REACH法规涉及的化学品大约30000种，其中80%需要注册，15%需要注册、评估，5%需要注册、评估和许可。该法规覆盖了大部分由化学物质或添加了化学物质的配制品和制成品。

REACH是一个非常重要的欧洲化学物质以及相关产品的管理法规，一定要引起足够高的重视。

ⓑ 指令（directives）　欧盟指令并不是欧盟法律，因此指令的实施是依靠成员国按照指令的要求将指令转变成其国家的法律来执行的，只有指令转变成各成员国的法律才能对欧盟企业及个人构成强制执行。指令是用来指导欧盟成员国按照指令的要求来编写法规，以保证欧盟成员国法律的相对一致性和统一性，避免成员国内部由于法律系统的矛盾而引发的纠纷。指令虽然对各成员国均有约束力，各成员国应当根据欧盟指令的相关规定进行立法，制定相应的本国法律。如《电子电器产品有害物质限制指令》《The Restriction of the use of Certain Hazardous Substances in Electrical and Electronic Equipment》（简称RoHS指令）。

相应的欧盟指令都会有相应的协调标准支撑，1985 年 5 月 7 日，欧洲理事会批准了关于《技术协调与标准化新方法》（85/C136/01）的决议。该决议指出，在《新方法》指令中只规定产品所应达到的卫生和安全方面的基本要求，另外再以制定协调标准（harmonized standard）来满足这些基本要求。协调标准由欧洲标准化组织制定，凡是符合这些标准的产品，可被视为符合欧盟指令的基本要求。

如《欧洲玩具指令》（88/378/EC）对玩具的化学安全性进行了规定。欧盟委员会授权标准化机构（CEN）针对某些玩具中常见的有机化学化合物制定具体的要求。这些要求即为 EN 71-系列标准中新增的 3 条标准。

ⓒ 决议（decisions）　执行决议的对象可以是成员团体，也可以是个人，这要根据决议的具体内容来确定。决议一经颁布，各成员必须遵照执行，没有选择变通的余地。

ⓓ 建议和意见（recommendation and opinions）　建议和意见不具有约束力。

② 中国的法规体系　中国的法规体系有法律、行政法规、地方性法规三个层次。

a. 国家法律　如《中华人民共和国食品安全法》《中华人民共和国产品质量法》、《计量法》、《中华人民共和国进出口商品检验法》。

b. 行政法规　如《中华人民共和国产品质量认证管理条例》。

c. 部门规章　如中国信息产业部在 2006 年 2 月 28 日公布了《电子信息产品污染防治管理办法》（中国版 RoHS）。

为了保证法律的实施，又有相应的标准相配套，标准体系又有国家标准（GB）、行业标准（QB）等。如《食品容器、包装材料用添加剂使用卫生标准》（GB/T 9685—2008）；《生态纺织品技术要求》（GB/T 18885—2002）；《国家纺织产品基本安全技术规范要求》（GB/T 1840—2003）；《玩具安全要求》（GB/T 6675—2014）。

为了保证法律的实施有相应的认证和监管。认证如中国强制性商品认证 CCC，监管方式有市场抽查、企业生产许可证等。

1.7.2.2　塑料着色国内外的法规以及相应的要求和标准

（1）电子电器产品　电子电器类产品相关的美国、欧盟和中国的法规见表 1-26。

表 1-26　电子电器类产品相关的美国、欧盟和中国的法规

国家地区	法规
欧盟	欧盟指令：2011/65/EU（原 2002/95/EC），即 RoHS 指令
	欧盟成员国根据欧盟指令转变的各自国家法律
美国	联邦级：H. R. 2420；电气设备环保设计法案，简称 EDEE 法案
中国	电子信息产品污染控制管理办法

① 欧盟《电子电器产品有害物质限制制令》[2002/95/EC（RoHS），2011/65/EU] 2003 年 1 月 27 日，欧盟议会和理事会通过了 2002/95/EC 指令，即在《电子电气设备中限制使用某些有害物质指令》（The Restriction of the use of Certain Hazardous Substances in Electrical and Electronic Equipment），简称 RoHS 指令。

RoHS 指令的要求，2006 年 7 月 1 日起投放欧盟市场的电子电气产品中铅、汞、六价铬、多溴联苯（PBB）和多溴联苯醚（PBDE）的含量不得超过 1000mg/kg（1000ppm），镉的含量不得超过 100mg/kg（100ppm），见表 1-27。

RoHS 指令适用于设计工作电压为交流电不超过 1000V、直流电不超过 1500V 的电子电气设备，主要包括大型家用电器，小型家用电器，IT 和通信设备，消费类设备，照明设备，电子电气类工具，玩具、休闲和运动设备，自动售货机 8 大类产品。

表 1-27 电子电气设备中限制使用某些有害物质指令要求

元素	限量指标/(mg/kg)	元素	限量指标/(mg/kg)
铅	1000	汞	1000
铬(VI)	1000	多溴联苯(PBB)	1000
镉	100	多溴联苯醚(PBDE)	1000

RoHS 指令发布以后，从 2003 年 2 月 13 日起成为欧盟范围内的正式法律；2004 年 8 月 13 日以前，所有欧盟国家都已经把 RoHS 指令转变成国家法律，并且有相应的执行管理机构和处罚方式。与此同时 RoHS 也列明了大量豁免条款，并涉及多个指令的修订版。

欧洲议会和欧盟委员会于 2011 年 6 月 8 日重修 RoHS 指令，更新后的指令为 2011/65/EU，并于 2011 年 7 月 1 日在欧盟官方公报上已正式发布。最新修订指令自 2011 年 7 月 21 日起生效。欧盟要求各成员国将新指令转换成国内法，并从 2013 年 1 月 2 日起开始实施。原指令 2002/95/EC 自 2013 年 1 月 3 日起废止。新版 RoHS 主要从产品范围、限制物质、豁免机制和责任明确等重要方面做了重大修改，针对旧版 RoHS 指令中的一些模糊内容如适用范围、符合性评估方法、各相关方责任、豁免申请等进一步明确，特别是明确了制造商、授权代表、进口商、经销商的责任，更便于企业执行，操作性更强。

② 美国《H. R. 2420 电气设备环保设计法案》（EDEE 法案） 美国德克萨斯州众议员 Michael Burgess 于 2009 年 5 月 14 日提出《H. R. 2420 电气设备环保设计法案》（EDEE 法案），用以修订 1976 年制定的《有毒物质控制法》（TSCA），目的是确保在美国各州和对外贸易中，对电气设备使用的某些有害物质实施联邦统一的管控法规。EDEE 法案将在联邦层级上对美国所有州的电子电气设备限制法规进行统一规范。

H. R. 2420 要求，2010 年 7 月 1 日以后生产的电子电气产品，其均质材料中铅（Pb）、六价铬（Cr^{6+}）、汞（Hg）、多溴联苯（PBB）和多溴联苯醚（PBDE）的含量不得超过重量的 0.1%，镉（Cd）的含量不得超过重量的 0.01%。当然，该法案也豁免了某些电子电气产品，并列出了相关的产品种类。

③ 中国电子信息产品污染防治管理办法 中国信息产业部在 2006 年 2 月 28 日公布了由信息产业部、发改委、商务部、海关总署、工商总局、质检总局、环保总局联合制定的《电子信息产品污染控制管理办法》并宣布从 2007 年 3 月 1 日开始强制实施，简称为"中国 RoHS"。办法共分四章二十七条，从电子信息产品生产时产品及包装物的设计、材料和工艺的选择、技术的采用，标注产品中有毒有害物质的名称、含量和可否回收利用、电子信息产品环保使用期限，以及电子信息产品生产者、销售者和进口者应负责任等方面做出了具体规定。

中国电子信息产品污染防治管理办法将电子讯息产品的各材料分成 3 类，相关的有毒有害物质的限量要求见表 1-28。

表 1-28 中国电子信息产品污染控制管理办法对有毒有害物质限量要求

电子信息产品的组成单元分类	电子信息产品的组成单元定义	限量要求
EIP-A	构成电子信息产品的均匀材料	在该类组成单元中，铅、汞、六价铬、多溴联苯、多溴联苯醚（十溴联苯醚）的含量不应超过 0.1%，镉的含量不应超过 0.01%
EIP-B	电子信息产品中部件金属镀层	在该类组成单元中，铅、汞、镉、六价铬等有害物质不得有意添加
EIP-C	电子信息产品中现有条件不能进一步拆分的小型零部件或材料，一般规格小于或等于 4mm³ 的产品	在该类组成单元中，铅、汞、六价铬、多溴联苯、多溴联苯醚（十溴联苯醚除外）的含量不应超过 0.1% 镉的含量不应超过 0.01%

中国 RoHS 没有豁免条款，有标识要求见表 1-29。

表 1-29　中国电子信息产品污染控制管理办法对标识要求

绿色标签	（图标）	表示产品可以回收利用并且符合有毒有害物质限量要求
橙色标签	（图标）	表示产品中含有某些有毒有害物质超出限量要求，在数字表示的环保使用年限内对人体和环境无害，超出期限后应该回收再利用

中国 RoHS 的实施是分两步走的。

第一步，从 2007 年 03 月 01 日起，要求进入市场的电子信息产品以自我声明的方式在产品铭牌或使用说明书上披露相关的环保信息：产品中所含有毒有害物质或元素的名称、含量；产品中所含有毒有害物质或元素所在具体位置；环保使用期限，产品在废弃时可否回收利用，包装材料的鉴别。

第二步，信息产业部将颁布电子信息产品污染重点管理目录。对于列入了电子信息产品污染重点管理目录的产品，需要达到限量的标准，或做到对有毒有害物质的替代。而且这些产品都要通过中国强制性产品认证才可以进入市场。

（2）玩具和儿童用品

玩具和儿童用品有关美国、欧盟和中国法规要求见表 1-30。

表 1-30　玩具和儿童用品和塑料着色剂相关的美国、欧盟和中国的法规要求

国家	法　　规
美国	联邦法规：CPSIA H. R. 4040 消费品安全改进法案 　　　　　CPSIA H. R. 2715 消费品安全改进法案修订案
	州法规：加利福尼亚州　加州 65 加州健康和安全法规第 25214.10
	标准：ASTM F963，玩具安全的消费安全规范标准
欧盟	欧盟指令：2009/48/EC（替代 88/378/EC） 玩具协调标准 EN 71 系列和 EN 62115
中国	玩具安全，GB/T 6675—2014

① 美国联邦法规 H. R. 4040《消费品安全改进法案》　2007 年，中国出口玩具连续出现的安全质量问题引发了政府、媒体、消费者对中国产品安全质量的争议。特别是美国的某些议员不断在公开场合指责中国的产品质量，引导舆论指责中国，并要求对《消费品安全法案》进行修订。2008 年 7 月，美国国会、参众两院分别以高票通过了《消费品安全修正案》。2008 年 8 月 14 日美国布什总统正式签署颁布生效。修正案内容涉及广泛，既包含对儿童玩具及儿童产品监管政策的调整，在全美建立统一的强制性国家标准，进一步规范含铅玩具，玩具上加贴可追溯性标签，将自愿性标准 ASTM F963 转化为强制性标准，对某些儿童产品实行强制性第三方检测。

消费品安全修正案规定对于儿童产品材料中总铅限量的规定，将在法案实施后三年内按阶段执行（见表 1-31）。消费品安全修正案规定在法案实施 180 天后在儿童玩具和儿童护理用品对某些邻苯二甲酸盐含量提出明确要求（见表 1-32），美国 ASTM F963 标准将成为强制玩具安全标准（见表 1-33），法案生效 1 年内消费品安全委员会将同消费者代表、儿童产品制造商及中立的儿童产品专家调查评估 ASTM F963 在安全要求、标识要求及测试方法方面进行讨论、评估和修改。如果 ASTM F963 标准中的有关要求与法规不一致时，以 H. R. 4040《消费品安全改进法案》为准；如果有比 ASTM 更严格的标准，ASTM F963 标准将会被替代。

表 1-31　儿童玩具产品材料中总铅限量的规定

对象	要求/($\mu m/kg$)	生效日期
儿童玩具	≤600	2009-2-10
	≤300	2009-8-14
	≤100	2011-8-14

法案实施三年后若执行这个限量不可行，美国消费品安全委员会（CPSC）将在300mg/kg（300ppm）和100mg/kg（100ppm）之间设定一个限量。在规定的日期之后，如果产品的总铅限量超标，则制造商和销售商要承担相应的民事和刑事责任。

表 1-32　对儿童玩具及护理用品中的 6 种邻苯二甲酸盐实施控制

对象	要求		生效日期
儿童玩具和儿童护理品	邻苯二甲酸二-2-乙基己酯 DEHP	≤0.01	
	邻苯二甲酸二丁酯 DBP	≤0.01	
	邻苯二甲酸二丁苄酯 BBP	≤0.01	2009-2-10
	邻苯二甲酸二异壬酯 DINP	≤0.01	
可被儿童放入口中的儿童玩具和儿童护理品①	邻苯二甲酸二异葵酯 DIDP	≤0.01	
	邻苯二甲酸二辛酯 DNOP	≤0.01	

① 可被儿童放入口中的玩具和儿童护理品是指任一维尺寸小于5cm。

表 1-33　美国 ASTM F963 标准关于玩具特定元素的限量要求

元　素	总铅含量	迁移量要求							
		铅	砷	锑	钡	镉	铬	汞	硒
限量/(mg/kg)	参考 CPSIA 要求	90	25	60	1000	75	60	60	500

美国消费品安全改进法（CPSIA）修订案 H. R. 2715 于 2011 年 8 月 1 日在参众两院获得通过，2011 年 8 月 12 日由奥巴马总统签署成为正式法律，并随之生效。该修订案主要为解决 2008 年生效的消费品安全改进法在具体实施中出现的问题而制订，其主要内容包括：实施新的铅含量标准；从 2011 年 8 月 14 日起，供 12 岁及以下儿童使用的产品总铅含量不得超过 100mg/kg（100ppm）等。

② 欧盟的玩具的安全要求（88/378/EC，2009/48/EC）《欧洲玩具指令》（88/378/EC）对玩具的化学安全性进行了规定。基本的化学安全性包括：玩具中含危险物质的含量不得影响到使用玩具的儿童的健康。为规定有机化学化合物对健康造成的危害，欧盟委员会授权标准化机构（CEN）针对某些玩具中常见的有机化合物制定具体的要求。这些要求即为 EN71-系列标准中新增的 3 条标准。

EN 71-3 标准是欧盟指令的协调标准，是对玩具中 8 种有害重金属元素的限制标准，包括了限量要求和重要的实验步骤，相应规定的实验过程中模拟了小孩唾液（0.07mol/L 盐酸）对相应材料浸泡后重金属的迁移情况，即测试 8 种毒性元素之迁移含量是否达到标准要求，对应的需要进行测试和验证的材料包括纺织品、金属和塑料等。表 1-34 列出了 1994 玩具标准限制元素限量指标。

根据 2009/48/EC 指令要求 CEN/TC 52/WG5 委员会工作组已完成对 EN71-3 的修订，已于 2013 年 6 月对公布。EN71-3：2013 将于 2013 年 7 月 20 日生效。

《欧洲玩具指令》（88/378/EC）于 1988 年推出后已实行了二十多年。在保证玩具产品安全及消除欧盟各国间的贸易壁垒方面取得了巨大的成功，然而，随着时代的变迁，指令的不足之处日渐暴露，为适应快速发展中的玩具产业，欧洲议会于 2008 年提出新玩具指令草案，并于 2008 年 12 月 18 日投票通过。欧盟理事会于 2009 年 5 月 11 日通过了全新的《欧盟新玩具安全指令》，2009 年 6 月 30 日新玩具安全指令刊登在欧盟《官方公报》上（第 2009/48/EC 号指令）。新指令在现有指令 88/378/EEC 的基础上作了大面积更新，其条款规定更为严格、严谨、严密。

表 1-34　EN71-3 1994 玩具标准限制元素限量指标

重金属 元素	限量指标/(mg/kg)	
	涂料和表面涂层；纸和纸板；纺织品； 固体色块；凝胶；金属材料；绘画器械；石膏等。	橡皮泥和指甲颜料
锑	60	60
砷	25	25
钡	1000	250
镉	75	50
铬	60	25
铅	90	90
汞	60	25
硒	500	500

玩具新指令发布之后，各成员国将于 18 个月之内，即 2011 年 1 月 20 日之前将其转换为本国法律。此外，指令还设定了 2 年的过渡期，即符合旧指令要求的产品于 2011 年 7 月 20 日之前可以继续投放市场；而其中化学要求条款的过渡期则是 4 年。玩具新指令发布之后，玩具化学安全性要求的加强是新指令最主要的变化，新指令中对可迁移元素的限制从 8 种增加到了 19 种，并首次引入针对玩具中 CMR（致癌、致基因突变或致生殖毒性）物质的特别条款，增加禁止使用某些易引起过敏的芳香剂。明确提出玩具材料中的化学成分必须与欧盟关于危险物质分类、包装和标签法规（67/548/EEC、1999/45/EC 以及条例 No 1272/2008）相一致的要求，具体内容主要如下所述。

迁移元素限制种类大幅增加、限量大幅降低。迁移元素限制由以前 8 种增加到 19 种，新增了铝、硼、钴、铜、锰、镍、锡、锶和锌 9 种迁移元素的限制；对于迁移元素铬的限制，旧指令只要求限制总铬，并不分价态；新指令要求对三价铬和六价铬分别进行限制；对于锡元素的限制，除无机锡外，还对有机锡进行了限制。

旧指令针对所有材料基本是统一限量，新指令对玩具材料将按三个类别分别设定高低不同的限量要求见表 1-35。

表 1-35　欧盟玩具特定元素的迁移、限量要求

元素/物质	2009/84/EC 要求			元素/物质	2009/84/EC 要求		
	类别 I	类别 II	类别 III		类别 I	类别 II	类别 III
铝 Al	5625	1406	70000	铅 Pb	13.5	3.4	160
锑 Sb	45	11.3	560	锰 Mn	1200	300	15000
砷 As	3.8	0.9	47	汞 Hg	7.5	1.9	94
钡 Ba	4500	1125	56000	镍 Ni	75	18.8	930
硼 B	1200	300	15000	硒 Se	37.5	9.4	460
镉 Cd	1.3	0.3	17	锶 Sr	4500	1125	56000
三价铬 Cr(III)	37.5	9.4	460	锌 Zn	15000	3750	180000
六价铬 Cr(VI)	0.02	0.005	0.2	有机锡	0.9	0.2	12
钴 Co	10.5	2.6	130	锡 Sn	3750	938	46000
铜 Cu	622.5	156	7700				

注：类别 I 为干燥、易碎、粉末状或柔软的玩具材料；类别 II 为液态和黏性玩具材料；类别 III 为可以刮去的玩具材料。

③ 中国玩具的相关标准，GB/T 6675—2003，GB/T 6675—2004　中国玩具协会，国家质量监督检验检疫总局制定的《中国国家玩具安全要求》（GB/T6675—2003），它主要参考了 ISO 8124 标准，对于化学物质管制的要求是对于八大金属元素：锑、钡、镉、铬、铅、汞、

硒和砷在人造唾液（0.07mol/L 盐酸）中的迁移量的要求。

2014 年 5 月 6 日，国家质检总局、国家标准委批准发布了 GB 6675.1—2014《玩具安全 第 1 部分：基本规范》、GB 6675.2—2014《玩具安全　第 2 部分：机械与物理性能》、GB 6675.3—2014《玩具安全第 3 部分：易燃性能》、GB 6675.4—2014《玩具安全　第 4 部分：特定元素的迁移》强制性国家标准。该 4 项标准于 2016 年 1 月 1 日起实施。中国作为玩具生产大国，随着内需市场的扩大以及消费者对玩具安全要求的提高，新国标的制定将有重大的意义。

（3）食品接触性产品的相关标准　食品接触性产品有关美国、欧盟和中国法规要求见表 1-36。

表 1-36　食品接触性产品有关美国、欧盟和中国法规要求

国家地区	相关法规标准
美国	联邦法规；美国联邦法规（CFR）和食品药品化妆品法（FFDCA）
	21CFR178.3297-《与食品接触的聚合物材料中着色剂的要求》
欧盟	欧盟法规第 1935/2004 号指令、2007/19/EC、欧盟 AP(89)1 号决议
欧盟成员国法律	1. 德国 -LFGB　德国食品、日用品和饲料法 -BGV 德国日用品法令 -德意志联邦共和国联邦风险评估研究院（BfR）的推荐标准 2. 法国 法国 2007-766 法令　框架性法规 -法国食品接触材料相关法律法规（针对大部分材料均有特殊迁移的要求） -DGCCRF 2004-64 和 French Arrete 2005 Aug.9
中国	GB 9685—2008《食品容器、包装材料用助剂使用卫生标准》

① 美国联邦法规（CFR）　美国对食品包装材料和制品的监管是以联邦食品药品化妆品法（FFDCA）为依据，以联邦法规为技术标准，通过食品接触材料通告（Food Contact Notification，FCN）公布新产品和相关要求。凡属于该表所列产品和原料可以用于与食品直接接触或作为生产食品接触产品的原料。目前已制订 4000 多种允许与食品接触的物质，包括原材料、间接添加剂和成型品。同时，美国国家标准协会和美国材料和实验协会等美国对食品添加剂的管理都是在危险性评估的基础上进行，如能证明一种化学物质通过食品对人体造成的危害微乎其微，则对该类物质不需要专门的审批程序。但证明化学物质有潜在风险，其对人体的危害程度需要进行评估。

美国对于包装材料的管理分为免于法规管理、食品添加剂审批、食品接触物质通报三种情况，为确保食品添加剂的绝对安全使用，在国际上被公认的食品添加剂安全性指标有致死量（LD）、每日摄入可接受量（ADI）、公认安全物质（GRAS），塑料着色剂都不在公认安全物质（GRAS）和免于法规管理的目录范围内，所以监管必须以符合性为宗旨。其监管机构为美国食品和药品管理局（FDA），所以通常把食品材料的认证和检测，称为 FDA 要求。

美国联邦法规（CFR）规定的与塑料着色剂相关的章节为：21CFR178.3297-《与食品接触的聚合物材料中着色剂的要求》，在该法规中对于着色剂进行了定义：染料、颜料或者其他物质，可以用来给食品接触性材料着色或者改变其颜色；但是这些着色剂不能迁移到食品中去或者迁移到食品中去的量少到通过裸眼观察不到会使食品有任何颜色的玷污。该法规还指出，着色剂的生产必须根据"良好操作规范（good manufacturing practice，GMP）"进行；本法规中列举了用在生产、制造、包扎、加工、制备、处理、包装、运输或者盛放食品的塑料产品或者塑料材料中的着色剂物质，并且规定了它们的使用条件、使用限量还有符合性条件等，

见表 1-37。

表 1-37　可以安全用于食品接触性塑料材料部分着色剂的清单

品　　种	限制要求
C. I. 颜料黄 191，CAS No. 129423-54-7 4-Chloro-2-[[4,5-hydroxy-3-methyl-5-oxo-1-(3-sulfophenyl)-1H-pyrazol-4-yl]azo]-5-methylbenzenesulfonic acid, calciumsalt (1;1)	在聚合物中的加入量不能超过 1% 只能够用在 21CFR176.170 第(c)小节中的表 2 所列从 B 到 H 的使用条件下使用的食品接触性最终商品
C. I. 颜料橙 64，CASNo. 72102-84-2 5-[(2,3-Dihydro-6-methyl-2-oxo-1H-benzimidazol-5-yl)azo]-2,4,6(1H,3H,5H)-pyrimidinetrione	在聚合物中的加入量不能超过 1% 只能够用在 21CFR176.170 第(c)小节中的表 2 所列从 B 到 H 的使用条件下使用的食品接触性最终商品
C. I. 颜料黄 180，CAS. No. 77804-81-0）2, 2'-[1, 2-Ethanediylbis(oxy-2,1-phenyleneazo)]bis[N-(2,3-dihydro-2-oxo-1H-benzimidazol-5-yl)]-3-oxo-butanamide	在聚合物中的加入量不能超过 1%。 只能够用在 21CFR176.170 第(c)小节中的表 2 所列从 B 到 H 的使用条件下使用的食品接触性最终商品
高纯度炉黑（CASReg. No. 1333-86-4），其含有的多环芳香烃化合物（PAHs）的量不得超过 0.5ppm，苯并(a)吡的量不得超过 5.0ppb，测试方法按照 1994 年 7 月 8 日由 Cabot 公司制定的"炭黑中 PAHs 的测试方法"，参考了 5U. S. C. 552(a) 和 1CFR51 副本	在聚合物中的加入量不能超过 2.5%
C. I. 颜料黄 53，CAS No. 8007-18-9） Nickel antimony titanium yellow rutile	在聚合物中的加入量不能超过 1% 只能够用在 21CFR176.170 第(c)小节中表 2 所列从 B 到 H 的使用条件下使用的食品接触性最终商品

②　欧盟食品包装材料法规体系　欧盟建立统一的食品包装材料法规体系的目的是既要保护消费者的健康，又要消除不必要的贸易技术壁垒。欧盟食品包装材料的管理包括框架法规、特殊法规和单独法规 3 种。框架法规规定了对食品包装材料管理的一般原则，特殊法规规定了框架法规中列举的每一类物质的特殊要求，单独法规是针对单独的某一种物质所做的特殊规定。

a. 欧盟法规第 1935/2004 号　第 1935/2004 号是欧盟对于食品接触性产品的一个框架性指令，欧洲议会 2004 年 10 月 27 日立法委员会表决通过，同时废止 80/590/EC 和 89/109/EC 指令，修订后的指令对包装材料管理的范围、一般要求、评估机构等作了规定。一般要求规定，食品包装材料必须安全，迁移到食品的量不得危害人体健康，不得改变食品成分、导致食品的品质恶化，影响食品的味道。

b. 2007/19/EC　欧盟除了有框架性指令以外，对于一些特殊的食品接触性材料也有要求，对于最为重要的塑料材料的要求，于 2007 年 3 月 30 日发布，是 2002/72/EC 和 85/572/EC 的修订版和融合版。在指令正文中规定，一般塑料材料中的成分迁移到食品中的量不得超过 10mg/dm³；容量超过 500mL 的容器、食品接触表面积不易估算的容器、盖子、垫片、塞子等物品，迁移到食品中的物质不得超过 60mg/kg，主要模拟不同食品物质，如水、酸性物质、油性物质和酒精在使用温度下塑料材料的释出物（溶出物）总量，以及相应限制物质的限量要求。到 2007 年 12 月 31 日前，欧盟将建立所有经过欧盟食品安全局评估的添加剂的肯定列表，塑料的生产不应当使用指令附录中列出的单体和原料名单以及添加剂名单之外的物质。

c. 欧盟 AP（89）1 号决议　欧盟不仅针对食品接触的物品有标准要求，还有针对着色剂的标准要求，在 1989 年 9 月 13 日第 428 号部长代表会议上，针对着色剂质量和安全要求的决议被欧盟委员会采纳。主要要求如下。

ⓐ　溶出和析出测试：最终产品中和食品接触的塑料材料、或者相应材料中的着色剂（颜料或染料）都没有明显的溶出物或析出物；

ⓑ 特定金属和非金属要求见表 1-38。

表 1-38　食品接触性塑料所用着色剂中特定重金属和非金属的限量要求

元素	锑	砷	钡	镉	铬	铅	汞	硒
限量/%	0.05	0.01	0.01	0.01	0.1	0.01	0.005	0.01

特定芳香胺的要求：在 1M 盐酸和以苯胺表示出的初级非硫化芳香胺的含量不得大于 500mg/kg；联苯胺、β-萘胺和 4-氨基联苯（单独或总量）的含量不得大于 10mg/kg；芳烃胺，通过适当溶剂和通过适当测试测定的芳烃胺的含量，不得大于 500mg/kg；炭黑，炭黑的甲苯可萃取量不得在任何形式下大于 0.15%；多氯联苯（PCBs）的限量要求为不得大于 25mg/kg。

③ 德国、法国食品接触材料安全法规体系

a. 德国食品接触材料安全法规体系　德国非常重视食品接触材料的安全控制，也是欧盟食品接触材料法规制定和实施的积极参与者和推动力量，因此，德国一方面除了实施、转化欧盟的食品接触材料法规和指令外，同时也积极采取国内立法的方式来规范欧盟法规没有涵盖到的食品接触材料领域，从而来构建一个全面的食品接触材料安全法规体系。德国的食品接触材料法规体系主要包括三个层次。

第一个层次是欧盟颁布的框架法令以及德国 2005 年颁布的《食品、商品和饲料法》，简称 LFGB。LFGB 取代了旧的《食品、消费品安全基本法律》（简称 LMBG）而成为德国食品安全的基本法律文件。LFGB 法案中的第 30、31 和 33 章对食品接触材料规定了原则性的安全要求。由于 LFGB 只是原则性条例，它并没有规定具体的产品安全卫生指标，因此德国出台了德国日用品法令（BedGgstV）来作为配套的实施性法规，BedGgstV 对日用品、食品、食品接触材料规定了禁用物质清单、批准物质清单以及规定了相应的限量指标、使用条件、标签、调查、违法和处罚等要求，并列出一些检测方法；欧盟所颁布的很大一部分食品接触材料指令的具体要求和安全卫生指标被整合到这个法规里并在德国国内予以执行。

为了帮助制造商，以确保其产品符合 LFGB 的通用安全要求，那就是考虑和接受德国联邦风险评估研究所（Bundesinstitut für Risikobewertung 简称 BfR）的指导建议，它的前身是德国联邦消费者健康保护和兽医研究所（Bundesinstitut für gesundheitlichen Verbraucherschutz und Veterinärmedizin 简称 BgVV）。2002 年 10 月 31 日，BgVV 被取消，其各项职能之间被分为德国联邦风险评估研究所（BfR）和联邦消费者权益和健康安全保护局（Bundesamt für Verbraucherschutz und Lebensmittelsicherheit 简称 BVL）。虽然机构的重新组合，但推荐文件等均没有变化。

目前，BfR 食品接触材料已经出台了三十几个涉及食品接触材料的建议，其中大部分与塑料有关。它依据不同塑料材料种类分别规定了生产中允许使用的各种化学物质的最大用量、成品中物质允许残留量或迁移量，并通过建议的方式对外公布实施。此外，针对欧盟指令未涉及的一些产品和物质，BfR 也根据需要制定了相关的安全要求和测试方法予以执行，包括石蜡、橡胶、硅胶和纸和纸板等。

b. 法国食品接触材料安全法规体系　2007 年 10 月，法国经济财政和工业部联合农业渔业、卫生部等部委出台了 2007-766 法令，对欧盟法规第 1935/2004 框架法规在法国的实施和法国消费品法典涉及食品接触材料条款的法律效力予以确认，根据法令的规定，法国 1992 年 7 月实施的食品接触材料框架性法律 92-631 法令（FrenchDécretn 92-631）被废止并由欧盟法规第 1935/2004 取代，此外，法令还保留了 FrenchDécretn 92-631 中部分条款的法律效力，主要涉及对食品接触材料所使用物质的授权、使用范围以及申请等事项进行管理的内容。对于欧盟所颁布的各类食品接触材料指令，法国也积极转化为国内法来实施，法国在国家层面也制定了相关的安全法规来实施监管。为公众更好的理解和实施法国所颁布的食品接触材料法规要求，法国竞争、消费和反欺诈总局制定了一个指南性的文件（DGCCRF2004-64 通告）来配合相关强制法规的执行，虽然该指南文件并不具备法律效力，但是通告中的解释和建议的检测标准方法等信息在实际运作中被广泛认可和采纳。

法国对于食品接触性材料有一系列的法律、法令、命令和通报，其中 1973 年 2 月 12 日颁布的法令：1973 法令（Decree 73-128 of 12February 1973）和一系列后来发布的命令和通报提供了准许使用在接触性材料中的物质和添加剂的肯定列表（French Positive List，FPL）即法国肯定列表；在法国用于涉及食品接触的塑料的着色剂必须满足以下两个条件：着色剂必须符合明确的包含在 1959 年 12 月 2 日第 176 号通报中的纯度标准要求；着色剂必须是发表在第 176 号通报的附件目录中的品种或者在随后附件中的公布的。着色剂清单列举了颜料索引号、通用名称、CAS 号和化学名称。

④ 中国食品包装材料法规体系 《中华人民共和国食品卫生法》、《中华人民共和国食品包装法》、《食品用塑料制品及原材料管理办法》等法律法规中对食品接触材料及制品均有明确规定。

《中华人民共和国食品卫生法》规定，"食品容器、包装材料和食品用工具、设备必须符合卫生标准和卫生管理办法的规定。依据上述规定，中国于 2003 年颁布了 GB 9685—2003《食品容器、包装材料用助剂使用卫生标准》。

为了满足日益发展的经济需要，2009 年颁布了 GB 9685—2008《食品容器、包装材料用助剂使用卫生标准》，代替原 GB 9685—2003。新标准等同采用了欧盟标准及美国相关标准。新标准中允许用于食品包装材料的添加剂种类从原来的 65 种增加到 1000 多种，其中塑料包装材料用添加剂从原来的 38 种增加到 580 种。新标准规定了食品容器、包装材料用添加剂的使用原则、允许使用的添加剂品种、使用范围、最大使用量、特定迁移量或最大残留量及其他限制性要求。以附录的形式列出了允许使用的添加剂名单 959 种（其中染料颜料品种有 116 个）。

GB 9685—2008 标准规定了着色剂纯度要求：

a. 杂质检出量占着色剂的质量分数应符合：锑≤0.05%；砷≤0.01%；钡≤0.01%；镉≤0.01%；铬（Ⅵ）≤0.1%；铅≤0.01%；汞≤0.005%；硒≤0.01%。

b. 其他杂质占着色剂的质量分数应符合：多氯联苯≤0.0025%；芳香胺≤0.05%，其中对二氨基联苯、β-萘胺和 4-氨基联苯三种物质各自或总和≤0.001%。

GB 9685—2008 标准采用欧美通常"许可名单"制度，规定了在中国用于涉及食品接触的塑料的添加剂（着色剂）必须是标准附录列出的。

（4）纺织品的相关标准

① 欧盟纺织品和相关辅料的化学物质控制规定 近年来，世界纺织品市场上刮起了一股绿色之风。欧盟主要对于纺织品生态要求的指令是基于生态纺织品标签的欧盟指令，最早的纺织品标准 Eco-Label 是根据 1999 年 2 月 17 日欧盟委员会 1999/178/EC 法令而建立的。2002 年 5 月 15 日修订版 2002/371/EC 公布了欧共体判定纺织品生态标准的新标准。目前，申请授权使用 Eco-label 生态标签还只是产品生产厂家的自愿行为，相关的生态标准也不是强制性的标准。纺织品相关的材料非常广泛，除了纺织品本身所涉及的棉、麻、各种化学纤维和合成纤维以外，还有大量纺织品辅料，如塑料、橡胶等；因此涉及的化学物质种类非常繁多，生态纺织品指令对禁用和限制使用的纺织化学品做出了明确的新规定，主要是对于织物和纤维染色的染料或是对于聚合物（塑料等）着色的颜料中重金属杂质的要求，见表 1-39。

表 1-39　塑料着色颜料中重金属的限量规定

限制元素	砷	钡	钙	铬	铅	硒	锑	锡	汞
限量指标/(mg/kg)	50	100	50	100	100	100	250	1000	25

Oeko-Tex Standard 100 最早是由维也纳奥地利纺织研究院于 1989 年提出的，1990 年，该院成立了包括德国海因斯坦纺织研究院在内的国际生态纺织品研究和测试协会。近年来，该组织发展迅速，目前已发展到 13 个组织机构，其标准于 1995 年 1 月、1997 年 2 月、1999 年 12 月、2002 年 2 月和 2003 年 2 月几经修改，不断地增加新的技术限量，标准越加严格，在欧洲乃至国际市场上的知名度越来越高。已有遍布世界各地 700 家公司的 1400 种产品获得了该标志。国际生态纺织品标准一直是全球纺织产品的绿色标杆，它的动向直接影响到全球纺织品的生产、贸易及最终的使用。现行的 Oeko-Tex Standard 100 将纺织品划为四类，即直接接触皮肤、不直接接触皮肤、婴儿用品、装饰用品。

Oeko-Tex Standard 100 2010 年版本标准检测项目有所变化。

a. 多环芳烃　自 1 月 11 日起，对四个产品类别的合成纤维，纱线、塑料部件等进行多环芳烃（PAHs）检测。规定物质的总量限量为 10mg/kg，化学物质苯并［α］芘的限量为 1mg/kg。

b. 鉴于邻苯二甲酸二异丁酯（DIBP）被列入 REACH 高度关注物（SVHC）清单，在环保纺织品认证（作为对邻苯二甲酸盐检测的补充）的框架中，也将排除使用这种添加剂。

c. 由于欧盟法规 2009/425/EC 对印花纺织品、手套和地毯纺织物等产品做出了明确说明，国际环保纺织协会将二辛锡（DOT）补充列入被禁止的有机锡化合物清单。婴儿用品（产品类别 I）的限量为 1.0mg/kg，其他产品类别适用的限量为 2.0mg/kg

Oeko-Tex 国际环保纺织协会同往年一样，在年会上发布了最新的 Oeko-Tex Standard100 纺织品有害物质检验的测试标准及限量值要求和调整某些原有有害物质的限量值要求。新标准于 2014 年 1 月 1 日生效，4 月 1 日正式实施。测试参数的重新评估是基于目前市场和产品的发展，新发现的有毒有害物质和新法规的要求，同时兼顾 REACH 法规的要求。Oeko-Tex Standard 100 2014 年版与前几年相比，新增纺织品有害物质品种数更多、新增纺织品有害物质检测项目数更广、纺织品有害物质限量要求更高。

② 中国纺织品和相关辅料的化学物质控制规定　近几年，我国加速了对生态纺织品的研究，我国纺织品和相关辅料的化学物质控制规定我国纺织品标准有中国纺织工业协会提出，纺织工业标准化研究所、国家棉纺织产品质量监督检验中心负责起草 GB 18401—2003《国家纺织产品基本安全技术规范》。中国纺织工业协会提出，纺织工业标准化研究所负责起草、浙江丝绸科学研究院协助起草 GB/T 18885—2002《生态纺织品技术要求》。

（5）车辆产品相关法规及标准　在当今世界，汽车的更换频率已从先前的 6~8 年降到现在的 4~5 年。随着汽车更新速度的加快，汽车保有量不断增加，每年的报废汽车的数量高达百万甚至千万。报废汽车的环保以及资源回收利用成为了整个世界非常关注的一个焦点。有关车辆产品欧盟和中国法规要求如表 1-40 所示。

表 1-40　有关车辆产品欧盟和中国法规要求

国家地区	相关法规标准
欧盟	报废车辆质量,2000/53/EC 及其一系列修订指令,2010/115/EU 为最新修订版
中国	《汽车产品回收利用技术政策》

① 欧盟车辆产品的化学物质控制规定　2000 年，欧盟颁布了 2000/53/EC 报废汽车指令

（ELV 指令），限制铅、镉、汞、六价铬在车辆中的使用。该新指令规定，2003 年 7 月 1 日后，投放市场的车辆中有害物质的含量必须达到以下限值：镉≤100mg/kg（100ppm），汞≤1000mg/kg（1000ppm）铅≤1000mg/kg（1000ppm），六价铬≤1000mg/kg（1000ppm）。

2005 年，欧盟颁布了 2000/64/EC 指令（ELV 附属指令，简称回收指令），该指令规定：2006 年 1 月 1 日后，所有新车型在报废时，再使用率达到 85%，再利用率达到 80%；2015 年 1 月 1 日后，所有在销车型在报废时，上述两项比率应分别达到 95% 和 90%。

欧盟委员会和欧洲议会 2010 年 2 月 23 日颁布了对 ELV（End-of-Life Vehicle，欧盟报废车辆指令）附件二的更新，特别对铅在焊锡中的使用进行了细化并延长了豁免时间。对此，等待多时的汽车厂及上游供应商终于得到了更多的缓冲时间。

② 中国车辆产品的化学物质控制规定　发改委、科技部、环保总局联合制定了［公告 2006 年第 9 号］《汽车产品回收利用技术政策》，该政策规定汽车及其零部件产品中每一均质材料中的铅、汞、六价铬、多溴联苯（PBBs）、多溴联苯醚（PBDEs）的含量不得超过 0.1%，镉的含量不超过 0.01%。也规定了相关材料的豁免。

（6）船产品的化学物质控制规定　2009 年在香港举行的拆船公约外交大会上，国际海事组织（简称 IMO）以决议形式通过了《2009 年船舶安全与环境无害化回收再利用香港国际公约》（以下简称"香港公约"）。香港公约适用于悬挂缔约国国旗 500 公吨及以上国际航行船舶和缔约国所属的拆船设施。

国际海事组织是联合国负责海上航行安全和防止船舶造成海洋污染的一个专门机构，总部设在伦敦。香港公约是一个正待条件准许通过的国际公约，虽然尚未生效，但国际社会对船舶无害化回收再利用的呼声越来越高，企业、航运界面临着更大的社会责任。越来越多的船厂、船东、制造业愿意提前实施香港公约。

当香港公约全球生效后，船舶须备有建造时所用有害材料的清单，须遵守拆船作业的发证和报告要求。拆船厂须按船舶的实际情况和有害材料清单（IHM）制订拆船计划，表明每艘船的处理方法。这样，全球所有 500 公吨及以上的新造船和现有船舶产生影响，届时这些船舶必须随船携带 IHM。有害物质包括：石棉、臭氧消耗层物质、多氯联苯、镉、六价铬、铅、汞、多溴联苯、多溴联苯醚、多氯化萘、放射性物质、短链氯化石蜡。所涉及的所有塑料橡胶材料和涂料等都必须加以监控。

1.7.3　现状和风险分析及如何应对国际相关化学要求

目前人类的生存环境已经大大恶化了，很多有害物质已经影响到我们现在的健康和生存，因此对有害物质的监管力度在世界范围内的加大是势在必行的。

如何应对越来越多的国际化学要求是摆在企业面前的一道难题。产品召回制度，是指产品的生产商、进口商或者经销商在得知其生产、进口或经销的产品存在可能危害消费者健康安全时，依法向政府部门报告，及时通知消费者，并从市场和消费者手中收回有问题的产品，予以更换。产品召回制度，最早出现在美国，目前实行召回制度的国家还有日本、韩国、加拿大、英国、澳大利亚等国，中国也在积极开展这方面的工作。如果企业不谨慎从事，将面临产品召回的巨大风险。这里的风险包括了由于产品安全和质量等问题而导致的产品被拒收、产品被召回、甚至因被法定销毁而蒙受的重大损失，也有因产品质量问题导致的信誉下降而引起的市场份额损失。

1.7.3.1　塑料着色配方设计应注意原料的正确选择

塑料在产品中的应用是非常广泛的，由于塑料成型工艺和配方成分复杂，再加上我们经常使用回收塑料作为产品的添加成分，又增加了其复杂性，但是这都是可以控制的。原料选择和配方设计是有害物质控制的基础。了解各种法规要求以及相对应的材料和物质的情况，可直接帮助找到合理的配方而使产品符合要求。

首先，企业及塑料着色剂配方设计人员需充分了解各个产品、不同国家的各种法规要求，找到合理的配方，在配方设计中没有禁用的化学物质，使产品符合各种法规的要求；各国的法规要求都是非常复杂的，需要不断跟进，找到材料配方中可能引发问题的化学物质，对症下药才能保证产品的质量和安全性符合要求。例如我们应该把化学有害物质的控制的要求细化到工艺文件中，把哪些材料应该用哪种配方、不应该用哪种配方、在生产过程中应该注意哪些问题等都加入到工艺文件和设计中。如有条件，企业可以建立内部数据采集和管理系统，不断更新，以快速应对国际各项法规的变更。如有可能将企业内部数据系统与行业组织数据系统进行有机联系，这样可以充分降低成本，增加竞争优势。

1.7.3.2 加强管理避免在生产过程中发生了物质的污染

（1）严格控制原料的纯度 当我们选择合理的配方，就认为万事大吉这是错误的，我们需对采购的原料进行严密的监管，以防因原料中带有杂质而导致产品不符合要求，因此对于单一化学物质的生产者，其对应物质的纯度、杂质浓度和副产物含量的控制等都是十分重要的，这些都对最终产品的符合性至关重要。

（2）严格控制生产全过程以防交叉感染 生产全过程严格控制是很重要的，需注意换品种设备清洗，以及回收料的合理使用等。

（3）建立相应的质量控制体系加强产品测试 企业要通过什么方式保证自己生产的产品能够持久稳定地符合各种有害化学物质的要求？其中最直接有效的方法就是建立一套有效的体系去进行保证，因此产品质量保证体系必须得到加强，根本的基础是有害物质控制体系和环保体系的建立，包括有害物质过程管理体系（HSPM）——IECQ QC08000 体系和环境管理体系——ISO 14000 体系。

企业为保证其生产的产品符合有害物质和环保的要求，日常的监管十分重要，对供应链和生产进行全程监控。这样会涉及大量的确认测试工作。企业需要相应的测试报告或证书，因此报告或证书的模板、类型和受认可程度，以及测试机构的权威性和受认可程度等都是十分重要的。

第 2 章　塑料改性技术

2.1　改性塑料配方功效的技术优化

塑料改性是基础树脂、加工助剂和/或功能性添加剂、加工工艺等配方、加工、装备技术的集成。塑料改性涵盖的技术领域广，涉及技术要点多。目前越来越多的工程技术人员把关注焦点过多集中于组分的选配，逢塑料改性必谈配方。诚然，配方是塑料改性的重要环节之一，但研发或者生产技术人员仅仅关注配方是远远不够的。

调整配方是最容易实现塑料改性应用目标的捷径。但是，将塑料改性配方视为诊治塑料改性技术缺陷的处方，往往误导塑料改性技术的发展与提高。

2.1.1　改性塑料配方研发的误区——服药模式

改性塑料配方的关注焦点往往集中于加工助剂和功能性添加剂的选择。为了改善基础树脂性能，满足应用环境所必需的性能要求和加工需求，通过加工助剂和功能性添加剂的选择及配伍来帮助改性塑料通过加工关和实现功能化。

通常，塑料改性用各种添加剂按照表 2-1 中的分类予以区分。

表 2-1　塑料改性用添加剂分类

添加剂类别	具 体 品 种
加工助剂	增塑剂、内外润滑剂、抗氧剂、热稳定剂、结晶促进剂、偶联剂、冲击改性剂、脱模剂等
功能性添加剂	光稳定剂、抗氧剂、抗静电剂、阻燃剂、成核剂、荧光增白剂、着色剂、抑菌防霉剂、流滴剂、消雾剂、发泡剂等
特殊功能助剂	引发剂、交联剂、固化与固化促进剂、无机粉体等

技术人员在进行目标明确的改性塑料产品开发时，经常采用性能目标倒推法。即根据产品需要达到的目标性能，选用对应的功能性添加剂。如矿用塑料管一般采用导电粉末来解决静电问题；家用电器塑料外壳采用耐黄变的添加剂来解决长期使用过程中出现的黄变问题等。改性塑料功能化多以功能性添加剂的合理选择和引入来实现。理论和实践经验丰富的技术人员，则可根据性能需求，按照"结构决定性能、性能决定应用"的原则进行添加剂具体结构、类别和型号的选择，以达到最佳应用效果。

改性塑料配方引入功能性添加剂的方式好比人类为了维护身体健康，纷纷通过服药强身来延年益寿。现阶段各种各样的健康书籍更是层出不穷。人们将延年益寿的希望过多寄托在各种药物上，为了得到某种功效而服用某种药物。在特定环境中，得到药物特定功效的同时也要承受其他已知或未知的负面效果，"是药三分毒"。比如胃药"盐酸雷尼替丁"就一直存在着较大的副作用问题，而牛黄解毒片是否无毒也已存在着争议。产生这种问题的原因又是多方面的。

"一效一剂"成为改性塑料配方设计的基本原则；"一剂多效"成为塑料助剂品种结构开发的目标。两者并不矛盾，殊途同归，都是为了提高改性塑料配方效率。为了实现期望中塑料改性的理想效果，各种添加剂的使用越来越频繁。然而，是否将各种添加剂复合使用就一定能达到人们的理想预期呢？使用者确信改性塑料的功能来自大量的各种品种类型的添加剂，却忽视了功能性添加剂之间是有相互影响的，既可能有预期的正向作用，甚至存在各种正向作用的叠加和协同效应，也存在副作用，甚至相互之间的反协同效果。人们从复合抗氧剂 B215 的广泛应用体会到助剂正向作用的协同效果；另外，人们也从酸性配方组分环境下受阻胺耐候体系的提前失效体会到了反协同作用。为了赋予改性塑料特定功能引入添加剂可能在使用过程中会给操作者、环境、接触物品带来多种不同的影响尚未引起助剂生产与使用者足够的重视。近年来，以 RoHS、WEEE、REACH 等为典型代表的环保法规对塑料助剂及改性塑料行业带来的压力和影响足以说明问题。

塑料改性技术研发的思路和原则与人们为了强身健体而采用的服药模式还是有许多相通之处的。药物进补是要获得其补身性能，但可能为此付出同时摄入毒药的代价。更可怕的是对于这种代价的付出人们没有任何的察觉。而察觉时再予以新的补药除之，则带来了补药-毒药的恶性循环，这更是人们所不愿看到的。

因此，在塑料改性过程中，到底引入的是良药还是毒药，需要分辨清楚；或者因为引入良药，由其带来的副作用又需要人们引入其他良药，如此循环，后果是配方越来越复杂，成本越来越高，产品质量越来越难以控制；或者引入的药良莠各半，在副作用较小的情况下利用其某些性能；或者使用一剂一能的专攻方法；或者是使用一剂多能的性价比解决方案；抑或原料标准统一下的配方研制等诸多问题，都需要人们在实践中一步一步地积累。

2.1.2 基础树脂的正确选择是改性塑料功效的保障

随着塑料加工业的蓬勃发展，塑料产品在多个领域成功替代了金属和木材、甚至石材等天然材料。依托合成树脂的可塑性，各种功能通过配方调整技术引入到改性塑料中。各种功能对应的添加剂也在行业内达成共识。助剂的选配几乎成为标准化的规范行为。为此产生了许多"万金油"式的加工助剂或功能性添加剂。例如，增塑剂的选择不超过 5 种，RoHS 对应的溴系阻燃剂不超过 4 种，抗氧剂的选择大都没超过 3 种。但是，有一个关键问题常常被忽视，人们将塑料改性技术的精力过多地放在功能性添加剂的选配，过少的精力放在基材树脂的选择与调配。这必将导致塑料改性技术舍本逐末。因为，塑料改性的目的是对基础树脂的性能改善和功能的引入与提升，不是载体树脂与各类助剂的简单掺混与共挤。

"通用塑料工程化，工程塑料功能化"是塑料改性技术的目标。无论采用任何一种 ABC（合金、共混、复合）路径，都不应该忽视基础对树脂的品种与性能的优化。

2.1.2.1 基础树脂的基本物性指标体系有待完善

目前市场上可供选择的专用树脂品种确实供不应求，但这并不是优化选择基础树脂的最大障碍。障碍来自基础树脂的选择标准不确定、不统一。通用塑料如聚乙烯、聚丙烯等，由于使用历史长，用量大，应用领域广，树脂合成与应用技术比较成熟，分别有薄膜级、注塑级、流延级、纤维级等不同用途和加工方式的树脂牌号。技术人员可以根据应用环境和性能不同，结合长期工作经验进行相应选择。工程塑料基础树脂的选择就变得复杂和困难了。很多工程塑料用基础树脂的初始用途是纤维，如聚酯 PBT、PET、PPT；聚酰胺 PA6、PA66，聚苯硫醚 PPS 等。其基本出厂指标多为特性黏度。很少有厂家主动提供其熔融指数、熔点、结晶温度和玻璃化温度等。塑料改性企业单单以一个特性黏度是不足以判定基材适用性的。而且不同厂家生产的特性黏度相同的聚酯、聚酰胺树脂的熔融指数、分子量分布、基础物理力学性能又有较大差异，更不用谈酸值、端基（端羧基、端羟基、端氨基等）含量、催化剂残留量、分子量及其分布等微观性能指标。选择依据不同给塑料改性配方的研制带来了很多难度，使得改性塑料产品预期性能无法完全统一。因此，改性塑料企业在选择工程塑料基础树脂时应根据目标产品性能来选择基础树脂。

因此，尽量使树脂基本性能指标标准化，尤其是对树脂应用性能影响较大的指标标准化将有利于塑料改性的配方设计，提升配方设计效率。

2.1.2.2　客观对待再生塑料的循环利用

为了提高化石资源的利用率，延长石化产品的生命周期、节约合成树脂、减少碳排放、降低成本，塑料的再生循环利用是必由之路。但是，毋庸置疑的是热塑性合成树脂及其改性产品历经光、热、氧、机械力、环境因素等环节后会产生程度不一的降解，物理力学性能、安全性能、电性能等都会降低。简单地将回收塑料视为基础树脂替代物，期望得到全新材料的综合性能是不现实的。甚至有企业出于良好的愿望，提出借助添加剂的功效，将结晶性、耐热性、熔融流动性等性能迥异的不同化学结构的回收塑料共混在一起，得到理想的材料性能指标，也是不切实际的。

回收塑料的再生产品自然有其合理的适用范围和领域。只是以回收塑料的成本获取全新材料的性能与应用不切实际。更不可取的是，以全新材料的环境、卫生、安全法规的符合性掩盖再生塑料的诸多缺陷，这将遗患无穷。

2.1.3　多功能改性塑料配方组分的简约化

起初，添加剂应用目标明确又简单。一种添加剂主要解决一种问题。随着研究的深入和新产品的不断推陈出新，发现某些添加剂具有多重功效，如科莱恩公司的光热稳定剂 SEED 和汽巴公司的受阻胺光稳定剂和阻燃剂 116。因此，塑料添加剂的应用研发存在着两种理念。一种是专剂专能，一剂一效；另一种是一剂多效，即一种助剂可提供多种功能性。

依据上述理念，助剂研究者积极开展助剂化合物的构-效关系研究，开发成功许多集多种功能于一身的添加剂。这类多功能助剂的应用效率不够高。多重功能中每一种功能都不能达到最佳效果。为了弥补单一功效的不足，又不得不在配方中引入专用高效添加剂。这些专用添加剂的引入又带来其他一些副作用，此时再用另外一些添加剂来调配这些副作用的影响。陷入补药-毒药-补药的恶性循环，导致塑料改性配方设计复杂化。为了体现专剂专能的高效性，一些技术人员又将单功能助剂进行复合，以期取得良好的效果。这种复合技术在实践中取得了良好的效果，形成了许多性能优异的产品，如抗氧剂 B215、科聚亚的无尘助剂包等。这种复合多是不同类型助剂的复合，仅是从工艺上方便了下游客户的使用。

总之，由于用法用量、加工工艺、应用环境、检测标准等诸多因素的影响，任一种理念都未能占据绝对优势。

2.1.3.1　配方组分的兼效和相互间的协效是配方优化的关键

改性塑料研发实践证明，配方组分除了能实现设计目标功效外，还有可能在配方体系中发挥其他非预期的效应（兼效）。这种兼效有可能是正向的，也有可能是负向的。配方组分之间也可能会产生协同、加合效应或反协同效应。不能简单地遵循一剂一效或多效一剂的原则评价配方功效，应该综合考评目标功效、兼效、协效。用于阻燃玻璃纤维增强聚酯 PET 的结晶改性配方设计过程较典型地说明了此点。

（1）成核剂对聚酯（PET）树脂的结晶改性　作者根据文献报道和历年经验，搜集了一切可得到的各类市售结晶性树脂成核剂，如表 2-2 所列，采用差示扫描量热仪 DSC 法考察了 PET 树脂结晶温度的改变，如图 2-1 所示。

表 2-2　实验用成核剂品种一览

序号	型号	结构类型或成分	来源	备注
1	WBG	稀土配合物	广东炜林纳公司	
2	P250	不详	德国	PET 专用成核剂
3	BQ-88	山梨醇缩醛	北清联科	

序号	型号	结构类型或成分	来源	备注
4	MD-NA-28	受阻酚磷酸酯盐	北清联科	
5	Talc	水合硅酸镁	市售	
6	MTT	有机蒙脱土	市售	
7	Re_2O_3	稀土氧化物	市售	

由图 2-1 可以看出，以经历同样热历程的空白 PET 为对照，加入不同类型成核剂后，PET 树脂的结晶峰均向高温偏移，结晶温度均有不同程度提高，表明成核剂加快 PET 树脂的结晶速度，改善了 PET 树脂的结晶性能。但成核剂改善结晶性能的同时，对基体树脂的力学性能也产生影响。$1^\#$ 对结晶性能改善不显著，但其对原树脂的力学性能维护较好；$3^\#$ 可显著改善结晶性能，但力学性能损失严重；$7^\#$ 对结晶性能改善不显著，且缺口冲击强度较差；而 $2^\#$、$4^\#$、$5^\#$ 和 $6^\#$ 在改善结晶性能的同时可保持较好的力学性能。根据这一结果在进行配方设计时可根据对力学性能和结晶性能要求不同进行成核剂的选取。同样可以发现低值的水合硅酸镁和蒙脱土与高值的 P250 以及受阻酚磷酸酯盐结晶改善功效基本一致，说明前者的性价比较高。

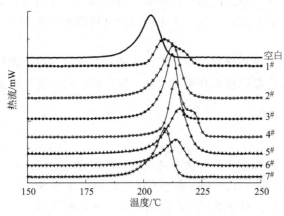

图 2-1　含 0.5% 不同成核剂 PET 树脂
体系的降温结晶 DSC 曲线

（2）阻燃剂和阻燃体系对聚酯（PET）树脂的结晶改性　在阻燃玻璃纤维增强聚酯 PET 的结晶改性配方设计中，我们将阻燃剂和阻燃体系分别单独加入 PET 树脂中研究其对树脂结晶性能的影响，表 2-3 为所采用的阻燃剂和阻燃体系。同样，采用差示扫描量热仪 DSC 法考察了 PET 树脂结晶温度的改变，如图 2-2 所示。

表 2-3　实验用阻燃剂和阻燃体系品种一览

序号	型号	结构类型或成分	来源
8	BEO	溴化环氧树脂	以色列死海溴公司
9	0 号锑白	Sb_2O_3	常德辰州锑品有限公司
10	BEO/0 号锑白		
11	BPS	溴化聚苯乙烯	美国雅宝公司
12	合成锑化合物	略	自制
13	BPS/合成锑化合物		
14	OP1240	次磷酸盐	德国克莱恩公司
15	MPP	密胺焦磷酸盐	汽巴精化公司

由图 2-2 可以看出，单独加入阻燃剂或阻燃体系后，PET 树脂体系的结晶峰也明显向高温区移动，结晶温度也均有不同程度提高，其中 $9^\#$、$10^\#$、$13^\#$ 和 $15^\#$ 的结晶温度甚至高于性能优异的成核剂，如图 2-3 所示，表明阻燃剂也具有改善结晶性能的功效，且部分阻燃剂对成核结晶的促进作用优于成核剂，阻燃体系对结晶性能改善的效果优于单一阻燃剂。此外，对力学性能研究发现，除了复合阻燃体系对配方材料的缺口冲击强度和锑白对配方材料的拉伸强度有所降低外，其他各体系的力学性能均有所提高。由此可知，阻燃剂在阻燃玻璃纤维增强聚酯 PET 的配方中，既具有阻燃功效又兼有促进结晶成核作用，起到一剂多效的功能。

（3）玻璃纤维对聚酯（PET）树脂的结晶改性　将玻璃纤维单独加入 PET 树脂中研究其在阻燃玻璃纤维增强聚酯 PET 的结晶改性配方中对树脂结晶性能的影响。同上采用差示扫描量热仪 DSC 法考察了 PET 树脂结晶温度的改变，如图 2-4 所示。

由图 2-4 可知，加入玻璃纤维后 PET 树脂体系的结晶性能并未得到改善，结晶峰温度稍有降低，表明玻璃纤维在提升 PET 树脂力学性能的同时对结晶成核并没有明显的改善作用。

综上，在配方设计之初，根据一效一剂原则选用的成核剂并不一定像文献报道

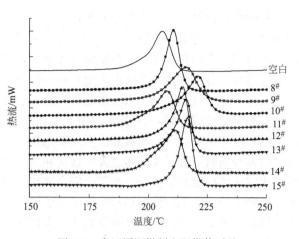

图 2-2　含不同阻燃剂和阻燃体系的
PET 树脂体系降温结晶 DSC 曲线

的那样专用成核剂才最有效；阻燃剂兼有促进结晶效果，在阻燃玻璃纤维增强聚酯 PET 的结晶改性配方中是否需要专门添加成核剂需要综合考量。

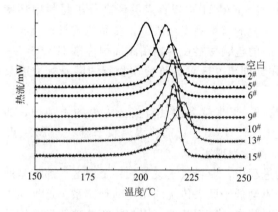

图 2-3　含阻燃剂和阻燃体系的 PET 树脂体系与
含成核剂的 PET 树脂体系比较

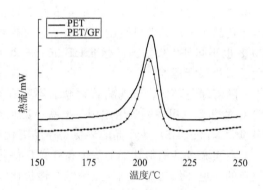

图 2-4　含玻璃纤维的 PET 树脂体系
降温结晶 DSC 曲线

2.1.3.2　无卤阻燃技术导致改性塑料配方复杂化

国际环保法规的实施对改性塑料的最大影响当属塑料阻燃体系的更替。业界已经开发了多溴联苯醚（PBBE）和多溴联苯（PBBS）的替代物，例如十溴二苯乙烷、溴化聚苯乙烯、溴化环氧树脂、溴化聚碳酸酯等。虽然溴含量的差异导致替代物的性价比不如 PBBE，但已能满足客户需求，符合 RoHS 规定。与此同时，全球范围内的无卤阻燃产品的研发和宣传工作已经轰轰烈烈地开展起来了。某些国际知名大公司，如 SONY、Dell、Apple 等还出台了本公司合成材料阻燃无卤化的时间进度表。

可供选择的无卤阻燃剂大致可分为四类化合物。水合金属氧化物氢氧化铝和氢氧化镁脱水分解吸收热量和隔离燃烧物质实现阻燃，但添加量较大，严重恶化塑料的物理力学性能。为降低上述阻燃材料基本性能的恶化程度，又必须引入较多偶联剂对无机粉体进行表面处理，以提升阻燃剂与基材树脂的相容性。为了提高阻燃材料的韧性，又引入合成橡胶或弹性体粉末、接枝聚合物、功能性共聚物等增韧组分。红磷阻燃材料的浅色化引发了红磷的微胶囊化研究，又引入了比例不小的囊壁材料和分散润滑剂。主导无卤阻燃技术的阻燃剂当属磷氮化合物。磷氮

化合物结构复杂繁多，市售产品五花八门。基于磷氮化合物的无卤阻燃体系又多遵循膨胀阻燃体系设计原则，为了体现较大的协同效应，又引入了富碳化合物和富氮化合物。这些含磷化合物、多羟基化合物和含氮化合物不仅添加量大，而且表面形态和物理化学性质各异。多组分的均匀分散和共容也导致加工技术难度升高。至今，可能没有任何一家的无卤阻燃塑料配方是完全相同的，这完全不同于溴系阻燃塑料。硅系、硼系等其他无卤阻燃产品也存在类似问题。

2.1.3.3 功能助剂的导入可能引发新的功能缺失

以农用塑料棚膜的流滴功能技术开发为例。农用塑料棚膜主要有聚乙烯（含 EVA）和聚氯乙烯两种原料。为了提高棚室光照强度和防止水滴造成的烂秧、烂果，棚膜引入了流滴剂，凝结水在薄膜内表面形成一层水膜，使水滴能够顺着棚膜表面流下，增加棚内的光照强度，有利于作物生长。殊不知流滴剂的引入带来了棚内冬季揭苫时雾气的急剧增加且不易被消除。雾气的增加对于光照的影响是显而易见的。未使用流滴剂的棚膜覆盖温室内没有雾气。可见流滴剂的使用带来了雾气这种不利现象。因此，"流滴必消雾"的口号就被提了出来，也由此衍生出了众多的消雾剂产品。

2.1.3.4 安全、卫生、环保法规迫使改性塑料配方组分选择日趋慎重

盘点近十年来影响塑料改性技术发展的重大事件，当属国际环保、安全、卫生法规影响整个行业。2002 年颁布、2005 年实施的 RoHS 和 WEEE 对电子电器用材料中特定结构的风险物质和重金属进行限量规定。2009 年正式启动的欧盟 REACH 法规重点关注高分子材料中环境风险物资 SVHC（15 种）。2009 年 6 月 1 日正式实施的《食品安全法》将食品包装材料及容器纳入食品相关产品监管范围；与之配套的接触食品的包装材料及容器用添加剂标准 GB 9685—2008 也于同日生效实施。标准 GB 9685—2008 详细列出 958 种允许使用物资的限量标准或最大迁移量限定标准。

随着绿色环保、节能减碳理念的不断深入人心，越来越多的具有安全隐患的添加剂，如PVC 的邻苯二甲酸酯类增塑剂、铅盐、镉皂热稳定剂、锡类催化剂、多溴联苯醚（PBBE）和多溴联苯（PBBS）等产品的环保型产品替代正日益变为现实。

在实施改性塑料功能助剂体系绿色环保化的进程中，业界人士又陷入一个误区。那就是期望新的绿色环保功能助剂体系的综合性价比完全不会低于原来传统的功能助剂体系。这种期望是可以理解的，也是有可能实现的，但不是在短时间内一蹴而就的。因为传统的功能助剂体系的性价比是经过多年应用实践锤炼而成的，近期需要生产者和使用者为此付出成本代价。

因此，在选用新的助剂体系时，技术人员不仅要考虑配方组分的功效、兼效、相互间的协调，还要考虑各组分与法规的符合性；否则，会导致灭顶之灾。

2.1.4 小结

塑料改性技术的提升简单依靠传统配方设计的理论、知识、经验的继承、沿用是不够的。随着应用需求的多样化，应用领域的细化，在注重装备、模具、加工工艺、操作经验的基础上，必须着手塑料改性配方技术的集成创新，不断满足客户新需求，法规新要求，避免陷入补药-毒药恶性循环。

2.2 塑料加工助剂与功能塑料的环境友好化

2.2.1 概述

随着我国"建设环境友好型社会"战略的实施，材料与环境的协调发展已成为共识。此

外，随着世界各国市场准入门槛的不断攀升，与人们环保意识和自我保护意识的增强，对材料的安全性、卫生性和环境协调性提出了越来越高的要求，也迫使我们必须重新审视材料与环境之间的关系。为此，推动材料科学向绿色化方向不断迈进，实现材料的环境友好化，必将成为21世纪材料产业发展的主流方向。在这样的历史背景下，作为在国民经济发展中起着重要支撑作用的改性塑料产业必将迎来发展的新契机，塑料产业应紧紧依托于材料环境友好化的大背景，调整研发思路，不断革新技术，与上下游的助剂生产行业共同努力，逐步实现塑料的环境友好化和高值化。

2.2.2　有毒、有害元素和化合物的替代技术是改性塑料的主题之一

由于传统的塑料工业中所使用的许多塑料助剂含有毒、有害元素和化合物，对环境和生物圈构成了严重的威胁，为此，围绕有毒、有害元素和化合物的替代技术进行科技攻关，实现塑料助剂的绿色化已成为改性塑料产业的重要内容。

2.2.2.1　塑料制品中有毒、有害元素和化合物的替代的重要性

众所周知，塑料制品在生产过程中要使用一系列的助剂，而传统的助剂有许多品种含有毒、有害元素和化合物，会在加工或使用过程中逐步释放出来，从而使塑料制品的安全性和卫生性受到威胁。目前在塑料相关行业最受关注的有毒、有害元素和化合物是铅、镉、卤素等，有机物如三苯、甲醛、芳烃类溶剂、邻苯类增塑剂和 NOBS 类硫化促进剂等。许多出口的电工电器和玩具等产品受绿色壁垒的制约，很大部分是由于其配套的塑料等高分子材料制品被检验出含有这些有毒有害物质。因此高分子材料行业的无害化技术是应对欧盟绿色壁垒、提高材料的环境协调性的关键技术之一，有毒、有害元素和化合物的替代技术应成为改性塑料的主题之一。

2.2.2.2　有毒、有害元素和化合物替代技术概述

（1）铅、镉和卤素元素的替代技术　在铅的替代方面：国外开发的主要有两大系列技术产品，一类是以美国技术为代表的有机锡热稳定剂；另一类是以欧洲为代表的钙锌热稳定剂。这两类产品我国已大量进口使用，但价格太高，应用于一般塑料制品，市场无法接受。我国的铅热稳定剂的替代技术也有两大技术体系，一类是以北京化工大学为代表的 LDHs 技术；另一类是以广东炜林纳功能材料公司为代表的稀土钙锌助剂技术，由于国产化产品的综合质量还有不尽如人意的地方，单一产品的价格还是相对高于铅热稳定剂，在法令执行力度不够的今天，推广难度很大。

在镉的替代方面：国内外已开展了硫化稀土系、钒酸盐系、氮化钽（铌）酸盐系颜料用关键原料的合成方法及工艺研究，掌握了复合稀土系、硫醇锑系、甘油锌系橡塑稳定剂材料的合成方法及生产工艺。目前开发的无镉橡塑稳定剂的稳定性、耐候性等指标达到或超过现有含镉橡塑稳定剂水平，形成多种系列，取代的含镉橡塑稳定剂在诸多产品上获得了应用。替代产品的性能满足用户要求，替代产品的性能满足用户要求，可进入国内外市场。

在卤素元素的替代方面：主要是研制和推广无卤绿色化阻燃剂，如硼系、磷系、氮系阻燃剂、无机阻燃剂（包括氢氧化铝、氢氧化镁）及膨胀型阻燃剂等。

（2）有毒有害有机物的替代技术　在胶黏剂领域发展无毒或低毒的环保型胶黏剂已成为国际主流。环保型胶黏剂如无"三苯"及水性聚氨酯胶和无甲醛建筑和家具胶黏剂替代含"三苯"的溶剂胶黏剂和脲醛胶是目前胶黏剂工业的发展方向。水性聚氨酯以水为基本介质，具有不燃、气味小、不污染环境、节能、操作加工方便、安全可靠、不易损伤被涂饰表面、适用于易被有机溶剂侵蚀的材料、易操作和改性等优点，已普遍受到人们青睐，使得它在织物、皮革涂饰及木材胶黏剂等许多领域得到了广泛的应用，特别是近几年来，由于溶剂价格高涨和环保部门对有机溶剂使用和废物排放的严格限制，使水性聚氨酯胶黏剂或涂层材料成为一个重要发展方向。

环保型非芳烃涂料溶剂油是替代"三苯"及高沸点芳烃溶剂油的理想溶剂。随着全世界范围

内环保法规日益苛刻，国外高档涂料溶剂油的生产已向系列化、低硫、低芳烃含量方向发展。

植物油酯类是一种新型的可生物降解环境友好型有机溶剂，可替代或部分替代有毒有害的芳烃类或氯代烃类等溶剂，并具有易生物降解、无毒、闪点高、可挥发性有机物含量低、溶解能力强、沸点高等特点。可以预见，这种环境友好型的有机溶剂在我国具有广阔的发展前景。

我国对替代毒害有机物系列产品的关键技术问题关注较晚，研究工作缺乏整体规划和协调，研究力量分散，工程化、产业化程度低，许多有价值的科研成果未能及时在国民经济中发挥作用。在此形势下，开展替代毒害有机物的系列产品开发与产业化更加紧迫。筛选长期从事应用基础和开发研究、有较扎实的理论基础和较强的科研开发能力、目前已取得多项前期研究成果的单位，采用"产学研"三结合的研究模式，通过跨越性的开发才能在短时间内建立有我国自主知识产权的替代技术体系，以应对绿色壁垒。值得欣慰的是我国科技主管部门着手组织国家"十一五"产学研攻关。有毒害有机物的替代技术已列入国家"十一五"科技支撑计划，该计划项目主要应围绕以下 3 个方面开展工作：无毒害有机物的装饰材料及家具等系列环保型胶黏剂的开发与应用；替代有毒害有机溶剂的离子液体及生物可降解有机溶剂的开发和应用；无毒橡塑助剂的开发及应用。该项目目前进展顺利，通过上述 3 个技术层面的研发有望解决好高分子材料的有毒有害有机物的替代技术，希望可以起到示范作用，可以带动相关行业的替代技术的跨越性发展。

2.2.2.3 源治理和零排放是塑料绿色化改性的根本目的

源治理是实现高分子材料与环境协调发展的主渠道，是从源头上遏制了塑料材料可能对环境产生的危害，也是塑料材料绿色化改性的根本目的。目前高分子材料的开发应沿着：减量化——减少材料的用量；资源化——可回收利用；无害化——可环境消纳；清洁化——可进行清洁生产；节能化——降低成型能耗等五个方面努力。

零排放是指塑料制品完成使用价值后，能回收降级使用，最终通过高效溶剂或能吞噬高分子材料废弃物的物质就地或异地转变，无毒地回归大自然生态环境的系统工程。零排放技术的实质是回收利用技术、降解技术、天然高分子开发应用技术、低负荷设计技术及减少金属-高分子材料复合构件等。天然高分子材料的开发和应用被认为是实现有机高分子材料零排放的最理想途径。零排放杜绝了塑料材料对环境造成的危害，是塑料材料绿色化改性的又一根本目的。

2.2.3 塑料助剂绿色化是实现塑料材料环境友好化的前提

塑料制品一般是由基体树脂与塑料助剂复配而成，而许多助剂在加工或使用过程中会因为产生挥发、分解等物理或化学作用而从塑料中脱离出来，不仅降低了塑料的性能，而且因为传统助剂中含有的有毒有害物质而对环境造成了很大的危害。例如，含铅热稳定剂在 PVC 中有着广泛的应用，我国目前的 U-PVC 水管的年生产能力达 30 万吨，如果铅含量按管材总重量的 1% 计算，则我国每年有 3000t 铅包含在这些排水管中而被人们使用，这些铅在排水管的使用过程中在环境因素的作用下不断地从塑料基体中析出，进入到水体中，从而对水体产生严重的污染，并最终危及人类的健康。因此，实现功能材料的环境友好化首先应实现塑料助剂的绿色化、无毒化。

绿色化塑料助剂的构建应根据生命周期分析原理（LCA）和源治理、零排放的思想，从助剂结构设计、生产和复配的源头，到产品的使用，再到废弃物的处置等整个生命周期过程对塑料助剂产品系统进行生态设计。据此，塑料助剂的绿色化应包括合成原料选材的绿色化、合成过程的绿色化、助剂产品的绿色化以及助剂的可再生利用性及可环境消纳性四个部分。

2.2.3.1 塑料助剂合成原料选材的绿色化

塑料助剂合成原料选材的绿色化是其源治理的重要内容，它要求选择助剂的合成原料时，在保证助剂具有合适的性能价格比的同时，应减少使用或不使用那些沸点低、挥发性较大，或含有有毒、有害元素和化合物（如铅、镉、卤素等元素及甲醛等化合物）的原料，而应力求采用高沸点、低挥发性、与树脂相容性好且无毒或低毒的原料品种，以保证助剂在功能塑料的使用寿命内尽可能少地释放到外界环境中，即使有所释放也不会对环境造成大的危害。

例如，无机粉既无毒无害，且在一般的加工和使用温度下不挥发、不分解，与环境协调性好，采用无机粉体微米、纳米粒子作为塑料抗冲改性剂，在提高塑料材料的韧性的同时，还能使其刚性、硬度、耐热性，以及制品的尺寸稳定性和耐蠕变都得到不同程度的提高，与有机抗冲改性剂相比有着很大的优越性。当然，无机粉体在树脂基体的分散性是一个需要关注的问题，采用偶联处理可以很好地解决这一问题。为满足助剂的绿色化要求，在选用偶联剂时，也应使其满足生态设计的要求，应使用无毒或低毒、与树脂相容性好、稳定性好的品种，由福建师范大学章文贡教授等发明的铝酸酯偶联剂、广东炜林纳功能材料公司研发的 WOT 等系列的稀土偶联剂就是其中两个很好的代表。

2.2.3.2　塑料助剂合成过程的绿色化

塑料助剂合成工艺的绿色化是其源治理的必要条件，也是其零排放的重要组成部分，其主要实现方式是合成技术路线的绿色化和溶剂的绿色化。

（1）合成技术路线的绿色化　合成技术路线的绿色化即本着原子经济理念、绿色化反应理念和节能减排理念，在整个合成过程中力求做到：①使反应物尽可能多转化为生成物，以使反应物料的利用率得到最大化，既有利于节省成本，提高效率，又能使产物性质均一、稳定；②反应产生的副产物无毒或低毒，并能通过一般的方法从主产物中除去；③在合成中通过采用催化剂等以控制和调整反应进程，选择能耗低、污染小的技术路线。

（2）溶剂的绿色化　传统塑料助剂的合成过程中，大部分需要用到有机溶剂，而绝大部分有机溶剂是有毒的，如果在合成过程中因为挥发而逸散到空气中，或是合成结束后未加处理、回收就排放到环境中，必然会对环境造成很大的污染。因此，积极倡导塑料助剂的合成溶剂应尽量采用无毒、绿色化的溶剂，如水、酒精等，少用三苯类等会给环境和人类健康造成威胁的有机溶剂，以从源头上杜绝溶剂可能造成的危害。对于一些必须采用的有毒溶剂应重视其回收利用和无害化处理。许多科技工作者在有毒有害有机合成溶剂的替代上付出辛勤的努力，也取得了令人可喜的成绩，这些成果主要包括：超临界流体技术的应用、离子液体制备和应用以及固定化溶剂的研究与应用。

2.2.3.3　塑料助剂产品的绿色化

塑料助剂产品的绿色化即要求合成出的助剂产品无毒、高效，能在功能塑料的加工和使用过程中保持性质的稳定，并在塑料使用寿命内长期发挥作用，以减少助剂的使用量，从而减少其生产给环境带来的危害，为此，除无毒、高效外，塑料助剂主要还应具备以下性质。

（1）热稳定性好　塑料助剂热应有较好稳定性，在塑料加工温度下和使用温度下不发生热分解及其他热氧老化，避免或减少因为塑料助剂的分解或老化作用而使塑料的某一功能得到削弱甚至消失，延长塑料的使用寿命。

（2）分散性好　塑料助剂只有均匀地分散在树脂基体中，才能得到质量均一、稳定的塑料制品。对于一些分散性较差的助剂，可采用相容剂、偶联剂等进行表面处理，以提高助剂与基体树脂的相容性，从而提高其分散性。

（3）色污性小　许多助剂在使用过程中会在环境的作用下或与其他助剂发生反应而对制品产生颜色污染，这对生产浅色或者透明的塑料制品来说显得尤为重要，因此在选用助剂品种及不同助剂间的复合使用时应予避免。

2.2.3.4　塑料助剂的可再利用性及可环境消纳性

塑料助剂的可再利用性是指塑料制品在一次加工后，其中所添加的助剂能够被多次再加工而不会严重破坏其原有的功能。在塑料的生产和加工过程中，不免会产生一些边角料和质量上不合格的废次品。对于这些边角料和废次品，只需要再补加或不需增加助剂就能够直接在生产线上得以回用，或者降级使用，则不仅可提高助剂的有效利用率，还可以大大降低成本。对于废弃塑料中的助剂，如果在采取了一定的技术措施后也能够进行回收再生利用，也将会为降低成本，还可为减轻塑料固废给垃圾处理系统带来的压力，缓解环保压力做出积极贡献。可见，塑料助剂的可再利用具有明显的社会、经济和环保效益，应该作为技术研发的一个方向。

塑料助剂的可环境消纳性是指对于一些无法回收再利用的塑料制品中的助剂，在与塑料一同进入垃圾处理系统后，应具有较好环境协调性，能够促使废弃的塑料材料适合目前我国采用的较常规的垃圾处理技术进行减量化、无害化处理，以达到综合治理的目的。目前，国内固体废弃物的处置方式主要有填埋、堆肥和焚烧 3 种，这就要求塑料助剂在填埋时能促进至少不阻碍塑料的降解，在堆肥时不产生对土壤和作物有害分解物质，在焚烧时不产生有毒有害气体。

2.2.4 实现塑料功能化的核心是塑料加工助剂

实现塑料功能化的基本措施是使用各种功能化助剂或橡塑共混或塑塑共混，例如：正是由于添加了各种具有特殊的光、电、磁效应的功能化助剂才赋予了塑料材料在光、电、磁等方面特殊功能，也正是由于有效地使用了各种稳定剂才使 PVC 的加工过程得以顺利进行，并大大延长了材料的使用寿命。

按宏观用途分，可以把塑料助剂分为功能助剂和加工助剂两大类，其中功能助剂能赋予塑料材料各种特殊的功能化属性，如光、电、磁、阻燃、抗菌等；而加工助剂则能赋予塑料材料优良的加工性能，因此，只要是能促进塑料材料加工过程顺利进行的助剂都可称作塑料加工助剂。据此，许多助剂品种既可归属于加工助剂，又可归属于功能助剂，如抗氧剂既可效地提高塑料在加工过程的热氧稳定性，防止塑料在加工温度下的热氧化降解和交联给加工带来的不利影响，又能有效提高塑料制品在使用过程中的抗热氧老化，大大提高了塑料制品的使用寿命，因此抗氧剂既是加工助剂，又是功能助剂。

由于塑料材料只有通过成型加工设备，经混合、成型和加工处理，形成具有一定形状的制品后，才具有使用价值，也才能发挥其特殊的功能，因此可以说，塑料的加工性能是实现其使用性能和功能化的前提，故塑料加工助剂的有效使用成了实现塑料功能化的核心条件。根据功能塑料加工过程中的需要，加工助剂主要包括以下几方面。

(1) 加工稳定剂 主要包括热稳定剂、抗氧剂、金属离子钝化剂等。许多聚合物在结构上都存在着薄弱环节——弱化学键，如聚丙烯分子结构中叔碳上的氢原子，聚氯乙烯上的氯原子等。这些弱化学键在聚合物的加工过程中，在热、氧及变价金属离子的多重作用下，成为了反应活性点，使聚合物发生氧化、断链及自由基连锁反应等，产生了降解和非控制性的交联，最终导致聚合物材料的使用性能下降。所以多数聚合物只有在添加适量的热稳定剂、抗氧剂及金属离子钝化剂的情况才能顺利地进行加工，故稳定剂是一种极其重要的加工助剂。

(2) 熔体流动促进剂 主要包括增塑剂和润滑剂等。熔体流流动促进剂主要作用是降低塑料材料内部分子间及塑料与加工机械间的摩擦力，增大塑料熔体的加工流动性，从而促进加工过程的顺利进行。

PVC 等聚合物由于分子上带有极性较大的基团，且分子间排列规整，故分子间作用力大，使其加工温度高于分解温度，如果不添加润滑剂根本就无法进行加工。增塑剂作用机理是进入聚合物分子间，以使聚合物分子间的距离增大，分子间作用力减弱，相互间的移动性增加。随着增塑剂添加量的增加，塑料熔体流动性增大，加工性能变好，制品的抗冲击强度及耐寒性增加，但强度、刚性力学性能等则下降，故增塑剂添加量应依据制品的综合性能要求而定。

　　润滑剂除了能降低塑料内部分子间的摩擦力外，还可降低塑料与加工机械间的摩擦力，从而有效地增加塑料材料的熔体流动性。在降低塑料内部分子间的摩擦力从而增加塑料熔体的流动性方面，润滑剂的作用机理与增塑剂相似，只是塑化效率不如增塑剂。

　　可见，对于硬质塑料，尤其是 PVC 等，熔体流动促进剂也是必不可少的加工助剂。

　　（3）功能化改性加工促进剂　主要包括相容剂和偶联剂等。为实现塑料的功能化，必须使功能化助剂或第二组分的塑料、橡胶在加工过程中均匀的分散在主体树脂基体中，然而许多功能化助剂或第二组分的塑料、橡胶在结构、极性等性质方面与基体树脂存在着较大差异，致使其无法在主体树脂基体中很好的分散和相容。这不仅使得预期的功能化改性目的无法达到，还会因为分散相与基体的界面清晰，使塑料复合材料产生应力集中区，导致塑料制品力学性能降低。采用相容剂和偶联剂可以很好地解决这个问题。

　　相容剂可提高主体树脂与第二组分塑料、橡胶、有机颜料等有机功能化改性助剂间的相容性，并形成良好的界面结合，促使有机功能助剂在基体树脂中均匀分散，从而使功能化改性加工过程顺利进行，制得质量均一、稳定的功能化塑料制品。

　　偶联剂的作用是在无机粉体功能化助剂与主体树脂基体间"架起一座桥梁"，即通过偶联剂分子使无机粉体与基体树脂间形成强有力的化学结合，从而促进了无机粉体在基体间有效分散，使无机粉体的补强等功能化作用得以很好的发挥。

　　可见，功能化改性加工促进剂是实现塑料功能化的必要的加工助剂。

2.2.5　几种典型的塑料加工助剂的技术发展方向

　　如上所述，要实现功能塑料的环境友好化，首先应实现塑料助剂的绿色化，而作为功能塑料的核心加工助剂的绿色化更是首当其冲。并且，随着世界各国对进口产品的市场准入标准的不断升级，实现塑料助剂升级换代，使之朝向绿色化方向发展将变得越来越迫切，为此，调整研发战略思路，努力实现塑料加工助剂的技术研发模式向绿色化、环境友好化转型，是新时期塑料加工助剂发展的主流方向。下面以环境友好化和多功能化为出发点，重点介绍几类典型的塑料加工助剂的技术发展方向。

　　（1）热稳定剂　随着人们环保意识和自我保护意识的不断提高，对塑料产品的安全性和卫生性提出了越来越高的要求，导致了一些传统的含铅、镉等污染性及危害性大重金属热稳定剂市场份额越来越小，因此，研发绿色技术路线，发展无毒环保的新品种是热稳定剂发展的必然选择。目前，热稳定剂开发技术主要向着绿色化、复合化、高效化等方向发展。

　　与单一品种的热稳定剂相比，复合稳定剂，特别是无毒、高效的液体复合稳定剂，如钡/镉/锌型、钡/锌型、钙/锌型等，具有更为优良的热稳定效率，并能替代或部分替代有毒有害的热稳定剂，以减少其对环境的危害，这是热稳定剂的一个重要的技术发展方向。

　　稀土热稳定剂作为我国自主研制生产的一类热稳定剂，由于具有优异的热稳定性、良好的耐候性、优良的加工性、储存稳定性等诸多优点，尤其是它的环保无毒，使其成为了真正的绿色、高效的热稳定剂。我国的稀土资源非常丰富，原料来源广、成本低，且分离加工技术成熟。因此，深入研究和大力发展稀土热稳定剂，研制完全替代有毒的重金属类热稳定剂和部分替代价格昂贵的有机锡类热稳定剂也将是我国未来热稳定剂技术发展的主要方向。

　　（2）增塑剂　近年来，我国已成为亚洲地区增塑剂生产量和消费最多的国家。但是随着世界各国环保意识的提高，医药及食品包装、日用品、玩具等各个行业对塑料制品中的增塑剂提出了越来越高的纯度、卫生等环保要求，但从目前来看，国产增塑剂尚难满足这一要求，为此加快开发推广新型无毒增塑剂，逐步淘汰有毒增塑剂是我国增塑剂产业今后发展的必然趋势。

　　今后增塑剂的技术发展方向主要有：发展高分子类增塑剂，高分子类增塑剂迁移性小，污染小；发展无毒、抗霉菌、无味、价廉的柠檬酸酯类增塑剂；开发与基体相容性、耐久性、耐抽出性及热稳定性好，挥发性小的增塑剂品种，减小增塑剂的使用量；开发高效、适用性广的增塑剂品种；开发生物降解型增塑剂，利用植物油基生产出高效、无毒、可降解的环保型增塑剂，以使增塑剂在塑料制品废弃后能自动降解，以减轻塑料给环境造成的负担。

（3）偶联剂 随着无机粉体材料超细化技术和表面处理技术的飞速发展，以及改性加工设备和工艺的合理运用，使得填充改性塑料不仅能够满足材料使用性能的要求，同时具有很好的环境协调性，加之由于近年来原油价格的不断飙升，造成树脂价格随之上涨，采用无机粉体填充改性塑料将使塑料成本显著下降，促使行业加大了对无机粉体改性塑料技术的研发与推广。无机粉体改性塑料技术发展的主要技术攻坚是提高偶联剂表面处理性能。

随着市场对塑料制品的高性能和低成本化要求，偶联剂的技术发展将朝着高效、无毒、复合化方向发展。

（4）相容剂 相容剂又称增容剂，是指借助于分子间的键合力，促使不相容的两种聚合物结合在一起，进而得到稳定的共混物的助剂。通过相容剂的起作用，能大大提高复合材料的相容性和填料的分散性，从而提高复合材料机械强度，在无卤阻燃、填充、玻璃纤维增强、增韧、金属黏结、合金化等改性领域得到了广泛的应用。目前相容剂通常以马来酸酐接枝聚合物为主，马来酸酐接枝相容剂通过引入强极性反应性基团，使材料具有较高的极性和反应性，是一种高分子界面偶联、相容剂、分散促进剂。当今，相容剂主要朝高接枝率、低单体残留和基体树脂及接枝位置可控化的方向发展。目前已有采用"光接枝法"在聚烯烃、PS、PVC、橡胶、PET、Nylon、PC 等基体树脂上接枝上 MAH、苯乙烯、丙烯酸、GMA、MAH/VAc、MA/AA、MA/EA 等接枝物，而且具有催化剂和单体残留极低、无气味性、接枝率水平可控（1.0%～20%）、色泽纯净（净白色）等优点，大大丰富了相容剂的品种，同时也扩展了应用领域，尤其是很好地满足了回收塑料合金化高值化应用对相容剂的要求。

2.2.6 铝体系绿色化工助剂及其功能塑料产业链

目前，市场上已产业化的铝体系绿色化工助剂主要是氢氧化铝阻燃剂等无机类和铝酯酸偶联剂有机类两大类。

2.2.6.1 氢氧化铝阻燃剂

氢氧化铝占无机阻燃剂消费量的 80% 以上，是现有无机阻燃剂中最主要的一种，具有阻燃、消烟、填充三大功能，而且热稳定性好、不挥发、无毒、无腐蚀性、易于储存、来源丰富、阻燃效果持久、不产生二次污染，并能与其他阻燃剂产生协效作用，是一种绿色、经济的阻燃剂品种，广泛应用于各种塑料、涂料、聚氨酯、弹性体和橡胶制品中，但由于其添加量大，成本较高，此外，还存在着其粒度和用量对材料阻燃性能和物理性能影响很大等缺陷，目前无机阻燃剂正朝着复配化方向发展。

福建师大环境材料开发研究所在研究氢氧化钙改性制备环境友好塑料材料时发现：氢氧化铝与氢氧化钙及膨胀型稀土配合物复配后所形成的无卤阻燃一包化技术产品应用于一些塑料后具有较明显的阻燃效果。

2.2.6.2 铝体系有机物

铝酸酯偶联剂是由福建师范大学高分子研究所章文贡教授等于 1984 年发明的，由于铝酸酯偶联剂具有成本低，具有色浅、无毒、使用方便、热稳定性好等特点，且偶联效果可与钛酸酯偶联剂相媲美，故广泛应用于无机填料的表面活化处理。经铝酸酯偶联剂活化处理的活性碳酸钙有吸湿性低、吸油量少、平均粒径较小、在有机介质中易分散、活性高等特点，广泛适用于 PE、PP、PVC、PS 和 PU 等多种塑料的填充改性。经铝酸酯偶联剂处理后碳酸钙等无机粉体填充于塑料制品后，不仅能保证制品的加工性能和物理性能，还可提高碳酸钙等无机粉体的填充量，从而降低成本。

在对铝酸酯结构与性能关系进行系统研究的基础上，结合铝元素的特殊电子结构和配位功能，通过改变配体成分，将具有紫外光吸收结构等基团连接到铝酸酯的中心铝原子上，可以使其热稳定性大大提高，获得了具有良好热稳定性的新型铝酸酯光稳定剂等品种。已开发出如二(邻甲酸甲酯苯酚)乙醇胺铝酸酯，二(邻氨基苯酚)三乙醇胺铝酸酯，二(对羟基苯甲醚)三乙醇胺铝酸酯，二(壬基苯酚)三乙醇胺铝酸酯浅黄色黏稠液，二(苯酚)三乙醇胺铝酸酯，二(邻甲酸甲酯苯酚)三乙醇胺铝酸酯等一系列具有特殊功效的多功能助剂。也可以通过铝离子与相关金属离子如稀土等的配位开发一系列相关技术产品，经过设计和研发一系列铝体系有机物有望使铝体系助剂形成系列化加工和功能助剂。

2.2.6.3　建立绿色铝体系助剂产业，延伸功能塑料产业链

福建师大环境材料开发研究所与战略合作企业福州杰邦环保科技有限公司建立了战略合作框架协议，携手致力于建立绿色铝体系助剂产业，并延伸建设其功能塑料产业链。依托绿色铝体系功能助剂生产技术可以开发出偶联剂体系、相容剂体系助剂、多功能加工助剂、绿色阻燃体系助剂等助剂产品，并可延伸开发环境友好型改性塑料专用料，如可环境消纳塑料、绿色无卤阻燃塑料、玻璃纤维增强塑料、无机粒子增强聚烯烃、刚性粒子增韧聚烯烃、高抗冲 PS、TPR 鞋用材料、功能性母料以及开发回收塑料高值化技术产品如高性能管材用 PE 料、小电器外壳用 ABS 料、再生 TPR 鞋材等，可服务于汽车电子配件、包装材料、鞋材产业、建筑材料、农用材料等五大行业，具有很好的社会、经济、环境效益。

2.2.7　制订相关行业标准的必要性和可行性

塑料助剂产业是随着塑料工业的发展而快速发展的，至今已形成一个品种多、门类全的精细化工行业，在促进塑料工业的蓬勃发展中起到了重要的反推作用。

然而，正是由于塑料助剂产业的快速发展，使得许多相关的配套标准跟不上其发展步伐，导致企业处于"无标可依"的状态，致使许多助剂产品存在生产不规范、质量无标准、产品叫法不一的混乱局面。例如，一些企业在没有相关行业标准的情况下，为了迅速占领市场，简单地参照其他标准进行生产，或者许多企业索性自定标准进行生产，更有甚者，一些企业在无行业标准和又没有制定企业标准的情况下胡乱生产，从而导致市场的混乱和产品质量的良莠不齐，使用户莫衷一是。

另有一些助剂品种虽有地方标准，但适用范围小，无法在全国范围内推广应用，从而极大地限制了该助剂的发展。例如："铝酸酯偶联剂"的问世和"光钙型可环境消纳塑料"的提出和产业化至今已分别历时 25 年和 6 年，在此期间，"铝酸酯偶联剂"在塑料等高分子复合制品界面及其无机粉体的表面改性中起到重要推动作用，"光钙型可环境消纳塑料"也在加快"无机粉体改性塑料环境友好材料"的研发与产业化进程中扮演了重要的角色。作为这两项技术和理念的发明者和倡导者，福建师范大学曾分别对"铝酸酯偶联剂"及"可焚烧可降解塑料"制定了福建省地方标准（其中，铝酸酯偶联剂的标准号为 EDB/HG—88，"可焚烧可降解塑料"的标准号为 DB 353—1999）。但由于没有全国的统一产品标准，以至于市场上存在着许多标榜为"铝酸酯偶联剂"和"光钙型可环境消纳塑料"的质量低劣的产品，甚至是打着"铝酸酯偶联剂"和"光钙型可环境消纳塑料"之名进行造假，严重影响到这两个行业的健康发展和产品的推广应用。

为此，呼吁尽快制定相关行业或国家标准，以促进塑料助剂行业的健康有序发展，使市场摆脱目前的产品质量纷乱的局面，也使用户摆脱对不同企业的产品莫衷一是的顾虑。此外，我国的塑料助剂产品发展至今，已具有相当规模，并掌握了相关核心技术，发展已较成熟，也有

这个能力对相关行业做出质量规范标准，中国塑料加工工业协会拟将这两个标准列入 2009 年国家制订标准目录，我们呼吁相关生产企业协同有关部门，集思广益，共同参与，为促进相关行业标准的制定贡献力量。

2.3 塑料助剂与塑料改性

2.3.1 概述

2.3.1.1 几个概念性问题

塑料助剂：是指由树脂加工成塑料制品的过程中所需要的各种辅助化学品。

塑料助剂门类庞杂、功能各异。根据功能和作用的不同，通常包括稳定化助剂、加工体系助剂和功能赋予剂三大体系。伴随塑料工业发展，塑料树脂结构的增加，成型加工技术的进步和应用领域对制品性能要求的提高，极大地促进了塑料助剂门类的扩大和产耗量的提高。

塑料改性：在把现有合成树脂加工成塑料制品的过程中或是在已有塑料制品的基础上，利用化学或物理方法改变塑料制品的一些性能，以达到预期目的，这个过程就是塑料改性。

塑料改性的含义很广泛，在改性过程中，即可以发生物理变化，也可以发生化学变化。塑料改性的应用范围也很广泛，几乎所有塑料的性能都可通过改性方法得到改善，如塑料的外观、透明性、密度、精度、加工性、力学性能、化学性能、电磁性能、耐腐蚀性能、耐老化性、耐磨性、硬度、热性能、阻燃性、阻隔性及成本性等方面。

塑料的改性是继聚合方法之外又一个获取新性能树脂的简捷而有效的方法。

2.3.1.2 塑料助剂的作用

众所周知，塑料制品的成型过程基本上是由配合、塑炼、成型等工序完成的。在这一过程中，树脂、助剂、加工设备（包括模具）是不可或缺的基本要素。相比之下，助剂在塑料配方中的用量微不足道，但其对制品加工和应用性能的改善和提高作用举足轻重。可以说，在聚合物树脂结构确定之后，助剂的选择和应用是决定制品成败的关键。

在大多数塑料改性的过程中，也必须添加一定量塑料助剂来达到目的，而塑料助剂在此起到举足轻重的作用。

2.3.1.3 塑料改性

为了满足不同用途的要求，除了积极发展新的合成树脂品种外，还应该在现有树脂的基础上，通过一些方法来达到目的。这也是充分发挥材料原有优点，克服其缺点，赋予制品以特殊性能的过程。这就是塑料改性的目的。

（1）塑料优缺点

① 塑料的优点。大多数塑料质轻，比强度高；化学稳定性好，不易锈蚀；具有一定的韧性，即耐冲击性好；绝缘性好，导热性低；容易加工，加工成本低。

② 塑料的缺点。耐热性差，易燃；易应力变形，尺寸稳定性差；强度不高；低温脆性；耐溶剂性差。

（2）塑料改性分类　按不同方式可有许多分类方法。

① 按方法性质分（一般分法）。

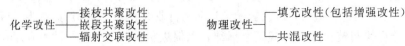

② 按制品性能、工艺分法分。发泡改性、交联改性、拉伸改性、大面积复合改性、填充改性、共混改性等。

③ 可分为表面改性（表面性能、外观等）及本体改性（强度等方面）。

（3）塑料改性的目的和意义

① 投入少，见效快，效果好（事半功倍）。聚合物改性技术通常比合成一种新树脂容易得多（开发新品种要受到原料来源、合成技术、成本等多种限制），尤其是物理改性，在一般聚合物成型加工厂都能进行，且容易见效。

② 可使聚合物制品价格大大降低。

③ 改善聚合物的性能，如力学性能、耐摩擦性、热性能、耐老化性、电性能等。填充改性，一般能改善耐低温性能、耐蠕变性、增加硬度等；增强改性可提高力学性能；共混改性可提高韧性。

④ 赋予制品以新的性能，如阻燃、导磁、发光等性能。

（4）聚合物改性的缺点

① 使某些性能受到损害，如填充有时会使制品光泽、耐蚀性、绝缘性变差。

② 加工困难。

③ 设备磨损严重，动力消耗大。

④ 产品力学性能各向异性。

在实际工作中，应根据制品性能要求，树脂本身优缺点，采取适当途径扬长避短，充分发挥效用。在这里就塑料改性和大家一起探讨一下塑料助剂的选择及作用。

2.3.2　塑料填充改性

在塑料成型加工过程中加入无机或有机填料的过程称为填充改性。是在塑料基体（母体）中加入模量高得多的非纤维类的材料（一般为微粒状）。

通常很多人认为填充改性是为了降低成本而进行的，实际上很多塑料制品如果没有填充助剂的加入的话，很难得到符合应用的效果。

填充改性的目的和效果如下。①改善力学性能，主要增加材料的模量，提高热变形温度和尺寸稳定性。②改善一些加工性能，突出的是减小成型收缩率。③改善塑料的着色性或印刷性。④赋予塑料某些特殊性能，如导电、导磁、阻燃、发光、杀菌等。⑤降低成本，以重量计，降低成本；以体积计，填充少量（20 份以下）时降低成本作用并不明显，因填料的加入使制品密度增大。

2.3.2.1　填料的分类

通常把与塑料基体间界面相互作用小，力学性能改进效果小的添加材料称为填充材料（简称填料）或填充剂。填料可分为无机填料和有机填料两大类。

（1）无机填料

$$
矿物性
\begin{cases}
硅酸盐类
\begin{cases}
高岭土(黏土) \\
玻璃微球
\begin{cases}
中空微球 \\
中空大球 \\
滑石——3MgO \cdot 4SiO_2 \cdot H_2O
\end{cases} \\
硅灰石——CaSiO_3结晶 \\
硅藻土——海中含硅生物遗骸所成的矿物化石 \\
云母
\end{cases} \\
碳酸盐——主要是CaCO_3(轻质CaCO_3——轻钙(天然) \\
\qquad\qquad\qquad\qquad\qquad 重质CaCO_3——重钙(合成)) \\
氧化物——SiO_2(硅石)、水合氧化铝、MgO、ZnO、TiO_2、\\
\qquad\qquad BaO、石英粉、硅沙等 \\
磷酸盐 \\
金属粉末——铜粉、青铜粉、铝、锌、铅、钢粉、不锈钢粉等 \\
其他无机物——石膏(CaSO_4)、BaSO_4、BaSO_3、MoS_2、SiC、石墨等
\end{cases}
$$

$$\text{工业废渣}\begin{cases}\text{红泥（铝冶炼厂副产物）}\\\text{硼泥（硼砂 } Na_3BO_3 \text{ 副产物）}\\\text{白泥（造纸厂副产物）}\\\text{粉煤灰（发电厂副产物）}\end{cases}$$

$$\text{人工制备}\begin{cases}\text{炭黑-白炭黑（胶体 } SiO_2\text{）}\\\text{人工合成玻璃微珠}\end{cases}$$

（2）有机填料 $\begin{cases}\text{纤维素：木粉、木屑、软木、棉花、谷粉}\\\qquad\qquad\text{纸浆、纤维素、木质素、淀粉等}\\\text{塑料：塑料粉末、中空塑料球}\end{cases}$

有机填料以状态来分类：

$$\begin{cases}\text{圆球状、片状、粒状（填料大多以这三种形态存在）}\\\text{柱状、纤维状（常为增强材料）}\end{cases}$$

2.3.2.2 填料性质

填料性质主要指其组成、相对密度、粒径大小、粒子形状、颜色及特点（如刚性、着色性、导电性、导热性、尺寸稳定性、介电性、电绝缘性、耐化学药品性和耐水性、润滑性、耐热性、填充性等）。

较重要的填充材料有以下几种。

（1） $CaCO_3$

① 天然矿物经机械粉碎而成，粒径 $2\sim10\mu m$，比表面积 $2\sim7m^2/g$；

② 沉降型（合成），可达 $0.1\mu m$，比表面积 $25\sim80m^2/g$。

价廉，色白，用途最广。

（2）硅酸盐类

① 滑石，片状，对设备磨损小，易加工；刚性好，尺寸稳定性好，耐高温蠕变性好。

② 石棉、云母——电绝缘性、热绝缘性；硅灰石、煅烧陶土。

（3）炭黑　耐老化、电性能好

（4） $Al(OH)_3$、$Mg(OH)_3$　阻燃性好

（5）木粉、纸浆

（6）玻璃微球（珠）

2.3.2.3 塑料用填料特性

填料特性包括填料的几何特征和表面物理化学特性。

$$\text{几何特征}\begin{cases}\text{球形填料}\begin{cases}\text{表面光滑}\\\text{表面粗糙}\end{cases}\\\text{异形填料}\begin{cases}\text{晶体（单晶、多晶）}\\\text{无定形（多孔、棒状、板［片］状）}\\\text{晶体与无定形混杂}\end{cases}\end{cases}$$

$$\begin{cases}\text{表面物理化学特性}\begin{cases}\text{表面张力}\begin{cases}\text{高能表面}\\\text{低能表面}\end{cases}\\\text{表面与塑料成键能力——共价键、极性吸附}\end{cases}\\\text{考察填料微粒形状的两个基准是}\begin{cases}\text{粒度（直径）及粒度分布}\\\text{比表面积：表面积/质量（}m^2/g\text{）}\end{cases}\end{cases}$$

粒度：过筛目数——孔数，粒度分布：各个不同筛间的分布，用粒度分布仪测定。

物化特征：表面物理、化学性能，填料与塑料表面黏附能力。

有时表面具有成键能力会形成共价键，但一般情况下为范德瓦耳斯力（分子间作用力），

主要是极性吸附。

可用广义的酸碱理论（路易斯）来分类进行估计。

如　PVC——酸性树脂
CaCO$_3$——碱性填料　}产生酸碱性吸附结合力。

共价键形成：如玻璃纤维经偶联剂处理后，有可能形成共价键结合。

表面形态和物化特性决定了填料的性质，有人将两者总结在一起，用"吸油值"来考察填料的特性，如不同温度下的吸油值；不同压力下的吸油值。

2.3.2.4　填充塑料形态的形成

混合过程如图 2-5 所示。

三种状态：A——理想状态；B——填料的聚集体；C——附聚：吸附树脂，并聚集起来。

A 形态：当填料之间结合力较小，而填料与树脂结合比较好，同时填料量较少时易形成。

B 形态：填料量较大，或填料间结合力较大，与树脂的亲和力较小的情况下易形成（填料堆砌坚固）。

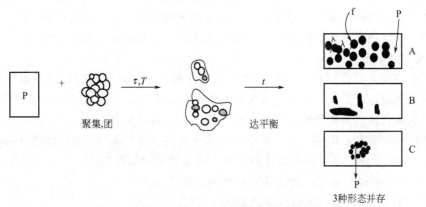

图 2-5　填料在树脂中的混合过程与形态的形成

C 形态：填料量多时，易形成该种状态。

在填充过程中存在两种相反的倾向：剪切力使填料与树脂混合扩散（分散）；填料间的亲和力使填料凝聚（聚集），如油、水的混合。因此，无限延长加工时间，并不会无限增加分散程度。

2.3.2.5　影响填充改性的因素

（1）填料形状　填料的形状对填充复合物性能影响较大，薄片状、纤维状对复合物的力学性能有利，但不利于成型加工。圆球状则相反。

（2）粒径　粒径大小及粒径分布对填充复合物性能影响很大，粒径越小，拉伸强度越大。

（3）填料的表面

① 表面物理结构。非晶填料——表面凸凹少，基本属于光滑表面，如玻璃；结晶填料——由于存在熔点，在冷却时表面发生急剧变化，表面形成许多凸凹不平；表面物理结构特性：比表面积、微孔分布、各种物质吸附量。

② 表面化学结构。表面化学结构与内部不同，尤其是表面官能团的存在会与空气中的氧气或水反应，与内部性质差别较大。

③ 表面处理。亲水表面→疏水表面（疏水化），可采用物理方法或化学方法等进行处理。机械研磨法、碱腐蚀法、涂覆法，表面化学反应法，如采用脂肪酸及其盐或酯、脂肪酰胺等对 CaCO$_3$ 进行涂覆。

④ TiO$_2$。紫外光照射，将 Ti^{4+}→Ti^{3+}，有机物改性。

（4）硅烷偶联剂处理　炭黑：表面富化学活性，可采用化学试剂处理，如用 HNO$_3$、

H_2O_2、O_3 等氧化剂处理，产生—CO—、—OH、—COOH；或用苯乙烯等在其表面进行自由基引发接枝聚合。

其他方法，如微胶囊化处理；比较重要的方法是偶联剂处理法。

2.3.3 偶联剂

偶联剂：指能够在特定条件下产生活性基团，并与黏结界面两侧的黏结物发生化学结合，从而增加界面的结合强度的一类化合物。是一种重要的、应用领域日渐广泛的处理剂，主要用作高分子复合材料的助剂。偶联剂分子结构的最大特点是分子中含有化学性质不同的两个基团，一个是亲无机物的基团，易与无机物表面起化学反应；另一个是亲有机物的基团，能与合成树脂或其他聚合物发生化学反应或生成氢键溶于其中。偶联剂被称作"分子桥"，用以改善无机物与有机物之间的界面作用，从而大大提高复合材料的性能，如物理性能、电性能、热性能、光性能等。

偶联剂的种类繁多，主要有硅烷偶联剂、钛酸酯偶联剂、铝酸酯偶联剂、双金属偶联剂、磷酸酯偶联剂、硼酸酯偶联剂、铬络合物及其他高级脂肪酸、醇、酯的偶联剂等，近年来还有稀土偶联剂、复合偶联剂。目前应用范围最广的是硅烷偶联剂和钛酸酯偶联剂。

2.3.3.1 硅烷偶联剂

硅烷偶联剂是人们研究最早、应用最早的偶联剂。由于其独特的性能及新产品的不断问世，使其应用领域逐渐扩大，已成为有机硅工业的重要分支。它是近年来发展较快的一类有机硅产品，其品种繁多、结构新颖，仅已知结构的产品就有百余种。

硅烷偶联剂的通式为 R_nSiX_{4-n}，式中 R 为非水解的、可与高分子聚合物结合的有机官能团。

式中 R——有机基团，是可与合成树脂作用形成化学键的活性基团。

X——易于水解的基团，水解后能与玻璃表面作用。

n——1、2 或 3，绝大多数硅烷处理剂 $n=1$。

根据高分子聚合物的不同性质，R 应与聚合物分子有较强的亲和力或反应能力，如甲基、乙烯基、氨基、环氧基、巯基、丙烯酰氧丙基等。X 为可水解基团，遇水溶液、空气中的水分或无机物表面吸附的水分均可引起分解，与无机物表面有较好的反应性。典型的 X 基团有烷氧基、芳氧基、酰基、氯基等；最常用的则是甲氧基和乙氧基，它们在偶联反应中分别生成甲醇和乙醇副产物。由于氯硅烷在偶联反应中生成有腐蚀性的副产物氯化氢，因此要酌情使用。表 2-4 列出了偶联剂商品名称、化学名称及其适用的树脂基体。

表 2-4　偶联剂结构及其对树脂基体的适用性

商品名称	化学名称	适用的树脂基体
沃兰（Volan）	甲基丙烯酸氯化铬盐	聚酯、环氧、酚醛、PE、PP、PMMA
A-151	乙烯基三乙氧基硅烷	聚酯、1,2-聚丁二烯，热固性丁苯，PE、PP、PVC
A-172、Z-6075	乙烯基三（β-甲氧乙氧基）硅烷	不饱和聚酯、PP、PE
A-174、KH-570、E-6030	γ-甲基丙烯酸丙酯基三甲氧基硅烷	饱和聚酯、PE、PP、PS、PMMA
A-1100、KH-550	γ-氨丙基三乙氧基硅烷	环氧、酚醛、三聚氰胺、聚酰亚胺、PVC
A-1120、KH-843、Z-6020	氨乙基氨丙基三甲氧硅烷	环氧、酚醛、聚酰亚胺、PVC
KH-580	γ-巯丙基三乙氧基硅烷	环氧、酚醛、PVC、聚氨酯、PS
A-189、KH-590、Z-6060	γ-巯丙基三甲氧基硅烷	环氧、酚醛、PS、聚氨酯、PVC、合成橡胶
B-201、A-5162	γ-二乙三胺基丙基三乙氧基硅烷	环氧、酚醛、尼龙
B-202	γ-乙二胺丙基三乙氧基硅烷	环氧、酚醛、尼龙
南大-24（ND-24）	己二胺基甲基三乙氧基硅烷	环氧、酚醛
A-111、Y-2967	双（β-羟乙基）γ-氨丙基三乙氧基硅烷	环氧、聚酰胺、聚砜、聚碳酸酯、PVC、PP

近年来，相对分子质量较大和具有特种官能团的硅烷偶联剂发展很快，如辛烯基、十二烷基，还有含过氧基、脲基、羰烷氧基和阳离子烃基硅烷偶联剂等。

目前国内已有生产的常用偶联剂有沃兰、A-151、KH-550、KH-560、KH-570、KH-590、ND-42、B-201、B-202 等。

硅烷偶联剂对玻璃、二氧化硅、陶土、硅酸盐、碳化硅等有显著效果；对滑石粉、黏土、硅灰石、氢氧化铝、铁粉稍差；对石棉、钛白、铁红效果不大；对碳酸钙、硫酸钡、炭黑效果更小。

2.3.3.2　钛酸酯偶联剂

依据它们独特的分子结构，钛酸酯偶联剂包括 4 种基本类型：①单烷氧基型，这类偶联剂适用于多种树脂基复合材料体系，尤其适合于不含游离水、只含化学键合水或物理水的填充体系；②单烷氧基焦磷酸酯型，该类偶联剂适用于树脂基多种复合材料体系，特别适合于含湿量高的填料体系；③螯合型，该类偶联剂适用于树脂基多种复合材料体系，由于它们具有非常好的水解稳定性，这类偶联剂特别适用于含水聚合物体系；④配位体型，该类偶联剂用在多种树脂基或橡胶基复合材料体系中都有良好的偶联效果，它克服了一般钛酸酯偶联剂用在树脂基复合材料体系的缺点。

钛酸酯偶联剂——对二氧化硅、碳酸钙、硫酸钙、氢氧化铝、氢氧化镁、金属粉、云母、钛白、铁红等效果较好。

2.3.3.3　铝酸酯偶联剂

铝酸酯偶联剂是由福建师范大学研制的一种新型偶联剂，其结构与钛酸酯偶联剂类似，其分子结构如图 2-6 所示。

铝酸酯偶联剂在改善制品的物理性能，如提高冲击强度和热变形温度方面，可与钛酸酯偶联剂相媲美；其成本较低，价格仅为钛酸酯偶联剂的一半，且具有色浅、无毒、使用方便等特点，热稳定性能优于钛酸酯偶联剂。

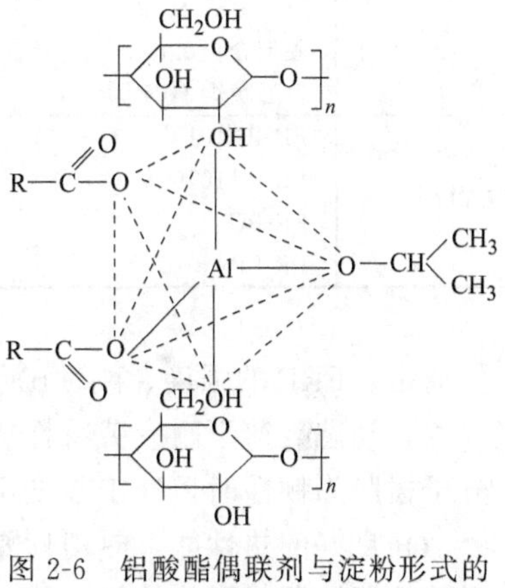

图 2-6　铝酸酯偶联剂与淀粉形式的三方双锥络合物模型

2.3.4　塑料增强改性

近年来，塑料已作为结构材料广泛应用于工农业及国防等各领域，已由"代用材料"转为"必用材料"。

随着科学技术的不断发展和社会的不断进步，许多方面如交通运输（汽车、轮船、飞机等）、机电（电机叶片、机电设备骨架、轴承、轴瓦等）、石化、国防军工、航天等技术部门，对材料的要求提出了更高的要求。制造质轻、高强度、坚固、加工成型方便的新型材料，是材料学科面临的紧迫的任务。

在高分子方面，发展新品种；现有的高分子材料改性——提高物理力学性能指标。

增强改性：在高分子树脂中添加增强性填料（增强性材料）而提高材料力学性能的复合改性方法。

增强塑料：高分子树脂与增强性填料（增强材料）相结合而提高了机械强度的一种有机复合材料。

玻璃纤维及其制品如玻璃布、碳纤维等材料——增强材料。

棉布、纸张、无机粉料等材料——填料。

增强材料与填料相比：具有增强作用。广义上讲，增强改性也属于填充改性，是其中的特例。

20世纪60年代以来，填充改性得以迅速发展，为区别起见，国外将以玻璃纤维作填料的材料称为玻璃纤维增强塑料。

玻璃纤维增强塑料，我国俗称"玻璃钢"，具有较高的强度、良好的耐热性能、电性能、耐腐蚀性等，具有成本低、加工方便等优点，所以自问世以来，应用日益广泛，发展十分迅速。

玻璃纤维增强塑料的品种繁多，过去主要是热固性塑料，20世纪60年代后期，热塑性玻璃纤维增强塑料也得到发展。

2.3.4.1 增强塑料的特点

（1）比强度高　单位重量的强度——比强度。如玻璃纤维相对密度：2.25~2.9，与铝（2.7）相当；碳纤维为1.85；高分子树脂为0.9~1.4（PTFE为2.1~2.3）；FRTP相对密度为1.1~1.6；只为钢铁（7.8）的1/6~1/5，表2-5列出了几种典型金属与FRTP的比强度。

表2-5　几种典型金属与FRTP（玻璃纤维增强塑料）的比强度比较

	材　　料	相对密度	拉伸强度	比强度
典型金属	普通钢 A_3	7.85	4000	500
	不锈钢 1Cr9Ti18Ni	8.0	5500	688
	合金结构钢 50CrVA	8.0	13000	1625
	灰口铸铁 HT25-47	7.4	2500	338
	硬铝合金 LY12	2.8	4700	1628
	普通黄铜 H59	8.4	3900	464
FRTP	FR-PA1010	1.45	25600	1766
	FR-PA1010	1.23	1800	1463
	FR-PC	1.42	1400	986
	FR-PP	1.12	900	804

通常，FRP的强度、刚性随纤维含量的增大而提高，伸长率及允许变形降低，抗蠕变性能改善，动态载荷下耐疲劳特性成倍增加。高分子树脂为脆性时，增强后冲击强度成倍提高；高分子树脂为韧性时，冲击强度不变或有所下降。

（2）良好的热性能　热塑性塑料耐热性差，热变形温度低，通常在50~100℃范围使用；增强性热塑性塑料耐热性好，热变形温度高，通常在100℃以上使用。如PA6，热变形温度为50℃，FR-PA6的热变形温度在190℃以上。热变形温度是指一定载荷下（18.5kg/cm^2），在一定升温速度下，试样达某一变形量的温度。FR-P，耐低温性能也大大改善，如FR-PC。

（3）其他性能　电绝缘性好；化学稳定性高；耐老化性好；加工性能好。

2.3.4.2 增强材料的种类与性质

增强材料是一门新的边缘科学，目前使用和开发的增强材料很多，主要以玻璃纤维为主。一些新的无机增强材料的研究开发迅速。

（1）玻璃纤维　玻璃纤维性能优异，增强效果好，产量大，价格低廉，仍是目前主要的增强材料（与其他增强材料相比，使用量上占绝对优势）。

① 分类

a. 按化学成分分类　通常使用的玻璃纤维为硅酸盐类，化学成分复杂。因原料、配比、生产方法等不同而异。

通常按碱含量（指碱金属氧化物 K_2O、Na_2O 的百分含量）来划分。

无碱玻璃纤维：碱含量小于1%，相当于E玻璃纤维。

中碱玻璃纤维：碱含量 $8\% \sim 12\%$，相当于 C 玻璃纤维。

高碱玻璃纤维：碱含量 $14\% \sim 15\%$，相当于 A 玻璃纤维。

特种成分玻璃纤维：添加特种氧化物的玻璃纤维。高强（S-玻璃纤维）、高弹性模量（M-玻璃纤维）及高温、抗红外、光学、导电等玻璃纤维。

无碱玻璃纤维（E 玻璃纤维）：含碱量小，具有稳定的化学性、电绝缘性、力学性能，用于增强塑料、电气绝缘、橡胶增强等。

中碱玻璃纤维（C 玻璃纤维）：含碱量高，耐水性差，不适合做电绝缘材料；化学稳定性较好，耐酸性比 E 玻璃纤维好，虽然力学性能小于 E 玻璃纤维，但来源丰富，价廉。适用于机械强度要求不高的一般增强材料。

高碱玻璃纤维（A 玻璃纤维）：机械强度、化学性能及电绝缘性都较差。主要用于保温、防水、防潮材料。

特种玻璃纤维：特殊行业使用。

b. 按直径粗细分类　初级玻璃纤维，单丝直径在 $20\mu m$ 以上；中级玻璃纤维，单丝直径为 $10 \sim 20\mu m$；高级玻璃纤维：单丝直径为 $3 \sim 9\mu m$；超级玻璃纤维，单丝直径在 $3\mu m$ 以下。

直径越细，强度越高，扭曲性越好；直径越细，表面裂纹较少且小，因而拉伸强度随直径减小急剧上升。增强塑料用玻璃纤维通常直径为 $6 \sim 15\mu m$，为高、中级玻璃纤维，拉伸强度在 $10000 \sim 30000 \text{kgf/cm}^2$（$1\text{kgf/cm}^2 = 0.1\text{MPa}$）之间。超级玻璃纤维，由于产量低，成本高，不宜采用，用于高级绝缘基材。

从强度及成本考虑，今后中级玻璃纤维作增强材料将占较大比例。

c. 按玻璃纤维长度分类　连续玻璃纤维：漏板法拉制的长纤维；定长玻璃纤维：吹拉法制成的 $300 \sim 500\text{mm}$，用于制毛纱、毡片等；玻璃棉：离心喷吹法、火焰喷吹法制成的长度小于 150mm，棉絮状，用于保温吸声材料。增强塑料主要使用连续长纤维。

d. 其他　如以形态分为玻璃纤维、玻璃布、玻璃棉等。

② 玻璃纤维主要性能

a. 相对密度　$2.5 \sim 2.7$，与铝相当（纯铝为 2.702），碳钢为 7.82。

b. 拉伸强度　在纤维中，玻璃纤维为拉伸强度较高的品种，表 2-6 列出了玻璃纤维与其他纤维拉伸强度的比较。

表 2-6　玻璃纤维与其他纤维拉伸强度的比较

材　　料	玻璃纤维 （$5 \sim 9\mu m$）	合金结构钢 50CrVA	铝及合金	A₃ 钢	尼龙	棉花
拉伸强度/(kgf/cm^2)	$10000 \sim 30000$	13000	$1300 \sim 6000$	4000	$500 \sim 750$	345

c. 弹性　玻璃纤维为完全弹性体。拉伸时伸长与载荷成正比，无屈服点，直至断裂。小于纤维断裂的力除去时，纤维恢复原状，具有优良的尺寸稳定性。伸长率 3%；有机纤维＜弹性模量＜金属。

d. 耐热性优异　300℃ 以下，性能不变；大于 300℃，强度逐渐下降；370℃ 时，强度为原强度的 50%；高温会软化，熔化，不燃，不冒烟。

e. 耐水、耐化学药品　除 HF、强碱、热浓磷酸外，耐所有有机溶剂、酸碱。

无碱玻璃纤维：耐水优、耐酸性差，弱碱尚可。

有碱玻璃纤维：对水敏感性大，耐酸优于无碱玻璃纤维。

f. 电性能较好

（2）碳纤维　与玻璃纤维比较，具有高强度、高弹性。

碳纤维特点：弹性模量很高，湿态条件下力学性能保持率很好，蠕变性小，有导电性，热导率大，耐磨性好，表 2-7 列出了碳纤维与 E 玻璃纤维的物理力学性能。

表 2-7　碳纤维与 E 玻璃纤维的物理力学性能

名　　称	单　位	碳纤维	E 玻璃纤维
弹性模量	kgf/mm^2	21000	7400
抗拉强度	kgf/mm^2	210	350(实用 100～150)
伸长率	%	1.2	4.8
平均直径	μm	7.5	9～13
相对密度		1.8	2.54
比热容	kcal/(kg·℃)	0.17	0.19

注：1kcal=4.184kJ。

制造：有机纤维高温烧制而成，如用人造丝（1000℃）、聚丙烯腈（1500℃）、沥青、木质素、聚乙烯醇等烧制。

碳晶须：C 99.84%；H 0.15%。拉伸强度为 60～300kgf/mm^2；弹性模量为 30000～42000kgf/mm^2。

（3）其他增强材料　目前，增强材料向着 ABCS 方向发展（A——Al、B——硼、C——碳纤维、S——钢丝。）。

硼纤维的比强度高、弹性模量极高，1960 年美国首先制成，1966 年用于喷气机、宇航等方面。

金属纤维：钨、钼、铍、耐热镍合金钢等。

不锈钢纤维：$\phi 8\mu m$ 以下。

钨——$\phi 100\mu m$ 钨丝，将金属硼蒸发沉积于钨丝上。

金属纤维越细，性能越好；但越难加工，成本越高，成本随直径减小成几何基数增长。

另外，石棉纤维也曾用于增强材料，但由于其环境等问题逐渐被弃用。

晶须是一类性能优良的增强材料，它具有完整晶态，其强度不受晶粒界面、空穴、缺陷等因素的影响，直径很小，相当于玻璃纤维的 1/100。长径比大，如蓝宝石晶须（Al$_2$O$_3$）长径比为 100：1～5000：1，伸长率大，高温强度高，用于空间、尖端技术，直升机、海底结构件、汽车车身、人体、牙齿、骨骼等增强材料。

另外，目前开发出的晶须品种有氧化锌晶须、钛酸钾晶须、碳酸钙晶须、硫酸钙晶须等诸多品种。

随着各种晶须的开发，成本的降低，应用领域的扩大，晶须将在各个领域的技术发展中显示出巨大的应用前景。

2.3.4.3　玻璃纤维的表面处理

玻璃纤维有许多优点，但它也存在许多缺点。如玻璃纤维表面光滑、有吸附水膜、与高分子树脂黏合力差；另外，它还存在性脆、不耐磨、僵硬、伸长率小等缺点。

纺织品布面不易平整、拉伸变形、不柔软等。

玻璃纤维在加工时，为使其润滑，常加有助剂。

由于上述原因，玻璃纤维的表面处理技术是发展玻璃纤维增强塑料及玻璃纤维工业的关键。

（1）玻璃纤维的表面性质　要对玻璃纤维进行表面处理，首先要了解玻璃纤维的表面性质。

玻璃具有连续的主体结构，其中每个阳离子按其配位数，被一些氧的阴离子所包围。在玻璃中大多数阳离子很小，并对周围环境施加压力。在玻璃主体中，这些力量基本上处于平衡状态。但在玻璃表面，其情况就显然不同，阳离子在该处不能获得所需数量的氧离子，因此就产生一种表面力。这种表面力与玻璃的表面张力、摩擦力及表面吸湿性等性质，有着密切的关系。

玻璃表面的不平衡状态，产生了具有强烈吸附类似状态的极性分子的倾向。而大气中的水汽，就是最容易遇到的极性分子，因而玻璃表面就牢固地吸附着一层水分子，厚度约为水分子的 100 倍。

湿度（RH）越大，吸附水层就越厚；玻璃纤维越细，表面积越大，吸附水层就越厚。吸附过程异常迅速，RH60％～70％时，2～3s 即达平衡。吸附力强，欲除去，需在 500℃和负压情况下才能除去。

水膜的影响如下所述。

① 影响玻璃纤维与高分子树脂的黏结强度（形成弱边界层）。

② 水会渗入玻璃纤维表面的裂缝中，使玻璃水解成硅酸胶体，降低玻璃纤维强度。

③ 含碱越高，水解性越强，强度降低得越厉害。

另外，为了满足纺织要求，拉丝时采用石蜡乳化型浸润剂（含油脂类和一些亲水性化学物质），是影响界面黏合的因素（弱边界层）。表面处理有热-化学处理法，前处理法，迁移法等。迁移法是将表面活性剂掺和到树脂中使用，主要用于缠绕、模压成型。

（2）玻璃纤维的热化学处理法　除去浸润剂，然后再用表面活性剂处理。

洗涤法：用溶剂洗涤；用碱洗涤。烘烧法；高温热处理法。

高温热处理法用得较多：420～580℃加热烘箱中烘 1min 左右，处理后浸润剂残留量 0.1％～0.2％，强度损失 20％～50％（图 2-7）。

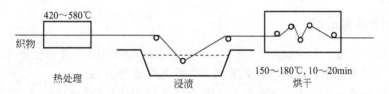

图 2-7　热化学处理流程示意

热处理温度越高，时间越长，浸润剂残留量越低，保留强度相应降低。

通常，要求电性能高的，热处理温度要求高一些。

必须紧接着进行化学浸渍处理。

另外，玻璃纤维冷却时会大量吸收水分；化学处理液应在水沸点以上。

（3）玻璃纤维的化学处理（前处理）　玻璃纤维增强塑料的物理性能及其他性能，不仅取决于玻璃纤维及高分子树脂的自身结构和性能，而且在很大程度上取决于界面上两相相互作用。

为增大玻璃纤维与高分子树脂之间的黏结力，必须在玻璃纤维与高分子树脂之间架个"桥"。

表面处理剂起到这个"桥"的作用：表面处理剂的一端与玻璃表面作用；另一端与高分子树脂作用或缠绕，黏结力提高。

前处理法：拉丝作业时，就对玻璃纤维表面施以含有表面处理剂和成膜剂的浸润剂（成束剂）。

a. 玻璃纤维——表面处理剂——成膜剂——高分子树脂。

b. 玻璃纤维——表面处理剂兼成膜剂——高分子树脂。

c. 玻璃纤维——表面处理剂——成膜剂——官能团-高分子树脂。

a 是普遍采用的方法；b 采用甲硅烷基氮杂酰胺作为兼有成膜剂和偶联剂的作用，是一种新方法。

极性树脂：a、b 均可；非极性树脂：效果不明显，必须研究新的表面处理剂、成膜剂以及与树脂之间的反应性。

新表面处理剂：甲基硅烷过氧化物、阳离子硅烷。

① 有机络合物处理剂。有机络合物处理剂最常用的是沃兰（Volan）——甲基丙烯酸二氯化铬络合物。

② 有机硅烷处理剂。有机硅烷处理剂应用广泛，效果比有机络合物更好，其通式为：$R_n SiX_{4-n}$。

R：有机基团，单价脂肪基、脂环基、芳基、芳脂混合基、杂环基等。如脂肪基——甲基、乙基、丙基、辛基等；脂环基——环戊基、环己基等。

2.3.5 聚合物共混改性

聚合物共混（polymer blends）：采用化学或物理的方法将两种或多种聚合物混合到一起，成为一种多组分的聚合物，起到改善原有聚合物性能的改性方法。

橡塑共混体系是多组分多相复合体系，其性能取决于各组分的性能、相界面状态和体系形态结构。

橡塑共混物会由于体系相容性差、相界面结合不好，而致使其最终性能下降。

成型加工性：与熔体的流变行为有关。

力学性能：与体系的结构形态有关。

所谓相容：在理论上，均相是判定共混体系相容的依据；在工程上，共混物具有期望的力学性能。

工程上并不要求达到分子水平的均匀相容，只要求组分有部分相容性。

相容性理论基础：热力学平衡（溶液热力学或统计热力学理论）在众多的聚合物共混体系中，能以任意比例相容的聚合物为数很少，大多数属于部分相容。

共混体系是组成和构型不同的均聚物或共聚物的物理混合体系。组分之间只能相互影响分子链的构象和超分子结构，而不能影响组成和构型。共混体系相容性首先取决于组分的分子排列：分子量、分子量分布、化学结构；其次还与分子链的取向、排列以及分子链间的相互作用、聚集态、高次结构等因素有关。共混组分间的溶度积参数差越小，混合焓越小，达到热力学相容的概率越大，体系的相容性越好。

溶度积参数可以通过查阅资料、计算得到，还可以用实验的方法进行测定。目前已获得应用的增韧方法有：共混弹性体增韧材料；添加非弹性体刚性增韧材料；形态控制增韧；交联增韧；低发泡塑料增韧。

上述方法中最有效的增韧材料仍为共混有机弹性体，近年来刚性增韧材料发展也比较快，而其他方法往往不单独使用，往往与前两者结合起来应用。

2.3.5.1 常用弹性体增韧材料的选用

（1）塑料与弹性体的相容性要好

① 极性相近原则。

塑料的极性：纤维系塑料＞PA＞PF＞EP＞PVC＞EVA＞PS＞HDPE、LDPE、LLDPE 等。

弹性体的极性：PU 胶＞丁腈胶＞氯丁胶＞丁苯胶＞顺丁胶＞天然胶＞乙苯胶。

② 溶度参数相近原则。通常情况下，塑料与弹性体的溶度参数差一般要小于 1.5；当然对于不相容体系可以进行增容的方法进行共混改性。

（2）不同弹性体可协同选用 两种以上弹性体协同选用往往具有协同作用。如 PP 中选用 EPDM 和 ABS 复合加入，具有协同作用。

（3）按制品的需要选取 制品要求阻燃——选 CPE；制品要求透明——选 MBS；制品要求耐候——选 ACR 及 EVA、ASA，不选 MBS 及 ABS；制品要求低成本——选 MPR、CPE 反 EVA。

（4）弹性体与刚性材料协同选用 主要是防止在增韧同时，刚性及耐热性下降太大。如 PP 中 EPDM 与滑石粉协同加入等。再如，MBS 及 CPE 中协同加入 AS。

2.3.5.2 塑料添加刚性材料的增韧方法

刚性非弹性体增韧材料的增韧效果远不如弹性体增韧材料，但其优势在于：可增韧与增强同时进行。虽然其增韧幅度往往不如弹性体增韧幅度大，但它具有弹性体增韧无可比拟的优点，即刚性增韧材料可同时进行增韧与增强，在改善冲击强度的同时，又改善拉伸强度等其他性能，这是一种两全其美的改性方法。

非弹性体刚性增韧材料分为无机刚性增韧材料和有机刚性增韧材料两大类。增容剂及其在聚合物共混物中的应用。大多数聚合物之间相容性较差，这往往使共混体系难以达到所要求的分散程度。即使借助外界条件，使两种聚合物在共混过程中实现均匀分散，也会在使用过程中出现分层现象，导致共混物性能不稳定和性能下降。遇到相容性不好甚至很差的两种聚合物怎么办？解决这一问题的办法可用所谓"增容"措施。

2.3.6 不相容聚合物体系的增容

增容作用有两方面涵义：一是使聚合物之间易于相互分散以得到宏观上均匀的共混产物；二是改善聚合物间相界面的性能、增加相间的粘合力，从而使共混物具有长期稳定的优良性能。

产生增容作用的方法有：

① 在聚合物组分之间引入氢键或离子键；

② 进行化学改性——嵌段、接枝等化学反应，成为共价键；

③ 形成互穿网络聚合物；

④ 加入大分子共溶剂；

⑤ 加第三组分——相容剂（增容剂）的方法。

相容剂（增容剂）是指与两种聚合物组分都有较好相容性的物质。增容剂是广义的表面活性剂。它可降低两组分间界面张力，增加相容性。其作用与胶体化学中的乳化剂以及高分子复合材料中的偶联剂相当。

2.3.6.1 非反应型增容剂的作用原理

应用最早和最普遍的增容剂是一些嵌段共聚合和接枝共聚物，尤以前者更重要。在聚合物A（PA）和聚合物B（PB）不相容共混体系中，加入A-*b*-B（A与B的嵌段共聚物）或A-*g*-B（A与B的接枝共聚物）通常可以增加PA与PB的相容性。其增容作用可概括为：

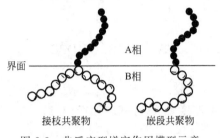

① 降低两相之间界面能；

② 在聚合物共混过程中促进相的分散；

③ 阻止分散相的凝聚；

④ 强化相间黏结。

图2-8 非反应型增容作用模型示意

嵌段共聚物和接枝共聚物都属于非反应型增容剂（又称亲和型增容剂），它们是依靠在其大分子结构中同时含有与共混组分PA及PB相同的聚合物链，因而可在PA及PB两相界面处起到"乳化作用"或"偶联作用"，使两者相容性得以改善。非反应型增容作用模型示意如图2-8所示。

2.3.6.2 反应型增容剂的作用原理

反应型增容剂的增容原理与非反应型增容剂有显著不同，这类增容剂与共混的聚合物组分之间形成了新的化学键，所以可称之为化学增容。它属于一种强迫性增容。反应型增容剂主要是一些含有可与共混组分起化学反应的官能团的共聚物，它们特别适用于那些相容性很差且带有易反应官能团的聚合物之间共混的增容。反应增容的概念包括：外加反应性增容剂与共混聚合物组分反应而增容；也包括使共混聚合物组分官能化，并凭借相互反应而增容。在PE/PA共混体系中外加如羧化PE就属第一种情况；若使PE羧化后与PA共混就为后一种情况。增容剂在聚合物共混体系中应用实例如下。

(1) 在聚烯烃系列共混物中的应用 PE、PP、PS等聚烯烃之间的性能具有互补性但却缺乏良好的相容性，因此采取增容措施非常必要：

① 加20% EPR；

② PS/LDPE共混物中加入PS-LDPE接枝共聚物；

③ 加（PB-*b*-PS）共聚物在PE/PS共混体系中起到良好的增容效果；

④ 将AS与PS的嵌段共聚物作为ABS/PS共混物的增容剂。

(2) 其他聚合物共混物中的应用 为了提高PBT、PPO、PPS（聚苯硫醚）等耐高温树脂与其他聚合物的相容性，改善其综合性能，扩充它们的应用领域，常需借助于增容剂。用带有环氧基的PS接枝共聚物增容PET/PPO这一完全不相容体系，得到较好效果。PPS性能优越，但价格昂贵，与其他树脂共混时相容性差。加入增容剂情况才有使用价值，例如使用5份含环氧基的反应型增容剂。PPS/PPO（70/30）共混物的拉伸强度提高了约50%，断裂伸长率增加了60%左右。

2.3.7 塑料功能助剂的应用现状和发展趋势

据统计，2001年全球塑料助剂的消费量达到了7900kt，销售额146亿美元。其中，功能助剂占据了80%左右。一些新型功能助剂发展时间不长，消费量较低。却带来了助剂产业新的突破点和增长点，丰富完善了整个助剂体系，其高技术含量和巨大的增幅显示了强大的生命力。同时，传统的助剂也正努力寻找新的替代品。

单一结构对应单一性能，仍是助剂分子结构研究和设计的理论基础，但复合化、高分子量化、环保化等新思路逐渐占据了新型研发的主线。一剂多功能化和单剂单功能高效能化成为现代助剂研发的趋势。

在注重功能体现的同时，人们将更多的目光投在了前期的加工适用性、配方设计和后期的回收、无害化处理等问题上，这使得助剂研究的结构更为合理，发展更为平衡。此外，科研院所、高校的基础理论性研究如何与现代企业结合，更快更好地投入到工业化生产，加大应用研究的投入力度也是助剂专家和企业家需要考虑和面对的问题。

我国助剂工业起步较晚，发展迟缓，难以适应目前的发展趋势，必须借助行业发展，探索一条具有中国特色的助剂工业之路。在消化、吸收、仿制国外先进品种和技术的基础上，针对不同行业要求和特点，开发出高效、多功能、复合化、低（无）毒、低（无）污染、专用化的助剂品种，提高规模化生产和管理能力，改变目前助剂行业规模小、品种少、性能老化且雷同、针对性（专用性）差、性能价格比明显低于国外同类产品、创新能力低下、污染严重、无序竞争的局面，创造一个投入产出比明显高于其他化工产品的新产业。

2.3.7.1　传统助剂的改进

（1）复合化　复合化的目的是找到一种助剂使之具有多功能性，同时满足多种功能的需求。新型的复合化技术是以经典理论和应用技术研究为基础，将显示协同效应或不同功能的助剂组分配合在一起，构成一种复合品种或母料，这无论对助剂开发或应用都具有事半功倍的效果，也是复合化技术备受瞩目的重要原因。

助剂的复合化包括混合型助剂和浓缩母料。前者系各种助剂的混合物，后者则是将助剂和分散剂等以较高浓度附着在载体树脂上，加工时稀释一定倍数。复合技术的共同特点是助剂的应用简单方便。因此，复合化技术已渗透到了塑料助剂的各个领域。与早期简单的复合助剂相比，当代助剂的复合化技术已有质的飞跃，协效组分的作用显得十分关键和突出。其各种组分之间的协同机理的研究和协效组分的开发将是未来助剂复合化技术发展的关键。

（2）高分子量化　高分子量化可提高助剂自身的热稳定性、耐水解能力、提高助剂与基材树脂的相容性，进而提高助剂在塑料制品中的耐迁移性、耐抽提性，且不致过度恶化基材的基本物理力学性能。高分子量化也是降低助剂自身毒性的有效手段。高分子量的抗氧剂 1010 比低分子量的 1076 的耐水解能力、耐迁移性、耐抽提性有明显改善。聚合型抗静电剂可实现永久抗静电。齐聚溴代碳酸酯、齐聚磷酸酯等高分子量阻燃剂对除阻燃性之外的其他基本物理力学性能的恶化程度均明显降低。受阻胺光稳定剂（HALS）高分子量化不仅可提高热稳定性、与树脂的相容性、耐迁移性、耐抽出性，而且能降低毒性，延长塑料制品的使用寿命，扩大其使用范围。

（3）环境友好化　各种合成高分子材料制品的深入广泛应用，给人类赖以生存的环境带来诸多压力。近年来，全球卫生、安全、环保等方面的法规日益严格，要求塑料制品从选材、配方组分、加工工艺及其过程、使用，到废弃处理、分类回收、再生循环、环境可消纳性、燃烧产物及其毒性等环节或因素都必须考虑环境负荷。

"绿色"建筑塑料已成为 21 世纪建材工业的发展方向，高效、多功能、无毒、无公害是塑料助剂发展的总趋势。寻找铅、镉替代品的工作日益紧迫。目前，已出现了大量具有较高性价比的钡/锌、钙/锌类复合稳定剂、稀土类热稳定剂和价格较高的有机锡类稳定剂。

无卤阻燃剂的开发逐渐升温。PVC 树脂燃烧发烟量较高，抑烟性成为提高 PVC 制品消防安全性能的关键因素。在开发阻燃剂的同时，抑烟剂的开发也同样具有重要意义。

酚类抗氧剂 BHT 分子量低、易挥发和萃取，近年来更是出现了致癌性的报道。以维生素 E 为基础的系列产品大大缓解了 BHT 所带来的压力。该系列产品是将维生素 E 与亚磷酸酯、甘油、聚乙二醇、高孔率树脂载体等组分配合而成的固体。基于人们对卫生安全和生态保护意识的进一步增强，这类"绿色"助剂将具有广阔的市场潜力和环保价值。

2.3.7.2 新型助剂

（1）成核剂 加入到聚乙烯、聚丙烯、聚酰胺、聚酯、聚醚等结晶性聚合物中，改变树脂的结晶行为，加快结晶速度，增加结晶密度和促使晶粒尺寸微细化，缩短成型周期，或全面或部分提高制品透明性、表面光泽、拉伸强度、刚性、热变形温度等物理力学性能。

（2）接枝高聚物、特种共聚物作相容剂 高分子共混是进行材料改性的最简单易行的手段。相容剂就是伴随这种处理方式而产生的。所谓相容剂就是能使共混的两种树脂在加工熔融过程中，在其帮助下能形成热力学相容状态，从而结合几种共混材料的优点，实现高性能化和功能化。

相容剂一般为接枝高聚物或特种共聚物，即将两种性能差异较大的分子链段用化学方法结合在一起，分子链段性能差异越大，其相容效果就越好。如将极性的马来酸酐接枝在聚烯烃大分子链上，对于PP/PA合金就有良好的相容作用。至今为止，高分子相容剂是以界面活性剂的概念为基础发展起来的，主要目的是通过对两种或两种以上具有不同性质的高分子共混体系的微观相态结构起到调整和控制作用，以提高其材料的性能，从机能特征角度可以将其概括为结构型相容剂。目前这类相容剂在应用中还存在着制备成本高、作用效率低、兼容性差等问题，而且对某些特殊高分子材料体系，至今还没有发现作用效果好的相容剂种类。

今后的相容剂的发展必然要以全面迎合和促进高分子材料日新月异的进步为目标，从结构型相容剂向功能型相容剂、兼容型相容剂、高效型相容剂和特征相容剂等方向转变。从广义上讲，高分子材料制备技术所能涉及的复合（分散）相尺度已从微米时代进入到纳米时代，而且高分子分子设计、材料性能与结构设计、工艺设计等方面的理论与实践的进步，将使相容剂在发展方向上的转变成为历史之必然。

（3）纳米粉体/纤维粉体 无机粉体的超细化技术派生出两个分支，一是无机粉体粒度的纳米化，二是无机粉体向增强纤维方向发展。各种纳米技术使无机粉体纳米化成为现实，各种纳米无机粉体/聚合物复合材料研究成果的问世使纳米无机粉体进入了功能添加剂行列，而不再仅仅是超细化的无机填充剂。镁盐晶须、类纤维状硅灰石的工业化生产，拓宽了应用领域，自身功能得到提升。纳米无机相材料蒙脱土为填充材料，采用插层复合技术制备了具有高强度和耐热性、高阻隔和自熄性的纳米复合材料，如尼龙6纳米塑料、PET纳米塑料、超高分子量聚乙烯黏土纳米复合材料、纳米无规共聚聚丙烯、纳米聚乙烯高阻隔膜等，经测试，性能均大大高于一般填充材料，且某些性能极为突出。目前，已有部分产品实现了工业化。

2.3.7.3 稀土类助剂成为新的研发热点

稀土元素由于其特殊的外电子层结构，使得其化合物具有光、电、磁以及界面效应、屏蔽作用和化学活泼性等多种特殊功能，被成功用于制作光、电、磁性材料和催化剂等。稀土元素被引入到高分子材料助剂结构以后，助剂的功效发生了令人耳目一新的变化。

20世纪90年代，我国率先将稀土化合物商品化地用于PVC热稳定改性。由于它不仅具有热稳定剂的作用，还表现出偶联、加工改性、增亮增艳等功能，具有较高的性能价格比。

稀土化合物作为PP的晶型改性剂，作为LLDPE的流变改性剂和作为无机粒子的表面处理剂等方面都具有独特的功能，对聚烯烃的增韧增刚、提高热变形温度和改善加工性能都具有明显作用。利用稀土化合物的荧光性质也已制成发光塑料，利用磁性稀土材料制成了磁性塑料，利用稀土化合物的光转换性质制成了发光塑料等。将轻稀土化合物与传统无卤阻燃剂结合，开发无卤稀土阻燃剂，并应用于聚烯烃，可在满足阻燃性能要求的同时，提升阻燃材料的综合性能，克服传统的无机非卤阻燃剂劣化被阻燃基材物理力学性能的弊端。此外，稀土改性母料或专用料，可应用于各种特定目标产品，如汽车、家电、管材等。

2.4 改性塑料绿色化发展的技术研究方向

（叶南飚，宁方林）

2.4.1 改性塑料的发展状况

我国改性塑料行业经过二十多年的发展，已实现了产业规模化、产品专业化和功能化。

各类改性塑料产品产量达到数百万吨，其中包括聚合物合金、阻燃树脂、无机粉体填充聚合物复合材料、增强树脂、功能母粒、功能材料和各类弹性体等。产品技术和质量水平的提高使我国改性塑料产品国际竞争力不断增强，国际和国内市场的快速拓展使我国的改性塑料产品市场占有率不断增加，为推动我国社会经济的发展发挥了重要作用。

2.4.2 技术发展趋势

改性塑料的技术发展趋势紧跟市场需求。其技术创新非常活跃，这与改性塑料行业竞争激烈、并处于产业链中游而利润易受上下游挤压有密切关系，而拥有完善的技术平台是应对需求的有力保障。

改性塑料技术发展趋势可概括为以下几个方面：①通用塑料工程化；②工程塑料高性能化；③特种工程塑料低成本化；④纳米复合技术；⑤塑料改性产品绿色环保化；⑥功能化，包括特殊的外观效果、导电、阻隔性、阻尼特性等；⑦开发新型高效助剂，包括阻燃剂等。

限于篇幅，本文主要简明地阐述改性塑料行业在顺应绿色环保化趋势上部分有所作为的发展方向。

2.4.2.1 满足轻量化的需求

以汽车行业为例，我国汽车年产销量双超 1800 万辆，居世界第一位。作为汽车材料之一的车用塑料的用量快速增长。其技术发展趋势也自然受到业内的关注。那么，车用塑料的技术发展趋势是什么呢？由于未来的汽车更智能、更舒适、更环保低碳及更便宜，因此车用塑料的发展趋势大体可以归为功能化、轻量化、绿色环保化以及低成本与高性能的平衡。

汽车轻量化是降低汽车排放、提高燃油效率的最有效措施之一。除了高强度钢材和铝镁合金的使用，汽车轻量化最重要的手段是新型轻量化塑料材料的开发与应用，目前"以塑代钢"已经从汽车结构件扩展到整个汽车的内外饰件和结构件。

譬如，长纤维增强热塑性塑料（LFT）具有良好的刚性和强度，其冲击强度也较短玻纤增强塑料大幅提高，具有以塑代钢、实现轻量化的潜力。据统计，汽车行业的 LFT 消耗量约占世界总消耗量的 80%。其中，欧美 LFT 消耗量大约占 95%（欧洲占 80%，美国占 15%）。LFT 材料目前在汽车中的应用包括：软质仪表板骨架、前端组件、门板内模块、仪表板、除雾格栅等。同时，因 LFT 材料的力学性能显著提高，可减少制件壁厚，从而实现减重的效果。

除了在汽车行业领域的应用外，LFT 材料在电子电器行业上的应用也有增加的趋势。如在电动工具、家电行业、运动器材上的应用。

2.4.2.2 木塑化

木塑复合材料（WPC）是具有广阔的应用价值和发展前景的改性产品。常见的是热塑性树脂与植物粉或纤维的复合。木塑复合材料具有硬度高、耐水、可着色、可二次加工等特点，是一种资源节约型、环境友好型的材料。由于 WPC 一般是由 3 种组分构成：木粉（植物粉）、树脂、各类加工助剂。其中，木粉是由木素、纤维素和半纤维素构成，属于天然高分子，必然存在着一些难以克服的技术问题，如加工性差、受热后易分解、同时酸性增大对螺杆会造成化学腐蚀、易炭化、外观不良、成型后难以冷却等。上述各种因素均会造成生产效率低、成品率低、产品质量不稳定等问题。此外，在技术上，还需要解决其长期老化性能的问题。因此，需要做大量扎实的探索研究工作加以解决。

2.4.2.3　可循环回收

21世纪头20年，我国将处于工业化和城镇化加速发展的阶段，面临的资源和环境形势十分严峻。循环经济是以循环利用各类资源为物质基础，以再利用和资源化为行为准则，遵循生态规律的一种崭新的经济形态。大力发展循环经济，采取各种有效措施，以尽可能减少资源消耗和尽可能小的环境代价，可期望取得最大的经济产出和最少的废物排放，实现经济、环境和社会效益相统一，建设资源节约型和环境友好型社会。作为一个新兴产业，其行业规模正在不断发展壮大，前景十分看好。

热塑性高分子材料的可塑性及可重复加工性，为高分子材料的回收利用创造了有利条件，在塑料消费持续增长的情况下，科学合理地处置塑料废弃物具有环境保护及资源再生的意义。

我国是塑料应用大国，必将面临大量废旧塑料循环再利用问题。目前我国每年将产生1000多万吨废旧塑料，加上进口，总计达1600～1800万吨，占总塑料用量的约1/3。鉴于此，为方便回收利用，减轻环境压力，提高资源利用效率，当从以下几个方面开展系统的工作，以促进循环经济的发展：

① 产品遵循回收而设计的原则；

② 发展筛选、回收专用设备；

③ 研发废旧塑料共混改性技术，提高质量和经济效益；

④ 开发废旧塑料的下游系列化产品；

⑤ 政府制定废旧塑料使用的激励增策；

⑥ 制定严格的法律法规引导、约束塑料的使用、回收利用，如杜绝环境污染、增加社会系统成本、玩具行业对儿童的健康危害。

欧盟的做法值得借鉴，欧盟规定：自2006年1月1日起，每一辆报废汽车，其平均质量至少应有85%能够被再利用，其中，材料回收率至少为80%。自2015年1月1日起，这两项指标将分别提升至95%和85%。这就意味着，汽车零部件的设计及其选用材料应遵循便于回收利用的原则。因此，汽车用非金属材料必将朝着材料集中化方向发展。近年来，内饰材料尤其以改性聚丙烯类材料的共用化趋势较为明显。这种趋势的驱动力还有聚丙烯本身在轻量化、易加工以及成本方面的优势。

2.4.2.4　无机粉体填充改性塑料

填充改性是改性塑料的核心技术之一。各类填充改性不仅由于降低成本而发挥着显著的经济效益，而且还在增加功能、改善性能等方面起着不可替代的作用。特别是，研究表明其在治理白色污染、环境保护方面，也发挥着重要作用。实验证明，无机粉体填充改性塑料，不仅可减小树脂用量、节约石油资源、降低原料成本、减小环境污染，对不易回收的包装材料和餐饮具等，在保证使用性能和卫生的条件下，当无机粉体（尤其是碳酸钙）填充量达到30%以上，废弃后更容易被自然界消纳。此外，作为能源回收，高填充量材料燃烧后，热能回收率高，不易造成二次污染。近年来，纳米无机填料复合材料技术进展更加使这类材料面临新的发展机遇。这样，在降低成本、增加功能、改善性能和节能减排方面的综合优势必将促进无机粉体填充改性塑料的快速发展。

2.4.2.5　生物基化

资源与环境是人类在21世纪实现可持续发展所面临的重大问题，生物技术和生物质资源将成为解决这一问题的关键之一。生物基高分子材料是传统化学聚合技术和工业生物技术的完美结合。据统计，2011 年全球生物基原料生产的可降解和非降解的高分子聚合物达到 116.1 万吨，预计 2016 年可达 578 万吨，到 2050 年，生物基聚合物产量可达 1.13 亿吨，约占有机材料市场的 38%；即便保守估计，到 2050 年，其产量也可达 2600 万吨。而其中，市场增长最快的将是聚羟基脂肪酸酯（PHA）、聚乳酸（PLA）和生物乙烯等用于生产生物塑料的材料。

欧洲生物基塑料协会（European Bio-plastics Organization）将生物基塑料分为四大类：

一是采用生物基原料生产非自然降解的材料，例如全部采用生物基原料的聚乙烯（PE）、聚丙烯（PP）、聚氯乙烯（PVC）、聚对苯二甲酸丙二醇酯（PTT）、聚对苯二甲酸乙二醇酯（PET）、聚乙烯呋喃（PEF）等；

二是由部分生物基原料乙二醇（MEG）、丁二醇、丁二酸、1,3-丙二醇（PDO）等生产的聚对苯二甲酸丁二醇酯（PBT）、PET、PTT、聚氨酯（PU）等；

三是全部采用生物基原料生产并在完全自然条件下可生物降解的聚合物，例如 PLA、PHA 等；

四是部分采用生物基原料（单体），合成达到可生物降解国际标准的聚合物，例如聚丁二酸丁二醇（PBS）、聚丁二酸丁二醇酯-对苯二甲酸丁二醇酯共聚酯（PBST）、聚己内酯（PCL）等。

基于生物基材料的改性工作也必将成为未来的发展趋势之一。

2.4.2.6　免喷涂材料

塑料表面的涂装具有非常好的装饰性，但同时也不可避免地造成化学污染，并增加了系统成本。因而产生了免喷涂塑料的开发需求。有竞争力的免喷涂塑料需要具有以下特性：

① 系统成本低，可注塑成型；

② 易于加工成型，均匀一致的表面效果；

③ 优异的外观效果，如光泽、金属效果、钢琴黑等；

④ 耐划伤、磨损、污渍、指纹等；

⑤ 耐洗涤剂等化学制剂；

⑥ 耐候性；

⑦ 可取代金属部件等。

目前，还很难找到一种能够全面满足上述特征的成熟产品，这对改性塑料行业的技术人员提出了挑战。

2.4.2.7　满足环保安规要求

在改性塑料行业，产品需要满足各类有关环境保护的法律法规及各种环境标准。这既是企业社会责任感的体现，也是突破国际绿色贸易壁垒的基本条件。

绿色贸易壁垒的形成虽然只是近 10 年的事，但目前已日趋全球化，并呈加快发展的态势。截至目前，国际社会已制定了 150 多个环境与资源保护条约，各国制定的环保法规也越来越多，如德国就制订了 1800 多项环保法律、法规和管理规章，对不符合规定者，发达国家纷纷采取禁止、限制进口等种种限制和惩罚性措施。

自 2006 年 7 月 1 日，欧盟 WEEE、ROHS、EUR、REACH 等绿色安规相继实施以来，改性塑料企业在熟悉各种安规的基础上，开展了系统的技术研发工作，着力建立完善的品质保障体系，为突破壁垒做了许多扎实的工作。在这个领域的研究工作包括，无卤阻燃的系列产品开发等。

改性塑料的绿色化发展是实现可持续发展的科学战略。随着技术进步和社会发展，特别是由于人们对环境的价值观不断进步，而以之为价值基础的绿色技术也随之而变。改性塑料的绿色化发展应围绕轻量化、木塑、免喷涂、生物基改性高分子材料、无机粉体填充、循环回收利用、符合绿色环保法规方面等技术研究方向进行。

2.5 PC／ABS合金新型高效相容剂

(陈耀庭，朱志翔，张发饶)

2.5.1 概述

聚碳酸酯（PC)/丙烯腈-丁二烯-苯乙烯（ABS）合金由于综合了两者的优良性能，一方面既可提高 ABS 耐热性、冲击强度和拉伸强度，另一方面可降低 PC 的熔体黏度，改善加工性能，减少制品对应力敏感性以及降低成本而广泛应用于汽车、电子、办公设备等制造。

PC/ABS 合金中，当 PC 的含量较高时，PC 包围 SAN，而苯乙烯-丙烯腈（SAN）树脂又包含接枝的橡胶相；同时接枝的橡胶相中又含有 SAN 粒子，橡胶粒子充当应力集中中心，诱发大量的银纹和剪切带，大量银纹和剪切带的产生和发展需要大量的能量，从而显著提高材料的抗冲击性能；橡胶粒子能抑制银纹的增长并使其终止而不至发展成破坏性的裂纹。随共混物中 ABS 含量的增加，橡胶相的含量增多，材料受到外力作用对橡胶相将成为承受点并诱发银纹和剪切带，当橡胶相的含量和粒径达到一定值时能及时终止银纹，共混物的冲击强度得以提高。

共聚物合金虽能综合各组分聚合物的优异性能，但不相容的共混物却由于其界面的不良粘接而使力学性能损失严重，PC/ABS 合金实际包含了 PC/SAN/PB 三相复杂的微观共混结构，研究发现其中 PC 与 SAN 树脂的溶度参数之差为 0.84 $(J/cm^3)^{1/2}$，而 PC 与 PB 的溶度参数之差为 7.45 $(J/cm^3)^{1/2}$，Wildes 等认为由于溶解度参数的关系，PC 与 SAN 能相互分散，且具有良好的粘接性，而与 PB 橡胶相的相容性却不佳。因此为了最大限度地提高 PC/ABS 合金性能，通过加入第三组分增加两者相容性十分关键。一般常用的相容剂有：ABS 接枝物、MAH 反应增容、丙烯酸或甲基丙烯酸酯的共聚物、胺基 SAN、双组分增容等。

Balakrishnan 等以 ABS 熔融接枝 MAH 的接枝物 mABS 代替 ABS，发现 PC/ABS 简单二元共混体系的分散较粗糙，而 mABS 增容的 PC/ABS 共混体系呈层状分散结构。共混物经过改性后，提高了相容性，改性后共混物的缺口冲击强度大大高于简单的 PC/ABS 共混物。

Cho 等制备了烷基丙烯酸胺类接枝共聚物（Pet-Acr-g-PCL），己内酯部分（PCL）作为 PC/ABS 共混物的相容部分，当合金体系中每 100 个树脂分子中包含 1 个共聚物分子时，合金的冲击强度与断裂伸长率有明显的提高。

Tijong 等先把 ABS 及 5％马来酸酐接枝的聚丙烯共混造粒，然后加入环氧树脂再次共混造粒。拉伸强度和 Izod 冲击强度测试表明，2 份环氧树脂加入到 PC/马来酸酐接枝 ABS（70/30）中，拉伸强度和冲击强度大幅度增加。试验表明，马来酸酐中的功能基团能有效地增容，大大提高了共混物的拉伸强度和冲击强度。

韩国釜山国立大学研究人员研究了 ABS 占主要组分的 PC/ABS 合金，结果表明：聚甲基丙烯酸甲酯（PMMA）作为一种有效的增容剂可以提高 1/4 的 Izod 缺口冲击强度和拉伸强度，由 PMMA 改善的 ABS/PC 界面可以改变断裂过程中的能量损耗机理。

美国研究人员 Wildes 等利用一种新型的胺官能团化的 SAN（SAN—amine）作为 PC/ABS 的反应增容剂，并对其与 PC 作用的机理和经增容后的 PC/ABS 合金相的稳定性与力学性能进行了研究。

孙清等在 PC/ABS 合金及其阻燃合金中加入甲基丙烯酸甲酯-丁二烯-苯乙烯共聚物（MBS）作为增容剂，经过测试发现，冲击强度在 PC/ABS/MBS 质量比为 70/20/10 时出现极大值，并且比未加 MBS 的 PC/ABS 的冲击强度有所提高，还可以提高合金的阻燃性能，所得合金的综合性能优异。

罗筑等研究了 PC/ABS 的增韧，分别采用马来酸酐接枝三元乙丙酸、苯乙烯-丁二烯嵌段共聚物、聚苯乙烯马来酸酐接枝共聚物对 PC/ABS 进行共混改性，并进行了弹性体与增容剂双组分增韧共混改性试验，结果表明：增容剂（聚苯乙烯马来酸酐接枝共聚物）与弹性体（苯乙烯-丁二烯嵌段共聚物）的综合增韧作用产生了协同效应，优于单独的增韧效果。

唐颂超等分别研究了 PC/ABS 及 PC/ABS/PE-*g*-MAH 共混体系的力学性能和应力开裂性能。结果表明：ABS 的加入提高了 PC 的冲击强度，ABS 的含量及品种影响 PC/ABS 的力学性能，ABS 能提高 PC 的耐溶剂应力开裂性能。在 PC/ABS 合金中添加 PE-*g*-MAH 使共混物的缺口冲击强度大大提高，拉伸强度也有所改善。

本文在此类研发的基础上开发出了一款全新的 PC/ABS 高效相容剂，此类相容剂能保持 PC/ABS 原有断裂及弯曲强度不大幅度降低的前提下显著提高 PC/ABS 合金缺口冲击强度及断裂伸长率等性能，并与国外 EM500，2620 等进行了性能对比，完全可以取代 MBS 类产品。

2.5.2　实验原料与设备

2.5.2.1　主要原料

PC：122，台湾奇美化学；ABS：757，台湾奇美化学；C1（相容剂 1）：MBS EM500，韩国 LG 化学；C2（相容剂 2）：MBS2620，美国罗门哈斯；C3（相容剂 3）：ABS-*g*-MAH，GPM-400A，宁波能之光；C4（相容剂 4）：聚烯烃-*g*-MAH，N413，宁波能之光；C5（相容剂 5）：600A，宁波能之光。

2.5.2.2　仪器与设备

双螺杆挤出机：SHJ-20，南京杰恩特；塑料注塑机：HCF100-W3，宁波明和；拉力试验机：CMT6104，深圳新三思；悬臂梁缺口冲击试验机：ZBC-1400-2，深圳新三思；烘箱：WD601，上海增达。

2.5.2.3　试样制备及处理

首先将 PC 在 120℃下烘干处理 4h，ABS 在 80℃下烘干处理 8h 后按一定比例进行高速共混后，通过双螺杆挤出机挤出造粒，挤出温度 230～245℃。所得粒料在 120℃下烘干 4h 后进行注塑，注塑温度为 235～245℃。注塑样条冷却 4h 后进行性能测试。

2.5.2.4　性能测试

拉伸性能按 GB/T 1040—2006 测试；弯曲强度按 GB/T 9341—2000 测试；冲击强度按 GB/T 1843—1996 测试。

2.5.3　相容剂对 PC/ABS 合金力学性能影响

（1）合金缺口冲击性能

PC/ABS 合金中 PB 橡胶相的增加，共混物的冲击强度得以提高；而当 ABS 的含量进一步提高并超过 50% 时，共混体系将发生相反转，ABS 成为连续相，PC 成为分散相，这将不利于剪切带的产生，材料的冲击强度反而下降。根据各种资料显示，当 PC/ABS 质量配比为 7/3 时，其合金的综合强度、流动性、价格等都能达到一个较好的平衡点，因此本文将以此比例作为研究对象。

ABS、聚乙烯（PE）及苯乙烯-乙烯/丁烯-苯乙烯（SEBS）弹性体等接枝物、聚苯乙烯（PS）/MAH 共聚物、丙烯酸及甲基丙烯酸酯的共聚物等对 PC/ABS 合金相容增韧都有一定的效果，而 MBS 类产品是目前市场上使用最广泛公认效果较理想的一类，本文将选取其中 LG

EM500（简称 C1），MBS2620（简称 C2），GPM-400A（简称 C3）及 N413（简称 C4）与本文自制新型高效相容剂 600A（简称 C5）进行性能对比，判断其相容和增韧效果。

图 2-9 是各相容剂不同添加量时对 PC/ABS 缺口冲击强度的影响。由图可知，未添加相容剂时 PC/ABS 合金缺口冲击强度较低仅 45kJ/m²，缺口断截面光滑。而普通 C3、C4 相容剂对 PC/ABS 合金韧性改善效果并不明显，且随添加量的增大时表现出不同程度的降低。对于最常用的 C1 和 C2，当添加量为 1.5％和 2.5％时缺口冲击强度依旧不理想，MBS 类增韧剂对 PC/ABS 合金增韧效果一般需添加 5％以上才能起到较好的增韧

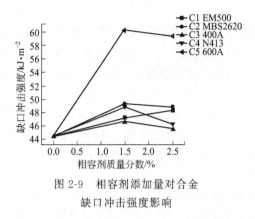

图 2-9　相容剂添加量对合金缺口冲击强度影响

效果，实现脆韧转变，这与其他各类资料相吻合。

新型 C5 相容剂当添加量仅为 1.5％时，就能实现脆韧转变，缺口断截面粗糙且表现为明显凹凸状，缺口冲击强度由原来的 45kJ/m² 提高到 60kJ/m² 以上，可以理解为 C5 内部各组分起协同效应而产生的高效增韧效果。

（2）合金拉伸强度性能

图 2-10 是各相容剂不同添加量时对 PC/ABS 拉伸强度的影响。相容剂的添加不可避免会使 PC/ABS 合金的拉伸强度降低，但必须保证在增韧合金的同时不大幅度降低材料的拉伸强度。由图可知，材料拉伸强度对于各种相容剂的添加都相应减小，且随着相容剂添加量增加而降低。相对于其他相容剂，C5 下降幅度最小，C2 其次。

（3）合金断裂伸长率性能

图 2-11 是各相容剂不同添加量时对 PC/ABS 断裂伸长率的影响。实际应用中通过合金材料断裂伸长率大小以及拉伸表面的一些起皮分层现象均能较准确地反映出合金材料的相容性。由图可知，C1、C2 类相容剂对材料断裂伸长率均起到一定效果，但随着相容剂含量增加，伸长率上升趋势减缓，而 C3、C4 类相容剂随着添加量增大，材料断裂伸长率呈现较快增长，C5 相容剂依然体现出其高效性，当添加量仅为 1.5％时，断裂伸长率达到 50％以上。

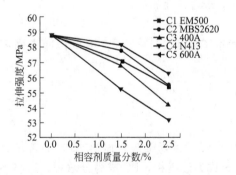

图 2-10　相容剂添加量对合金拉伸强度影响

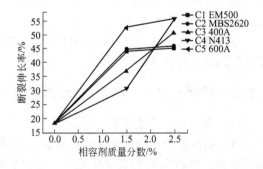

图 2-11　相容剂添加量对合金断裂伸长率影响

2.5.4　合金外观性能

PC/ABS 合金在不添加任何相容剂时为白色光滑表面，以上各类相容剂除 C3 添加量过高时而略微发黄外，其余 4 组相容剂均能较好保持材料光滑乳白色外观，其中以 C1、C2 的 MBS 类相容剂外观性能最为满意。

2.5.5　结论

① C3、C4 类普通相容剂对 PC/ABS 合金材料断裂伸长率有一定贡献外增韧效果并不明显。

② C1、C2 类 MBS 相容剂用于 PC/ABS 合金材料时候，添加量较少增韧效果有限，此类相容剂需添加较多组分时才能体现出其作用。

③ 相对于 C1 及 C2，C5 新型高效相容剂在添加量仅为 1.5% 时就能起到明显的增韧效果且对材料断裂伸长率各方面均有贡献，可以认为是 C5 内部特殊的多组分起协同效应产生的效果，完全可以取代国外价格昂贵的 MBS 类相容剂。

2.6　嵌段及接枝共聚物相容剂的研究与应用

（杜新胜，彭仁苹，徐惠俭，柳彩霞，潘广勤）

大多数聚合物共混体系都是不相容或部分相容的，聚合物组分之间由于显著的界面张力而缺乏有效的相互作用，其结果固态表面界面黏合性差，导致在应力作用下机械性能下降。在不相容的共混体系中，由于加工时分子的内聚能变得足够高并超过了一种聚合物分散到另一种聚合物的分子间相互吸引力，因而常常出现相分离现象，为了避免相互分离现象，得到理想的共混性能，一般要引入相容剂。

嵌段共聚物的嵌段 A 和嵌段 B 应分别与共混物中聚合物组分 A 和 B 相同或有良好的相容性，它们不能仅与 P_A 或 P_B 相容，形成溶入任一共混组分而离开两相界面的现象，只有当嵌段共聚物中各嵌段 A 或 B 的相对分子质量与其对应的共混物中组分 P_A 及 P_B 相对分子质量接近或稍小时，增容效果最好。接枝共聚物的支链和主链的支链数目等结构特征对增容效果影响较大，支链的相对分子质量、数目过大，由于构象的限制，会阻碍共混组分的贯穿作用，不能产生理想的增容效果，接枝共聚物应以长支链且密度不高为宜，当双嵌段的两链段长度相等时，增容效果最佳。

2.6.1　相容剂作用原理

具有合适结构的嵌段或接枝共聚物都可以作为不相容共混体系的表面活性剂或乳化剂，嵌段或接枝共聚物要起到理想的增容效果，它们的相对分子质量、结构等方面与其增容效果有密切的关系。

在聚合物共混过程中，相容剂的作用有两方面的含义：一是使聚合物易于相互分散以得到宏观上均匀的共混产物；另一个是改善聚合物体系中两相界面的性能，增加相间的黏合力，并具有长期稳定的性能。相容剂分子中具有能与共混各聚合物组分进行物理的或化学的结合的基团，是能将不相容或部分相容组分变得相容的关键。由于相容剂种类、制造方法较多，产品的结构不一，因此各种相容剂在聚合物共混物中的作用机理是完全不同的。

2.6.2　相容剂的研究进展

相容剂分为反应型相容剂和非反应型相容剂两种。反应型相容剂一般指共聚物链段能够与聚合物共混体系中至少一个组分形成较强的共价键或离子键。非反应型相容剂一般包括能起增容作用的嵌段共聚物和接枝共聚物。近年来，我国嵌段及接枝共聚物相容剂的研究取得了一定的进展。

吕占霞等根据相容性原理，在 PP/SBS/OMMT 体系中加入含有极性基团的功能化 PP，会改善共混体系的相容性和综合性能。研究了功能化改性聚丙烯（PP）对 PP/苯乙烯-丁二烯-苯乙烯三嵌段共聚物，有机蒙脱土共混体系结构和性能的影响。结果表明接枝功能化聚丙烯（MPP）的加入，促进了 PP 的 B 晶型生成，减小了晶粒尺寸，改善了共混体系的相容性。在拉伸强度下降幅度较小的情况下，MPP 的引入较明显地提高了共混体系的抗冲击性能和热性能。

PE 是用途广泛的通用高分子材料之一，但由于 PE 分子的非极性，与其他材料的附着力低，与极性聚合物的相容性差，使其应用范围的扩大受到了限制。在制造 PE 高分子合金时，最关键的问题是聚合物在共混时的相容性。聚合物受分子链极性、结晶性等因素的制约，会产生相互排斥而难以互容。相容剂的加入使不相容聚合物通过亲和力或化学作用取得协同效应，增加相容性并提高共混物的性能。洪若瑜等研究了以过氧化二苯甲酰为引发剂，线型低密度聚乙烯接枝马来酸酐的反应。将 LLDPE-g-MAH 作为一种增容剂加入到 LLDPE/PA6 共混体系中，考察了 LLDPE/PA6 共混体系中各相的相容性及共混物的力学性能。结果表明 LLDPE-g-MAH 能有效地增强 LLDPE/PA6 共混体系两相界面的相互作用，改善 LLDPE 和 PA6 的相容性，为效果较好的增容剂。

由于 PP 与 PA 相容性差，加入 PP-g-MAH（马来酸酐接枝聚丙烯）为相容剂，从而改善 PP/PA 的界面相容性。吴香发等采用熔融共混制备了不同相容剂马来酸酐接枝聚丙烯（PP-g-MAH）含量的聚丙烯（PP）/PP-g-MAH/聚酰胺 12（PA12）共混体系，分析了共混体系中相容剂 PP-g-MAH 对 PP/PA12 形貌及性能的影响。结果表明 PP-g-MAH 能改善 PP/PA12 的界面相容性，PA12 能更好地分散在 PP 基体中，最佳相容剂添加质量分数为 12%，杨氏模量比未添加相容剂时提高了 60.7%，断裂伸长率提高了 79.9%，冲击强度提高了 345.2%。

王平华等采用在双螺杆挤出机中进行熔融接枝的方法制备相容剂 HDPE-g-MAH，并将其应用于 HDPE/CaCO$_3$ 填充体系，考查了 HDPE-g-MAH 对 HDPE/CaCO$_3$ 填充体系的增容效果和增容机理。结果表明 HDPE-g-MAH 有效提高了 HDPE/CaCO$_3$ 两相组分的界面黏结，使复合材料的力学性能有明显的改善。

芮英宇等通过固相接枝法将甲基丙烯酸缩水甘油酯（GMA）、苯乙烯（St）接枝到聚丙烯（PP）主链上制得聚丙烯相容剂。讨论了界面剂、引发剂、GMA、St、反应时间与反应温度对产物接枝率的影响，结果表明这些实验条件均对聚丙烯相容剂接枝率产生较大的影响，最佳的制备条件为 m(PP)：m(GMA)：m(St)：m(BPO)：m(二甲苯)=100：15：15：1：10，反应温度为 120℃，反应时间为 1h。此时制备的聚丙烯相容剂接枝率最高。

高喜平等在碱性条件下水解乙烯-醋酸乙烯酯共聚物（EVA），将得到的乙烯。醋酸乙烯酯共聚物水解物（EVOH）与聚丙烯接枝马来酸酐共聚物（PP-g-MA）进行熔融反应共混，制备出一种适于 EVA 与 PP 共混的大分子相容剂。通过红外光谱（IR）表征，表明得到了一种新型大分子相容剂 EVOH-PPMA。

2.6.3 相容剂的应用研究

聚丙烯与聚乙烯又是一种非极性聚合物，分子链上不含有极性基团，因而其相容性、黏结性等性能不佳，特别是与其他多数聚合物及无机填料不能有效地共混，极大限制了其向工程塑料及其他方面的发展，因此在应用中加入相容剂改善其相容性。

戎欠欠选用了三种不同分子量大小的聚丙烯制备了聚丙烯/蒙脱土复合材料，结果表明聚丙烯的分子量越高，蒙脱土的分散越好。因此以 PPMA 为相容剂制备蒙脱土/聚丙烯复合材料时必须考虑到 PPMA 对体系黏度影响，研究表明当 PPMA 对体系的黏度影响不大的时候，

PPMA 的量越多，蒙脱土的分散效果越好，但是如果 PPMA 的分子量过低，加大 PPMA 的用量反而不利于蒙脱土的分散．

许静等以回收聚对苯二甲酸乙二醇蘸（rPET）为基体材料，茂金属线型低密度聚乙烯（mLLDPE）为共混材料，马来酸酐接枝线型低密度聚乙烯（LLDPE-g-MAH）。丙烯酸酯复合接枝苯乙烯-丁二烯弹性体为相容剂，制备了 rPET/mLLDPE 共混物。研究表明 mLLDPE 的加入使得 rPET/mLLDPE 共混物的熔体结晶峰向右移动，结晶温度提高了 29.03℃；相容剂的加入使得共混物中 rPET 的玻璃化转变温度向低温方向移动，rPET 与 mLLDPE 相容性增强；含 3%LLDPE-g-MAH 的 rPET/mLLDPE 共混物中，MAH 基团与 rPET 中的羟基发生接枝反应，相界面模糊。rPET 与 mLLDPE 界面黏结力增强，与纯 rPET 相比，奠断裂伸长率提高了 93.73%，缺口冲击强度提高了 54.6%。

田雅娟等研究了马来酸酐接枝聚乙烯（MAPE）、γ-甲基丙烯酰氧基丙基三甲氧基硅烷（KH-570）及 γ-甲基丙烯酰氧基丙基二甲氧基硅烷接枝聚乙烯（KH-g-PE）三种界面相容剂对高密度聚乙烯（HDPE）/黄麻纤维复合材料的力学性能和耐水性的影响，研究表明添加界面相容剂后，复合材料的拉伸性能和耐水性均有不同程度的提高。大分子偶联剂 MAPE 和 KH-g-PE 的加入使复合材料的拉伸强度提高更为明显。

章自寿等为研究增容 β-PP 共混物中相容剂对 β-成核作用的影响，制备了不同相容剂/β-PP 共混物，用 DSC 和 WXRD 研究了相容剂/β-PP 共混物的结晶行为和结晶形态，加入 PP-g-MA 和 PP-g-GMA 对 β-成核作用和 β-晶含量影响不大，POE-g-MA 和 EVA-g-MA 加入及其用量增加，PP 结晶温度降低，β-成核作用加强，β-晶含量提高。

郭斌等研究了 PE-g-MA（马来酸酐接枝聚乙烯）相容剂添加量对 TPS/LDPE 体系力学性能、分子结构、热性能等的影响。结果表明 PE-g-MA 的加入使 TPS/LDPE 体系具有较好的相容性，TPS/LDPE 体系的拉伸强度、断裂伸长率以及热稳定性提高，当相容剂用量达到 6 份时，体系的拉伸强度达到最大值。

杨旭宇等分别采用聚丙烯接枝马来酸酐（PP-g-MAH）和硬脂酸（ST）作为相容剂，通过熔融共混法制备了 PA6/PP（聚酰胺 6/聚丙烯）合金，研究相容剂用量对该合金性能的影响。结果表明随着相容剂的增加，PA6/PP 合金的吸水性和熔体流动速率下降，拉伸强度和缺口冲击强度先增大后减小。当 PP-g-MAH 和 ST 用量分别为 PA6/PP 合金的质量分数为 4.0 和 2.0 时，复合材料的综合性能更佳。

涂思敏等研究大分子相容剂对聚丙烯（PP）/水镁石粉阻燃复合材料的力学性能、燃烧性能及流变性能的影响。结果表明马来酸酐接枝聚烯烃弹性体（POE-g-MAH）和马来酸酐接枝乙酸乙烯共聚物（EVA-g-MAH）复合相容剂较单一相容剂对阻燃复合材料有更好的改性效果，当复合相容剂添加量为 10.0 份时，复合材料的界面相容性和超细水镁石粉在体系中的分散性得到明显改善，复合材料断裂伸长率、冲击强度较未添加相容剂的都有较大提高，氧指数达到 28%，另外复合相容剂的加入能改善复合材料的加工流动性，并且随着其添加量的增多，熔体流动速率先增大后减小。

秦艳分等选用聚烯烃弹性体接枝甲基丙烯酸缩水甘油酯（POE-g-GMA）、聚丙烯接枝甲基丙烯酸缩水甘油酯（PP-g-GMA）、乙烯-醋酸乙烯共聚物（EVA）作为 PP/TPEE［TPEE 为聚对苯二甲酸丁二醇酯（PBT）-聚乙二醇（PEG）的嵌段共聚物，是一种热塑性聚酯弹性体］共混体系的相容剂，采用旋转流变仪考察共混物的动态流变行为及相行为。结果表明 PP/TPEE/EVA 的复数黏度、储能模量和损耗模量最小；由时温叠加曲线得到 PP/TPEE、PP/TPEE/POE-g-GMA、PP/TPEE/PP-g-GMA、PP/TPEE/EVA 的相分离温度分别为 220℃、230℃、240℃和 250℃，适用的频率范围分别大于 1.32Hz、0.15Hz、1.12Hz 和 2.82Hz；

EVA 的加入使得相分离现象更加明显，而 POE-*g*-GMA 对相容性有一定的改善；cole-cole 曲线得到的结果与时温叠加曲线得到的结果有较好的一致性，而且比时温叠加曲线更为准确。

王春广等为利用废弃 PET（r-PET）发展 r-PET/PP 共混物，制备了不同 r-PET/相容剂、r-PET/PP 和 PP-*g*-MA 及其混合相容剂增容 r-PET/PP 共混物，研究了以上共混物的拉伸、弯曲和冲击性能，讨论了不同相容剂对 r-PET 力学性能，r-PET 对 PP 力学性能和增容共混物力学性能的影响。结果表明相容剂加入降低 r-PET 力学性能，r-PET 提高 PP 拉伸和弯曲性能，r-PET/PP 共混物的拉伸和弯曲性能随 r-PET 用量增加而提高，表明 r-PET 对 PP 中具有增强作用。PP-*g*-MA 加入提高 r-PET/PP 共混物拉伸和弯曲性能，POE-*g*-MA 和 EVA-*g*-MA 加入提高 PP-*g*-MA 增容 r-PET/PP 共混物冲击强度，采用混杂相容剂可获得综合性能优良的 r-PET/PP 共混物。

苏江林等以低密度聚乙烯（LDPE）、相容剂、甲基乙烯基硅橡胶（MVQ）混炼胶为主要原料，加入自由基捕捉剂和硫化剂过氧化二异丙苯（DCP），在双辊上将各组分进行熔融共混，通过平板硫化机将共混物硫化，制备出了 LDPE/MVQ 并用胶。研究表明适量相容剂可以改善并用胶中 LDPE 和 MVQ 的相容性，提高材料的力学性能，而过多相容剂会阻碍 LDPE 与 MVQ 共硫化反应的进行，降低并用胶机械强度和热老化性能。随着相容剂用量的增加，并用胶的拉伸强度、断裂伸长率和撕裂强度及热老化系数先增大后减小。

徐雪梅等采用两种不同硫化体系通过动态硫化工艺制备 EPDM/LDPE 热塑性弹性体（TPE），并采用 EVA 对体系进行相容，结果表明随着 EVA 用量的增大，EPDM/LDPE 共混物的剪切黏度逐渐减小，加工流动性提高；与硫黄硫化 EPDM/LDPETPE 相比，过氧化物硫化 EPDM/LDPETPE 的物理性能较差，耐热性能较好；当 EVA 用量为 18 份时，EPDM/LDPE TPE 的综合性能较好。

第3章 塑料增韧改性

3.1 塑料的增韧增强与增刚

3.1.1 概述

20 世纪 80 年代以来，高分子材料的研究重点转向聚合物凝聚态物理、材料加工与高性能化、功能化等方面；或通过加工改变单一聚合物的聚集态，或将不同聚合物共混使普通高分子材料变成可工程应用的高性能材料。

据统计，在改善和提高聚合物的性能中，主要包括冲击韧性、加工性能、拉伸强度、弹性模量、热变形稳定性、燃烧性能、热稳定性、尺寸稳定性等，获得高的冲击韧性、高的拉伸强度和良好的加工性能位居前三位，成为聚合物材料改性的主要目标。作为结构材料的高分子，强度和韧性是两项最重要的力学性能指标。以往的研究表明，橡胶能有效地增韧，但会造成强度、刚度较大幅度的下降；无机填料能有效地增强，但往往会造成冲击韧性的明显下降。因此，如何获得兼具高强、高刚、高韧综合性能优良的高分子材料，实现同时增韧增强与增刚改性，一直是高分子材料科学研究中的一个重要课题和应用研究热点。

近年来，随着对弹性体增韧机理的更进一步认识，人们在提高弹性体的增韧效果和新型弹性体的研究与应用等方面都开展了研究。弹性体增韧体系的强韧性与弹性体的种类、分散相的结构、粒子大小及分布、界面黏结以及基体等因素有关。有人采用弹性模量比橡胶类聚合物高 1~2 个数量级的 EVA 作为 PP 的增韧改性剂，研究了原料配比、工艺条件和微观结构对体系性能的影响。研究表明，共混物的增韧机理主要是 EVA 分散相粒子的界面空洞化引起 PP 基体屈服。该共混物在冲击强度大幅度提高的同时，刚性相对下降很小，并且具有良好的加工性能，其综合性能优于 PP/EPDM 共混物。通过改善弹性体的粒径大小及其分布、粒子与基体的界面相互作用等来达到共混材料的强韧化，已经有很多文献报道。有研究表明，质量比为 80/20 的动态硫化 PP/EPDM 和 70/30 的非硫化型 PP/EPDM 的韧性几乎相同，因此，可以用更少的弹性体用量而达到同样的增韧效果以保持 PP 的刚性和耐热性。

上述通过优化增韧体系的形态结构来提高聚合物的综合性能，其效果仍然有限。于是，人们逐渐把目光转向新型弹性体的开发与应用。如有人制备了一种马来酸酐官能化的，具有以半结晶性塑料为核、橡胶弹性体为壳结构的新型增韧剂，与传统的纯橡胶类增韧剂相比，不仅可以增韧尼龙和热塑性非晶性聚酯，而且减少了共混物的强度并降低了模量。也有人用新型茂金属聚苯乙烯弹性体（PSE）增韧改性聚苯乙烯的力学性能和形态，与传统用 SBS 增韧 PS 相比，可以获得强度和韧性更好的材料。还有人用乳液接枝聚合制备了丁苯橡胶（SBR）接枝丙烯酸（AA）胶乳，发现加入质量分数为 5% 的 SBR-g-AA 粉末橡胶后，PA6 的拉伸强度和冲击强度分别由纯 PA6 的 60.9MPa 和 5.4kJ/m^2 提高到 70.9MPa 和 7.0kJ/m^2。有人采用原位核/壳乳液聚合制备的有机高分子/无机纳米复合增韧改性剂（纳米 CaCO$_3$ 原位复合 ACR）增韧增强 PVC，也取得了良好效果。另外，一些研究者通过乳液插层法制备 NBR/有机改性膨润土对 PVC 增韧；用茂金属聚烯烃弹性体（POE）/聚丙烯（PP）的共混物接枝马来酸酐（POE/PP）-g-MAH 对 PC 增韧等，所得改性材料都具有高韧性和高强度等优良的综合性能。

3.1.2 增韧机理及影响因素

3.1.2.1 弹性体与刚性粒子并用增韧

用刚性有机粒子增韧聚合物二元合金体系时，在韧性提高的同时，不会降低材料的强度和刚性；用刚性无机粒子增韧聚合物二元复合体系时，在一定条件下体系同时增韧增强，但韧性的提高幅度有限。相比之下，无机纳米粒子常常可以较大幅度地增韧增强聚合物；纤维一般可以大大提高聚合物复合材料的拉伸强度、弯曲强度等，但体系的韧性提高很小，往往呈下降的趋势。因此，近年来采用弹性体与刚性粒子或纤维并用增韧增强聚合物体系的研究越来越多，以期获得刚性、强度和韧性达到最佳平衡的、综合性能优良的高分子材料。采用弹性体与一些刚性粒子并用达到增韧增强改性聚合物的三元共混复合体系有：PP/EPDM/HDPE、PP/EPDM/高岭土、PP/POE/硅灰石、PP/POE/GF、PP/EPDM/纳米 SiO_2、POM/TPU/GF、PVC/CPE/$CaCO_3$；PS/SBS/HDPE 等。在这类增韧增强的三元组分体系中，材料的力学性能不仅取决于各组分的性能，而且与相形态密切相关，尤其两种改性剂（增韧剂、增强剂）在基体内形成的分散相的形状、结构、大小对材料的性能有决定性的影响。增韧剂和增强剂可以各自独立地以分散相存在，也可以形成以填料（刚性粒子或纤维）为核、弹性体为壳的核/壳结构分散相，在刚性粒子或纤维和基体之间形成一个橡胶的界面层，或者形成独立分散与核/壳形态的混合结构。不同形态的形成主要受各组分的特性、相容性、加工条件、热力学和动力学因素的影响。

3.1.2.2 刚性粒子增韧机理

刚性粒子增韧的理论是建立在橡胶增韧理论上的一个重要飞跃。弹性体增韧虽然使材料的韧性大幅度提高，但同时也使材料的强度、刚性、耐热性及加工性能大幅度下降。对此，近年来有人提出了用刚性粒子增韧聚合物的思想，希望在提高材料韧性的同时保持材料的强度，提高材料的刚性和耐热性。这为高分子材料的高性能化开辟了新的途径，具有重要的理论意义和实际意义。

1984 年，Kurauch 和 Ohta 在研究 PC/ABS 和 PC/AS 共混物的力学性能时，首先提出了有机刚性粒子增韧聚合物的新概念。他们认为，在拉伸过程中，由于分散相粒子（E_2、ν_2）和基体（E_1、ν_1）的模量和泊松比之间的差别在分散相赤道上产生了一种较高的静压力，当这种静压力大于刚性粒子塑性形变所需的临界静压力时，粒子发生塑性形变，其平均伸长率在100％以上。这种类似玻璃态聚合物的冷拉形变吸收大量的能量，从而使材料的韧性提高，这就是所谓的冷拉机理。研究表明，PS、PMMA 和 SAN 等刚性粒子对具有一定韧性的聚合物也有增韧增强的作用。

无机刚性粒子增韧聚合物的研究起步较晚，理论研究尚不成熟。我们对微米级和纳米级无机刚性粒子填充 LDPE、HDPE、PP、PS、PVC、PA、PBT、PU 等进行的研究发现，纳米级 SiC/Si_3N_4 和 $CaCO_3$ 都有增强增韧聚合物的作用。李东明等指出，将无机刚性粒子加入聚合物中，可以使基体中的应力场和应力集中发生变化，他们把无机粒子看作球状颗粒，描述了形变初始阶段单个颗粒周围的应力集中情况，认为基体对颗粒的作用力在两极为拉应力，在赤道位置为压应力，如图 3-1 所示。由于力

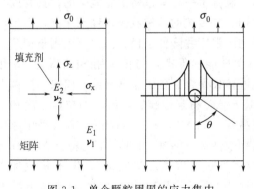

图 3-1　单个颗粒周围的应力集中

$\sigma = \sigma_0 \ (1 - 2\cos\theta)$，$\theta = 90°$，$\sigma = 3\sigma_0$

的相互作用，颗粒赤道附近的聚合物基体会受到来自无机粒子的压应力作用，有利于屈服的发生。由于在两极是拉应力作用，当无机粒子与聚合物之间的界面黏结力较弱时，会在两极首先发生界面脱黏，使颗粒周围形成一个空穴。由单个空穴的应力分析可知，空穴赤道面上的应力为本体应力的 3 倍。因此在本体应力尚未达到基体屈服应力时，局部已开始产生屈服，转变为韧性破坏而使材料韧性提高。

到目前为止，增韧理论大多是建立在聚合物/弹性体、聚合物/无机刚性粒子二元体系基础之上的，正处于由定性研究向定量研究发展的逐步完善过程中，但仍未有一个普遍的定论。对于弹性体及无机刚性粒子协同增韧聚合物三元体系的研究工作主要集中在组分的分散形态与复合材料的性能关系上，对增韧机理的研究很少，仅有一些定性的解释，这是由于三元体系中影响材料韧性的因素太多的缘故。我们课题组通过实验验证和理论分析认为，将逾渗理论用于聚合物/弹性体/无机刚性粒子复合材料的脆韧转变是可行的，并进行了定量研究。

3.1.2.3　影响增韧的因素

聚合物的韧性表征材料在突然受到外加载荷时具有吸收、消耗能量的能力。影响聚合物共混物韧性的因素很多，主要分为以下两大类。

本征参数
- 各组分的分子特征参数（分子量及其分布、结晶度和晶体尺寸等）
- 分散相的含量及其在基体中的分散形态（形状、尺寸及尺寸分布等）
- 两相间的界面相互作用

非本征参数
- 加工条件
- 测试条件（测试温度、速度）
- 测试方法
- 试样的几何尺寸

下面介绍一些聚合物/无机刚性粒子、聚合物/弹性体/无机刚性粒子体系的增韧、增刚及适当保持这类复合材料强度的研究。

3.1.3　增韧、增刚体系的研究

3.1.3.1　PP/弹性体/CaCO$_3$、PP/CaCO$_3$ 体系

（1）PP/弹性体/CaCO$_3$ 体系　在对 PE/纳米 SiC/Si$_3$N 和 PE/纳米 CaCO$_3$ 等进行研究的基础上，初步证明这些无机粒子对聚合物具有一定的增韧、增强作用下，我们对 PP/弹性体/CaCO$_3$、PP/CaCO$_3$ 体系进行了一些研究。

将一系列不同比例的 EPDM 和活性 CaCO$_3$（平均粒径 100nm）在双辊筒开炼机上于90～100℃下塑炼 15～20min，拉成 3mm 厚的胶片，停放 12h 以上，然后切成 3mm×3mm×3mm左右的小粒，即制成 CaCO$_3$ 含量不同的 M-EPDM/CaCO$_3$ 母粒，简称 M-EPDM。表 3-1 为M-EPDM 中 EPDM 与 CaCO$_3$ 的质量比以及相应胶号。

表 3-1　M-EPDM 的配方及对应胶号

胶　号	a$^{\#}$	b$^{\#}$	c$^{\#}$	d$^{\#}$	e$^{\#}$	f$^{\#}$
m(EPDM)/m(CaCO$_3$)	1:0	1:1	1:2	1:3	1:4	1:6

将 PP 与 M-EPDM 按不同比例配料，加入适量稳定剂，混合均匀后在双螺杆挤出机上混炼造粒。挤出机机筒温度为 150℃、160℃、180℃、190℃、200℃，口模温度为 195℃，螺杆转速为 150r/min。

造好粒的共混料在注塑机上注射成供力学性能测试的样条，注射机机筒温度为 165℃、195℃、210℃，喷嘴温度为 205℃，注射速度为最大速度的 12%，注射压力为最大压力的 40%。整个注射周期为 45s。

冲击样条在靠近浇口端和远离浇口端分别取样，在缺口制样机上铣制缺口。纯 PP（T30S）的力学性能见表 3-2。

表 3-2　PP 的力学性能

项目	冲击强度 (23℃)/(kJ/m²)	屈服强度 /MPa	弯曲模量 /MPa	断裂伸长率 /%	冲击强度(0℃) /(kJ/m²)	远端冲击强度 /(kJ/m²)
数值	5.4	34.3	1317	>500	3.6	5.1

表 3-3 和图 3-2 是 PP 与 6 种 M-EPDM 的共混物的常温冲击强度值。可以看出，随着 M-EPDM 质量分数的增加，各共混体系都出现了脆-韧转变。只是随着 M-EPDM 中 $CaCO_3$ 的增加，图中曲线顺次右移，脆-韧转变发生时所需的 M-EPDM 质量不断增加。T30S/a# 的脆-韧转变最早发生，对应的 a# 胶含量为 10%～20%，E、F 两体系则最晚，脆-韧转变直到 e#、f# 胶含量达到 40% 以上才出现。发生脆-韧转变后，各个体系的冲击强度都大幅上升，A 体系的最大冲击强度为 68.2kJ/m²，是 T30S 的 12.6 倍；B、C、D、E 体系的最大冲击强度都超过了 A 体系；C、D 体系的最大冲击强度为 T30S 的 14.4 倍；F 体系的最大冲击强度仅为 51.5kJ/m²，低于其他几种共混物，说明 f# 胶的增韧效果已十分有限。

表 3-3　PP/M-EPDM 常温冲击强度　　　　　　　　　　　单位：kJ/m²

M-EPDM 含量/%	5	10	15	20	25	30	35	40	50	55	60
A	9.8	14.3	35.9	59.1[①]	67.5[①]	68.2[①]	62.7[①]				
B	9.1	12.4	16.1	24.3	62.7[①]	72.8[①]	75.0[①]	72.6[①]			
C	7.8	11.2	13.8	16.6	20.6	38.5	70.8[①]	77.3[①]	70.1[①]		
D		10.2		13.6		20.7		71.4[①]	75.9[①]		66.5[①]
E		9.5		12.5		17.0		30.1	68.6[①]	66.5[①]	62.7[①]
F			10.4		15.6			28.9	51.5[①]		43.7[①]

① 表示样条未完全断裂。

图 3-3 中，随共混物中 M-EPDM 含量的增加，A、B、C、D、E 和 F 各体系的屈服拉伸强度都呈线性下降趋势，其中 T30S/a# 下降得最快，a# 纯 EPDM 的质量分数为 30% 时，屈服拉伸强度损失了约 50%。随着 M-EPDM 中 $CaCO_3$ 含量的增加，屈服拉伸强度下降的速度逐渐变缓，材料的屈服拉伸强度得到了较好的保持。以 D 体系为例，d# M-EPDM 的添加量为 50% 时，屈服拉伸强度仍保留了 54.8%。在 C 体系中，c# 胶含量为 5% 时，共混物的屈服拉伸强度值比 T30S 还高 0.6MPa。

图 3-4 是共混体系的弯曲模量，加入 a# 纯 EPDM 共混材料后，弯曲模量下降很快，a# 胶含量达到 25% 时，弯曲模量有纯 T30S 的 50%。B 体系弯曲模量随 b# 胶质量分数变化的曲线类似于平抛物线，b# 胶加入量在 20% 以内时，弯曲模量下降很小，高于 20% 以后则快速下降，到 40% 时，弯曲模量也只剩 T30S 的一半。随着 M-EPDM 中 $CaCO_3$ 含量的进一步增加，C、D、E 和 F 的弯曲模量曲线都呈抛物线形状，且逐次升高，模量值有很大增加。其中 D 体系在 d# 胶加入量少

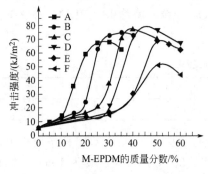

图 3-2　PP/M-EPDM 的常温冲击强度

于 45% 时都高于 T30S；而 E、F 体系在实验范围内弯曲模量始终超过 T30S，材料获得了很好的刚性。

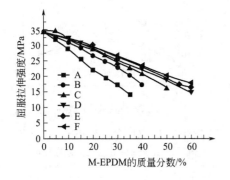

图 3-3　PP/M-EPDM 拉伸屈服强度

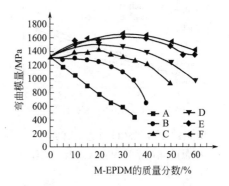

图 3-4　PP/M-EPDM 的弯曲模量

这些结果表明，PP（T30S）中加入 EPDM 后，冲击强度大幅度上升，但拉伸强度、弯曲模量都快速下降。在此体系中加入 $CaCO_3$ 以后，形成的 PP/EPDM/$CaCO_3$ 体系在相同的 $CaCO_3$ 加入量下，在一定范围内冲击强度的增加量更多，拉伸强度的降低比较缓慢，而弯曲模量不但不像加入纯 EPDM 那样有所下降，有的反而有所上升，即其综合性能上起到了增韧、增刚和较大幅度保持其拉伸强度的目的。同时材料成本也有所下降（纳米 $CaCO_3$ 目前售价约为 2000 元/t，远低于 PP），这对实际应用是极有利的。

（2）PP/$CaCO_3$ 体系　　上面谈到的是在 PP 中加入弹性体及 $CaCO_3$ 的三元体系。对于 PP/$CaCO_3$ 体系的性能变化，如图 3-5～图 3-8 所示。随着体系中 $CaCO_3$ 含量的增加，其拉伸强度缓慢下降，拉伸模量缓慢上升；弯曲强度上升较慢，而弯曲模量上升则较快；冲击强度则随 $CaCO_3$ 品种不同，一种（$CaCO_3$1 的平均粒径为 $1\mu m$）上升缓慢，另一种（$CaCO_3$2 的平均粒径为 50nm）则增加较快，最高可提高 4 倍多（图 3-7）。这也说明加入适量 $CaCO_3$ 具有增韧、增刚及保持强度的作用。当然在这种二元体系中，适量加入弹性体，其冲击强度会有更大的提高，达到 $70kJ/m^2$ 左右，提高约 10 倍，如图 3-8 所示。

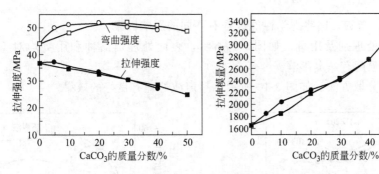

图 3-5　体系的拉伸强度和弯曲强度与 $CaCO_3$ 含量的关系

■□ PP1/$CaCO_3$ 1，●○ PP1/$CaCO_3$ 2

（$CaCO_3$ 1 平均粒径 $1\mu m$，$CaCO_3$ 2 平均粒径 50nm）

表 3-4 表明，PP1/EOC3/$CaCO_3$1 复合材料与 PP 纯树脂相比，冲击强度提高了 950%，而且杨氏模量提高了 7%；与相同体积比的 PP1/EOC3 共混物相比，冲击强度提高了 15%，杨氏模量提高了 112.7%。可见，$CaCO_3$1 的加入不但使材料的刚性、耐热性及尺寸稳定性均有所提高，而且其韧性的提高幅度也大于加入相同体积分数的弹性体，这就大大降低了弹性体的用量，使成本降低，具有显著的经济效益和社会效益。

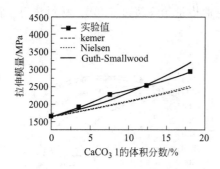

图 3-6　PP1/CaCO₃ 1 复合体系拉伸
模量的理论推算和实验数据的比较

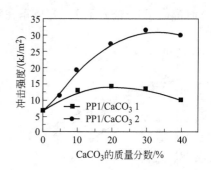

图 3-7　CaCO₃ 含量对 PP1/CaCO₃
体系的 Izod 缺口冲击强度的影响

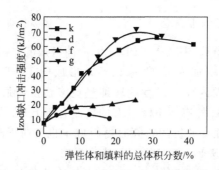

图 3-8　在二元体系和三元体系中，弹性体和填料总体积分数对 Izod 缺口冲击能的影响

表 3-4　含有 PP1/EOC3/CaCO₃ 1 复合物的 PP1/EOC3 共混物的性能比较

样　　品	拉伸模量	硬度	热变形温度 （0.45MPa）/℃	冲击强度 /(kJ/m²)
PP1	1664.5	98.0	110.7	6.8
PP1/EOC3(75/25)	839.8	77.1	107.5	64.2
PP1/EOC3/CaCO₃ 1①	1786.2	99.2	115.6	71.7

　① EOC3 的总体积分数相当于 CaCO₃ 的 25%。

（3）影响因素　当然，这些力学性能数据有不同的影响因素。

① 不同的表面处理剂及用量。如图 3-9 所示，表面处理剂品种和用量均对 HDPE/纳米 CaCO₃ 体系的冲击强度有一定影响。

② 不同的混合分散方法。如图 3-10 所示，超声波处理有良好的效果。

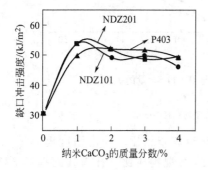

图 3-9　偶联剂用量对 HDPE/纳米 CaCO₃
体系冲击强度的影响

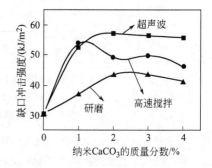

图 3-10　表面处理方法对 CaCO₃ 处理效果的影响
（基体为 HDPE；CaCO₃ 为上海华明，纳米级）

③ 在此基础上，我们设计开发了一种超高速混合机，其效果更加显著，如图 3-11 及

图 3-12 所示。对于 PP/纳米 CaCO₃ 体系，几种混合方法中，超高速混合有明显的优势。随纳米 CaCO₃ 用量的增加，其拉伸强度开始有少量上升，然后缓慢下降。拉伸弹性模量上升得更多，特别是冲击强度较其他几种方法增加明显，可提高 4 倍以上。

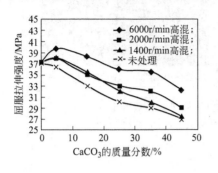
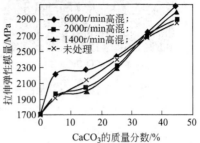

图 3-11　不同处理方法的纳米 CaCO₃ A 加入 PP 后复合材料的拉伸性能

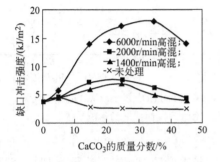

图 3-12　不同处理方法的纳米 CaCO₃ A 加入
PP 后复合材料的冲击性能

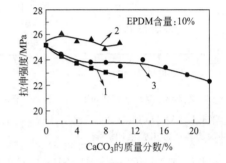

图 3-13　纳米 CaCO₃ 在 PP 中的分散情况
对 PP/EPDM 纳米 CaCO₃ 体系
拉伸强度的影响
1—工艺 1；2—工艺 2；3—工艺 3

④ 不同的成型加工工艺，使材料（试样）具有不同的微观形态结构，因而具有不同的性能，如图 3-13、图 3-14 所示。3 种工艺，3 种结果。第 3 种工艺形成了弹性体包覆的一些团聚的 CaCO₃ 粒子，形成了所谓的"沙袋结构"，在 CaCO₃ 含量达 20% 时，缺口冲击强度仍可达 60kJ/m²，是一种高性能低成本的材料。

⑤ 微观形貌的影响。如图 3-15 所示，其中（b）经过高速混合，分散好，性能也较（a）好（多数是纳米原生粒子分散）。

3.1.3.2　其他聚合物/弹性体/CaCO₃ 体系

（1）PS/CaCO₃、PS/SBS/CaCO₃ 体系

① PS/CaCO₃ 体系。如图 3-16 所示，少量 CaCO₃ 对 PS 的冲击强度均有所提高，微米 CaCO₃ 的冲击强度好于纳米碳酸钙，可能在于其粒径大于临界粒径，引发银纹的能力较强。

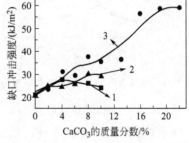

图 3-14　纳米 CaCO₃ 在 PP 中
的分散情况对 PP/EPDM 纳米
CaCO₃ 体系冲击强度的影响
1—工艺 1；2—工艺 2；3—工艺 3

如图 3-17 所示，加入 CaCO₃ 使体系的拉伸强度、断裂伸长率均有缓慢下降。原因在于：一方面，界面黏结较差，承受拉伸负荷的基体分数减小，导致拉伸强度和断裂伸长率的减小；另一方面，CaCO₃ 含量增加（尤其是纳米 CaCO₃），导致粒子团聚概率的增加。

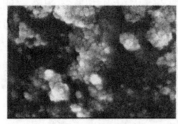
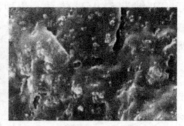

(a) 纳米CaCO₃B(CA519)　　　　　　(b) CA519经6000r/min超高速处理5min

图 3-15　不同处理方法的纳米 CaCO₃
在 PP 中加入 35％（质量分数）时的 SEM 照片

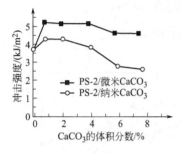
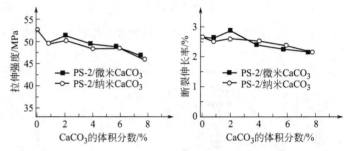

图 3-16　纳米 CaCO₃（TB119）、
微米 CaCO₃（PD90）对
共混物体系冲击强度的影响

图 3-17　纳米 CaCO₃（TB119）、微米 CaCO₃（PD90）
对共混物体系拉伸性能的影响

②PS/SBS/CaCO₃ 体系。SBS 与 CaCO₃（PD90）并用增韧 PS 时，将 SBS/PD90 的质量比固定（2∶1），其结果如图 3-18、图 3-19 所示。

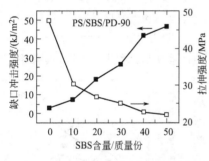
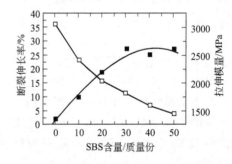

图 3-18　SBS 含量与冲击强度和拉伸强度的关系　　图 3-19　SBS 含量与断裂伸长率和拉伸模量的关系

从图 3-18、图 3-19 可以看出：在三元共混物中，随 SBS 及 CaCO₃ 含量的增加，其拉伸强度和断裂伸长率均下降，而冲击强度和拉伸模量上升。PS/SBS 和 PS/SBS/CaCO₃ 两类共混物的冲击强度还可以从图 3-20 中表现出来。

如图 3-20 所示，对于 PS/SBS 二元共混物，随 SBS 含量的增加，悬臂梁缺口冲击强度大幅升高。SBS 含量低于 40 质量份时，体系的冲击韧性呈线性大幅增加；SBS 含量高于 50 质量份时，冲击韧性增幅减缓，在两者之间体系的冲击强度出现转折，意味着可能发生了脆韧转变。

对于 PS/SBS/CaCO₃ 体系，弹性体 SBS 的增韧效果类似于二元体系。加入 CaCO₃ 共混物的冲击强度不但没有减少，反而有所提高，特别是在高 CaCO₃ 含量时，同样 SBS 含量下的三元体系和二元体系的冲击强度差别更大，即 CaCO₃ 的协同增韧效应更加突出。SBS 含量为 40

质量份时，加入 20 质量份 CaCO₃ 使三元共混物的缺口冲击强度高于二元共混物约 53％。不仅如此，加入 CaCO₃ 也使体系的冲击强度曲线，在较二元体系更低的弹性体含量下，就出现了转折，即转折区间从二元体系的 40～50 质量份降低到三元体系的 30～40 质量份。

CaCO₃ 粒子对三元体系的增韧效应，可能是由于在成型过程中，CaCO₃ 粒子进入了分散相弹性体的内部，从而增加了弹性体的有效增韧体积。不仅如此，包覆结构改善了冲击时橡胶的纤化，因此阻止了分散相脱黏，允许在失效前产生更大的塑性变形，因此表现出更强的增韧效果，并使三元体系的脆韧转变提前。

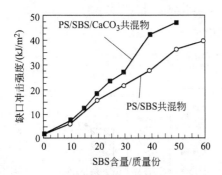

图 3-20　SBS 含量对二元和三元 PS
共混物冲击韧性的影响

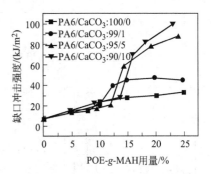

图 3-21　POE-g-MAH 用量对
PA6/CC1 缺口冲击强度的影响

（2）PA6/弹性体/CaCO₃ 体系　从图 3-21 可以看出，随 CaCO₃ 含量的增加，体系的冲击强度上升，脆韧转变点右移。微米 CaCO₃ 和 POE-g-MAH 对 PA6 有协同增韧作用，这种协同作用在脆韧转变之后表现得相当明显，且随 CaCO₃ 含量的增大而更加显著。

从表 3-5 可以看出，无论体积含量还是质量含量，填充 CaCO₃ 后的复合材料发生脆韧转变所需的 POE-g-MAH 都有所增加。也就是说，以 PA6/CaCO₃ 为基料用 POE-g-MAH 增韧，PA6/CaCO₃/POE-g-MAH 产生脆韧转变所需的 POE-g-MAH 量比纯 PA6 多，且随 CaCO₃ 的增加而增加。

表 3-5　微米 CaCO₃ 对复合材料脆韧转变用 POE-g-MAH 用量的影响

基　　料	POE-g-MAH 用量	
	质量分数/%	体积分数/%
PA6	8～10	10.23～12.71
PA6（含 1% CaCO₃）	9.91～12.39	12.66～15.71
PA6（含 5% CaCO₃）	11.95～14.36	15.48～18.45
PA6（含 10% CaCO₃）	13.71～16.03	18.09～20.98

同样的配方，复合物的拉伸强度有所下降，如图 3-22 所示。从图 3-22 中还可以看出，对于 PA6/CaCO₃ 二元体系（图中 POE-g-MAH 用量为 0 时），其拉伸强度均略高于纯 PA6（此时 CaCO₃ 含量分别为 1％、5％、10％）。

（3）PET/弹性体/CaCO₃ 体系　图 3-23 为采用 3 种不同的加工工艺制备的 PET/MPOE/纳米 CaCO₃ 三元复合体系的冲击强度。图 3-23（a）、（b）、（c）中从左到右分别为 1、2、3 三种工艺的试样。图 3-23（a）中的组成为 PET/MPOE/纳米 CaCO₃ 为 100/15/2，图 3-23（b）中为 100/20/2，图 3-23（c）中为 100/20/5。从图中可以看出几种组成、几种方法所得试样的冲击强度均较纯 PET（约 5.3kJ/m²）高，但提高的程度不相同，采用工艺 3，即形成 POE 对纳米 CaCO₃ 团聚体包覆的"沙袋结构"的复合物，有最高的冲击强度。

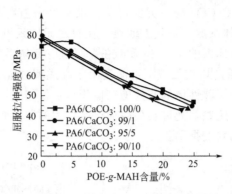

图 3-22　POE-*g*-MAH 用量对 PA6/CaCO₃ 屈服拉伸强度的影响

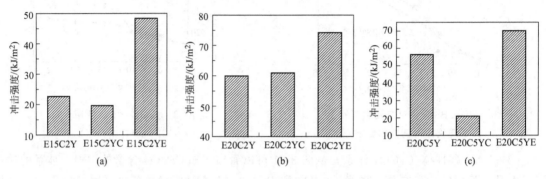

图 3-23　不同加工工艺对三元复合体系冲击强度的影响

图 3-24 为采用工艺 2、3 所制备的复合材料冲击断面的 SEM 照片。其中，采用工艺 3 制备的材料的冲击断面与工艺 2 不一样，其断面为粗糙的棱脊状，断面有大量比工艺 2 小且多的小孔穴，这种小孔穴是由于沙袋结构的破裂引起的，这种粗糙的断面和小孔穴能吸收大量的冲击能，有利于材料冲击强度的提高。

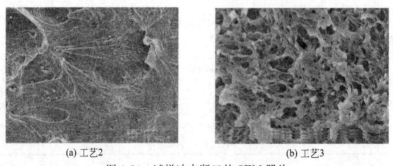

(a) 工艺2　　　　　　　　　　　(b) 工艺3

图 3-24　试样冲击断口的 SEM 照片

(PET/M-POE/纳米 CaCO₃：100/20/5)

图 3-25 为采用 3 种不同的加工工艺制得的三元复合体系拉伸强度的对比图，图中所代表的意义与图 3-24 的介绍相同。

由图 3-25 可知，3 种加工工艺对三元复合体系拉伸强度的影响并不明显，差异在 3MPa 以内，也就是说无论纳米 CaCO₃ 是分布于 PET 基体中还是分布于弹性体中都对体系的拉伸强度无太大的影响，这也与我们前面所讨论的结果一致。

（4）PBT/E-MA-GMA/CaCO₃、PBT/E-MA-GMA/PC 体系　图 3-26、图 3-27 为 PBT/E-MA-GMA/微米 CaCO₃ 体系的缺口冲击强度和拉伸强度关系曲线。可见复合物的

冲击强度有一定提高，加入 CaCO₃ 与 E-MA-GMA 并用有一定的协同作用，而拉伸强度则有缓慢下降。

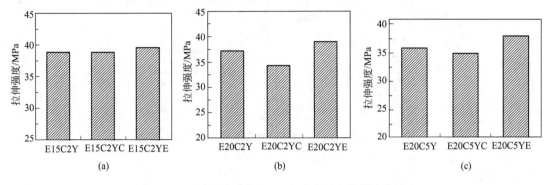

图 3-25　不同加工工艺对三元复合体系拉伸强度的影响

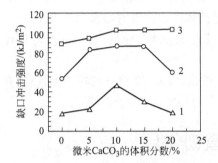

图 3-26　PETE-MA-GMA/微米 CaCO₃
复合材料的缺口冲击强度
E-MA-GMA 含量：曲线 1—10％；
曲线 2—15％；曲线 3—20％

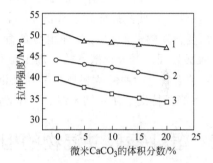

图 3-27　PET/E-MA-GMA/微米 CaCO₃
复合材料的拉伸强度
E-MA-GMA 含量：曲线 1—10％；
曲线 2—15％；曲线 3—20％

图 3-28、图 3-29 为 PBT/E-MA-GMA/PC 体系的缺口冲击强度和拉伸强度关系曲线。可以看出，复合体系的冲击强度有大幅度提高，PC 与 E-MA-GMA 有一定的协同作用，而复合物的拉伸强度则有缓慢下降。

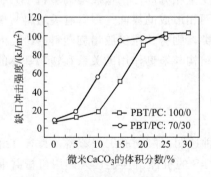

图 3-28　PC 对 PBT/E-MA-GMA
共混物缺口冲击性能的影响

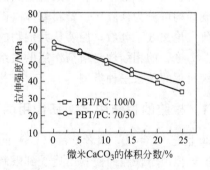

图 3-29　PC 对 PBT/E-MA-GMA
共混物拉伸强度的影响

（5）PVC/CPE/纳米 CaCO₃ 体系　图 3-30 为 PVC 中 CPE 含量为 8 质量份时，不同纳米 CaCO₃ 含量对材料冲击强度和拉伸强度的影响。可以看出，加入纳米 CaCO₃ 对 CPE 的增韧有一定的协同作用。在 CaCO₃ 含量为 10 质量份左右时，复合物的冲击强度比只用 8 质量份 CPE 时提高了 40％～50％，而其拉伸强度只有轻微下降。

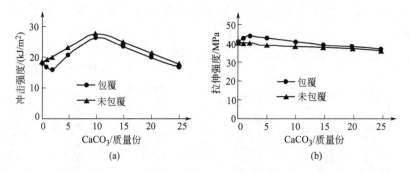

图 3-30　纳米 $CaCO_3$ 含量对复合材料力学性能的影响

3.1.4　小结

① 采用聚合物/弹性体/无机刚性粒子共混，可以在大幅度提高聚合物冲击强度的同时，提高其刚性，且使其拉伸强度降低不大，较聚合物/弹性体增韧体系有更多的优点。

② 复合物的性能除与 3 种组分的配比有关外，还与无机粒子的状态（细度、粒径分布等）、表面处理、混合分散方式、加工工艺等有关。

③ 聚合物/弹性体/无机刚性粒子共混体系的流变性能、加工性能一般均比聚合物/弹性体共混体系好，特别是使用纳米级无机刚性粒子时，体系的其他性能有较大提高。

3.2　塑料/橡胶共混物的相结构与增韧作用

塑料性脆，橡胶柔韧。用橡胶与塑料共混可以获得高抗冲共混物，从而拓宽了塑料的用途。另一方面，随着聚合物的高度开发，制备新的单体以合成新型聚合物变得越来越困难。而现存的聚合物种类繁多，性能各异，用共混法制备类型新颖、性能优异的聚合物共混物比较容易，从而可获得巨大的技术经济效益。基于上述原因，聚合物共混的研究长期以来是高分子材料学科最活跃的重要研究领域之一。目前为止，有关这一领域的研究报告、专著和专利文献数以万计。

一对在热力学上不相容的聚合物共混物在微观上发生相分离。用橡胶增韧塑料，其共混物的微观结构可分为橡胶相、塑料基体（即塑料相）及两相形成的界面。尽管有关塑料与橡胶共混的研究论文数不胜数，但若从共混物的相结构来分类，则有关用橡胶增韧塑料的研究内容大体可分为橡胶的相结构与增韧作用的关系、相界面的结构与增韧作用的关系和塑料基体的性质与增韧机理的关系三种类型。

3.2.1　橡胶的相结构与增韧作用的关系

20 世纪 30 年代，聚苯乙烯（PS）问世，它是一种透明、刚硬的工程塑料，具有良好的加工性能，但由于性脆而使其用途受到限制。为了提高 PS 的抗冲击性能，人们用机械共混法制备了 PS/橡胶（丁苯橡胶 SBR 或顺丁橡胶）共混物，用本体聚合、悬浮聚合、乳液聚合等接枝方法制备了高抗冲聚苯乙烯（HIPS）。然而，用机械共混法制得的 PS/橡胶共混物的抗冲击强度提高甚微，而接枝法 HIPS 则具有优良的冲击韧性。透射电子显微镜（TEM）照相分析表明，接枝法 HIPS 与机械法 PS/橡胶共混物在相结构上存在明显区别。图 3-31 是 PS 与丁苯橡胶接枝苯乙烯（SBR-g-S）共混物超薄切片的 TEM 照片，图中白色为 PS 相，黑色为 SBR 相（下同），可见其相结构为"海-岛"结构，PS 为"海"即连续相，橡胶为"岛"即分散相。

图 3-32 是本体法 HIPS 的相结构，可见橡胶相中存在 PS 包藏物，形成所谓"蜂窝"结构 [图 3-32(a)] 或"细胞"结构 [图 3-32(b)]。在 HIPS 中，PB 用量同为 6%，但形成"蜂窝"结构时，橡胶相的体积占 22%；形成"细胞"结构时，橡胶相的体积占 78%。于是具有包藏结构的橡胶相被认为是提高 HIPS 抗冲击强度的关键原因。这一理论在 ABS 中得到证实。在苯乙烯、丙烯腈单体中加入橡胶，用悬浮聚合法合成的 ABS 具有优良的冲击韧性，其橡胶相同样为包藏结构。于是，人们总结出共混物的性能由其相结构所决定这一规律。既然具有包藏结构的橡胶相能赋予 HIPS 及 ABS 以良好的冲击韧性，则橡胶相的包藏结构是否是最理想的相结

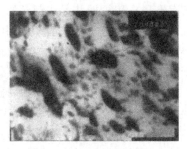

图 3-31 PS/SBR-*g*-S 共混物 "海-岛"结构的 TEM 照片
(10000 倍)

构？此外还有哪些橡胶相结构比包藏结构的增韧效率更高？长期以来人们对此进行了深入细致的研究。目前为止，已发现塑料/橡胶共混物的橡胶相结构有如下几种类型。

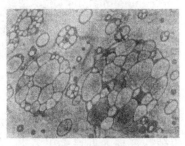

(a)"蜂窝"结构

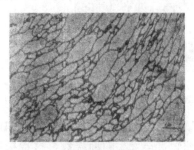

(b)"细胞"结构

图 3-32　HIPS 相结构的 TEM 照片

3.2.1.1　橡胶相结构的类型

（1）包藏结构　在塑料/橡胶共混体中，橡胶以分散相存在，而分散相含有塑料包藏物。根据橡胶包藏结构形状的不同，有"细胞"结构、"蜂窝"结构等。图 3-33 是以包藏结构存在的橡胶相的 TEM 照片，其中图 3-33(a) 是 HIPS 中 PB 相的包藏结构，照片 3-33(b) 是 PS/SBR-*g*-S 共混物中 SBR 相的包藏结构，均可见到橡胶相中（黑色）分布着许多 PS 粒子（白色），形成所谓"蜂窝"状或"细胞"状包藏结构。包藏结构因橡胶相中包藏塑料粒子而增大了起增韧作用的有效橡胶体积，从而提高了橡胶的增韧效率，即用少量的橡胶就可以获得较高的抗冲击强度。

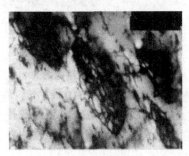

(a) HIPS(埃克森)的"蜂窝"结构的
TEM照片(14000倍)

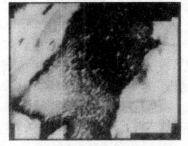

(b) PS/SBR-*g*-S共混物的"细胞"结构的
TEM照片(67000倍)

图 3-33　橡胶相的包藏结构

（2）岛相结构　图 3-34 是塑料/橡胶共混物的"海-岛"相结构，橡胶相以"岛"状分散

相存在。在用机械共混法制备的塑料/橡胶共混物中，橡胶相普遍以这种形态存在，其形状不规则，粒径分布宽，如图 3-34 中橡胶相的粒径分布范围为 $0.05\sim0.75\mu m$。由于以"岛"相存在的橡胶相粒子无包藏结构，从而不可能增大起增韧作用的有效橡胶体积，因此其增韧效率低于具有包藏结构的橡胶相。

（3）网眼结构　图 3-35 是橡胶相以网眼结构存在的 PVC/SBR-*g*-SAN 共混物的 TEM 照片，可见，橡胶相以厚度为 $0.01\mu m$ 甚至更薄的穿孔薄膜随机分布在塑料基体中，形成网眼结构。以网眼结构存在的橡胶相为连续相，塑料基体也是连续相，形成了"双连续相"结构。这种结构可赋予塑料/橡胶共混物优异的抗冲击强度，但对共混物的拉伸强度、弯曲强度与硬度损害不大，是一种理想的相结构。

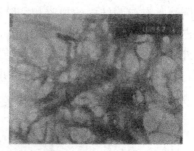

图 3-34　PVC/NR-*g*-SAN 共混物的
"海-岛"结构的 TEM 照片（20000 倍）

图 3-35　PVC/SBR-*g*-SAN 共混物的
网眼结构的 TEM 照片（10000 倍）

（4）近连续相结构　在塑料/橡胶共混物中，当橡胶用量较大时，橡胶分散相粒子数目增加，粒面距离缩短甚至发生粒面接触，这种橡胶相结构被称为近连续相结构。图 3-36 是橡胶相以近连续相结构存在的 PS/SBR-*g*-S 共混物的 TEM 照片。与"岛"相结构相比，橡胶相以近连续相结构存在时，共混物的抗冲击强度较高，但由于橡胶用量较大，致使共混物的拉伸强度、弯曲强度和硬度降低。

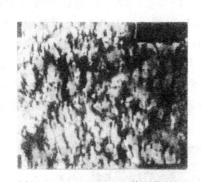
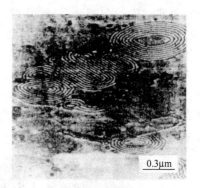

图 3-36　PS/SBR-*g*-S 共混物的近
连续相结构的 TEM 照片（10000 倍）

图 3-37　HIPS/橡胶溶液铸膜的"洋葱"结构

（5）洋葱结构　在 PS 或 HIPS 溶液中加入橡胶，待橡胶溶解并混合均匀后铸膜，橡胶可在 PS 或 HIPS 基体中形成与洋葱剖面相似的相结构，被称为"洋葱"结构，如图 3-37 所示。这是一种奇特的橡胶相结构。但目前为止，这种具有"洋葱"结构的橡胶相尚未显示出增韧PS 的优越性。

此外，某些塑料/橡胶共混物的橡胶相还以层状结构、柱状结构、"串烧"结构等形态存在。

3.2.1.2　橡胶相的粒径对增韧作用的影响

大多数塑料/橡胶共混物的橡胶相为分散相，相畴的尺寸大小一般用分散相粒子的平均直径（或半径）来衡量。用机械区混法制备塑料/橡胶共混物时，橡胶在塑料中的分散性与两者的相容性有关。若塑料与橡胶的相容性差，形成的橡胶相粒径大，非但不起增韧作用，反而成为共混物的缺陷从而降低其抗冲击强度；若两者的相容性太好，形成的橡胶相粒径太小，甚至趋向均相结构，也不利于增韧。若橡胶与塑料部分相容，可形成适宜的橡胶相粒径，其增韧效果最显著。因此，在塑料/橡胶共混体中，橡胶相存在一个能使共混物的抗冲击强度达到最高水平的最佳粒径。

Cigna 研究了 HIPS 及 SAN/橡胶共混物（OSA）的橡胶相粒径与抗冲击强度之间的关系，建立如下模式：

$$\text{HIPS} \quad \Delta I/N = 2186(R-0.29)^{2.252}$$

$$\text{OSA} \quad \Delta I/N = 13706(R-0.065)^{2.633}$$

式中，ΔI 是 HIPS（或 OSA）与 PS（或 SAN）的 Izod 冲击强度之差；N 为单位体积内橡胶相粒子的数目；R 为橡胶相粒子半径。以 R 对 Izod 冲击强度作图，如图 3-38。通过 R 与 Izod 的关系曲线，可以估算出 HIPS 的橡胶相粒子的最小临界半径为 $0.29\mu m$，小于此值的橡胶相粒子对 PS 无增韧作用，使增韧效率达到最高水平的最佳半径为 $1.0\mu m$。而估算出的 OSA 的橡胶相粒子的最小临界半径为 $0.065\mu m$，小于此值的橡胶相粒子对 SAN 无增韧作用，使增韧效率达到最高水平的最佳半径约为 $0.53\mu m$。

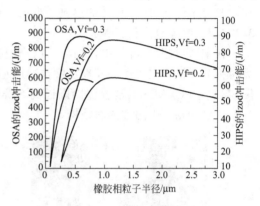

图 3-38　OSA 及 HIPS 的橡胶相粒子
半径与抗冲击强度的关系

Cook 等人用具有核/壳结构的聚丙烯酸丁酯（核）/聚苯乙烯（壳）的粉末乳液增韧 PS，研究了其共混物中弹性体的粒径与 Charpy 冲击强度之间的关系，认为在粉末乳胶用量为 8%（质量）的条件下，弹性体粒子直径为 $2\sim3\mu m$ 时冲击强度达到最高水平，直径小于 $2\mu m$ 的粒子无增韧作用。

3.2.2　界面结构与增韧作用的关系

在塑料/橡胶共混物中，橡胶相与塑料基体接触形成相界面。若橡胶是分散相，塑料是连续相，则两者构成的界面是一个不规则的封闭层面。界面层的主要作用是传递应力，在界面上改变作用力的方向使之分散，在外力作用下引发基体发生剪切屈服和多重银纹，终止裂纹，抑制裂缝的产生，吸收冲击能等。

图 3-39　HIPS 的化学键合型
相界面结构的 TEM 照片
（20000 倍）

就塑料与橡胶两相之间的黏合方式而言，界面层结构主要有分离型界面、化学键合型相界面、相互扩散型相界面、物理吸附型相界面、互穿网络型相界面等类型。

3.2.2.1　化学键合型相界面

若橡胶相与塑料基体之间以化学键相连，形成的相界面结构即为化学键合型界面。如本体接枝法 HIPS，由于苯乙烯单体在橡胶存在下进行本体聚合时伴随发生苯乙烯与橡胶分子链的接枝聚合反应，在发生相分离时，接枝于橡胶分子链上的苯乙烯支链嵌入 PS 基体中，结果形成具有 C—C 键相连接的相界面结构。图 3-39 是 HIPS 的 TEM 照片，在相界面处即有部分

PS 分子链与 PB 以共价键相连接。在接枝共聚物 ABS 和嵌段共聚物 SBS 与 PS 的共混物中，两相构成的相界面结构属于这一类型。阴离子活性嵌段共聚合产物 SBS 具有典型的化学键合界面结构。在 SBS 中，聚苯乙烯嵌段（PS）和聚丁二烯嵌段分发生相分离。若 PS 组分占 30%～40%，PB 组分占 60%～70%，则 PS 为分散相，PB 为连续相，SBS 为热塑性弹性体；若 PS 组分占 70%～90%，则 PS 为连续相，PB 为分散相，SBS 为热塑性塑料。因为 SBS 的 PS 嵌段与 PS 嵌段是以共价键相连构成的，故发生相分离后形成了完全以共价键结合的相界面结构。

3.2.2.2 相互扩散型相界面

在塑料/橡胶共混物中，若塑料与橡胶部分相容，则在共混过程中，橡胶的分子链会向周围的塑料基体作近程渗透，形成互渗界面结构。互渗界面结构的特征是在 TEM 照片上可以观察到两相之间存在模糊的过渡层。图 3-40 是 SAN/SBR-*g*-SAN 共混物的 TEM 照片，可见存在橡胶分子链向 SAN 扩散的痕迹，形成灰色的相界面过渡层。

3.2.2.3 物理吸附型相界面

在塑料/橡胶共混物中，相界面以物理吸附方式结合。这类相界面结构既无化学键合，也无两种分子链相互扩散的模糊过渡层，两相仅以范德华力结合，因此相界面结合得不很紧密。图 3-41 是 PC/AES 共混物脆冷断面的 SEM 照片，可见分散相 AES 与基体 PC 构成清晰的相界面，属于物理吸附型界面结构。

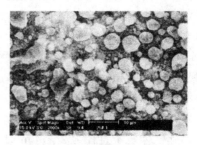

图 3-40 SAN/SBR-*g*-SAN 共混物的
相互扩散型相界面结构的 TEM 照片

图 3-41 PC/AES 共混物脆冷断面的
物理吸附型相界面结构的 SEM 照片

3.2.2.4 互穿网络型相界面

图 3-42 SAN/SBR 共混物冲击
断面的分离型界面结构
的 SEM 照片

这一类型的界面过渡层是由两种分子链形成的互穿网络结构构成的，两种分子之间虽无化学交联键，但由于互穿网络的互锁作用使界面结合更牢固。例如，用丙烯酸丁酯与交联单体二乙烯基苯共混单体进行乳液聚合，可形成具有三维网络结构的聚丙烯酯丁酯（PBA）粒子，然后加入苯乙烯与二乙烯基苯进行聚合，可形成具有核/壳结构的 PBA（核）/PS（壳）乳胶粒子，其相界面结构为互穿网络结构。

3.2.2.5 分离型界面

在塑料/橡胶共混物中，若塑料与橡胶不相容，则二者构成的相界面无黏合作用而发生相分离。图 3-42 是苯乙烯与丙烯腈共聚物（SAN 树脂）/SBR-*g*-SAN 共混物冲击断面的 SEM 照片，可见橡胶粒子与塑料基体之间存在封闭的裂缝，属于典型的分离型界面。在橡胶相粒径大时，分离型界面是共混物中的缺陷，会在外力作用下造成应力集中，容易形成裂缝而导致材料的整体破坏。因此分离型界面会严重损害塑料/橡胶共混物的抗冲击性能及其他力学性能；若分散相的粒径很小，则分离型界面有诱发银纹的作用，从而对材料有一定增韧作用，例如微孔的直径为微米级的微孔塑料就有一定的韧性。

一般认为，用橡胶增韧塑料，两者构成的界面应有一定的黏合力才能起增韧作用，但并非黏合越牢固越好。也有人认为相界面以范德瓦耳斯力黏合即能达到最佳的增韧效果。由此看来，塑料/橡胶共混物的相界面黏合力对冲击强度的影响与塑料基体的性质有关，不能一概而论。

3.2.3　塑料基体的性质与增韧机理之间的关系

3.2.3.1　断裂形变方式

塑料及其增韧材料在三维张应力作用下，基体可通过裂缝扩展、裂纹支化、多重银纹化、空穴化、剪切屈服等发生断裂。在聚合物断裂行为研究领域，裂缝、裂纹、银纹、空穴和剪切屈服都有其特定意义。裂缝是指材料断裂形成的两个表面之间的宏观缝隙，其特征是尖端应力高度集中，扩展速率极快，形成的断裂表面为光亮的镜面。银纹由纳米级空穴和纳米级聚合物微纤相间排列构成，即银纹是由许多微纤连接两表面的微裂纹。图 3-43 是裂缝及裂纹示意图；图 3-44 是纯 PS 试样冲击断面形态的 SEM 照片，冲击断面实际上就是裂缝的一个表面。PS 为脆性塑料，故其断面棱角尖锐，且呈镜面形态。由于银纹的折光指数比原来的材料低，因此银纹强烈地反射光线，使宏观上出现发白现象，这种现象称为应力发白。应力发白是聚合物材料在微观上多重银纹化的表现。裂纹则是微米级的微小裂缝，裂纹的两个表面之间完全是空的，但其尖端是由高度取向的分子链构成的微纤和空穴组成。因此裂纹的尖端是银纹，这种结构能降低裂纹的扩展速率甚至使裂纹终止。

空穴是指塑料/橡胶共混物在冲击断裂时在断面上形成的孔洞。剪切屈服是指塑料增韧材料在三维张应力作用下发生冷拉伸即大分子链发生塑性流动，其特征是材料断裂表面在微观上存在基体塑性流动的痕迹，形成如"勾丝"结构、"须根"结构、"漩涡"结构等。

(a) 裂缝

(b) 裂纹分支

(c) 裂纹尖端

图 3-43　裂缝和裂纹示意

(a) 裂缝

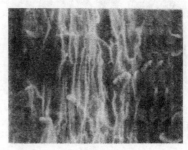

(b) 镜面

图 3-44　PS 冲击断面形态的 SEM 照片

3.2.3.2　增韧机理

聚合物的增韧机理是指聚合物及其与橡胶共混物在冲击断裂时耗散冲击能的形变机理。目前为止已揭示的聚合物增韧机理主要有裂纹支化及终止、多重银纹化、剪切屈服和空穴化。

（1）裂纹支化及终止　裂纹支化及终止是最早提出的橡胶对塑料的增韧机理。这一理论认为塑料/橡胶共混物在冲击力作用下基体出现裂纹，裂纹在扩展过程中发生分支，其尖端遇到橡胶相粒子而终止，如图 3-45(a) 所示。照片中两颗橡胶粒子之间的灰白色条纹即为裂纹，可见裂纹始于一颗橡胶粒子而终止于另一颗橡胶粒子。裂纹终止阻碍了裂纹进一步扩成为裂缝，从而提高了共混物的韧性。许多塑料/橡胶共混体的冲击断面呈"鳞片"状，如图 3-45(b) 所示。"鳞片"是分支的裂纹终止后形成的，可见确实存在裂纹分支终止机理。但这一理论不能解释共混物的应力发白及剪切屈服等现象。裂纹支化耗散的冲击能低，因此对共混物抗冲击强度的提高有限。

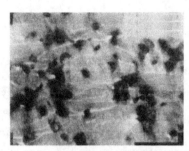 

(a) HIPS裂纹分支及终止的　　　　(b) PS/SBR-g-S共混物冲击断面的
　　TME照片(10000倍)　　　　　　　　"鳞片"状形态的SEM照片

图 3-45　橡胶增韧塑料的裂纹支化及终止

（2）多重银纹机理　多重银纹理论认为，在塑料/橡胶共混物中，由于橡胶粒子的存在，应力场不再是均匀的，即橡胶粒子表面起应力集中的作用，其中粒子在与应力方向垂直的平面上的赤道附近受力最大，故橡胶粒子在其赤道附近引发银纹的产生。银纹在扩展过程中遇到另一个橡胶粒子或另一个银纹时会终止。图 3-46(a) 是 SAN/SBR-g-SAN 共混物在冲击断裂时形成的多重银纹的 TEM 照片，照片显示的灰色条纹即为银纹，可见银纹始于一颗橡胶粒子而终止于另一颗橡胶粒子。由于橡胶粒子数目很多，引发了大量的银纹而吸收了大量的冲击能，从而提高了共混物的抗冲击强度。这一理论成功地解释了聚合物/橡胶共混物的应力发白、密度下降等现象。图 3-46(b) 是 PP/POE 共混物缺口冲击断裂试样发生应力发白情况的照片，其中试样 3 和试样 4 在断面附近呈现应力发白现象。

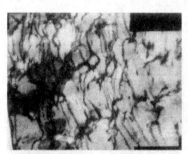 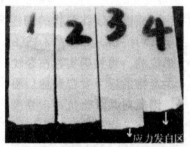

(a) SAN/SBR-g-SAN共混物的　　　　(b) PP/POE共混物缺口冲击
　多重银纹的TME照片(80000倍)　　　　断裂的应力发白现象

图 3-46　塑料/橡胶共混物的多重银纹结构及应力发白现象

（3）剪切屈服机理　这一理论认为，在塑料/橡胶共混物中，橡胶相粒子在其周围的塑料相中建立了静水张应力，使塑料的自由体积增大，玻璃化温度（T_g）降低，在冲击形变时能够发生塑性流动。这一过程吸收了大量冲击能。形成静水张应力的原因，一是热收缩之差，由于橡胶热膨胀系数比塑料大，当材料成型后从高温冷却至室温时，橡胶的收缩就比塑料大，故橡胶粒子对周围的塑料形成静水张应力；二是力学效应，在对材料施加应力时，橡胶横向收缩大，塑料横向收缩小，从而形成了静水张应力。两者的作用导致橡胶粒子周围基体的 T_g 下降，在断裂形变时发生塑性流动，出现"勾丝"、"须根"、"漩涡"等冷拉伸现象。也有观点认为，共混物在拉伸或冲击断裂的瞬间，断面产生高温，达到基体的 T_g 以上，导致基体在断裂形变时产生塑性流动。基体剪切屈服可耗散大量冲击能，从而使共混物的抗冲击强度大幅度高。图 3-47 是塑料/橡胶共混物冲击断面剪切屈服形态的 SEM 照片。由图 3-47(a) 可见，PS/SBR-g-S 共混物的冲击断面呈"须根"结构，其剪切屈服的程度较低；由图 3-47(b) 可见，PVC/SBR-g-SAN 共混物的冲击断面呈"勾丝"结构，其剪切屈服的程度很高。

(a) PS/SBR-g-S的"须根"结构　　(b) PVC/SBR-g-SAN的"勾丝"结构

图 3-47　塑料/橡胶共混物冲击断面剪切屈服形态的 SEM 照片

　　(4) 空穴化机理　空穴化是指聚合物/橡胶共混物在三维张应力作用下发生断裂时所形成的球形孔洞。导致空穴化的原因，一是在共混物中，由于聚合物基体与橡胶相构成的界面的黏合力较差，在三维张应力作用下，相界面发生空化而脱黏，这类空穴化可称为界面脱黏空化。界面脱黏空化所耗散的冲击能低，因此共混物的抗冲击强度提高不明显，不会导致共混物发生脆韧转变。二是共混物在三维张应力作用下橡胶粒子首先引发基体产生多重银纹，由于体积膨胀，所形成的银纹并没有终止，而是进一步扩展，形成直径约 $1\sim3\mu m$ 的分布均匀的孔洞，同时基体在空穴化过程中发生剪切屈服。这类空穴化可称为基体屈服空化。基体屈服空化由多重银纹演化而来，并伴随发生基体剪切屈服，因此共混物的抗冲击强度显著提高，从而可导致共混物发生脆韧转变。

　　图 3-48 是 SAN/SBR-g-SAN 共混物冲击断面基体屈服空穴化的 SEM 照片。图 3-48(a)、(b) 和 (c) 的试样的橡胶用量分别是 15 质量份、20 质量份和 30 质量份。图 3-48(a) 显示空穴分布均匀，其直径分布比较窄，空穴之间的距离较长；图 3-48(b) 显示空穴高度密集，基体层薄并出现塑性形变；图 3-48(c) 显示基体在空化的同时发生了剪切屈服，形成空穴与"须根"共存的形态。由此可见，基体高度空穴化可导致剪切屈服。

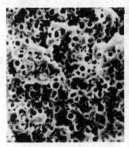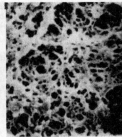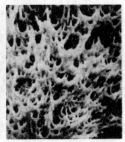

(a) 空穴化结构　　　(b) 高度空穴化结构　　　(c) 高度空穴化-"须根"结构

图 3-48　SAN/SBR-g-SAN 共混物冲击断面基体屈服空穴化的 SEM 照片

　　在一定条件下，一种聚合物/橡胶共混物在冲击断裂过程中往往存在多种耗散冲击能的形变方式，Wu Souheng（吴守恒）对尼龙-66 与橡胶的共混物在冲击断裂时应力发白的厚度与冲击强度之间的关系进行了定量分析，总结出冲击强度（J，kJ/m^2）与应力发白厚度（h）成正比的规律：$J=44.3h$。并指出银纹化耗散的冲击能 G 是形成微纤的屈服所耗散的冲击能 G_{zy} 与形成银纹表面所吸收的表面能 G_{zs} 之和，即 $G=G_{zy}+G_{zs}$。在韧性断裂过程中基体尼龙-66 发生剪切屈服所耗散的总冲击能是断裂表面能 G_s、耗散于银纹的表面能 G_{zs}、形成银纹微纤的屈服能 G_{zy} 与基体剪切屈服能 G_y 之和，即 $G=G_s+G_{zs}+G_{zy}+G_y$。断裂表面能所耗散的能量很低，可以忽略不计，则 $G=G_{zy}+G_{zs}+G_y$。因此，共混物的抗冲击强度往往是多种断裂形变方式耗散的冲击强度的总和。

（5）脆性聚合物和韧性聚合物　聚合物/橡胶共混物在冲击断裂时所遵循的增韧机理与聚合物基体的化学结构与特性有关。PS、聚甲基丙烯酸甲酯、聚酯、环氧树脂等具有较低的银纹引发能和扩展能，这类聚合物与橡胶的共混物的冲击断裂行为以多重银纹化为主，不存在剪切屈服或剪切屈服程度很低，故无脆韧转变。其断裂行为称为脆性断裂，这类聚合物称为脆性聚合物。用橡胶增韧脆性聚合物的机理是通过增加银纹化程度以耗散更多的冲击能，从而提高共混物的抗冲击强度。

聚氯乙烯（PVC）、聚丙烯（PP）、尼龙、热塑性聚酯、聚碳酸酯（PC）等聚合物具有较高的银纹引发能和扩展能，这类聚合物与橡胶的共混物的冲击断裂行为以剪切屈服为主，同时还存在多重银纹和剪切屈服。剪切屈服的断裂形变行为会耗散大量冲击能使共混物的抗冲击强度大幅度提高，从而使共混物发生脆韧转变。共混物这种断裂行为称为韧性断裂，这类基体聚合物称为韧性聚合物。用橡胶增韧韧性聚合物的机理是通过增加基体剪切屈服的程度以耗散大量冲击能，从而可提高共混物的抗冲击强度至原聚合物的 15～20 倍甚至更高。

（6）临界基体层厚度理论　用橡胶增韧 PVC、尼龙-66、PP 等韧性聚合物时，随着共混物中橡胶含量的增加，冲击强度最初变化不大，共混物的断裂为脆性断裂。当橡胶含量增加至某一用量，冲击强度突然大幅度上升，共混物的断裂为韧性断裂，这种现象称为脆-韧转变，是由于橡胶含量达到一定程度，基体在冲击形变时发生剪切屈服引起的。Wu Souheng 通过研究尼龙-66/橡胶共混物的增韧机理，提出了临界基体层厚度作为共混物脆韧转变的判据这一著名理论，其模型如图 3-49 所示。Wu 在保持共混物的橡胶相粒径及相界面黏合力基本恒定的条件下，假设橡胶相粒子为相同大小的球体并以立方晶格方式排列，推导出橡胶相粒面距离即基体层厚度的模式：

$$d_c=T_c\left\{\left(\frac{\pi}{6}\Phi_r\right)^{1/3}-1\right\}^{-1}$$

式中，d_c 为临界粒子直径；T_c 为临界基体层厚度（或称橡胶相临界粒面距离）；Φ_r 为共混物中橡胶的体积分数。Wu 指出，当基体层厚度 $<T_c$，共混物为脆性断裂；当基体层厚度 $\geqslant T_c$，共混物为韧性断裂。从脆性断裂过渡到韧性断裂时，冲击强度突然提高，发生脆韧转变。尼龙-66/橡胶共混物的 T_c 为 $0.304\mu m$。Wu 认为，临界基体层厚度是韧性基体本身的特征参数，与橡胶的体积分数和橡胶相粒径无关，即特定的基体只有一条脆韧转变主曲线。而界面黏合力只要使橡胶粒子不会与基体分离即可。这一判据同样适用于增韧机理为基体剪切屈服的其他聚合物/橡胶共混物。

3.2.4　粉末橡胶对塑料的增韧作用

粉末橡胶是一种新型的橡胶原料，其粒径小于 1mm，流动性好，在储运过程中不会黏结成团。粉末橡胶可分为两大类，一类用作塑料增韧剂，一类用来代替传统的块状橡胶制造硫化橡胶制品。

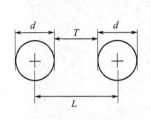
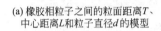

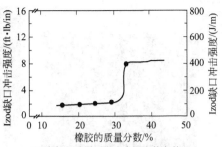

(a) 橡胶相粒子之间的粒面距离 T、
中心距离 L 和粒子直径 d 的模型

(b) 在粒径及界面黏合力固定的条件下，
Izod缺口冲击强度与橡胶用量的关系
显示在临界橡胶用量处的脆韧转变
(1ft·lb/in=53.37J/m)

图 3-49　临界基体层厚度理论模型

聚合物树脂一般为粉状或颗粒状，而传统的橡胶为块状。因此，用挤出、注射等现代加工方法使块状橡胶与塑料共混是不可能的。为适应塑料的现代加工技术要求，橡胶也必须为粉末状。

用作塑料增韧剂的橡胶或弹性体必须满足如下条件：具有低的 T_g，与被增韧的塑料部分相容并在塑料基体中形成一定尺寸的相结构。丁腈橡胶（NBR）是 PVC 等极性聚合物很好的增韧剂，而 SBR 和 NR 虽有低的 T_g，但由于与塑料的相容性差而不能直接用作增韧剂。若用适宜的乙烯基类单体对这类橡胶进行接枝改性，则所得到的改性橡胶与塑料的相容性有所改善，从而提高其增韧作用。

我们通过分子设计，以 SBR 胶乳、NR 胶乳与苯乙烯或苯乙烯-丙烯腈混合单体进行接枝改性，对丁腈胶乳进行交联改性，然后以高分子树脂为包覆剂，以凝聚包覆法制备出粒径小于 1mm 的粉末状 SBR-*g*-S、ABS、NR-*g*-S、NR-*g*-SAN 等高橡胶含量的接枝共聚物以及粉末 NBR，用作塑料的增韧剂。研究发现，这类粉末改性橡胶与塑料共混物有独特的增韧机理。现以具有代表性的 PS/粉末 SBR-*g*-S 共混物和 PVC/ABS 共混物为例作一简要介绍。

3.2.4.1　PS/SBR-*g*-S 共混物的增韧机理

PS 为脆性聚合物。一般认为 PS 的增韧机理为银纹机理，未见 PS/橡胶共混物乃至 HIPS 存在剪切屈服机理及脆韧转变的报道。用支链及均聚物含量为 35%、接枝率为 32.6%的非交联型粉末 SBR-*g*-S 增韧 PS 树脂，发现当粉末 SBR-*g*-S 用量在 0～20 份（质量）的范围内，共混物为脆性断裂；用量大于 20 份，共混物发生脆性转变。PS/非交联型 SBR-*g*-S 共混物的共混比与简支梁无缺口冲击强度的关系如图 3-50 曲线 1，可见冲击强度随橡胶用量的提高而成不连续线性增加，

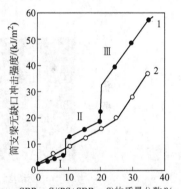

图 3-50　PS/SBR-*g*-S 共混物的
简支梁冲击强度与共混比的关系
1—SBR-*g*-S 中含接枝及均聚
PS 为 35%，接枝率为 32.6%；
2—SBR-*g*-S 中含接枝及均聚
PS 为 20%，接枝率为 8.5%

在橡胶用量为 10%及 20%处冲击强度分别跃升，将曲线分为Ⅰ、Ⅱ和Ⅲ三个区域，在每一个区域中，冲击强度与橡胶用量呈线性关系。共混比对共混物的相结构与增韧机理的影响如图 3-51 所示，其中图 3-51(a_1)、(b_1)、(c_1) 和（d_1）是共混物相结构的 TEM 照片，图 3-51（a_2）、（b_2）、（c_2）和（d_2）是共混物冲击断面形态的 SEM 照片。英文字母相同的试样其橡胶用量相同。由图 3-51(a_1) 可见，当橡胶用量为 5%，所形成的橡胶相粒径太小，不能终止裂纹，裂纹可跨越橡胶粒子向前扩展；由图 3-51（a_2）可见，所对应的冲击断面平整，裂纹分支

(a₁) 相结构的TEM照片，
SBR-*g*-S5%(10000倍)

(a₂) 冲击断面形态的SEM照片，
SBR-*g*-S5%

(b₁) 相结构的TEM照片，
SBR-*g*-S15%(10000倍)

(b₂) 冲击断面形态的SEM照片，
SBR-*g*-S15%

(c₁) 相结构的TEM照片，
SBR-*g*-S30%(20000倍)

(c₂) 冲击断面形态的SEM照片，
PS/SBR-*g*-S30%

(d₁) 相结构的TEM照片，
SBR-*g*-S35%(1400倍)

(d₂) 冲击断面形态的SEM照片，
SBR-*g*-S35%

图 3-51 PS/SBR-*g*-S 共混物的相结构与增韧机理
（SBR-*g*-S 含接枝及均聚 PS 为 35%，接枝率为 32.6%）

少，显示试样断裂是由裂缝扩展造成的，故处于Ⅰ区的共混物抗冲击强度低。由图 3-51（b₁）可见，当橡胶用量为 15%，所形成的橡胶相粒径增大，可以终止裂纹，阻止裂纹扩展；图 3-51（b₂）显示对应的冲击断面为"鳞片"结构。"鳞片"结构是由裂纹支化终止形成的。裂纹支化终止耗散的冲击能比裂缝扩展大，故处于Ⅱ区的共混物的抗冲击强度比Ⅰ区高。图 3-51（c₁）和图 3-51（d₁）所用试样的橡胶用量分别为 30% 和 35%。图 3-51（c₁）显示橡胶相为近连续相结构，图 3-51（d₁）显示橡胶相为包藏结构；图 3-51（c₂）和图 3-51（d₂）显示对应的冲击断面形态分别为"须根"结构和"漩涡"结构，证明基体发生了剪切屈服。由于剪切屈服可以耗散大量的冲击能，而处于Ⅲ区的共混物在冲击断裂时既有银纹化又有剪切屈服，故抗冲击强度较高。支链及均聚物含量为 20%，接枝率为 8.5% 的交联型 SBR-*g*-S 与 PS 的共混物只有裂纹分支与终止及银纹机理，故抗冲击强度较低，如图 3-50 曲线 2 所示。

3.2.4.2　PVC/SBR-*g*-SAN 的增韧机理

　　PVC 为韧性聚合物，其增韧机理为剪切屈服机理。PVC 的通用增韧剂为氯化聚乙烯（CPE）。CPE 已实现大规模工业化生产。图 3-52 是 PVC 增韧材料的缺口冲击强度与增韧剂用量的关系曲线，所用增韧剂分别是 CPE 和 ABS。由图中曲线 1 可见，当 ABS 用量由 2.0 质量份增加至 2.5 质量份，共混物即发生脆性转变，其缺口冲击强度由 $6kJ/m^2$ 跃升至 $44kJ/m^2$，并随着 ABS 用量的增大而继续提高。而 PVC/CPE 共混物在 CPE 用量为 9 质量份左右才发生脆性转变。两者对比可见，ABS 的增韧效率比 CPE 高得多。原因是所制备的 ABS 与 PVC 的相容性优于 CPE，因此在 PVC 融体中有更好的分散性，在用量相等时，ABS 相的粒径比 CPE 小。在 ABS 用量较小的条件下，其粒面间距离便小于 PVC 发生脆性转变的临界值。因此 ABS 对 PVC 的增韧效率显著高于 CPE。

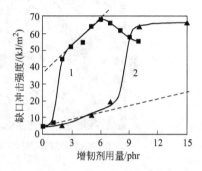

图 3-52　PVC/橡胶共混物的简支梁缺口冲击强度与增韧剂用量的关系
1—PVC/ABS；2—PVC/CPE

　　图 3-53 是 PVC/ABS 共混物的相结构与增韧机理分析，其中图 3-53（a₁）和（b₁）是相结构的 TEM 照片，图 3-53（a₂）和（b₂）是冲击断面形态的 SEM 照片。由图 3-53（a₁）可见，当 ABS 用量为 2 质量份时，共混物的相结构为"海-岛"结构，橡胶相的平均粒径约 80nm，粒面间距离约 130nm；由图 3-52 可见，共混物在 ABS 用量为 2.0~2.5 质量份之间发生脆性转变。故 PVC 的临界粒面间距离 T_c 比 130nm 稍大。由图 3-53（a₂）可见，当 ABS 用量为 2.0 质量份时，共混物的冲击断面为"鳞片"状结构，表明其增韧机理为裂纹分支与终止，共混物的断裂行为属于脆性断裂。由图 3-53（b₁）可见，当 ABS 用量为 6 质量份时，共混物中橡胶相的结构为近连续相结构，橡胶相的平均粒径约为 290nm，粒间距离为 3nm；由图 3-53（b₂）可见，当 ABS 用量为 6 质量份时，共混物的冲击断面呈现又长又密集的"勾丝"结构，表明剪切屈服的程度很高，共混物的断裂行为属于典型的韧性断裂，故共混物的缺口冲击强度高达 $68kJ/m^2$，而 CPE 用量同样为 6 质量份时，其缺口冲击强度仅为 $12kJ/m^2$。

　　由此可见，只有那些能使本无剪切屈服机理的基体聚合物发生剪切屈服的增韧剂才可以较大幅度地提高其共混物的抗冲击强度，只有那些能使共混物的脆-韧转变点前移的增韧剂才可以大幅度提高增韧效率。SBR-*g*-S 能使 PS 基体发生剪切屈服，ABS 能使 PVC/ABS 共混物的脆-韧转变点前移，是其增韧机理的独特之处。

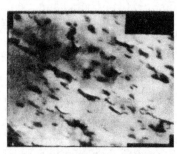

(a₁) 相结构的TEM照片(60000倍)，
ABS:2质量份

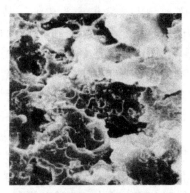

(a₂) 冲击断面形态的SEM照片，
ABS:2质量份

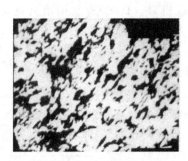

(b₁) 相结构的TEM照片(14000倍)，
ABS:6质量份

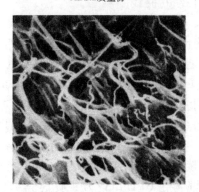

(b₂) 冲击断面形态的SEM照片，
ABS:6质量份

图 3-53　PVC/ABS 共混体系的相结构与增韧机理

3.3　PP/EPDM/滑石粉微孔发泡复合材料制备和性能

（程　实，胡凌骁，丁玉梅，杨卫民，谢鹏程）

　　自从微孔发泡这个概念提出以后，针对聚丙烯微孔成型的研究一直都是热点。纯的聚丙烯由于熔体强度低，其发泡效果不理想。PP 与 EPDM 共混后，不仅可以提高制品的冲击强度，而且可以改善材料的熔体强度，改善制品的泡孔微观形态，但是会在一定程度上降低 PP 的刚性。而加入一定量的滑石粉，不仅可以增加复合材料的刚性，而且滑石粉可以作为成核剂，来提高微孔聚丙烯的泡孔成核效率。目前，针对 EPDM、滑石粉和聚丙烯三者共混增强增韧微孔发泡方面的研究较少，文章研究了共混物中滑石粉的含量对于 PP/EPDM/滑石粉复合材料的微观形态和力学性能的影响，以提高 PP 微孔发泡复合材料制品的综合性能，扩大 PP 微孔发泡复合材料制品的应用范围。

3.3.1　实验原料与设备

　　(1) 主要实验原料　PP：ST868M，台湾福聚股份有限公司；EPDM：3745P，美国陶氏公司；滑石粉：5000 目，广西龙胜滑石粉公司；氮气：99.9%，北京东方医用气体有限公司；偶联剂：KH550，南京曙光公司。

　　(2) 实验仪器及设备　高速混合机：GRH-10，辽宁省阜新轻工机电设备厂；双螺杆挤出机：SHJ-30，南京杰亚挤出装备有限公司；微发泡注射成型机：PT130，力劲机械有限公司；

超临界气体注入设备：FPC-1/V/N2，北京中拓机械有限公司；电子万能材料试验机：LR30KPlu，英国 Lloyd 公司；冲击试验机：resilimpactor 6957，意大利西斯特公司；扫描电子显微镜：JSF-7600，日本日电公司。

（3）PP/EPDM/滑石粉三元复合制品的制备

① 原材料制备　先用含量 1.5% 的偶联剂对滑石粉进行表面改性处理，然后将 PP/EPDM/滑石粉以质量比 75/25/0、75/23/2、75/21/4、75/19/6、75/17/8、75/15/10 在高速混合机分别共混 8min，随后使用双螺杆挤出机进行造粒。挤出造粒所采用的加工工艺如下：从加料段到机头的温度是 140℃、155℃、170℃、175℃、180℃、180℃、185℃、185℃、180℃，挤出机转速 100r/min，喂料速度 12r/min。

② 制品制备　使用微发泡注射成型机在相同工艺条件下将上述 6 组 PP 复合材料制成符合国标要求的常规和微孔发泡的拉伸、弯曲和冲击样条。主要加工工艺参数如下：熔体温度 180℃，注射速度 75mm/s，注射时间 0.8s，注射压力为 70MPa，超临界气体注入压力 170MPa，模具温度 25℃。

（4）性能表征测试　力学性能测试：拉伸强度、弯曲强度和冲击强度的测试分别按照国标 GBT 1040.2—2006、GBT 9341—2000 和国标 GBT 1843—2008 进行。

微孔制品微观形态观察：先将微孔制品在一定量的液氮中浸泡 3～5min，取出后立即脆断，然后用刀片将制品切成符合要求的样品，最后喷金后在扫描电镜下观察。

3.3.2　滑石粉含量对 PP/EPDM/滑石粉微孔发泡制品微观形态的影响

图 3-54 是 PP/EPDM/滑石粉微孔发泡复合材料的 SEM 图，其不同滑石粉含量下的泡孔平均直径和泡孔密度如图 3-55 所示。当滑石粉质量分数在 0～4% 时，随着滑石粉含量的升高，微孔制品的泡孔平均直径变小，且泡孔的密度变大，泡孔分布也变得相对均匀。这是因为加入适量的滑石粉，不仅可以提高复合材料的熔体强度，增加气泡成长过程中的阻力，减小泡孔的直径；而且 PP 与滑石粉两相交界处能量位垒低，滑石粉可以促使气体在两相交界处异相成核，以增加气体的成核点来提升泡孔的密度。这两种促进因素的协同作用，使复合材料的泡孔密度增加，泡孔平均直径减小。

当滑石粉含量超过 4% 后，随着滑石粉含量继续增大，微孔制品的泡孔平均直径开始变大，且泡孔密度减小，并逐渐出现气泡合并和大泡孔等现象。这主要是因为随着滑石粉含量继续增加，会导致滑石粉颗粒和 EPDM 粒子等粒子之间的相互聚集，引起了发泡不均匀的现象。而且随着滑石粉含量的升高，复合材料中 PP 的相对含量降低，而泡孔只是存在 PP 区域，这也会引起泡孔密度的降低。因此，只有添加适量滑石粉的 PP/EPDM/滑石粉复合材料，才会有较好的发泡效果。

3.3.3　滑石粉含量对 PP/EPDM/滑石粉微孔发泡复合材料力学性能的影响

图 3-56 为滑石粉含量对复合材料对拉伸强度的影响，从图可以看出，随着滑石粉含量的增加，复合材料实心制品的拉伸强度呈现总体下降的趋势，但是下降的幅度不大。这是因为微细的滑石粉具有片状结构，相对 $CaCO_3$ 等无机填料而言，可以较好的保持制品的拉伸强度。

对于复合材料微孔制品而言，随着滑石粉含量的升高，拉伸强度先增大后减小，并且在滑石粉含量为 4% 时，取得最大值。这主要是因为在发泡程度相同的情况下，泡孔平均直径越小，泡孔密度越大，且泡孔分布均匀时，微孔可以很好地保持制品的力学性能，而且 PP/EPDM/滑石粉复合材料实心制品的拉伸强度相对于没有添加滑石粉的 PP/EPDM 实心制品而言下降幅度小；这两者的综合作用导致了滑石粉质量分数为 2% 和 4% 的 PP/EPDM/滑石粉微孔

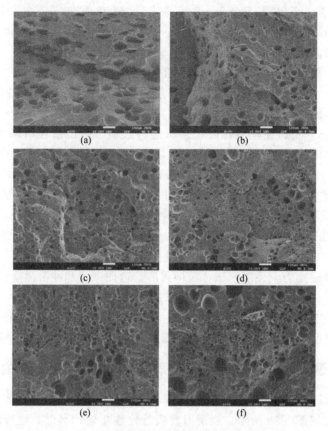

图 3-54　不同滑石粉含量下的 PP/EPDM/
滑石粉微孔发泡复合材料的 SEM 图

滑石粉质量分数　(a) 0%；(b) 2%；(c) 4%；(d) 6%；(e) 8%；(f) 10%

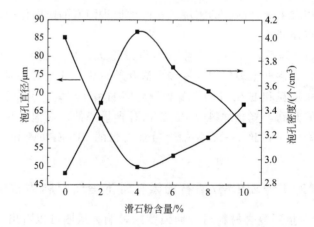

图 3-55　滑石粉含量对复合材料的泡孔平均直径和泡孔密度的影响

复合材料制品的拉伸强度高于未加滑石粉的 PP/EPDM/滑石粉微孔复合材料制品的拉伸强度。而随着滑石粉含量继续升高，泡孔的分布形态变差，微孔制品导致保持原有力学性能的能力变差，且 PP/EPDM/滑石粉复合材料实心制品的拉伸强度相对于没有添加滑石粉的 PP/EPDM 实心制品的拉伸强度之间的差值加大，因而出现了与实心制品拉伸强度相同的下降趋势。

图 3-57 为滑石粉含量对复合材料弯曲强度的影响，从图可以看出，随着滑石粉含量的升

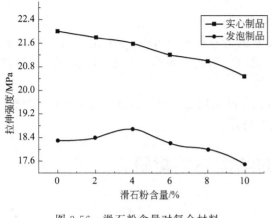

图 3-56　滑石粉含量对复合材料
拉伸强度的影响

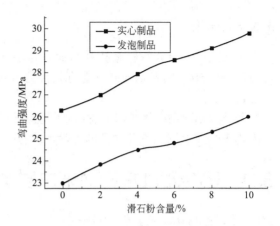

图 3-57　滑石粉含量对复合材料
弯曲强度的影响

高，PP/EPDM/滑石粉复合材料实心制品弯曲强度逐渐提高。这是因为滑石粉的刚性强于 PP/EPDM 复合材料，加入一定量的滑石粉后，可以提升滑石粉的弯曲强度。对于 PP/EPDM/滑石粉复合材料微孔制品而言，随着滑石粉含量升高，其弯曲强度也是不断提高。这是因为尽管在滑石粉添加量为 2%、4% 时，微孔制品的气泡微观形态不断改善，保持制品弯曲性能的能力提升，但是随着滑石粉含量升高，实心制品弯曲强度提升幅度较大，因而未出现如拉伸强度那样先升高后降低的变化趋势。

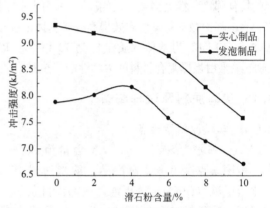

图 3-58 为滑石粉含量对复合材料冲击强度的影响，从图中可以看出，随着滑石粉含量的升高，PP/EPDM/滑石粉复合材料实心制品冲击强度逐渐下降。当滑石粉含量在 0～4% 之间变化时，实心制品冲击强度降幅小；随后，实心制品的冲击强度降幅变大。这主要是因为复合材料中有

图 3-58　滑石粉含量对复合材料
冲击强度的影响

EPDM 这种较强韧性的物质，加入一定量的滑石粉后，意味着 EPDM 的含量降低，从而导致了实心制品的冲击强度降低。而对于 PP/EPDM/滑石粉微孔制品而言，当滑石粉的质量分数在 0～4% 之间时，冲击强度随着滑石粉含量的升高而增大；而当滑石粉含量超过 4% 后，冲击强度随着滑石粉含量升高而降低。这也是因为滑石粉含量在 0～4% 的范围时，制品的微观形态逐渐改善，使微孔制品冲击强度损失较少，且此范围内的 PP/EPDM/滑石粉复合材料实心制品与未添加 PP/EPDM 复合材料实心制品相比，冲击强度降幅小，从而使当滑石粉质量分数为 4% 时，微孔制品的冲击强度取得极大值。

对于复合材料实心制品而言，随着滑石粉含量的增高，拉伸强度和冲击强度呈现减小的趋势，而弯曲强度呈现增大的趋势。而对于复合材料微孔制品而言，趋势并不完全相同，且当滑石粉的质量分数为 4% 时，微孔制品的综合力学性能最佳。此比例的 PP/EPDM/滑石粉复合材料微孔制品，相对于未添加滑石粉的 PP/EPDM 复合材料微孔制品而言，其拉伸强度、弯曲强度、冲击强度分别提高了 2%、6%、4%。因而，加入适量滑石粉，可以有效地提高了 PP/EPDM/滑石粉复合材料微孔制品的力学性能。

3.3.4　结论

① 对于 PP 复合材料微孔制品而言，添加适量的滑石粉和 EPDM 与单独添加 EPDM 相比，PP 复合材料制品的泡孔形态有较大的改善，且当滑石粉含量为 4% 时，微孔制品的微观形态最好。

② 与未添加滑石粉的 PP/EPDM 复合材料微孔制品相比较，滑石粉含量为 4% 的 PP/EP-DM/滑石粉复合材料微孔制品的力学性能有一定的提升。

3.4　EVA/LLDPE/纳米白炭黑的结构与性能研究

（付　蒙，陈福林，岑　兰，邱韶锐）

乙烯-乙酸乙烯酯（EVA）是类似橡胶弹性体的无毒、无味、透明的热塑性塑料。EVA 树脂分子链中引入了乙酸乙烯（VA）单体，降低了材料的结晶度，具有较好的柔韧性、耐冲击性、耐应力开裂性等，目前 EVA 广泛应用于太阳能封装材料、发泡鞋材、热熔胶、阻燃材料、各种功能薄膜、家电、汽车等行业中。但 EVA 机械强度差、不耐磨、回弹性差，限制了 EVA 的进一步应用。线型低密度聚乙烯（LLDPE）是短支链聚合物，其分子链排列规整，取向度和结晶度高，因而具有很好的拉伸强度、撕裂强度、抗蠕变能力，同时与 EVA 的相容性较好。纳米填料特有的量子尺寸效应、表面界面效应等，可有效提高树脂基体的强度、模量、耐磨性、耐热性、耐溶剂性等。本文以 EVA 和 LLDPE 为基体（质量比为 70∶30），以改性纳米白炭黑为增强填料，研究了 EVA/LLDPE/纳米白炭黑复合材料的力学性能、热稳定性、耐热氧老化性及加工流动性等。

3.4.1　实验原料及试样制备

3.4.1.1　实验原料及设备

EVA，牌号为 SV-1055，VA 含量为 28%，MFI 为 18，泰国石化公司产品；LLDPE，6201，美国埃克森美孚公司产品；纳米白炭黑，惠州市华燕实业有限公司；KH560，市售；过氧化苯甲酰（BPO），分析纯，成都市科龙华工试剂厂；苯乙烯（St），分析纯，天津大茂化学试剂厂；顺丁烯二酸酐（MAH），分析纯，成都市科龙化工试剂厂；二甲苯，分析纯，天津市致远化学试剂有限公司；无水乙醇，分析纯，广州化学试剂厂；丙酮，分析纯，天津市致远化学试剂有限公司。

转矩流变仪，XSS-300 型，上海科创橡塑机械设备有限公司；

平板硫化机，QLB-400×400，上海第一橡胶机械厂；

开炼机，160B 型，沪南橡胶机械配件厂；

恒温加热套，CLT-A 型，天津市工兴电器厂；

电磁搅拌仪，D-8401 型，天津市华兴科学仪器厂；

热老化实验箱，401B 型，上海实验仪器总厂；

熔体流动速率仪，XNR-400，承德市金建检测仪器有限公司；

微电子控制电子拉力试验机，CMT4204 型，深圳市新三思材料检测有限公司；

扫描电子显微镜，XL-30FEG 型，荷兰 PHILIPS 公司产品；

傅里叶红外光谱仪，Nicolet 6700，美国 Nicolet 公司产品；

TG 热重分析仪，SDT 2960，美国 TA 仪器公司产品。

3.4.1.2　基本配方

本实验的基本配方见表 3-6。

表 3-6　实验基本配方

编号	EVA	LLDPE	纳米白炭黑/%	改性纳米白炭黑/%	EVA-g-MAH/%
1	70	30	5.0	0	0
2	70	30	10	0	0
3	70	30	15	0	0
4	70	30	20	0	0
5	70	30	0	5.0	0
6	70	30	0	10	0
7	70	30	0	15	0
8	70	30	0	20	0
9	70	30	0	10	4.0
10	70	30	0	10	8.0
11	70	30	0	10	12
12	70	30	0	10	16

3.4.1.3　试样制备

（1）改性纳米白炭黑的制备　准确称取一定量的烘干纳米白炭黑和 KH560（质量为纳米白炭黑的 4%），将其溶于无水乙醇中，置于 90℃ 的恒温加热套中搅拌 30min，经抽滤后，放置于 140℃ 的烘箱 2h 后取出。

（2）EVA-g-MAH 接枝物的制备与接枝率的测定　准确称取 EVA 40g，MAH 1.6g，BPO 0.12g，St 1.6g，在 110℃、60r/min 的转矩流变仪中制备接枝时间为 8min 的 EVA-g-MAH 接枝物。称取一定量的 EVA-g-MAH 接枝物，将其加热溶解于二甲苯中，待冷却后，倒入大量的无水乙醇将其沉淀并抽滤，取出沉淀物，在索氏抽提器中放入丙酮抽提 6h 除杂，取出沉淀物烘干至恒重，即得到精制的 EVA-g-MAH 接枝物。准确称取 2.0g 精制的接枝物，加热溶于二甲苯中，待冷却后，用经过准确标定的 0.1mol/L 的 NaOH 溶液滴定，最后计算测得 EVA-g-MAH 的接枝率为 2.63%。

（3）EVA/LLDPE/纳米白炭黑复合材料的制备　先将 EVA、LLDPE、纳米白炭黑、EVA-g-MAH 接枝物在真空干燥箱中烘干，按实验配方准确称取各组分原料在 135℃，60r/min 的转矩流变仪中混合均匀，取出混合料经开炼机出片，再将样片置于 155℃ 的平板硫化机中预热 5min，10MPa 热压 5min，取出冷压 5min，制成厚度约为 1mm 的薄片，取出并裁成标准样条，最后进行测试。

3.4.1.4　性能测试与结构表征

拉伸性能：按 GB/T 1040.3—2006 进行测试，试样为哑铃形标准样条，拉伸速度为 200mm/min；

TG 热重分析：升温速率为 10℃/min，升温范围 25℃—700℃，氮气保护；

老化性能分析：按 GB/T 7141—1992 进行测试，老化温度为 70℃，累计老化时间 6d，测试材料在热氧老化过程中力学性能的变化；

扫描电镜（SEM）：将拉伸断面表面喷金，采用扫描电镜对纳米白炭黑的分散情况进行分析，电子束电压为 15KV。

3.4.2　改性纳米白炭黑的红外表征

为了表征经 KH560 处理后的纳米白炭黑结构的变化，采用傅里叶红外光谱仪对抽滤后的改性纳米白炭黑进行了结构表征。图 3-59 是改性前后纳米白炭黑的红外光谱图。

由图 3-59 可知，改性前后的纳米白炭黑都在 1100cm^{-1} 附近有一个最大吸收峰，为 Si—O—Si 键的反对称伸缩振动；800cm^{-1} 附近是 Si—O—Si 键的对称伸缩振动；1640cm^{-1} 附近为

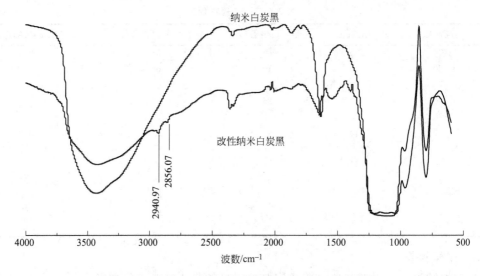

图 3-59　纳米白炭黑和改性纳米白炭黑的红外光谱图

游离水的—OH 基团的弯曲振动峰；3348cm^{-1}附近是结构水的吸收峰，对应于—OH 基团的反对称伸缩振动。纳米白炭黑经 KH560 改性后，在 2945cm^{-1}和 2854cm^{-1}附近出现了亚甲基的伸缩振动吸收峰，说明纳米白炭黑表面接枝上了硅烷偶联剂。从图 3-59 还可明显地看出，改性纳米白炭黑的硅羟基吸收峰、游离水吸收峰有明显的减弱，疏水性增强。

3.4.3　力学性能分析

（1）纳米白炭黑的用量对复合材料力学性能的影响　分别添加不同用量份数的未改性纳米白炭黑和经 KH560 改性的纳米白炭黑制备了 EVA/LLDPE/纳米白炭黑复合材料，图 3-60 为不同种类的纳米白炭黑用量对复合材料拉伸强度的影响。

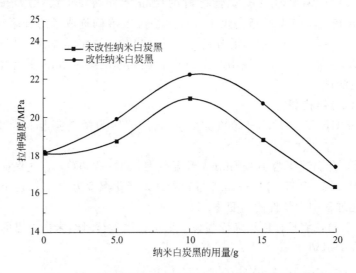

图 3-60　不同用量的纳米白炭黑复合材料的拉伸强度

由图 3-60 可知，随着纳米白炭黑用量的增加，EVA/LLDPE/纳米白炭黑复合材料的拉伸强度先增加后降低，纳米白炭黑的用量为 10 份时复合材料有最大的拉伸强度。这可能是由于纳米白炭黑粒径小，在 EVA/LLDPE 基体中有异相成核的作用，能形成许多细小的球晶，改善了材料的结晶状态，提高了结晶度，从而提高了复合材料的拉伸强度。经 KH560 改性后的纳米白炭黑增强效果更明显，较 EVA/LLDPE 共混物提高了约 22.7％，这是由于改性后的纳米白炭黑表面的活性羟基减少，粒子的极性减弱，在一定用量范围内，粒子团聚效应减小，分散情况较好，并有可能形成填料网状结构。当材料在受到拉伸时，这种网状结构和纳米粒子的小尺寸效应，能有效分配、传递应力，起到增强作用。继续增加纳米白炭黑的用量，复合材料的拉伸强度反而降低。这可能是由于随着填料用量的增加，填料在高黏特性的 EVA/LLDPE 基体中分散不均匀，团聚效应增加，产生的界面薄弱。同时，填料用量的增加，也增大了对基体分子链运动的束缚，在复合材料中引入的微观缺陷也增多，反而使得材料的拉伸强度和断裂伸长率降低。

　　（2）EVA-*g*-MAH 的用量对复合材料力学性能的影响　为了进一步提高 EVA/LLDPE/纳米白炭黑复合材料的性能，在复合体系中（改性纳米白炭黑用量为 10 份）添加了在实验室制备的接枝率为 2.63％的 EVA-*g*-MAH 作为增容剂。图 3-61 是不同用量份数的 EVA-*g*-MAH 对 EVA/LLDPE/纳米白炭黑复合材料的拉伸强度和断裂伸长率的影响。

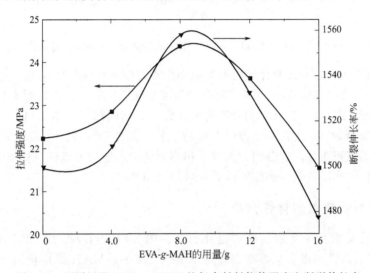

图 3-61　不同用量 EVA-*g*-MAH 的复合材料拉伸强度和断裂伸长率

　　由图 3-61 可知，在复合体系中添加 EVA-*g*-MAH 能提高复合材料的拉伸强度和断裂伸长率，且当 EVA-*g*-MAH 用量为 8.0 份时，复合材料的拉伸强度和断裂伸长率达到最大，其中拉伸强度较未添加 EVA-*g*-MAH 的 EVA/LLDPE/改性纳米白炭黑提高了约 34.5％。这是由于 EVA-*g*-MAH 能使改性纳米白炭黑在 EVA/LLDPE 基体中分散的更均匀，减少填料的聚集，分散尺寸变小，改善了填料与基体的界面情况。同时，当 EVA-*g*-MAH 的用量超过 8.0 份时，复合材料的拉伸强度和断裂伸长率降低，这可能是由于随着 EVA-*g*-MAH 用量的增加，接枝物中的 MAH、BPO 等以小分子形式存在于基体中，不利于 EVA/LLDPE 基体与纳米白炭黑之间相容性的改善，反而使得力学性能降低。

3.4.4　热稳定性能分析

　　图 3-62 是 EVA/LLDPE 共混物及 EVA/LLDPE/纳米白炭黑复合材料（改性纳米白炭黑添加量为 10 份，EVA-*g*-MAH 添加量为 8.0 份）的热重（TG）分析曲线。

　　由图 3-62 可知，EVA/LLDPE 共混物及 EVA/LLDPE/纳米白炭黑复合材料三者都有两个明显的失重台阶，第一个失重台阶分别出现在 318.18℃、321.47℃、322.11℃，这主要是 EVA 分子侧链发生 β-消除反应脱除乙酸，而产生的质量损失；第二个失重台阶分别出现在 388.92℃、394.17℃、396.49℃。第二个失重台阶的温度高，失重阶段质量变化大、失重速率

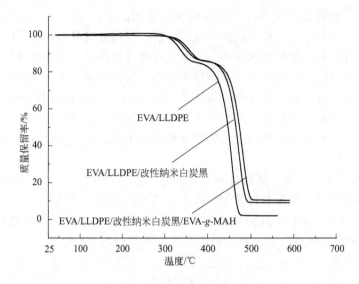

图 3-62 EVA/LLDPE 共混物及 EVA/LLDPE/纳米白炭黑复合材料的 TG 图

快。这是因为 EVA 和 LLDPE 的骨架裂解生成小分子烷烃和双键的烯烃类小分子。EVA/LL-DPE/纳米白炭黑复合材料的第一、第二失重峰温度均比 EVA/LLDP 有所提高，这是因为纳米白炭黑形成的网状结构对 EVA/LLDPE 的热降解起着阻隔作用，纳米白炭黑也影响基体的热传导，致使热降解滞后，故在一定程度上提高了材料的热稳定性。添加了 EVA-g-MAH 接枝物的复合体系提高更明显，这是因为大分子相容剂的加入增加了填料与基体间的相容性，增强了两者的界面相互作用，使得热降解滞后的效果更明显。

3.4.5 复合材料的热氧老化性分析

拉伸强度的变化常用于考察材料的老化行为。图 3-63 是 EVA/LLDPE 共混物及 EVA/LLDPE 复合材料（改性纳米白炭黑添加量为 10 份，EVA-g-MAH 添加量为 8.0 份）在 70℃的热空气老化条件下的拉伸强度随老化时间变化的曲线。

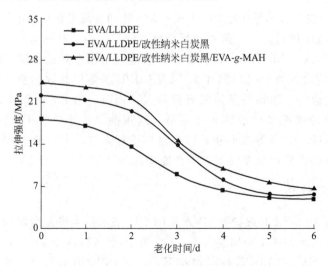

图 3-63 EVA/LLDPE 复合材料的热氧老化分析

由图 3-63 可知，在试验温度条件下，随着热氧老化时间的增加，复合材料的拉伸强度不断下降，且 EVA/LLDPE/改性纳米白炭黑复合材料拉伸强度的保持率均优于纯 EVA/LLDPE

复合体系，说明改性纳米白炭黑改善了 EVA/LLDPE 耐热氧老化性能。这是因为改性纳米白炭黑表面积大，增加了热传播路径，阻滞了热氧及热氧化产物在材料中的渗透和扩散，抑制了基体的降解反应，延缓了复合材料的热氧老化。EVA/LLDPE/改性纳米白炭黑体系中加入 EVA-*g*-MAH 的增容剂的拉伸强度保持率最高，这可能是由于该体系中改性纳米白炭黑有更好的分散，延缓复合材料的热氧老化效果更明显。

3.4.6　改性纳米白炭黑对 EVA/LLDPE 复合体系熔体流动速率的影响

为了研究改性纳米白炭黑对 EVA/LLDPE 复合体系流动性的影响，采用熔体流动速率仪测定了复合体系的熔体流动速率。图 3-64 是不同用量份数的改性纳米白炭黑对复合体系熔体流动速率的影响。

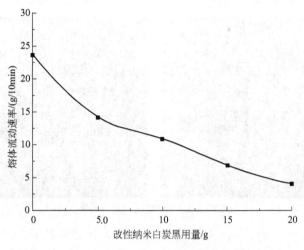

图 3-64　EVA/LLDPE 纳米复合材料的熔体流动速率

由图 3-64 可知，随着改性纳米白炭黑用量份数的增加，复合体系的熔体流动速率逐渐下降，即加工流动性变差。这是由于随着纳米白炭黑用量的不断增加，填料在基体中聚集严重，分散尺寸变大，限制了基体分子链的活动能力，分子链运动阻力变大。同时，随着纳米白炭黑用量的增加，填料在基体中形成了网状结构。在这两方面的共同作用下，熔体黏度增大，流动性变差。说明，改性纳米白炭黑在一定的用量范围内，虽对 EVA/LLDPE 体系的拉伸强度有一定的增强作用，但却使复合体系的黏度增加，熔体流动性下降，在实际中不利于复合材料的生产加工。

3.4.2.6　拉伸断面形貌分析

由图 3-65(a) 中可看出，在 EVA/LLDPE 中直接添加未改性的纳米白炭黑，填料在高黏特性的基体中分散不均匀，团聚严重，分散尺寸大，界面结合薄弱，且材料在拉伸时，填料易从基体中脱落。图 3-65(b) 是在 EVA/LLDPE 中添加同等用量份数的改性纳米白炭黑的复合材料拉伸断面，填料分散情况稍有改善，填料在基体中的实际分散尺寸减小，界面结合情况有所改善；图 3-65(c) 是 EVA/LLDPE/改性纳米白炭黑复合体系中添加 8.0 份 EVA-*g*-MAH 的复合材料拉伸断面，填料在基体中分散较均匀，团聚现象明显较小，小粒径的改性纳米白炭黑埋伏于 EVA/LLDPE 基体中，与基体的界面模糊，纳米白炭黑的分散效果较为理想，此时的复合材料性能最好。

3.4.7　结论

(1) 纳米白炭黑能提高 EVA/LLDPE 体系的拉伸强度，经 KH560 改性后的纳米白炭黑增

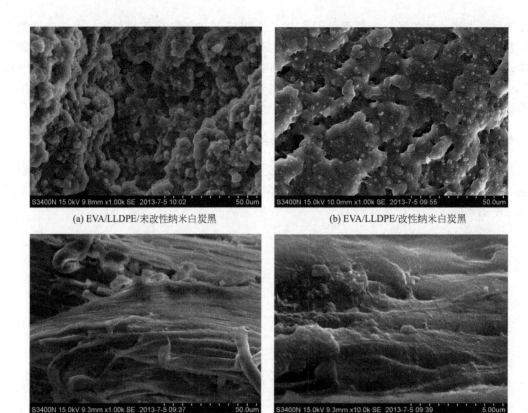

(a) EVA/LLDPE/未改性纳米白炭黑　　　　(b) EVA/LLDPE/改性纳米白炭黑

(c) EVA/LLDPE/改性纳米白炭黑/EVA-*g*-MAH

图 3-65　不同复合体系的拉伸断面 SEM 图

强效果更明显，且当用量为 10 份时，复合材料的力学性能最好，拉伸强度提高了约 22.7%。

（2）EVA-*g*-MAH 对 EVA/LLDPE/纳米白炭黑复合体系有一定的增容效果，当 EVA-*g*-MAH 用量为 8.0 份时，增容效果最明显，拉伸强度提高了约 34.5%。

（3）改性纳米白炭黑在基体中形成的网状结构影响 EVA/LLDPE 的热传导，对热降解有阻隔作用，使基体的热降解滞后，在一定程度上提高 EVA/LLDPE 复合体系的热稳定性。

（4）改性纳米白炭黑还能提高 EVA/LLDPE 复合体系的耐热氧老化性，但降低了体系的熔体流动速率，不利于加工流动性的改善。

3.5　聚丙烯/硅灰石复合材料的改性

（何小芳，白静静，王　优，杨　佳，曹新鑫，秦　刚）

3.5.1　概述

PP 是当今最重要的通用塑料之一，材料来源丰富、价格便宜、密度小、加工性能好，拉伸强度、屈服强度高，耐热性、电绝缘性和耐腐蚀性好等优点，被广泛应用于化工、机械、电力、运输等行业。但其冲击韧性低、成型收缩率大、不耐磨，显示出一定的脆性，缺口冲击强度低、与其他极性高分子和无机填料或金属的相容性较差，限制了 PP 的应用范围。

硅灰石是一种钙质偏硅酸盐物质，分子式为 $CaSiO_3$，主要成分是 SiO_2 和 CaO，通常呈针状、放射状、纤维集合体。因其无毒、耐化学腐蚀、热稳定性及尺寸稳定性良好、力学性能及电学性能优良、具有补强作用等优点，广泛用作聚合物基复合材料的增强填料，用其填充聚合物性能明显优于滑石粉、碳酸钙等其他无机填料，并能降低成本。

硅灰石填充 PP 复合材料具有力学性能优良、耐热温度高、易生产加工等优点，其作为一种新型复合材料引起人们的广泛兴趣和高度关注。本文综述了硅灰石的表面处理、加工工艺以及硅灰石与 POE、SEBS 等其他聚合物复合改性 PP 复合材料的研究现状，并展望了硅灰石改性 PP 复合材料的前景。

3.5.2　硅灰石的表面处理及其在 PP 中的应用

未经表面改性处理的单一硅灰石与有机高分子材料的相容性差，在应用中易导致制品性能降低。因此，硅灰石作为填料应用于塑料时，一般要对其作表面改性处理，以增强其与基体的相容性。硅灰石的表面处理主要有表面偶联剂改性、表面有机改性、表面高分子改性等。

Meng 等研究了庚二酸处理对聚丙烯/硅灰石复合材料结晶过程、形态和力学性能的影响。傅里叶变换红外光谱（FTIR）分析表明，庚二酸黏结在硅灰石的表面，与硅灰石反应后生成庚二酸钙；广角 X 射线衍射仪（WXRD）、差示扫描量热法（DSC）和偏光显微镜（PLM）的结果证明，经庚二酸处理的硅灰石诱导 PP 形成 β 结晶，并降低了 PP 的球晶尺寸；扫描电子显微镜（SEM）的结果表明，庚二酸的加入增强了填料和基体之间的界面黏合性，改善了 PP 和硅灰石的相容性，并且形成的 β 球晶改善了复合材料的韧性，而未处理的硅灰石由于相容性差冲击强度下降。当加入 2.5%（质量分数，下同）庚二酸处理过的硅灰石时，材料切口冲击强度达到其最大值 $17.33kJ/m^2$，是未处理的 PP 的 3.19 倍。

孟明锐等研究发现，添加经庚二酸处理的硅灰石使 PP 的弯曲模量、断裂伸长率显著提高，硅灰石含量为 16.0% 时分别达到 1710MPa、1700%，较未经表面处理的硅灰石填充改性的 PP 复合材料分别提高了 14.0%、174.3%；PLM 观察结果表明，庚二酸处理后的硅灰石可以使 PP 球晶细化，改善硅灰石与 PP 的相容性。

Ding 等用不同量的庚二酸分别处理针状硅灰石得到改性硅灰石，发现硅灰石的加入提高了 iPP 的结晶温度，且 iPP/改性硅灰石的结晶温度高于 iPP/硅灰石；改性硅灰石的质量分数一定时，当硅灰石/庚二酸的质量比为 200/1 时，iPP 的结晶温度达到最高，当改性硅灰石的质量分数为 40% 时，iPP 的最高结晶温度为 124.8℃；经庚二酸处理的硅灰石比未处理的硅灰石有更强的诱导聚丙烯 β 晶型的能力，当 iPP 的结晶温度低于 121.0℃ 时，β-iPP/改性硅灰石中的 β 晶含量随着改性硅灰石含量的增加而增加，同时随着硅灰石/庚二酸质量比的减小而增加，但当结晶温度高于 121.0℃ 时，硅灰石含量及硅灰石/庚二酸的质量比不再影响 β-iPP/改性硅灰石复合材料中的 β 晶型含量。

Li 等研究了丙二酸对 PP/硅灰石复合材料结晶行为和力学性能的影响，SEM 显示丙二酸处理过的硅灰石相对于未处理的硅灰石与 PP 基体有更好的相容性。DSC、WAXS 和 PLM 观察的结果证明，经丙二酸处理过的硅灰石与 PP 的复合材料 β 晶型的含量提高，晶体粒径减小，且二者的相容性增强，PP 的冲击强度和拉伸强度提高，弯曲模量降低。当丙二酸处理过的硅灰石含量为 0.1% 时，复合材料的冲击强度达到最大值 $11.1kJ/m^2$ 相比纯 PP 提高了 216.6%；当丙二酸处理过的硅灰石的含量为 2.5% 时，拉伸强度达到最大值 39.2MPa，相比纯 PP 提高了 18.8%。

郑水林等通过在硅灰石表面包覆硅酸铝对硅灰石进行了无机改性，SEM 和 WXRD 等测试表明，无机改性硅灰石颗粒表面粗糙，由纳米硅酸铝粒子包覆；比表面积提高 200% 以上，无机改性后硅灰石表面羟基增多，无机改性硅灰石白度提高了 2.0；由无机改性硅灰石填充的 PP 材料的拉伸强度为 20.45MPa，弯曲强度为 38.02MPa，较硅灰石原料分别提高了 14.82%、60.29%，较纯 PP 分别提高了 8.83%、9.88%，热变形温度较纯 PP 提高了 28.6℃；填充 PP 材料冲击断面

SEM 表明，无机改性可以改善硅灰石与 PP 基体材料的结合界面。

李建杰等用硅烷改性剂对针状硅灰石进行表面处理，得到 PP/改性硅灰石复合材料。填充后的 PP 材料在拉伸强度、弯曲强度、弹性模量以及弯曲模量等方面的性能有所提高，当改性硅灰石的含量为 40% 时，复合材料的拉伸强度、弹性模量、弯曲强度、弯曲模量分别达到了 24.96MPa、2001.72MPa、28.76MPa、2204.56MPa；较纯 PP 分别提高了 32.90%、63.21%、32.04%、101.11%；在韧性方面有略微降低，冲击强度较纯 PP 下降了 21.53%；材料的耐温性能大幅提高。

3.5.3 工艺条件对 PP/硅灰石性能的影响

在配方一定的条件下，挤出机螺杆组合和工艺条件对硅灰石增强 PP 的性能有很大的影响。硅灰石改性 PP 性能的优劣，与挤出机螺杆组合、硅灰石的长径比以及其在混合料中的分散均匀性、取向等因素有关。

Qu 等研究发现，三螺杆挤出中齿轮盘元件具有较好的分布混合能力，能使硅灰石均匀分布，与 PP 良好结合，沿料流方向取向程度明显，且其交错形排列优于长整形排列。利用齿轮盘元件挤出的复合材料的冲击强度为 4.04kJ/m²，比纯 PP 提高了 15.4%，且高于其他 2 种螺杆组合所挤出加工材料的冲击强度。同时，90° 捏合具有较强的剪切作用，硅灰石的长径比会受到破坏，硅灰石增强效果不明显，所以 90° 捏合不适合于制备硅灰石。

何和智等发现，与稳态相比经双螺杆塑化混炼加工时动态（引入振动）加工条件下制得的 PP/硅灰石复合材料的冲击强度、拉伸强度、断裂伸长率和弯曲强度均有显著提高，最大分别提高了 10.7%、10.2%、51.3% 和 18.6%；对在振动频率 $f=10\text{Hz}$、振幅 $A=105\mu m$ 动态塑化混炼加工条件下试样的 SEM 断面分析表明，PP/硅灰石复合材料中硅灰石的粒径变小并趋于一致，分布均匀，与 PP 结合界面得到加强。

陆波等用熔融共混法制备 iPP/硅灰石复合材料，发现硅灰石采用侧喂料和较低的螺杆转速可以提高 iPP/硅灰石复合材料的力学性能。与硅灰石原料相比，当螺杆转速为 100r/min 并采用侧喂料加入 30% 的硅灰石时，硅灰石基本保持与原料相近的直径（2～4μm），长径比（5～10）比原料略小一些，复合材料的拉伸强度达到 40.4MPa，弯曲强度达到 59.1MPa，冲击强度达到 34.82J/m²，而喂料方式对熔体流动速率影响不大。

3.5.4 硅灰石与其他聚合物复合改性 PP

在硅灰石改性 PP 复合材料时添加增韧剂，可以改善材料的力学性能、热学性能、加工性能；添加增容剂可以改善两者的相容性，提高其界面结合强度，充分发挥硅灰石的增强作用；添加玻璃纤维、硅橡胶等其他材料可以改善复合材料的力学和热学等其他性能。

3.5.4.1 硅灰石与增韧剂复合改性 PP

POE 具有优异的韧性和良好的加工性，相对分子质量分布窄，没有不饱和键，耐候性优。Fu 等以基本断裂功为表征研究了 PP/POE/硅灰石复合材料。结果表明，随着增韧剂用量的增加，复合材料的比基本断裂功增大，当 PP/POE/硅灰石质量比为 62/8/30 时，复合材料的比基本断裂功为 83kJ/m²，达到最大值。研究发现，复合材料的断裂韧性主要取决于屈服后抵抗裂纹扩展的能力，复合材料的塑性变形能力更依赖于屈服前的行为。

闫礼成等发现 POE 对 PP 有很好的增韧作用，可使 PP 的断裂伸长率和冲击强度大幅提高，但拉伸强度降低；POE 和硅灰石使复合材料的结晶温度有所提高。当 POE 含量为 3%、硅灰石含量为 3% 时，复合材料的热学、力学性能最优，冲击强度比纯 PP 高出 15.4%，拉伸强度高出 2.6%，结晶温度高出 5℃。

张凌燕等采用熔融共混工艺制备了 PP/硅灰石/POE 复合材料，发现随着改性硅灰石填充量的增加复合材料的拉伸强度先增大后减小，填充量为 20 份（质量份数）时拉伸强度达到最大值 23.58MPa；复合材料的弯曲强度和熔体流动速率随改性硅灰石填充量的增加逐渐增加，填充量为 30 份时，弯曲强度为 19.83MPa，比纯 PP 提高了 5.09%，熔体流动速率为 51.46g/10min，比纯 PP 提高了 47.03%；冲击强度和硬度（肖 A）随改性硅灰石填充量的增加而降低，当填充量为 50 份时，缺口冲击强度和硬度（肖 A）分别为 3.02kJ/m^2、9.2，较填充量为 10 份时分别下降了 45.46%、79.07%；长径比高的硅灰石填充复合材料的缺口冲击强度和熔体流动速率大。

Balkan 等研究了热塑性弹性体 SEBS 和马来酸酐（MAH）接枝 SEBS 共聚物（SEBS-g-MAH）改性 PP/硅灰石复合材料的微观结构特征及力学性能。

SEM、DSC 和动态力学分析（DMA）表明，PP/SEBS 和 PP/SEBS-g-MAH 共混物是部分相容两相体系；含有 SEBS 的三元复合材料刚性填料和弹性体颗粒独立分散，而 SEBS-g-MAH 弹性体用"核-壳"结构封装针状硅灰石颗粒；与 SEM 的观察一致，DSC 和 DMA 定量证明了刚性填料和 SEBS 微粒在 PP 基体中单独出现。而在包含 SEBS-g-MAH 的三元复合材料中刚性填料粒子由于其周围较厚的弹性夹层而表现出弹性粒子的性质。与 iPP/硅灰石/SEBS 复合材料分离的微观结构相比，iPP/硅灰石/SEBS-g-MAH 由于其具有的"核-壳"结构强度和韧度增加更多，而刚度下降。当 SEBS-g-MAH 体积分数为 2.5% 和 5.0% 时，复合材料由于其"核-壳"结构和针状硅灰石的补强作用的协同作用而具有更加优异的力学性能。

3.5.4.2 硅灰石与增容剂复合改性 PP

李跃文等采用 MAH 在 PP 与硅灰石之间进行反应增容，发现 MAH 含量不超过 5% 时，PP 和硅灰石之间的界面结合情况明显改善，复合材料的热变形温度、拉伸强度、弯曲强度、弯曲弹性模量显著提高。当 MAH 的含量为 5% 时，复合材料的热变形温度达到最大值 75℃，比反应增容前提高了 6℃；MAH 含量为 1% 时，复合材料的拉伸强度达到最大值 36.1MPa，比反应增容前增加了 16.31%；MAH 含量为 3% 时，复合材料的弯曲强度和弯曲弹性模量达到最大值，分别为 50.3MPa 和 2.6GPa，比反应增容前增加了 28.32% 和 18.20%。

Yang 等发现 PP/硅灰石复合材料的断裂伸长率、冲击强度和熔体流动性随着 PP-g-MAH 含量增加而显著改善，而拉伸强度，弯曲强度和弹性模量略有下降。当 PP-g-MAH 的含量为 2% 时，材料的性能达到最优，拉伸强度、断裂伸长率、弯曲强度、弯曲模量和熔体流速分别达到 32.5MPa、120%、40.0MPa、2870kJ/m^2 和 18.0g/10min。

3.5.4.3 硅灰石与其他材料复和改性 PP

Singh 等将 PP 和含长径比为 5:1 的硅灰石纤维填料的硅橡胶以不同比例混合制备材料，发现添加了硅橡胶和 MAH 的 PP/硅灰石复合材料的力学性能有所变化，热变形温度提高明显。在硅橡胶的填充含量为 5% 时，填充 10%、20%、30% 和 40% 的硅灰石都提高了复合材料的热变形温度、断面冲击强度和弯曲强度，但降低了非缺口处冲击强度、拉伸强度和弯曲模量。

Ray 等通过热重分析（TG）、DSC 分析及 SEM 研究了 PP 与填充硅灰石纤维的硅橡胶的相容性。结果表明，纤维状硅灰石填料颗粒随机分散在 PP 基体中；随着复合材料中硅灰石含量的增加，复合材料的热降解温度、热变形温度升高；通过 FTIR 无损分析技术研究有机材料发现，复合材料的化学结构没有改变。

王亚鹏等采用机械共混的方法制备了 PP/硅灰石复合材料，发现乙烯-醋酸乙烯共聚物（EVA）对其增韧效果不明显，苯乙烯-丁二烯-苯乙烯（SBS）能够增加其韧性，MAH 能够提高其强度；当硅灰石质量分数为 30%、SBS 和 PP-g-MAH 的质量分数均为 15% 时，复合材料的拉伸强度和冲击强度分别达到最大值 33.80MPa、31.75kJ/m², 力学性能最佳; SEM 分析表明, 在 PP/改性硅灰石复合材料中冲击强度的耗散是通过硅灰石刚性粒子与基体之间界面脱黏, 针状硅灰石拔出, 刚性粒子与基体之间的摩擦运动及界面层可塑性形变来实现的。

Joshi 等发现 PP/硅灰石/短切玻璃纤维复合材料的有较好的力学性能、表面光洁度好、成本低, 复合材料的拉伸强度、弯曲性能及冲击性能均高于未填充的 PP, 拉伸强度、拉伸模量、冲击强度、弯曲强度和弯曲模量最大值分别达到 35.1MPa、574.0MPa、32.5kJ/m²、52.4MPa 和 3200MPa。

王彩丽等用氨基硅烷对纳米硅酸铝/硅灰石进行表面改性后填充 PP 制备了复合材料, 研究发现, 硅灰石表面均匀地包覆了一层纳米硅酸铝, 白度由 90.5 提高到 92.5, 比表面积由 1.41m²/g 提高到 4.78m²/g, 晶粒平均尺寸为 54nm; 填充量为 40% 的复合材料的拉伸强度由纯 PP 的 17.81MPa 提高到 21.97MPa, 弯曲强度由 23.72MPa 提高到 39.20MPa, 热变形温度由 65.7℃ 提高到 94.3℃。

Svab 等发现添加经不同表面处理的硅灰石和 2 种类型的茂金属丙烯基共聚物 (EPR) 的 iPP 复合材料, 除断裂伸长率和冲击强度外表现出相似的力学性能, 证实了由结构检测推断出的假设: EPR 与封装的增容剂相比是更加有效的抗冲击改性剂, EPR 增强硅灰石平面平行取向, 同时提高了聚合物熔体凝固过程中 PP 基体球晶和微晶的生长。

硅灰石的加入能够使 PP 的力学性能、结晶性、阻燃性和热稳定性等都有不同程度的提高和改善。未经表面改性处理的单一硅灰石针状纤维与有机高分子材料的相容性差, 因此硅灰石作为填料时要对其作表面改性处理, 这样可以进一步提高复合材料的力学和热学性能, 且硅灰石与增容剂、增韧剂等复合改性能进一步提高 PP 的性能, 应用前景广阔。需要注意的是, 我国的具有超细高长径比的硅灰石产品少, 加工工艺水平较低, 限制了 PP/硅灰石复合材料性能的进一步提高, 在硅灰石制备过程中, 如何保护和提高硅灰石的长径比是一个非常重要的技术问题。

3.6 高熔体强度聚丙烯的制备及配方研究

(汪晓鹏, 李文磊, 贺建梅)

聚丙烯 (polypropylene, PP) 是全球应用最广泛, 产量增长最快的树脂之一。采用齐格勒-拉塔 (Ziegler-Natta) 型催化剂聚合而成, 目前所生产的聚丙烯中 95% 为等规聚丙烯。其美中不足的是 PP 韧性差、低温易脆化、热变形温度低, 不能产生次级活动中心, 导致熔体强度低和耐融垂性能差。故而, PP 不能在较宽的温度范围内进行热成型加工。再次, 其软化点和熔点相近, 当温度高于熔点时, 熔体强度和黏度急剧下降, 严重影响热成型的制品质量。最后, PP 在熔融状态下无应变硬化效应, 因此大大限制了应用范围和领域。从而使开发高熔体强度聚丙烯 (High Melt Strength PP, HMSPP) 的专用料成为研究的热点。HMSPP 最重要的性能参数就是熔体强度, 其熔体强度甚至可达到相同熔体流动指数 (MFI) 的线型聚丙烯 (Linear PP, LPP) 的 10 倍。

当前, 国际上只有日本、美国、意大利、德国、英国、瑞士、加拿大等少数发达国家掌握 PP 发泡制品工业生产技术。国内发泡 PP 的研究尚处于起步阶段, 工业生产处于空白, 所需材料仍然依赖进口, 且价格高昂 (人民币 3.5 万元/t)。少数公司和科研院所合作进行了工业化项目的尝试性研发, 取得了一些进展。为此, 我们开发制备 HMSPP 树脂, 用于发泡聚丙烯 (Expanded Polypropylene, EPP) 的生产应用。

3.6.1　实验原料与试样制备

3.6.1.1　主要原料

PP：T30S，MI3.0 天津联合化学有限公司；F401，MI 2.5，北京燕山石油化工公司化工二厂；普通 PP（CPP）：K0，MI 0.2～2.0，中石化兰州化学工业公司，以其作为基础树脂。交联剂为过氧化二异丙苯（DCP），助交联剂异氰尿酸三烯丙酯（TAIC）：兰州助剂厂；抗氧剂 1010，辅助抗氧剂 DLTDP：兰州化学工业公司有机厂；超细滑石粉（Talc）：1250 目，青海乐都县新兴分体材料厂。

3.6.1.2　主要试验设备和仪器

双螺杆挤出机：SJ65 型大连塑料机械厂。高速混炼机：GH-50DQ 型，北京塑料机械厂。熔体流动速率测定仪：MFI 熔体流动速率仪　承德市金建检测仪器有限公司。热变形、维卡软化点温度测定仪：XRW-300 系列承德市金建检测仪器有限公司。电子天平：JS-15BHG 成都普瑞逊电子有限公司。

冲击试验机：HIT 复合式冲击试验机，承德金建检测仪器有限公司。微机控制电子万能试验机：CMT4304 型深圳市新三思材料检测有限公司。

3.6.1.3　试样制备

（1）设计配方　从分子结构的角度来看，HMSPP 的熔体强度主要来自高的分子量、宽的分子量分布和长支链化结构（structure of long chain braching，SLCB）的存在。HMSPP 的制备方法亦根据分子设计。即提高分子量、加宽分子量分布和引入长支链化结构入手。具体方法有共混法、后反应器法（反应挤出法）、反应合成法和交联法。

基础配方如下。

原料与助剂	份数
PP	100（T30S/F401：40/60）
交联剂	0.1～0.5
助交联剂	1～3
复合抗氧剂	0.1～1.0
填料（滑石粉 1250 目）	0.5～1.0
其他	适量

（2）制备工艺流程

制备工艺流程如图 3-66 所示。

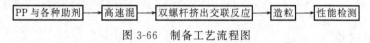

图 3-66　制备工艺流程图

（3）工艺控制　以单双螺杆挤出机均可生产，但工艺温度和螺杆转速对粒料的性能影响较大，在制备中应严格控制。以双螺杆挤出机生产。首先将 PP 树脂与交联剂、其他助剂及添加剂按配方比例称量准确，用高速混合机混合后，加入挤出机料斗并且控制加料速度，填充率以 0.9 为宜。按预定工艺条件（参数）进行塑化、熔解、反应。然后挤出冷却切粒，即可制得粒料。按测试标准进行性能测定，据测定结果调整优化配方，确定最佳者。照方生产可制的系列不同性能的 HMSPP 专用料（母料）。

（4）工艺条件（参数）

① 挤出机温度控制（从进料口开始）　Ⅰ区：200～220℃；Ⅱ区：215～230℃；Ⅲ区：195～200℃。

② 模口温度 190～210℃。

③ 主机电流 2～3A。

④ 主机转速 应控制树脂和助剂在料筒中的停留时间，3～5min 为宜。根据交联剂的半衰期的不同，严重影响交联的凝胶化程度（交联度）。过长致使物料降解、分解达不到交联目的。应以排气口不溢料，切粒均匀为准进行适当调节。

⑤ 注意事项 高熔体流动速率 PP 改性料不同商用聚丙烯（CPP）树脂，加工造粒有其显著不同的工艺条件。由于熔融的共混组分使得 PP 树脂发生化学降解，流动性熔融指数（*MI*）在短时间提高到几倍乃至几十倍不等。因此料筒温度应严格控制，宜采用先高后低的工艺温度，方可获得较好效果。

3.6.1.4 配方正交试验设计与优化

基本配方公式：PP 树脂＋抗氧剂＋辅助抗击＋交联剂（辅助交联剂）＋添加剂。

采用正交设计优化配方。取交联剂、抗氧剂和反应挤出温度三个关键因子，其主要因子分别取三水平进行设计优化，如表 3-7 所示。

表 3-7 正交试验因素和水平表

因素/水平	复合交联剂(A) /质量份	复合抗氧剂(B) /质量份	工艺温度(C) /℃
一水平	0.1	0.2	200
二水平	0.3	0.3	210
三水平	0.5	0.5	220

3.6.1.5 性能测试与表征

熔体流动速率测定：按照 GB 3682—1988 标准，（230℃、2.16kg）

凝胶含量测定：称取待测试样 0.2g，经二甲苯与抗氧剂 1010 溶液，回流抽提 24h，干燥至恒重，凝胶含量依据式：

$$X_{gel} = \frac{m_1}{m_0} \times 100\%$$

式中，X_{gel}、m_0、m_1 分别表示试样的凝胶含量、抽提前试样质量和抽提后质量。试验至少三次，计算其平均值。

力学性能测定：拉伸性能测试按 GB/T 1040—1996 进行；弯曲性能测试按 GB/T 9341—2000 进行；冲击性能测试按 GB/T 1043—1993 进行。

热变形温度测定：按 GB/T 1633—2000 进行热变形温度测试，升温速率 50℃/h，负荷 50N。

3.6.2 结果与讨论

3.6.2.1 进行正交设计

对实验结果测定和综合评定，选择最佳配方，表 3-8 为正交试验和分析表。

表 3-8 L_9（3³）型正交试验设计和分析表

实验序号	A	B	C	试验结果				
				Y_1[①]	Y_2	Y_3	Y_4	Y_5
1#	1	1	3	41.1	3.0	41.43	58.13	11.9
2#	2	1	1	41.1	2.8	40.21	57.12	12.5
3#	3	1	2	39.5	2.1	42.21	54.87	13.1

实验序号	A	B	C	试验结果				
				Y_1[①]	Y_2	Y_3	Y_4	Y_5
4#	1	2	3	42.3	2.2	40.32	56.84	12.7
5#	2	2	2	40.4	3.2	43.41	56.92	11.8
6#	3	2	1	38.8	1.9	39.83	53.12	14.5
7#	1	3	1	40.3	2.3	40.52	57.14	12.9
8#	2	3	2	40.2	2.1	40.31	56.97	14.4
9#	3	3	3	42.4	3.3	39.86	59.16	13.2
综合评价平均值Ⅰ	20.7	22.0	20.0					
综合评价平均值Ⅱ	20.1	20.2	22.7					
综合评价平均值Ⅲ	18.0	22.0	22.9					
极差 R	2.7	2.2	2.9					

①　Y_1、Y_2、Y_3、Y_4、Y_5 分别代表凝胶含量（%）、MFR（g/10min）、拉伸强度（MPa）、弯曲强度（MPa）、缺口冲击强度（kJ/m²）。

由综合评价（详见表 3-9），可知 9 号实验结果最佳，其组合为：$A_3B_3C_3$，即交联剂 0.5 份，抗氧剂 0.5 份，反应温度 220℃。影响顺序：$R_C > R_A > R_B$；优化组合：第 9 组试验 $A_3B_3C_3$。

表 3-9　试验结果综合评价

等　级	2[①]	4	6	综合评分	
				试验号	得分
凝胶含量/%	<40	40～41	>41	1	20
				2	20
MI/(g/10min)	<2.0	2.0～3.0	>3.0	3	20
				4	22
拉伸强度/MPa	<40	40～42	>42	5	24
				6	14
弯曲强度/MPa	<54	54～57	>57	7	20
				8	22
缺口冲击强度/MPa	<12	12～13	>13	9	26

①　为了综合评价，得出较佳配方比例，将试验结果划分为三个等级，每个等级得分 2、4、6，（例如：拉伸强度小于 40MPa，则得 2 分；40～42MPa 得 4 分；大于 42MPa 得 6 分）将指标进行综合评定。

3.6.2.2　熔体流动性能

试样的熔体指数和凝胶质量见表 3-10。由于试样中的 DCP 和 TAIC 的协同作用，凝胶质量显著提高。而且有效的促进 LPP 由线行结构经交联转变为网状长支链的分子构造。使分子的运动减弱，熔体的流动性增强。

表 3-10[①]　HMSPP 与 PP 的熔体黏度和凝胶程度（交联度）的比较

试样	密度/(g/cm³)	熔体指数/(g/10min)	凝胶质量分数/%
PP	0.90	2.73	0
HMSPP	0.90	3.21	41.7

①　由前面的基础配方得来，其树脂为 T30S、F401。

3.6.2.3　耐热性能比较

由于交联（Cross Link）的形成，网状大分子之间的范德华力及相互缠绕，使得分子运动更困难，表现为熔体的热变形温度和熔点有所提高，在抗氧剂的作用下，稳定更好。见表 3-11 所示。

表 3-11　HMSPP 与 PP 的热性能比较

试样	热变形温度(1.80MPa)/℃	熔点/℃
PP	110	156
HMSPP	137	169

3.6.2.4　力学性能

由表 3-12 可见，HMSPP 与纯 PP 相比经交联后的高熔体强度聚丙烯力学性能大为改善。这是由于交联成功和抗降解能力提高的双重作用；聚合物接枝交联、聚烯烃主链 β 断键、过氧化物产生自由基形成聚合物自由基反应、支链化的分子结构等系列叠加因素。使得 PP 分子运动不易，力学性能得到明显提高。尤其，冲击强度提高较多，这是由于经交联 PP 形成立体网状结构，当受到冲击时可吸收更多的能量，使得冲击性能显著提高，即冲击强度由纯 PP 的 7.76kJ/m² 提高到 12.83kJ/m² 增长 65.3%。同时，材料的拉伸强度和弯曲强度均有所提高，可适用于生产发泡制品。

表 3-12　HMSPP 与 PP 力学性能比较

试样	拉伸强度/MPa	弯曲强度/MPa	缺口冲击强度/(kJ/m²)
纯 PP	37.73	47.40	7.76
HMSPP	41.14	57.81	12.86

3.6.2.5　螺杆转速和加料速度 HMSPP 的影响

就挤出反应工艺而言，螺杆转速和加料速度对交联物料和交联程度有较大的影响。即螺杆转速高，或者加料速度快，则交联物的交联程度越大。螺杆的长径比越大单体的交联接枝率越高。因此物料在料筒中停留时间越长，在该时间内物料与交联剂、抗氧剂反应充分；螺杆转速宜控制在 50~200r/min，见图 3-67。横坐标为熔体流动速率，纵坐标为螺杆转速。

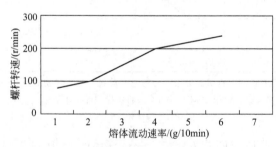

图 3-67　螺杆转速对熔体流动速率的影响

3.6.2.6　反应温度与反应时间的 HMSPP 影响

对于化学交联法制备高熔体强度聚丙烯，温度和反应时间至关重要。就本实验采用的交联剂、抗氧剂，根据过氧化物的半衰期为 1h，分解温度 135~155℃ 的特点。反应加工温度 180~240℃ 较好；平均反应时间 1.5~3min 适宜。反应时间 3min，反应温度 210，交联成度好，交联度为 3.1%。详见表 3-13。

3.6.2.7　交联剂份数对 HMSPP 综合评价的影响

随着交联剂份数的增加，PP 的线性结构变为立体网状结构，使得 HMSPP 的力学性能有较大幅度的提高。经对试验结果综合评定与之一致，如表 3-14 所示。

表 3-13　反应温度和反应时间对交联度的影响

序号	反应时间/min	反应温度/℃	交联度/%
1#	1.5	180	2.5
2#	1.8	190	2.2
3#	2.0	200	2.7
4#	2.5	210	3.1
5#	3.0	220	2.1
6#	3.2	230	2.3

表 3-14　交联剂对 HMSPP 综合评价的影响

序号	交联剂/质量份	综合评分/分
1#	0.1	22
2#	0.5	26
3#	0.3	24

3.6.2.8　验证配方放大重复试验结果

为验证正交试验设计所确定的 $A_3B_3C_3$ 是否最佳，将配方放大三倍进行平行试验三次测定试样结果，实验证明稳定可靠，可按配方批量生产。见表 3-15。

表 3-15　放大三次平行重复试验结果

序号	因子			试验结果					综合评分
	A/质量份	B/质量份	C/℃	交联度/%	MI/(g/10min)	拉伸强度/MPa	弯曲强度/MPa	冲击强度/MPa	分值
1#	0.5	0.5	220	41.3	2.9	42.1	57.4	13.2	26
2#	0.5	0.5	220	42.2	3.1	42.4	57.8	12.6	28
3#	0.5	0.5	220	42.3	3.2	41.7	56.7	13.4	26

3.6.3　结论

（1）分析了 HMSPP 的国内外的研发情况和树脂特点；进行基础配方的正交试验设计和优化；采用反应挤出交联法试样制备成 HMSPP，经测试熔体强度、凝胶化质量、力学性能、耐热性能均有不同程度的提高；在生产工艺方面确定了较好的螺杆转速、加料速率，最佳反应温度和时间。

（2）普通 PP 发泡温度范围及窄，从熔点到微孔壁开始破裂的温度区间约 4℃，黏度低、熔体强度差，极大地限制了在低发泡材料方面的应用。HMSPP 在熔融加工时，张力和应变硬化性较高，在气泡成长期不会破裂，生产可发泡聚丙烯（EPP）具有闭孔结构、较高绝热性和刚性制品。

（3）开发的 HMSPP 具有较高的熔体强度和拉伸黏度，而拉伸黏度、剪切应力和时间成正比关系，应变硬化行为促使泡孔稳定增长，抑制了对微孔壁的破坏，从而使 PP 基础发泡成型成为可能。在后续开发中逐步扩大用途和范围，提高性能和功能。

第4章 增塑剂

4.1 非邻苯二甲酸结构增塑剂的合成及其应用进展

（秦晓洁，蒋平平，王 莹，冷 炎，张萍波）

4.1.1 概述

2011 年台湾塑化剂风波和 2012 年白酒塑化剂事件后，中国的增塑剂（台湾称为塑化剂）及塑料加工助剂产业如何应对，引起国家和中国新材料助剂行业的高度关注。增塑剂是指能使聚合物体系的塑性增加的一类精细化工产品，在高分子材料特别是 PVC 塑料加工中最重要的添加物，可以使其柔韧性增强，容易加工。

增塑剂是塑料助剂中用量最大的品种，2011 年我国增塑剂总产量已突破 300 万吨/年，增塑剂中传统邻苯酯类用量最大，主要采用苯酐和脂肪醇在质子酸催化下经酯化作用生产相应的邻苯酯类化合物，约占增塑剂总产量的 80%，但近年来，随着人们对其毒性的研究，发现，此类增塑剂有致癌的可能性，欧盟已经禁止在儿童玩具、食品包装、医药用品等领域使用包括邻苯二甲酸二辛酯（DOP）在内的 6 种邻苯二甲酸酯增塑剂，美国、日本、瑞典等也纷纷制定相应的法律法规来限制其在关系人类健康的领域的应用。因此，研究开发新型、环保、高效、无毒的增塑剂成为人们研究的重点。目前人们已经开发出多种环保增塑剂，但考虑到产品性能、原料价格、环境友好等因素，目前较为理想的增塑剂有以下几个品种：环氧类增塑剂、聚酯类增塑剂、柠檬酸酯增塑剂、偏苯三酸三酯类以及对苯二甲酸二辛酯增塑剂。

4.1.2 新型环保非邻苯类增塑剂

4.1.2.1 生物基植物油增塑剂

植物油基类产品其分子结构中不含有苯环结构，是国外应用较早的被认为基本无毒的一类非邻苯酯类有机化合物，可作为无毒环保型塑剂助剂，除了有十分优良的增塑作用以外，还有较好的热稳定性能，特别是以环氧植物油基类化合物的应用最广泛，国内外工业化生产环氧化油类的品种主要有：环氧大豆油、环氧棉籽油、环氧米糠油、环氧向日葵油。我国环氧增塑剂的消费量已占增塑剂总量 20% 左右，在美国其消费量仅次于邻苯二甲酸酯和脂肪族二元酸酯，占消费量的第三位。国外环氧大豆油的消费量约占环氧增塑剂的 70%，在塑料、涂料工业、新型高分子材料、橡胶等工业领域中有广泛的应用。环氧增塑剂毒性极小，在许多国家已被允许用于食品及医药的包装材料，是美国药物管理局批准的唯一可用于食品包装材料的环氧类增塑剂，已发展成为第三大类增塑剂。

环氧大豆油的制备方法与原理：将经过精炼的大豆油与过醋酸（或甲酸）混合，滴加双氧水、进行环氧化再经静置分离，碱洗，水洗以及蒸发，压滤得成品。

反应原理：

$$HCOOH + H_2O_2 \xrightarrow{H_2SO_4} HCOOOH + H_2O$$

（R 与 R′ 相对，可不等）

由于环氧大豆油是用大豆油和粗液内含有残余的酸性物质及其他杂质，所以传统的后处理工艺是向环氧粗液中加入碱进行中和，再经水洗、干燥和过滤得到成品，环氧化大豆油的后处理工艺仍在不断改进，如采用汽提法处理，提高产品的环氧值。

2013 年，江南大学蒋平平课题组制得席夫碱钼（Ⅵ）配合物 MoO$_2$（SAP）（EtOH），并以 MoO$_2$（SAP）（EtOH）为催化剂，研究了其催化合成环氧大豆油的催化性能，考察了氧源种类、反应温度、反应时间及溶剂/助剂等因素对环氧化反应的影响，实验表明，以 65%（质量分数）叔丁基过氧化氢（65%TBHP）为氧源，在 80℃时反应 4h，转化率和选择性分别为 43.0% 和 67.2%，MoO$_2$（SAP）（EtOH）在催化体系中表现出强烈的助剂效应。

4.1.2.2　聚酯类增塑剂

聚酯增塑剂是一种性能十分优良的塑料助剂，不仅可以作为主增塑剂，还可作为特种助剂应用于各种 PVC 制品、高分子新材料及新型橡胶制品。聚酯增塑剂为黄色或无色的黏滞油状液体，无味、无毒、不溶于水，一般通过二元酸（酐）和二元醇的缩聚反应来制备，平均相对分子质量一般为 1000～8000。主要的聚酯增塑剂按所用的二元酸分为己二酸类、壬二酸类、癸二酸类、戊二酸和苯二甲酸类等结构类型；最常使用的二元醇有乙二醇、1,2-丙二醇、1,3-丙二醇、1,4-丁二醇及一缩二乙二醇等。合成方法主要采用在络合催化剂存在下进行酯化与聚合反应制备。下面以二元酸与二元醇合成聚酯为例：

$$n\text{HO—R—OH} + n\text{HOOC—R}'\text{—COOH} \rightleftharpoons$$
$$\text{H}\text{⊢OROOCR}'\text{CO}\text{⊣}_n\text{OH} + (2n-1)\text{H}_2\text{O}$$

用一元醇作封端剂：

$$n\text{HO—R—OH} + (n+1)\text{HOOC—R}'\text{—COOH} + 2\text{R}''\text{OH} \rightleftharpoons$$
$$\text{R}''\text{O}\text{⊢OCR}'\text{COORO}\text{⊣}_n\text{OCR}'\text{COOR}'' + (2n+2)\text{H}_2\text{O}$$

用一元酸作封端剂：

$$(n+1)\text{HO—R—OH} + n\text{HOOC—R}'\text{—COOH} + 2\text{R}''\text{COOH} \rightleftharpoons$$
$$\text{R}''\text{CO}\text{⊢OROOCR}'\text{CO}\text{⊣}_n\text{OROOCR}'' + (2n+2)\text{H}_2\text{O}$$

（1）聚酯增塑剂的毒性　聚酯增塑剂的毒性较低，能应用于对卫生要求较高的塑料制品中。因此已被美国 FDA 批准可用于接触食品的材料。美国孟山都公司对己二酸型聚酯增塑剂的安全评价为：口服 LD$_{50}$＞10g/kg；皮下注射 LD$_{50}$＞10g/kg；对皮肤 24h 无刺激性；对眼睛无刺激。

（2）聚酯增塑剂的耐抽出性　塑料制品在使用的过程中可能会与水、油或者有机溶剂接触，如果所使用的增塑剂的耐抽出性较差，在使用的过程中增塑剂可能就会从塑化物中抽出，从而加速塑料制品的老化，耐抽出性是增塑剂性能的一个重要指标。

实验表明，聚酯类增塑剂具有较传统的邻苯单体型增塑剂更优越的耐抽出性，主要原因是聚酯类增塑剂具有较大的分子量，与 PVC 高分子树脂有较好的相容性，另一个原因可能是聚酯类增塑剂的极性较大，分子链较长，所以耐极性和非极性溶剂的抽出性较好。

4.1.2.3　柠檬酸酯类

柠檬酸酯类增塑剂可以作为润滑剂、乳化剂、浸润剂、柔软剂、洗涤剂、调理剂等，广泛应用于食品、纺织、皮革、化妆品等行业。

（1）柠檬酸三丁酯合成　柠檬酸三丁酯是以柠檬酸和正丁酸为原料，在催化剂存在下催化合成的。

$$\underset{\substack{\text{CH}_2\text{COOH}\\|\\ \text{OH—C—COOH}\\|\\ \text{CH}_2\text{COOH}}}{} + 3\text{CH(CH}_2)_3\text{OH} \xrightarrow[\triangle]{\text{cat}} \underset{\substack{\text{H}_2\text{C—C—O—(CH}_2)_3\text{CH}_3\\|\ \ \|\\ \text{HO—C—C—O—(CH}_2)_3\text{CH}_3\\|\ \ \|\\ \text{H}_2\text{C—C—O—(CH}_2)_3\text{CH}_3}}{} + 3\text{H}_2\text{O}$$

江南大学蒋平平课题组研究了柠檬酸与正丁醇在 $Ce(SO_4)_2 \cdot 4H_2O/NH_2SO_3H$ 复配催化剂催化作用下制备柠檬酸三丁酯的工艺条件。将氨基磺酸引入了四水硫酸铈催化体系，目的在于提高四水硫酸铈催化剂的稳定性，解决其易失活的弊端，且二者复配后，催化剂成本降低，产品颜色浅，后处理简单，不腐蚀设备，具有良好的工业化应用前景，对于稀土作为酯化催化剂的推广也有积极的意义。

（2）乙酰柠檬酸三丁酯合成　乙酰柠檬酸三丁酯（ATBC）是以柠檬酸三丁酯和乙酸酐为原料，在催化剂的存在下催化合成的。

$$\underset{\substack{\text{H}_2\text{C—C—O—(CH}_2)_3\text{CH}_3\\|\ \ \|\\ \text{HO—C—C—O—(CH}_2)_3\text{CH}_3\\|\ \ \|\\ \text{H}_2\text{C—C—O—(CH}_2)_3\text{CH}_3}}{} + \underset{\substack{\text{CH}_3\text{—C}\\ \diagdown\\ \text{O}\\ \diagup\\ \text{CH}_3\text{—C}}}{} \xrightarrow[\triangle]{\text{cat}} \text{CH}_3\text{C—O—}\underset{\substack{\text{H}_2\text{C—C—O—(CH}_2)_3\text{CH}_3\\|\ \ \|\\ \text{C—C—O—(CH}_2)_3\text{CH}_3\\|\ \ \|\\ \text{H}_2\text{C—C—O—(CH}_2)_3\text{CH}_3}}{} + \text{H}_2\text{O}$$

乙酰柠檬酸三丁酯由于其药理的安全性、无味、性能优越，可以用于食品包装。因此已被很多国家批准用作食品包装、肉食包装的塑料配方。而且它是制造儿童玩具的最好增塑剂，是所有柠檬酸酯中用途最好的一种。国外被大量用于持续释放药物的覆膜、口香糖等。由于其性能优良，无害于环保、增塑效果好，正逐步替代传统邻苯型增塑剂，具有极为广阔的发展前景。

4.1.2.4　偏苯三酸三（2-乙基）己酯合成

在酸催化作用下，由偏苯三酸酐（称为偏酐）和不同碳链的一元醇进行酯化进行合成反应制备苯多酸酯类产品，如辛醇（2-乙基己醇）原料酯化，可得偏苯三酸三（2-乙基）己酯产品，简称 TOTM，近几年其产量需求量增长快，基合成原理如下：

$$\text{HO—C}\underset{\substack{\\ \diagup\\ \text{C}\\ |\\ \text{O}}}{\overset{\diagdown O}{\bigcirc}} + 3\text{C}_8\text{H}_{17}\text{OH} \xrightarrow{\text{cat}} \text{C}_8\text{H}_{17}\text{O—C}\underset{\substack{\\ \text{C—OC}_8\text{H}_{17}}}{\overset{\text{C—OC}_8\text{H}_{17}}{\bigcirc}} + 2\text{H}_2\text{O}$$

偏苯三酸酐　　　2-乙基己醇　　　　偏苯三酸三(2-乙基)己酯

由于环分子结构中存在不同活性的酐环和羧基，反应体系中存在不同分布量的同分异构体的副产物：

二酯-1,4　　　　　二酯-2,4　　　　　二酯-1,2　　　　　三酯-1,2,4

美国 Amoco Chemical Company 工业化生产偏苯三酸酐通过与不同醇进行制备不同分子结构的酯类产品用作增塑剂应用，最主要产品为分子构成为偏苯三酸三(2-乙基)己酯，是一种性能非常优良的塑料加工助剂，其特点是挥发性小、耐抽出、耐迁移，具有类似聚酯增塑剂的优点，同时它的相容性、加工性、低温性能等又类似于单体邻苯二甲酸酯，所以兼具有单体增塑剂和聚酯增塑剂两者的特点。其广泛用作 PVC 耐热增塑剂、抗溶剂交联氯乙烯树脂的增塑剂，还可用作浸渍剂和耐高温绝缘漆，电器内部件、汽车内电线、半导体等的包覆材料，及汽车座垫、人造革、洗衣机排水软管、百叶窗帘、密封材料与填料等。

4.1.2.5 对苯二甲酸二（2-乙基）己酯（DOTP）

DOTP 的分子结构为：

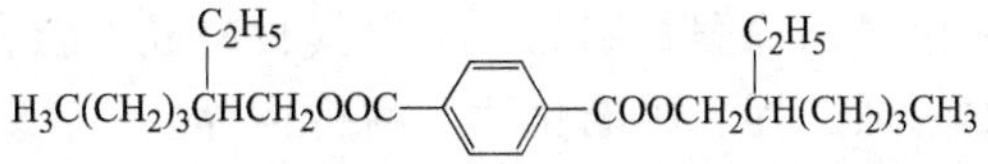

对苯二甲酸二辛己酯（DOTP）的合成方法有三种：一是用对苯二甲酸（PTA）直接酯化法；二是对苯二甲酸二甲酯（DMT）以及聚对苯二甲酸酯交换法；三是废聚酯降解法。前两种合成路线生产成本较高，但目标产物的纯度较高，废聚酯降解法是利用涤纶生产中产生的大量废物或聚酯加工制品中产生的废料，将废料进行碱解，再用稀酸溶液中和，水洗滤渣后获得对苯二甲酸（PTA），降低生产成本，在合成反应中存在较多的环保问题没有得到解决，以及最终产品质量难达高纯度的要求，并有副产物乙二醇、钛白粉化合物析出，利用废聚酯降解制备 DOTP 的合成工艺原理如下：

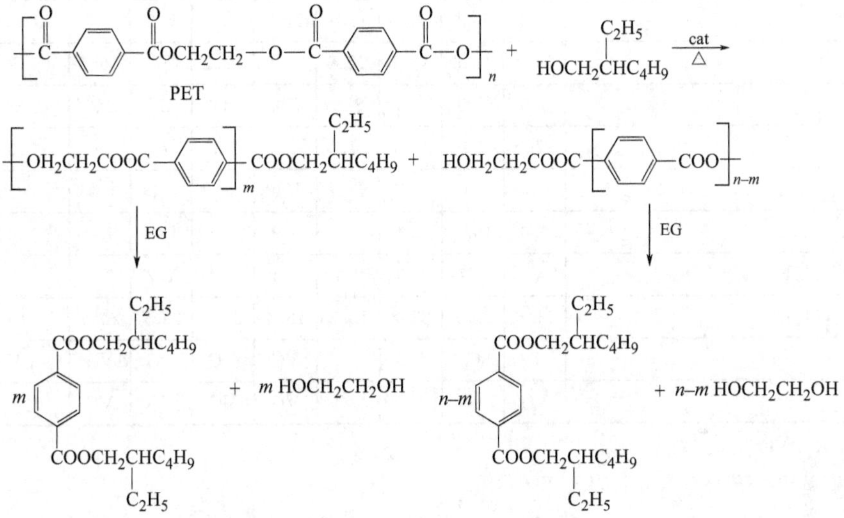

4.1.3 新型环保非邻苯类增塑剂的应用

4.1.3.1 环氧大豆油

环氧增塑剂毒性极小，在许多国家已被允许用于食品及医药的包装材料，环氧大豆油主要组分的结构分子式如下：

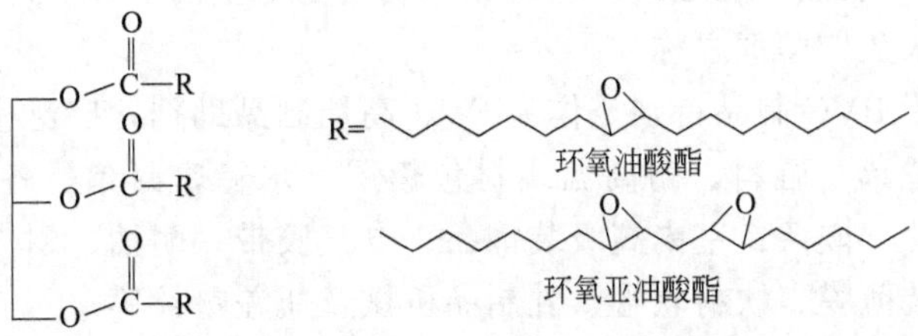

环氧大豆油具有高活性的环氧基，它既能吸收 PVC 树脂在分解时放出的氯化氢，减少 PVC 中不稳定的羟氯代烯丙基共轭双键的形成，从而阻止了 PVC 的连续分解作用，起到稳定剂的作用，延长 PVC 制品的使用寿命，因此环氧大豆油对光、热有良好的稳定作用，是无毒、无味的 PVC 热稳定剂。

环氧大豆油能使 PVC 的流动性得到显著改善，它同 PVC 的相容性极好，能很快地均匀分散在 PVC 基体内，从而削弱 PVC 大分子间的相互作用力，增大分子间的相互移动性。几乎可以用于所有的聚氯乙烯制品，如聚氯乙烯无毒制品、聚氯乙烯透明制品、透明瓶、透明盒、食品和药物包装材料、聚氯乙烯医用制品"输血袋"，聚氯乙烯户外使用的塑料制品，防水卷材，塑料门窗，贴墙纸塑料膜等。在要求耐候性高的农用薄膜中加入环氧大豆油可大大延长薄膜使用寿命，使用环氧大豆油的聚氯乙烯塑料制品，不但其材料成本会有所降低，它的各项物理性能还有不同程度的提高，如耐加工性、耐老化性、耐折性等。

几种主要的环氧脂肪酸增塑剂与通用增塑剂 DOP 用于塑料制品后性能比较数据列于表 4-1 中，从表中可知：环氧增塑剂用于塑料制品后的力学特性，如定向拉伸、拉伸强度、制品硬度、挥发减量等，多数都能与 DOP 相当，有的优于 DOP。

表 4-1　环氧脂肪酸酯增塑剂与邻苯二甲酯辛酯（DOP）性能比较

增塑剂 项目	DOP	环氧油酸酯		环氧棉籽 油脂肪酸酯		环氧大豆油脂肪酸酯				环氧 大豆油
		甲酯	丁酯	甲酯	丁酯	甲酯	丁酯	辛酯	四氢糠醇酯	
100％定伸强度，(25℃)/MPa	9.0	7.2	6.0	11.7	11.2	6.0	7.2	8.5	6.8	12.5
拉伸强度（25℃）/MPa	19.5	18.6	17.1	22.6	20.9	17.2	18	16.7	19.4	20
伸长率/％	370	410	430	350	370	150	420	340	400	340
硬度(邵氏 A)	76	70	69	79	80	65	70	76	68	80
耐寒性(T_f)/℃	−30	−43	−56	−27	−40	−42	−44	−46	−32	−16
挥发减量(60℃,240h)/％	0.6	10.7	2.4	5.6	5.3	6.4	7.2	1.0	0.5	0
水抽出量(25℃,240h)/％	0.2	1.7	0.6	2.1	1.1	3.1	1.2	0.9	3.5	0.5
油抽出量(25℃,240h)/％	11.6	22.3	22.2	13.3	18.4	21.5	23.7	24.5	16.5	9.4
热稳定性	P	G	VG	G	VG	VG	VG	VG	VG	VG
光稳定性	VG	E	VG	VG	VG	VG	VG	VG	—	VG

注：1. 配方中 PVC 占 65％；

　　2. P 表示差，G 表示好，VG 表示非常好，E 表示优。

4.1.3.2　聚酯类增塑剂

聚酯增塑剂的平均相对分子质量一般为 1000~8000，相对分子质量对聚酯增塑剂的性能起着十分重要的影响。在聚酯增塑剂品种中己二酸类聚酯的品种最多，其中己二酸丙二醇类聚酯最为重要。己二酸、丙二醇类酯的相对分子质量多在 3000~3500。聚酯增塑剂是极性高分子聚合物与 PVC 有很好的相容性，加入 PVC 配方内，都能使 PVC 塑化时间有不同程度的提前，并且聚酯用于 PVC 制品中能起到了吸引和固定其他增塑剂不向 PVC 制品的表面迁移的作用，故聚酯增塑剂有永久增塑剂之称。

聚酯增塑剂可用于 PVC 制品特别是作为 PVC 高档制品助剂，广泛应用于耐油电缆、煤气软管、防水卷材、人造革、鞋料、耐高温线材包覆层、水箱密封条、各种设备（包括冷冻设备、机动车辆）的垫片、嵌条；室内高级装饰品；电气胶带；耐油、耐汽油的特殊制品等。在接触食品方面包括包装薄膜、饮料软管、乳制品机械及瓶盖垫片等。

聚酯增塑剂用于橡胶制品，能赋予橡胶以硫化耐热性、耐油性、抗溶胀性和耐迁移性，能改善胶料加工工艺性能，如降低胶料的黏度，提高硫化的回弹性和伸长率，对胶料的拉伸强度和撕裂强度下降较小，常用于苯乙烯-丁二烯橡胶和丁腈橡胶制品中。

在 EVA-VC 接枝共聚树脂中，聚酯增塑剂可作为硬质改性剂使用，用于 PVC 门、窗等异型材配方中，加量 6~10 份聚酯增塑剂作为助剂后，其制品的耐候性、冲击性优良；聚酯增塑剂在软 PVC 制品中，添加量能达到 20％～40％。美国固特异公司用聚酯增塑剂生产出特种丁腈橡胶粉末，可用于 PVC、ABS 树脂、酚醛树脂等的改性剂，能增加材料韧性和改善冷冲击性。在 PVC 中加入 20 份特种丁腈橡胶粉末，试样在异辛烷中浸泡 22h 后的失重能从原来的 8％减少到 0.6％，由此说明用聚酯增塑剂生产的丁腈粉末是制造耐油制品较理想的原材料，国内已将聚酯增塑剂用于 PVC 改性剂，将生产的 PVC 改性剂用于硬质 PVC 配方内，能改善 PVC 树脂的脆性，起到极好的增韧效果。

由邻苯二甲酸酐与环氧化合物制成的共聚物用于 PVC 增塑剂，聚酯能将其改性，能显著改善 PVC 软制品的质地。用邻苯二甲酸、C_5～C_{10} 直链烷酸、新戊二醇和脂肪一元酸或多元醇共聚制成的聚酯增塑剂用于 PVC 材料，具有优良的加工性能与耐擦伤性，特别适用于耐油、耐水的各种塑料制品。

4.1.3.3 柠檬酸脂类增塑剂

柠檬酸可用于食品业，是用量最大的一种酸味添加剂。用于生产柠檬酸酯，安全性是其他增塑剂产品与之无法比拟的。国外见报道的柠檬酸酯产品有 50 多种，其中已经工业化生产的有 15 中，其中最常见的品种是柠檬酸三丁酯（TBC）和乙酰柠檬酸三丁酯（ATBC）。柠檬酸三丁酯的生产原料是柠檬酸和正丁醇；乙酰柠檬酸三丁酯的生产则以柠檬酸、正丁醇、乙酸酐为原料。由于原料皆为无毒产品，TBC 和 ATBC 也是无毒增塑剂，被 FDA 认定为无毒产品，批准将其用于食品包装材料、医疗器具、儿童玩具和个人卫生用品等方面。其急性毒性 LD_{50} 值见表 4-2。

表 4-2 TBC 与 ATBC 的急性毒 LD_{50} 值

增塑剂	大鼠	猫	试验方式
TBC	＞2900mg/kg	＞3500mg/kg	经口
ATBC	＞30mg/kg	＞30mg/kg	经口

（1）柠檬酸三丁酯　柠檬酸三丁酯（TBC）因具有相容性好、增塑效率高、无毒、不易挥发、耐候性强等特点而广受关注，成为首选替代邻苯二甲酸酯类的绿色环保产品。它在寒冷地区使用仍保持有好的挠曲性，又耐光、耐水、耐热，熔封时热稳定性好而不变色，安全经久耐用，适用于食品、医药物品包装、血浆袋及一次性注射输液管等。TBC 对 PVC、PP、纤维素树脂都可增塑，其相容性好；TBC 与其他无毒增塑剂共用可提高制品硬度，尤其对软的纤维醚更为适用；TBC 具无毒及抗菌作用，不滋生细菌，还具有阻燃性，所以它在乙烯基树脂中用量甚大；薄膜、饮料管、食品瓶密封圈、医疗器械、医院内围墙、家庭、饭店宾馆及公共场所等壁板、天花板，食堂灶间、卫生间等更需要此种灭菌阻燃增塑剂；交通工具含国防航空器、战船、战车的车厢内塑料制品也须用此增塑剂。

（2）乙酰柠檬酸三丁酯　乙酰柠檬酸三丁酯（ATBC）在国外食品包装工业中已得到广泛应用，目前在英国、美国、德国、法国、荷兰、意大利、日本都被允许可用于食品包装材料。

TBC 可用来制备另一种无毒增塑剂 ATBC，该产品性能与 TBC 相近，环保指标更加优越。2004 年 2 月，欧盟科学界已得出结论，ATBC 作为儿童玩具的增塑剂不仅是安全的，而对现行的风险评估模型也是可靠的。欧洲委员会毒性、生态毒性和环境科学委员会认定柠檬酸酯类增塑剂是一种无毒增塑剂，从安全角度考虑，更适用于做软质儿童玩具。柠檬酸酯类对多数树脂具有稳定作用，可以作为一种良好的通用性增塑剂。

ATBC 作为无味主增塑剂，比 TBC 的毒性更小，具有溶解性强，耐油性、耐光性好，并有很好的抗霉性。它与大多数纤维素、聚氯乙烯、聚乙酸乙烯酯等有良好的相容性，主要用作纤维素树脂和乙烯基树脂的增塑剂。在儿童玩具方面，随着 DOP 毒性资料的不断被发现，越来越多领域禁止使用 DOP，而 ATBC 透明性好、水抽出率低，经增塑的塑料制品加工性能优良，热合性好，二次加工方便，特别适合作为儿童玩具主增塑剂使用。在肉制品包装方面，ATBC 可作为肉制品包装材料，而 DOP 不能应用在高脂肪含量食品包装领域。而且不会引起食品异味，经增塑的塑料制品透明，印刷性能好。在医用制品方面，ATBC 水抽出率低，对人体没有潜在危害，经其增塑的医用制品耐高温、低温性能好。作为一种优良的增塑剂不仅满足无毒增塑剂的条件，也可用于一般塑料制品中。用 ATBC 塑化的纤维素电影胶片挥发性损失低，与含 DBP 的纤维素电影胶片相比，对金属有较强的附着作用。

4.1.3.4 偏苯三酸酯类

偏苯三酸三酯类增塑剂无论是单独使用，还是与其他的增塑剂复配进行使用，都会赋予高分子材料较好的塑性和特殊的加工性能，特别适用于电线电缆、绝缘材料、汽车内装饰塑料、冰箱密封条、聚氯乙烯片材、游泳池的装饰材料等工业领域，都能使塑料制品达到极佳的价格与产品性能比，偏苯三酸酯类增塑剂与通用增塑剂邻苯二甲酸酯、聚酯产品的应用性能比较见表 4-3。

表 4-3　偏苯三酸酯与通用增塑剂比较

相比项目	增塑剂		
	偏苯三酸酯	邻苯二甲酸酯	聚酯
耐高温特性	+++	—	++
抗湿性能力	+++	+++	++
耐:水/肥皂水特性	+++	—	++
耐矿物油	+	+	+++
抗汽油或乙烷抽出性	—	—	+++
耐油漆破坏性	—	—	+++
产品体积电阻率	+++	—	+++
制品体积电阻系数	+++		+++
柔软性			
低温条件柔软性	++	+++	—
增塑效率			
用少量增塑剂生产高柔软性程度	+	+++	
制品加工难易			
易,生产成本低	+++	+++	—

注:"+++"极好;"++"好;"+"一般;"—"差。

从表 4-3 可知：偏苯三酸酯具有较优良的物理性能，既有耐热性，又有低温柔软性，水中迁移性特别小，用于塑料制品时加工方便，而传统的聚酯增塑剂产品因其有一定的黏度，往往给塑料加工过程带来不便，而偏苯三酸酯产品的价格低于聚酯增塑剂产品。偏苯三酸三酯增塑剂电性能主要是指制品表现出的抗导电性，绝缘性能好，通常以它的体积电阻率值、制品的体积电阻系数来表示。因为增塑剂的品种及其在塑料中的浓度（用量）是重要的因素，对同一种增塑剂而言，其本身的纯度与电性能对塑料制品的体积电阻系数大小有着十分重要的影响。

偏苯三酸三酯类增塑剂最重要的产品指标是体积电阻系数，它能有效的提高聚氯乙烯产品的电绝缘性能，在 PVC 塑料制品中正确的运用偏苯三酸三酯，能使塑料制品超过国际 UL90℃、105℃电缆料标准，并在产品的加工过程中减少返工率，拉线成型方便。偏苯三酸酯还能提高 105℃级电缆料的拉伸率，使产品大大超过 UL 要求的 65% 的标准，此外偏苯三酸酯的耐高温特性，完全可达到和超过聚酯增塑剂，且价格比聚酯增塑剂低。

4.1.3.5 对苯二甲酸二（2-乙基）己酯（DOTP）

DOTP 结构中有处于对位的两个 2-乙基己基，使其有足够的支链度而保持黏性液体状态，并且其分子是线型对称结构，因此它的挥发性更低，217℃时，蒸汽压仅为 1mmHg。而 DOP 为球形结构，分子结构的差异使 DOTP 在性能方面的表现更加突出，除塑化性能略低于 DOP 外，其他物理机械性能均优于 DOP，因此它有更广泛的用途：广泛用于聚氯乙烯、氯乙烯、氯乙烯共聚物、纤维素树脂的加工，还用于制造薄膜、人造革、电线电缆绝缘、片板材、模塑制品等，也可作为涂料添加剂、精密仪器润滑剂、润滑剂的添加剂以及橡胶和纸张的软化剂。

　　与 DOP 相比，DOTP 的电气绝缘性能更佳，体积电阻率是 DOP 的十几倍，受热后电性能稳定，在相同条件下挥发残留量仅为 DOP 的一半，同时增塑后 PVC 树脂的低温柔性、耐低温性也都比较好，因此特别适用于耐高温聚氯乙烯电缆料的生产。国外在 70℃级电缆料中已普遍应用 DOTP，而 DOP 只能达到 65℃级电缆料的要求，不能满足国际电工委员会（IEC）规定的 70℃级电缆标准。为了与国际接轨，我国电缆行业全面推行 IEC277—1979 标准，因而必将促进 DOTP 等耐高温增塑剂的生产和应用。

4.1.4　结论

　　① 采用新型催化剂和新型合成工艺。由于传统的合成绿色增塑剂催化剂易腐蚀设备、反应选择性差、污染环境严重等，并且生产工艺流程长、三废处理量大、副产物多、产品质量差，因此，开发新型高效的增塑剂催化剂及无污染的绿色生产工艺是我国环保增塑剂生产的重要研究方向。

　　② 加快非邻苯类增塑剂的性能研究及应用步伐。随着科技的发展和国民环保意识的增强，因此，国内增塑剂行业及塑料加工助剂企业的当务之急是加快调整产品结构的步伐，降低增塑剂产品结构中邻苯类增塑剂的工业化生产比例，加快非邻苯类无毒、低廉、环保增塑剂的发展及新品种的开发研究，并加强环保增塑剂在高分子材料中应用的性能研究，将是我国增塑剂与 PVC 软制品加工行业今后的主要任务。

4.2　环保型塑料增塑剂研究进展

（郭海永，梁　冰，吕艳艳等）

4.2.1　概述

　　随着塑料工业的迅速发展，橡塑材料增塑剂的需求量逐年增大。据统计，目前已商品化的有 500 多种，其中以邻苯二甲酸酯类增塑剂的生产和消费最大，尤其是邻苯二甲酸二辛酯（DOP）和邻苯二甲酸二丁酯（DBP），由于 DOP 增塑效率高，挥发性低，迁移性小，柔软性和电性能等综合性能优良，除大量用于 PVC 树脂外，还广泛用于各种纤维素树脂、不饱和聚酯、环氧树脂、醋酸乙烯树脂和某些合成橡胶中。但自邻苯二甲酸二辛酯（DOP）被美国癌症研究所（NCI）怀疑有致癌作用后，DOP 的环保问题逐渐引起人们的重视，其使用范围受到一定限制。随着全球范围内环保要求的提高，对添加到橡胶、塑料制品中的增塑剂提出了更高的要求，世界各国针对性地制定了相关的环保战略；2011 年 2 月，欧盟将 DEHP、DBP、BBP 三种邻苯二甲酸酯直接列入化学品淘汰名单。美国、日本、韩国、澳大利亚、阿根廷等国也已对玩具中邻苯二甲酸酯的含量做出了与欧盟类似的限定。目前我国已成为最大的增塑剂生产国、进口国和消费国，然而国内环保型增塑剂产品只占总量的三成，与欧盟 REACH 法案、RoHS、WEEE 指令和国内塑料制品绿色、安全法规的要求很不适应。

　　本节将环保型增塑剂按照其化学结构分为七类：环氧类、醇酸酯类、多元醇芳香酸酯类、脂肪族二元酸酯类、对苯二甲酸酯类、低分子量聚酯类、其他类。

4.2.2 环保增塑剂

4.2.2.1 环氧类

环氧植物油具有无毒、多功能、低成本、无污染等优点，在橡塑工业中的应用前景十分广阔。环氧大豆油常温下为无毒无味的液体，是国内外开发应用较早的一种环氧型增塑剂，在塑料、涂料、新型高分子材料、橡胶等工业领域中有广泛的应用。环氧大豆油是美国药物管理局批准的唯一可用于食品包装材料的环氧类增塑剂，目前在许多国家已被允许用于食品及医药的包装材料，同时还具有优良的热稳定性、光稳定性、耐水性和耐油性，已发展成为第三大类增塑剂。

王龙江等以大豆油为原料，大孔强酸型树脂为催化剂，过氧甲酸为环氧化剂将大豆油与双氧水、甲酸（乙酸）反应制得环氧大豆油产品。

徐晓鹏等以葵花油为原料采用无溶剂工艺合成了环氧葵花油，进一步研究了其对聚氯乙烯（PVC）热稳定性、增塑效果的影响。结果表明，反应温度为60℃、反应时间为5h、过氧化氢和葵花油摩尔比为 2∶1、催化剂用量为原料总质量的3%时，环氧葵花油的环氧值达到了6.78%；环氧葵花油与钙锌稳定剂并用具有协同作用，可以增强橡胶、PVC 的长期热稳定性，效果比环氧大豆油更好；环氧葵花油还能使 PVC 的玻璃化转变温度、硬度、拉伸强度降低，断裂伸长率升高，可以作为 PVC 增塑剂使用。

刘汝宽等以地沟油为原料经地沟油甲酯的制备、环氧甲酯的制备，制备出合格的脂肪酸甲酯原料，其产品满足 GB/T 20828—2007 的要求，可以作为制备环氧甲酯的理想原料，为地沟油的高质化利用提供基础数据。通过单因素试验和正交试验，建立了地沟油脂肪酸甲酯为原料制备环氧甲酯产品的最优生产工艺。即温度 65℃，反应时间 3.5h，H_2O_2 用量 30g/50g 甲酯。

华东理工大学与江阴市向阳科技有限公司联合研究开发的"新型生物环氧增塑剂（环氧脂肪酸甲酯）"项目产品，是以可再生物质脂肪酸脂类和有机酸为主要原料，在过氧化氢存在的条件下发生环氧化反应合成的一种新型生物环氧增塑剂，其生产工艺包括原材料预处理、酯交换反应、精馏、环氧化反应、水洗脱酸、蒸馏脱水等六个步骤。本项目操作简便安全、对环境没有污染。项目产品具有耐寒、耐水性强等特点，对提高塑料制品的柔韧度、光泽度、热稳定性和光稳定性等有很好的效果，在很多领域可以替代或部分取代 DOP、DBP、TBC、ATBC 等增塑剂。

4.2.2.2 醇酸酯类

柠檬酸三丁酯（TBC）是一种良好的环保塑料增塑剂，它已经通过美国 FDA 认证，可作为一种无毒、低毒或生物降解性好的新型橡塑助剂取代传统的邻苯二甲酸酯类增塑。柠檬酸三丁酯一般是以柠檬酸与正丁醇为原料，在催化剂的作用下合成的。传统的生产工艺以浓硫酸为催化剂，该法副反应多，产品纯度不高，设备腐蚀严重。鉴于浓硫酸催化酯化的各种弊端，新型催化剂的研究成为柠檬酸三丁酯合成技术的焦点。目前，应用于合成柠檬酸三丁酯的催化剂主要有对甲苯磺酸、无机盐、杂多酸以及固体超强酸等。

王百军等采用活性炭固载对甲苯磺酸催化合成了环保增塑剂柠檬酸三丁酯（TBC）。考察了酸醇比、催化剂用量、反应时间、反应温度等工艺条件的变化对柠檬酸三丁酯合成的影响。实验得到制备柠檬酸三丁酯最佳工艺条件：酸醇比为 1∶4.0，催化剂质量浓度为 2.2%，催化剂负载量为 21.0%，反应温度为 120℃，反应时间 3.0h。在以上条件下，酯化率可达到 98.3%。

李耀仓等以柠檬酸和正丁醇为原料，一水合硫酸氢钠为催化剂合成了柠檬酸三丁酯。通过实验确定了最佳反应条件：0.1mol 柠檬酸，醇酸物质的量之比为 4.8∶1，一水合硫酸氢钠是合成柠檬酸三丁酯的优良催化剂，其用量 4.5g，反应时间 2.5h，反应温度 110～120℃，酯化率达到 88.1％，产品为微黄色透明油状液体，折光率为 $n^{25}=1.4431$，沸点为 225℃，并用红外对产品进行鉴定。通过 TBC 和邻苯二甲酸二辛酯（DOP）增塑聚氯乙烯（PVC）进行对比研究结果表明，当 m(TBC)：m(PVC)＝25：100 时，TBC 增塑 PVC 材料的拉伸强度、断裂伸长率及低温性能与 DOP 增塑 PVC 材料性能相当。

隆金桥等微波固相法合成了 MCM-41 固定 AlCl$_3$ 固体酸催化剂，并在聚四氟乙烯罐内微波辐射催化合成柠檬酸三丁酯，考察了诸因素对酯化率的影响。结果表明：微波固相法制备的 MCM-41 固定 AlCl$_3$ 固体酸催化剂表面存在 L 酸中心，对 TBC 的合成具有较高的催化活性，催化剂对设备不腐蚀，环境污染少，能重复使用等优点。在醇酸物质的量比为 4：1，催化剂用量为 0.5g，微波辐射功率为 700W，反应时间为 10min 条件下，酯化率可达到 93.4％。

4.2.2.3 多元醇芳香酸酯

多元醇芳香酸酯与 DOP 相比，具有相容性好，耐寒性好，抗静电性、抗污染性能显著，热稳定性突出，挥发性低，耐光变色性好等特点，并且毒性低，是一类环保型的增塑剂，是 DOP 的理想替代品，具有很好的市场前景。李志成等在对甲苯磺酸催化下、使用环己烷作带水剂，以苯甲酸和二甘醇为原料合成环保增塑剂二甘醇二苯甲酸酯（DEDB）。研究考察了酸醇摩尔比、催化剂用量、带水剂用量和反应时间等因素对产率的影响。确定了最佳工艺条件：n(苯甲酸)：n(二甘醇)＝2.0：1.1、催化剂用量（以苯甲酸的摩尔数计）3.0％、环己烷 12mL、回流反应时间 8h，目标产品的产率为 98.0％。

陶绪泉等以间甲基苯甲酸和二甘醇为原料，钛酸四丁酯为催化剂合成了二乙二醇二间甲基苯甲酸酯。考查了催化剂及其用量、反应温度、原料配比等条件对反应的影响，经过试验确定适宜工艺条件：甲苯为带水剂，催化剂用量为总反应物的 0.5％，醇酸摩尔比为 10：22，回流反应时间 4h，反应回流温度 210℃，转化率达 93.7％。产品结构分别用 IR、NMR 进行表征，并对其作为 PVC 增塑剂的增塑性能进行了初步评价，其性能良好，是传统的邻苯二甲酸酯类增塑剂的良好替代品。

张彩琴等以甘油、六氢苯酐为原料，钛酸四正丁酯为催化剂，2-乙基己醇为封端剂，环己烷为带水剂，经脱水缩聚、减压蒸馏制备聚六氢苯酐甘油酯。探究实验得到合成聚六氢苯酐甘油酯的最佳醇酸摩尔比、催化剂和封端剂用量。通过红外光谱分析（FTIR）、热重分析（TG）、高效凝胶色谱分析（GPC）等对聚酯的结构、热稳定性及平均分子量进行了表征，并将该聚酯加入到聚氯乙烯（PVC）中，按照定配方制得 PVC 试片。结果表明：佳反应条件是六氢苯酐、甘油的摩尔比为 1.0：1.4，2-乙基己醇、六氢苯酐的摩尔比为 0.8：1.0，催化剂用量为甘油、六氢苯酐和 2-乙基己醇总量的 1.0％；产品酸值在 1.55mgKOH/g 左右，平均分子量在 4500 左右，酯化率达到 99.6％；产品呈淡黄色，热稳定性良好；制得 PVC 试片的拉伸性能和热稳定性较高，聚酯的迁移率较低。

4.2.2.4 脂肪族二元酸酯类

脂肪族二元酸酯类耐寒性增塑剂因其低温性能优良，耐冲击性强，塑化效率高及黏性好等特点，近年来发展较快，需求逐年上升。

刘勇等在邻苯二甲酸酯类增塑剂的基础上通过加成方法使其苯环转变成饱和的环己烷结构制成的新型环保型酯类增塑剂 HEXAMOLL DINCH，主要化学成分是 1,2-环己二羧酸二（异壬基）酯。研究表明，无论是过氧化物硫化体系，还是硫黄硫化体系，与添加增塑剂 DBP、DOP、DBS 和 DOS 的胶料相比，添加 HEXAMOLL DINCH 的 NBR 胶料的拉伸强度和拉断伸长率较高，而且高温压缩永久变形性能较好。添加增塑剂 HEXAMOLL DINCH 的 NBR 胶料的耐低温性能优于添加邻苯二甲酸酯类增塑剂 DBP 或 DOP 的胶料。增塑剂 HEXAMOLL

DINCH 具有优异的耐抽出性能，添加增塑剂 HEXAMOLL DINCH 的 NBR 胶料耐 ASTM1$^\#$ 油的体积收缩率较小，耐油 ASTM3$^\#$ 的体积膨胀率与添加增塑剂 DBP、DOP、DBS 和 DOS 的胶料相当。HEXAMOLL DINCH 作为环保型无毒增塑剂，完全可以替代邻苯二甲酸酯类增塑剂和开链脂肪族二酸酯类增塑剂，在工业橡胶制品中推广使用，也适用于医疗器具、运动器材、玩具和食品包装等敏感性应用领域。

由赵志正编译的文章叙述了将己二酸二丁氧基乙酯（DEBA）增塑剂加入丁腈橡胶 БНКС-18 胶料中，制造能在俄罗斯北方高寒地区使用，并与石油接触的橡胶密封件的研制及试验结果。文中着重分析了对橡胶材料产生重大影响的扩散过程（包括介质的渗透及增塑剂的抽出）。结果表明，增塑剂 DBEA 在制造耐寒橡胶密封件方面的前景十分广阔。

韦晓竹等研究了在实验室条件下，以硫酸、磷酸为催化剂合成三甘醇二异辛酸酯的最佳工艺条件，并初步探讨了 SO_4^{2-}/TiO_2 和 SO_4^{2-}/Fe_2O_3 固体超强酸催化剂的催化效果。结果表明，硫酸催化的最佳反应条件为：m（硫酸）/m（三甘醇）$=1.2\%$，n（异辛酸）/n（三甘醇）$=2.15$，反应温度 220℃，反应时间 6h，酯化率达到 96.3%；磷酸催化的最佳反应条件为：m（磷酸）/m（三甘醇）$=3.0\%$，n（异辛酸）/n（三甘醇）$=2.15$，反应温度 220℃，反应时间 7h，酯化率达到 95.2%；SO_4^{2-}/TiO_2 和 SO_4^{2-}/Fe_2O_3 固体超强酸催化剂也具有较好的催化效果，进一步研究后有望应用于实际工业生产。

以新型催化剂合成开链脂肪族二元酸酯类增塑剂的改进型实例相对较多，例如合成己二酸二异辛酯、聚己二酸三甘醇酯、混合二元酸二丁酯、丁二酸、己二酸混合二乙酯等。

尼龙酸二异丁酯（DIBA）是一种良好的耐寒增塑剂，具有较好的相溶性，主要用于各种聚氯乙烯、纤维素树脂、氯丁橡胶等的增塑剂，增塑效率高、加工性能优良、可以改善制品的低温柔韧性，降低压缩永久变形。许京伟研究了尼龙酸与异丁醇在质子酸催化下直接酯化并减压蒸馏制备尼龙酸二异丁酯，技术上和工艺上都是可行的。该工艺制备的尼龙酸二异丁酯具有良好的质量。制备尼龙酸二异丁酯工艺的优化条件为：酯化反应在搅拌下进行，催化剂用量为反应总质量的 0.35%，n（异丁醇）：n（尼龙酸）$=2.5:1$，反应温度为 145～155℃，反应时间 4h 左右，蒸馏釜压力不宜大于 5kPa。

醚酯型增塑剂是一类新型环保无毒增塑剂，此类增塑剂因具有良好的耐高低温性能而备受关注。其分子中不仅含有极性极强的酯基，同时还含有弱极性的醚基，使之与极性高聚物具有良好的相容性。林新花等研究了环保醚酯型增塑剂 TP-95 和几种常用增塑剂对聚氯乙烯（PVC）的塑化效果、力学性能、耐寒性、耐热性及耐抽出性能的影响。结果表明：与添加的几种增塑剂相比，TP-95 具有显著的增塑软化作用；随着增塑剂用量的增加，最低转矩明显下降，塑化时间缩短，塑化效果随之增强；与 DOP 和 TOTM 相比，TP-95 表现出良好增塑效应及耐寒性；增塑剂用量均为 50 份时，TP-95 的 PVC 开始热降解温度高于 DOP 和 DOA；在水和环己烷介质中，随着随着增塑剂用量的增加，抽出损失随之增加；在环己烷介质中，TP-95 的抽出损失为 4.40%，低于 TOTM 和 DOA，具有良好的耐抽出性。

宋林勇等用对甲苯磺酸作催化剂，以己二酸与乙二醇单丁醚为原料，通过酯化反应合成己二酸-乙二醇单丁醚酯增塑剂的最佳反应条件为反应时间 180min、醇酸摩尔比 2.5、催化剂和带水剂甲苯的质量分数分别是醇与酸总用量的 0.5% 和 30%。己二酸-乙二醇单丁醚酯增塑剂具有良好的耐高低温性能，添加 10 份可使 ACM 的脆化温度达到 −35.0℃，且在 150℃下能保持较好的物理机械性能。

4.2.2.5 对苯二甲酸酯类

对苯二甲酸二异辛酯（DOTP）是 20 世纪 80 年代开发的一种性能优异的增塑剂，与目前常用的邻苯二甲酸二辛酯（DOP）相比具有耐热、耐寒、难挥发抗抽出柔软性好及受热后电性能稳定等优点，可广泛应用于耐 70℃ 电缆料（国际电工委员会 IEC 标准）及其他各种聚氯乙烯（PVC）软质制品中，还可以用作合成橡胶的增塑剂、农用塑料薄膜、冰箱门窗的密封条及润滑剂、涂料的添加剂等，是一种优良的环保材料，具有广阔的发展前景。

刘尚文研究对苯二甲酸与异辛醇在催化剂钛酸丁酯的催化作用下生成对苯二甲酸二辛酯的反应，通过实验分析了原料配比、催化剂用量、反应时间这三个因素对反应的影响，并对结果进行了讨论，找出优化方案。原料配比 1∶3.5；催化剂用量 2.3%；反应时间 6h；转化率达到 99.193%。

常侠等以苯二甲酸（PTA）与对苯二甲酸回收料按一定的比例混合为原料在复配催化剂作用下合成增塑剂对苯二甲酸二异辛酯（DOTP）。讨论了不同反应条件对合成工艺的影响，确定了最佳工艺路线为：纯 PTA 质量分数占总原料的 10%，醇酸物质的量之比 2.4∶1，催化剂用量 0.3%，反应时间 6h，反应温度 220℃；脱色剂用量为 5%，脱色温度 80℃，脱色时间 1h。按此工艺所制得产品体积电阻率气 $\geqslant 9.0 \times 10^{11} \Omega \cdot cm$。质联用分析结果表明：对苯二甲酸二异辛酯 GC 含量高达 95.94%，与 DOP 相比性能优良，耐热性高，具有一定的经济效益。

4.2.2.6　低分子聚酯类

高分子量的聚甘油醇脂肪酸酯与很多聚合物树脂不相容。当聚甘油醇脂肪酸酯乙酰化后降低了聚甘油醇脂肪酸酯的氢键，乙酰化后能降低高分子量的黏度，使其与绝大多数聚合物树脂相容。APE 所用脂肪酸为月桂酸、12-羟基硬脂酸以及混合物。通常合成工艺首先为酯化或者酯交换：聚甘油醇与脂肪酸酯化反应或者聚甘油与三甘油酯进行酯交换反应。然后将半成品与乙酸进行乙酰化反应得到最终产品。乙酰化聚甘油醇脂肪酸酯（APE）能用于化妆品、食品包装材料、玩具等软制品配方中，性能可与传统邻苯类增塑剂相媲美。

4.2.2.7　其他类

王春平以马来海松酸和正辛醇为原料、对甲苯磺酸为催化剂、正辛烷为带水剂，合成了环保增塑剂马来海松酸三正辛酯。观察了醇酸摩尔比、催化量、反应时间、带水剂用量和反应温度对酯化反应的影响，经单因素实验得到的最佳工艺条件为：n（马来海松酸）∶n（正辛醇）= 1∶4.5，催化剂用量为马来海松酸质量的 3.6%，带水剂用量为马来海松酸质量的 17.5%，反应温度 180～200℃，N_2 保护下反应 8.3h，产物为浅黄色透明油状液体，产率 92.3%，经 HPLC 测定酯色谱纯度为 99.24%，^{1}HNMR 及 FTIR 对产物进行了结构表征，元素分析确定了产物分子式为 $C_{48}H_{82}O_6$，GPC 测得其重均相对分子质量为 755。测定其酸值、加热减量、开口闪点、体积电阻、黏度、热重曲线等，结果表明，马来海松酸三正辛酯符合增塑剂的性能要求。

含 $C_6 \sim C_{20}$ 的直链烷基、侧链烷基和环状烷基的吡咯烷酮都可用做 PVC 的增塑剂。其中以含 C_8 和 C_{12} 的吡咯烷酮最为常用。石万聪介绍了聚氯乙烯用新型增塑剂烷基吡咯酮的物理性能和应用，并比较了它与增塑剂 DINP 在 PVC 压延片材和泡沫塑料中的功效。结果表明，在采用优选配方时，它的功效优于 DINP。

刘莹等以脂肪酸甲酯、甲醇、氯气为主要原料，在催化剂存在下，其制备最优反应条件为温度在 70～85℃，反应时间在 7～8h，氯气流量在 50～60mL/min。工艺反应条件温和，对原料的要求较低，产品使用性能可以满足塑料增塑剂产品的使用要求。实验表明，氯代甲氧基脂肪酸甲酯可与其他主增塑剂配合使用，可替代 DOP 60%～70%，该产品经用户使用后，反映良好，可用于聚氯乙烯塑料加工，代替部分主增塑剂邻苯二甲酸二丁酯、邻苯二甲酸二辛酯等，其塑料制品加工的可塑性，制品的拉伸强度、伸长率等均比单独使用 DOP 有不同程度的提高。

莫贯田以主要成分为十八脂肪酸甲酯的生物柴油为主要原料，以氯气为氯化剂，以过氧化苯甲酰为催化剂，合成了氯化脂肪酸甲酯。试验表明，当氯化脂肪酸甲酯氯含量小于或等于22%时，PVC试片进行拉伸、断裂伸长率及材料表面硬度等方面的材料性能，相当或略好于全部使用DOP的试样材料的性能，表明氯化脂肪酸甲酯在PVC材料中可以较大部分的替代DOP。氯化脂肪酸甲酯作为一种价格低廉、性能良好、无毒的的增塑剂，在PVC塑料加工以及相关的领域中有着广泛的应用前景和使用价值。

4.2.3 结论

增塑剂是橡塑料制品加工过程中添加的重要助剂之一。目前欧美对增塑剂的要求日益严格，寻求新型环保增塑剂成为研究领域的热点。国外正在大力推广无毒或环保及可生物降解的增塑剂。国内的环保增塑剂研制明显滞后于功能橡塑制品和国民生活的需要，国内增塑剂的生产正面临两大难题：一是副产品多，收率不高；二是产量低，成本高。随着科技的进步，生产企业应进行相应的产品结构调整，淘汰落后的生产工艺和品种，开发与生产无毒、价廉、环保的助剂是增塑剂行业亟待解决的主要问题，使我国增塑剂在科研开发和应用水平等方面赶上国际先进水平。

4.3 环境友好型高分子增塑剂增塑聚氯乙烯研究与应用进展

（徐国忠，柴瑞丹，张 军）

PVC产品有硬制品和软制品之分，其中硬质PVC主要用于生产塑钢门窗、管材、板材等，软质PVC主要用于电线电缆、薄膜、人造革、制鞋等行业。在软质PVC的生产过程中，常常会加入增塑剂来降低PVC的玻璃化转变温度，使之在常温下具有橡胶的弹性。最初的增塑剂大多是小分子，如邻苯二甲酸酯类、脂肪族二元酸酯类和磷酸酯类等，它们的优点是可以大量加入且比例可调，柔韧性和弹性改性效果明显，缺点是部分邻苯二甲酸酯类增塑剂对环境和人体有害。小分子类增塑剂还存在易迁移、易抽出，制品容易失去弹性、开裂等不足。

2003年1月27日，欧盟议会和欧盟理事会通过了2002/95/EC指令，即"在电子电气设备中限制使用某些有害物质指令"（简称RoHS指令）。2006年7月1日以后，欧盟市场上已经正式禁止铅、镉、六价铬、汞等重金属以及多溴联苯、多溴联苯醚等六类有毒有害物质含量超标的产品进行销售。2006年12月18日欧盟议会和欧盟理事会还正式共同通过的《关于化学品注册、评估、许可和限制制度》法规（简称REACH法规），并也于2007年6月1日起生效，其中高度关注的物质种类高达近百种，包括邻苯二甲酸二（2-乙基己）酯、邻苯二甲酸二丁酯、邻苯二甲酸二异丁酯和邻苯二甲酸丁苄酯等邻苯二甲酸酯类增塑剂。

尽管小分子增塑剂具有增塑效率高、成本低的优点，但是易挥发、不耐抽出，而且邻苯二甲酸酯类增塑剂对人体和环境有害。高分子增塑剂，如聚酯类增塑剂、液体丁腈橡胶（LNBR）、粉末丁腈橡胶（PNBR）、杜邦公司推出的Elvaloy三元共聚物等，其成本较高且增塑效率低，但是近年来随着人们环保意识的提高以及为了提高制品的长期性能，高分子增塑剂再一次引起人们的注意。

本节简要介绍常用增塑剂的分类与特点，以及高分子增塑剂在PVC中的应用。

4.3.1 常用增塑剂的分类与特点

4.3.1.1 小分子增塑剂

邻苯二甲酸酯是最常用的增塑剂，占增塑剂总量的80%以上。如邻苯二甲酸（2-乙基己）

酯（简称 DOP，欧美国家又称 DEHP）和邻苯二甲酸二丁酯（DBP）等，这类增塑剂与 PVC 的相容性好，增塑效率高，挥发性低，应用十分广泛。但是增塑剂易向 PVC 制品表面迁移，与食品接触时易被抽出；若 PVC 暴露在光照下会发生降解，加速了这一过程。

对苯二甲酸酯也是常用的一种增塑剂，主要是对苯二甲酸二辛酯（DOTP），它耐热、耐寒、难挥发、柔软性好、电绝缘性能好，常用于电缆料、人造革中，可部分替代邻苯类增塑剂。

脂肪族二元酸酯类增塑剂如己二酸二辛酯（DOA）、癸二酸二辛酯（DOS）等赋予了 PVC 制品良好的低温性能，主要用于薄膜、管材等，和对苯类增塑剂一起被称为耐寒增塑剂。

由于传统的邻苯二甲酸酯类增塑剂 DOP、DBP 等对人体、环境有潜在风险，目前在许多方面的应用受到了限制，人们又开发出新型环保增塑剂如柠檬酸酯增塑剂、环氧化合物等。

4.3.1.2　高分子增塑剂

高分子增塑剂即将大分子聚合物加入 PVC 中，起到增塑的效果，同时耐抽出性极佳。高分子增塑剂品种较多，有聚酯增塑剂、液体丁腈橡胶（LNBR）、粉末丁腈橡胶（PNBR）、乙烯-乙酸乙烯—一氧化碳三元共聚物（EVA-CO）和乙烯-丙烯酸正丁酯—一氧化碳三元共聚物（EnBA-CO）等。在一些对耐油性、耐溶剂性要求较高的场合，如与食品、医药接触时，可以用高分子增塑剂代替常用的小分子增塑剂，制作出易于印刷和包装的环保 PVC 薄膜制品。

高分子增塑剂在与 DOP 等小分子增塑剂共同使用时，特别要注意的是必须使 PVC 将小分子增塑剂完全吸收呈干粉状以后并降至常温时，再加入高分子增塑剂。否则由于高分子增塑剂与小分子增塑剂的相容性优于 PVC 和小分子增塑剂的相容性，使高分子增塑剂先吸收小分子增塑剂，导致 PVC 塑化不完全。

4.3.2　高分子增塑剂在 PVC 中的应用进展

4.3.2.1　PVC/聚酯增塑剂

聚酯增塑剂是应用较早的一种高分子增塑剂，主要由二元酸和二元醇通过缩合反应制得，种类有己二酸类聚酯和苯酐聚酯等，分子量在 3000 左右，它不仅耐抽出、不易迁移，并且能减少软质 PVC 中小分子增塑剂的迁移。聚酯增塑剂使 PVC 的加工性能提高，适用于耐油、耐水和耐溶剂的塑料制品如皮革、玩具、医药和食品等行业，在软质 PVC 中应用时添加量能达到 70%。

相对分子质量和支化度影响聚酯增塑剂的增塑效果。随着聚酯增塑剂相对分子质量的提高，软质 PVC 的玻璃化转变温度下降，增塑效果和耐热性、耐溶剂性提高。聚酯增塑剂支化度的提高也提高了软质 PVC 的耐热性。

PVC/聚酯塑溶胶体系中，聚酯（如聚己二酸丙二醇酯，PPA）的适宜添加量为 50~70（质量份），在此条件下塑溶胶的热稳定性能较好。目前汽车生产的涂装工序中大量采用"湿碰湿"技术，为了避免增塑剂被有机溶剂萃取，选择 PVC/聚酯塑溶胶代替传统的小分子增塑剂体系，可取得良好效果。封端聚氨酯作为增塑剂添加时，也能使 PVC/DOP/填料塑溶胶的剪切强度提高。

4.3.2.2　PVC/LNBR

液体丁腈橡胶是丁二烯和少量丙烯腈的共聚物，通过自由基乳液聚合方式合成，相对分子质量较小（相对分子质量一般在 5000 以下），常温下有流动性。最早为无官能团和无规官能团的品种，后来以端官能团类为主，如端羟基液体丁腈橡胶（HTBN）、端羧基液体丁腈橡胶（CTBN）、端巯基液体丁腈橡胶（MTBN）和端氨基液体丁腈橡胶（ATBN）等。这种含端官能团的橡胶在固化时，分子端部的官能团参与交联，使得硫化胶的交联网络中不含自由链端，交联点之间的相对分子质量比普通橡胶大，结构规整、无短链，因此柔软性很好。国产牌号主要是兰州石化的液体丁腈-26、液体丁腈-40 和羧基液体丁腈等，结合丙烯腈质量分数分别为 23%～27%、30%～34%、30%～35%。

将 LNBR 代替邻苯二甲酸类小分子增塑剂加入 PVC 糊树脂中，可制得耐溶剂、耐油性好的增塑聚氯乙烯材料，该材料不仅强度高、变形小，而且在正庚烷中的抽出率极低，可用于与食品接触的行业。

液体丁腈橡胶弥补了固体丁腈胶不易与 PVC 糊树脂混合的缺陷，因此可以用于改性 PVC 泡沫塑料。0～8（质量份）的 LNBR 使 PVC 泡沫塑料的拉伸强度、伸长率和硬度大幅提升，但是发泡倍率下降。LNBR 在替代普通增塑剂如 DOP、DBP 等的同时，还可以改善 PVC 的弹性。将 LNBR 加入 PVC/DINP（100/80）混合物中制成薄膜并测试力学性能，当 LNBR 的添加量为 20 份时断裂伸长率比未添加时增大一倍，同时拉伸强度没有下降。

4.3.2.3　PVC/PNBR

早在 20 世纪 50 年代，美国公司就开发出粉末丁腈橡胶，但技术不够完善，直到 80 年代才发展起来。粉末丁腈橡胶的优点主要体现在加工性能上。由于省去了切胶工序，可直接与配合剂混合进行加工，缩短混炼时间，减少加工时的热积累。

固特异（依里欧）公司生产的粉末丁腈橡胶 P83（相对分子质量约 20 万），用 PVC 乳液包覆表面，主要用于 PVC 的改性，可以改善 PVC 的耐磨性、防滑性、耐低温曲挠性、压缩永久变形和恢复、耐溶剂抽出或温度升高时的增塑剂损失，熔体黏度的稳定性和耐油性等得到显著改善。

使用 PNBR 代替小分子增塑剂时，需要注意的是相同份数的 PNBR 的增塑效果不如 DOP，但含 PVC/PNBR 混合物的拉伸强度和耐油性优于 PVC/DOP。将 PVC 和增塑剂分别以 70:30、60:40 和 50:50 的比例混合制成热塑性弹性体，当增塑剂的含量从 30 份提高到 50 份时，弹性体的拉伸强度、硬度下降，其中含 DOP 的弹性体比含 P83 的弹性体下降更快。断裂伸长率随 NBR 和 DOP 的增加而升高，但 DOP 的作用更大。

在常温下应用时，P83 在 100 份 PVC、60～80 份 DOP、10～30 份 CaCO$_3$ 和稳定剂等组成的软质 PVC 中，改变 DOP、PNBR 和 CaCO$_3$ 的含量，PNBR 的添加使软质 PVC 在常温下、热老化后和耐油实验中硬度的下降减缓。

将增塑剂（柠檬酸酯/聚酯增塑剂）和 NBR 搅拌均匀后加入 PVC 糊树脂再搅拌均匀，再加入硫化剂进行化学交联制得环保型 PVC/NBR 浸塑手套，能减少材料的迁移和挥发。

将 PNBR 作为大分子增塑剂加入增塑 PVC 后混合物的耐老化性能提升。在增塑 PVC 的光老化过程中，小分子增塑剂 DOP 的在光照下发生降解和迁移，使增塑 PVC 的力学性能和弹性下降，而 PNBR 作为大分子增塑剂，不仅提升了增塑 PVC 的耐油性和耐抽出性，并且韧性也有所提高。同时在老化过程中，PVC/PNBR 共混物的力学性能保持较好。但是由于 PNBR 结构中含有大量的 1,4-反式丁二烯，在老化时易于引发共混物产生共轭双键，从而使制品颜色变黄。

4.3.2.4　PVC/乙烯三元共聚物

根据共聚单体的不同，乙烯三元共聚物可以分为乙烯-醋酸乙烯-一氧化碳（EVA-CO）、乙烯-丙烯酸正丁酯-一氧化碳（EnBA-CO）和乙烯-丙烯酸正丁酯-缩水甘油酯（EnBA-GMA）三大类。其中用作 PVC 增塑剂的主要是 EVA-CO，杜邦公司的牌号为 Elvaloy 741 和 Elvaloy 742 等。我国在 20 世纪 90 年代也开发出国产 EVA-CO，分为增塑型和增韧型两种，软质 PVC 改性用 EVA-CO 树脂中各组分为 VA(20±2)%，CO(10±2)%。

EVA-CO 三元共聚物的相对分子质量约为 25 万，与 PVC 的相容性好，同时，随着 EVA-

CO 在共混物中质量分数的提高,共混体系的玻璃化转变温度也随之下降。当 PVC/EVA-CO 的质量比为 70:30 时,共混物的 T_g 为 $-6℃$,当二者比例为 50:50 时,共混物的 T_g 下降为 $-29℃$。大分子增塑剂的加入也起到防止小分子增塑剂迁移的作用。在 PVC/DOP 共混物中,当增塑剂 DOP 中的 50w% 被 Elvaloy 742 代替时,14 天后测得增塑剂迁移率下降了 2/3。EVA-CO 的添加还能改善软质 PVC 在注塑和挤塑条件下的加工性能。

在力学性能方面,EVA-CO 的添加使 PVC/DOP 体系的硬度、拉伸强度、撕裂强度和定伸应力有所下降,但伸长率提高。但是,在乳液共沉和熔体机械共混 CR/PVC 体系(共混比 70/30)中使用时,2~4 份的 EVA-CO 可以使共混物的拉伸强度和断裂伸长率有明显提高。EVA-CO 也可以提高软质 PVC 的抗滑性能,当 PVC 作为鞋底材料使用时,15~30 份的 EVA-CO 便可以达到防滑的目的。

由于 EVA-CO 具有良好的耐磨性、耐迁移性,从而广泛应用于制鞋、防水卷材、汽车内饰、电线电缆、医用制品和胶管等行业。

4.3.3 结论

高分子增塑剂虽然增塑效果不如小分子增塑剂,但是对软质 PVC 的强度、耐油性、耐溶剂性和耐热性等性能的提高优于小分子增塑剂。因此,随着各国环保意识的提高和一系列法规的颁布实施,对 PVC 制品中有毒有害增塑剂的限制,使得高分子增塑剂的发展壮大势在必行。

4.4 聚酯增塑剂在 PVC 电缆料配方中的应用

(包金芳,朱 俊,王俊刚,张尔梅)

随着工业的发展,对耐油聚氯乙烯电缆的需求越来越普遍,被广泛应用于电子电器设备用线、电机引接线及 UL 耐油类线等。普通聚氯乙烯电线电缆应用于这些有油污的场所后,会收缩、变硬甚至变脆,无法满足这些场所的使用要求,甚至造成严重的安全隐患。在国家标准 GB/T 2951.5 中提到了耐油聚氯乙烯电线电缆的相关试验方法和标准要求。

以往聚氯乙烯材料中,通常通过添加丁腈橡胶来提高产品的耐油性,但是它存在着缺点:因聚氯乙烯和丁腈橡胶掺和工艺要求高,如二者掺和不均,将影响复合物的性能,并导致挤包电缆加工性差。添加丁腈橡胶后,耐热性能不够理想,135℃下热老化性能不佳。在众多谈论聚酯增塑剂相关论文中,都谈到了聚酯增塑剂与聚氯乙烯具有很好的相容性,挥发性低,与常规增塑剂相比,具有优良的耐油、耐高温和耐迁移的优点,而且该类增塑剂具有环境友好的特点,适合于制造符合 ROHS、REACH 及日本索尼技术规范要求的软聚氯乙烯电缆料。

本节介绍聚酯增塑剂在聚氯乙烯电缆料配方中的实际应用,以此提高聚氯乙烯电缆料产品的耐油性、耐热性。

聚酯增塑剂是由二元酸和二元醇通过缩合反应而制得,具有一定聚合度酯类化合物,相对分子质量大,挥发性低,迁移性小,耐油和耐肥皂水抽出,是性能很好的耐热性和耐久性增塑剂。它与 PVC 有较好的相容性,作为耐油和耐迁移性的增塑剂用于软聚氯乙烯配方中。

4.4.1 实验部分

4.4.1.1 主要原料

聚氯乙烯树脂(PVC),WS-1300,上海氯碱股份有限公司;偏苯三酸三辛酯(TOTM),昆山合峰化工有限公司;聚酯增塑剂,万盛达化工公司;钙锌稳定剂,德国熊牌;环氧大豆油,市售;重质碳酸钙,市售;丁腈橡胶粉 P830,市售。

4.4.1.2 主要设备和仪器

开放式炼胶机 XSK-160，南京橡塑机械厂；平板硫化机，QLB-D，南京橡塑机械厂；平板液压机，25TQ，宜兴和桥通用机械厂；测厚计，WHS-10A，江都市真威公司；拉力试验机，PDL-2500N，江都市真威公司；冲片机，CP-25，江都市真威公司；热老化试验箱，401B-200，启东双棱测试设备厂；塑料低温脆化试验仪，BC-3，上海彭浦制冷器有限公司。

4.4.1.3 试片制备

(1) 塑料混合和塑炼　按配方比例，将原料称量后混合均匀，然后将混合均匀的粉料在温度为 (165±5)℃的开炼机上塑炼大致 15min，至塑料塑化良好为止，拉成 3mm 厚塑料条子。

(2) 试片的压制　按 GB/T 8815—2002 中 5.2 条规定进行，在温度为 (165±5)℃的液压机中按不加压预热、加热加压、加压冷却的顺序压制 15～20min 出模。

4.4.1.4 主要性能测试项目

(1) 拉伸强度和断裂伸长率的测定　按 GB/T 1040—1992，塑料拉伸性能试验方法规定进行，将试片切取 5 个哑铃 Ⅱ 型，厚度为 (1.0±0.1)mm，用 PDL-2500N 拉力试验机测试，拉伸速率为 250mm/min，并算出拉伸强度和断裂伸长率。

(2) 热老化性能测定　按 GB/T 8815—2002 中 5.10 条进行耐热老化试验，试验条件按产品规定进行。

(3) 耐油性能测定　按 GB/T 2951.5 规定进行耐油试验，试验条件按产品规定进行。

(4) 低温脆化性能测定　按 GB/T 5470 规定进行。

(5) 邵氏硬度的测定　按 GB/T 2411 规定进行。

(6) 体积电阻率的测定　按 GB/T 1410 规定进行。

4.4.2 结果与讨论

在软聚氯乙烯配方中，增塑剂采用 TOTM 或 TOTM 与聚酯增塑剂的组合，配方如表 4-4 所示。

表 4-4　1# ～2# 试验配方　　　　　　　　　　　单位：质量份

试验配方编号	1#	2#	试验配方编号	1#	2#
PVC	100	100	钙锌稳定剂	6	6
TOTM	50	25	环氧大豆油	3	3
聚酯增塑剂	—	25	重质碳酸钙	30	30

按表 4-4 配方，按实验部分方法制各样品并进行测试，试验结果如表 4-5 所示。

表 4-5　样品性能测试结果（一）

塑料性能　　　　　　　试验配方编号	1#	2#
拉伸强度/MPa	18.4	18.8
断裂伸长率/%	303	263
20℃体积电阻率/Ω·m	2.0×10^{12}	2.1×10^{12}
邵氏硬度	87	81
低温脆化(−20℃)，破裂数/试样数	2/30	8/30
热老化(135℃×168h)		
拉伸强度变化率/%	−2	−2
伸长率变化率/%	−9	−20
耐 902# 油(100℃×24h)		
拉伸强度变化率/%	−4	+7
伸长率变化率/%	−52	−43

由表 4-5 可见：1# 配方中 TOTM 用量的一半用聚酯增塑剂代替，即 2# 配方，在表 4-6

中 2# 配方耐油性优于 1# 配方,由此可见,聚酯增塑剂较 TOTM 耐油性能有所提高,但配方耐油性能还不够理想。

为此,在表 4-4 所列的配方中添加聚酯增塑剂,并且再添加改性聚合物或丁腈橡胶,配方的试验结果见表 4-7。

表 4-6　3# ～6# 试验配方

试验配方编号	3#	4#	5#	6#
PVC	100	100	100	100
TOTM	42	22	22	22
聚酯增塑剂	—	22	22	22
环氧大豆油	3	3	3	3
钙锌稳定剂	7	7	7	7
阻燃剂	2.5	2.5	2.5	2.5
重质碳酸钙	12	12	12	12
陶土	8	8	8	8
改性聚合物	30	30	—	—
丁腈粉	—	—	10	20
其他助剂	0.75	0.75	0.75	0.75

表 4-7　样品性能测试结果(二)

塑料性能　　试验配方编号	3#	4#	5#	6#
拉伸强度/MPa	18.0	17.5	19.8	19.3
断裂伸长率/%	306	250	266	332
热老化(135℃×168h)				
拉伸强度变化率/%	+9	+24	—	—
伸长率变化率/%	−25	−12	—	—
耐 902# 油(100℃×96h)				
拉伸强度变化率/%	+18	+9	+9	+14
伸长率变化率/%	−20	+5	−13	−7

注:其他助剂为抗氧剂、润滑剂加工助剂等。

由表 4-7,可以看出 3# 配方中 TOTM 用量的一半用聚酯增塑剂代替,即 4# 配方,4# 配方的耐热老化性与 3# 配方相当,耐油性明显优于 3# 配方。

以往聚氯乙烯电缆料配方中一般丁腈橡胶用量达 30 份以上时,电缆料才有较好的耐油性能,而在配方中加入聚酯增塑剂后,即使减少丁腈橡胶用量,也能起到同样的耐油效果,因此认为,聚酯增塑剂可以部分取代丁腈橡胶的用量。

由以上试验数据可知:
① 聚酯增塑剂具有改善软聚氯乙烯塑料耐油性能的作用。
② 聚酯增塑剂配合丁腈橡胶或改性聚合物能获得优良的耐油性能。
③ 聚酯增塑剂加入可减少丁腈橡胶用量,达到更好耐油性。
④ 聚酯增塑剂和改性聚合物组合应用能达到耐油、耐热等综合性能好的材料。

4.5　食品级增塑剂乙酰化单甘油脂肪酸酯(ACETEM)的应用研究

(李志莹,蒋平平等)

目前,邻苯二甲酸酯类增塑剂占增塑剂总量的 80% 以上,但是其对人类存在健康威胁,甚至有致癌作用，而主要的环保增塑剂有对苯二甲酸酯类、柠檬酸酯类、环己烷二羧酸酯类、植物油基类增塑剂、聚酯类等增塑剂。其中对苯二甲酸酯类主要用于电缆电料中；柠檬酸酯类广泛应用在食品瓶密封圈，医疗器械等方面，但存在味苦的缺点，在某些食品包装材料上还有待考虑；聚酯类增塑剂具有分子量大，毒性小的优点，但是其黏度大，不便于加工处理。而利用纯天然植物油合成具有不同长度碳链结构的三酯官能团增塑剂，使其具有环保、安全及生物降解的性能，是研究合成新型非邻苯类环保增塑剂的一个热点。

食品级增塑剂无论在合成工艺路线，还是原料选取方面对环保和安全都有极高的要求，只有满足这种要求才能应用在与食品和医药相关的领域。近年来，食品包装材料中有害物质的迁移已成为了食品安全问题的重要隐患之一，食品塑料薄膜包装中有害物质会向食品基质中迁移，进而严重危害消费者的健康，因此合成一种新的增塑剂要对其迁移性进行探索，而增塑剂的迁移性和 PVC 材料的相容性有着密切的关系，这是评价增塑剂相容性好坏的重要指标，相容性好，增塑剂就不易从 PVC 制品中迁移出来，相容性差，增塑剂就极易从 PVC 制品中迁移出来，从而影响 PVC 制品的性能和耐久性。

本节以甘油和椰子油为主要原料，合成一种新型食品增塑剂，对该增塑剂进行结构分析，热稳定性测定，并考察了其在 PVC 制品中相容性、热稳定性、迁移性。

4.5.1 实验部分

4.5.1.1 主要原料

甘油，河南正通化工有限公司；椰子油，河南正通化工有限公司；邻苯二甲酸二（2-乙基）己酯（DOP 或 DEHP），优级纯，德国 Dr.Ehrenstorfer 公司；对苯二甲酸二（2-乙基）己酯（DOTP），优级纯，德国 Dr.Ehrenstorfer 公司；柠檬酸三丁酯（TBC），化学纯（>99.0%），国药集团化学试剂有限公司；乙酰柠檬酸三丁酯（ATBC），化学纯（>99.0%），国药集团化学试剂有限公司；无水乙醇，分析纯，国药集团化学试剂有限公司；PVC 树脂，SG-5，工业级，中石化齐鲁石油化工公司；硬脂酸钙（CaSt2），工业级，淄博市鲁川化工有限公司；硬脂酸锌（ZnSt2），工业级，淄博市鲁川化工有限公司。正己烷，AR，国药集团化学试剂有限公司。

4.5.1.2 实验仪器

电热恒温鼓风干燥箱，DHG-9076A，上海圣欣科技仪器有限公司；电子分析天平，PL4002-IC，梅特勒-托利多仪器（上海）公司；数显恒温水浴锅，HH-S1，金坛市大地自动化仪器厂；电子天平，DJ-500J，莆田市亚太计量仪器有限公司；微量移液器，10-100μL，美国莱伯特 Labnet 公司；双辊炼塑机，SK-160B 型，上海橡胶机械厂；气质联用仪，5975IGC/MS，安捷伦公司；傅里叶变换红外光谱仪，FTLA2000 型，加拿大 ABB 公司，气相色谱仪，FID 检测器，SE-54 色谱柱，30m×0.32mm×0.4μm，GC9790Ⅱ，温岭市福立分析仪器有限公司；平头微量进样器，1μL，上海高鸽。

4.5.1.3 分析方法

(1) 酸值按照 GB/T 1668—2008 测试。

(2) 加热减量按照 GB/T 1669—2001 测试。

(3) 热老化性能按照 GB/T 9349—2002 测试。

(4) PVC 制品迁移率按照 GB/T 5009.156—2003 测试。

(5) PVC 制品挥发损失按照 ASTM Designation：D1203—67 测试。

(6) 热重测试条件：保护气体 N_2，流量 50mL/min，以 10℃/min 升温速率将增塑剂和 PVC 制品从 25℃升到 500℃，样品质量为 5～10mg。

（7）气质联用条件：柱温 160℃，检测器 260℃，进样口 2 为 250℃；程序升温为 50℃保留 1min，以 15℃/min 的升温速率升到 160℃，保留 1min，在以 10℃/min 的升温速率升到 260℃，保留 5min，样品的浓度为 0.01mg/mL，溶剂为正己烷，所有增塑剂为 ACETEM。

（8）PVC 制品的制备：将增塑剂 ACETEM、TBC、ATBC、DOP 及 DOTP 分别与热稳定剂（Ca/Zn）和 PVC 树脂，按照质量比为 50∶3∶100 的比例加入烧杯中机械搅拌至混合均匀，静置一段时间；160℃于双辊塑炼机上塑炼 5min，然后采用 1mm 厚度的模具于平板硫化床上 180℃，热压 2min，常温冷压 5min，即可得到增塑厚度为 1mm 的 PVC 试片。

4.5.1.4 制备及合成

将计量好的甘油和椰子油，在碱性催化剂氢氧化钠下加热到 180～185℃，在真空（−0.09～−0.1MPa）下进行酯交换反应，测定羟值或酸值控制反应终点；然后降温到 80～120℃加入磷酸中和、过滤，随后进行四级分子蒸馏，脱除水分及未反应的甘油、脂肪酸及二酯、三酯，使其单酯含量大于 90%；接着将蒸出的单酯和醋酐投入反应釜中，加入乙酸，加热到 120～140℃进行酰化反应，在真空下将副产物乙酸脱除干净，测定酸值、皂化值、羟值控制反应终点，达到要求后降温到 70～80℃，用适量碳酸钠中和、过滤、包装即可为成品乙酰化单甘油脂肪酸酯增塑剂。

其主要结构式为：

其中，n 为 12、14、18 等。

4.5.2 结果与讨论

4.5.2.1 产品物性测定

ACETEM 物性测定值见表 4-8。

表 4-8　ACETEM 物性测定值

测试项目	测定值
酸值/(mgKOH/g)	1.11
加热减量/%	0.118

4.5.2.2 红外光谱（FTIR）分析

由图 4-1 可知，在 3474cm⁻¹ 处的弱吸收峰为分子间氢键 O—H 伸缩振动，在 1226cm⁻¹ 处的吸收峰为 C—O 伸缩振动的峰，在 722cm⁻¹ 处的吸收峰为 O—H 面外弯曲的峰，从而，确定有—OH 的存在，但是比较弱，初步确定其含量较少；在 1780cm⁻¹ 处的吸收峰为饱和脂肪族的酯 C＝O 的伸缩振动的峰，在 1163cm⁻¹ 区域和 1057cm⁻¹ 处强吸收峰为 C—O 的弯曲振动的峰，确定分子结构中含有酯的结构。

4.5.2.3 气质联用（GC-MS）谱图分析

图 4-2 是乙酰化单甘油脂肪酸酯（ACETEM）气质联用谱图。产品在不同出峰时间所对应的结构式见表 4-9。

4.5.2.4 热重（TG）分析

表 4-10 是由图 4-3 所得 ACETEM 和 DOP 的 TG 曲线失重为 5%、50% 及 90% 时所对应的温度，以及增塑剂的外延起始温度。

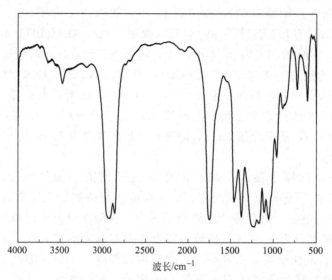

图 4-1 乙酰化单甘油脂肪酸酯（ACETEM）FT-IR 谱图

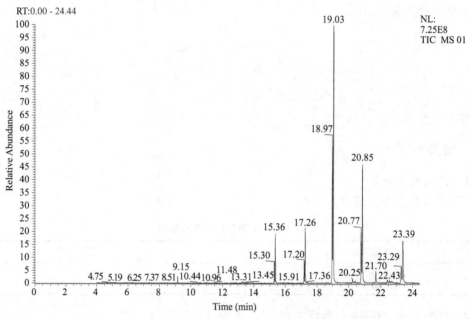

图 4-2 乙酰化单甘油脂肪酸酯（ACETEM）气质联用谱图

表 4-9 产品在不同出峰时间所对应的结构式

出峰时间	结构式
19.03min	
18.97min	

续表

出峰时间	结构式
20.85min	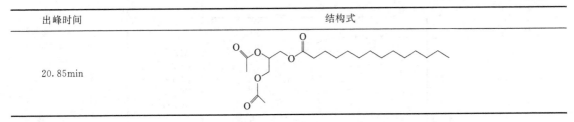

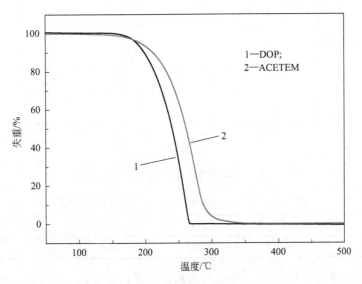

图 4-3 ACETEM 和 DOP 的 TG 曲线

表 4-10 ACETEM 和 DOP 的热分解特征参数

增塑剂	$T_{5\%}/℃$	$T_{50\%}/℃$	$T_{90\%}/℃$	$T_B/℃$
DOP	183	237	260	213
ACETEM	193	261	287	227

由表 4-10 和图 4-3 可以看出，ACETEM 在失重 5%、50%、90% 的温度均较 DOP 延迟，且外延起始温度也较 DOP 延迟，因此，ACETEM 较 DOP 显示出较好的热稳定性。

4.5.2.5 PVC 试片的热老化性能分析

从表 4-11 中可以看出，相同温度 180℃ 下随着加热时间的增加，PVC 试片的颜色不断加深，从 20min 开始 PVC 试片开始出现颜色变化，说明二者的稳定性相近。

表 4-11 添加不同增塑剂的 PVC 试片热老化后的颜色变化

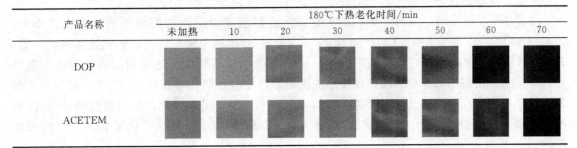

产品名称	180℃下热老化时间/min							
	未加热	10	20	30	40	50	60	70
DOP								
ACETEM								

4.5.2.6 PVC 试片的 TG 分析

表 4-12 为从图 4-4 中得出的增塑剂 ATBC、DOP、DOTP、TBC 和 ACETEM 这五种增塑

剂所对应的分解温度。

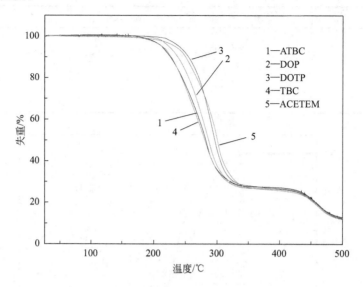

图 4-4 不同增塑剂的 PVC 试片 TG 曲线

表 4-12 加入不同增塑剂的 PVC 试片的分解温度

增塑剂	ATBC	DOP	DOTP	TBC	ACETEM
分解温度/℃	212	223	239	212	233

从图 4-4 中可以看出，PVC 试片分解分为两个阶段，其中第一个阶段为图 4-4 中第一个失重台阶，这一阶段主要为增塑剂的失重，第二个阶段即为第二个失重台阶，这一阶段主要为 PVC 的失重。由图 4-4 及表 4-12 可以看出，各增塑剂的分解温度 DOTP 的最高，ACETEM 其次，其中分解温度是增塑剂质量损失为 5％时的温度，由此可以看出加入增塑剂 ACETEM 的 PVC 试片的热稳定性略低于 DOTP，但是明显优于 DOP、ATBC 及 TBC。

4.5.2.7 PVC 试片的迁移率分析

由图 4-5 可以看出，随着时间的延长，5 种增塑剂的迁移率逐渐增大，这主要是由于 95％ 乙醇进入 PVC 中溶胀的结果，增加了 PVC 链的分子活动能力，使原来以范德华力结合的部分增塑剂容易迁移到溶剂中，总体来看，在浸泡前期，各类增塑剂迁移率迅速上升，中期迁移率上升较慢，在近 120h 后迁移率上升均逐渐趋于平衡，迁移初期，样品中的增塑剂在 95％乙醇溶液中有较大的浓度差，使得迁移容易进行，一段时间后 PVC 试片表层增塑剂迁移完全，浓度差减小，迁移速度较慢，然后 PVC 内部的增塑剂开始缓慢地向外迁移，直至最后达到浓度趋于平衡，增塑剂迁出平衡。

由图 4-5 可以看出，五种 PVC 试片在 95％乙醇溶液中浸泡初期增塑剂迁移率大小为：TBC＞ATBC＞DOP＞ACETEM＞DOTP，在 95％乙醇溶液中浸泡后期增塑剂迁移率大小为，TBC＞ATBC＞DOP＞DOTP＞ACETEM，这主要是因为不同种类增塑剂间的迁移能力有差异，而这主要由增塑剂本身结构和性质所决定的。在浸泡后期，增塑剂 ACETEM 更易与乙醇溶液趋于平衡，迁移率上升均逐渐趋于平衡，迁移率增加平缓，因此在后期增塑剂 ACETEM 的迁移率是小于 DOTP 的。综上，增塑剂 ACETEM 与 PVC 相容性是优于其他几类的增塑剂的。

4.5.2.8 PVC 试片的损失率分析

由图 4-6 可知，随着时间的延长，PVC 试片挥发损失率逐渐增大，而且不同增塑剂增加

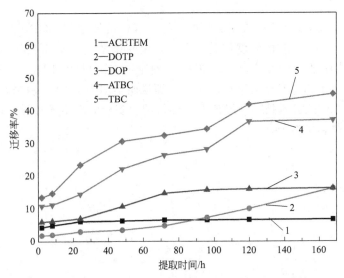

图 4-5　不同 PVC 试片中增塑剂在 95％乙醇中的迁移情况

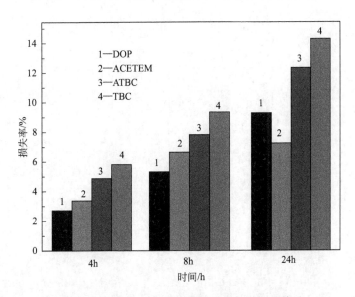

图 4-6　不同 PVC 试片挥发损失率与时间的关系

的速率不同，这可能是因为随着时间的延长活性炭吸附增塑剂的量逐渐增多，而不同增塑剂与活性炭建立动态平衡的时间不一样，从而反映出增加速率不同。在初期挥发损失率的大小为：TBC＞ATBC＞ACETEM＞DOP，说明在初期，活性炭易于吸附 TBC，而在后期，挥发损失率的大小为：TBC＞ATBC＞DOP＞ACETEM，说明活性炭仍然易于吸附 TBC，而 ACETEM 吸附的量相对较少，从长期使用来看，活性炭最易于吸附 TBC，而最难于吸附 ACETEM，从而也说明了，ACETEM 与 PVC 的相容性优于其他几种增塑剂。

4.5.3　结论

（1）以甘油和椰子油为主要原料合成环保型食品级增塑剂，且通过红外表征，羟基在 3474cm^{-1} 处的弱吸收峰等验证了羟基已基本上发生了酯化反应，残留量较少，在 1780cm^{-1} 处的吸收峰和在 1163cm^{-1} 处以及在 1057cm^{-1} 处的吸收峰，说明酯基结构的存在，并通过气质联用（GC-MS）分析其结构为含有不同碳链长度的酯类，其结构为含有 3 个酯基，并含有不同碳链长度的酯类。

（2）对增塑剂及其 PVC 试片的 TG 分析可知，与传统增塑剂 DOP、及环保增塑剂 TBC、ATBC 等相比在失重不同量时的温度均是较高的，说明该增塑剂及其 PVC 试片具有良好的热稳定性。对 PVC 试片进行迁移率，挥发损失率测定，与统增塑剂 DOP、环保增塑剂 TBC、ATBC 等相比其迁移率和挥发损失率均较小，从而说明增塑剂与 PVC 材料具有很好的相容性，结果表明，增塑剂 ACETEM 是一种绿色的、环保的、安全的新型增塑剂，可以作为食品级增塑剂，应用在食品包装材料上。

第 5 章　阻　燃　剂

5.1　阻燃剂的功能与重点品种应用技术

近几十年来，塑料、橡胶、合成纤维等聚合物材料及其制品得到蓬勃发展，它们正迅速代替传统的钢材、金属、水泥及木材、棉等天然聚合物，广泛应用于工业、农业、军事等国民经济的各个部门。它们改善了人们的生活，已为人们所必需。2000 年仅塑料的生产量即达 1.7 亿吨，其体积大大超过同年生产的钢材体积。但是大多数高聚物属于易燃、可燃材料，在燃烧时热释放速率大，热值高，火焰传播速度快，不易熄灭，有时还产生浓烟和有毒气体，对环境造成危害，对人们的生命安全形成巨大的威胁。因此，如何提高合成高聚物及天然高聚物材料的阻燃性已成为一个急需解决的问题。此外对建筑、钢结构、电缆等的防火处理有些技术和材料也与阻燃有关。

5.1.1　阻燃机理及阻燃技术

材料的阻燃主要通过以下几个途径来实现。

（1）气相阻燃机理　即抑制在燃烧反应中起链增长作用的自由基，而发挥阻燃作用。

（2）凝聚相阻燃机理　即在固相中阻止聚合物的热分解和阻止聚合物释放出可燃气体的作用。

（3）中断热交换机理　即将聚合物产生的热量带走而不反馈到聚合物上，使聚合物不再不断分解。

阻燃机理使人们对燃烧和阻燃有了更深刻的认识，但燃烧和阻燃是很复杂的过程，在实际上某种阻燃体系的阻燃实现往往是几种机理同时在起作用。

5.1.1.1　气相阻燃机理

聚合物燃烧和其他材料燃烧相似，热裂解产生的可燃物与大气中的氧反应，形成 H_2-O_2 系统，并通过链支化反应使燃烧传递。反应如下：

$$\cdot H + O_2 \longrightarrow \cdot OH + O \cdot$$
$$\cdot O + H_2 \longrightarrow \cdot OH + H \cdot$$

但主要放热反应如下：

$$\cdot OH + CO \longrightarrow CO_2 + H \cdot$$

为了减弱燃烧或终止燃烧，应终止链支化反应。卤素化合物阻燃机理主要就是通过终止链支化反应的气相阻燃机理实现的。如果卤素化合物不含氢（如十溴联苯醚），受热时分解出卤原子；如果含有氢，通常热分解出卤化氢。

$$MX \longrightarrow M \cdot + X \cdot$$
$$M'X \longrightarrow M'' \cdot + HX$$

生成的卤原子可与聚合物热分解的产物反应，生成卤化氢。影响链支化反应的阻燃剂是卤化氢。

$$H\cdot + HX \longrightarrow H_2 + X\cdot$$
$$OH\cdot + HX \longrightarrow H_2O + X\cdot$$

卤化氢捕获传递燃烧链或反应的活性自由基,生成活性较低的卤自由基,致使燃烧减缓或终止。卤素化合物减少聚合物可燃性,一些是以添加剂形式加入,但在合适的情况下,可用共聚方法将卤素结构引入聚合物的链上。聚合物的降解温度与其结构有关,而含卤阻燃剂的阻燃效果与其键能有关。卤素化合物稳定性顺序:$F>Cl>Br>I$。碘化物阻燃效果最好,但碘化物在商业上应用时不够稳定一般不采用,而一些氟化物作为协效剂已被用于阻燃系统中。

5.1.1.2 凝聚相阻燃

磷的阻燃剂可在凝聚相或气相发挥阻燃作用。其阻燃机理取决于磷化物的类型、聚合物的化学结构以及燃烧条件。

有些磷化物能在凝聚相中热分解为磷酸或多磷酸。这些酸能够生成熔融的黏性表层来保护聚合物基质,使之不燃烧或氧化。这些酸能使纤维素脱水,使酯类聚合物的酯基转移,最后生成相当量的炭。例如,磷酸三(2,3-二溴丙基)酯处理的纤维素,燃烧后,溴已汽化,而 90% 的磷则留在炭层中。残留在炭层中的磷以磷酸形式对纤维素的脱水进行有效催化作用。

磷能促进炭生成,而炭本身难燃,并能使得聚合物基质与热、火和氧相隔绝。在生成炭同时,也会生成大量气体。如羟基化合物脱水形成水蒸气可稀释氧及可燃气体。脱水、汽化均需吸收大量热。这也在阻燃中起着重要作用。

添加多元醇(如季戊四醇)和磷酸酯于聚合物中也有助于炭的生成。添加产气化合物会生成膨胀的炭,使基质与火、热和氧隔绝。例如在聚丙烯中添加聚磷酸铵、季戊四醇和三聚氰胺可制得膨胀型阻燃聚丙烯。

有机磷酸酯类是热稳定、高沸点(>350℃)的物质,用作乙酸纤维素和聚氯乙烯的增塑,它们不燃烧,用来代替易着火的增塑剂。例如不燃烧的聚氯乙烯中含有足量的邻苯二甲酸二辛酯增塑剂时,具有柔韧性,但容易燃烧。用有机磷酸酯完全取代或部分取代此增塑剂则可生成柔性阻燃聚氯乙烯。

改性聚苯醚(PPO)是聚苯醚和具有高冲击强度的聚苯乙烯(HIPS)的掺混物。它含有 55%~65% 的 HIPS(根据等级不同而异)。工业用的阻燃(PPO)聚合物,用磷酸酯作为阻燃剂。此磷酸酯在气相中起作用。磷酸酯挥发至燃烧区内并不发生明显的分解。三苯基氧化膦和二苯膦酸酯用于对苯二甲酸乙二醇酯(PET)是极有效的阻燃剂,是磷类阻燃剂在气相中起作用的另一个例子,所提出的阻燃机理与卤素捕获自由基理论相似。

$$H_3PO_4 \longrightarrow HPO_2 + HPO + PO\cdot$$
$$H\cdot + PO\cdot \longrightarrow HPO$$
$$HPO + H\cdot \longrightarrow H_2 + PO\cdot$$
$$PO\cdot + OH \longrightarrow HPO + O\cdot$$
$$OH\cdot + H_2 + PO\cdot \longrightarrow HPO + H_2O$$

其中 $PO\cdot$ 自由基最为重要。当燃烧过程主要取决于链的支化反应(如 $H\cdot + O_2 \longrightarrow OH\cdot + O\cdot$)时,$PO\cdot$ 自由基的反应尤为重要。以质谱分析经三苯基氧化膦处理的聚合物的热解产物,证实了 $PO\cdot$ 的存在。

磷也可在气相用物理方式来抑制燃烧。如果阻燃剂所放出的气体浓度足够高,该历程可能是物理性质的,例如惰性气体的抑制效应。

磷化合物在聚合物燃烧时还可以在聚合物表面形成熔融玻璃状物质起到传质、传热阻隔层的作用。

元素红磷是极有效的阻燃剂。可用于含氧聚合物。例如，聚碳酸酯（PC）和聚对苯二甲酸乙二醇酯（PET）。红磷的阻燃机理与有机磷阻燃剂的阻燃机理相似。由于磷酸的生成，既覆盖在材料的表面，又在材料表面加速脱水炭化，形成液膜和炭层将氧、挥发性的可燃物和热与内部的高聚物基质隔开，使燃烧受到抑制。研究表明，暴露在火中，尼龙中的磷会被氧化成一种能使尼龙片段酯化的酸，产生很可能是聚磷酸涂覆的炭层。红磷直接从尼龙6获得它反应需要的氧，因此当尼龙即使在惰性气氛中加热时也能被氧化。被氧化的磷物质借助红外和固态核磁共振测试表明是磷酸酯，这种磷酸酯是由尼龙6片段与红磷氧化所生成的磷酸反应而生成的。对红磷的凝聚相作用有进一步的间接证据：氧指数（OI）曲线类似于氧化氮指数（NOI）曲线，这启示我们，阻燃不受氧化剂影响，是在凝聚相起作用。红磷的阻燃机理与有机磷阻燃机理相似，表5-1列出红磷阻燃一些高聚物的可能阻燃机理。

表 5-1　红磷阻燃高聚物的阻燃机理

被阻燃高聚物	凝聚相阻燃	气相阻燃
PET	减缓裂解，形成芳香性残留物	
PMMA	加速环状酸酐的形成	
HDPE	含磷酸化合物抑制燃烧	降低自由基浓度
PAN	含磷酸化合物加速表面炭化	PO·抑制燃烧

由此可见，红磷的阻燃机理可能与被阻燃的高聚物有关，其阻燃效率因而也有差别。例如红磷阻燃非含氧聚合物 HDPE 的氧指数与红磷的量成正比。而阻燃的含氧聚合物 PET 的氧指数和红磷用量的平方根呈线性关系。

5.1.1.3 膨胀型阻燃

膨胀型阻燃剂所需的条件是：①多元醇类的炭源；②磷酸酯类的酸源；③气源。如季戊四醇、聚磷酸铵、三聚氰胺就是炭源、酸源和气源的例子。膨胀的机理是：磷酸盐（酯）分解为磷酸，磷酸能与多元醇发生酯化反应，并可作为脱水剂。体系中的胺则可作为酯化的催化剂。反应产生的水蒸气和由气源产生的不燃性气体使熔融体系膨胀发泡。同时熔融物逐渐炭化最后形成多孔泡沫炭层。此炭层阻止传热、传质，使基体与火、热和氧相隔绝。膨胀的阻燃系统主要用于聚丙烯，可能是聚丙烯的熔融和分解温度能很好地配合膨胀组分的作用。

5.1.2 阻燃剂应用技术

阻燃剂是除增塑剂外最大的塑料添加剂。自20世纪60年代以来，阻燃剂经历了70年代到80年初每年增长10%以上的蓬勃发展时期，90年代稳步发展阶段，2001年阻燃剂的消耗量达120万吨/年，销售额超过22亿美元，其中：溴系阻燃剂占39%、有机磷系占23%、无机类占22%、氯系占10%、三聚氰胺类占6%。

阻燃剂的分类可根据元素种类分为卤系、有机磷系及卤-磷系、氮系、硅系、铝-镁系、钼系等。按阻燃作用分有膨胀型阻燃剂、成炭阻燃剂等。按化学结构分有无机阻燃剂，有机阻燃剂，高分子阻燃剂等。按阻燃剂与被阻燃材料的关系可分为添加型阻燃剂和反应型阻燃剂，反应型阻燃剂参与高聚物的化学反应。

理想的阻燃剂应该是阻燃效率高、添加量少，无毒、无烟、对环境友好，热稳定性好、便于加工，对被阻燃物各项性能影响小，不渗出，便于回收，使用方便，使用面广，还要价格便宜。同时具有上面这些要求的阻燃剂几乎是不存在的，只能是在满足基本要求的前提下取得最佳的综合平衡。

5.1.2.1 卤系阻燃剂

卤系阻燃剂是目前世界上产量最大的有机阻燃剂之一。卤系阻燃剂主要用于电子和建筑工业，约 50～100 种含卤阻燃剂覆盖了大多数的市场需求。

卤素阻燃剂之所以受到人们的重视，主要是卤系阻燃剂的阻燃效率高，价格适中，其性能价格比这一指标是其他阻燃剂难以与之相比，加之卤系阻燃剂的品种多，适用范围广，所以得到人们的青睐。

但是，卤素阻燃剂在热裂解或燃烧时生成较多的烟和腐蚀性的气体及以受到二恶英问题的困扰。

超过 80％的含卤阻燃剂用于电子/办公设备及建筑工业，主要应用品种为苯乙烯及其共聚物、热塑性工程塑料和环氧树脂。

5.1.2.2 含磷阻燃剂

含磷化合物可作为热塑性塑料、热固性塑料、织物、纸张、涂料和胶黏剂等的阻燃剂。此类阻燃剂物包括红磷、水溶性的无机磷酸盐类、不溶性的聚磷酸铵、有机磷酸酯和膦酸酯类、氧化膦类、氯烃基磷酸酯类和溴芳烃基磷酸酯类。

卤素阻燃剂虽然具有高阻燃性，但存在环境污染及毒性问题，而磷系阻燃剂除对苯乙烯和聚烯烃等几大类聚合物外是非常有效的阻燃剂，而且二次污染小，所以开发低毒、持久、热稳定性好并且价廉的磷类阻燃剂受到人们的关注。

(1) 磷酸铵类　含磷阻燃剂的应用历史十分悠久，17 世纪就有用磷酸铵阻燃织物的记载。目前磷酸一铵（MAP）和磷酸二铵（DAP）仍是纤维与织物、无纺织物、纸张、木材等多种纤维素物体的有效阻燃剂。它们能形成磷酸，使纤维素羟基酯化，所生成的纤维素酯分解成炭，改变了热降解历程，从而达成阻燃目的。它们易溶于水，故其阻燃性不能持久。它是目前膨胀型阻燃剂主要组分之一。

(2) 红磷　红磷是极有效的阻燃剂，可用于含氧聚合物，例如 PC、PET、PBT、PPO。其作为尼龙部件的阻燃剂在欧洲用得较多。由于红磷会与大气中的水反应生成有毒的磷化氢，因此工业产品需要做稳定化处理和包覆。

(3) 三烃基磷（膦）酸酯　磷酸三乙酯作为不饱和聚酯高度填充（如氢化铝、碳酸钙）时的稀释剂。它在卤化聚酯中也作为协效剂，虽不如氧化锑有效，但加工性好。较不易挥发的三烃基磷酸酯有三丁基磷酸酯、三辛基磷酸酯和三丁氧基乙基的磷酸酯。

二甲基磷酸甲酯（DMMP）分子式：$CH_3PO(OCH_3)_2$，含磷量高达 25％，是极有效的阻燃剂。它的高挥发性限制了应用。它适用于聚氨酯硬泡，高填的热固性树脂。在高填充的热固性树脂中也作为黏度稀释剂。DMMP 在水中溶解度很高，因此也适用于水乳胶中。二乙基磷酸乙酯在氨基甲酸乙酯有发泡剂和胺催化剂的条件下比较稳定。

Anti-blaze 是含磷量高达 21％的产品，挥发度很低，主要用于聚氨酯泡沫、聚酯织物和尼龙。

(4) 芳基磷酸酯类　芳基磷酸酯类主要的工业用途是作为 PVC 和乙酸纤维素的不燃性增塑剂和作为工程塑料如 PPO、PC/ABS 合金的非卤阻燃剂。最简单的芳基磷酸酯是磷酸三苯酯，是一种白色低熔点（48～49℃）的固体，含磷量为 9.5％。在阻燃 PVC 运输带及安全的乙酸纤维素封膜上用得较多。

烷基化磷酸三苯酯都是液体，主要烷基化产物是用合成的异丙基苯酚或异丁基苯酚制成的。制法是先使苯酚烷基化，然后再同磷酰氯反应。因此烷基化三芳基磷酸酯是一混合物。其中磷酸三丁苯酯的抗氧化性能较好，但增塑性较差。磷酸甲基二苯酯是 PVC 最有效的阻燃增塑剂，但也最易挥发，它主要用于欧洲。烷烃二芳基膦酸酯增塑性较好，用于 PVC 有较好的低温性，它的生烟量也比三芳基膦酸酯少。

2-乙基己基二苯基磷酸酯已得到美国食品和药品管理局的批准可用于食品包装。异癸基二苯基磷酸酯由于有较长的烃基不易挥发，可用于 PVC 电缆，尤其高压电缆。

二聚体芳基磷酸酯挥发性较低，其连接基为间苯二酚、对苯二酚或双苯酚。它们用于热塑性塑料（如 PPO、PC/ABS）。

改性 PPO 是聚苯醚与高抗冲聚苯乙烯（HIPS）的掺混物。根据等级，一般含有 55％～65％的 HIPS。虽然磷酸酯并不能使 HIPS 达到 UL94 阻燃等级，但它在工业上却用来使改性的 PPO 树脂阻燃，并达到 UL94 V—0 等级。通过磷酸酯所生成的磷酸使 PPO 成炭达到阻燃目的。工业上用的阻燃剂是液态的烷基化的三芳基膦酸酯或二磷酸酯。在含磷量 1％，或在 60/40 的 HIPS/PPO 中加入 13％的磷酸酯，得到厚度为 1.6mm 的 UL94 V—0 级产品。

三芳基膦酸酯在加工时会挥发，导致应力断裂。用较不挥发的二磷酸酯则可减少应力断裂。双酚 A 可为二磷酸酯的连接基团。

（5）含卤磷酸酯　含卤烷基磷酸酯主要用于聚氨酯软、硬泡沫制品。但热稳定性较差，在聚氨酯熟化时（117℃）会退色或焦烧。它们也用于环氧树脂、纸张和织物。但因含卤磷酸酯因其毒性，已被欧盟等多数国家禁止使用，我国也不推荐使用。

（6）膦的氧化物类　磷氧化物具有水解稳定的 P—C 键，它们的含 P 量高于芳基磷酸酯，因而是更有效的阻燃剂。它们的二元醇和三元醇是聚氨酯泡沫和环氧树脂的活性阻燃剂。

磷化合物作为阻燃剂，可在凝聚相中抑制自由基反应，它们本身还可生成玻璃状物质起到传热、传质的阻隔作用。有机磷系阻燃剂被认为是替代卤系阻燃剂最有前景的品种之一。

5.1.2.3　无机氢氧化物

无机氢氧化物是非常重要的阻燃剂。无机氢氧化物易处理，相对无毒，不产生有毒、有腐蚀性的气体，而且抑烟，更重要的是比卤、磷阻燃体系便宜。这类阻燃剂以适当的配方可使材料达到多种测试要求。氢氧化铝是无机氢氧化物销售最多的阻燃剂，主要用于加工温度在 200℃以下的合成橡胶、热固性树脂及热塑性塑料。因为考虑含卤及含磷阻燃剂的环境问题，无机氢氧化物阻燃剂的应用得到持续的增长。

（1）氢氧化铝（ATH）　氢氧化铝是应用最为广泛的阻燃剂，通常被称为三水合氧化铝，但这种称呼是错误的，因为它既不是氧化铝，也不是水合物，正确的分子式为：$Al(OH)_3$。在加热后氢氧化铝脱水为氧化铝。

氢氧化铝是一种无毒、白色至浅白色的粉末，相对密度 2.42，莫氏硬度为 3.0，当温度加热到高于 320℃时 ATH 因失水而损失其质量的 34.6％。

对于加工温度低于氢氧化铝分解温度（190～230℃）的聚合物来讲，氢氧化铝是一种优良的阻燃材料，关于颗粒直径的大小对于热稳定的影响也是值得注意的。

氢氧化铝作为阻燃材料，用于弹性体、热固性树脂及热塑性塑料等，也大量用于生产阻燃地毯的苯乙烯-丁二烯胶乳中，用于生产阻燃绝缘橡胶电缆、保温泡沫塑料、传送皮带、屋顶天棚及软管中。作为阻燃剂，几乎应用于全部不饱和树脂中，如层压大顶棚及墙体，用于盥洗室器具、装饰墙板、各种套罩、汽车防护罩、坐具、卡车零部件等，以及电子元件包括绝缘体及线路板。还包括建筑施工用具等。

在环氧树脂及酚醛树脂中，包括胶黏剂、层压制品、线路板、仿大理石及陶瓷用具等广泛采用 ATH。

交联丙烯酸树脂出于阻燃及装饰的目的采用 ATH，应用于顶棚、水槽、盥洗室面板、装饰材料及贴墙板等。

在热塑性塑料方面，由于卤化物对环境的影响越来越受到关注，特别是在欧洲，ATH 越来越受到重视。其应用范围也越来越大。ATH 在软、硬质 PVC，EPR（乙丙橡胶），EPDM（三元乙丙橡胶）、EVA（乙烯-乙酸乙烯共聚物）、EEA（乙烯-丙烯酸乙酯共聚物）、LDPE、HDPE、聚乙烯与聚丙烯的混合物，利用茂催化技术制造的塑料等。另外在电线电缆、导管、管道、胶黏剂、建筑用的层压板、隔热泡沫塑料方面也得到普遍应用。

氢氧化铝是非常有用的阻燃剂，可以提供生烟度较低的配方。与含卤化物和氧化锑混合物的配方相比，该种配方生烟毒性低、腐蚀性也小。根据聚合物以及要求不同，ATH 添加量为 5%～75%（质量）。在非卤系统中，一般为 35%～65%。在此应用范围有时会增加混合物黏度，并对树脂的物理性能产生负面影响。采用合适的助剂，合理的搅拌技术能使 ATH 充分地分散，极大地降低上述影响。ATH 经适当的表面处理也能减少因装填率高而产生的影响，但会在很大程度上增加材料的成本。

（2）氢氧化镁　氢氧化镁 $Mg(OH)_2$ 是销售量第二大的无机氢氧化物阻燃剂。其销售量每年达 1.7 万吨，大部分用于欧洲市场，其余在美洲及亚洲市场。氢氧化镁热稳定性比 ATH 要好，降解温度接近 330℃。其最大用途应用于工程热塑性塑料。氢氧化镁是一种白色至浅白色晶状体粉末，相对密度 2.4，莫氏硬度 3.0。加热至 450℃ 以上时，因失去水而减重 30.9%（质量）。

氢氧化镁用作阻燃剂时，其纯度要求相当高，至少含 98.5% 的 $Mg(OH)_2$，许多等级高于 99.5%。大多数阻燃级氢氧化镁为白色粉末，颗粒直径范围从 0.5～5μm 不等。因颗粒直径大小及形状的差异，表面积为 7～15m^2/g。大多数作为阻燃剂的氢氧化镁经表面处理，以提高其在聚合物中的分散性和分布。氢氧化镁与氢氧化铝一样以较高的添加量使用，一般为 50%～70%。由于高纯度要求和表面处理要求，使得氢氧化镁比沉淀级的氢氧化铝要昂贵得多。

由于氢氧化镁较高的分解温度和价格，使得它一般用于加工温度在 200～225℃ 的热塑性塑料和热固性树脂。下列材料广泛采用氢氧化镁，EVA、聚丙烯及共混物、ABS 及其共混物、含氟聚合物、PPO 及其共混物、聚酰亚胺等。氢氧化镁一般不能用于热塑性聚酯树脂，原因在于它会催化树脂分解。氢氧化镁还可同氢氧化铝一起使用，以满足不同使用要求。另外电线电缆、机架、建筑多层板、管道、电器零件中也会用氢氧化镁。

5.1.2.4　含硅阻燃剂

硅化合物是被期待作为新型阻燃剂的物质。它可完全不依赖卤素和磷的化合物而发挥阻燃作用。最近有关硅阻燃剂的文章和专利成为新热点，几乎所有各种组成的硅被用作阻燃剂研究。含硅化合物不管是作为聚合物的添加剂，还是与聚合物组成共混物，都具有明显的阻燃作用。

实用化的含硅化合物阻燃技术有：

① 通过接枝反应，在高分子引入硅原子或硅基团；

② 添加硅树脂粉末；

③ 加入高分子量硅油与有机金属化合物、白炭黑；

④ 硅橡胶与金属化合物并用；

⑤ 聚合物/黏土纳米复合材料；

⑥ 加入硅酸盐；

⑦ 硅胶与碳酸钾并用；

⑧ 含硅的低熔点玻璃。

含硅阻燃剂及其阻燃技术目前得到广泛的研究，含硅阻燃的高聚物大多少烟无毒，燃烧热值低，火焰传播速度慢，因而受到重视，其发展潜力和应用前景是十分巨大和广阔的。

5.2　有机磷酸酯阻燃剂发展现状与展望

（徐会志，沈　伟，曾　军，葛琴琴）

5.2.1　概述

有机磷酸酯阻燃剂是一种阻燃性能较好的非卤系阻燃剂，它品种多，用途广泛。卤系阻燃剂存在燃烧时生成较多的烟、腐蚀性气体和有毒气体。特别是自 1986 年起，发现多溴二苯醚及其阻燃的高聚物的热裂解和燃烧产物中含有致癌物四溴代双苯并二噁烷及四溴代苯并呋喃后，卤系阻燃剂的使用受到了限制，使得非卤阻燃剂特别是有机磷阻燃剂的研究和开发变得更加重要。虽然有机磷化合物都会有一定的毒性，但它们的致畸性却不高，其分解产物及其阻燃的高聚物的热裂解和燃烧产物中腐蚀性、有毒物也很少。有机磷阻燃剂之所以成为阻燃剂研究中的热点，除了上面的因素外，还因为有机磷阻燃剂除了具有阻燃性能之外，很多品种还同时具有增塑、热稳定等作用，对提高高分子材料的综合性能有十分重要的作用。

目前，有机磷阻燃剂的研究、开发方兴未艾，每年报道很多。有机磷阻燃剂根据化学活性的不同，可以分为使用方便的反应型和阻燃性持久的添加型两类，下面就这些阻燃剂种类、合成和应用的最新发展状况进行论述。

5.2.2　磷酸酯阻燃剂

用作阻燃剂的磷酸酯很多，主要可用于聚苯乙烯（PS），聚氨酯（PU）泡沫塑料，聚酯（PET），聚碳酸酯（PC）和液晶等高分子材料的阻燃。包括只含磷的磷酸酯阻燃剂、含氮磷酸酯阻燃剂和含卤磷酸酯阻燃剂等几类。

（1）只含磷的磷酸酯阻燃剂　只含磷的磷酸酯阻燃剂大多数为酚类的磷酸酯，也有少量的烷基磷酸酯。Bright DanielleA _ 报道，结构式如下的化合物可用于高抗冲聚苯乙烯的阻燃处理：

$$1,4\text{-}(ArO)_2P(O)OCH_2C_6H_4CH_2OP(O)(ArO)_2$$

式中，Ar＝（未）取代的芳基。

当在高抗冲聚苯乙烯中加入 5.6 份该化合物时极限氧指数（OI）从 18℃变为 20.5℃。

相近结构的化合物：

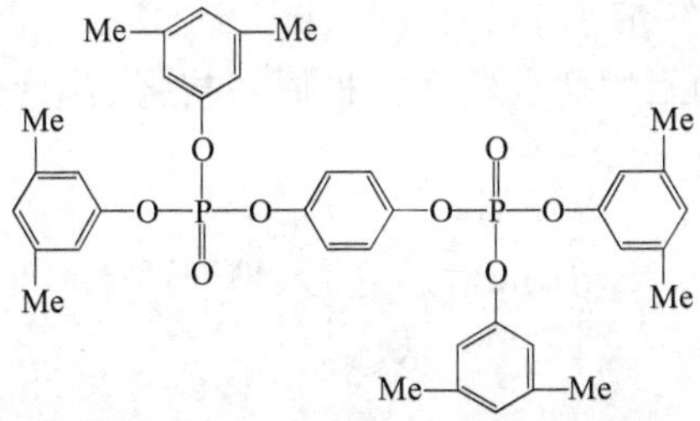

可用于液晶和 PET 的阻燃，可使它们的阻燃效果达到 V-0，而且该化合物具有很好的抗水解性。此外，这类化合物还具有很好的相容性，可用于 PU 泡沫塑料等材料的阻燃处理。一些二取代的磷酸酯阻燃剂可用于聚碳酸酯的阻燃，下面的化合物：

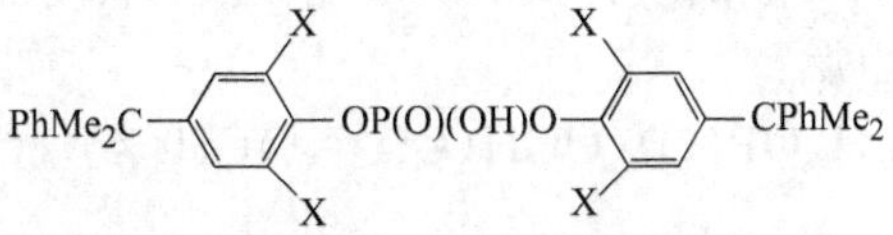

其中 X 为 H。用于聚碳酸酯中，可使其达到 UL-94 和 V-2 的阻燃效果，而且光学扩散性能很好。

另外，一些含硫的磷酸酯化合物也用于 rayon 纤维，PU 泡沫塑料、PC 和 ABS 等材料的阻燃。磷酸酯阻燃剂的性质的研究和高纯度磷酸酯的制备也受到人们的关注。

（2）含氮磷酸酯阻燃剂　含氮的磷酸酯由于同时含有氮、磷两种元素，其阻燃效果应比只含磷的化合物要好，因而越来越受到人们的重视。含氮磷酸酯阻燃剂中氮元素主要来自化合物中的胺、二胺和三聚氰胺。松原一博报道了下面结构的含氮磷酸酯阻燃剂的制备、性质和应用：

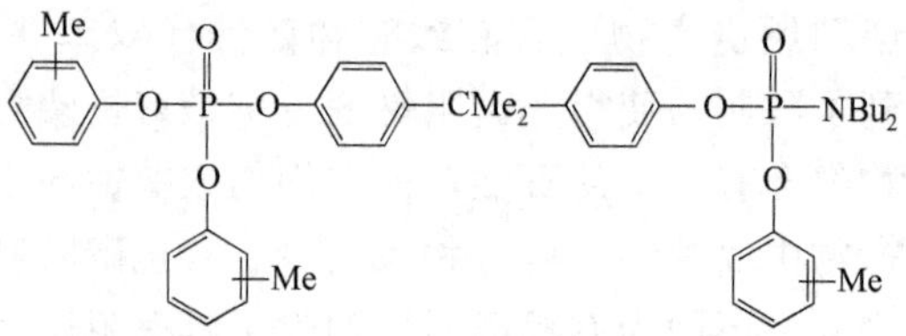

其制备方法为：

$$双酚\ A + POCl_3 \xrightarrow{MgCl_2} \xrightarrow{甲酚} \xrightarrow{Bu_2NH} 产物$$

该化合物有很好的热稳定性、相容性、不喷霜、不渗色。加该化合物 20 份，聚 2,6-二甲基-1,4-苯醚 50 份，高抗冲聚苯乙烯 50 份，Teflon 0.1 份制成的样品，其燃烧速率达（UL-94）V-0。

结构如下的以哌啶为"氮"源的化合物：

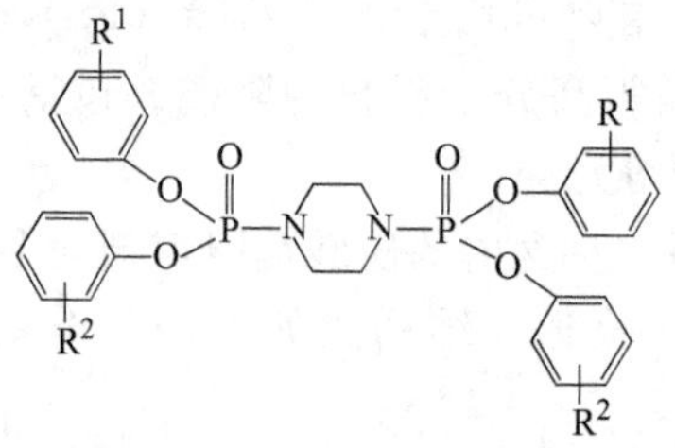

R^1，R^2＝H，C_{1-5}烷基。

可以用哌啶和 $PhO_2P(O)Cl$ 在三乙胺存在下高产率制备，该化合物在 306℃ 时仅失重 5%，具有阻燃、耐热和耐水性能。用 Polypro J 7030B 100 份，20 份该化合物（R＝H）制成的样品，氧指数达 22.8。耐燃达 UL-94V 的 V-2 级，样品强度为 $194kgf/cm^2$，伸长率为 550%，放在 70℃ 水中 2 天后溶解小于 0.1%。

以三聚氰胺为"氮"源的阻燃剂也较多，松原一博报道下面的化合物用于 PPE 树脂的阻燃处理：

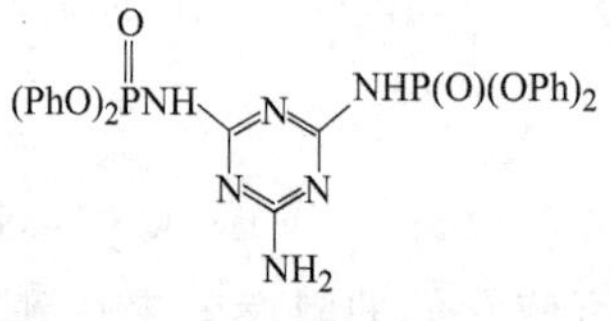

（3）含卤磷酸酯阻燃剂　含卤磷酸酯阻燃剂由于燃烧后卤素生成的腐蚀性气体、致癌物等原因，现在有关它们的报道要少得多。但因为其阻燃的高效性，仍有些报道，大多数为同时含氯、溴的磷酸酯或高卤含量的磷酸酯或含氟的磷酸酯。欧育湘等报道下面结构的高卤含量的磷酸酯能用于 PU 泡沫材料的阻燃：

$$XCH_2O(CH_3)_2CH_2OP(O)(OCH(CH_2X^1)CH_2X^2)(OCH(CH_2X^3)CH_2X^4)$$

$$X＝Cl, Br$$

结构如下的含氟磷酸酯用 Lewis 酸作催化剂，经多步合成，可用于化妆品，也可作为阻燃剂：

$$R_fOPO(OR^1)(OR^2)$$

$R_f＝C_{5\sim28}$氟代烷基，$R^1＝C_{1\sim24}$线型或支链烷基，$R^2＝C_{5\sim28}$氟代烷基，$C_{10\sim24}$线型或支链烷基。

5.2.3　膦酸酯阻燃剂

膦酸酯也可广泛用作阻燃剂。目前关于膦酸酯阻燃剂的研究主要集中在含氮的磷酸酯、反应性磷酸酯阻燃剂等方面。Lennon Patrick J 报道，通过磷酸酯和氰化物反应合成氰基膦酸酯，它们具有阻燃和增塑作用。一些含二胺的膦酸酯也具有很好的阻燃作用，可用于树脂的阻燃处理。

膦酸酯通常更多地用作反应性阻燃剂，Fntz Ralf 以 CH_2O 和 $HOP(OMe)_2$ 为原料，在三乙胺存在下，制备了结构为 $HOCH_2PO(OMe)_2$ 的化合物．将其加入到聚氨酯中进行阻燃处理，取得了较好的效果。

此外，一些不含氮而含芳基、含氟的阻燃剂也用于 PU 和酚醛树脂等材料的阻燃处理。

5.2.4　氧化膦阻燃剂

氧化膦的水解稳定性优于磷酸酯，氧化膦二元醇可用于制造聚酯、聚碳酸酯、环氧树脂和聚氨酯。氧化膦阻燃剂也分为添加型和反应型两种。结构如下的一类氧化膦

$$RP(O)(CH_2CHR^2CO_2R^1)_2$$

其中 R＝烷基，R^1＝H，$C_{1\sim14}$ 的烷基，R^2＝H，Me，可用作阻燃剂，它们通过下面的加成反应：

$$RPH_2 + CH_2 \!\!=\!\! CHCN \xrightarrow{\text{水解}} \text{产物}$$
或
$$RPH_2 + CH_2 \!\!=\!\! CHR^2CO_2R^1 \longrightarrow \text{产物}$$

5.2.5　次膦酸酯阻燃剂

次膦酸酯阻燃剂一般作为反应性阻燃剂，同时还具有稳定作用而受到人们的重视，它们广泛用于聚酯中。

植田敦子等报道了结构为 $HOPR_2(O)R_1OH$ 的化合物，其中 R_1＝$C_{1\sim10}$ 亚烷基，R_2＝$C_{1\sim20}$ 烷基、芳基，可用作阻燃剂、热稳定剂或原料用于 PET 的阻燃处理。这类化合物通过加成反应制备。

5.2.6　有机磷杂环化合物阻燃剂

有机磷杂环化合物是近期阻燃剂研究中较为活跃的领域之一，也是有机磷化学中的研究热点。主要是因为磷杂环化合物的合成、结构都有十分重要的研究价值，其应用范围也日益广泛。有机磷杂环化合物阻燃剂主要有五元环、六元环及螺环类化合物等。

（1）含磷五元环化合物　五元磷杂环阻燃剂品种较少、Keiner Hans-Jeng 等报道了下面结构的五元磷杂环化合物：

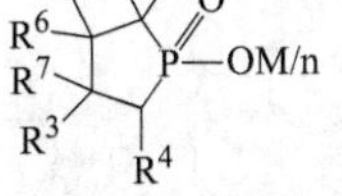

其中，R^{1-4}=H，Me,E1,$C_{3\sim12}$烷基，
R^5R^6=双键,R^7=H,R^5=H,R^6R^7=双键,
R^5=R^6=R^7=H,M=Mg,Ca,Zn,Al等

这类化合物是很好的阻燃剂，可用于聚酯、聚酰胺及聚烯烃的阻燃。

（2）含磷六元环化合物　含磷六元环化合物是磷杂环阻燃剂中种类最多的品种之一，主要有磷杂氧化膦、磷酸酯、笼状磷酸酯、膦酸酯和次膦酸酯，可用于聚酯、环氧树脂和聚氨酯等多种材料的阻燃处理。

Di-ShuangWang 等合成了含四个羧基的环状氧化膦。

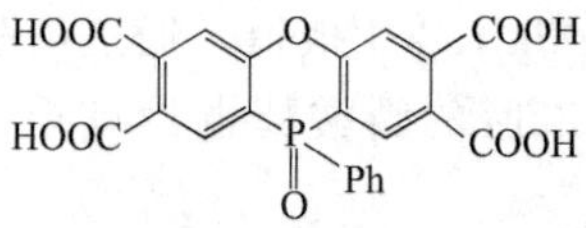

这个化合物既是环氧树脂的固化剂，也是阻燃剂，当用它作为固化剂时，与其他固化剂固化的环氧树脂的热重曲线有明显的区别。在 600℃ 时，焦炭质量分数仍然较大。其合成方法如下：

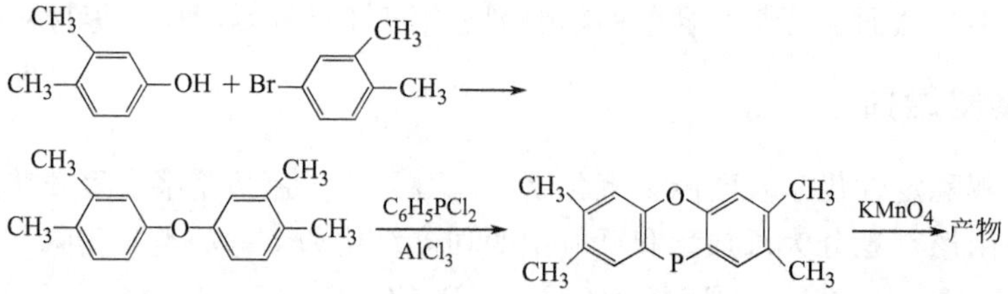

近年来具有下面通式的六元磷杂磷酸酯阻燃剂也引起了人们的很大兴趣：

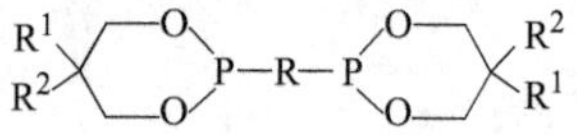

其中 R，R^1，R^2 为各种取代基，这类阻燃剂可应用于聚氨酯、聚酯和环氧树脂等多种材料的阻燃。

（3）磷螺环阻燃剂　磷螺环阻燃剂大多是由季戊四醇和磷化合物反应而制得，分子中一般都含有大量的碳，含有两个磷原子，因此含磷量也高，阻燃效果比较好，可作为膨胀型阻燃剂使用。有关磷螺环阻燃剂的研究报道很多，可用通式表示如下：

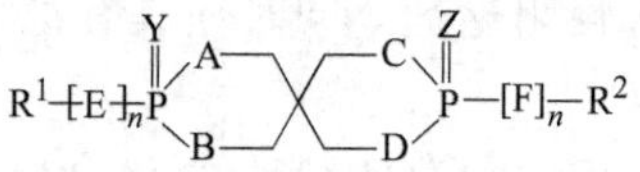

式中A,B,C,D,Y,Z=O或S
E,F,R^1,R^2=各种取代基

磷螺环阻燃剂广泛用于各种高分子材料中，起阻燃、稳定和增塑等作用。

（4）双环笼状磷酸酯阻燃剂　双环笼状磷酸酯由于其结构上的特点和用途的广泛，日益受到人们的重视，有关它们合成和应用的报道每年很多。Telschow Jeffrey E 报道下面结构的化合物可以通过酯交换来制备，用于各种高分子进行阻燃处理：

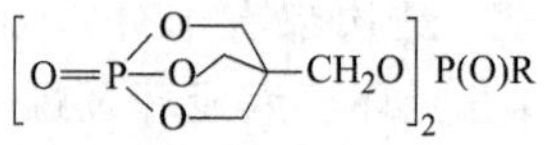

式中，R=$C_{1\sim4}$烷基

（5）七元磷杂环阻燃剂　与五元磷杂环化合物一样，七元磷杂环阻燃剂品种也很少。保田平之介等报道了一种新型七元磷杂磷酸酯的合成及其作为阻燃剂的应用：

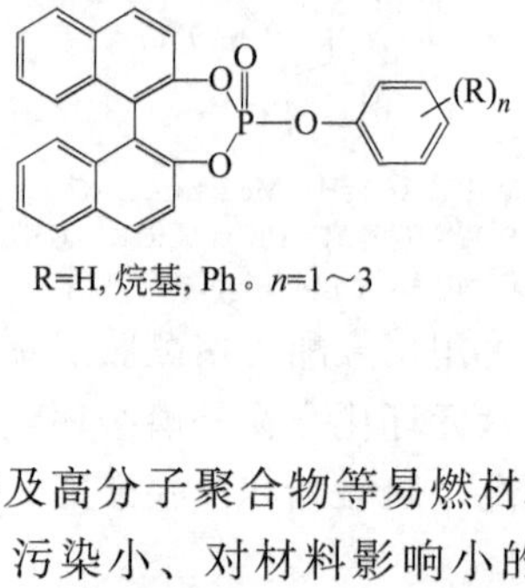

R=H, 烷基, Ph。$n=1\sim3$

5.2.7　结论

随着防火安全标准的日趋严格及高分子聚合物等易燃材料需求的快速增长，再加上人们环保意识的日益增强，阻燃效果好、污染小、对材料影响小的有机磷阻燃剂的需求量将逐渐增加。尽管在实验室已研究出种类繁多的有机磷阻燃剂，但大多数由于阻燃效果、价格、对材料

的影响等原因未能进行工业应用。因此，有机磷阻燃剂的研究在以下几个方面还有待进一步加强。

① 对一些阻燃效果好但还没进行工业应用的有机磷化合物进一步改善其性能，加快工业化应用。

② 针对有机磷化合物尤其是磷酸酯类化合物易挥发的缺点，发展大分子量的高聚和齐聚有机磷阻燃剂，降低挥发性的同时提高其稳定性。

③ 大力发展对材料性能影响较小的有机磷阻燃剂，研究有机磷阻燃剂与其它类型阻燃剂的复配协同效果关系，减少有机磷阻燃剂的用量，提高阻燃性能。

④ 优化有机磷阻燃剂的合成条件，在提高产率、降低成本的同时降低污染物的排放量。

5.3　含磷高分子阻燃剂的研究进展

（廖逢辉　王通文　王新龙）

高分子材料在人们日常生活中已经被广泛应用，但是大多数高分子材料具有较高的易燃性，其导致的火灾事故造成的损失较大，因此高分子材料的阻燃一直是人们研究的重点。传统的卤系阻燃剂阻燃效率高，价格便宜，但是该类阻燃剂不符合环保的要求，而磷系阻燃剂阻燃效果好，毒性低，无腐蚀性且与高分子材料相容性好，是目前阻燃剂的研究热点。高分子量的磷系阻燃剂具有挥发性小、迁移性较低的特点，可以长时间维持阻燃性能，符合阻燃剂发展的方向。所以，开发含磷高分子阻燃剂将成为磷系阻燃剂的研究的趋势。本节综述了近年来国内外含磷高分子阻燃剂的研究进展及现状。

5.3.1　双螺环型聚磷酸酯阻燃剂

近年来五元环、六元环和螺环类有机磷杂环化合物受到越来越多研究人员的重视，其中双螺环含磷阻燃剂主要是由季戊四醇及含磷化合物反应制备得到，因其分子中含有大量碳原子且磷含量高而具有很好的阻燃效果，因此多用于材料的阻燃改性。

Huang 等用二苯基硅烷醇与螺环季戊四醇二磷酸酯二磷酰氯（SPDPC）反应制备了一种含 P—O—Si 键的新型阻燃剂 SDPS（图 5-1），并把 SDPS 作为阻燃剂加入到聚丙烯中。极限氧指数测试表明，当 SDPS 的添加量达 30%（质量分数，本节同）时，复合材料的 LOI 值达 23.4%（提高了 6.3%）。另外 SDPS 与磷酸三聚氰胺（MP）的协同阻燃效果较佳，当 SDPS、MP 的含量分别为 22.5%、7.5%时，材料的 LOI 值高达 34.0%，热重分析和热重红外联用结果表明两者之间的协同效应是由于 MP 的存在下，P—O—Si 催化分解能促进碳和二氧化硅的形成。

图 5-1　SDPS 的结构图

Wang 等制备了聚（1,2-乙二酸乙烯螺环季戊四醇次磷酸盐）（PEPBP），PEPBP 作为阻燃剂用于改性棉织品制备阻燃棉织品。研究发现：含有 21.2% 的 PEPBP 的棉织品的 LOI 值高达 33.8%，与纯棉织品相比提高了 14.4%。其中的阻燃机理是 PEPBP 分解促进了炭的形成，抑制热量、能量和氧气的传递，PEPBP 与棉织品的酯化反应诱导了水的释放和抑制可燃气体的生成从而达到阻燃的目的。

Zhao 等制备了含磷硅的双螺环高分子阻燃剂聚［3-氨基丙基甲基硅氧烷双（3-羟基苯基螺环季戊四醇次磷酸）］（PSBPBP），将 PSBPBP 与滑石粉引入到聚碳酸酯（PC）中制备阻燃 PC 材料。实验结果表明：复合材料中 PSBPBP 与滑石粉的含量分别都为 10％时，复合材料的 LOI 值可达 34％，能通过 UL 94V—0 级的测试，起始分解温度高达 540℃，残炭率高达 28.2％且残炭更加密实，具有更好的保护作用。

Chen 等研究了有机改性蒙脱土（OMMT）和膨胀型阻燃剂聚（哌嗪螺环季戊四醇次磷酸盐）（PPSPB）对低密度聚乙烯/乙烯-醋酸乙烯酯共聚物（LDPE/EVA）的影响。研究发现 PPSPB 和 OMMT 共同加入到 LDPE/EVA 体系中能提高材料的热稳定性和显著降低材料的可燃性，这主要体现在能降低材料的最大放热速率（PHRR）、总放热量（THR）和平均质量损失率，燃烧过后材料形成的残炭是密实的膨胀型炭层。

5.3.2 含 DOPO 的含磷高分子阻燃剂

9,10-二氢-9-氧杂-10-磷杂菲-10-氧化物（DOPO）因含有联苯环和菲环结构而具有较强的热稳定性，DOPO 及其衍生物合成的阻燃剂也含磷量高、阻燃性维持时间久，不仅能提高材料的阻燃性和热稳定性，而且对材料的力学性能影响较小，因此常被许多高分子材料选作阻燃剂。

Wang 等合成了一系列 DOPO 取代的有机磷聚合物阻燃剂 PFR、PDPDP（图 5-2），并研究了 PFR、PDPDP 对环氧树脂的阻燃性的影响。研究发现：环氧树脂（EP）中只需加入 15％PFR 就能使环氧树脂的 LOI 值从 21.5％提高到 36.0％，且能通过 UL 94 V0 级测试，PFR 的加入还能有效地提高材料的成炭率和高温区的热稳定性。引入 PDPDP 后 EP/PDPDP 复合材料在高温区的质量损失率比纯 EP 的低，可燃气体的释放量有所减少，火灾的潜在危险性也因炭层的形成而降低。

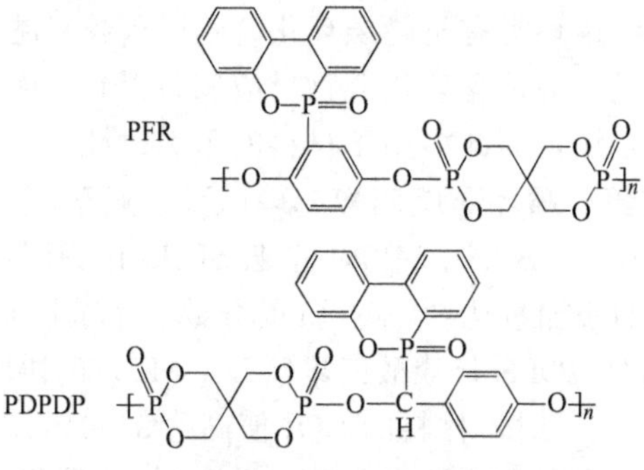

图 5-2　有机磷阻燃剂 PFR 和 PDPDP 的结构图

据报道 Wang 等将一种 DOPO 取代的含磷、硅的高分子新型阻燃剂 SPDV（图 5-3）应用于乙烯醋酸乙烯酯共聚物（EVM）橡胶中，通过 LOI 和 UL 94 测试发现 SPDV 能有效地提高 EVM 的阻燃性，减缓熔滴。燃烧过后形成的丰富泡沫炭层有利于增强材料的热稳定性和阻燃性。

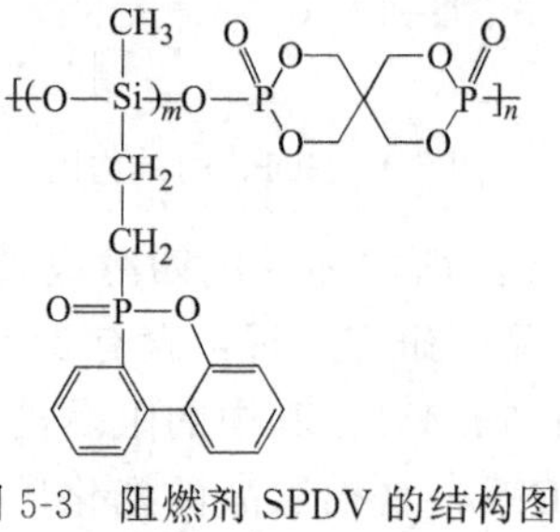

图 5-3　阻燃剂 SPDV 的结构图

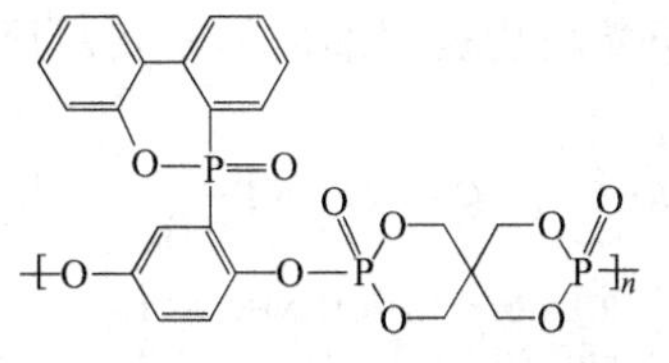

图 5-4　阻燃剂 SPDH 的结构图

Zhang 通过 10-(2,5-二羟基苯基)-9,10-双氢-9-氧杂-10-磷杂菲-10-氧化物（DOPO-HQ）与 SPDPC 反应制备了新型高分子阻燃剂 SPDH（图 5-4），为了提高 EVM/氢氧化铝（ATH）复合材料的阻燃性，引入 SPDH 作为阻燃剂。实验结果表明：SPDH 是一种阻燃效率较好的阻燃剂，含有 SPDH 的 EVM/ATH 体系的 LOI 值和 UL 94 等级都比不含 SPDH 的体系的高，且随着 SPDH 的加入量的增加，材料的热释放速率有所减少，残炭率逐渐升高。这是因为 ATH 与 SPDH 对 EVM 具有较好的协同阻燃作用。

Wei 等通过熔融共混法将一种芳基聚苯基磷酸酯 WLA-3（图 5-5）和聚乳酸（PLA）混合制备了阻燃 PLA，并通过热重、差示扫描量热、扫描电镜、UL 94 和拉伸等表征手段研究阻燃 PLA 的热性能、阻燃性能和机械性能。研究发现含 7％WLA-3 的阻燃 PLA 的 UL 94 测试结果为 V—0 级，放热速率（HRR）、PHRR 和 THR 与纯 PLA 相比均有下降，热分解过程也更复杂，但对材料的结晶性和拉伸性能影响较小。

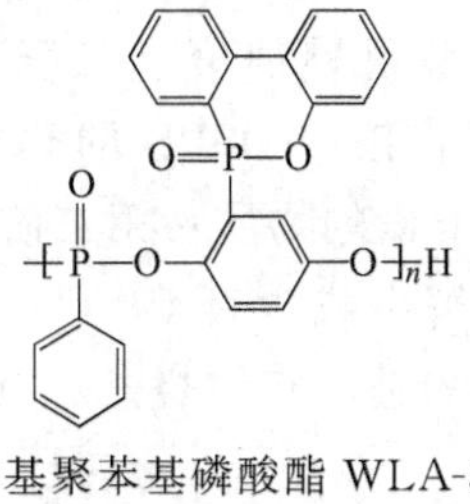

图 5-5　芳基聚苯基磷酸酯 WLA-3 的结构图

5.3.3　含氮的聚磷酸酯阻燃剂

在含磷聚合物阻燃剂中引入氮元素可以提高材料的 LOI 值和改善材料的热稳定性。氮/磷复合具有很显著的协同效应，氮元素的引入可以促进含磷阻燃剂炭化在材料表面，形成保护膜延缓材料的进一步燃烧和分解。

Bai 等合成了一系列分子链上含有氮元素的含磷高分子阻燃剂 FP-1、FP-3（图 5-6），热重测试和微型量热测试结果表明：两种阻燃剂中 FP-1 的热稳定性最好，成炭率也最高，这是因为 FP-1 结构中的哌嗪六元环结构比新戊二醇的线性烷烃链结构更稳定。其中 FP-3 的阻燃机理是气相阻燃机理和凝聚相阻燃机理共同作用的结果。

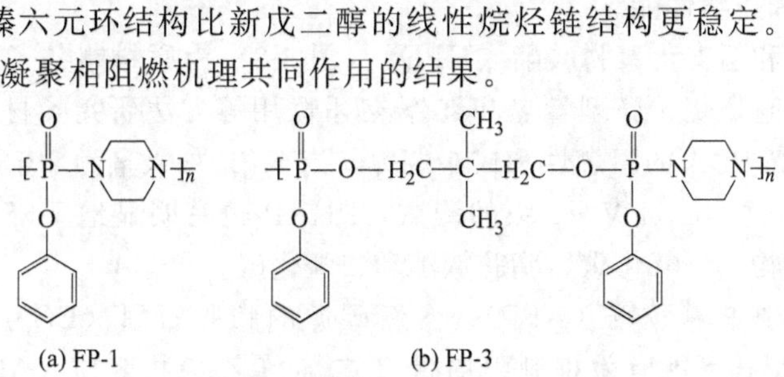

(a) FP-1　　　　　　　　　　　(b) FP-3

图 5-6　含磷氮高分子阻燃剂 FP-1 和 FP-3 的结构式

Liu 等通过界面缩聚合成了三种膨胀型阻燃剂聚磷酸酯 PDP、PEP、PPP（图 5-7），研究发现乙烯醋酸乙烯酯共聚物（EVA）/30％IFRs 复合物具有很高的热稳定性，氮气中 600℃时的残炭率达 11％～19％。微型量热测试显示加入 PPP 能使最大放热速率减少约 33％，LOI 值能从 19％提高到 22％，这是由于燃烧物表明形成的密实炭层提高了材料的阻燃性。

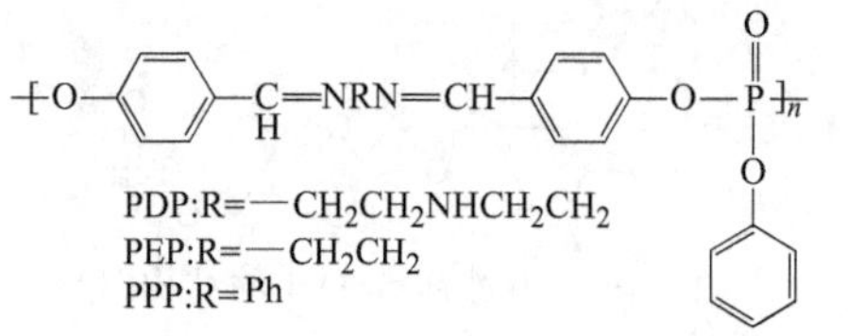

PDP:R=—CH₂CH₂NHCH₂CH₂
PEP:R=—CH₂CH₂
PPP:R=Ph

图 5-7　聚磷酸酯阻燃剂 PDP、PEP、PPP

董振泉等通过亲核取代反应制备出了一种新型氮-磷协效阻燃剂聚乙二胺磷酰苯酯 （PPAP），并制备了阻燃棉织物，实验研究证明经过阻燃处理的棉织物的损毁长度可低至 10cm 以下，且具有较好的高热稳定性，在 650℃时，残炭率能提高至 40％，这表明 PPAP 是一种阻燃效果不错的阻燃剂。

Hu 等合成了一系列含氮磷的具有高成炭性的高分子阻燃剂聚（4,4′-二氨基联苯苯基甲烷二氯磷酸酯）（PDMPD）、聚（4,4′-二氨基联苯磺基二氯磷酸酯）（PDSPD）和聚（4,4′-二氨基联苯醚二氯磷酸酯）（PDEPD）。差示扫描量热仪、热重和微型量热测试表明这些阻燃剂具有很高的玻璃化转变温度、高热稳定性和较好的阻燃性。三者的残炭形貌各不相同，其中 PDEPD 的残炭形貌呈蜂窝状。将 PDMPD 应用于聚苯乙烯中能明显地降低材料的放热量 （HRC）和 THR，提高 LOI 值和最大放热速率温度。

Ma 等制备了一种含磷氮的膨胀型阻燃剂聚（二氨基联苯甲烷螺环季戊四醇次磷酸盐） （PDSPB），并对其分解过程进行了研究。PDSPB 的热分解有三个阶段：第一阶段（200～ 250℃）PDSPB 继续聚合生成更高分子量的物质；第二阶段（280～320℃）磷酸酯键断裂磷酸脱水形成炭；第三阶段残炭进一步分解生成含有 P—O—Ph 和芳香族/石墨结构的复杂结构炭层，这种结构的炭能有效地阻止材料的进一步燃烧。

5.3.4　醇酚类聚磷酸酯阻燃剂

聚磷酸酯阻燃剂主要是通过磷酰二氯与双酚类化合物及各种醇类化合物反应制备，近年来这类含磷高分子阻燃剂的开发也是层出不穷。

Lin 等合成了两种含磷膦酯阻燃剂聚乙烯二甘醇苯基次膦酸酯（PEDPP）和聚（1,2-丙二醇）2-羧乙基苯基次膦酸酯（PCPP），并制备了 PLA/PEDPP、PCPP/PLA 复合材料。实验证明：PEDPP 是一种阻燃效果明显的阻燃剂，氧指数测试结果显示当 PEDPP 与 PCPP 的含量分别为 10％时，材料的 LOI 值能分别达到 29％、28.2％，属难燃物。此外 PCPP 的引入还能增强 PLA 的流变性能和力学性能。

Chen 等用 PLA 和超支化聚膦酸酯（HPE）（图 5-8）为原料制备了阻燃 PLA 复合材料，采用极限氧指数、垂直燃烧、微型量热和红外-热重联用等方法研究了材料的阻燃性。结果显示 HPE 能显著地提高 PLA 的阻燃性和成炭能力，当 HPE 加入量为 20％时，复合材料的 LOI 值高达 35.0％，并通过 UL 94 V—0 级的测试，PHRR 也有明显地下降，阻燃材料热分解的产物主要是醛类化合物、一氧化碳、脂肪族酯和二氧化碳。

Zhang 等研究发现聚磷酸铵（APP）、含新碳源的膨胀石墨（EG）和聚（双酚磷酸苯） （聚 DPA-PDCP）阻燃体系能有效抑制丙烯腈-丁二烯-苯乙烯共聚物（ABS）的熔滴，并提高 ABS 的阻燃性。当 APP/聚 DPA-PDCP/EG 三者的添加量分别为 12％、3％、15％时体系具有最佳的协同效应，有效地提高了材料的成炭率和热稳定性。动态力学分析证明 APP/聚 DPA-PDCP/EG 体系还能增强 ABS 的动态力学性能。

周延辉等采用间苯二酚双（二苯基磷酸酯）（RDP）和双酚 A 双（二苯基磷酸酯）（BDP）

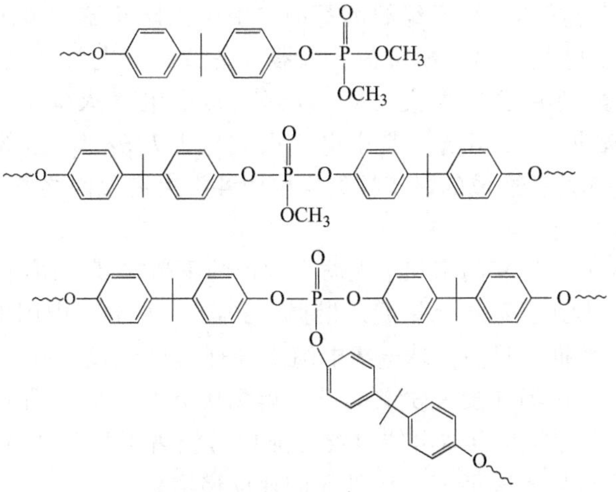

图 5-8　超支化聚磷酸酯 HPE 的结构图

作为阻燃剂制备了阻燃聚对苯二甲酸丁二醇酯合金（PC/PBT），并考察了其对 PC/PBT 合金阻燃性和力学性能的影响。结果表明，RDP 和 BDP 的用量仅为 10％就能使 PC/PBT 合金材料达到 UL 94 V—0 级，含 BDP 的体系的力学性能比 RDP 体系的更好。锥形量热测试结果表明 RDP 的阻燃机理是气相阻燃机理和凝聚相阻燃机理，BDP 的则是凝聚相阻燃机理。

　　Tian 等发现聚（4,4-二羟基-1-甲基-乙基对双环双酚季戊四醇磷酸盐）（PCPBO）是一种阻燃效果较佳的有机磷阻燃剂，将其作为阻燃剂应用到环氧树脂中能显著地提高环氧树脂的阻燃性和热稳定性。复合材料的 PHRR 和 THR 都有减少，高温区的残炭率也有所增加，PCPBO 还能促进膨胀型炭层的形成以减缓环氧树脂的分解和热烧过程从而达到阻燃的目的。

　　郭增山等先用季戊四醇与三氯氧磷为原料合成了季戊四醇二磷酸酯二磷酰氯（PDD），PDD 进一步与对苯二酚反应制备了低聚阻燃剂聚季戊四醇磷酸酯。热重及差示扫描量热结果表明：该阻燃剂具有较高的玻璃化转变温度（231℃），初始分解温度为 300℃左右，600℃时的残炭率高达 46.4％。这说明该阻燃剂的热稳定性好，有很好的应用前景。

　　含磷高分子阻燃剂具有热稳定性好、阻燃性好、阻燃性持久及对材料力学性能影响小的特点，在高分子材料的阻燃应用中发展前景广阔。因此，含磷高分子阻燃剂的开发也成为当下研究的热点，而含磷高分子阻燃剂也将朝着以下方向发展：①简化含磷高分子阻燃剂的合成工艺，降低原料成本；②深入研究含磷高分子阻燃剂中磷、氮、硅及其他非卤素元素间的协同阻燃效应；③研究含磷高分子阻燃剂的适当分子量，使其既能保证材料的阻燃性又能保证材料的其他性能。

5.4　无卤膨胀型阻燃电缆料的研究进展

（叶文，陈涛，胡爽等）

5.4.1　概述

　　电线电缆是中国机械行业中位置仅次于汽车行业的第二大产业，被称为国民经济的"动脉"与"神经"，占据中国电工行业近 1/4 的产值。随着工业、商用、民用建筑内部的电气化程度的提高，配电容量加大，电线电缆的用量不断增加，火灾的危险性亦增加。电线电缆是线状物，作为引火源也是线性的，火焰随着电线电缆的走势而蔓延，水平电缆火势燃烧速率为 3.5m/min，而竖架（井）电线电缆垂直燃烧速率可以达到 8～9m/min。因此，电线电缆火灾燃烧迅速且难以控制。公安部消防局组织编写的《中国消防年鉴》显示，2008 年，全国共发生火灾 13.7 万起，其中电线短路、超负荷、电器设备故障等电气原因引发的火灾 4 万多起，占 29.7%；2009 年，全国共发生火灾 12.9 万起，其中电气火灾 3.9 万多起，占 30.2%；2010 年，全国共发生火灾 13.2 万起，其中电气火灾 4.1 万多起，占 31.1%，平均每天发生 110 起，电气火灾发生率及所造成的财产损失均位居各类火灾原因之首，重特大电气火灾也时有发生，并有逐年递增之势。

火灾的危害是巨大的，随着国家和个人防火意识的不断提高，国内对阻燃电缆的需求量逐年增大，阻燃电缆市场得到了不断地拓展。根据《2013～2017 年中国电线电缆行业市场前瞻与数据挖掘分析报告》数据，目前全球电线电缆市场规模已超过 1000 亿欧元，而在全球电线电缆行业范围内，亚洲的市场规模占 37%，欧洲市场接近 30%，美洲市场占 24%，其他市场占 9%。中国的电线电缆行业在全球电线电缆行业中扮演着不可替代的角色。根据专家预测，阻燃电缆的国内市场需求量将每年 15%～20% 的速度递增。

目前，我国电线电缆行业内的大小企业达到 9800 家之多，形成规模以上生产的企业也有 3700 余家。但是国内电缆行业生产集中度低，最大的企业所占市场份额也不过在 1%～2%，同发达国家产业高度集中的特点形成了鲜明的对比。我国电线电缆行业的前 15 家龙头企业的份额在 9% 上下波动，而发达国家的电线电缆行业在经历了多年的发展后，小企业逐渐退出市场，产业集中度大幅提升。随着国内部分企业技术优势的建立，阻燃电缆市场在未来 50 年内将迎来一波大的整合浪潮。

5.4.2 线缆火灾产生的原因及其危害

5.4.2.1 电线电缆火灾产生的原因

电线电缆引发火灾的原因有很多，主要可以分为以下几类。

① 电线电缆担负着传递能量的作用，它带着一定的温度在工作。如果这一温度超过其所能承受的范围，就将导致燃烧。同时电线电缆往往是成束敷设的，建筑越稠密、人员越集中的地方，电线电缆的敷设越密集，由此产生的火灾潜在威胁越大。高层及超高层建筑、大型娱乐中心、电影院及地下建筑，往往有密集敷设的电线电缆。这些地方一旦发生火灾，火将沿着电线电缆燃烧而迅速蔓延，从而造成重大经济损失，并严重威胁人们的生命安全。

② 长期带载运行加剧老化。老化将导致击穿，一旦击穿就会引起相间短路。较大容量的相间短路在很短的时间内会引起几千摄氏度的高温，足以使周围的可燃物燃烧。

③ 无需预热，可直接被引燃。一般的物体在燃烧前都要先经过一个预热的过程，而温度高的物体则不需要这一过程。普通电线电缆本身不具备阻燃性能，在带载运行时一旦接触外部火源则比较容易被引燃，从而导致火灾的发生。

④ 热集聚效应。由于敷设在电气井道或线槽内的电线电缆往往是成束敷设的，一旦发生火灾，燃烧时的热辐射将互相传导产生集聚效应，造成火灾蔓延不止，泛滥成灾。

5.4.2.2 电线电缆火灾的危害性

大部分电线电缆的绝缘及护套材料由各种高分子材料组成，如聚氯乙烯（PVC）、聚乙烯（PE）、乙烯-乙酸乙酯共聚物（EVA）、聚丙烯（PP）、氯丁二烯共聚物（CR）等。这些高分子材料作为电线电缆料表现出优异的性能，是其他材料难以取代的。然而从安全角度来看，这些材料在火灾中暴露出的问题同样严峻。

① 产烟量大，影响人员逃生。在火灾发生时，烟雾的弥漫使逃生的人员分辨不清方向而惊慌失措，延长了在火灾现场滞留的时间。尤其是 PVC 材料，它在燃烧过程中会产生大量的烟雾。英国伦敦地铁有限公司曾做过燃烧试验：一根 1m 长的约含 0.85kg PVC 的电缆，从着

火起所产生的烟气可在不到 5min 的时间内完全笼罩容积为 1000m³ 房间。如此大的烟浓度会造成能见度急剧下降，严重阻碍人员疏散和灭火救援。

② 产生有害气体，导致人员吸入而窒息死亡。聚烯烃材料具备有机大分子易于燃烧的特性。且含卤聚烯烃材料如 PVC 等在高温条件下会分解出氯化氢、一氧化碳等有毒有害气体，对人的生命安全构成直接威胁。有统计表明：在火灾人员中有 2/3 是因为吸入电线电缆燃烧时释放出的有毒气体而窒息死亡。此外，这些氯化氢气体还会溶解在水蒸气中形成稀盐酸，稀盐酸还会渗透、吸附在建筑物钢结构材料上，对材料形成腐蚀而降低建筑物的使用寿命，形成"二次危害"。

③ 无法保证电气线路的正常供电。普通电线电缆遇火后，在很短的时间内（约 1～2min）就丧失供电能力，导致消防水泵、电梯、应急照明以及报警阀等自动控制电路无法正常工作，给消防灭火救援、人员财产撤离带来了很大的困难。相较于火焰直接造成的伤害，供电能力丧失、有毒烟气扩散、能见度降低是降低人员逃生时间的致命因素。

④ 加剧燃烧，扩大火灾。在众多的火灾中表明：集中敷设电线电缆，一旦遇大火后，热辐射产生集聚效应，燃烧迅速，难于扑灭。尤其在线缆不阻燃的情况下，电线电缆本身充当了引火的媒介，火灾在从一个区域迅速扩散到另外一个去区域，使得火势迅速蔓延，从而导致事故扩大和恶化。

5.4.3 国内外发展现状

5.4.3.1 阻燃电缆的行业发展

高分子阻燃技术经历了半个多世纪的研究和应用，已经逐步走向成熟。在第二次世界大战期间开发的卤素-锑阻燃体系被誉为是阻燃技术发展史上的一个里程碑，并在近 30 年的阻燃剂领域中一直处于重要地位。但其燃烧时引发的有毒烟雾使人窒息比高温灼烧更容易使人死亡。国际上特别是欧盟和日本对高分子材料较早地提出了高性能、无卤化阻燃的要求，并已经在诸多的行业用线缆中加以规范化使用。自 1986 年以来德国等欧洲国家与美国就多溴二苯醚等卤系阻燃剂的毒性与环境问题展开过争论。最新欧盟颁布的 RoHS 指令中明确指出，从 2006 年 7 月 1 日起在新投放市场的电子电器设备中，禁止使用多溴二苯醚（PBDE）和多溴联苯（PBB）等有害物质。其中的 PBDE 和 PBB 就是多用于塑料类阻燃的含溴阻燃剂。另外日本索尼公司推出的索尼绿色环保认证，其中也明确强调了停止含卤素的阻燃材料。这些规定对我国无疑产生了巨大的冲击，但对人的生命安全保障、环境的保护还是极为有利的。

我国阻燃材料的研究起步较晚，阻燃电缆作为塑料阻燃的一个分支则更晚一些，其技术水平落后于国际先进水平 20～30 年。20 世纪 80 年代初，我国电缆企业成功地开发出一般性阻燃电缆。据统计，1987～1991 年国内已试制出 40 多种阻燃电缆，基本上采用阻燃 PVC 和阻燃氯丁橡胶，这种阻燃电缆只适合于阻燃要求较低的场合，且是含卤的。在高端应用领域，如光缆、地铁用电缆、高层建筑用电缆、石油平台、船用电缆以及矿厂用电缆一直以来对无卤阻燃、抑烟有着很高的要求，阻燃电缆在这些领域的发展也更为迫切。

我国电线电缆上用量最大的材料是 PVC，是国内最主要的电线电缆材料。PVC 分子结构中含有氯原子，使 PVC 具有本体阻燃性。普通阻燃 PVC 电线电缆具有良好的阻燃性能，制造简单，成本低廉。但 PVC 电线电缆燃烧时会释放出大量的烟雾和有毒的氯化氢气体，属于非环境友好型产品。随着国内对阻燃要求的提高，我国 PVC 电线电缆的用量已经开始呈现逐步下滑的趋势。绿色环保的无卤阻燃电缆料在近年来得到了很大的发展。但受制于成本及安全意识等方面的因素，现有的电缆生产企业中仅有 10% 左右使用的是无卤阻燃电缆料，且绝大多数依赖进口。国外主要的无卤阻燃电缆料供应商有以色列死海公司、美国联碳和杜邦公司、日本住友集团、英国的 Meglon 公司、挪威的 ECC 公司、意大利 Padanaplast 公司，其售价在 23000～30000 元/吨。这些进口电缆料虽然性能优异，但同有卤阻燃电缆料相比，价格昂贵，国内大多数厂家都不愿采用，以致我国电线电缆无卤阻燃化进程无法与国际接轨。虽然国内有一些科研单位和生产厂家声称已试制出低烟、无卤阻燃电缆料，但是大部分产品都存在力学性能低、阻燃性能欠缺或加工流动性能差等问题。随着国内对电缆的阻燃、无卤以及抑烟性能要求的不断提高，破除国外无卤阻燃电缆料的技术壁垒，技术攻关获得具有自主知识产权的无卤阻燃电缆料，对行业乃至国家的发展都具有十分重要的战略意义。

5.4.3.2 行业标准及新的要求

2005 年，由国家质量监督检验检疫总局和国家标准化管理委员会联合发布了推荐性标准《阻燃和耐火电线电缆通则》。标准对含卤和无卤阻燃电线电缆的分类及性能要求有了明确的规定，使阻燃电缆实现了标准化、规范化和系列化，给生产阻燃电缆提供了依据和遵循的规则。2002 年，公安部发布了强制性标准《阻燃及耐火电缆：塑料绝缘阻燃及耐火电缆分级和要求第 1 部分：阻燃电缆》。这份标准在 2007 年进行修订，公安部对外发布强制性标准 GA 306.7—2007 [9]，代替 GA 306.1—2001。2006 年，国家质量监督检验检疫总局和公安部联合发布了强制性标准《公共场所阻燃制品及组件燃烧性能要求和标识》。这两份强制性标准都对阻燃电缆进行了分级，并对阻燃电缆的阻燃特性、发烟量及烟气毒性作了具体的规定，进一步完善了我国阻燃电线电缆的标准体系，对推广和应用阻燃、高效、无公害的阻燃电线电缆起到一个强有力的推进作用。在相关的行业标准中，《电力工程电缆设计规范》GB 50217—2007 规定，单机容量为 500MW 及以上机组火电厂的主厂房和燃煤、燃油系统以及其他易燃环境，其中重要场所或回路，应选用无卤阻燃电缆。原煤炭部 MT386—95 标准规定进行电缆"负载条件下的燃烧试验"，同时鉴于煤矿井下的防火安全问题，全部采用无卤阻燃电缆。上海地铁 3 号线（轻轨高架）使用的电缆也全部采用无卤阻燃电缆。信息产业部 2001 年颁布了"光缆护套用低烟无卤阻燃材料的特性"的行业标准 YT/D1113—2001，推荐在高频数字通信光缆上采用无卤阻燃电缆料。核电站中用于通信、电力、控制等领域的电线电缆除要求具有符合 40 年正常运转设计寿命的耐环境、耐热性、耐蒸汽性、耐辐照性外，对阻燃性能也提出相当高的要求。

此外，GA 306.7—2007 和 GB 20286—2006 两份强制性标准的规定中，虽然没有明确指出阻燃电线电缆的环保要求，但是它们所限定的阻燃电线电缆的燃烧性能指标（烟密度和烟气毒性）却包含了环保阻燃的内容。从近年来出台的法律法规及施行的国家及行业标准可以看出，电线电缆行业对阻燃电缆料提出了越来越严苛的要求。

国内现在对无卤阻燃电缆料的研究，主要集中在基体选择和添加剂（如阻燃剂，协效剂等）的开发两个主要领域。

5.4.4 无卤阻燃电缆料基体树脂

由于聚烯烃的本体阻燃性较差，大幅度提高其阻燃性能很难只从改变自身结构出发，必须通过添加适量的阻燃剂及阻燃协效剂来实现。这就要求用于阻燃电缆的基体树脂应当符合如下要求。

① 具有较好的相容性，有利于增加阻燃剂的填充量，以提高阻燃性，并降低发烟量和毒性。

② 能保持良好的力学性能、电气特性及加工性能。

常见的电线电缆用热塑性树脂主要有聚乙烯（PE）、聚氯乙烯（PVC）、聚丙烯（PP）、乙丙橡胶（EPR）、氟树脂（PTFE）、氯化聚醚（CPE）和聚酰胺（PA）等，而低烟无卤阻燃电线电缆料的基体树脂一般选用不含卤素的聚烯烃。它们燃烧时分解出水和二氧化碳，不产生明显的烟雾和有毒气体，如 PE、PP、EVA、EPR。

5.4.4.1　PE 电缆料

PE 作为一种质轻无毒并具有优良的电绝缘性能和耐腐蚀性能的热塑性材料，其价格低廉，易加工成型，具有较高的体积电阻率、介电强度和较低的介电损耗，作为电缆料基体有着很大的优势。国外早于 20 世纪 40 年代就将 PE 用于通信电缆。20 世纪 90 年代中后期，PE 电缆已在电缆料中占据了重要位置。在阻燃电缆领域，随着近年来环保意识和安全意识的逐渐增强，国际上正逐步以 PE 代替 PVC，使得 PE 电缆料的使用量迅速增加。其中，LLDPE、LDPE 分别用于电缆料的研制，与弹性体混合作为基体树脂而制得的阻燃电缆料已成为当今研究的热点。我国从 20 世纪 80 年代开始生产 PE 电缆料，主要用于通信电缆和电力电缆。

5.4.4.2　PP 电缆料

PP 因其具有优异的机械性能、耐磨性、电性能、耐化学试剂性，特别是极好的耐油性，广泛应用于多种行业的电线及电器装备电缆。英国石油、德国拜耳等公司都有 PP 电缆料牌号，但尤以美国开发的 PP 电线电缆料牌号居多，并以 ProfaxSE191 为最优良。由于要求耐低温和柔软性，所以国外电缆用 PP 为乙丙嵌段共聚物。我国于 20 世纪 80 年代初开始研制 PP 电线电缆绝缘料。PP 的无卤阻燃是较易实现的，国内在这一领域的研究已经进行得十分深入。

5.4.4.3　EVA 电缆料

EVA 在较宽的温度范围内具有良好的柔软性、耐冲击性、耐环境应力开裂性，可以改善阻燃体系的相容性，从而使力学性能满足低烟无卤阻燃电缆料的技术性能要求，对于低烟无卤阻燃电缆料的推广和应用具有很大的价值。王长春等利用锥形量热仪研究了 EVA 与氢氧化镁和硅树脂共混制备的电缆料的阻燃特性，发现 EVA 中加入氢氧化镁后，复合材料具有点燃时间延长、燃烧过程中热释放量低、材料损失量少和材料释烟量小等优点。硅树脂加入后进一步降低 EVA 的材料释烟量，有利于提高 EVA/氢氧化镁的复合体系的阻燃性。

5.4.4.4　EPR 电缆料

EPR 包括二元乙丙橡胶（EPM）和三元乙丙橡胶（EPDM），是由乙烯、丙烯及少量二烯类单体共聚形成的一种饱和性橡胶，由于其具有优异的电绝缘性、良好的耐臭氧、耐湿、耐热、耐寒、耐老化性能，已广泛应用于中低压、高压乃至超高压电缆。低烟无卤阻燃 EPR 电缆的发展方向，在于进一步提高电缆的综合性能（包括阻燃性能、力学性能、电气性能、加工性能等），同时降低生产成本，扩大应用领域。我国自 20 世纪 80 年代末开始对低烟、低卤、低酸、无卤阻燃 EPR 电缆料进行研制，目前还处于研究探索阶段。

5.4.5　电缆料用无卤阻燃剂

无卤阻燃电缆料添加的阻燃剂主要包括金属水合物、膨胀阻燃剂、无机磷系阻燃剂及阻燃协效剂（有机硅化合物，硼化物，金属氧化物）等（见表 5-2），不同的阻燃剂其阻燃机理也各不相同。

表 5-2　常用无卤阻燃剂之间的比较

名　称	优　点	缺　点
金属水合物	无毒、促炭化、价格低	阻燃性能差、添加量大、易析出、易迁移
膨胀阻燃剂	添加量低、低烟低毒、熔滴少、环境友好	体系复杂、价格高
无机磷系阻燃剂	低烟、无腐蚀性气体产生	耐水性差、耐热性低
硼化物	热稳定性好、毒性低、消烟、复配使用效果良好	水解稳定性差、价格高
有机硅化合物	燃烧热释放速率慢、发烟量低、火焰传播速度慢	成熟产品少、工艺复杂
金属氧化物	成炭效果好、稳定性好	相容性差、阻燃效果不明显

5.4.5.1 金属水合物

在电缆无卤阻燃的长期研究中，人们发现适合作为无卤阻燃剂的金属水合物以氢氧化铝 $[Al(OH)_3]$、氢氧化镁 $[Mg(OH)_2]$ 为主，这是因为 $Al(OH)_3$、$Mg(OH)_2$ 具有填充剂、阻燃剂、发烟抑制剂等多重功能。当其受热分解释放出结晶水，吸收大量的热量，产生的水蒸气降低了可燃性气体的浓度，并使材料与空气隔绝；同时生成的耐热金属氧化物（Al_2O_3、MgO）还会催化聚合物的热氧交联反应，在聚合物表面形成一层炭化膜，其会减弱材料燃烧时的传热、传质效应，从而不仅起到阻止燃烧的作用，还起到消烟的作用。$Al(OH)_3$ 脱水吸热温度范围为 $235\sim350℃$，吸热量是 $968J/g$，可抑制早期温度上升。然而 $Al(OH)_3$、$Mg(OH)_2$ 作为无机阻燃剂在材料中加入量过多，与基体相容性差，从而降低了材料的力学性能，为了解决这个问题，加入阻燃协效剂、$Al(OH)_3$ 和 $Mg(OH)_2$ 的超细化等成为解决现有问题的主要手段。

5.4.5.2 膨胀阻燃剂

对无卤阻燃电缆料而言，除填充以水合金属氧化物为主的阻燃剂外，还可填充无卤膨胀型阻燃剂。膨胀型阻燃剂（IFR）是近年来开发的以磷、氮为主要组分的阻燃剂，当其受热时，表面能形成一层致密的泡沫炭层，起到隔热、隔氧、抑烟，又能防止熔滴，具有良好的阻燃性能。该体系一般由 3 个部分组成：酸源、碳源和气源。传统 IFR 多以聚磷酸铵（APP）、多元醇如 PER 及三聚氰胺（MEL）复合组成。当 APP 受热分解时，生成具有脱水作用的磷酸和焦磷酸，使多元醇酯化，脱水炭化，反应产生的水蒸气和氨气一起形成一层多孔炭层，使炭层膨胀在凝聚相达到阻燃目的。膨胀型阻燃剂添加量少，环境友好，低烟低毒，是当今的研究热点。Camino 等人报道过膨胀型阻燃体系也能提高 EVA 的阻燃性能。包括使用三聚氰胺磷酸盐（MP）和 $5,5,5',5',5''5''$-六甲基三（$1,3,2$-二氧杂磷杂环己烷）胺-$2,2',2''$-三氧化物阻燃 EVA，可产生明显的膨胀效应，提高成炭率。

5.4.5.3 无机磷系阻燃剂

无机磷系阻燃剂包括 APP、磷酸、红磷等。其阻燃机理既有气相机理，又有凝聚相机理，但以凝聚相机理为主。在燃烧时形成磷酸和聚偏磷酸。磷酸和聚偏磷酸都是强酸，有很强的脱水性，能使聚合物脱水炭化，在其表面形成炭化层，从而使聚合物内部与氧隔绝，阻止燃烧。同时，由于炭化层的导热性差，因此能使聚合物与外界热源隔绝，从而减缓热分解速率。但无机磷系阻燃剂的缺点也是明显的，耐水性差、挥发性大、耐热性低都限制了它的使用。尤其是红磷，在实际应用中容易吸潮、氧化，并放出剧毒气体，微胶囊化虽然在一定程度上解决了相容性问题，但是仍然有很多问题亟待解决，如使用安全性，非环境友好，有色阻燃剂对材料表观性能的影响等。

5.4.5.4 硼化物

硼酸盐阻燃剂主要是指 $ZnBO_3$，其在无卤阻燃聚烯烃中与 $Al(OH)_3$ 和 $Mg(OH)_2$ 等协同作用，能促进树脂炭化并抑制烟雾的产生，单独使用时也是一种阻燃剂。实验发现，在 EVA 体系中，硼酸锌部分代替 $Al(OH)_3$ 后，成炭量可以增加 10 倍，而且使阻燃方式转为有焰燃烧方式。

5.4.5.5 有机硅化合物

有机硅化合物也可作为 $Al(OH)_3$、$Mg(OH)_2$ 的阻燃协效剂，其阻燃作用主要是在燃烧时生成硅炭化物，阻止生成挥发性物质而增强了阻燃性。Ahmet Akin Sener 利用有机硅烷与 LDPE 交联得到交联 PE，利用 $Mg(OH)_2$ 做无机阻燃剂，加入适量的抗氧剂，得到了效果优异的阻燃绝缘电缆材料。

5.4.5.6 金属氧化物

有研究表明，金属氧化物可作为各种阻燃配方使得阻燃剂发挥更好的阻燃效果，其具有成炭作用。$Mg(OH)_2$、$Al(OH)_3$ 与 Fe、Ni、Mn、Zn 等金属氧化物并用，除了对聚烯烃有良好的阻燃协效作用外，还改善了无机填料在聚烯烃树脂中的分散性。金属氧化物与硼化物、有机硅化物在阻燃领域都属于阻燃协效剂，它们本身阻燃效果较差，但是促进树脂炭化的效果是明显的，故常少量添加在阻燃剂中以减少无机阻燃剂的填充量，起到改善材料力学性能的作用。阻燃协效剂的开发应用是发展无卤阻燃技术的另一重要研究领域。

5.4.6　无卤膨胀型阻燃聚烯烃电缆料

无卤膨胀型阻燃聚烯烃电缆料是通过向不含卤素的聚烯烃电缆料中添加膨胀型阻燃剂而制备得到的具有优良阻燃性能的聚烯烃电缆料。无卤膨胀型阻燃聚烯烃电缆料在受热时，碳源脱水成炭，炭化物在气源分解的气体作用下形成蓬松多孔封闭结构的炭层。该炭层为无定性炭结构，其实质是炭的微晶，其本身不燃，并可阻止聚合物与热源间的热传导和氧气的扩散，降低聚合物的热解温度，还可以防止挥发性可燃组分的扩散。交联的炭层还可以有效地阻止聚合物燃烧产生的熔融滴落行为，从而达到了中断聚合物燃烧的目的。同时 HIFR 可通过气相起到阻燃作用，如燃烧过程中产生的 PO・自由基等，通过链中止反应，捕获高能量的 HO・自由基；另外燃烧过程中产生的 NH_3、N_2、H_2O 等也能起到气相稀释的作用，降低可燃气体的浓度，从而有效地防止火焰的传播，可以为逃生争取宝贵的时间。

无卤膨胀型阻燃聚烯烃电缆料的基础树脂一般采用 PE，但是 PE 是非极性材料，与极性较强的阻燃剂溶解度参数相差极大，相容性很差，且 PE 单独使用时，性能无法满足电线电缆的需求，需要对基体进行调整，才能获得性能优良的电缆料。常用的方法有两种：一是物理共混改性，在 PE 中加入 EVA、PP 等其他树脂，如 EVA 的加入会增加 PE 的极性，但是它的电气性能有所下降，根据特定的需求，调整基体树脂的组成，制备得到应用于不同领域的共混树脂；二是化学改性，通过熔融接枝的方法使得聚乙烯分子链上接上极性基团，如马来酸酐（MAH）、丙烯酸（AA）、乙烯基三乙氧基硅烷（A151）等极性单体。性能优良的树脂与无卤阻燃剂及其他助剂共混，制备得到无卤阻燃聚烯烃电缆料。

美国 Hoechest Celanese 公司研制出的新型膨胀系阻燃剂 Exolit IFR-10 和 Exolit IFR-11，适用于 PE 电缆料，当其用量达到 30%～35% 时，阻燃 PE 的 LOI 可达 30%，阻燃级别达到 UL94 V—0。意大利 Moteflous 公司生产的 Spinflam MF82/PE，对 LDPE 具有优良的阻燃性能，对材料力学性能、电气性能等影响较小，Spinflam MF82/PE 还可用于阻燃交联聚乙烯（XLPE）以及核电厂和地下工程等军事设施的电缆护套。上海化工研究院开发的 ANTI-10 无卤膨胀型阻燃剂，对 PP，PE，LDPE，LLDPE 都具有良好的膨胀阻燃性，对材料力学性能影响小，添加量低，相容性好，表观性能好，适合于对阻燃性能和力学性能要求较高的阻燃电缆领域。

随着我国经济的飞速发展，阻燃电缆市场空间也因火安全意识的提高及国家法律法规的日渐严苛而不断拓宽，无卤阻燃电缆料遇到了前所未有的发展机遇。近年来，国内虽在无卤阻燃电缆料研究方面获得了可喜的进展，但目前所使用的高性能无卤阻燃电缆料大多还是依靠进口，且价格昂贵，其成本为普通 PVC 电缆料的 2 倍以上，低烟无卤阻燃电缆至今仍被限制在特殊场合使用。探寻新型价廉的低烟无卤阻燃剂，对阻燃剂的合成改性及产品复配进行研究，寻求合理配方，在不影响基体力学性能、电气性能等的情况下，提高阻燃性能，减小无卤阻燃剂的用量，仍然是阻燃领域亟待解决的关键性课题。

5.5　家电用含溴阻燃塑料的替代技术

（刘　颖，吴大鸣）

2014 年我国塑料制品的产量达 7387.87 万吨，总产值 2.039 万亿元，由此可见塑料制品加工业在我国轻工业中占有举足轻重的地位，中国在塑料制品生产和消费方面已列居世界第一位。在这些塑料产品中，有 1000 万元为出口产品，而电子电器、玩具及合成纤维等为主要的出口产品，这些产品均有阻燃要求。传统的阻燃剂主要以溴系为主，该类阻燃剂阻燃效率高，阻燃剂添加量少，对聚合物性能影响小，因而广泛应用，但研究发现该类化合物与人体长期接触，会明显伤害生殖、甲状腺、神经-精神及免疫等功能器官；同时溴系阻燃剂虽然阻燃效果好，但对塑料的燃烧不具备抑烟作用，自身燃烧时产生刺激性的有毒有害气体，阻碍了火灾现场人员的逃离，妨碍消防救助工作，对仪器设备设施也会造成严重腐蚀。

RoHS 指令即《关于在电气电子设备中限制使用某些有害物质指令》由欧盟于 2003 年颁布，并于 2006 年 7 月开始实施行，包括家电、计算机及通信、照明、医疗、电器电子工具等产品，涉及 20 万种产品，指令的颁布实施有可能造成中国出口损失总额约 317 亿美元，占到中国出口欧盟机电产品总值的 71%。PBB（polybrominated biphenyls，多溴联苯）及 PBDE（polybrominated diphenyl ethers，多溴二苯醚）等溴系阻燃剂被 RoHS 指令全面禁止使用，而这些溴系阻燃剂在我国出口的家电和计算机通信等塑料产品中所使用。为顺应国际国内对于高聚物产品的环保要求，近年来，在开发替代含溴阻燃聚合物材料的产品方面，国内相关科研单位进行了大量的研究和开发工作，取得了大量的研究成果，有些成果已实现工业化生产和应用。

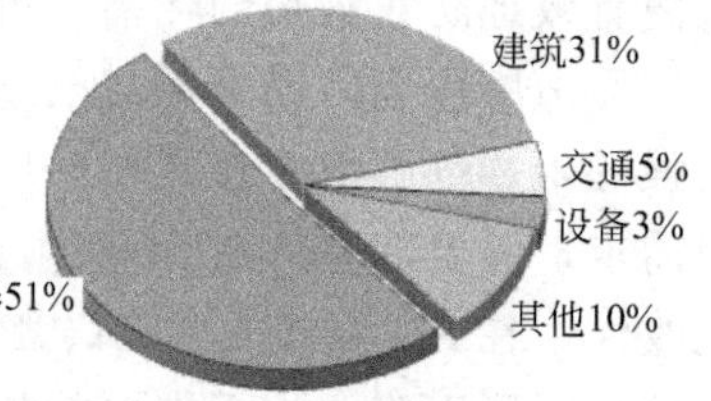

图 5-9　国内外含卤阻燃剂最终应用分布

5.5.1　国内外卤系阻燃剂的生产及应用概况

卤系阻燃剂由于添加量少，阻燃效率高，与聚合物亲和性好，对聚合物的物理性能及加工流动性能影响小，在过去一直是电子、建筑等各大行业常用的阻燃剂，20 世纪末，卤系阻燃剂在阻燃剂总产值中占近 50%，约合 11 亿美元，且其品种繁多，常用的达上百种。中国年消耗阻燃剂约 7 万吨以上，其中 80% 为卤系阻燃剂，图 5-9 为含卤阻燃剂的应用情况，电子和商用机器占据了卤系阻燃剂应用的半壁江山，是欧盟指令限制使用多溴阻燃剂的一大类产品。含卤阻燃剂在电器塑料制品中的应用情况如表 5-3 所示。

表 5-3　家电常用的阻燃塑料

电器产品	溴系阻燃剂	阻燃塑料
外壳与结构件	PBDEs、PBBs	PC、PC/ABS、ABS
插头、引线及线排	PBDEs、PBBs	PE、EVA、PP 等
继电器及开关配件	PBDEs、PBBs	PC、PP、ABS 等
电感、电容、电阻护套	PBDEs、PBBs	PET、PEX 等
印刷线路板	PBDEs、PBBs	PF、Epoxy 树脂等

5.5.2　家电用阻燃塑料中溴系阻燃剂的替代技术

卤系阻燃剂主要以溴系阻燃剂为主，因此，实现塑料的环保阻燃主要是使用环保阻燃剂替代溴系阻燃剂，目前，研究开发的环保阻燃剂品种主要包括氮磷系阻燃剂、无机阻燃剂、膨胀性阻燃剂等，虽然这些阻燃剂添加到聚合物中能够达到阻燃要求，但往往带来聚合物材料加工性能和使用性能的下降，无法达到实际应用的要求；因此，无卤阻燃剂在塑料中的添加技术的开发显得尤为重要，即含溴阻燃塑料的替代技术开发的主要目标是达到阻燃等级要求，同时满足加工性能和力学性能的要求，使其真正在产品中得以应用。

5.5.2.1　氮磷系阻燃剂应用技术

氮系和磷系阻燃剂是重要的无卤阻燃剂，具有低毒、腐蚀性小、添加量适中等显著优点，可替代含溴阻燃剂用于多种高分子材料，是国内外竞相研究开发的热点。

（1）氮系阻燃剂　如双氰胺、三聚氰胺及其衍生物，其阻燃机理是受热可分解为含氮惰性气体，具有吸热、降温和稀释氧气作用，具有无卤、低毒、低烟、对光和热稳定、阻燃效率较高、价格较低的优点。三聚氰胺氰尿酸盐（MCA）对尼龙、聚氨酯等高分子材料阻燃效果好。但存在合成工艺复杂、加工性能较差、对玻纤增强尼龙因烛芯效应阻燃效率低。

四川大学王琪教授采用分子改性技术，生产具有三元分子复合体系的改性三聚氰胺氰脲酸盐（MCA）阻燃剂，分子复合改性 MCA 制备技术已经解决了搅拌困难、低固含量、反应时间长、工艺复杂、催化剂残留物等传统合成工艺中存在的问题，水/反应物的反应比可以由 4/1 降至 2/1，反应时间由 2 个多小时减少到 40min，无需水洗纯化处理，干式粉碎后即可以获得阻燃产品，极大地简化了 MCA 生产过程，很好地解决了三聚氰胺氰尿酸盐（MCA）合成工艺复杂、加工性能较差、对玻纤增强尼龙因烛芯效应阻燃效率低的技术难题。在改进 MCA 制备工艺的同时，分子复合改性技术也可明显提高产品性能，成功用于无卤尼龙阻燃制品。用分子间复合技术使其与与低熔点改性剂复合，MCA 的熔点可降低 100℃，可以在加热过程熔融，阻燃剂粒子的超细均匀分散在 PA 的加工过程中实现，可使材料的整体性能提高；改性剂在 PA6 燃烧过程中可改善炭层质量，参与成炭，MCA 的凝聚相阻燃机制被增强，有明显的阻燃增效作用。与目前国内外商品化 MCA 相比，改性 MCA 有小剂量化阻燃，阻燃效率更高，成本低廉等突出优点。如 Ciba 公司的 MC-50 其有效添加量 10% 以上，而改性 MCA 有效添加量仅为 7%～8%，市场销售也降低近一半，极高的性价比使得改性 MCA 具有了很好的市场发展前景。

采用氮磷复合型阻燃剂三聚氰胺聚磷酸盐（MPP），同时配合固体酸协效剂用于玻纤增强 PA 的阻燃，采用含胺基的大分子成炭剂对小分子固体酸进行包覆后（包覆固体酸 TES）再与 MPP/GF/PA6 体系复合，可以克服固体酸与 PA6 基体树脂的相容性较差，易催化 PA6 降解的缺点，这是由于大分子成炭剂具有提高了小分子固体酸与 PA6 基体之间的相容性、避免它们之间的直接接触，增加体系燃烧时的残炭量及碳层的致密性等作用，从而同时使 PA6 的阻燃性和物理性能得以兼顾和提高，对于纤维增强 PA6，大分子成炭剂可包覆于玻纤表面，消除了纤维的"烛芯效应"，使复合材料阻燃性大幅提高，玻纤增强 PA6 中仅 3% 的 TES 与 MPP 协同添加，即可达 UL94 V—0 阻燃级别，力学性能优异，是一种综合性能优良，应用价值较大的阻燃增强 PA6 材料。

四川大学高分子研究所分子复合改性 MCA 阻燃剂项目年产 1000t 的改性 MCA 阻燃剂已于 2007 年在台州双鑫高科材料有限公司建成，其改性 MCA 产品已经开始成批量供应市场，用于 PA6、PA66 阻燃，与台州双鑫高科材料有限公司联合开发的无卤阻燃 PA6、PA66 专用料（包括非增强和增强体系）已成功建成 2 条专用料生产线，该专用料主要用于制造电子、电气零部件等下游产品，如电器接插件、连接件、电路板、开关等。

（2）膨胀阻燃剂　膨胀型阻燃剂是聚烯烃，特别是聚丙烯材料的有效阻燃剂，已得到各国的高度重视，国内一些单位先后开发成功用于聚丙烯的膨胀阻燃剂。但目前国内开发出的膨胀阻燃剂存在能承受的加工温度一般不超过 200℃（低于聚丙烯的加工温度）、耐水解性差、因添加量较大对制品的力学性能产生较大影响等问题。

为了解决上述问题，东北林业大学李斌教授采用自行设计新型大分子成炭-发泡剂，对大分子成炭-发泡剂进行产业化研究，解决了成炭-发泡剂合成反应中的连续反应技术难题，使得反应能够顺利地连续进行，并获得了产率高达 94% 的成炭剂，成炭剂的合成已获得了国家发明专利。同时通过化学改性反应解决了成炭剂制备中产生的颜色，产品的白度明显提高，达到了制品的要求。

膨胀型阻燃剂中的聚磷酸铵（APP）存在聚合度低、热稳定性低及水溶性偏高的问题，北京理工大学阻燃材料研究国家专业实验室 2001 年开始，针对上述问题进行攻关，实现了高聚合度的低水溶性聚磷酸铵生产工艺的创新，生产出的聚磷酸铵（APP）为高聚合度结晶Ⅱ型，为低水溶性聚磷酸铵（LAPP），与聚合物相容性好、成本低于国际同类产品，为德国 AP-422进口价格的一半，能够明显地改善 APP 在聚合物中的耐水性，以上述成炭-发泡剂 A、聚磷酸铵（APP）及其他助剂按一定比例进行复配获得了高效的膨型胀阻燃剂，成功用于聚丙烯的无卤阻燃，获得了两种膨胀阻燃聚丙烯新材料，即膨胀型阻燃均聚聚丙烯树脂料（IFR-M-PP）和膨胀型阻燃共聚聚丙烯树脂料（IFR-C-PP）。该成果特点是阻燃剂添加量减少，减小了阻燃剂对 PP 力学性能的影响，阻燃剂在专用料中耐水性提高，减少了渗出。当膨胀型阻燃剂在聚丙烯中添加量在 18％时，1.6mm 后样品既能通过 UL—94，V—0 级，耐水性（70℃ 水，168h）。膨胀型阻燃剂项目 1000t 生产线已于 2008 年在佳木斯沃尔的电缆有限公司建成投产。

（3）氧杂膦菲三嗪阻燃剂 四川东方绝缘材料股份有限公司通过在 DOPO 化合物的氧杂膦菲环分子结构中引入含氮的三嗪环结构，开发了高效无卤氮磷系氧杂膦菲三嗪阻燃剂新品种，从阻燃原理和磷-氮协效出发，针对不同种类聚合物，成功地引入了磷、氮阻燃结构（官能团），设计出了合适的新型磷氮复合无卤阻燃剂，该新型磷氮复合无卤阻燃剂通过在环氧树脂中的应用，揭示了磷、氮元素在燃烧过程中的作用及变化规律，阻燃剂分子结构与成炭规律的关系等问题，应用于环氧树脂，在不损害基体材料其他性能的前提下，阻燃性能达到垂直燃烧 FV—0 级，极限氧指数≥30％。

5.5.2.2 无机阻燃剂应用技术

无机氢氧化物阻燃剂具有无毒、燃烧时不产生有毒和腐蚀性气体、有很好的抑烟性等优点，更重要的是该阻燃剂的价格低于卤系和氮磷系阻燃剂。传统的无机氢氧化物阻燃剂主要包括氢氧化铝和氢氧化镁。

（1）氢氧化铝（ATH） 粒径范围一般为 $1.5\sim3.5\mu m$。根据需要可采用硅烷偶联剂、钛酸酯偶联剂及羧酸盐等对氢氧化铝进行有机化处理，以增加其与聚合物材料的相容性。

氢氧化铝主要用于加工温度低于氢氧化铝分解温度（$190\sim230℃$）的聚合物的阻燃。氢氧化铝是热固性塑料的常用阻燃剂，如用于生产卫浴器材、装饰墙板、坐具、汽车配件、印刷线路板等各种不饱和树脂的阻燃。在环氧树脂、酚醛树脂产品，如层压件、印刷线路板、仿大理石和仿陶瓷用具中广泛使用。由于限制使用卤系阻燃剂，欧洲氢氧化铝的应用受到越来越多的重视，其应用范围不断扩大。在热塑性塑料和橡胶中的用途包括软聚氯乙烯、硬聚氯乙烯、乙丙橡胶（EPR）、三元乙丙橡胶（EPDM）、乙烯-乙酸乙烯共聚物（EVA）、乙烯-丙烯酸乙酯共聚物（EEA）、低密度聚乙烯、高密度聚乙烯等材料的阻燃。

（2）氢氧化镁 氢氧化镁的粒径一般为 $0.5\sim5\mu m$，同样可以采用硅烷偶联剂、钛酸酯偶联剂及羧酸盐等对氢氧化镁进行有机化处理，以增加其与聚合物材料的相容性。

氢氧化镁的热分解温度接近 330℃，一般用于加工温度为 $200\sim225℃$ 的热塑性塑料和热固性树脂的阻燃。如 EVA、PP、ABS 及共聚物、含氟聚合物、PPO 及其共聚物、聚酰亚胺等。氢氧化镁在电线电缆、电器零件等方面有很好的应用前景。

除了氢氧化铝、氢氧化镁以外，还有水镁石、水菱镁石、碱性草酸铝、磷酸铝、羟基碳酸镁铝混合物等无机氢氧化物阻燃剂。

无机阻燃剂的优点是环保性好，适用范围较广，但存在着阻燃效率低的缺点，为了达到阻燃性能，必须增大阻燃剂的添加量，一般添加量达 $50\%\sim60\%$，如此多的添加量势必影响到制品的其他理化指标，如何提高阻燃剂的阻燃效率，兼顾阻燃和其他性能指标是需要解决的主要难点，而阻燃剂颗粒的超细化技术是提高阻燃效率的主要途径之一。

阻燃剂颗粒的超细化可大幅增加阻燃剂的比表面积，将其均匀分散于聚合物中，可显著提高阻燃效率。阻燃剂的超细化还有助于制品燃烧时在其表面形成致密的炭烧结层，起到隔热隔氧的作用，有效地提高了阻燃效率。同时，在同样添加量时，制品的力学性能随阻燃剂颗粒尺寸减小而提高。即通过阻燃剂颗粒的超细化，可以有效提高阻燃性能，有利于保持制品的力学性能。

（3）纳米双羟基复合金属氧化物　北京化工大学采用插层组装技术对阻燃剂的结构进行创新设计，提高无机阻燃剂阻燃效率并降低制品的烟密度，所设计生产的插层纳米材料为双羟基复合金属氧化物（LDHs）双金属离子为 Mg^{2+} 和 Al^{3+}，结构是电中性的。LDHs 的结构中含有相当量的结构水，可在层间引入自由基捕获剂，控制合成条件还可使层间具有碳酸根，LDHs 的结构设计使其阻燃效率明显高于传统的无机金属氢氧化物，同时具有明显的抑烟效果，LDHs 还可根据不同聚合物的要求通过层间离子交换进行有机化处理，增加与聚合物的相容性，从而增加阻燃聚合物的物理性能和流动加工性能。将硼酸根、磷酸根等高抑烟组元采用插层组装技术引入 LDHs 层间，可以使阻燃剂在保证使用性能的前提下达到极限氧指数 ⩾30%，烟密度⩽100。

5.5.2.3 无卤阻燃专用料生产难点和关键技术

为了使新型环保型无卤阻燃剂能够成功用于含卤塑料材料的替代，需要很好地解决无卤阻燃专用料的生产及其在制品生产过程中的相关技术。

（1）无机阻燃专用料生产技术　无机无卤阻燃专用料特别是无机阻燃剂的主要难点是阻燃剂添加量大，要通过新型分散工艺及装备等技术手段，解决材料的分散难题（对微细化阻燃剂尤为重要）；同时还要解决阻燃剂的表面有机化处理及专用料配方设计，以保证阻燃剂与塑料基料的相容性，以及专用料的加工流动性；还需要通过配方和混炼工艺及混炼设备的改进和新型混炼装备的开发创新，提高专用料的混炼制备技术水平，减少因添加较多阻燃剂所引起的制品力学指标的下降问题。对制品生产设备的塑化部件和模具需进行必要的改进，对生产工艺进行必要的调整，使之适应新型无卤阻燃专用料的流变性能要求，生产出合格的产品。

针对上述问题，北京化工大学开发出独特的混合工艺设计——密炼机混合-强制喂料单螺杆连续挤出法，解决了无卤阻燃电缆料中无机阻燃剂填充量大，采用普通双螺杆挤出机进行加工时，容易产生加料筒粉体架构现象和粉体在树脂基体中分散不均匀的问题，使高填充粉体能够均匀下料和均匀分散、精细分散。同时采用纳米氢氧化镁与微米氢氧化镁并用的技术，前者对耐热性、阻燃性、力学性能有利，后者对阻燃性和流动性有利，采用不同表面处理剂并用来实施氢氧化镁的表面处理，力图获得不同功能特点的表面修饰，如改善流动的表面修饰，强化伸长率的表面修饰，强化拉伸强度和耐热性的表面修饰；采用高球形度的微米氢氧化镁作为重要的阻燃剂，以缓解界面应力集中，改善流动性。与国外技术相比，该技术工艺路线不同，投资低，抑烟效果优异；密度低、硬度范围宽；综合性能相当；产品售价低于国外同类产品 20%。

（2）无卤阻燃 PC/ABS 专用料、PC 专用料、HIPS 专用料生产技术

① PC/ABS 专用料制备 PC/ABS 合金的关键是提高 PC 和 ABS 之间的相容性并使其共混体系形态可控。PC/ABS 合金属于典型的部分相容体系，碳酸酯与 ABS 中的丙烯腈相容性好，而与丁二烯相容性差，即使不加相容剂，体系也可达到宏观上的均匀分散。对 PC/ABS 合金的进行增容改性可更好的改善两种聚合物的相容性，从而进一步提高其力学性能。而 PC/ABS 的无卤阻燃主要是以磷酸酯为主，如二苯基磷酸酯（RDP）、双酚 A 双二苯基磷酸酯（BDP）、

红磷等。虽然红磷对 PC/ABS 合金有很好的阻燃效果,但其较深的颜色及与聚合物相容性不好限制了其应用,其使用范围受到限制。磷酸酯阻燃剂的加入会大影响合金的力学性能;因此,有必要对 PC/ABS 合金进行增容改性,相容剂可以改善 ABS 在 PC 中的分散性,但对 PC/ABS 韧性的提高有限,增韧剂的加入对于合金韧性的提高取决于共混物的形态,双连续相的形成可大幅提高 PC/ABS 的韧性,使其冲击强度提高一倍以上。磷酸酯在聚合物中的分散对力学性能影响较大,母粒法或计量泵的精确注入均可提高其在聚合物基体中的分散和力学性能。

② PC 专用料 PC 树脂氧指数较高,具有一定阻燃性能,但并不能满足家用电器高等级的阻燃级别,二苯砜磺酸钾(KSS)是一种比较有效且经济性较好的阻燃剂,其使用效果已经得到了较为广泛的认可,KSS 添加量极少即可有效提高 PC 的 LOI,但燃烧时火焰较亮,发烟量大,而且滴落严重,但能保持 PC 的透明性,对除冲击强度外的力学性能影响不大,有机硅系阻燃剂聚甲基苯基硅树脂(SFR)对 PC 也有很好的阻燃效果,其 5 份的添加量就能使 LOI 提高到 38.5%,1.6mm 的 V—1 级,SFR 阻燃的 PC 燃烧火焰小而平稳,发烟量小,防熔滴性较好,缺口冲击强度得到改善,能使 PC 在没有模具升温情况下的冲击强度提高 3 倍,平均 $16kJ/m^2$ 提高到 $64kJ/m^2$,拉伸强度有一定提高,但弯曲强度略有下降,制品不透明,SFR 成本较高。

PC 用磺酸盐系阻燃剂时,关键是抗滴落剂的配合;另外,由于其添加量极少,难以均匀分散,所以加工工艺对性能影响较大。对于 PC 来说,薄壁制品的阻燃难度更大,SFR/KSS 复合体系,在其中 SFR 的添加量在小于 1 份的情况下,两者表现出协效,最高氧指数达 37% 和 0.8mm 的 V—1 级阻燃,同时制品力学性能有所提高。

③ HIPS 专用料 HIPS 属于易燃性塑料,燃烧时产生有毒气体和黑烟,限制了其在某些要求阻燃的场合中的应用。各国对于电器产品阻燃等级要求在不断提升,如用于电视机后盖和电脑壳装材料时,一般要求阻燃水平达到美国保险商实验室标准 UL94 垂直燃烧测试的 V—0 级(美国和日本)或 V—2 级(欧洲),对 HIPS 进行阻燃改性方能满足此要求。在大多数情况下,使用阻燃聚苯乙烯的目的是阻止小的起火点(如电视机里的电路短路)发展成大火。该类塑料主要用于在电子电器中生产家电外壳、计算机外壳及办公设备等。

目前研究大多数认为有机磷系阻燃剂的阻燃机理是主要在凝聚相发挥阻燃作用,兼具部分气相阻燃作用。由于该阻燃剂主要是通过受热分解生成磷的含氧酸(包括含氧酸聚合物),催化基材脱水成炭发挥阻燃作用,对于不含氧元素的 HIPS 和 ABS 阻燃效果不好。当有机磷系阻燃剂与含氧树脂共同作用时,可对 HIPS 发挥阻燃作用,如在 HIPS 中同时添加磷酸三苯酯(TPP)和酚醛环氧树脂(P-EP)作为协同阻燃剂,燃烧时 TPP 可使 P-EP 的脱水成碳,并降低了 TPP 的高温挥发,对 HIPS 有很好的协同阻燃效果。如果将 P-EP 换为热塑性酚醛树脂,同样可通过成碳、吸收燃烧产生的自由基及稀释可燃气体的机理发挥很好的阻燃作用。HIPS 可通过与 PPO 共混达到很好的阻燃效果,PPO 是一种多芳环结构的聚合物,难燃、易成炭、隔绝氧气和热,改性的 PPO 能与 HIPS 任意比例混容。PPO 还可同磷酸酯阻燃剂一起使用,在阻燃的同时使 HIPS 体系的力学性能也大大提高,达到溴系阻燃体系的效果,使制得的 HIPS 能够满足阻燃需要。同时由于 HIPS 燃烧分解会产生大量低分子产物和挥发物,磷酸酯通过促进 PPO 的成炭,阻止了低分子产物的挥发,从而大大降低了 HIPS 的燃烧烟密度。但由于 PPO 价格远高于 HIPS,所以在采用 PPO 和磷酸酯协效阻燃 HIPS 时应根据需要合理调整配方,尽量降低 PPO 的用量。适量的抗滴落剂加入可使燃烧等级得以有效提高,PPO 的加入使 HIPS 拉伸强度、弯曲强度、耐热性提高,但冲击强度下降,抗冲击改性剂的加入可提高材料的冲击性能,SBS、SEBS 和 HIPS、PPO 分子结构有一定的相似之处,即均含有苯环结构,HIPS、PPO、SBS、SEBS 四者的溶解度参数 δ 值均在 8.0~9.2 之间,因而彼此之间有着良好的热力学相容性。SBS 和 SEBS 很适宜作 HIPS 阻燃材料的抗冲击改性剂。

5.5.3　含溴阻燃聚合物材料技术开发展望

自 20 世纪 90 年代，在国家各项研究项目包括 973 计划、863 计划、自然科学基金等及其他地方政府项目的大力支持下，我国有关高校和科研单位及企业开始对替代有毒有害材料的关键技术展开研究，先后得到并实现了系列绿色产品的结构创新、突破了系列关键共性技术，同时亦为建立大规模绿色产品的产业群和产业链奠定了坚实的前期基础。"十一五"期间在国家支撑计划项目支持下，北京化工大学、四川大学、东北林业大学等单位在替代含溴阻燃聚合物材料研发方面取得了大量的研究成果，实现了部分产品的替代与工业化生产。随着社会科技的不断发展进步，各领域对高分子材料的需求越来越广泛，人们对阻燃剂的性能要求越来越严格和全面，同时国际上对于环保材料的开发更加重视，不断出台各种强制性的政策法规，从国内看，由于经济发展对能源、自然资源的过度依赖和消耗，使环境的负荷急剧增大，近年来职业病的人员数量及火灾等事故导致的人员伤亡数量因人们接触毒害性化学物质引起急剧攀升，低烟低毒高效的新型环保型阻燃剂生产及应用技术需不断创新，在开展替代塑料制品中有毒有害材料的研发方面，我国应变被动为主动，积极开展必要的主动应对研究，做好技术储备，以利于在新的一轮技术和市场竞争中占据主动。

5.6　聚丙烯用阻燃剂的应用研究

（王　优，曹新鑫，罗四海等）

聚丙烯（PP）是全球产量最大的树脂之一，具有密度小、无毒、易加工、吸湿性低、冲击强度高、耐化学腐蚀、电绝缘性能好及性价比高等优点，广泛应用于建筑、汽车、包装、机械等领域。但是 PP 的碳氢键结构不稳定，其极限氧指数只有 17.5%，易燃烧，且燃烧时放热多并伴有熔滴，极易传播火焰。因此，PP 用阻燃剂的研究开发成为热点之一。

可用作 PP 阻燃的阻燃剂品种很多，它们的阻燃主要可以通过 3 种途径进行：气相阻燃、凝聚相阻燃和中断热交换阻燃机理。它们的添加主要通过 2 种途径来实现：一种是通过机械混合的方法将阻燃剂添加到 PP 中，从而达到阻燃的目的；另一种是将反应型阻燃剂接枝到 PP 的主链或侧链上，使改性的 PP 具有阻燃性。

PP 的阻燃剂按化学组成成分可归纳分为两大类：有机阻燃剂与无机阻燃剂；按使用方法又分为反应型和添加型。具有代表型的阻燃剂有水合金属化合物、磷系、硅系、膨胀型和纳米阻燃剂等。

5.6.1　水合金属化合物阻燃剂

水合金属化合物阻燃剂具有无毒、热稳定好、抑烟等优点，主要有氢氧化铝和氢氧化镁等。其阻燃机理主要是水合金属化合物分解吸收大量的热，释放水蒸气稀释了可燃性气体的浓度，以实现阻燃效果，同时生成的金属氧化物也可以进一步阻止燃烧蔓延。

（1）氢氧化铝　氢氧化铝即三水合氧化铝（ATH），是集阻燃、抑烟、填充三大功能于一身的阻燃剂，且价格低廉，来源广泛又可与多种物质产生协同阻燃作用。但是 ATH 与 PP 的相容性较差，添加量比较大，会明显降低 PP 的力学性能，所以一般采用表面改性、超细化处理等方法，以改善其在聚合物中的分散性。

Tan 等研究了 ATH 对 PP 阻燃性能的影响。结果表明，添加 30%（质量分数，下同）的

ATH，PP 的燃烧速率达到 1.82cm/min，极限氧指数为 20％，但是此时 PP 的力学性能不佳，需要添加硫酸钡改善 PP 的力学性能。

周卫平等选用稀土复合偶联剂和有机硅烷、钛酸酯等常用偶联剂分别对 ATH 进行改性并比较改性结果。研究发现用稀土复合偶联剂改性 ATH 的效果最好，其活化指数由零上升至 99％以上，吸油值从 0.4214g/g 降至 0.2470g/g，这说明改性后的 ATH 表面已转变为疏水的非极性，与聚合物的相容性明显改善。加入 ATH 可提高 PP 体系的阻燃性能，经偶联剂改性后效果更好。其中，用稀土复合偶联剂改性的 ATH 填充到 PP 后，材料的冲击韧性比未改性的 PP/ATH 复合体系提高了 17.7％，比纯 PP 体系提高了 14.8％，优于其他偶联剂。

（2）氢氧化镁　氢氧化镁（MH）是目前发展较快的一种添加型阻燃剂，它低烟、无毒、燃烧过程中不产生酸性、腐蚀性气体，故又是一种环保型绿色阻燃剂。其中，MH 的起始分解温度比 ATH 高约 70～80℃，热稳定性更高，适用于加工温度较高的聚合物（如 PP），并且其抑烟能力及抑制 HCl 生成的能力都优于 ATH。但要达到一定阻燃效果，添加量需在 50％以上，这对材料的性能影响很大，为减少聚合物中 MH 添加量，可采用将 MH 颗粒细微化或采用包覆技术对 MH 进行表面改进来提高其与聚合物的相容性。

Shen 等分别用 MH 和水合碱式硫酸镁（HMOS）作阻燃剂添加到 PP 中，比较其阻燃性能和力学性能的变化。结果表明，MH 和 HMOS 的添加量达到 40％以上，PP 的阻燃性能显著提高，可以避免熔滴的产生，但 PP 中添加过量的 MH 或 HMOS，会导致 PP 的力学性能下降。

Lei 等研究了氧化镧作为一种催化增效剂，对 PP/MH 体系的阻燃性能的影响。研究表明，氧化镧的催化作用，使 PP 在参与炭层形成时发生氧化脱氢和部分催化氧化，这促进了沉积在氧化镁和 PP 复合材料表面上烧焦层的凝相沉淀的形成，从而改善其阻燃性能。阻燃测试显示，0.5％～2.5％氧化镧使 PP/MH 复合材料的阻燃等级达到 UL 94V—0 级。

5.6.2　磷系阻燃剂

磷系阻燃剂毒性小、低烟、价格较低，在阻燃剂开发领域引人注目，其主要包括有机磷酸酯、红磷、磷酸盐以及聚磷酸铵（APP）等，其阻燃机理既有气相机理，也有凝聚相机理，但以凝聚相机理为主。在燃烧过程中，磷系阻燃剂会分解成为小相对分子质量组分，可以减缓了燃烧链反应进程，同时产生的水蒸气可降低聚合物表面温度与稀释气相火焰区可燃物的浓度。在凝聚相中，燃烧时会发生分解生成磷酸的液态模，磷酸又会脱水聚合生成聚偏磷酸。聚偏磷酸具有很强的脱水性，使聚合物脱水炭化，改变了聚合物的燃烧模式，并在其表面形成炭层以隔绝空气，从而达到阻燃的目的。

Qian 等用磷酰胺，氢氧化铵和溴化十六烷基三甲铵为原料，合成了一种新型的混合协同阻燃剂（HFR），并研究了不同含量的 HFR 对 PP 阻燃性能的影响。结果表明，PP 中添加 5％的 HFR，能够使 PP 的极限氧指数达到 36％，垂直燃烧达到 UL 94V—0 级。

蒋文俊等以三聚氰胺甲醛预聚体（MFP）和红磷粉末为原料，过硫酸钾（KPS）为催化剂，采用原位聚合法成功制备出具有高热稳定性的微胶囊红磷（MRP）。研究发现，MRP 或 MH 单独使用时阻燃效率低。将其复配使用后能有效地提高材料的阻燃性能。当 PP：MRP：MH＝100：15：50 时，MRP/MH/PP 复合材料的极限氧指数为 26％，垂直燃烧达到 UL 94V—0 级。

Zhang 等依据插层组装原理，以阴离子层状材料锌铝水滑石为插层主体，以多磷酸铵和季戊四醇为插层客体，由共沉淀法组装得到插层后的锌铝水滑石；并研究了插层后的锌铝水滑石对 PP 阻燃性能的影响。结果表明，加入 30％的插层后的锌铝水滑石，能够使 PP 的极限氧指数达到 31%，垂直燃烧达到 UL 94V—1 级。

5.6.3 硅系阻燃剂

硅系阻燃剂是一种新型无卤阻燃剂，可分为无机硅和有机硅阻燃剂。无机硅主要为二氧化硅，有机硅主要有硅油、硅氧烷等。其中，有机硅阻燃剂是一种新型高效、低毒、防熔滴、环境友好的无卤阻燃剂，也是一种成炭型抑烟剂。有机硅阻燃剂在赋予基材优异的阻燃性能之外，还能改善基材的加工性能、耐热性能等。有机硅阻燃剂的阻燃机理是有机硅酸盐中的乙烯基促使生成碳化硅焦化隔离层，阻止聚合物与空气中氧气的接触，抑制了有害气体的释放和烟雾的生成，从而达到阻燃抑烟效果。

Wang 等研究了二氧化硅介孔材料 MCM-41 和 SBA-15 作增效剂对膨胀型阻燃 PP 的阻燃性能的影响。结果表明，当二氧化硅介孔材料 SBA-15 和 PP-g-MA 含量均为 5%，膨胀型阻燃剂含量为 25% 时，PP/PP-g-MA/IFR/SBA-15 体系的垂直燃烧级别达到 UL 94V—0 级，极限氧指数达到 35%，拉伸强度、最大伸张率和弹性模量比 PP/PP-g-MA/IFR 体系分别增加了 46.2%、75% 和 42.4%。

Chen 等研究了羟基硅油作增效剂，对阻燃 PP 复合材料的影响。结果表明，羟基硅油的加入，可以减小热释放速率、总的热释放量和产生的气体的量。在燃烧时，羟基硅油可以与聚磷酸铵发生反应，生成一种硅磷酸盐结构，从而形成有效的碳结构保护层。当添加 5% 的羟基硅油时，可以使 PP 的最大热释放率从 402kW/m^2 降低到 287kW/m^2。刘漫等采用有机硅树脂阻燃剂改性 PP，研究了有机硅阻燃剂用量对 PP 共混体系的阻燃性能及力学性能的影响。结果表明，随着有机硅阻燃剂加入量的增大，复合材料的极限氧指数也逐渐增大，并且可以有效地改善 PP 的熔滴现象。但是，共混体系的拉伸强度和弯曲强度有一定程度的降低，断裂伸长率和冲击强度则下降幅度明显。当加入 20% 的有机硅树脂阻燃剂时，其极限氧指数由纯 PP 的 17.8% 增加到 25.5%，但 PP 的拉伸强度和弯曲强度分别降低了 18.48% 和 12.47%，断裂伸长率和冲击强度分别降低了 57.72% 和 68.90%。

5.6.4 膨胀型阻燃剂

膨胀型阻燃剂是近年来开发的以磷、氮为主要成分的阻燃剂，主要有 3 部分组成：酸源、碳源、气源。在燃烧时，酸源产生能酯化多元醇和作为脱水剂的酸；酸与多元醇（碳源）进行酯化反应，而体系中的胺则作为此酯化反应的催化剂，加速反应进行；体系在酯化反应前或酯化过程中熔化；反应过程中产生的水蒸气和由气源产生的不燃性气体使已处于熔融状态的体系膨胀发泡，与此同时，多元醇和酯分解炭化，形成无机物及炭残余物，且体系进一步膨胀发泡；反应接近完成时，体系胶化或固化，最后形成多孔泡沫炭层。此炭层使热难于穿透入凝聚相，并阻止氧气进入正在降解的塑料中，以及阻止降解生成的气态或液态产物逸出材料表面。主体聚合物由于没有足够的燃料和氧气而终止燃烧，从而达到阻燃目的。

Li 等研究了氧化镧对膨胀型阻燃聚丙烯体系的影响，结果表明，当添加的膨胀型阻燃剂含量是复合材料的 20%，氧化镧含量是膨胀性阻燃剂的 5% 时，能明显的增强极限氧指数，垂直燃烧级别达到 UL 94V—0 级。氧化镧的加入，能够增强膨胀型 PP 体系的热稳定性，能够在复合材料表面形成稳定、结实的炭层，这样可以明显的降低燃烧参数。Feng 等也发现了氧化镧能够加强外部和内部的炭结构，与膨胀型阻燃剂存在着协同作用。当加入 1% 的氧化镧时，PP 的极限氧指数从 27.1% 提高到 32.5%。

Wu 等研究了 $ZnSO_4 \cdot 7H_2O$ 对膨胀型阻燃 PP 的影响。结果表明，$ZnSO_4 \cdot 7H_2O$ 能够在 PP 燃烧过程中，减缓 PP 的熔融进程，并且加强炭层强度，阻止氧气的进入。当添加

$ZnSO_4 \cdot 7H_2O$ 的含量为 1%，膨胀型阻燃剂的含量为 30% 时，膨胀型阻燃 PP 的极限氧指数达到 32.7%，阻燃级别达到 UL 94V—0 级。

Qiao 等采用 2,6,7-三氧杂-1-磷杂双环 [2,2,2] 辛烷-4-甲醇-1-氧化物（BCPPO）作为膨胀型阻燃剂的碳源。研究表明，BCPPO 与聚磷酸铵（APP）和三聚氰胺（MA）有很好的协同作用，还可以抑制熔滴的产生。当其质量比为 3:1:1 时，阻燃 PP 复合材料的极限氧指数可以达到 30.3%，阻燃级别可以达到 UL 94V—0 级，最大热释放率可以达到 122.7kW/m^2，平均热释放率达到 58.2kW/m^2。

Wei 等研究了 APP 和二环磷酸盐在不同质量比下，对 PP 阻燃性能的影响。结果表明，二环磷酸盐与 APP 具有很好的协同作用，可以明显提高 PP 的阻燃性能。当二环磷酸盐与聚磷酸铵质量比为 2:1，膨胀型阻燃剂的含量为 25% 时，复合材料的极限氧指数可以达到 28.8%，垂直燃烧级别达到 UL 94V—0 级。

Zhang 等用锰硝酸和磷酸三钠合成磷酸铵（NMP），并研究其作为增效剂对膨胀型阻燃 PP 体系的影响。结果表明，当膨胀阻燃剂的含量为 17%，NMP 含量为 3% 时，NMP 能够明显加强 PP/膨胀型阻燃剂体系的热稳定性，能够促进炭残渣结构的形成，减小放热速率，延缓燃烧时间。

Yang 等制备了 PP/磷酸锆（OZrP）膨胀型阻燃材料，并研究了其协同阻燃效果。结果表明，添加 OZrP 的 PP/膨胀型阻燃剂阻燃体系成炭量比纯的 PP 和 PP/膨胀型阻燃剂体系都有所增加。当 PP 基体中含有 25% 膨胀型阻燃剂时，PP 的极限氧指数为 33%，垂直燃烧测试为 UL 94V-1 级别；当添加 22.5% 膨胀型阻燃剂，2.5%OZrP 到 PP/膨胀型阻燃剂体系时，极限氧指数增加到 37%，垂直燃烧达到 UL 94V-0 级别。

Lin 等研究了经硅烷偶联剂（KH-55）改良的 APP 对 PP 阻燃性能的影响。结果表明，经硅烷偶联剂处理，APP 减少了其表面水溶性，能够与 PP 有更好的兼容性和可分散性，这改善了 PP 的力学性能。当添加 20% 的 APP 时，PP 的极限氧指数达到 30%，最初的 PP 晶体结构也从 α 晶相达到 β 晶相。

5.6.5　纳米阻燃剂

由于纳米粒子具有量子尺寸效应、界面效应和超塑性等优点，能够在添加量较少的情况下，大幅度提高材料的阻燃性能。目前，应用于 PP 阻燃的纳米无机阻燃剂外，碳纳米管、层状黏土等发展迅速。

Du 等采用熔融混合法把碳纳米管混入膨胀型阻燃 PP 中，研究碳纳米管对膨胀型阻燃 PP 的热稳定性和阻燃性能的影响。结果表明，碳纳米管在混合体系中分散均匀，没有任何可见的团聚现象。碳纳米管可以加强 PP 的热稳定性，形成网状膨胀结构，从而提高材料的阻燃性能。

Du 等研究了有机膨润土在 PP 阻燃性能的影响。结果表明，有机膨润土不仅可以减少第一次最大放热速率，而且还可以拖延二次燃烧的发生。将 1.8% 的膨润土加入到 PP/膨胀型阻燃剂体系中，将大大地提高体系的热稳定性，增加炭残渣的量。

随着环保要求越来越高，传统卤系阻燃剂将逐步被新型无卤阻燃剂所替代。水合金属化合物阻燃剂具有无毒、无腐蚀性、耐高温等优点。但是要达到一定的阻燃效果，水合金属化合物阻燃剂的添加量比较大，会对 PP 的力学性能有较大的影响。磷系和硅系阻燃剂组成的协同阻燃体系，综合了各自的优良性能，阻燃效果好，前景十分广阔。其可以与其他阻燃剂复配，减少阻燃剂的用量，达到阻燃的目的。

膨胀型阻燃剂在燃烧时烟雾少，放出气体毒性小，且能够明显提高 PP 的阻燃性能。但是，现有膨胀型阻燃体系普遍存在着添加量大、吸湿严重、与 PP 相容性差等缺点。这就需要改进的新型膨胀阻燃剂，弥补膨胀型阻燃剂造成 PP 复合材料性能缺点，可以往复配阻燃剂方面发展。

纳米阻燃剂因其特有的纳米结构特征在提高 PP 阻燃性能的同时，还改善了复合材料的力学性能，也是近年来研究的热点方向，具有广泛的应用前景。但是，纳米粒子形态、尺寸和分布难以控制，与 PP 界面的作用机理还不清楚。需要深入研究，以推动纳米阻燃技术及其产业的发展。

5.7　聚苯乙烯阻燃研究进展

（王爱华，黄小冬，杨锦飞）

5.7.1　概述

聚苯乙烯（PS）是由苯乙烯经自由基缩聚反应的聚合物，它是一种无色透明的热塑性塑料，具有高于 100℃ 的玻璃转化温度。PS 具有良好的电绝缘性能、力学性能和加工性能，并且尺寸稳定性非常好，价格合理，正因为 PS 具备如此良好的特点，所以被广泛应用于装饰、电器、建筑、交通等领域，是目前用量最大的 5 大塑料之一。和其他高聚物材料一样，PS 也具有可燃性的缺点，所以将其用于制造有防火要求的产品时，必须进行阻燃改性。

目前，在 PS 阻燃研究中最常用的方法有两种：①向 PS 中添加各种阻燃剂，增加材料的阻燃性能；②对 PS 的分子结构进行一定的化学改性，聚合物本身具有一定的阻燃性能。本文分别对上述两种方法的研究现状进行综述。

5.7.2　添加型阻燃剂阻燃

应用于 PS 中的添加型阻燃剂主要有金属氢氧化物、磷系、氮系、黏土类以及卤系阻燃剂等。

5.7.2.1　金属氢氧化物

金属氢氧化物作为阻燃剂研究较多的是氢氧化镁（MH）和氢氧化铝（ATH），它们具有无毒、稳定、不挥发等优点。

MH 作为阻燃剂能延迟材料的引燃时间，减少材料生烟量和烟逸出速度，具有良好的抑烟效果。MH 分解时失水，可以吸收大量的热，由此能够降低材料表面的温度，进而使聚合物降解为小分子的速率减慢；同时生成的 MgO 能吸收聚合物燃烧时释放的自由基和碳，沉积成灰，从而达到阻燃、抑烟的效果。

刘继纯等研究了有机蒙脱土（OMMT）和 MH 对 PS 的协同阻燃作用。研究表明，OMMT 与 MH 并用时可以显著减少复合材料在燃烧时的滴落和发烟，材料在高温下更加稳定，阻燃性能更好，可以减少 MH 的用量。刘智峰等研究了不同偶联剂处理 MH 对无卤阻燃 HIPS 性能的影响。研究表明，偶联改性的 MH 可改善材料的阻燃性能，材料的氧指数由 18.35% 上升至 21.56%。

ATH 氢氧化铝（ATH）作为阻燃剂的阻燃机理和氢氧化镁类似。崔文广等研究了纳米改性氢氧化铝（CG-ATH）、改性聚苯醚（MPPO）和红磷母料对高抗冲聚苯乙烯（HIPS）的阻燃作用。结果表明，CG-ATH 和 MPPO 与红磷母料之间有很好的协效阻燃作用，配合使用可以使 HIPS 的垂直燃烧达 UL 94V-0 级。

5.7.2.2　磷系阻燃剂

磷系阻燃剂常见类型主要有多聚磷酸铵、红磷、磷酸酯类及其他有机磷类阻燃剂等，应用于 PS 阻燃的多为红磷、磷酸酯类等无机阻燃剂。磷系阻燃剂是一种自由基终止剂。磷系阻燃剂在材料燃烧时能够释放出自由基，这些自由基夺取火焰周围的氢自由基，来阻断燃烧链式反应，实现阻燃。同时，磷系阻燃剂在燃烧的时候会产生水分，可以降低凝聚相的温度，同时可以稀释气相中可燃气体的浓度，从而更好地起到阻燃作用。

（1）红磷阻燃剂　红磷颜色鲜艳，易吸水，使其应用受到一定的限制。把红磷微胶囊化处理，可以提高它的阻燃性能、稳定性等，扩大其应用范围。

李慧勇等研究了微胶囊红磷（MRP）和酚醛环氧树脂（NR）对 HIPS 阻燃性能的影响。结果表明，同时添加 MRP 和 NR 时，可以明显地降低热释放速率，并具有协同效应促进成炭，烟释放速率也比纯 HIPS 低，同时也可以改善 HIPS 的力学性能。何敏等研究了红磷母粒与 MH 协效阻燃高抗冲击强度聚苯乙烯。结果表明，两者的质量分数总和为 27.54%，红磷母粒与 MH 配比为 2/1 时，材料阻燃性能与力学性能最佳，可达到 UL 94V—0 级。张伟等研究了不同磷系阻燃剂对聚苯醚/高抗冲聚苯乙烯（PPO/PS-HI）合金性能的影响。结果表明，红磷的阻燃效果优于有机磷酸酯阻燃剂，添加量为 8% 时，可达到 UL 94V—0 级。

（2）磷酸酯类阻燃剂　磷酸酯类阻燃剂具有阻燃和增塑的双重功能。蔡长庚等研究了酚醛树脂（Novolac）和磷酸三苯酯（TPP）对 HIPS 阻燃性能的影响。结果表明，在 HIPS 中分别添加 Novolac 和 TPP，可以有效地降低热释放速率和生烟量；材料明显地具有阻燃和抑烟协同效应。

李秀云等选用磷系阻燃剂，以其他聚苯醚作为阻燃添加剂，研制出具有优异力学性能和阻燃性能的无卤阻燃高抗冲聚苯乙烯（HIPS）。辛菲等研究了芳香族双磷酸酯复配其他物质阻燃 PPO/HIPS 和 PPO/HIPS 纳米材料。结果表明，芳香族双磷酸酯的添加量为 6%～8% 时，材料氧指数最高达到了 35.0%，可达到 UL 94V—0 级。

5.7.2.3　氮系阻燃剂

含氮阻燃剂最早以无机铵盐形式使用，近年来文献中出现了氨基磺酸铵、胍盐、磷腈等含氮化合物阻燃剂。氮系阻燃剂主要在气相发挥阻燃作用，燃烧时产生的惰性气体稀释作用使燃烧减缓。特别是近年来，磷腈类阻燃剂是国内外研究的热点。

张昌洪等研究了磷腈化合物二（苯氧基）磷酰基三（苯氧基）磷腈（NDTPh）对 PS 阻燃性能的影响。结果表明，NDTPh 可以很好地分散于 PS 中，并且可以明显改善加工流变性能；而磷-氮-磷协同体系使其对 PS 具有更好的阻燃性能。

5.7.2.4　黏土类阻燃剂

蒙脱土、蛭石、人造水滑石、斑托石等新型黏土类阻燃剂，主要是指一些具有片层状结构的硅酸盐类物质。黏土类阻燃剂不仅可以提高复合材料的难燃效果，而且还能改善材料的一些机械性能。是近年来研究的热点，尤其是蒙脱土（MMT）。

黏土类阻燃剂，常作为阻燃填料与其他添加剂共同使用。它们的共同特点是：①它们有阻燃填料的性质，可以有效地降低可燃烧部分中可燃物质的量；②它能够形成一个硬壳，覆盖在可燃物质表面，从而可以阻碍外部热量向内部集体材料的传递，将外部的高温和氧气与内部易燃材料相分离，固相阻燃。

刘向峰等研究了原位聚合法制备的 PS/OMMT（有机蒙脱土）复合材料。结果表明复合材料的热释放速率、质量损失速率、生烟速率等均显著降低，说明复合材料具有较好阻燃性和抑烟性。

W.J.Wang 等研究了有机硅-苯基硅烷（TGPS）对 PS 的阻燃性能的影响。结果表明，TGPS 可以很好地分散于 PS 中，可以明显的促进成炭的形成，烟释放速率明显降低，并且不易形成熔滴，是一种环保型阻燃剂。

G. H. Hsiue 等研究了 TGPS、苯基膦氧化物（BAPPO）对 PS 的阻燃性能的影响。结果表明，TGPS 和 BAPPO 混合使用会形成一个更加致密的硅氧炭层，阻止聚合物的燃烧，同时降低烟释放速率，进而达到阻燃效果。

Alexander B. Morgan 等研究了 MMT 对 PS 阻燃效果的影响。结果表明 MMT 对 PS 炭层的形成具有催化和增强作用，这两种作用都是由无机纳米粒子的不燃性所造成的，可以提高聚合物的阻燃性能。

5.7.2.5　卤系阻燃剂

卤系阻燃剂在气相和凝聚相都能起到很好的阻燃作用，它一般在 200～300℃时开始分解，分解产生自由基捕捉剂能够延缓或者终止 PS 燃烧过程中的解聚反应，从而终止链反应。另外，卤系阻燃剂燃烧过程中释放的密度较大的卤化氢气体，可覆盖在材料表面，隔热隔氧。

虽然卤系阻燃剂在热裂解和燃烧的过程中会产生较多的烟和有毒性气体，但其仍是当前在热塑性树脂中应用量最大、应用效果最好的添加型阻燃剂，其中尤以六溴环十二烷（HBCD）应用最为广泛。欧盟 RoHS 禁令的推出对多种卤系阻燃剂造成很大冲击，卤系阻燃剂的发展趋势正朝着高效、环保、低毒的方向转变。

黄艳梅等研究了溴化聚苯乙烯（BPS）对 HIPS 阻燃性能的影响。结果表明，随 BPS 质量分数的增加，阻燃性能逐渐提高，力学性能和流变性能没有太大损失，综合性能较好。

刘汉虎研究了三嗪系列阻燃剂三（2,3-二溴丙基）异三聚氰酸酯（TBC）、三（2,3-二氯丙基）异三聚氰酸酯（TCC）、二（2,3-二溴丙基）烯丙基异三聚氰酸酯（DBAC）等在 PS 阻燃性规律。结果表明，在 PS 泡沫中添加的阻燃剂含双键愈多，其阻燃效果愈好。

黄险波等研究了十溴二苯醚和十溴二苯乙烷在 HIPS 中的阻燃效果，结果表明，当 HIPS 中同时添加十溴二苯醚和十溴二苯乙烷时，HIPS 复合材料具有更好的阻燃效果。李响等研究了十溴二苯乙烷阻燃 HIPS 复合材料的燃烧性能。结果表明，十溴二苯乙烷添加量为 15% 时，极限氧指数为 28，UL94 达到 V-0 阻燃效果明显，与使用十溴二苯醚阻燃剂相比，不会产生多溴代二苯并类污染物，环保。

目前，PS 泡沫塑料中应用最多的是卤系阻燃剂，尤其是六溴环十二烷（HBCD），其产量的 80% 左右应用于 PS 泡沫塑料。与其他应用于 PS 泡沫塑料的溴系阻燃剂相比，HBCD 是其中的佼佼者，它不仅与 PS 树脂有较好的相容性，而且在较低的添加量下（2.5%～6%）就可以使 PS 泡沫塑料具有较好的阻燃性能，从而最大限度地保持 PS 泡沫塑料的绝热和其他物理性能，应用范围广。

窦家林研究了以 HBCD 为阻燃剂，加入少量 Sb_2O_3 后对膨胀聚苯乙烯泡沫塑料（EPS）阻燃性能的影响。结果表明，阻燃剂中加入 Sb_2O_3 含量为 4.3% 时，可以显著提高材料的阻燃性能，防火等级达到 B1 级。林玉芳等，以 HBCD 为阻燃剂，加入炭黑，与苯乙烯混合均匀后进行聚合反应得到 EPS 板。检测结果表明，其防火等级达到 B1 级。陈风春等，以 HBCD 为阻燃剂，加入乙烯蜡，混合均匀后分布加入分散剂制成 EPS 板。检测结果表明，产品极限氧指数可达 32，阻燃等级达到 UL 94V-0 级。华若中等，以 HBCD 为阻燃剂，加入发泡剂戊烷，与苯乙烯混合均匀后制成可发性聚苯乙烯颗粒，具有很好的阻燃效果，可广泛应用于彩钢建材板、高速公路基础铺垫和外墙保温材料的建筑材料上。

HBCD 热稳定性较差，约在 150℃开始分解，释放酸性气体，腐蚀加工设备，使制品表面带上褐色条纹等。从 1997 年开始，欧美等国开始对 HBCD 进行了风险评估；1998 年 HBCD 被欧洲经济委员会和北大西洋和东大西洋海洋环境保护委员会认证为污染物；欧盟组织自 2008 年也开始对 HBCD 实施风险评估。因此，随着环保要求的提高，HBCD 的应用受到一定的限制，开发可替代其应用于 PS 泡沫塑料的阻燃剂已是一个趋势，如 TBC、石墨等阻燃剂。

5.7.3 化学改性聚苯乙烯赋予其阻燃性能

PS易燃且燃烧时熔滴现象严重，限制了其在有防火要求领域的推广使用。因此，对PS进行一定程度的化学改性（如接枝、共聚以及交联等），引入具有阻燃或抑烟的元素（N，P，B，卤素等），进而达到阻燃或抑烟的目的，可以极大地拓展PS应用领域。这种方法不仅可以实现材料的阻燃与抑烟功能，还可以减小添加阻燃剂对材料的力学及加工性能的影响。

Teh.J等研究了将引发剂、偶联剂溶于苯乙烯单体中，在聚乙烯（PE）、PS双螺杆共混挤出时加入该苯乙烯单体，从而减小了PE的自身偶联，增加了PS和PE间的接枝反应，促进成炭，增加阻燃性能。

Yao.H.Y等研究了向PS中加入二乙烯基苯、三乙烯基苯进行交联改性，进一步促进炭层的形成，提高其阻燃性能。Price.D等研究了含磷的烯烃单体与苯乙烯共聚。结果表明改善了PS的分子结构，提高了材料在燃烧过程中成炭的能力，显著提高材料的阻燃性能。

王彦林等研究了以三溴苯基烯丙基醚为阻燃剂，与苯乙烯等进行水相乳液聚合，制成EPS板。结果表明，材料具有良好的阻燃性能。J·努尔德格拉夫等研究了以溴化苯乙烯为阻燃剂，与苯乙烯进行聚合反应，制成EPS板。检测结果表明，产品的防火性能达到B2级，具有一定的阻燃性能。夏伟光等研究了PS与PE等共混制成PS/PE合金材料。检测表明，合金材料不仅具有PS、PE的优点，还有良好的阻燃性能，达到UL94 V-0级。李玉玲等研究了采用悬浮聚合法将液体阻燃剂磷酸三（β-氯乙基）酯（TCEP）均匀分散到聚苯乙烯材料中制备了阻燃聚苯乙烯树脂，产品极限氧指数可达25，达到了较好的阻燃效果。

5.7.4 发展动向与展望

PS广泛用于建筑业、家用电器、汽车、家庭用具、包装容器、工业零件等，它的阻燃越来越受到人们的重视，其阻燃技术正在向多品种、多功能、无污染方向发展。

添加型阻燃PS，有优良的阻燃效果，但同时也影响了PS的力学性能等；含卤素的阻燃PS具有优良的阻燃性能，但燃烧时会产生有毒物质，污染环境。为满足不断增长的市场需求，今后应做好以下工作：①开发推广与PS相容性好的复合阻燃剂，发挥其协同效应，在保证PS有较好阻燃性能的同时，不降低（或很少降低）PS的其他性能；②开发可替代HBCD的阻燃剂，如TBC、石墨等阻燃剂；③开发无卤素的磷氮类环保型阻燃剂。

5.8 硅系阻燃剂的研究进展

（廖逢辉，王新龙，王通文）

近年来，由于卤系阻燃剂燃烧时会分解出有毒的气体对环境和身体造成伤害，因此已逐渐被取代，人们也在不断开发无卤阻燃剂。无卤阻燃剂包括磷系、氮系、硅系及无机阻燃剂等阻燃剂，其中硅系阻燃剂具有无卤、低烟、低毒性等优点，具备阻燃剂未来发展方向的一切特性，所以，硅系阻燃剂受到了越来越多研究人员的关注。硅系阻燃剂有有机硅系阻燃剂和无机硅系阻燃剂两种，有机硅系阻燃剂主要是聚硅氧烷及其衍生物，无机硅系阻燃剂主要有层状硅酸盐、二氧化硅、硅胶、滑石粉等。

5.8.1 有机硅系阻燃剂的研究现状

5.8.1.1 有机硅氧烷

聚硅氧烷是一类主链上含有硅氧键，硅原子直接连有有机基团的聚合物，燃烧时生成SiC

阻隔层，从而发挥阻燃效果，此外，有机聚硅氧烷还具有耐高低温、耐辐射、耐氧化等性能。

Deng 等将聚甲基苯基硅氧烷与经丙烯海松酸改性的乙二醇二缩水甘油醚（AP-EGDE）反应制备了一系列硅树脂环氧树脂（AESE）。研究发现：改性后的 AESE 的拉伸强度虽然略有下降，但断裂伸长率明显提高，且 AESE 的热稳定性也比 AP-EGDE 的要好。当聚甲基苯基硅氧烷的质量分数为 30% 时，AESE 的氧指数达到最大值，这是由于燃烧时有致密炭保护层的形成。

Song 等合成了一种新型硅磷混合阻燃剂 3-[（甲氧基二苯基硅氧基）氧]-9-甲基-2,4,8,10-四氧杂-3,9-二磷杂螺[5.5]十一烷 3,9-二氧化物（SDPS），并将 SDPS 应用于阻燃环氧树脂中。氧指数和锥形量热测试结果显示，SDPS 的加入可以提高环氧树脂的阻燃性，当 SDPS 的加入量（质量分数）为 15% 时，材料的氧指数可达 29.4%。TGA、SEM、拉曼等测试表明 SDPS 的阻燃机理是：燃烧时 SDPS 形成了蜂窝状的炭质硅杂化结构，形成的该炭层能抑制可燃气体的释放，降低了混合气体的浓度，使其低于着火点的浓度。

Ye 等制备了硼硅氧烷（BSil），并将 BSil 和氢氧化镁填充到 EVA 中，研究复合材料的燃烧性能和力学性能。结果表明：BSil 取代部分氢氧化镁可以使聚合物的氧指数达 41%，且能通过 UL 94 V—0 级的测试，此外 BSil 还能提高氢氧化镁在聚合物中的分散性，从而使 EVA/MH/BSil 复合材料的力学性能明显提高。锥形量热测试表明，BSil 能促进致密炭层的形成并阻止炭层破裂，该致密炭层能有效地保护内层材料不被燃烧。

Zhuo 等将改性双马来酰亚胺树脂/氰酸酯（BCE）树脂与超支化聚硅氧烷（HBPSi）共聚，研究 HBPSi 对聚合物固化机理、介电性能和阻燃性能的影响。研究发现：与 BCE 树脂相比，HBPSi/BCE 树脂交联结构明显不同，这种差异导致材料的介电性能和阻燃性有所提高。BCE 树脂中的 HBPSi 能降低聚合物的质量损失率和提高残炭率以达到阻燃的目的，其中 HBPSi 的阻燃机理属于凝聚相阻燃机理。

Gao 等研究发现聚硅氧烷和硅改性 SiO_2 能有效地增强膨胀型阻燃聚丙烯体系的阻燃性，此外聚硅氧烷还能提高膨胀型聚丙烯高温区的热稳定性和提高成炭率。锥形量热测试表明：聚硅氧烷能改变聚丙烯的分解形式，且有消烟的作用。

5.8.1.2　笼型倍半硅氧烷

倍半硅氧烷是一类有机-无机杂化材料，主要有无规结构、梯形、笼型等三种结构，其中笼型倍半硅氧烷不但能提高材料的阻燃性能，还能改善材料的力学、耐热和表面等性能，因此笼型倍半硅氧烷是目前研究得最多的一种。近年来改性倍半硅氧烷（POSS）也层出不穷，主要有含有 9,10-双氢-9-乙二酸-10-磷杂菲-10-氧化物的笼型倍半硅氧烷（DOPO-POSS）、八聚四甲基铵基笼型倍半硅氧烷（octaTMA-POSS）、氨基丙基异丁基-POSS、乙烯基倍半硅氧烷（OVPOSS）等。

Yang 等合成了含有 9,10-双氢-9-乙二酸-10-磷杂菲-10-氧化物的笼型倍半硅氧烷（DOPO-POSS）和超细多面体低聚八苯基倍半硅氧烷（OPS）(图 5-10)，并将 DOPO-POSS 和 OPS 应用到聚碳酸酯（PC）中，研究其力学性能与阻燃性能。与纯 PC 相比，OPS 的加入能提高复合材料的 LOI 值和 UL 94 等级，当 OPS 的质量分数为 6% 时，其 LOI 值高达 33.8%，并通过了 UL 94V-0 级的测试，最大热释放速率也有明显下降。而 DOPO-POSS 不仅可以使材料的储能模量增加，还能有效地增强阻燃性，只需加入 4% 的 DOPO-POSS 就能使 PC 复合材料的 LOI 提高 6%，UL 94 达到 V-0 级。这可能是因为点燃聚合物后，聚合物缓慢燃烧迅速形成稳固且耐热的炭层，减缓放热速率从而进一步抑制燃烧。

Hu 等也对不同化学结构的倍半硅氧烷的阻燃性进行了研究。用锥形量热测定了含磷环氧树脂/八面体乙烯基倍半硅氧烷（OVPOSS）的燃烧行为，OVPOSS 的存在明显地降低了复合

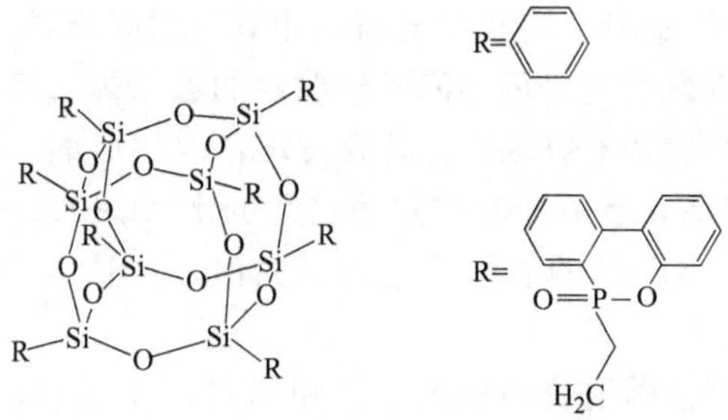

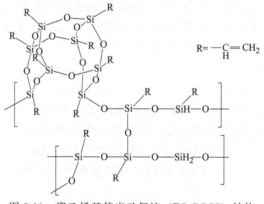

图 5-10　含有 9,10-双氢-9-乙二酸-10-磷杂菲-10-
氧化物的笼型倍半硅氧烷（DOPO-POSS）和超细多面体低
聚八苯基倍半硅氧烷（OPS）结构式

材料的最大热释放速率和总放热量，且 OVPOSS 能延缓残炭的氧化从而增强环氧树脂的阻燃性。用三硅醇异丁基-POSS 代替膨胀型阻燃聚乳酸中的部分 IFR 能提高聚乳酸复合材料的 LOI 值和 UL 94 等级，而且三硅醇异丁基-POSS 还具有抗熔滴的作用。此外，将八面体氨基苯基-POSS（OpPOSS）、三聚氰胺磷酸盐（MP）、聚丁烯琥珀酸共混，加入 2％OpPOSS 的复合材料的 LOI 比只加 MP 的 LOI 值略高，这说明化学结构不同的改性 POSS 的阻燃效率不同。

　　Didane 等将三种含有不同化学结构的 POSS 填充到聚对苯二甲酸乙二醇酯（PET）/有机磷阻燃剂 ExolitOP950 复合材料中，对复合材料的燃烧性能进行研究。研究发现：三种带不同基团的 POSS 八面体甲基-POSS、十二苯基-POSS、聚乙烯基倍半硅氧烷（FQ-POSS）（如图 5-11）只要加 1％就能明显地使材料的最大热释放速率减少约 50％，虽然上述三种材料燃烧时都会发生膨胀，但形成的炭层的阻隔性是不同的，含 FQ-POSS 的复合材料的炭是三者中阻隔效果最好的且膨胀最为明显，这可能与 FQ-POSS 部分挥发而通过乙烯基聚合发生 POSS 交联有关。

图 5-11　聚乙烯基倍半硅氧烷（FQ-POSS）结构

　　Montero 等报道了三硅醇异丁基-POSS（TSP）对环氧胺体系的燃烧性和力学性能都有影响。DMA 测试结果显示加入少量的 TSP 便能提高材料的储能模量。其具有很好的阻燃性是因为燃烧时能形成一种多层炭质硅酸盐结构覆于材料表面以阻止热量传递和隔绝空气。

5.8.1.3　硅橡胶

　　硅橡胶是一种主链为 Si—O—Si 结构，侧链为有机基团的高分子弹性体，具有热稳定性高、热释放速率低、成炭率高、无毒、低烟、对环境无害等优点，因此成为阻燃防火橡胶的首选。硅橡胶的阻燃是通过成炭实现的，硅橡胶在高温下能形成含硅、氧、碳和其他无机元素的陶瓷状的残留物，该残留物能阻止热量传递，提高大分子的热稳定性，减少氧气与可燃气体的接触，从而阻止材料的进一步燃烧。

　　罗超云等研究了硅橡胶协同氢氧化镁、红磷对高抗冲聚苯乙烯（HIPS）的力学性能和阻燃性能的影响。测试分析发现：由于硅橡胶与 HIPS 的相容性较差，硅橡胶的加入使得 HIPS 的力学性能有所下降。单独加入硅橡胶虽不能阻燃 HIPS，但会降低其发烟量；当硅橡胶与氢氧化镁、红磷同时使用时，硅橡胶可以使 HIPS 的阻燃性增加一个等级，并且有抗熔滴的作用。

　　王成等加入硅橡胶和磷氮无卤阻燃剂，制备了无卤阻燃玻璃纤维/尼龙 66 复合材料。实验结果表明：硅橡胶对复合材料力学、阻燃性能都有影响，当硅橡胶加入量为 6% 时，复合材料的综合性能最优，其缺口冲击强度比无硅橡胶时提高了 8%，阻燃测试达 V—0 级。

　　刘臻等以高密度聚乙烯（HDPE）为基体，与氢氧化镁、红磷、硅橡胶和三元乙丙橡胶（EPDM）共混制备了阻燃混合材料，对其进行电子束辐射后研究阻燃混合材料的力学性能和阻燃性能。研究发现：硅橡胶的加入可以使无机阻燃粒子在聚合物中分散更均匀。辐射交联后阻燃 HDPE/EPDM/硅橡胶复合材料的 OI 值有所提高，其中硅橡胶含量的增加进一步提高了混合物的 OI 值，这说明硅橡胶在此体系中具有协同阻燃的作用。

5.8.2　无机硅系阻燃剂的研究现状

5.8.2.1　层状硅酸盐阻燃剂

　　层状硅酸盐具有天然纳米结构，在自然界中分布广，种类多，价格低，能改善聚合物的耐热性、耐候性、阻燃性等。作为阻燃剂使用时，少量的层状硅酸盐（约 5%）便能显著的改善材料的阻燃性，且对加工性能影响较小。目前，层状硅酸盐的阻燃机理普遍认为是层状硅酸盐片层对分子链的限制作用和阻隔作用。

　　Wang 等将磷酸甲苯（TCP）和改性蒙脱土（OMMT）与天然橡胶（NR）复配制备了阻燃橡胶复合材料，并对其阻燃性能和力学性能进行研究。结果表明：TCP 和 OMMT 能有效地提高天然橡胶的力学性能和阻燃性能，NR/TCP-10/OMMT-5 复合材料的拉伸强度和断裂伸长率与 NR/TCP-10 复合材料的相比分别增加 10% 和 16%，氧指数也达到 32%，比 NR/TCP-10 的氧指数增加了 4%。

　　Wang 等通过 DOPO 与乙烯三乙氧基硅烷反应合成了一种含硅、磷阻燃剂 P（DOPO-VTES），然后与 MMT、聚碳酸酯（PC）制成了阻燃 PC/P（DOPO-VTES）/MMT 复合物，LOI 和 UL 94 测试结果表明：在 PC/5%P（DOPO-VTES）体系中加入 2%MMT 后，材料的 LOI 值有所下降，但是 UL 94 等级可以从 V—2 级提高至 V—0 级，且 MMT 的加入有效地抑制了熔滴。造成这种现象的原因是 MMT 能使炭层变得光滑，形成一种能阻止热传播和氧气传递的绝缘层。

　　Tai 等通过原位缩聚制备了聚（4,4'-二氨基联苯醚二氯磷酸苯酯）（PDEPD）/Na-MMT 纳米复合材料，将 PDEPD/Na-MMT 纳米复合材料分别引入到聚苯乙烯（PC）和热塑性聚氨酯中，经研究发现：PDEPD/Na-MMT 纳米复合材料能很大程度地提高这两种基材的阻燃性。这种阻燃性表现为成炭率的提高和质量损失率的减少，这也说明了剥落型无表面活性剂黏土层对材料阻燃有重要的作用。

　　顾飞等制备了凹凸棒土（ATP）协同膨胀型阻燃剂阻燃聚丙烯复合材料，探讨了 ATP 含量对复合材料的燃烧性能和力学性能的影响。研究发现：用少量 ATP 取代 IFR 时，可以提高复合材料的 LOI 值，且复合材料的最大热释放速率和生烟速率下降明显，高温区复合材料的热稳定性也有所增强，当 ATP 加入量在 3%～7% 时，复合材料的拉伸强度也有所增强。

5.8.2.2　纳米 SiO_2

　　纳米二氧化硅（SiO_2）具有很好的光、力、热等特殊性能，因此采用纳米 SiO_2 改性高分子材料，可以使高分子材料具有特殊功能，使其性能更加优异。

范红青等用有阻燃性的纳米 SiO_2 对 $Mg(OH)_2$/PE 复合材料进行改性，对复合材料的阻燃性能和力学性能进行研究。研究结果表明：当无机填料量不变时，含有 SiO_2 的 $Mg(OH)_2$/SiO_2/PE 复合材料的阻燃性比 $Mg(OH)_2$/PE 复合材料的要好，并且 SiO_2 的引入可有效改善体系的力学性能。

Wang 等制备了含纳米阻燃剂的纳米涂料，并研究了纳米 SiO_2 对聚磷酸铵-季戊四醇-三聚氰胺（APP-PER-MEL）涂料的耐腐性和防火性的影响。分析发现加入纳米 SiO_2 后，燃烧后的残渣中含有 Si—O—Si 网状结构的炭层陶瓷状，该炭层具有抗氧化性和耐火性。

杨克亚等采用纳米 SiO_2 和间苯二酚双（二苯基磷酸酯）（RDP）作为阻燃剂，制备了无卤阻燃聚碳酸酯（PC），改变纳米 SiO_2 和 RDP 的用量研究 PC 的阻燃性能。研究发现：调整纳米 SiO_2 和 RDP 的用量，可使 PC/ABS 阻燃体系达到 UL 94 V—0 级，LOI 值提高至 29% 以上。锥形量热和 SEM 测试则证明纳米 SiO_2 在体系中的作用是，纳米 SiO_2 能促进体系成炭，与 RDP 具有良好的协同效应，从而提高了材料的阻燃性能。

5.8.3　结论与展望

虽然硅系阻燃剂的发展比卤系阻燃剂和磷系阻燃剂晚，但是硅系阻燃剂燃烧后无毒、生烟量少、对环境危害小、燃烧热值低，还能改善基材的机械性能和耐热性能，能满足现在人们对阻燃剂的严格要求，因此具有广阔的发展前景。无机硅系阻燃剂中纳米硅酸盐阻燃效果较好，已成为许多研究人员研究的重要方向。有机硅系阻燃剂则可以引入带有特殊功能的基团，提高其性能，但价格昂贵，所以更多高效化、高功能的有机硅阻燃剂的开发将成为未来发展的趋势。

第6章　热稳定剂

6.1　聚氯乙烯热稳定剂研究新进展

（杜永刚，张保发，刘孝谦等）

聚氯乙烯（PVC）是世界第三大通用塑料，产量仅次于聚乙烯（PE）和聚丙烯（PP）。PVC 价格低廉，具有耐腐蚀、耐老化、力学性能优良、电绝缘性好以及阻燃等优点，其制品广泛应用于建筑、化工、电器等行业。但 PVC 分子结构中含有支化点、双键和引发剂残基等不稳定因素，在受热和氧作用下极易分解，尤其在高温下分解加剧，放出大量的氯化氢，颜色加深，力学性能降低，甚至瞬间炭化直至失去使用价值。因此 PVC 加工时必须使用热稳定剂。传统的 PVC 热稳定剂有：铅盐类热稳定剂、有机锡类热稳定剂、有机锑类热稳定剂和金属皂类热稳定剂。铅盐类热稳定剂虽具有优良的热稳定性能，但毒性大，危害人体健康，在国内外一些领域已被逐步禁止或限制使用。有机锡类稳定剂广泛应用于透明 PVC 制品生产，但价格较昂贵，产品有异味，同时对人体中枢神经有害。有机锑类稳定剂不仅有一定毒性且耐候性、制品透明性较差。金属皂类通常要配合使用，且加工时易析出。稀土类复合热稳定剂综合性能较好，近年来得到广泛应用，但像镉、铈等化合物也有毒性，在部分产品生产中使用也受到一定限制，因此开发和研制无毒、高效、价廉的热稳定剂已成为 PVC 加工领域中一个迫切需要解决的课题。钙锌类稳定剂和有机类热稳定剂不含重金属，是目前很有发展前景的两类 PVC 热稳定剂，它们既可以单独作为主热稳定剂使用。也可以作为辅助材料与其他热稳定剂配合使用。辅助热稳定剂本身稳定化作用较小，但与其他热稳定剂共用时，具有良好的协同作用。

6.1.1　热稳定剂作用机理

PVC 的热降解过程很复杂，往往同时可进行几种化学反应过程：有分子链分解脱去 HCl，氧化断链与交联，还有少量芳构化和大分子链断裂生成烃的反应，其中脱去 HCl 导致 PVC 老化或炭化是热降解的主要表现。综合目前的研究成果，热稳定剂的作用机理可归纳为以下几类：

① 吸收树脂热降解过程中生成的 HCl，抑制其自动催化降解作用。如铅盐类、有机酸金属皂类、有机锡化合物、金属醇盐等无机或金属有机化合物，这些弱碱式盐类和金属皂类很容易与 HCl 反应并转化成相应的金属氯化物，达到终止或抑制 PVC 分解的目的；环氧化合物和胺类化合物同样可以和分解生成的 HCl 发生反应生成相应的化合物；亚磷酸酯类和硫醇类化合物可以起到抗氧化作用，从而达到抑制降解、增加热稳定作用。

② 置换 PVC 分子中不稳定的烯丙基氯原子或叔碳氢原子，消除引发降解位点作用。例如，镉和锌的皂类、有机锡、硫醇和锑的化合物等都能够与 PVC 分子中的不稳定氯原子配位结合，发生置换。

③ 与多烯结构发生加成反应，防止大共轭体系的形成，减少着色。如不饱和酸的盐或酯含有双键，与 PVC 分子中共轭双键发生双烯加成反应，从而破坏其共轭结构，抑制变色。

④ 捕捉自由基，阻止氧化反应和连锁反应。如加入酚类化合物等，酚给出的氢原子自由

基能与降解的 PVC 大分子自由基偶合，形成不能与氧反应或惰性化的自由基类物质，同时抑制 HCl 脱去而起到热稳定化作用。

一种热稳定剂可具有上述一种或兼具几种热稳定功能。

6.1.2　PVC 热稳定剂的种类及应用

6.1.2.1　铅盐稳定剂

铅盐化合物是应用时间最长且效果最好的热稳定剂，在各种 PVC 制品中广泛使用。铅盐能够迅速、大量、高效地捕捉 PVC 热降解过程中脱出的 HCl 生成 $PbCl_2$，而 $PbCl_2$ 不会再次脱出加速 PVC 降解。碱式铅盐是目前应用最广泛的铅稳定剂，主要有三碱式硫酸铅（$3PbOPbSO_4H_2O$）、二碱式亚磷酸铅（$2PbO \cdot PbHPO_3 \cdot 1/2H_2O$）和碱式碳酸铅 $[2PbCO_3Pb(CO_3)]$。铅盐稳定剂不仅具有长期耐热性良好、价格低廉的优点，且由它生产的 PVC 制品电绝缘性优良、耐候性好，但其制品不透明，毒性大，初期着色差，相容性及分散性差，没有润滑性，须与金属皂、硬脂酸等润滑剂并用，容易产生硫化污染，目前国内外正在逐步减少或限制铅盐类稳定剂的使用。

6.1.2.2　有机锡类热稳定剂

有机锡类热稳定剂具有良好的热稳定性和耐候性，是目前应用较广、效果较好的热稳定剂之一。有机锡类稳定剂用量较少，具有润滑性且能够使制品保持很高的透明度，耐硫化污染，无结垢性，但价格昂贵，有异味，同时对人体中枢神经有害，这些缺点也限制了它的广泛应用。有机锡热稳定剂商品主要品种有：二巯基乙酸辛酯二丁基锡，二月桂酸丁基锡，硫醇逆酯基锡，二巯基乙酸辛酯二甲基锡酯基锡，二巯基乙酸辛酯二辛基锡，二马来酸单乙酯二辛基锡等。国外的产品主要有 Cardinal 公司开发的 77 系列和 100 系列，Akcros 公司开发的丁基锡新型热稳定剂，ElfAtochem 公司的丁基锡 Stavinor 系列产品等。国内主要厂家有上海智强塑料助剂有限公司生产的 T-580 有机锡系列，南昌东方巨龙化工实业有限公司，上海富茂化工有限公司生产的丁基硫醇锡、辛基硫醇锡有机锡稳定剂，以及廊坊市安次区宏发化学助剂有限公司等有机锡热稳定生产厂家。目前美国有机锡类热稳定剂的消耗量占总量的 28%，日本和西欧也分别达到了 25% 和 18%，而中国仅 5% 左右。

6.1.2.3　有机锑类稳定剂

锑稳定剂开发于 1950 年，是近年来新增添的一类稳定剂，通常是由 Sb_2O_3 或 $SbCl_3$ 与硫醇盐反应制得。在相同的温度条件下有机锑热稳定剂在低用量时的效果与有机锡热稳定剂相当，可提供良好的色泽稳定性和较低的熔融黏度，并且成本较低。但有机锑耐光性、透明性和润滑性较差。锑稳定剂暴露于紫外线照射时会产生褐-黑色反应影响制品美观，不适用于耐候性的 PVC 制品。已经商品化的产品有三（十二硫醇）锑和三巯基乙酸异辛酯锑，其中三巯基乙酸异辛酯锑被推荐作为烷基硫醇锡或巯基乙酸异辛酯烷基锡较为便宜而又等效的替代品。刘又年分别合成了三（硬脂酸巯基乙酯）锑、五（巯基乙酸异辛酯）锑、羧酸巯基乙酯锑，实验证明合成的新型有机锑对 PVC 具有较好的热稳定作用。刘建平成了一种含硫有机锑稳定剂，具有优良的初期着色性、透光性和加工性，热稳定效率和初、中、长期稳定性均比液态钙/锌复合稳定剂好。在相同的温度条件下，有机锑和有机锡一样可提供良好的色泽稳定性和较低的熔融黏度；但其透明性不如有机锡。有机锑价格低廉，尤其在有机锡价格不断上涨时，对发展锑热稳定剂比较有利，但是锑类热稳定剂与铅类热稳定剂相似，因为具有毒性而使使用面受到限制。

6.1.2.4　钙/锌复合热稳定剂

钙/锌类复合热稳定剂是国内外研究最多的一类无毒热稳定剂，分为固态、液态两种，主要用于食品包装、医用材料和塑料玩具等无毒产品。其作用机理可认为是钙皂、锌皂与 HCl 反应生成不稳定的金属氯化物 $ZnCl_2$ 和 $CaCl_2$，作为中间媒介的辅助稳定剂把氯原子转移到钙皂中去使锌皂再生，避免了因 $ZnCl_2$ 积累而加速 PVC 降解的锌烧现象。

辅助稳定剂对钙皂/锌皂有协同作用，使得复合稳定剂具有良好的效果。一般与钙皂/锌皂配合使用的有季戊四醇等多元醇类、羟基碳酸镁化合物、羟基亚磷酸酯、水滑石等。多元醇类可以螯合金属离子防止 $ZnCl_2$ 催化降解，同时在金属皂的存在下可以置换烯丙基氯。除上述配合剂外，和钙锌稳定剂配合使用的还有各种类型的抗氧剂，如受阻酚类的四 [β-(3,5-二叔丁基-4-羟基苯基) 丙酸] 季戊四醇酯 (商业名为抗氧剂 1010)、β-(4-羟基苯基-3,5-二叔丁基) 丙酸正十八碳醇酯 (商业名为抗氧剂 1076)，亚磷酸三 (2,4-二叔丁基苯基) 酯 (商业名为抗氧剂 168) 等。受阻酚抗氧剂，主要原理就是捕捉自由基，而亚磷酸酯抗氧剂主要是分解氢过氧化物而使其不形成自由基中间物，简单来说就是起还原剂作用，从而达到 PVC 稳定化作用，并抑制着色。另外，亚磷酸酯与金属离子螯合或者与金属氯化物生成亚磷酸盐，抑制其催化脱去 HCl。水滑石类热稳定剂能够吸收 PVC 降解过程中产生的 HCl：水滑石层间阴离子与 HCl 发生置换，形成 Cl^- 为层间阴离子的水滑石；层状水滑石本身也能与 HCl 反应，同时层状结构被破坏，形成金属氯化物。华幼卿等制备了水滑石类镁铝层状双羟基氢氧化物辅助稳定剂并对其进行了结构表征，研究了其及对 PVC 的热稳定作用。结果表明：这种新型热稳定剂具有较好的稳定效果，有重要的环保价值和经济效益。近年来市场上推出很多钙/锌复合热稳定剂：德国熊牌钙/锌复合热稳定剂，Akcros 公司的 AkcrostabCZ 系列稳定剂、Witco 公司的 Mark 系列稳定剂、Ferro 公司的 EZn-Chek 系列稳定剂，Barlocher 公司的 Baropan 系列稳定剂，我国也有部分公司推出钙/锌复合热稳定剂，主要有厦门绿业化工有限公司的 CZ-6910 和 CZ900k2t 系列，深圳森德利塑料助剂有限公司的 CZX-768 系列，上海修远化工有限公司的 ST-144B 系列和衡水精信化工集团有限公司的钙锌稳定剂，但其效果与国外同类产品相比仍有一定差距，仍需深入研究与开发。

6.1.2.5　稀土类稳定剂

稀土稳定剂是我国独具特色的无毒 (低度) 热稳定剂。由于国外缺乏稀土资源，至今未见商业化报道。国内学者率先对稀土热稳定剂进行了商品化的探索，经过多年对单一稀土化合物的稳定性研究探索后，目前许多企业和机构先后开发出各种复配新型稀土热稳定剂，并具有一定的生产规模。目前已有十多家稀土稳定剂生产厂家，其中产量最大的是广东炜林纳功能材料有限公司，生产能力为 6000t/a，其次是青岛崂山塑料集团稀土稳定剂厂，生产能力为 2000t/a，其他厂家的生产规模较小，均在百吨的数量级。

无毒环保的稀土类热稳定剂越来越受到人们的重视。稀土热稳定剂以镧、铈、镨氧化物、氯化物和有机酸盐等为主，可以用单一体系，也可以是混合体系。稀土热稳定剂无毒，热稳定性能优异，耐候性好，加热时呈膏状体可在 PVC 材料中分散均匀，具有增塑、增韧、偶联和亲合作用，可降低塑化温度，提高力学性能，其综合性能优于其他体系，且价格适中。稀土与某些金属、配位体和助稳定剂适当配合，能极大地提高稳定作用。由于稀土稳定剂具有特殊的稳定机理，因此可与其他稳定剂相互补充，从多个方面发挥作用。稀土稳定剂可分为无机物和有机金属化合物两类。

(1) 无机稀土化合物热稳定剂　无机稀土化合物热稳定剂有稀土氧化物、碳酸盐、硫酸盐和硝酸盐等。钱捷等研究了不同无机稀土化合物对聚氯乙烯热稳定性的作用，结果表明：稀土氧化物硫酸盐与有机锡复配热稳定剂中稀土无机盐占体系 30% 时的稳定效果最佳；热失重速率较纯有机锡体系明显降低；并能提高树脂塑化速率，改善树脂加工性能。刘光烨等用硝酸稀土与水杨酸钠盐反应制得的稀土稳定剂对 PVC 的稳定作用超过传统的硬脂酸铅和硬脂酸镉。

热重分析结果表明：整个降解过程中水杨酸稀土试样的热失重速率始终低于硬脂酸铅和硬脂酸镉试样。采用碳酸铈单独作热稳定剂，以及与三碱式硫酸铅二元复配作热稳定剂，应用刚果红法考察其对 PVC 热稳定性的影响。研究结果表明，单一碳酸铈具有一定的热稳定作用，这主要是由于稀土可与多个氯原子配位，使 PVC 的 C—Cl 键得到了稳定，从而提高了 PVC 的热稳定性；只用碳酸铈作为热稳定剂时，碳酸铈加入质量分数为 2.0％时的效果最好，热降解温度达 200℃，热稳定时间为 646s；碳酸铈、三碱式硫酸铅以质量比为 1：1 复配后综合效果最好，PVC 热降解温度 204℃，热稳定时间可提高到 2211s。

（2）有机稀土类稳定剂　PVC 作为高分子材料与无机稀土化合物相容性较差，混合加工时需对无机物进行表面处理，工序较为繁琐。有机化合物与高分子材料具有良好的相容性，能够均匀分散在 PVC 材料中而且不易析出。有机稀土类热稳定剂主要是其有机酸盐。

李昕等人研究了水杨酸和柠檬酸稀土化合物对 PVC 的稳定作用，结果表明：水杨酸和柠檬酸稀土化合物对 PVC 均具有优良的稳定作用，甚至优于三碱式性硫酸铅热稳定剂。

硬脂酸稀土类热稳定剂主要有硬脂酸镧、硬脂酸铈、硬脂酸镨等，它们的功能类似于硬脂酸钙，属于长期型热稳定剂，但热稳定效果明显不如硫醇辛基锡；在制品透明性方面，硬脂酸稀土化合物接近于硫醇辛基锡，明显优于硬脂酸钙。另外硬脂酸稀土化合物兼有润滑性、优良的加工性能及光稳定性作用，可作为无毒、透明、长期型 PVC 热稳定剂。Fang 等研究了硬脂酸稀土与金属皂复合体系的热稳定效果。以硬脂酸作为共稳定剂，钙-锌稳定剂作为主稳定剂应用于 PVC 中，硬脂酸镧能够明显增强钙-锌稳定剂的热稳定性能。朱军峰等研究了硬脂酸镧的制备方法和硬脂酸镧/甘油锌复合物对 PVC 的稳定作用。结果表明：硬脂酸镧和甘油锌的质量比为 3：1 时，复合稳定剂具有最佳热稳定性，在 165℃时热老化 10min 后白度仍为 85.53％。

一般来说，有机弱酸稀土盐热稳定剂对 PVC 的热稳定性和加工性能的改善优于无机稀土热稳定剂，含有环氧基团的化合物对 PVC 也有较好的稳定效果。丁贺等研究了直链型脂肪酸镧对 PVC 的稳定作用，认为其对 PVC 的稳定作用是通过络合置换 PVC 链中活泼的 Cl 和吸收 HCl 实现的。环氧脂肪酸与硬脂酸稀土化合物类似，试片在热老化初期即产生着色，但经长时间受热后却不出现变黑，即具有长期型热稳定剂的特征。

马来酸单酯稀土与硬脂酸稀土化合物类似。试片在热老化初期即产生着色，但经长时间受热后试片却不变黑，也具有长期型热稳定剂的作用特征，而与硬脂酸稀土相比，马来酸单酯稀土试片受热着色较浅，即具有较强的抑制着色的能力。刘建平等的研究发现马来酸单酯稀土化合物对 PVC 具有较好热稳定作用。马来酸单酯稀土类和硬脂酸稀土类热稳定剂对 PVC 的热稳定性是随着加入量的增加而提高，但是随着加入量的增加热稳定作用趋于平稳。在配方中使用同等用量的该类热稳定剂时，马来酸单酯稀土化合物的 PVC 试样比硬脂酸稀土试样的抗冲击性能、拉伸性能略有提高，但是马来酸单酯稀土比硬脂酸稀土对 PVC 的热稳定性好。

（3）不同学者建立的黄河健康评价指标体系的比较　功能高分子不仅具有功能单体的化学反应活性，而且还具有功能单体所不具有的其他物理性质。将具有稳定作用的稀土官能团通过接枝、共聚等方法引入到高分子链中，可制得高分子稀土类稳定剂。

用稀土改性的 ACR 加工助剂不但具有优异的加工性能，而且具有良好的热稳定性能。这类稀土改性 ACR 加工助剂可分为两种：一种是将稀土与丙烯酸等不饱和酸反应生成不饱和酸稀土盐，然后进行共聚反应得稀土改性的丙烯酸酯类共聚物；另一种方法是通过多元醇（酯）的缩聚物和具有双键结构的酸及稀土氧化物直接反应制备大分子结构的稀土化合物。

林练等利用轻稀土氧化物、多元酯、含共轭双键的酸（酯）为原料，合成出新型高分子稳定剂。该稳定剂具有润滑性并能够促进树脂塑化，热稳定性良好，增加制品的光亮度，改性效果达到了国外同类产品的水平。

6.1.2.6　有机类热稳定剂

有机类热稳定剂与高分子材料具有良好的相容性且不含重金属，是目前很有发展前景的一类热稳定剂。它包括可以单独使用的主热稳定剂和辅助稳定剂。辅助稳定剂本身稳定化作用很小或不具稳定作用，与其他热稳定剂共用时，具有良好的协同作用。

环氧类化合物能够通过开环反应吸收 PVC 降解时放出的 HCl，具有一定的稳定作用。此类环氧化合物主要有：环氧大豆油、环氧亚麻子油、环氧妥尔油脂、环氧硬脂酸丁酯、辛酯等，其中环氧大豆油是最常用的 PVC 辅助稳定剂，对金属皂类稳定剂有显著的增效作用。郭爱花制备了稳定性和应用性能更优的三甘醇二缩水甘油醚、甘油三缩水甘油醚和双酚 A 二缩水甘油醚等多元醇衍生物，实验证明这些有机稳定物与钙/锌皂类复合，其稳定效果更优。另外，郭爱花等研究证明双酚 A 二缩水甘油醚等衍生物具有热稳定作用。

多元醇类可以络合金属离子，抑制不稳定金属氯化物催化降解。具有此类效果的主要有季戊四醇、木糖醇及甘露醇等，它们均可与 Ca/Zn 复合稳定剂并用。Hirohiso Ikeda 等研究了聚乙烯醇（PVA）作为第二稳定剂与 Ca/Zn 皂的协同作用，发现 PVA 在 PVC 中的分散程度与其稳定效果密切相关。

亚磷酸酯可以作为辅助稳定剂与金属皂有协同作用，目前广泛使用的产品包括亚磷酸三苯酯、亚磷酸三异辛酯、三壬基苯基亚磷酸酯等。亚磷酸酯可以提高 PVC 耐热性、透明性、耐候性、抑制着色性和压折结垢性。此类制品缺点是有水溶性，不能用于与水接触的 PVC 制品。含氮类稳定剂主要包括氨基巴豆酸酯、苯基吲哚和二苯基硫脲等，它们曾作为无毒主体稳定剂使用，但其耐高温性、长期耐热性、耐光性较差，目前已很少使用。吴茂英等研究发现 N 取代苯基马来酰亚胺具有一定的抑制 PVC 初期着色的能力，可能是由于它类似于马来酸（酯）有机锡，作为亲双烯试剂能够与 PVC 链上的共轭多烯链发生双烯加成反应而阻断其增长。此外还发现 N 取代环己基马来酰亚胺同样具有热稳定作用。美国科聚亚公司研究发现，有机碱类化合物如氨基尿嘧啶、二氢吡啶、五节环 1,3,4-噁二唑衍生物等对 PVC 具有热稳定作用，此类物质可从天然产物提取，成本不高，具有不易析出、低气味、良好前期色相、极佳的透明性等优点。有机稳定剂由于抑制了分子链交联，在加工 PVC 制品时，在高温/高剪切作用下稳定作用明显优于铅盐类和钙/锌皂类稳定剂体系。

β-二酮在金属盐的催化下能够迅速置换不稳定原子，具有良好的抑制初期着色的能力。林美娟等合成了与 β-二酮与钙皂/锌皂之间有良好协同稳定作用的螯合剂，实验结果证明此复合稳定剂初期着色性好，长期稳定性高，同时具有很好的抗紫外老化性能。

含硫辅助类稳定剂有硫醇化合物、硫代二丙酸酯及硫代酸酐硫代酸酐等。此类稳定剂加工初期易变黄，有恶臭味道，但是具有良好的长期稳定性，而且能通过少量的巯基酯共稳定剂增强其效率。例如马来酸二巯酯，具有甲基锡稳定剂的无毒性、高透明性、高热稳定性，另外还具有一定的润滑作用，有利于树脂塑化。刘鹏等合成了 2,4-二(正十二烷基硫亚甲基)-6-甲酚，可以热解成硫醇的硫醚、受阻酚等官能团，具有吸收不稳定氯原子、分解氢过氧化物和防止自动氧化等作用，认为随着其加入量的增加热稳定效果显著增强。吕婵婷等以经部分硝化和还原的低相对分子质量聚苯乙烯为母链，利用其胺基和丙烯酰基异硫氰酸酯加成，合成了丙烯酰基硫脲接枝聚苯乙烯，这是一种新型有机高分子型 PVC 热稳定剂。

6.1.3　发展与展望

绿色环保是工业发展的方向之一，热稳定剂又是 PVC 加工时必不可少的助剂，必须加强对其性能的深入了解，开发出高效、无毒、价廉的产品。同时新型的稳定剂还应具有"一专多能"的特点，可以同时改善高分子材料的力学性能及加工性能。发展多元复合式热稳定剂产品，进一步减少资源浪费和环境污染，带动"绿色"助剂产业的可持续发展。我国新型无毒PVC热稳定剂的研究应用水平与国际还有差距，这将是我们今后的努力方向。

6.2 PVC环保Ca/Zn热稳定剂的研究进展及应用前景

（黄新冰，徐　鹏）

过去的一个世纪我们见证了聚氯乙烯工艺从实验室型新鲜事物成长为全球第二大产量和最富活力的塑料。尽管存在着PVC树脂内在的热稳定性较差、在加工温度范围内PVC与金属表面的黏结摩擦系数高等问题，PVC工业还是成长了起来。通过开发和使用多种多样的化学添加剂，这些问题能够解决，这就是我们所熟知的PVC热稳定剂、润滑剂等一系列加工助剂。20世纪50年代早期，四种明显的化学类别的热稳定剂浮现了出来，这四种主要类别的热稳定剂为：铅盐稳定剂、有机锡稳定剂、混合金属盐稳定剂和有机辅助稳定剂。进入21世纪，随着大量工艺工程师和技术研究员的不懈努力，基于四大类稳定剂体系的各种新型PVC热稳定剂产品如雨后春笋般涌现，并各自在PVC加工领域展现其优异的性能。然而，选择适合用作PVC热稳定的稳定剂品种是涉及社会与环境和谐发展的全球性问题。以硬质PVC管材的稳定为例，美国管材工业推荐用有机锡稳定剂，而且几乎只使用这一种稳定剂，欧洲也迅速地从铅盐稳定剂转移到了基于Ca/Zn技术的种类多样的混合金属盐稳定剂。由此不难看出，加快稳定剂产品体系调整，促进无铅化稳定剂的发展已成大势所趋。因此，作为世界上公认的可用于PVC环保、无毒配方的新一代Ca/Zn复合热稳定剂的研发应用成功，将对我国稳定剂产品体系的调整，促进稳定剂的无铅化，实现PVC制品的绿色化起到积极的推动作用。

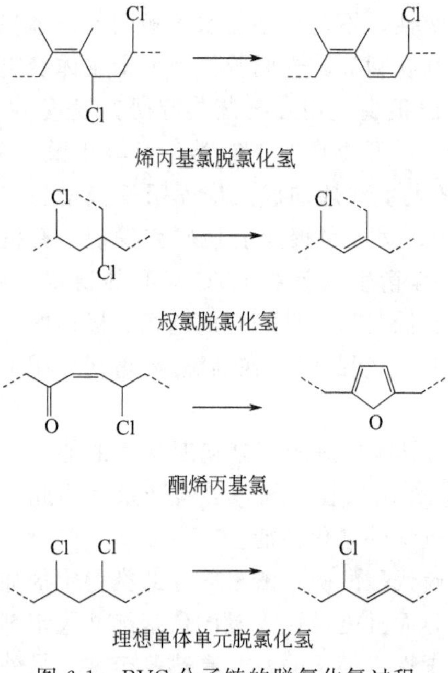

烯丙基氯脱氯化氢

叔氯脱氯化氢

酮烯丙基氯

理想单体单元脱氯化氢

图 6-1　PVC 分子链的脱氯化氢过程

6.2.1　PVC 的降解机理

理想的PVC大分子是完整的线型结构，所有的氯乙烯（$CH_2=CHCl$）单体单元都以头-尾方式相连，所有的氯基团都是仲氯，分子中没有支链，没有不饱和基团和异常的末端基，没有聚合残留的催化剂或乳化剂，其结构为$\text{—}[CH_2CHCl]_{\overline{n}}$。

事实上，工业用PVC树脂通过自由基引发聚合，分子中约含500~3500个氯乙烯单体单元，大部分以头-尾方式相连，大分子链中有长短支链、末端和内部不饱和基团及异常末端基等结构缺陷。此外，树脂在干燥期间还可能因偶然发生的氧化而使聚合物中形成羰基、羧基、氢过氧化物和过氧化物。

在这些有缺陷的结构中，氯基团是不稳定的，其不稳定顺序为：内部的烯丙基氯≈叔氯>末端烯丙基氯>一般仲氯。几种典型的从PVC分子链上脱氯化氢的过程如图6-1所示。

在PVC树脂的所有氯基团中不稳定氯含量不到0.5%，但它们对热稳定性的影响十分显著。PVC热降解的单分子机理认为降解过程分三步进行，在引发阶段，烯丙基和正规结构引起的分解速率相当，大量烯丙基的生成并分解为增长阶段，多烯烃环化反应为终止阶段。降解速率在有氧、氯化氢、盐酸盐等路易斯酸存在的情况下显著增加。降解时脱去不稳定氯生成一个双键同时释放一分子氯化氢，新生成的双键使相邻的仲氯成为烯丙基氯，不稳定的烯丙基氯又再次以氯化氢的形式脱除，致使 PVC 按此"拉链式"的机理迅速降解同时释放出大量的氯化氢气体。降解形成的聚烯烃链段包含 1～30 个共轭双键，含 7 个或 7 个以上共轭双键的多烯烃序列是载色体，因此伴随着 PVC 的不断降解，树脂的颜色也逐渐由无色变为浅黄、黄、橙、红、褐直至变黑，与此同时树脂的所有物理和力学性能也将丧失殆尽。PVC 的热降解机理如图 6-2 所示。

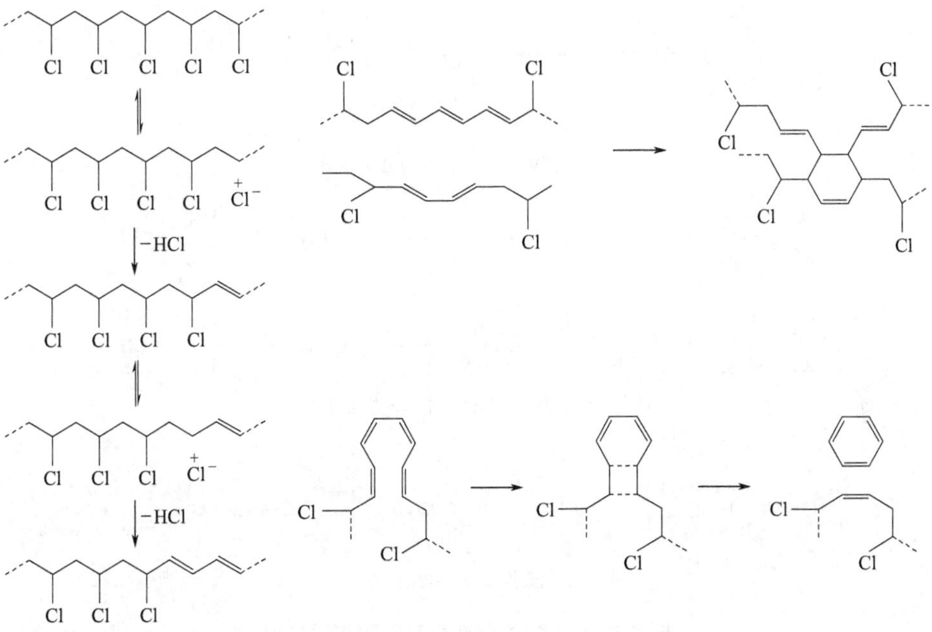

图 6-2　PVC 的热降解机理

6.2.2　Ca/Zn 复合热稳定剂作用机理

基于上述 PVC 的降解机理，为了防止或延缓 PVC 树脂在加工及使用过程中的老化，首先要针对性地消除热降解的引发源，如 PVC 分子中的烯丙基氯结构和偶然情况下引入的不饱和基团，其次要消除所有对非键断裂热降解反应具有催化作用的物质，如 PVC 上解脱下来的氯化氢。

金属皂是指高级脂肪酸的金属盐，种类繁多。作为 PVC 类聚合材料热稳定剂的金属皂则主要是硬脂酸、月桂酸、棕榈酸等的钡、镉、铅、钙、锌、镁、锶等金属盐，其通式为 $M\text{---}(COOR)_n$。

Ca/Zn 复合热稳定剂通常采用硬脂酸钙和硬脂酸锌作为主稳定剂，复配其他辅助热稳定剂以满足热稳定性能要求。硬脂酸钙作为热稳定剂单独使用具有较强的长期热稳定性，但初期着色严重；硬脂酸锌单独使用初期着色性优良，但加工后期会产生严重的"锌烧"。将两者按一定配比进行复合能获得较为优良的协同热稳定性能。根据 Fuchsman 理论，电负性较大的 Zn 具有较强的吸电子能力，除了能捕捉降解过程释放的氯化氢还能与 PVC 分子中不稳定的烯丙基氯配位，剩下的金属皂阴离子则与 PVC 分子链相连，从而延缓 PVC 脱氯化氢，使制品具有较好的初期色相。在加工进行到后期，持续生成的 $ZnCl_2$ 作为一种较强的路易斯酸会催化 PVC 的脱氯化氢反应。根据 Frye-Horst 理论 $ZnCl_2$ 的氯原子能与钙皂发生酯交换而与 Ca^{2+} 结合生成 $CaCl_2$，而 $CaCl_2$ 不会催化氯化氢的脱除。因此，钙皂与锌皂协同作用在加工后期除了能吸附降解过程释放的氯化氢更重要的是能与 $ZnCl_2$ 发生酯交换使锌皂得以再生。Ca/Zn 复合热稳定剂的作用机理如图 6-3 所示。

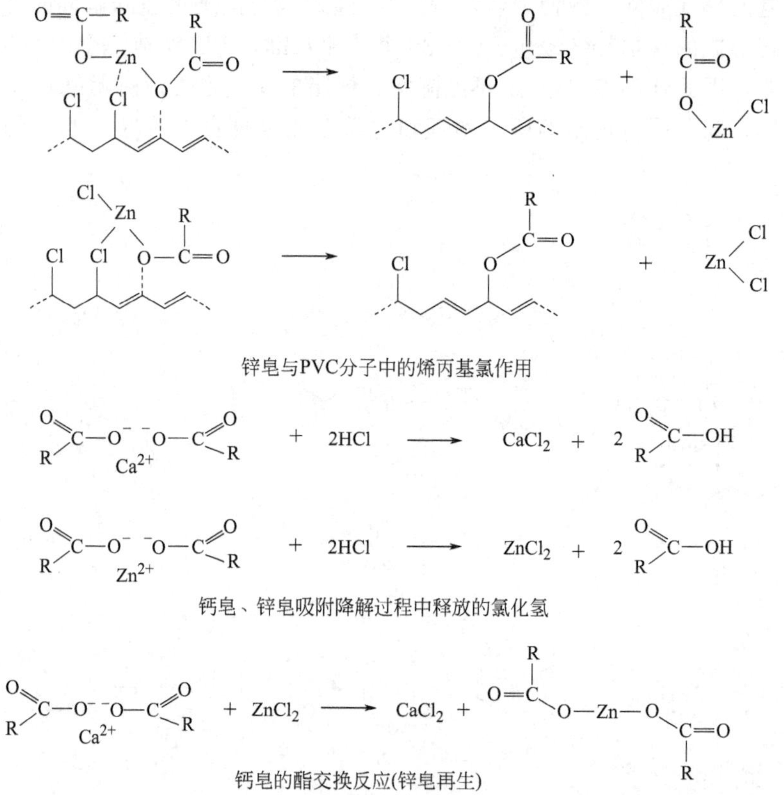

锌皂与PVC分子中的烯丙基氯作用

钙皂、锌皂吸附降解过程中释放的氯化氢

钙皂的酯交换反应(锌皂再生)

图 6-3　Ca/Zn 复合热稳定剂的作用机理

6.2.3　Ca/Zn 类热稳定剂及其增效剂研究进展

随着全球环保意识和健康意识的加强，塑料热稳定剂正朝着低毒、无污染、复合和高效方向发展，"绿色塑料"已成为 21 世纪塑料工业发展的大方向。Ca/Zn 复合热稳定剂作为世界范围内公认的无毒、环保型热稳定剂，近几年一直是工艺技术员和科研工作者的研究热点。

Balkose D 等研究了不同配比的 Ca 皂、Zn 皂稳定剂对 PVC 稳定性的影响。利用 X 射线衍射等方法表征了金属皂，并将加入了 Ca/Zn 稳定剂的 PVC 薄膜在 160℃恒温 30min 后，对其进行稳定性测试。加热后的薄膜利用红外和可见紫外光谱、DSC 和 TGA 等方法进行表征。

Yan-Bin Liu 等利用碱中和法获得了戊二酸钙、戊二酸锌、癸二酸钙、癸二酸锌四种联二酸盐，采用刚果红法和静态热烘箱法研究了二元羧酸盐的热稳定性能，结果表明四种联二酸盐都表现出较好的热稳定性能，热稳定性由高到低依次为：戊二酸钙、癸二酸钙、戊二酸锌和癸二酸锌。

刘红军等开发了马来海松酸三元酸钙（MPA）/锌 PVC 热稳定剂，通过静态热稳定性测试和动态熔合流变分析研究了 MPA/Zn 在 PVC 材料中的热稳定作用。结果表明 MPA/Zn 的热稳定时间为 23min，与 Ca 皂复配时，热稳定时间可达 59min，动态熔合流变性能也达到使用要求，是 PVC 材料良好的环保热稳定剂。

Ca/Zn 皂稳定剂能否满足 PVC 生产加工过程中的热稳定性要求更多的取决于与其联合使用的各种关键性增效剂，即辅助热稳定剂。这些增效剂通过多种作用机理完善了 Ca/Zn 皂复合稳定剂的性能，其中研究的比较成熟有：环氧化合物、亚磷酸酯、多元醇、双羟基金属氢氧化物、β-二酮、THEIC 及 DMAU 等。

6.2.3.1 环氧化合物

环氧类辅助热稳定剂与 Ca/Zn 体系配合使用有较高的协同作用，同时具有光稳定性优良和无毒的优点，适用于软质特别是要暴露于阳光下的软质 PVC 制品，缺点是易于析出。其作用机理可认为是降解产生的氯化氢被环氧基团和金属皂吸收，此外在 Zn 盐的催化作用下，环氧化合物还可以有效的取代烯丙基氯原子。

M. T. Benanibaa 等将环氧葵花籽油，不同比例的 CaSt$_2$ 和 ZnSt$_2$ 混合物和 PVC 混合塑化，通过测定材料的热稳定性，发现环氧葵花籽油与 CaSt$_2$ 和 ZnSt$_2$ 三者之间具有很好的协同作用，对 PVC 的长期热稳定时间和初期着色都有不同程度的提高。此外还发现，环氧葵花籽油对 PVC 热稳定性贡献的多少主要取决于环氧值的高低。

T. O. Egbuchunam 等人研究了橡胶籽油以及环氧橡胶籽油在 Zn 皂体系中的辅助热稳定性能。结果表明，环氧橡胶籽油比橡胶籽油体系具有更好的热稳定性。

徐晓鹏等采用无溶剂工艺合成了环氧值为 6.78% 的环氧葵花油，通过进一步的研究发现环氧葵花油与 Ca/Zn 稳定剂协同作用可增强 PVC 的长期热稳定性，还能降低 PVC 的玻璃化转变温度、硬度，提高其断裂伸长率。

6.2.3.2 亚磷酸酯

PVC 树脂在干燥期间可能因偶然发生的氧化使聚合物中形成羰基、羧基、氢过氧化物及过氧化物，这些缺陷结构的存在会对 PVC 的热降解起促进作用。亚磷酸酯类抗氧剂具有突出的耐热性、耐候性和耐变色性，因此广泛应用于聚烯烃树脂的聚合加工。亚磷酸酯类抗氧剂的作用机理比较复杂。一般认为，亚磷酸酯与氢过氧化物反应使其还原成醇，自身被氧化成磷酸酯。

提高相对分子质量，抑制添加剂在聚合物加工及应用中的挥发或迁移损失，是 20 世纪 80 年代聚合物助剂开发研究领域的共同特征。亚磷酸酯类抗氧剂也属于此类，其新品种的开发都是围绕增加相对分子质量来减少挥发损失，引入双螺环结构来提高热稳定性，增加磷原子周围的空间位阻来提高水解稳定性这一主干思路进行的。目前，国际上具有代表性的亚磷酸酯类抗氧剂品种有瑞士 Ciba-Geigy 公司的 Irgafos168 和 Irgafos38，日本旭电化公司的 Mark HP-10 和 ADK Stab PEP-36，美国 Dover 化学公司的 Doverphos S-9228 等。

6.2.3.3 多元醇

多元醇是一类重要的 PVC 辅助热稳定剂，与 Ca/Zn 类热稳定剂并用能改善其"锌烧"现象，取得良好的长期热稳定效果。多元醇化合物种类较多，主要有季戊四醇、双季戊四醇、聚乙烯醇、四羟甲基环己醇、山梨醇、甘露糖醇、麦芽糖醇等。

Johan Steenwijk 认为，多元醇类化合物对氯化氢的吸收能力与其结构式中伯羟基基团的数量相关，只有伯碳原子上连接的羟基集团才可以起到吸收氯化氢的作用。

尹德成以 Ca/Zn 为主稳定剂，多元醇为辅助稳定剂，通过刚果红法、电导率法、热重及热老化分析较为系统的对比了麦芽糖醇、甘露醇、季戊四醇与 Ca/Zn 复合热稳定剂体系对于提高 PVC 热稳定性的协同效应。结果表明，加入麦芽糖醇的 Ca/Zn 复合热稳定剂体系的热稳定性最好，热稳定时间最长为 46min。此外，通过对其进行热重、热老化分析及电导率测定得出麦芽糖醇与 Ca/Zn 复合热稳定剂的协同效应优于甘露醇和季戊四醇。

栗磊利用 TG-FTIR 分析技术研究了 PVC/CaCO$_3$ 共混物在氮气气氛下、30~900℃ 范围内的热降解行为。结果表明：PVC/CaCO$_3$ 共混物的热降解行为可分为三个阶段，分别在 170~380℃，380~570℃ 和 570~758℃ 范围内。同时研究了几种多元醇化合物对 PVC 的热稳定作用，发现双季戊四醇与 CaSt$_2$、ZnSt$_2$ 之间的协同作用最好。

许家友等通过荧光发射光谱、红外光谱和光电子能谱研究了季戊四醇与 $ZnSt_2$ 和氯化锌的络合作用以及 $PVC/ZnSt_2$/季戊四醇体系在 170℃ 共混过程中的结构变化。结果表明，季戊四醇与 $ZnSt_2$ 和氯化锌形成络合物，在加工过程中无游离的氯化锌生成，季戊四醇与氯化锌形成的络合物抑制了氯化锌对 PVC 的催化降解，从而抑制了"锌烧"。

6.2.3.4　双羟基金属氢氧化物

双羟基金属氢氧化物是日本在 20 世纪 80 年代开发的一类新型无机 PVC 辅助热稳定剂，它具有良好的透明性、绝缘性、耐候性及加工性，不受硫化物污染，无毒，能与 Zn 皂及等热稳定剂起协同作用。常见的双羟基金属氢氧化物的化学组成包括镁铝复合氢氧化物、层板羟基、碳酸根离子和结晶水。晶体结构特征为：纳米级层板有序排列，层板内原子以共价键连接，层板间以弱化学键连接并具有可交换的阴离子，主体层板呈碱性，特殊的化学组成和晶体结构使其作为辅助热稳定剂能有效地吸收 PVC 降解时脱出的氯化氢，延缓氯化氢对 PVC 树脂的自催化降解。

华幼卿等在国内首次研究了镁铝层状双羟基氢氧化物对硬质和软质聚氯乙烯的热稳定作用，介绍了该稳定剂的共沉淀合成方法，并对其进行了热重和 X 射线衍射分析。结果表明，双羟基金属氢氧化物与有机锡复配，对于硬质 PVC 具有协同稳定作用，对于软质 PVC 的热稳定效果优于 Ba/Zn/环氧大豆油体系。

张莉采用比色法、热失重法研究了不同镁铝比的水滑石（LDHs）对 PVC 糊热稳定性能的影响。结果表明，镁铝摩尔比分别为 2、3、4 的样品中摩尔比为 2 的 LDHs 对 PVC 的热稳定效果最佳，将其与金属盐稳定剂复配有良好的协同作用。

杨占红等采用低过饱和沉淀法制备了镁铝铈类水滑石，利用 XRD、SEM、FTIR、TG-DTG 等对其进行表征，同时进行静态热稳定及刚果红试验研究其热稳定性能。结果表明，控制溶液 pH≥11，铈铝摩尔比在 0.025～0.05 于 110℃ 陈化 8h 能制备出具有典型水滑石结构、结晶度高、结构完整、晶型单一的镁铝铈类水滑石，将其复配用于 PVC 热稳定能使热稳定时间延长至 110min。

6.2.3.5　β-二酮、THEIC 及 DMAU

随着 Ca/Zn 类热稳定剂在 PVC 加工领域的迅猛发展，其辅助增效剂的开发也已逐渐成为塑料助剂研发的热点，各种各样门类繁多的增效剂品种开始陆续进入研发工作者的视野。

β-二酮是工业用途广泛的一类化合物，凭借其卓越的协效性被引入 PVC 热稳定体系，成为迄今为止最好的有机辅助稳定剂之一。吴茂英等研究和比较了 β-二酮金属配合物和金属皂的热稳定效能，提出了 PVC 用 Zn 基热稳定剂中 β-二酮的作用模式，在此基础上提出 Zn 基热稳定剂中 β-二酮与锌皂协同作用的"多重交织可逆酸碱反应"机理。与传统的"交换再生"机理相比，该机理能从多方面揭示 Zn 热稳定剂热稳定效能的影响因素及规律性，并解释 Zn 基热稳定剂的协同作用现象。郑林萍等通过克莱森缩合反应，合成了一种新型 β-二酮，用红外和核磁表征了其结构，研究了其作为 PVC 辅助热稳定剂的热稳定性能。结果表明，所制备的新型 β-二酮是一种优良的 PVC 用无毒辅助热稳定剂。

THEIC 学名三（2-羟乙基）异氰尿酸酯，是一种化学性质活泼的精细化工产品。关于 THEIC 对 PVC 具有热稳定作用，早在上世纪 70 年代初就有报道。其后，THEIC 在含氯聚合物（尤其是 PVC）热稳定体系中的应用研究，一直在进行。Daute 等公开了一种用于稳定含卤塑料材料的组合物。该组合物含有 Ca/Zn 皂混合物、高氯酸盐、氰基乙酰脲、沸石、水滑石、β-二酮、二甲基氨基尿嘧啶、二氢吡啶、多元醇及其衍生物、碱金属和碱土金属化合物、抗氧剂、亚磷酸酯等。实施例中，THEIC 的用量为 1 份。

DMAU 学名 1,3-二甲基-6-氨基脲嘧啶，是一种硬质 PVC 的辅助热稳定剂，相关专利中提到了其与链烷醇胺、缩水甘油化合物、β-二酮类化合物、二氢吡啶、多羟基类化合物、位阻胺、水滑石等多种物质在稳定 PVC 中的协同作用。王思齐等采用静态热老化、脱氯化氢、动态热稳定试验研究了三羟甲基氨基甲烷（TRIS）与 1,3-二甲基-6-氨基脲嘧啶（DMAU）作为 PVC 热稳定剂的协同作用。结果表明，DMAU 与 TRIS 以 2:1 复配使用时，PVC 具有最佳的静态和动态热稳定性能，并且优于季戊四醇与 DMAU、二乙醇胺与 DMAU 协同使用的效果。

6.2.4　PVC 环保 Ca/Zn 热稳定剂的应用前景

近年来，全球卫生、安全、环保等方面的法规日益严格，PVC 热稳定剂的无铅化进程正紧锣密鼓的展开。美国消费者产品安全委员会第 96～150 号文件和第 4426 号文件明确规定，自 1996 年 9 月起美国只准许铅含量小于（200mg/kg）（200ppm）的 PVC 制品进入市场。欧洲议会 2000 年通过环保法案 76/769/EEC-PVC 材料环保要求绿皮书：要求 2003 年 8 月起，在电器类材料中禁止使用铅盐类物质，至 2005 年达到全面禁用。在我国，新修订的给水用 PVC 管材国家标准 GB/T 17219—2001 规定铅的允许量为 $1\mu g/L$。国家建设部 2004 年 3 月 18 日颁发了《建设部推广应用和限制禁止使用技术》的公告，规定给水用 PVC 塑料管道只能推广应用非铅盐稳定剂的塑料配方。

综观 PVC 稳定剂消费市场及全球环保意识日益增强的现状，不难看出 Ca/Zn 类复合热稳定剂作为全球公认的无毒、环保型稳定剂，凭借其优异的相容性、耐候性、热稳定性及出色的成型加工性能必将引领 PVC 无铅热稳定剂的发展潮流。无论是 21 世纪"绿色塑料"的塑料工业发展大方向还是促进我国稳定剂产品体系调整，加快无铅化稳定剂发展进程的要求，无疑都为 Ca/Zn 类热稳定剂为首的 PVC 环保复合热稳定剂提供了极广阔发展及应用前景。

6.3　新型钙锌复合热稳定剂的研究与应用

（徐会志，於伟刚，沈伟等）

随着世界各国环保意识的增强，环保法规逐渐完善，特别是医药、食品加工、日用品、玩具塑料等塑料制品卫生要求提高，铅、镉盐类稳定剂最终将全面被无毒 PVC 稳定剂所取代。国外塑料助剂生产将向趋大型专用化、环保要求备受重视、高效多能方向发展，研究和开发新型环境友好无毒 PVC 稳定剂已成为必然趋势。PVC 热稳定剂的无毒化方向主要集中在有机锡和钙锌复合热稳定剂两方面，并都取得了长足进展。其主要表现在美国为代表的有机锡热稳定剂研究成功和大量使用，以欧洲为代表的无毒钙/锌复合热稳定剂的推广应用，但有机锡的价格太昂贵。Ca/Zn 复合稳定剂将最终构建世界各国未来的无毒 PVC 热稳定剂体系。与国外相比，我国无毒 PVC 热稳定剂体系的品种和性能与市场要求相差甚远，液体复合热稳定剂产量虽有一些增长，但所占比例不大，因此，环境友好新品种的研究与开发还未有重大的突破。

一般在传统 PVC 热稳定剂中加入环氧大豆油辅助稳定剂，但这仅是以机械混合方式来实现其协同效应，但是环氧脂肪酸盐为环氧基与金属皂产生分子内协同效应，其将环氧基引入金属皂中，合成环氧金属皂，增强金属皂的稳定性，同时减少环氧大豆油在 PVC 热稳定剂中的用量，从而降低热稳定剂成本。

环氧金属皂的传统制备方法有两种。

（1）环氧化反应-复分解反应　脂肪酸与双氧水在甲酸（或乙酸）的催化作用下先合成环

氧脂肪酸，然后环氧脂肪酸再与金属化合物进行复分解反应生成环氧脂肪酸盐。但是这个合成工艺有诸多问题：甲酸或者乙酸会带来环境的污染；反应后处理甲酸或乙酸较为困难，难以清除完毕；环氧化反应工艺流程繁杂难以完全反应。

（2）皂化反应-复分解反应　用片碱将环氧油脂进行皂化反应，生成环氧脂肪酸钠，然后与金属氢氧化物进行复分解反应生成环氧脂肪酸盐。但是这个合成工艺有诸多问题：皂化反应反应工艺流程繁杂难以完全反应；环氧脂肪酸钠进行复分解反应需要大量的水，难以工业化。

最后传统工艺路线的产品收率低。

为了克服制备钙锌稳定剂技术中合成环氧脂肪酸皂时后处理繁琐，以及对环境不利的缺点，制备钙锌稳定剂中采用了一种新的合成环氧脂肪酸皂的工艺：即先绿色环氧化反应，再进行捏合机复分解反应。

（1）绿色环氧化反应　脂肪酸与双氧水在的催化剂作用下反应一段时间得到中间产品环氧脂肪酸；

（2）捏合机复分解反应　环氧脂肪酸与含金属氢氧化物或金属氧化物在捏合机中以一定温度条件下反应一段时间，得到环氧脂肪酸盐。复配得到最终产品。与传统钙锌稳定剂制备技术相比，更便于实现大规模工业化生成。

6.3.1　实验部分

6.3.1.1　环氧油酸的合成

将脂肪酸、催化剂和30％双氧水依次加入在500mL四颈烧瓶中搅拌均匀。升温至一定温度，待反应完毕后，减压蒸馏除去反应生成的水，过滤分液得到环氧脂肪酸。

6.3.1.2　环氧油酸钙的合成

将环氧脂肪酸、氢氧化钙、溶剂以及助剂依次加入在500mL四颈烧瓶中搅拌均匀。升温至一定温度，待反应完毕后，减压蒸馏除去反应生成的水，过滤得到环氧脂肪酸钙皂溶液。

6.3.1.3　环氧油酸锌的合成

将环氧脂肪酸、氧化锌、溶剂以及助剂依次加入在500mL四颈烧瓶中搅拌均匀。升温至一定温度，待反应完毕后，减压蒸馏除去反应生成的水，过滤得到环氧脂肪酸锌皂溶液。

6.3.1.4　热稳定剂的复配

在500mL的玻璃四颈烧瓶中安装温度计、搅拌器及球形回流冷凝管，依次加入环氧金属皂、抗氧剂、辅助热稳定剂、辅助抗氧剂以及溶剂减压抽滤，得透明液体。

6.3.1.5　分析方法

（1）环氧值的测定

仪器：250mL锥形瓶，1000mL容量瓶，50mL碱氏滴定管。

试剂和溶液：盐酸，丙酮，氢氧化钠，乙醇，酚酞，甲酚红，百里香酚酞蓝；

试剂的配方：①盐酸-丙酮溶液：取盐酸一份，丙酮40份（按体积计）混合，密闭储存于玻璃瓶中；②酚酞指示液：取酚酞1g溶于100mL乙醇中；③混合指示液：取0.1％甲酚红10mL，加0.1％百里香酚蓝溶液30mL，混合均匀，用氢氧化钠及盐酸溶液调节pH至中性，即可得混合指示剂。其中0.1％甲酚红和0.1％百里香酚蓝溶液配方如下：0.1％甲酚红溶液：将甲酚红100mg溶解于26mL氢氧化钠溶液，溶解后用蒸馏水稀释至100mL；0.1％百里香酚蓝溶液：百里香酚蓝100mg溶解于22mL氢氧化钠溶液，溶解后用蒸馏水稀释至100mL。

测定步骤为：精确称取试样约0.5～1g，置于250mL锥形瓶中，精确加入盐酸-丙酮溶液至20mL。将锥形瓶密塞，摇匀后放置暗处，静置30min，然后加入混合指示剂5滴。用氢氧化钠标准溶液滴定至紫蓝色，同时做空白实验做对比。

（2）金属皂中金属含量的测定

测定步骤如下：称取样品 0.5g 左右（称准至 0.0002）置于 500mL 锥形瓶中，加入 10mL 1∶2 硝酸及 10mL 水，加表面皿置电炉上缓慢加热，保持微沸直至样品分解后悬浮在溶液上面的油脂呈透明为止，以热水冲洗表面皿和锥形瓶四周，继续加热，微沸片刻，使透明分散的油脂层聚成一块，停止加热，冷却至室温，加 150～200mL 水，投入 pH 1～14 的广泛纸一小块，滴加 1∶1 氨水中和，直至试纸呈蓝绿色（pH=8），加 10mL 氨-氯化铵缓冲溶液（pH=10），7 滴 0.5% 铬黑 T 指示剂，即用 0.05mol/L 乙二胺四乙酸二钠标准液滴定到溶液由紫红色变为纯蓝色为终点。

$$金属含量\% = \frac{M \times V \times 金属毫克当量}{m}$$

式中　　M——EDTA 标准液摩尔浓度；

　　　　V——EDTA 用量；

　　　　m——样品质量；

钙毫克当量——0.04008；

锌毫克当量——0.06538。

（3）环氧油酸钙锌盐的红外测试　使用 FTLA2000 型傅立叶变换红外光谱仪测定中间体金属皂的结构。分别采用溴化钾压片法和涂膜法测定。反应物与反应产物的区别在于羧酸与羧酸盐的差别，羧酸的羧基伸缩振动吸收出现在 1720～1650cm^{-1}，羧酸盐以离子形式存在，有位于 1430～1300cm^{-1} 的对称伸缩振动和 1610～1550cm^{-1} 的不对称伸缩振动。

6.3.1.6　热稳定剂的热稳定性能测试方法

（1）刚果红法

① 仪器及试纸　秒表、油浴（120～210℃能恒温）、平底试管（外径：厚：0.5～0.6mm；长约 150～160mm；毛细管内径：100mm）、刚果红试纸。

② 配料装样

表 6-1　刚果红法试样配方

配方	用量/质量份
PVC	100
DOP	50
热稳定剂	2

③ 表 6-1 中物料搅拌凝胶后，剪成 2mm×2mm 方块装入试管中，不要使试料粘在试管壁上。将准备好的试管浸入已达测试温度的油浴中至试样表面同一高度，开始计时。当试管中的刚果红试制出现明显的由红变蓝标志时，停止计时。

（2）热老化烘箱法　取 100 份 PVC、50 份 DOP 和 2 份热稳定剂用小型高速混合机充分混合均匀后，在辊温（145±5）℃、辊距 1mm 的双辊炼胶机上塑炼成片，下片后，剪成 3cm×3cm 方块样片，置于（180±2）℃的烘箱中，每隔一定时间观察半透明片变色情况。

6.3.2　结果与讨论

6.3.2.1　环氧脂肪酸反应条件对合成的影响

以脂肪酸与双氧水一步法合成环氧脂肪酸，研究了双氧水、反应时间、反应温度等因素对合成反应的影响。

（1）双氧水用量　环氧化反应中脂肪酸中的双键全部被氧化，反应才完全，因此氧化剂总

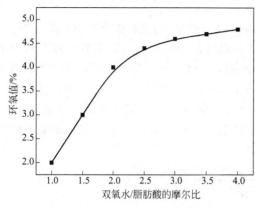

图 6-4　双氧水的用量对反应的影响

是过量的。首先考察了氧化剂用量对反应的影响。

图 6-4 数据显示环氧化反应效果随着过氧化氢用量的增加而升高，当双氧水与脂肪酸的摩尔比为 1 : 1 时，环氧值为 2%，当双氧水与脂肪酸的摩尔比为 2 : 1 时，环氧值提高到 4%；说明氧化剂量的增加有利于环氧化效果的提高，当双氧水与脂肪酸的摩尔比为 3 : 1 时，环氧值达到最高值，为 4.5%。但是当继续增加过氧化氢用量环氧效果变化不明显。

（2）反应时间与温度　温度对环氧化反应速率、反应时间以及过氧化氢的利用率等都有影响，因此本文对反应温度进行考察，结果见表 6-2。

表 6-2　反应时间以及温度对反应的影响

序号	温度/℃	时间/h	环氧值/%	序号	温度/℃	时间/h	环氧值/%
1	0	9	2.2	4	35	4	4.8
2	15	7	3.4	5	45	4	4.9
3	25	5	4.2	6	50	4	4.9

由表 6-2 可知环氧化效果随着反应温度升高而提高，温度过低如在 0℃ 时，反应 9h，环氧值为 2.2%。当反应温度达到 35℃ 时，反应时间也相应缩短到 4h，环氧值得到较大的提高，达到 4.8%。但是温度从 35℃ 升高到 50℃ 时，环氧化效果基本没有变化。

6.3.2.2　环氧脂肪酸钙反应条件对合成的影响

以环氧脂肪酸与氢氧化钙一步法合成环氧脂肪酸钙，研究了酸碱比例、反应时间、反应温度、溶剂量等因素对合成反应的影响。

（1）酸碱比例　图 6-5 数据显示酸碱中和反应效果随着酸碱比例的增加而升高，当酸碱的摩尔比为 2 时，钙含量为 4%，当酸碱摩尔比为 2.2 时，钙含量提高到 4.2%；说明酸碱比例的增加有利于中和效果的提高，当酸碱比为 2.6 时，钙含量达到最高值，为 4.7%。但是当继续增加酸碱比例反应效果变化不明显。

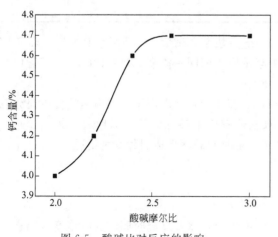

图 6-5　酸碱比对反应的影响

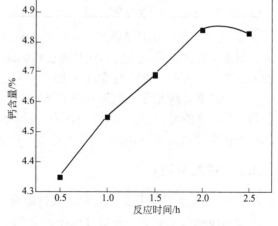

图 6-6　反应时间对反应的影响

（2）反应时间　图 6-6 显示当反应时间超过 2h，钙含量趋于平缓，说明随着时间的增加，反应越来越彻底，但即使继续延长反应时间，对反应也无多大意义，且增加能耗。

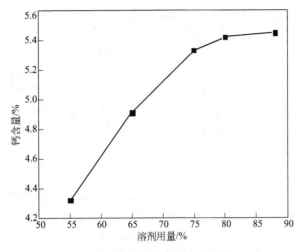

图 6-7　溶剂用量对反应的影响

（3）**溶剂量**　本实验选择 5＃白油作为溶剂，图 6-7 显示，溶剂的增加有利于反应的彻底进行，当溶剂用量超过 80％，钙含量的增长较缓慢，并趋于平缓。因此，溶剂用量最佳比例为 80％。

（4）**反应温度的影响**　粉末状氢氧化钙难反应，因为氢氧化钙置于油状液体中，氢氧化钙颗粒易凝结成团，减小其与有机酸接触概率，适当的升高温度可以加速反应进程，降低黏度，但温度过高会导致体系颜色加深，因此反应最佳温度为 105℃，见图 6-8。

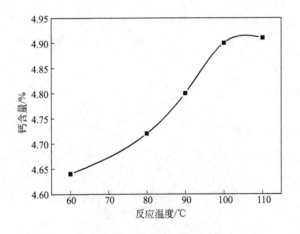

图 6-8　反应温度对反应的影响

（5）**助剂的选择**　本反应为固液相反应，反应体系较黏稠，所以选择添加二乙二醇丁醚，促进原料的充分接触。随着二乙二醇丁醚的用量增加，其黏度在逐渐减弱，最佳选择应为 10％。

6.3.2.3　环氧脂肪酸钙的结构分析

图 6-9 为环氧脂肪酸钙的红外图，$2900cm^{-1}$，$2800cm^{-1}$ 左右为 C—H 的伸缩振动强吸收峰，$1379cm^{-1}$，$1463cm^{-1}$ 处羧酸根离子的对称伸缩振动和 $1560cm^{-1}$，$1689cm^{-1}$ 不对称伸缩振动，在 $825cm^{-1}$ 附近峰的出现是环氧官能团的特征峰，证实了植物油经反应后生成环氧乙烷基团，证明是环氧脂肪酸钙。

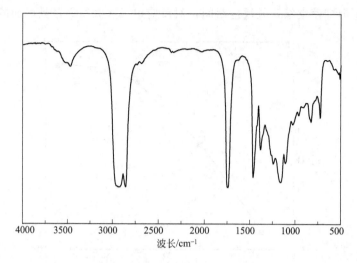

图 6-9　环氧脂肪酸钙的红外谱图

6.3.2.4　环氧脂肪酸锌反应条件对合成的影响

（1）环氧脂肪酸与氧化锌物料比的确定　图 6-10 为反应 3h，环氧脂肪酸与氧化锌摩尔比为定量 2 时，氧化锌质量改变对环氧脂肪酸锌的锌含量的影响。图中数据显示氧化锌过量可以使得锌含量提高，最佳比例为 7.5%。

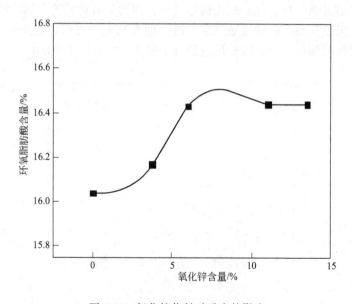

图 6-10　氧化锌物料对反应的影响

（2）反应时间的影响　图 6-11 是氧化锌 7.5% 时反应时间对锌含量的影响，随着时间的增加，反应越来越彻底，但当反应时间超过 3h，锌含量趋于平缓，所以，即使继续延长反应时间，对反应也无多大意义。

6.3.2.5　环氧脂肪酸锌的结构分析

图 6-12 为环氧脂肪酸锌的红外图，$2900cm^{-1}$，$2800cm^{-1}$ 左右为 C—H 的伸缩振动强吸收峰，$1332cm^{-1}$，$1429cm^{-1}$ 处羧酸根离子的对称伸缩振动和 $1550cm^{-1}$，$1670cm^{-1}$ 不对称伸缩振动，在 $825cm^{-1}$ 附近峰的出现是环氧官能团的特征峰，证实了植物油经反应后生成环氧乙烷基团，证明是环氧脂肪酸锌。

6.3.2.6　金属比对体系热稳定性能的影响

目前 PVC 热稳定剂中，金属比例对热稳定性能起了重要作用。一般钙含量对 PVC 制品的中长期热稳定性以及透明性影响较大；相反，锌含量对初期着色性影响较大，但易产生"锌烧"现象。而只有当钙锌达到最佳比例时，它们才能在络合剂存在下有良好的稳定性，能起到较为理想的协同效应，有效地克服"锌烧"。

图 6-13 显示，当钙锌比例为 1，制品的热稳定性时间为 40min；随着钙锌比增加，制品的热稳定时间在逐步增加，当钙锌比例为 4 时，热稳定性达到最佳，然后当钙锌比例继续增加，制品的热稳定时间反而降低了，这是由于钙含量增加，锌含量减少，不利于初期着色性。

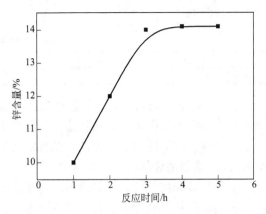

图 6-11　反应时间对锌含量的影响

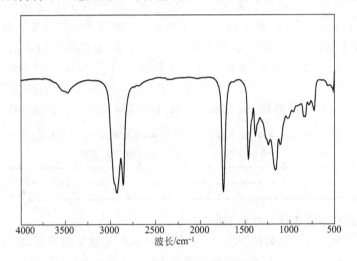

图 6-12　异辛酸锌的红外谱图

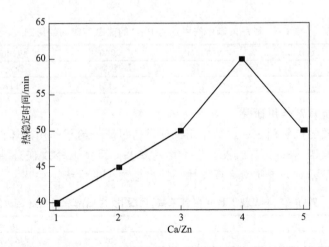

图 6-13　钙锌比例对体系热稳定性的影响

6.3.2.7　金属皂含量对 PVC 体系的影响

目前复合 PVC 热稳定剂的主体为钙皂以及锌皂，然后对环氧金属皂在稳定剂中的比例热稳定性的影响。

表 6-3　环氧钙锌皂含量对热稳定性的影响

环氧钙锌皂含量/%	30	40	50	60	70
热稳定时间/min	20	30	40	50	50

由表 6-3 的数据显示当环氧脂肪酸金属皂含量为 30％时，热稳定时间为 20min；随着环氧脂肪酸金属皂的比例提高，热稳定时间随之延长；当环氧脂肪酸金属皂含量达到 60％时，效果达到最佳，然后比例继续提高，热稳定时间趋于平缓。最佳比例为 60％。

6.3.2.8　溶剂的选择

复合钙锌稳定剂中的液体溶剂，对稳定剂质量有十分重要的作用，考虑与其他组分的相容性不析出、气味以及价格各种因素综合考虑，选取了无味煤油、白油、变压器油。从综合效果看白油最佳，使用量为 20％。

6.3.2.9　亚磷酸酯对热稳定性能的影响

亚磷酸酯作为一种辅助抗氧剂通过不同手段和方式对 PVC 的稳定性产生作用，主要是通过阿布卓夫（Arbuzov）反应，使 PVC 大分子防止了初期着色，并改善了热稳定性。

现将 4,4′-亚丁基双-(3-甲基-6-叔丁苯基)-(十三烷基)亚磷酸酯引入此钙锌稳定体系，由表 6-4 可看出，当 4,4′-亚丁基双-(3-甲基-6-叔丁苯基)-(十三烷基)亚磷酸酯用量为 4％，热稳定时间为 40min，提高了 20min，随着其用量的增加，PVC 的静态热稳定时间有所增加，当用量达到 12％，热稳定时间达到最高：60min，然后继续提高用量，总体作用不大。

表 6-4　4,4′-亚丁基双-(3-甲基-6-叔丁苯基)-(十三烷基)
亚磷酸酯对 PVC 的热稳定时间的影响

亚磷酸酯用量/%	0	4	8	12	16
热稳定时间/min	20	40	50	60	60

6.3.2.10　β-二酮对体系热稳定性能的影响

β-二酮可以改善钙锌稳定剂初期着色，本实验选取的是硬脂酰苯甲酰甲烷，用量为 2％。

表 6-5 的数据显示 β-二酮的加入明显改善了 PVC 试片的初期着色，由原来的 10min 延长至 40min。

表 6-5　硬脂酰苯甲酰甲烷对 PVC 的热稳定时间的影响

样品	10min	20min	30min	40min	50min
未加入 β-二酮	白	浅黄	浅黄	深黄	红
加入 β-二酮	白	白	白	白	黑

6.3.2.11　受阻酚抗氧剂作用研究

受阻酚是最有效的抗氧剂之一，其作用机理是通过质子给予作用破坏自由基自氧化链反应实现的。本实验选取四［β-(3,5-二叔丁基-4-羟基苯基) 丙酸］季戊四醇酯，由于其具有抗氧化效率高，同时由于相对分子质量高挥发性小抽出损失少的优势。

表 6-6　四［β-(3,5-二叔丁基-4-羟基苯基)丙酸］季戊四醇酯对热稳定时间影响

受阻酚抗氧剂用量/%	0	2	4	6	8
热稳定时间/min	30	40	50	60	60

由表 6-6 可看出，当四 ［β-(3,5-二叔丁基-4-羟基苯基)丙酸］季戊四醇酯用量为 2％，热稳定时间为 40min，提高了 10min，随着其用量的增加，PVC 的静态热稳定时间有所增加，当用量达到 6％，热稳定时间达到最高：60min，然后继续提高用量，总体作用不大。

6.3.2.12　复合热稳定剂配方

复合钙锌热稳定剂的配方见表 6-7。

表 6-7　锌基稳定剂的配方

名　　　称	比例/%
环氧脂肪酸钙	48
环氧脂肪酸锌	12
四[β-(3,5-二叔丁基-4-羟基苯基)丙酸]季戊四醇酯	6
硬脂酰苯甲酰甲烷	2
4,4′-亚丁基双-(3-甲基-6-叔丁苯基)-(十三烷基)亚磷酸酯	12
白油	20

6.3.2.13　与不同热稳定剂比较

选择了三种液体稳定剂进行比较，其中两种为商购的产品，分别采用静态刚果红法、静态热老化烘箱法，采用静态刚果红法进行热老化烘箱法的比较结果见表 6-8。

表 6-8　几种液体复合钙锌热稳定剂性能比较

产品	刚果红法/min	热老化烘箱法/min							
		10	20	30	40	50	60	70	80
自制	50	无色	无色	无色	无色	淡黄	淡黄	淡黄	黑色
日本 ADK	36	无色	无色	无色	淡黄	淡黄	淡黄	黑色	黑色
德国熊牌	20	无色	无色	无色	淡黄	淡黄	淡黄	黑色	黑色

静动态法以及刚果红法测得的热稳定性都表明，自制的复合热稳定剂的性能远优于市场上的产品，具有优良的热稳定性。就应用结果看，自制的新型锌基 PVC 热稳定剂效果优于 ADK 以及熊牌钙锌稳定剂效果。

6.3.3　结论

随着世界各国环保意识的增强，环保法规逐渐完善，特别是医药、食品加工、日用品、玩具塑料等塑料制品卫生要求提高，铅、镉盐类稳定剂最终将全面被无毒 PVC 稳定剂所取代。国内外塑料助剂生产将向趋大型专用化、环保要求备受重视、高效多能方向发展，研究和开发新型环境友好无毒 PVC 稳定剂已成为必然趋势。

本节致力于研究新型锌基 PVC 热稳定剂，在高效、无毒或低毒、多功能以及复配型新产品上加大开发力度，全面提升我国塑料助剂 PVC 热稳定剂的生产和科研水平。主要探讨了环氧脂肪酸钙锌皂的合成工艺，并对各种系列的热稳定剂进行复配研究，研制了环保型锌基复合热稳定剂，考察了最佳配比、辅助助剂等影响因素，并探究了复合热稳定剂的协同效应。

以脂肪酸与钙、锌氧化物等为原料，经环氧化、皂化反应后再复配制得，产品具有初期着色好，长期稳定性高等特点，在产品的合成路线技术上有创新。该项目的部分研究成果已应用于生产，研发的新型锌基热稳定剂品质与 ADK、熊牌公司产品非常接近，但成本优势非常明显，在国内与同类产品相比，在品质及价格上均有优势，市场前景较好。

6.4　PVC 用有机化合物基热稳定剂

（刘国会，张灿明，王兴为等）

锌基和有机化合物基无毒热稳定剂将是 PVC 热稳定剂发展的主要方向。其中有机化合物基热稳定剂（有机稳定剂）由于彻底解决了无重金属问题而具有更长远的发展前景。

在 19 世纪 30 年代，一些有机碱，如尿素、二苯基胍、脂肪胺、吲哚和硫脲的衍生物就被用作 PVC 稳定剂，但是它们很快被更高效的金属稳定剂所取代。现在由于那些金属稳定剂的环境问题，人们对有机稳定剂的兴趣开始提升。

6.4.1 有机化合物基热稳定剂的定义

通过多年对 PVC 热降解机理的分析可以看出，一种添加剂如果具有下列功能之一，它将对 PVC 有一定的热稳定作用：①取代 PVC 分子中的烯丙基氯原子或叔氯原子，消除引发 PVC 热降解的不稳定结构因素；②中和吸收 PVC 因热降解而释放的 HCl，消除或抑制其对 PVC 热降解的自动催化作用；③与 PVC 因热降解而生成的共轭多烯序列加成，阻断其进一步增长并缩短共轭多烯链段，减轻其着色性；④捕获自由基。

具有以上一种或几种作用的有机化合物均可称为有机热稳定剂。

根据有机稳定剂所起的作用不同，又可分为有机主效热稳定剂和有机辅助热稳定剂。有机主效热稳定剂是指在单独使用时能起到热稳定作用的有机化合物，如氨基尿嘧啶、氨基脲等。有机辅助稳定剂是单独使用时热稳定作用甚微或完全不具有热稳定性，但与主效稳定剂共同使用时能产生协同效应而改进它们的热稳定效能。如有机亚磷酸酯类、环氧化合物、抗氧剂、多元醇等均是有机辅助稳定剂。

而现在常说的用来替代含金属热稳定剂的有机化合物基稳定剂通常是指含有有机主稳定剂和辅助稳定剂的有机化合物混合体系，他们不仅能起到稳定作用，而且能适应很广的 PVC 加工范围。

6.4.2 国外研究情况

埃及吉萨开罗大学理学院化学系 N. A. Mohamed，M. W. Sabaa 小组从 1997 年开始有机稳定剂，并于 2000～2007 年做了一系列有机化合物作为 PVC 用稳定剂的报道。如巴比土酸及其衍生物、苯并咪唑基乙腈（BAN）及衍生物、N-苯基取代邻苯二甲酰亚胺衍生物等，都能用作 PVC 热稳定剂，有些化合物结果要好于二碱式碳酸铅、二碱式硬脂酸铅：

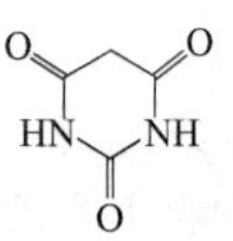

巴比土酸 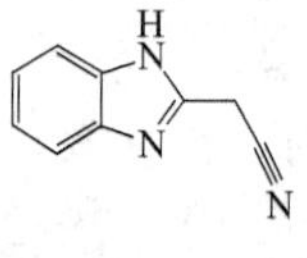　　　　BAN 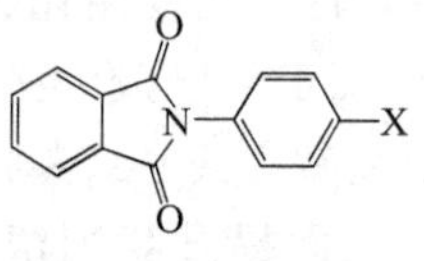　　　　N-苯基取代邻苯二甲酰亚胺

基于 DOP 和现有金属稳定剂的毒性，Starnes 开发的硫羟酸酯类既可作为稳定剂，也可作为增塑剂，其中双季戊四醇六（巯基乙酸酯）在成本和性能方面有明显的优势，其结构如下：

2008 年日本水泽公司先后向国际公开了用于含氯聚合物的有机热稳定剂体系的两个专利，但还没有投入市场。

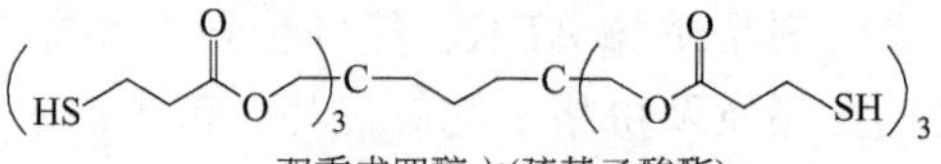

双季戊四醇六(巯基乙酸酯)

Crompton 公司的 OBS 系列稳定剂，是目前唯一商品化的有机稳定剂。在 2000 年就完成了 OBS 的研制，虽然含有 Na 等金属元素，但其主效成分为有机化合物，所以 OBS 可看作是有机稳定剂。

2009 年 Magdy W Sabaa 研究了香草醛席夫碱及衍生物对 PVC 的稳定作用，其中 V-NAS 效果最好，比现有的 Ca/Zn 稳定剂有着更长的 PVC 分解诱导时间（t_s），其结构如下：

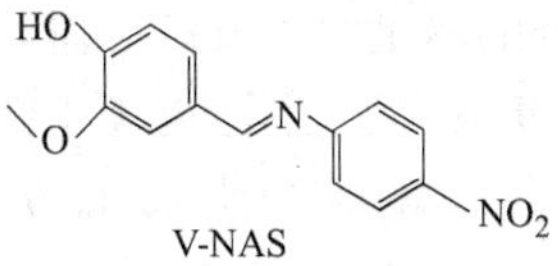

V-NAS

6.4.3 国内研究情况

2004 年，吴茂英教授研究了 N-环己基马来酰亚胺（N-CHMI）对 PVC 的热稳定作用，N-CHMI 的结构如下：

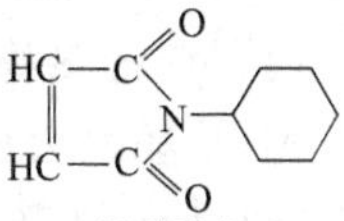

N-CHMI

结果表明，N-CHMI 具有类似于二月桂酸二丁基锡的热稳定作用特性，并能在一定程度上抑制 PVC 初期着色。

2009 年河北精信化工集团与河北大学合作研究 PVC 加工用有机热稳定剂 JX-O-01 系列，目前已取得初步成效，稳定剂组成为：氨基尿嘧啶、环氧树脂（自制）、2-苯基吲哚、辅助热稳定剂（多元醇和亚磷酸酯等）、润滑剂。JX-O-01 系列在 Brabender 转矩流变仪上分解时间可以达到 30min。它可以比铅盐和钙/锌稳定剂更好地防止 PVC 在加工过程中变色和发生交联，所以在加工中长时间处于高温和高剪切力之下时，可以比用铅盐或钙/锌稳定剂的 PVC 承受更快速增加的扭矩，而且它不会与其他稳定剂发生任何交互反应，方便回收。

6.4.4 结语

虽然有机热稳定剂在文献中的报道不少，但目前已经商品化的还不多。有一种观点认为，这一类热稳定剂具有巨大的市场潜力，并估计 2012 年欧洲市场上有机热稳定剂的年销售量将达到 30～40kt。可用作 PVC 热稳定剂的有机化合物种类繁多，开发出有机稳定剂的关键是找到合适的有机主效稳定剂，并与其他有机物协同起作用满足 PVC 制品加工的需求。在国内市场，目前绝大多数 PVC 制品使用铅盐稳定剂，为了避免交叉污染，国内有机稳定剂的研究应避免使用含巯基化合物，不与铅盐相互作用的有机化合物作为 PVC 热稳定剂。

6.5 PVC 热稳定剂环保问题解析

（陈　旻，刘　杰，童敏伟等）

塑料制品的成型过程基本上是由配合、塑炼、成型等工序完成，而树脂、助剂、加工设备（包括模具）则是加工过程中不可或缺的基本要素，塑料助剂对制品加工和应用性能的改善和提高作用举足轻重，如为阻止、减少甚至基本停止材料的降解，而添加热稳定剂。现阶段出口塑料制品中助剂的使用存在很大隐患。一方面是因为生产企业在塑料助剂的使用上存在"重功能、轻安全"的倾向，且因助剂在塑料配方中的使用量较少，对其使用安全性未引起足够的重视。另一方面则是由于塑料助剂的复杂性，除了进口国标准法规复杂，企业难掌握之外，一般企业也缺乏足够的技术能力，对所采购助剂的质量标准符合性、安全性进行鉴别，这在客观上造成部分企业盲目使用塑料助剂，给出口产品质量安全造成隐患。

2008 年 6 月 1 日欧盟开始全面实施的《关于化学品注册、评估、授权和限制制度》（以下简称 REACH 法规）、欧盟玩具安全指令 88/378/EEC 等环保指令对塑料相关产品的出口影响重大。然而，随着时代的变迁，指令的不足之处日渐暴露，如安全性要求需进一步提高，指令实施的效率不高、范围和概念不够清晰等。并且市场上的使用了越来越多的新材料。于是REACH 法规每年都在不断地更新；2008 年 1 月 25 日欧盟发布了玩具指令修改提案 COM（2008）9。2008 年 12 月 18 日欧洲议会通过了该提案，2009 年 6 月 18 日正式文本通过，最终于 2009 年 6 月 30 日在欧盟《官方公报》上刊登，新指令的编号为 2009/48/EC。2011 年 7 月20 日开始部分作废现行的指令 88/378/EEC，而且新的化学要求已于 2013 年 7 月开始生效。

最近更新法规、法规与热稳定剂关系比较大的有两点。

① 加强了对重金属元素迁移量的限制（从传统的八大重金属扩展至十六种重金属）此点为最近十年关注以及研究的热点，从而出现了钙锌热稳定剂。

② 在玩具或玩具部件中使用致癌的、诱导基因突变的或具有生殖毒性的物质（CMR）的限量，此点主要是因为目前商品化的 PVC 热稳定剂都含有苯酚、壬基酚以及双酚 A。而这三种物质已经被列入致癌的、诱导基因突变的或具有生殖毒性的物质；

③ 对邻苯二甲酸盐以及多环芳烃的限制　本节重点讲述三种酚的限制，此欧美新一轮法规的关注的热点，也是热稳定剂企业容易忽视的问题。

6.5.1　双酚 A

6.5.1.1　简介

双酚 A，即双酚基丙烷（BPA）的简称，作为一种重要的精细化工原料，双酚 A 是制造聚碳酸酯、环氧树脂、抗氧化剂等物质的前体物质。添加双酚 A 可以使塑料制品具有无色透明、轻巧耐用和优异的抗冲击性等特性，并且可以防止酸性蔬菜和水果从内部侵蚀金属容器，因此双酚 A 被广泛应用于罐头、食品和饮料的金属包装罐的内衬、食品包装、餐具、婴儿用品以及牙科填充剂、眼镜片、医疗器械等数百种日用品的制造过程中的原料。是一种广泛应用于塑料制造的化学物质，主要用于生产聚碳酸酯等多种高分子材料，如被用于婴儿玩具、奶瓶、餐具、微波炉器皿、食品包装容器的涂层、饮料瓶等的制造中的原料。

6.5.1.2　危害

经研究显示，双酚 A 在加热时能渗透到食物和饮料当中，可能会扰乱人体代谢过程，对婴儿发育、免疫力有影响，也可能诱发儿童性早熟或致癌。

1992 年 Krishnan 发现双酚 A 对哺乳动物具有弱雌激素活性后，与其相关产品的环境和健康影响引起了人们的普遍关注。美国研究者对 6 岁以上美国人调查，发现 93% 的受检者尿液中存在双酚 A，在母乳、孕妇的血液和脐血中也发现了双酚 A。双酚 A 的化学结构与雌激素相似，国内外许多试验证明双酚 A 具有微弱的雌激素样作用及较强的抗雄激素样作用，会干扰人类或动物的内分泌系统，进而导致生殖、发育、智力、免疫、代谢等生命活动的异常。从2000 年至今，仅欧盟食品安全局参考使用的就有上千份研究报告，结果显示双酚 A 可能引发癌症、肥胖、糖尿病、生殖障碍和神经系统紊乱等多种疾病。

6.5.1.3　法规

2013 年 7 月 19 日，WTO 消息，欧盟技术性贸易壁垒委员会（TBT）向其发出了通知（G/TBT/N/EU/137），表示将修订 2009/48/EC 中的附件 II 附录 C，以控制儿童玩具中的双酚 A 含量。2009/48/EC，附件 II 附录 C，旨在控制供 36 个月以下儿童使用的玩具或可放入口中的其他玩具的化学品的具体限值。

修订草案主要内容如表 6-9 所示。

在现有的 2009/48/EC 的版本中双酚 A 物质被作为 CMR 类物质（生殖毒性 2 类物质）进行统一管控，在没有任何具体要求的情况下，双酚 A 的含量可能会小于或等于 CMRs 总物质

表 6-9　双酚 A 的限制

物　　质	CAS 号	限　　量	适用范围
双酚 A(Bisphenol A)	80-05-7	0.1mg/L(迁移量) 测试方法参照 EN71-10 以及 EN71-11	供 36 个月以下儿童使用的玩具 可放入口中的儿童玩具

的限量（即 2013 年 7 月 20 日～2015 年 6 月 1 日期间是 5%，2015 年 6 月 1 日之后为 3%）。该限量对于儿童来说，仍存在较大的危害，且同 EN71-9，EN71-10 和 EN71-11 中对双酚 A 的限量以及测试方法不一致。此次修订旨在控制双酚 A 对儿童的暴露，其次也能同 EN71-9 中的限量相统一。

EN71-9、EN71-10 以及 EN71-11 并非是 2009/48/EC 的协调指令，从侧面来讲，这三部分的要求并非是强制的。也就是说，在该修订案颁布之前，双酚 A 的限量只要 CMRs 物质的总和在 2015 年 6 月 1 日之前不超过 5%，2015 年 6 月 1 日之后不超过 3%都是属于符合 2009/48/EC 的。一旦，该修订案颁布（发布于欧盟官方公报），则强制要求所有供 36 个月以下儿童使用的玩具以及可放入口中的玩具都强制要求其迁移量小于 0.1mg/L，其测试方法参照 EN71-10 以及 EN71-11。

自 2011 年 5 月 1 日以来，双酚 A（BPA）已成为制造聚碳酸酯（PC）婴儿奶瓶的限用物质。根据欧委会条例 NO 321/2011 规定，从 2011 年 6 月 1 日起，凡是含有 BPA 的 PC 婴儿奶瓶禁止入口到欧盟各国。虽然 BPA 被允许在除 PC 婴儿奶瓶以外的其他食品直接接触塑料材料和制品中使用，但根据条例 No 10/2011，BPA 的特定迁移量（SML）不得超过 0.6mg/kg。

然而，欧盟各成员国提出了更多关于 BPA 在儿童食品接触材料及/或儿童护理产品的限令（见表 6-10）。瑞典政府环境部最近公布了食品条例（2006：813）的修订案，禁止 BPA 在三岁以下儿童食品包装的涂料和涂层中使用，并委派瑞典化学品管理局（KEMI）调查国内 BPA 在某些塑料产品中禁用的需求和条件。调查 BPA 在饮水吸管、玩具和儿童产品，以及某些热敏纸如收据和票据等产品中的使用，将会决定 BPA 禁令的进一步举措。

表 6-10　欧洲对双酚 A 的限制法令

国家	法　规	BPA 限值	生效日期
欧盟	条例(EU) No 10/2011	用于食品直接接触塑料材料中时，BPA 特定迁移量(SML)不得超过 0.6mg/kg	2011 年 5 月 1 日
瑞典	食品条例(2006：813)	禁止在三岁以下儿童食品包装材料的涂料和涂层中使用	2013 年 1 月 1 日
奥地利	食品安全和消费者保护法案(LMSVG)	禁止用于奶嘴和咬牙器	2012 年 1 月 1 日
法国	Act 2010-729	禁止用于婴儿奶瓶	2010 年 6 月 30 日
丹麦	丹麦兽医与食品管理局	禁止用于三岁以下儿童食品接触材料	2010 年 7 月 1 日

2013 年 5 月 16 日，美国明尼苏达州签署了法令，扩大了双酚 A 的受限范围，具体要求：自 2015 年 8 月 1 日起，零售商不得在明尼苏达州有意销售或提供盛装容器为故意添加了双酚 A 的婴儿配方奶粉、儿童食品、婴儿食品。目前，各国都相继出台相关法规、标准，限制儿童产品中双酚 A 的使用。就双酚 A 的限制要求，由于双酚 A 可以使塑料制品就有五色透明，耐用等特性，因此广泛应用于罐头食品和饮料的包装、奶瓶等数百种日用品的制造过程中。双酚 A 属于低毒性化学物，并具有一定的胚胎毒性和致畸性，可增加卵巢癌、前列腺癌、白血病等癌症的患病几率。若孕妇在妊娠早期受到双酚 A 影响可能会导致婴儿感染哮喘。此外，双酚 A 也能导致内分泌失调，威胁着胎儿和儿童的健康。虽然在 2012 年 3 月 20 日，美国食品和药品管理局（FDA）决定继续保持对双酚 A（BPA）安全性的评估结论，而非在食品或

包装中禁止使用 BPA。然而美国是联邦个各州自成法律体系，并且从 2009 年起，对于儿童产品，美国已有超过 20 个州发布了不同的 BPA 禁令（见表 6-11）。因此，实际情况是美国已在大范围内针对儿童产品，禁止使用双酚 A。

表 6-11　美国对双酚 A 限制的法令

辖区	法　案	重 点 内 容	生效日期
伊利诺伊州	HB5705/SB2868	对于适用于三岁以下儿童的儿童产品或产品零件禁止使用双酚 A	2009 年 7 月 1 日
马里兰州	HB56	对于适用于六岁以下儿童的玩具或儿童护理产品禁止含有双酚 A	2010 年 1 月 1 日
纽约州	A6829/S6058	对于适用于三岁或三岁以下儿童的玩具或产品禁止使用双酚 A；	2012 年 1 月 1 日
佛蒙特州	H.858	消费品禁止使用双酚 A。	2009 年 7 月 1 日
夏威夷州	HB2449/2187/SB2239	对于适用于三岁以下儿童的玩具或儿童护理产品禁止含有双酚 A	2009 年 1 月 1 日

6.5.1.4　检测方法

唐熙等采用气相色谱法测定塑料奶瓶中迁移出的双酚 A，样品用食品模拟物（水）浸泡后，浸泡液经固相萃取（SPE）富积，五氟丙酸酐（PFPA）衍生后用 GC-ECD 检测。该方法的最低检测检出限为 0.2g/L，在 0.2～501g/L 的线性范围内，相关系数 $r=0.9994$。3 种不同添加水平，3 次平行试验平均回收率为 92.3%～98.5%。方法的精密度（RSD）为 3.35%～5.96%。Ho-SangShin 等建立了一个新的灵敏的测定环境水中双酚 A 的方法，水体样品中的双酚 A 经二氯甲烷提取，氰甲基衍生化后，2,2-双酚内标法气相色谱氮磷检测器测定，双酚 A 峰形较好，线性范围 0.1～100mg/mL 水样的检出限为 0.1mg/mL，当水样浓度为 5mg/mL 时，平均回收率为 89.3%，RSD 为 4.5%。

陈放荣等建立用加速溶剂萃取/气相色谱-质谱法测定糖果包装材料中双酚 A 的分析方法。样品用二氯甲烷-丙酮作提取剂，加速溶剂萃取仪提取，经 BSTFA＋TMCS 衍生化，用气相色谱，质谱联用仪进行定性定量分析，双酚 A 的回收率在 75.2%～90.7% 之间、方法的检出限为 5mg/kg。该方法前处理过程简单，具有较高的精密度和准确性，重复性好。卫碧文等建立了气相色谱，质谱联用技术测定食品包装材料中双酚 A 的分析方法。经过对影响双酚 A 提取条件的优化，试验选用甲醇索氏提取法，方法的线性范围是 0.5～2000mg/L，检出限为 0.3g/L，RSD 为 4.5%。此方法已用于多种日常食品包装材料中双酚 A 的测定。

6.5.2　壬基酚

6.5.2.1　简介

"壬基酚"（nonylphenol）实际上是指一类化合物，其分子式为 $C_6H_4(OH)C_9H_{19}$，根据壬基在苯环上的位置以及链结构形成多种同分异构体。工业生产的商业化产品主要以具有不同枝化程度的 4-nonylphenol（CAS：25154-52-3）为主。塑料食品包装材料是一类与消费者健康密切相关的产品，由于壬基酚是一种常用的塑料助剂，因而可能在塑料食品包装材料中残留，据统计，全世界每年约有 50 万吨的壬基酚进入水体或土壤。由于壬基酚的高度疏水性及化学性质稳定，使得其易在水体下的淤泥中蓄积造成在环境中的广泛分布，并能通过食物链进行富集，从而通过食物对人类造成危害。例如，研究发现壬基酚可以从牛奶加工过程中的 PVC 管以及包装食品的塑料中渗出，这些壬基酚大部分直接进入牛奶中，还有一部分释放到环境中后，很难被降解掉，累积在污水污泥、流水沉积物、甚至一些饮用水中，水体中的壬基酚污染还可富集在水生动物中，通过食物链对人体产生作用。辛基酚主要是通过两种途径进入到人体内；一方面通过水体或生物蓄积，经食物链进入人体；另一方面是食品包装材料中的壬基酚和辛基酚通过迁移入食品，进而到达体内。早在 20 世纪 30 年代研究人员就已经发现包括壬基酚和辛基酚在内的多种烷基酚类物质具有雌激素活性。研究表明，这类物质与男性睾丸癌和前列腺癌发病率的上升、女性乳腺癌、子宫癌发病率的增加、雄性动物的雌性化和免疫功能的改变等具有非常密切的联系。众多体内外的生物研究表明，辛基酚和壬基酚作为内分泌干扰物质会在生物体内积累，并通过食物链进入人体，对人体癌细胞生长及生殖能力均会产生严重影响，具有雌激素效应和慢性毒效应。

6.5.2.2　法规

REACH 对壬基酚超过 0.1% 的物质作了限制。2003/53/EC 指令对壬基酚作了同样的限制。大多数企业在应对壬基酚限制要求时却碰到了一些问题。在第一版的 REACH 附件ⅩⅦ（限制清单）中，仅列出壬基酚的名称 NoylPhenol，没有给出具体的 CAS 号。2009 年 6 月 22 日，ECHA 对附件ⅩⅦ进行了更新，更新后的附件ⅩⅦ中，加入了壬基酚的 CAS 号（CAS＃：25154-52-3）。然而 ECHA 公布的这个 CAS 号却和企业检测时常用的壬基酚 CAS 号（CAS＃：84852-15-3）并不一致。欧洲化学品管理署（ECHA）、OECD 筛选资料数据集（SIDS）等机构的壬基酚研究报告以及相关的大量文献显示：壬基酚 CAS＃：25154-52-3：这个 CAS 号最早是既涵盖直链壬基酚也涵盖支链壬基酚，但是后来经修订后这个 CAS 只指直链壬基酚。壬基酚 CAS＃：84852-15-3：这个 CAS 特指支链壬基酚。在实际的生产过程中，企业生产的壬基酚产品中通常既含有直链壬基酚，也含有支链壬基酚，并且通常情况下，支链壬基酚的含量远高于直链壬基酚。这也是为什么大多数企业的数据通常都是支链壬基酚的数据。此外，根据相关的毒理学和生态毒理学研究报告，支链和直链壬基酚的毒性都很相似。因此，可以推测附件ⅩⅦ（限制清单）的本意是要涵盖支链和直链两种壬基酚，但是却只给出了直链壬基酚的 CAS 号。

6.5.2.3　检测方法

壬基酚可以直接用气相色谱-质谱测定，但灵敏度不高。衍生化后组分的分离更好，灵敏度更高，并且衍生化后色谱柱的寿命明显提高。对于酚类物质常用的衍生化方法有硅烷化和乙酰化。严龙通过固相萃取、衍生化后，利用气相色谱/质谱-选择离子定量分析方法，对各类助剂中的壬基酚进行了定量检测。针对不同类型助剂，通过实验对前处理方法进行了优化。各类助剂的加标回收率在 90% 以上，相对偏差小于 4%，方法的最低检出限为 0.2mg/L。通过实验对比，利用 BSTFA＋TMCS（99∶1）硅烷衍生化效果更佳。Lee 等发展了一种现场衍生化的方法，即利用乙酸将壬基酚转化为沸点较低的乙酸醚，再利用醚化的技术级的壬基酚和辛基酚作为校正标准定量。同时，不同壬基结构也可以通过质谱解析出来。该方法适用于水性，油性，乳液型等绝大部分纺织助剂，具有广泛性和实用性。

6.5.3　苯酚

6.5.3.1　简介

俗名石炭酸，分子式 C_6H_5OH，相对密度 1.071，熔点 43℃，沸点 182℃，燃点 79℃。无色结晶或结晶熔块，具有特殊气味（与糨糊的味道相似）。置露空气中或日光下被氧化逐渐变成粉红色至红色，在潮湿空气中，吸湿后，由结晶变成液体。酸性极弱（弱于 H_2CO_3，即碳酸），有强腐蚀性，具有一定的毒性。食品包装材料中的苯酚主要来源于所使用的合成树脂及涂料等材料。苯酚的溶出与安全性问题世界各国都极为关注，很多国家对包装材料中苯酚的含量进行了严格限制。

6.5.3.2　法规

REACH EN71-9—2005 对苯酚 15mg/L 的单体迁移作了限制，同时德国 LFGB 要求带不粘涂层制品限制苯酚。德国联邦风险评估研究所（BfR）呼吁欧盟食品安全局（EFSA 标准制定机构）重审食品和玩具包装材料（塑料制品和染料）中苯酚的安全性评价。BfR 指出，现用的苯酚每日允许摄入量（TDI）为每天每千克体重 1.5mg，是四十年前制定的。而最近一份欧盟评估报告称，动物实验中当苯酚摄入量为每天每千克体重 1.8mg 时，依然可观察到有害影响，表明该限量仍在风险范围内。因此，BfR 认为现有的食品接触材料和玩具中苯酚限量要求是不适当的，其将与 EFSA 及德国和欧洲标准制定机构共同开展新一轮的安全性评价。

6.5.3.3 检测方法

液相：采用 C18 柱（150mm×4.6mm，5μm），流动相为甲醇-水（60∶40），流速为 1.0mL/min，检测波长为 270nm。结果表明：苯酚线性范围为 10.922～65.532mg/L，$r=0.99998$（$n=6$），平均回收率为 99.96%，RSD＝0.432%（$n=9$）。交联剂样品测定结果表明：与滴定法相比，本方法相对误差小于 5.4%。该法操作简便，结果准确，可用于塑料助剂中残余苯酚的含量测定。

6.5.4 热稳定剂相关问题分析

热稳定剂作为 PVC 加工中必不可少的功能助剂，也有很大的环保问题。但是对此分析如下：三种酚的来源主要分为两种：一是自身配方设计，就将其作为抗氧剂以及辅助稳定剂加入；其次是辅助稳定剂亚磷酸酯带来的。

（1）工艺问题 目前亚磷酸酯的合成有两种工艺：一种是从三氯化磷开始合成相应的亚磷酸酯，另外一种是从亚磷酸三苯酯与相应的醇经过醇解反应得到相应的亚磷酸酯，这个过程中会产生大量的苯酚，使得稳定剂中由于使用该类亚磷酸酯而使得稳定剂产品带入苯酚；同时如果亚磷酸酯最后的精制工艺不完善，会导致亚磷酸酯气味很重，这也是稳定剂被下游厂家投诉气味重的原因之一。

（2）自身结构问题 三种酚是很好的抗氧剂，所以将其与亚磷酸酯分子内结合可以得到效果优良的亚磷酸酯，结果导致相应的亚磷酸酯会含有三种酚。因而从事稳定剂的研发人员需要从配方设计时就应考虑到三种酚存在的风险并寻找替代品，从而避免三种酚的隐患。

随着中国科技的发展，中国热稳定剂产品与欧美日本以及中国台湾的产品差距正在逐渐缩短，但是环保意识差距仍然十分大。首先，目前国内不少企业的应对意识仍不强烈，关注度和警惕性不够，也有不少对新指令还茫然无措；其次，在认识和了解之余，提高技术工艺和科研水平，警惕使用禁用物质并开发出相应的代替物质。最后，生产厂商认真熟悉自己的产品，认真分析潜在的风险，做好风险控制。

6.6 无毒 PVC 塑料配方技术

6.6.1 环保要求

在最近几十年中，PVC 一直成为人们争论的焦点。PVC 对人体健康和环境的影响，从科学、技术和经济等方面分析存在着不同的观点。然而在这近几十年里 PVC 对环境和人体健康的所造成的影响及潜在危害也已成为不争的事实。综合分析 PVC 生命周期是十分必要的，在科学的基础上分析 PVC 在生命周期期间的各种环境问题及对人体健康的影响，从而采取一些方法来减少甚至消除这些影响，这也正是我们开发无毒 PVC 塑料的目的所在。

PVC 是目前世界上仅次于聚乙烯用量最大，用途最广的塑料之一。在全世界绿色和平运动的压力下，发达国家对 PVC 塑料制品已经提出了严格的环保要求。为了保护环境，保障人们的身体健康，提高我国 PVC 塑料制品的竞争能力，开发无毒 PVC 塑料意义非凡。实现 PVC 塑料的无毒化，即是要实现 PVC 树脂本身、PVC 添加剂的无毒化，主要有以下几个方面。

6.6.1.1　VCM 残留含量限制

聚氯乙烯（PVC）是一种聚合材料，它是由分子式为 CH_2＝$CHCl$ 的单体氯乙烯（VCM）聚合而成。实验证明 VCM 是致癌物质，在极低的浓度下直接接触便会对人体产生危害，VCM 在土壤中具有高移动性，且不易被分解，必须严格控制将 VCM 排放到空气和水中，并最大限度降低 VCM 在最终聚合物中的含量。研究资料表明，VCM 健康安全浓度必须控制在 5mg/kg 以下，并且不能长时间暴露在 VCM 环境之中。美国肯塔基州（Kentucky）罗以斯瓦（Louisville）一座氯乙烯聚合工厂 16 个员工同时被检查出患有肝血管瘤（hepatic angiosarcoma），这一惨痛的教训第一次向世界证明了 VCM 对人体的巨大伤害性。

在一些发达国家和地区中规定，用于食品级的 UPVC 树脂中氯乙烯单体含量不得超过 5mg/kg，其制品不得超过 1mg/kg，才能使制品对人体无害。如食品容器中 VCM 单体含量：美国、日本要求小于 $15\mu g/kg$，中国台湾地区要求小于 1mg/kg。我国规定疏松型 PVC 产品中，VCM 残留量不得大于 5mg/kg；卫生级 PVC 树脂中，VCM 残留量不得大于 5mg/kg；PVC 包装材料中的 VCM 含量必须在 1mg/kg 以下。

同时实现聚合过程中的引发剂无毒化、溶剂无毒化，彻底消除聚合过程引入 PVC 树脂中的甲苯、氰基等有毒有害物质，才能真正意义上达到 PVC 树脂的"绿色标准"。

6.6.1.2　PVC 稳定剂无毒化

PVC 分子结构是不稳定的，在光和热的作用下，会发生脱氯化氢的降解反应，这可以通过加入稳定剂来避免。稳定剂通常由重金属盐如铅、镉、钡化合物或金属皂盐钙、锌、稀土化合物或有机锡化合物组成。大量的事实表明，铅、镉类化合物对人体健康的巨大危害性和对环境的严重危害性。铅、镉类稳定剂的使用，一直以来是环境保护主义者或者绿色和平组织反对 PVC 材料的焦点之一。

从 1996 年 9 月开始，美国只准许铅含量小于 $2×10^{-4}$ 的 PVC 制品进入市场，美国消费者产品安全委员会第 96-150 号文件和第 4426 号文件都对此有明确规定。加拿大、南美一些国家也已颁布法规严禁在 PVC 制品中使用铅系稳定剂，如加拿大卫生部 1994-48 号文件。2001 年 3 月 1 日起，欧盟 PVC 工业界承诺不再使用镉热稳定剂。欧洲议会 2000 年通过环保法案 76/769/EEC-PVC 材料环保要求绿皮书：要求 2003 年 8 月起，在电器类材料中禁止使用铅盐类物资，到 2005 年达到全面禁用。日本规定在 2002～2005 年，除少数几个品种外均不得使用铅盐稳定剂。

世界发达国家对 PVC 塑料制品的铅、镉含量提出了严格的要求：铅含量要求小于 50mg/kg，镉含量要求小于 5mg/kg。而我国铅类稳定剂的使用仍占主体，镉类稳定剂也还在被大量使用，铅、镉类稳定剂占据了热稳定剂总用量的 70% 以上。在我国实现 PVC 塑料无毒化，全面禁止铅、镉类稳定剂的使用，推广钙锌、有机锡等无毒稳定剂的使用是重中之重的工作。

6.6.1.3　PVC 增塑剂无毒化

纯 PVC 机械硬度高、耐候性优良、耐化学品，是性能优良的电绝缘材料。PVC 的力学特性可以通过低分子量化合物混合于聚合物中来改变。加上增塑剂使各种材料具有重要的可变特性，使 PVC 具有广泛的用途。增塑剂品种主要包括邻苯二甲酸酯类、对苯二甲酸酯类、脂肪酸酯类、烷基磺酸苯酯类和含氯增塑剂类等。其中以邻苯二甲酸酯类所占比例最大，其产量约占增塑剂总产量的 70%。

邻苯二甲酸酯类增塑剂常用于玩具和儿童用品中，它在较高的含量下会发生迁移、析出，对儿童可能造成的风险。对于邻苯二甲酸酯是否对儿童健康存在危害，世界各大检测机构一直争论不休。为了确保儿童的身体健康，欧盟于 1999 年 12 月 7 日正式作出决定（1999/815/EC指令）：在欧盟成员国内，对三岁以下儿童使用的与口接触的玩具以及其他儿童用品（如婴儿奶嘴、出牙器等）中的聚氯乙烯塑料（简称 PVC 塑料）中的增塑剂含量进行限制，要求 PVC中所含 6 种邻苯二甲酸酯类物质（DEHP、DINP、DNOP、DBP、DIDP、BBP），总含量不超过 0.1%。

由于 PVC 邻苯二甲酸酯类增塑剂的析出问题和对环境影响的不确定因素，部分发达国家甚至决定在儿童玩具制品中禁用 PVC 或逐年减少柔性 PVC 的使用，同时含氯增塑剂被发现与致癌物质二噁英的生成有关，对 PVC 材料发展产生了极大的负面影响。不过环保增塑剂的使用令这一问题得到改观。如乙酰柠檬酸三丁酯（ATBC），世界各国均批准它用于玩具、医疗制品及食品包装（FDA，EC-Syn. Doc，Jap. PVC-List）。

6.6.1.4　PVC 阻燃剂无毒化

阻燃剂是塑料加工的重要助剂之一，它可以使塑料具有难燃性、自熄性和消烟性，从而提高塑料产品的安全性能。就产量和用量来看，目前阻燃剂已成为仅次于增塑剂的大宗塑料助剂，全球阻燃剂消费量已超过 100 万吨。阻燃剂品种主要包括卤素阻燃剂（包括氯系阻燃剂和溴系阻燃剂）、磷阻燃剂和无机阻燃剂等。其中以氯系阻燃剂所占比例最大，约占阻燃剂总产量的 80%。

卤素阻燃剂在燃烧时会生成大量的烟、有毒及有腐蚀性的气体，这些烟气可以导致单纯由火所不能带来的电路系统开关损坏，以及其他金属对象的腐蚀。有毒的烟气还会对人体的呼吸道及其他器官造成危害，甚至引起窒息而威胁生命。多氯代二苯并二噁英与多氯代二苯并呋喃、多溴代二苯并二噁英（PBDDs）和多溴代二苯并呋喃（PBDFs）、多氯联苯和多氯代萘等臭名昭著的二噁英类化合物据研究发现正是在卤素阻燃剂燃烧时所生成。

发达国家已开始禁止使用各种卤素阻燃剂，并制定了相应的法律法规。例如德国规定从1995 年起在电子设备的外壳中禁用各种溴化物阻燃剂；瑞典专业雇员联盟的 TCO95 认证也规定，在电子设备中 25g 以上的塑料零件中均禁用有机氯化物和有机溴化物添加剂。

我国整个塑料行业有机卤素类阻燃剂的使用量约占阻燃剂整体用量的 80%，使用的有机卤素类阻燃剂主要以氯化石蜡为主，虽说价格低廉，但是确给使用和废弃处理时带来严重的安全隐患和环境污染问题。随着优良的环保无机阻燃剂的兴起，减少使用或不使用含卤素、不含重金属阻燃剂必将成为塑料行业的趋势。

6.6.1.5　PVC 着色剂无毒化

塑料着色剂就是能使塑料着色的一种助剂，主要有颜料和染料两种。颜料是一种不溶的，以不连续的细小颗粒分散于整个树脂中而使之上色的着色剂，包括无机和有机两类。染料则是可溶解于树脂的有机化合物着色剂，比无机化合物更牢固、鲜艳、透明。

塑料着色及其他添加剂一样，在使用过程中可能有一定量迁移至制品表面，并进入周围介质中，通过吸入、食入、皮肤接触，最终直接或间接进入人体，一直对人体健康造成危害。在使用食品包装材料、化妆品包装材料、玩具和日用品时更可能发生这种情况。塑料着色剂可能对人体造成危害的关键性因素之一就是所用着色剂本身的毒性大小。

偶氮染料是多种塑料常用的着色剂之一，是指包含一个或多个的偶氮基团—N＝N—，而与其连接部分至少含有一个芳香族结构的染料。其本身并无毒性，但偶氮染料在一定的条件下，将分解还原出各种芳香胺类，其中有 20 余种芳香胺类是人体的致癌物质或对人类健康有一定程度的危害性。此外，某些染料从化学结构上看不存在致癌芳香胺，但由于在合成过程中中间体的残余或杂质和副产物的分离不完善而仍可被检测出存在致癌芳香胺。重金属颜料如铬黄、镉红、镉银朱、镉朱红等慢性毒性极强，也都对人体存在很大的潜在危害性。

1994 年 7 月，德国政府首次以立法的形式，禁止生产、使用和销售可还原出致癌芳香胺的偶氮染料以及使用这些染料的产品，荷兰政府和奥地利政府也发布了相应的法令。欧盟已经立法，禁止偶氮染料的使用。在我国，偶氮化合物染料仍被很广泛的应用于塑料、纺织，甚至应用于食品领域，其危害是相当大的；另外，重金属颜料也还在广泛使用之中。这些都是不符合环保要求的，亟待改善。

6.6.1.6　PVC 游离酚含量限制

PVC 树脂本身并不含有游离酚，但由于 PVC 的成型需要加入各种添加剂，这便有可能引入游离酚类化合物。游离酚类为原浆毒，可直接抑制造血细胞的核分裂，对骨髓中核分裂最活跃的幼稚细胞具有明显的毒作用，在细胞形态上可见到核浓缩、脑浆中出现毒性颗粒和空泡。酚类与骨髓细胞中巯基起作用，可导致谷胱甘肽和维生素 C 代谢障碍，破坏血细胞。酚类化合物特别是对苯二酚或邻苯二酚还可影响白细胞中 DNA 的合成，导致染色体畸变。

游离酚类化合物的存在，不仅对操作工人的健康产生危害，而且在 PVC 塑料制品使用过程中可能会发生缓慢释放，对环境和人们的身体健康造成潜在危害。目前世界发达国家不仅是对涂料、酚醛塑料和脲醛塑料中的游离酚含量限定制定了法律法规，近年来对 PVC 塑料中的游离酚含量也提出了严格限制要求，如许多欧美客户要求 PVC 制品中游离酚含量必须小于 5mg/kg。这对我国 PVC 制品出口又提出了新的要求，必须引起我们的高度重视。

6.6.2　环保法规及检测方法

6.6.2.1　概况

随着世界各国对人身安全和环境问题的日益重视，对塑料制品的性能、使用、安全、废弃提出了一系列要求，见表 6-12 所列。

表 6-12　塑料制品检测项目一览

检 测 项 目
1.1 欧盟
1. EN 71 part 1:1998-physical & mechanical test
2. EN 71 part 2:1993-flammability test
a)finished product
b)pile fabric or material
3. EN 71 part 3:1994-toxic elements test(8 toxic elements results)
4. EN 71 part 6-graphical symbol for age warning labelling
5. EN 50088-electrical toy safety test
6. EMC directive 89/336/EEC
a)motorised toys(EN 55022)
b)electronic toys and games(EN 55022,EN55014)
c)radio controlled toys/walkies
d)recommendation for improvement/modification and retest
e)retest(full test after modification)
7. six(6)phthalates content in PVC(DEHP,DINP,DIDP,DBP,BBP & DNOP)
8. cadmium content(EEC Directive 91/338/EC)
9. toxic elements test on packaging materials(european council directive 94/62/EC)
10. nickel content & nickel release
a)EN1811
b)EN12472
11. colour fastness to sweat & salive(DIN 53160)
12. formaldehyde content(JIS method)&formaldehyde emission(EN717 for wood samples)

检 测 项 目

13. PCP content-leather or fabric

14. lead & cadmium content(EN1122+EPA3050B)

1.2 美国

1. ASTM F963a

    a)physical & mechanical test

    b)flammability test

        Ⅰ. doll's clothing/textile material(16CFR 1610)

        Ⅱ. stuffed toys,plastic toys,etc. (16CFR 1500.44)

    c)heavy metal test(9 toxic elements results)

2. CPSC regulations

    a)physical & mechanical test

    b)flammability test

        Ⅰ. doll's clothing/textile material(16CFR 1610)

        Ⅱ. Stuffed Toys,Plastic Toys,etc. (16CFR 1500.11)

    c)lead in paint coating(16CFR 1303)

3. DEHP(DOP)content in PVC(ASTM D3421)

4. Six(6)phthalates content in PVC(DEHP,DINP,DIDP,DBP,BBP & DNOP)

5. toxic elements test on packaging materials(CONEG legislation)

6. art materials requirements-LHAMA(ASTM D4236)

1.3 澳大利亚

1. AS 1647 part 1:1990 -general requirements

2. AS 1647 part 2:1992 -construction requirements

3. AS 1647 part 3:1995 -toxic elements tests

4. color staining test

    a)fabric

    b)non-fabric

1.4 国家标准化组织 ISO 8124

1. ISO 8124-1 mechanical & physical test

2. ISO 8124-2 flammability test

3. ISO 8124-3 migration of certain elements test

1.5 加拿大

1. canada hazardous products(toys)regulations,C.R.C.,C931

    a)physical and mechanical test

    b)flammability test

2. canada hazardous products act,R.S.C. H-3(7 toxic elements results)

1.6 中国

a)GB 6675—86 part 1:physical and mechanical test

b)GB 6675—86 part 2:flammability test

c)GB 6675—86 part 3:chemical test

1.7 其他化学测试

1. formaldehyde content(JIS method) & formaldehyde content(WKI Method)for wood samples

2. pentachlorophenol(PCP)content

3. chromium(Ⅵ)content(BS EN 420:1994)

4. preconditioning/ageing

    a)first 24 hours or below

    b)each additional 24 hours

    鉴于重金属的危害性,世界各国对塑料制品重金属含量提出了严格的限制,表 6-13 为主要发达国家和地区对塑料玩具制品重金属检测方法含量要求。

表 6-13　主要发达国家和地区塑料玩具制品环保法规及要求

塑料玩具重金属检测方法含量上限/$\times 10^{-6}$								
检测方法	Pb	Cd	Hg	As	Cr	Se	Sb	Ba
欧洲：EN 71—1994	90	75	60	25	60	500	60	1000
美国：ASTM 963—96	90	75	60	25	60	500	60	1000
澳大利亚：AS 1647	90	75	60	25	60	500	250	1000
日本：ST 96	90	75	60	25	60	500	60	1000

6.6.2.2　国际公司的环保规范及要求

近年来，制造业厂商经常接到来自客户对于产品的环保性要求，以及要求签署附有违反罚款的保证书。包括成品、半成品、加工、包装材料等，环保性要求愈来愈多，要求也愈来愈严格。国际间各大名制造商，已经纷纷采取相关措施，对产品的制造及采购采取了明确的规范，并严格要求供货商遵守。部分规范见表 6-14。

表 6-14　部分环保规范

1	诺基亚(Nokia)	"Requirement for RoHS"	4	菲利浦(Philips)	"AR17-5051-126"要求
2	索尼(SONY)	"SONY GP 计划"与"SS-020259"规定	5	微软(Microsoft)	供应链管理计划与"H00594"要求
3	日立(Hitachi)	绿色采购指引	6	松下(Panasonic)	化学物质管理指引

以日本 SONY 公司为例，日本 SONY 公司 2002 年 7 月 1 日开始实施"SONY SS-00259 技术规范"，依据此技术标准中所规范的"环境管理物质"，依不同的对象可分为不同的管理级别及禁止供货的时期，其整理见表 6-15。

表 6-15　环境管理物质名称一览

物　质　名　称		1 级	2 级	3 级
重金属	镉及镉化合物	●	2003/4 2005/1	●
	铅及铅化合物	●	2003/4 2004/4 2005/1	●
	汞及汞化合物	●	2005/1	●
	六价铬化合物	●	2005/1	—
氯化有机化合物	多氯联苯类(PCB)	●	—	—
	多氯萘类(PCN)	●	—	—
	氯代烷烃(CP)	●	—	—
	灭蚁灵(mirex)	●	—	—
	其他氯化有机化合物	—	—	●
溴化有机化合物	多溴联苯类(PBB)	●	—	—
	多溴二苯醚类(PBDE)	●	2005/1	—
	TBBP-A-bis	—	2003/10	—
	其他溴化有机化合物	—	—	●
有机锡化合物	三丁基锡化合物	●	—	—
	三苯基锡化合物	●	—	—
石棉		●	—	—
偶氮化合物		●	—	●
甲醛		●	2005/1	—

注：　●—表示在技术标准中有说明相关的管制规定。

1 级—立即禁止使用。

2 级—规定一定时期予以禁止。超过规定的日期之后，不能再使用，到达期限时则被归类为"1 级"。

3 级—目前没有规定日期以及消减目标，但指定了计划削减在部件、材料中含量的物质及其用途。

6.6.2.3 我国外销客户的要求

由于世界各国对 PVC 制品提出了更高的环保要求和安全规范，如：欧洲议会 2000 年通过的 PVC 材料环保要求书－76/769/EEC，日本 SONY 公司于 2002 年 7 月制定的"00259 技术标准"。外销客户针对 PVC 塑料制品的铅与镉含量提出了严格要求，测试标准如下：

（1）以 EN 1122—2001 为标准，镉含量 $< 5 \times 10^{-6}$；

（2）以 EPA 3050B—1996 为标准，铅含量 $< 50 \times 10^{-6}$。

另外根据外销客户要求，PVC 制品中以下 8 种物资也不能使用：

（1）三氧化二锑 Sb_2O_3；

（2）聚溴联苯类阻燃剂 PBB、PBDE 等；

（3）氯化石蜡及氯化阻燃剂；

（4）聚氯苯类；

（5）聚氯化萘类；

（6）有机锡（丁基锡）；

（7）石棉；

（8）偶氮化合物（颜料）。

6.6.2.4 部分物质的检测方法

目前对于部分物质并没有形成统一的检测规范，以下物质的通用检测方法见表 6-16。

表 6-16 部分物质的检测方法

阻燃剂检测方法	GC/MS 或 GC/ECD
有机锡检测方法	DIN 38407F13
偶氮检测方法	DIN 53316 GC-MS 和 HPLC-DAD
石棉检测方法	FTIR/显微镜
二噁英检测方法	HRGC/HRMS
游离酚检测方法	GC/MS

6.6.3 对策

对于 PVC 制品的安全问题我们应该从如下 3 个方面考虑，缺一不可：一是要注意使用原材料加工者的安全；二是要注意成品使用者的安全；三是要注意其废弃物对环境的安全。而我国对相当一部分 PVC 产品的管制中，只是限定了操作环境的安全，使用过程中某种有害物质在 PVC 制品中的可迁移或可析出含量，并没有考虑 PVC 制品的废弃回收。所以要从根本上消除 PVC 对人身健康和环境的危害，还是有一定距离的。

欧洲在 1992 年的第 5 届欧洲环境行动方案中，提出了以产品为导向的环境政策（IPP；Integrated Product Policy），大力提倡绿色产品及可持续消费。并开始引用北欧成功的环保标章制度，刺激消费者对于"绿色产品"的需求。同时，欧洲各国也鼓励领先企业，利用一些工具，并透过赋税诱因、价格机制等方式，逐步开发绿色产品市场。

在 IPP 政策中，是利用"管头"（front-of-pipe）的方式，取代"管末"（end-of-pipe）的方式来解决环境问题。我们要从根本上消除 PVC 的潜在危害，实现 PVC 塑料无毒化，IPP 政策是相当值得我们借鉴和推广使用的。

6.6.4 配方技术

PVC 塑料制品配方的设计涉及多个方面，配方中各组分的配合，对塑料制品性能有很大影响。它可以通过各种助剂、改性剂的不同配方来制造性能不一的产品，如各种软硬度、耐热、耐腐蚀的 PVC 电线电缆，耐冲击、耐压的 PVC 管道，管件及异型材等。在配方中，各组分的作用都是有相互关系的，不能孤立的选配。在选择组分时，应全面考虑各方面的因素，如物理性能、流动性能、成型性能和化学性能等。

以下为 PVC 配方设计的简单流程：

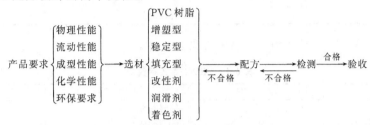

任何配方的设计都是以产品的需求作为起点，通过对需求的评定来选择原材料，制定配方，制样后再进行检测分析，对不合格的地方加以改进，最后得到合格的产品。本文将以无毒钙锌稳定剂为例来阐述无毒 PVC 塑料配方设计的重点，即润滑剂的选择。

以无毒钙锌稳定剂设计配方在大的整体与铅盐类稳定剂、有机锡类稳定剂、稀土稳定剂是相同的，其主要的区别在于润滑剂的选择。如下为几种稳定剂的固有润滑性及需并用的润滑剂种类。

润滑性顺序：

含硫有机锡 ＜ 有机锡 ＜ 无机稳定剂 ＜ 液体复合稳定剂 ＜ 粉末金属皂类

并用方法：

外润滑剂	内润滑剂和外润滑剂	内润滑剂

内润滑剂在常温下与树脂有一定的相容性，在高温下相容性增大，从而产生内增塑作用，可以削弱分子间作用力，减小内摩擦，降低熔体黏度，防止强烈的内摩擦导致塑料地过热，提高流动性，提高制品的产量和设备的加工效率。外润滑剂与树脂的相容性小，在加工中析出到熔体表面，降低熔体与接触金属之间的摩擦力，防止熔体黏附模具，改善制品的外观质量，保证制品表面的粗糙度达标。

在以钙锌为稳定剂的配方体系，需以内润滑为重点，适当加入外润滑剂，以达到内润滑与外润滑的平衡。但配方中若有氯化聚乙烯等改性剂存在时，因为它本身会促进熔化，需适当减少内润滑剂，以达到润滑平衡。

6.6.5　生产技术

几乎对所有 PVC 制品而言，钙/锌复合稳定剂都可以满足它们的要求，实验证明钙锌复合稳定剂性能和铅盐类稳定剂相当，制品的加工性能、颜色变化、耐候性方面都能得到保证，并且钙锌复合稳定剂其耐候性能更为优良。以下为使用钙锌稳定剂制作软质及半硬质，硬制品的基本配方，当然各种不同 PVC 制品所使用的钙/锌复合稳定剂是不相同的，其中的成分要作必要的调整。

（1）耐热 70℃电线电缆料　典型配方见表 6-17。

表 6-17　耐热 70℃ PVC 电线电缆料配方　　　　　　　　　　　　单位：质量份

原　材　料	配　方	原　材　料	配　方
PVC($K=65\sim67$)	100	$CaCO_3$	$40\sim60$
增塑剂 DOP	$40\sim60$	阻燃油 2635	4
环氧大豆油 EPOXY	$3\sim5$	内润滑剂	0.6
钙锌复合稳定剂	$4\sim6$	外润滑剂	0.2

（2）耐热 90～105℃电线电缆料　典型配方见表 6-18。

表 6-18　耐热 90～105℃ PVC 电线电缆料配方　　　　单位：质量份

原　材　料	配　方	原　材　料	配　方
PVC($K=65\sim67$)	100	CaCO$_3$	20～30
1.8.1 DIDP/TOTM	45～60	阻燃油 2635	4
环氧大豆油 EPOXY	3～5	内润滑剂	0.6
钙锌复合稳定剂	6～8	外润滑剂	0.2

（3）45P（85A）PVC 插头料　典型配方见表 6-19。

表 6-19　PVC 插头料配方　　　　单位：质量份

原　材　料	配　方	原　材　料	配　方
PVC($K=58\sim60$)	100	钙锌复合稳定剂	5～6
增塑剂 DOP/DIDP/TOTM	45	内润滑剂	0.6
环氧大豆油	3	外润滑剂	0.4
CaCO$_3$	40～60		

（4）透明无毒医用软管　典型配方见表 6-20。

表 6-20　透明无毒医用 PVC 软管配方　　　　单位：质量份

原　材　料	配　方	原　材　料	配　方
PVC($K=65\sim67$)	100	钙锌复合稳定剂	2
柠檬酸酯	40～50	外润滑剂	0.2
环氧大豆油	4～6		

（5）透明无毒压延膜　典型配方见表 6-21。

表 6-21　透明无毒 PVC 压延薄膜料配方　　　　单位：质量份

原　材　料	配　方	原　材　料	配　方
PVC($K=65\sim67$)	100	钙锌复合稳定剂	2
增塑剂 DOP/DINP/柠檬酸酯	40～60	外润滑剂	0.3

（6）无毒环保 PVC 玩具料　典型配方见表 6-22。

表 6-22　无毒环保 PVC 玩具料典型配方　　　　单位：质量份

原　材　料	配　方	原　材　料	配　方
PVC($K=65\sim67$)	100	钙锌复合稳定剂	3
柠檬酸酯 D4 或 B2	40～80	外润滑剂	0.5
环氧大豆油	3		

（7）无毒 PVC 上下水管材　典型配方见表 6-23。

表 6-23　无毒 PVC 上下水管配方　　　　单位：质量份

原　材　料	配　方	原　材　料	配　方
PVC($K=65\sim67$)	100	增韧剂 CPE	3～8
环氧大豆油	4	加工助剂	1
钙锌复合稳定剂	3～5	内润滑剂	0.6
CaCO$_3$	5～10	外润滑剂	0.2

（8）无毒 PVC 门窗型材　典型配方见表 6-24。

一直以来我国 PVC 塑料无毒化进展相当缓慢。这不单是一个成本的问题，关键在于人们的环保意识有待提高。以稳定剂为例，目前市面上已经出现性能优良的钙锌类稳定剂，然而市场反应并不积极。要实现 PVC 行业无毒化，如 PVC 电线电缆无毒化、PVC 门窗异型材无毒化，仍然是任重而道远。

表 6-24 无毒 PVC 门窗型材典型配方

单位：质量份

原 材 料	配 方	原 材 料	配 方
PVC($K=65\sim67$)	100	加工助剂	1.5
钙锌复合稳定剂	5	钛白粉	5
CaCO$_3$	8	内润滑剂	0.6
增韧剂	10	外润滑剂	0.2

6.7 硫醇甲基锡热稳定剂在 PVC 中的应用

（李祥彦）

6.7.1 硫醇甲基锡生产技术

有机锡化合物是指具有一个以上 Sn—C 的化合物，具有良好的反应活性和生物活性，主要用作聚氯乙烯的热稳定剂、杀菌剂、防腐剂和催化剂等。有机锡工业品种主要分为甲基锡、丁基锡和辛基锡。硫醇甲基锡是三大有机锡品种中的一种，与 PVC 相容性好，与 C8-C12 脂肪醇、C8-C12 脂肪酸、亚磷酸脂肪醇酯、油脂等弱极性油品相容，不易燃，凝固点低，即使在−20℃仍为黏稠液体。硫醇甲基锡热稳定剂是稳定性能最好，性能优异，是有机锡中最具发展潜力的有机锡品种，应用于 PVC 挤出、压延、吹塑及注塑的各类制品中，具有优异的初期着色性、透明性和热稳定性，为聚氯乙烯薄膜、片材、板材、粒料、管材、管件和型材等制品的关键助剂。

6.7.1.1 硫醇甲基锡制备技术开发

硫醇甲基锡的制备典型工艺为两步法制备，主要分为中间体合成制备及酯化合成硫醇甲基锡两步。

随着国内生产技术的日益成熟和发展，硫醇甲基锡中间体的制备技术采用直接合成法已经成目前硫醇甲基锡生产技术的发展趋势并日趋成熟。

张麟等发明的"甲基硫醇锡的制备方法"公开了一种甲基硫醇锡的制备方法；肖连朝等发表的"甲基硫醇锡（R181）研究与开发"采用复合催化剂戴百雄等发表的"配位型硫醇甲基锡合成及应用"杭州盛创实业有限公司发明的"一种甲基锡硫醇酯热稳定剂的制备方法"国内生产硫醇甲基锡中间体目前主要是采用直接法进行生产合成，其不同点是通过合成步骤的调整，催化剂的选择、工艺控制装备及工艺参数控制的改进创新实现生产过程的控制。

硫醇甲基锡的合成，利用前端制备的中间与巯基酯进行反应合成硫醇甲基锡 PVC 加工热稳定剂。国内已有针对硫醇甲基锡及制备方法的研究报道。

云南锡业股份有限公司公开了一种高沸点硫醇甲基锡及其制备方法、高锡高硫硫醇甲基锡制备方法得到高沸点硫醇甲基锡，产品具有高沸点、高透明性、热稳定性好、无毒等特点，兼有传统硫醇甲基锡的功效，在高速运转的 PVC 压延设备使用中克服了传统硫醇甲基锡高挥发性而降低其使用功效的弱点；该方法获得的 PVC 热稳定剂的分子量大、稳定性好，可使塑料加工行业用户在 PVC 加工过程减少环境污染。

此外，浙江海普顿化工科技有限公司公开了一种硫醇甲基锡的制备方法；湖北南星化工总厂发明的"一种含硫桥的逆酯硫醇甲基锡的制备方法"公开了一种含硫桥的逆酯硫醇甲基锡的制备方法；湖北犇星化工有限责任公司发明的"种配位型硫醇甲基锡化合物及制备方法和应用"是采用一步法催化合成配位的中间体，然后再与巯基乙酸异辛酯进行缩合反应制备配位型硫醇甲基锡；刘松伟等发表的"甲基硫醇锡合成工艺研究"以巯基乙酸异辛酯和甲基氯化锡为原料合成了甲基硫醇锡，江从宇发表的"真空法合成甲基硫醇锡研究"研究了以巯基乙酸异辛酯和甲基氯化锡为原料，分三阶段在真空下直接合成甲基硫醇锡；深圳泛胜塑胶助剂有限公司发明的"甲基锡硫醇酯混合物作 PVC 树脂热稳定剂的制备方法"公开了利用中间体与巯基酯反应。通过合成的工艺参数、步骤、选择原料、延长碳链、改变物理参数、化学指标使新的硫醇甲基锡产品性能符号 PVC 加工工艺需要是硫醇甲基锡未来的发展和技术攻关方向。

6.7.1.2　甲基锡热稳定剂的发展趋势

有机锡作为 PVC 热稳定剂具有良好的热稳定性、耐候性、初期着色性、无毒性、透明性等优异性能，是目前用途最广、效果最好的一类热稳定剂。其中，硫醇甲基锡以其优异的热稳定性、透明性和压析性成为 PVC 最佳和最有发展前景的热稳定剂之一，因此，对它的研究十分活跃。

（1）研究和开发新型甲基锡热稳定剂　甲基锡稳定剂的特点是：高效、用量少、毒性小、与 PVC 相容性好、可改善 PVC 的加工流动性。在不改变甲基（R 基团）的前提下，可以对 Y 基团进行改进，常见的 Y 基团大多为含 Sn—O 键或/和 Sn—S 键的基团，对这些基团进行改进可以得到不同性能的甲基锡化合物，满足甲基锡热稳定剂多样化的需求。同时也需对原有品种进行改进，提高其性能。

（2）发展有机锡热稳定剂的复配技术　与改变分子结构的方法相比，通过提高配合技术、改进生产工艺来达到提高有机锡热稳定剂的稳定效果、阻止迁出和降低成本的目的，有时更为简便、快捷。

① 有机锡热稳定剂间配合技术。不同有机锡热稳定剂共用，可以起到协同作用，充分发挥各组成热稳定剂的优点，达到最佳效果。如：硫醇类二烷基、马来酸类二烷基锡与月桂酸类二烷基锡并用，除了可提高热稳定效果外，还可以克服月桂酸类有机锡初期着色性大、马来酸类有机锡润滑性差等缺点。

② 有机锡热稳定剂与有机辅助稳定剂的配合。理论上，有机锡热稳定剂在稳定作用过程中，生成的二烷基锡二氯化物是较弱的路易斯酸，不会引起聚合物的突然降解，可以不需要辅助稳定剂来优先吸收氯原子，因而通常情况下，辅助稳定剂对有机锡热稳定剂的稳定效果，既无明显提高也无明显减损。但一些辅助稳定剂却能明显提高特定有机锡热稳定剂的稳定效果。

③ 有机锡与其他金属盐类符合热稳定剂的配合。有机锡与其他金属盐类共用也可以起协同作用、提高稳定效果、减少锡含量、降低成本，目前正越来越受到重视。有机锡与合适的金属盐类复配，不仅可以提高稳定性，还可以改善其润滑性、加工性能及制品的物理力学性能。

（3）有机锡热稳定剂高分子化和多功能化　有机锡的高分子化是改善其与 PVC 树脂相容性、减少挥发性、阻止迁移或滤出、降低毒性和保护环境、扩大其在 PVC 制品中应用范围的有效途径，是有机锡热稳定剂的发展方向之一。

（4）开发新工艺　研究开发新的合成工艺，进一步减低生产成本，提高产品的纯度与性能也是扩大有机锡热稳定剂在 PVC 中应用范围的有效途径。

6.7.1.3　硫醇甲基锡的性能特点

（1）极佳的热稳定性　在热稳定性方面目前还没有任何其他类型的热稳定剂能够超过它，它具有极好的高温色度稳定性和长期动态稳定性。因此，它是硬质 PVC 首选的热稳定剂，适用于所有的 PVC 均聚物，如乳液、悬浮液和本体 PVC 以及聚氯乙烯的共聚物、接枝聚合物和共混聚合物。

（2）卓越的透明性　有机锡热稳定剂具有卓越的透明性，采用有机锡，尤其是硫醇甲基锡热稳定剂的配方，可以得到结晶般的制品，不会出现白化现象。正是因为如此，SS-218A \ TM-

181-FS 可用于瓶子、容器、波纹板，各种类型的硬质包装容器、软管、型材、薄膜等。

（3）产品无毒　硫醇甲基锡是无毒的绿色环保型热稳定剂，硫醇甲基锡在 PVC 中的迁移极微，甲基锡稳定剂已被德国联邦卫生局（BGA）、美国食品和药物管理局（FDA）、英国的 BPF 和日本的 JHPA 认可。所以在美国、欧洲、日本等国家硫醇甲基锡准许用于食品和医药包装用 PVC 制品及上水管中。2000 年经国家"全国食品卫生标准专业委员第十五次会议"审议，SS-218 硫醇甲基锡被作为增补品列入 GB 9685—94《食品容器、包装材料助剂食用卫生标准》中。至此，SS-218 可以合法地用于食品和药品包装的 PVC 制品中。

（4）良好的相容性　硫醇甲基锡稳定剂与 PVC 相容性好，在 PVC 配合物中很容易分散，在其加工的制品中长期使用也不会析出。因此，不会影响制品的表面性质和电性能。甲基锡与 PVC 的相容性好于丁基锡和辛基锡。

（5）比较好的流动性　硫醇甲基锡可以改善 PVC 熔融作用，使 PVC 在加工时具有较好的流动性，它对树脂的增塑效果与混合金属盐或铅盐稳定剂相比，可产生较低的熔融黏度，所以，甲基锡是硬质 PVC 的混合物最好的稳定剂。

（6）耐结垢性强　使用硫醇甲基锡不会发生结构现象，可减少生产设备的清洗次数，提高生产效率，降低生产成本，扩大利润。

6.7.2　硫醇甲基锡在 PVC 硬制品中的使用

近几年来我国建筑用塑料制品发展迅猛，塑料片材、塑料管材、塑料异型材及门窗制品在其中所占比例正逐年上升。"十五"期间乃至今后十年，建筑业的发展将为化学建材的发展提供广阔的市场前景。PVC 硬制品的高速发展也推动了适用于硬制品生产的各类添加剂的生产及其配方的研究，下面简单介绍一下硫醇甲基锡热稳定剂在我国硬制品生产中的使用情况。

6.7.2.1　我国硬制品生产中稳定剂的使用现状

国内 PVC 硬制品的开发比较晚，20 世纪 90 年代才进入高速发展阶段，通过引进先进的加工生产技术，使得国内 PVC 硬制品的生产技术水准有了极大提高，成为国内塑料加工制品业的重点行业。但研究发现，在 PVC 硬制品生产中稳定剂的使用上，我国与欧美国家仍有所区别。

美国就特别强调无毒有机锡配方的发展，严格限制了铅盐等有毒物质在 PVC 制品中的含量，现今在美国市场上的 PVC 制品中有机锡配方的比例占绝对的优势。

目前国内 PVC 硬制品生产厂普遍属中、小型，挤出机、模具来源很广，添加剂、辅料生产厂众多，规格、应用性能差异很大。这样各种复合稳定剂生产厂商不可能像欧美市场一样针对某一生产厂的要求，特地为某一中小型企业制造特定的复合稳定剂。同时各 PVC 硬制品生产厂为降低成本、得到更低廉的原辅料而经常改变 PVC 粉料及各种助剂的采购渠道，造成了很多可变因素，这就更难与特定复合稳定剂配伍。

PVC 硬制品生产厂经常被一些问题困扰，例如生产中出现析出，清机周期短，废品率高、表面光亮度不够、发脆、抗冲击性能差、焊角强度不合格等一系列问题。而这些问题实际是由于热稳定剂体系、润滑剂系统与 PVC 树脂各种原辅料及挤出设备配合不好，造成塑化状态不是最佳而造成。

从表 6-25 分析大致可看出哪些因素造成这些问题。

从以上表格可以看出：由于复合稳定剂体系中稳定剂用量、内外润滑剂是一定的，是不可变因素，当 PVC 生产厂采用某种复合稳定剂后不可能再调整润滑系统及调节稳定剂的用量，只能根据复合稳定剂厂商推荐的用量去调节各自的机器、设备去满足复合稳定剂的性能。这样做实际上是非常困难，有时是不可能的，因此，许多 PVC 生产厂在生产实际上是处于一种盲

表 6-25 问题分析

单质有机锡配方 PVC	复合铅配方 PVC	复合稀土配方 PVC	单质铅配方 PVC
有机锡稳定剂-可变因素 1 外润滑剂-可变因素 2 内润滑剂-可变因素 3	复合铅润滑体系—不可变因素 （其中复合了单质铅盐类内外润滑剂等助剂）	复合稀土润滑体系—不可变因素 （其中复合稀土相当部分复合了大量铅盐,内外润滑剂等助剂）	二碱式铅盐 硬脂酸铅　可变因素 1 二碱式铅盐 外润滑剂—可变因素 2 内润滑剂—可变因素 3
抗冲击改性剂	抗冲击改性剂	抗冲击改性剂	抗冲击改性剂
加工助剂	加工助剂	加工助剂	加工助剂
颜料	颜料	颜料	颜料
填料	填料	填料	填料

目状态。使用复合稳定剂在一定条件是非常经济有效的,但按我国目前型材行业状况,盲目跟随欧美配方体系,是不合理的。在上表中单质有机锡配方中,所有原辅料都是分别加入的,这样该配方就可以根据不同的挤出机、模具及不同的 PVC 树脂和其他辅料调节稳定剂用量(即调整可变因素 1),来调整稳定剂与用量之间的平衡;通过调整可变因素 2、3,来使型材塑化状态达到最佳。就是由于成本因素,型材厂改变了某些原辅料的采购渠道也可以通过调节稳定剂、润滑体系来满足不同生产要求。

6.7.2.2　硫醇甲基锡配方的几大优点

(1) 无铅无毒绿色环保性　用无铅配方无疑是保护环境,保护工人健康,造福子孙后代的大好事。由于甲基锡是油状液体,可使混料间由系统密封不严造成的飘尘明显减低,有效保护工人的身体健康。另外铅配方的制品在使用过程中,会因自然老化导致制品表层出现"白垩化",铅也随着粉化层脱落,会对居住环境造成铅污染,人体内铅含量一旦超标就可能导致多种疾病。欧洲和美国、日本等发达国家已经开始限制使用铅盐做热稳定剂,欧洲从 2003 年开始进一步限制使用铅热稳定剂,其饮用水含铅允许量从 $50\mu g/L$ 降到 $25\mu g/L$,2013 年要求降为 $10\mu g/L$。使用有机锡配方可达到出口要求,最大限度地满足今后发展的需要。

(2) 良好的耐气候性　化工部合成材料所研究员胡行俊高工在《聚氯乙烯异型材耐久性研究》一文中指出:凡含铅盐稳定体系的型材,经光老化后易着色而污染制品,在经过 1500h 光照射后显著变黄,含有机锡稳定体系试样经同等光照后颜色并无显著变化。由此可知,有机锡配方在耐气候性上有较大的优势。另外,我国大部分地区还在使用燃煤,含铅盐稳定剂的制品在燃煤地区使用还存在易与空气中的二氧化硫反应而使表面变灰的问题,而用有机锡配方则不存在这一缺点。

(3) 加入份数少,配方成本低　在 PVC 型材生产中,大多数情况下,加入 0.9 份甲基锡稳定剂即可替代全部铅体系,而在管材生产中用量可低至 $0.7\sim0.8$ 份,其实际成本低于或等于同一配方中铅体系及稀土体系稳定剂。另在三个方面体现潜在低成本:①正品率高,清机周期长;②回收料可直接生产小配件,无色差;③试车成功率高,避免浪费试机料。

(4) 较高的出材率　由于甲基锡的相对密度在 1 左右,而铅的相对密度大,且铅加入的份数大(其用量可达到 $5\sim6$ 份),故在同等壁厚时,甲基锡配方体系的出材率较铅配方体系高 6% 左右。另外甲基锡为液体不影响 PVC 树脂的冲击韧性,而铅盐多为无机固体粉料,加入后必然导致 PVC 树脂冲击性能的降低,故而甲基锡配方使型材即使在 2.0mm 甚至更低的壁厚,也能通过国家标准,而铅配方则较难达到,这也是高成材率的另一个重要原因。

(5) 优秀的塑化性,易操作性　用哈克转矩流变仪测塑化性能时,甲基锡配方塑化时间一般是 90s 左右,而铅配方则在 $2\sim3$min (185℃,60r/min)。甲基锡配方的易塑化性可弥补某些设备塑化性差、剪切力低的缺陷,也可以说甲基锡配方具有对各种生产设备的适用性。通常使用甲基锡配方各段加工温度较铅体系的要低 $7\sim10$℃,降低了能耗,减少了生产成本。

（6）优秀的物理力学性能　除了薄壁型材也能满足低温冲击性以外，甲基锡配方的型材还具有很高的焊角强度。如：有机锡配方加 8 份 CPE 时焊角平均达 5000N，而甲基锡配方加丙烯酸酯抗冲击剂则焊角强度可达 6000～8000N。PVC 硬制品所必需的其他性能，如拉伸强度、断裂伸长率、简支梁冲击等，在甲基锡配方中也有相当好的体现。

（7）在同等条件下可加入较多的填料　使用甲基锡配方用铅盐等固体配方相比，在保证同样的加工性能及制品的物理力学性能的条件下，可加入略多填料，由此可降低配方成本，扩大利润。

（8）表面粗糙度低　使用甲基锡配方制备 PVC 硬制品的另一个优势是可以得到有益的表面粗糙度和良好的手感，甲基锡可以根据生产厂家的挤出机、模具的不同调节配方，使生产出外观光洁漂亮的 PVC 硬制品，提高制品的市场竞争力。

6.7.3　硫醇甲基锡在 PVC 硬制品中的配方实例

6.7.3.1　硫醇甲基锡在 PVC 型材中的配方实例

（1）PVC 型材配方设计原则

① 树脂应选择 PVC-SC5 树脂或 PVC-SG4 树脂，也就是聚合度在 1200—1000 的聚氯乙烯树脂。

② 须加入热稳定体系。根据生产实际要求选择，注意热稳定剂之间的协同效应和对抗效应。

③ 须加入冲击改性剂。可以选择 CPE 和 ACR 冲击改性剂。根据配方中其他组成以及挤出机塑化能力，加入量在 8—12 份。CPE 价格较低，来源广泛；ACR 耐老化能力、焊角强度高，但价格偏高。

④ 适量加入润滑系统。润滑系统可以降低加工机械负荷，使产品光滑，但过量会造成焊角强度下降。

⑤ 加入加工改性剂可以提高塑化质量，改善制品外观。一般加入 ACR 加工改性剂，加入量 1—2 份。

⑥ 加入填料可以降低成本，增加型材的刚性但对低温冲击强度影响较大，应选择细度较高的活性轻质碳酸钙加入，加入量在 5～15 份。

⑦ 必须加入一定量的钛白粉以起到屏蔽紫外光的作用。钛白粉应选择金红石型，加入量在 4—6 份。必要时可以加入紫外线吸收剂 UV-531、UV-327 等以增加型材的耐老化能力。

⑧ 适量加入蓝色和荧光增白剂，可以明显改善型材的色泽。生产彩色型材时，则根据需要加入不同的颜料，加入量因颜料种类的不同而有较大的变化，根据实际情况调节。

（2）硫醇甲基锡在 PVC 型材中的配方实例　见表 6-26。

表 6-26　硫醇甲基锡在 PVC 型材中的配方实例　　　　单位：质量份

材　料	配　比	材　料	配　比
PVC SG-5	100	CPE（35%）	8—10
硫醇甲基锡 SS-218	0.9—1.2	活性轻钙	6—10
硬脂酸钙	1—2	钛白（金红石型）	4—6
ACR401	1—2	PE 蜡	0.5—1

该配方特点：无毒，粉尘污染小，型材焊接强度高。

配方组分的选择　选择硫醇甲基锡 SS-218 主要是考虑到型材初期颜色好，配方中加入量低，得到低成本配方。同时大大减轻了全逆酯锡的特异臭味。

采用硬钙作为内润滑剂，同时作为有机锡辅助稳定剂，与有机锡一起发挥协同效应。在实际配方中采用石蜡与硬脂酸钙共用，使型材塑化温度降低并缩短塑化时间。

石蜡与氧化聚乙烯蜡在配方中同起外润滑作用。但由于氧化聚乙烯中含有少量极性基团，所以氧化聚乙烯蜡可在某种程度上分散于 PVC 分子间，略显内润滑作用。

配方中采用活性轻质碳酸钙 10 份。由于有机锡为液体物料，同时加入量 0.9~1.2 份，所以相对于其他固体稳定剂可使型材整体固体物料量有所降低，故可相应增加填料量，降低配方成本。

6.7.3.2 硫醇甲基锡在 PVC 管材中的配方实例

(1) PVC 管材的特性

质轻，搬运装卸便利：PVC 管材质量很轻，搬运、装卸、施工便利，可节省人工。

耐化学药品性优良：PVC 管具有优异的耐酸、耐碱、耐腐蚀性，对于化学工业之用途甚为适合。

流体阻力小：PVC 管之壁面光滑，对流体之阻力小，其粗糙系数仅 0.009，较其他管材为低，在相同流量下，管径可予缩小。

力学强度大：PVC 管之耐水压强度、耐外压强度、耐冲击强度均甚良好，适于各种条件之配管工程。

电气绝缘性好：PVC 管有优越的电气绝缘性，适用于电线、电缆之导管，可广泛应用于电信电力配管，与建筑上之电线配管。

不影响水质：PVC 管由溶解实验证实不影响水质，为目前自来水配管之最佳管材。

施工简易：PVC 管之接合施工迅速容易，故施工工程费低廉。

(2) 硫醇甲基锡在 PVC 管材中的配方实例　见表 6-27。

表 6-27　硫醇甲基锡在 PVC 管材中的配方实例　　　　单位：质量份

材　料	配方 1	配方 2	材　料	配方 1	配方 2
PVC 树脂 S-65	100	100	碳酸钙	10~12	20~30
硫醇甲基锡	0.6~1.0	0.6~1.0	钛白粉	1.5	1.0
硬脂酸钙	0.5~0.8	0.8	石蜡		1.2
聚乙烯蜡	0.3~0.6		ACR 加工助剂		0.4~0.8
微晶蜡	0.6~1.0		ACR 抗冲改性剂		1.5~2.0

(3) 硫醇甲基锡在 PVC 管件中的配方实例　见表 6-28。

表 6-28　硫醇甲基锡在 PVC 管件中的配方实例　　　　单位：质量份

材　料	配　比	材　料	配　比
PVC 树脂，$K=57—61$	100	石蜡	0.5
硫醇甲基锡	1.5~2.0	钛白粉	1.5~3.0
硬脂酸钙	0.5	ACR	0.5

6.8　稀土及其复合热稳定剂的性能和应用

6.8.1　概述

稀土热稳定剂是当今世界稳定剂行业中的一枝新秀，英国、法国、日本、苏联等在 20 世纪 70 年代就开展了稀土热稳定剂的研究并合成一系列稀土化合物，如水杨酸稀土、柠檬酸稀土、环烷酸稀土、硬脂酸稀土等。将这些有机酸稀土化合物添加到 PVC 中，发现它们对 PVC 的热稳定作用优于传统的 PVC 热稳定剂。研究表明稀土热稳定剂热稳定性好，透明性显著，能与锌皂等起协同作用，而且不受硫化物污染，储存稳定，还具有无毒环保的优点（表 6-29）。但由于这些国家稀土资源贫乏，加之稀土元素的化学性质相近，要分离出单一稀土元素化合物极其困难，致使单一稀土元素化合物价格昂贵，所以这些国家对稀土热稳定剂的深入研究及应用一直受到限制。

表 6-29　几种盐类的毒性比较

项 目	氯化铅	氯化镉	醋酸镧	氧化铈
LD$_{50}$（小鼠半数致死量）	50	88	10000	4058
毒性级别	高毒	高毒	微毒	低毒
生物积累性	有	有	无	无

国内在 20 世纪 70 年代后期才开始将稀土化合物用于 PVC 的热稳定剂，但已取得不少进展。对稀土稳定剂的研究应用发现，某些稀土复合稳定剂不管是静态稳定性还是动态稳定性均已接近传统国产和进口铅盐及钡锌类稳定剂，具有优良的长期热稳定性能。在相同条件下，与传统稳定剂比，添加了稀土稳定剂的 PVC 塑化时间短，塑化温度、平衡温度低，平衡扭矩小，减少加工能耗，加快 PVC 的塑化过程，使制品性能得到提高，但也存在初期着色性稍差、价格较铅盐类稳定剂高等不足。

由于稀土稳定剂与传统稳定剂配合性良好并能与多数常规稳定剂产生显著的协同效应，又因其单独使用时往往前期稳定效果不强，稀土稳定剂通常与常规稳定剂复合并用，制备成多功能稀土复合稳定剂。稀土复合稳定剂是继铅系、金属皂类、有机锡类等 PVC 加工热稳定体系之后的新型热稳体系，在 20 世纪 80 年代由我国最先工业化。当稀土稳定剂和其他稳定剂复配使用时，由于协同效应，使复合稳定剂对 PVC 的热稳定作用优于单纯的稀土稳定剂。此外，稀土多功能复合稳定剂因其独特的化学结构，对 PVC 体系还具有一定的偶联、增韧、增容、润滑、提高物料流动性、提高 PVC 制品力学性能的作用。与传统的铅盐稳定剂和有机锡稳定剂相比，其 PVC 体系的力学性能在各方面都较接近其甚至在某些方面有所提高。利用协同效应制成的多功能型稀土复合稳定剂，可广泛用于 PVC 异型材、管材、板材、人造革、透明制品等软硬制品的加工，适合挤出、注塑、压延、吹塑等加工工艺。在制品成型加工中具有低量、高效、加工性能好、优良的光热稳定性和耐候性，符合环境友好型塑料助剂的发展要求。

稀土是我国的独特资源，储藏量占世界的 50% 以上，推广高效、无毒、复合型的稀土稳定剂具有重要的经济和社会效益。由于国外缺乏稀土资源，至今未见商业化报道。国内稀土热稳定剂近年来发展很快，研究开发也很活跃，并率先对稀土热稳定剂进行了商品化的探索，经过多年对单一稀土化合物稳定性的研究探索后，目前许多企业和机构先后开发出各种复配型稀土稳定剂，并具有一定的生产规模。中国科技大学、四川大学、广东工业大学、浙江大学、福建省二轻工业研究所、广东炜林纳功能材料公司等单位已进行了多方面的研究工作，取得良好的进展。目前，广东炜林纳功能材料公司等企业的稀土热稳定剂年产量已达万吨级。此外，常熟合成化工厂生产的由镧系稀土元素与硬脂酸盐复合而得的稳定剂、浙江江仙居合成化工厂生产的环氧油酸稀土稳定剂、江阴市华士日用品化工厂生产的稀土稳定剂、广东肇庆鼎湖精细化工厂的硬脂酸稀土锌系稳定剂、福州二轻工业研究所的稀土复合稳定剂、广东工业大学的硬脂酸稀土元素与硬脂酸锌、硫醇辛酯复合稀土稳定剂等，有良好的性能，部分产品已工业化用于传统 PVC 制品，还可代替金属皂盐用于 PVC 透明制品。经多年的研究开发，目前全国稀土热稳定剂的总产能预计超过 30kt/a，但有关稀土复合稳定剂的生产工艺和配方目前多处于商业保密阶段。

6.8.2　无机类稀土及其复合热稳定剂的性能和应用

无机类稀土稳定剂通常用于传统稳定剂的辅助使用，不如有机类稀土稳定剂易于工业化应用，因此无机类稀土稳定剂目前的性能研究和应用较少，多停留在实验室研究阶段。稀土化合物对 PVC 的稳定作用来自 3 个方面：变价元素、类金属皂作用和稀土络合作用。对于变价稀土元素如铈、钕等，它们应同时兼具这 3 种作用，热稳定性较好；对于既无变价、又无润滑作用的稀土无机化合物，只有配位作用，其热稳定作用理应差些。因此，适合作热稳定剂的稀土化合物依次是：铈化物、钕化物和镧化物 3 种，其余各类稀土化合物目前均无实际生产意义，仅可作理论研究。在已有的无机稀土盐的性能研究中主要是对稀土钕化物、铈化物和镧化物以及稀土硫酸盐稳定剂的性能研究。此外，一种对 PVC 具有良好初期稳定性能的特殊结构的液体无毒透明单稀土盐稳定剂见于报道。

6.8.2.1 无机稀土改性硫酸盐

该类稳定剂通常是由稀土氧化物同硫酸基盐稳定剂按一定比例反应制得的复合型稀土盐热稳定剂。通常稀土盐占稳定剂体系的 30％左右的稳定效果最佳。静态热稳定性和红外光谱分析表明稀土氧化物硫酸盐对 PVC 有优良的热稳定效果，动态热稳定性及流变性能表明，稀土盐能明显提高 PVC 树脂的塑化效率，改善树脂的加工性能，同时发现稀土氧化物硫酸盐稳定剂有利于提高制品拉伸强度等力学性能。稀土氧化物硫酸盐与有机锡复合稳定剂有明显的协同作用，可与有机锡连用组成稀土氧化物硫酸盐-有机锡复合稳定体系，经静态热稳定性和红外光谱分析显示，复合体系的热分解起始温度为 167.19℃，比纯有机锡体系的热分解起始温度 159.88℃更高，热失重率比纯有机锡体系低，表明稀土氧化物硫酸盐复合稳定剂比单用纯有机锡稳定剂稳定作用强。

如成都科技大学（现四川大学）制备的稀土改性三碱式硫酸铅（RETS），经由氧化铅、稀土氧化物氧化铈或氧化铈、氧化镧、氧化镨混合物同硫酸溶液按比例、温度、搅拌速率条件下制得，成品为白色粉末。将其应用于 PVC 试样并对试样做热降解测试，使用电导法在 180℃下测定其热降解特征值，并同三碱式硫酸铅体系（TS）稳定性能比较（表 6-30），该 RETS 体系的降解诱导期和低速降解期均低于 TS 体系，初期降解速率低于 TS 体系而降解活化能同 TS 体系相比有显著提高，热稳定性明显优于三碱式硫酸铅。

表 6-30　稀土改性三碱式硫酸铅与三碱式硫酸铅体系的
降解特征值（180℃）及降解活化能

稳定体系	诱导期 /min	低速降解 /min	初期降解速率 /min^{-1}	降解活化能 /(kJ/mol)
RETS	40	385	0.867×10^{-2}	166.2
TS	25	315	1.027×10^{-2}	142.5

6.8.2.2 无机稀土钕（Nd）盐

稀土钕盐中的稀土元素钕有三种氧化态，常规氧化态是 Nd^{3+}，可以失去电子变成 Nd^{4+}，也可得到电子变成 Nd^{2+}，根据自由基稳定理论，变价元素具有强的热稳定作用，因而稀土钕盐具有良好的稳定性。在钕化物的使用上，虽然使用过多的钕化物用量可使热稳定性有所增加，但与钕化物增加量不成比例，而初期着色性能变化不大，甚至有时初期着色性反而有所下降，钕的价格又很昂贵，基于性能和成本综合考虑，钕化物用量以 0.1 质量份为宜（表 6-31）。此外，钕化物单用虽然取得了相对优良的结果，但从未达到工业生产应用的效果，热稳定性和初期着色性还欠佳。以稀土钕化物为基体的体系中加入适当的有机磷酸酯、β-双酮化合物以及多元醇化合物等稳定助剂并与 Ba/Zn 稳定体系复合的 Nd-Ba/Zn 复合稀土钕化物稳定剂具有更优良的稳定性及实用意义。

以 PVC 树脂 100 质量份，DOP50 质量份，硬脂酸钡 1.0 质量份，硬脂酸锌 0.5 质量份，改变不同钕化物用量和其他助剂用量的稀土钕盐对 PVC 的稳定性见表 6-31。以 PVC 树脂 100

表 6-31　不同无机钕盐的热稳定性能比较

项目	钕化物的种类及其用量		热稳定性（黑化时间）/min	初期着色性（加热 10min 颜色变化）
	钕化物及基准名称	用量质量份		
基准	—	0	40	严重变色
	$AlCl_3$	0.1	30	中度变色
实验	$NdCl_3$	0.01	40	轻度变色
	$NdCl_3$	0.1	40	不变色
	$Nd(ClO_4)_3$	0.1	40	不变色
	NdF_3	0.1	40	微微变色
	$Nd_2(CO_3)_3$	0.1	50	微微变色
	$Nd_2(CO_3)_3$	10.0	60	微微变色
	Nd_2O_3	1.0	45	微微变色
	Nd_2O_3	20.0	60	微微变色
	$Nd_2(OH)_3$	5.0	50	微微变色

质量份，ABS 树脂 20 份，加工助剂 1.0 质量份，壬基酚基钡盐 1.0 质量份，辛酸锌 0.5 质量份，环氧大豆油 2.0 质量份，焦磷酸四（$C_{13}\sim C_{15}$ 混合烷基-4,4'-异亚丙基-二苯基）酯 0.5 质量份，改变不同的 Nd-Ba/Zn 复合稳定剂用量对 PVC/ABS 合金体系的稳定性见表 6-33。

　　由表 6-32 可以看出，在加入 0.1 质量份钕化物作为热稳定剂后，再加入适量的磷酸酯、β-双酮化合物及多元醇化合物后，试片的初期着色性能非常好，在 180℃ 的热老化烘箱内保持

表 6-32　钕盐稀土稳定剂的配方及热稳定性

项目	钕化物的种类及其用量		其他助剂及用量		热稳定性（黑化时间）/min	初期着色性（加热 10min 颜色变化）
	钕化物	用量/质量份	其他助剂	质量份		
基准	—	—	—	—	45	严重变色
	—	—	磷酸三苯酯	0.5	50	中度变色
	—	—	双季戊四醇	0.5	110	严重变色
	—	—	二苯甲酰乙烷	0.1	40	轻度变色
实验	$NdCl_3$	0.1	磷酸三苯酯	0.5	60	不变色
	$NdCl_3$	0.1	双季戊四醇	0.5	120	不变色
	$NdCl_3$	0.1	二苯甲酰乙烷	0.1	50	不变色
	$Nd(ClO_4)_3$	0.1	焦磷酯四（$C_{13}\sim C_{15}$ 混合烷基-4,4'-异亚丙基-二苯基）酯	0.5		不变色
	$Nd(ClO_4)_3$	0.1	二苯甲酰甲烷	0.1	50	不变色
	NdF_3	0.1	二苯甲酰甲烷	0.1	50	不变色
	$NdCl_3$	0.1	二苯甲酰甲烷	0.1	70	不变色
			磷酸三苯酯	0.5		
	$Nd(ClO_4)_3$	0.1	二苯甲酰甲烷	0.1	140	不变色
			磷酸三苯酯	0.5		
			双季戊四醇	0.5		

表 6-33　Nd-Ba/Zn 复合热稳定剂对 PVC/ABS 合金体系的影响

项　目	钕化物的种类及其用量		热稳定性（黑化时间）/min	初期着色性（加热 10min 颜色变化）
	钕化物及基准名称	用量/质量份		
基准	—	0	70	严重变色
实验	$NdCl_3$	0.02	70	微微变色
	$NdCl_3$	0.5	65	不变色
	$Nd_2(CO_3)_3$	1.0	75	轻度变色
	$Mg_{4\sim5}Nd_2(OH)_{13}CO_3 \cdot 3.5H_2O$	0.1	160	轻度变色
	$Mg_{4\sim5}Nd_2(OH)_{13}CO_3 \cdot 3.5H_2O$	0.5	220	轻度变色

10min 都不变色，热稳定时间都比只加钕化物的试片好，变黑时间大大增长。因此，稀土钕与适量的钡、锌、环氧大豆油等稳定剂复合，再加入适量的加工助剂、增塑剂、润滑剂、色料等助剂，均能制成不含铅、镉的热稳定性及初期着色性能优良的 PVC 制品稳定剂，并且该体系对 PVC/ABS 合金体系来说也是适用的。特别是对 Ba/Zn 复合加工体系而言，存在初期着色性和加工热稳定性均较差，当加入少量钕化物组成 Nd-Ba/Zn 复合稳定剂时，不但可以提高 PVC 的初期着色和加工热稳定性，由表 6-33 可以看出，还可提高 PVC/ABS 合金体系的初期着色和加工热稳定性。如在 Nd-Ba/Zn 复合稳定体系中加入少量的其他稳定剂，则 PVC 加工的热稳定性和初期着色性将更好。

此外，使用 Nd-Ba/Zn 复合稳定剂生产的 PVC 塑料和 PVC/ABS 合金表面，用聚氨基甲酸酯泡沫塑料覆盖后，其制品的热稳定性得到极大的提高。初期着色性虽不及加入稳定助剂的 PVC 塑料，但优于 Ba/Zn 稳定的 PVC 体系。

此外，当使用 Nd-Ba/Zn 复合稳定剂生产的 PVC 塑料和 PVC/ABS 合金表面，用聚氨基甲酸酯泡沫塑料覆盖后，其制品的热稳定性得到极大的提高。初期着色性虽不及加入稳定助剂的 PVC 塑料，但优于 Ba/Zn 稳定的 PVC 加工体系。

6.8.2.3　特殊结构的液体无毒透明单稀土盐稳定剂

通常认为，稀土归属于具有长期稳定作用的金属离子范畴，初期着色性差是其固有性能。因此应与具有初期稳定性能的金属盐类配合，以达到兼具有初期和长期稳定作用的协同。对于稀土的无毒稳定剂系列，多与锌盐复合配制，以解决稀土类稳定剂的初期稳定问题。如此一来，稀土类无毒稳定剂面临了与钙锌类无毒稳定剂同样的问题——"锌烧"现象与初期着色抑制的矛盾。锌含量偏低，则制品初期着色性差；锌含量增加，初期着色性得以改善，但"锌烧"现象随之严重。或者与环氧类和亚磷酸酯等助剂配合使用，以满足产品的使用要求，这种类型的复合稀土稳定剂，在透明性能上可以优于钙锌类稳定剂，但就其初期着色性和长期稳定性而言并无优势，从而使稀土无毒透明稳定剂开发和应用受到阻碍。

郑州大学应用技术学院选择合适的阴离子基团和合成路线，在一定的反应条件下制得得到具有特殊结构的单稀土稳定剂。该稳定剂为浅黄色透明液体，不含有稀土外的任何金属成分和其他有害成分，产品不仅具备优良的长期热稳定性，而且具备良好的初期稳定性、透明性、自润滑性和光稳定性。由于没有锌盐的存在，杜绝了通常复合金属盐类无毒稳定剂的"锌烧"现象，使其热稳定性能优于普通钙锌稳定剂并有良好的光稳定性。虽然其热稳定性仍逊色于有机锡类稳定剂，但良好的光稳定性、无硫化污染性和自润滑性及对铜的无腐蚀性等综合优势，使其在无毒稳定剂应用领域有广阔的应用前景。

目前，采用该结构和合成路线制备的特殊结构液体无毒透明单稀土盐稳定剂已经完成中试，取得了与实验室同样的结果。

该特殊结构的液体无毒透明单稀土盐稳定剂以配方：PVC100 质量份，稀土盐 1 质量份，在测试温度：（180±2）℃下，按照 GB 2917—82，用刚果红法测试样品静态热稳定时间并同有机类稀土稳定剂热稳定时间对比见表 6-34。

表 6-34　静态热稳定时间及其比较

时　　间	硬脂酸稀土	苯甲酸稀土	异辛酸稀土	不饱和酯类稀土	特殊结构稀土
5min	浅褐色	浅褐色	浅褐色	浅褐色	基本无色
10min	褐色	褐色	褐色	黄褐色	淡黄色
剩余稳定时间	18min02s	26min04s	11min04s	11min20s	28min02s
最终色泽	深褐色	暗褐色	暗褐色	深褐色	淡黄色

该特殊结构的液体无毒透明单稀土盐稳定剂以配方：PVC100 质量份，DOP40 质量份，稀土盐 2 质量份，在 170℃±5℃双辊炼塑条件下，与有机类稀土稳定剂相比，其塑炼透明性能对比见表 6-35。

表 6-35　双辊炼塑机塑炼透明性能比较

时间	硬脂酸稀土	苯甲酸稀土	异辛酸稀土	不饱和酯类稀土	特殊结构稀土
10min	黄棕色、雾度大、透明度差	红棕色、透明度很差	暗红棕色、雾度大、透明度差	暗红棕色、透明	无色、透明
20min	深黄棕色、雾度大、透明度差	严重粘辊、不能取样	严重粘辊、不能取样	深红棕色、透明	基本无色、透明

该特殊结构的液体无毒透明单稀土盐稳定剂以基本配方：PVC100 质量份，DOP60 质量份，稳定剂 1.5 质量份，颜料（红色）适量，在双辊炼塑机上于 170℃±5℃炼塑 10min 取片。样品规格：长×宽×厚＝60mm×60mm×2mm，实验条件：室外自然日照，试验季节：8 月份，环境温度：38℃左右，所测试的光稳定性能并同常规稳定剂的光稳定性能比较见表 6-36。

表 6-36　光稳定性能比较

试样	1 天	3 天	15 天	30 天
甲基硫醇锡	轻微变暗	明显变暗	明显变暗	色泽极暗
钙锌液体透明稳定剂	不变色	轻微变暗	较明显变暗	明显变暗
特殊结构稀土稳定剂	不变色	不变色	基本不变色	轻微变暗

6.8.3　有机类稀土及其复合热稳定剂的性能和应用

目前，关于有机类稀土及其复合热稳定剂的性能及应用研究较多，主要的研究方向是硬脂酸稀土、环氧脂肪酸稀土、马来酸稀土、水杨酸稀土及羧酸酯类稀土。其中硬脂酸稀土的研究较为成熟并已实现工业化。以硬脂酸稀土为基体的多功能复合稀土热稳定剂已经在软、硬质 PVC 产品及 PVC 异型材挤出产品等生产中得到应用并同时表现出其他热稳定剂所没有的光、氧稳定及加工润滑性能。

6.8.3.1　硬脂酸稀土（RESt）

在热稳定性方面，硬脂酸稀土稳定剂类似于硬脂酸钙，具有长期型热稳定剂的特征，优于传统的锌皂和钙皂，但亚于有机锡的热稳定性能，在静态稳定时间上，硬脂酸稀土接近于有机锡 M-170，明显优于硬脂酸钙（表 6-37）。硬脂酸稀土还是一种兼具有润滑性、加工助剂以及光稳定剂作用的无毒透明长期型 PVC 热稳定剂。

表 6-37　各种硬脂酸盐热稳定剂静态稳定时间（稳定剂 2.0 质量份）

热稳定剂	稳定时间/min	热稳定剂	稳定时间/min
Last	19	Znst	7.5
Ndst	14	Cast	8
Yst	11	有机锡（M-170）	20
Dyst	9		

刚果红法测定结果表明，随着硬脂酸稀土用量增加，PVC 的热稳定时间呈现增加的趋势。图 6-14 是由热稳定剂用量 x 与稳定时间 t 通过非线性拟合得出的关系曲线，拟合结果表明 t 与 x 在很大范围内满足 $t = a + bx^c$，表 6-38 给出了拟合参数 a、b、c 及多重相关系数 R，a 值相差不大，近似空白 PVC 的稳定时间；b 表示热稳定剂的稳定能力，b 越大说明该稳定能力越强，由 b 值可以得到 4 种硬脂酸稀土稳定效力的次序为：硬脂酸镧（Last）＞硬脂酸钕（Ndst）＞硬脂酸钇（Yst）＞硬脂酸镝（Dyst）；c 决定了热稳定曲线的形状，也反映了热稳定剂同 PVC 的作用模式。

表 6-38　拟合参数 a、b、c 及多重相关系数 R

硬脂酸稀土	a	b	c	R
PVC/Last	2.71	46.8	0.311	0.9972
PVC/Ndst	2.77	21.4	0.248	0.9971
PVC/Yst	2.73	19.6	0.249	0.9946
PVC/Dyst	2.78	15.5	0.256	0.9971

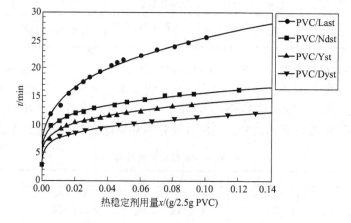

图 6-14　热稳定剂用量与稳定时间关系

动态电导率法测定各种单一热稳定剂与 PVC 混合物在 180℃ 下，N_2 气氛下各种硬脂酸稀土热稳定剂对 PVC 热稳定作用的诱导时间并与传统稳定剂比较，见表 6-39。对于硬脂酸稀土系列热稳定剂，其稳定效果好坏顺序为：硬脂酸镧＞硬脂酸钕＞硬脂酸钇＞硬脂酸镝，与刚果红法静态实验相一致。硬脂酸镧诱导时间最长，有机锡次之，但其热稳定曲线最平缓，说明长期热稳定性最好。其他几种热稳定剂诱导时间均较短。

表 6-39　各种热稳定剂对 PVC 热稳定作用的诱导时间

热稳定剂	诱导时间(t_s)/min	热稳定剂	诱导时间(t_s)/min
Yst	15	Cast	8
Last	24	有机锡(M-170)	23
Ndst	16	亚磷酸-苯二异辛酯(PE-168)	20.5
Dyst	11	β-二酮(T-386)	14
Znst	7.5	环氧大豆油(ESO)	12

硬脂酸稀土与其他热稳定剂的协同效应研究表明硬脂酸稀土与各类热稳定剂都存在协同效应，当硬脂酸镧和硬脂酸钕分别与硬脂酸锌、硬脂酸钙、有机锡、亚磷酸-苯二异辛酯（亚酯）、β-二酮及环氧大豆油按 3:1、1:1、1:1、1:1、3:2、1:1 质量配比时，可达到良好的协同效应，大大提高 PVC 体系的热稳定性能（图 6-15～图 6-20）。因此，硬脂酸类稀土稳定剂可同各类稳定剂复合成以硬脂酸稀土为基体的具有优异加工性能的多功能复合稀土稳定剂。

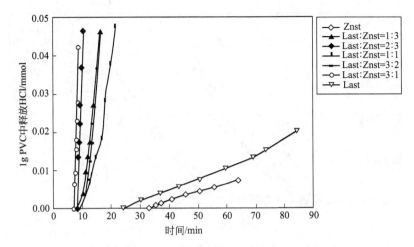

图 6-15　硬脂酸镧与硬脂酸锌不同配比下对 PVC 热稳定曲线

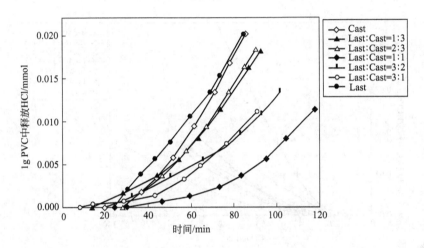

图 6-16　硬脂酸镧与硬脂酸钙不同配比下
对 PVC 热稳定曲线

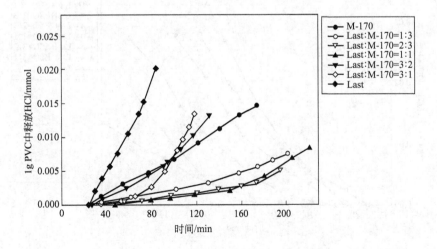

图 6-17　硬脂酸镧与有机锡（M-170）不同配比下
对 PVC 热稳定曲线

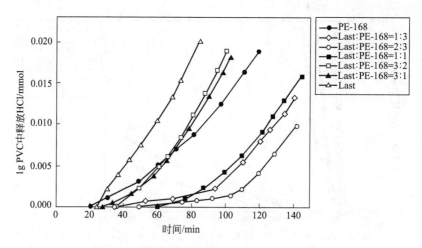

图 6-18　硬脂酸镧与亚酯（PE-168）不同配比
对 PVC 热稳定曲线

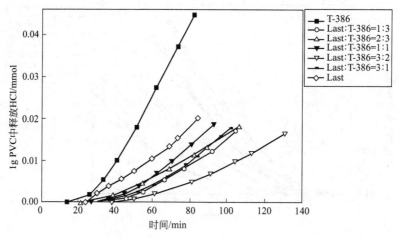

图 6-19　硬脂酸镧与 β-二酮（T-386）不同配比对 PVC 热稳定曲线

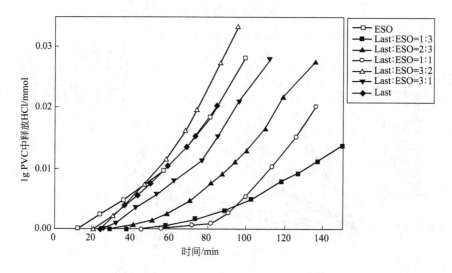

图 6-20　硬脂酸镧与环氧大豆油（ESO）不同配比对 PVC 热稳定曲线

由图 6-15 可以看出，当硬脂酸镧与硬脂酸锌的质量比为 3∶1 时，诱导时间最长，可达

33min，热稳定效果明显提高。

由图 6-16 可以看出，当硬脂酸镧与硬脂酸钙的质量比为 1：1 时，诱导时间可达 30min，且长期热稳定剂也得到改善，达到良好的协同效应。

由图 6-17 可以看出，硬脂酸镧与有机锡质量比为 1：1 时，诱导时间可达 48.5min，长期稳定效果更加明显。在实际配方中可减少昂贵有机锡的用量，降低 PVC 制品的生产成本。

由图 6-18—图 6-20 可以看出，硬脂酸镧与亚酯、β-二酮、环氧大豆油质量比分别为 1：1、3：2、1：1 时，诱导时间分别可达 60min、38min、45.5min，取得最佳的协同效应。

以福州大学研制的硬脂酸多功能复合稀土稳定剂为例：以硬脂酸稀土为主要成分，通过复配其他助剂，制备出两种稀土复合热稳定剂 HREC-1 和 HREC-2，其基本配方见表 6-40。将该稳定剂应用于 PVC-U 给水管和排水管配方体系中，HREC 的适宜添加份数分别为 3 份和 4 份，所得到的 PVC-U 给水管和排水管的热稳定性能良好，与不同热稳定体系 PVC 制品的加工性能和力学性能比较，表明 HREC 热稳定体系具有塑化时间短，扭矩适中，流动性好，能明显改善 PVC 材料的力学性能，且具有偶联效应。HREC 应用于 PVC 典型配方及加工性能和力学性能比较见表 6-40～表 6-42〔综合考核加工性能的好坏，可通过计算熔融因数 F 来衡量，F 值越大加工性能越好。F 计算公式为：$F=T_b^2/(T_a \times t)$，其中 T_b 为最大扭矩，T_a 为最小扭矩，t 为熔融时间，计算结果列于表 6-41〕。

表 6-40 HREC 配方

HREC-1	质量百分数/%	HREC-2	质量百分数/%	HREC-1	质量百分数/%	HREC-2	质量百分数/%
Last	40	Ndst	40	T-386	6.4	T-386	6.4
Znst	10	M-170	24	PE-168	14	PE-168	12
Cast	12	—	—	ESO	6.4	ESO	6.4

表 6-41 不同热稳定体系的流变性能对比

项 目	PVC/LH-800 体系	PVC/HREC-1 体系	PVC/M170 体系
最低扭矩 T_a/N·m	22	24	22
最高扭矩 T_b/N·m	54	49	51
平衡时扭矩/N·m	45	37.6	39
塑化时间 t/min	2.8	1.3	1.5
塑化温度/℃	181.5	180.5	181
动态热稳定时间/min	20	28	27
熔融因数 F	47.3	77	78.8

表 6-42 不同热稳定体系的力学性能对比

项 目	指标	LH-800 热稳定体系	M-170 热稳定体系	HREC-1 热稳定体系	HREC-1 热稳定体系（CaCO₃ 添加量 35 质量份）
拉伸强度/MPa	≥40	35.9	37.4	37.8	36.9
断裂伸长率/%	—	11	24	53	30
维卡软化温度/℃	≥79	83.1	82.9	82.7	84.3

图 6-21 给出了不同热稳定体系 PVC 的 SEM 微观结构照片。由微观结构可以看出，由于多功能复合稀土稳定体系所具有的偶联效应，HREC-1 热稳定体系中填料粒子在基体中的分散较均匀，较小的粒子与 PVC 基体之间有更好的结合强度，从而使得 PVC 整体的力学性能得到较好的提升。

(a) LH-800热稳定体系　　　　(b) HREC-1热稳定体系　　　　(c) HREC-1热稳定体系
　　　　　　　　　　　　　　　　　　　　　　　　　　　　　　　（CaCO₃填充35质量份）

图 6-21　不同热稳定体系 PVC 材料的 SEM 照片

目前，国内已有少数企业在进行多功能复合稀土稳定剂大批量生产，如广东炜林纳功能材料有限公司、广东广洋高科技股份有限公司等已用于工业生产的多功能复合稀土稳定剂，不但无毒、高效、价格低廉，且具有优良的热稳定性、良好的透明性、初期着色性、优良的耐候性能和加工性能，其独特的偶联增容及内增韧作用使 PVC 多种力学性能也大大优于传统的稳定剂。

表 6-43～表 6-47 分别给出了多功能复合稀土稳定剂 REC 系列的热稳定性、光学性能性、耐候性、初期着色性和力学及加工性能并同几种传统稳定剂的比较。

表 6-43　稀土稳定剂和几种传统稳定剂对 PVC 热稳定性的影响比较　　　　单位：质量份

项目	实 验 配 方			实验结果/min		
	PVC	碳酸钙	加工助剂	190℃刚果红 时间/min	195℃双辊动态 粘辊时间/min	动态热稳（流变 实验）时间
	100	30	适量			
1#	某牌号稀土稳定剂		3.0	95.6	23.6	32.5
2#	国产复合铅稳定剂		3.0	76.3	16.8	28.2
3#	进口复合铅稳定剂		3.0	90.5	21.2	30.6
4#	液体 Ba/Zn 稳定剂		4.0	68.2	13.2	30.8

表 6-44　稀土稳定剂和几种传统稳定剂对 PVC 加工性能的影响比较　　　　单位：质量份

项目	实 验 配 方			实验结果/min			
	PVC	碳酸钙	加工助剂	塑化时间 /min	塑化温度 /℃	平衡温度 /℃	平衡扭矩 /N·m
	100	30	适量				
1#	某牌号稀土稳定剂		3.0	3.2	192	201	17.2
2#	国产复合铅稳定剂		3.0	4.5	198	205	22.6
3#	进口复合铅稳定剂		3.0	4.2	195	204	19.7
4#	液体 Ba/Zn 稳定剂		4.0	4.3	197	205	20.5

表 6-45　稀土稳定剂和几种传统稳定剂对 PVC 光学性能的影响比较　　　　单位：质量份

项目	实 验 配 方			实验结果/min	
	PVC	碳酸钙	加工助剂	透光度/%	雾度/%
	100	30	适量		
1#	某牌号稀土稳定剂		0.8	90.8	2.0
2#	有机锡稳定剂		0.5	91.2	1.8
3#	钡镉膏稳定剂		2.0	88.2	3.2
4#	液体 Ba/Zn 稳定剂		2.0	88.4	3.0

表 6-46 稀土稳定剂与两种传统稳定剂对 PVC 初期着

色性和耐候性能的影响比较 单位：质量份

项目	实 验 配 方			实验结果/min		
	PVC	碳酸钙	加工助剂	照射前试样的白度	自然光照射30 天	紫外光照射60min
	100	30	适量			
1#	某牌号稀土稳定剂	3.0		较好	基本没变色	淡黄色
2#	国产复合铅稳定剂	3.0		较差	淡黄色	黄褐色
3#	有机锡稳定剂	3.0		较好	基本没变色	淡黄色

表 6-47 稀土稳定剂与复合铅稳定剂对 PVC 力学性能及

耐热性能的影响比较 单位：质量份

实验	配方	PVC	CPE	ACR	碳酸钙	其他助剂	某牌号稀土稳定剂	复合铅稳定剂
	1#	100	8.0	1.2	15	相同	3.0	—
	2#	100	8.0	2.0	8		—	4.0
实验结果	测试项目							
	配方代号	室温简支梁冲击强度/(kJ/m²)	拉伸强度/MPa	弯曲强度/MPa	低温简支梁冲击强度/(kJ/m²)	维卡软化点/℃		
	1#	21.2	37.6	44.8	6.7	83.2		
	2#	17.6	33.4	41.6	5.1	79.4		

6.8.3.2 环氧脂肪酸稀土（REEFA）

环氧脂肪酸稀土（REEFA）与硬脂酸稀土（RESt）类似，所稳定的试片在热老化初期即产生着色，但经长时间受热后却不出现变黑，即具有长期型热稳定剂的热稳定作用特征。与RESt 相比，REEFA 稳定的试片在受热后期着色较浅，即具有更好的长期热稳定性。REEFA分子中含有环氧基，与并用环氧化合物辅助热稳定剂相似，具有辅助热稳定作用。通过并用硬脂酸锌（ZnSt）比较，REEFA 与 RESt 类似，所稳定的试片的初期色相可得到明显的改善；但另外，两者的热稳定效果也存在明显的差别：在 ZnSt 配合量相同的情况下，REEFA/ZnSt稳定的试片的初期着色略深于 RESt/ZnSt，但黑化时间则延长近 1 倍。当 REEFA/ZnSt 中的ZnSt 配合量达到 RESt/ZnSt 的 2 倍时，其稳定的试片的初期色相可达到后者的水平，黑化时间虽相应有所缩短，但仍然明显长于后者。与 RESt 相比，REEFA 与硫醇辛基锡（M-170）之间存在更明显的协同作用。REEFA 可代替 M-170 达 50% 而不降低热稳定性，而 RESt 只能代替约 25%。

6.8.3.3 马来酸单酯稀土（RETM）

马来酸单酯稀土（RETM）的稳定性能与硬脂酸稀土（RESt）类似，但具有长期型热稳定性。与 RESt 相比，RETM 具有较强的抑制 PVC 着色的能力。RETM 的透明性好于 RESt，十分接近 M-170。与 RESt 无毒复合稳定剂相比，RETM 新型无毒复合热稳定剂的性能价格比更优，应用范围广，不但适用于软质制品，而且还可用于半硬质 PVC 制品的加工。马来酸单酯稀土类稳定剂同硬脂酸稀土类稳定剂一样，对 PVC 的热稳定性是随着加入量的增加而提高，但随着加入量的增高而热稳定性趋于平稳，用马来酸单酯稀土类稳定剂比用硬脂酸稀土类稳定剂 PVC 制品的冲击性能和拉伸性能略高。

6.8.3.4 水杨酸稀土（RESa）

水杨酸稀土（RESa）对 PVC 有较好的稳定作用，可有效抑制 PVC 分子链的脱 HCl 反应。其稳定效果优于三碱式硫酸铅，也超过硬脂酸铅（PbSt）和硬脂酸镉（CdSt）。热失重结果表明，任意温度下，水杨酸稀土（RESa）试样的重量保持率始终高于 PbSt 和 CdSt 试样。在 70～220℃ 范围内 RESa 的失重率比后两者低 2% 左右。失重率为 1% 时，RESa 试样的对应温度为 150℃，而 PbSt 和 CdSt 试样的对应温度分别为 50℃ 和 60℃。通常，水杨酸稀土在配方中的用量为 5 质量份。

6.8.3.5　羧酸酯稀土（CERES）

静态热稳定和动态热稳定测试都表明羧酸酯稀土具有优良的热稳定性，和有机硫醇锡对 PVC 的热稳定效果相当。羧酸酯稀土抗脱 HCl 能力优于有机锡，抗氧化能力不如有机锡，但两者的复合稳定剂有协同效应。PVC/CERES 复合物的热分解起始温度为 241.1℃，比 PVC/京锡 8831（有机锡类稳定剂）复合物的热分解起始温度 245.5℃ 略低。PVC/CERES 复合物的每度平均失重速率为 0.4256%，PVC/京锡 8831 复合物为每度平均失重速率为 0.4442%。羧酸酯稀土 CERES 较之有机锡（京锡-102）还有促进 PVC 凝胶化的作用。

羧酸酯稀土热稳定剂与硬脂酸锌、硬脂酸钙和有机锡以色阶值进行比较（颜色由浅变深的程度以色阶值表示，将颜色深浅分为 14 级，颜色浅数值小，颜色深数值大），比较结果列于表 6-48。

表 6-48　各种羧酸酯稀土的热稳定性比较

热稳定剂	颜色(色阶值)			
	10min	20min	30min	50min
环烷酸稀土	浅黄(5)	橙(10)	橙(11)	橙(13)
碱式单硬脂酸稀土	微黄(3)	橙(10)	橙(11)	橙(11)
碱式单月桂酸稀土	浅黄(4)	橙(10)	橙(11)	橙(11)
碱式双月桂酸稀土	浅黄(4)	橙(10)	橙(10)	橙(11)
硬脂酸锌	黑黄(12)	黑(13)	黑(14)	黑(14)
硬脂酸钙	浅黄(4)	橙(10)	橙(10)	橙(11)
有机锡 TM-181	白(1)	黄(8)	黄(9)	橙(11)

从表 6-48 中可以看出，碱式羧酸稀土的热稳定性较好，与硬脂酸钙相差不大，比有机锡稍差。而碱式羧酸稀土中以碱式双月桂酸稀土的热稳定性最好，其次分别为碱式单月桂酸稀土、碱式单硬脂酸稀土和碱式环烷酸稀土。碱式双月桂酸稀土的长期热稳定性与有机锡相当。由于稀土络合氯离子的活化能较高，速度较慢，表现出初期着色性差的特点。碱式羧酸稀土与硬脂酸锌存在协同效应，可使 PVC 具有很好的热稳定性，为此常加入初期热稳定性优良的锌皂来克服其缺点。

硬脂酸锌与碱式双月桂酸稀土进行复配，用四因素三水平正交实验（表 6-49），得出它们的最优用量水平为碱式双月桂酸稀土 0.05，硬脂酸锌 0.01，双酚 A0.02，环氧大豆油 0.09，稀土-锌复合体系的用量比为稀土：锌＝5：1。

表 6-49　碱式羧酸稀土复合热稳定性的正交试验

试验号	添加剂用量				色阶值
	碱式双月桂稀/g	硬脂酸锌/g	双酚 A/g	环氧大豆油/g	
1	0.05	0.02	0.02	0.03	4
2	0.05	0.01	0.05	0.09	4
3	0.05	0	0.1	0.06	7
4	0.2	0.02	0.05	0.06	8
5	0.2	0.01	0.1	0.03	8
6	0.2	0	0.02	0.09	9
7	0.1	0.02	0.1	0.09	6
8	0.1	0.01	0.02	0.06	6
9	0.1	0	0.05	0.03	9

试验号	添加剂用量				色阶值
	碱式双月桂稀/g	硬脂酸锌/g	双酚 A/g	环氧大豆油/g	
k1	2.5	3.0	3.16	3.5	
k2	4.16	3.0	3.5	3.16	
k3	3.5	4.16	315	3.5	
R	1.66	1.16	0.16	0.16	
最优水平	0.05	0.01	0.02	0.09	

6.8.4　稀土稳定剂在聚氯乙烯配方设计中的应用

应用稀土稳定剂的聚氯乙烯配方设计应遵循聚氯乙烯配方设计的一般原则，但有别于其他传统稳定剂，其独特性表现如下所述。

①　由于稀土稳定剂能提高塑化速率，改善物料流动性和均匀性，故可在配方中适当减少加工助剂 ACR 的用量，一般用 1.0～1.5 质量份。

②　由于稀土复合稳定剂具有独特的偶联功能和增容性，能与无机或有机的配位体形成离子配位，使树脂紧紧包裹 $CaCO_3$，并均匀分布，故配方中填料碳酸钙的用量可适当增加。一般活化钙可用 10～15 质量份，不活化钙可用 8～12 质量份。

③　由于一般稀土复合稳定剂多为有机盐，自身相对密度轻于铅盐稳定剂。且在 PVC 成型加工温度条件下处于熔融状态，与 PVC 的相容性好，在同样条件下挤出型材制品相对密度比铅系配方轻 5～15g/m，有利于提高出材率。

④　稀土具有吸收紫外光，放出可见光的特性，能减少紫外光对树脂分子的破坏，改善制品的户外老化性能，或可在同等性能条件下减少防老化剂的用量，节约成本。

⑤　稀土复合稳定剂可作成低铅或无铅产品，可减缓或避免因使用铅盐产生硫化污染及游离铅催化钛白粉导致变色的问题，提高 PVC 制品的表观防老化性能。

⑥　稀土复合稳定剂对色粉独特的增韧功能及自身为青光谱系，在制品调色时应注意适当减少调色粉用量，且对青白色制品调色有利。

⑦　稀土复合稳定剂低毒或无毒，可改善生产环境、劳动条件，使制品通过 SGS 国际检测机构及 RoHS 标准允许的检测，进入发达国家市场。

⑧　稀土系配方对设备、模具有一定自洁功能，有利于延长设备、模具的使用寿命。

表 6-50 给出了稀土系门窗型材的典型配方。

表 6-50　稀土系门窗型材的典型配方

组分		普通型	高档型	组分	普通型	高档型
PVC		100	100	稀土稳定剂	3～3.2	4～5
冲击改性剂[①]	CPE	8～9	8～12	轻质、活化 $CaCO_3$	10～15	5～10
	ACR	6～7	8～12	紫外光屏蔽剂 TiO_2	4～6	6～8
加工助剂	ACR	1～1.5	—	光稳定剂	0(约 0.2)	0 或 0.3～0.5
内外润滑剂		0～0.2	—			

①　冲击改性剂可用 CPE 或 ACR 中的一种，后者具有更好的性能但价格稍贵。

6.8.5　稀土及其复合稳定剂的发展前景

根据国家"十五"及 2010 年化学建材发展规划，到 2010 年我国的 PVC 树脂需求量将达 1000 万吨以上，硬制品比例将进一步提高，PVC 热稳定剂的需求量将达 24 万～35 万吨。目前，国内规模化生产的热稳定剂种类只有几十种，生产结构不够合理，高毒、高污染、低档的铅盐等重金属类稳定剂仍占较主要地位，环保型稳定剂所占比例尚低于发达国家。新型热稳定剂生产与应用不能满足国内 PVC 工业的发展，高档 PVC 制品所需的热稳定剂仍大量进口。

稀土热稳定剂作为我国特有的一类 PVC 热稳定剂，表现出良好的热稳定性、耐候性、加工性、储存稳定性且兼有润滑、表面处理功能等许多优点。特别是其无毒环保的特点，使稀土热稳定剂成为少数满足环保要求的热稳定剂种类之一。我国的稀土资源丰富，具有充足的原料来源和较低的原料成本，分离加工技术成熟。在我国尚未掌握有机锡类热稳定剂核心制备技术的情况下，深入研究并大力发展稀土热稳定剂，完全替代有毒的重金属类热稳定剂和部分替代价格昂贵的有机锡类热稳定剂将是我国未来稳定剂行业发展的主要方向。

目前，各个研究机构和企业比较热稳定剂稳定效果的标准各异，无法系统比较各类稀土稳定剂的稳定效果，不利于稳定剂的优选。统一热稳定剂稳定效果的衡量标准将有利于进一步推动稀土热稳定剂的发展。

随着生产的不断进步，塑料行业必须积极发展复合型稀土热稳定剂，以适应热稳定性能和挤出速度不断提高的需求。市场上的稀土稳定剂产品主要是脂肪酸稀土型和稀土与铅盐复合型，产品种类比较少。为取得较好的稳定效果，需要添加较多的有机辅助稳定剂，使得综合成本仍然偏高。而稀土铅盐复合稳定剂虽然稳定效果较好，成本较低，但是含有大量的铅类化合物，不符合环保的要求。因此，拓宽思路，利用稀土稳定剂广泛的协同效应，与其他稀土盐类、钙锌皂类等复配，开发多品种的无毒高效的新型稀土复合热稳定剂，进一步提高其性价比，是主要的发展趋势之一。

另外，随着 PVC 制品生产效率的不断提高，对于稳定剂产品的要求也相应提高。由于不同的热稳定剂间，稳定剂、增塑剂、润滑剂、抗氧剂等助剂间也存在共同优化的协同效应，为达到理想的热稳定和其他方面效果，将各种助剂按适当的比例和方式复合混配，制成复合"一包"式稳定剂体系，不仅可以提高稳定效果，避免配方时稳定剂、润滑剂等塑料助剂添加和烦琐的计算过程，方便用户的使用和储存，还能减少资源浪费和环境污染，因此多元复合式产品也将成为未来稀土稳定剂的主要发展趋势之一。

6.9 环保无毒热稳定剂的组分构成研究及其在 PVC-U 排水管道中的应用

（王兴为，刘国会，沈　杰等）

PVC 热稳定剂是 PVC 树脂加工过程中的必须添加的助剂，能有效抵制或降低 PVC 大分子的热降解速度，显著提高 PVC 加工过程的耐热、耐变色性能，由于铅盐热稳定剂性能优良、价格低廉，在此行业中被广泛使用。但近年来由于重金属的危害性被逐渐认知，人们的健康意识、环保意识和可持续发展意识在不断增强，对 PVC 热稳定剂的安全性、卫生性等提出了更高、更新的要求，以无铅化为代表的安全、环保型热稳定剂是 PVC 热稳定剂发展的必然趋势。

在 PVC 制品中替代含铅、镉稳定剂，国内外已研究多年并取得了巨大成就。如在北美以美国、加拿大为主使用推广有机锡热稳定剂，以及在欧洲使用推广钙锌基复合热稳定剂，都取得了很大成功，到 2012 年，82％的 PVC 制品取代了含铅镉热稳定剂。目前在国内虽然铅盐热稳定剂仍占有很大比例，但有机锡与钙锌热稳定剂等环保热稳定剂近几年占有越来越多的市场份额，为 PVC 行业的发展注入了新的活力。

6.9.1　环保无毒热稳定剂组分介绍

无毒环保 PVC 热稳定剂的组分中,很难确定主要稳定剂,辅助稳定剂,任何一种或多种对 PVC 具有稳定作用的物质,都不能满足 PVC 加工所需要的热稳定效果,尤其是硬制品。实验证明能够满足长期稳定性的组合物,前期着色难以满足,能够满足前期着色的组合物,不一定满足长期稳定性。为满足 PVC 制品企业的现实需要,确定无毒环保热稳定剂的组分就成了 PVC 热稳定剂生产厂家的核心技术。经过近几年的研究、实验和实际应用,我们确定了 PVC 无毒环保热稳定剂各组分的构成。

(1) 主效稳定剂组分构成:硬脂酸钙、镁、铝、锌,水杨酸钙、镁、铝、锌,脂肪酸钙、镁、铝、锌,亚磷酸钙、镁、铝、锌;镁铝水滑石,钙铝水滑石,钙、镁、锌水滑石,沸石,镁、铝粉等。主效稳定剂单项或多项对 PVC 加工都有一定的稳定性,但都不能满足 PVC 制品实际加工的需要。因此必须添加协效稳定剂,利用它们之间的协同效应提高体系的热稳定性。

(2) 协效稳定剂组分构成:亚磷酸酯、环氧化合物,多元醇如季戊四醇、聚乙烯醇、山梨醇、甘露醇等,β-二酮化合物和 β-二酮酯类化合物,如乙酰丙酮、苯甲酰丙酮、二苯甲酰甲烷、硬脂酰苯甲酰甲烷等。协效稳定剂单独使用对 PVC 的热稳定贡献很小或没有,但和主效稳定剂配合使用,如配合得当能够表现出突出的稳定效能。

(3) 增效稳定剂组分构成:二氨基乙烷、三羟基氨基甲烷、三乙醇胺、3-(羟甲基) 苯胺、β-氨基巴豆酸、氨基尿嘧啶、氰基乙酰脲、三羟乙基异氰脲酸酯等,添加此类物质后都能使传统稳定剂达到与铅盐相似的结果。

在此基础上,河北精信化工集团开发出新型主效稳定剂和增效稳定剂,成功申请专利,使环保无毒热稳定剂的稳定效率大幅度提升,可以达到与铅盐相同的热稳定性。

6.9.2　实验部分

6.9.2.1　主要仪器设备

试验用混合机,SHR-10A,张家港海滨机械有限公司;开放式炼塑机,SK-160B,上海泓阳机械有限公司;老化试验箱,401A,上海锦屏仪器仪表有限公司;转矩流变仪,EC,德国 Brabender 公司;SJZ-65 型锥形双螺杆挤出机,上海巨远塑料机械有限公司;落锤冲击试验机,承德市金建检测仪器有限公司;维卡软化点测定仪,承德市金建检测仪器有限公司。

6.9.2.2　主要原料

PVC-SG-5 型,工业级,德州实华化工有限公司;轻质碳酸钙,石家庄矿产品加工厂;CPE,河北精信化工集团有限公司;环保热稳定剂 JX-W-01A,自制。

6.9.2.3　静态烘箱实验

(1) 环保稳定剂制备　按照原料配比准确称量各种组分,另外分别加入 10％的主效稳定剂和 3％的增效稳定剂,制得环保热稳定剂 JX-W-01A,备用。

(2) 试样制备　按表 6-51 配方,准确称取各种物料,用混合机混合均匀,在开放式炼塑机上混炼,温度为 (190±2)℃,混炼 4min,制成 0.5mm×5cm×1cm 试样,备用。

表 6-51　基本配方

原　料	铅盐	JX-W-01A	原　料	铅盐	JX-W-01A
PVC	100	100	铅盐(30％PbO)	3.2	—
CPE	2	2	环保热稳定剂(自制)	—	3.2
ACR	1.5	1.5			

(3) 静态稳定实验结果　静态稳定实验的结果见表 6-52。

表 6-52　静态热稳定性试验（200℃）

时间/min	铅盐	JX-W-01A	时间/min	铅盐	JX-W-01A
0			60		
15			75		
30			90		
45			105		

（4）讨论　从表 6-52 静态实验对比上看，通过添加新型稳定剂单体制得的环保热稳定剂 JX-W-01A 可以达到与铅盐热稳定剂相当的静态稳定性能；由于环保热稳定剂稳定机理与铅盐不同，所以样品变色趋势不一致。

6.9.2.4　环保稳定的应用研究

由于不同品种稳定剂脱模型不同会造成实验室的数据与实际生产的表现存在差别，所以将新产品在 PVC-U 排水管上进行试验，验证新开发产品 JX-W-0A 的综合性能。

（1）实验配方　按照 PVC-U 排水管设计配方，配方如表 6-53。

表 6-53　PVC-U 排水管配方

	配方 1	配方 2	配方 3
PVC	100	100	100
$CaCO_3$	15	15	15
CPE	2	2	2
ACR	1.0	1.0	1.0
铅盐热稳定剂(PbO30%)	3.4	—	—
环保热稳定剂 JX-W-01A	—	3.4	3.0
润滑剂	0.2	0.2	0.6
TiO_2	1.0	1.0	1.0

（2）干混料制备　按照表 6-53 配方准确称取物料，在 500L/1000L 型高混机制备干混料。

（3）流变检测　将不同配方的干混料流变对比，结果如图 6-22 所示。

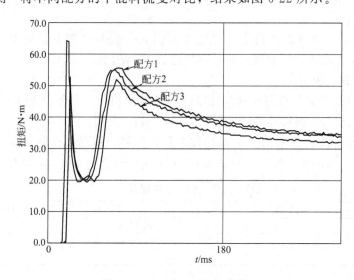

图 6-22　Brabender 流变曲线

从 Brabender 流变数据上看，配方 2 与配方 1 有着相似的加工性能，配方 3 塑化晚，扭矩低。

（4）上机实验

① 挤出工艺变化　挤出工艺变化见表 6-54。3 个配方有相同的工艺，但配方 2 电流偏高。

表 6-54

项目	配方 1	配方 2	配方 3
机身 1 区温度/℃	185	185	185
机身 2 区温度/℃	175	175	175
机身 3 区温度计/℃	170	170	170
机身 4 区温度计/℃	170	170	170
合流芯/℃	170	170	170
机头 1 区温度/℃	180	180	180
机头 2 区温度/℃	180	180	180
机头 3 区温度计/℃	180	180	180
机头 4 区温度计/℃	185	185	185
机头 5 区温度计/℃	185	185	185
主机转速/(r/min)	19.2	19.2	19.2
电流/A	41.3～42.5	48.3～50.1	41.8～43.3

② 实验结果　实验结果见表 6-55。观察配方 2 颜色偏黄。

表 6-55

测试项目	标准	配方 1	配方 2	配方 3
密度/(kg/m³)	1350～1550	1.430	1.402	1.419
维卡软化温度/℃	≥79	82	83	83
纵向回缩率/%	≤5	3.0	3.0	3.0
落锤冲击试验(0℃)TIR/%	≤5	0	10	0
拉伸屈服强度/MPa	≥40	48	45	49
ΔL	−1.0～1.0	0	0	0
Δa	−0.4～0.4	−0.1	−0.5	−0.2
Δb	−0.4～0.4	−0.2	2.0	−0.1

6.9.3　小结

① 通过上述实验可以得出环保热稳定剂 JX-W-0A 具有与铅盐相同的静态稳定性能；

② 由于铅盐热稳定剂和环保热稳定剂 JX-W-01A 有着不同的稳定机理，造成流变结果与实际加工结果有差别，给环保热稳定剂的应用研究提出新的课题；

③ 通过配方调整，JX-W-01A 在生产 PVC-U 排水管上可以具有与铅盐等同的使用效果。

6.10　硬脂酸镧/己二酸钙/己二酸锌复合热稳定剂对聚氯乙烯性能的影响

（刘孝谦，高俊刚，杨建波等）

6.10.1　概述

聚氯乙烯是五大通用塑料之一，具有耐腐蚀、难燃、绝缘性好、可增塑和透明性等优点，广泛应用于建筑、化工、电器、包装等行业。目前，其产量仅次于聚乙烯，居世界第二位。然而，其本身也存在着难以克服的缺点，即热稳定性差，聚氯乙烯热分解导致产品变色和力学性能下降，影响其使用及寿命，因此必须加入热稳定剂改善其热稳定性。传统的聚氯乙烯热稳定剂有：铅盐类、有机锡类、金属皂类和稀土类热稳定剂。

铅盐类热稳定剂虽具有优良的热稳定性能，但毒性大，危害人体健康；有机锡类稳定剂广泛应用于透明聚氯乙烯制品生产，产品有异味，同时对人体中枢神经有害；硬脂酸钙锌皂类热稳定剂是一种环境友好的热稳定剂，但单独使用热稳定功能有限；稀土类复合热稳定剂综合性能较好，且兼具促进熔融、偶联、增韧等功能，近年来得到广泛应用。吴波等研究了硬脂酸镧热稳定剂的制备、表征及在聚氯乙烯中的应用，蒋金博等进行了硬脂酸镧对聚氯乙烯热稳定机理的研究。为了改善硬脂酸钙锌热稳定剂的热稳定性效果，本文合成了己二酸钙/己二酸锌热稳定剂并与硬脂酸镧复配，研究了不同配比的己二酸钙/己二酸锌与硬脂酸镧复配对聚氯乙烯制品的热稳定性、力学性能、流变性能和动态力学性能的影响。

6.10.2 实验部分

（1）主要原料 聚氯乙烯，DG-1000K，天津大沽化工股份有限公司；季戊四醇、邻苯二甲酸二丁酯（DBP）、硬脂酸，分析纯，天津化学试剂公司；己二酸钙、己二酸锌、丙烯酸酯共聚物（ACR），自制；硬脂酸镧，衡水精信化工有限公司；抗氧剂，1010，衡水精信化工有限公司。

（2）主要设备及仪器 双辊塑炼机，XKR-160，广东湛江机械制造集团公司；平板硫化机，XLB-DQY-60t，商丘东方橡塑机器有限公司；拉伸试验机，WSM-20KN，长春智能仪器设备有限公司；冲击试验机，CHARPY（XCJ-40），河北承德实验机厂；热重分析仪（TG），TGA Pyris-6，美国 Perkin-Elmer 公司；平板流变仪，AR2000，美国 TA 公司；动态力学谱仪（DMA），DMA 8000，美国 Perkin-Elmer 公司。

（3）样品制备 由于不同的己二酸钙与己二酸锌质量比会对聚氯乙烯热稳定效果有明显的影响，本实验设计的目的主要是考察添加与不添加稀土稳定剂时不同己二酸钙/己二酸锌质量比（Ca/Zn）对聚氯乙烯的热稳定性的影响，实验配方如表 6-56 所示。

在 12 组配方中分别加入定量的季戊四醇 3g、ACR 3g、硬脂酸 1g、抗氧剂 0.5g、DBP 10g，充分混合后，在双辊塑炼机上 180℃混炼 5min，其中一部分拉成 1mm 薄片用于聚氯乙烯热稳定时间测定（刚果红法），其余在平板硫化机上压成 5mm 的板材，待测力学性能。

表 6-56　聚氯乙烯热稳定剂配方

样品编号	聚氯乙烯/g	己二酸钙/g	己二酸锌/g	硬脂酸镧/g
1#	100	5	0	0
2#	100	4	1	0
3#	100	3	2	0
4#	100	2	3	0
5#	100	1	4	0
6#	100	0	5	0
7#	100	5	0	2
8#	100	4	1	2
9#	100	3	2	2
10#	100	2	3	2
11#	100	1	4	2
12#	100	0	5	2

（4）性能测试与结构表征

① 热稳定时间测试：将混炼好的 1mm 厚的样片粉碎成 2mm×2mm 的颗粒，按照 GB/T 2917.1—2002 标准测试不同配方 PVC 颗粒的热稳定时间。测试温度为 180℃，记录从试管插

入油浴中到刚果红试纸变蓝所需的时间，即试样热稳定时间；

② TG 分析：测试方法为恒温法，测试温度为 180℃，测试时间为 120min；

③ 动态流变性能：测试温度为 185℃，测试频率为 0.1～10Hz，板间距为 1.000mm，应变控制为 1.25%，测试方法为从高频向低频扫描；

④ DMA 分析：样条尺寸为 20mm×5mm×0.8mm，测试温度为 -80～180℃，升温速率为 2℃/min；

⑤ 冲击强度按 GB/T 1843—2008 进行测试，A 型缺口深 2mm，相对湿度为 50%，冲击速率为 5.4m/s，最大冲击能为 500J；

⑥ 拉伸性能按 GB/T 1040.2—2006 进行测试，哑铃形样条，25℃下，相对湿度为 50%，拉伸速率为 20mm/min。

6.10.3 结果与讨论

（1）聚氯乙烯热稳定时间测试 从图 6-23 可以看出，$1^{\#}$～$6^{\#}$ 样品未加硬脂酸镧的组分热稳定时间在 50～86min 之间，最长的是 $5^{\#}$ 样品（Ca/Zn 为 1/4），长达 86min。说明该热稳定剂配方的长期稳定性还可以，但通过实验观察，$1^{\#}$～$6^{\#}$ 样品在混炼进行到 3min 时试样颜色就开始变成红棕色。而 $7^{\#}$～$12^{\#}$ 样品加工时，颜色一直较浅，最深时才到浅黄色，说明硬脂酸镧的加入大大改善了聚氯乙烯试样的初期着色。同时，从图 6-23 可以看出，添加硬脂酸镧使每个配方的长期热稳定时间都有了延长，最长的 $10^{\#}$ 样品达到了 135min，较 $4^{\#}$ 样品提高了50%。而商品常用的钙/锌热稳定剂在同等质量下的热稳定时间仅为 70min。由此看来，硬脂酸镧与己二酸钙/己二酸锌起到了很好的协同作用，从而延长了聚氯乙烯的热稳定时间。热稳定时间最长的配方为：己二酸钙 2g，己二酸锌 3g，硬脂酸镧 2g。

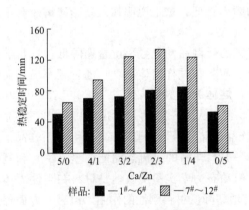

图 6-23 己二酸钙与己二酸锌质量比对
聚氯乙烯热稳定时间的影响

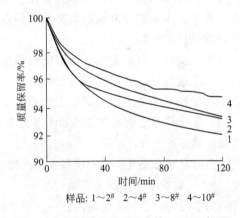

图 6-24 不同样品的 TG 曲线（180℃恒温）

从图 6-24 可以看出，添加硬脂酸镧的组分热失重率均比不添加的组分好，这与前面的热稳定时间实验相一致，加入硬脂酸镧明显改善了聚氯乙烯制品的热稳定性。

（2）复合热稳定剂对聚氯乙烯动态流变行为的影响 从图 6-25（a）可以看出，添加硬脂酸镧的试样储能模量要普遍低于未添加硬脂酸镧的试样。其原因为：硬脂酸镧是镧的直链脂肪酸盐，加入硬脂酸镧会使聚氯乙烯分子链的自由体积增大，高温下分子链运动更加自如，刚性变小，储能模量降低。从图 6-25（b）可以看出，添加硬脂酸镧的试样损耗模量也低于未添加的组分，这也是由于硬脂酸镧在聚氯乙烯分子链中起到了增塑的作用，使分子链间的摩擦力减小，损耗模量降低。从图 6-25（a）还可看出，所有试样在低频区都有一个转折点。这是由于随

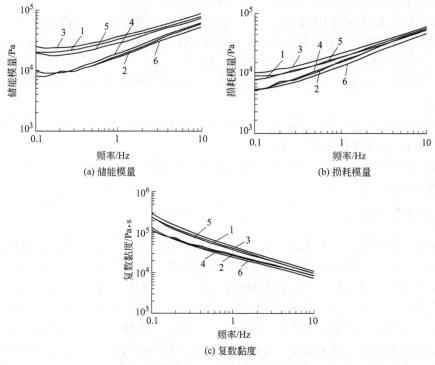

样品: 1~3# 2~9# 3~4# 4~10# 5~5# 6~11#

图 6-25 硬脂酸镧对聚氯乙烯流变性能的影响

着试样受热时间加长，已经有部分开始脱氯而形成不饱和键，分子链刚性增加而引起储能模量提高。其中，添加硬脂酸镧的组分出现拐点对应的频率更低，这也说明加入硬脂酸镧改善了聚氯乙烯的热稳定性能。

从图 6-25(c) 可以看出，硬脂酸镧的加入使聚氯乙烯制品的复数黏度普遍降低，这与前面说的硬脂酸镧促进了聚氯乙烯分子链的运动相吻合。而各种试样熔体黏度均随着频率增加而降低，是由于频率增加意味剪切应力提高，黏度降低，熔体为假塑型流体。

(3) 复合热稳定剂对聚氯乙烯动态力学行为的影响 从图 6-26 可以看出，1#~12# 样品的曲线变化趋势都一样，但除 10# 样品外，7#~12# 样品的储能模量要普遍高于 1#~6# 样品。这是因为虽然在动态流变实验中硬脂酸镧的加入使 7#~12# 样品的黏流态储能模量（G'）和复数黏度（η^*）均低于未加硬脂酸镧的 1#~6# 样品。但动态力学实验反映地是材料在刚性固体状态下的力学行为，添加硬脂酸镧后一方面硬脂酸链有增塑降低材料刚性的作用，但另一方面稀土元素镧又可与聚氯乙烯分子链发生缠结作用，这种缠结又会影响分子链的运动，使聚氯乙烯的刚性提高。从图 6-26 还可以看出，虽然添加硬脂酸镧后聚氯乙烯损耗峰对应的温度都相应升高，但 tanδ 的值略有降低，说明添加硬脂酸镧后聚氯乙烯的刚性减小，正与前面的解释吻合。

(4) 复合热稳定剂对聚氯乙烯力学性能的影响 从图 6-27(a) 可以看出，7#~12# 样品的拉伸性能较 1#~6# 样品略有降低，这就说明，硬脂酸镧的加入对聚氯乙烯拉伸强度影响不大。但由图 6-27(b) 可知，7#~12# 样品的冲击强度普遍好于 1#~6# 样品，最好的为 7# 样品（己二酸钙 3g，己二酸锌 2g，硬脂酸镧 2g），冲击强度达到 7.9kJ/m², 较 2# 样品提高了 70% 之多。这是由于虽然硬脂酸镧起到了增塑剂的作用，减小了聚氯乙烯分子链间的作用力，使聚氯乙烯的拉伸强度降低，但却使链段的运动能力增强，所以冲击强度增大，这与一般增塑剂或抗冲助剂的功能是一致的。

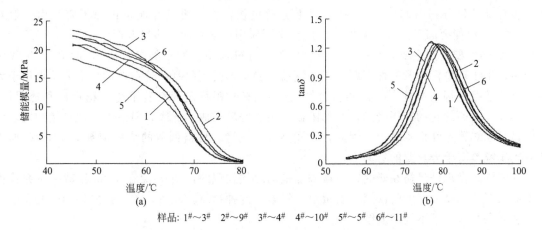

样品: 1#～3#　2#～9#　3#～4#　4#～10#　5#～5#　6#～11#

图 6-26　硬脂酸镧对聚氯乙烯储能模量和损耗因子的影响

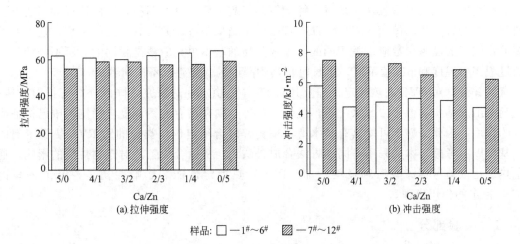

样品: □—1#～6#　▨—7#～12#

图 6-27　不同己二酸钙与己二酸锌质量比对聚氯乙烯力学性能的影响

6.10.4　结论

（1）硬脂酸镧与己二酸钙/己二酸锌复配可有效延长聚氯乙烯制品的热稳定时间，最长的组分热稳定时间达到 135min，较未添加硬脂酸镧的组分延长了 50%；

（2）硬脂酸镧的加入可以使聚氯乙烯的复数黏度降低，有利于加工；同时又可使试样力学损耗峰温升高，刚性增强，抗冲击强度最大提高 30%；

（3）综合考虑热稳定性、力学性能和材料成本，实验最佳配方为 100g 聚氯乙烯中加入己二酸钙 2g、己二酸锌 3g 和 2g 硬脂酸镧。

6.11　锌酸钙的合成及其对 PVC 热稳定性能的影响

（杨占红，储之浩）

聚氯乙烯（PVC）是产量仅次于聚乙烯（PE）的第二大通用塑料，具有许多优良的性能，如阻燃、耐化学药品性高、机械强度高、电绝缘性良好、透明性高且价格低廉，所以在日常生活、工农业生产中被广泛应用，在高分子聚合物材料中占有重要地位。但是，PVC 的热稳定性较差，软化点为 80℃，在不加热稳定剂的情况下，100℃时即开始分解，而产生氯化氢，并进一步自动催化分解引起变色，130℃以上分解更快，物理机械性能也迅速下降，而一般对PVC的加工温度要高于其分解温度，因此在实际应用中必须加入热稳定剂。

PVC的热稳定剂主要有铅盐类、金属皂类、有机锡类及稀土类等，从20世纪60年代中期开始，由于环境污染及毒性问题，铅、镉盐类稳定剂受到限制。现在，世界上公认可用于无毒配方的热稳定剂主要是有机锡和复合钙/锌类，有机锡稳定剂有着卓越的稳定性和透明性，但成本高，从而使它的应用受到很大的限制。钙、锌皂类成本低廉，但最大的缺点是初期着色性大，长期热稳定性也不理想。因此，开发高效、无毒、价格低廉的热稳定剂对于PVC加工和应用研究具有十分重要的意义。

锌酸钙的发现是最初在研究锌负极添加剂的时候发现的，sharma在1986年就在研究锌负极添加氢氧化钙添加剂的时候第一次报道了锌酸钙这种物质。此后，关于锌酸钙的研究在国内外大量开展并取得了不错的成绩。

标准的锌酸钙的化学组成为：$Ca(OH)_2 \cdot 2Zn(OH)_2 \cdot 2H_2O$，一般呈现单斜晶系结构。从目前研究的锌酸钙的形貌现状来看，锌酸钙的形貌主要可分为两种，即四边形和六边形。从其两种形貌的锌酸钙晶体的XRD和TG-DTG测试结果来看，并没有太大的区别，这说明两种形貌的锌酸钙的晶胞参数应该是相同的，组成晶体的基本单元应该是相同的，所不同的是晶体生长过程当中温度和pH值不同，生长过程当中晶面的优势生长不同所致。

有关锌酸钙对PVC的热稳定机理及其对PVC热稳定性的研究，国内外鲜有报道。然而，锌酸钙的组成结构类似于二元水滑石，且钙、锌等金属在已有的钙锌复合稳定剂中已被证明有良好的作用，因此锌酸钙可能具有与水滑石或钙锌复合稳定剂相类似的对PVC热稳定剂的性质。基于以上考虑，本文采用不同的方法合成锌酸钙，探索合成工艺对产物性能的影响，通过静态热老化试验考察锌酸钙对聚氯乙烯（PVC）热稳定性能的影响并初步探究了锌酸钙对PVC热稳定的作用机理。

6.11.1 实验部分

6.11.1.1 锌酸钙的合成

(1) 锌酸钙的化学反应法合成 按摩尔比为1∶2.02的比例称取$Ca(OH)_2$（分析纯，西陇化工股份有限公司生产）和ZnO（分析纯，西陇化工股份有限公司生产）于反应器中，加入过量蒸馏水，反应温度控制在70~100℃。不断搅拌，连续反应12h，得到乳白色悬浮液，在室温静置12h，使反应生产物晶体陈化生长，倒去上层清液，漂洗至pH值为7。再经过抽滤，得到晶亮的白色固体。于60℃真空干燥箱中干燥6h后得到固体锌酸钙样品。

(2) 锌酸钙的水热法合成 按化学计量比称取$Ca(OH)_2$（分析纯，西陇化工股份有限公司生产）和ZnO（分析纯，西陇化工股份有限公司生产），然后碾磨均匀。在高压反应釜中装入6mol/L的氢氧化钾（分析纯，天津市化学试剂研究所生产）溶液，再将混合均匀的$Ca(OH)_2$和ZnO加入到高压反应釜中，搅拌5min使粉末在溶液中分散和混合均匀。然后将高压反应釜放进烘箱内，于110℃下反应15h，室温陈化10h。倒去上层清液，用蒸馏水将产物洗涤至pH值为7。再经过抽滤，于60℃真空干燥箱中干燥6h后，即得水热法锌酸钙样品。

6.11.1.2 样品的表征

使用D500型X射线粉末衍射仪（德国西门子公司）进行XRD测试，使用NicoletNexus型红外光谱仪（美国Nicolet公司）进行IR测试，使用日本生产的X-650型扫描电子显微镜对锌酸钙样品的表面形貌进行观察，并使用德国NETZSCH STA449C综合热分析仪进行热重

（TG）分析。

6.11.1.3　静态热老化实验

首先将 PVC、增塑剂、润滑剂及稳定体系按一定比例配制成糊。实验配方中，PVC、DOP 用量的质量比为 100∶50。样品充分混合后压制成片，并裁成 3cm×3cm 的试片。将试片置于（180±1）℃的热老化实验箱中进行静态老化实验，观察其颜色变化，每 10min 取出一个样片记录。

6.11.2　结果与讨论

6.11.2.1　XRD 分析

图 6-28 为化学反应法和水热法制备的锌酸钙样品的 XRD 图谱。对比图 6-28 中 c 和 b 可以看出：两种样品的衍射峰均与标准的衍射图谱非常吻合，在 2θ 为 14.10°和 28.50°附近均有一个很强的衍射峰，对应了标准锌酸钙晶体 X 射线衍射〈100〉〈200〉晶面的特征吸收，显示出较高的结晶度。其中采用化学反应法制备的锌酸钙的最强峰在 2θ 为 28.50°处，表明晶体主要沿（200）方向优先生长，形成基面为四角形的单斜晶体；而采用水热法制备的锌酸钙的两个较强的衍射峰的强度差别不大，说明其晶体在生长过程中择优取向不明显。

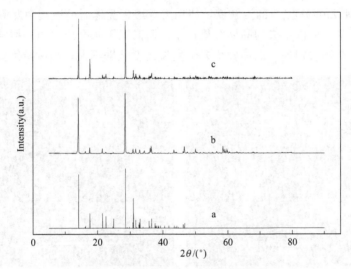

图 6-28　锌酸钙的 X 射线衍射图谱

a—锌酸钙的标准 X 射线衍射图谱；b—化学反应法制备的锌酸钙；c—水热法制备的锌酸钙

6.11.2.2　IR 分析

图 6-29 是化学反应法和水热法制备的锌酸钙样品的红外光谱图。从 IR 分析图可以看出，两种方法合成的样品在 3440cm^{-1}，1420cm^{-1}，874cm^{-1}，420～510cm^{-1} 附近均出现明显的吸收峰。其中，3440cm^{-1}，1420cm^{-1} 附近的吸收峰为锌酸钙晶体所含结晶水的吸收峰。由图中可以发现，化学反应法所制备锌酸钙的吸收峰明显强于水热法所制备的锌酸钙在这两处的吸收峰，这说明水热法所制备的锌酸钙晶体所含的结晶水少于化学反应法。而在 420～510cm^{-1}处的吸收峰归属为锌酸钙晶体中 Zn—O、Ca—O 的振动吸收峰。另外在图 2（a）中在 3642cm^{-1}处还存在较弱的吸收峰，此峰应该是锌酸钙晶体所含吸附水的吸收峰。

6.11.2.3　SEM 形貌分析

图 6-30 所示是两种不同方法制备锌酸钙的 SEM 照片，其中图 6-30（a）为化学反应法制备的锌酸钙的 SEM 照片，图 6-30（b）为采用水热法制备锌酸钙的 SEM 照片。从图 6-30（a）可以看到化学反应法制备的锌酸钙呈现很完整的平行四边形，表面较为光滑，棱角较为明显，属单斜晶

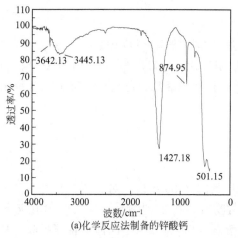
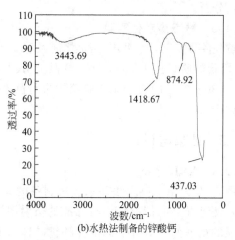

(a)化学反应法制备的锌酸钙　　　　　　　(b)水热法制备的锌酸钙

图 6-29　锌酸钙样品的红外光谱图

胞，粒径大约 $10\mu m$。而采用水热法制备的锌酸钙为不规则的多边形晶体，绝大部分晶体的粒径在 $5\mu m$ 以下，只有极少数晶体的粒径较大，在 $5\mu m$ 左右。这是由于水热法的高温高压环境同时增加了 Ca^{2+} 和 $Zn(OH)_4^{2-}$ 的溶解度，使生成锌酸钙晶体时的溶液中反应物的过饱和度较大，晶核数量也较多，所以生成的晶体粒径较小，而高温下水介质的强烈搅拌作用可以使溶液中反应物的浓度分布比较均匀，晶体各个方位生长速度差别不大，晶体择优取向不明显。

(a) 化学反应法制备的锌酸钙　　　　　　　(b) 水热法制备的锌酸钙

图 6-30　锌酸钙样品的 SEM 图片

6.11.2.4　锌酸钙样品的热分析

图 6-31 给出了水热法制备出的锌酸钙的 TG-DTA 测试结果。如图中可见，锌酸钙样品在 130℃ 左右开始失水，到 250℃ 一共出现两个吸热反应峰，失重率为 19.6%。若按锌酸钙的化学组成 $Ca(OH)_2 \cdot 2Zn(OH)_2 \cdot 2H_2O$ 看，则包括结晶水脱除以及 $Zn(OH)_2$ 分解（失水）计算其理论失重率应当为 23.38%，该值比相应的第 1 和第 2 失重区的失重率之和略高。有资料显示，当锌酸钙结晶水个数为 2 个左右时，锌酸钙呈现比较好的平行四边形状。随着结晶水的减少，锌酸钙结晶形状逐渐趋向于不规则，出现不同于平行四边形的其他形貌，或不规则碎片形状。因而可以认为，由于水热法制备的锌酸钙晶形不完整，其分子中实际所含的结晶水少于两个。随后，TG 曲线在 360℃ 附近再次失水，DTA 曲线伴随相应的吸热峰，到 500℃ 时质量损失为 5.1%，这与 $Ca(OH)_2$ 受热失水分解的理论失重率 5.84% 非常接近。考虑到样品中存在未反应完全的氧化锌和测试仪器及人为操作的因素对热分析结果的影响，结合 X 射线衍射

分析结果，可以认为所制备的样品锌酸钙的化学组成是 $Ca(OH)_2 \cdot 2Zn(OH)_2 \cdot nH_2O$。由热分析数据计算出的 n 值约为 1.20。

6.11.2.5　锌酸钙对 PVC 热稳定性的影响

在 100gPVC 中加入 50gDOP，然后在 3个同样的试样中分别进行以下处理：未添加任何热稳定剂；添加 0.2g 化学反应法制备的锌酸钙样品；添加 0.2g 水热法制备的锌酸钙样品。将样品充分混合后压制成片，并裁成 3cm×3cm 的试片。将试片置于（180±1）℃的热老化实验箱中进行静态老化实验，观察其颜色变化，每 10min 取出一个样片，以出现黑色分解点的时间作为 PVC 的热稳定时间，结果如图 6-32 所示。

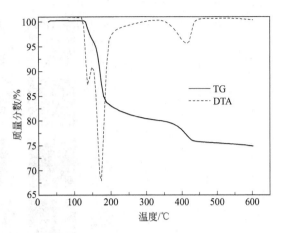

图 6-31　水热法制备的锌酸钙样品的热重分析

图 6-32(a) 所示为未添加任何热稳定剂的 PVC 热老化结果。由图 6-32(a) 可以看出，PVC 试片在老化短时间内即开始变色，10min 左右就变为深棕色，20min 就已完全变黑，热稳定性极差。PVC 的热降解，是一个拉链式脱 HCl 并使 PVC 高分子链形成共轭多烯序列的过程。PVC 需在高温下加工成型，由于氯原子的电负性，引起邻近亚甲基上氢原子带有部分正电荷，这样受热时脱去一分子 HCl，形成一分子"烯丙基氯"：—CH₂—CH＝CHCl—CH₂—。烯丙基氯上的氯原子相当活泼，它和邻近亚甲基上的氢原子共同脱去一分子 HCl，在 PVC 分子链上出现共轭双键，而且这种反应可以继续进行，结果形成"共轭多烯序列"。高温下失 HCl 的反应进行得很快，总反应可简示如下：

$$\begin{array}{c}{-\!\!\!-\!CH_2CHClCH_2CHCl\!-\!\!\!-\!\!}\end{array}_n \longrightarrow \begin{array}{c}{-\!\!\!-\!CH\!=\!CHCH\!=\!CH\!-\!\!\!-\!\!}\end{array}_n + HCl$$

共轭多烯序列是一个生色团，当共轭双键数大于 6 时，开始显色，而随着共轭双键数进一步增加，颜色随之加深。同时在受热的情况下，双键发生氧化作用，产生羰基化合物，色泽进一步加深，直至完全变成黑色。游离的 HCl 对后续脱 HCl 具有催化作用，又加速了 PVC 的降解。

图 6-32(b) 所示为添加化学反应法制备的锌酸钙的 PVC 热老化结果。由图 6-32(b) 可见，PVC 的热稳定性时间大大延长，达到了 50min，锌酸钙填充 PVC 材料对其热稳定性有所提高，锌酸钙为片状钙、锌氢氧化物结构，在 PVC 材料的加工和使用的初期，由于锌酸钙中的 Zn^{2+} 电负性较大，吸引电子能力较强，能与 PVC 树脂中不稳定的氯原子形成配位键，取代不稳定氯原子形成，预防 PVC 因脱 HCl 形成双键而分解，消除引发 PVC 热降解的不稳定结构因素。因而锌酸钙作为 PVC 的热稳定剂，具有较好的初期着色性。另一方面，如前文所述，由于 PVC 材料在加工和使用过程中，会不断释放出 HCl，同时游离的 HCl 对后续脱 HCl 又具有催化作用，加速 PVC 的降解。而锌酸钙为片状结构，其表面含有大量 OH^-，可以与 PVC 加工过程中产生的 HCl 反应，抑制其对脱 HCl 反应的催化作用，从而有效地抑制了 PVC 的分解。因而锌酸钙作为 PVC 的热稳定剂，同时具有较好的长期热稳定性。此外，锌基热稳定剂在抑制 PVC 初期着色方面具有很好的效果，但在其作用的过程中，会不断的积累 $ZnCl_2$，随着 $ZnCl_2$ 的含量的增加，$ZnCl_2$ 对脱 HCl 的催化作用增大，以至后期使 PVC 急剧降解，引起 PVC 发生恶性降解使试片突然变黑，产生"锌烧"。而锌酸钙作为 PVC 的热稳定剂，在 PVC 加工过程中，同样会产生 $ZnCl_2$，但由于 Ca^{2+} 的存在，生成的 $ZnCl_2$ 与其反应，重新生成 Zn^{2+}，最后残留的 $CaCl_2$ 对 PVC 危害较小，从而既消除了 $ZnCl_2$ 对脱 HCl 的催化作用，又提

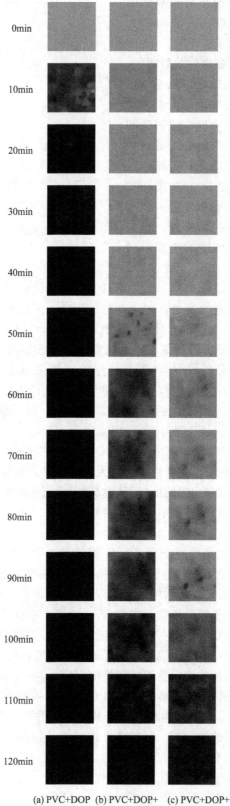

(a) PVC+DOP (b) PVC+DOP+ (c) PVC+DOP+
化学反应法锌酸钙 水热法锌酸钙

图 6-32 锌酸钙对 PVC 热稳定性的影响

供了与不稳定烯丙基氯反应的锌元素。因此，锌酸钙作为 PVC 的热稳定剂，既具备较好的初期着色性，又具备较好的长期热稳定性，同时还可有效抑制"锌烧"。

图 6-32(c) 所示为添加水热法制备的锌酸钙的实验结果。由图 6-32(c) 可以看出，水热法制备的锌酸钙的热稳定性时间延长，达到了 60min，其热稳定机理与化学反应法制备的锌酸钙相同。相对化学反应法制备的锌酸钙来说，水热法样品的热稳定性更佳，老化时间延长，这可能是由于水热法制备的锌酸钙晶形不规则，粒径更小，因此在 PVC 体系中分散更为均匀，从而能更好地抑制 PVC 降解。

6.11.3　结论

（1）化学反应法制备的锌酸钙为平行四边形，晶形规则，粒径较大；而水热法制备的锌酸钙样品，晶形不规则，粒径更小，含结晶水较少。

（2）化学反应法和水热法均能制备出具有 PVC 热稳定性能的锌酸钙样品。锌酸钙作为 PVC 的热稳定剂，在初期着色性和长期热稳定性方面都有比较出色的表现。

（3）相对于化学反应法，水热法制备的锌酸钙样品在 PVC 热稳定性方面具有更加出色的性能。

第7章 抗冲改性剂和加工助剂

7.1 ACR 和 MSB 抗冲改性剂的应用技术

7.1.1 概述

PVC 是应用范围广、产量大的通用塑料之一。硬质 PVC 制品具有硬度大、刚性和强度高、耐化学腐蚀和耐老化性优良、耐磨性和阻燃性好等优点，可以广泛用作建筑材料取代传统的钢材及木材，而且加工容易，价格低廉。随着硬质 PVC 制品用途的不断开拓、比例的不断增加，世界上发达国家的硬质 PVC 制品消耗已大大超过软制品。从 20 世纪末至今，硬质 PVC 制品在 PVC 的总用量中所占比例一直是衡量一个国家塑料加工技术发展水平的重要标志。近年来，节能降耗已成为硬质 PVC 制品的主要发展趋势，所以，开发和应用硬质 PVC 制品这类节能型材料不仅具有很好的经济效益，而且在我国能源紧张、木材短缺的情况下，大力发展硬质 PVC 制品有着重要的社会效益。自 20 世纪 70 年代以来，硬质 PVC 制品已被用作制造管材、塑料门窗、建筑材料、装饰材料等，广泛应用于建筑、化工、机械、电子、轻工、农业等领域。

但是，普通硬质 PVC 制品是脆性材料，抗冲击性能较差，其简支梁缺口冲击强度在 23℃时仅为 $2.5 kJ/m^2$ 左右，因此，在加工应用时常需加入抗冲改性剂，在不明显降低 PVC 拉伸、热变形等性能的前提下提高抗冲性能。PVC 用抗冲改性剂主要有乙丙橡胶（EPDM）、丁腈橡胶（NBR）、乙烯-乙酸乙烯酯共聚物（EVA）、氯化聚乙烯（CPE）、丙烯酸酯类共聚物（ACR）、甲基丙烯酸甲酯-丁二烯-苯乙烯共聚物（MBS）和 ABS 等。目前，常用的抗冲改性剂为 CPE、EVA、ACR 和 MBS。

在以上 4 种 PVC 抗冲改性剂中，ACR 是综合性能最好的抗冲改性剂，改性 PVC 加工性能好，拉伸强度、模量、热变形温度高，耐候性优异。除了耐候性较差外，MBS 也是综合性能较好的 PVC 抗冲改性剂，尤其是 MBS 的折射率与 PVC 相近，是唯一用于透明抗冲改性 PVC 制品加工的抗冲改性剂。

ACR 和 MBS 抗冲改性剂一般是以交联橡胶为内核、以玻璃化温度（T_g）较高和与 PVC 相容性好的聚合物为壳的核-壳结构型复合聚合物，核层橡胶是真正发挥抗冲改性的部分，壳层聚合物部分与核层聚合物发生接枝，对核层提供包覆作用，提高抗冲改性剂在 PVC 的分散和与 PVC 的相容。ACR 抗冲改性剂一般以交联丙烯酸酯类橡胶为内核，以聚甲基丙烯酸甲酯等 T_g 较高的聚合物为壳层。MBS 一般以丁苯橡胶为核，以甲基丙烯酸甲酯-苯乙烯共聚物为壳层。

美国 Rohm-Hass 公司从 20 世纪 50 年代起就进行 ACR 抗冲改性剂的研制，并最早推出了商品化产品。其后，法国阿托公司、德国 BASF 和 Huls 公司、日本钟渊和吴羽化学公司等也先后加入了 ACR 抗冲改性剂的研究开发行列，从而促进了 ACR 抗冲改性剂的迅速发展。表7-1 为国外部分 ACR 抗冲改性剂生产厂家和商品名称。

MBS 抗冲改性剂的研究始于 20 世纪 50 年代末，美国 Borg-Warner 和 Rohm-Hass 公司首先开始 MBS 树脂的研制工作，并于 1960 年获得制备 PVC 抗冲改性剂 MBS 的专利。目前，日

表 7-1　国外部分 ACR 抗冲改性剂生产厂家及商品名称

商品名称	生产公司	商品名称	生产公司
Paraloid KM	Rohm-Hass	D-200	法国阿托
Paraloid KM	日本吴羽公司	IM-805、807、808	韩国 LG 公司
FM-21、FM-22	日本钟渊公司		

本 MBS 生产技术处于世界领先地位，其中以钟渊、吴羽两公司产量最大，技术最先进。表 7-2 为国外 MBS 生产厂家、生产能力和商品名称。

表 7-2　国外 MBS 生产厂家、生产能力和商品名称

制造厂	厂　址	生产能力/(t/a)	商品名称	制造厂	厂　址	生产能力/(t/a)	商品名称
比利时钟化	比利时	32000	KANE ACE	钟渊	日本	30000	KANE ACE
Rohm-Haas	法国	16000	PARALOID	吴羽	日本	20000	KUREHA BTA
Rohm-Haas	英国	19000	PARALOID BTA	三菱螺荣	日本	12000	METABLEN
德州钟化	美国	12000	KANE ACE	JSR	日本	3600	JSR MBS
Rohm-Haas	美国	32000	ACRYLOID BTA	日本杰翁	日本	2500	HIBLEN
METOCA	美国	12000	METABLEN	合计		194100	
NITRIFLEX	巴西	3000	NITRIFLEA MBS				

国内 ACR 抗冲改性剂的研制和应用始于 20 世纪 80 年代初，由北京化工研究院、山西化工研究所、河北工业大学、齐鲁化工研究院、浙江大学等单位先后进行了合成和应用方面的研究，并有上海珊瑚化工厂、山西化工研究所、苏州安利化工厂、淄博塑料助剂厂、山东金泓化工集团等进行工业化生产。但与国外 ACR 抗冲改性剂产品相比，在增韧改性效果等方面还有一定差距，且生产的 ACR 抗冲改性剂还局限应用于 PVC 等少数塑料品种。

国内目前计有 10 多个 MBS 的中小型生产企业或中试级生产装置，包括齐鲁石化研究院、上海高华合成树脂厂、佛山电化厂、上海制药化工厂、温州塑料助剂总厂、荆门有机化工公司、温州龙湾塑料助剂厂、江阴市有机化工厂、仪征扬子石化有限公司、江苏六合县化工厂和抚顺石油化工厂等。但生产规模较小，产品品种单一，且产品质量不如进口产品。齐鲁石化研究院为国内 MBS 已建成 1500t/a 工业装置，山东万达集团已建成 5 万吨级生产装置。

国外科技发达国家在 PVC 硬制品及少量其他塑料种类的加工中较大量使用 ACR、MBS 为抗冲击改性剂。日本在 PVC 加工中主要消费 MBS 树脂，该树脂的消耗比例占据抗冲击改性剂的 40%～50%。欧洲以使用 ACR 抗冲改性剂为主，制品主要包括型材、管材和异型材，MBS 抗冲击改性剂的用量也较大，尤其是西欧的包装工业、PVC 片材和薄膜制品对 MBS 的需求较旺。美国是全球 ACR、MBS 生产大国，也是应用消费大国，占着重要的地位。从全球的 PVC 抗冲改性剂的发展趋势来看，由于 PVC 加工量日益增大，致使对抗冲击改性剂的消费亦趋于增长。目前我国以 CPE 为主要抗冲改性剂，但这为暂时状况，根据国际发展势态分析，质量欠佳与效能相对低的品种消费量会逐渐降低，而高效能 ACR、MBS 的用量将逐渐增加，未来国内抗冲击改性剂将出现 CPE、ACR、MBS 三足鼎立之势。预计到 2005 年与 2010 年国内 PVC 硬制品量分别将达到 400 万吨与 600 万吨，与其相配套的抗冲击改性剂需求量为 8～11 万吨与 13～15 万吨，因此积极开发高性能的 ACR、MBS 抗冲改性剂是大有可为的。

7.1.2　ACR 和 MBS 抗冲改性剂的制备技术

ACR 和 MBS 抗冲改性剂的制备主要涉及橡胶核粒子和壳层聚合物的合成，主要采用乳液

聚合方法合成，橡胶核粒子主要采用间歇、半连续或种子乳液聚合方法合成，后者则采用以内核乳胶粒子为种子的核-壳乳液聚合方法进行合成。对于 MBS 而言，为了得到粒径较大的橡胶粒子，有的公司也采用由小粒径橡胶粒子凝聚形成大粒径粒子，再聚合包覆壳层聚合物的方法。乳液聚合得到的 ACR、MBS 乳胶粒子经凝聚、干燥，或直接喷雾干燥的方法，得到 ACR、MBS 抗冲改性剂粉体。

7.1.2.1　橡胶粒子的合成

ACR 常用的橡胶相为聚丙烯酸丁酯，MBS 常用的橡胶相为丁苯橡胶。小粒径（如 $d<150nm$）的交联 PBA 和丁苯橡胶粒子一般采用间歇乳液聚合合成。

生产 MBS 时，为了使改性 PVC 具有透明性，应使橡胶相的粒子不影响透光性，粒径一般小于 200nm，而且对丁苯橡胶的组成也有一定要求，大多数生产厂家选用丁二烯含量大于 70％的丁苯胶乳，通常用丁二烯/苯乙烯为 75/25 的丁苯橡胶，乳胶粒径控制在 100nm 以下。

对于粒径较大（如 $d>150nm$）的 PBA 或丁苯胶乳粒子，可以采用半连续乳液合成。

为了提高 MBS 改性 PVC 的冲击强度，橡胶相粒子必须增大，从增韧原理看，乳胶粒子的最佳平均粒径是 200～300nm，但大粒子会使 MBS 产生光散射，降低改性 PVC 的透明性，甚至失去透明性。为了解决透明性与冲击强度之间的矛盾，人们将小粒径丁苯橡胶粒子凝聚成簇状结构的次级粒子。簇状结构的丁苯橡胶粒子在加工过程中不会分散，因此对提高冲击强度有利，同时簇状结构粒子不妨碍光线透过，光线可通过簇状粒子，从小粒子之间穿绕而过，使 MBS 改性 PVC 兼具透明性和抗冲击性。

7.1.2.2　核-壳结构 ACR、MBS 的合成

有效的 ACR、MBS 抗冲改性剂应分别具有理想的以交联 PBA 或丁苯橡胶为核、以 PMMA 或 MMA/St 为壳的结构，这主要通过核-壳乳液接枝聚合方法制备。所谓核-壳乳液接枝聚合是指性质不同的多种单体，采用种子乳液聚合，控制操作条件，使乳胶粒子不同区域富集不同成分，形成核-壳结构乳胶粒子的聚合操作方式。影响乳胶粒子颗粒形态和结构的因素很多，包括单体的性质、聚合工艺、加料方式、乳化剂浓度等。对于以 PBA 或丁苯橡胶粒子为种子的 MMA 和 MMA/St 乳液聚合，倾向形成以橡胶粒子为核、PMMA 和

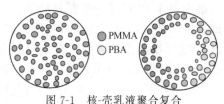

图 7-1　核-壳乳液聚合复合粒子形成模型

○ PMMA
○ PBA

MMA/St 共聚物为壳的复合粒子，但形成的核-壳结构完善程度、胶粒粒径及其分布受到操作方式、橡胶相/壳层单体比、壳层单体滴加速度、乳化剂用量、引发剂种类等因素的影响。同时，核-壳结构是逐步形成的过程，即初期加入的壳层聚合物往往分散在核中，只有当壳层聚合物达到一定量时，才会相互融合形成连续的壳层，其形成过程模型如图 7-1 所示。

对于 MBS，壳层单体为 MMA 与 St 的混合物，两者比例在 7/3～3/7 之间，反应温度在 60～65℃，壳层单体加入方式有：①先接 MMA，后接 St；②先接 St，再接 MMA；③先加少量 MMA 和 St 混合物，进行第一次接枝；再少量 St 和 MMA 的混合物，进行第二次接枝；④一步接枝，即按配方将全部 St 和 MMA 混合后一次投入，进行接枝。对于簇状结构的丁苯胶乳的接枝过程，先将粒径为 70～120nm 的乳胶加入到反应釜中，加入凝聚剂使小粒子凝聚成大粒子，加入单体使大粒子进一步膨胀，加入引发剂引发聚合。也可在聚合过程中加入凝聚剂，通过接枝链将小粒子连接起来，形成团簇结构的大粒子。

7.1.2.3　乳胶粒子的凝聚和干燥

通过核-壳乳液聚合得到的抗冲改性剂乳液可直接采用喷雾干燥的方法得到粉体，但粒径往往较小，加工混合过程容易造成粉尘。因此，目前普遍采用先使乳胶粒子凝聚，再进行分离

干燥的方法，得到粒径较大的 ACR、MBS 抗冲改性剂粉体。

7.1.3　ACR 和 MBS 抗冲改性剂的结构及其对 PVC 的增韧机理

7.1.3.1　ACR 和 MBS 抗冲改性剂的结构

　　尽管橡胶相的凝胶含量和溶胶分子量、壳层聚合物分子量及接枝率也是表征 ACR、MBS 抗冲改性剂的重要结构参数，但 ACR、MBS 的相态结构对其应用性能（主要是抗冲性能）更为重要。

　　通过核-壳乳液聚合得到的 ACR、MBS 乳胶粒子的形态如图 7-2 所示。其理想的核-壳结构示意如图 7-3 所示。当壳层单体量较小，或聚合控制不当时，则可能形成非核-壳结构或核-壳结构不完善的乳胶粒子。Sommer 等采用原子力显微镜研究了二阶段乳液聚合核-壳结构 PBA/PMMA 的表面形态，对于纯 PBA 粒子，表面平整光滑；当 PBA/PMMA＝90/10 时，PBA 粒子表面部分被 PMMA 覆盖部分；当 PBA/PMMA＝80/20 时，PMMA 微区尺寸增大并相互连接，形成"草莓"状结构的壳层；当 PBA/PMMA＝70/30 时，PMMA 初级粒子凝并在一起形成连续的、均匀的 PMMA 层。由此可以认为，采用核-壳乳液聚合得到的 PBA/PMMA 复合粒子并不存在明显的 PBA/PMMA 界线，在聚合过程中 PMMA 将向 PBA 渗透，形成界限模糊的界面层，在 PMMA 含量低时不能形成连续的 PMMA 层，只有在 PMMA 含量高时，才能形成较为完整的 PMMA 层。对于 MBS，情况也基本相同。

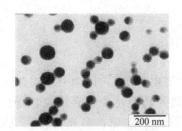

图 7-2　典型 ACR、MBS
乳胶粒子的形态

图 7-3　理想的 ACR 和 MBS
的核-壳结构示意

　　ACR、MBS 乳胶粒子经凝聚、干燥而得到由初级粒子凝聚而成的、具有疏松结构的粒子，粒径较大。典型的 ACR 抗冲改性剂（KM355P）的颗粒形态如图 7-4 所示。

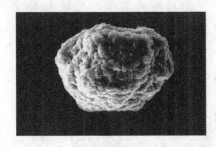

图 7-4　典型 ACR 抗冲改性剂的颗粒形态

7.1.3.2　ACR、MBS 抗冲改性剂对 PVC 的增韧机理

　　凝聚 ACR、MBS 抗冲改性剂粒子与 PVC 树脂混合、熔融加工时，由于壳层聚合物与 PVC 具有很好的相容性，而核为交联的橡胶粒子，因此会重新分散为初级粒子（橡胶粒子部分）而均匀分布在 PVC 基体中，形成以橡胶粒子为分散的"岛"、PVC 基体连续的"海"的"海-岛"结构相态结构。当材料受到应力作用时，橡胶粒子会变形但仍以分散相存在。典型的

MBS 改性 PVC 的相态如图 7-5 所示。可见，未变形 PVC/MBS 材料中 MBS 分散较为均匀，变形后 MBS 在变形方向有一定取向。

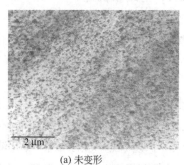 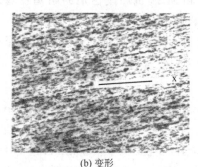

(a) 未变形   (b) 变形

图 7-5 典型的 MBS 改性 PVC 的相态结构

ACR、MBS 抗冲改性（增韧）的 PVC 属于典型的橡胶增韧塑料体系，橡胶对塑料的增韧机理主要有银纹、银纹-剪切带、空化理论等。脆性塑料如 PS、PMMA 等用 ACR、MBS 增韧时，增韧作用主要来自海岛型弹性体微粒作为应力集中物与基体间引发大量银纹，从而吸收大量冲击能，同时，大量银纹间应力场相互干扰，降低了银纹端应力，阻碍了银纹的进一步发展。WU 等提出塑料增韧的"渗滤理论"，建立了评定聚合物脆韧性的定量准则，该理论还认为基体中相邻橡胶粒间距（IPD）是影响材料韧性的重要因素，它与橡胶粒子粒径（d_0）和橡胶相体积分数（ϕ_f）的关系是：

$$IPD = d_0 \left[\left(\frac{\pi}{6\phi_f} \right)^{1/3} - 1 \right]$$

由此可以认为，橡胶粒子的粒径、数量和分散程度对增韧改性 PVC 的抗冲性能都有很大影响。

对于 ACR、MBS 增韧的 PVC 塑料，大量力学性能的研究还表明有橡胶粒子空穴的产生，并认为是主要的增韧机理。如果橡胶粒子能在基体内部穴化，形成的空穴又足够近，则橡胶粒子之间的基体层能够屈服，起到增韧效果。Dompas 等提出了橡胶内部穴化准则，认为橡胶内部穴化可以看作穴化产生的应力能与穴化产生新表面能的平衡，由此得到的模型表明存在能够穴化的最小橡胶粒子粒径，通过拉伸试验发现橡胶内部穴化的开始仅决定于橡胶粒子的大小，穴化阻力随橡胶粒径减小，小的橡胶粒子不能穴化。Dompas 等又发现增韧效果与增韧体系中空穴形成机理有关，内橡胶粒子内部穴化和 PVC/橡胶粒子界面的脱离产生纵向应力，由此促进 PVC 基体的应力屈服。Yanagase 等研究了带缺口 PVC/ACR 样条的弯曲变态过程，图 7-6 为在变形中形态随变形尺寸的变化，

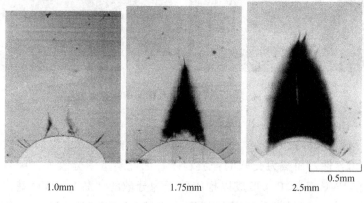

1.0mm   1.75mm   2.5mm

图 7-6 PVC/ACR 的形变过程

当变形较小时，在缺口端部形成剪切带形式的塑性变形，当变形增大时，形成橡胶空穴（如图 7-7 所示），塑性变形区扩大。他们认为由 ACR 改性剂产生的空穴产生受限应变，释放应力小于基体中微纤强度，这时稳定的形变发生，ACR 增韧的 PVC 的韧性就提高。

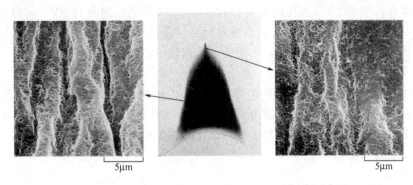

图 7-7 PVC/ACR 变形过程中空穴的形成

从 ACR、MBS 的增韧机理可知，在 PVC 中引入 ACR、MBS，使之产生积极橡胶穴化作用，是 ACR、MBS 提高材料韧性的实质所在，因此，影响橡胶穴化作用的因素，如橡胶相的玻璃化温度、橡胶相交联程度、橡胶粒子粒径和含量都有很大影响。ACR、MBS 壳层影响橡胶相的分散和与 PVC 界面的粘接力，因此对增韧效果也有一定影响。

7.1.4 ACR 抗冲改性剂对 PVC 性能的影响及选用

7.1.4.1 加工性能

我们采用 Haake 转矩流变仪，分别在恒温和程序升温（可以更加真实模拟挤出加工过程）条件下，测定了 FM-21 型 ACR 抗冲改性剂（日本钟渊化学公司产品）对 PVC 加工塑化性能的影响，结果见表 7-3。

表 7-3 ACR 抗冲改性剂对 PVC 熔融塑化性能的影响[①]

FM-21 用量/质量份	0	3	6	10
（恒温法）				
塑化时间/s	74	68	59	53
最大转矩/N·m	40.3	40.8	42.0	44.8
到达最大转矩时物料温度/℃	173	174	170	165
平衡转矩/N·m	29.6	30.7	31.3	32.0
到达平衡转矩时物料温度/℃	189	189	189	189
到达最大转矩时功耗/N·m	46.5	42.8	38.0	33.5
熔融比值	1.26	1.20	1.10	1.03
塑化因子/(g·m/s)	68.6	70.2	79.2	87.1
（升温法）				
塑化时间/min	6.7	6.9	6.6	6.2
最大转矩/N·m	41.1	40.3	44.5	44.6
到达最大转矩时物料温度/℃	150	150	146	141
平衡转矩/N·m	21.2	21.4	22.9	22.9
到达平衡转矩时物料温度/℃	198	198	199	198
到达最大转矩时功耗/N·m	235	220	206	195
熔融比值	1.37	1.54	1.62	1.71
塑化因子/(g·m/s)	14.0	15.0	18.2	20.5

① 配方：TK-1000 100，PA-30 5，FM-21 变量，CaCO₃ 8，XP-R301 6，TiO₂ 0.6；

测试条件：恒温法 170℃×30r/min；升温法 80℃→10℃/min×10min（180℃）→8min。

由表可见，在 PVC 混合料中加入 FM-21 型 ACR 抗冲改性剂后，塑化时间缩短、塑化温度下降、转矩增加、功耗下降、塑化因子值增大，表现出类似 ACR 加工助剂的作用。余新文等通过对采用 KM355 ACR 抗冲改性剂的 PVC 型材复合料的加工塑化研究，也得到了类似结果。ACR 抗冲改性剂对 PVC 塑化的有利影响是由于 ACR 壳层组分与 PVC 树脂有良好的相容性且早于 PVC 树脂的熔化，使 PVC 树脂颗粒间的接触面增大和黏结力加强，并使温度场和剪切力场对 PVC 树脂的作用得到加强，因而表现出促进 PVC 塑化的效果。

7.1.4.2 力学性能

ACR 抗冲改性剂对 PVC 抗冲性能的影响与 ACR 的结构有关。图 7-8、图 7-9 分别为 ACR 橡胶相交联点之间分子量和橡胶相平均粒径对改性 PVC 冲击强度的影响（ACR 用量 6 质量份）。由图可见，分别存在抗冲改性效果最佳的橡胶相交联密度和平均粒径，这可由 ACR 对 PVC 的增韧机理得到解释。

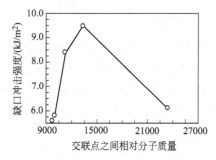
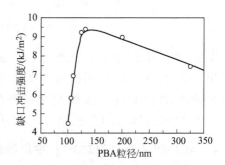

图 7-8　ACR 橡胶相交联点分子量　　　图 7-9　ACR 橡胶相平均粒径
　　　与 PVC 冲击强度的关系　　　　　　　与 PVC 冲击强度的关系

对于 PBA 平均粒径为 116nm 的 ACR，得到 ACR 中 PBA 含量与 PVC 冲击强度的关系如图 7-10 所示。可见，当 PBA 含量为 60% 左右时，PVC 的冲击强度最大。

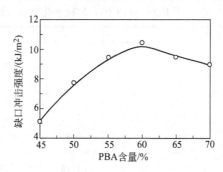

图 7-10　ACR 中 PBA 含量与 PVC 冲击强度的关系

不同 ACR 抗冲改性剂对 PVC 力学性能的影响见表 7-4。

表 7-4　ACR 抗冲改性剂对 PVC 力学性能的影响

名　称	用　量	缺口冲击强度(23℃)/(kJ/m²)	拉伸强度/MPa	断裂伸长率/%
无 ACR	0	4.5	52.8	50
FM-21	3	7.9	49.5	58
	6	14.3	49.0	70
	10	19.9	43.3	82
KM355	6	12.1	50.5	175
	7	14.5	—	—
	8	14.8	—	—

续表

名　称	用　量	缺口冲击强度(23℃)/(kJ/m²)	拉伸强度/MPa	断裂伸长率/%
自制 ACR	3	4.8	49.2	30
	5.6	7.2	48.9	63
	8	14.0	48.6	114
	10	14.4	43.7	135

由表 7-4 可见，PVC 的冲击强度随 ACR 用量增加而增大，在 ACR 用量为 6～8 质量份时，即可达到较高的冲击强度。采用自制 ACR，在相同用量下，冲击强度略逊于国外产品。可见，随 ACR 用量增加，PVC 材料的拉伸强度略有下降，断裂伸长率增加。

7.1.4.3　其他性能

用 ACR 抗冲改性的 PVC 表现出优于 CPE 改性的耐候性能，图 7-11 为相同模拟大气老化条件下，用 6 份 KM355 型 ACR 和 8 份 CPE 改性的 PVC 的冲击强度随老化时间的变化，可见，采用 ACR，老化 5000h 后，仍保持 80% 以上的冲击强度，而采用 CPE 时，老化 1500h 后，冲击强度即有大幅下降。

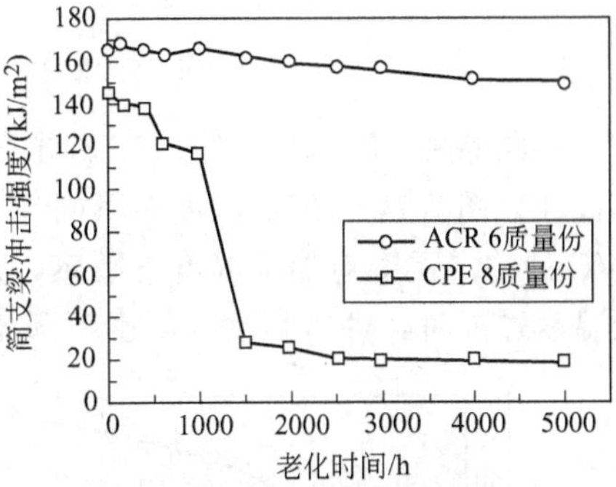

使用 ACR 抗冲改性剂，挤出制品的收缩率一般小于 CPE 改性 PVC，表面粗糙度则优于 CPE 改性 PVC，维卡软化温度和焊接强度也略大于 CPE 改性 PVC。

图 7-11　ACR 和 CPE 抗冲改性 PVC
冲击强度随老化时间的变化比较

7.1.4.4　ACR 的选用

ACR 抗冲改性剂尤其适用于 PVC 异型材（门窗架等）和管材（尤其是户外用）。以 Rohm-Hass 公司产品为例，除了适用于工程塑料（如 PC、PBT、PET 等）的品种以外，用于 PVC 制品的主要是 KM334、KM355、KM365 和 HIA80。KM334、KM355 适用于 PVC 门窗和管材，KM365 主要用于 PVC 管材，HIA80 是高性能的 ACR 抗冲改性剂品种，耐候性和透明性均优于前三种品种，可用于高档 PVC 门窗。日本吴羽公司的 ACR 产品与 Rohm-Hass 公司相近（Rohm-Hass 已将亚洲部分 ACR 的生产和销售签约给吴羽公司）。钟渊公司 FM21、FM22 产品分别与 KM334 和 KM355 相当。韩国 LG 公司的 IM805、IM808 产品也与 KM334、KM355 相当。

7.1.5　MBS 抗冲改性剂对 PVC 性能的影响及选用

7.1.5.1　加工性能

孟宪谭等采用 Haake 转矩流变仪研究了日本钟渊公司 4 种不同类型 MBS 对 PVC 加工性能的影响，得到结果见表 7-5。

表 7-5　MBS 对 PVC 加工性能的影响

牌号	熔融时间/s	最大转矩/N·m	平衡转矩/N·m	牌号	熔融时间/s	最大转矩/N·m	平衡转矩/N·m
B-11A	35	45	34	B-22	74	48	36
B-31	49	51	31	B-56	126	44	39

注：加料量 70g；160℃；30r/min。

可见，采用 B-11A 时塑化时间最短，采用 B-31 时平衡转矩最小。

7.1.5.2　力学性能

不同 MBS 用量时，MBS 橡胶相粒径对改性 PVC 冲击强度的影响如图 7-12 所示。可见，当 MBS 用量为 3 质量份时，不同粒径 MBS 对 PVC 的增韧效果均不明显。当 MBS 用量为 10

或 16 质量份时，粒径为 200nm 左右时，增韧效果最佳。

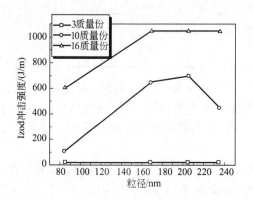

图 7-12　MBS 橡胶粒径对改性 PVC 冲击强度的影响

不同品种 MBS 用量对 PVC 冲击强度的影响如图 7-13 所示。可见，B-56 对 PVC 的增韧效果最佳。图 7-14 为加工温度对不同 MBS 及 CPE 改性 PVC 冲击强度的影响。可见，MBS 改性 PVC 的冲击强度对加工温度不敏感，而 CPE 改性 PVC 的冲击强度对加工温度非常敏感，加工温度过高时，冲击强度大幅度下降。

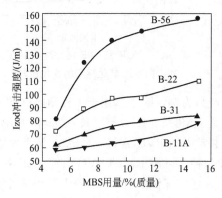

图 7-13　MBS 品种和用量对
PVC 冲击强度的影响

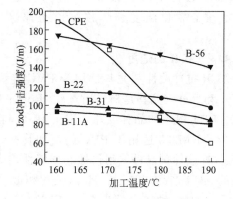

图 7-14　加工温度对 MBS 和 CPE
改性 PVC 冲击强度的影响

7.1.5.3　光学性能

使用 MBS 的最大优点是可以得到透明性的抗冲改性 PVC。孟宪谭等得到使用不同 MBS 品种时，MBS 用量对 PVC 透光率和浊度的影响见表 7-6。可见，随 MBS 用量增加，透光率略有下降，浊度增加；相同用量时，使用 B-11A 的透光率最大。

表 7-6　MBS 品种和用量对改性 PVC 透光率和浊度的影响

品　种	MBS 用量/%（质量）				品　种	MBS 用量/%（质量）			
	6	8	10	12		6	8	10	12
透光率/%					浊度/%				
B-11A	88.9	88.5	87.0	85.4	B-11A	2.2	3.3	4.7	5.4
B-31	87.5	87.4	85.8	85.0	B-31	3.3	4.0	5.5	7.8
B-22	86.4	85.0	83.0	81.8	B-22	5.4	6.3	8.0	9.9

注：空白：透光率 86.5%；浊度 3.0%；B-56 不透明。

谭作勤等对 PVC/MBS（B-31）共混物的光学性能进行了详细研究，发现除了 MBS 用量，加工助剂和加工条件对共混物的光学性能有较大影响。表 7-7～表 7-10 分别为塑炼温度、压制温度、塑炼时间和压制时间对透光率和浊度的影响。

表 7-7　塑炼温度对 PVC/MBS 透光率和浊度的影响

编　号	温度/℃	透光率/%	浊度/%	编　号	温度/℃	透光率/%	浊度/%
350	150	84.4	5.63	351	170	88.7	2.88
324	160	87.6	3.12				

表 7-8　压制温度对 PVC/MBS 透光率和浊度的影响

编　号	温度/℃	透光率/%	浊度/%	编　号	温度/℃	透光率/%	浊度/%
324	180	87.6	3.12	247B	200	89.4	2.56
347A	190	88.7	2.89				

表 7-9　塑炼时间对 PVC/MBS 透光率和浊度的影响

编　号	时间/min	透光率/%	浊度/%	编　号	时间/min	透光率/%	浊度/%
324	6	87.6	3.12	355	10	84.3	3.87
354	8	85.2	3.95	356	12	83.0	4.50

表 7-10　压制时间对 PVC/MBS 透光率和浊度的影响

编　号	时间/min	透光率/%	浊度/%	编　号	时间/min	透光率/%	浊度/%
324	6	87.6	3.12	358	12	86.5	3.71
353	9	87.4	3.56	359	15	87.6	3.77

7.1.5.4　MBS 的选用

选用 MBS 时，关键是根据 PVC 制品抗冲性和透明性的要求选择合适牌号的 MBS 品种。表 7-11 为部分 MBS 的主要性能和主要用途。

表 7-11　部分 MBS 的主要性能和主要用途

生产厂			主要性能		主要用途
日本钟渊	日本吴羽	齐鲁石化	冲击性	透明性	
B-11A	BTA-731		1	3	薄膜、片材
B-12	BTA-3S		1	3	透明瓶
B-31	BTA-3S₁	QIM-01	1	3	
B-18A			2	2	薄膜、片材、透明瓶
B-22	BTA-712	QIM-03	2	2	管件、异型材、板材
B-28	BTA-3N₃	QIM-05	2	2	
B-56	BTA-3NX	QIM-04	3	1	非透明薄膜、片材、瓶、管件、异型材、板材

注：主要性能 1~3 表示从良好→优异。

7.1.6　小结

ACR、MBS 抗冲改性剂具有核-壳结构，对 PVC 具有综合改性效果，是值得推广的 PVC 抗冲改性剂品种。ACR、MBS 对 PVC 的增韧改性以橡胶穴化机理为主，橡胶相交联密度、粒径和核/壳聚合物重量比对改性效果有很大影响；应合理选择 ACR 和 MBS 抗冲改性剂品种，达到改性 PVC 的良好效果。

7.2　PVC 用加工助剂及冲击改性剂

（常春娜）

7.2.1　加工改性助剂

7.2.1.1　加工改性助剂的作用原理

由于 PVC 熔体延展性差，易导致熔体破碎；PVC 熔体松弛慢，易导致制品表面粗糙、无光泽及鲨鱼皮等。因此，PVC加工时往往需要加入加工助剂，以改善其熔体上述缺陷。

加工助剂为可以改善树脂加工性能的助剂，其主要作用方式有三种：促进树脂熔融、改善熔体流变性能及赋予润滑功能。

① 促进树脂熔融：PVC树脂在加热的状态下，在一定的剪切力作用下熔化时，加工改性剂首先熔融并黏附在PVC树脂微粒表面，它与树脂的相容性和它的高分子量，使PVC黏度及摩擦增加，从而有效地将剪切应力和热传递给整个PVC树脂，加速PVC熔融。

② 改善熔体流变性能：PVC熔体具有强度差、延展性差及熔体破裂等缺点，而加工改性剂可改善熔体上述流变性。其作用机理为：增加PVC熔体的黏弹性，从而改善离模膨胀和提高熔体强度等。

③ 赋予润滑性：加工改性剂与PVC相容部分首先熔融，起到促进熔融作用；而与PVC不相容部分则向熔融树脂体系外迁移，从而改善脱模性。

7.2.1.2 常用加工改性剂ACR

ACR为甲基丙烯酸甲酯和丙烯酸酯、苯乙烯等单体的共聚物。可用做加工助剂外，也可用做冲击改性剂。ACR可分为ACR201、ACR301和ACR401、ACR402几种，国外的牌号有：K120N、K125、K175P530、P501、P551、P700、PA100等。

ACR加工改性剂的重要作用是促进PVC的塑化，缩短塑化时间，提高熔体塑化的均匀性，降低塑化温度。在PVC塑料门窗型材中一般使用ACR201或ACR401，用量为1.5～3份。

7.2.2 冲击改性剂

高分子材料改性的一个重要内容是改善其耐冲击性能，PVC树脂是一个极性非结晶性高聚物，分子之间有较强的作用力，是一个坚硬而脆的材料；抗冲击强度较低。加入冲击改性剂后，冲击改性剂的弹性体粒子可以降低总的银纹引发应力，并利用粒子自身的变形和剪切带，阻止银纹扩大和增长，吸收掉传入材料体内的冲击能，从而达到抗冲击的目的。改性剂的颗粒很小，以利于增加单位重量或单位体积中改性剂的数量，使其有效体积分数提高，从而增强了分散应力的能力。目前应用比较广泛的为有机抗冲击改性剂。按有机抗冲击改性剂分子内部结构，可将其分为如下四类：预定弹性体型（PDE）、非预定弹性体型（NPDE）、过渡型、橡胶类。

7.2.2.1 预定弹性体（PDE）型冲击改性剂

预定弹性体型冲击改性剂属于核-壳结构的聚合物，其核为软状弹性体，赋予制品较高的抗冲击性能，壳为具有高玻璃化温度的聚合物，主要功能是使改性剂微粒子之间相互隔离，形成可以自由流动的组分颗粒，促进其在聚合物中均匀分散，增强改性剂与聚合物之间相互作用和相容性。此类结构的改性剂有：MBS、ACR、MABS和MACR等，这些都是优良的冲击改性剂。

7.2.2.2 非预定弹性体型（NPDE）冲击改性剂

非预定弹性体型冲击改性剂属于网状聚合物，其改性机理是以溶剂化作用（增塑作用）机理对塑料进行改性。因此，NPDE必须形成一个包覆树脂的网状结构，它与树脂不是十分好的相容体。此类结构的改性剂有：CPE、EVA。

7.2.2.3 过渡型冲击改性剂

过渡型冲击改性剂结构介于两种结构之间，如ABS。用PVC树脂的具体品种有：CPE、ACR、MBS、SBS、ABS和EVA等。

（1）氯化聚乙烯（CPE） CPE是利用HDPE在水相中进行悬浮氯化的粉状产物，随着氯化程度的增加使原来结晶的HDPE逐渐成为非结晶的弹性体。作为增韧剂使用的CPE，含Cl量一般为25%～45%。CPE来源广，价格低，除具有增加韧性作用外，还具有耐寒性、耐候性、耐燃性及耐化学药品性。目前在我国CPE是占主导地位的冲击改性剂，尤其在PVC管材和型材生产中，大多数工厂使用 CPE。加入量一般为 5～15 份。CPE 可以同其他增韧剂协同使用，如橡胶类、EVA 等，效果更好，但橡胶类的助剂不耐老化。

（2）ACR　ACR 为甲基丙烯酸甲酯、丙烯酸酯等单体的共聚物，ACR 为近年来开发的最好的冲击改性剂，它可使材料的抗冲击强度增大几十倍。ACR 属于核壳结构的冲击改性剂，甲基丙烯酸甲酯-丙烯酸乙酯高聚物组成的外壳，以丙烯酸丁酯类交联形成的橡胶弹性体为核的链段分布于颗粒内层。尤其适用于户外使用的 PVC 塑料制品的冲击改性，在 PVC 塑料门窗型材使用 ACR 作为冲击改性剂与其他改性剂相比具有加工性能好，表面光洁，耐老化好，焊角强度高的特点，但价格比 CPE 高 1/3 左右。

（3）MBS　MBS 是甲基丙烯酸甲酯、丁二烯及苯乙烯三种单体的共聚物。MBS 的溶度参数为 9.4～9.5 之间，与 PVC 的溶度参数接近，因此同 PVC 相容性较好，它的最大特点是：加入 PVC 后可以制成透明的产品。一般在 PVC 中加入 10～17 份，可将 PVC 的冲击强度提高 6～15 倍，但 MBS 的加入量大于 30 份时，PVC 冲击强度反而下降。MBS 本身具有良好的冲击性能，透明性好，透光率可达 90％以上，且在改善冲击性的同时，对树脂的其他性能，如拉伸强度、断裂伸长率等影响很小。但因 MBS 价格较高，常同其他冲击改性剂，如 EAV、CPE、SBS 等并用。MBS 耐热性不好，耐候性差，不适于做户外长期使用制品，一般不用作塑料门窗型材生产的冲击改性剂使用。

（4）SBS　SBS 为苯乙烯、丁二烯、苯乙烯三元嵌段共聚物，也称为热塑性丁苯橡胶，属于热塑性弹性体，其结构可分为星型和线型两种。SBS 中苯乙烯与丁二烯的比例主要为 30/70、40/60、28/72、48/52 几种。主要用做 HDPE、PP、PS 的冲击改性剂，其加入量 5～15 份。SBS 主要作用是改善其低温耐冲击性。SBS 耐候性差，不适于做户外长期使用制品。

（5）ABS　ABS 为苯乙烯（40％～50％）、丁二烯（25％～30％）、丙烯腈（25％～30％）三元共聚物，主要用做工程塑料，也用做 PVC 冲击改性，对低温冲击改性效果也很好。ABS 加入量达到 50 份时，PVC 的冲击强度可与纯 ABS 相当。ABS 的加入量一般为 5～20 份，ABS 的耐候性差，不适于长期户外使用制品，一般不用作塑料门窗型材生产的冲击改性剂使用。

（6）EVA　EVA 是乙烯和乙酸乙烯酯的共聚物，乙酸乙烯酯的引入改变了聚乙烯的结晶性，乙酸乙烯酯含量大时，EVA 与 PVC 折光率不同，难以得到透明制品，因此，常将 EVA 与其他抗冲击树脂并用。EVA 添加量为 10 份以下。

7.2.2.4　橡胶类抗冲击改性剂

橡胶类抗冲击改性剂是性能优良的增韧剂，主要品种有：乙丙橡胶（EPR）、三元乙丙橡胶（EPDM）、丁腈橡胶（NBR）及丁苯橡胶、天然橡胶、顺丁橡胶、氯丁橡胶、聚异丁烯、丁二烯橡胶等，其中 EPR、EPDM、NBR 三种最常用，其特点是改善低温耐冲击性优越，但都不耐老化，因而塑料门窗型材等户外使用的制品一般不使用这类冲击改性剂。

7.2.3　小结

选择适合的改性助剂，对 PVC 的加工非常关键，根据不同的配方，其物理性能可以是优良的橡胶态弹性体，也肯与性能优异的工程塑料相媲美。

7.3　核-壳结构 ACR 增韧改性 PCTFE 体系的性能与结晶行为

（李季，冯钠，张桂霞等）

PCTFE 是单体三氟氯乙烯的均聚物，其主碳链上的氢均被卤元素取代，大分子链具有螺旋构象，分子量在 10 万～20 万之间，具有微弱的极性，属于热塑性半结晶型高聚物。PCTFE 与其他工程塑料相比，具有突出的化学惰性、耐高低温性能、高的机械强度及优异的电绝缘性等，不足之处是其制品脆性及缺口敏感性大，易应力开裂，产生裂纹，限制了其应用。为获得综合性能优异的 PCTFE 材料，添加增韧剂即为一种有效的途径。

核-壳结构的 ACR 是一种常用的增韧剂，ACR 的"核"为聚丙烯酸丁酯（PBA）弹性体，"壳"为极性的聚甲基丙烯酸甲酯（PMMA），核壳之间通过化学键相连，壳层物质使弹性核之间相互隔离，形成的颗粒状结构使其可以在熔体中自由流动，促进其均匀分散。ACR 能够提高树脂的韧性，一方面是因为当材料受到外力作用时，ACR 的 PBA 弹性核能够产生应变或空穴而吸收能量，且控制银纹和剪切带的发展，并使其及时终止，而不致使材料发展成裂纹。另一方面，ACR 的 PMMA 壳使得其与极性聚合物 PCTFE 的相容性较佳，易于分散均匀，起到增韧的作用。

本文采用核-壳结构 ACR 作为增韧改性剂，制备 ACR 改性 PCTFE 共混体系，探讨了 ACR 对 PCTFE 共混体系力学性能、微观结构、加工流动行为的影响，并重点研究了 ACR 对 PCTFE 共混体系结晶行为的影响。

7.3.1　实验部分

7.3.1.1　试剂与仪器

PCTFE：M400H，分子量为 10 万～20 万，大金氟化工（中国）有限公司；ACR：FM-21，核壳结构丙烯酸酯类抗冲击改性剂，日本钟渊化学工业株式会社；稀土复合稳定剂：XG-502，金属氧化物≥32.0%，内蒙古皓海化工责任有限公司；抗氧剂：1076，β-(3,5-二叔丁基-4 羟基苯基）丙酸正十八碳醇酯，市售；PE 蜡：分子量为 3000，天津永昌盛化工有限公司。

转矩流变仪：RM-200A，哈尔滨哈普电气技术有限责任公司；平板硫化机：QLB-50D/Q，无锡市橡塑机械有限公司；微机控制电子万能试验机：RGT-5，深圳市瑞格尔仪器有限公司；冲击试验机：RXJ-50，深圳市瑞格尔仪器有限公司；差热分析仪：Q2000，美国 TA 公司；偏光显微镜：DM2500P，上海微兹光学仪器有限公司；扫描电镜：JSM-6460LV，日本电子株式会社。

7.3.1.2　试样制备

将 PCTFE、ACR、稀土复合稳定剂、抗氧剂 1076、PE 蜡按照一定质量比混合均匀，于 265℃熔融塑炼 720s 后压制成型，压制成型的温度、时间及压力分别为 220℃、5min 及 10MPa，最后裁成标准样条进行相关性能测试与表征。PCTFE/ACR 共混体系的配方见表 7-12。

表 7-12　PCTFE/ACR 共混体系的配方　　　　　　　　　　　　　单位：质量份

样品编号	PCTFE	ACR	稀土复合稳定剂	抗氧剂 1076	PE 蜡
PCTFE-0	100	0	6	0.1	0.5
PCTFE-1	100	2	6	0.1	0.5
PCTFE-2	100	4	6	0.1	0.5
PCTFE-3	100	6	6	0.1	0.5
PCTFE-4	100	8	6	0.1	0.5

7.3.1.3　性能测试与结构表征

（1）力学性能测试　冲击性能按 GB/T 1043 进行测试；拉伸性能按 GB/T 1040 进行测试；弯曲性能按 GB/T 1042 进行测试。

（2）加工流变行为测试　仪器转速为 30r/min，温度为 265℃。

（3）差示扫描量热分析（DSC）　取样品质量 5～10mg，在 50mL/min 的 N_2 气氛中将样品以 20℃/min 的升温速率从室温升至 280℃，并停留 5min 以消除热历史，再以 10℃/min 的降温速率降至室温，记录结晶曲线。

（4）偏光显微镜分析（PLM） 将少量样品于载玻片，先加热到 280℃ 熔融，用盖玻片压实，并恒温 5min 消除热历史，然后以 2℃/min 的降温速率降温至 180℃，从试样出现晶核为起点，每 60s 记录一次试样结晶情况。

（5）扫描电镜分析（SEM） 将试样的冲击断面进行喷金处理，然后采用扫描电镜观察微观结构。

7.3.2 结果与讨论

7.3.2.1 ACR 改性 PCTFE 共混体系力学性能与微观结构研究

ACR 作为一种优良的抗冲击改性剂，可以改善 PCTFE 体系脆性大的缺点，扩大其应用范围。本部分重点研究了 ACR 用量对 PCTFE 体系冲击强度、拉伸强度、断裂伸长率、弯曲强度及弯曲模量的影响，并通过 SEM 对 PCTFE 共混体系冲击断面的微观结构进行了表征。

（1）ACR 改性 PCTFE 共混体系力学性能研究

图 7-15～图 7-17 为 ACR 用量对 PCTFE 共混体系力学性能的影响。

从图 7-15 可以看出，随着 ACR 用量的增加，PCTFE 共混体系的冲击强度呈线性增加趋势，用量继续增加，冲击强度略有下降。这是由于 ACR 用量较少时，粒子之间间距较大，吸收应力作用的粒子少，增韧效果不明显，随着 ACR 用量的增加，ACR粒子分散均匀，能够有效地产生应变或空穴而吸收能量，增韧作用提高，ACR 用量继续增加，橡胶相应力场相互作用，增强了粒子之间银纹发展的趋势，增韧效果下降。

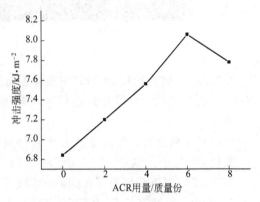

图 7-15 ACR 用量对 PCTFE 共混体系冲击性能的影响

从图 7-16 和图 7-17 可以看出，PCTFE 共混体系的拉伸强度、弯曲强度及弯曲模量均随 ACR 用量的增加略有降低，其中拉伸强度在 ACR 用量少于 4phr时，几乎不变，在用量范围内，拉伸强度、弯曲强度及弯曲模量下降幅度均不大。这是因为 ACR 作为增韧粒子，本身的弹性模量较 PCTFE 低，加入后会导致共混体系强度有所下降。从图 7-16 还可以看出，PCTFE 共混体系的断裂伸长率随着 ACR 用量的增加逐渐增加，这也间接证明了 ACR 对 PCTFE 体系有增韧作用。

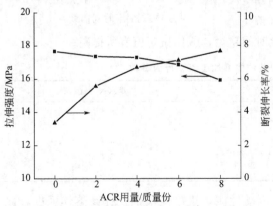

图 7-16 ACR 用量对 PCTFE 共混体系拉伸性能的影响

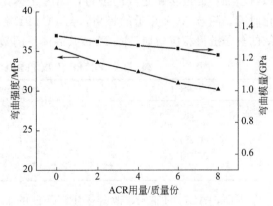

图 7-17 ACR 用量对 PCTFE 共混体系弯曲性能的影响

因此，ACR 对 PCTFE 有增韧效果，且在用量范围内，对 PCTFE 共混体系的强度影响不大，当 ACR 用量为 6 质量份时，综合力学性能最佳。

（2）ACR 改性 PCTFE 共混体系微观结构表征

高分子材料的脆韧性可以通过冲击断面的形态与形貌反应出来。图 7-18 为 PCTFE 及 PCTFE/ACR 共混体系冲击断面的 SEM 形貌图。从图中可以看出，PCTFE-0 的冲击断面相对较为光滑，呈现出脆性断裂的特征，共混体系 PCTFE-3 及 PCTFE-4 冲击断面粗糙不平，有拉丝结构，呈现出韧性断裂的特征。此外，从冲击断面形貌图上留下的空洞可推测，材料受到外力作用时有的颗粒被拔出，有的颗粒留在基体中，吸收能量，起到增韧作用，且沿着作用力方向，空洞有被拉长的趋势。

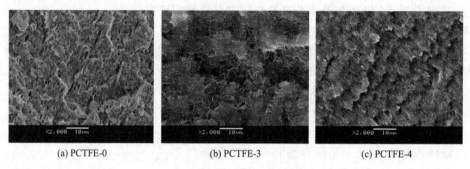

(a) PCTFE-0   (b) PCTFE-3   (c) PCTFE-4

图 7-18　PCTFE 及 PCTFE/ACR 共混体系的 SEM 照片

7.3.2.2　ACR 改性 PCTFE 共混体系加工流动行为研究

图 7-19 为 PCTFE 共混体系转矩-时间图，表 7-13 为 PCTFE 共混体系加工流动行为参数表。

对于聚合物，转矩值的大小直接反映了物料的黏度的大小。从图 7-19 及表 7-13 可以看出，PCTFE 共混体系的塑化时间较 PCTFE 基体的塑化时间短，且最高扭矩值较 PCTFE 基体大。随着 ACR 用量的增加，共混体系的塑化时间逐渐缩短，塑化扭矩值逐渐增加。这是因为在熔融塑化过程中，核-壳结构 ACR 的壳层 PMMA 大分子链与 PCTFE 分子链相互缠结，增加分子链运动的摩擦力，使体系黏度变大，塑化扭矩值相应提高，此时产生的摩擦热增加，促进塑化过程的进行，缩短了体系的塑化时间。随着 ACR 用量的提高，与 PCTFE 相互缠结的分子链量相应增加，PCTFE 共混体系的塑化时间越短，塑化扭矩值有所提高。

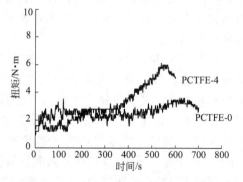

图 7-19　PCTFE 及 PCTFE/ACR
共混体系扭矩-时间曲线

表 7-13　PCTFE 及 PCTFE/ACR 共混体系加工流动行为参数

编号	塑化时间/s	扭矩/(N·m)
PCTFE-0	665	3.6
PCTFE-1	634	4.4
PCTFE-2	613	4.8
PCTFE-3	581	5.2
PCTFE-4	529	6.0

因而，ACR 的加入，改善了 PCTFE 的加工流动性能，扭矩值增加，提高熔体强度，促进了塑化，有助于 PCTFE 的成型加工。

7.3.2.3 ACR 改性 PCTFE 共混体系结晶行为研究

（1）DSC 分析 图 7-20 为 PCTFE/ACR 共混体系的 DSC 曲线，表 7-14 为 DSC 曲线的分析数据，其中 T_0 为起始结晶温度，T_P 为结晶峰温度，ΔH_c 为结晶焓。从图 7-20 和表 7-14 可以看出，增韧粒子 ACR 的加入使 PCTFE 体系的 T_0 和 T_P 向低温方向移动，说明了 ACR 的存在，阻碍了 PCTFE 结晶过程。从结晶放热来看，在同一降温速率下，PCTFE 共混体系的 ΔH_c 小于 PCTFE 基体，说明 PCTFE 和 ACR 大分子链之间的相互作用，使 PCTFE 分子链排入晶格困难程度提高，导致共混体系的结晶度降低。

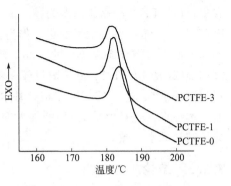

图 7-20 PCTFE 及 PCTFE/ACR 共混体系 DSC 降温曲线

表 7-14 DSC 曲线分析数据表

编 号	$T_0/℃$	$T_P/℃$	$\Delta H_c/(\mathrm{J} \cdot \mathrm{g}^{-1})$
PCTFE-0	190.4	183.5	4.31
PCTFE-1	188.5	182.2	3.83
PCTFE-2	187.8	182.6	3.76
PCTFE-3	188.9	181.7	3.72
PCTFE-4	189.3	182.3	3.68

（2）PLM 分析 图 7-21 为 PCTFE-0 及 PCTFE-2 晶体形态-时间 PLM 照片。从图中可以

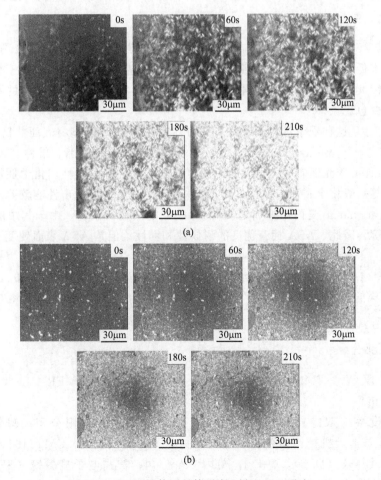

图 7-21 PCTFE 体系晶体形态-时间 PLM 照片

看出，PCTFE-0 的晶体形态为棒状晶，结晶完全时其晶体尺寸约为 $9.8\mu m$，添加 4 份 ACR 的 PCTFE-2 晶体形态未发生变化，仍为棒状晶，结晶完全时其晶体尺寸约为 $3.2\mu m$，说明 ACR 的加入使得共混体系晶体尺寸减小，且 PCTFE 体系结晶程度有所降低。从图中还可以看出，添加 ACR 的 PCTFE-2 晶核数量较未添加 ACR 的 PCTFE-0 共混体系晶核数量少，从晶核出现起至约 180s 时，PCTFE-2 结晶基本完成，而 PCTFE-0 晶体量仍继续增加，约至 210s，结晶基本结束，这是由于 ACR 的加入抑制了 PCTFE 结晶生长过程，结晶程度降低，这与 DSC 分析结果基本一致。

7.3.3　结论

（1）ACR 对 PCTFE 体系起到明显的增韧作用，但共混体系的拉伸强度和弯曲强度略有下降，当用量为 6 份时，综合力学性能最佳，此时共混体系为韧性断裂；

（2）ACR 不仅起到增韧作用，而且使熔体强度增加，缩短了塑化时间，改善了体系的加工性能；

（3）ACR 阻碍了 PCTFE 体系的结晶，使共混体系的结晶度降低，晶体尺寸减小，但不改变晶体形态，仍为棒状晶体。

7.4　PMMA/ASA 合金的制备及其性能研究

（唐国栋，陈思，王　旭等）

近年来，PVC 塑料门窗因其具有质轻、耐腐蚀、强度高、保温、密封隔声、节能环保、易加工以及成本低等特性，在国内得到了广泛的普及和应用。由于 PVC 分子结构中存在较不稳定的 α-Cl，因此纯 PVC 加工的材料耐候性差，在户外容易受到太阳光中的紫外线破坏而引起发黄发红等变色现象。

为了改善 PVC 这种现象，目前通常采用的方法是在 PVC 异型材表面共挤一层 PMMA 或 ASA。PMMA（poly methyl methacrylate）学名聚甲基丙烯酸甲酯，俗称"有机玻璃"、"亚克力"。具有极佳的透光性能、力学性能，优异的耐老化性和耐候性，化学性能稳定，能耐低浓度的酸、碱等一般化学腐蚀。但是 PMMA 性脆，尤其是低温冲击性能较差。ASA（acrylonitrile styrene acrylate）是丙烯腈-苯乙烯-丙烯酸酯的三元共聚物。由于其中的丙烯酸酯橡胶相不含不饱和键，因此，ASA 拥有优良的耐候性和韧性。但是 ASA 表面硬度不够，耐划伤性不好。

考虑到 PMMA 和 ASA 溶解度参数相近，相容性较好，故将 PMMA 和 ASA 共混可以制得综合性能优异的合金。将 PMMA/ASA 合金用于 PVC 异型材的表面定将获得广泛的应用价值。

7.4.1　实验部分

（1）主要原料　PMMA（MFR：10），市售；ASA-1（MFR：13），市售；ASA-2（MFR：25），市售。

（2）主要设备　双螺杆挤出机，TZ-35，南京科亚实业有限公司；塑料成型注塑机，HTF60W2，宁波海天机械销售公司；微机控制电子万能试验机，CMT5104，深圳新三思公司；差示扫描量热仪（DSC），Q-100，美国 TA 公司；扫描电子显微镜（SEM），HitachiS-4700，日本日立公司；双头毛细流变测试仪，RH7，英国 BOHLIN 公司。

（3）实验方法　将 PMMA 和 ASA 烘干后经双螺杆挤出机挤出造粒，加热段温度为 180～220℃；注塑制成标准样条，注塑时，料筒温度为 210～240℃，模具温度 50～60℃，注射压力 80MPa，保压压力 70MPa，背压 15MPa。

（4）性能测试　差示扫描量热（DSC）分析：在氮气氛下，二次升温测玻璃化转变温度（T_g）：以 50℃/min 的速度从 40℃升到 200℃，消除其热历史；200℃恒温 3min；以 10℃/min 的速度降至－150℃；恒温 3min；以 20℃/min 的速度升至 150℃测 T_g。

扫描电镜形态观察：将冲击样条的断面喷金后置于扫描电镜下观察断面形态。

7.4.2　结果与讨论

7.4.2.1　ASA 的熔体流动速率对 PMMA/ASA 合金性能的影响

从图 7-22～图 7-24 中可以看出，无论是高熔体流动速率的 ASA-2 还是低熔体流动速率的 ASA-1，随着其含量的不断增加，合金的拉伸强度和抗弯强度以及表面硬度都逐渐降低。这是因为，PMMA 分子链侧基多，极性强，分子间作用力大，故强度、刚性、硬度都较大。而 ASA 含有橡胶相，其强度、刚性、硬度小于 PMMA。因此，随着 ASA 含量的增加，其橡胶相在整个合金体系中的比例也不断增加，所以合金的拉伸强度和抗弯强度以及表面硬度都随之降低。选用不同熔体速率的 ASA 差别不大。

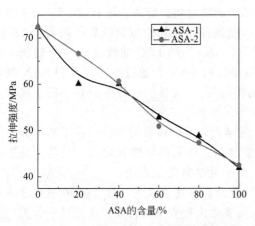

图 7-22　ASA 的含量对合金拉伸强度的影响

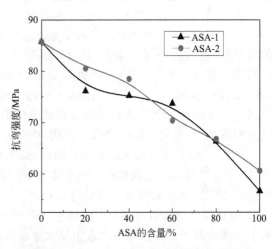

图 7-23　ASA 的含量对合金抗弯强度的影响

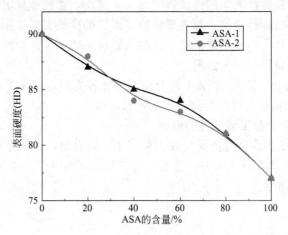

图 7-24　ASA 的含量对合金表面硬度的影响

从图 7-25 中可以看出，无论什么含量，选用高熔体流动速率的 ASA-2 的合金都比选用低熔体流动速率的 ASA-1 的合金冲击强度高，纯的 ASA-2 冲击强度为 14.23kJ/m²，比纯的 ASA-1 高了 50%。

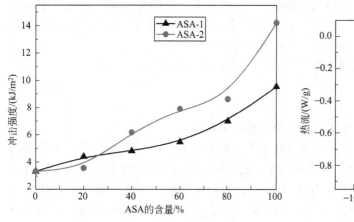

图 7-25　ASA 的含量对合金冲击强度的影响　　　　图 7-26　两种 ASA 的 DSC 曲线

7.4.2.2　ASA 的结构形态与冲击强度的关系

从图 7-26 中可以看出，ASA-2 中基体 SAN 的玻璃化转变温度 T_g 为 108.17℃，而 ASA-1 中 SAN 的 T_g 为 115.98℃。SAN 为苯乙烯和丙烯腈的共聚物，聚苯乙烯 PS 的 T_g 低于聚丙烯腈 PAN 的 T_g。SAN 的 T_g 越低，说明苯乙烯含量越高，流动性也就越好。因此，ASA-2 的流动性优于 ASA-1。图中还可以看出，48.54℃处 ASA-1 的 DSC 曲线出现一个转折，而 ASA-2 没有出现。这是因为，ASA-1 中的丙烯酸酯接枝的 SAN 含量较高，因此和 SAN 基体形成一个界面相。DSC 曲线上的转折区应该是界面相的 T_g。柔性的丙烯酸酯分子链上接枝大量的刚性 SAN 链后，韧性降低，因此 ASA-1 的冲击强度低于 ASA-2。

另外，从图 7-25 还可以看出，随着 ASA 含量的增加，整个体系的冲击强度不断上升。因为 ASA 含量越高，其橡胶相在整个体系中的含量就越高，体系的韧性就越好。目前，橡胶增韧塑料基体的理论主要有"银纹-剪切带"理论、"界面空洞化"理论、"多重银纹"理论。ASA 中橡胶增韧塑料的理论应该属于"多重银纹"理论。该理论认为，在橡胶增韧聚合物体系中，橡胶粒子作为应力集中点引发大量银纹，从而吸收大量能量。首先，橡胶粒子作为应力集中点，主要是在粒子的赤道线附近应力集中引起小银纹的产生，当橡胶颗粒密集时，发生应力场的相互作用，使橡胶颗粒之间的银纹密度增大。其次，橡胶颗粒可控制银纹的发展，并使银纹终止而不致发展成破坏性裂纹。与纯聚合物中形成的少量大银纹相比，加入橡胶可诱发大量的小银纹，而扩展大量的小银纹比扩展少量的大银纹需要更多的能量，因而多重银纹的产生和发展可以显著地提高材料的冲击强度。

从图 7-27 中可以看出，选用 ASA-1 的合金断面比较光滑，基本上属于脆性断裂，而选用 ASA-2 的合金断面比较粗糙，可以看到有很多丝状的银纹。

7.4.2.3　ASA 含量对合金加工流动性的影响

图 7-28 是含 ASA-2 的合金的流变曲线。从图中可以看出，无论是低剪切速率下还是在高剪切速率下，随着 ASA-2 含量的增加，合金的剪切黏度逐渐降低。这是由于纯 ASA-2 的流动性优于纯 PMMA 的流动性。

7.4.3　小结

(1) PMMA 和 ASA 的相容性较好，合金无分层现象。

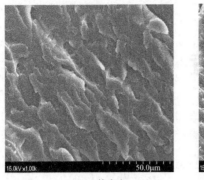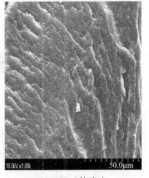

(a) ASA-1的合金　　　　　　　　　(b) ASA-2的合金

图 7-27　ASA 含量为 40％的 PMMA/ASA 合金断面 SEM 形貌图

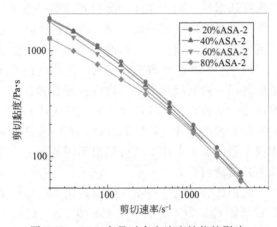

图 7-28　ASA 含量对合金流变性能的影响

（2）含高熔体流动速率 ASA 的 PMMA/ASA 合金综合性能优于含低熔体流动速率 ASA 的合金。随着 ASA 含量的增加，合金拉伸强度和抗弯强度下降，冲击强度上升。

（3）随着 ASA 含量的增加，PMMA/ASA 合金的加工流动性提高。

第8章 润滑剂

8.1 概述

高聚物的在熔融之后通常具有较高的黏度,在加工过程中,熔融的高聚物在通过窄缝、浇口等流道时,聚合物熔体必定要与加工机械表面产生摩擦,有些摩擦在对聚合物的加工是很不利的,这些摩擦使熔体流动性降低,同时严重的摩擦会使薄膜表面变得粗糙,缺乏光泽或出现流纹。为此,需要加入以提高润滑性、减少摩擦、降低界面黏附性能为目的助剂。这就是润滑剂。润滑剂除了改进流动性外,还可以起熔融促进剂、防粘连和防静电剂、爽滑剂等作用。

润滑剂可分为外润滑剂和内润滑剂两种,外润滑剂的作用主要是改善聚合物熔体与加工设备的热金属表面的摩擦。它与聚合物相容性较差,容易从熔体内往外迁移,所以能在塑料熔体与金属的交界面形成润滑的薄层。内润滑剂与聚合物有良好的相容性,它在聚合物内部起到降低聚合物分子间内聚力的作用,从而改善塑料熔体的内摩擦生热和熔体的流动性。常用的外润滑剂是硬脂酸及其盐类;内润滑剂是低分子量的聚合物。有的润滑剂还有其他的功用。同一种润滑剂在不同的聚合物中或不同的加工条件下会表现出不同的润滑作用,如高温、高压下,内润滑剂会被挤压出来而成为外润滑剂。

在塑料薄膜的生产中,我们还会遇到一些粘连现象,比如在塑料薄膜生产中,两层膜不易分开,这给自动高速包装带来困难。为了克服它,可向树脂中加入少量增加表面润滑性的助剂,以增加外部润滑性,一般称作抗粘连剂或爽滑剂。一般润滑剂的分子结构中,都会有长链的非极性基和极性基两部分,它们在不同的聚合物中的相容性是不一样的,从而显示不同的内外润滑的作用。按照化学组分,常用的润滑剂可分为如下几类:脂肪酸及其酯类、脂肪酸酰胺、金属皂、烃类、有机硅化合物等。

润滑剂在塑料的实际加工中具有多种效能,例如在混炼、压延加工时,能防止聚合物粘着料筒,抑制摩擦生热,减小混炼转矩和负荷,从而防止聚合物材料的热劣化。在挤出成型时,可提高流动性,改善聚合物料与料筒和模具的黏附性,防止并减少滞留物。另外还能改善薄膜的外观和光泽。

从加工机械角度来看,在混炼、压延、搪塑等成型加工中,外润滑剂有重要作用,在挤出、注塑成型中,内润滑剂则更有效。润滑剂的用量一般在 $0.5\%\sim1\%$,选用时应注意以下几点。

① 聚合物的流动性能已满足成型工艺的需要,则主要考虑外润滑的作用,以保证内外平衡;

② 外润滑是否有效,应以它能否在成型温度时,在塑料面层结成完整的液体薄膜为准,因此外润滑剂的熔点应与成型温度接近,但要相差 $10\sim30℃$ 方能形成完整的薄膜;

③ 不降低聚合物的力学强度以及其他物理性能。

在生产中选择润滑剂时,应使之达到以下要求:

① 润滑效能高而持久;

② 与树脂的相容性大小适中,内部、外部润滑作用的平衡;不喷霜、不易结垢;

③ 表面引力小,黏度小,在界面处的扩展性好,易形成界面层;

④ 尽量不降低聚合物的各种优良性能，不影响塑料的二次加工性能；

⑤ 本身的耐热性和化学稳定性优良，在加工中不分解、不挥发；

⑥ 不腐蚀设备，不污染薄膜，没有毒性。

但是，单纯使用一种润滑剂，往往难以达到目的，需几种润滑剂联合使用，近年来复合润滑发展很快，在选择时，可以多角度地来看待润滑剂的作用。

常用的润滑剂有硬脂酸、硬脂酸丁酯、油酰胺、亚乙基双硬脂酰胺等。

很多石蜡类物质可作为润滑剂，如天然石蜡，液体石蜡（白油），微晶石蜡等，但作用却各有差别。天然石蜡多用做外部润滑，可作为多种塑料的润滑剂、脱模剂，一般用量 0.2～1 份，但其相容性、热稳定性和分散性不是很好，用量不能过大，最好与内润滑剂并用；而白油多用做 PVC、PS 的内润滑剂，润滑性能好、热稳定性也很好，一般用量 0.5 份。它们均为无毒品，能用于食品包装。另有一种微晶石蜡：在塑料加工中它也被用作润滑剂，用量 1～2 份，热稳定性和润滑性比普通石蜡好。

低分子量的聚合物也广泛地用做润滑剂，如聚乙烯蜡、低分子量聚丙烯，其内、外润滑性都较好，且无毒。聚乙烯蜡适用于 PVC 等材料挤塑、压延加工，用量一般是 0.1～1 份，可提高加工效率，防止薄膜粘连，改善填料或颜料的分散性，相容性和透明性不是很好；不规整结构低分子量聚丙烯可作为硬质 PVC，PE 的润滑剂，性能优良，能改善其他助剂的分散性，用量在 0.05～0.5 份。

8.2　润滑剂的结构与作用机理

润滑剂最早应用于聚氯乙烯塑料，到目前聚氯乙烯塑料仍是使用润滑剂品种与数量最多的塑料品种。由于历史及习惯原因，在论述润滑剂的特性时，均以聚氯乙烯塑料为主要应用对象，但其基本原理则适用于其他塑料及塑料共混合金的加工。

8.2.1　润滑剂的定义

能减少树脂内部及树脂混合物与加工设备金属表面的摩擦力（即能降低"塑化扭矩"），而不是"平衡扭矩"，并能调控树脂塑化速率（但又不明显降低制品性能）的加工助剂。

关于上述定义有两点需要说明。其一，在 PVC-U 配方中一般都添加 ACR 类加工助剂，此类助剂有很强的促进 PVC 塑化能力，同时又明显地增大了"塑化扭矩"，但对"平衡扭矩"增大不显著。理论与实践都证明塑化扭矩值的大小是 PVC-U 能否正常加工的一个重要指标，而"平衡扭矩"值大小对 PVC-U 加工性能影响相对来讲其小，为了区别内润滑剂与 ACR 类加工助剂的不同，笔者加了降低"塑化扭矩"，而不是降低"平衡扭矩"这一定语。其二，增塑剂与内润滑剂都能促进 PVC 的塑化，并能降低塑化扭矩，但是增塑剂在润滑剂的常规添加量时容易使制品脆化。为了区别内润滑剂与增塑剂的不同，在定义中又加了"基本不影响制品物理性能"的定语。

从普遍意义上讲，减少摩擦力的物质即为润滑剂。如机械行业普遍使用的润滑油等润滑剂，塑料加工中所用的润滑剂，尤其是强极性树脂如硬质聚氯乙烯加工时所用的润滑剂，作用机理及其功能都与一般意义上的润滑剂有显著的不同。这是由树脂结构所决定的，强极性树脂的树脂链上带有众多电负性较强的氯原子、氧原子、氮原子等。例如聚氯乙烯含有强极性的氯原子，所以聚氯乙烯也是强极性树脂，这使它在加工时具有以下两点不同于一般非极性树脂如聚乙烯树脂的特点。其一，由于聚氯乙烯是强极性高分子，因此 PVC 分子间及分子内长链段间的作用力较强，造成了 PVC 的玻璃化温度及熔融温度、熔体黏度都较高，流动性较差。使剪切力增大，摩擦热增多，并对金属加工设备表面黏附严重，不能正常生产合格产品。其二，由于树脂链上的碳原子的电子被氯原子吸引，造成碳原子显正电性，形成了碳鎓正离子，而氯原子显负电性，在热及剪切力作用下极易热分解。RPVC 树脂的分解温度一般在 130～140℃ 之间，但加工温度都高达 185～205℃，所以必须克服导致熔体内部及靠近加工设备的金属表面因局部过热而造成热分解。为防止熔体内局部过热，必须加入能穿插进树脂各级粒子间及分子间、分子内链段之间的内润滑剂，促进树脂塑化，并有效地降低树脂的内摩擦热，降低树脂黏度，提高流动性。同时，为了减少树脂熔体与加工设备金属表面的摩擦热及对金属表面的黏附性，必须加入外润滑剂或加入以外润滑作用为主的内外润滑剂。

因为聚氯乙烯树脂极易热分解，加工者当然不希望聚氯乙烯树脂过早地塑化，使黏稠的熔体经受较长时间的高温加热及经受长时间的高剪切力而产生局部高摩擦热，从而导致消耗过多的动力及价格较贵的热稳定剂，甚至导致树脂热分解；加工者也不希望树脂因未达到预期的塑化程度而影响质量。也就是既不希望树脂过度塑化，又不希望塑化不良。如何控制塑化速率即塑化时间，合理的润滑体系是调控树脂尤其是硬质聚氯乙烯 PVC-U 树脂塑化速率常用的有效方法。这也是高温易分解树脂必须使用润滑剂的重要原因，更是塑料润滑剂不同于一般意义上的润滑剂的重要功能和属性，这也表明润滑剂是一种特殊的加工助剂，既能降低摩擦力，又能调控塑化率。

8.2.2　内润滑剂

内润滑剂是能渗入树脂（例如聚氯乙烯树脂）各层粒子间及微粒内，减少分子链段间相互作用力，从而降低摩擦力（即塑化扭矩），并能促进树脂塑化而又基本不影响制品性能的加工助剂。

内润滑剂的定义即内润滑的作用，决定了内润滑剂必须具有如下结构：必须有一个极性较强的基团，保证被极性树脂（如聚氯乙烯）的极性结点所吸附，形成络合键；分子中还必须有一个或两个非极性的长链烷基，使润滑剂与极性树脂因相容性较小而构成两相界面，即形成局部润湿薄膜，从而减弱极性树脂微粒间及分子内链段间的作用力，即减少树脂微粒间及分子内链段之间的摩擦力，从而起到内润滑作用。

把润滑剂分为内润滑剂及外润滑剂，是一种习惯而又普遍使用的分类方法，虽然不太科学，但可以给配方工作带来许多方便。当然还有其他分类方法，如按化学结构分类等。实际上，没有一种润滑剂是单纯的内润滑剂或外润滑剂。如果认定某种润滑剂是内润滑剂，是指在一般情况下，在常规的加入量时，以内润滑作用为主的润滑剂。外润滑剂与之相似，也是指在一般情况下，在常规的加入量时，以外润滑作用为主的润滑剂。这里的定语"一般情况、常规加入量"很重要，如果不是"一般情况、常规加入量"，内润滑剂可能变为以外润滑作用为主的外润滑剂。还有一点要提及的是：关于润滑剂的分类是以极性树脂如硬质聚氯乙烯为使用树脂，对于非极性树脂及其共混合金则情况正好相反。软聚氯乙烯的润滑问题比较简单，由于增塑剂的大量使用，有效地促进了树脂的塑化，降低了塑化温度并减少了树脂间的内摩擦力，因而只需加一些外润滑剂即可。如果以金属皂为热稳定剂，可加少量的石蜡或硬脂酸，甚至可以不用润滑剂。若以有机锡为热稳定剂，则要加入少量硬脂酸及极少量的石蜡。

为了说明内润滑剂的作用机理，下面以聚氯乙烯树脂为例，简单地介绍树脂粉料的多层粒子结构及内润滑剂的作用机理。一般树脂也是无数线性单个高分子吸附在一起的微粒，单个高分子粒子之间及分子链段之间也存在许多空隙，内润滑剂可以渗入单个高分子之间和分子链段之间，起内润滑作用。

悬浮聚氯乙烯 S-PVC 树脂是粒径为 $100～150\mu m$ 的白色粉末，称之为宏观粒子。宏观粒子由一层较坚硬较致密的外壳所包裹的初级粒子附聚物及初级粒子所组成，初级粒子的粒径为 $0.5\sim2\mu m$，而组成初级粒子的更细微的粒子是区域结构（domain），其粒径约为 100nm，区域结构是由 10nm 左右的大分子凝聚体所构成的。

8.2.2.1　内润滑剂的作用机理

高分子化合物的链段要发生位移必须具备两个前提：主要有克服分子链段间的相互作用力、摩擦力的动力，其次是要有大于位移链段的空隙，以减少阻力。聚氯乙烯树脂是多层结构，在各层微粒间及分子间、分子链段之间有许多空隙，但在温度较低时这些空隙的体积太小还容纳不了聚氯乙烯位移链段，这时还不易发生链段位移，即高分子材料还不能流动，所以加入适当的内润滑剂，可以促进树脂的塑化流动。

硬质聚氯乙烯混合料在高速搅拌混合时，树脂的宏观颗粒被粉碎、细化成初级粒子附聚物或初级粒子，此时粉尘很大，约在 60℃时加入内润滑剂。熔化了的内润滑剂较容易地进入没有致密外壳粒度也小、很多的初级粒子孔隙中，即所谓区域结构及大部分凝聚体内的链段间，被更细小的粒子空隙所构成的毛细管所吸附。

由于干混工序后期温度较高，在 120℃左右，所以以上述过程中只能存在大量化学吸附及少量物理吸附，化学吸附键能较高，不易被热能破坏。树脂分子团各部分的相互作用力不尽相同，大多数地方的相互作用力或吸引力较小，而有些结点处的相互作用力比较大。从化学结构观点分析，相互作用力比较大的结点处，一定是极性较大的部分，如叔碳原子，烯丙基氯的碳原子及与之相连的氯原子等。内润滑剂必须插入聚氯乙烯各层粒子之间以及分子内的链段之间，才能起到内润滑作用，这就要求内润滑剂的化学结构中必须具有极性基团和长链烷基的非极性部分组成的化合物。在树脂塑化前，润滑剂的极性部分与树脂的极性结点的亲和力较强，被化学吸附，形成络合键，处于动态平衡的结合，从而减弱了树脂链段之间的作用力即摩擦力。在热及剪切力作用下，使树脂相互缠绕的链段易于扩散，分子团之间的界线趋于模糊不清，从而促进了塑化，也就是缩短了塑化时间。在塑化之后，润滑剂的极性基团减弱了熔体内分子间及分子链段之间的相互吸引力，使树脂熔体易于流动，从而降低了塑化扭矩，降低了熔体黏度，起到了内润滑作用。以上是内润滑剂以化学络合键的方式起到了内润滑的作用。而润滑剂的长链烷基的碳原子数在 12 以上，与极性树脂如聚氯乙烯的极性相差较大，因而相容性也较差，相互亲和力较小，构成了不相容的润滑界面，有效地减少了树脂微粒或熔化了的树脂分子团以及分子链段之间的作用力即摩擦力，从而加强了内润滑作用。

分子间作用力与距离的平方成反比，而且其作用的距离很短，只有零点零几纳米，超出这个距离分子间就没有相互作用力了。由于润滑剂的长链烷基的存在，撑大了树脂分子链段之间的距离，因而内润滑剂的烷基能有效地降低树脂链段间的作用力即摩擦力，促进了链段的移动。从而促进了塑化并降低了塑化扭矩。塑化扭矩是熔体黏度的一个重要标志，也就是降低了熔体黏度，增加了熔体的流动性。

聚氯乙烯混合料在高速搅拌机中进行干混料操作过程时，不同润滑剂的润滑行为，即被树脂吸附或润湿的干混料的行为不尽相同。这取决于润滑剂的化学结构，即取决于它的表面张力（极性）、润湿性、熔点和黏度。表面张力较强的内润滑剂与聚氯乙烯形成的吸附键能较大，较易被树脂微粒间及分子链段间的毛细管所吸附。润滑剂的熔点与黏度均是由润滑的分子间作用力大小所决定，分子间作用力大，其熔点与黏度均较高。但一般润滑剂商品不给出黏度值，即使有黏度值，由于测试方法或条件不一样，配方工作者也不好比较，但一般固体商品均给出了熔点，所以可根据熔点来判断其黏度的相对大小，熔点高，其黏度也较高，挥发性也较小。润滑剂的黏度值对于润滑作用的好坏有很大影响：起初期润滑作用的润滑剂，要求熔点较低，黏度较小、流动较好，便于树脂混合物在第一道工序"高速搅拌混合器"内，很快地分散均匀，能在最短的时间内浸润树脂表面，并被树脂粒子所吸附；而起中后期润滑作用的润滑剂，则要求熔点较高。因为黏度与其挥发度成反比，黏度高则分子间作用力较大，因而挥发性也较小。高挥发性的助剂对塑料的连续生产不利，它们易挥发并冷凝在模具及定型器中。

润滑剂的极性即分子间作用力、熔点、黏度三者相比较，极性是关键因素。如石蜡的熔点、熔体黏度均不高，但石蜡是几乎没有极性的烷基化合物，虽然能润湿聚氯乙烯树脂，却只能被聚氯乙烯微粒物理吸附，不能形成化学吸附，物理吸附的作用力主要是范德华力中的色散力，温度稍微高一些，其吸附作用就明显下降；而化学吸附由于能形成络合键，在较高的加工温度的条件下仍然能动态平衡地被硬质聚氯乙烯的初级粒子所吸附。在干混料操作过程中，石蜡等非极性润滑剂只能润湿聚氯乙烯树脂表面，包覆在聚氯乙烯微粒的外面而起外润滑作用。

当加工温度达到130～160℃时，树脂颗粒被粉碎，初级粒子成为最大的结构单元，树脂的初级粒子由于动能的增加，其外层的分子链段在剪切力作用下开始轻微扩散，使相邻的初级粒子的表面链段相互缠绕，而使初级粒子彼此有些粘连。在180℃时，分子的动能进一步增加，初级粒子的短侧支链才能穿过初级粒子间的界面，初级粒子此时才开始初步塑化。粒子间相互作用力开始增强，制品的力学性才显著地提高。内润滑剂此时仍然被吸附在初级粒子表面分子间及分子链段间而起内润滑作用，而外润滑剂则包覆在已经开始塑化的树脂的外面起外润滑作用。当温度达到200℃以上时，树脂的初级粒子已经完全塑化，树脂此时才成为均匀的连续相，在扭矩流变曲线上扭矩才开始与水平坐标相平行，即称之为平行扭矩。

总之，化学结构及立体构象决定了润滑剂的极性及润滑作用，即被树脂所吸附或是形成润滑薄膜的性能。

8.2.2.2　内润滑剂与ACR类加工助剂

内润滑剂与ACR类加工助剂的化学结构、主要功能、作用机理均完全不同。

ACR类加工助剂是具有核、壳结构的极高分子量的热塑性树脂。ACR类加工助剂的平均分子量一般在1.25×10^5～2.5×10^6，远高于绝大多数热塑性树脂，因此更超过了聚氯乙烯的分子量，例如$P=1000$的聚氯乙烯其平均分子量只有6.25×10^4左右。ACR的分子量虽然很高，但每个聚合单元均有一个或两个1～4个碳原子的短小侧链，使树脂主链间空隙较多、距离较大，极大地减少了高分子链的作用力，因而ACR类树脂的塑化温度低于一般的极性热塑性树脂。又由于ACR类加工助剂的结构单元中均有酯基，因此它的极性与聚氯乙烯比较接近。如ACR类加工助剂的外壳PMMA的溶解度参数δ为18.8 $(J/cm^3)^{1/2}$，聚氯乙烯的溶解度参数δ的值为19.6 $(J/cm^3)^{1/2}$，当两者的$\Delta\delta\leqslant1.5J/cm^3$时，一般均有很好的互溶性，因而ACR与聚氯乙烯有很好的相容性。在聚氯乙烯的加工过程中，聚氯乙烯的粉状颗粒料在热及剪切力作用下，开始由固态逐渐变成高弹态、液态时，ACR加工助剂先于聚氯乙烯熔化，在热及剪切力作用下，熔融的ACR加工助剂把尚未熔化的固体聚氯乙烯链段粘连，并裹挟带入ACR熔体中，从而促进了热及剪切力的传导，有利于机械能转变成热能，促进了塑化。在这个过程中，它同时以其众多的极性基团广泛地与聚氯乙烯活性结点络合。由于ACR加工助剂具有弹性体结构，这种络合有些类似橡胶的硫化交联，使聚氯乙烯形成了近似的网状结构，因而提高了聚氯乙烯熔体的强度。络合键由于键能较小，在较低温度如"塑化扭矩"时的温度一般为170～180℃时，络合键存在的还较多，而在"平衡扭矩"时的温度一般在190～200℃时，其络合键已部分解离。因而ACR加工助剂对"平衡扭矩"影响不大，但是对"塑化扭矩"影响甚大。不同类型，不同分子量的ACR加工助剂对"平衡扭矩"影响的差别远较"塑化扭矩"小很多。

而内润滑剂是常规的小分子化合物，是以极性基团与聚氯乙烯树脂络合，并以非极性的长链烷基与聚氯乙烯形成润滑界面而起内润滑作用的。

8.2.3　外润滑剂

外润滑剂是能减少树脂与金属加工设备表面间的摩擦力，又能延迟树脂塑化的塑料助剂。

外润滑剂与内润滑剂相比，极性更小，因而与极性树脂的亲和力也更小，典型的化合物为天然或合成的直链或带支链的烷烃蜡。烷烃蜡只有 C—C、C—H 结构，因而表面张力（极性）很小，与极性较强的树脂的相容性更小。所以被极性较强的树脂排斥在体系的界面上，只以范德瓦耳斯力中的诱导偶极矩与树脂界面的极性基团相互作用，润湿极性树脂表面，形成极薄的外润滑薄膜。在塑化前，烷烃蜡均匀地润湿（包覆）在树脂粒子表面，使树脂粒子易于滑动，减少了树脂间的摩擦力，阻碍了链段的相互扩散、粘连，延缓了树脂的塑化。在塑化以后，烷烃蜡被排斥在树脂熔体表面，并在加工设备金属表面形成液体润滑薄膜，从而减少了树脂熔体对金属表面的粘附及摩擦力，而起外润滑作用。非极性外润滑剂因极性即表面张力很小，与极性树脂及金属表面的作用力也很小，在高温及剪切力作用下，其润滑膜的强度不高，较易被破坏，因而外润滑作用较差。

带有极性的外润滑剂如氧化聚乙烯蜡 OPE、硬脂酸铅等，因为它们有极性基团，可以与聚氯乙烯等极性树脂颗粒表面的极性结点形成络合键，也能与带自由电子的金属表面形成络合键，因而形成的润滑薄膜强度较高，其附着力也较强，剪切力对它的破坏性也较小。以界面化学观点分析，是因为氧化聚乙烯蜡等极性外润滑剂的表面张力较大，能与带自由电子的金属表面形成较强的络合键。在润湿金属表面或极性树脂表面时，它要克服本身的内聚能也较大，在润湿过程中其自由能降低的程度也较大，润湿成润湿膜以后，其势能也较低，润湿膜较稳定。所以润湿膜与被润湿的金属表面间的作用力较大，膜的强度有所提高。带有极性的外润滑剂的极性基团与带有自由电子的加工设备的金属表面络合，以及极性基团与树脂熔体表面极性结点络合，并润湿两个界面，形成润湿薄膜的情况。

8.3　相容度或表观溶解度与润滑作用

润滑剂与树脂的"相容性"是决定润滑剂起内润滑作用还是外润滑作用的关键性因素，因此有必要对润滑剂的相容性进行深入的了解。

8.3.1　相容性的缺陷

所谓相容性是对两种或两种以上的，相互具有亲和性的高分子材料通过共混，可以形成微观结构均一程度不等的共混物这一性质的描述，实际上是塑料行业借鉴"溶解度"这一概念，用于高分子材料共混合金，对树脂熔体相互溶解程度的描述。但高分子材料共混物熔体极少像小分子那样，是微观结构均一的真溶液，大都是宏观均匀，微观均一程度不等的结构。为了区别真溶液的溶解度，又与之相似，故之称为"相容性"。但是与高分子材料密切相关的助剂行业，尤其是润滑剂行业也借用相容性这一概念时，由于情况远较高分子材料共混复杂，因而显出诸多不便。从理论上讲，虽然可以用热力学函数计算出润滑剂与树脂的相容性好坏，但由于没有基础数据，无法使之定量化，这些数据的测量难度极大，有的数据几乎不能用目前的技术实现准确测量。另外，润滑剂的许多行为用相容性概念无法解释。相容性的好坏决定了润滑剂的行为及属性，起内润滑作用还是起外润滑作用。既然润滑剂及树脂均已经确定，那么两者的相容性好坏或大小也应确定不变，但事实却并非如此。许多润滑剂均是在同一树脂中的添加量小到一定程度时是内润滑剂，起内润滑作用；加入量达到一定量时就变成了外润滑剂，而以外润滑作用为主。许多润滑剂在不同配方中起到的润滑作用截然相反，或称润滑属性截然相反，在一些条件下，即使极少量的硬脂酸也可以有很强的外润滑作用；而在另外的一些配方中，虽然是常规加入量，硬脂酸却是典型的内润滑剂。这种现象还有许多，如常用的硬脂酸钙，在聚氯乙烯软质品中均是外润滑剂，而在硬质聚氯乙烯中却是公认的内润滑剂。上述的这些润滑剂行为，相容性均无法解释，当然对实际生产所起的指导作用也很有限，也无法有效地指导实际配方工作。

相容性是塑料润滑剂领域中仅有的一条可以指导配方设计的规律，但是由于它的不成熟或不确切，致使配方工作者，尤其是没有实际经验的初学者感到无规律可循。因此有必要重新给相容性下一个定义，并把它改为相容度，上述一些相互矛盾的现象就可以统一在相容度这一概念里，使一些无从把握的润滑剂行为有迹可寻。

8.3.2 相容度或表观溶解度

由于相容度不像溶解度那样好测量，从实用角度出发，把相容度定义如下：相容度是在一定条件下某一种润滑剂在树脂中的表观溶解度。也就是某种润滑剂在塑料加工时由起内润滑作用（促进塑化）为主变成起外润滑作用为主（延迟塑化）时所对应的润滑剂添加的份数。

这样，润滑剂属性的改变就好理解了，润滑剂的加入量小于其相容度时，犹如真溶液，未达到其溶解度时没有沉淀或结晶析出一样，润滑剂也没有析出树脂微粒或熔体以外而显内润滑作用；当润滑剂的加入量大于其相容度时，也如真溶液的溶质量超过其溶解度析出沉淀一样，润滑剂相当多的一部分被排斥在树脂熔体以外而显外润滑作用为主的润滑作用。

应该指出，塑料熔体与真溶液有许多不同之处。首先，塑料熔体的黏度均远大于一般意义上的真溶液，因而它们的力学行为有着巨大的差异，更主要的是，在许多情况下，并不是完全熔融塑化的制品的力学性能最优，而是只有形成网状"海岛"结构时，聚氯乙烯的缺口冲击强度等力学指标才能达到最大值。一些研究者借助 X 射线光谱，发现润滑剂在塑料加工完了以后的制品中主要吸附在初级粒子的表面上。上述事实表明：聚氯乙烯熔体并不是真正意义上的完全熔融的均相溶剂，而润滑剂也不是完全均匀地分散在熔体中的溶质。但是，从宏观上看，一些助剂及润滑剂在塑料中的状态确实类似于真溶液的溶解度，它是宏观上均匀而微观上均一程度不等的"表观溶解度"或"相容度"。

8.3.3 相容度或表观溶解度的可变性

真溶液的溶解度不是一成不变的，它随温度、压力及其他组分的存在而有所改变（如同离子效应、盐析现象等），相容度也是如此，许多润滑剂在不同配方中由于相容度的改变，其润滑作用有很大差别，有时起内润滑作用，有时起外润滑作用。如果把某种润滑剂设计为外润滑剂，而实际却起内润滑作用，显然这个配方外润滑作用不足，而内润滑作用过强，反之亦然。例如经常使用的硬脂酸钙是内润滑剂还是外润滑剂，众说纷纭。又如常用的外润滑剂硬脂酸在软质聚氯乙烯中却是典型的外润滑剂，能很好地减少树脂熔体与加工设备间摩擦热的生成，也能很好地防止熔融树脂对金属表面的黏附性。但是硬脂酸在硬质聚氯乙烯中作为内润滑剂使用，能明显地促进塑化，降低熔体黏度，但是同样用于硬质聚氯乙烯制品，在同时并用硬脂酸钙时即使加入极少量的硬脂酸，也能明显地延迟塑化速率而起外润滑作用。

8.3.4 影响相容度（即润滑作用）的因素

塑料加工时的温度、压力、剪切力及剪切速率、润滑剂的化学结构及在聚合物熔体中的分散性及与之有关的熔点、挥发性、黏度等因素均会影响润滑剂的相容度，尤其是配方中的其他润滑剂、增塑剂及其组分对润滑剂的相容度影响很大。由于篇幅所限，下面笔者只就 ACR 加工助剂、其他润滑剂对润滑剂相容性（即润滑作用）的影响进行论述。

其他润滑剂对相容度及润滑作用的影响如下所述。

① 两种外润滑剂复配对塑化效果的影响。两种外润滑剂复配对塑化效果的影响及其复配结果对聚合物塑化时间的影响见表 8-1。

表 8-1　其他外润滑剂对塑化时间的影响

润滑剂和用量/质量份	塑化时间/min	润滑剂和用量/质量份	塑化时间/min
PbSt 0.75	2.5	PbSt 0.75＋DBLS 0.75	3.20
PbSt 1.50	6.5	PbSt 0.50＋DBLS 1.00	4.8
PbSt 1.00＋DBLS 0.50	2.7	DBLS 1.00	8.0

注：1. PVC100，三碱式硫酸铅 5.0，Brabender 实验条件：料温 175℃，加料量 450cm³，转速 33r/min，50 号辊式混合头。

2. DBLS 为二碱式硬脂酸铅，PbSt 为硬脂酸铅。

这是一组两种外润滑剂相互影响的实例。按一般常规理解：外润滑作用稍差的润滑剂并用一个外润滑作用更强的润滑剂时，会使外润滑作用有所加强，可上述试验结果正好相反，并用以后比单独使用其中任何一种外润滑时的润滑作用均差，这可能是因为两种外润滑剂的熔点相差太远造成的。二碱式硬脂酸铅的熔点大于 250℃，硬脂酸铅的熔点为 110℃，又因为两种外润滑剂的相容度远大于聚氯乙烯，所以在加工成型时，已熔化的硬脂酸铅把尚未熔化的二碱式硬脂酸铅粘接成一些颗粒度较大的团粒，造成分散不均匀，使润滑剂对树脂粒子的润湿包覆、隔离很不完全，未被润滑剂包覆的树脂粒子链段在热及剪切力作用时仍能彼此扩散、相互缠结、塑化，所以两种外润滑剂并用以后，阻碍了树脂粒子相互扩散，塑化的能力有所下降，从而影响了外润滑剂的外润滑作用，即影响了表现溶解度或相容度。

下面两组实验可增加对相容度可变性的了解，这两组实验配方很接近常用的工业配方，其实验结果对在生产实践中碰到的一些不太容易理解和处理的问题，或多或少有所帮助。选用上面的例子也是因为二碱式硬脂酸铅及硬脂酸铅是普遍使用的热稳定兼润滑剂。

② 相容度较大的内润滑剂其内润滑作用也较强。由表 8-2 可知，随着加入量的增加硬脂酸钙及硬脂酸的塑化时间及塑化扭矩均呈递减趋势，并且在加入相同份数时，硬脂酸钙的数值均比硬脂酸小一些，这表明硬脂酸钙及硬脂酸均是内润滑剂，并且硬脂酸钙的内润滑作用较强。

润滑剂加入量对塑化性能的影响如下所述。

基本配方 A（质量份数）：PVC 100.0；石蜡 1.10；有机锡 0.60；聚乙烯蜡 0.10；CaCO₃ 4.00。

实验条件：仪器，Brabender PLD-331；混合头，W50EH；条件，设定温度 170℃；转速，50r/min；物料，60g。

实验结果见表 8-2。

表 8-2　润滑剂加入量对塑化性能的影响

序号	1	2	3	4	5	6	7	8	9
润滑剂	硬脂酸钙				硬脂酸				
加入量/质量份	0.33	0.50	0.70	0.90	0.30	0.50	0.70	0.90	0.00
塑化时间/s	218	164	140	124	256	212	188	180	174
塑化扭矩/N·m	47.1	44.8	45.5	45.3	53.4	52.00	50.60	50.50	55.10

注：本实验由作者亲自完成。

显而易见，相容度的大小取决于不同物质在混合时相互亲和力的大小，而相互亲和力的大小又取决于其极性（即表面张力）相似的程度。由物理化学原理可知：极性越接近，相容度就越大。因为极性越接近，两组分的相互亲和力与各组分的内聚力越接近。但是这两种作用力的方向正好相反，所以在这种情况下，两种相反的作用力就越接近抵消，分散相即内润滑剂因势能较低也趋于稳定，在热及剪切力作用下，分散相也较易于分散。

硬脂酸钙是中强碱的硬脂酸盐，硬脂酸钙的极性显然比属于有机弱酸的硬脂酸强得多。另外两分子的硬脂酸之间可以形成氢键，进一步减弱了硬脂酸的极性。由于硬脂酸钙的络合键较强，聚氯乙烯树脂微粒的化学活性结点与硬脂酸钙形成的络合体系比硬脂酸络合体系更稳定。既然硬脂酸钙的极性比硬脂酸强，那么，硬脂酸钙润湿聚氯乙烯树脂微粒表面并被其毛细管吸附的能力也较强，所以硬脂酸钙的内润滑能力较强。

内润滑剂的主要作用是降低树脂的内摩擦力，即降低树脂内分子链段间的相互作用力也就是范德瓦耳斯力，其中最强的相互作用力是树脂活性结点间的作用力。其他力，如诱导偶极矩及色散力原本就比较小，并且由于塑料加工时的高温，极大地增加了树脂分子的动能使色散力等变得更小，所以阻碍树脂链段运动的内摩擦力除了树脂链段间活性结点的络合键力以外，其他的树脂链段对摩擦的贡献主要是增加树脂链段运动时的空间位阻。如果这些树脂活性结点被屏蔽掉，与内润滑剂络合成键，树脂的内摩擦力要明显降低。当有极性不同的内润滑剂同时存在于树脂体系中时，极性强的内润滑剂与树脂链段的活性结点的络合概率要大一些，因为极性强的内润滑剂的络合链能比较大，被热及剪切力等外力破坏的概率要小一些。

另一方面，每个硬脂酸钙分子有两个非极性的长链烷基，比只有一个长链烷基的硬脂酸所形成的局部润滑界面对树脂分子链段的相互作用（即润滑作用）的减弱效果要强得多，局部润滑界面较大，其微观本质是非极性的长链烷基所形成的局部润滑界面与极性树脂链段间的作用力小于树脂链段间的作用力，又由于树脂链段间有许多小空隙，所以树脂链段在位移时，较易于移入润滑界面所在的位置，而内润滑剂可以任意变形的烷基则被挤入与之相邻的其他空隙中，从而减少了树脂链段位移时的阻力。

在没有沸点对比数据的条件下，比较熔点或熔程也能间接地比较内润滑剂的挥发性。因为熔点及沸点都是由物质的分子间作用力所决定，它们有着很好的一致性，一般熔点高者其沸点也比较高。硬脂酸钙的熔点大于148℃，而硬脂酸的熔点只有60多摄氏度，聚氯乙烯加工时，尤其是硬质聚氯乙烯加工时，温度远高于100℃，在不断搅拌混合的条件下，硬脂酸即使能渗入聚氯乙烯各层粒子中，由于它的挥发性较大，其比例也要比硬脂酸钙少得多。所以硬脂酸钙的相容度即表观溶解度大于硬脂酸，内润滑作用也较强，即润滑剂的化学结构影响内润滑剂的相容度利润滑作用。

③ 内润滑剂对外润滑剂的影响。试样1～8中硬脂酸钙及硬脂酸的加入量由0.3～0.9份递增，而塑化时间及塑化扭矩递减。更表明硬脂酸钙及硬脂酸能有效地促进树脂塑化并降低熔体黏度，因而起到了内润滑作用，在这个实验中均是内润滑剂。

试样9没有加入任何促进塑化的内润滑，只是在其配方中加入了延迟塑化的石蜡、聚乙烯蜡，按常理推断，试样9的塑化时间应该比加入有促进塑化作用的硬脂酸钙及硬脂酸的样品还要长一些，但实验结果却为174s，比任何一个加入硬脂酸钙及硬脂酸的试样的塑化时都短。根据外润滑剂的作用机理，外润滑剂均匀地包覆在聚氯乙烯粒子之外，使粒子彼此滑动，减少摩擦力而延迟塑化，但问题是外润滑剂能否完全均匀地包覆所有聚氯乙烯粒子。不使用内润滑剂只使用非极性的石蜡、聚乙烯蜡时之所以不能完全均匀地包覆所有聚氯乙烯粒子，造成外润滑作用较差的原因，笔者认为这是因为非极性外润滑剂所构成的润滑膜强度太小，容易受热及剪切力的破坏。一方面，外润滑剂本身是非极性物质，它们的分子间作用力（引力）较小，容易被破坏；另一方面，聚氯乙烯树脂的极性较强，而石蜡、聚乙烯蜡却是非极性的烷烃，彼此的亲和力很小，与树脂的相容度更有限，造成石蜡熔体与树脂粒子间的润滑膜的结合强度较小，在较高的温度及剪切力作用下，其润滑膜较易被破坏；又因为极性树脂的分子间作用力远大于非极性的石蜡与树脂间的作用力即界面张力，所以石蜡被挤在一起，聚集在树脂间的局部，从而不能均匀地润湿全部树脂微粒，使其润滑作用下降。如果体系中存在内润滑剂，内润滑剂的极性基团与聚氯乙烯粒子表面的极性结点相互络合，而非极性的长链烷基部分与润湿、包覆在树脂粒子表面的石蜡液膜互溶（化学结构完全相同，因而可以互溶），可以把相邻的石蜡油层的润湿层变薄并相互扩散。内润滑剂犹如"铆钉"一样把石蜡润湿膜均匀地固定在聚氯乙烯树脂微粒表面。

这种作用本书作者称为"铆钉作用"。铆钉作用提高了石蜡外润滑膜抵抗高剪切力的强度，保持了润滑膜的完整性。从而外润滑剂并用内润滑剂比不用内润滑剂，只使用外润滑剂时，其外润滑作用更强，能更有效地延迟塑化时间，（试样 1～8 的塑化时间比试样 9 长），并能降低塑化扭矩。

内润滑剂是表面活性剂的一种，表面活性剂能有效地降低界面张力。界面张力的降低能减少摩擦力，提高流动性。界面化学还指出：表面活性剂能有效地提高润湿临界速度。在润湿系统中，被润湿的固体与润湿剂做相对运动，其速度达到某一数值时，润湿体系将被破坏，由润湿体系变成不润湿体系，这个速度即称为润湿临界速度。润湿膜在润滑剂领域被称为润滑膜，不润湿即意味着润滑剂聚集成一团不能均匀地成为润滑薄膜。所以内润滑剂作为表面活性剂能提高石蜡润滑膜抗高剪切速率的能力，从而保持了润滑膜的完整性，提高了石蜡润滑膜即润湿膜强度，即提高了石蜡的外润滑作用。

上述试验证明：内润滑剂不仅能促进塑化，降低熔体黏度，在和外润滑剂并用且比例适当时，与外润滑剂有很好的协同作用，而不是对抗效应。内润滑剂能加强外润滑剂延迟塑化的作用。

本组实验同时还说明了内润滑剂在一般加入量时，并不是全部"渗入"到聚氯乙烯各层粒子中，而是有相当一部分停留在硬质聚氯乙烯各层粒子表面及加工设备的金属表面。对于内润滑剂渗入聚氯乙烯微粒内，而起内润滑作用，是指极性较强或称之为相容度较大的内润滑剂"渗入"聚氯乙烯微粒的数量或百分数比外润滑相对多一些。事实上熔化了的内润滑剂首先被金属表面及树脂各层粒子表面活性中心所吸附，然后才可能被树脂的毛细管吸附进微粒的空隙中。

④ 内润滑剂对内润滑剂的影响。

基本配方 B（质量份数）：PVC 100.0；CaSt 0.70；有机锡 0.60；石蜡 1.10；$CaCO_3$ 4.00；PE 0.10。

实验条件：仪器，Brabender PLD-331；混合头，W50EH；条件，设定温度 170℃；转速，50r/min；物料，60g。

实验结果见表 8-3。

表 8-3　润滑剂用量对塑化时间的影响

序号	10	11	12	13
HSt/质量份	0.20	0.10	0.08	0.07
塑化时间/s	776	482	292	260

注：表 8-2 和表 8-3 两组配方所用的样品取自同一包装。

由表 8-3 可知，硬脂酸加入量由 0.20 降至 0.08 及 0.07 时，塑化时间由 776s 分别降到 292s 及 260s，数据表明硬脂酸在 B 组实验中显示出超常规的外润滑作用，与 A 组配方中内润滑作用截然相反。这是一组其他内润滑剂影响内润滑作用的典型实例，也是配方中润滑剂的组成不同影响硬脂酸相容度的又一典型实例。

硬脂酸超常规地增大外润滑作用的微观本质，可有如下解释。

a. 组实验已经证实硬脂酸钙的极性大于硬脂酸，相比较而言，硬脂酸钙较易于与聚氯乙烯的活性结点络合，硬脂酸钙的极性较强且络合键能也较强。在 B 组配方中，有 0.70 份硬脂酸钙存在的条件下，硬脂酸即使能被聚氯乙烯微粒的毛细管所吸附，与树脂的活性结点络合成键，在较高热能及不断搅拌混合的情况下，硬脂酸也会被硬脂酸钙置换下来，"挤出"树脂链段间的空隙。所以绝大多数的硬脂酸只能被各层粒子表面所吸附，使硬脂酸的表观溶解度变小，成为外润滑剂。在封闭系统中，它以动态平衡的方式与聚氯乙烯粒子表面显正电的碳原子络合。相对来讲硬脂酸的加入量还是太多了，因而铆钉作用比较突出，较大地提高了润滑膜的强度，所以有力地延长了塑化时间。

b. 界面化学有一条规律：并用两种不同的表面活性剂时，能极大地降低界面张力，甚至能降到接近零界面张力。硬脂酸钙和硬脂酸可视为两种不同的表面活性剂，它们也可能极大地降低石蜡熔体与聚氯乙烯粒子的界面张力，并且把界面张力降到极小，甚至趋近于零。所以在石蜡熔体与硬质聚氯乙烯体系中，存在 0.70 份硬脂酸钙及 0.20～0.07 份硬脂酸两种润滑剂（表面活性剂）时，硬质聚氯乙烯与石蜡熔体的摩擦力较小，当然其摩擦热也很少，这时硬质聚氯乙烯的塑化基本上全靠加工设备外部向内传送的热量来加热树脂，但所有的树脂均是热的不良导体，在塑料加工前期的很短时间内，来不及传导足够的热量使树脂熔化，所以只有延长塑化时间才能使树脂熔融塑化。

c. 从协同作用的观点上看，这是硬脂酸钙、硬脂酸、石蜡三组分的超强协同作用。

总之，在有一种以上润滑剂的润滑体系中，润滑剂会相互影响在树脂中的相容度，即影响了润滑作用的强弱，这种影响有时很显著，甚至会改变内、外润滑剂的属性或行为，上面①、②两组实例证明了这一点。

8.4 润滑剂对碳酸钙分散性的改善效果

（付　晓）

碳酸钙是塑料行业中最常用的无机填料之一。其在降低成本、保留物性之间寻求平衡时，有非常突出的作用。通过某些特殊的加工成型方式，碳酸钙还可以赋予制品特殊的功能性，例如：碳酸钙填充聚烯烃可以用来制备透气薄膜；在 BOPP 行业，碳酸钙母粒被运用赋予薄膜珠光效果，同时能够减轻薄膜的重量。当碳酸钙在这些薄膜行业内应用时，需要该碳酸钙母粒中的碳酸钙具有极高的分散性，否则会导致产品的严重应用缺陷，例如：滤网压力升高、断模、破模及制品外观不良等。虽然经过表面处理后的碳酸钙的分散性会得到大幅度的改善，但是在大规模工业化生产中，并不是每个碳酸钙粒子的表面都能很好地被表面处理剂所包覆到；在某些工艺条件下，还是需要通过添加分散助剂来提高碳酸钙的分散性，使得产品性能能够满足客户的使用要求。

碳酸钙的表面处理技术一直以来都是研究热点，报道很多；通过添加助剂来改善碳酸钙的分散性的研究则相对较少。聚乙烯蜡、乙烯-丙烯酸共聚物蜡、季戊四醇硬脂酸酯和亚乙基双硬脂酰胺是塑料行业中常用的润滑剂及脱模剂，同时，由于这四种润滑剂的熔点和黏度均较低，分子链中含有极性和非极性的基团，也被当做分散剂，在色母粒行业用来改善色粉的分散性。本文通过热失重分析，选取了四种热稳定性很好的润滑剂牌号，并运用滤网压力测试仪，对比并分析了这四种常用助剂对改善碳酸钙分散性的作用。

8.4.1 实验部分

（1）实验原料　聚丙烯，薄膜级，中石化；重质碳酸钙，硬脂酸处理 $D50=1.8\mu m$，市售；聚乙烯蜡，牌号 PEWAX-A，HONEYWELL；乙烯-丙烯酸共聚物蜡，牌号 EAA WAX-B，HONEYWELL；PETS，牌号 PETS-C，美国沙龙；EBS，牌号 EBS-D，韩国信元。

（2）主要仪器设备　TG 209 型热失重分析仪，德国 NETZSCH 公司；滤网压力测试仪，淄博市临淄方辰母料厂；STS35 双螺杆挤出机，南京科倍隆机械有限公司。

（3）试样制备　70 份的聚丙烯树脂、30 份的碳酸钙、分散剂及抗氧剂，混合均匀后，经过双螺杆挤出机拉条、切粒，得到实验样。本文中分散剂的加入量全部以碳酸钙作为基准。

（4）表征和测试　热失重分析：利用热失重分析仪对各种加工助剂的热稳定性进行分析，测试条件为：30～700℃，升温速率为 20℃/min，氮气气氛，被测样品重量为 10mg。

过滤网压力值测试：根据标准 BS EN 13900-5：2005，测试样品的过滤网压力曲线。每个试样取 500g 进行测试；利用过滤网测试仪，根据滤网压力上升的快慢来对比碳酸钙的分散性。所用滤网为 350 目。本实验中，洗机的曲线未被记录。

用滤网前压力上升速率 FPV 来表征碳酸钙分散的好坏：

$$FPV = \frac{P_2/P_1}{m} \tag{8-1}$$

式中，P_2 为样品测试结束时的压力值，10^5 Pa；P_1 为样品起始的压力值，10^5 Pa；m 为被测样品的质量，kg。

8.4.2　结果与讨论

8.4.2.1　各类分散剂的热失重分析

如果在薄膜类产品中使用的助剂的热稳定性差，则会导致成型过程中烟雾大、模头析出快、薄膜产生线条等应用缺陷，故需先对四种助剂的热稳定性进行考察。本文通过 TG 分析，来考察四种分散剂的热稳定性，结果如图 8-1 所示。

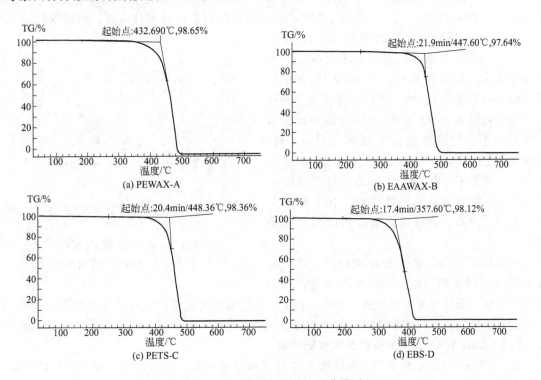

图 8-1　四种润滑剂的热失重曲线图

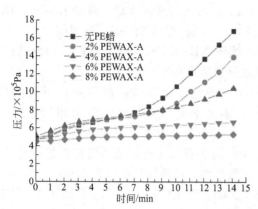

图 8-2　含 PEWAX-A 的试样的过滤网压力曲线图

从热失重分析图上可以看出，各种分散剂的热稳定性非常好，在通常的工艺条件下不会发生明显的分解。PEWAX-A 和 EAA WAX-B 都是合成蜡，热稳定性都非常优良，EBS-D 的起始分解温度最低，为 357.6℃，也已经远远高于成型加工温度。故该四种分散剂的热稳定性都能满足工艺使用要求。

8.4.2.2　PEWAX-A 对碳酸钙分散性的影响

PE 蜡是塑料行业中常用的润滑剂和脱模剂，也常用被用于分散色粉，其分散的机理为：加有聚乙烯蜡的母粒体系在加工时，聚乙烯蜡先与树脂熔融，包覆在颜料表面。由于聚乙烯蜡黏度低且与颜料相容性好，所以较易润湿颜料，并能渗透到颜料团聚体内部孔隙中，削弱内聚力，使颜料团聚体在外加剪切力的作用下更易打开，新生粒子也能够得到迅速的润湿与保护。

利用过滤网压力分析仪，不同含量的 PEWAX-A 对碳酸钙分散性的影响做了对比，结果如图 8-2 及表 8-4 所示。

表 8-4　PEWAX-A 含量对 FPV 的影响

项目	空白样	2%PEWAX-A	4%PEWAX-A	6%PEWAX-A	8%PEWAX-A
$FPV/(\times10^5\,Pa/kg)$	24.1	17.9	10.7	3.96	1.66

可以发现，虽然所选用的碳酸钙表面是经过硬脂酸包覆的，但是没加任何分散剂时，滤网前的压力值上升非常快，FPV 很高，这是因为碳酸钙分散的程度很差，未被分散好的碳酸钙团聚体堵塞了滤网，导致滤网前的压力上升很快。说明在本工艺条件下，即使碳酸钙有经过表面改性，且 $D50$ 仅为 $1.8\mu m$，但是体系中的团聚粉体的数量还是非常多的，团聚体的粒径大于 $42\mu m$（350 目滤网对应的筛孔大小）。随着PEWAX-A 含量的增多，滤网前压力的上升速率逐渐变小，FPV 值变小，当 PEWAX-A 的含量为碳酸钙含量的 6% 时，滤网前的压力上升速度已经大幅降低，说明碳酸钙的分散性已经有了明显改善。加入量达到碳酸钙含量 8% 时，FPV 值进一步降低。PEWAX-A 的熔点为 106℃，140℃ 下的黏度为 375mPa·s；利用 PE-WAX-A 的较低熔点和较低黏度，先于树脂熔融、包覆、浸润，能够有效地改善碳酸钙的分散性。

但是由于 PEWAX-A 的黏度较低，加入量过多后会使得熔指增加，力学性能变差，故在

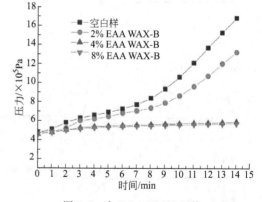

图 8-3　含 EAA WAX-B 的
试样的过滤网压力曲线图

实际使用时，需综合考虑添加量。当然，由于 PE 蜡的不同规格间的相对分子质量差异很大，黏度差异也很大，其对碳酸钙的分散性的改善效果也会有一定影响，这一点本文并未讨论。

8.4.2.3　EAA WAX-B 对碳酸钙分散性的影响

EAA WAX-B 为乙烯单体与丙烯酸单体的低分子共聚物，利用过滤网压力分析仪，对不同含量的 EAA WAX-B 对碳酸钙分散性的影响做了对比，结果如图 8-3 和表 8-5 所示。

表 8-5　EAA WAX-B 的含量对 FPV 的影响

项目	空白样	2%EAA WAX-B	4% EAA WAX-B	8% EAA WAX-B
FPV($\times 10^5$Pa/kg)	24.1	17.0	2.62	2.26

从以上的结果可以看出，EAA WAX-B 对碳酸钙也有非常好的分散作用，加入量达到碳酸钙含量 4%时，碳酸钙的分散性已经大幅度提升，碳酸钙的分散的最小单元基本已经小于 42μm（350 目滤网对应的筛孔大小）。由于 EAA WAX-B 在 140℃下的黏度为 575mPa·s，且熔点仅有 105℃，能优先于树脂熔融，起到包覆、润湿碳酸钙的作用；同时，由于其分子链结构中含极性丙烯酸链段，该链段与碳酸钙极性表面有较好的亲和力，分子链中的聚乙烯链段又与聚丙烯具体的界面很好，故该分散剂能够在碳酸钙与基体树脂之间形成良好的界面层，包覆在碳酸钙表面，利于碳酸钙的分散，防止碳酸钙的二次团聚。

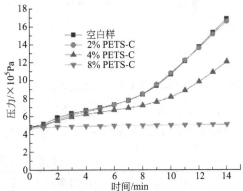

图 8-4　含 PETS-C 的试验的过滤网压力曲线图

8.4.2.4 PETS-C 对碳酸钙分散性的影响

PETS-C 通常应用在工程塑料和 PVC 中做润滑剂和脱模剂，提高制品的表面光泽度，同时便于制品脱模；此外，也被用来做分散剂，促进填料、颜料的分散。本文同样也研究了 PETS-C 对碳酸钙分散性的改善作用。

利用过滤网压力分析仪，对不同含量的 PETS-C 对碳酸钙分散性的影响做了对比，结果如图 8-4 和表 8-6 所示。

表 8-6　PETS-C 的含量对 FPV 的影响

项目	空白样	2% PETS-C	4% PETS-C	8% PETS-C
FPV($\times 10^3$Pa/kg)	24.1	23.6	14.6	0.920

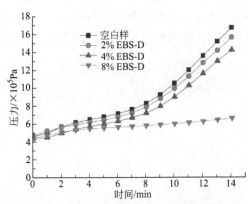

图 8-5　含 EBS-D 的试样的过滤网压力曲线图

从过滤网曲线及 FPV 可以看出，PETS-C 的加入对碳酸钙的分散也是有促进作用的，当含量为碳酸钙的 2%时，其分散性基本没有变化，曲线与空白样基本重合；当加入量达到 4%时，曲线斜率略微变小，FPV 略微降低；当加入量达到 8%时，碳酸钙的分散性有了大幅度改善，过滤网压力值基本不上升，FPV 降到 0.920$\times 10^5$Pa/kg。

8.4.2.5 EBS-D 对碳酸钙分散性的影响

EBS 是塑料行业中常用的脱模剂和润滑剂，同时也是色粉、填料的分散促进剂；EBS-D 对碳酸钙的分散提高作用鲜有人进行对比研究。对不同含量的 EBS-D 对碳酸钙分散性的影响做了对比，结果见图 8-5 和表 8-7。

表 8-7　EBS-D 的含量对 FPV 的影响

项目	空白样	2% EBS-D	4% EBS-D	8% EBS-D
FPV($\times 10^5$Pa/kg)	24.1	21.7	19.6	4.38

从以上数据可以看出，当 EBS-D 的加入量达到碳酸钙含量的 4%时，碳酸钙的分散性的变

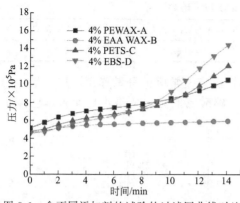

图 8-6 含不同添加剂的试验的过滤网曲线对比

化不大；当加入量达到碳酸钙含量 8％时，碳酸钙的分散性有了明显提高，过滤网压力曲线明显变得更加平缓，且 FPV 降至 4.38×10^5 Pa/kg。

8.4.2.6 各种分散剂的分散效果对比

可以看出，以上四种助剂对碳酸钙的分散都有一定的促进作用，当加入量达到碳酸钙含量的 8％时，过滤网压力值上升明显变缓，FPV 显著降低，碳酸钙在树脂中的分散性都有比较明显的提高。但是在实际应用中，这些助剂加的过多，会带来其他的负面效果，例如析出等；同时也会提高材料成本。选取添加量为碳酸钙含量的 4％

这个点，对加入这四种分散剂的过滤网压力测试结果进行比较，如图 8-6 所示。

计算出压力上升速率 FPV，结果如表 8-8 所示。

表 8-8 不同润滑剂对 FPV 的影响

项目	4％ PEWAX-A	4％ EAA WAX-B	4％ PETS	4％ EBS-D
FPV($\times 10^5$ Pa/kg)	10.7	2.62	14.6	19.6

可以发现：在加入量一定的情况下，含有 EAA WAX-B 的体系的碳酸钙分散性最优，而含有 EBS-D 的体系的分散性最差。4 种助剂对碳酸钙分散性改善作用的好坏顺序依次为：EAA WAX-B＞PEWAX-A＞PETS-C＞EBS-D。

EAA WAX-B 对碳酸钙分散性的改善效果优于 PEWAX-A，是由于 EAA WAX-B 的黏度很低，能够先于树脂熔融，包覆在粉体表面，浸润粉体。此外，分子链中的聚乙烯链段能够与聚丙烯树脂基体及包覆处理得很好的碳酸钙粒子产生很好的结合，同时丙烯酸链段与表面处理得不够的碳酸钙粒子有很好的亲和力；而 PEWAX-A 中由于缺少这种级性基团，与碳酸钙表面的少量亲水性基团亲和力较差。故 PEWAX-A 对碳酸钙分散性的改善劣于 EAA WAX-B。

PETS-C 对碳酸钙的分散性的改善低于 EAA WAX-B，这可能与其分子结构相关。其分子结构如图 8-7 所示，对称结构导致极性的酯基被非极性的长链烷基包在内部，由于空间位阻的

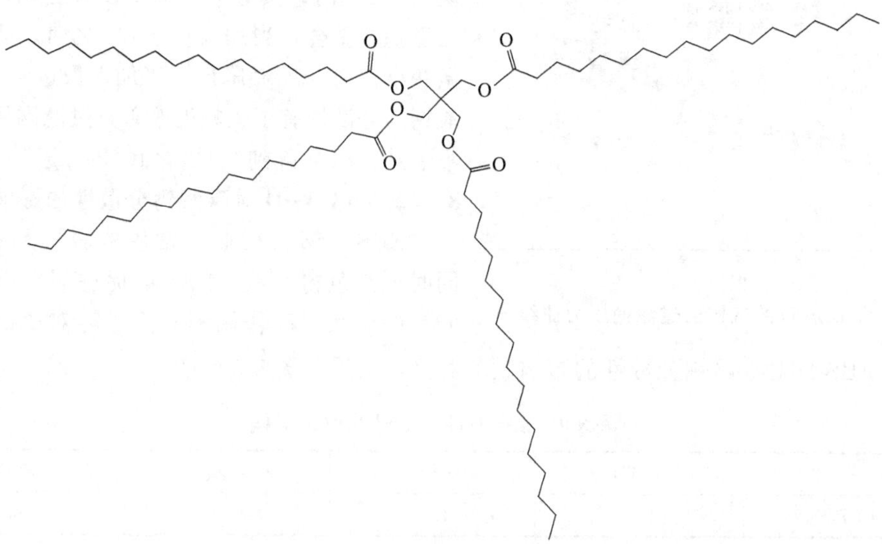

图 8-7 PETS 的结构式

存在, 导致酯基很难与碳酸钙表面的极性基团作用; 而 EAA WAX-B 中丙烯酸基团是共聚在分子链段中及末端, 能够较容易的与碳酸钙表面极性基团作用, 降低界面张力, 所以其对碳酸钙分散性的改善作用明显优于 PETS。

而 EBS-D 的作用最小, 这可能与以下因素相关: ①其熔点较高, 为 141～146℃, 与树脂熔点较为接近, 不能明显先于聚丙烯熔融, 从而无法利用其较低黏度的优势, 先浸润粉体, 对其进行分散; ②EBS-D 中的酰胺基团在链段中间, 碳酸钙表面的极性基团相互作用的几率较小。

8.4.3 结论

1) 当四种润滑剂的含量达到碳酸钙加入量的 8% 时, 在碳酸钙填充聚丙烯的体系中, 碳酸钙的分散性都有了明显改善, 发挥了分散剂的作用;

2) 四种润滑剂当中, EAA WAX-B 对碳酸钙分散性提升的效果最为明显, 加入量达到碳酸钙含量的 4% 时, FPV 值已经大幅度降低; EBS-D 对碳酸钙分散性提升的效果最差。4 种润滑剂对碳酸钙分散性改善作用的好坏顺序依次为: EAA WAX-B＞PEWAX-A＞PETS-C＞EBS-D。

8.5 润滑剂在 PVC 塑料加工中的应用

(张启兴)

8.5.1 润滑剂的作用机理

润滑剂是一种能够改善塑料加工性能的添加剂, 按其作用机制可分为外润滑剂和内润滑剂。所有的润滑剂与 PVC 均有一定程度的相容性, 润滑作用的强弱和作用机制主要取决于润滑剂与树脂的相容性, 而相容性又取决于其极性, 极性大小又决定于润滑剂的极性基团的极性和长链烷烃长度的比值。也就是说, 化学结构决定了润滑剂的作用方式及其功能。一般情况下, 有效的内润滑剂是以极性为主, 完全溶于 PVC; 起外润滑作用的润滑剂一般均是非极性的, 与 PVC 相容性很小。内外润滑剂的共同作用, 只是在某一方面更突出一些, 而同一种润滑剂在不同的聚合物中或不同的加工条件下会表现出不同的润滑作用, 如高温、高压下, 内润滑剂会被挤压出来而成为外润滑剂。所以内外润滑剂有着不同的功能, 不能相互代替。

(1) 外润滑剂 外润滑剂主要特点是界面润滑, 与聚合物的相容性很小甚至不相容。在加工过程中, 外润滑剂在压力作用下很容易从混合物料中挤出, 迁移到制品表面或混合物料与加工机械的界面处; 外润滑剂分子取向排列, 极性基团向着金属表面, 通过物理吸附或化学键, 形成一个润滑剂分子层; 外润滑剂能增加塑料表面的润滑性, 减少塑料与金属表面的黏附力, 使其所受到的机械剪切力降至最低; 润滑界面膜的黏度和它的润滑效率又取决于润滑剂的熔点和加工温度, 从而达到在不影响塑料性能的情况下最容易加工成型。因此, 外润滑剂可降低聚合物与挤压筒、螺杆表面及口模处的摩擦力, 防止黏附其表面。

(2) 内润滑剂 内润滑剂可以减少聚合物分子链间的内摩擦力, 增加塑料的熔融速率和熔体变形性, 降低熔体黏度, 延长加工寿命, 改善塑化性能。如果润滑剂只要求其内润滑作用, 则它们的选择是很简单的, 但是大多数情况是需要将它们的内外润滑作用调到一定程度为最好。另外, 内润滑剂与聚合物都有一定的亲和力, 其主要作用是降低聚合物分子间的相互摩擦力, 即内润滑剂溶入到 PVC 各层粒子之间以及分子内部链段之间方能起到内润滑作用。例如: 硬脂酸单甘油酯能溶于 PVC 熔体, 有部分内润滑作用, 它的内润滑功能来自分子中 2 个极性羟基酯化物，可以络合不稳定氯原子；而三硬脂酸甘油酯虽然分子中没有羟基，但只要使用得当，也是很好的润滑剂。

8.5.2　润滑剂的分类及性能

（1）饱和烃类　烃类润滑剂是优良的外润滑剂，无毒，但不是理想的内润滑剂，因它们与聚合物的相容性较差，主要以外润滑为主。像液体石蜡、天然石蜡、微晶石蜡、聚乙烯蜡等烃类石蜡，它们润滑性较好，具有内外润滑的特性，润滑效果及性能也各不相同，但和 PVC 的相容性较差。

（2）脂肪酸类　脂肪酸类包括饱和脂肪酸、不饱和脂肪酸和羟基脂肪酸等，但主要的还是高级饱和脂肪酸，只要碳原子数在 12 以上的都可以作为润滑剂使用。应用最为广泛的是硬脂酸，其纯品是带有光泽的白色柔软小片，熔点 70～71℃，能溶于乙醇、丙醇，但几乎不溶于水，而且也是生产脂肪酸衍生物类润滑剂的主要原料。

（3）脂肪族酰胺类　酰胺化合物具有较好的外润滑作用，它既是润滑剂，又是很好的抗黏剂。作为润滑剂使用的酰胺化合物，主要包括脂肪酸酰胺和亚烷基脂肪酸酰胺等。而脂肪酸酰胺是从脂肪酸衍生出来的具有 $RCONH_2$ 通式的化合物，作为润滑剂使用的硬脂酸酰胺及衍生物多为白色或淡黄色结晶粉末，熔点较高，有良好的润滑性，多用在压延和中空成型工艺中，但持续润滑性差，且有初期着色现象，如果用量过多，则制品的透明性差或出现"喷霜"现象。

（4）脂肪酸酯类　由于作为润滑剂使用的脂肪酸酯类都是高级脂肪酸酯，包括脂肪酸的低级醇酯、酯蜡、多元酯、聚乙二醇酯等，酯基具有极性，对 PVC 分子有很强的亲和力，所以一般酯类润滑剂与 PVC 相容性良好，具有内润滑作用。在脂肪酸的低级醇酯中，硬脂酸、软脂酸以及其他饱和脂肪酸的酯应用最为广泛。其中硬脂酸丁酯（熔点 17～22.5℃）为代表性的化合物，它无毒，具有优良的内润滑效果，可提高颜料的分散性，且对 PVC 有一定的增塑作用，用量为 0.5～1 份（质量份数，下同），一般与硬脂酸并用效果更好。

（5）金属皂类　高级脂肪酸的金属盐类俗称金属皂，是 PVC 广泛使用的热稳定剂，同时在加工过程中也可以起润滑剂的作用，且随金属种类和脂肪酸根种类的不同而异。就同一种金属而言，脂肪酸根的碳链越长，其润滑效果越好。常用的金属皂有钙皂、锌皂、钡皂、铅皂，其中硬脂酸钙可用作聚烯烃、酚醛、氨基、不饱和聚酯的润滑剂。但硬脂酸铅的润滑效果最好，具有优良的外润滑效果。

（6）醇类　作为润滑剂使用的醇类化合物熔点比较高，主要是含有 16 个碳原子以上的饱和脂肪醇，特别是硬脂醇和软脂醇。高级醇与 PVC 相容性良好，具有良好的内部润滑作用，一般用量为 0.2～0.5 份，与金属皂类、有机锡稳定剂、酯蜡等并用效果更佳。

（7）复合润滑剂　复合润滑剂是由上述几类主要的润滑剂相互搭配调制而成的，具有良好的内外润滑效果。如：石蜡类、金属皂与石蜡复合体系，稳定剂与润滑剂的复合体系，脂肪酰胺与其他润滑剂的复合物等。内外润滑性比较平衡，且在挤出加工中，润滑体系配方简单，可节约原料，润滑性能良好。

8.5.3　润滑剂的选择与应用研究

理想的润滑剂不但能改善树脂的润滑性，而且在加工流动性方面，能提高改善制品色泽、韧性及提高加工速率等，赋予制品良好的电性能和力学性能等，但要求一种润滑剂具有所有的理想性能是不现实的。对于每一种塑料，最合适的内外润滑剂应该依据其极性来选择组合。润滑剂的用量除与使用的助剂有关外，还与挤出机的螺杆、挤压筒、模头结构有关，与塑料制品

（挤出量、温度等）工艺有关。

（1）用于 PVC 塑料制品的润滑剂。硬质 PVC 制品是消耗润滑剂种类和数量最多的一类塑料，润滑剂用量一般为 1 份，特殊情况可达到 4 份；而在增塑 PVC 中，润滑剂用量为 0.5 份或小于 0.5 份。表 8-9 列出了成型加工方法与润滑剂用量之间的关系。

表 8-9　成型加工方法与润滑剂用量的关系

成型加工方法	润滑剂用量
压延加工（高温、低温压延法）	外润滑剂 0.5～1 份，内润滑剂 0.2～0.5 份
注塑成型、挤出成型	外润滑剂 0.1～0.4 份，内润滑剂 0.5～1 份
吹塑成型	介于压延加工与注塑、挤出成型之间

聚合物的种类不同，所添加的润滑剂的种类也各不相同，如对 PVC 具有良好内外润滑作用的酯蜡，对 ABS 树脂却是不适宜的，这是因为极性的酯基阻碍了润滑边界层。因此，润滑剂的选择往往决定于制品的成型加工方法，目前也无规律可循。一般酰胺类为内润滑剂，石蜡及 PE 蜡因极性较弱而为外润滑剂。

（2）在型材挤出加工中，润滑剂的用量对型材质量影响较大，如：润滑剂的调制贯穿在配方调整、调试全过程中，如果润滑剂调整不合理，即使其他助剂足量，也生产不出优质的型材来。因此，润滑剂的选用原则首先是了解其他助剂是否含有润滑剂，用量大致多少；其次是尽量选用一剂多能的润滑剂，如兼具热稳定性能、增塑性能的润滑剂；再一个是根据制品性能选择不同润滑剂及物料前期、中期、后期润滑平衡；最后就是在铅盐稳定体系中，选用硬脂酸、硬脂酸丁酯、硬脂酸铅、聚乙烯蜡作润滑剂。在无毒钙/锌及稀土复合稳定体系中可选用硬脂酸、硬脂酸丁酯、石蜡、聚乙烯蜡、硬脂酸钙等作润滑剂。

8.5.4　小结

近年来，润滑剂的研究比较活跃，从种类上看有较大的突破，除了在 PVC 电线、电缆、管材、型材和板材等方面发展了一些专用的复合品种外，一些新型的胺类和酯类润滑剂也在快速地兴起。润滑剂作用机制的研究导致了润滑剂的进一步发展，润滑剂的发展和应用正逐步由纯粹的对塑料加工问题的经验处理向更为科学的方向展。为配合现代高性能工艺学，需要不断地开发一系列的塑料添加剂，对各种润滑机制进行进一步的研究、试验和测试。同时，对于不同塑料制品的加工，润滑剂的选用尤为重要。因此，在今后的科研中，不仅要着力开发 PVC 热稳定剂新产品，更应该充分利用现有各稳定剂间的协同效应进行复配，扬长避短，开发高效的复合型润滑剂。

8.6　镧系硬脂酸盐及聚乙烯蜡润滑剂对 HDPE6098 流变性能的影响

（尹文艳，冯绍华，吴其晔）

在聚合物挤出成型过程中，若剪切速率与剪切应力超过一临界值后，挤出流动时会经常出现挤出不稳定现象，如流线紊乱、挤出畸变或管壁滑移等，从而影响挤出物的外观及性能。为了改善挤出不稳定现象，人们进行了大量的研究，如提高挤出温度、改变口模材质、在聚合物中加入润滑剂或在口模涂抹润滑剂等，且取得了一些颇有价值的成果。研究表明，在聚合物加工过程中加入内、外润滑剂可显著改善挤出性能。本实验在前期研究的基础上，配制了镧系硬脂酸盐及聚乙烯蜡复合润滑剂，着重研究了该润滑剂对 HDPE6098 挤出流变性能的影响，将对 HDPE 的高速挤出及节能降耗奠定基础。

8.6.1 实验部分

（1）基本原料　高密度聚乙烯：HDPE6098，MFR 0.9g/10min，中国石化齐鲁股份有限公司；聚乙烯蜡：摩尔质量 6000～8000g/mol，市售；含氟弹性体：市售；氧化镨（Pr_2O_3）：市售；氧化镧（La_2O_3）：市售；氧化铈（CeO_2）：市售。

（2）实验设备　恒压型毛细管流变仪：XLY-Ⅱ型，毛细管长径比 $L/D=40/1$，吉林仪器机械厂；恒速型双毛细管流变仪：RH2200 型，长毛细管 $L/D=16/1$，短毛细管 $L/D=14/1$，英国 BOHLIN 公司；平行双螺杆挤出机：KS220 型，螺杆直径 20，长径比 34/1，昆山科信橡塑机械有限公司。

（3）样品制备与测试　按配方配料后，由双螺杆挤出机造粒，然后分别加入到恒压型和恒速型毛细管流变仪进行测试，测试温度为 180℃。

8.6.2 结果与讨论

（1）镧系硬脂酸盐对 HDPE6098 剪切应力和剪切速率的影响　将不同份数的镧系硬脂酸盐与 HDPE 共混后，分别在恒压流变仪中于 180℃ 下测试。所得剪切速率-剪切应力曲线如图 8-8 所示。

从图 8-8 可以看出，在 HDPE6098 中加入不同份数的镧系硬脂酸盐后，树脂流变性能得到一定改善。

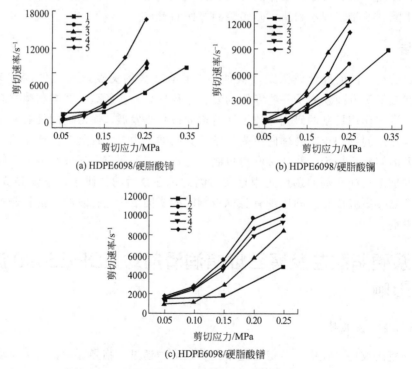

图 8-8　不同镧系硬脂酸盐/聚乙烯蜡润滑剂对 HDPE
剪切速率与剪切应力的影响

镧系硬脂酸盐用量：1—0 份；2—1 份；3—1.5 份；4—2.5 份；5—3.5 份

即加入润滑剂后，同一剪切应力下的剪切速率显著提高。这表明，镧系硬脂酸盐可对 HDPE6098 起润滑作用。当熔体剪切应力达到 0.25MPa 时，加入硬脂酸盐可使熔体剪切速率

增加至 $17017s^{-1}$，较纯树脂的 $4770s^{-1}$ 提高了近 260%。同时也可看出，不同硬脂酸盐润滑剂的润滑性能也存在差异。其中添加 3.5 份硬脂酸铈的 HDPE6098 熔体剪切速率可达到 $17017s^{-1}$，添加 1.5 份硬脂酸镧的 HDPE6098 熔体剪切速率为 $13000s^{-1}$，添加硬脂酸镨在 HDPE6098 中，仅有 1 份硬脂酸镨的 HDPE 能达到 $11500s^{-1}$，这说明硬脂酸镨润滑性没有前两者好。而这一现象可能与镧系金属性有关。稀土元素是典型的金属元素。其金属活泼性仅次于碱金属和碱土金属元素，而较其他金属元素活泼。在 17 个稀土元素中，按金属的活泼次序排列，由钪，钇、镧递增，由镧、铈到镥递减，即镧、铈较镨活泼。

表 8-10 不同硬脂酸盐用量对 HDPE6098 压力振荡的影响

HDPE6098/镧系硬脂酸盐/份	振荡次数	压力振荡周期/s	滑移时剪切应力 σ_2/MPa	滑移时剪切速率 $\dot{\gamma}_2/s^{-1}$	壁滑速率 v_s/(mm/s)	临界外推滑移长度 b_c/mm	信号强度
100/0	8	2.55	0.140	377.3	25.25	0.066	强
	10	3.0	0.145	416	39.86	0.095	
100/3.5(la)	11	8.62	0.119	1438	—	—	中强
100/2.5(la)	11	4.42	0.119	1133	—	—	中强
100/1.5(la)	11	8.62	0.12	1676	—	—	中强
100/3.5(ce)				压力振荡幅度小			
100/2.5(ce)	9	10.52	0.134	1688	—	—	中强
100/1.5(ce)	8	11.89	0.12	1481	—	—	中强
100/3.5(pr)	16	5.58	0.17	1110	—	—	中强
100/2.5(pr)	19	4.32	0.14	1200	—	—	中强
100/1.5(pr)	22	5.6	0.12	640	37	0.06	中强

注：la 为硬脂酸镧；ce 为硬脂酸铈；pr 为硬脂酸镨。

为了验证恒压流变仪得到的结果，将相同份数的试样分别放在恒速流变仪中测试，实验结果见表 8-10。与其他份数硬脂酸镧相比，在 HDPE6098 中添加 1.5 份硬脂酸镧后，熔体的剪切速率明显增大，滑移时的剪切速率为 $1676s^{-1}$，剪切应力为 0.12MPa，滑移长度和滑移速度减小。在 HDPE6098 加入硬脂酸铈后，剪切速率增幅较大，尤其当在树脂中加入 3.5 份硬脂酸铈，压力振荡振幅小。这一结果恰好与横压流变仪的数据相吻合。

镧系硬脂酸盐对 HDPE 流变性能的改善，主要原因可能是由于其特殊的价电子结构。如镧的价层电子结构为 $4f^05d^16s^2$，其 d 层有未被填充的空轨道，因而当硬脂酸镧与 HDPE 共混时，混料中 HDPE 能够提供电子的有机物或无机物与 d 层上空轨道形成配位体，从而增加熔体间的相容性，硬脂酸镧在挤出过程中起内润滑的作用，改善了 HDPE 的流动性能。

(2) 镧系硬脂酸盐/聚乙烯蜡复合润滑剂对 HDPE6098 流变性能的影响 在 HDPE6098 中使用镧系硬脂酸盐后，在低剪切速率下熔体流动性略有改善，但未能发生显著变化。为进一步减少熔体流动不稳定现象，采用硬脂酸镧（铈）/聚乙烯蜡润滑剂考察了 HDPE6098 的挤出流变性能。图 8-9 为使用该润滑剂 HDPE 的剪切速率-剪切应力曲线。

由图 8-9 可见，在 HDPE6098 中加入 1.5 份硬脂酸镧/2 份聚乙烯蜡，当剪切应力为 0.25MPa 时，剪切速率达到了 $14039s^{-1}$，而仅添加 1.5 份硬脂酸镧的熔体，在相同剪切应力下，剪切速率为 $12337s^{-1}$，纯树脂在该剪切应力下的剪切速率仅为 $4770s^{-1}$。硬脂酸镧/聚乙烯蜡润滑剂使该剪切速率较硬脂酸镧的提高了 14%，较纯树脂的提高了 190%。聚乙烯蜡与硬脂酸镧对 HDPE6098 的流变性能起到了良好的协同作用。在 HDPE6098 中添加 3.5 份硬脂酸铈/3 份聚乙烯蜡后，剪切应力为 0.25MPa 时，剪切速率达到 $21271s^{-1}$，较添加硬脂酸铈润滑剂的剪切速率 $17017s^{-1}$ 及 HDPE6098 的剪切速率 $4770s^{-1}$ 分别提高了 25% 和 346%，熔体剪切速率显著提高。这表明两种镧系硬脂酸盐/聚乙烯蜡润滑剂可大幅改善 HDPE6098 的挤出效率。

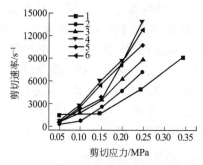
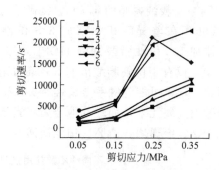

1—HDPE；2—HDPE/1.5份la 3—HDPE/1.5份la/1份pew
（聚乙烯蜡）；4—HDPE/1.5份la/2份pew；5—HDPE/
1.5份la/3份pew；6—HDPE/1.5份la/4份pew

1—HDPE；2—HDPE/3.5份ce 3—HDPE/3.5份ce/1份pew；
4—HDPE/3.5份ce/2份pew；5—HDPE/3.5份ce/3份pew；
6—HDPE/3.5份ce/4份pew

图 8-9　镧系硬脂酸盐/聚乙烯蜡润滑剂对 HDPE6098
剪切速率及剪切应力的影响

同时采用恒速流变仪进行高剪切速率实验。HDPE6098 中添加 1.5 份硬脂酸镧/2 份聚乙烯蜡较仅添加硬脂酸镧能够更好地改善熔体流动不稳定性。特别对 HDPE6098/1.5 份硬脂酸镧/2 份聚乙烯蜡，熔体未发生滑移，压力振荡信号消失（如图 8-10），图中 $P_左$ 为滑移时恒速流变仪长口模压力，$P_右$ 为滑移时恒速流变仪短口模压力挤出压力随挤出时间稳步升高，尤其在第五段剪切速率（503s^{-1}），挤出物表面光滑（如图 8-11）。而仅使用硬脂酸镧的树脂熔体在第五段剪切速率（503s^{-1}）未滑移但出现了细小的鲨鱼皮纹。这可能是由于聚乙烯蜡是一种较好的外润滑剂。在加工过程中，在压力作用下很容易从混合物挤出，移析到表面或混合物

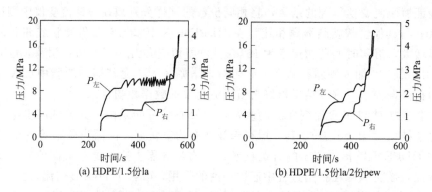

图 8-10　硬脂酸镧/聚乙烯蜡润滑剂对 HDPE6098 流变性能的影响

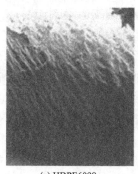
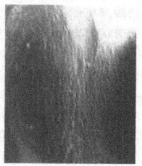
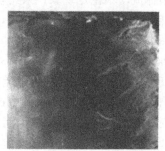

(a) HDPE6098　　　　(b) HDPE6098/1.5份la　　　　(c) HDPE6098/1.5份la/2份pew

图 8-11　503s^{-1}剪切速率下不同润滑剂对
HDPE6098 熔体挤出性能的影响

与加工机械界面上，润滑剂分子取向排列，通过物理吸附或化学键成键，形成一个润滑剂分子层。由于润滑剂分子间的内聚能低，因此可以降低聚合物与设备表面的摩擦力，防止其黏附在机械表面上。而加入硬脂酸铈/聚乙烯时，除添加 3.5 份硬脂酸铈/3（4）份聚乙烯蜡使熔体流动性改善外，其他份数润滑剂均未使熔体流动性明显改善。对比 HDPE6098/1.5 份硬脂酸镧/2 份聚乙烯蜡与 HDPE6098/3.5 份硬脂酸铈/3（4）份聚乙烯蜡发现，在同一剪切速率下，前者的剪切应力较后者明显降低，即由 120kPa 降至 100kPa，降低了 20%。因而前者可更好地改善 HDPE6098 挤出不稳定性（如图 8-12）。

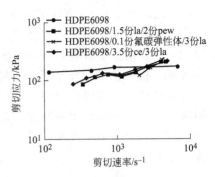

图 8-12　添加不同润滑剂后 HDPE6098 剪切速率与剪切应力间的关系

8.6.3　结论

① 镧系硬脂酸盐可改善 HDPE6098 的加工流变性能。添加 1.5 份硬脂酸镧或 3.5 份硬脂酸铈后，在同一剪切应力下，熔体剪切速率显著提高。特别当剪切应力为 0.25MPa 时，熔体剪切速率提高了近 260%，且压力振荡信号也明显减弱。

② 不同镧系硬脂酸盐润滑剂对 HDPE6098 挤出性能影响不同。相对硬脂酸镨，硬脂酸镧与硬脂酸铈可显著改善熔体挤出性能。

③ 聚乙烯蜡可与镧系硬脂酸盐协同改善 HDPE6098 的流变性。当剪切应力为 0.25MPa 时，2 份聚乙烯蜡使 1.5 份硬脂酸镧/HDPE6098 熔体剪切速率提高了 14%。且熔体滑移现象消失，挤出光滑区域增大，挤出物表面出现光滑现象。

④ 对比硬脂酸镧与聚乙烯蜡对 HDPE6098 挤出性能，在同一剪切速率下，前者的剪切应力较后者明显降低，可更好地改善 HDPE6098 的挤出不稳定性。

8.7　使用硬脂酸指数评价润滑剂对 PVC 熔合行为的影响

（王文治）

8.7.1　PVC 的熔合行为

与其他大多数热塑性塑料不同，聚氯乙烯（PVC）在加工过程中发生的不是一般的由玻璃态转变为黏流态并以分子链作为流动单元的塑化行为，而是发生了颇为复杂的所谓熔合（fusion）行为，也称凝胶化（gelation）行为。

PVC 为什么会发生这种颇为独特的熔合行为呢？究其本质，是因为 PVC 树脂颗粒有好像石榴那样的层次结构。由于 PVC 聚合物不溶解于其单体中，在聚合过程，当转化率接近 2% 时，PVC 从其单体中沉淀，使得 PVC 树脂颗粒具有以微区、初级粒子、树脂颗粒三重基本单元为基本特征的多层次结构。表 8-11 列出了最常用的悬浮聚合 PVC 的层次结构。

表 8-11　悬浮聚合 PVC 颗粒的层次结构

层次	微晶		微区	初级粒子	初级粒子凝聚体	液滴粒子	树脂颗粒
	轴向	径向					
尺寸/μm	0.0007	0.0041	0.01	1	3～10	30～100	100～200

微区（microdomain）结构尺寸约 0.01μm，主要为无定型，但也含有 10% 以下的微晶，称为初级微晶。微晶处于微区结构的中心，以带状分子互相联结。微晶的晶粒很小，其轴向为

0.7nm，径向为 4.1nm，而且微晶缺陷较多，故其熔程较宽，PVC 微晶的熔程为 115～245℃。

在加工过程中，由于热和剪切作用，PVC 颗粒的层次结构逐步发生变化，在较低的熔融温度，颗粒的皮层破裂，然后层次结构继续破坏，直至生成初级粒子流动单元。温度进一步升高，初级粒子破裂，更多微晶熔化，原先有序排列的 PVC 分子松弛伸张而贯穿到邻近的初级粒子中，初级粒子界面之间有较多带状分子缠结形成三维网络。冷却时，已熔融的初级微晶重结晶形成次级微晶。除了初级粒子里面，在原先初级粒子的边界也形成次级微晶，这部分边界上的次级微晶对三维大分子网络的强度起关键作用，图 8-13 为 PVC 融合过程的示意图。

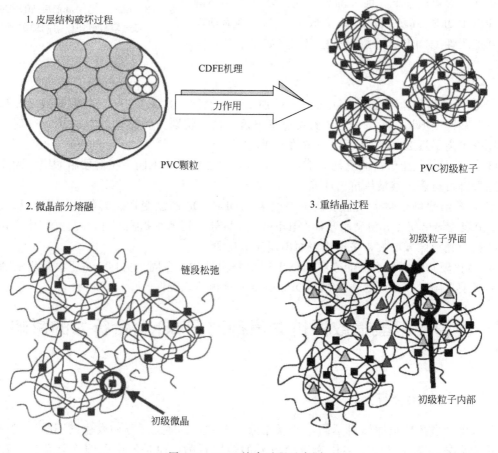

图 8-13　PVC 熔合过程示意图
（正方形表示初级微晶；空心三角形表示初级粒子内部的次级微晶，
实心三角形表示初级粒子界面的次级微晶）

P. G. FAULKNER 使用了经改进的程序升温的 Brabender 流变仪，对只加入 3 份二碱基硬脂酸铅到 PVC 中的配混料，以 4℃/min 的速率升温，使用扫描电子显微镜（SEM）和透射电子显微镜（TEM）观察于不同温度所取的试样，揭示了随着温度升高，PVC 树脂的颗粒结构逐步破碎直至形成均一熔体的过程，见图 8-14～图 8-21。

8.7.2　转矩流变曲线的成因

转矩流变仪是研究 PVC-U 熔合行为和表征 PVC-U 熔合过程的特征的最常用仪器。图 8-22 为 PVC-U 配混料（粉料）的转矩流变曲线，图 8-23 为加入抗氧剂的 PP 粉料的转矩流变曲线，可以作为其他热塑性树脂的代表。PVC 的转矩流变曲线与 PP 明显不同，PP 出现加料峰

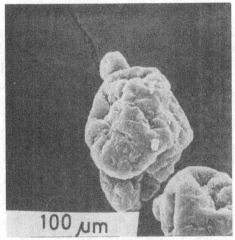

图 8-14　配混料的样品
（PVC 树脂颗粒，直径约 120μm）

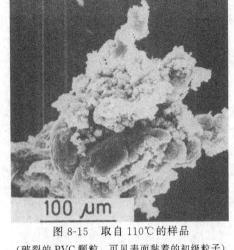

图 8-15　取自 110℃的样品
（破裂的 PVC 颗粒，可见表面黏着的初级粒子）

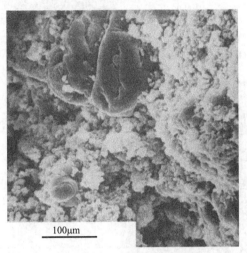

图 8-16　取自约 124℃的试样
（PVC 颗粒与初级粒子的混合
物，样品须用手指轻压才能破碎）

图 8-17　取自约 135℃
（以初级粒子为主，只能见到很少
PVC 颗粒，样品难以用手指压碎）

图 8-18　取自 160℃
（PVC 颗粒的层次结构已基本解构，并呈现流变仪转子所造成的
纤维状形态，可认为已部分熔合，但 1μm 尺度的粒子仍然可见）

图 8-19　取自 160℃ 样品的透射电子显微镜照片

（10nm 微区基体中，可见到 0.5～1μm 尺度的初级粒子）

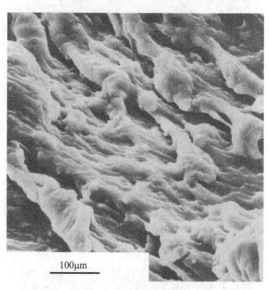

图 8-20　取自 180℃

（约 20μm 直径的纤维形态，表明明显的"流动"特性）

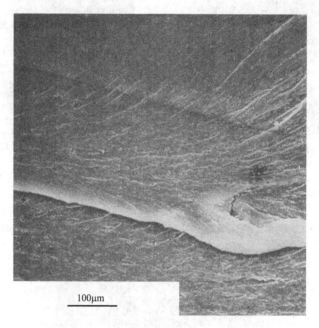

图 8-21　取自 215℃

（形成均一熔体）

之后，扭矩急速下降，然后趋向平稳，而 PVC 在加料峰之后又出现另一个峰，即 PVC 熔合峰，这是表征 PVC 熔合行为的特征峰。

流变曲线的加料峰是压入试料到混炼室中的外加载荷造成的，加料峰的形状与外加载荷的大小和变化相关。外加载荷消失，加料峰扭矩急速下降，然后扭矩随熔体温度上升而同步下降并趋于平稳。

而对于 PVC 来说，PVC 配混料在热能和机械能的作用下，PVC 树脂颗粒渐次解构，粒子不断细化，粒子间摩擦力渐次加大，因而，加料峰扭矩下降到最低值后开始回升。在最小扭

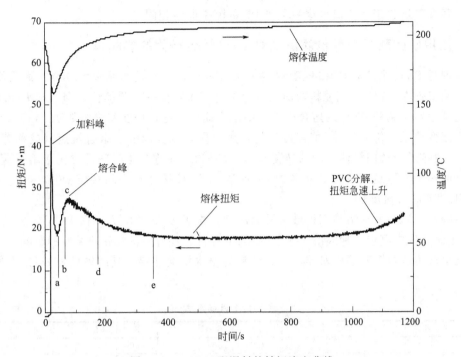

图 8-22　PVC-U 配混料的转矩流变曲线

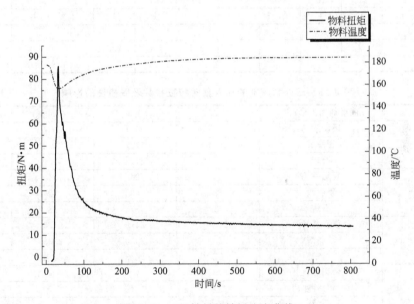

图 8-23　PP 粉料的转矩流变曲线

矩处，物料为 PVC 颗粒、初级粒子、初级粒子凝聚体及它们的团块的混合体（可参见图 8-15 和图 8-16）。最小扭矩之后，物料温度快速上升（温度曲线快速上升），初级粒子数量急速增加，界面互相融结，物料黏弹性急速增大，因此，扭矩快速上升并达到最大值（熔合扭矩）。在熔合扭矩处，粒子结构消失而开始形成连续熔体（可参见图 8-17 和图 8-19）。熔合峰是 PVC 由粒子流动转变为熔体流动的分水岭，熔合扭矩的数值，对应 PVC 加工过程中 PVC 由粒子流动转变为熔体流动所需要的功，这是 PVC 加工过程能耗的主要部分，也是 PVC 加工过程主机电流（扭矩）的主要影响因素。

　　熔合扭矩之后，物料温度由于摩擦热的作用继续上升而后趋于平衡值，扭矩则随物料温度升高而下降，其后趋于平衡值，这一段与 PP 的流变曲线相同。

8.7.3 使用硬脂酸指数评价润滑剂对 PVC 熔合行为的影响

润滑剂是 PVC 尤其是 PVC-U 配混料中必不可少，而且其作用最为复杂、最为微妙的一类助剂。润滑剂在 PVC-U 配混料的加工过程中有三大功能——脱模性，调节和平衡加工过程中产生的摩擦热，调控 PVC 的熔合行为，即熔合速率、熔合程度和熔体黏度。

转矩流变仪是评价 PVC-U 熔合行为的常用手段，流变曲线的熔合扭矩（或称塑化扭矩，表征 PVC 由粒子流动向熔体流动的转化）、熔合时间（或称塑化时间，对应于熔合速率）、熔体扭矩（或称平衡扭矩，对应于熔体黏度）是表征 PVC 熔合行为的特征参数，这些参数就是 PVC 加工性能的直接反映。

硬脂酸钙、硬脂酸和蜡是三种最常用润滑剂，按表 8-12 的配方，在 190℃、30 份的 RM-200A 转矩流变仪中测定三种润滑剂对 PVC 的熔合行为各特征参数和脱模性的影响，脱模性以流变曲线出现熔体扭矩时停机取样，根据试料的粘辊情况评定。其结果见表 8-13 及图 8-24～图 8-26。

表 8-12　试验配方　　　　　　　　　　　　　　单位：份

样品编号	1	2	3	4	5	6	7	8	9	10	11	12
PVC	100	100	100	100	100	100	100	100	100	100	100	100
有机锡	1.0	1.0	1.0	1.0	1.0	1.0	1.0	1.0	1.0	1.0	1.0	1.0
$CaCO_3$	10	10	10	10	10	10	10	10	10	10	10	10
钛白粉	1	1	1	1	1	1	1	1	1	1	1	1
硬脂酸钙	0.25	0.5	1.0	2.0								
硬脂酸					0.25	0.5	1.0	2.0				
石蜡									0.25	0.5	1.0	2.0

表 8-13　三种润滑剂的加入量对特征参数及脱模性的影响

特征参数	润滑剂加入量/份	0.25	0.5	1.0	2.0
熔合扭矩/N·m	硬脂酸钙	38	39.1	40.4	40.3
	硬脂酸	35.4	37.2	31.2	22.3
	石蜡	43.4	41.2	42.0	35.2
熔合时间/s	硬脂酸钙	38	36	34	35
	硬脂酸	45	49	72	124
	石蜡	41	37	28	39
熔体扭矩/N·m	硬脂酸钙	24.2	24.6	24.6	23.1
	硬脂酸	22.0	23.0	22.5	19
	石蜡	25.7	24.3	24.4	21
脱模性	硬脂酸钙	良好			
	硬脂酸	良好			
	石蜡	差			

以上的实验结果可归纳为如下几点。

① 总体来说，硬脂酸钙与石蜡对熔合行为的影响相近，而硬脂酸则差别较大。

② 随着加入量增加，硬脂酸钙的熔合扭矩略为升高，硬脂酸和石蜡的总趋势为下降。

同等加入量，硬脂酸的熔合扭矩最低；除加入量 2 份时，石蜡的熔合扭矩比硬脂酸钙低之外，其余的都略高于硬脂酸钙。

③ 同等加入量，硬脂酸的熔合时间最长，也即延迟熔合的作用最大，而且随着加入量增加而明显增长。

同等加入量，石蜡和硬脂酸钙的熔合时间相差不大，而且随着加入量增加呈轻微减短趋势。

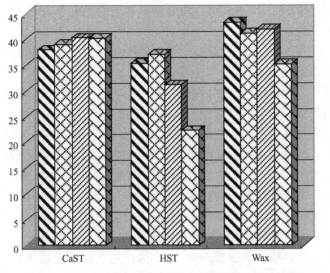

图 8-24　熔合扭矩与润滑剂加入量的关系

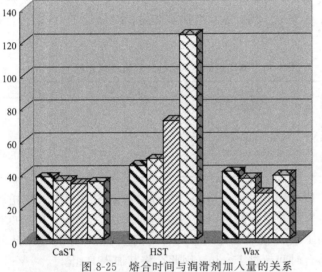

图 8-25　熔合时间与润滑剂加入量的关系

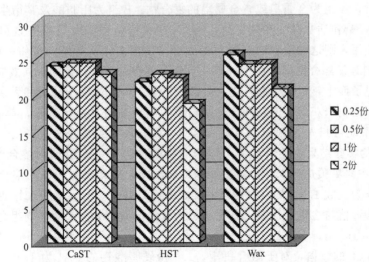

图 8-26　熔体扭矩与润滑剂加入量的关系

④ 同等加入量,硬脂酸的熔体扭矩最低,硬脂酸钙和石蜡的熔体扭矩相当。随着加入量增加,熔体扭矩呈轻微下降的趋势。

⑤ 硬脂酸钙和硬脂酸的脱模性良好,而石蜡的脱模性差,只在熔合峰之后达到熔体扭矩的短时间内,就已粘着混炼室壁。

人们已习惯于将润滑剂分为外润滑剂和内润滑剂两大类,石蜡是外润滑剂的代表。但是,上述的实验结果使人大跌眼镜,三种润滑剂中,石蜡与硬脂酸钙对熔合扭矩和熔合时间的影响大同小异,而脱模性差,简直是与外润滑剂的作用大相径庭!是实验结果出错吗?不是的。对于润滑剂应该如何分类以及润滑剂作用机理的研究,国外已有不少报道,而国内对这些研究结果却鲜见介绍。1984 年,Rabinovitch 等研究硬脂酸钙/石蜡体系的润滑机理时就指出,单独 2 份石蜡用作润滑剂时与完全不加润滑剂一样,粘辊很严重,其熔合扭矩和熔合峰所对应的温度(对应于熔合时间——笔者注)与 1.0 份石蜡加 1.0 份硬脂酸钙,或 0.5 份石蜡加 1.5 份硬脂酸钙相当。1.5 份石蜡加 0.5 份硬脂酸钙时,熔合扭矩最低,熔合时间最长。他们提出了表面活性剂和滑移剂的协同作用机理来解释润滑剂对 PVC 的作用,认为按照化学结构和极性,将润滑剂分成表面活性剂和滑移剂,比分为内润滑剂和外润滑剂更有可能预示润滑剂的性能。

早在 20 世纪 70 年代初,Hartitz 就对内、外润滑剂的分类方法提出质疑,并最早揭示了润滑剂组合的协同效应。他通过对 14 种润滑剂及其组合对延迟 PVC 熔合过程的影响,将这 14 种润滑剂分成 A、B 二组,见表 8-14。

表 8-14 按二组份体系的行为对润滑剂分类

A 组	B 组	A 组	B 组
硬脂酸钙	硬脂酸		硅油
硬脂酸钡	Cenwax A		Durowax FT 300
硬脂酸锂	硬脂酸硬脂醇酯		PA 190
OP 蜡	Advawax 280		Microthene 510
(硬脂酸)	矿物油		

A 组的特征为加入硬脂酸钙时,熔合时间减少或维持不变,而加入费托蜡 FT300 时,熔合时间增加。B 组的特征为加入硬脂酸钙时,熔合时间增加,而加入 FT300 时,熔合时间维持不变或减少。硬脂酸与 FT300 配合使用时,熔合时间从 1min 分别增加至 2min 和 2.5min,而与硬脂酸钙并用时,熔合时间超过 15min,因此,将其加入 B 组。

从化学成分看,A 组为金属皂或含金属皂的复合物。B 组为脂肪酸及其衍生物(不包含皂类)、聚烯烃、烷烃蜡和油(硅油和矿物油)。将 A 组中的两种润滑剂或将 B 组中的两种润滑剂各自等量配合使用,则这种组合对配混料的熔合时间没有什么影响;但将一种 A 组润滑剂与一种 B 组润滑剂等量配合使用,则这种组合对延迟熔合时间呈明显的协同效应。

转眼光阴已过了四十年,一方面,内、外润滑剂的分类方法处于尴尬和无奈的困境,另一方面,新的分类方法仍未获得普遍认同,这足以说明润滑剂的复杂与微妙,单就硬脂酸而言,Hartitz 认为硬脂酸既可归入 A 组,也可归入 B 组,而归入 B 组更合适些。

分析表 8-12 的实验结果,笔者认为可以把硬脂酸作为评价润滑剂的熔合作用的参比物,即在 PVC 配混料中只单独加入 1.0 份硬脂酸作为润滑剂,把其流变曲线的熔合扭矩、熔合时间等特征参数值作为基数 1.0,然后以同样的实验条件测得同一配混料加入其他润滑剂或润滑剂组合的各特征参数值与之进行比较,其比值称为被评价的润滑剂或润滑剂组合的相应硬脂酸指数(SAI——Stearic Acid Index)。

例如:按表 8-12 的数据,对于熔合扭矩,1.0 份硬脂酸钙的 SAI 为 1.29,1.0 份石蜡的 SAI 为 1.35,2.0 份硬脂酸的 SAI 为 0.71;对于熔合时间,1.0 份硬脂酸钙的 SAI 为 0.47,

1.0 份石蜡的 SAI 为 0.39，2.0 份硬脂酸的 SAI 为 1.72。

建立硬脂酸指数有几个作用：

① 能以简化的数值对各种润滑剂及其组合进行对比，有利于交流和沟通。

② 适应数字化时代的发展，如能建立数据库，则便于使用，可望使繁复的实验和上机调试有所简化。

③ 将更多的数据与相应的润滑剂的化学结构结合起来进行对比、分析，有利于深化对润滑剂的结构/效能关系和作用机理的认识。

选择硬脂酸作为参比物的原因如下。

① 结构简单、明确，除 16 碳与 18 碳的比例略有差别之外，其组成基本固定，因而性能相对稳定。当然，对所选取的硬脂酸应标明 16 碳与 18 碳的比例或其熔点。

② 单独作为润滑剂时就有良好的脱模性能，便于实验操作。

③ 本身既有表面活性剂的功能，又具有滑移剂的作用，也即既有良好的脱模性能，而且熔合时间随加入量增加而明显增长，熔后扭矩随加入量增加而明显下降（见表 8-12 的实验结果）。

其实这类方法并不少见，类似的方法在涂料等行业中已普遍使用。如使用乙酸正丁酯或乙醚作为参比物评价溶剂的相对挥发速率，ASTM D 3593—76（81）将被测溶剂 90% 的溶剂挥发所需的时间与乙酸正丁酯或乙醚 90% 挥发所需的时间的比值定义为被测溶剂的相对挥发速率。

作为初步尝试，表 8-15 列出了几对双组分润滑剂的 SAI，以祈抛砖引玉。这些双组分润滑剂的配比都为 1∶1，在表 8-12 的配方中的加入总量为 1.0 份。所用硬脂酸的熔点按 GB/T 617—2006《化学试剂 熔点范围测定通用方法》测得为 53.5～54.3℃。

表 8-15　几种双组分润滑剂的硬脂酸指数

组分	熔合扭矩 /N·m	组分	熔合时间 /min	组分	熔体扭矩 /N·m
硬脂酸/硬脂酸锌	0.87	硬脂酸/硬脂酸钙	0.70	硬脂酸/聚乙烯蜡	0.99
硬脂酸/聚乙烯蜡	0.92	硬脂酸钙/硬脂酸单甘酯	0.72	硬脂酸钙/硬脂酸季戊四醇酯	1.00
硬脂酸/硬脂酸季戊四醇酯	0.98	硬脂酸钙/硬脂酸锌	0.78	硬脂酸/硬脂酸季戊四醇酯	1.02
硬脂酸/石蜡	1.04	硬脂酸/硬脂酸单甘酯	0.78	硬脂酸钙/聚乙烯蜡	1.02
硬脂酸/硬脂酸钙	1.05	硬脂酸钙/石蜡	0.82	硬脂酸钙/硬脂酸单甘酯	1.02
硬脂酸钙/聚乙烯蜡	1.05	硬脂酸钙/硬脂酸季戊四醇酯	0.83	硬脂酸/硬脂酸钙	1.03
硬脂酸钙/石蜡	1.05	硬脂酸钙/聚乙烯蜡	0.88	硬脂酸/硬脂酸锌	1.03
硬脂酸钙/硬脂酸锌	1.05	硬脂酸/石蜡	0.92	硬脂酸/石蜡	1.03
硬脂酸钙/硬脂酸季戊四醇酯	1.06	硬脂酸/硬脂酸季戊四醇酯	1.40	硬脂酸/硬脂酸单甘酯	1.03
硬脂酸/硬脂酸单甘酯	1.09	硬脂酸/硬脂酸锌	1.49	硬脂酸钙/石蜡	1.03
硬脂酸钙/硬脂酸单甘酯	1.14	硬脂酸/聚乙烯蜡	1.54	硬脂酸钙/硬脂酸锌	1.03

8.8　润滑剂在改性塑料和功能母料领域的应用发展趋势

8.8.1　概述

聚合物具有较长的分子链和较高的分子量，大分子结构使其熔体具有较高的黏度，加工过程的流动阻力来自两个方面：一是大分子之间的相互缠结影响其流动性能，二是聚合物熔体与加工机械表面产生摩擦，这些摩擦使熔体流动性降低，严重的摩擦会使表面变得粗糙，缺乏光泽或出现流纹等。润滑剂的加入能起到高润滑性、减少摩擦、降低界面黏附等作用，是塑料改性和功能母料制备过程中不可缺少的重要组分之一，本节就润滑剂在改性塑料和功能母料方面的应用和发展进行分析与探讨。

8.8.2　润滑剂的品种与分类

根据润滑剂的作用机理，可将其分为外润滑剂和内润滑剂两类。

外润滑剂的作用是一种界面润滑，与聚合物的相容性小，加工过程中很容易从聚合物内部移析到表面，在界面处取向排列，极性基团向着金属表面，通过物理吸附或化学键合形成一个润滑剂分子层，由于润滑剂分子间的内聚能低，可以降低聚合物与设备表面的摩擦力，防止其黏附于机械表面上，从而改善流动性能。

内润滑剂与聚合物有一定的相容性，在常温下一般很小，在高温下相容性增大，产生一种增塑作用，削弱了聚合物分子之间的内聚力，减小内摩擦，降低熔体黏度，增加流动性。

外润滑作用和内润滑作用都是相对而言的，实际上，仅具有单一润滑作用的润滑剂很少，大多数品种兼具内外润滑作用，只是相对强弱不同而已。同一种润滑剂在不同的聚合物中或不同的加工条件下会表现出不同的润滑作用，良好的润滑剂应该是内外润滑作用兼有。

根据分子结构和组成，润滑剂可分为金属皂润滑剂、烃蜡润滑剂、酰胺蜡润滑剂、脂肪酸（酯）润滑剂、有机硅和含氟类润滑剂等几大类，具体见表 8-16。

表 8-16　润滑剂分类与品种

类　别	品　种
金属皂润滑剂	硬脂酸锌、硬脂酸钙、硬脂酸镁、硬脂酸钡
烃蜡润滑剂	聚乙烯蜡、聚丙烯蜡、氧化聚乙烯蜡、EVA 蜡、部分皂化 PE 蜡
酰胺蜡润滑剂	油酸酸酰、芥酸酰胺、亚乙基双硬脂酸酰胺、改性 EBS
脂肪酸（酯）润滑剂	脂肪酸、长（短）链醇脂肪酸酯、低聚合的脂肪酸酯、褐煤酸酯及其酯和皂
有机硅润滑剂	低分子有机硅润滑剂、高分子有机硅润滑剂
含氟润滑剂	聚四氟乙烯蜡、偏二氟乙烯共聚物

8.8.3　润滑剂在改性塑料和功能母料领域的应用与发展

8.8.3.1　润滑剂的结构与效应关系

分子的结构与组成决定材料的基本性能，润滑剂的分子结构与效应之间存在下述规律：

（1）具有 12 个或更多碳原子的脂肪链具有有效的润滑作用；

（2）随着碳链的增长，与极性塑料的相容性降低，与非极性塑料的相容性提高；

（3）润滑剂中极性基团增加，则与极性高聚物的相容性增大；

（4）极性基团将润滑剂分子固定在具有有效流变性的分子群表面，即使润滑剂浓度很低，对流变性也有显著影响；

（5）过长的脂肪链会抑止溶剂化效应；

（6）羧酸及其某些衍生物能润湿金属表面，产生显著的脱模效应；

（7）酰胺蜡常常在制品表面产生显著的爽滑作用。

8.8.3.2　润滑剂选择的基本原则

一般而言，润滑剂除了能改进流动性，还可以起熔融促进剂、防粘连和防静电剂、爽滑剂等作用，选择的基本原则有：

（1）润滑效能高效持久；

（2）与树脂的相容性适中，内外部润滑作用平衡，外润滑剂的熔点应低于成型温度相差 10～30℃，不喷霜、不易结垢；

（3）表面张力小，黏度小，在界面处扩展性好，易形成界面层；

（4）尽量不降低聚合物的各种优良性能，不影响塑料的二次加工；

（5）耐热性和化学稳定性优良，在加工中不分解、不挥发；

（6）不腐蚀设备，不污染薄膜，没有毒性。

8.8.3.3　润滑剂在改性塑料和功能母料领域中的应用

对于改性塑料而言，润滑剂的主要作用是改善加工过程的流动性能、减少摩擦和获得满意的制品表面，其添加量一般较少，从千分之一到百分之一不等。对于色母粒和功能母料而言，润滑剂常常被称为分散剂，其主要功能在于分散颜料、获得最佳的着色力、避免色点或色斑的出现，其添加量一般较大，为 1%～20% 不等。

（1）聚烯烃用润滑剂　聚烯烃类润滑剂一般采用硬脂酸（盐）与聚乙烯蜡（聚丙烯蜡）复配，一般而言，PE 类聚合物采用硬脂酸（盐）与聚乙烯蜡复配，PP 类聚合物可采用硬脂酸（盐）与聚乙烯蜡（聚丙烯蜡）复配。

硬脂酸和硬脂酸盐是该领域应用最为广泛的品种，具有原材料来源方便、价格低廉、绿色环保等诸多优点。一般而言，锌含量越接近化学摩尔比、不饱和双键含量越低、纯度越高，分散效果越好，耐温越高。

聚乙烯蜡是聚烯烃塑料用量最大的润滑剂品种之一，主要牌号有科莱恩的 PE520、巴斯夫的 6A、霍尼韦尔的 A 蜡、三井的 420、费托的 PX-105 等品种。聚乙烯蜡对颜料的润滑机理是：颜料利润滑剂接触时，润滑剂吸附在颜料周围然后渐渐地渗透至颜料颗粒之间的孔隙，削弱颜料颗粒之间的吸引力，降低破碎颜料团聚体所需的能量，使颜料容易分散细化。

普通蜡的颗粒尺寸大于颜料，对颜料粒子的包覆不均匀，有时不能获得满意的分散效果。微粉化蜡技术是近 10 年发展起来的一项新技术，可制备粒径范围 2～30μm 超微细粉体蜡，其尺寸与颜料接近，蜡粉粒子容易填充在颜料粒子间，使颜料粒子保持一定的距离并提供润湿作用，从而显著地改进颜料的分散性。微粉蜡的制备方法有：一是物理方法，包括粗粒机械粉碎法、蒸发与沉淀法和熔融喷雾法等；二是采用化学方法进行溶解和乳化分散的作用，使处于分散状态的分子逐渐长成所需粒径的微粒；三是直接调节聚合或降解过程制备。如科莱恩的聚乙烯微粉蜡 3620 和聚丙烯微粉蜡 6071 等品种、巴斯夫的 AF29 和 AF30 等。

（2）苯乙烯系聚合物用润滑剂　苯乙烯系聚合物主要有聚苯乙烯和 ABS，以注塑和挤出成型工艺为主，注塑工艺所需的润滑剂含量较高，挤出成型相对较低。

苯乙烯聚合物包含透明聚苯乙烯（GPPS）和高抗冲聚苯乙烯（HIPS），可选择的润滑剂主要有丁基硬脂酸酯、邻苯二甲酸二辛酯或液体石蜡，硬脂酸盐和酰胺蜡可有效提高脱模性。对于有透明要求的 GPPS，添加少量的硬脂酸盐和邻苯二甲酸二辛酯就能达到润滑要求。

ABS 润滑剂有：硬脂酸及其盐、酰胺蜡、甘油单硬脂酸酯、氧化聚乙烯、EVA 蜡、季戊四醇脂肪酸酯、褐煤蜡等。考虑到性价比的问题，ABS 润滑剂通常采用硬脂酸锌和 EBS 复配的体系，对于一些难以分散的颜料和高填充体系，可采用改性 EBS 如 TAS-2A，分子结构中的极性基团能与炭黑、无机颜料、填料和阻燃剂之间牢固地结合，分散和润湿能力强、熔点较低（65℃），特别适合于色母、填充和阻燃改性 ABS 塑料。

（3）工程塑料用润滑剂　聚酰胺、聚酯、聚甲醛和聚苯醚等热塑性工程塑料主要采用注塑加工，在改善加工行为的同时要考虑脱模作用。与通用塑料相比，工程塑料用润滑剂的性能明显不同。

① 工程塑料具有化学活性和对水解特别敏感性，导致它们对酸性和（或）碱性的配方非常敏感，在高温下加工时稳定性要求高。

② 对于无定性塑料如 PC 和 PMMA，在许多场合透明性非常重要，要求润滑剂具有非常

良好的相容性和界面行为，可供选择的润滑剂品种大大减少。

③ 工程塑料的使用时环境温度一般较高，因此对其迁移性和长期稳定性有严格要求。

工程塑料用润滑剂主要有：褐煤酸酯及其衍生物、季戊四醇硬脂酸酯、氧化 PE 蜡、酰胺蜡等，选择时须考虑相容性、耐温要求、是否透明和酸碱敏感性。如聚酯（PET/PBT）采用褐煤蜡、蜡酯、多元醇酯等，POM 可选择褐煤蜡、酰胺蜡、金属皂和氧化 PE 蜡等，PC 可选择季戊四醇硬脂酸酯、氧化 PE 蜡、山梨糖醇偏酯等，PMMA 可采用硬脂酸多元醇酯。

对于玻璃纤维增强的工程塑料，防止玻璃纤维外露是获得表面光滑、外观优良制件的关键。可选择 TAF（改性 EBS）、高分子量有机硅润滑剂如 E525、酯类润滑剂如 LOXIOLG32 等来减少玻璃纤维外露，提高制品表面光滑度。润滑剂 TAF 是以亚乙基双脂肪酸酰胺（EBS）为基料制备的一种含有极性基团的 BAB 型共聚物，这种共聚物既保持了 EBS 的润滑特性，又具有能与玻璃纤维、无机填料表面部分极性基团相结合，在玻璃纤维增强或无机填充 PA6、PA66、PBT 等复合体系的界面之间形成锚固结点，改善了玻璃纤维、无机填料与基体树脂的黏结状态。LOXIOLG32 是一种优秀的润滑剂和脱模剂，与纯外润滑剂相比，敏感性较低，在玻璃纤维增强的改性塑料中有非常好的应用，能有效提高加工流动性、改善高玻璃纤维的分散性、防止玻璃纤维外露，使制品具有更佳的表面柔滑性与光洁度。

8.8.3.4 润滑新品种及其应用

随着聚合反应工程和反应性挤出技术的不断进步和发展，一些新型润滑剂不断问世并在生产中得以应用，其独特的分子结构和性能解决了困惑塑料加工企业多年的生产难题，为聚合物的成型加工与改性注入了新的活力。

（1）超高分子量有机硅润滑剂　Tegomer® P121、E525 是两端极性的硅氧烷分散润滑剂，其物理性能见表 8-17。

表 8-17　Tegomer® 分散剂的物理性能

项　目	P121	E525
软化点（DGF M-Ⅲ3）/℃	115	96
透明指数（DGF M-Ⅲ9b）/mm	5	5
熔融黏度（150℃）/mPa·s	<1000	<1000
外观	白色或微黄粉末	白色粉末

该润滑剂的优点是接枝的极性基团在外力剪切作用下能润湿和打开团聚的颜料，并防止颜料二次团聚，同时具备硅氧烷优异的润滑性能，在分散性要求较高的化纤、薄膜色母和高浓缩色母和工程塑料中应用前景良好。Tegomer® P121 主要适用于以 PP、PA、PBT/PET、PC 等塑料，Tegomer® E525 主要适用于 PE、EVA 等聚烯烃类塑料。

Tegomer 系列产品替代色母中蜡和 EBS 可获得如下优势：

① 降低颜料团聚，提高着色强度，减少昂贵颜料用量，降低成本；

② 降低机械阻力（主机电流、螺杆扭矩），提高生产速率，降低喷嘴前的过滤部分的堵塞，减少换网数少，提高生产效率；

③ 提高最终产品的表面光泽度和爽滑性手感；

④ 降低纤维的断头率，降低薄膜的断裂率，减少色斑，获得更好的力学性能；

⑤ 与树脂相容性好，无迁移、无析出，不影响后续加工（如喷涂和印刷等）；

⑥ 耐温性远高于一般的合成蜡，热性能稳定；

⑦ 与蜡配合使用，降低色母中蜡的含量，提高最终产品的力学性能和后期加工性能。

（2）含氟润滑剂　含氟润滑剂是一类由含氟高分子聚合物的添加剂，如 3M 公司的泰乐玛聚合物加工助剂（PPA）系列产品，其主要特点如下：

① 添加量极少，$(50\sim1000)\times10^{-6}$；

② 提高产量和降低能耗；

③ 减少表面缺陷，如常见的熔体破裂现象；

④ 减少或清除口模积料现象；

⑤ 对于热敏感型树脂可在相对较低的温度下加工；

⑥ 减少挤出过程的凝胶现象；

⑦ 延长连续加工时间。

其原理是 PPA 在挤出塑化过程中，含氟聚合物在势位差的作用下向熔体外层迁移并在金属表面上附着，在金属壁和聚合物熔体直接形成一层润滑层。在连续挤出过程中，这一涂覆层处于动态平衡，当动态平衡稳定后，挤出过程和产品质量才会达到稳定。

该加工助剂可应用于各种工艺，包括吹塑薄膜、淋膜和流延挤出、管材和片材挤出、拉丝、线缆包覆挤出、吹瓶等。典型牌号如 FX-5911 推荐用于 HDPE/PP 管材、HDPE 吹瓶、PP 拉丝和 BOPP/CPP 薄膜等，能有效减少口模积料，延长生产时间；FX-5912 和 FX-9614 推荐用于 PE 电线绝缘材料，实现高速挤出，对绝缘性能没有影响；FX-5914X 可用于 PA66、PET 薄膜和纤维产品。

（3）木塑复合材料用润滑剂　随着木塑复合材料的发展和应用，润滑剂在改善木塑复合材料的表面性能和提高生产效率方面效果显著。一般说来，木塑复合材料的润滑剂用量是普通塑料的 2 倍。对于木纤维含量在 50%～60% 的木塑复合材料，润滑剂在 HDPE 基材料中用量为 4%～5%、PP 基材料用量为 1%～2%、PVC 基材料用量为 5%～10%。木塑复合材料通常使用的润滑剂有乙撑双硬脂酸酰胺（EBS）、硬脂酸锌、石蜡和氧化聚乙烯等，由于硬脂酸盐的存在将削弱马来酸酐的交联作用，交联剂和润滑剂的效率都会下降，所以更多新型的润滑剂相继被开发出来。

龙沙公司的 GLYCOLUBE WP2200 是一种不含硬脂酸盐的氨基润滑剂，添加量低、润滑效率高，当其用量从 4.5% 减少到 3% 时，挤出效率比硬脂酸锌/EBS 体系提高了 2 倍，还可以提高产品的外观和尺寸稳定性，可满足 HDPE、PP 以及 PVC 基木塑复合材料的加工要求。

Struktol 公司开发的 TEP113 是一种应用在聚烯烃基木塑复合材料上的新型非硬脂酸盐润滑剂，PVC 基木塑复合材料可选择 TPW-012 和 TR-251。

科莱思公司的 Cesa-process 9102 专门用在聚烯烃基木塑复合材料，是一种含有氟弹性体润滑剂，Cesa-process 8477 具有更高的润滑性，适合于聚烯烃基木塑材料的挤出和注射。

Ferro 聚合物添加剂公司开发出了两种新的 SXT2000 和 SXT3000 润滑剂。SXT2000 是硬脂酸盐和非硬脂酸盐的混合物，SXT3000 润滑体系则完全不含硬脂酸盐，价格相对较高，但润滑效率也极高，具有较高的性价比。

Reedy 国际公司也推出了专门用于发泡 PVC 基木塑复合材料的润滑剂 Safoam WSD，即使复合材料的木粉含量在达到 70% 熔体仍然能够顺利地挤出。Safoam WLB 是一种以 HDPE 蜡为主要原料的外部润滑剂，适用于 PVC、PP、HDPE 基木塑复合材料，用量非常低、润滑性能好。

（4）环丁烯对苯二甲酸的（CBT）润滑剂　CBT 树脂是一种分子量很低的 PBT 低聚物，牌号有 CBT100 和 CBT200，表 8-18 列出了 CBT 分类及应用。在常温下，呈现固态；升温就可熔化，其黏度与水接近，很容易渗透进入到纤维增强材料中或吸纳大量的填充物；继续加热，就会进一步发生聚合，并最终成为高分子量 PBT 聚酯。

CBT100 与聚酯（PBT、PET、PC、PCT、Hytrel）、PA、POM、PPO、PVC、PMMA、TPU、ABS、SAN、PEI、PSU 及合金（PC/ABS、PC/PEI、PC/PBT、PC/PET）等的相容

表 8-18　CBT 分类及应用

牌　　号	特　　性	主要用途
CBT100	非聚合型	共混改性,大幅度提高流动性
CBT200	非聚合型	高填充、易分散的母料
CBT160	聚合型	高于 190℃聚合成高分子量 PBT
CBT100＋催化剂	混配型	快速聚合成线性 PBT; 滚塑可以添加各种功能填料而不影响成型; 涂层,无溶剂,无 VOC

性很好,极少的添加量就可以大幅度提高树脂的流动性,而几乎不影响力学性能,共混能耗降低、产能提高。CBT100 润湿能力强、填充能力强、加工黏度低,在高填充共混体系中具有明显的优势。

8.8.4　小结与展望

① 润滑剂是改性塑料和功能母粒产品的重要组成部分。

② 润滑剂的复配技术是目前解决生产实际问题最有效的手段之一。

③ 开发润滑剂新品种时应重点考虑高效率、低添加量、低挥发性、耐迁移等综合性能。

④ 绿色、环保、无毒、与生态环境相容、化学上为惰性的润滑剂具有良好的发展前景,可完全生物降解是润滑剂未来的发展目标。

⑤ 新型润滑剂的开发与应用为改性塑料和功能母粒提高了新的方法和手段,推动着塑料加工与改性行业的不断进步与发展。

第9章 抗氧剂与光稳定剂

9.1 塑料抗氧剂和光稳定剂的作用功能、常用品种及应用探讨

空气和阳光对地球上的人类生存及植物生长是必不可少的，但在高分子塑料材料的储存、加工和使用过程中却起着恶劣的破坏作用。空气中的氧气和阳光中的紫外光导致塑料材料发生热氧化或光氧化反应，使塑料制品的外观和物理力学性能变差，提前失去原有功能和使用价值。

9.1.1 抗氧剂、光稳定剂的作用、功能与分类

塑料材料因分子结构不同，或同分子结构因聚合工艺不同、加工工艺不同、使用环境和条件不同，自身的热氧化、光氧化反应速度和抗热氧化、光氧化反应能力有很大不同。抗氧剂和光稳定剂是添加于塑料材料中，有效地抑制或降低塑料大分子的热氧化、光氧化反应速度，显著地提高塑料材料的耐热、耐光性能，延缓塑料材料的降解、老化过程，延长塑料制品使用寿命的塑料助剂。

9.1.1.1 抗氧剂

抗氧剂是塑料中应用最广泛的助剂。应用最广泛的内容之一，是指在塑料的聚合合成、造粒、储存、加工、使用各个不同阶段，均有抗氧剂的应用。应用最广泛的内容之二，是指当今世界上已出现的各种不同分子结构的塑料材料种类，如聚乙烯、聚丙烯、苯乙烯类聚合物、工程塑料、改性塑料等材料中，应用抗氧剂的塑料材料种类最多。

常用的塑料抗氧剂按分子结构和作用机理一般分为4类：受阻酚类、亚磷酸酯类、硫代类及复合类。

受阻酚抗氧剂是塑料材料的主抗氧剂，其主要作用是与塑料材料中因氧化产生的氧化自由基 R、ROO 反应，中断活性链的增长。受阻酚抗氧剂按分子结构分为单酚、双酚、多酚、氮杂环多酚等品种。单酚和双酚抗氧剂，如 BHT、2246 等产品，因分子量较低，挥发性和迁移性较大，易使塑料制品着色，近年来在塑料中的消费量大幅度降低。

多酚抗氧剂 1010 和 1076 是当今国内外塑料抗氧剂的主导产品，1010 则以分子量高、与塑料材料相容性好、抗氧化效果优异、消费量最大而成为塑料抗氧剂中最优秀的产品。国内 1010 和 1076 生产消费量占国内抗氧剂生产消费总量的 60% 左右。

亚磷酸酯抗氧剂和含硫抗氧剂同为辅助抗氧剂。辅助抗氧剂的主要作用机理是通过自身分子中的磷或硫原子化合价的变化，把塑料中高活性的氢过氧化物分解成低活性分子。国内亚磷酸酯抗氧剂生产消费量约占国内抗氧剂生产消费总量的 30%。国内生产的含硫抗氧剂按分子结构可分为硫代酯抗氧剂、硫代双酚抗氧剂和硫醚型酚三类。

不同类型主、辅抗氧剂，或同一类型不同分子结构的抗氧剂，作用功能和应用效果存在差异，各有所长又各有所短。复合抗氧剂由两种或两种以上不同类型或同类型不同品种的抗氧剂复配而成，在塑料材料中可取长补短，显示出协同效应，以最小加入量、最低成本而达到最佳抗热氧老化效果。协同效应是指两种或两种以上的助剂复合使用时，其应用效应大于每种助剂

单独使用的效应加和，即 $1+1>2$。利用抗氧剂复合、光稳定剂复合、抗氧剂与光稳定剂复合的协同效应，可大幅度增强抗氧剂、光稳定剂的防老化作用。

我国 20 世纪 50 年代开发了单酚受阻酚抗氧剂 BHT，60 年代开发了硫代酯类抗氧剂 DLTDP、DSTDP，70 年代开发了多酚受阻酚抗氧剂 1010、1076，80 年代开发了亚磷酸酯类抗氧剂 168 和复合抗氧剂 215、225 等。1982 年全国塑料抗氧剂生产消费总量不足 1000t。2002 年国内塑料抗氧剂生产消费总量已超过 20000t，接近美国、西欧 20 世纪 80 年代末期消费数量。国产塑料抗氧剂的产品品种、产品质量，基本能够满足国内石化和塑料行业的需求，主要抗氧剂品种每年都有出口。

9.1.1.2　光稳定剂

光稳定剂主要作用为：屏蔽光线、吸收并转移光能量、猝灭或捕获自由基。光稳定剂一般按作用机理分为光屏蔽剂、紫外光吸收剂、猝灭剂和受阻胺光稳定剂 4 类。

受阻胺光稳定剂（HALS）是一类具有空间位阻效应的有机胺类化合物，因其具有分解氢过氧化物、猝灭激发态氧、捕获自由基、且有效基团可循环再生功能，是国内外用量最大的一类光稳定剂。国内受阻胺光稳定剂的消费量占国内光稳定剂消费总量的 65% 左右。

紫外光吸收型光稳定剂通称为紫外光吸收剂，这类光稳定剂是利用自身分子结构，将光能转换成热能，避免塑料材料发生光氧化反应而起到光稳定作用。紫外光吸收剂根据分子结构不同分为二苯甲酮类和苯并三唑类等。国内二苯甲酮类光稳定剂和苯并三唑类光稳定剂消费量分别占国内光稳定剂消费总量的 25% 和 10% 左右。

猝灭剂与紫外光吸收剂都是通过转移光能而达到光稳定目的。紫外光吸收剂是自身分子直接吸收光能时转移能量，猝灭剂是与塑料材料中因光照而产生的高能量、高化学反应活性的激发态官能团发生作用，转移激发态官能团的能量。正是因为猝灭剂与紫外光吸收剂转移能量的机理完全不同，猝灭剂被列为光稳定剂四大系列之一。猝灭剂的工业产品是二价镍的络合物，其分子中含重金属镍，从保护环境和人体健康方面考虑，欧洲、北美洲和日本等发达国家和地区已停止或限制使用猝灭剂。国内猝灭剂生产厂只有一家，2003 年仅生产十余吨产品。从国外、国内的猝灭剂应用状况分析，猝灭剂作为工业化光稳定剂产品，将在国内外市场上消失。届时，猝灭剂只能在书本中与受阻胺、紫外光吸收剂和光屏蔽剂长期并存。

光屏蔽剂有炭黑、钛白粉、氧化锌等。纳米技术的工业化应用，将大幅度提高光屏蔽剂在塑料材料中的耐光和耐候性能。

国内光屏蔽剂、紫外光吸收剂、猝灭剂三类光稳定剂在 20 世纪 60 年代前后即得到工业化应用，而受阻胺光稳定剂虽然在 20 世纪 70 年代中期才开始工业化生产，但其产品品种和产量的增加速度则大大高于其他 3 类光稳定剂，是塑料光稳定剂家族的后起之秀。

9.1.1.3　受阻胺光稳定剂的热氧稳定作用与功能

受阻胺光稳定剂（HALS）是一类具有空间位阻效应的有机胺类化合物，绝大部分品种均以 2,2,6,6-四甲基-4-哌啶基为母体，其代表结构式为：

其中：R＝甲基 CH_3
R_1＝各种基团
R_2＝H，O·，CH_3，OR 等

HALS 对高分子材料的稳定化机理如下。

① 四甲基哌啶的仲胺被高分子材料光、热氧老化产生的氢过氧化物等过氧化物所氧化，转变为氮氧自由基 NO·，该氧化反应不但破坏掉能引发高分子材料降解过程的一些活性物质，使其变成相对稳定的羟基化合物。

② 氧化所产生的氮氧自由基 NO· 捕获高分子材料所产生的具有破坏性的活性基因，例如 R·、RO·、ROO· 等自由基；也使其转变为相对稳定的化合物，例如 R—R，R—O—R，R—OO—R 等。

③ 在此过程中，氮氧自由基 NO· 得到再生，继续和材料中其他自由基反应，如此循环往复不已，大大延缓了塑料材料的光、热氧老化速度。

④ HALS 还具有猝灭单线态氧的功能，使其从激发态转变为基态，在光老化的链引发前干预光化反应的进行。

所以，HALS 具有分解氢过氧化物、猝灭激发态氧、能捕获自由基、本身循环再生，四种可自我协同的能力，不仅是高效的光稳定剂，同时也是高效的抗氧剂。

表 9-1 及表 9-2 数据说明，聚合型高分子受组胺 622、944 抗热氧老化性能优于低分子受组胺 770，并且与抗氧剂协同使用时效果更佳。

表 9-1　HALS 对于 1mm 厚注射成型片的热氧化稳定性

添加剂	达到破坏的天数		添加剂	达到破坏的天数	
	135℃	149℃		135℃	149℃
无	61	25	0.05％HALS622	105	29
0.05％HALS770	62	23	0.10％HALS622	136	40
0.10％HALS770	64	22	0.20％HALS622	192	62
0.20％HALS770	67	25			

注：循环空气老化箱中的手动弯曲破坏。

表 9-2　HALS 对于 0.1mm 厚 LLDPE 薄膜的热氧化稳定性

添 加 剂	T_{50}/d
无	21
0.03％　1076	225
0.03％　1010	400
0.02％　1010　+0.08％　168	290
0.01％　1076　+0.04％　168+　0.05％HALS622	635
0.01％　1076　+0.04％　168+　0.05％HALS944	600

注：T_{50} 表示伸长 50％ 的天数。

9.1.1.4　抗氧剂、光稳定剂作用功能的评价方法

评价塑料材料或制品中抗氧剂、光稳定剂效的作用功能，一般要按不同的配方设计进行试验，将试验数据进行对比评价。配方设计如下：

a. 空白树脂；

b. 树脂＋抗氧剂；

c. 树脂＋光稳定剂；

d. 树脂＋抗氧剂＋光稳定剂；

评价塑料材料或制品中抗氧剂的作用功能，选用 a、b 组合进行试验；评价塑料材料或制品中光稳定剂的作用功能，选用 a、c 组合进行试验；评价塑料材料或制品中抗氧剂、光稳定剂的综合作用功能，选用 a、d 组合进行试验。

常用试验方法主要有 5 种。

(1) 氧化诱导期实验　对一般塑料材料，一般用布拉班德塑化仪在氮保护下，混料 10min，然后将其模压成 0.01mm 薄膜试样，直接在 0.1MPa、150℃ 测其氧吸收速度。

(2) 多次挤出试验　在挤出机中对样品进行反复多次挤出，可连续挤出后对样品进行检测，也可每隔一次挤出后对样品进行检测。检测样品的熔融流动指数 MFI，或将样品制成标

准试片检测物理力学性能或色差。此项试验主要评价抗氧剂在加工过程对塑料材料热氧老化的作用。

（3）烘箱热老化试验　将样品置于保持一定温度的烘箱中，进行热空气（有时也可使用氧气）循环。检测样片的羰基指数、物理力学性能或色差。此项试验主要评价抗氧剂、光稳定剂在储存和使用过程对塑料材料的热氧稳定作用。

（4）人工加速老化试验　将样品置于全天候老化箱或紫外老化机中，进行模拟自然环境或条件的老化试验。检测样品的羰基指数物理力学性能或色差。此项试验主要评价抗氧剂、光稳定剂在使用过程中对光塑料材料、氧老化或光老化的影响作用。

（5）自然气候试验　将样品置于具备一定条件的自然环境中，进行自然环境的光、氧老化试验。检测样品的羰基指数和物理力学性能。此项试验评价着色剂在自然环境使用过程中对光、氧稳定作用。

只有自然气候试验的数据和结果，才真正对塑料制品的实际应用具有指导意义，但自然气候试验的时间周期较长，有时甚至二三年。因此，前四项试验的综合评价结果，基本可以确定抗氧剂、光稳定剂在塑料制品的加工与应用过程的光、氧稳定功能与作用。

9.1.1.5　削弱或抑制抗氧剂、光稳定剂作用功能的因素

塑料制品配方中其他助剂的化学性质、填充材料的类型、制品加工过程混料是否均匀、使用过程光照强度及温度等众多因素，都可直接或间接地削弱或抑制抗氧剂、光稳定剂的作用功能。例如树脂聚合时的重金属催化剂，如果在树脂中残存量过高，将在制品的加工和使用过程中催化制品的树脂材料降解，与抗氧剂、光稳定剂产生对抗作用。下面的实例仅是众多复杂因素中几个简单而又被公认的因素而已。

（1）配方中的其他化学助剂　阻燃耐候高抗冲击聚苯乙烯 HIPS 体系中，阻燃剂对抗氧剂、光稳定剂作用的影响如下。

原料：树脂，高抗冲击聚苯乙烯 HIPS，MER＝3；

阻燃剂，1,2-双（四溴邻苯二甲酰亚胺）乙烷 BTBPIE；

1,2-双（五溴苯基）乙烷 BPBPE；

十溴二苯乙醚 DBDPO；

延缓剂 Sb_2O_3，纯度大于 99.8％，平均粒径 $1\mu m$；

$Mg(OH)_2$ 经偶联剂表面处理，平均粒径 $\leqslant 5\mu m$；

钛白粉 A　型号 CR-60，$Al(OH)_3$ 表面处理，金红石型，平均粒径 $0.2\mu m$；

钛白粉 B　型号 A-200，$Al(OH)_3$ 表面处理，锐钛型，平均粒径 $0.2\mu m$；

钛白粉 C　型号 A-100，未经表面处理，锐钛型，平均粒径 $0.2\mu m$。

配方：HIPS 100，Sb_2O_3 4，$Mg(OH)_2$ 35，其他见表9-3。

耐光性色差值 ΔE：注射成型 $70mm \times 35mm \times 3mm$ 试样，用老化代黑色板温度63℃下，用色差计测定由开始至300h的色差值 ΔE。

配方6、7、8的 ΔE 值相互比较，并与空白配方的 ΔE 比较，对于品种、加入量相同的抗氧剂、光稳定剂组合体系，使用不同类型或品种的阻燃剂，其体系耐老化性能有很大差异。配方7的 ΔE 值是配方6的2倍多，BPBPE 可削弱抗氧剂、光稳定剂的作用。配方8中 ΔE 值约为空白配方的2倍，DBDPO 不仅完全抑制了抗氧剂、光稳定剂作用，而且加速了体系的老化。

配方4、5、6与配方1的 ΔE 值比较，对于阻燃剂 BTBPIE，抗氧剂与光稳定剂体系可明显提高阻燃聚苯乙烯的耐老化性能，而且使用复合抗氧剂配方5的 ΔE 值最优。

（2）填充材料　钛白粉既可作为塑料填充材料，屏蔽紫外光；又可作为白色着色剂。表9-3中配方9与配方6的 ΔE 值比较，钛白粉用的量减少时，相当于光屏蔽剂减少，配方9的

表 9-3　HIPS 中不同阻燃剂、钛白粉对抗氧剂、光稳定剂作用的影响

配方编号	阻燃剂	钛白粉	抗氧剂 1076	抗氧剂 168	光稳定剂 326	光稳定剂 770	耐光性色差 ΔE
空白							12
1	BTBPIE 15%	A 3%					5.1
2		B 3%					8.1
3		C 3%					13
4	BTBPIE1%	A 3%	0.3		0.25	0.25	2.4
5			0.3	0.1	0.25	0.25	2.0
6	BTBPIE15%		0.3		0.25	0.25	2.5
7	BPBPE14%		0.3		0.25	0.25	5.6
8	DBDPO14%	A 5%	0.3		0.25	0.25	25
9	BTBPIE15%	A 0.5%	0.3		0.25	0.25	3.8

稳定效果变差。配方 1、2、3 与空白配方的 ΔE 值相比较，不同型号或规格的钛白粉对树脂的耐候性能有较大影响。配方 3 使用了未经表面处理的 A-100 钛白粉，其 ΔE 值为 13，高于空白配方的 $\Delta E=12$，未经表面处理的钛白粉不仅不能屏蔽紫外光，而且对树脂有催化降解的作用。

高岭土填充于塑料中，可起到一定程度的转光和保温作用。表 9-4 数据显示，高岭土与光稳定剂共用时，高岭土强烈地削弱光稳定剂的作用，主要原因是高岭土中存在过渡重金属元素，可急剧加速塑料材料的老化。

表 9-4　高岭土对 0.2 厚 LDPE 吹塑膜的光稳定性的影响

光稳定剂	伸长率保持 50% 时的能量/(kJ/cm^2)	
	无高岭土	含 3% 高岭土
0.15% HALS622＋0.15% UV-531	1235	375
0.15% HALS944＋0.15% UV-531	2240	940

注：基本稳定剂 0.03% 1076，薄膜暴露无底材。

炭黑是可用于多种塑料材料及制品，且用量最大的黑色填充材料，既可起到着色作用，又可作为塑料材料的光稳定剂。炭黑除在聚丙烯中对某些酚类抗氧剂的效能有削弱作用外，在低压聚乙烯中也可与抗氧剂 BHT 发生作用，使 BHT 几乎完全失去效能，同时炭黑自身的光稳定作用也大幅度减弱。添加 1% 槽法炭黑、并加 0.1% BHT 的低压聚乙烯薄片的户外暴露寿命，仅为单一添加 1% 槽法炭黑的低压聚乙烯薄片的户外暴露寿命的 40% 左右。对聚乙烯、聚丙烯等塑料材料，选用炭黑为着色剂或光稳定剂时，必须选用适当的抗氧剂。否则，不但降低抗氧剂的效能，也会降低塑料制品的户外光稳定性能。

（3）加工过程　经表面处理的高纯、优质钛白粉，如果在高搅混合机或挤出机进料段停留时间过长，可因剧烈摩擦而破坏部分表面处理层，即使塑料制品中加入了高效抗氧剂、光稳定剂，制品的实际耐老化性能也难以达到设计要求。

抗氧剂、光稳定剂在塑料制品中的添加总量一般在 0.5%～1.5% 之间，如果混料时大量黏结在混料器内壁，或热加工时挥发量过高，制品中实际抗氧剂、光稳定剂比例数量将低于配方设计量。如果加工时抗氧剂、光稳定剂与树脂混合不均匀，制品中抗氧剂、光稳定剂也必然分布不均。在使用过程中，制品的力学性能是由抗氧剂、光稳定剂分布量过低的局部力学性能决定的，局部的低力学性能导致了防老化塑料制品提前丧失使用价值。

（4）使用环境　对于确定的抗氧剂、光稳定剂体系，当温度、紫外光照射强度、湿度等环境条件变化时，体系的稳定性或防老化性能也随之变化，在一般情况下，体系的稳定性随着环境严酷程度的增加而降低。表 9-5 所列的 3 个抗氧剂体系，烘箱温度 150℃ 与 140℃ 相比较，

环境温度只变化10℃，3个抗氧剂体系的热稳定天数均显著减少。其中抗氧剂3114＋DSTP体系，150℃的热稳定天数仅为140℃热稳定天数的1/3。设计配方的抗氧剂、光稳定剂体系时，应以可能发生的、最严酷的环境条件为基点，确定抗氧剂、光稳定剂品种和添加量。

表 9-5 不同抗氧剂体系在不同温度下的热稳定效果

抗氧剂　＼　烘箱温度	125℃	140℃	150℃
0.25％330＋0.25％DSTP	129	83	46
0.25％1010＋0.25％DSTP	90	83	37
0.25％3114＋0.25％DSTP	136	83	25

注：0.3mmPE片，50％面积脆化的天数。

在同一环境条件下，不同抗氧剂、光稳定剂体系的热氧稳定性、光稳定性不同。见表9-6数据所列，在125℃条件下，将3114＋DSTP体系中的3114更换为1010时，热稳定性变差，热稳定天数减少了1/3。因此，如果没有经过系统性的试验，不具备完整的数据，在塑料制品的耐候性及使用环境均相对稳定时期，不宜随意更换任何一个抗氧剂、光稳定剂品种，不应因降低成本等原因而降低抗氧剂、光稳定剂的添加量。

9.1.1.6 着色剂对抗氧剂、光稳定剂作用的影响

改变塑料材料色泽、同时赋予塑料制品靓丽外观的颜料或染料均可称为塑料着色剂。着色剂着色的塑料制品的生产消费量占全部塑料制品生产消费的80％以上。由于着色剂分子中所含化学元素种类不同、化学结构不同，塑料着色剂产品不仅用途、着色力、遮盖力、着色持久性或牢固性、耐候性、耐化学品性、毒性等主要性能存在显著差异，而且对着色塑料制品的加工成型性、加工过程的热氧稳定性、使用过程的光、氧稳定性能产生一定影响。尤其对光、氧稳定化的着色塑料制品，塑料着色剂若与抗氧剂、光稳定剂配合不当，既会导致着色塑料制品过早退色或变色，又会加快着色塑料制品的光、氧老化速率。

(1) 着色剂对抗氧剂作用的影响　铬黄是不透明的无机着色剂，可用于聚烯烃、聚苯乙烯、丙烯酸树脂等热塑性塑料，其着色力强、遮盖性好，耐水和耐溶剂性优良。但因铬黄是铬酸铅或碱式铬酸铅同硫酸铅组成的含铅化合物，与含硫抗氧剂DLTP、DSTP、1035、300等共用，在塑料加工的高温条件下会发生化学反应，生成黑色硫化铅，影响塑料制品的外观，也大幅度削弱了抗氧剂的防热氧老化作用。因此，含铬着色剂不能与含硫抗氧剂共用。

聚丙烯分子链中含有叔碳原子，极易受氧引发而分解，在加工、储存和应用过程中必须使用抗氧剂进行防老化保护。在着色聚丙烯中，某些着色剂会与低分子受阻酚抗氧剂发生化学反应，而削弱抗氧剂的作用。部分着色剂对聚丙烯中低分子酚类抗氧剂的作用影响可分为3类。

严重影响：槽法炭黑、单偶氮红3B、喹吖啶酮品红、酞菁蓝、氧化铁黄棕。

中等影响：酞菁绿、炉法炭黑、群青、氧化铬绿。

稍有影响：镉黄、（硫化）汞镉红、金红石型二氧化钛。

珠光粉在某些树脂中与单酚抗氧剂BHT共用时，会使白色制品变黄而引发产品质量问题。

(2) 着色剂对光稳定剂作用的影响　着色剂对着色塑料制品中光稳定剂作用的影响主要有两方面作用。一是着色剂含铜、锰、镍等重金属元素或杂质，具有光活性、光敏性，催化并加快塑料材料的光老化速度。含有游离铜和杂质的酞菁蓝会促使聚丙烯光老化；氧化铁红可使聚丙烯中苯并三唑、二苯甲酮、有机镍盐光稳定剂的效能下降20％以上；对于聚乙烯、二氧化钛、群青、氧化铬绿、钴绿、铁红等着色剂的使用，会加剧光老化。二是某些分子结构的着色剂可与光稳定剂发生作用，直接削弱光稳定剂的效能。酸性着色剂可使受阻胺光稳定剂失效；

在聚丙烯中，偶氮红、黄可与受阻胺光稳定剂发生作用，偶氮缩合红 BR、偶氮缩合黄 3G 可使受阻胺光稳定剂作用分别下降 25％和 50％左右。

表 9-6 为不同着色剂对含有苯并三唑类光稳定剂（UV-328）的高压聚乙烯光稳定性的影响。可以看出，橘铬黄明显提高高压聚乙烯的光稳定性，酞菁绿和群青略有提高或无多大影响，而镉黄则降低了高压聚乙烯的光稳定性。

表 9-6　不同着色剂对含苯并三唑的高压聚乙烯薄膜的光稳定性的影响

着色剂	苯并三唑/％	伸长率降至 50％所需时间/h	着色剂	苯并三唑/％	伸长率降至 50％所需时间/h
无	无	140	无	0.2	430
镉黄	无	175	镉黄	0.2	310
群青	无	250	群青	0.2	435
酞菁绿	无	285	酞菁绿	0.2	460
橘铬黄	无	335	橘铬黄	0.2	530

F. Steinlin 和 W. Sear 用不同着色剂（1％）、抗氧剂 1010（0.1％）、光稳定剂 770（0.5％）和聚丙烯于 285℃下纺丝，并拉伸 4 倍，得到 80 分特/24 根的纤维。此纤维经过氙灯光老化试验，当强度下降 50％时，对样品所受辐射量进行对比。对比结果说明，用有机颜料黄、红、橙分别着色的聚丙烯纤维，虽然加入抗氧剂和光稳定剂，但其稳定性低于未着色的聚丙烯纤维。

9.1.2　抗氧剂、光稳定剂的选用原则及常用品种

9.1.2.1　选用抗氧剂、光稳定剂的参考原则

选用抗氧剂光稳定剂时，主要应根据塑料材料的种类及型号，加工设备及工艺条件，其他化学添加剂的品种及加入量，制品的使用环境及期限等因素综合确定。选择工业用途的抗氧剂、光稳定剂应基本参考以下原则。

（1）相容性　塑料聚合物的高分子是非极性的，而抗氧剂、光稳定剂的分子具有不同程度的极性，两者相容性较差，通常是在高温下将抗氧剂、光稳定剂与聚合物熔体结合，聚合物固化时将抗氧剂、光稳定剂分子相容在聚合物分子中间。在配方用量范围内，抗氧剂、光稳定剂在加工温度下要熔融，要特别注意，设计配方时，选用固体抗氧剂、光稳定剂的熔点或熔程上限，不应低于塑料聚合物的加工温度。

Billingham 和 Calvert 已证明，聚合物晶区球晶界面处的无定形相，是聚合物基质中最易受氧化的部分，溶解性好的抗氧剂正好集中于聚合物最需要它们的区域。

（2）迁移性　塑料制品，尤其是表面积与体积比（或质量比）数值较小的制品，氧化主要发生在制品的表面，这就需要抗氧剂、光稳定剂连续不断地从塑料制品内部迁移到制品表面而发挥作用。但如果向制品表面的迁移速度过快，迁移量过大，抗氧剂、光稳定剂就要挥发到制品表面的环境中，或扩散到与制品表面接触的其他介质中而损失，这种损失事实上是不可避免的，设计配方时加以考虑。当抗氧剂、光稳定剂品种有选择余地时，应选分子量相对较大，熔点适当较高的品种，并且要以最严酷的使用环境为前提确定抗氧剂、光稳定剂的使用量。

（3）稳定性　抗氧剂、光稳定剂塑料材料中应保持稳定，在使用环境下及高温加工过程中挥发损失少，不变色或不显色，不分解（除用于加工热稳定作用的抗氧剂外），不与其他添加剂发生不利的化学反应，不腐蚀机械设备，不易被制品表面的其他物质所抽提。受阻胺光稳定剂一般为低碱性产品，塑料材料中选用受阻胺为光稳定剂时，配方中不应包含酸性的其他添加剂，相应塑料制品也不能用于酸性环境。

（4）加工性　塑料制品加工时，加入抗氧剂、光稳定剂对树脂熔融黏度和螺杆转矩都可能发生改变。抗氧剂、光稳定剂熔点与树脂熔融范围如果相差较大，会产生抗氧剂、光稳定剂偏流或抱螺杆现象。抗氧剂、光稳定剂的熔点低于加工温度100℃以上时，应先将抗氧剂、光稳定剂造成一定浓度的母粒，再与树脂混合加工制品，以避免因偏流造成制品中抗氧剂、光稳定剂分布不均及加工产量下降。

（5）环境和卫生性　抗氧剂、光稳定剂应无毒或低毒，无粉尘或低粉尘，在塑料制品的加工制造和使用中对人体无有害作用，对动物、植物无危害，对空气、土壤、水系无污染。

对农用薄膜食品包装盒、儿童玩具、一次性输液器等间接或直接接触食品、药品、医疗器具及人体的塑料制品，不仅应选用已通过美国食品和药物管理局（FDA）检验并许可，或欧共体委员会法令允许的抗氧剂、光稳定剂品种，而且加入量应严格控制在最大允许限度之内。

光稳定剂 UV-326 的毒性口服性实验数值 $LD_{50} > 5000mg/kg$，是相对无毒的化学物质。但欧共体委员会法令仍规定了 UV-326 在与食品接触的塑料材料中的最大限量，在聚丙烯、聚乙烯中最大限量为 0.5%，在聚氯乙烯中最大限量为 0.3%，在聚苯乙烯中最大限量为 0.6%。

9.1.2.2 常用抗氧剂、光稳定剂与树脂的对应选择关系

表 9-7 列出了常用塑料树脂与抗氧剂、光稳定剂的对应选择关系，这种关系只是为设计配方提供一个起点，具体抗氧剂、光稳定剂品种须由试验结果确定。同一主系列树脂因聚合工艺、分子结构等方面的不同，分为若干支系列，如聚乙烯 PE 系列中的高密度聚乙烯 HDPE 低密度聚乙烯 LDPE 或线性低密度聚乙烯 LLDPE，聚氯乙烯 PVC 系列中的硬聚氯乙烯 PVC-U、软质聚氯乙烯 PVC-P、抗冲击聚氯乙烯 PVC-I 等。同一主系列树脂中，不同支系列树脂的自身抗热氧化、抗光氧化的能力存在差异，设计塑料配方时须加以了解。

表 9-7　常用塑料与抗氧剂、光稳定剂的对应选择关系

助剂＼树脂	PP	PE	PVC	PS	ABS	PA	PU	PC	POM	PET PBT	PMMA
KY-1010	○	○	△	△	△	○	○	△	○	○	△
KY-1076		○	○	○	○	△	△	○	△	○	○
KY-1035		○	△		△		△	△	○	△	
PKY-168	○	○		○	○			○		△	
JC-242	○	○		△	△			○			
PKB 系列	○	○		△	△	△		○		△	△
JC 复合系列	○	○		○	○			△	○	△	
DLTP	△	○	△	△	△						△
DSTP	○	△		△	△						
UV-326	○	△	○	△	△		△			△	△
UV-327	△	△	○	△	○			○		△	
UV-P	△	△	○	△	△		○			△	○
UV-531	○	○	△	△	△						△
UV-9	△	△	○	△	△						△
GW-480	○	○	△	△	△	△	○			△	△
GW-622	○	○	△	△	△	△			○	△	△
GW-944Z	○	○	△	△	△	△			○	△	○

注：1. ○—首先考虑选用；△—可考虑选用；空白——一般不选择。

2. PP—聚丙烯；PE—聚乙烯；PVC—聚氯乙烯；PS—聚苯乙烯；ABS—丙烯腈/丁二烯/苯乙烯共聚物；PA—聚酰胺；PU—聚氨酯；PC—聚碳酸酯；POM—聚甲醛；PET—聚对苯二甲酸乙二醇酯；PBT—聚对苯二甲酸丁二醇酯；PMMA—聚甲基丙烯酸甲酯。

9.1.2.3 常用抗氧剂、光稳定剂品种

常用塑料与抗氧剂、光稳定剂的主要性能见表 9-8 和表 9-9。

表 9-8 常用抗氧剂的主要性能

品　种	分子式	相对分子质量	熔点/℃	透光率①/%	挥发性/%	灰分/%	酸值/(mgKOH/g)
1010	$C_{35}H_{62}O_3$	530.87	49～54	≥95	<0.5	<0.1	
SKY-1035	$C_{38}H_{54}O_6S$	642.95	≥63	≥93	<0.5	<0.1	
PKY-168	$C_{42}H_{63}O_3P$	646	180～186	≥94	≤0.5	—	
JC-242	$C_{33}H_{50}O_6P_2$	604	≥170	—	≤1		≤1
DLTP	$C_{30}H_{58}O_4S$	—		—	≤1		≤0.5
DSTP	—	683.18	62.5～67.5	—	<0.5	≤0.05	<0.05
复合型 PKB 系列	—			≥93	—		
复合型 JC 系列	—		≥170	—	<0.5		

① 为 10% 100mL 甲苯中，在 425nm 光照下的透光率/%。

表 9-9 常用光稳定剂的主要性能

品　种	分子式	相对分子质量	外观	熔点/℃	透光率/%	挥发分/%	灰分/%
UV-326	$C_{17}H_{18}N_3OCl$	315.8	白色结晶粉末	137～141	—	—	—
UV-327	$C_{20}H_{24}ON_3Cl$	357.9	淡黄色结晶粉末	154～158	≥92①	≤0.5	—
UV-531	$C_{21}H_{26}O_3$	326.1	浅黄色结晶粉末	47～49	≥90②	—	≤0.1
GW-480	$C_{28}H_{52}O_4N_2$	480.73	白色或微黄色结晶粉末	81～85	>90③	0.2	≤0.1
GW-622	—	>2000	白色或微黄色粉末	≥70	>93③	0.5	
GW-9442	—	>2000	白色或淡黄色粉末	>100		≤0.5	≤0.5

① 460nm 下≥92%，500nm 下>96%。

② 10g/100mL 乙醇中，于 450nm 下≥90%，500nm 下≥95%。

③ 10g/100mL 甲苯中，于 425nm 下≥90%，500nm 下>95%。

(1) 抗氧剂 1010　化学名称　四[β-(3′,5′-二叔丁基-4′-羟苯基)丙酸]季戊四醇酯。白色结晶粉末。溶于苯、丙酮、氯仿，不溶于水。

本品为酚类主抗氧剂，是目前抗氧剂的优秀品种之一。对聚丙烯、聚乙烯有卓越的抗氧化性能。可有效地延长制品的使用期限。挥发性小、耐抽提性好、热稳定性高、持效性长，不着色，不污染、无毒。本品与抗氧剂 DLTP、ABS、168 等并用有协同效应。可用于聚氯乙烯、聚苯乙烯、ABS、聚氨酯等树脂也有优良的热抗氧性能。

(2) 抗氧剂 1076　化学名称：β-(4′-羟基-3′,5′-二叔丁基苯基)丙酸十八碳醇酯。

本品为酚类抗氧剂，是优良的非污染型无毒抗氧剂。与树脂相容性好，抗氧性能高，耐洗涤，挥发性小，广泛用于聚乙烯、聚丙烯、ABS、聚氯乙烯、聚酯等塑料制品。

(3) 抗氧剂 SKY-1035　化学名称：2,2′-硫代双[3-(3,5-二双丁基-4-羟基苯基)丙酸乙酯]，白色结晶粉末，易溶于甲醇、甲苯、丙酮。

溶解度：清澈透明（10%甲苯溶液）。

本品是一种硫醚型酚类抗氧剂，主要用于橡胶、油漆及聚苯乙烯中，效果良好。可适用于 ABS 树脂、聚氨酯、尼龙等。

(4) 抗氧剂 PKY-168　化学名称：亚磷酸三(2,4-二叔丁基苯基)酯，白色结晶粉末，溶于苯、甲苯、汽油、微溶于醇类。不溶于水但易水解。

本品为辅助抗氧剂，与主抗氧剂 1010 或 1076 复配，有很好的协同效应，可有效地防止聚丙烯、聚乙烯在挤出、注塑中的热降解。给聚合物以加工保护。本品不着色、不污染、耐挥发性好。用于聚乙烯、聚丙烯、聚苯乙烯、聚酯及聚酰胺等制品。

(5) 抗氧剂 JC-242　化学名称：双（2,4-二叔丁基苯基）季戊四醇二亚磷酸酯，白色结晶粉末，易溶于甲苯、二氯甲烷等有机溶剂，微溶于醇类，不溶于水、易水解。

本产品为亚磷酸酯类辅助抗氧剂，具有突出的加工稳定性、良好的色泽保护性及优秀的分解氢过氧化物能力，一般不单独使用。与酚类主抗氧剂 1010 复配使用时可有效地防止聚丙烯、聚乙烯等树脂在挤出、注塑等加工过程的热降解，可用于较高的加工温度。本品不着色，不污染，耐挥发及抽提性好，用量少，与紫外光吸收剂有较好的协同作用。可用于聚乙烯、聚苯乙烯、聚酯、聚酰胺等合成材料，特别适用与聚丙烯。

(6) 抗氧剂 DLTP　化学名称：硫代二丙酸二月桂酯。

白色粉末或晶状物。结晶点 36.5～41.5 ℃。相对密度（20/4℃）0.965。可溶于丙酮、苯、甲苯、四氯化碳、石油醚、乙酸乙酯等有机溶剂中。溶解度为：丙酮 20、四氯化碳 100、苯 133，石油醚 40，甲醇 9.1，水＜0.1（60～80℃）。

结晶点为 36.5～41.5℃；熔融颜色：≤60Pt-Co。

本品为优良辅助抗氧剂，广泛用于聚丙烯、聚乙烯和 ABS 等合成材料中，也可用于橡胶加工和润滑油脂中。本品多与酚类主抗氧剂并用，产生协同效应，可以大大提高主抗氧剂的抗热氧效果，改善制品的加工性能和使用寿命。由于毒性很低，可用于食品包装膜。

(7) 抗氧剂 DSTP　化学名称：硫代二丙酸二硬脂醇酯或硫代二丙酸二（十八醇）酯，白色结晶粉末或鳞片状物。皂化值 160～170。相对密度 1.027。

本品具有分解过氧化物功能。可作为聚乙烯、聚丙烯、聚氯乙烯 ABS 树脂、合成橡胶及油脂的辅助抗氧剂。挥发性低，热加工损失小，尤其适用于薄膜制品，不污染、不着色，与酚类抗氧剂（如抗氧剂 1010、1076、CA 等）和紫外光吸收剂并用有协同作用。一般用量为树脂重量的 0.05%～1.5%，本品的抗氧化效能比 DLTP 高，但与树脂的相容性不及 DLTP。

本品毒性较低。大白鼠经口服 LD_{50}＞2500mg/kg 体重，小白鼠经口服 LD_{50}＞2500mg/kg 体重，用含本品 3% 的饲料喂饲大白鼠 2 年，动物的生长及机体组织未见异常，人的允许摄取量为 3mg/kg 体重/日。美国、日本及欧共同体（法国除外）允许本品用于食品包装材料，日本的用量限制是：聚乙烯 0.5%，聚丙烯 1%，AB 树脂 0.5%，ABS 树脂 1%，聚氯乙烯 2%（溶出量＜0.005%）。

(8) 复合抗氧剂 PKB 系列　复合抗氧剂 PKB 是抗氧剂 1010 或 1076 与抗氧剂 PKY-168 的复配物。复合抗氧剂为白色结晶粉末，能溶于苯、氯仿、环乙烷、乙酯等有机溶剂，不溶于水。品种有 PKB-215，PKB-225，PKB-900 及其他复合物。

外观为白色结晶粉末；溶解度为 10g/100mL 甲苯。复合抗氧剂 PKB 系列对聚烯烃有突出的加工稳定性，对制品也有长效保护作用。通过抗氧剂 PKY-168 与 1010 或 1076 的协同作用，可有效地抑制聚合物的热降解和氧化降解。

(9) 复合抗氧剂 JC 系列　复合抗氧剂系列有 JC-1225、JC-1115、JC-310、JC-320、JC-330、JC-DG 等。是抗氧剂 KY-1010 与抗氧剂 JC-242 及抗氧剂 DLTP 或 DSTP 的复合物，产品为白色结晶粉末，游离酚≤1.5%，溶于苯、甲苯、丙酮等有机剂，不溶于水。

本产品可提高聚合物在配料，生产，使用过程中的稳定性，减少聚合物在高温加工段的降解，具有突出的抗氧化和分解过氧化氢的能力，优良的色泽保护能力，与紫外光吸收剂有良好的协同作用。适用于聚丙烯、聚乙烯、聚苯乙烯、聚酯、聚氯乙烯及工程塑料。

(10) 光稳定剂 UV-326　化学名称：2-(2′-羟基-3′-叔丁基-5′-甲基苯基)-5-氯代苯并三唑。微溶于苯、甲苯、苯乙烯。溶解度为乙酸乙酯 2.5g，石油醚 1.8g，甲基丙烯酸甲酯 4.9g，不溶于水。

本品为苯并三唑类紫外光吸收剂，是优良的光稳定剂品种之一，可用于与食品接触的塑料包装和儿童塑料制品中。可用于聚丙烯、聚乙烯，还可用于聚氯乙烯、有机玻璃、ABS 树脂、涂料、石油制品和橡胶等制品。本品和多种高聚物相容性好，并兼有抗氧性能，可与一般抗氧剂并用。

急性毒性实验大白鼠摄入量 10.0g/kg 剂量，未发生死亡。大白鼠口服半致死量 LD_{50} 为 5000mg/kg 以上，属于（相对）实际无毒物质。

（11）光稳定剂 UV-327　化学名称：2-(2′-羟基-3′,5′-二叔丁基苯基)-5-氯代苯并三唑。

本产品溶于苯、甲苯、苯乙烯等，是紫外光吸收剂，能强烈吸收 270～400nm 的紫外光，挥发性小、化学稳定性好，与聚烯烃相容性好。适用于聚乙烯、聚丙烯、聚氯乙烯，还可用于聚甲基丙烯酸甲酯、聚甲醛、聚氨酯、不饱和聚酯、ABS、环氧树脂和纤维树脂等。本品具有优良的耐热性，耐洗涤性。与抗氧剂并用有显著的协同效应。在塑料中的用量一般为 0.3%～0.5%。

（12）光稳定剂 UV-531　化学名称：2-羟基-4-正辛氧基二苯甲酮。溶于丙酮、苯、乙醇、异丙醇，不溶于水。

本品为紫外光吸收剂，能强烈吸收波长为 270～330nm 的紫外线，用于聚乙烯、聚丙烯、聚氯乙烯、ABS 树脂等塑料制品。本品与树脂相容性好，挥发性小。

（13）光稳定剂 GW-480（770）　化学名称：双(2,2,6,6-四甲基哌啶基)癸二酸酯，溶于苯、氯仿、甲醇、乙醇、乙醚等有机溶剂，不溶于水。

本品是 20 世纪 70 年代发展起来的新型光稳定剂，是国外首先工业化的品种，它可用于聚丙烯、高密度聚乙烯、不饱和树脂、聚氨酯、聚苯乙烯及 ABS 树脂。它与抗氧剂并用，能提高耐热性，与紫外线吸收剂亦有协同作用，能进一步提高耐光效果。

（14）光稳定剂 GW-622　化学名称：聚(1-羟基乙基-2,2,6,6-四甲基-4-羟基哌啶)丁二酸酯，为白色或微黄色粉末，无臭无味（在吹膜过程中也不产生气味），溶于甲苯、二甲苯、氯仿等有机溶剂，不溶于水、甲醇、乙烷，氮含量约为 4.9%。

本产品是受阻胺聚合型、高分子量光稳定剂。和 GW-540 相比具有如下特点：①在制作母粒及吹膜过程中不产生刺激性气体；②分子量大，不易随水流失，耐迁移性好；③热失重温度高，加工时热损失少；④聚合型化合物，与聚乙烯相容性好；⑤在膜中的耐久性好（后期耐老化效果好）；⑥对挤出设备无腐蚀。

该产品与抗氧剂 168、B215、B225 复合使用，将会赋予农膜良好的光稳定性和抗氧化性。

（15）光稳定剂 GW-944Z　化学名称：聚-{[6-(1,1,3,3-四甲基丁基)-亚氨基]-1,3,5-三嗪-2,4-二基[2-(2,2,6,6-四甲基-4-哌啶基)-亚氨基]-六亚甲基-[4-(2,2,6,6-四甲基-4-哌啶基)-亚氨基]}。

本产品为白色或淡黄色粉末，溶于丙酮、苯、氯仿等有机溶剂，相对密度 1.01（20℃），有效氮含量 4.6%。

本产品是受阻胺类高分子量光稳定剂，因其分子中有多种官能团，故光稳定性能高。由于分子量大，该产品具有很好的耐热性、耐抽提性、低挥发性及良好的树脂相容性。本产品主要适用在低密度聚乙烯薄膜、聚丙烯纤维、聚丙烯胶带、EVA 薄膜、ABS、聚苯乙烯及食品包装等方面。

（16）拥有我国自主知识产权的受阻胺光稳定剂　由我国自行研制分子结构和合成工艺，并批量生产、应用的受阻胺产品主要有 3 个品种。

① 光稳定剂 PDS。苯乙烯-甲基丙烯酸-(2,2,6,6-四甲基哌啶基)酯共聚物。PDS 主要用于聚丙烯纤维，用途有限，且 PDS 分子中有效基团少。PDS 的生命周期虽然很短，但我国技术人员开发并生产高分子型受阻胺产品的工作，在时间上不晚于国外同行。

② 光稳定剂 GW-544。亚磷酸三(2,2,6,6-甲基-4-哌啶氮氧自由基)酯。GW-544 在合成反应中已生成氮氧自由基，再加之亚磷酸酯的热稳定结构，使之在聚乙烯棚膜、易回收地膜和军

用篷布中表现出了优秀的光稳定效果，产品也曾出口国外。GW-544价格过高，热分解温度相对较低，在塑料加工温度较高时易发生碳化现象。

③ 光稳定剂GW-540。亚磷酸三(1,2,2,6,6-五甲基哌啶基)酯。GW-540是亚磷酸酯对聚乙烯有很好的热稳定效果，又因分子量适中，在塑料制品中有一定的迁移能力，易于捕获大分子自由基，在聚乙烯农膜中表现出了优异的光稳定作用。GW-540产品自1978年在国内问世以来，至今已有近30年的生产及应用历史，1990~1995年间，最高年产销量超过300t。但由于GW-540对人体有严重的蓄积性致敏作用，刺激人体皮肤和呼吸道。最近几年生产及使用量大幅度下降，2003年仅生产40余吨。

9.1.3 抗氧剂、光稳定剂应用探讨

9.1.3.1 受阻酚与硫代酯抗氧剂协同用于聚丙烯

硫代二丙酸二月桂酯，商品名称为抗氧剂DLTP；硫代二丙酸二(十八醇)酯，商品名称为抗氧剂DSTP。DLTP、DSTP是20世纪40年代国外工业化的硫代酯类抗氧剂最重要的品种，因能分解聚合物中的氢过氧化物，给予聚合物苛刻条件下的热氧老化和颜色稳定方面的保护，和受阻酚类抗氧剂配合使用产生良好的协同效应，具有很好的性能价格比，是目前国内外产销量仅次于亚磷酸酯类抗氧剂的辅助抗氧剂之一。表9-10为抗氧剂1010与DSTP配合使用协同效应试验数据，结果说明在添加份数相同的情况下，抗氧剂1010/DSTP体系的热氧稳定效果优于1010/168(B215)抗氧剂体系。

表9-10 1010/DSTP与1010/168抗氧化体系对比试验数据

配　方	加入量/%	脆化时间/h	配　方	加入量/%	脆化时间/h
空白	0	1.5	进口1010+进口168	0.1+0.2	289
国产AT-10	0.1	272	AT-10+DSTP	0.1+0.2	490
进口1010	0.1	266	进口1010+DSTP	0.1+0.2	442
AT-10+进口168	0.1+0.2	298			

注：基础配方为PP粉(MFR=2.3g/10min)，0.1份CaSt.试片厚度：0.30mm　老化温度：150℃。

9.1.3.2 受阻胺光稳定剂HALS在聚氯乙烯中的应用

(1) HALS用于聚氯乙烯膜　一般理论观点认为，PVC树脂在热加工、热氧化和光氧化降解时，伴随有生成氯化氢(HCl)反应。氯化氢可与含氮碱性受阻胺发生作用，抑制受阻胺生成活性氮氧自由基NO·，使受阻胺"中毒"，因而失去稳定性作用或功能。随着聚氯乙烯聚合工艺技术的发展和聚氯乙烯稳定剂效能作用的提高，聚氯乙烯树脂因分解产生氯化氢已不足以抑制受阻胺的作用了，受阻胺光稳定剂在聚氯乙烯中应用的实例越来越多，而且取得了令人满意的效果。

表9-11的数据说明，聚氯乙烯透明膜中单独使用受阻胺光稳定剂HALS的效果，与单独使用苯并三唑UV-326或二苯甲酮UV-531光稳定剂的效果相当。受阻胺光稳定剂HALS与苯并三唑或二苯甲酮复合使用的效果，优于三类光稳定剂单独使用的效果。

表9-11 透明0.2mm增塑PVC膜的光稳定性

光　稳　定　剂	伸长后保存率/%(2090kJ/cm²)	光　稳　定　剂	伸长后保存率/%(2090kJ/cm²)
无	0	0.15% UV326+0.15% HALS770	90
0.3% UV-326	75	0.15% UV326+0.15% HALS622	85
0.3% UV-531	72	0.15% UV326+0.15% HALS944	83
0.3% HALS770	66	0.15% UV531+0.15% HALS770	87
0.3% HALS622	60	0.15% UV531+0.15% HALS622	91
0.3% HALS944	68	0.15% UV531+0.15% HALS944	96

中国科学院长春应用化学研究所在国内首先进行了受阻胺光稳定剂添加于聚氯乙烯农用棚膜的研究工作。将受阻胺光稳定剂 770、622、GW-540 和紫外光吸收剂 UV-9、UV-531 单独或复合，分别与聚氯乙烯树脂经压延制成农用棚膜，经人工模拟气候加速老化实验，自然暴露试验和实际扣棚应用，结论为：①受阻胺型光稳定剂完全可以应用于 PVC 棚膜中，其光稳定效果可以同目前在 PVC 棚膜中普遍应用的 UV-531 和 UV-9 相媲美；②将受阻胺光稳定剂同紫外光吸收型光稳定剂复配应用与 PVC 棚膜中，虽然不能延长棚膜的使用寿命，但在扣棚应用过程中其防光老化效果优于单独使用的受阻胺型和紫外吸收型光稳定剂；③受阻胺型光稳定剂具有防止棚膜发生"背板效应"的作用。

对于透明制品，紫外光吸收型光稳定剂可在制品内层或深层发挥作用，受阻胺光稳定剂可在表层或表面发挥作用，两者协同使制品受到全面保护。

（2）HALS 用于 PVC 硬制品　在抗冲击改性硬质聚乙烯片（1mm 厚）的光稳定试验中，测定黄色指数增加 20 个单位的时间，添加 0.3% UV-531 的样片为 6000h，添加 0.3% 受阻胺 770 的样片大于 7500h，添加各 0.15% 受阻胺 770 和紫外光吸收剂的样片大于 7500h，受阻胺光稳定剂这个体系中单独使用或与紫外光吸收剂复合使用时的作用效果略优于单独使用紫外光吸收剂。

塑料门窗的变色现象是常见的、多发的，一般采用在制造型材时加入荧光增白剂和钛白粉提高并保持制品的白度。事实上，荧光增白剂仅提高型材的初始白度，不能长期保持白度。不同型号、不同生产厂家的钛白粉对型材抗紫外线并保持白度的能力不同。选用纯度高的钛白粉，使用适当而又适量的光稳定剂，是提高并保持型材白度的根本方法。

配方见表 9-12。

表 9-12　配方　　　　　　　　　　　　　　　　　单位：质量份

材料	配比	材料	配比
PVC,SG-5	100	CPE	8
稀土稳定剂	3	轻质活性 CaCO₃	10
ACR	2	荧光增白剂	0.05
钛白粉	4		

其他添加物见表 9-13。

样条经 20W 紫外光灯照射后测定白度值，表 9-14 为白度值变化数据，数据证明，受阻胺光稳定剂 GW-944Z 使 PVC 型材的抗变色能力有所提高。

表 9-13　型材配方中光稳定剂及添加剂　　　　　　　单位：质量份

配方编号	空白	1	2	3	4	5	6
群菁蓝		0.02	0.05	0.05			0.02
ZnO				3	3	6	6
酞菁蓝		0.002	0.005		0.002	0.005	
光稳定剂 GW-9442		0.4	0.8	0.4	0.8	0.4	0.8

表 9-14　白度值变化数据

照射时间/h	空　白	1	2	3	4	5	6
0	85.1	84.5	83.9	84.0	84.9	86.3	86.5
48	66.9	68.5	69.8	69.1	75.5	74.8	80.9
72	64.2	66.0	67.3	65.5	72.7	70.0	78.2
95	61.4	64.2	65.3	63.2	70.0	66.9	75.9
119	59.1	62.9	64.4	61.5	67.6	64.0	73.0
143	52.6	58.3	60.5	57.4	63.5	61.0	69.8
166	50.4	56.7	59.0	55.8	61.3	58.4	68.3
189	52.3	58.2	59.8	56.9	61.6	59.6	68.0

9.1.3.3 抗氧剂、光稳定剂改善耐候性

（1）PVC/ABS 共混改性料　聚氯乙烯 PVC 是用量较大的通用塑料材料之一，但耐冲击性、热稳定性和加工流动性较差。ABS 是一种性能优良、用途广泛的塑料材料，具有冲击强度高、耐热性好、尺寸稳定及易于成型加工等 PVC 所欠缺的优良特点。将 ABS 与 PVC 共混改性，并保持适当配比 PVC/ABS＝60/40～40/60，不仅能改善 PVC 的加工性能，而且还能提高 PVC 的力学性能，使 PVC/ABS 合金的冲击强度超过 ABS 和 PVC。但 ABS 耐候性较差，在存储、成型加工及使用过程中随时间的延长而发生结构变化，出现力学性质劣化、材料变硬发脆等问题，主要原因是 ABS 分子中丁二烯所含双键在户外受阳光、热、氧的作用而氧化降解。并且在 PVC/ABS 合金中，ABS 的降解还会加速 PVC 的降解，两者相互作用，使得 PVC/ABS 合金的耐候性能变得更差。因此研究开发力学性能优良且耐候性能良好的 PVC/ABS 合金，对于充分发挥合金使用价值、开拓塑料新品种具有重要的现实意义。

表 9-15 数据说明，在 90℃热老化箱中①抗氧剂可明显提高 PVC/ABC 的耐热性能，不同抗氧剂品种对 PVC/ABC 耐热性的提高程度不同，其中以 1076 效果最佳；②添加抗氧剂试样的初始力学性能均高于空白样，抗氧剂不仅提高了 PVC/ABC 使用过程的耐热氧老化性能，也提高了 PVC/ABS 加工过程的耐热氧化性能。

表 9-15　PVC/ABS 与热老化时间的关系

抗氧剂试样	性　能	90℃热老化时间/d				
		初始	5	10	20	30
空白	拉伸强度/MPa	43.5	44.8	43.0	40.6	38.6
	冲击强度/(kJ/m²)	34.6	29.5	25.3	23.0	22.5
1010	拉伸强度/MPa	46.2	46.5	45.8	44.6	43.0
	冲击强度/(kJ/m²)	35.4	33.5	32.0	30.5	29.8
1076	拉伸强度/MPa	47.0	46.8	46.4	46.5	46.3
	冲击强度/(kJ/m²)	35.8	34.0	32.6	32.1	31.2
2246	拉伸强度/MPa	46.3	46.6	45.0	43.6	42.5
	冲击强度/(kJ/m²)	35.3	33.2	31.8	30.3	29.2
DLTP	拉伸强度/MPa	45.8	45.0	43.5	42.1	40.8
	冲击强度/(kJ/m²)	35.0	31.6	29.8	27.6	26.5
DSTP	拉伸强度/MPa	45.6	45.2	43.8	42.5	41.2
	冲击强度/(kJ/m²)	35.2	32.4	28.9	27.2	25.6

表 9-16 数据说明，在 120 天的自然暴晒时间里，空白试样拉伸强度和冲击强度下降较大。而添加紫外光吸收剂的 PVC/ABS 试样，拉伸强度和冲击强度下降较小，耐紫外光性能提高，其中 UV-327 的效果最佳。

表 9-16　PVC/ABS 力学性能与紫外光照射时间的关系

光稳定剂试样	性　能	紫外光老化时间/d						
		初始	20	40	60	80	100	120
空白	拉伸强度/MPa	45.3	43.5	40.6	36.8	34.2	31.6	28.7
	冲击强度/(kJ/m²)	34.5	30.2	26.5	23.5	21.3	20.2	19.8
UV-531	拉伸强度/MPa	45.3	44.5	43.3	41.8	39.8	37.6	35.5
	冲击强度/(kJ/m²)	34.7	32.5	30.5	28.8	27.2	25.8	24.6
UV-9	拉伸强度/MPa	45.4	44.2	42.5	40.2	37.5	35.0	32.2
	冲击强度/(kJ/m²)	34.5	31.6	29.0	26.6	24.5	23.0	21.9
UV-327	拉伸强度/MPa	45.6	45.2	44.3	43.0	41.5	39.4	37.6
	冲击强度/(kJ/m²)	34.6	32.8	31.5	30.8	29.9	28.8	27.8
耐紫外母粒	拉伸强度/MPa	45.2	43.5	41.2	38.9	36.2	34.0	31.8
	冲击强度/(kJ/m²)	34.5	32.3	29.5	27.0	25.5	23.8	21.3

（2）PBT 耐候专用料　聚对苯二甲酸乙二醇酯（PET）和聚对苯二甲酸丁二醇酯（PBT）自身具有良好的光稳定剂性能。长期使用后，制品内层或深层的老化程度仍很低，但制品表面则有发黄和脆化的现象。PBT 用做节能灯罩，其表面颜色会随灯照使用时间或灯照时间的延长而逐渐变黄。

树脂：PBT1080（韩国产）；抗氧剂：受阻酚、亚磷酸酯、有机锡热稳定剂复合，加入量 0.5%；光稳定剂：紫外光吸收剂和受阻胺复合，加入量 2%。空白样条和专用料样条放入装有 4 支节能灯（每支 16W）的自制老化箱中，连续开灯照射 60 天，每 10 天测黄色指数，60 天时测拉伸强度和冲击强度。

空白样和专用料的初始黄色指数约为 1.2。空白样照射 20 天时，黄色指数已超过 3（微黄），照射 50 天时，黄色指数超过 6（黄）。

空白样和专用料样照射 60 天前、后的拉伸强度、冲击强度数据见表 9-17。可以看出，空白样品经连续照射 60 天后的强度下降较大，而专用料样品的拉伸强度仅下降 1%，冲击强度下降 1.5%。

表 9-17　紫外线对 PBT 专用料物性的影响

测试项目	拉伸强度/MPa			缺口冲击强度/(J/m²)		
测试时间	灯照前	灯照后	强度下降	灯照前	灯照后	强度下降
空白样条	101	71	29.7%	65	39	40%
专用料样条	103	102	0.97%	66	65	1.5%

（3）改性聚甲醛 POM　聚甲醛氧化或热氧化时，除生成自由基外，还同时脱除甲醛，甲醛进一步氧化成甲酸，使制品力学性能显著下降，一般使用受阻酚抗氧剂和协同稳定剂组成耐热氧稳定体系。协同稳定剂包括两类物质，一类是高分子含氮化合物，如蜜胺、共聚聚酰胺等，主要作用是防止甲醛脱除；另一类是有机酸盐，如硬脂酸钙、柠檬酸钙等，在体系中作为酸承受体。聚甲醛对紫外光异常敏感，没有进行光稳定保护的制品，在阳光下暴露很短时间，表面即变得粗糙。一般使用苯并三唑紫外光吸收剂 UV-P 或受阻胺 622、292[癸二酸二(1,2,2,6,6-五甲基-4-哌啶基)酯]对聚甲醛进行紫外光保护。在颜色允许时，炭黑是 POM 效果优异的紫外光屏蔽剂。

四川大学高分子研究所用酚类抗氧剂、紫外光吸收类光稳定剂及该所自制的高分子改性剂，对聚甲醛进行改性耐候处理，经 1000h 热氧老化和紫外光老化，未改性聚甲醛与改性聚甲醛的力学性能数据（见表 9-18）说明：改性聚甲醛的耐热氧老化性能、耐紫外光老化性能及色差变化均优于未改性的聚甲醛。

表 9-18　POM 经热氧老化、紫外光老化前后力学性能数据

项　　目	热氧老化、紫外光老化前后力学性能数据						紫外光老化试验					
	未改性 POM			改性 POM			未改性 POM			改性 POM		
	老化前	老化后	伸长率/%	老化前	老化后	伸长率/%	老化前	老化后	伸长率/%	老化前	老化后	伸长率/%
拉伸最大应力/MPa	58.24	63.22	108.6	53.08	57.18	107.7	58.24	50.05	85.94	53.08	52.81	99.49
拉伸最大屈服力/MPa	58.24	63.22		53.08	57.18		58.24			53.08	52.81	
断裂伸长/%	43.59	32.23	74.14	56.84	57.07	100.4	43.59	7.24	16.61	56.84	57.21	100.7
冲击强度/(kJ/m²)	6.74	4.78	70.92	6.06	5.62	92.74	6.74	1.85	27.45	6.06	3.40	56.14

高分子改性剂对聚甲醛分子结构的特殊性稳定作用与抗氧剂、光稳定剂对聚甲醛的通常性稳定作用相协同，赋予了改性聚甲醛优良的耐候性。

9.1.3.4 抗氧剂、光稳定剂在着色塑料制品中的应用与作用

塑料制品的树脂分子受光、氧诱导后，分子中产生高能量、高活性的含氧自由基。这类自由基在催化并加速树脂老化的同时，也与着色剂发生一定作用，引发着色剂分子结构的变化，加速着色剂色泽的变化。

对着色塑料制品，抗氧剂、光稳定剂的作用之一是消除着色剂的反稳定作用，保护塑料树脂；作用之二是通过保护树脂进而保护着色剂；作用之三是直接保护着色剂。如荧光颜料等着色剂对紫外光较敏感、耐光性差，在使用时需二苯甲酮或苯并三唑类紫外光吸收剂对其加以保护。

（1）抗氧剂的应用与作用　色母料是以着色剂、载体树脂、分散剂、偶联剂、表面活性剂、增效剂制得的高浓度有色粒。使用色母料生产着色塑料制品，是塑料制品生产业广泛采用的方法。一般来讲，生产色母料所用的载体树脂较用于生产制品的基础树脂分子量低，熔体指数高。载体树脂在色母料生产时要经过第一次受热，在塑料制品生产过程中经过再次受热挤出时，载体树脂首先发生热降解和机械降解，进而加速着色塑料制品的老化进程。虽然色母料中的载体树脂在着色塑料制品中所占比例不大，但其经二次或二次以上受热已经发生热氧化。因此，生产色母料及使用色母料生产着色塑料制品，必须加入抗氧剂。

防热氧老化功能是一般塑料材料防老化的基础功能，防光老化功能则是建立在基础功能之上的提高功能。增强着色塑料制品的光稳定性能，首先要增强着色塑料制品的热氧稳定性能。在某些紫外光吸收颜料着色的塑料制品中添加适当而又适量的抗氧剂，可成倍提高制品的光稳定性能。表 9-19 的数据说明，在高压聚乙烯中，单独使用铬黄、氧化铁红或抗氧剂 2246 时，不能提高高压聚乙烯的光稳定性能。当铬黄或氧化铁红与抗氧剂 2246 共用后，高压聚乙烯光稳定性能提高 3 倍以上。抗氧剂 2246 在这个试验中的本质作用，是增强了高压聚乙烯的热氧稳定性能，客观表现或结果是增强了高压聚乙烯的光稳定性能。

表 9-19　抗氧剂与紫外光吸收颜料在高压聚乙烯中的协同作用

添加剂	无	铬黄（中性黄）	氧化铁红	抗氧剂 2246	铬黄（中性黄）＋2246	氧化铁红 ＋2246
添加量/%		5	5	0.5	5＋0.5	5＋0.5
受力样 50%开裂的时间/月（美国田纳西金斯波特,户外）	12	12	12	12	>53	>53

（2）光稳定剂的应用与作用　紫外光吸收型光稳定剂通称为紫外光吸收剂，紫外光吸收剂根据分子结构不同分为二苯甲酮类和苯并三唑类。这类光稳定剂是利用自身分子结构，将照射到着色塑料制品的光能转换为热能，避免着色剂的分子结构（如有机着色剂的共轭双键发色团）被光能破坏，并且避免塑料材料发生光氧化反应。紫外光吸收剂是可直接保护着色剂和着色塑料制品外观色泽的光稳定剂。

大多数着色剂，尤其是无机颜料类着色剂，单独用于塑料制品时，可以起到一定程度的光稳定作用。对于长期户外使用的着色塑料制品，不能仅靠着色剂提高制品的光稳定性能。只有使用光稳定剂，才能长久、有效地抑制或减缓着色塑料制品的光老化速度，显著提高着色塑料制品的光稳定性能。受阻胺光稳定剂（HALS）是一类具有空间位阻效应的有机胺类化合物，因其具有分解氢过氧化物、猝灭激发态氧、捕获自由基、且有效基团可循环再生功能，是防光老化效能高、国内外用量最大的塑料光稳定剂。表 9-20 数据说明，适当的光稳定剂或适当抗氧剂、光稳定剂组合体系，可以数倍地提高户外用着色塑料制品的光、氧稳定性能。

对于用光活性、光敏性着色剂（如镉黄、未包覆金红石等）着色的塑料制品，考虑到着色剂的催化光老化作用，光稳定剂的添加量要相应增加。

表 9-20 再循环的聚丙烯板箱材料脆化数据

试样	着色剂	抗氧剂、光稳定剂			脆化时间/h	
		抗氧剂 3114/%	抗氧剂 618/%	光稳定剂/%	Xenotest	Microscal
1	无	0	0	0	1500	600
2	镉黄	0	0	0	930	430
3	镉黄	0.1	0.1	0	1200	950
4	镉黄	0.1	0.1	UV-531,0.25	2200	1950
5	镉黄	0.1	0.1	受阻胺 770,0.25	6500	5000

9.1.4 小结

① 添加抗氧剂、光稳定剂于塑料材料中,只是提高塑料材料耐热、耐氧、耐光稳定性的方法之一。

② 设计抗氧剂、光稳定剂的稳定体系时,要同时考虑削弱或抑制抗氧剂、光稳定剂作用的因素。

③ 经试验或实际应用确定的抗氧剂、光稳定剂体系,抗氧剂、光稳定剂只是在确定的条件下才能有确定的作用,确定的条件有微小变化,抗氧剂、光稳定剂的作用与功能可能受到重大影响。

④ 防老化塑料制品达不到防老化设计要求的主要原因之一,是制品中出现了局部的力学性能缺陷。

⑤ 国产抗氧剂、光稳定剂品种数量及质量,基本能够满足国内石化行业和塑料行业的需求。

9.2 抗迁移型聚烯烃抗氧剂的现状与发展策略

(姜 瑜,焦倩,李殿卿,冯拥军)

聚烯烃(聚丙烯和聚乙烯)因良好的力学性能、化学性能和加工性能,已广泛应用于建筑工程材料、包装材料、给水管材以及车用和家用电器材料制备领域,在国民经济中占有非常重要的位置。聚烯烃及其制品在加工成型或使用过程中受热极易发生氧化降解,导致其制品表面泛黄、龟裂以及力学性能大幅度下降,以致最终丧失使用价值。通常在聚烯烃材料加工过程中添加抗氧剂,利用抗氧剂捕获活性降解自由基或分解氢过氧化物的功能,从而有效抑制或延缓材料热氧降解的进程,提升其制品品质和延长其使用寿命。

9.2.1 抗氧剂及其迁移性的危害

在受热或者机械应力的作用下,聚烯烃主要是通过典型链式自由基反应机理进行热氧降解,即氢过氧化物受热产生自由基而引发的发生链锁式自由基反应而引起;因此,抗氧剂的作用机理是通过捕获链反应阶段形成的活性降解自由基以终止链式降解反应或分解已生成的氢过氧化物,以阻止聚合物链式反应的发生。抗氧剂是一类能有效降低聚合物材料自氧化反应速率、延缓聚合物材料老化降解的塑料助剂,是塑料中应用最广泛的助剂。优异抗氧剂的特性:①具有优良的抗氧性能即快速高效释放活性物种来终止或阻止聚合物链式降解反应;②与聚合物要具有很好的相容性以及在聚合物中具有好的分散性;③不能与除了聚合物外的其他组分发生反应;④不变色、无污染、无毒或低毒,挥发性小以及较好的稳定性。

目前,抗氧剂主要有受阻酚类、芳香胺类、亚磷酸酯类、硫代酯类及其复合型等类型抗氧剂。市场上使用最广泛的抗氧剂有 4 种:①Irganox 1076 [β-(3,5 二叔丁基-4-羟基苯基)丙酸正十八碳醇酯，CAS：2082-79-3］；②Irganox 1010〔四[β-(3,5 二叔丁基-4-羟基苯基）丙酸] 季戊四醇酯，CASNo. 6683-19-8}；③BHT（2,6-二叔丁基-4-甲基苯酚，CAS：128-37-0）；④Irgafos 168［三（2,4-二叔丁基苯基）亚磷酸酯，CAS：31570-04-4]。这些抗氧剂在使用过程中具有不断向聚合物材料表面迁移的特性，这种迁移一方面大幅度降低了聚合物材料的使用性能，另一方面由于抗氧剂本身或者分解产物具有一定的毒性，严重威胁着人类身体健康或者生态环境，特别是用作食品包装材料时。

发达国家相继颁布了食品包装用材料的法律法规，严格规定了不同品种抗氧剂的最大使用量、检测标准（含检测方法）以及迁移限量。如欧洲经济共同体（EEC，European economic community）82/711/EEC 指令制定了塑料材料和制品中成分迁移量所必须遵循的基本原则，而且 2002/72/EC 和 2004/19/EC 这 2 个指令明确规定 BHT、Irganox 1076 塑料制品中的特定迁移量（SML，specific migration limit）分别为 $3.0\mu g/g$ 和 $6.0\mu g/g$；美国联邦法规认为食品包装材料中的活性物质迁移到食品是造成食品不安全的重要原因，并将此类活性迁移物质定义为间接食品添加剂。我国近年也出台了系列的法规和标准限制食品包装用聚烯烃中抗氧剂的许可添加量，但是目前没有测定迁移量的国家标准，而且标准实施过程存在较大的能动性。

综上所述，不管是为了我们自身的身体健康和生态环境，还是为了应对发达国家设置的技术壁垒，我们都需要关注抗氧剂的迁移问题，必须采取科学的方法和实际行动来抑制抗氧剂的迁移，从而减少其危害。

9.2.2 抗迁移型聚烯烃抗氧剂

基于抗氧剂易迁移的特性以及其迁移后对人类健康和生态环境的危害性，各国研究者都致力于开发新型抗迁移型高效抗氧剂。目前提高抗氧剂耐迁移性的措施主要有两种：①抗氧剂的高分子量化，提高抗氧剂耐挥发性和耐萃取性，减少抗氧剂分子在聚烯烃中的蠕动，抑制其迁移渗出，从而使其有效性延长，有利于提高制品的卫生性；②抗氧剂的复合，通过分子设计等手段设计和可控制备有机-无机复合抗氧剂，利用无机和有机聚烯烃基材间的界面效应以及复合材料内有机抗氧剂分子与无机成分间的相互作用力来强化抑制抗氧剂活性物种的迁移作用，从而综合提升其在聚合物中的稳定性和抗氧化性能。

9.2.2.1 高分子量抗氧剂

增高抗氧剂的分子量是强化其热稳定性和耐迁移性的有效方法之一，因为高分子量的抗氧剂具有挥发性低、耐抽提以及耐较高的加工温度等优点。通常是采用低分子量化合物加成、可聚合单体的聚合或可聚合单体与聚合物基材的接枝等手段可控制备出高分子量抗氧剂，如抗氧剂 330〔其化学名称为 1,3,5-三甲基-2,4,6-[三(3,5-二叔丁基-4-羟基苄基)苯]〕则是 3 个分子 2,6-二叔丁基苯酚分子与 1 个分子均三甲苯结合而成高分子量抗氧剂。该抗氧剂无味、相容性好而且低毒和低挥发性，已被美国食品与药品管理局批准可用于接触食品的包装材料。

系列高分子量抗氧剂已相继被报道和应用到实际生产中，相对低分子量抗氧剂，均表现出了抗氧性能的优异性和耐久性。如抗氧剂 264、抗氧剂 1076 和抗氧剂 1010 均有类似的受阻酚结构，其抗氧的活性基团都是酚羟基，但是分子量从抗氧剂 264 的 220.4g/mol 增加到 1076 的 530.9g/mol 以及 1010 的 1177.65g/mol。抗氧剂 1010 是目前高分子量抗氧剂的优秀代表。该抗氧剂已广用作聚烯烃材料的主抗氧剂，具有挥发性小、热稳定性高和持效性长等显著优点。如添加量为 5%时，聚合材料的抗老化性能提高了 1.5 倍；聚合物中抗氧剂添加量为 0.09%时，经无氧环境下不同温度的加速老化测试表明，抗氧剂的迁移行为被边界损失过程所控制，大分子和低灵活性的抗氧剂分子阻碍了自身渗入到聚合物界面的能力，从而提高了其抗迁移性。

分子量的增大意味着活性组分在结构中的所占比重减小，非活性基团的引入，在一定程度上降低了单位质量的抗热氧老化性能，因此需要增加使用量。考虑到分子量对抗氧剂效率和相容性等影响，一般认为抗氧剂存在一个理想分子量范围为 500～1000g/mol。另外，分子量的增大无疑将延长制备工艺路线，增大了工艺的复杂性而且提高了相应的制备成本。

9.2.2.2 插层结构复合抗氧剂

在高分子量受阻酚中，单苯环受阻酚基团是抑制热氧化降解的核心基元，但是其分子量较小，容易挥发且在聚烯烃中易迁移而不能直接使用；因此，以低分子量单苯环受阻酚化合物为基本原料，通过分子组装等手段构筑插层结构复合抗氧剂，是另一种构筑耐迁移型抗氧剂的有效途径。由于插层结构材料与聚合物基体间的界面效应及其中无机主体对有机活性客体间的锚定效应，有利于降低有机小分子抗氧剂的挥发性以及抑制其在聚烯烃基体中的迁移作用。

层状复合金属氢氧化物（LDHs）是一类应用广泛的阴离子型二维层状无机功能材料，具有典型的超分子结构。LDHs 的主体层板金属离子组成（电荷密度及其分布）、插层阴离子客体种类及数量、层间空间（尺寸、极性等）、主客体相互作用等具有可调变性，作为聚合物功能助剂已获得广泛应用。LDHs 片层结构的阻隔效应和有机-无机材料的界面效应，在一定程度上了提高聚丙烯的耐热性能。目前，有少量文献报道，利用 LDHs 的可插层性，将有机小分子抗氧活性物种插层组装至 LDHs 层间，由于插层结构中主-客体相互作用提高了小分子抗氧活性物种的热稳定性，而且在保持原有抗氧活性的同时有效抑制了小分子抗氧活性物种的迁移性。

例如，Lonkar 等利用 LDHs 的结构记忆效应将抗氧剂 1010 中的活性组分 3-（3,5-二叔丁基-4-羟基苯基）-丙酸插层组装到 LDHs 层间，可控制备得到了一种层间距为 2.80nm 的超分子插层结构复合抗氧剂。他们发现该插层结构抗氧剂保留了插层客体的抗氧化效果。但是这些研究者没有进一步考察插层结构抗氧剂与 PP 等聚烯烃复合材料的耐热样老化性能。

此外，Feng 等人通过一步共沉淀法直接可控制备得到 3-(3,5-二叔丁基-4-羟基苯基)-丙酸插层结构抗氧剂 AO-LDH，并采用溶剂洗涤的方式有机化该插层结构抗氧剂，然后采用液相溶解分散的方式将插层结构抗氧剂均匀分散到聚丙烯基材中制备得到了 AO-LDH/PP 复合材料。以 2,2-二苯基-2-苦基肼（DPPH）为探针自由基，通过 UV-Vis 光谱仪研究发现 AO-LDH 和 AO 有相同的捕获自由基的能力，测定结果如图 9-1 所示，图中 (a) 是自由基在黑暗中培养 30min 后的颜色变化，(b) 是在 100mL 浓度是 100μM 的自由基中加入 10mgAO 和 AO-LDH；采用 TG-DTA 和 FT-IR 等技术研究了 AO-LDH/PP 复合材料的热稳定性和抗热氧性能，如图 9-2、图 9-3 所示。图 9-2 测试结果

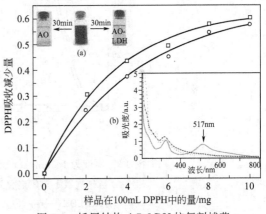

图 9-1 插层结构 AO-LDH 抗氧剂捕获
DPPH 自由基能力测定曲线。

—□— AO；—○— AO-LDH；——— DPPH；
----- AO-10mg/100mL；-■-■- AO-LDH-10mg/100mL。

(a) 颜色变化；(b) UV-Vis 吸收曲线的变化

表明，图中插图展示了 AO-LDH/PP 复合材料失重 50％时的温度变化曲线，随着 AO-LDH 添加量的增大有利于提高 AO-LDH/PP 复合材料的热稳定性能，而且 AO-LDH 的增长幅度明显高于 CO₃-LDH，其中 4％ AO-LDH 的添加量最好；图 9-3 进一步说明了 AO-LDH 的添加显著改善了 PP 复合材料的耐热氧老化能力。相比较，在当前研究条件下，4％ AO-LDH 的添加量是最佳添加量，明显优化了复合材料的耐热氧老化性能。研究结果表明：这种插层结构抗氧剂有效地延长了聚丙烯老化过程，而且无机层板对功能具有锚定效应，能够有效抑制其挥发性。此外，客体自身的疏水性有利于提高插层结构抗氧剂在聚丙烯中的均匀分散。

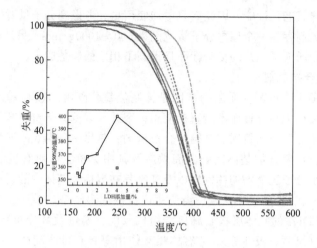

图 9-2　不同 AO-LDH 抗氧剂添加量的 AO-LDH/PP 复合材料的 TG 曲线

— ﹒— 0%AO-LDH；— — 0.2%AO-LDH；—— 0.5%AO-LDH；
········ 1.0%AO-LDH；— — 2.0%AO-LDH；
— ﹒— 4.0%AO-LDH；▪▪▪▪▪▪▪ 8.0%AO-LDH；·········· 4.0%CO$_3$-LDH

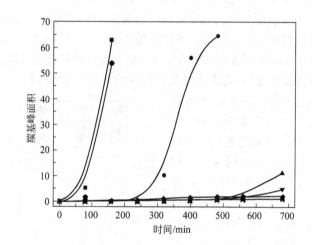

图 9-3　厚度为 100μm AO-LDH/PP 复合薄膜材料在 150℃
空气气氛下热氧老化效果随老化时间变化图

—■— 0%AO-LDH；—●— 0.2%AO-LDH；—▲— 0.5%AO-LDH；
—▼— 1.0%AO-LDH；—◀— 2.0%AO-LDH；—▶— 4.0%AO-LDH；
—◆— 8.0%AO-LDH；—●— 4.0%CO$_3$-LDH

9.2.3　发展策略

　　近年来聚烯烃材料在社会中的使用范围越来越广泛，由于其分子结构的特殊性，极易在外界因素的影响下发生热氧降解反应，导致其使用价值的消失。通常需要在加工或者制品成型过程中加入一定量的抗氧剂来抑制聚烯烃制品的热氧老化；但是，有机抗氧剂分子在基材中有不断向表面扩散迁移的倾向。针对目前抗氧剂的迁移特性，有两种有效策略来抑制抗氧剂的挥发性和抗迁移的能力：高分子量化和构建超分子插层结构。高分量化将造成有效活性组分在抗氧剂中的比例下降而且将增加设备投资和人工成本。构建超分子插层结构是一种有效提高客体分子的耐挥发和迁移性的可行方法，具有广阔的应用前景。

9.3　提高聚氨酯材料抗紫外光老化性能的研究进展

（郭振宇，宇培森，徐静静，丁著明）

　　聚氨酯（PU）材料广泛应用于汽车、纺织、医疗、制鞋等领域。但该种材料在贮存和使用过程中要经受热、光、空气、氧和水的作用，导致聚合物老化降解，使得制品变色、发脆，力学性能下降，以致失去使用价值。自聚氨酯工业化以来，为了提高 PU 的耐老化性能，许多机构和学者做了大量的研究工作，利用不同的技术途径制备耐老化稳定性的 PU 材料。但是由于聚氨酯材料结构变化多端，降解过程复杂，该领域的进展不大，国内的研究处于起步阶段，只是近些年人们才对聚氨酯的降解机理、聚氨酯的稳定化技术和稳定剂的使用方法等问题有了较深入的了解，某些研究成果进入实际应用阶段。通过添加由紫外线吸收剂、受阻胺光稳定剂、抗氧剂等稳定剂，可提高其耐黄变性能，有效延缓光老化速率，延长制品的使用寿命，这是工业界的一个重要的研究领域。

　　聚氨酯老化变黄，按照 GB/T 1766—1995 的规定，分为下列等级：

0 级	无变色	$\Delta Y_i \leqslant 1.5$
1 级	很轻微变色	$1.6 < \Delta Y_i \leqslant 3.0$
2 级	轻微变色	$3.1 < \Delta Y_i \leqslant 6.0$
3 级	明显变色	$6.1 < \Delta Y_i \leqslant 9.0$
4 级	较大变色	$9.1 < \Delta Y_i \leqslant 12.0$
5 级	严重变色	$12 < \Delta Y_i$

其中，$\Delta Y_i = Y_i - Y_{i0}$，$Y_{i0}$ 为原始样的黄色指数。

9.3.1　聚氨酯材料的老化降解

　　聚氨酯材料的分子中由于有芳亚胺和氨基甲酸酯基团，当吸收波长在 290～400nm 紫外线时聚合物链断裂和交联，导致某些力学性能发生变化。同时，降解所形成的发色团，引起制品的颜色加深。

　　以芳香族二异氰酸酯（MDI）合成的 PU 弹性体为例，在紫外线照射下，发生氧化降解，一般认为有两种机理。第一种机理是 PU 吸收大于 340nm 波长的光后，MDI 上的亚甲基发生氧化，形成不稳定的氢过氧化合物，进而生成发色团醌-酰亚胺结构，该结构导致 PU 变黄，进一步氧化生成二醌-酰亚胺结构，最后变为琥珀色。反应式如下：

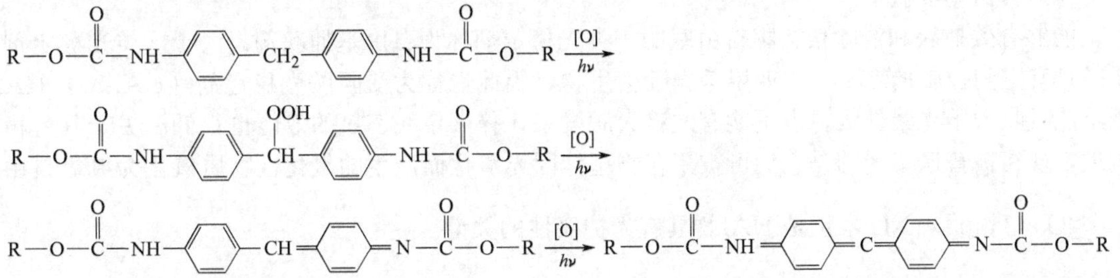

　　在第二种机理中，PU 吸收 330～340nm 波长的光后，发生 Photo2Fries 重排，生成伯芳香胺进一步降解，产生变黄的物质，反应式如下：

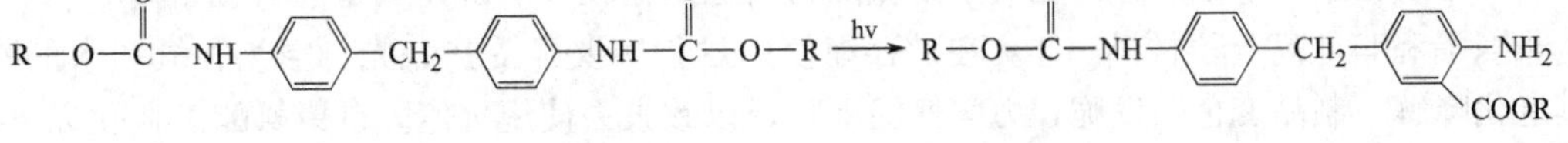

9.3.2 用于聚氨酯的稳定剂

用于聚氨酯的稳定剂大致可分下列几类。

(1) 光屏蔽剂 光屏蔽剂又称遮光剂，主要是炭黑、二氧化钛、氧化锌、二氧化铈等无机颜料，它们能反射或吸收太阳光紫外线，像是在聚合物与光源之间设置一道屏障，阻止紫外线深入聚合物内部，从而可使聚合物得到保护。炭黑具有独特的多核共轭芳烃结构，同时还含有邻羟基芳酮、酚、醌等基团以及稳定的自由基。因此，对聚合物同时具有紫外线屏蔽、激发态猝灭以及自由基捕获等作用。炭黑作为聚合物的光稳定剂具有很高的效能，但是，由于本身为黑色，才限制了它的更广泛的应用。

(2) 紫外线吸收剂 紫外线吸收剂（UVA）是一类能选择性地强烈吸收对聚合物有害的太阳光紫外线而自身具有高度耐光性的有机化合物。具有这种特性的化合物有多种类型，包括邻羟基二苯甲酮、邻羟基苯并三唑、邻羟基苯三嗪、水杨酸酯、苯甲酸酯、肉桂酸酯、草酰苯胺等。

邻羟基芳香化合物紫外线吸收剂可形成分子内氢键螯合环，其耐光性来自于它们能通过非常快速的激发态分子内质子转移和高效无辐射去活过程，通过进行可逆的酚式-醌式互变异构转换循环而有效地将激发能转化为无害的热能。

(3) 自由基链封闭剂

自由基链封闭剂的稳定机理是：其大分子中所含的活性氢原子与降解过程中生成的大分子自由基反应，生成大分子氢过氧化物稳定的自由基。

该类稳定剂包括受阻酚和芳香族仲胺等。受阻酚类自由基链封闭剂主要有抗氧剂 264、抗氧剂 1010、抗氧剂 2246、三甘醇双-3-丁基-4-羟基-5-甲基苯基丙酸酯等。芳香族仲胺类自由基链封闭剂有 N,N'-二苯基对苯二胺、N-苯基-N'-环己基对苯二胺、N 苯基-N'-β 萘基对苯二胺、N-苯基-N'-异丙基对苯二胺等。胺类稳定剂易使产品着色，应慎用。

(4) 过氧化物分解剂

氢过氧化物分解剂是能以非自由基方式破坏聚合物中的—OOH 基团的添加剂。氢过氧化物分解剂很早就用作聚烯烃的辅助抗氧剂，但是这些辅助抗氧剂通常不耐光，不能用作光稳定剂。可用于聚合物光稳定的氢过氧化物分解剂主要也是含硫或磷的化合物。过氧化物分解剂有硫酯和亚磷酸酯二类。硫酯类抗氧剂有 DLTP，2,2′硫代双［3-(3,5-二叔丁基-4-羟基苯基)］丙酸乙酯等，亚磷酸酯类化合物抗氧剂 168，亚磷酸（壬基苯基）酯、二亚磷酸季戊四醇二异癸酯和亚磷酸苯二异癸酯等。该类稳定剂常与自由基链封闭剂并用，一般不单独使用。该类稳定剂抗过氧化物分解的作用机理为：它将氢过氧化物还原成相应的醇，而自身则转化成磷酸酯。

(5) 自由基捕获剂

能够有效捕获和清除聚合物自由基的一类光稳定剂称为自由基捕获剂。由于这类光稳定剂主要是具有空间位阻的 2,2,6,6-四甲基哌啶衍生物，因此也称为受阻胺光稳定剂（HALS），HALS 既不能吸收太阳光紫外线，也不能有效猝灭激发态，猝灭单线态氧的效能也很低。关于其光稳定机理，现在被普遍接受的是它们可被聚合物基体因光氧化而产生的氧化性物质氧化为氮氧自由基（ $\diagup$ NO· ），而 $\diagup$ NO· 正是 HALS 具有光抗氧性的关键。

9.3.3 聚氨酯材料稳定化的研究

我国的聚氨酯工业已形成一定的规模，应用于国民经济的许多领域，虽然笔者较早对于聚氨酯材料的稳定化进行了论述，但是对于聚氨酯材料稳定化较多的研究只是近 10 年的事。

聚氨酯和其他高分子材料一样，在贮存和使用过程中要经受热、光、空气、氧和水的作用，使其老化降解，制品变色、发脆，力学性能下降，以致失去使用价值。自聚氨酯工业化以来，为了提高 PU 的耐老化性能，许多机构和学者做了大量的研究工作，利用不同的技术途径制备耐老化稳定性的 PU 材料。但是由于聚氨酯材料结构变化多端，降解过程复杂，该领域的进展不大，国内的研究处于起步阶段，只是近些年人们才对聚氨酯的降解机理、聚氨酯的稳定化技术和稳定剂的使用方法等问题有了较深入的了解，某些研究成果进入实际应用阶段。

9.3.3.1　光屏蔽剂在聚氨酯材料上的应用

光屏蔽剂包括炭黑、锌白、钛白等颜料，它们被用作着色剂。光屏蔽剂利用它们高度的分散性和遮盖力，能将有害的光波反射起到保护聚合物的作用。如将厚度均为 0.86mm 添加质量分数为 1% 的炭黑和未添加炭黑的 MDI/BDO/PTMG 弹性体试样置于户外辐射 1000h，其力学性能变化见图 9-4。

由图 9-4 可知，照射 400h 后，未加炭黑的 PU 弹性体的拉伸强度和硬度均下降；添加炭黑的弹性体由于炭黑的补强作用，性能反而略提高。照射达到 1000h 后，添加炭黑的弹性体强度和硬度基本没有下降。

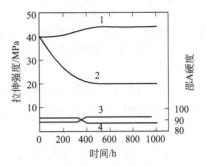

图 9-4　炭黑对 PU 弹性体紫外线
稳定性的影响
1—加炭黑的 PU 拉伸强度；
2—未加炭黑的 PU 拉伸强度；
3—加炭黑的 PU 邵 A 硬度；
4—未加炭黑的 PU 邵 A 硬度

9.3.3.2　抗氧剂在聚氨酯材料上的应用

抗氧剂是聚氨酯材料重要的稳定剂。研究发现，传统的抗氧剂 2-6-二叔丁基-4-甲基苯酚（BHT）在碱性条件下，由于氧化氮存在下由它产生的黄色硝基苯酚衍生物很易迁移到泡沫胶表面，使材料变黄。

常用的抗氧剂多为固体，对乳液聚合、聚氨酯及元醇原料的合成和加工带来不便，近年来开发液体抗氧剂满足聚氨酯工业的需求。抗氧剂 1135、1141 是汽巴精化（Ciba. Spec.）公司推出的新型产品，可代替 BHT，克服泛黄问题。抗氧剂 1135 系无色液体、耐迁移、可泵抽，主要用于聚氨酯及聚合多元醇合成和加工过程，尤其是作为聚氨酯软泡的加工稳定性显示出突出的抗焦烧性能。该抗氧剂还可用于乳液聚合体系，与聚合介质有良好的相容性。以其为基础的液体复合抗氧剂 HP35-60 等，专门设计用于聚氨酯及其聚合多元醇原料的稳定化。

山西化工研究院与天津力生化工厂合作研究的液体受阻酚抗氧剂 KY-L2000 已取得明显进展，在聚氨酯弹性体和聚酯合成工艺中表明，加工稳定性和耐变色性均优于传统的固体抗氧剂。

聚氨酯软泡（海绵）的黄变一直是一个长期困扰海绵生产厂家和多元醇生产厂家的问题，不少海绵生产厂家，特别是一些高档海绵生产厂家都试图通过添加抗氧剂、光稳定剂来改善海绵的抗黄变性能，但收效并不显著。汽巴精化公司对此进行了研究，试验了 4 种抗氧剂对黄色指数（YI）的影响，将含不同抗氧剂的海绵样品在一定的温度下加热 30min，通过海绵的黄变程度，来表征抗氧剂的性能高低，以及抗烧芯能力（见图 9-5）。

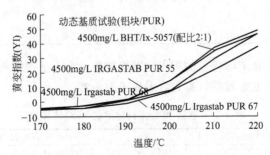

图 9-5　不同抗氧剂在温度提高时软泡沫海绵黄变指数的变化

从图 9-5 可见，IRGASTAB PUR 68 和 IRGASTSAB67 的抗烧芯能力和抗抗烧芯黄变的能力

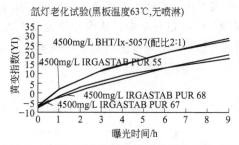

图 9-6　采用不同抗氧剂的海绵体黄变指数（YI）
与紫外线辐照时间的关系

要好过 BHT＋5057 和 PUR 55。IRGASTAB PUR 68 是不含 BHT、不含胺类抗氧剂的复合抗氧剂；IRGASTSABPUR 67 是不含 BHT，含有少量胺类抗氧剂的复合型抗氧剂；BHT＋5057 是市场上常用的抗氧剂，PUR55 是抗氧剂 1135 和抗氧剂 5057 按 2∶1 的比例复配的抗氧剂。上述 4 种抗氧剂对海绵对紫外线引起黄变的影响，示于图 9-6。

由图 9-6 可见，BHT＋5057 与 PUR55 均含有相同浓度的胺类抗氧剂 5057，经紫外线辐射后黄变快，而 IRGASTAB PUR 68 和 67 则黄变较慢。

该公司还研究了抗氧剂体系对海绵引起织物污染的影响：用白色的棉布包覆不同抗氧剂配方的海绵，经过氮氧化物气熏处理后，测量棉布本身的颜色改变，ΔE 越低，则气熏变黄程度越低，结果示于图 9-7。

从图 9-7 可以看出，BHT 是沾染纺织面料的主要因素。而这种类型的黄变却是一种长期困扰胸罩生产厂家的问题，IRGASTAB PUR 68 由于不含 BHT，在气熏变黄方面，效果优异。

为了进一步提高海绵的光稳定性能，汽巴公司研发了光稳定剂 TINUVIN B83 与 IRGASTAB PUR 68 配合使用，表现出明显的协同效应（见图 9-8）。

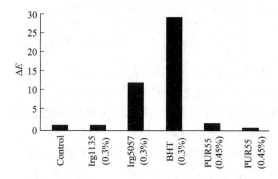

图 9-7　抗氧剂体系对海绵引起织物污染的影响

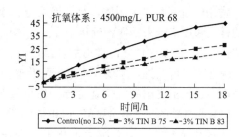

图 9-8　光稳定剂对聚氨酯泡沫塑料黄变指数的影响

另外，PUR55 与 TINUVIN B83 配合使用也有很好的效果，有关数据列于表 9-21。

表 9-21　PUR55 与 B83 配合使用时的光稳定效果

基础稳定剂： 0.5% IRGASTAB. PUR 55	黄变指数			灰度	
	0h	12h	24h	12h	24h
no LS	−1.1	44	63	2	1
2% Tinuvin B 83	−0.6	25.3	43	3	1~2
1% Tinuvin B 83	−0.8	29.6	47	2~3	1~2
2% Tinuvin B 75	−0.5	27.7	41	3	1~2

近年来，减少软质 PUR 泡沫橡胶的挥发性有机物是一个个重要的研究目标，传统的 BHT 排放物较多，而抗氧剂 PUR68 等较低，有关数据列于表 9-22。

表 9-22　软质 PUR 泡沫橡胶的 VOC 的排放

添加剂体系（4500×10⁻⁶）	VOC 总排放	放出 VOC 的 AO
BHT/lx 5057	$395×10^{-6}$	酚类 BHT：$380×10^{-6}$，胺类 5057：$<5×10^{-6}$
lx 1035/lx 5057	$20×10^{-6}$	酚类 1135：未发现，胺类 5057：$<5×10^{-6}$
lx 1135/DDPP	$60×10^{-6}$	DDPP 水解产物：游离胺 $38×10^{-9}$，亚磷酸三苯酯 $6×10^{-6}$，酚类 1135
无胺 PUR 68	$<10×10^{-6}$	PUR68 组分：未发现

从表 9-22 中可见，使用 BHT 时 VOC 总排放为 $395×10^{-6}$，而使用无胺 PUR68 时则 $<10×10^{-6}$。

台湾双键化工公司近期推出了新型抗氧剂 Chinox 30N。虽还未公布 Chinox30N 的化学结构，但据介绍这是一种多官能基，大分子量的受阻酚抗氧剂，具有很好的耐热挥发性和耐迁移析出的效果，同时具有很高的耐热氧化功效。添加了 Chinox 30N 的氨纶丝或 TPU 具有很好的耐热氧化性能和很好的耐室内氧化变色的特性。在氨纶生产中，抗氧剂的添加量通常需要至少 0.5%—1% 以上，而使用 Chinox 30N 时，用量为 0.5% 即可达到很好的耐热氧化和室内耐黄变的效果。当添加 0.2% 的通用抗氧剂 245 的样品室内放 3 周后，黄度指数 YI 为 5.29，使用相同量的 Chinox 30N 时，相应值为 1.64。

9.3.3.3 紫外线吸收剂在聚氨酯材料上的应用

PU 弹性体受紫外线照射后容易产生降解，添加紫外线吸收剂可大大改善弹性体力学性能和外观颜色。紫外线吸收剂是用于聚氨酯的重要光稳定剂。传统的紫外线吸收剂有苯并三唑、二苯酮、三嗪类等。二苯酮和苯并三唑稳定剂的光稳定机理基本相同，都由于其分子结构中存在着分子内氢键构成的螯合环，当它们吸收紫外线能量后，分子作热振动，氢键破坏，螯合环打开，分子内结构发生变化，将有害的紫外线变为无害的热能放出，从而保护了材料。在 MDI 体系 PU 弹性体中分别添加质量分数为 0.5% 的 UV-328 和 UV-327，氙光照射加速老化 75h 后，添加 UV-328 的黄变指数变化值为 42，添加 UV-327 的黄变指数变化值为 50，而未添加的黄变指数变化值为 67。

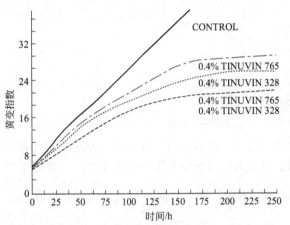

图 9-9 光稳定对聚氨酯黄变指数的影响

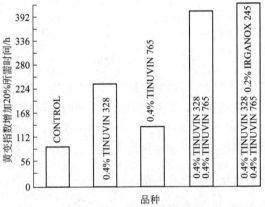

图 9-10 光稳定剂对黄变指数增加 20 时的影响

聚酯型聚氨酯是常用的材料，汽巴精化公司研究了紫外线吸收剂对其光稳定性的影响，试验结果示于图 9-9、图 9-10。

图 9-9 是表示在使用不同紫外线吸收剂时，老化时间对黄变指数的影响，图 9-10 是当黄变指数增加 20% 时，不同紫外线吸收剂所需的时间，从图中可见，必需组合使用才能得到较好的效果。单独使用任何一种稳定剂，其效果都不佳。

含芳香环的 TPU 用于运动动鞋上时，在空气和光的作用下，很容易变黄，该问题一直困扰着工业界。汽巴精化公司研究表明，UV-234

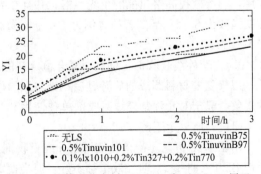

图 9-11 液体光稳定剂 UV-B-75 和 UV-B-97 用于 PU 时黄变指数与时间的关系

和 UV-622 并用可产生很好的光稳定性。液体光稳定剂系 UV-B-97 和 UV-B-75 是新型的光稳定剂。UV-B-75 和 UV-B-97 可提供良好的初期着色性和长期的颜色稳定性。它们用于 PU 革时的黄变情况示于图 9-11。

使传统的光稳定剂分子中引入具有反应活性的基团，再使之参与合成聚氨酯的反应，制成可永久耐光的材料。最近美国专利报道，先合成下列结构的含有苯并三唑基的酰胺：

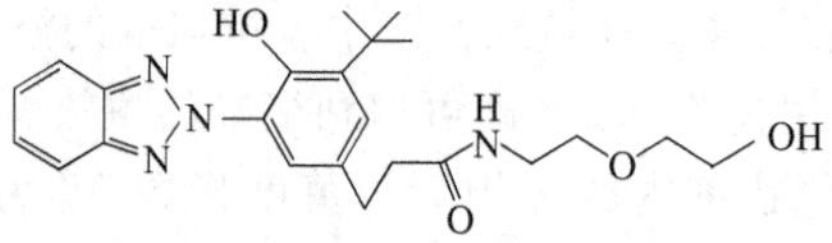

使此化合物与己内酯反应制成下列高分子质量的紫外线吸收剂：

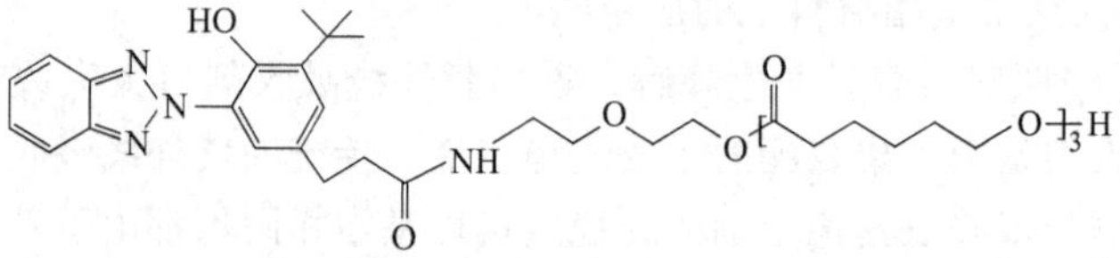

此化合物分子内含有反应性羟基是一个高分子质量、反应性的稳定剂，使它作为反应性单体制成的 PUR，比传统的紫外线吸收剂 UV-326 等用量更少，在抗变黄、耐氧化氮污染方面等有了大幅度的提高，显示出高分子质量稳定剂的优越性。

加拿大 Petherstonhaugh 公司的 WolfElmar 的专利提出按下式合成，含有 HALS 的结构的多元醇：

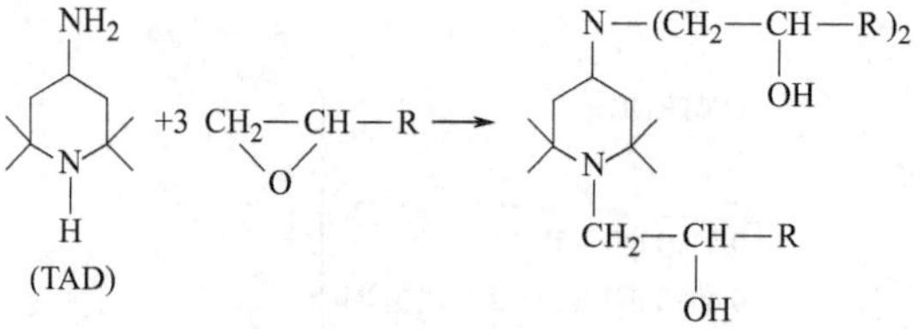

使该化合物与异腈酸酯反应制成光稳定性优异的涂料。

众所周知，苯并三唑类紫外线吸收剂由于其分子结构中存在着分子内氢键构成的螯合环，当它们吸收紫外线能量后，分子作热振动，氢键破坏，螯合环打开，分子内结构发生变化，将有害的紫外线变为无害的热能放出，从而保护了材料。HALS 被聚合物基体因光氧化而产生的氧化性物质氧化为氮氧自由基（ NO·），而 NO· 正是 HALS 具有光抗氧性的关键，它可以捕获自由基，起到稳定作用。

汽巴公司的 Tapa K Debroy 的研究发现，当使用上述不同稳定机理的品种时，各自发挥稳定作用，可有效提高聚氨酯的耐光性能，并且二者的比例对结果影响很大：当不用稳定时，样品的黄变指数为 8.12；当二者的比例为 1∶99 时黄变指数为 2.45、当二者的比例为 2∶1 时，相应值降为 0.71。

9.3.3.4 紫外线吸收剂、抗氧剂复合稳定剂的应用

以聚氨酯材料制成的旅游鞋底在光与氧的作用下很快变黄，影响美观，添加稳定剂可抑制这种现象。殷宁对几种紫外线吸收剂单独使用和与抗氧剂 BHT 并用于 PU 时对材料的黄变程度进行了研究，结果示于图 9-12。

由图 9-12 可见，当单独使用紫外线吸收剂 UV-531，UV-9，UV-P，（相应曲线 3～5）和抗氧剂 BHT（曲线 2）时，效果都不好，但当使 BHT 与紫外线吸收剂组合使用时，可明显延缓材料黄变程度，效果最好。

孙海欧研究了用反应注射成型（RIM）方法制备高硬度耐黄变聚氨酯材料的配方及工艺条

件，通过选择合适的聚醚多元醇、扩链剂、助剂和 NCO 含量，制备了综合性能良好的高硬度耐黄变聚氨酯材料，研究发现，当 UV-328 与抗氧剂 1135 并用时效果最好，不加稳定剂时，样品的断裂伸长率为 217%，加有稳定剂时为 240%。

李博研究了抗氧剂、紫外线吸收剂、异氰酸酯等对聚氨酯泡沫黄变的影响因素。选用合适原料，开发出了性能优良、变色等级为 0（氙灯老化箱内加速老化 502h）的耐黄变聚氨酯软泡。结果表明，当抗氧剂与紫外线吸收剂的比例为 5∶5 时，不添加稳定剂时的黄变指数为 59.37，添加时降为 35.45。

黄万里研究了聚氨酯的降解与稳定化机理，考查了抗氧剂（Chinox 245、Chinox 1010、Chinox B225）、紫外线吸收剂（UV-234、UV-328、SUV）等稳定剂对聚氨酯材料的光氧化、热老化的影响。实验结果表明，SUV 与 B225 并用时，材料具有良好的光稳定性，机械性能保持率较高。

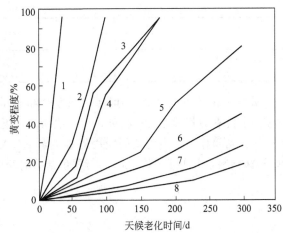

1—空白样，2—0.3% BHT，3—0.3% UV-531
4—0.3% UV-9，5—0.3% UV-P，6—0.3% BHT+0.3% UV-531
7—0.3% BHT+0.3% UV—9，8—0.3% BHT+0.3% UV-P

图 9-12　不同紫外线吸收剂和抗氧剂对 PU
耐紫外线老化性能的影响

无锡双象化学公司的何天华利用抗氧剂、光稳定剂和紫外线吸收剂等在低温下混合制成 PU 人造革的涂饰剂，其中包括多元醇 100 份、扩链剂 6.73～8 份、异氰酸酯 TDI23.64 份、及溶剂 308～397 份、复合抗氧剂 1.4～2.4 份；光稳定剂 1.4～4.0 份、紫外线吸收剂 2.0～4.3 份，涂饰制品的耐黄级别可达到 3 级以上。

唐涛提出了用于制造合成革的耐变黄 PUR 的制造方法，基原料组分为：芳香族异腈酸酯、多元醇化合物、抗氧剂（抗氧剂 1010、近年来开发的具有抗氧性-光稳定性多功能稳定剂 JAST-500）、紫外线吸收剂（UV-328）、光稳定剂（UV-2268）、溶剂，使用此聚氨酯树脂生产的合成革的耐黄性能达到 4 级以上的水平。

R. T. vandebrilt 公司的 John M Demass，将抗氧剂（AO1）、乳化剂（TritX-100）和紫外线吸收剂（UV-1）制成水乳液，喷在聚氨酯泡沫塑料表面提高其光稳定性。其配方列于表 9-23。

表 9-23　水基稳定剂配方　　　　　　　　　　　　　　　　单位：质量份

	配方 A	配方 B	配方 C	配方 D
AO1	0	0.99	0.95	0
Trit X-100	0	0.10	0.11	0.10
Water	0	98.91	97.93	98.91
UV1	0	0	1.01	0.99

从表 9-23 可见，配方 B 中，没有 UV1；配方 D 中没有 AO1，配方 C 中含有 UV1 和 AO1，将表 9-24 中的稳定剂喷涂在 PUR 材料表面，经紫外光照后，样品的黄变指数变化值（dE）列于表 9-24。

表 9-24　不同配方的稳定剂的效果　　　　　　　　　　　　单位：质量份

时间/h	dE			
	配方 A	配方 B	配方 C	配方 D
0.5	2.88	1.59	2.10	2.61
1.0	7.42	4.77	4.89	8.15

续表

时间/h	dE			
	配方 A	配方 B	配方 C	配方 D
1.5	11.18	8.24	6.60	11.88
2.0	14.23	11.66	8.28	14.58

从表 9-24 可见，经 2h 照射后，配方 B 和 D 的 dE 值分别为 11.66 和 14.58，而配方 C 中同时使用了抗氧剂和紫外线吸收剂，相应值最低，仅为 8.28。

该公司将作出了为抗氧剂使用的维生素 E（AO1）与紫外线吸收剂 UV-213（UV1）并用于 PU 泡沫塑料，并测定了曝光时间与黄色指数的变化值（dE）之间的关系，结果示于图 9-13。

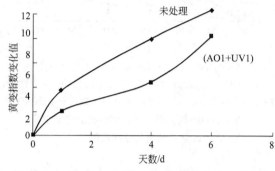

图 9-13　AO1 与 UV1 并用时，DeltaE 与时间的关系

由图 9-13 可见，抗氧剂与紫外线吸收剂并用时，可明显提高其光稳定性。

刘凉冰将 UV-328、UV-765、和抗氧剂 1010 并用于 PU 弹性体，将试样在氙灯老化仪上光照 80h，可使 PU 光稳定性明显延长。

烟台华大化学工业有限公司研究所进行了透明聚氨酯鞋底的研究，在多元醇 A 组分中加入常用的抗氧剂 1010 和紫外线吸收剂 UV-328 进行稳定化处理后，在特殊的成型机中可制成透明性、耐老化的聚氨酯鞋底。

微孔聚氨酯弹性体材料在紫外线照射不仅能使其变黄，同时其机械强度也随之下降，图 9-14 和图 9-15 示出添加紫外线吸收剂和抗氧剂对 PU 挠曲性能和脆化温度的影响。

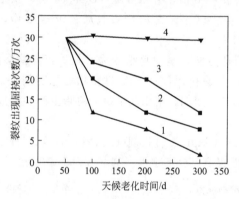

图 9-14　紫外线吸收和抗氧剂对
PU 挠曲性能的影响

1—空白样；2—添加 0.3%BHT
3—添加 0.3%UV-P，4—添加 0.3%BHT+0.3%UV-P

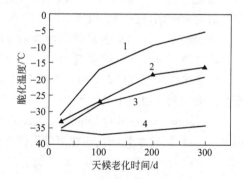

图 9-15　紫外线吸收和抗氧剂对
PU 脆化温度的影响

1—空白样；2—添加 0.3%BHT
3—添加 0.3%UV-P，4—添加 0.3%BHT+0.3%UV-P

从图 9-14 和图 9-15 中可见，单独使用 BHT 或 UV-P 时，效果都不好，二者并用时可取得较好的效果。

9.3.3.5　紫外线吸收剂、HALS（自由基捕获剂）、抗氧剂多元复合体系的应用

吴炳峰采用一步法制造抗黄变鞋用热塑性聚氨酯（TPU）弹性体，研究了助剂用量对 TPU 材料性能的影响。发现助剂添加量对 TPU 黏度有一定影响，助剂加入量在一定范围内，对 TPU 的黏度影响不大。助剂量越大，TPU 的抗黄变性能越好；但助剂加入量过大，会使 TPU 的黏度迅速降低，导致其粘接性能下降，进而影响其他性能。助剂添加质量分数：聚酯二元醇，在 1.5% 以内，不会对 TPU 黏度产生较大影响。

在稳定剂总量相同的条件下，其各组分配比［紫外线吸收剂：HALS（自由基捕获剂）：抗氧剂］对 TPU 黄变等级有一定影响，按照 GB-250-1995 测试 TPU 的黄变等级，结果列于表 9-25。

表 9-25　助剂配比对黄变等级的影响

助剂配比①	1:2:3	1:3:3	1:3:2	3:2:1	3:1:1	4:2:1
黄变等级	2.8	2.5	2.3	3.8	3.5	4.0

① 为 m(紫外线吸收剂)：m(自由基捕获剂)：m(抗氧剂)。

从表 9-25 中可见，紫外线吸收剂和自由基捕获剂在抗变黄中起着重要作用，当 m(紫外线吸收剂)：m(自由基捕获剂)：m(抗氧剂)=4:2:1 时，黄变等级可达到 4.0，效果最好。

吕广镛研究了由受阻酚（A）、有机硫化物（B）、苯并三唑类紫外线吸收剂（C）、受阻胺光稳定剂（D）、多酚类化合物（E）等稳定剂组成的多元复合稳定剂（A-E），并将它用于鞋用聚氨酯胶黏剂（系进口产品，牌号分别为 PU500、PU502、GCR）的稳定化，进行光照试验后的数据列于表 9-26。

表 9-26　复合稳定剂用于聚氨酯光照后的色阶

编号	样品	稳定剂添加量/mL	光照时间/(t/h)							
			2	6	8	24	48	72	96	120
10-1	PU500	0	1	1	1	2	4	6	7	8
10-2	PU500	0.5	0	0	0	0	0	0	0	0
10-3	PU502	0	1	2	3	4	5	7	8	9
10-4	PU502	0.5	0	0	0	0	0	0	0	0
10-5	GCR	0	2	7	8					
10-6	GCR	0.5	1	1	1	1	6	9		

注：色阶 0 为近于无色，色阶号越大色越深。

从表 9-26 中可见，复合稳定剂的作用是明显的，对于 PU500 和 PU502 光照 120h 后，色阶仍为 0，不加稳定剂时色阶达到 8~9；对于样品 GCR，空白样光照 2h 色阶即达到 2，光照 8h 后为 8；添加 0.5% 的稳定剂，光照 24h 时后，色阶仍可达到 1。

孔明涵研究了由紫外线吸收剂、HALS 和抗氧剂组成的三元复合稳体系，并用于聚氨酯弹性体，发挥了稳定协同作用，样品在光照 600h 后的黄变指数变化数据列于表 9-27。

表 9-27　不同稳定剂对黄变指数的影响

稳定剂	质量分数/%	黄变指数
无	0	50
UV-751	0.4	35
UV-751＋UV-765	0.4＋0.4	32
UV-751＋UV-765＋AO-1	0.4＋0.4＋0.2	26

从表 9-27 可见，不用稳定剂时，样品的黄变指数为 50；单独使用 0.4% 的紫外线吸收剂 UV-751 时为 35；同时使用 0.4% 的 UV-751 和 0.4% 的 UV-765 时为 32；并用 0.4% 的 UV-751 和 0.4% 的 UV-765，同时添加 0.2% 的抗氧剂 AO-1 时，相应值仅为 26。由此可见，稳定剂之间的协同作用是明显的，因此，在生产过程中，应该合理利用各稳定剂之间的协同效应，以大幅度地提高聚氨酯弹性体的紫外线稳定性。

阎利民采用一步法合成耐黄变热塑性聚氨酯（TPU）胶黏剂，研究了紫外线吸收剂 UV-329、受阻胺光稳定 UV-622、抗氧剂 Chinox1010 等对 TPU 胶黏剂性能的影响。结果表明，当 UV-329、UV-622、Chinox1010 质量比为 3:3:2 时，且复合光稳定剂添加质量分数 1.6% 时，可提高 TPU 胶黏剂的耐黄变性能，有效延缓 TPU 胶黏剂的光老化速率。添加量高于此值时，对于胶黏剂的力学性能即有负面影响。

台湾永光化学公司的王湖云报道了耐黄变剂 EVERSORB，PU665 与 EVERSORB，PU667 在聚氨酯软泡中的应用，讨论了其用量对聚氨酯软泡耐热压加工、紫外线和工业废气（NOx）黄变性能的影响。结果表明，在聚氨酯软泡中加入 EVERSORB，PU665 或 EVERSORB，PU667 均可明显提高耐黄变性能，可解决聚氨酯软泡在不同使用环境下（NO_x）所遇到的黄变问题。不添加时，样品的黄变指数为 13.5，添加 4.4% 的 EVERSORB、PU665 后相应值分别降到 5.55 和 5.75。

聚氨酯树脂品种多、用途广、产量大，在塑料工业中占有重要地位，对其稳定化、耐紫外光性能的研究具有重要意义，工业界对此要求迫切，通过加入稳定剂提高其光稳定性是一条降低成本，提高产品质量的重要途径，但国内该领域的研究很少，建议加强该领域的研究，以满足广大用户的要求。

9.4 加工型亚磷酸酯类抗氧剂的研究与应用

（杜新胜，杨成洁，张霖等）

9.4.1 概述

亚磷酸酯类抗氧剂系以三价磷为功能团的塑料用加工稳定剂。塑料在加工过程中不可避免要受到热、氧、机械剪切等因素的影响，常会因此而发生热降解，使熔融黏度降低，引起最终制品物理性能降低。在聚烯烃热降解过程中形成的氢过氧化物会进一步促进聚烯烃的光降解，亚磷酸酯类是聚烯烃加工用主要的辅助抗氧剂，与受阻酚主抗氧剂有很好的协同作用，能够有效地提高聚烯烃的加工稳定性、耐热稳定性、色泽改良性和耐候性；与受阻胺光稳定剂配伍同样显示出良好的协同稳定效果。

亚磷酸酯作为辅助抗氧剂的重要性越来越受到人们的关注，开发势头强劲。其原因一方面归根于自身优异的综合稳定性能；另一方面，它们能与多种助剂协同使用，不会发生诸如硫醚类抗氧剂与 HALS 配合使用时的"对抗"效应，与酚类抗氧剂配合使用赋予聚合物优良的加工稳定性、耐热稳定性、色泽改良性和持久耐候性，能够适应当今世界塑料加工的高温化趋势，因此对于该类抗氧剂开发、应用的研究十分活跃。

9.4.2 亚磷酸酯类抗氧剂的作用机理

聚合物的氧化降解是一个具有链引发、链增长、链终止过程的自动氧化连锁反应，清除自由基和分解氢过氧化物是抑制聚合物氧化降解的基本途径。传统理论认为，在氧气气氛下聚合物烷基自由基的存活寿命很短，极易氧化成相应的过氧自由基，捕获过氧自由基就成为聚合物抗氧稳定化的核心，亚磷酸酯类辅助抗氧剂具备了离子化分解氢过氧化物的能力，作为氢过氧化物分解剂使用。亚磷酸酯类抗氧剂能将氢过氧化物分解成不活泼产物，抑止自动催化氧化过程。

$$(R_1O)_3P + ROOH \longrightarrow ROH + (R_1O)_3P = O$$

9.4.3 亚磷酸酯类抗氧剂的研究进展

孟鑫等采用多次挤出和高温加速老化的方法对 2′-羟基-3-芳基苯并呋喃酮以及其与亚磷酸酯抗氧剂 Irgafos 168 进行复配的二元体系在聚丙烯中的抗氧性能进行研究，并与受阻酚抗氧剂 Irganox1010 与亚磷酸酯抗氧剂 Irgafos 168 的经典复配体系 B225 和 B215 进行比较，从而探究新的苯并呋喃酮-亚磷酸酯二元复配抗氧体系应用的可行性，结果显示 2′-羟基-3-芳基苯并呋喃酮具有优越于其他苯并呋喃酮的抗氧性能，其与羟基所引起的分子内氢键作用有关；此外其与亚磷酸酯 Irgafos168 复配之后体现出优越于 B225 和 B215 加工稳定性能以及与 B225 和 B215 相当的长期热氧稳定性能，有望成为新的二元抗氧体系。

孙付宇等以亚磷酸三乙酯、季戊四醇、乙醇胺作为原料通过一锅法合成了双氨乙氧基季戊四醇二亚磷酸酯，并确认其结构。通过优化研究，确定了最佳工艺条件：亚磷酸三乙酯与季戊四醇的摩尔比为 2.05∶1，催化剂的用量为季戊四醇质量的 3.5%，反应温度为 130℃，时间为 3h；在双氨乙氧基季戊四醇二亚磷酸酯的合成时，乙醇胺与二亚磷酸季戊四醇酯的摩尔比为 2.05∶1，反应温度为 140℃，时间为 2.5h。

胡应喜等以季戊四醇、亚磷酸三乙酯、十六醇为原料合成了二亚磷酸二（十六醇）季戊四醇酯，探索了催化剂用量、反应时间、反应温度、物料配比等反应条件对产率的影响，并通过正交实验法确定了最佳工艺条件，实验表明催化剂为二丁基氧化锡，用量为 0.4g，反应时间为 2h，第一步反应温度为 130~140℃，第二步反应温度为 160~170℃，物料配比 $[n(季戊四醇)∶n(亚磷酸三乙酯)∶n(十六醇)]$ 为 1∶2.08∶2。在最佳工艺条件下所制得的产品为白色蜡状固体，熔点为 42~44℃，产率在 98% 以上。通过元素分析、红外谱图和核磁共振对产品进行了物性和结构表征。

张学岭等以亚磷酸三乙酯、季戊四醇、十四醇为原料，无水碳酸钾为催化剂，采用酯交换法合成了二亚磷酸二（十四醇）季戊四醇酯。探讨了反应温度、反应时间、催化剂、催化剂用量、物料配比等因素对反应的影响，确定了最佳工艺条件，第一步的反应温度是 130℃，反应时间为 3h，第二步的反应温度为 180℃、反应时间为 3h，有机锡为催化剂、物料配比 $[n(季戊四醇)∶n(亚磷酸三乙酯)∶n(十四醇)]$ 为 1∶21.15∶2，催化剂的用量为 0.17g，产品的收率在 96% 以上。

张新兰等通过在聚碳酸酯（PC）中加入不同抗氧剂以提高其热稳定性，研究了抗氧剂的种类、用量、环境条件对 PC 热稳定性能和降解动力学的影响。结果发现加入复配抗氧剂能显著提高 PC 的热稳定性能。在有氧气情况下，抗氧剂的质量分数增至 0.6% 时，起始降解温度从原来的 472.1℃ 增加至 500.4℃，而最大降解温度也从原来的 530.3℃ 增加至 546.4℃。

徐婷婷等研究了以 2,2'-亚甲基双（4,6-二叔丁基苯酚）（简称双酚 Z）与三氯化磷为原料，经一级酯化反应生成 2,2'-亚甲基双（4,6-二叔丁基苯基）亚磷酸酯-氯化物；与异辛醇二级酯化反应生成 2,2'-亚甲基双（4,6-二叔丁基苯基）异辛烷氧基亚磷酸酯（简称 HP-10）。一级酯化工艺条件 $n(双酚 Z)∶n(三氯化磷)=1.0∶1.3$，催化剂 0.2g，反应时间 2.0h，温度 85.0℃；二级酯化工艺条件：异辛醇 6.5g，反应时间 4.0h，温度 85.0℃，合成 HP-10 收率达 84.3%，熔点 147.5~148.2℃。

付建英以新工艺合成了双（2,4-二叔丁基苯基）季戊四醇二亚磷酸酯（抗氧剂 626）。先以三氯化磷与 2,4-二叔丁基苯酚反应合成出中间体（2,4-二叔丁基苯基）二氯亚磷酸酯，再将其与季戊四醇反应合成出产品。探索了反应条件，溶剂及催化剂的种类等因素对产品收率和质量的影响，筛选出最佳的合成工艺条件为：以甲苯或二甲苯为熔剂，体系保持负压至常压，第一步反应温度 40~50℃，反应 2h，第二步反应温度 50~130℃，反应 6h，反应收率为 86%。

胡艳芳等由亚磷酸和正丁醇合成了亚磷酸二丁酯并对其合成工艺进行了探究，对反应原料配比、反应温度、反应时间及催化剂的种类等因素进行考察，并对分析方法进行了初步研究。用滴定的方法对产物组成进行了分析，结果表明最佳合成亚磷酸二丁酯工艺条件为：反应温度 125~135℃，正丁醇与亚磷酸摩尔配比为 3.6，不加任何催化剂的情况下反应 3 小时，亚磷酸二丁酯的产率可达 68%。采用薄层色谱法，当展开剂选用 10∶1 的正丁醇∶苯时可以成功地将产品分离。

潘朝群等以季戊四醇、三氯化磷和 2,4-二叔丁基苯酚为原料，在实验室合成了双（2,4-二叔丁基苯基）季戊四醇二亚磷酸酯。采用正交试验考察了反应温度、反应时间、催化剂及物料配比对产品收率的影响。试验表明整个工艺过程适宜的工艺条件为：2,4-二叔丁基苯酚、三氯化磷和季戊四醇的摩尔比为 2.00：2.05：1.00，催化剂 B 的用量为季戊四醇质量的 2.2%，第一步反应温度为 130℃，时间为 2.5h；第二步反应温度为 120℃，时间 3.0h。产品元素分析及红外光谱与目的产物相一致。

专利 CN102718796A 公开了一种新型环保亚磷酸酯抗氧剂，以腰果壳油提取物腰果酚或氢化腰果酚与三氯化磷为原料，采用无溶剂无催化剂，按照腰果酚或氢化腰果酚与三氯化磷的摩尔比为（3.0:1.0）~（3.5:1.0）反应制取液体亚磷酸酯抗氧剂产品。本发明工艺简单，原材料廉价易得，所合成的产品可以替代抗氧剂三（壬基酚）亚磷酸酯（TNPP）用作天然橡胶、合成橡胶、乳胶及塑料等领域的抗氧剂和稳定剂，既具有比 TNPP 更加优越的乳化、抗水解及热稳定性能，又具有廉价环保的特性，符合未来抗氧剂发展的趋势，其中以腰果酚为原料合成的抗氧剂还是一种带有双键的反应型抗氧剂。

专利 CN102702267A 公开了一种新型高效亚磷酸酯抗氧剂的制备方法，以亚磷酸三酯、季戊四醇、脂肪醇为原料，在催化剂存在下通过酯交换得到高磷含量的脂肪醇基季戊四醇二亚磷酸酯。本发明采用"一锅法"，不加溶剂，工艺简单环保，无"三废"，催化剂用量小且收率高，所得产品磷含量高，具有极好的高温抗氧化和色泽保护能力。

专利 CN1911939 公开了一种亚磷酸酯类抗氧剂的制备方法，该方法采用催化缩合和催化取代两步法合成，再经过抗水解处理得到双（2,4-二叔丁基苯基）季戊四醇二亚磷酸酯产品。与现有技术相比，本发明的特点是：所制备得到的抗氧剂成品纯度高（≥98%）、酸值低（≤0.5mg KOH/g）、储存时间长（大于 6 个月）。

专利 CN1948319 公开了一种季戊四醇亚磷酸酯抗氧剂的制备方法。本发明提出了一种以季戊四醇、溶剂、三氯化磷和 2,6-二叔丁基对甲酚为原料和使用弱碱型大孔离子交换树脂作催化剂的季戊四醇亚磷酸酯抗氧剂的制备方法。本发明所用催化剂为固体，易于分离和回收，并且容易再生，可以循环使用，效果和新鲜的催化剂相当，显著地降低生产成本，避免了环境污染；解决了现有技术使用液体碱性化合物作为催化剂带来的催化剂不易分离和回收以及污染环境等问题，且得到的抗氧剂产品纯度高、性能好。

9.4.4 亚磷酸酯类抗氧剂的应用

亚磷酸酯类抗氧剂常与酚类抗氧剂共同使用，具有很好的协同效应，同时提高塑料热稳定性、光稳定性、加工稳定性、色泽改良等，广泛应用于塑料、聚烯烃、尼龙、合金等聚合物中，可有效延长制品寿命，同时还具有稳定高聚物熔融黏度的特殊功能。

专利 CN102206234A 公开了一种抗氧剂的制备方法，以季戊四醇、三氯化磷为原料进行环化反应生成二氯二亚磷酸季戊四醇酯，再与受阻酚进行取代反应生成季戊四醇双亚磷酸酯，经过分离、洗涤、干燥、粉碎，得到抗氧剂产品。本发明采用一锅法工艺制备抗氧剂，控制环化反应原料配比，通过核磁共振磷谱分析监控反应过程，免去中间产物分离提纯步骤，降低生产成本。所得抗氧剂产品纯度高，在聚丙烯树脂中应用，具有良好的高温抗氧性能和色泽保护能力。

专利 CN101117580 公开了一种三壬苯基亚磷酸酯抗氧剂及制备方法。由壬基酚与亚磷酸三乙酯构成；壬基酚与亚磷酸三乙酯的摩尔配比为：（3.1:1.0）~（3.5:1.0）。以壬基酚和亚磷酸三乙酯为原料，惰性气体为保护气，在催化剂作用下进行无溶剂酯交换反应合成三壬苯基亚磷酸酯抗氧剂，反应过程中的副产物乙醇可以回收利用。本发明工艺简单，反应过程易于控制，反应条件温和，过程基本无环境污染，所合成的产品三壬苯基亚磷酸酯是橡胶、天然橡胶、聚烯烃塑料和胶乳等重要的抗氧剂和稳定剂。

9.5　光稳定剂

9.5.1　光稳定剂的市场现状

随着人类生活质量以及生产技术水平的不断提高，高分子材料已经广泛应用到人类社会生活的各个领域。但高分子材料在加工、贮存和使用的过程中，普遍存在其物理性质、化学性质和力学性能会逐渐变差的现象。

例如塑料的发黄、脆化与开裂；橡胶的发粘、硬化、龟裂及绝缘性能下降。纤维制品的变色、褪色、强度降低、断裂等现象。这些现象统称为高分子材料的老化或者降解。造成高分子材料老化的因素很多，其中以氧、光和热的影响最为显著。所以为了防止或延缓其老化，延长其使用寿命，人们通常将一些具有特定功能的化学助剂添加到高分子材料中。其中，光稳定剂就是一类能够干预高分子材料光诱导降解物理化学过程的化合物，是最常用也是最重要的高分子材料添加剂之一。

光稳定剂主要生产企业包括：德国巴斯夫公司、美国氰特公司、日本旭电化公司、瑞士克莱恩公司、北京天罡助剂有限公司、北京加诚助剂研究所等。其中，德国巴斯夫公司于 2007 年收购了光稳定剂领域最早的先驱企业瑞士汽巴精化公司，因此成为光稳定剂领域的领军企业；美国氰特公司主要业务包括高性能复合材料以及添加剂等，并已于 2015 年宣布出售给德国 Solvay 公司。

(1) 2010~2013 年产能分析（主要生产商明细）　据调查企业人员透露，光稳定剂领域大部分产品上已经实现了进口替代，并且每年有相当一部分产品出口海外，国内光稳定剂企业基本产能如表 9-28 所示。

表 9-28　2012 年我国光稳定剂主要生产商产能分析

企 业 名 称	产能/t	企 业 名 称	产能/t
北京加成助剂研究所	500	山西省化工研究院	1000
北京市化学工业研究院	300	宿迁联盛化学有限公司	2500
北京天罡助剂有限责任公司	10000	天津力生化工有限公司	100
常州市阳光药业有限公司	3000	镇江前进化工有限公司	300
廊坊市龙泉助剂有限公司	2000	武汉华联下、少助剂有限公司	2000
南京华立明化工有限公司	600		

(2) 下游消费结构　2012 年我国光稳定剂消费量中：受阻胺类占总消费量的 60.2%；紫外线吸收剂约 24.8%；镍猝灭剂因有机镍络合物重金属离子毒性问题，用量呈逐年下降趋势，消费比例仅占 2.5%；其他约 12.4%。

国内光稳定剂的应用主要集中在长寿农膜、室外塑料制品等，聚丙烯、聚乙烯、聚氯乙烯、ABS 树脂、聚氨酯等是光稳定剂消费主要领域。近年来我国通用合成树脂产量快速增长，塑料加工及塑料制品量保持年均 20% 左右的速度增长。

光稳定剂多用于户外制品，农用塑料大棚膜是国内最大的光稳定剂消费市场。从结构来看，受阻胺光稳定剂的产耗量最大，以 HS-362、HS-944 为代表的聚合型受阻胺光稳定剂品种已经成为聚烯烃薄制品用光稳定剂的支柱产品。

值得注意的是，以苯并三唑类和二苯甲酮类为代表的紫外线吸收剂产能增加较快，并已走出国门，出口创汇。表明我国光稳定剂行业的产品结构趋向合理。

下游行业需求直接影响到行业的发展方向，需求的增长同时也会促进光稳定剂行业的发展和技术水平的提高。

2010～2013 年国内光稳定剂市场需求量出现大幅上涨趋势，预计 2013 年全年我国光稳定剂市场需求达到 44107t，较上年有较大幅度增长。表 9-29 列出了 2012 年我国光稳定剂行业需求量分析。

表 9-29 2012 年我国光稳定剂主要行业需求量分析

名　　称	需求/t	名　　称	需求/t
聚乙烯	2453	塑料制品	17427
聚丙烯	3049	塑料薄膜	1783
聚氯乙烯	3472	其他行业	4897
ABS 树脂	835		

9.5.2 光稳定剂的分类和作用机理

光稳定剂一般包含：受阻胺光稳定剂、紫外线吸收剂、淬灭剂，以及各类光屏蔽剂等。

9.5.2.1 受阻胺类光稳定剂的稳定机理

受阻胺类光稳定剂是目前最有效的高分子材料光稳定剂，很多学者对其稳定机理进行了研究，通常认为受阻胺主要按以下 3 种机理对聚合物起稳定作用。

（1）捕获自由基　受阻胺官能团属于脂环胺类结构，本身不吸收任何大于 260nm 的光线，也不能猝灭激发态分子。但在氧的存在下，受阻胺能被氧化生成相应的氮氧自由基，这种化合物相当稳定，能非常有效地捕获聚合物光氧化降解产生的活性自由基，且在此过程中具有再生功能，这是受阻胺类光稳定剂区别其他稳定剂的最大特征。

光稳定剂能不断自我更新、活化，能不断捕捉新产生的自由基，因而受阻胺光稳定剂效率比紫外线吸收剂高 2～4 倍。

（2）分解过氧化物　过氧化物的存在和积累是引发聚合物光氧化降解的根源。受阻胺能有效地分解过氧化物，使之转化为相对稳定的醇、酮化合物，从而抑制聚合物的降解。受阻胺在分解过氧化物时能生成更有效的光稳定剂——氮氧自由基，显示出自由基捕获和过氧化物分解的协同作用。Grattan 等认为，氮氧自由基对氢过氧化物有强烈的浓集作用。用 ESR 测定表明，在过氧化氢周围，氮氧自由基的浓度高于无过氧化物区 25 倍。

（3）猝灭单线态氧　这是受阻胺稳定机理中唯一直接与光有关的机理。受阻胺在胺态时其猝灭效率很低，但当被氧化为氮氧自由基时，能有效地猝灭包括单线态氧在内的高能激发态，猝灭效果完全可同有机镍络合物相媲美。关于受阻胺猝灭激发态的具体机理，至今未见详细的研究报道，它可能是通过激发态-受阻胺间形成电荷转移络合物，从而起到消能的作用。

受阻胺光稳定剂的从分子量上来分类，包括：高分子量受阻胺（HMW HALS）、中低分子量受阻胺（LMW HALS）；按照受阻胺有效基团结构分类，包括：常规受阻胺（N-H）、烷基化低碱性受阻胺（N-R）、烷氧基化弱酸性受阻胺（N-OR）结构。

高分子量受阻胺一般为聚合型或大分子型。这类助剂具有迁移性非常低、耐抽提、低析出的特点，因此一般用于薄膜、纤维、扁丝等比表面积较大的薄制品，或者需要保证光稳定持久年限较高的厚制品。中低分子量受阻胺由于具有一定的迁移性，比较适合用于厚制品中，可以较快地迁移到制品表面，起到防老化的作用。表 9-30 为按相对分子质量对 HALS 分类。

表 9-30 HALS 按相对分子质量分类

按分子量分类	典型牌号	特点
高分子量受阻胺 HWM HALS	Tiangang HS-944、Tiangang HS-950、Tiangang HS-625、Chimassorb 119、Tiangang BW-10LD（622）、Cyasorb UV-3346、Cyasorb UV-3529、Chimassorb 2020 等	低迁移、低析出、耐抽提；适合薄膜、纤维、扁丝等薄制品使用
中低分子量受阻胺 LMW HALS	Tiangang HS-770、Tiangang HS-508（292）、Tiangang HS-765、Tiangang HS-112、ADK LA-402、CyasorbUV-3853 等	快速迁移至表面，适用于注塑件等厚制品

常规受阻胺的有效基团中的胺基为 N—H 结构，因此比较容易与酸性物质发生成盐反应，因而丧失捕获自由基的能力。所以使用过程中不可以与酸性物质接触，例如溴系阻燃剂、含硫氯的农药等，否则非常容易导致光稳定剂提前失效，而引起制品的提前老化。烷基化低碱性受阻胺的氨基为 N—R 结构，即氮上的氢被烷基所取代，产生较大的空间位阻，因此与酸性的反应活性显著降低。此类光稳定剂仍会与酸性物质发生反应，但是反应活性已显著降低，耐酸性环境能力比常规受阻胺有显著提升。烷氧基化受阻胺的有效基团中的氨基为 N—OR 结构，及氮上的氢已经被胺醚所取代。这样的结构与一般酸性很难再发生反应，也即可以完全适用于各类含有酸性物质的使用环境。由于 N—OR 的胺醚结构非常容易形成有效的 N—O· 的氮氧自由基结构，因此也具有较高的光稳定效能，是最新一代光稳定剂的发展趋势。表 9-31 为 HALS 按有效基团结构分类。

表 9-31 HALS 按有效基团结构分类

按有效基团结构分类	典型牌号	特点
常规受阻胺光稳定剂	Tiangang HS-944、Tiangang HS-950、Chimassorb 2020、Cyasorb UV-3346 等	N—H 结构，遇到酸性物质丧失光稳定能力
烷基化受阻胺光稳定剂	Tiangang HS-625、Cyasorb UV-3529、Chimassorb 119 等	N-R 结构，改善的耐酸性环境能力
烷氧基化受阻胺光稳定剂	Tiangang HS-810、Tiangang HS-112、Tinuvin NOR 371、Tinuvin XT 100、Hostavin NOW 等	N—OR 结构，完全的耐酸性环境能力，可以用于阻燃耐候等体系

9.5.2.2 紫外线吸收剂作用机理

紫外吸收剂受紫外光激发后，利用自身分子结构将光能转换成热能，然后又以互变结构形式放热重新恢复原来结构。

如二苯甲酮和苯并三唑类化合物的分子结构中含有邻羟基苯酮基，在分子内可形成氢键环，受激发后发生质子转移，且其分子具有高共轭结构，能形成共轭稳态，处于电子激发态的分子通过能量转换成振动激发态，以放热的形式减活回复原状。

通常紫外吸收剂的吸光率是与该化合物分子的消光系数及其浓度成正比的，所以应选择分子消光系数大的紫外线吸收剂的效果更佳。常用紫外线吸收剂包括以下类别，见表 9-32。

表 9-32 紫外线吸收剂的分类

类 别	常见牌号	特 点
二苯甲酮类 Benzophenone	Tiangang UV-531、Cyasorb UV-9 等	最早的紫外线吸收剂，成本低

类　别	常见牌号	特　点
苯丙三唑类 Benzotraizole	Tiangang UV-P、Tiangang UV-326、Tiangang UV-327、Tiangang UV-328、Tiangang UV-329、Tiangang UV-234、Tiangang UV-360、Tinuvin 1130 等	目前应用最广泛的紫外线吸收剂，可用于多种树脂及用途
三嗪类 Hydroxyphenyl-triazine	Tiangang UV-570、Tiangang UV-630、Tinuvin 1600 等	新一代高端紫外线吸收剂、更强的紫外线吸收能力
奥克利林类 Oxanilide	Tiangang UV-312 等	可用于尼龙等工程塑料
苯基甲醚类 Formamidine	Tiangang UV-101 等	液体紫外线吸收剂

9.5.2.3　猝灭剂作用机理

猝灭剂是聚合材料在降解引发阶段的能量转移剂，聚合在吸收紫. 外光后被激活，在没有产生自由基之前，多余的能量被转移给猝灭剂，本身回到基态，这时猝灭剂可以将这部分能量转化为无害的热能形式释放出去。主要功能是猝灭是有效猝灭激发态羰基和猝灭单线态氧，并捕获自由基。

9.5.2.4　光屏蔽剂作用机理

光屏蔽剂的功能是屏蔽和吸收紫外线，减少后者对聚合物的直接作用。许多颜料是有效的光屏蔽剂，将它们添加到聚合物中除着色外，还能起屏蔽紫外辐射和吸收紫外线的作用。通常颜料的防护效果随颜色由深至浅而降低，唯独炭黑能吸收整个紫外线和可见光，并能将吸收的能量转换为危害较小的红外辐射，它对多种高分子都是最有效的紫外线屏蔽剂。此外二氧化钛、活性氧化锌也是常用的紫外线屏蔽剂。

槽法炭黑的屏蔽效果最优，当然屏蔽效应与它的颗粒大小、浓度、在高分子中的分散程度及与其他助剂的相互作用等因素有关。分散性取决于颗粒大小和浓度，分散好否决定了它的效果。

9.5.2.5　各稳定剂的协同作用

上述各类光稳定剂都有各自的分子结构特征、功能和作用，可是至今尚未有哪一种（类）稳定剂能解决聚合物的各种降解老化问题。关于稳定剂应用方面，除要求稳定剂自身能多功能化和高分子量外，唯有不同稳定化作用的稳定剂并用，方能延缓聚合物的降解老化。协同作用就是指多于两种（含两种）的稳定剂并用效果超出它们各自单独使用时的加和效应。

9.5.2.6　光稳定剂的效果评价

可采用实验室检测或自然曝晒以测定光稳定剂在给定基质中的效率。对于这类检测，应根据被稳定聚合物的性质和聚合物的用途（如纤维、薄膜、注塑制品等），考虑多种可评价光稳定剂效率的聚合物特征。首先是一些可目视的特征，如表面龟裂、表面光泽、颜色变化等，其次是透射性能和力学性能（伸长率、拉伸强度、冲击强度等）的变化。

从已有的经验来看，如果遵循对几种标准都采用的条件，则自然曝晒的试验结果与加速老化的试验结果经常有粗略的相关性。

（1）人工加速老化　将试样置于老化箱中，采用控制和调节手段来模拟自然环境的温度、湿度变化。选择适当的程序，对试样进行喷水、冷凝、交替循环曝光。最常用的光源有碳弧灯、氙弧灯、紫外荧光灯。与地球日光的能量分布相比，碳弧在波长 290～400nm 范围内的强度过高。氙弧能最好的模拟太阳光全波段。紫外光源仅模拟太阳光的紫外波段，加速因子更大；紫外灯分为 UV-A （340nm）、UV-B （313nm）两种，二者的区别在于 UV-A 不含短波长的紫外光，因此 UV-B 对聚合物的加速老化更强。

加速老化的国标为 GB/T 16422 （等同于 ISO 4892），在标准中对测试方法有详细的叙述。对老化后的试样，尽可能的按标准方法测定其性能变化，这些性能包括光泽度、色差、拉伸强度、伸长率、冲击强度、弯曲强度等。遵循标准方法，进行正确的老化试验，可将所得结果和室外老化结果合理的关联。

（2）自然曝晒 将试样置于面向南（北半球）的架上，曝光表面一般倾斜 45°。被试样品可安装于适当的背衬上，背衬的材质可为不锈钢、铝、木板或 PMMA，也可置于构架上。入射能用太阳热量计测定，以 J/cm^2 表示。用这种方法可测定从紫外到红外的总辐射，短波长的紫外辐射未分开测，但主要是这种短波紫外辐射引起聚合物降解。这也是聚合物老化结果随地域和季节而变的原因之一。

由于紫外光的强度随季节变化，因而聚合物的光老化降解与季节密切相关，自然曝晒试验的开始时间对结果会很有影响，特别是对那些短寿命的制品更是如此。由于这个原因试验报告单中应注明老化曝光开始日期。

9.5.3 光稳定剂技术进展

光稳定剂的出现已有 50 多年的历史，到 20 世纪 50 年代，二苯甲酮系列光稳定剂得到了广泛的应用，其代表商品如 UV-531。20 世纪 60 年代，苯丙三唑类光稳定剂投放市场，代表商品如 UV-326、UV-328 等。20 世纪 70 年代是光稳定剂开发最活跃的时期，在这一时期中，除了有机镍外，性能优良的新型光稳定剂 HALS 开始工业化，并以较高的速度发展，在光稳定剂总消费量中受阻胺类光稳定剂的消费量约占 59%。

过去 20 年中，HALS 始终是聚合物光稳定剂研究领域的核心课题。全球世界 HALS 品种开发呈现如下特征。

（1）高分子量化 持久性和有效性是衡量 HALS 产品应用性能的重要方面，高分子量化对于防止助剂在制品加工和应用中的挥发、萃取、逸散损失，提高制品尤其是长径比较大的薄膜、纤维制品的持久光稳定效果具有积极的意义。但高分子量化也有其不利的一面，阻碍了光稳定剂在聚合物中的迁移，降低了制品表面的有效浓度，影响了光稳定剂活性的充分发挥。两者对立统一的结果是优化一个最佳的相对分子质量范围，故聚合型高分子量 HALS 的分子量一般控制在 2000～3000 之间为宜。由于聚合过程分子量调节困难，近些年来，单体型高分子量 HALS 的开发颇受重视，例如，Ciba-Geigy 公司的 Chimassorb119 就是一种高分子量单体型 HALS，具有良好的光热稳定性。

（2）低碱性化 传统哌啶基受阻胺（HALS）一般具有较强的碱性，而碱性的作用往往使它与聚合物配方中某些酸性组分之间的协同稳定性能下降，从而局限了受阻胺的应用领域。为此，低碱性化就成为 HALS 结构性的一大趋势。

对于受阻胺光稳定性的低碱性化研究，目前主要途径是将哌啶环上的取代基团变为取代烷基和取代烷氧基。N 烷基化（NR）的 HALS 进入光稳定链循环时，由于烷基的存在，导致酸性基团受空间位阻作用而不易与活性氮接触，即降低了碱性。N 烷氧基化（NOR）的 HALS 不仅由于烷氧基的引入使活性氮电子云密度降低，从而降低了氮的反应活性，同时由于其结构能直接进入受阻胺发挥稳定作用的链循环，可避免传统受阻胺生成氮氧自由基的过程被化学物质延缓或阻止，破坏了发挥光稳定活性的链循环现象。Tiangang® HS-625、Tiangang® HS-810 就属于低碱性的受阻胺光稳定剂。适用于阻燃改性、抗农药农膜等苛刻的光稳定体系。

（3）绿色环保 为了适应人们对绿色环保关注度不断提高的需求，新型受阻胺光稳定剂另一个研发方向是通过控制合理的分子量分布，改善与树脂材料相容性等方法，做到低 VOC、不喷霜、高温加工不发粘。天罡公司的 Tiangange® T-81、Tiangange® T-70 就属于此类产品，近年来在汽车改性材料中的应用，突显了其绿色环保的优势。

（4）高性能、高效率　受阻胺光稳定剂中发挥光稳定效果的是生成的氮氧自由基（NO·），能生成氮氧自由基（NO·）的氮元素才是有效氮含量，因此有效氮含量的高低决定了受阻胺光稳定剂性能的高低。例如，Tiangange® HS-950 和 Tiangang® HS-6608 通过提高有效氮含量，提升了光稳定效率，可以降低在制品中的添加量，使用寿命不变，却为下游用户节约了成本。

（5）多功能化　为了提高受阻胺光稳定剂产品性能，进一步扩展其应用范围和使用效率，对 HALS 的多功能化的研究具有重大的意义。基于不同结构的 HALS 组分之间可能具有协同效应，而且彼此间性能的互补有助于达到应用上的最佳平衡，在受阻胺光稳定剂分子链中含有其他功能性基团，如具有紫外吸收、抗热氧化、光氧化物分解等功能的基团可以做到一剂多用。通过分子间的自协同效应，使受阻胺的光稳定效果得到进一步的提高，同时，这些功能性基团的引入还赋予受阻胺其他方面的多重功能。

（6）反应型受阻胺　在受阻胺分子结构内引入反应性基团，使之在聚合物制备、加工中键合或接枝到聚合物主链上，形成带有受阻胺官能团的永久性光稳定聚合物，这样就克服了以往添加型 HALS 由于物理迁移或挥发而造成的稳定剂损失，改善并提高了 HALs 在聚合物中的分散性能和光稳定效果，与其他助剂具有较好的相容性。

由于 HALS 具有高效、多功能、无毒等优点，已成为 21 世纪光稳定剂的发展方向，淘汰低分子量受阻胺，转向发展高分子量、多官能团化、低 VOC 绿色环保、非碱性与反应型品种已成为趋势。

尽管如此，UVA 的开发和应用仍不容忽视，它们在一些特殊应用领域的地位难以替代，例如 HALS 不能对聚碳酸酯这样的聚合物起光稳定作用，UVA 仍然是最重要的光稳定剂，故二苯甲酮类、苯并三唑类紫外线吸收剂仍将保持一定的增长速率。2-羟基苯基三唑类 UVA 的开发是 UVA 领域的新动向。这类新结构具有很高的光稳定性，尤其是对光谱中短波紫外线吸收率极高。相比之下，由于重金属对环境有害，有机镍猝灭剂的开发已停滞多年，寻找其代用品是今后的发展趋势。

近年来，聚合物光稳定剂研究的主要进展已从发现新产品逐渐转移到建立更有效的光稳定剂配方、改良光稳定剂结构及光稳定剂高分子量化方面。

9.5.4　光稳定剂的应用探讨

9.5.4.1　选择光稳定剂的参考原则

（1）相容性　塑料聚合物的高分子是非极性的，而光稳定剂的分子具有不同程度的极性，二者相容性较差。光稳定剂的使用浓度要高于抗氧剂，可达 1% 或更多，因此稳定剂与聚合物的相容性问题比抗氧剂更为重要。在加工温度下，光稳定剂可溶解在聚合物熔体中，当聚合物冷却固化时，溶解度降低甚至过饱和，就可能导致起霜。配方设计时，选用的光稳定剂的熔点或熔程上限，不应低于聚合物的加工温度。

（2）迁移性　塑料制品，尤其是表面积与体积比（或质量比）数值较小的制品，老化主要发生在制品的表面，这就需要光稳定剂不断地从制品内部迁移到制品表面而发挥作用。但如果向制品表面的迁移速度过快，迁移量过大，光稳定剂就要挥发到制品表面的环境中，或扩散到与制品表面接触的其他介质中而损失，这种损失实际应用中是不可避免的，设计配方时应加以考虑。因此，应选择分子量较大，熔点适当较高的光稳定剂品种，并以最严酷的使用环境为前提，确定其使用量。

（3）稳定性　光稳定剂在使用环境下及高温加工过程中应保持稳定，不挥发或低挥发，不变色或不显色，不分解，不与其他添加剂发生不利的化学反应，不腐蚀机械设备，不易被制品表面的其他物质所抽提。例如传统受阻胺光稳定剂一般为低碱性产品，选用受阻胺光稳定剂时，配方中不应含酸性的其他添加剂。

对大多数光稳定剂而言，水解稳定性不成问题，但颜色稳定性倒是值得注意。事实上，与聚合物的类型和老化的环境条件有关，塑料材料本身或光稳定剂系统都可引起塑料变色。对一些对变色不大敏感的聚合物（如聚烯烃），它们的发黄通常是由添加剂和它们的氧化产物导致的。将塑料曝光于间接日光（如玻璃后的日光）下时，也会变色。塑料及时贮存于暗处，变色也不是不会发生。引起塑料变色的化合物一般是对紫外光极其敏感的，因此，当塑料经短时间直接日光或人工紫外辐射时，这种变色即会出现。正确选用酚类抗氧剂及合适的紫外稳定剂，可最大限度减少某些类型的变色。在这方面，用 N-甲基 HALS 代替 N-HHALS，可大大降低塑料的变色程度。

（4）加工性　塑料制品加工时，光稳定剂的加入可能引起树脂熔融黏度、螺杆转矩等发生改变。如果光稳定剂的熔点或熔程与树脂熔融范围相差较大，会产生熔体偏流或抱螺杆现象，即使勉强能加工，也容易造成光稳定剂分布不均。通常是将光稳定剂制成一定浓度的母粒，再与树脂混合加工成制品，以避免偏流或抱螺杆现象发生。

（5）环境和卫生性　光稳定剂应无毒或低毒，无粉尘或低粉尘。在塑料制品加工制造和使用过程中对人体无危害，对动植物无危害，对空气、土壤、水系统无污染。所选用的光稳定剂不仅通过了美国食品和药物管理局（FDA）检验并许可，而且其在塑料制品中的添加量应严格控制在最大允许限度之内。

9.5.4.2　常用光稳定剂与树脂的对应选择关系

表 9-33 列出了常用光稳定剂与树脂的对应选择关系。

表 9-33　常用光稳定剂与树脂的对应选择关系

助剂型号	聚烯烃					聚氯乙烯		其他								
	薄膜	扁丝	厚制品	滚塑	纤维	硬PVC	软PVC	ABS	PC/ABS	PU	TPU	尼龙	PS/HIPS	PMMA	POM	弹性体
高分子量受阻胺光稳定剂																
HS-950	●	●	○	●							●	●	○		●	●
HS-625	●															
HS-944	○	○			○						○	○			○	○
BW-10LD(622)	○			○							○	○				
中低分子量受阻胺光稳定剂																
HS-770		●	○					●			●	●	●		●	●
HS-765			○					●		●	○	○				○
HS-508							●	○		○						
HS-112												○				
HS-6608/6607			●													
T-81/T-78/T-70			●													
复配光稳定剂																
HS-362	●			●	○							○	○			
HS-626	●			○			●									
HS-962(783)	○												○			
HS-791													○			
常规紫外线吸收剂																
UV-531(C81)	●	●	●			●	○						○			
UV-P		○	●			●	●	●					○			
UV-326	●		○					○			●		○			
UV-327	○		○					●						●		
UV-328	○		●								●				●	●
UV-329(5411)			●					○			●			●	●	●

注：●—推荐产品；○—可以用产品。

9.5.4.3 光稳定剂的应用

(1) 光稳定剂在 PP 薄带中的应用　与其他聚烯烃相比，PP 对紫外线辐射特别敏感。这个特点在它的各种应用中都须加以考虑。因此，不仅是用于户外的制品需要防紫外线，用于室内的物品亦然。未光稳定化的 PP 在室外曝光时，失去光泽，表面开裂，颜色不再鲜艳，且力学性能下降。当然，即使经光稳定化的 PP，也会产生上述现象，但要经过较长时间才发生。

对于的 PP 的光稳定化，目前常使用的光稳定剂有 2-(2′-羟苯基) 苯并三唑、2-羟基-4-烷氧基二苯甲酮和受阻胺 (HALS)。对于薄型 PP 制品，紫外吸收剂的效率有限，受阻胺的性能更佳。同一浓度不同类型的光稳定剂可以使 PP 的稳定性提高近 2~20 倍。甚至在一半浓度下，它的性能也明显超过了其他的光稳定剂。见表 9-34。

表 9-34　0.03mm 厚聚丙烯薄带的光稳定性（自然曝晒）

光稳定剂	保持拉伸强度 50％时的能量/(kJ/cm^2)
无	80
0.5％UV-327	170
0.25％HS-770	1020

高分子量和低分子量的 HALS 混合使用在光稳定性方面通常起协同作用。可将低分子量 HALS 的优点，如高迁移率，与高分子量 HALS 的难移动和低萃取性相结合。高分子量 HALS 对热氧化稳定性的贡献是它的另外一个优点。高 (HS-944)、低 (HS-770) 分子量的 HALS 结合使用的典型结果见表 9-35。

表 9-35　聚丙烯薄带的光稳定性

光稳定剂	在 120℃破坏时间 （带通风的 120℃烘箱中）/d	保持拉伸强度 50％时的 能量(自然曝晒)量/(kJ/cm^2)
无	45	125
0.2％HS-770	40	1925
0.15％HS-770+0.05％HS-944	69	1840
0.1％HS-770+0.1％HS-944	115	1550
0.05％HS-770+0.15％HS-944	156	1275
0.2％HS-944	163	795

(2) 光稳定剂在农膜中的应用　HALS 在我国的最大应用领域是农用塑料薄膜，且每年的用量在不断递增。传统的 HALS 如 HS-622、HS-944、HS-783 用于农膜已达二十余年，为农膜耐老化做出了突出贡献。但近十年农膜使用条件越来越苛刻，传统 HALS 已不能完全满足农膜的使用需求。首先，全球气候变暖，对农膜耐热氧老化性的要求日益提升，特别是农膜背板老化（农膜在棚室骨架处开裂）亟待解决。其次，具有仲胺和叔胺结构的受阻胺光稳定剂呈现出较高的碱性，当遇到酸性物质时，易发生酸碱中和反应，致使受阻胺光稳定剂丧失了光老化防护能力。近年来，棚内农药的使用，用量及喷洒频率逐年增加，农药中的酸性物质（主要是硫、氯遇空气中的氧、水汽生成酸）会与呈碱性的 HALS 发生负效应。进而导致农膜的提前老化，给农户造成较大的作物损失。

新型受阻胺光稳定剂 HS-362、HS-625 是受阻胺光稳定剂的重要升级产品，与传统 HALS 比，其有效氮含量更高，因此有着更出色的光稳定效能和优异的长效热氧稳定性；其弱碱性降低了与酸性物质的反应活性，提升了农膜的耐酸性。

以 HS-625 为例，其应用效果见表 9-36、表 9-37。

表 9-36　长寿膜在不同 HALS 下的热氧老化性

光稳定剂	250 天后断裂伸长率保留率(带通风的 100℃烘箱中)/%
0.3%HS-944	81.9
0.3%HS-625	98.4
0.3%HS-783	48.8

表 9-37　0.065mm 厚西瓜膜酸处理后的光稳定性

光稳定剂	人工加速老化 1200h 后拉伸强度保留率(经 0.1mol/L 亚硫酸 24h 浸泡)/%
HS-944	82
HS-625	92

注：HS-944、HS-625 添加比例相同。

（3）光稳定剂在软质 PVC 制品中的应用　PVC 制品的光稳定性，首先与所用热稳定剂系统有关，但对需要高光稳定性的透明或半透明 PVC 制品，单单依靠热稳定剂来获得光稳定性是不够的。一般理论认为，PVC 树脂在热加工、热氧化和光氧化降解时，伴随有生成氯化氢的反应。氯化氢可与呈弱碱性的受阻胺光稳定剂发生作用，反应生成盐，因而受阻胺失去抗老化活性。随着 PVC 聚合工艺技术的发展和受阻胺稳定剂效能作用的提高，PVC 分解产生的氯化氢已不足以抑制受阻胺的作用。例如用于温室的 PVC 膜，见表 9-38，当 HALS 与紫外吸收剂并用时，效果更佳。

表 9-38　0.2mm 厚透明软质 PVC 膜的光稳定性

光稳定剂	吸收能量 2090kJ·cm² 后材料伸长率保留率/%
无	0
0.3%UV-531	72
0.3%HS-944	68
0.15%UV-531+0.15%HS-944	96

（4）聚甲醛的光稳定化　不经特殊光稳定化的聚甲醛（POM）树脂，在经相对短时期的老化后，即会发生表面裂纹和粉化。所以对于 POM，除须抗热氧化外，当用于室外制品时，还必须光稳定化。

炭黑可赋予 POM 良好的光稳定性，如果对制品色泽要求不是很严格时，可采用炭黑作为 POM 的光稳定剂。2-羟基二苯甲酮型和 2-羟苯基苯并三唑型紫外吸收剂也可大大改善 POM 的光稳定性。当 POM 均聚物和 POM 共聚物都未经特殊的光稳定化时，共聚物的光稳定性比均聚物好。对共聚物加入炭黑，比加入紫外吸收剂更能提高其光稳定性。

HALS 也能使 POM 有效的光稳定化。在同时曝光和喷水的人工老化中，HALS 复配紫外吸收剂所稳定的 POM，其光稳定性比只含单一的紫外吸收剂的 POM 高得多，见表 9-39。

表 9-39　1mm 厚 POM 共聚物压塑板的光稳定性

光稳定剂	人工老化(光照+喷水)发生粉化时间/h
0.25%UV-328	1000
0.25%UV-328+0.25%HS-622	2400
0.25%UV-328+0.25%HS-765	3200

（5）苯乙烯系塑料的光稳定化　苯乙烯塑料，例如丙烯腈/丁二烯/苯乙烯接枝共聚物（ABS）和高抗冲聚苯乙烯（HIPS），对氧化是十分敏感的，这主要是它们中含有聚丁二烯。苯乙烯系塑料的老化降解，开始是发生于表面，随后力学性能（例如冲击强度）很快恶化。同时采用 HALS 和苯并三唑型紫外吸收剂，可赋予 ABS 良好的光稳定性。紫外吸收剂可保护 ABS 的深层，而 HALS 则保护 ABS 表层，同时使用两者可获得真正的协同效应。这一点对 ABS 是特别重要

的，因为 ABS 具切痕敏感性。而且同时使用紫外吸收剂和 HALS 可大大延缓 ABS 的变色，且这方面 HS-765 优于 HS-770，特别是考虑 ABS 在暗处贮存引起的变色的话，见表 9-40。

表 9-40　2mm 厚注塑 ABS 板经紫外曝光后贮存于暗处的颜色变化

光稳定剂	黄变指数		
	最初值	曝光 100h 后	曝光 100h 在贮存于暗处 10 个月
无	10	28	46
0.5％UV-P＋0.5％HS-765	16	4	12
0.5％UV-P＋0.5％HS-770	15	7	25

ABS，可用的稳定剂对抗冲聚苯乙烯（IPS）也是十分有效的。见表 9-41。

表 9-41　2mm 厚注塑 IPS 板的光稳定性

光稳定剂	老化下述时间后 IPS 的黄变指数				
	0h	250h	500h	1000h	2000h
无	22.8	25	31	42	58
0.25％UV-P＋0.25％HS-765	23.3	16	15	13	14
0.4％UV-P＋0.25％HS-765	23.4	16	14	12	12

9.6　聚乙烯老化性能的研究进展

（卢　伟）

聚乙烯（PE）是一种广泛应用于户外的高分子材料，已成为工业、农业和生活等国民经济各领域中不可缺少的主要材料之一。但聚乙烯材料在使用过程中不可避免地会受到光照、风、霜、雨、雪等自然气候的影响，其物理力学等性能逐渐变坏，以致最后丧失使用价值。因此，聚乙烯的老化一直是研究的热点问题。

9.6.1　聚乙烯的光氧老化

9.6.1.1　聚乙烯的光氧老化机理

一般认为，紫外光是引起聚乙烯老化的主要因素。PE 暴露在日光下，其吸收光的基团受到激发而生成自由基，若有氧存在，PE 同时也被氧化（光氧化）。聚合物的光老化实际上是伴随着自动氧化反应而使老化过程和机理变得相当复杂，光氧化降解是光老化的主要反应过程。PE 本身并不带可吸收紫外光的生色基团，必须依靠外加光引发剂来引发交联，其光引发剂可分为两大类：裂解型光引发剂和夺氧型光引发剂。在光氧化过程中，聚乙烯分子链发生断裂或处于激发态，断链的自由基和处于不稳定的激发态分子又很容易发生氧化反应生成氢过氧化物和羰基，这二者是引发 PE 发生化学反应的主要基团。反复断链和吸氧，使光敏点越来越多，从而开始聚乙烯分子的自动氧化反应即老化过程。

9.6.1.2　聚乙烯的光氧老化研究进展

王俊等将高密度聚乙烯（HDPE）在海南进行自然大气暴露和氙灯人工老化，通过力学性能、FTIR、DSC、T_g 和熔融指数等手段对 HDPE 老化后的宏观性能和微观结构进行分析、比较，认为氙灯人工老化同海南自然暴露在 HDPE 的老化机理方面是基本一致的。此类 HDPE 材料的力学性能的氙灯老化对海南自然暴露的加速倍率大约在 4 左右。在老化过程中，HDPE 中存在着交联和降解这一对竞争反应。

张立基等研究了光氧老化过程对不同种类、不同厚度聚乙烯薄膜物理性能的影响，几种聚乙烯的耐光氧老化性顺序为：LLDPE（7068）＞LLDPE（7047）＞LDPE（2F2B）≈LLDPE（7042）。当薄膜厚度为 30～150μm 时，不加光稳定剂的薄膜厚度对光氧老化性能的影响不大，加光稳定剂后耐光氧老化性能随薄膜厚度的增大而迅速改善。

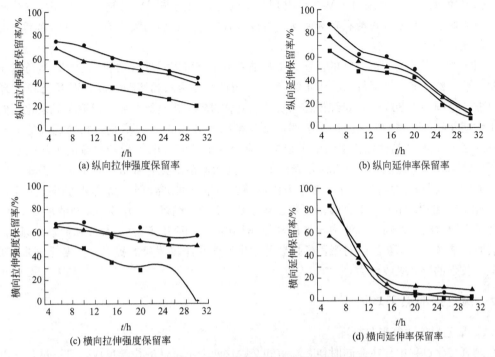

图 9-16　$1^{\#}$、$2^{\#}$、$3^{\#}$ 薄膜的力学性能测试结果

■—$1^{\#}$；●—$2^{\#}$；▲—$3^{\#}$

卢赞等利用优良光稳定剂 Chimassorb 944（光稳定剂 1）为母体，通过氧化反应合成了含稳态氮氧自由基的光稳定剂（光稳定剂 2），再将其与聚乙烯（PE）/乙烯—乙酸乙烯酯共聚物（EVA）共混吹塑薄膜，经过紫外灯照射进行加速老化后，对比了不同试样老化前后的力学性能、羰基指数和透光率的变化。图 9-16 所示为三种薄膜的力学性能测试结果（$1^{\#}$ 未添加光稳定剂，$2^{\#}$ 和 $3^{\#}$ 分别添加了 0.4% 的光稳定剂 2 和光稳定剂 1），三个薄膜的力学性能 $2^{\#}$＞$3^{\#}$＞$1^{\#}$。可见添加了光稳定剂的膜经过紫外光照射后的力学性能明显优于没有添加任何光稳定剂的 $1^{\#}$ 薄膜。添加了 0.4% 光稳定剂 2 的 $2^{\#}$ 薄膜的抗光老化的性能优于添加了同样的量的光

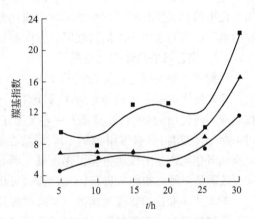

图 9-17　薄膜的羰基指数随老化时间的变化

■—$1^{\#}$；●—$2^{\#}$；▲—$3^{\#}$

稳定剂 1 的 $3^{\#}$ 薄膜。同时，由图 9-17 可见，羰基指数的结果也从另一个角度证明添加了光稳定剂 2 的薄膜的光稳定性能要优于 Chimassorb 944 的薄膜和空白薄膜。另外添加该稳定剂的薄膜的透明性比添加 Chimassorb 944 的高 4%。

P. Anna 等人用 DSC 和 UV 光谱研究了含有不同光稳定剂和颜料的高密度聚乙烯（HDPE）在加速光老化条件下的老化情况。经过氙灯加速老化发现，含很少光稳定剂的 HDPE 的寿命（断裂伸长率为原来的 50%）为 900h，含有较多稳定剂的寿命为 3000h，含有较多稳定剂和 TiO₂ 的寿命为 2900h，含有较多稳定剂和酞菁的寿命为 1100h，含有较多稳定剂但含有表面处理过的

酞菁的寿命为 2300h。其中含有酞菁颜料的薄膜快速降解，这可能与聚合物基体中的热稳定剂被吸收有关，在热加工过程中发生了降解，这些降解产物进一步加速光降解。在颜料（填料）-溶剂-稳定剂的模型系统中，通过 UV 光谱发现受阻酚光稳定剂非常容易被滑石粉和酞菁分解。因此，通过表面活性剂来处理滑石粉和颜料，可以显著地减少它们的吸收能力，从而提高含有颜料的薄膜的光稳定性。

无机纳米粒子具有很多独特的性能，少量纳米粒子就可以对聚合物明显改性，还可赋予高分子材料某些特殊性能。王霞等人将少量纳米 ZnO 与低密度聚乙烯熔融共混，用 XQS00 型球形汞氙灯（波长范围小于 365nm）对纯聚乙烯及纳米复合材料试样进行光照，研究了光老化不同时间后介电性能及红外光谱的变化，结果表明添加少量纳米 ZnO 的聚乙烯复合材料有较好的光稳定性。纳米 ZnO 具有结晶性化合物的电子结构，有充满电子的价电子带和没有电子的空轨道形成的传导带结构，禁带宽度最为 3.2eV，光照下大于能量间隙的光将被吸收，故低于波长 387.5nm 的 UV 光均可吸收，因此纳米 ZnO 常作为比较理想的紫外线屏蔽剂。高俊刚等研究了茂金属聚乙烯（mPE）/纳米 TiO$_2$，线形低密度聚乙烯（LLDPE）/纳米 ZnO，LLDPE 纳米 CaCO$_3$ 复合材料经过不同时间紫外辐照后的力学性能和热学性能，用 FTIR 测定了紫外辐照后的基团变化。结果表明，纳米 TiO$_2$ 和 ZnO 对聚乙烯抗紫外老化性能有比较明显的提升，主要是纳米 TiO$_2$ 和 ZnO 具有较强的紫外吸收能力。

9.6.2 聚乙烯的热氧老化

9.6.2.1 聚乙烯的热氧老化机理

在热氧老化过程中往往会同时伴有降解和交联这两类不可逆的化学反应，只不过是它以哪一类反应为主而已。在受热或氧直接引发作用下，高聚物产生游离基的过程是热氧老化的游离基链式反应整个过程中较难进行的一步，故测定氧化诱导期是评定塑料老化的常用指标。对于聚乙烯热氧化中的物理变化而言，长支链和交联比断裂更具有重要意义，至于交联原因还有不少互相矛盾的解释。有越来越多的证据表明，自由基与双键的加成反应导致形成交联。

9.6.2.2 聚乙烯的热氧老化进展

评价聚乙烯材料老化寿命的最有效的方法是进行自然大气老化试验，对聚乙烯老化性能评价，普遍使用的是差示扫描量热法（DSC），热重法（TG）评价其热氧老化性能也有一些报道。在目前国内使用的 PE 行业标准及一些大型工程标准中，聚乙烯热老化周期太长（高温 PE 料需用 4800 h，常温 PE 料需用 2400 h），无法在短期内完成评价。石荣满等借鉴国外一些具体工程规定及知名企业产品的性能指标，提出氧化诱导期可以作为快速评价聚合物热氧老化性能和各种抗氧剂效能的灵敏性指标，进行快速检验。氧化诱导期越长，聚合物热氧老化性能越好。

毕大芝等通过熔体流动指数（MFI）和 DSC 研究了 HDPE（Phlliips 型 501000）的烘箱老化行为。结果表明，随着老化时间的延长，MFI 和结晶度均出现先增大后减小的现象。MFI 开始为 0.1g/min；热老化 100h 后，MFI 为 8g/min；热老化 300h 后，MFI 为 0.1g/min。说明该 HDPE 在烘箱老化初期主要发生降解反应，而老化后期以交联为主要反应。

木塑复合材料（WPC）作为一种新型绿色环保型复合材料，近年来研究与应用发展相当迅速。雷文等选择高密度聚乙烯（HDPE）和杨树木粉（WF）为原料制备 WPC，并分别选择马来酸酐接枝聚乙烯（MAPE）作界面增容剂及 3 种抗氧剂添加到 WPC 中，对比考察了界面增容剂及抗氧剂（抗氧剂 1076，BHT 和 1010A）对 WPC 耐热氧老化的效果。通过力学性能、TG 和 DSC 发现，MAPE 增容可使 WPC 更耐热氧老化，且其效果优于所用的 3 种抗氧剂。在此的基础上，在 WPC 中使用 MAPE 界面增容后，再使用抗氧剂则有利于进一步改善 WPC 的耐老化性能，其中选用 1.5%～2.0% 的 1076 作抗氧剂可使 WPC 具有最佳的抗热氧老化效果。

王秋梅等把烷基化单酚类主抗氧剂和亚磷酸酯类辅助抗氧剂加入到高密度聚乙烯（5000S）中，研究其耐老化性能。不同抗氧剂体系对 HDPE5000S 耐老化性能均有不同程度的改善，当未加抗氧剂时熔融指数（MFR）随着加工次数的增加而明显下降，说明 HDPE5000S 的热氧老化过程是以交联为主。当加入一定量抗氧剂后，由于抗氧剂阻止聚乙烯在加工过程中交联，在短期内出现 MRF 增大的现象，即降解反应占了主导地位。随着加工次数增加，交联和降解反映趋于平衡。通过力学性能测试结果来看，有限的抗氧剂添加量在短期内不会对 HDPE5000S 的力学性能产生较大的影响。

朱青自制了复合抗氧剂 JS-1 加入高密度聚乙烯（HDPE）中，研究其热氧老化性。研究发现，酚类抗氧剂和亚磷酸酯类抗氧剂复配，对 HDPE 的多次挤出加工有很好的抗热氧老化效果。加入复合抗氧剂 JS-1 的样品，多次加工前后力学性能和熔融指数基本不变化，氧化诱导期为35.6min，而通用的复合抗氧剂为 33.0min，酚类抗氧剂为 24.5min，亚磷酸酯类抗氧剂为 23min。可见加入复合抗氧剂 JS-1 的样品抗热氧老化效果最好。

邱福光等人研究了抗氧剂 300 和 1035 在聚乙烯及交联聚乙烯电缆料中的抗氧化效果。含0.2％抗氧剂 300 的样品比含 0.2％抗氧剂 1035 的样品氧化诱导期长 15.3min；添加 0.2％1035 的试样的伸长变化率为 32.96％，添加 0.2％300 的试样的伸长变化率仅为 2.46％。因此抗氧剂 300的综合性能优于 1035。

P. Pagês 等人将高密度聚乙烯（HDPE）暴露在恶劣的天气条件下（加拿大的冬天，特点是温度低同时昼夜温差大），研究其老化行为。通过 FTIR 研究其降解过程中微观结构的变化（如氧化、歧化和聚合物链断裂），发现通过峰 $1474/1464cm^{-1}$ 的变化可以表征结晶度的变化。DSC研究了也证明了其正确性，得出共同的结论：在老化过程中，结晶度是降低的。在力学性能的测试中，冲击能量不断降低，这是由于高分子链的硬化。但其他的力学性能（强度和弹性模量）变化不明显，这是由于它们依赖于结晶度，而结晶度在 90 天的老化中，只下降了 3％。

Eric M. Hoàng 等人研究了不同固态的茂金属聚乙烯（mPE）的热氧化降解（在 90℃ 的热空气中）。与飞利浦型 HDPE（Phillips-type）相比较，mPE 表现出非常好的热稳定性能。飞利浦型HDPE 的热氧化引发时间是 80h，而高密度 mPE 高达 1590h。这是由于 mPE 具有非常低浓度的无害的催化剂残留，初始乙烯不饱和键和短支链的浓度在 mPE 的初始氧化阶段中起到了非常重要的作用。高密度的 mPE 具有更低浓度的乙烯不饱和键和短支链，表现出最好的热稳定性。

9.6.3 聚乙烯的光氧和热氧老化

聚乙烯热氧老化过程常常和光氧老化过程叠加在一起，使之很难单独区分出来，其热氧老化中交联原因还不十分清楚；α、β 不饱和羰基在光氧老化中的作用及氢过氧化物的分解机理还未达成共识。王朝晖等人采用新型复合型抗氧剂 AOD 同传统的抗氧剂 B215 分别与 783、622、944 复配用于聚丙烯和聚乙烯体系中，无论从加速老化实验还是自然老化实验来看，AOD 体系都体现了明显优于 B215 体系的耐热氧老化性能，其同 783 的协效性更说明了通过抗氧剂的选择和配伍也可达到提高防老化体系性能的目的。这比单纯选用高性能的光稳定剂效果更好，且性价比更高。

陈宇等将防老化协效剂 AOD 与受阻胺光稳定剂 783、622 配合使用，与农用聚乙烯棚膜中常规防老化助剂体系进行比较，并对比了 AOD 与不同光稳定剂配合使用的应用效果。实验数据表明，AOD 具有高效辅助光稳定剂和优良的热氧化稳定性，可提高常规防老化体系的耐候性，降低成本。622/AOD 体系甚至比 944/B225 体系具有更优良的耐老化性能，783 和 AOD 并用效果更好。

AdamsTidjani 比较了人工加速老化（天候老化仪和 SEPAP12-24）和自然老化（塞内加尔的

达喀尔和日本的筑波）对低密度聚乙烯的影响，使用了 FTIR 加上化学处理（SF$_4$ 和 NO）技术，定性和定量的分析光降解产物。经过这四种老化后，光降解产生的羧酸、仲醇和酯的不依赖于老化的模式；仲氢过氧化物、乙烯和酮（程度较小）的生成依赖于老化的模式。试验结果质疑了目前存在的几种光降解产物来自于氢过氧化物的分解理论的有效性。光降解产物还可以来自于自由基的复合，在断裂伸长率的变化上可以得到证明。

第 10 章 塑料着色剂与功能母料

10.1 颜料在塑料中的分散

　　颜料的分散对塑料着色有重要意义，对于用于着色的颜料而言，最重要的性能就是着色力和遮盖力。着色力是颜料着色能力和效率的度量，当两种塑料使被着色物获得相同颜色时，用量少的着色力高。遮盖力是颜料遮盖被着色物底色的能力。这两项指标与颜料的分散密切相关。

　　一般而言，颜料的分散越好，其着色力和遮盖力就越高。原因在于颜料对制品的着色和遮盖都是通过其表面与光线的复杂作用而达成，颜料分散得好，其平均粒径小，比表面积大，对光线的作用就强，着色制品的外观就会显得均匀、细腻，色斑少，色差小。此外，达到相同着色和遮盖效果时颜料的用量就能减少，从而使着色成本降低。

　　工程上的"分散"概念一般包括如下两种过程：①被分散介质在体积上的减小和统一过程；②被分散介质在空间分布上的均匀过程。对于树脂中的颜料来说，就是大的颗粒破碎成为小的颗粒并最终统一在某一尺度范围内，同时这些颗粒在树脂基体中均匀分布。一般说来，在塑料着色中，颜料的均匀分布并不太难，关键在于如何将其充分细化。因此，在对色母粒中颜料的分散进行研究时，我们可以将其看作是颜料粒子破碎细化的一种过程。

　　颜料的分散不仅影响着色制品的外观（斑点、条痕、光泽、色泽及透明度）、加工性，也直接影响着色制品的质量，如强度、伸长率、耐老化性和电阻率等。例如图 10-1 和图 10-2 所示，随着颜料粒径增大，制品的冲击强度和伸长率下降。

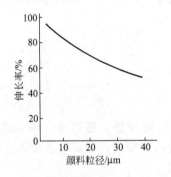
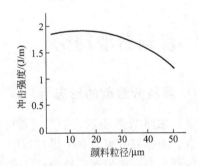

图 10-1　颜料粒径和伸长率的关系　　　　　图 10-2　颜料粒径和冲击强度的关系

　　颜料分散后的粒径多大为宜，可用下述数据加以说明。颜料粒径大于 $30\mu m$，制品表面产生斑点、条痕；$10\sim30\mu m$，制品表面无光泽。粒径小于 $5\mu m$ 时，对于一般制品，可以满足使用，但是对要求严格的产品，也会影响其力学性能、电性能及加工性。对于纤维（单根丝直径为 $20\sim30\mu m$）和超薄薄膜（小于 $10\mu m$），则颜料粒径应小于 $1\mu m$。

　　许多研究工作证明，一般情况下，颜料粒径愈小，它的着色力愈高，见图 10-3 和表 10-1。图中示出，3 种不同着色剂均显示粒子尺寸的某一值时，着色力有一极大值。此外，偶氮颜料粒子直径在 $0.1\mu m$、酞菁颜料粒径在 $0.05\mu m$ 时，具有最高的着色力。

表 10-1 群青颜料的粒径和着色力的关系

（以原始未处理群青的着色力为 100%）

编号	粒径	各种粒径的含量/%					着色力 /%
		$20\sim10\mu m$	$10\sim5\mu m$	$5\sim2.5\mu m$	$2.5\sim1.5\mu m$	小于 $1.5\mu m$	
1		26	62	12	0	0	35
2		0	8	77	12	3	110
3		0	3	32	52	13	145
4		0	3	1	3	93	180

　　我们曾对 HDPE 渔网丝进行浮染法着色（干颜料加少量白油和树脂混合着色），颜色为墨绿色，需用颜料量 14g/25kg，而采用色母粒（颜料进行研磨处理），着同样深浅颜色，仅需颜料 11.5g/25kg，这是由于后者颜料颗粒细，也就是分散好，因而着色力高。颜料粒径大小还和遮盖力有关，这是由于颜料经分散处理，粒径变小，表面积增大，因此遮盖力就增加。

　　图 10-4 为 3 种不同类型的氧化铁颜料粒径和遮盖力之间的关系。图中示出粒径均在 0.1~0.2μm 时，遮盖力为最大。尽管氧化铁颜料类型不同，但是它们小于 0.07μm 时，遮盖力急速下降，这是因为颜料粒子小于可见光波的波长一半时，产生了光的漫反射和衍射而引起的。

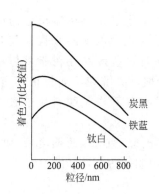

图 10-3 颜料粒径和着色力关系

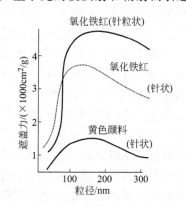

图 10-4 颜料粒径和遮盖力的关系

10.2 颜料分散理论

10.2.1 颜料分散前的形态

　　通常，如图 10-5 所示，生产过程得到的原始颜料称为湿滤饼，还需进一步商品化处理，包括粉碎、干燥等过程。在干燥过程中，较细的颜料颗粒产生凝聚，使其粒径较原始颗粒大许多倍，因而不能直接用于塑料着色，必须进行分散处理。

　　一般商品颜料颗粒是比团聚体还大的粒子，粒径为 250~750μm（相当于通过 60~200 目筛）❶。

　　根据德国标准协会（German Standard Organization）命名法，认为颜料颗粒状态可分为：原生颗粒、凝聚体和团聚体。

　　（1）原生颗粒（primary particle）是以单晶、块状、球形或微晶组成的大晶体形式存在，如图 10-6(a) 所示。

---

　　❶ 一般可用标准筛的目数估算可通过粒子直径，大约可用如下公式换算：$x=15400\mu m/M$。式中，M 为标准筛目数；x 为筛孔直径，μm。

（2）凝聚体（aggregates）是由原生颗粒表面彼此吸附而成，如图 10-6(b) 所示。

（3）团聚体（agglomerates）是由原生颗粒或凝聚体疏松的组合，或者是这两者在边、角上相互吸附而成的混合物，如图 10-6(c) 所示。

颜料的分散细化，是将团聚体粉碎、细化的过程。

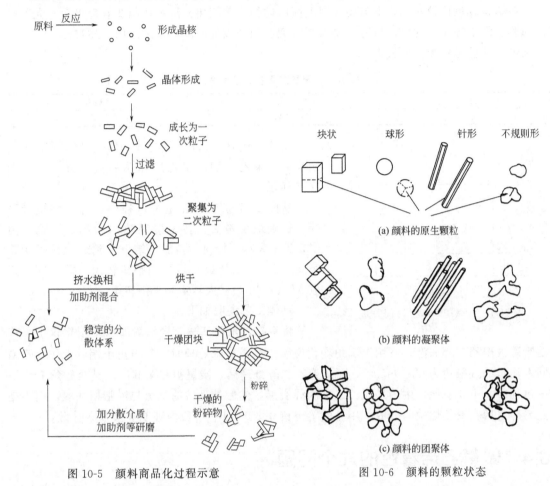

图 10-5　颜料商品化过程示意　　　图 10-6　颜料的颗粒状态

10.2.2　颜料的分散过程

颜料的分散，第一步是使用润湿剂润湿颜料，使颜料之间的凝聚力减小，便于第二步颜料的粉碎和细化；粉碎细化后的颜料进一步做包覆处理，降低新形成的界面表面能，以便在进一步加工时，不至于使颜料产生再凝聚现象；第三步细化后的颜料在熔体中能均匀分散。由此，颜料的分散过程可以分为三步：润湿、细化和细化后的稳定化混合分散。

10.3　颜料的(混合)分散与实例

（混合）分散是将润湿和粉碎的颜料均匀地分布到需要着色的塑料中。从统计学角度上看，我们希望着色剂应平均分布于整个需要着色的容积内，即在不同位置取出很小的容积单元，应有等量的着色剂或相等的含色量。

塑料着色时分散过程可分为两步：第一步制备预混料，即在预混机里将一定量的塑料和相应处理过的颜料粉末互相混合；第二步，在塑料加工设备上对预混料进行最后分散。在制备着色母粒时，第二步是在塑料造粒机（双螺杆，单螺杆等设备）上进行造粒，制得高浓度的着色母粒。

根据颜料细化后的状态不同，选用不同预混设备，例如细化后颜料呈粉末状、膏状、液体状，则用高速搅拌机、二辊塑炼机，捏和机等。

一般塑料着色比较简单，不需要采用上面所述的分散细化方法；在制造着色母粒，尤其是超薄薄膜、纤维等制品的色母料时，要求颜料细度和分散程度高，必须采用上述过程。

聚烯烃黑色母粒配方见表 10-2。

表 10-2　聚烯烃黑色母粒配方

颜料	润湿剂（分散剂）	载体树脂
炭黑	聚乙二醇	聚乙烯

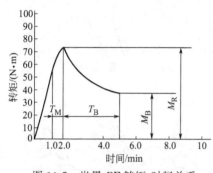

图 10-7　炭黑-PE 转矩-时间关系

实验：用 Brabander 塑化仪的转矩-时间曲线来说明炭黑、聚乙二醇，聚乙烯体系的流变性能，如图 10-7 所示。

从图 10-7 说明，在整个过程中，有一转矩最高峰，达到最高峰后，转矩慢慢减小而趋于平衡。图中，T_M 表示从加料（指加料结束）到最大转矩所需时间，T_B 表示从最大转矩到平衡转矩所需时间，相应 M_R、M_B 为最大转矩和平衡转矩。

具体工艺说明如下。

将炭黑、聚乙二醇、聚乙烯加入到塑化仪中，首先是炭黑被聚乙二醇润湿，可用湿润角变化说明。当炭黑未处理时，其与正庚烷（视作聚乙烯的同系物）的接触角为 $0°<\theta<90°$，而用聚乙二醇处理后，炭黑被完全润湿，其接触角 $\theta=0°$。这一过程中，主要应该发生的是聚乙二醇润湿炭黑，然后处理后的炭黑与树脂相润湿，而不是炭黑粉碎之后在聚乙烯中的分散，用显微镜观察 $0<T<T_M$ 阶段内证明炭黑基本分散。

10.4　聚氯乙烯着色的几个问题

聚氯乙烯热稳定性和耐光性较差，在 140℃时开始分解去氯化氢，所以选用着色剂不能与其发生不良反应，另外，颜料对 PVC 的影响，体现在颜料是否与 PVC 及组成 PVC 制品的其他组分发生反应以及颜料本身耐迁移性、耐热性。因此就 PVC 着色而言，考虑到所用树脂及相关助剂的特征，结合颜料的特点，在选择着色剂时应当注意以下几个问题。

10.4.1　加工稳定性

着色剂中的某些成分可能会促使树脂的降解。如铁离子和锌离子是 PVC 树脂降解反应的催化剂。因此，使用氧化铁（红、黄、棕和黑）颜料或氧化锌、硫化锌和立德粉类白色颜料会降低 PVC 树脂的热稳定性。某些着色剂可能会与 PVC 树脂的降解产物发生作用。如群青类颜料耐酸性差，故在 PVC 着色加工过程中，会与 PVC 分解产生的氯化氢发生相互作用而失去应有的颜色。

10.4.2　迁移性

迁移性仅发生在增塑 PVC 制品中，并且是在使用染料或有机颜料时，所谓迁移是在周围溶剂中存在的部分可溶解的染料或有机颜料，通过增塑剂渗透到 PVC 制品表面，那些溶解的染（颜）料颗粒也被带到制品表面上，这样，导致接触渗色、溶剂渗色或起霜。

另一个问题是"结垢"，指着色剂在着色加工时，因为被着色物的相容性差或根本不相容而从体系中游离出来而沉积在加工设备的表面如挤出机的机筒内壁、口模孔内壁上。

10.4.3　耐候性

指颜料耐各种气候的能力，其中包括可见光和紫外线、水分、温度、大气氯化作用以及制品使用期间所遇到的化学药剂。最重要的耐候性，包括不退色性、耐粉化性和物理性能的持久性。而有机颜料则因其结构不同有好有差。此外，在含有白色颜料的配方中，颜料的耐候性会受到较严重的影响。

颜料的退色、变暗或色调变化，一般由颜料的反应基因所致。这些反应性基因，能与大气中的水分或化学药剂-酸、碱发生作用。例如，镉黄在水分和日光作用下会退色，立索尔红具有较好的耐光性，适合于大多数户内应用，而在含有酸、碱成分的户外使用时严重退色。

脱氯化氢的测定方法按 JIS-K-6723，测定温度 180℃。以未着色的聚氯乙烯复合物脱氯乙烯的时间为基准，延长或阻缓时间以 5%、10% 间隔计，负值表示加速分解。

表 10-3 可以看出，金红石型钛白粉较之锐钛型钛白粉对聚氯乙烯有较佳的稳定效果；碳酸钙，特别是轻质碳酸钙有较大的稳定作用；特别是铬黄与有机锡类稳定剂拼配使用时，稳定效果更好；群青则具有促进聚氯乙烯脱氯化氢的作用。氧化锑对聚氯乙烯脱氯化氢则看不出明显的影响。

（1）颜料中金属离子的影响　颜料中的某些金属离子会促使聚氯乙烯树脂热氧分解如图 10-8 所示。测定方法为加有颜料聚乙烯加热至 180℃ 时的色相变化。由于颜料中含有金属离子而促使 PVC 分解加快而产生色相变化。同时，还要注意的是，同样加入色淀红可使 PVC 产生的色相差不同，如含有钙，色相差小；含锰则色相差大，这是由于锰等金属促进 PVC 脱氯化氢所致。

硫化物类着色剂（如镉红、黄等）用于聚氯乙烯着色，可能因着色剂分解放出硫化氢。这类着色剂不宜与铅稳定剂混用，以免生成黑色的硫化铅。

（2）颜料对聚氯乙烯电气绝缘性影响　作为电缆材料的聚氯乙烯和聚乙烯一样应该考虑着色后的电性能，尤其是聚氯乙烯因其本身绝缘性较聚乙烯差，故颜料的影响就

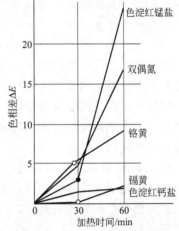

图 10-8　颜料在 PVC 加热时的色相的变化

更大，各种颜料对聚氯乙烯电气绝缘性影响见表 10-3。表 10-3 说明，选择无机颜料着色 PVC 对其电气绝缘性较有机颜料为好（除炉黑、锐钛型二氧化钛外）。

表 10-3　各种颜料的电气绝缘性

颜 料 名 称	保持率/%	颜 料 名 称	保持率/%
槽法炭黑	100	喹吖啶酮红	10
炉黑	20	芘红	80
铬黄	100	聚偶氮红	80
镉黄	100	镉红	100
双偶氮黄	10	酞菁蓝	50
聚偶氮黄	90	酞菁绿	30
钼（铬）红	95	锐钛型二氧化钛	30
色淀红	40	金红石型二氧化钛	100

10.4.4　影响 PVC 老化的几个问题

（1）影响 PVC 老化的因素　目前室外应用的着色 PVC 的比例是可观的并且不断增长，但是经使用一段时间后，像其他塑料一样，由于老化的原因，产生颜色变化，为避免退色需要满足以下条件。

① 选用种类和用量最佳的着色剂。

② 采用不透明颜料。

（2）老化现象　随着时间的推移，塑料由于老化而变坏，这是由于表面的降解。然而，不透明的有机、无机颜料和有机无机颜料的共同使用可以延缓老化现象。

在塑料中，作为白色颜料的二氧化钛含量高时，起霜是一种常见现象，它明显反映了包埋的颜料颗粒迁移到塑料表面，使其产生粉化（disintegration）。

10.4.5　聚氯乙烯成型工艺对着色剂的要求

（1）聚氯乙烯压延薄膜　生产时加入薄膜边角回收料，当其在 180～220℃加工时，更应考虑其受复杂热应力所产生的降解作用。为此，在颜料选择时，除了考虑迁移性外，尚需考虑颜色的色调-温度-时间的稳定性。为此，可选用下述颜料。铬黄、钼铬红，氧化铁系颜料，以及单、双偶氮颜料和酞菁系蓝、绿颜料。

室外用薄膜的耐光无机颜料：镍、钛黄、氧化铬绿、钴绿、锰钛棕以及高稳定性铬酸、钼酸盐、镉红。有机颜料：偶氮缩合、单偶氮颜料（红、黄、棕色调）、异吲哚酮系颜料、喹酞酮、花系和酞菁蓝、绿。

（2）挤出和注塑　对于室内应用的轻质型材——电缆导管、圆角嵌条、窗帘滑轨等，需使用的是低到中等色牢度的颜料，基本色调是白色、灰色和棕色。重质型材的面板，例如用于建筑正面的窗户需要用高等级颜料，除高稳定性的二氧化钛（金红石型）以外，主要有镍和铬钛黄、锰钛棕以及高级的有机颜料，如酞菁蓝、酞菁绿、偶氮缩合颜料、氯代异吲哚啉和黄烷士林颜料，基本色调为棕色调（仿木）。黄色和棕色调耐老化性要优于红、蓝和绿色。炉法炭黑是推荐室外使用的黑色颜料。

对于 PVC 电缆护套的着色，只有某些颜料适用；经过特殊处理含有微量电解质，着色强度高、适中色牢度的有机颜料，例如铬酸铅和钼酸铅颜料。用于高挤出速度的 PVC 护套料，建议采用色母粒的形式来着色，但色母粒必须具有优良的分散性，因为颜料的凝聚体对于电性能有不良影响。

对 PVC 塑料型材和管材着色时，需要特别注意有机颜料的耐迁移性。

（3）涂布、浇注、浸渍、涂布、浇注　主要用于生产人造革、罩子和玩具制品，这些加工方法均采用糊状聚氯乙烯，通常也使用糊状颜料着色。为此，聚氯乙烯复合物中含有大量增塑剂，颜料除了耐光性以外，需要考虑的是耐迁移性、耐汗渍和唾液性能（玩具）。

（4）混料过程中产生缺陷的原因　PVC 通常是在高速混合机中，高于 120℃温度下进行混合。与此同时，在 20～23m/s 的线速度下，产生巨大的摩擦，对于易分散的软质颜料，例如铬黄或钼铬红以及镉颜料容易被破坏，使本身色调改变和着色牢度降低（耐化学和腐蚀性降低）。如果在加软质颜料到高速混合机中之前，先将混合温度升到 80℃，或将其加入到冷却后的混合机中，就能得到优良的分散性。

硬质颜料，例如氧化物颜料，在混合容器中会使金属磨损。含有重金属的颜料，不仅会产生颜色的改变（尤其是白色色调变灰），而且降低老化性能，因为重金属，尤其是铁，通过生成金属氯化物导致 PVC 发生催化降解，但可以通过在混合过程的后阶段添加颜料来避免。

在使用无机颜料时，必须将颜料凝聚体分散，否则会降低着色力，甚至会使制品产生斑点，同时要注意颜料的凝聚体可能带来力学性能的降低。

用于聚氯乙烯着色用的颜料见表 10-4 和表 10-5。

表 10-4　应用于 PVC 着色的有机颜料

颜料种类	色调	例（染料索引 C. I. Pigment）	应用性能					附注	
			色牢度	耐迁移性	着色强度	耐光性	热稳定性	价格	使用情况
单偶氮	黄、橙、红	黄 1、黄 3	低	差	优	差	差	低	不推荐使用
单偶氮色淀	橙、红、紫红	红 48∶2，红 53∶1	中	好	优	淡色时差	好	中	广泛应用于 PVC
双偶氮	黄、橙	黄 12、黄 17	中	差	优	淡色时差	好	中	通用
缩合偶氮	黄、橙、红	黄 93、红 144	高	好	优	较差	好	高	通用
奎诺酞酮	黄、橙	黄 138、黄 139	中/高		中/高			中	通用
酞菁	蓝、绿	蓝 15、绿 7	最高	好	高	优	好	中	通用
异吲哚啉酮	黄、橙、红	黄 109、红 180	高	好	一般	优	好	高	通用
喹吖啶酮	紫、红	紫 19、红 192	较高	好	高	优	好	高	通用
二噁嗪	紫、橙	紫 23、橙 59	高	好	高	优	好	昂贵	通用
蒽醌	黄、橙、红、蓝、紫	黄 108、橙 43、红 197、蓝 64		一般	高	优	较好	高	通用
硫靛	红、栗、紫	红 87、红 88	中	一般	高	优	较好	高	应用于增塑 PVC
苝、苝四酸	红、橙	红 29、橙 27	高	好	高	优	好	高	通用

表 10-5　应用于 PVC 着色的无机颜料

颜色	颜料名称	化学品种类	亮度	不透明性	耐光性		热稳定性	抵抗同可反应的复合物反应的性能	耐迁移性	耐酸性	耐碱性	耐硫化物污染性	耐候性	着色力	经济性
					深色	浅色									
白色	二氧化钛（金红石）	OX	H	VH	VH	VH	VH	H-VH	VH	VH	VH	VH	VH	VH	VH
	二氧化钛（锐钛矿）	OX	H	H	VH	VH	VH	VH	VH	VH	VH	VH	M	H	H
	氧化锌	OX	VH	L	VH	VH	VL	VH	VL	M	VH	M	L	L
	氧化锑	OX	VH	VL	VH	VH	VH	VH	VH	VH	VH	H	VL	VL
	硫化锌	MS	VH	M	VP	VH	VH	VL	VH	L	M	VH	L	L	L
绿色	氧化铬	OX	VL	L	VH	VH	VH	VH	VH	VH	VH	VH	VH	VL	L
	氢氧化铬	OX	M	T	VH	VH	VH	VH	VH	VH	VH	VH	VH	VL	L
	氧化铁黄（天然物）	OX	VL	VH	VH	L/M	VL	VH	L-M	VH	VH	VH	VH	L	L
	氧化铁黄（合成物）	OX	LV	VH	VH	H	H	VH	VH	VH	VH	VH	VH	L	L
黄色	天然黄土（赭石）	OX	VL	VH	VH	L	VL	VH	L-M	VH	VH	VH	VH	VL	L
	铬黄	MS	H	H	MH	M	H	VH	VH	L	L	VL	M	L	H
	镉的硫化物	MS	H	H	L	H	H	VH	VH	VH	VH	VH	L	L	L
	钛酸镍	MS	VH	VH	VH	VH	VH	VH	VH	VH	VH	VH	VH	VL	VL
橙色	钼（铬）橙	MS	VH	VH	H	H	H	VH	VH	VH	VL	M	L	H
	硫代硒化镉	MS	H	VH	VH	H	H	VH	VH	VH	VH	VH	H	L	L
	（硫化）汞镉	MS	H	H	VH	H	H	VH	VH	VH	VH	L-M	H	L	M
红色	氧化铁红,合成物	OX	VL	VH	VH	VH	VH	VH	VH	VH	VH	VH	VH	H	VH
紫红色	硫代硒化镉和硒化镉	MS	H	H	VH	M	H	VH	VH	L	VH	VH	L	L	L
	硫代硒化汞和硒化汞	MS	H	H	H	L-M	H	VH	VH	VH	VH	VH	MH	L	M
	矿物紫	MS	MH	M	H	M	VH	VH	VH	VH	VH	VH	L	VL	VL
蓝	群青蓝	MS	VH	M	VH	R	VL	VH	VL	VH	VH	VL	VL	L
	钴蓝	MS	M	L	VH	VH	VH	VH	VH	VH	VH	VH	VH	VH	L
棕黄	氧化铁棕	OX	VL	H	VH	VH	H	H	VH	VH	VH	VH	VH	H	VH
	煅黄土	OX	L	T	VH	VH	H	H	VH	VH	VH	VH	VH	L	VH

颜色	颜料名称	化学品种类	亮度	不透明性	耐光性 深色	耐光性 浅色	热稳定性	抵抗同可反应的复合物反应的性能	耐迁移性	耐酸性	耐碱性	耐硫化物污染性	耐候性	着色力	经济性
黑	炭黑,槽黑,炉黑,灯黑	E	VL	VH	VH	VH	VH	VH	VH	VH	VH	VH	VH	VH	VH
	骨黑	E	VL	L	R	R	R	VL	VH	VH	VH	VH	L	L	L
	氧化铁黑	OX	VL	VL	VH	VH	H	H	VH	H	VH	H	H	VL	H

注：H，高；L 低；M，中等的，适当的；VH，很；T，透明的；R，在聚氯乙烯中有活性；OX，氧化物；MS，金属盐；E，元素。

10.5 色母粒的安全问题

(乔 辉，张 雯，杨金兴，丁 筠)

目前，人们关于安全、环保、绿色生活意识越来越高，而对于塑料制品毒性问题的关注也随之增高。为了保护人们不受有害物质的侵害，欧美及中国对此专门制定了法律法规，如欧盟的（EC）No 1935/2004 法规、2002/72/EC 法规、（EU）No.10/2011 法规及 AP（89）1 决议；美国的 FFDCA（美国食品药品和化妆品法）、CPSIA（消费产品安全改进法）、CFR（美国联邦法规）；我国的《中华人民共和国产品质量法》、《中华人民共和国进出口商品检验法》、《中华人民共和国产品质量认证管理条例》等。对包括电子电器产品、玩具和儿童用品、食品接触性材料、纺织品、车辆、船、包装材料等日常生活中经常接触制品中有毒物质含量进行了限定。

10.5.1 色母粒制品中毒性的来源

塑料制品中的毒性来源主要为加工过程和原料。而对于色母粒产品，其毒性主要来源于原料。色母粒的原料主要包括：载体、分散剂、着色剂、填料、添加剂。

色母粒的载体主要为：通用塑料（PE、PP、PVC、PS、ABS 等 5 类）和工程塑料（PA、PC、POM、PPO、PET、PBT、PPS、PEK、PKKT、PES、PSF、PAR 等），这些塑料本身的毒性较小或无毒；分散剂主要包括：聚乙烯蜡、聚丙烯蜡、改性聚乙烯蜡、石蜡等，毒性较小或无毒；填料主要包括：碳酸钙、高岭土、滑石粉、云母粉硅灰石、硫酸钡等，其中可能混有少量有毒重金属；添加剂主要包括：抗氧剂、光稳定剂、偶联剂和成核剂等，毒性较低。因此，色母粒中的有毒物质主要来自于着色剂。

10.5.2 着色剂的毒性

塑料着色剂主要分为无机颜料和有机颜料。

10.5.2.1 无机颜料

无机颜料主要包括：铬酸盐系（铬黄、锶黄、锌黄等）、氧化物系（铁红、钛白、氧化铬等）、硫化物系（镉红、铬黄等）、硅酸盐系（群青等）、铁氰化物系（华兰等）、金属颜料（铜粉、铝粉等）、天然颜料（陶土、红土等）、其他颜料（钴蓝等）。

这些无机颜料中大多数不能溶于油和水，并且有一定的粒度，所以是无毒的。只有那些含有铅、铬等重金属盐类的无机颜料，其中间体有害。铅铬颜料主要是由铬酸铅、钼酸铅或不溶于水的铅共沉淀化合物组成，颜色从黄色到红色。

在加工和应用过程中，铅铬颜料主要通过呼吸道进入人体，其次是消化道，而不能通过未受损的皮肤。铅铬颜料的毒性主要与体内组织中的溶解性和分散度有关。当含有铅、铬等重金属的铅铬颜料进入人体后，其在人体组织内的溶解性决定了对人体是否有害。钼镉红、铬黄等均不溶于水，而人体内只有胃液是酸性的，其他组织内的液体都是呈中性。所以，铅铬颜料能在胃酸中溶解多少，决定了其对人体的危害有多大。

经研究发现，目前使用的无机颜料，只有丹黄、铬酸锌、铅白中酸溶性铅、酸溶性铬占总铅、铬含量的比例较高，具有毒性；而对于其他无机颜料来说，基本上不溶于油或水，且这些颜料的粒径大部分都大于 $10\mu m$，而不是 $0.5\sim5\mu m$，因此毒性很低。

10.5.2.2 有机颜料

有机颜料主要有：酞菁系、还原性染料、缩合偶氮大分子类、偶氮系、喹吖啶酮、色淀、螯合物系、异吲哚啉酮、酸性染料和盐基性染料等。

通常，有机颜料不易溶，因此大多数有机颜料的毒性较小。而又因为颜料不溶于水，也难溶于一些常见的溶剂，因此有机颜料带来的危害主要是加工者和制造商造成的。有机颜料的毒性主要是因为一些中间体，比如硝基化合物、水溶性的胺类等，使体内生成异性血色素从而导致血液中毒。偶氮颜料因容易被还原成具有致癌性质的芳香胺中间体，因而被禁用。联苯胺黄生产过程中的中间体有致癌的可能，因此在加工过程中必须装备相应的安全保护设施。

通过动物实验发现，在一般情况下有机颜料对动物无急性毒性，其至反复接触后仍无毒性反应，对黏膜和皮肤也没有刺激作用，也没有发现过大的诱变效果和致癌性。这里所说的有机颜料也包括含有 $3,3'$-二氯联苯胺的偶氮型有机颜料。

虽然有机颜料对生命体的毒性不大，但生产颜料时，不可避免地会带入一些杂质，而这些杂质却有一定的毒性。如：①痕量的芳胺 各国法规严格规定在食品包装材料中，颜料中含有的芳胺不能高于500ppm；②痕量的重金属；③多氯联苯（PCB） 由于其分布极广，且具有持久毒性，因此美国和欧盟对其作了严格的限制。在生产过程中除了注意这些杂质外，还需要选择合适的添加剂，因为有些添加剂会对有机颜料的毒性起到引发作用，使有机颜料的毒性增加。

10.5.3 食品接触材料中着色剂的安全问题

在所有塑料制品中，与食品接触材料的毒性对人体的危害最大，因此与食品接触材料中着色剂的安全问题也最受人们的关注，相关法规对这方面的规定也最为严格。

食品接触材料对食品的负面影响主要是由于塑料中的化学物质发生化学迁移引起的，主要有两种情况：一种是塑料中的有毒物质迁移到食品中，从而损害了人们的身体健康；另一种是迁移物质能使食品的质量发生劣变，如产生污点、色变和异味等现象。

着色剂作为常用的塑料添加剂，它赋予了食品接触材料鲜艳的颜色。但如果不能正确使用着色剂或使用质量低劣的着色剂则可能损害消费者的身体健康。着色剂主要通过着色剂及其含有的有毒有害物质迁移到食品接触材料中来影响食品接触材料的安全性能，其影响大小由迁移情况决定。着色剂中包含的有毒有害物质主要有某些有机颜料生产过程中的中间体（如芳香胺、多氯联苯等）和无机颜料中的重金属（如铅、铬等）。这些物质通过食品在人体内富集，当有毒有害物质累积到一定量时就会危害人们的身体健康。

着色剂给食品接触材料带来毒性的原因有如下几种：

① 着色剂质量不合格，主要包括：重金属含量超标、成品脱色试验不合格、致癌物质芳香胺超标以及含有多氯联苯等有害物质等；

② 着色剂过量添加；如白色制品在生产过程中加入过量的钛白粉，致使在酸性食品中的蒸发残渣和总迁移量超标；

③ 除使用常规着色剂外，还使用了一些荧光增白剂；医学临床实验表明荧光物质能促使细胞发生变异，当食品接触材料中含有过量的荧光性物质时，接触时间过长就会形成潜在的致癌因素。

10.5.4 食品接触材料用着色剂的相关法规及检测技术

10.5.4.1 相关法规

欧盟理事会在 AP（89）1 决议中要求在最终产品和食品接触的塑料材料、或者相应材料中的着色剂（颜料或染料）都不应有明显的溶出物或析出物；同时该决议对着色剂中重金属含量也作出了要求，见表 10-6。

表 10-6 着色剂重金属限量（以着色剂的质量分数计） 单位：%

元素	锑	砷	钡	镉	铬	铅	汞	硒
限量	0.05	0.01	0.01	0.01	0.1	0.01	0.005	0.01

注：着色剂溶于 0.1mol/L 盐酸后测定，测定方法见 AP（89）1 决议附录。

美国 FDA 法规 21CFR178.3297 规定：与食品接触的聚合物的着色剂迁移到食品中的量不会造成食品在肉眼上的任何呈色影响。着色剂必须在 GMP 条件下使用，其用量不得超过为达到着色效果的合理需用量。

日本厚生省告示第 370 号标准中规定：食品包装材料及容器中重金属铅镉含量不得超过 100mg/kg，而任何用于接触食品的包装材料和容器使用的着色剂必须通过劳动厚生省的批准。

我国标准 GB 9685—2008 中规定：允许用于食品包装材料的添加剂种类从原来的 65 种增加到 1000 多种，其中塑料包装材料用添加剂从原来的 38 种增加到 580 种。标准中还规定了食品容器、包装材料用添加剂的使用原则、允许使用的添加剂品种、使用范围、最大使用量、特定迁移量或最大残留量及其他限制性要求。并以附录的形式列出了允许使用的添加剂名单 959 种，其中染颜料品种有 116 种。

10.5.4.2 检测技术

在我国尚未有与色母粒原料质量相关的标准，也没有专门对食品接触材料用色母粒中重金属、多氯联苯、初级芳香胺等检测方法和安全限量标准。而现今正在使用的食品接触材料的指标中，只有以"脱色试验"、"重金属试验"、"高锰酸钾消耗量"等指标，来限制食品接触材料中具有迁移性能的重金属和有机物的含量。

而国外关于食品接触材料中多氯联苯、初级芳香胺、重金属等有毒有害物质含量的检测方法有很多，例如用色谱法（主要应用的技术包括液相色谱-串联质谱、液相色谱-质谱、色谱-质谱等方法）检测芳香胺类、多氯联苯等有机化合物的含量；用 ICP-MS、ICP-AES 等检测重金属含量。

为了解决色母粒中着色剂的毒性问题，应从以下几个方面着手：

① 质量检测部门应加强关于塑料制品相关法规的宣传和研究；

② 寻找铅铬颜料等有毒颜料的替代颜料：如 MMO 颜料（Mixed Metal Oxide Pigment）等；

③ 在采购原料时应注意材料的成分、安全等级以及合格证明等信息，从源头减少因着色剂质量原因导致的产品风险；

④ 建立和完善对色母粒中有害物质的上机测试条件、富集净化条件和提取条件，逐渐形成对色母粒中芳香胺类化合物、多氯联苯、重金属等主要有害物质的测试标准，建立起关于色母粒中主要有害物质含量的安全监控和溯源系统。

10.6　聚丙烯塑料造粒色差原因和改进

改性聚丙烯（PP）造粒，即把相应的填料、颜料和助剂均匀地载附于 PP 树脂中的粒状有色颗粒。这种有色粒主要经过注塑、吹塑或挤出等工艺加工成各种色彩的制品，可以广泛应用于食品和化妆品包装、汽车、通机外壳和家电配件等领域，起到标识、美化和替代等作用。作为专业改性塑料制造商，不仅要为客户提供所需要的材料性能和颜色，还要保证每批次产品色泽重现一致，这就需要把色差控制在一定的允许范围内。由于改性聚丙烯主要客户分布在汽车行业，引用汽车行业不同颜色大众标准，作为平时检测参考。这是加工厂商和主机厂极其重要的质量控制和检测指标。以下就色差测试、主机厂要求标准、色差产生原因及改进措施分别加以探讨。

10.6.1　色差的测试

如何检测 PP 有色粒每批次样品之间的色差（ΔE）？从一个经过混合、挤出造粒的批量产品中取样，一般分别在上述过程的前、中、后三次取样。所取样在注塑成型机上将其加工为色板。对色板的颜色色差进行测试。如果色板与标样之间的色差在该产品规定的色差范围内（汽车行业不同颜色大众标准值），产品即判定为合格，否则就要对有色粒色粉配方进行调整至合格。

颜色色差测试通常采用分光光度仪与目测相结合评定。由于仪器和肉眼的敏感度不同，仅用仪器测试会产生偏差，必须两者结合。表 10-7 给出了常见颜色的色差测试方法。目前业界最常用的是国际通用的测色标准 CIE 1976 LAB 颜色空间，以 L^* 值表示颜色的明度，色度分量 a^* 分量（从绿色到红色）和 b^* 分量（从蓝色到黄色）构成直角坐标系。$+a^*$ 为红色方向，$-a^*$ 为绿色方向。$+b^*$ 为黄色方向，$-b^*$ 为蓝色方向，中央为消失区。当 a^* 值和 b^* 值增大时，色点远离中心点，饱和度增大。不同的色差结果描述见表 10-8。汽车行业不同颜色大众标准值见表 10-9。

表 10-7　不同色差的测试方法

色差种类	仪器测试	目测
不透明、半透明	✓	✓
荧光、金属、珠光		✓
透明		✓

表 10-8　不同的色差结果描述

色差范围	色差（容差）	色差范围	色差（容差）
$(0\sim0.25)\Delta E$	非常小或没有；理想匹配	$(1.0\sim2.0)\Delta E$	中等；在特定应用中可接受
$(0.25\sim0.5)\Delta E$	微小；可接受的匹配	$(2.0\sim4.0)\Delta E$	有差距；在特定应用中可接受
$(0.5\sim1.0)\Delta E$	微小到中等；在一些应用中可接受	$>4.0\Delta E$	非常大；在大部分应用中不可接受

注：ΔE 表示总色差大小。

表 10-9　汽车行业不同颜色大众标准值

材料种类	dL^*		da^*		db^*	
	1	3	1	3	1	3
摩擦敏感面料织物（地毯、中央通道织物等）	±0.9	±1.2	±0.3	±0.5	±0.3	±0.5
摩擦不敏感面料织物（车顶、座椅主副面料等）	±0.7	±0.9	±0.3	±0.5	±0.3	±0.5

材料种类	dL*		da*		db*	
	1	3	1	3	1	3
米色件（塑料件，PVC真皮，内饰油漆件 Cream、Cornsilk、Purbeige、lvory）	±0.45	±0.55	±0.25	±0.35	±0.35	±0.45
黑色件（塑料件，PVC、真皮、内饰油漆件 Titan-schwarz、Anthrazit）	±0.35	±0.45	±0.25	±0.35	±0.25	±0.35
灰色件（塑料件，PVC、真皮、内饰油漆件 Pergrau）	±0.45	±0.55	±0.25	±0.35	±0.25	±0.35

10.6.2 色差产生的原因及改进方法

10.6.2.1 原材料

色母和色粉的耐热性、耐剪切性、配方相容性、分散程度等不同，都有可能使聚丙烯造粒产生色差。除少数无机颜料之外，大多数无机颜料耐热性较好，对一般的聚丙烯造粒无影响。有机颜料的耐热温度变化较大（见表10-10），其中，联苯胺类颜料耐热性差，一般不采用，以免影响制品颜色和后续加工。杂环类颜料包括喹吖啶酮、异吲哚啉与异吲哚啉酮、苝、喹酞酮、二噁嗪、吡咯并吡咯二酮等。

表 10-10 有机颜料的耐热温度

有机颜料种类	耐热温度/℃	有机颜料种类	耐热温度/℃
双偶氮（联苯胺类）	200	酞菁类	280～300
偶氮色淀类	240	苯并咪唑酮类	250～270
单偶氮金属盐	260	杂环类	300
缩合偶氮类	260～280		

耐碰撞剪切差的着色剂是珠光粉、荧光粉等。耐螺杆剪切差的着色剂是联苯胺类、珠光粉类、荧光粉、金属粉等。无论是直接色粉造粒，或是先制成色母再次加入造粒，都会影响聚丙烯色差。由耐热性、耐剪切差而导致变色的不合格品，因颜色的彩度（Δc）比标样的低很多，无法进行修色调整，造成造粒PP材料报废，因此在PP造粒中一般建议不要含有以上颜料。

一般用小机器制小样，首次批量生产换大机器时，因螺杆长径比不同，整个色粉的分散度提高了，着色力大了，颜色浓度会提高，或其中一两种色粉颜色浓度提高了，就会产生色差。这时要将色粉配方进行修色和调整。使用预分散颜料制小样可最大程度避免换大机器时的调整。

改性PP材料的配方与颜色的配方是息息相关的。高光改性、阻燃抗静电、填充防收缩和增硬等产品，色粉要根据对应配方选择颜料，同时考虑颜料、材料及助剂间是否完全匹配，保证产品的合格率。

色粉批次间的颜色偏差，不同牌号色粉的等量替代，不同牌号的载体树脂、不同厂商的填料和助剂的等量替代，都会引起颜色变化，浅色和鲜色制品尤为敏感，因此，替代要谨慎。对于相同牌号颜料，进口的一般要比国产的稳定，且Δc更高、颜色更鲜艳。同时还要把好进货检验关，统一色粉制样工艺，确保测试样品与封样的一致性。

对于改性PP造粒过程中，加入色粉或是加入色母，其区别主要有以下几点：①色母较色粉的成本更高；②色粉的生产环境较色母差，粉尘多，容易影响周边环境；③色母较色粉分散性更好，多经一次双螺杆或单螺杆挤出；④如果批次造粒出现色差，色粉较色母更容易调整（因色母是已经造粒过一次的产物，要修改相对没那么容易）；⑤使用色粉做的制品的颜色较色母均匀（当色母加入比例低时）；⑥如果小样加的是色母，批样造粒色差较色粉要小。

两者在生产中根据具体情况使用，一般浅色因成本考虑多用色粉，对周边环境影响不大。

深颜色，比如黑色，鲜艳的较深红、黄、蓝、绿、橙、紫等，一般还是以色母为主。要是这些深色用色粉，容易影响周边的生产环境，不论是混料还是造粒，粉尘会对周边其他生产线的颜色影响很大，使所造粒材料颜色色差都不好控制。

10.6.2.2 加工工艺和设备

根据原材料配方不同，制定不同的混料和造粒工艺条件。对于颜色易分散，造粒牵条不易断的系列制定通用工艺条件；针对少数特殊产品制定相应的工艺条件。为确保同批次间有色粒的色差尽量小，使用设备和操作工艺必须一致。

造粒过程中有些助剂是低分子物，还有部分色粉耐剪切差，在混合和挤出时必须低速。如果高速混合则相应减少混料时间，以防结块和黏锅。否则会使颜料量和助剂量不准，导致材料性能和颜色都受影响。

(1) 混合 干混给色粉以高速和高强度的冲击、粉碎、打开颜料凝聚体和团聚体，使分散剂与色粉湿润均匀分布。混合工艺除了考虑色粉的耐剪切性外，还必须注意混合不良导致同一混合缸内有色差。如搅拌桨靠底部有无法混合到的盲区，色粉打好后再辅助手动混合，以消除缸内色差。色粉分散好，与树脂再次混合时，就更容易分散。如果加入色母，要考虑加入比例，比例过低，会使颜色不均匀，这时可以降低色母浓度，以提高加入比例，使颜色更均匀，色差一致性更好。

如配方中某一色粉的含量太低，易引起分散不匀，可将该色粉按一定比例稀释后混合，增加加入量，减少量化误差。

如 PP 树脂为颗粒状，添加阻燃剂或抗静电剂后，所得的混合物包含的粉料较多；如果添加色粉的含量也较高，这样整个配方所含的粉料就较多，加上粉体材料密度不均匀，容易引起上下分层，分散不良，有色差，并在挤出喂料和下料时不均匀，容易堆积架桥。这时可以改变喂料工艺，辅以喂料电机，保证下料均匀性，达到控制色差的目的。

混合不匀造成的色差，局部取样往往得到不正确的测试结果。造粒后批量混合使颜色均匀，可保证批次材料颜色一致性。

(2) 挤出 PP 树脂加工时温度不能过高，特别是在树脂中添加填充物后，一般温度在 200～230℃ 就可以，温度过高或在双螺杆中停留时间过长，都会产生黄变，影响最终有色粒的色差和目测结果。

在制备玻纤增强的 PP 材料中，要充分考虑色粉的耐温性，因其局部剪切温度会高于实际设定温度许多，造成粒料色差。玻纤填充 PP 材料出现不合格品，不能再次添加颜料造粒，只能外混。同时，在造粒过程中，如遇设备临时出现问题，需要停机一段时间检修，再次开机时必须用对应的全新料重新清洗螺杆，防止在料筒中堆积的材料炭化引起变色和黑点。

在添加了填料的 PP 材料中，如果颜料耐剪切好，可适当降低温度和提高螺杆转速，使熔体黏度加大，传递剪切作用大，促进色粉分散，使有色粒颜色分布更均匀。

如果根据公司情况要更换生产线和生产工艺，会造成色差，主要是由于螺杆剪切作用不同使物料分散不一致。这时色粉配方和色母需要作出相应调整，保证所造有色粒和以前合格批次颜色一致。

10.6.2.3 环境

改性有色粒的生产环境要求特别高。由于着色剂大多数为粉体，空气中飘浮的粉尘易对环境污染。生产线之间的隔离和及时清理，十分必要，不可忽略。

设备内的残留物对下一批产品会有影响。混合机、挤出机、喂料装置、储料缸、切粒机、烘干设备等必须彻底清理干净。同种 PP 树脂可由浅入深套色生产，深色到浅色必须拔螺杆清理。特别是做鲜艳的颜色，如白、红、橙、黄、蓝、绿、紫等颜色的本色及复合色。必须拔螺杆清理。一般灰色、米黄色、杏色、黑色相对好清理些。

即使使用同一台设备做类似的颜色，在停机时间比较长时，在生产之前也必须严格清洗螺杆，防止材料在螺杆长期停留，出现炭化和烧焦现象，影响制品颜色和表面效果。必要时拔螺杆清理。

10.6.2.4　人为因素

人为因素一般包括：称量准确性，投料准确性，机器设备清洗是否干净，颜料稀释时的比例是否一致，原材料是否有牌号的调换或是否因放置时间久了而被污染，配方计算是否有误等。

10.6.3　结论

重视 PP 改性材料中造粒过程中颜色的异常原因分析和研究。从了解客服需求、选择好对应的 PP 材料的型号、选好对应颜料配色、造粒小样开始，到批次生产，每道工序严格控制，加强各环节的管理和确认机制，可以减少报废和浪费，稳定和提高产品质量。选择色粉或是色母生产，需根据具体情况定，前提是生产造粒的聚丙烯粒料色差在行业要求范围内（汽车行业中不同颜色大众标准）。随着人们生活品质的提高，人们的环保意识和安全意识加强。对所生产的有色粒颜色要求会逐步提高，同时要求符合 RoHS 相关标准。更多的新技术和新颜料以及新设备将被用于颜色开发和管理中，色差控制技术也将日新月异。

第 11 章 抗静电剂

11.1 高分子材料抗静电剂的研究进展

（蒋 杰，韦坚红，徐 战）

高分子材料制品质轻、耐用且设计灵活，被广泛应用于家用电器、交通运输、电子电气、国防工业等各个领域。通常高分子材料具有电绝缘性，在生产和使用过程中易产生静电积累，不易消除。由于静电吸引力，制品会吸附空气中的灰尘和其他脏东西，影响制品美观。由于静电的影响，在塑料薄膜的生产过程中发生黏附。另外静电还会导致精密仪器失真，电子元件报废，办公室用机器中的 IC 误动作或存储器破坏等；更有甚者，静电会引起火灾、爆炸、电击等事故。因此高分子材料制品在某些场合使用必须经过抗静电处理。许多国家都对抗静电场合使用的非金属材料的表面电阻作明确规定，我国煤炭部也有相关的规定。在诸多高分子材料制品的抗静电方法中，尤以添加抗静电剂最为简单有效，且成本低，实用性强，应用也最为广泛。

11.1.1 抗静电剂的分类和作用机理

抗静电剂按使用方法分可以分为外部涂敷型和内部添加型，按分子结构分可以分为表面活性剂型和高分子型。表面活性剂型抗静电剂根据分子中的亲水基团能否电离又可以分为离子型和非离子型。若亲水基团电离后带正电荷为阳离子型，反之则为阴离子型；若表面活性剂中带有两个或两个以上的亲水基团，电离后分别带正负不同的电荷时，则为两性型抗静电剂，两性抗静电剂主要有两性咪唑啉和甜菜碱型。阳离子型抗静电剂主要为胺盐和季铵盐，一般常用在 PVC 中。阴离子型主要有烷基磺酸盐、烷基苯磺酸盐、磷酸盐等。非离子型抗静电剂是良好的内添加型抗静电剂，因为它们低毒或无毒，与树脂相容性好，热稳定性好，可用于食品包装材料和对卫生要求高的场合。主要类别有羟乙基烷基胺、脂肪酰胺类、聚氧乙烯类、多元醇酯类等。

高分子型抗静电剂一般具有永久抗静电性能，是近年来抗静电剂研究的热点。高分子型抗静电剂主要有聚醚类［主要包括聚环氧乙烷、聚醚酯酰胺、聚醚酯亚酰胺、聚环氧乙烷-环氧氯丙烷共聚物、甲氧基聚乙二醇（甲基）丙烯酸共聚物］；季铵盐类（主要包括含季铵盐的甲基丙烯酸共聚物、含季铵盐的马来酰亚胺共聚物、含季铵盐的甲基丙烯酸亚胺共聚物）；磺酸盐类（有聚苯乙烯磺酸钠）；甜菜碱类（有羧酸甜菜碱接枝共聚物）；其他的有高分子电荷转移型配位体。

表面活性剂型抗静电剂经外部涂敷或内部添加到塑料制品中，其作用机理主要有两方面：一是抗静电剂的亲油基与树脂结合，亲水基则在塑料表面形成导电层或通过氢键与空气中的水分相结合，从而降低表面电阻，加速静电荷的泄漏。二是赋予制品表面一定的润滑性，降低摩擦系数，从而减少和抑制电荷产生。因此表面活性基型抗静电剂与树脂要有适当的相容性，相容性太好则不易从树脂内部迁移到表面，一旦表面层抗静电剂缺损，而内部迁移到表面不及时，影响抗静电性能。若相容性太差则会使制品表面喷霜，析出严重，影响制品的外观和使用。

高分子永久型抗静电剂属亲水型聚合物。当其和高分子基体共混后，一方面由于其分子链的运动能力较强，分子间便于质子移动，通过离子导电来传导和释放产生的静电荷；另一方面，抗静电能力是通过其特殊的分散形态体现的。研究表明，高分子永久型抗静电剂主要在制品表面呈微细的层状或筋状分布，构成导电性表层，而在中心部分几乎呈球状分布，形成所谓的"芯壳结构"。并以此为通路来泄漏静电荷。因为高分子永久型抗静电剂是以降低材料体积电阻率来达到抗静电效果，不完全依赖表面吸水，所以受环境的湿度影响比较小。

11.1.2　抗静电作用效果的影响因素

（1）环境湿度的影响　从抗静电剂的作用机理分析发现，抗静电剂作用过程一般是亲水基的吸湿作用产生离子化基团，提供了离子导电的途径。因此，经抗静电剂处理的高分子材料的抗静电效果与所放置的环境温度、湿度关系很大，湿度越大，温度越高，抗静电效果越好。

抗静电剂吸附水分子的过程是动态平衡的，当亲水基团的吸附能力达到饱和之前，添加抗静电剂的高分子材料表面具有较强的吸湿性；当空气相对湿度较大时，抗静电剂能够最大程度地吸附空气中的水分子，从而达到较好的抗静电性能；当抗静电剂达到吸附饱和后，表面的抗静电通路数目基本饱和，且形态与环境湿度关系不大，此时材料的表面电阻率对环境的依赖程度减小。

（2）环境温度的影响　环境温度升高，一方面高分子链段的运动能力增强，自由体积变大；另一方面抗静电剂分子的布朗运动加剧，抗静电剂向聚合物基体表面迁移的速率增大，使材料的抗静电性能提高。但是，提高温度对暴露在一般环境下的高分子材料来说具有一定的局限性，对可以提高温度的作业环境，在提高温度时必须考虑添加到高分子材料中的抗静电剂的热稳定性，避免受热分解失去抗静电作用。

11.1.3　国外抗静电剂的发展情况

抗静电剂在国外的发展速度很快，尤其是美国、西欧、日本等发达国家和地区，其抗静电剂的生产量和消费量均居世界前列。目前美国抗静电剂生产厂家有 40 多家，牌号达 150 种，是世界上生产和消费抗静电剂最多的国家。2004 年北美地区抗静电剂消费量就超过 1 万吨，近年来以 6% 左右速度增长，就其用途来看，大多使用在电子家电产品以及食品包装材料上。日本 2010 年抗静电剂用量约为 8000t，未来每年年均增速约为 1% 左右。

日本的主要生产厂家有：花王化成、第一油脂、住友化学公司、三洋化成、检率油脂及第一工业制药公司等。西欧抗静电剂的用量与日本相当，预计年均以 2.5% 左右速度增长，表11-1 列出了国外主要抗静电剂的主要生产厂家和产品。

表 11-1　国外主要抗静电剂的主要生产厂家和产品

生产公司	商品名称	适用树脂
ICI Am	Atmer163	PU
	Atmer191	PE、PP、PS、ABS
	Atmer1002	PVC、高冲击 PS
Cytec	Cyastat609	PVC
	Cyastat LS	PVC、ABS
Du Pont	Zelec TY	聚烯烃
	Zelec NK	塑料和薄膜
Wicto	Markstat AL-12	POM、PU
	Kemester GMS	PE、PP、ABS

续表

生产公司	商品名称	适用树脂
花王化成	Elec RC	PVC
	Elec RC-2	PE、PP
Henkel	Lutostat MSW30	PS
Ciba-Geigy	Iragastat P	PE、PP、PS
Lonza	Glycolube 100	PE、PP
	Glycolube 110	软质 PVS
	Glycolube 130	PE、PP、PS
Drew	Drewplast017	PE、PP、PVC
	Drewplast032	PE、PP

目前，国外正致力于开发新型的抗静电剂，如 Unitika 公司研发出一种新型抗静电涂料，能在树脂、合成纸和玻璃等表面使用，操作简单且有效期长。Unitika 公司采用导电的氧化锡粒子作为抗静电剂材料，并开发出一种独特的方法，将纳米级的氧化锡颗粒均匀分散在水溶性树脂分散体系中形成溶胶。通过选择最佳树脂作为胶粘剂，这种新产品能用在几乎任何聚合物（包括聚烯烃、聚酯、尼龙和聚氯乙烯等）薄膜，涂层厚度约 0.1mm。

美国专利报道的 Markstat-AL-26 为季铵盐类抗静电剂，具有极好的抗静电性能，且对 PVC 的热稳定性无损害。美国专利公开了含氟烷基磺酸盐结构的抗静电剂可以用作塑料，特别是透明塑料的抗静电剂，效果良好，其适合的结构为全氟正辛烷磺酸四乙基铵盐、全氟正丁烷磺酸四乙基铵盐。

Cheng 等人以 PP 为基相，以芳香族聚酰胺纤维为增强相并加入铜丝和不锈钢丝制成的具有导电性能的 PP 复合材料，该类材料可应用于电磁屏蔽和静电防护领域。

为了提高抗静电剂的耐久性，国外还采用了反应型抗静电剂，它是在树脂中加入具有抗静电新能的单体（常为不饱和双键的化合物），使之与树脂形成共聚物而具有抗静电性能。最近，日本川研纯化学公司开发了反应型 PAA，它们是含端氨基和端羟基的 PEO，与聚酯、聚酰胺共混时可立即形成抗静电共聚物，共混体系的相容性也得到改善。

近年来国外抗静电剂的一个重要研究方向是开发高分子抗静电剂，亦称永久型抗静电剂，国外此类抗静电剂的生产厂家有日本的三洋化成、住友精化、住友科学工业、第一工业制药、瑞士的汽巴精化、科莱恩，美国的威科、大湖公司等。

美国杜邦公司首次推出离聚物型系列抗静电剂 Entira AS，该产品不仅有良好的抗静电性，而且赋予材料良好的湿气透过性和高频焊接性，应用领域为健康美容品、饮料、电子工业和卫生用品的塑料包装。Entira AS 不含像甘油等容易发烟的组分，故适合吹塑、注塑中空成型等多种加工工艺。制品表面不喷霜，加工性优良，加入量为 10%—20% 时，与聚烯烃混合良好，能与多种基础树脂干混。

法国阿科玛公司开发了适用于众多塑料，如 PA、PP、PS、PVC、TPU、ABS、PC 等的由嵌段聚醚酰胺制成的永久型抗静电剂 Pebax MH 2030、Pebax MV 2080，该抗静电剂具有良好的热稳定性，在低湿度下也有较好的抗静电性能。Pebax MH 2030 和 Pebax MV 2080 可以根据基体树脂以及最终应用进行选择，MH 2030 具有一定的成本优势，而 MV 2080 更适合使用于聚烯烃薄膜，以及需要较高洁净度和低挥发的应用。

美国专利报道了两端含氨基的聚醚化合物和二元酸和二元醇聚合和压缩而成的聚醚酯酰胺化合物，可以作为抗静电树脂，除了具有抗静电性能，此化合物还具有原始聚酯的物理性能，因此，该化合物可以添加到抗静电树脂中应用于通用树脂中。也可运用在特别的化学品和纺纱工业中，此类抗静电产品抗静电薄盘、抗静电袋、IC 覆盖磁带、抗静电衣物和防尘衣物，其至更广地应用在电子通信、半导体和光电产品中。

日本专利公开了一类永久性抗静电剂，制备方法如下：将 ε-已丙酰胺与对苯二甲酸反应得到羧基封端的产物再与羟乙基化双酚 A 聚合得到低黏性 2.05、水吸收率为 70% 的产物即为上述抗静电剂。将该抗静电剂与 ABS 树脂共混、捏合、成膜制成试片，经测试，试片耐冲击性达 794J/m，弯曲模量为 2200MPa，水洗后表面电阻率达 $7 \times 10^9 \Omega$。

11.1.4 国内抗静电剂的研究进展

我国塑料抗静电剂研究起步较晚，但随着近年来塑料工业的迅猛发展，促进了塑料抗静电剂的迅速发展，目前我国国内生产厂家生产的抗静电剂主要以低相对分子质量的表面活性剂为主。国内主要的抗静电剂生产厂家和产品见表 11-2。

表 11-2 国内抗静电剂主要生产厂家和产品

生产厂家	产品名称	适用树脂
杭州市化工研究院有限公司	HKD 系列	PE、PP、PE、ABS、PC
	S 系列	PVC
	HKD-109（高分子型）	PE、PP、PS、ABS
上海助剂厂	抗静电剂 TM	PVC 聚酯
上海合成洗涤三厂	SH 系列	PVC
北京市化工研究院	ASA 系列	PE、PP、PS、PVC
济南市化工研究所	JH 系列	PE、PP、ABS
山西省化工研究院	KJ 系列	PE、PP、PS、PVC
天津助剂厂	抗静电剂 SN	PVC
山东寿光助剂厂	SGD-03A	PE、PP、PS、PVC

近年来我国在抗静电剂的研究和开发方面也取得了一些可喜的成绩，如陈焜等在氢氧化钠催化条件下，用环氧氯丙烷对超支化聚酯 Boltorn H20 端羟基进行接枝改性，得到中间体 H20Cl，再将该中间体与十六烷基二甲基叔胺进行季铵化反应，合成一种新型超支化聚酯季铵抗静电剂 H20C16N。将该抗静电剂用于涤纶织物，整理后的涤纶织物静电压为 0.01kV，半衰期为 0.00s；水洗 10 次后，织物静电压为 0.74kV，半衰期为 0.11s。

王彦林等以甲基三氯硅烷甲基硫酸磷为原料合成了笼状有机硅季磷盐阻燃抗静电剂 1-甲基-4-羟甲基-1-硅杂=磷杂-2,6,7-三氧杂双环[2,2,2]-辛烷季磷硫酸盐。考察了反应温度、反应时间、溶剂对产率的影响，最佳工艺条件为：甲基三氯硅烷与四羟甲基硫酸磷的摩尔比为 2:1，以二乙二醇二甲醚作溶剂，反应温度为 120℃，反应时间为 8h。采用 FTIR、^{1}HNMR 对产物结构进行了表征，测试了产品的阻燃和抗静电性能。结果表明，该化合物在失重 20% 时的分解温度为 478.5℃。有优良的阻燃抗静电性能。

郝晓俊等以极性马来酸酐（MAH）为桥联剂，将二乙醇胺（DEA）接枝到聚丙烯蜡（PPW）上，制得一种新型的抗静电剂（PPW-g-DEA）。研究了催化剂用量、反应物配比、反应温度和反应时间对合成物性能的影响。利用傅里叶变换红外光谱仪、热重分析仪对 PPW，PPW-g-MHA，PPW-g-DEA 的结构进行了表征，并对抗静电剂的抗静电性能进行了测试。结果表明，合成反应的最佳反应条件为：PPW 和 DEA 的物质的量之比为 1:1.2，催化剂的质量分数为 0.2%，反应温度为 140～145℃。利用 PPW-g-DEA 制得的聚丙烯薄膜具有良好的抗静电性能。

杭州市化工研究院有限公司成功开发了一种抗静电增塑剂，其商品牌号为 AP-15S，是一种即含有抗静电性能又含有增塑剂性能的多元醇酯类，再与一种液态季铵盐复配而成的功能性抗静电剂，适用于软质 PVC 和半硬质 PVC 产品，只要少量添加，就能使制品的表面电阻率明显下降。此抗静电增塑剂还具有普通增塑剂的效果，且添加后对制品的机械性能影响很小。

江阴市昌盛化学品有限公司开发的抗静电剂 BS-12 为特殊季铵盐，可直接注入 50~60℃左右水中，制成有效物浓度 3% 左右的水溶液。然后可用浸渍、途刷或喷雾的方法进行高聚物表面的抗静电处理，是一种理想的外用抗静电剂，也可直接加入到 PVC、PS 中。

庄严等以硼酸和甘油为起始原料，合成了几种以硼酸双甘油酯为中间体及环氧乙烷修饰的有机硼表面活性剂。可用于 PP、PS 等高分子材料中，特别适合用于薄膜制品中，因为该抗静电剂对薄膜制品的雾度几乎无不良影响。

马强采用含碳纳米管来改进有机抗静电剂的性能，用于聚合物抗静电纤维。纳米管分散在有机抗静电剂载体 PR86，TS40，TS51 中制成复合抗静电剂，CNTs/PR86，CNTs/TS40，CNTs/TS51，与聚丙烯共纺制备 CNTs/PR86/PP 纤维，CNTs/TS40/PP 纤维，CNTs/TS51/PP 纤维。通过对摩擦静电荷的测试结果表明，含碳纳米管的有机抗静电剂相对于纯有机抗静电剂更进一步提高了丙纶纤维的抗静电能力。

丁运生等采用杭州市化工研究院有限公司的非离子型抗静电剂 HKD-151 和非离子复合型抗静电剂 HKD-520，通过共混复合的方法制备出具有抗静电性能的 PP，考察了抗静电剂的添加量，抗静电剂与 PP 的混合方式及冷却方式对抗静电 PP 表面电阻的影响，并探讨了抗静电剂在聚合物中的抗静电机理。结果表明，静电剂 HKD-151 和抗静电剂 HKD-520 的质量比为1:1，且用量分别为 PP 质量的 1.5% 时，PP 的抗静电性能好，与高搅混合方式相比，冷辊混合有助于抗静电 PP 性能的提高，骤冷优于逐渐冷却。

杭州市化工研究院有限公司塑料助剂开发中心研制了一种主要成分为聚醚酯结构的高分子抗静电剂 HKD-109，该产品可运用在 PE、PP、PS、ABS 等塑料制品中，添加该类抗静电剂的试样能长久保持抗静电性能，试样经多次水洗和长久放置后仍能保持很好的抗静电效果，且该产品为非胺类的无毒性助剂，可运用在对卫生要求较高的食品包装、医药器械等方面，目前该产品已工业化生产，在用户中的反响较好。

我国有专利报道了一种聚酯醚类高分子抗静电剂，其主要由以下质量份的原料制备获得：聚乙二醇单甲醚甲基丙烯酸酯 100 份、甲基丙烯酸甲酯 30~250 份、甲基丙烯酸钠或甲基丙烯酸与碳酸钠混合物 2~25 份、硅酸钠 1~30 份及 AIBN 0.1~5 份。本发明没有采用不稳定且有毒的高氯酸钠，使生产过程更加环保，此外本发明还提高了产品的耐温特性，扩大了使用范围，可应用于防静电的 PET、PA、PB、PE、PP、PS、ABS、PVC、PLA 等材料中，本发明不需要加入偶联剂就能得到适合于造粒的固体抗静电剂，成本更低、电性能更好，表面电阻率达到 $10^6 \sim 10^7 \, \Omega/m^2$。

楼郑华、韦毓华等制备了一种聚酯醚类高分子抗静电剂，其主要由以下质量份的原料制备获得：聚乙二醇单甲醚甲基丙烯酸 100 份、甲基丙烯酸甲酯 30~250 份、甲基丙烯酸钠或甲基丙烯酸与碳酸钠混合物 2~50 份、硅酸钠 1~30 份及 AIBN 0.1~5 份。本发明没有采用不稳定且有毒的高氯酸钠，使生产过程更环保，此外本发明还提高了产品的耐温特性，扩大了使用范围，可应用于防静电的 PET、PA、PB、PE、PP、PS、ABS、PVC、PLA 等材料中；本发明不需要加入偶联剂就能得到适用于造粒的固体抗静电剂，成本更低、电性能更好，表面电阻率达到 $10^6 \sim 10^7 \, \Omega/m^2$。

11.1.5　发展建议

(1) 塑料抗静电剂在塑料助剂中占有较大的比例，尤其是随着电子产品和医疗设备的飞速发展，对抗静电剂的需求量必然越来越大，目前国内抗静电剂低性能的老品种较多，国内应紧跟世界发展趋势，借鉴国外开发经验，加快新产品开发。根据我国合成材料制品要求，开发出高性能、多功能、无毒环保的抗静电剂品种，并不断强化应用技术研究，以满足国内需求。

（2）重视抗静电剂间的复配研究，几种不同的抗静电剂配合使用，可能会产生意想不到的效果，几种不同的抗静电剂配合使用，有时能大大降低抗静电剂在制品的使用量，能降低抗静电剂的生产和使用成本。不同的抗静电剂在制品中发挥不同的效果，有时还能协同起效，提高制品的抗静电效果。当然复配型抗静电剂离不开单个抗静电剂的深入研究。

（3）加快高分子永久型抗静电剂的研究，由于具有不挥发、不污染、清洗后抗静电效果不会降低、永久保持抗静电效果且在低湿度下也具有较好的抗静电效果等诸多优点，高分子抗静电剂是目前国际上研究的重点和热点。随着电子仪器、家用电器所使用的电子回路以及各种高性能塑料制品对永久抗静电性能的需求，高分子永久型抗静电剂的需求量将不断增大且具有较好的发展前景。显然高分子抗静电剂的研究需要有机合成和高分子等多个学科交叉和密切配合，这也增加了该研究的难度，建议高分子方面和有机合成方面的研究单位强强联合，攻克难关，开发出属于我们自己的高分子永久型抗静电剂。

11.2 化学过程（抗静电剂）生产和使用与环境问题

（蒋　杰，韦坚红，徐　战）

化学工业是环境污染较为严重的行业，从原料到产品，从生产到使用，都有造成环境污染的因素。化学工业的特点是产品多样化、原料路线多样化和生产方法多样化。随着化工产品、原料和生产方法的不同，污染物也多种多样。弄清这些污染物的来源和特点，对于防治具有十分重要的意义，一般认为，有效地控制污染源，主要在于合理地选择适当的工艺流程、选择有效的操作条件和生产设备，以及加强企业的管理。同时对废弃物进行妥善处理、回收及综合利用。

11.2.1 化工环境污染概况

化学工业是对环境中的各种资源进行化学处理和转化加工的生产部门，其产品和废弃物从化学组成上是多样化的，而且数量也相当大，这些废弃物含量在一定浓度时大多是有害的，有的是剧毒物质，进入环境就会造成污染。有些化工产品在使用过程中又会引起一些污染，甚至比生产本身所造成的污染更为严重、更为广泛。我国的工业污染占环境污染70%。随着工业生产的迅速发展，工业污染的治理工作越来越引起人们的广泛注意。我国对工业污染的治理十分重视，从1973年建立环境保护机构起，各级环境保护部门就开展工业"三废"的治理和综合利用。几十年来，国家在工业污染治理方面进行了大量投资，建立了大批治理污染的措施，也取得了比较明显的环境效益。然而，我国工业污染治理的发展还远远落后于工业生产的发展。到目前为止，我国工业污染的治理率还很低，工业废水治理率仅20%，工业废气治理率56%，工业废渣治理率为50%，因此，解决我国工业污染的任务还相当艰巨。

化工污染物的种类，按污染物的性质可分为无机化学工业和有机化学工业污染；按污染物的形态可分为废气、废水和废渣。总的来说，化工污染物都是在生产过程中产生的，但其产生的原型也发生了质的转变，由原先的煤烟型转化为石油污染型。具体包括：①化学反应的不完全所产生的废料；②副反应所产生的废料；③燃烧过程中产生的废气；④冷却水；⑤设备和管道的泄漏；⑥其他化工生产中排出的废弃物等。概括起来，化工污染物的主要来源大致可以分为以下几个方面。

11.2.2　化工生产的原料、半成品及产品

11.2.2.1　化学反应不完全

目前，所有的化工生产中，原料不可能全部转化为半成品或成品，其中有一个转化率的问题。未反应的原料，虽有部分可以回收再用但最终总有一部分因回收不完全或不可能回收被排放掉。若化工原料为有害物质，排放后便会造成环境污染。化工生产中的"三废"，实际上是生产过程中流失的原料、中间体、副产品，甚至是宝贵的产品。尤其是农药、化工行业的主要原料利用率一般 30%～40%。即有 60%～70% 以"三废"形式排入环境。因此，对"三废"的有效处理和利用，既可创经济效益又可减少环境污染。

11.2.2.2　原料不纯

化工原料有时本身纯度不够，其中含有杂质。这些杂质因一般不需要参与化学反应，最后也要排放掉，而且大多数的杂质为有害的化学物质，对环境会造成重大污染。有些化学杂质甚至还参与化学反应，而生成的反应产物同样也是所需产品的杂质。对环境而言，也是有害的污染物。

11.2.2.3　"跑、冒、滴、漏"

由于生产设备、管道等封闭不严密，或者由于操作水平和管理水平跟不上，物料在贮存、运输以及生产过程中，往往会造成化工原料、产品的泄漏，习惯上称为"跑、冒、滴、漏"现象。这一现象不仅造成经济上的损失，同时还可能造成严重的环境污染事故，甚至会带来难以预料的后果。

11.2.3　化工生产过程中排放出的废弃物

11.2.3.1　燃烧过程

化工生产过程一般需要在一定的压力和温度下进行，因此需要有能量的输入，从而要燃烧大量的燃料。但是在燃料的燃烧过程中，不可避免地要产生大量的废气和烟尘，对环境造成极大的危害。

11.2.3.2　冷却水

化工生产过程中除了需要大量的热能外，还需要大量的冷却水。在生产过程中，用水进行冷却的方式一般有直接冷却和间接冷却两种。采用直接冷却时，冷却水直接与被冷却的物料进行接触，这种冷却方式很容易使水中含有化工物料，而成为污染物质。但当采用间接冷却时，虽然冷却水不与物料直接接触，但因为在冷却水中往往加入防腐剂、杀藻剂等化学物质，排除后也会造成污染，即使没有加入有关的化学物质，冷却水也会对周围环境带来污染问题。

11.2.3.3　副反应

化工生产中，进行主反应的同时，还经常伴随着一些副反应和副反应产物。副反应产物虽然有的经过回收之后成为有用的物质，但是往往由于副产物的数量不大，而且成分又比较复杂，要进行回收存在许多困难，经济上也不合算，所以往往将副产物作为废料排弃，而引起环境污染。

11.2.3.4　生产事故造成的化工污染

常发生的事故是设备事故。尤其是化工生产，因为原料、成品或半成品很多都具有腐蚀性，容器管道等很容易被化工原料或产品所腐蚀，如检修不及时，就会出现"跑、冒、滴、漏"等污染现象，流失的原料、成品或半成品就会造成对周围环境的污染。比较偶然的事故是工艺过程事故。

由于化工生产条件的特殊性，如反应条件没有控制好，或催化剂没有及时更换，或者为了

安全而大量排气、排液，或生成了不需要的东西，这种废气、废液和不需要的东西，数量比平时多，浓度比平时高，就会造成一时的严重污染。

总之，化学工业排放出的废弃物，不外乎是三种形态，即是废水、废气、废渣，总称为"化工三废"。因为任何废弃物本身并非是绝对的"废物"，从某种程度上讲，任何物质对人类来说都是有用的，一旦人们合理地利用废弃物，就能够"变废为宝"。

11.2.4 安全和环保对塑料助剂（抗静电剂）的发展趋势影响

近年来，世界各国对环保和安全更加重视，相继出台了一些法规。如欧洲议会和理事会出台了关于废旧电气电子设备的指令（2002/95/EC，WEEE 指令）和关于在电气电子设备中禁止使用某些有害物质的指令（2002/95/EC，简称 ROHS），两种指令明确规定，投放欧盟市场的大型、小型家用器具、IT 和远程通讯设备、视听设备、照明设备、电气和电工工具、玩具及休闲运动设备、自动售货机等 8 类机电产品及 10 类电子电气设备不得含有铅、汞、镉、六价铬、多溴联苯（PBB）和多溴联苯醚（PBDE）。为了对应国外的相关法令、法规，顺应人们对环境保护的要求，我国政府部门也制定了一系列相关法令、法规，例如我国信息产业部联合发改委、商务部、海关总署、工商总局、质检总局、环保总局于 2006 年 2 月 28 日发布了《电子信息产品污染控制办法》，并于 2007 年 3 月 1 日生效。被称为"中国版 ROLLS"，在许多制品中禁止铅、汞、镉、六价铬、多溴联苯（PBB）和多溴联苯醚（PBDE）。

这些法令对我国橡胶材料和助剂市场冲击很大，对卫生、安全、环保提出了更高要求。例如增塑剂行业中，欧洲议会通过投票决议，在各类玩具和儿童保育品中禁止使用邻苯二甲酸二辛酯（DOP）。美国食品药品管理局（FDA）认为 DOP 可能会从塑料中渗出，从而给患者带来潜在危险，建议医疗器械制造商在某些采用替代物质取代含 DOP 的 PVC。增塑剂行业中 DOP 正在被更加环保的替代品取代，如柠檬酸酯类等。在热稳定剂行业，各个国家和地区相继制定了限制铅类稳定剂的相关规定，欧盟要求在 PVC 全行业逐年减少铅热稳定剂，到 2015年全面取缔含铅热稳定剂。2004 年我国住建部公告明确指出，在全国范围内必须使用无铅热稳定剂的供水管。

同样在抗静电剂行业，虽然没有相关强制的规定，但在一些食品包装、医疗器械等产品中也限制一些抗静电剂的使用，比如在食品包装行业中，建议用非胺类的无毒抗静电剂产品。这就要求产品朝着环保化、安全化方向发展。近年来，一些刺激性大、含有毒有害溶剂的产品正在被更安全卫生、低毒或无毒的产品取代，同时国外在抗静电剂领域正在积极研究高分子永久型产品，这类产品抗静电性能永久，且基本为无毒产品，没有表面析出问题，所以不会造成表面污染，是今后抗静电剂领域的研究热点。

11.2.5 塑料助剂（抗静电剂）与环境的关系

11.2.5.1 抗静电剂使用对环境的正面意义

抗静电剂是众多塑料助剂中的一种，其主要功能是消除高分子材料的静电荷，能有效的消除由静电引起的火灾和爆炸。火灾和爆炸不仅造成巨大的经济损失，而且往往会严重污染大气和环境，所以从某种意义上讲，抗静电剂的使用对环境友好具有正面意义。

11.2.5.2 抗静电剂生产和使用对环境的影响

据统计，近年来我国抗静电剂每年的消费量大约在 7000～8000t 左右，全国主要生产厂家10 余家，产能从几百吨到上千吨不等。抗静电剂大部分为表面活性剂类产品，大部分产品低毒或无毒，而且总体产量也比较小，其中有一部分产品是复配产品，此类产品的生产对环境几乎无污染，所以，总体而言，抗静电剂的生产是助剂行业中对环境影响比较小的一种。当然也存在着一些问题，除了主要的生产企业外，全国还有许多小化工企业也生产此类产品，有些小企业存在着三废直排，生产管理不严、原料低劣、生产设备简陋等问题，无论是产品的生产过程还是使用过程，对环境污染存在比较大的影响，这就需要监管部门加大监督力度，对有些污染严重的企业进行有效整改，近年来，政府部门已经非常重视这些问题，许多情况正在得到改善。

11.2.5.3　加强产品的升级

抗静电剂产品有几十种，大部分产品为低毒或无毒，但其中有一些产品使用溶剂，比如抗静电剂 SN 就含有异丙醇，这类产品无论在生产和使用过程中不仅危害生产者和使用者的身体，而且还会产生一些刺激性气味，污染环境。这就需要我们加大科研力度，用低毒或无毒的产品来替代这类产品，近年来，研究人员在这方面取得了不错的成绩，如杭州市化工研究院有限公司开发的 HKD-321，就是可以用水和乙醇溶液作为溶剂的外涂型抗静电剂，水和乙醇几乎无毒，所以在生产和使用中安全且环境友好，日本也曾报道了一种乳液型抗静电剂，可以以水作分散剂，其特点是无溶剂，生产使用安全无环境问题。

11.2.5.4　提高抗静电剂的耐热性

塑料抗静电剂一般是添加到塑料粒子中一起加工，由于塑料的加工温度较高（120～300℃），很多抗静电剂在加工过程中会受热分解，产生大量有毒有害气体，影响环境和加工者的健康。为了解决这问题，必须要研制高耐热的抗静电剂品种，国外主要开发了磺酸盐类和高氯酸类制品。如杭州市化工研究院开发的 S-15、S-18 系列抗静电剂就是耐热性很好的阳离子型抗静电剂。广泛应用于 PVC、橡胶等制品中。还有如北京市化工研究院的有机硼系列抗静电剂其耐热性能也很好。

11.2.6　化工污染防治

一般认为，有效地控制污染源，主要在于合理地选择适当的工艺流程、选择有效的操作条件和生产设备，以及加强企业的管理。同时对废弃物进行妥善处理、回收及综合利用。

11.2.6.1　采用和开发少废无废工艺

化工生产在资源转化为产品的过程中，生产一种产品往往有多种原料路线和生产方法，不同的原料路线和生产方法产生的污染物的种类和数量可能有很大的差异。无废少废工艺对环境保护具有决定性作用，因此采用和开发这类工艺能将污染物最大限度地消除在工艺过程中。在改变原料路线的生产方法的同时，改进生产设备也是实行清洁生产、控制污染源的另一重要途径。此外，采用密闭循环是当前化工生产过程中改进的一个新的发展方向。密闭循环，指的是生产系统的废弃物通过一定的治理技术，重新回到系统中加以利用，以避免污染物排入周围环境，既可以降低原料消耗定额，又减少了污染物的危害。

11.2.6.2　建立绿色化学，减少环境污染

建立绿色化学的根本目的是从节约资源和防止污染的观点出发，重新审视和改革传统化学，从而使我们对环境的治理可以从治标转向治本。为此，工业、农业、日常生活等采用无毒、无害并可循环使用的物料，化学反应的绿色化，是从"本"治理环境污染的重要途径。

绿色化学主要有以下特点：

① 充分利用资源和能源，采用无毒、无害的原料；

② 在无毒、无害的条件下进行反应，以减少向环境排放废物；

③ 提高原子的利用率，力图使所有作为原料的原子都被产品所消纳，实现"零排放"；

④ 生产出有利于环境保护、社区安全和人体健康的环境友好的产品。

绿色化学给化学家提出了一项新的挑战，国际上对此很重视。1996 年，美国设立了"绿

色化学挑战奖"，以表彰那些在绿色化学领域中做出杰出成就的企业和科学家。绿色化学将使化学工业改变面貌，为子孙后代造福。

11.2.6.3　加强废弃物综合利用，实现资源化

根据废弃物的不同类别，应采用不同的方法处理，如废水处理可以通过物理处理法、化学处理法、生物物理法进行处理。对于废气的处理，利用污染物质的物理性质和化学性质，通过冷凝、吸收、吸附、燃烧、催化等方法。废渣的处理可以通过压实、破碎、分拣、固化技术、增稠和脱水、焚烧、热解技术、堆肥技术等方法处理。

11.3　新型永久抗静电阻燃 ABS 材料的制备与性能研究

（秦旺平，程　庆，王　林等）

11.3.1　概述

丙烯腈-丁二烯-苯乙烯共聚物（ABS）具有良好的物理性能与使用性能，可广泛应用于各个领域，但 ABS 树脂本身存在一些缺点，包括高绝缘性（表面电阻率为 $4×10^{15}\,\Omega$）和易燃性（氧指数为 19%），极大地限制了其在矿井、石油化工等行业中的广泛应用。因此，对于 ABS 树脂的阻燃、抗静电改性已引起人们的极大重视。本文采用先进的抗静电剂、阻燃剂、增韧剂及其他助剂与 ABS 共混造粒，制备了具有永久性抗静电性能和良好阻燃性能的 ABS 材料，对体系进行了深入研究。

11.3.2　实验部分

11.3.2.1　实验原料

ABS，8391，中国石化；十溴二苯乙烷，SAY-TEX4010，美国雅保公司；四溴双酚 A（FR-1524）、溴化环氧树脂（CXB-714C），以色列死海溴公司；高胶粉，ABS 60P，韩国锦湖；抗静电剂，MH-2030，法国阿克玛；苯乙烯接枝马来酸酐，SMA 700，广州滕顺化工；流动改性剂，BS-3818，广州金荣化工；三氧化二锑，S-05N，上海迈瑞尔化学；磷酸酯类阻燃剂，CFP-220，浙江万盛公司；抗滴落剂，SN80-SA7，铨盛化工；抗氧剂 1010、抗氧剂 168，汽巴精化有限公司；硬脂酸钙，BS 3818，中山华明泰化工；溴代三嗪，FR-245，江苏兴盛化工有限公司。

11.3.2.2　仪器与设备

高速混合机，SHR-100A，江苏张家港市科达机械有限公司；双螺杆挤出机，SHJ-30，南京瑞亚高聚物装备有限公司；注塑机，B-920，浙江海天注塑机有限公司；熔体流动速率仪，ZR21452，美斯特工业系统（中国）有限公司；万能试验机，H10K-S，Hounsfield 公司；冲击试验机，T92，美国 TiniusOlsenis 公司；UL94 垂直燃烧仪，HVUL-2，美国 AT-LAS 公司；极限氧指数仪，HC-2，宁波市鄞州瑾瑞仪器设备有限公司；扫描电子显微镜（SEM），S250，英国剑桥扫描电镜公司；标准锥形量热仪，FTT0007，英国 FTT 公司；表面电阻仪，ACL-380，美国 ACL 公司；热重分析仪（TG），TG209c，德国 NETZSCH 公司；差示扫描量热仪（DSC），DSC821e，瑞士 Mettler Toledo 公司。

11.3.2.3　抗静电阻燃 ABS 试样的制备

将 ABS 树脂、SMA 700、抗静电剂、流动改性剂、十溴二苯乙烷、三氧化二锑和其他助剂按一定比例加入高速混合机中先进行预混，然后将预混物投入双螺杆挤出机挤出造粒，双螺杆挤出机的机筒温度分 10 段控制，温度控制在 160～210℃，主机转速 1000r/min，喂料转速

350r/min。挤出造粒制备出阻燃抗静电粒子。该粒子在 80℃条件下干燥 2～3h 后，由精密注塑机注塑成为标准测试样条，注射温度 180～200℃。

11.3.2.4　性能测试

表面电阻率按 ASTM D257 测试。拉伸性能按 GB/T 1040—2006 进行测定；弯曲性能按 GB/T 9341—2006 进行测定；Izod 缺口冲击强度按 GB/T 1843—2008 进行测定。熔体质量流动速率（MFR）按 GB/T 3682—2000 进行测定。密度按 GB/T 1033—2008 进行测定。垂直燃烧性能按 UL94 测定；极限氧指数（LOI）按 GB/T 2406.2—2009 测定；热释放速率按 GB/T 20286—2006 测定。TG：氮气气氛，温度范围 50～750℃，升温速率为 20℃/min。DSC：氮气气氛，温度范围 30～270℃，升温速率 10℃/min。SEM 测试：加速电压 20kV。

11.3.3　结果与讨论

11.3.3.1　不同含量抗静电剂对 ABS 抗静电效果及冲击性能的影响

不同含量的抗静电剂对 ABS 的抗静电效果有很大影响。添加 3% 相容剂 SMA 700 和不同含量的抗静电剂到 ABS 树脂中，考察抗静电剂含量对 ABS 树脂抗静电效果的影响，结果如图 11-1 所示。从图 11-1 可知，当抗静电剂质量分数为 10% 左右时，ABS 具有较好的抗静电效果，表面电阻率为 10^{10} Ω，质量分数为 10%～16% 时，表面电阻率为 10^9 Ω，质量分数为 18%～20% 时，表面电阻率为 10^8 Ω，可见当抗静电剂质量分数大于 16% 时，表面电阻率降幅明显减小。当抗静电剂质量分数小于 14% 时，材料的冲击强度随着抗静电含量的增加而提高，质量分数大于 14% 时，冲击强度随着抗静电剂的增加而减弱。

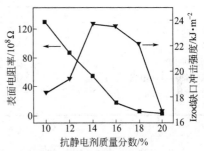

图 11-1　抗静电剂的含量对 ABS 表面电阻率及冲击性能的影响

表 11-3　不同阻燃剂对抗静电 ABS 冲击性能的影响

性能	十溴二苯乙烷	溴化环氧	四溴双酚 A	溴代三嗪
表面电阻率/10^9Ω	1.23	1.84	3.10	1.86
缺口冲击强度/(kJ/m²)	6.6	11.1	8.8	9.3
UL94 阻燃等级(2.0mm)	V-0	达不到	达不到	达不到
		V-2	V-2	V-2

11.3.3.2　不同阻燃剂对抗静电 ABS 冲击性能的影响

ABS 复合材料的冲击性能对其应用影响较大。在相同配方组成及阻燃剂质量分数（9%）的条件下，考察了不同阻燃剂对抗静电 ABS 冲击性能的影响，以确定较优的阻燃体系，结果如表 11-3。由表 11-3 可以看出，十溴二苯乙烷对抗静电 ABS 的缺口冲击强度的影响最大，溴化环氧树脂影响最小，但是，与其他阻燃体系相比，十溴二苯乙烷具有较好的阻燃效果，可以达到 UL94（2.0mm）V—0 燃烧级别，其他阻燃体系均为无燃烧级别。同时可以看出，不同阻燃剂对于 ABS 材料的抗静电效果无太大影响。

11.3.3.3　抗静电阻燃 ABS 材料的配方设计及性能表征

（1）配方筛选　为了制备高刚性高韧性的抗静电阻燃 ABS 材料，树脂选用刚性较好、采用本体法合成的 ABS 8391，通过添加具有较高橡胶含量的高胶粉来提高材料的韧性，但是高胶粉的添加降低了材料的熔体流动性，通过添加磷酸酯阻燃剂 CFP-220 来改善材料的流动性，提高加工性能。采用十溴二苯乙烷阻燃体系，以 MH 2030 作为永久抗静电剂，添加相容剂 SMA 700 提高了抗静电剂与树脂的相容性，2 个配方组成见表 11-4。

表 11-4　新型永久抗静电阻燃 ABS 材料的配方组成（质量分数/%）

组分(型号)	1# 配方	2# 配方	组分(型号)	1# 配方	2# 配方
ABS 8391	65.9	63.9	EBS B50	0.5	0.5
MH 2030	10	10	BS3818	0.2	0.2
SMA 700	3	3	CFP-220	2	
ABS 60P	7	7	抗氧剂 1010	0.1	0.1
SAYTEX4010	10	10	抗氧剂 168	0.2	0.2
S-05N	3	3	SN80-SA7	0.1	0.1

进一步对这两个配方试样进行了相关性能测试，结果列于表 11-5。通过表 11-4 可看出，2# 配方材料具有较高熔体质量流动速率和氧指数及优异的刚性，但是冲击强度略有降低，总体来说，其具有较好的物理性能、阻燃性能和抗静电性能。由此确定 2# 配方为抗静电阻燃 ABS 材料的最佳配方，下文对 2# 配方材料的性能进行综合评价

表 11-5　抗静电阻燃 ABS 复合材料的性能测试结果

性　能	1# 配方	2# 配方	性　能	1# 配方	2# 配方
表面电阻率/10^8Ω	3.2	3.2	弯曲模量/MPa	1923	1953
拉伸强度/MPa	31	34	熔体质量流动速率(200℃/5kg)/(g/10min)	2.4	4.5
断裂伸长率/%	11	14	密度/(g/cm³)	1.186	1.189
悬臂梁缺口冲击强度/(kJ/m²)	12	10	氧指数/%	26	28
弯曲强度/MPa	52	52	UL94 阻燃等级(1.5mm)	V-0	V-0

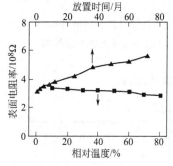

图 11-2　不同空气湿度与放置时间对抗静电阻燃 ABS 材料抗静电性能的影响

（2）抗静电性能　为研究不同空气湿度对材料抗静电性能的影响，将抗静电阻燃 ABS 试样置于不同空气湿度的环境中 24h 后，测试了材料的表面电阻率，结果见图 11-2。随着空气湿度的增大，材料的表面电阻率略微有所降低，但抗静电性能均处于同一数量级，说明此材料的抗静电性能受环境湿度的影响较小，具有稳定的抗静电性能。将材料在室温下放置 3 年以上，材料的表面电阻率略有增加，但仍然具有优异抗静电性能，说明材料具有永久抗静电性能。

为了表征材料是否有抗静电剂析出，将抗静电阻燃 ABS 材料的样条先在沸水中煮泡不同的时间，再置于 75℃烘箱干燥 2h，最后测试材料表面电阻率的变化情况，结果如图 11-3 所示。水煮一定时间后，材料的表面电阻率没有发生太大变化，均处于同一数量级，说明抗静电剂与 ABS 具有很好的相容性，不易从基体中迁移，进而表明材料的抗静电性能不是通过抗静电剂析出而发挥作用，而是通过形成导电网络传递电荷，起到抗静电作用（如图 11-3 所示）。

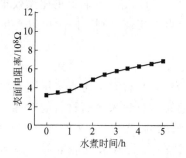

图 11-3　抗静电阻燃 ABS 材料的耐水洗性能曲线

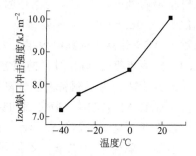

图 11-4　抗静电阻燃 ABS 的冲击性能与温度的关系曲线

（3）低温冲击性能结果及影响因素分析　图 11-4 是抗静电阻燃 ABS 材料在不同温度下的 Izod 缺口冲击性能测试结果，从此结果可明显看出，该材料在常温下具有较好的冲击强度，但是随着温度的降低，冲击强度不断恶化。

采用仪器化冲击对材料在不同温度下的断裂行为进行了进一步研究，具体参数列于表 11-6 中，所得的曲线图如图 11-5 所示。在仪器化冲击试验中，偏脆性或半韧性材料的强度和刚性较高，F_{max}值较高，t_{max}值较低；而韧性或超高韧性材料的强度和刚性较小，F_{max}值则相对较低，t_{max}值相对较高。

表 11-6　仪器化冲击试验中的曲线参数

温度/℃	F_{max}/N	S_{max}/mm	t_{max}/ms	W_t/J
25	179.2	1.61	0.511	0.320
0	190.1	1.55	0.506	0.269
−30	200.9	1.38	0.464	0.246
−40	208.8	1.34	0.455	0.230

注：F_{max}—试样所受到的最大力；S_{max}—试样受到的最大力时的位移；t_{max}—试样受到最大力时的时间；W_t—试样断裂所吸收到的总能量。

由图 11-5（a）可看出，试样受到冲击力后发生快速变形，在缺口处发生应力集中使裂纹开始扩展，经历极为短暂的塑性拉伸而屈服，在 F_{max} 处不稳态裂纹快速发展，然后发生了快速的撕裂性破坏（裂纹扩展阶段），之后冲击力迅速下降至 0，材料断裂。室温下材料完全断裂需要更高的能量，裂纹形成功和裂纹扩展功呈现对称分布，属于韧性断裂。随着温度的降低，材料断裂所需的总能量不断减小，裂纹扩展功变小，韧性变差，呈现脆性断裂；同时，材料在冲击过程中，随着温度的降低，呈现出最大位移不断减小及最大冲击力不断增大的特点，这是因为随着温度的降低，材料刚性增强、韧性变差的缘故。

由图 11-5（b）可知，随着温度的降低，明显加快了裂纹的扩展速度，材料断裂所需时间越来越短，同时，出现最大冲击力的时间提前，表明低温时试样在裂纹引发阶段对裂纹的形成和发展起到了很好的促进作用，峰与峰之间的波谷，冲击力的峰宽均有所增大，峰形由钝化变得尖锐。

（4）抗静电剂对 ABS 材料燃烧行为的影响　图 11-6 是 ABS 8391、阻燃 ABS 和抗静电阻燃 ABS 的热释放速率（HRR）和总热释放量（THR）曲线。从 HRR 曲线可见，ABS 8391 的燃烧时间较短，点燃后经过较短的时间就达到

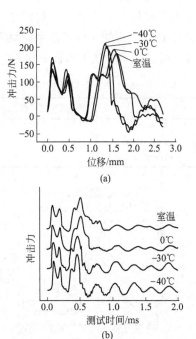

图 11-5　不同温度下抗静电阻燃 ABS 的冲击力-位移曲线（a）和冲击力-时间曲线（b）

了最大热释放速率，然后又从最大热释放速率处迅速地终止热释放。这说明，ABS 8391 的燃烧过程剧烈，火焰扩散极为迅速。阻燃 ABS 和抗静电阻燃 ABS 的热释放速率比 ABS 8391 降低了很多，最大热释放速率相当于 ABS 8391 的 30%，它们的热释放速率发展过程较为平缓，没有出现较为尖锐的放热峰。说明十溴二苯乙烷对 ABS 的热释放速率起到了很好的抑制作用，同时抗静电剂的添加对材料的燃烧行为没有带来负面影响。

从 THR 曲线可见，ABS 8391 达到最大总热释放量的时间很短，在最大总热释放量处维持很短的时间后就完全燃烧。阻燃 ABS 和抗静电阻燃 ABS 的总热释放量明显低于 ABS 8391，

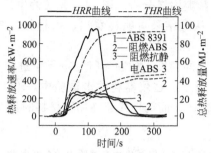

图 11-6　抗静电阻燃 ABS 材料的热释放速率和总热释放量曲线

（抗静电阻燃 ABS 在阻燃 ABS 基础上添加了抗静电剂
MH 2030、SMA 700、CFP-220。下文同）

热释放过程发展缓慢，说明阻燃剂明显抑制了 ABS 的热释放，抗静电剂的添加对阻燃 ABS 的热释放影响较小

（5）热分析　图 11-7 给出了 ABS 8391、阻燃 ABS 和抗静电阻燃 ABS 的 TGA 和 DSC 曲线，相关特征数据见表 11-7。从表 11-7 可以看出，按照 ABS 8391，阻燃 ABS，抗静电阻燃 ABS 的顺序，它们的热分解温度逐渐变小，热稳定性变差。阻燃 ABS 和抗静电阻燃 ABS 由于含有 10％左右的小分子溴系阻燃剂，其热分解温度较低，使得二者在较低温度开始发生热降解；而且二者的热失重曲线接近，具有大致相似的热稳定性。

表 11-7　ABS 8391、阻燃 ABS 和抗静电阻燃 ABS 的 TGA、DSC 数据

材料	失重 1％的温度/℃	失重 5％的温度/℃	残炭率（748.5℃）/％	T_g/℃
ABS 8391	349.9	392.2	0.45	99.2
阻燃 ABS	261.3	316.8	3.01	94.9
抗静电阻燃 ABS	234.9	307.1	4.32	95.1

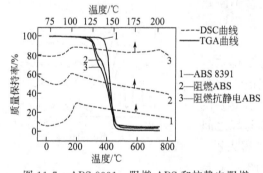

图 11-7　ABS 8391、阻燃 ABS 和抗静电阻燃 ABS 的 TGA、DSC 曲线

ABS 树脂是由聚丁二烯和苯乙烯-丙烯腈共聚物（SAN）构成的两相聚合物，因此存在两个玻璃化转变，低温出现橡胶相的玻璃化转变峰，高温出 SAN 的玻璃化转变峰。由图 11-7 中材料在高温时的 DSC 曲线可以看到，阻燃 ABS 和抗静电阻燃 ABS 材料的玻璃化转变温度（T_g）较 ABS 8391 低 4℃（见表 11-7），耐热性均比 ABS 8391 差。但是阻燃 ABS 与阻燃抗静电材料的玻璃化转变温度接近，说明抗静电剂的。添加对材料的耐热性未产生负面影响。

（6）形貌表征　根据图 11-8 的 SEM 照片，在抗静电 ABS 中形成明显的导电网络结构，而在抗静电阻燃 ABS 中，抗静电剂与 ABS 树脂，阻燃剂处于一种良好的相容状态。

11.3.4　结论

（1）在 ABS 中添加 10％抗静电剂和 12％阻燃剂可制备 UL94（1.5mm）V-0 级和表面电阻率为 $10^8 \Omega$ 的永久抗静电阻燃 ABS 材料。

（2）新型抗静电阻燃 ABS 材料的抗静电性能不受环境湿度的影响，抗静电剂不发生迁移和析出，通过形成导电网络而传递电荷，具有永久抗静电性能。

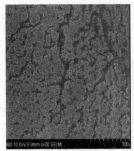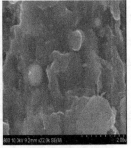

(a) 抗静电ABS　　　　　(b) 抗静电阻燃ABS

图 11-8　抗静电 ABS 和抗静电阻燃 ABS 的 SEM 照片

（抗静电阻燃 ABS 在抗静电 ABS 基础上添加了

阻燃剂、ABS 60P、CFP 220 和 SN80-SA7）

（3）通过添加相容剂很好地解决了抗静电剂与 ABS 的相容性问题，使得抗静电阻燃 ABS 材料具有优异的物理机械性能。

（4）采用自动化冲击仪对材料的低温冲击性能进行了研究，发现随着温度降低，材料形成裂纹的扩展功变小，裂纹扩展速度变大，材料由韧性变为脆性，冲击性能变差。

11.4　复配抗静电剂在 LLDPE 塑料中的应用

（刘丽娜，于云峰，薛涛等）

11.4.1　概述

随着塑料工业的发展，塑料在人们的生活中占据着越来越重要的位置。以聚乙烯（PE）和聚丙烯（PP）为代表的聚烯烃是用途最广泛的通用塑料。聚烯烃具有价格低、耐水、化学稳定性好、成型加工容易的优点。但是聚烯烃有很强的电绝缘性，在加工和使用过程中由于摩擦而产生静电荷，又因为无法泄漏而积聚，最终会形成极高的静电压，有时甚至达到几万伏，这些静电往往会给工业生产及日常生活带来极大危害。目前，添加抗静电剂是消除聚烯烃静电最为常见的做法。

抗静电剂是塑料助剂中较常见的一种添加剂。随着塑料工业的不断发展，抗静电剂的产量不断增长。2003 和 2004 年北美地区的抗静电剂市场以每年 4% 左右的幅度增长，大多用于电子家电产品和食品包装材料。未来几年我国抗静电剂市场需求将以年均 10%～15% 的速度增长。目前国内生产能力不足，尤其是高性能新品种抗静电剂生产能力较少，不能满足国内的需求。

11.4.2　实验部分

11.4.2.1　实验原料及仪器

（1）实验原料　线型低密度聚乙烯（LLDPE）：HDC-103，杭州临安德昌化学有限公司；LLDPE：SNL-1，青岛赛诺化工有限公司；改性碳酸钙、改性二氧化硅：自制。

（2）实验仪器　高混机，SHR-10A，张家港市乐于华东橡塑机械厂；双螺杆挤出机，SHJ-20B，南京杰恩特有限公司；注塑机，EM120-V，台湾亚华机械有限责任公司；电子天平，FA2004，上海舜宇科学仪器有限公司；真空干燥箱，ZK-30AB，上海申光仪器有限公司；红外光谱仪，NICOLET NEXUS，美国 Thermo 公司；电子万能试验机，WSM-5K，长春市智能仪器设备研究所；高阻计，ZC46A 型，上海第六电表厂。

11.4.2.2 实验方法

按表 11-8 配比称量后，经高混机混合均匀，加入到一定温度的挤出机中，并在相应的转速下熔融混合，当树脂完全熔融时出料，经切粒机切粒，得到不同的抗静电复合粒料。最后注塑成型，即得到抗静电复配复合材料（色板和样条）。

表 11-8　复配抗静电剂/LLDPE 复合材料样品配比
Tab 1　Composition of compound antistatic agent/LLDPE

编号	1#	2#	3#	4#	5#	6#
组成	LLDPE＋HDC-103	LLDPE＋HDC-103＋改性碳酸钙	LLDPE＋DHDC-103＋改性二氧化硅	LLDPE＋SNL-1	LLDPE＋SNL-1＋改性碳酸钙	LLDPE＋SNL-1＋改性二氧化硅

为了测试该复合材料的电阻变化，分别在常温水中浸泡和 70℃水中浸泡两种条件下测试。

11.4.2.3 实验表征

利用高阻计对色板的体积电阻率进行测试，测试电压为 500V，温度 20℃，平衡时间 30s。

利用傅里叶变换红外光谱仪测试样品的红外吸收光谱（FTIR），试样为纯 LLDPE 和添加不同复配抗静电粉体复合材料。

利用万能试验机测试复配抗静电剂/LLDPE 复合材料样品的最大拉伸强度、断裂伸长率，拉伸试验方法按 GB/T 1040.2—2006，室温测试，拉伸速度为 500mm/min。

利用扫描电子显微镜（SEM）考察复配抗静电粉体在基体树脂中的分散情况。

11.4.3　结果与讨论

11.4.3.1　不同复配抗静电粉体对 LLDPE 电阻值的影响

图 11-9 为将复配抗静电剂/LLDPE 共混后打成色板，再放入水中浸泡后测定的不同组成的复配抗静电剂的电阻变化。由以上数据可看到非离子型抗静电与无机粉体复配后，电阻值先增大后减小，在水中浸泡一个月后其电阻值仍可达到 $10^9\,\Omega$，而离子型抗静电剂以及离子型抗静电剂与无机粉体氧化硅复配后添加到 LLDPE 中，在水中浸泡一个月后，其电阻值都大于 $2.0\times10^{10}\,\Omega$。

图 11-10 为将复配抗静电剂/LLDPE 共混后打成色板，再放入 70℃水中反复煮，每隔些时间测试一下电阻，直到一个半月后。其电阻值变化趋势和第一组相似。因此，从以上数据可得出，非离子型抗静电剂与无机纳米粉体复配后再混入 LLDPE 中，其电阻值变化比较稳定，且一个月后仍可达到 $10^9\,\Omega$。

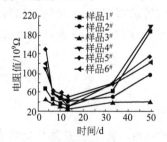

图 11-9　不同抗静电粉体/LLDPE 共混后在
水中浸泡的电阻值变化

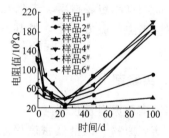

图 11-10　不同抗静电粉体/LLDPE 共混后在
70℃水中浸泡的电阻值变化

由图 11-9 和图 11-10 可知，改性无机粉体氧化硅可以很好地控制有机非离子型抗静电剂的迁移速度，这在实际应用中也具有很好的应用前景。

11.4.3.2　不同复配抗静电粉体对 LLDPE 力学性能的影响

如表 11-9 所示，抗静电粉体的添加量一样，同时又添加有不同的无机填料，复合材料的拉伸强度逐渐增大，而其断裂伸长率亦呈现上升趋势。根据无机填料填充的堆砌理论，无机填料与基体树脂界面存在大小不一的空穴，受外力时这些缺陷使力学性能随添加料的变化而变化。从表中可以看出，添加无机填料可以明显提高复合材料的力学性能，而添加无机填料改性 SiO_2 的效果更加明显。

表 11-9　不同复配抗静电粉体对材料拉伸强度及断裂伸长率的影响

	拉伸强度/MPa	断裂伸长率/%
纯 LLDPE	18.0	279
样品 1#	17.5	264
样品 2#	18.3	281
样品 3#	18.9	288

11.4.3.3　复配抗静电复合材料的红外光谱分析

实验中对纯 LLDPE 和复配抗静电剂/LLDPE 复合材料进行了红外光谱的对比分析。结合图 11-11 和图 11-12 可以看出，与纯 LLDPE 相比，抗静电复合材料在 2935，1470 和 $1378cm^{-1}$ 附近形成 HDC-103 的特征吸收峰。$3378cm^{-1}$ 处的氢键缔合状态的—OH 宽峰和 $2922cm^{-1}$ 处的 C—H 伸缩振动特征峰复合后变为 $3452cm^{-1}$ 处的 O—H 基的伸缩振动峰。由此证明，制备的复配抗静电剂/LLDPE 复合材料既体现了纯 LLDPE 的特征峰，又体现了 HDC-103 的特征吸收峰，说明该体系中二者共存，但复合后的峰位和峰形都发生了一定的变化，又表明并不是两相物质的简单加和。

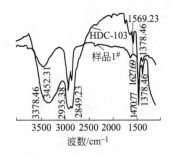

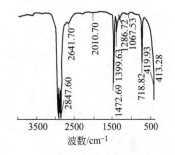

图 11-11　抗静电剂及复配抗静电剂/LLDPE 的红外光谱图　　　图 11-12　纯 LLDPE 的红外光谱图

11.4.3.4　复配抗静电粉体在 LLDPE 中的分散性研究

复配抗静电粉体在基体树脂中分散好坏是影响复配抗静电复合材料导电性能和力学性能的重要因素。要充分发挥抗静电粉体在基体树脂中的抗静电性能，就必须使复配抗静电粉体在基体树脂中均匀分散，使抗静电剂的亲水基均匀迁移，使复合材料达到优异的抗静电效果。

由图 11-13 可以看出，复配抗静电粉体与 LLDPE 熔融共混后，抗静电粉体在基体树脂中的分散比较均匀，这样就可以在树脂中形成均匀的迁移速率，提高复合材料的抗静电性能，起到很好的抗静电效果。

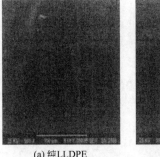

　　(a) 纯LLDPE　　　　　　　(b) 样品3#

图 11-13　复配抗静电剂/LLDPE 复合材料 SEM 图

11.4.4　结论

① 通过分别对离子型有机抗静电剂和非离子型有机抗静电剂进行了实验，在实验过程中

发现，两种有机抗静电剂在初期都能有效地降低 LLDPE 的电阻值。但是，随着时间的推移，非离子型的抗静电剂要比离子型的抗静电效果持久。

② 在生产或生活中，制品会受到不同程度的外界环境影响，而亲水基的迁移速率很难控制，因此，单纯地添加抗静电剂的抗静电效果并不明显，而在添加非离子型抗静电剂的同时添加改性纳米二氧化硅，却可以延长制品的抗静电效果，且电阻变化较稳定。

③ 由于添加的抗静电剂及改性纳米二氧化硅都是浅色的，对制品本身的外观影响较小，且制品的力学性能也有一定程度的提高。

第12章 抗 菌 剂

12.1 概述

　　微生物是个体小、繁殖快、易于变异、在生命活动中构造最简单的一群低等生物的总称，包括病毒、类病毒、立克次体、细菌、酵母菌、放线菌、真菌、小型藻类和原生动物。它们普遍存在于自然界各个角落，环境中每升空气含有微生物 $1\sim10^4$ 个，每克土壤含微生物 $10^4\sim10^{10}$ 个，每克水含微生物 $1\sim10^4$ 个，每克沃土里分布着 $10^7\sim10^{10}$ 个细菌，$10^5\sim10^7$ 个放线菌和 $10^3\sim10^5$ 个霉菌。细菌的一般尺寸为长径 $0.5\sim5\mu m$，短径 $0.4\sim1\mu m$，由于其个体细小，人们无法用肉眼看到，只有借助显微镜下才能看到其个体大小。细菌类在整个生物界属于原生生物界的原核生物，可分为革兰阳性菌、革兰阴性菌以及古细菌种类。水分、环境酸碱性、氧气和二氧化碳的浓度、矿物质、营养及适当的生长因子，另外温度和压力，对于细菌的生存和繁殖都非常重要。但细菌对温度和压力的承受能力比其他许多生物要强，它们可在 $-7\sim80℃$ 范围内保持活性并继续繁殖，耐压可达 $40MPa$，细菌的孢子甚至可耐压达 $200MPa$。

　　细菌、霉菌等繁殖速度很快，每 $10min$ 就可繁殖一代，生长繁殖过程中要吸收大量营养物质并排放各种分泌物。微生物在自然界中的角色非常重要，起到垃圾清道夫的作用。但是，细菌、霉菌（腐生性真菌）、酵母菌和放线菌等也是对人类生活环境和工农业材料和产品可造成危害的主要微生物。据世界卫生组织 1996 年的统计数据，全世界 1995 年死亡 5200 万人，其中因细菌传染引起的死亡为 1700 万，约占 1/3。这些传染病包括霍乱、肺炎、疟疾、结核和肝炎等。某些材料在微生物作用下，使用性能劣化：如电器绝缘性下降，塑料、橡胶等材料强度降低、变色、退色，纤维服装（棉、羊毛、合成纤维）变质、变臭、变色、脱色、污染，铝材被侵蚀、强度下降，建材（木板、合成板、内饰材料、瓦）、涂料和粘接剂等强度降低、剥离、变色、脱色，皮革（鞋、包、衣服、皮带）强度下降、变色、柔软性变差，木材腐朽、水变臭等。所以，人类在努力使用和发挥微生物积极的一面，如食品发酵，同时也控制微生物的负面作用，特别是微生物引发的疾病和对环境的损坏。

　　人类近年来已经越来越关注合成化学品对人类赖以生存的地球环境的负面影响，包括森林、动植物、河流湖泊、地下水、大气等，即环保问题。但对细菌等微生物给人类生活和人类疾病造成的危害，公众的认识还比较粗浅，基本上局限于医疗领域，并未把它作为一个环境问题加以重视。事实上，近年来由微生物引起的恶性事件有上升的趋势。据检测，宾馆的坐便器上有大肠杆菌、金黄色葡萄球菌、白葡萄球菌、枯草杆菌、四联球菌等多种细菌，而旅馆医院等地的门把手菌落数有时竟可高达 200 以上。英国苏格兰电报电话公司调查资料表明，在日常生活中使用电话等物品时，感冒、咽炎、流行性脑膜炎、肝炎、红眼病、皮肤病、肺结核等十几种传染病会被传播。近来出现了因家用冰箱中受细菌污染而产生的肠胃炎、咽喉疼痛、恶心、头晕的"冰箱综合征"。1996 年日本发生了 O-157 致病性大肠杆菌引起的全国范围内的食物中毒。1997 年和 2000 年，英国两度发生疯牛病。2000 年，日本、韩国、蒙古等国相继爆发口蹄疫。2001 年美国"9·11"事件后又出现炭疽恐怖活动。这些致病性微生物事件的发生，一次次地向我们敲响了警钟：细菌等致病性微生物是人类健康的严重威胁。

　　在医疗领域，人们常用的杀菌和抑菌措施有控制温度、压力，采用电磁波、射线，以及切断细菌必需营养来源等物理方法，调节体系酸碱度等化学方法。例如，高温湿热灭菌（医院等）、巴斯德消毒（食品消毒）、环氧乙烷消毒（一次性卫生用品）和 γ 射线消毒等方法。图12-1 对杀灭或抑制细菌的方法作了分类。

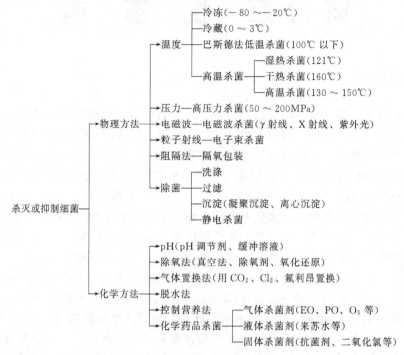

图 12-1　杀灭或抑制细菌的方法

杀灭或抑制细菌以外，与此有关的词意相近、但又有不同的术语还有一些，例如，灭菌、消毒、防霉、防腐等：

杀菌：指杀死微生物；

抑菌：指抑制微生物的活性，使其繁殖能力降低；

灭菌：指完全除去待处理体系中的所有微生物或使之完全丧失活性；

消毒：指除去待处理体系中的致病和条件致病的微生物或使之丧失活性；

防霉：指抑制霉菌的活性，或使之丧失活性，减轻霉菌的繁殖程度；

防腐：指采取一定措施防止物品性能的下降。

抗菌一词指具有抑制和杀灭细菌等微生物的作用，包括杀菌、抑菌、灭菌、消毒、防霉、防腐等作用，有泛指的含义。

在工业领域，抗菌剂（也称工业杀菌剂）被广泛用于木材防腐、涂料防腐、水处理、农副产品加工中的防腐、防霉、消毒、保鲜等。工业领域传统的应用目的是通过对空气、设备、用具、包装物的处理，使生产环境达到一定的卫生要求，是为了使所生产的产品在保存期和使用期内得到保证。

近年来随着人们生活水平的提高和健康意识的增强，应用抗菌剂开发出抗菌材料和抗菌制品，使产品带有"抗菌卫生"的自洁功能。如抗菌塑料（冰箱、空调、洗衣机）、抗菌纤维和抗菌织物（服装、内衣、袜子、浴帘）、抗菌陶瓷（洁具）、抗菌建材（油漆、涂料、水管）等产品，并不是为了防止微生物的损害，而是赋予它们杀灭人类致病微生物的功能。抗菌材料的开发应用涉及多学科、跨行业的技术进步，不仅为新型抗菌剂的发展开辟了一个广阔的新领域，也带动了新材料和制品的一场健康技术革命。

　　抗菌材料中使用的抗菌剂通常只需极小浓度（不超过几千 ppm）就能起到杀抑菌作用，在材料中的添加量也不超过 1%～2%。细菌等微生物接触抗菌材料后被抑制生长繁殖或被杀死。各种抗菌剂的品种较多，并且还在不断发展。在我国早期就有利用植物浸渍液制成抗菌物品进行抗菌防病的事迹记载。第二次世界大战中德军由于穿用经抗菌加工的军服而减少了伤员的细菌感染，开始了现代抗菌材料的实用化。此后，抗菌产品逐渐从军用品转变为民用品而迅速发展起来。

　　从国内外抗菌材料的发展情况来看，抗菌塑料是发展最快、应用最广的抗菌材料，这与塑料等合成材料的迅速发展是密切相关的。自从 1872 年德国科学家拜尔用苯酚和甲醛第一次人工合成高分子材料酚醛树脂以来，高分子科学得到了飞速的发展，目前塑料、橡胶、化学纤维作为合成材料，与钢铁、木材、水泥一起已成为四大材料。1997 年全世界塑料的产量达 1.35436 亿吨，其体积已超过钢铁。塑料加工柔性大，制品具有优美的造型，鲜艳的色彩和较低廉的价格，已是人们日常最常见、接触最多的物品之一，也广泛应用于工农业及国民经济的各个领域。

　　塑料用抗菌剂不仅需要具有高效、广谱的抗菌性能，抗菌持续性好，保持抗菌塑料能长期抗菌；无毒无异味，对制品和环境无污染；同塑料有相容性，配伍好，对塑料制品的性能没有不良影响；颜色稳定性好，在保存和使用过程中不变色；有良好的化学稳定性，耐酸、碱和化学药品；有较低廉的价格，使用后不会大幅度地提高材料的成本；还必须充分考虑到塑料加工过程中高温、高热、强剪切等苛刻条件对抗菌剂的影响，要求抗菌剂具备高的热稳定性，在塑料挤出和加工过程中不分解、不变质。目前，抗菌剂包括无机抗菌剂、有机抗菌剂、天然抗菌剂和高分子抗菌剂等四大类。尽管抗菌剂数目很大（以日本为例，抗菌、防霉剂的原药品种 500 种，制剂约 700 种，主要是有机抗菌剂），但只有不多的抗菌剂能满足抗菌塑料及其制品的加工和使用要求。

　　无机抗菌剂是抗菌塑料中应用最广泛、市场潜力最大的新型抗菌剂。它是利用银、铜、锌、钛等金属及其离子的杀菌和抑菌性而制得的一类抗菌剂。人类早就发现了银、铜、锌金属及其化合物具有杀菌功能，早在 4000 多年前，印度就用铜壶储水消毒，公元前 5 世纪的古希腊战士用银器盛水直接饮用。在临床医学上，使用 $AgNO_3$ 溶液或胶态银处理伤口、用硫胺嘧啶银抗真菌、抑制病毒等也早有应用。但最早明确提出 Ag^+ 可以杀菌的是 1893 年瑞士的植物学家拉克林，他发现 10^{-8} mol/L 浓度的 Ag^+ 就可以杀灭藻类。随后人们发现铜、锌等金属离子也有抗菌性能。在所有的金属离子中，银离子的抗菌性能最强，所以经常使用的主要是银离子及其化合物。20 世纪 80 年代初，日本科学家开始将银化合物直接添加到树脂中，用无机抗菌剂制成了抗菌塑料。但直接添加银盐制备的抗菌塑料性能明显下降，颜色变黑，接触水时 Ag^+ 易析出，抗菌有效期短，应用价值低。后来采用多孔结构、能牢固负载金属离子的材料，或能与金属离子形成稳定的螯合物的材料载带金属离子，如活性炭。目前，无机抗菌剂多以沸石、硅灰石、绿泥石、陶土、陶瓷、不溶性磷酸盐、可溶性玻璃等物质作载体负载银等金属离子制成抗菌剂，抗菌广谱、耐热温度高、长效、安全，在抗菌材料中应用优势明显，是最有发展前途的塑料、化纤、陶瓷用抗菌剂。

　　与无机抗菌剂相比，有机抗菌剂在工业应用方面尽管开发得早，但在塑料等抗菌材料中的应用却大受限制。不过，有机抗菌剂在某些塑料中有着自己的应用特点，如有机抗菌剂的有效抗菌速度要比无机抗菌剂快，防霉效果较好，添加在塑料中的工艺可操作性要比无机抗菌剂好，在储存和使用过程中颜色稳定性也比无机抗菌剂强，因此有机抗菌防霉剂在抗菌塑料的应用中占有一定的地位。

　　天然抗菌剂是人类使用最早的抗菌剂，埃及金字塔中木乃伊包裹布使用的树胶便是天然抗菌剂。目前最常用的天然抗菌剂是壳聚糖（几丁质）。壳聚糖是由甲壳素经脱乙酰基化反应而来。甲壳素存在于昆虫的外壳和真菌的细胞壁中，天然界每年甲壳素的合成量达几十亿吨，是自然界第二大天然高分子材料。昆虫的外壳通过酸洗除去无机钙质，通过稀碱煮除去蛋白质便得到甲壳素。甲壳素在浓碱中进行脱乙酰化反应，得到壳聚糖。天然抗菌剂的热稳定性差、添加量大，是限制其在塑料中大量应用的主要原因。

高分子抗菌剂也称抗菌高分子，是将高分子本身抗菌化，如将抗菌基团单体共聚在高分子链中，或在高分子链上接枝抗菌基团，在开发和应用方面尚处于起步阶段。

12.2 抗菌剂的作用机理

抗菌剂的抗菌作用必须在有足够的浓度与微生物直接接触的情况下才表现出来。抗菌剂的抗菌作用在于影响微生物菌丝的生长、孢子萌发、各种籽实体的形成、细胞的透性、有丝分裂、呼吸作用、细胞膨胀、细胞原生质体的解体和细胞壁受损坏等，使微生物细胞相关的生理、生化反应和代谢活动受到干扰和破坏，杀死或抑制微生物的生长繁殖。塑料用的抗菌剂一般具有广谱的特点，它不只对特定的某种类细菌、病毒有抗菌作用，而是对许多种微生物一般都有效。

抗菌剂的抗菌作用分为杀菌和抑菌作用。杀菌作用是真正把细菌杀死，抑菌作用是将微生物的生命活动中的某一过程阻止而抑制其生长繁殖。浓度和作用时间对抗菌作用有很大影响。银、铜、汞等金属离子、强氧化剂主要表现杀菌作用，有机抗菌剂主要起抑菌作用。同一抗菌剂往往在低浓度时表现抑菌作用，高浓度则是杀菌的。

抗菌作用机理对于不同的抗菌剂是不同的，抗菌剂可以作用于菌体的各个部分，从细胞壁直至核糖核蛋白质。抗菌剂不仅作用于一个部位，也可以作用于几个部位。同一种抗菌剂在不同的环境条件下，甚至可能呈现不同的抗菌作用机理。迄今所发现的抗菌剂种类较多，抗菌作用机理差别很大，综合已有的研究结果，塑料应用的抗菌剂的抗菌作用机理可归结为以下几种。

12.2.1 金属离子接触反应机理

这是无机抗菌剂最普遍的抗菌作用机理。金属离子带有正电荷，当微量金属离子接触到微生物的细胞膜时，与带负电荷的细胞膜发生库仑吸引，使两者牢固结合，金属离子穿透细胞膜进入细菌内与细菌体内蛋白质上的巯基、氨基等发生反应。细胞合成酶的活性中心由含巯基、氨基、羟基等功能基团组成，与金属离子结合后该蛋白质活性中心的结构被破坏，造成微生物死亡或丧失分裂增殖能力。例如，银离子与蛋白质巯基的结合破坏了微生物的电子传输系统、呼吸系统和物质传输系统。

$$\text{酶} \underset{\text{SH}}{\overset{\text{SH}}{\Big\langle}} + 2Ag^+ \longrightarrow \text{酶} \underset{\text{SAg}}{\overset{\text{SAg}}{\Big\langle}} + 2H^+$$

金属离子杀灭和抑制细菌的活性按下列顺序递减：

$$Ag^+ > Hg^{2+} > Cu^{2+} > Cd^{2+} > Cr^{3+} > Ni^{2+} > Pb^{2+} > Co^{4+} > Zn^{2+} > Fe^{3+}$$

Ag^+ 处于第一位的原因是它具有较高的氧化还原电位($\pm 0.798eV$，$25\,℃$)，除了其他金属离子所具有的络合反应外，它还具有很强的氧化还原反应活性，通过氧化还原反应达到其结构稳定状态，所以，Ag^+ 的抗菌作用是最强的。

12.2.2 催化激化机理

有些微量的金属元素，能起到催化活性中心的作用，如银、钛、锌。该活性中心能吸收环境的能量，如紫外线，激活空气或水中的氧，产生羟自由基（·OH）和活性氧离子（O^{2-}）。它们能氧化或使细菌细胞中的蛋白质、不饱和脂肪酸、糖苷等发生反应，破坏其正常结构，从而使其死亡或丧失增殖能力。

12.2.3　阳离子固定机理

细菌由细胞壁、细胞膜、细胞质和细胞核构成，细胞壁和细胞膜由磷脂双分子层组成，在中性条件下带负电荷。带负电荷的细菌会被抗菌材料上的阳离子（如有机季铵盐基团）所吸引，束缚细菌的活动自由，抑制其呼吸机能，即发生"接触死亡"。另外，细菌在电场引力的作用下，细胞壁和细胞膜上的负电荷分布不均匀造成变形，发生物理性破裂，使细胞的内脏物如水、蛋白质等渗出体外，发生"溶菌"现象而死亡。

12.2.4　细胞内容物、酶、蛋白质、核酸损坏机理

许多有机抗菌剂属于这种抗菌作用机理，如对细胞器的作用、对蛋白质和核酸等结构物质的作用、对酶体系的作用（酶形成、酶活性）、对呼吸作用的影响（糖酵解、电子传递系统、氧化磷酸化等过程）、对有丝分裂的影响。

12.3　抗菌剂的性能

抗菌剂的抗菌性能主要从两个方面体现，即抗菌剂本身和抗菌剂应用的制品（如抗菌塑料），重点要体现在抗菌制品的性能上。

应用抗菌剂制得的抗菌塑料首先要保持塑料材料基本性能。抗菌塑料的常规物理力学性能，如熔体流动速率、拉伸强度、拉伸模量、断裂伸长率、缺口冲击强度、弯曲强度、弯曲模量、硬度、色度、表面粗糙度等均按国家有关塑料测试标准和产品标准执行。抗菌剂和抗菌塑料还要达到规定的卫生安全性，抗菌塑料成品无毒、无异味、对环境无害。

在抗菌剂和抗菌塑料的应用中，抗菌性是其特殊的功能，要求高效、广谱、长效，在相关环境中适用。

12.3.1　抗菌谱

抗菌谱是指抗菌剂对细菌、真菌、霉菌、酵母、藻类等各种微生物的抗菌有效面。但是，仅在住宅空间中就有 80 属 60 种类、建筑物有 120 属 120 种类的霉菌，一般说来不能对所有的菌种逐一测试，而是选择有代表性的菌株进行实验。通常是选择大肠埃希菌（Escherichia coli，革兰阴性菌）、金黄色葡萄球菌（Staphylococcus aureus，革兰阳性菌）、白色念珠菌（白假丝酵母，Candida albicans，真菌）等进行试验。另外，还经常选用肺炎克雷伯菌（Klebsiella pneumoniae）、沙门杆菌（Salmonella typhimurium）、绿脓杆菌（Pseudmonas aeruginosa）、枯草芽孢杆菌（Bacillus subtilis）等。对霉菌一般选择黑曲霉（Aspergillus niger），土曲霉（Aspergillus terreus），出芽短梗霉（Aureobasidium pullulans），宛氏拟青霉（Paceilomyces varioti），绳状青霉（Penicillium funicolosum），绿色木霉（Trichoderma viride），赭绿青霉（Penicillium ochrochloron），扫帚霉（Trichoderma viride）等做防霉试验。

一种抗菌剂的抗菌谱与另一种抗菌剂的抗菌谱中有的微生物种类是相同的，另一些是不同的。这样为了适应一定的使用环境，实际应用时要研究开发复配制剂，以便达到较好的抗菌效果。例如，将无机抗菌剂和有机抗菌剂复配使用，发挥前者杀细菌性强的优点和后者抑杀霉菌性能好的优点。

12.3.2　抗菌剂最低抑菌浓度

一种抗菌剂的抗菌能力强弱，可以用最低抑菌浓度（minimum inhibitory concentration，即 MIC）来衡量。将抗菌剂稀释为不同浓度，作用于菌株，定量测定一定作用时间的抑菌效果，得到 MIC 值。最低抑菌浓度数值越小，抗菌剂的抗菌性越强。试验操作如下。

① 抗菌剂浓度系列平板的制备。

预先设定试验平板的抗菌剂的一个浓度系列，计算好抗菌剂和培养基定量混合后达到一定的试验浓度。

制备定量的抗菌剂溶液系列。若抗菌剂难以溶解，不能制成水溶液，可用适当的乳化剂和分散剂辅助，或者溶解在能与水良好混合的适当溶剂中，然后用水稀释。

无菌吸取不同浓度的抗菌剂药液 1ml，依次放到经灭菌的培养皿中，立即在培养皿中准确注入 20ml、经煮溶冷却至约 40℃ 的培养基，摇匀，待其凝固。

② 单菌菌悬液的制备。挑取斜面菌种放入带玻璃珠的无菌水中，振荡数分钟，制成菌悬液备用。

③ 用接种环取少量单菌菌悬液，划线接种到试验平板上，在一定温度下培养一定时间（视菌种种类而定）后，观察生长结果（每个试验平板可以以放射状分为 6 等分分别接种 6 种可使用同一培养基的菌株）。

④ 根据试验菌株在各种浓度抗菌剂的培养基上能否生长发育，确定抗菌剂对某种试验菌的最低抑菌浓度。

12.3.3　滤纸抑菌环法测定抗菌剂的效力

滤纸抑菌环法，也称滤纸抑菌圈法，可通过试验观察抑菌环（inhibitory halo）的生成及其直径大小，来判定一种物质是否具有抗菌活性，并在一定条件下可对抗菌剂间的抗菌性强弱作比较。这一方法具有快速简便的特点，在抗生素、药物等筛选中常使用。

将抗菌剂置于已接种待测菌的固体培养基上，通过抗菌剂向培养基内的扩散抑制敏感菌的生长，可测定抑菌环的大小。定性上，抑菌环的大小代表被测物质抗菌力的强弱。但是，后来发现，此试验依赖于抗菌剂扩散至琼脂内的能力，水溶性强的抗菌剂易扩散，所以抑菌环大小不能完全代表抗菌塑料等接触抗菌的抗菌剂抗菌作用的强弱。因此，只有在可类比的抗菌剂之间才可用抑菌环大小的数值比较微生物的敏感性。

抑菌环法的试验操作如下所述。

① 挑取斜面菌种放入带玻璃珠的无菌水中，振荡数分钟，制成菌悬液备用。试验可用单菌菌液，也可使用混合细菌液或混合霉菌液或混合酵母菌液。

② 用无菌移液管向培养皿中注入 0.2～0.5ml 的菌液，再向培养皿内注入约 20ml 融化后凉至 40℃ 左右的培养基并将菌液摇匀，冷却后备用。

③ 用镊子将直径为 5mm 的圆形（新华一号）定性滤纸片在不同浓度的杀菌剂中浸渍片刻，取出自然晾干，然后置于带培养基平板中央，盖上培养皿盖。

④ 置于适宜温度下培养一定时间（根据不同微生物而定），观察滤纸圆片周围透明的抑菌环有无或用游标卡尺测量抑菌环的直径并记录，判断抗菌剂的效力。

12.3.4　抗菌塑料的抗菌性

抗菌材料的种类多、材料中组分多、性质差别大、制成品的形态各异，如抗菌塑料制成抗菌冰箱内胆、果蔬盒、抗菌空调过滤网、抗菌电话外壳，还有抗菌陶瓷制成卫生洁具、餐具，抗菌纤维制成抗菌地毯、内衣等。因此，抗菌材料和抗菌制品的抗菌性检验方法及评价标准的确定事关重大。有些行业中的应用产品已经应运而生，但方法和标准的制定滞后，落后于市场的发展需求。目前，部分产品有国家标准或行业标准，如 FZ/T 01021—1992《织物抗菌性能试验方法》，GB 15979—1995《一次性使用卫生用品卫生标准》（附 B）产品抑菌和杀菌性能和稳定性测试方法，以及中国卫生部《消毒产品鉴定与监测实验技术规范》抑菌试验方法（1999年）。2001 年建材行业标准《抗菌陶瓷制品抗菌性能》已报批，2002 年塑料行业标准《抗菌塑料》将审议、报批。

12.3.4.1　抗菌塑料抗细菌性试验方法

《抗菌塑料》抗菌塑料抗细菌性试验方法，是由中国科学院工程塑料国家工程研究中心企业标准 Q/02GZS 001（1998）《抗菌塑料》抗菌塑料的抗菌率测试方法（贴膜法）修订升级而来的。该试验方法主要参照中国国家标准 GB 15979—1995《一次性使用卫生用品卫生标准》和日本抗菌制品技术协议会（SIAA）《抗菌制品的抗菌力评价试验法——薄膜密着法》（1998年修订，2000 年 12 月编入日本国家工业标准 JIS Z 2801—2000《抗菌产品——抗菌行为及抗菌效果试验方法》）制定。

该方法是测定抗菌塑料抗菌性的定量试验方法。它反映了抗菌塑料的接触抗菌原理，并在试验设计中考虑了抗菌塑料的实际使用条件等外部因素，能较客观地反映抗菌塑料抗菌能力。贴膜法先用细菌接触样品表面，需要严格控制营养、温度、湿度、pH、时间等（一般覆膜保存 24h），进行活菌培养计数。比较空白样的平行试验结果，得出抗菌塑料的抗菌率。检测菌种为金黄色葡萄球菌 ATCC6538 和大肠埃希菌 ATCC25922。根据用户使用要求，还可选用其他菌种作为检测菌种，但菌种应由国家级菌种保藏管理中心提供。

贴膜法 1995 年在日本提出，后又几经修改。我国在此基础上做了大量研究工作，测试结果重复性好，数据可靠，在实践中起到了很好的作用。贴膜法起初在日本是针对添加银、铜、锌等无机系抗菌剂所制成的抗菌塑料没有合适的评价测试方法而提出来的。但根据我们多年的实践经验，如果被试样品处理得当，此法同样适用于用有机抗菌剂或有机/无机复合抗菌剂体系制成的抗菌塑料的测试。贴膜法要求被测试样表面平滑，对表面凹凸或纤维等吸水性试样不适用。抗菌塑料的抗菌率指标应大于 90%，较强的抗菌性应大于 99%。

贴膜法的试验操作如下。

（1）菌种保藏　菌株接种于营养培养基（NA）斜面上，在（37±1）℃的条件下培养 24h后，在 0～5℃下保藏（不超过 1 个月）。

（2）菌种活化　将斜面保藏菌种转接到平板营养培养基上，在（37±1）℃下培养 24h，每天转接一次，不超过 2 周。试验时应采用 24h 内转接的新鲜细菌培养物。

（3）制备菌悬液　用接种环从步骤（2）培养基上取少量（刮 1～2 环）新鲜细菌，接种液中，并依次做 10 倍递增稀释液，选择菌液浓度为（5.0～10.0）×10^5cfu/ml 的稀释液作为检测菌液。

（4）制备平板培养基　无菌平皿中注入营养肉汤培养基（约 20ml），凝固后制成平板培养基待用（48h 内使用）。

（5）样品检验

① 分别取 0.2ml 检验菌液［步骤（3）］滴加在阴性对照样（A）、空白对照样（B）及抗菌塑料样（C）上。

② 用灭菌镊子夹起灭菌 PE 塑料薄膜分别覆盖在样（A）、样（B）和样（C）上，铺平，使菌均匀接触样品，在（37±1）℃、相对湿度 RH＞90% 培养 24h。每个样品做三个平行试验。

③ 取出培养 24h 的样品，分别加入 20ml 洗液，反复洗样（A）、样（B）、样（C）和覆盖

薄膜（最好用镊子夹起薄膜冲洗），摇匀后取 0.2ml 该洗液铺在平板培养基（步骤 4）上，在 (37±1)℃下培养 24～48h 后活菌计数。

④ 以上试验重复 3 次。

(6) 检验结果　将以上活菌计数结果乘以 100 为样品样 A、样 B、样 C 的培养 24h 后实际回收菌数值，数值分别为 A、B、C，保证测试结果要满足以下条件。

① 同一样片的平行三个数值要符合（最高对数值－最低对数值)/对数平均数≤0.2。

② 样品 A 的实际回收菌数值 A 均应不小于 $1.0×10^4$ cfu/ml，且样品 B 的实际回收菌数值 B 均在 $1.0×10^3$ cfu/ml 以上。

抗菌率 R 计算公式为：

$$抗菌率 R(\%)=(B-C)/B×100\%$$

式中　B——空白对照样平均回收菌数；

C——抗菌塑料样平均回收菌数。

12.3.4.2　抗菌塑料抗霉菌性试验方法

《抗菌塑料》抗菌塑料抗霉菌试验方法，是参考 GB 2423.16—1999（idt IEC 68-2-10：1998）《电工电子产品基本环境试验规程试验 J：长霉试验方法》、美国试验和材料协会 ASTM G21《合成高分子材料的抗真菌性测定》和国际标准 ISO846—1978（E）《塑料——在真菌和细菌作用下的行为的测定——用直观检验法或用测量质量或物性变化的方法评价》而制定的。防霉测试用菌种有 6 种，包括黑曲霉、土曲霉、出芽短梗霉、宛氏拟青霉、绳状青霉、球毛壳(chaetomium globsum) 等。根据用户使用要求，还可选用其他菌种作为检测菌种，但菌种应由国家级菌种保藏管理中心提供。防霉等级分为 0、1、2、3、4 级。最高防霉等级是 0 级是不长，显微镜下放大 50 倍观察不到霉菌生长，1 级是痕迹生长，可见生长的面积小于 10%，2 级、3 级、4 级分别是轻微生长、中等生长和严重生长。抗菌塑料的防霉等级为 1 级可以报告有抗霉菌作用，0 级则可报告有强抗霉菌作用。

抗菌塑料的抗霉菌试验操作如下。

(1) 菌种保藏　菌种分别接种在土豆-葡萄糖（PDA）培养基斜面上，在 28～30℃下培养 7～14 天后，在 5～10℃下保藏（不得超过 4 个月）。

(2) 菌种活化　菌种接种在 PDA 斜面培养基试管中，培养 7～14 天，使生成大量孢子。未制备孢子悬液时，不得拔去棉塞。每打开一支只供制备一次悬液，每次制备孢子悬液必须使用新培养的霉菌孢子。

(3) 孢子悬液的制备。

① 培养 7～14 天内的斜面培养基（步骤 2）中加入少量无菌蒸馏水，然后用灭菌接种针轻轻刮取表面的新鲜霉菌孢子，将孢子悬液置于 50ml 锥形瓶内，注入 40ml 洗液。

② 在锥形瓶中加入玻璃珠（ϕ5mm）10～15 粒与孢子混合，密封后置水浴振荡器中不断振荡使孢子散开，然后用单层纱布棉过滤以除去菌丝，装入灭菌离心管中，用离心机分离沉淀孢子，去上清液。再加入 40ml 无菌蒸馏水洗孢子，重复 3 次。

③ 用营养盐培养液稀释孢子悬液，制成菌悬液浓度为 $1×10^6±2×10^5$ 孢子 (spores)/ml 的孢子悬液。用血球计数板计数：

$$菌悬液浓度(孢子数/mL)=\frac{5 种孢子总数}{5}×250×1000×稀释倍数$$

6 种霉菌均用以上方法制成孢子悬液，将 6 种孢子悬液混在一起，充分振荡使其均匀分散。混合孢子悬液应在当天使用，若不在当天使用应在 3～7℃下保存 4 日内使用。

(4) 平板培养基的制备　无菌平皿中注入营养盐培养基，厚度 3～6mm，凝固后待用

（48h 内使用）。

（5）霉菌活性控制　阴性对照样（无菌滤纸）铺在平板培养基上，用装有新制备的孢子悬液的喷雾器喷孢子悬液，使其充分均匀地喷在培养基和滤纸上。

在温度 28℃，相对湿度 90％以上的条件下培养 7 天，滤纸条上应明显有菌生长，否则应重新制备孢子悬液。

（6）样品检验　空白对照样 A、抗菌塑料样 B 也分别铺在培养基上，喷孢子悬液，使其充分均匀地喷在培养基和样品上。每个样品做 3 个平行。

在温度 28℃，相对湿度 90％以上的条件下培养 14～28 天，若样片有较多霉菌生长，可提前结束试验。

以上试验重复 3 次。

（7）检验结果　取出样品需立即在显微镜下进行观察。

样品长霉等级：

0 级　不长　显微镜放大 50 倍观察不到霉菌生长；

1 级　痕迹生长　肉眼看长霉面积小于 10％；

2 级　轻微生长　长霉覆盖面积 10％～30％；

3 级　中等生长　长霉覆盖面积 30％～60％；

4 级　严重生长　长霉覆盖面积大于 60％。

12.3.4.3　摇瓶振荡法

摇瓶振荡法，亦称摇瓶法，振荡试验法。摇瓶振荡法开始是用来测定消毒剂的杀菌效果的，后来在抗菌整理的纺织品测试中得到应用。如中国卫生部《消毒产品鉴定与监测实验技术规范》抑菌试验方法（1999 年）和上海市卫生防疫站《SBZ 1036—96 非溶出性抗菌卫生用品效果测定方法》，美国 Dow Corning 公司对其抗菌整理纺织品（大多是有机硅类季铵盐抗菌整理剂，如 DC-5700）的测试方法和标准。

摇瓶振荡法是一种表面动态接触的测试方法。贴膜法要求试样大小一定、表面平整、光洁，有些抗菌制品难以满足。而摇瓶振荡法对样品的形状和表面粗糙度无任何要求。标准实验中，将 0.75g 样品在 75ml 菌悬液中振荡接触 1h，然后将接触前和接触后的菌悬液进行连续稀释，并做细菌培养，测定此种菌悬液中存活的细菌数。所算出的比原细菌数减少的百分率为此抗菌材料的抗菌率。

振荡法对不同抗菌机理的抗菌剂的细菌敏感性不同，其测试结果的解释要十分小心。也许这是造成各家标准中抗菌性的判据不一致的原因。卫生部消毒规范的抗菌率标准为 26％。美国 Dow Corning 公司对抗菌整理纺织品的抗菌率标准判据是，若减少数 70％～100％，则抗菌效能是"成功的"，否则是"失败的"。所以，使用摇瓶振荡法测定抗菌塑料的抗菌性要具备很多经验才行。

12.3.4.4　安全性和毒理学评价

抗菌剂对人或其他生物体的毒性控制对于抗菌剂的合理使用是非常重要的。抗菌剂的毒性是指对机体造成损害的能力。它与抗菌剂本身化学结构和理化性质有关，与使用浓度、作用时间、接触途径和部位、机体的机能状态等有关，还与剂型中各物质的配合作用有关。抗菌剂对人和其他生物体的毒害作用均有一个剂量与效应关系，在一定的剂量范围内使用可以处于良好的安全性。

为了安全使用抗菌剂，尤其是用于食品、化妆品、儿童用品时，需要对抗菌剂作毒理学评价，为制定使用标准作为依据。毒理学评价除了做分析检验外，通常要通过动物毒性试验取得数据。重要的试验标准包括：急性毒性试验，亚急性毒性试验，慢性毒性试验，致癌性试验，致突变性试验，致畸性试验，胚胎毒性试验，皮肤刺激性试验，眼刺激性试验，皮肤过敏性试验等。但实际上，对多数抗菌剂并不需要一一做上述试验。对新的抗菌剂配方，如果配方中的各组分已做过试验而相互之间又不发生化学变化，则可大大减少试验项目。此外，有一些特殊的试验，如生化特性试验、药理性试验等，要根据抗菌剂的性质、用途、使用计量等情况，还可能需要进行。

抗菌剂及其应用是一个综合性的学科。一般来讲，抗菌剂是用来杀死微生物和控制微生物的生长繁殖的，但是，微生物和人又是一个完整的生态平衡体系，抗微生物过度在一定条件下也会造成负面作用。例如，有些有机抗菌剂可以杀灭一些种类的微生物，但对另外一些种类的微生物的抗菌作用较差，一旦过度使用这些有机抗菌剂，就会造成微生物种类的生态失衡，使后一类的微生物繁殖失去制约，反而造成人类更大的损失。所以，在使用抗菌剂和抗菌材料时，要建立科学的环保意识，扬长避短。

12.4 抗菌剂的种类和应用

12.4.1 塑料用抗菌剂的种类

1930 年 McCallan 发表了关于抗菌剂的室内测定方法的长篇论文，1939 年 Burlinghame 和 Reddish 又发明了抑菌环法，使有机抗菌剂得到了快速发展。随着材料科学的迅速发展，抗菌材料开始于第二次世界大战期间出现。1980 年代初，抗菌剂在日本应用于塑料开发出抗菌塑料，并进一步在家用电器制品中得到推广应用。由于有机抗菌剂在耐热性、长效性、微生物耐药性等方面存在缺点，为满足抗菌纤维、抗菌塑料、抗菌陶瓷等领域的使用，无机抗菌剂的发展被推到前沿。目前，除无机抗菌剂和有机抗菌剂之外，用于塑料的抗菌剂还有少量天然抗菌剂和高分子型抗菌剂。这四类抗菌剂的性能及在塑料中的使用各有特点（见表 12-1）。

表 12-1 抗菌剂的分类及其特点

抗菌剂类别	主要品种	优 点	缺 点
无机抗菌剂	银沸石、银活性炭、银硅胶、银玻璃矾、银羟基磷灰石基抗菌剂、磷酸钛盐、磷酸锆盐、银陶瓷等	耐热性好、抗菌谱广、有效抗菌期长、毒性低、不产生耐药性	银系抗菌剂易变色、制造困难、在塑料中使用工艺复杂
有机抗菌剂	季铵盐、酚醚类、苯酚类、双胍类、异噻唑类、吡咯类、有机金属类、咪唑类、吡啶类、噻唑类等	杀菌速度快、部分抗菌剂无毒、加工方便、颜色稳定好	耐热性差、易在溶剂环境中析出、易产生耐药性、分解产物有毒
天然抗菌剂	壳聚糖、山梨酸等	抗菌效率高、安全无毒	加工困难、耐热性差
高分子抗菌剂	聚苯乙烯己内酰脲、聚吡啶、聚噻唑等	长效、广谱、安全无毒、颜色稳定好	研究刚刚起步

12.4.2 无机抗菌剂

无机抗菌剂是无机物负载了具有抗菌性的金属及其离子的一类抗菌剂，其中金属离子又以银、铜、锌等为主。含银的抗菌剂具有良好的抗菌性，但价格高，有变色现象。表 12-2 是无机抗菌剂的简单分类。

表 12-2　无机抗菌剂的分类

种　类	载　体		载体与有效成分结合方式
含抗菌性的金属（银、铜、锌等）的无机物	硅酸盐类载体	沸石	离子交换
		黏土矿物	离子交换
		硅胶	吸附
	磷酸盐类载体	磷酸锆	离子交换
		磷酸钙	吸附
	其他	可溶性玻璃	玻璃成分
		活性炭	吸附
		金属（合金）	合金
		有机（金属）	化合
起光催化剂反应的氧化物	二氧化钛等		

12.4.2.1　银沸石类抗菌剂

银沸石是最早开发的塑料用抗菌剂，银通过离子交换结合在多孔沸石上。沸石是碱金属或碱土金属的铝硅酸盐化合物，其化学组成的通式为 $x\mathrm{M}_{2/n}\mathrm{O}\cdot\mathrm{Al}_2\mathrm{O}_3\cdot y\mathrm{SiO}_2\cdot z\mathrm{H}_2\mathrm{O}$，其中M 代表钠、钙等金属离子，可被 Ag^+、Cu^{2+}、Zn^{2+} 等金属离子置换。沸石分子是由 $[\mathrm{SiO}_2]$ 及 $[\mathrm{AlO}_4]$ 两种四面体通过共用氧原子构成的三维骨架环状结构，已知的有四、五、六、八和十二个氧成键，成隧道状微孔，其孔径尺寸在 $30\sim100\mathrm{nm}$ 范围，能容纳结晶水和金属离子。沸石的这种结构很稳定，无论发生吸附、脱附、脱水或离子交换均不会发生变化。将一定比表面积的沸石置于 AgNO_3 或 $\mathrm{Ag(NH}_3)_2^+$ 等溶液中，Ag^+ 和 Na^+ 通过离子交换在沸石孔道中稳定结合，经一段时间后取出洗净干燥得到银沸石络合物。通过沸石和金属离子的置换方法还可以制备其他金属离子的沸石络合物如铜沸石络合物、锌沸石络合物等。实验测得，含银 2.5% 的银沸石抗菌剂对大肠杆菌和金黄色葡萄球菌的最低抑制浓度分别为 62.5×10^{-6} 和 125×10^{-6}。铜、锌沸石络合物也都有显著的抗菌效果，但其抗菌活性较银沸石络合物低，两者的最低抑菌浓度都在 2000×10^{-6} 以上。银沸石的变色是限制其应用的重要因素，中科院工程塑料国家工程研究中心经过对银沸石结构稳定性的研究，用络合物孔径匹配、银锌复合包覆等稳定技术获得了抗菌性好、耐变色的沸石类抗菌剂，在市场上推广后得到了广泛应用。

12.4.2.2　磷酸盐类抗菌剂

磷酸盐类抗菌剂耐高温性好、结构稳定、耐变色性优，是一类重要的无机抗菌剂，包括磷酸锆盐抗菌剂、磷酸钙盐（羟基磷灰石基）抗菌剂、磷酸钛盐抗菌剂等。

磷酸锆盐抗菌剂是通过将银离子引入磷酸锆晶体后在 1200℃ 高温处理，得到通式为 $\mathrm{AgH}_m\mathrm{Zr}_2(\mathrm{PO}_4)_3$ 的抗菌剂。磷酸锆盐抗菌剂对革兰阳性菌和革兰阴性菌及霉菌都具有很好的抑制作用，并具有持久的抗菌性能。

羟基磷灰石基抗菌剂通常是将磷灰石或磷酸钙类材料与银（或铜、锌）系化合物充分混合均匀后，在 1000℃ 以上烧结，使银（或铜、锌）转变为金属态，冷却后即制得羟基磷灰石基抗菌剂，通式为 $\mathrm{Ag}_x\mathrm{Ca}_{10-x}(\mathrm{PO}_4)_6(\mathrm{OH})$。这类抗菌剂不溶解、不挥发，安全长效，耐热可达 1000℃ 以上，在使用过程中不变色，抗菌效率高，在塑料制品中的添加量少于 1%。

磷酸钛盐抗菌剂是利用 Nasicon 型晶体结构的磷酸钛盐 $\mathrm{MTi}_2(\mathrm{PO}_4)_3$（M＝Li、Na、1/2Ca）和银离子通过离子交换制得。由于该晶体存在两个位置可为阳离子占有，形成连续的三维通道，Li^+ 离子占有通道形成 $\mathrm{LiTi}_2(\mathrm{PO}_4)_3$（LTP）晶体具有很强的离子交换能力，而且对 Ag^+ 具有很高的选择性，所以可制得载银量很大的银型 LTP。Ag^+ 在 LTP 中具有良好的稳定性，释放速度很慢，所以磷酸钛盐抗菌剂稳定性好，具有持久的抗菌性。用 $\mathrm{Li}_{1.4}\mathrm{Ti}_{1.6}\mathrm{Al}_{0.4}(\mathrm{PO}_4)_3$ 和硝酸银溶液进行离子交换制得含银 3% 的银型 LTP，结果表明浓度为 0.005%（质量）的溶液就具有很好的抗菌性能，而且磷酸钛盐抗菌剂具有缓释性能，有很长的抗菌有效期。

12.4.2.3 陶瓷基抗菌剂

陶瓷基抗菌剂是在研制抗菌陶瓷的基础上发展而来的，其基本原理是因为陶瓷中有一定的孔隙，可吸附金属离子并使其稳定存在。将硅酸钙、碳酸钙、磷酸钙、磷酸氢钙和羟基磷灰石浸渍于硝酸银溶液中吸附一定时间后再在 $800\sim1200℃$ 灼烧制得陶瓷抗菌剂。由于陶瓷抗菌剂是采用吸附方法负载金属离子，所以负载量较离子交换方式制得的大，而经高温灼烧后陶瓷发生缩合能将金属离子牢固载持。陶瓷抗菌剂具有耐热耐高温、颜色稳定好等优点。

12.4.2.4 可溶性玻璃抗菌剂

采用硅砂、磷酸盐、硼酸盐、碳酸钠和金属盐抗菌成分（如硝酸银、磷酸银、硝酸铜、磷酸铜等）熔融制成含氧化银和氧化铜的可溶性玻璃，将其制成粉末或玻璃微珠即得玻璃基抗菌剂。该抗菌剂可以缓慢地释放 Ag^+ 而产生抗菌效果，对大肠杆菌的最低抑菌浓度为 105×10^{-6}，对金黄色葡萄球菌的最低抑菌浓度为 300×10^{-6}，对绿脓杆菌的最低抑菌浓度为 150×10^{-6}。

12.4.2.5 硅胶类抗菌剂

氧化硅凝胶（硅胶）具有很大的比表面积，因而也可作为抗菌剂的载体。将硅胶用碱、偏铝酸盐混合溶液处理后将会在硅胶表面形成薄层的沸石结构或无定型硅铝酸盐结构，具有和金属离子进行交换的能力，通过含 Ag^+ 溶液处理即可制得硅基抗菌剂。

12.4.3 有机系抗菌剂

有机抗菌剂品种很多，但使用于塑料加工的也只有一二十种，主要有卤化物、有机锡、异噻唑、吡啶金属盐、噻苯咪唑、噁唑酮、醛类化合物、季铵盐类等。有机抗菌剂的杀菌作用强，防霉效果优于无机抗菌剂，用量少，一般在几十到几百 ppm（10^{-6}）级就具有明显的抗菌效果。但有机抗菌剂的耐热性差、时效较短，长时间使用会导致微生物产生耐药性，所以，要合理使用有机抗菌剂。表 12-3 列出一些有机系抗菌剂的主要性能特点，表 12-4 列出可应用于塑料、涂料等的几种抗菌剂的性质，供选择使用时参考。

表 12-3 有机系抗菌剂的主要种类及其性能

抗菌剂种类	使用目的	性能特点	抗菌作用机理
季铵盐类,双胍类,醇类,含氯类酸盐	杀菌,除菌	杀菌速度快（数秒～数分钟）,抗菌谱广	损伤细胞膜功能,使蛋白质凝固、变性、氧化和破坏巯基
异噻唑类,有机卤化物,释放甲醛的化合物,有机金属化合物,酚类	防腐	抗菌谱广,长效,相容性好,化学稳定性好	阻碍与巯基有关的代谢过程,氧化和破坏巯基,损伤细胞膜
吡啶类,咪唑类,噻唑类,卤代烷基类,碘化物	防霉,防藻	抗菌谱广,长效,化学稳定性好	阻碍与巯基有关的代谢过程,阻碍 DNA 合成,氧化和破坏巯基

表 12-4 几种有机系抗菌剂的性质

化合物名称	外观	熔点/℃	溶解性（水,20℃）	毒性:急性经口,大白鼠/(mg/kg)
2-(4-噻唑基)苯并咪唑,2-(4-thiazolyl)-benzimidazole,简称 TBZ,噻菌灵	白色结晶	$296\sim303$	3.84%（pH 2.2）	3600
苯并咪唑-2-甲氧基氨基甲酸甲酯, Methyl benzimidazol-2-ylcarbamate,简称 BCM,多菌灵	灰白色粉末	307～312（分解）,（216℃开始升华）	8ppm（pH 7）	15000

化合物名称	外观	熔点/℃	溶解性（水，20℃）	毒性:急性经口,大白鼠/(mg/kg)
N-二甲基-N-苯基-N-氟二氯甲硫基-硫酰胺，N-dichlorofluorom-ethylthio-N,N-dimethyl-N-phenylsulphamide	白色粉末	105～106	不溶	500～2500
2,4,5,6-四氯-1,3-苯二甲腈，tetrachloroisophthalonitrile,简称百菌清	白色结晶	250～251	0.6ppm	10000
2,4,4′-三氯-2′-羟基二苯醚,2,4,4′-trichloro-2′hydroxy-diphenyl-ether，简称三氯新	白色结晶	56～60(270℃分解)	—	4000(小鼠)
10,10′-氧化二酚噁吡醚，10,10′-oxybisphenoxyarsine，简称OBPA,霉克净	白色粉末	185～186,(300℃以上分解)	5ppm	54
2-n-辛基-4-异噻唑-3-酮，2-n-octyl-4-isothiazolin-3-one，简称OIT	褐色液体	—	—	1470
3-碘-2-炔丙基正丁基氨基甲酸酯，3-iodo-2-propynyl-n-butylcar-bamate,简称IPBC	灰白色粉末	—	—	1580

12.4.4　天然抗菌剂

天然提纯物，如壳聚糖、桧醇、辣根、江南竹油等，具有抗菌性。天然抗菌剂的使用剂量要求较大，质量稳定性较差，另外制备较困难，所以其开发应用进展缓慢。天然抗菌剂中最有应用前途的是壳聚糖。

壳聚糖是迄今发现的唯一的天然碱性多糖，其结构和纤维素很相像。壳聚糖分子链带正电荷，当和带负电荷的细胞壁接触时会通过库仑作用吸附细菌，阻碍了细菌的活动，从而影响细菌的繁殖能力。同时小分子量的壳聚糖分子进入细菌的体内，破坏细菌体内从 DNA 到 RNA 的转录，导致细菌繁殖终止，起到抗菌作用。因此，壳聚糖的抗菌作用很强，其对大肠杆菌的最低抑菌浓度为 $20×10^{-6}$，对金黄色葡萄球菌的最低抑菌浓度为 $20×10^{-6}$，对肺炎杆菌的最低抑菌浓度为 $700×10^{-6}$，对根头癌肿病菌的最低抑菌浓度为 $100×10^{-6}$，对灰曲霉的最低抑菌浓度为 $10×10^{-6}$（液体培养法）。壳聚糖是无毒的生物高分子，可以应用于医用材料、化妆品的保湿剂、人体血脂吸附剂、食品添加剂甚至可直接将壳聚糖溶液涂敷于伤口以保持伤口的无菌状态并促进伤口的愈合。

壳聚糖在塑料中的应用主要是通过聚合物共溶通过溶液混合然后脱溶剂制备成高分子膜，另一方法就是将壳聚糖研磨成粉末分散到 NBR 或聚氨酯海绵中应用。但壳聚糖耐热性差，分解温度只有 180℃，由于无法进行熔融共混加工，在塑料中的应用受到了很大的限制。

山梨酸是一种从植物中分离出来的天然物质，分解温度在 270℃以上，对细菌也有广谱的抑制性能。山梨酸的最低抑菌浓度为 $500×10^{-6}$～$1000×10^{-6}$，而且无毒无味无刺激性，可添加在聚氯乙烯中制备聚氯乙烯薄膜，用于食品包装。

12.4.5　高分子抗菌剂

人们根据天然高分子的抗菌机理开始模仿合成具有抗菌性能的高分子。例如，合成的吡啶型主链的高分子具有杀灭细菌的功能，其杀菌机理也是通过分子链吸附微生物而捕捉细菌，使细菌失去活性。后来，在此基础上合成了带吡啶侧基的聚烯烃材料，同样也具有明显的杀菌作用。合成高分子抗菌剂可以克服天然抗菌剂耐热性差等缺点，通过熔融共混得到抗菌材料。

一种具有抗菌功能的改性 PS，聚苯乙烯己内酰脲，能长期在其制品表面保存一层氯，从而可杀死与其接触的微生物。只要在表面没有被遮盖以前该材料都抗菌性能。在失效后，只需用漂白粉在制品表面擦拭一遍，该材料便又恢复了抗菌性能。

12.4.6 抗菌剂的应用

日常生活和工业制品中大量使用塑料，如厨具、卫生设施、家用电器、壁纸、食品包装等。使用抗菌塑料可提高产品的卫生性，减少致病菌的污染。表 12-5 所列的抗菌剂和抗菌塑料应用领域显示出其巨大的发展前景。

表 12-5　抗菌剂和抗菌塑料的应用领域举例

食品相关用品	食品(饮料、果蔬、粮食、饲料等的)保鲜(包装)膜(袋)、厨房用品:如餐(饮、茶、酒)具、盆、勺、筷、刀、菜板、保温瓶壳、洗锅刷、过滤网、水龙头
日用生活	美容化妆品容器、扫帚、毛刷、海绵刷、剃刀、肥皂、香皂、牙刷、牙刷盒、拖鞋、衣箱、鞋、服装、皮椅、内衬、表带、皮手套、吊带、腰带、妇女卫生用品
电信	电话机、传真机、手机、话筒、计算机键盘、软磁盘盒
家电制品	冰箱、洗衣机、电饭煲、电视机、照相机、摄像机、通风机、衣服干燥机、洗碗干燥机、加湿器、净水器、饮水机、切削器、换气扇
纤维制品	淋浴防水帷幔、空调过滤器、帽子、假发、运动服、白大褂、手术服、睡衣库、连裤袜、被褥用品:如床单、被罩、枕芯、枕套,手套、围裙、鞋垫、卫生巾、尿布、纱布、抹布、口罩、地毯
建材居室环境	装饰板、壁纸、家具、桌布、门窗用薄膜、瓷砖、管道、人造大理石、门把手、蹭鞋垫、洗涤盆、水槽、便器、污物桶、澡盆、洗脸池、肥皂盒、衣柜、便池刷、电源开关及面板、栽培容器、油漆涂料、地灯
办公用品	纸制品:如办公用纸、卡片、记事本、卫生纸,文具:如铅笔、圆珠笔、钢笔、蜡笔、橡皮、圆规、消字灵、垫板、订书机、文件刀、文件夹
玩具	塑料、木制玩具、棋子
医药卫生	包药纸、药箱、听诊器、体温计、体重计、助听器、医院设施(墙壁、地面、寝具等)、医护人员和病人服装、注射器、输液器、一次性手套
其他	乐器、香烟过滤嘴、公共设施:如公共汽车地铁等吊环把手、交通工具内饰件、座椅等、喷雾器、婴儿奶瓶帽、各种清洁用毛刷

12.4.6.1　抗菌塑料、抗菌母粒和抗菌加工制品

抗菌剂应用于塑料制品可以通过以下 3 条途径：①将抗菌剂直接与塑料混合，分散在塑料中制成抗菌塑料；②将抗菌母粒与塑料掺混加工；③在制品成型工艺中将抗菌剂嵌入塑料表面。

抗菌剂直接添加法工艺简单，但抗菌剂在塑料中分散较差，抗菌剂颗粒容易分散，抗菌效果较差，抗菌剂利用不充分，使用成本增加。抗菌母粒法的核心技术是抗菌母粒的研制。抗菌母粒是抗菌剂分散在载体树脂中的高度浓缩体，含抗菌剂量 10%～40%。抗菌母粒与塑料一起加工，或与塑料一起再次共混分散，有利于抗菌剂的分散和抗菌作用的发挥，是目前已普遍接受和广为应用的技术途径。合理的抗菌母粒设计和使用，可大大节约抗菌剂使用成本。在制品成型阶段加工抗菌塑料产品，主要目的是为了节约抗菌剂的用量，合理使用抗菌剂，控制成本。目前了解到的具体实施方案有两种：一种是将超细的抗菌剂粒子制成喷雾液，喷涂在塑料模具表面，在塑料注塑成型时抗菌剂就进入到塑料件的表面；另一种是将抗菌剂与塑料制成薄膜，然后将薄膜附在模具表面，在塑料成型时将抗菌塑料膜结合到制件表面。使用这种抗菌成型技术，可以大大节约抗菌剂的用量，但目前应用还不普遍，主要原因是设备投资较大。

12.4.6.2　抗菌产品应用举例

（1）家用电器　在日本，1986 年开发制造出抗菌冰箱，抗菌化的重点起初在箱体内部件，用抗菌聚乙烯材料制成果蔬盒盖、制冰器的注水管，用抗菌聚苯乙烯制成制冰器的盒、食品托盘，用抗菌 ABS 树脂制成内胆等。所用抗菌剂为含银沸石。1993 年在 440 万台冰箱（4400 亿

日元产值）中抗菌冰箱占 15％～20％。后来，抗菌件不仅限于在箱体内部使用，冰箱外部手接触部分也使用了抗菌件。抗菌冰箱的市场份额在 2～3 年后增加了一倍。

洗衣机在聚丙烯洗涤部件上使用抗菌材料，由于技术和价格限制，开始采用的是有机类抗菌剂，如咪唑类有机物、噻唑类有机物，后来无机抗菌剂的使用也在增加。1993 年在 520 万台洗衣机（1970 亿日元产值）中，抗菌洗衣机占 20％的市场份额，1995 年上升至 30％，2000年将达到 70％～80％。厂家试验数据称，长期抗菌性可保持 7 年。

餐具干燥机等涉水用品的抗菌化应用推广很快。抗菌材料主要是聚丙烯，但各公司所用抗菌剂有所不同，有咪唑类有机抗菌剂、含银沸石、含银硅胶、噻唑类有机抗菌剂、含银磷酸锆。1991 年生产的 100 万台餐具干燥机（69 亿日元产值）已有 30％是抗菌干燥机。

电饭煲主要在外壳的聚乙烯件中使用抗菌剂。抗菌剂为噻唑类。1993 年生产 700 万个（850 亿日元产值），发展潜力很大。

在浴室、厨房等场所使用的换气扇，1993 年生产 1000 万台（1300 亿日元产值），其中15％已采用抗菌材料，主要为 AS 树脂。此后 3 年增至 25％左右。

另外，电话机的抗菌话筒由松下通信工业、松下电器产业开发生产，用含银硅胶的 ABS树脂，1995 年为 1000 万部（2000 亿日元产值），话筒用料 2000 吨树脂。现在又使用了抗菌按键。

在中国，家用电器行业也是带动电抗菌技术和抗菌材料应用的发动机，1998 年率先试制成功并上市带有抗菌功能的冰箱、空调、波轮洗衣机、滚筒洗衣机、冷柜、洗碗机、吸尘器、电热杯、煤气灶等系列产品，后又上市电话、移动电话等。所用的抗菌剂是以中国科学院研制的金属离子复合的沸石型无机抗菌剂为主。冰箱使用的抗菌部件有，内部的内胆、门衬、搁物架、搁物架饰条、瓶座、瓶止档、蛋盒、冰盒、刮霜板、果盒、接水盘上下部、排水槽、冰室排水口、蒸发器搁板、风道、风道盖板，外部的门把手、饰条、门封条等。材料包括 HIPS、PS、ABS、PP、PE、PVC 等。空调器的抗菌部件有遥控器外壳、按键、导风板、接水盘；波轮洗衣机的波轮、内桶、水道、过滤盖；滚筒洗衣机的控制面板按钮、控制旋钮；冷柜的门体把手、门封条、密封条、断档、柜口、控制面板、除雪铲；洗碗机的内胆、上盖内衬、喷淋器。吸尘器的上盖、电源开关按钮、手柄架。煤气灶的旋钮等。抗菌家电在 1998 年至 2000 年3 年间总产值 140 亿元。

（2）饮水塑料管　塑料管材作为上水管和热水管使水质得到很大的改善，但是由于塑料表面会附着、滋生微生物，当管道中水流缓慢或水暂时存留时，细菌附着在管壁上并开始繁殖。特别在热水管道中会滋生一种特殊的细菌，它们很快大量繁殖，严重时使管道堵塞。嗜肺军团菌定居、生长在水源里，主要通过空调、水龙头、淋浴器等传播。抗菌塑料管一般采用专用抗菌母粒，制成抗菌 PEX、铝塑复合管及 PP-R 管等，长效性好，安全无污染，在增加较小成本的情况下，具有抗菌功效，提高饮用水的质量。

（3）涂料　抗菌防霉涂料有别于添加防腐剂的涂料。防腐剂是起到防止罐内微生物污染而变质，抗菌防霉涂料是针对涂料干膜受环境微生物的侵蚀长霉、发黄、品质下降、造成环境二次污染的问题而开发应用的。我国建材行业的发展正处于一个迅速膨胀的阶段，商品房的需求非常旺盛，抗菌防霉涂料具有很好的应用空间。

（4）包装物　包装是最大的塑料制品使用行业。抗菌包装物对于食品保质、防止外来污染非常有用。日本从 1996 年发生全国性的 O-157 大肠杆菌污染引起食物中毒事件以后，抗菌材料应用发展很快，其中有一大应用是食品包装。食品包装物必须严格按照食品卫生包装物的要求来检验和判定。

果蔬采摘后保鲜是保持和提高果蔬价值的重要环节，需要运用综合调节技术延长果蔬储存期，以满足果蔬储藏、长途运输等需求。其中，应用抗菌材料和抗菌技术可防止霉菌等微生物对果蔬的侵害，获得较好的保鲜效果。某些产品的抗菌防霉包装也具有非常良好的经济和社会效益，如武器、出口服装、光学器材等。

（5）抗菌防臭纤维　抗菌防臭纤维是继纺织品抗菌防臭后整理技术的新技术，近年来发展迅速。国际上是在 20 世纪 80 年代开始研制的，但直到 90 年代后期处于技术领先的日本才陆续开始产业化。它是将抗菌剂以共混改性的方式加入到化学纤维中，制得持久性抗菌纤维。

与抗菌防臭后整理技术相比，抗菌防臭纤维防臭效果好、耐久，纤维上没有附着的树脂，织物工艺简单、手感好。但是，这种方法技术含量高，难度大，尤其对抗菌剂的要求高。化学纤维的制造工艺可分为湿法和熔法，湿法（如人造丝、腈纶）必须解决抗菌剂与纺丝液的相容性问题，熔法（如涤纶、锦纶、丙纶）则还要考虑抗菌剂的耐高温性问题，难度最大。可应用的无机抗菌剂有抗菌性沸石，载含银、铜、锌等金属离子的抗菌玻璃、陶瓷、氧化物等。

12.5　合成革用抗菌防霉剂的研究进展

（李泽国，崔辉仙，李毕忠，马宏伟）

聚氨酯合成革（PU）作为一种新兴的有机高分子材料，具有光泽柔和、自然，手感柔软，真皮感强的外观，具有与基材粘接性能优异、抗磨损、耐挠曲、抗老化等优异的机械性能，同时还具备耐寒性好、透气、可洗涤、加工方便、价格优廉等优点，是天然皮革最为理想的替代品，广泛应用于服装、制鞋、箱包、家具等行业。但是聚氨酯（PU）合成革由于分子结构中存在微生物生长所需的营养基，并且同时添加于树脂浆料中的各种助剂，如增塑剂、填料、蜡剂等，也可以作为微生物繁殖的营养源，所以聚氨酯合成革在储存、穿用过程中，于适宜的条件下会遭受微生物（细菌和霉菌）侵蚀。这不仅造成材料的存在微生物的污染和长霉，更为严重的是导致合成革材料长霉、变色、龟裂、强度变差，丧失使用价值。在合成革（PU）生产环节，将抗菌防霉剂植入，可有效控制微生物的生长繁殖，避免此类问题。

种类繁多的抗菌防霉剂，可以分为 4 类：无机抗菌剂、合成类有机抗菌剂、天然有机抗菌剂以及有机-无机复合抗菌剂等。国内外各研究机构在此领域的研究也比较活跃，其中欧美侧重开发有机体系抗菌防霉剂，日本侧重无机体系抗菌剂，我国虽然起步较晚，但各体系的抗菌剂均有研究，并不断有新成果报道和新产品出现。市场上抗菌防霉剂不是所有品种能满足合成革的使用要求。聚氨酯合成革加工工艺和使用的特殊性，决定了其所用的抗菌防霉剂应具备以下特点：①对细菌和霉菌有广谱的药效，抗菌作用强，添加量少，而对人畜安全，属无毒或低毒物质，无刺激，不产生过敏作用；②较高的热稳定性，分解温度在 150℃ 以上，在加工过程中不分解，保持其原有的抗菌防霉能力；③耐光、耐热、耐水、耐摩擦、耐酸碱，不会因酸、碱或其他成分的影响而降低药效，可以实现持久抗菌功效；④有良好的配伍性，使用方便；⑤溶解性、分散性优良，不影响产品的基本性能和颜色；⑥环境相容性好，不会造成污染；⑦价格成本合适。

12.5.1　抗菌防霉剂种类、特点及在合成革上的应用

12.5.1.1　有机抗菌剂

在合成革上应用的有机抗菌剂主要是季铵盐类、双胍类、醇类、酚类、醛类、有机酸类、过氧化物、卤素类、咪唑类、噻吩类、吡啶类等合成化合物。其抗菌机理主要是抗菌剂和细菌、霉菌的细胞膜表面的阴离子组合，或与巯基反应，破坏细胞膜，使蛋白质变性，-SH 酸

化、破坏 DNA 合成、蛋白质的合成系统，从而抑制细菌和霉菌的繁殖。该类抗菌剂具有抗菌作用快、抗菌谱广、抑制防霉效果好等优点，但也存在部分抗菌剂的耐热性不好、抗菌防霉作用持续时间较短、有一定毒性等缺点。

罗建斌等以双季铵盐二胺为扩链剂，成功地合成了硬段侧链带有脂肪族双季铵盐的聚氨酯材料。对其抗菌性能研究表明，对于革兰氏阳性细菌（金色葡萄球菌），平板计数法研究发现含有较大量的双季铵盐的聚氨酯材料（30C8PU，50C8PU）表面的细菌数仅 100 多个，而普通聚氨酯（PEU）表面高达 35000 多个细菌。对革兰氏阴性细菌（大肠杆菌），则两种聚氨酯的效果分别为 20000 多个和 40000 多个。该材料对革兰氏阳性细菌具有良好抗菌效果，对革兰氏阴性细菌的抗菌效果较差。

钟达飞等以六氢 1,3,5-三羟乙基均三嗪（TNO，俗名三丹油）为原料合成了聚氨酯材料（TNO-PU）。抗菌试验表明，NO-PU 具有明显抗菌效果。由于 TNO 既是聚氨酯的抗菌剂又是聚氨酯交联剂，因此 TNO-PU 的抑菌作用具有长效稳定的特点，有望在玩具、家具、汽车和医疗卫生等行业得到应用。

在国外，苯并噻唑类杀菌剂是制革工作者研究得较多的品种，主要是由美国巴克曼实验室国际公司首先研制的巯基苯并噻唑（MBT）和 2-（硫氰基甲硫基）苯并噻唑（TCMTB）。杀菌和防霉试验表明，TCMTB 不仅可有效地抑制原皮上常见的有害细菌，而且还可以抑制革上的黑曲霉、枯青霉、黄曲霉、顶青霉、木霉等霉菌。但是该抗菌剂在通常储存条件下稳定，长时间处在 60℃ 以上环境里会分解、100℃ 以上高温环境里放置 4h 后会快速热分解。所以该类抗菌在合成革上应用时，不能通过需要 130～140℃ 加热处理的干法和湿法工艺添加，只能在低温表处工艺中添加。

异噻唑啉酮类化合物是一类新型的高效广谱杀菌剂，具有杀菌、灭藻、防腐等功能，对大肠杆菌、枯草杆菌、黑曲霉等多种微生物有良好的杀除效果，已广泛地用于工业的各个领域。异噻唑啉酮杀菌剂最先由美国罗姆哈斯公司（ROHM&HAAS）取得专利权，商品代号为Kathon 系列。

美国的 Stephen D. Bryant 等最近报道制备了一种环境友好、抗菌高效的新型防霉剂。这种防霉剂是由氨腈与二硫化碳反应制备的，化学名称为 S-基-S'-氯基-氰基-氰基二硫代异氰酸盐（CHED）。这种防霉剂对环境无毒，且其分解物毒性也很低。将 CHED 与其他防霉剂〔如，2-（硫氰酸甲基巯基）苯并噻唑、二碘代甲基对甲苯砜等〕混合使用时，对黑曲霉的抑菌效果好。

12.5.1.2 无机抗菌剂

无机抗菌剂种类很多，应用较广泛且具有代表性的是银、铜、锌等金属或金属离子抗菌剂和金属氧化物（如 TiO_2、ZnO 等）无机纳米抗菌剂。其抗菌机理有以下两种解释。①接触反应假说。金属离子与细菌接触反应造成细菌固有成分被破坏或发生功能障碍从而导致细菌死亡。原因是微生物的细胞膜上常带有负电荷，金属离子能依靠库伦引力牢固吸附在细胞膜上，使细菌的蛋白质凝固，破坏细菌的细胞合成酶活性，使细胞丧失分裂增殖能力而死亡。②催化反应假说。在光的作用下，银离子及纳米级颗粒能起到催化活性中心的作用，激活水分子和空气中的氧产生羟基自由基（·OH）及活性氧离子（$O_2—$），$O_2—$ 和 ·OH 能在短时间破坏细菌的增殖能力，致使细胞死亡，从而达到抗菌的目的。

无机抗菌剂具有使用安全、耐热、持续性好、抗菌谱广等诸多优点，因此已经成为抗菌剂领域的研究热点。但无机抗菌剂却存在防霉性能不佳的问题，近年来虽然有报道称纳米氧化锌具有一定的防霉性能，但在实际使用过程中，其防霉性能有限，并不能满足实际需要。

黄万里等在聚氨酯合成革的基础上通过添加缓释型纳米级银系抗菌防霉剂，制得了具有抗菌防霉聚氨酯沙发合成革。在抗菌性能测试中，对金黄色葡萄球菌、大肠杆菌和绿脓杆菌杀灭效果显著。同时，该产品采用特殊的聚氨酯树脂和优质的基布研制而成，具有撕裂强度高、耐磨、耐刮性好等优良的物理机械性能。另外，该产品手感柔韧、弹性佳、耐用性好。

牛曦婷等采用将纳米粉体、助剂、添加剂等材料制备的纳米抗菌聚氨酯树脂母液，进一步制成抗菌防霉涂饰剂，用于 PU 合成革表面涂饰。确定了纳米 TiO_2 的最佳用量，在聚氨酯合成革表面油墨中添加 1%～2% 的纳米抗菌剂，可以取得较好的抗菌防霉效果。

陈意等采用原位有机-无机杂化技术将纳米 TiO_2 引入合成革用聚氨酯膜中，并对杂化薄膜抗菌防霉性能进行了检测。结果表明：无机纳米 TiO_2 颗粒在聚氨酯杂化膜中分布均匀，当 TiO_2 的含量从 0.25% 提高到 1.00% 时，纳米 TiO_2 的平均尺寸相应的由 40～50nm 增加到 90～110nm。该杂化膜不仅对细菌（金黄色葡萄球菌和大肠杆菌）的生长有抑制作用，而且还表现出优异的防霉（黑曲霉）性能。

何涛等研制了尺寸为 2～5nm 且不团聚的新型无机抗菌剂。细菌培养实验表明，抗菌剂含量不低于 0.1%（质量分数），真皮以及聚氨酯革都会具有显著的抗菌效果。同时，抗菌剂颗粒与皮革具有较强的结合能力，赋予抗菌皮革较好的耐水洗性能。

12.5.1.3 天然抗菌剂

天然抗菌剂主要有壳聚糖、血精蛋白、桂皮油、罗汉柏油、大蒜素和天然酚类等，这类抗菌剂大多数是从动植物中提炼精制而成，如壳聚糖来于天然贝壳、蟹类、虾壳、鱼骨及昆虫等动物壳体非常坚硬的部分，经由脱去 N-乙酰基获得。天然抗菌剂不同于其他抗菌剂的优点之一是环境友好性，天然抗菌剂是从天然食物或植物中提取或直接使用的，在生产和使用过程中，有些抗菌剂对环境不产生污染危害，生物相容性好，但其缺点也是明显的，其耐热性比较差，160～180℃就开始炭化分解，应用范围受到很大限制，其药效持续时间比较短，大规模商业化还有待时日。

徐旭凡采用聚氨酯树脂溶液添加到适量的壳聚糖溶液中，同时调整黏度至所需涂布的黏度，经转移涂层工艺加工成聚氨酯涂层织物。壳聚糖不但能较好地改善聚氨酯涂层织物的透湿性能，而且赋予聚氨酯涂层织物抗菌性能。

12.5.1.4 有机-无机复合抗菌剂

目前市场上的抗菌剂在聚氨酯合成革中多是单独使用的，抗菌作用常常有一定的局限性，如单一组分杀菌谱较窄、用量较大、时效短、成本较高，有些杀菌剂生物降解性较差，使用安全性差，对环境影响也较大。如果根据不同抗菌剂的抗菌特点，将不同的抗菌剂进行复配，则可以发挥各自的优势，同时也节约了开发新品种抗菌剂的成本，这将是非常有发展前景的一条技术研究路线。

周箭等结合无机抗菌剂和天然有机抗菌剂的各自特点，通过以 TiO_2 为核载体，将硝酸银（$AgNO_3$）和壳聚糖吸附于其表面组装成复合抗菌剂。将该抗菌剂添加到 PU 溶液中，通过双向扩散萃取的方法是聚氨酯溶胶逐渐转变为凝胶状态，最后复合成抗菌聚氨酯材料。该抗菌材料经抗菌性能测试，结果表明，含 1.2% 抗菌粉体的聚氨酯中绿脓杆菌、肠杆菌、金黄色葡萄球菌、白色念珠菌、沙门氏菌、芽枝菌、黑曲霉菌成活率均在 5% 以下，尤其对抑制大肠杆菌的繁殖有特别的效果。

北京崇高纳米科技有限公司针对市售商品的缺陷，运用多年抗菌材料和纳米材料的研究经验，根据聚氨酯合成革特殊的加工和使用条件，开发出了系列抗菌防霉剂，特别是有机-无机复合抗菌剂系列产品对细菌、真菌/霉菌等具有良好的抑杀效果，性能稳定，长效性好，添加比例少，比进口产品价格低。

北京崇高纳米科技有限公司开发的系列抗菌防霉剂情况见表 12-6。

表 12-6　抗菌防霉剂系列

牌号	物理状态	适用工艺	添加比例/%	抗菌效果
安迪美 ®AMZ-D1	淡黄至 白色粉末	湿法/干法 成型工艺	1~2	抗菌率大于90%,防霉达到1~0级
安迪美 ®CAH-2	黄色 透明液体	表面涂饰;超纤 合成革含浸工艺	1~2	抗菌率大于99%,防霉效果良好,达到0级
安迪美 ®AL-D	黄色 透明液体	干法成型或 表面涂饰	1~3	抗菌率大于99%,防霉等级达1~0级,并且经马丁代尔法 表面摩擦5000次后,抗菌率大于90%,防霉达1级

12.5.2　合成革用抗菌剂的标准化研究

　　以前在制革工艺中添加的酚类、醛类等普通工业防霉剂,目的只是为了保证材料在一个相对较短的时间内不长霉,我们将其称为"被动抗菌处理";抗菌材料作为一种新兴的功能材料不同于以前在制革工艺中添加的普通工业防霉剂,其除了能保证材料本身不受有害微生物侵害以外,还能够持久地抵御外来微生物的侵袭,保护使用者的人身卫生安全,称之为"主动抗菌处理"。"主动抗菌"概念主要指的是为了获得"持久抗菌"这种特殊功能而"主动"添加一些功能助剂,是对以上提到只是为了保护材料变质而添加普通工业防霉剂"被动抗菌"概念的延伸。特别是近年来 SARS 病毒、禽流感、甲型 H1N1 流感等病毒肆虐全球,感染人数不断增加,对聚氨酯合成革添加抗菌剂进行抗菌功能化处理,不仅是材料本身性能需要,而且也是市场发展的需要,抗菌聚氨酯合成革可以为消费者建立起一道安全屏障。普通 PU 合成革和抗菌PU 合成革的霉菌生长对比情况见图 12-2。

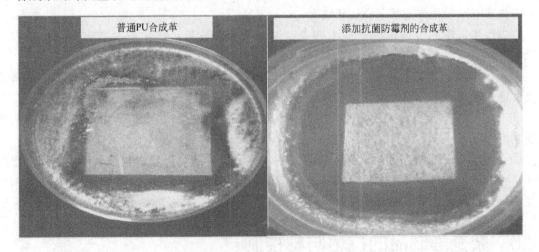

图 12-2　普通和抗菌 PU 合成革培养霉菌 28d 后的生长情况(ASTM G21,混合霉菌)

　　目前市场上抗菌剂种类繁多,鱼目混珠,质量良莠不齐,而合成革厂家在使用时对抗菌剂本身技术指标了解少,特别是可参照的通用抗菌产品标准较少。抗菌材料目前国内外包括国际ISO、美国 ASTM、日本的 JIS、中国的 GB/QB 等多数提供了终端制品(添加了抗菌剂的产品)的效果评价标准,而针对抗菌剂产品本身的标准却极少。为了保证抗菌合成革产业的良好、健康发展,规范合成革用抗菌剂的市场,特别也为了促进我国抗菌剂研究技术进步,非常有必要建立相关国家行业标准。为了和国际接轨,加强技术交流,促进国内技术研究进步,对产品进行标准化管理一直是我国相关行政职能部门非常重视的工作。由中国轻工业联合会提出,全国塑料制品标准化技术委员会、中国塑料加工工业协会人造革合成革专委会牵头着手制定 2010—2898-JB《合成革用抗菌剂》行业标准,起草单位有北京崇高纳米科技有限公司(第一起草单位）、安徽安利合成革股份有限公司、昆山阿基里斯人造皮有限公司、浙江禾欣实业集团股份有限公司、山东同大海岛新材料股份有限公司、浙江优耐克科技发展有限公司。根据国家工业和信息化部"消费品工业行业标准制定管理实施细则"文件要求，于 2011 年 12 月24 日在浙江省义乌市召开标准工作会议，起草小组和与会专家在会上讨论了标准初稿，对标准内容提出很多建设性意见。标准范围主要涉及合成革用抗菌剂的分类、物性指标要求、技术指标要求等内容，其中特别涉及到根据合成革的加工和实际用途特点，从耐磨性、耐热性、耐洗涤性和耐紫外光老化性等指标考察合成革用抗菌剂的耐久效果。另外自 2008 年以来，英国、法国、瑞典等欧洲国家相继出现富马酸二甲酯（DMF）在皮革中使用致消费者过敏事件，导致大家对产品安全问题都十分敏感，所以在本起草的标准中对抗菌剂安全指标也提出具体要求，重点关注。

12.5.3 合成革用抗菌剂的发展趋势

自 20 世纪 50 年代起，世界人造革、合成革主产地逐渐由欧美向亚洲地区转移。从行业发展趋势来看，我国渐成生产人造革、合成革产品的制造中心。2009 年增长到了 12.78 亿米。目前，合成革行业千军万马过独木桥，产品和技术雷同，市场竞争以初级的价格战作为普遍采用的手段。这不仅造成了行业内企业生产经营步履维艰，也严重阻碍了合成革的后续发展。从目前趋势来看，合成革正向功能化高端方向发展。产品品种多样，应用领域细分，满足客户要求更全面，使用性能更突出，是市场对合成革企业提出的新标准。其中抗菌防霉功能化是合成革发展前景相对较好的一个方向，所以合成革用抗菌剂的研究和应用将成为技术领域的研究热点，未来市场对抗菌剂的需求会逐年增大。

根据市场需求和合成革生产加工特点，笔者认为合成革用抗菌剂发展方向主要有以下几个。

① 多种抗菌剂的联合使用，开发复合型抗菌剂，实现"1＋1＞2"，使抗菌剂的性能得到提高、适用范围更广，同时也节约了新品抗菌剂的开发成本。

② 当前产品安全引起了社会的广泛关注，继续开发更加高效、低毒、安全、抗菌谱广的抗菌剂。

③ 通过接枝、活性基团改性等手段开发一些高分子抗菌剂，使之与聚氨酯材料结合更加牢固。一方面可以提高材料物性；另一方面可以防止抗菌剂从 PU 材料中过快析出，使抗菌耐久性更好。这也是合成革用抗菌剂今后的一个研究方向。

12.6 聚氨酯制品的抗菌防霉控制

（贺晓蓉）

抗菌防霉剂，简言之，是防止细菌和霉菌的侵蚀，维持产品性能以及外观的一类功能型添加剂。广至油田水处理、工业循环水、造纸、涂料等大化工，细至个人、家庭护理等精细化工领域，杀菌防霉的应用无处不在。如今，随着生活品质的逐年提升，人们开始日益关注各种由于细菌、霉菌，甚至是"超级细菌"带来的各种产品质量、卫生健康问题。因此，广泛用于家居环境的塑料制品如聚氯乙烯、聚氨酯、聚丙烯/聚乙烯呈均现出明显的抗菌防霉功能性需求。

12.6.1 细菌和霉菌

在我们生活、工作的周围，细菌无所不在。尤其是在温暖、潮湿、富含有机质的地方，很容易由于细菌繁殖代谢而产生特殊的臭味或者酸败味道。被细菌覆盖的物体表面也有湿、黏、滑的感觉。霉菌是一类代表性的真菌，在工业生产上起着至关重要的作用，可用于多种酶制剂，以及青霉素、头孢霉素等抗生素的制作，还可以用来生产酿造酱油、干酪等传统食品。另一方面，霉菌的不当繁殖又会导致产品的变质，比如食品、纺织品、皮革、纸张、塑料、光学仪器等等。同时霉菌还会带来植物和动物疾病，如皮肤癣菌引起的各类癣症。因此在越来越多的生产、生活领域都面临着如何有效的控制细菌霉菌的产生，防止由此带来的微生物腐败、产品质量问题以及公共安全卫生隐患。

12.6.2 抗菌防霉剂在聚氨酯制品中的应用

由于塑料中树脂材料具有大分子长链或者交联结构这一基本特征，相比较其他材料，细菌和霉菌更难"吃掉"塑料制品中的主要骨架。但由于在生产过程中各种小分子添加剂，如润滑剂、增塑剂的使用，它们为霉菌提供了生存的可能。在适宜温湿度环境下，尽管形体微小，霉菌和细菌仍能够通过多种方式给塑料制品带来各种各样的问题。

对于聚氨酯制品而言，一方面，由于聚氨酯结构中碳、氧、氮原子的存在，提供了霉菌生长的必须元素；另一方面，微发泡聚氨酯制品中的孔洞结构为霉菌的聚集又提供了生存空间。空气、灰尘中漂浮的霉菌种子一旦积聚在此，不容易再逸散到环境中，在一定的温度（如25～38℃），湿度环境下，逐渐生长、繁殖。其代谢产物不仅导致产品变色、异味，更严重的破坏了塑料的结构，从而引起产品物理性能的降解。例如，在远洋运输期间，由于温度湿度较高，霉菌可以迅速滋生，"扎根"在材质内部，"啃食"材料，导致到港时，产品已发生明显的霉败腐烂问题。除了霉菌对塑料制品本身的结构破坏，细菌可以进一步影响制品在使用环境中的公共安全卫生。在医院等公共卫生敏感区域，医疗设施、器件一般均需要经过特殊灭菌处理或者添加杀菌、抑菌型添加剂，以控制病菌的扩散和传染。随着近年来不断爆发的一些超级细菌危害以及公共卫生意识在国内的普及，越来越多的消费者开始关注在日常生活中使用具有抗菌、抑菌性能的制品，尤其是在与厨房和卫生间相关的环境空间中，如马桶、洗衣机、洗面台、厨灶台面等环境中。

12.6.3 聚氨酯制品中抗菌防霉剂的要求

针对聚氨酯制品特殊的工艺流程以及产品性能要求，建议从以下几个方面来考虑以选择适合的杀菌防霉剂。

① 杀菌防霉效率。在不同的使用环境中滋生的细菌霉菌种类亦有差异，理想的抗菌防霉剂应该具有广泛高效抗菌防霉效率，以保证对产品全面的保护。

② 与聚氨酯体系良好的相容性。理想的防霉剂可以在聚氨酯液体相中均匀分散，不沉积；在加工温度下具有较高的热稳定性，同时与体系内其他添加剂不具有明显的化学反应性。

③ 不影响聚氨酯制品的物理性能以及颜色。传统的银离子系列抗菌剂，由于银离子容易发生氧化还原反应，导致制品表面发黄、棕、黑。因此如何开发一支既无变色问题，价格又可以为市场所接受的银系列抗菌剂是摆在抗菌防霉剂生产商面前的一个重要课题。

除了以上基本性能相关的要求，随着中国的聚氨酯制品出口世界各地，中国的加工制造商也面临着更多绿色环保的要求。

① 抗菌防霉剂的绿色环保特性。无论是在加工过程中还是终端的使用环境下，塑料制品中的添加剂应做到无毒/低毒、低挥发性、低致敏性等等安全特点，因此在选择抗菌防霉剂产品类型时应该考虑到对操作人员可能带来的伤害，以及废弃后对环境可能造成的影响等。同时防霉剂供应商应适当建议作业圈工人着适宜的防护保护，如使用护目镜、防护服

等等。

② 符合各国的法律法规要求。在美国、欧洲都有相应的法律法规规定了抗菌防霉添加剂的应用范围。申请并通过美国环保总署（EPA）审核的杀菌防霉剂将获得认证和 EPA 编号。欧盟生物杀生剂指令（BPD）规定了在各个领域可以使用的杀菌防霉剂的活性成分，其目标是只允许安全的杀虫制品进入市场，协调整个欧盟杀虫制品的上市许可。在中国，为了使抗菌剂、防霉剂能够被安全有效的使用，也制定有相应的国家标准或行业标准，如在食品用塑料中使用抗菌防霉剂须符合 GB 9685—2008《食品容器，包装材料用添加剂使用标准》，对抗菌抗霉的性能评价有 QB/T 2591—2003《抗菌塑料的抗菌性能试验方法》，JC/T 939—2004《建筑用抗菌塑料管抗细菌性能》，HG/T—2005《无机抗菌剂-性能及评价》，QB/T 2881—2007《鞋类衬里和内垫材料抗菌技术要求》等。

③ 配套技术服务能力。杀菌防霉剂尽管只是添加助剂中的一支，但是由于其特殊的功能性，对如何选择合适的产品、如何评估产品的效果、持续跟踪服务以及解决在应用中可能出现的各种问题，都需要杀菌防霉剂的供应商提供相应的技术服务，并且微生物相关的实验均需要在国家批准的实验室里实施，避免潜在健康危害。

12.6.4　VINYZENE™ 系列聚氨酯制品用抗菌防霉添加剂

基于对聚氨酯工艺的研究以及多年的抗菌防霉研发经验，陶氏化学微生物控制技术推荐使用 VINYZENE™ 系列抗菌防霉添加剂，其在适宜添加量下，可赋予产品优异的抑菌性能，防变色、防臭并能预防细菌滋生。产品同时兼具防霉特性，不仅在储藏期间保护产品免受霉菌侵蚀，在潮湿的使用环境下亦可以完美保护产品，延长使用期限，保持产品外观。根据聚氨酯材质的差异，产品的选择亦不相同，表 12-7 列出部分聚氨酯制品用抗菌防霉添加剂以做参考。

表 12-7　聚氨酯制品用抗菌防霉添加剂

应用	牌号	特点	推荐添加量/%
合成革	Vinyzene™ 850A	既防霉亦抗菌 良好相容性 耐水洗，持久保护 EPA 注册 BPD 注册	0.5~1.0
超纤	Vinyzene™ 860B	抗菌防霉性能俱佳 适用于超纤工艺 环境友好	1.0~2.0
鞋材	Skane™ M-8	优异的防霉性能 良好相容性 EPA 注册 BPD 注册	0.3~0.5
	Vinyzene™ BP 5-5PG	优异的抗菌性能 广谱防霉 EPA 注册	0.5~1.0
纺织层	Klarix™ 4000	抗革兰氏阳性菌效果优异 水性分散体系 适用于纺织层水处理工艺	2~5

注：推荐添加量基于陶氏微生物控制技术实验室数据，实际添加量请进一步咨询业务代表。

12.7　银离子注入与银/铜离子双注入 ABS 树脂抗菌性能研究

(李　崇，覃礼钊，向友来等)

12.7.1　概述

人们在日常生活中持续受到细菌等微生物对人体的健康威胁。有研究显示，在目前家庭厨房中使用的抹布、水龙头、排水管等设施中附着有大量危害人体健康的微生物，人们期望表面具有抗菌能力的材料制品出现，以满足人们对绿色健康生活的需要，因而各种抗菌材料的研究近年来得到广泛的关注。

ABS 树脂是指丙烯腈-丁二烯-苯乙烯接枝共聚物，随着销量的年年增长，现在已经成为全球销量最大的热塑性工程塑料，对 ABS 树脂表面改性的研究也日益增多。近年来人们发现将离子注入到聚合物中不仅可以节省大量贵重金属还可以使其拥有优异的表面性能，但目前国内外对采用离子注入法制备抗菌塑料的报道较少，本研究有利于填补该项空白，为抗菌塑料的生产提供新的技术思路。

本文采用 ABS 树脂为基底，用具有束流强、纯度高的金属真空弧离子（MEVVA）源作为材料的改性工具，将具有优良抗菌性能的银、铜离子作为备选注入离子，分别对 ABS 树脂进行银离子注入与银铜离子双注入，并比较材料的表面结构变化与抗菌性能差异。

12.7.2　实验部分

12.7.2.1　原材料

ABS 树脂板材：牌号 275，上海高桥石化。

12.7.2.2　试样的制备

将 ABS 树脂板材裁剪成长 4cm×宽 8cm 的样片，经过无水乙醇与丙酮清洗后在 MEVVA 源离子注入机中进行离子注入。注入电流为 0.1mA，注入电压为 30kV，注入剂量为 $1.0 \times 10^{16} cm^{-2}$，工作真空度为 $10^{-4} Pa$。空白样品记为纯 ABS，进行银离子注入的样品记为 Ag-ABS，进行银铜离子双注入的样品记为 AgCu-ABS（先注入银离子、后注入铜离子）。

12.7.2.3　实验样品的表面形貌与构成的表征

将试样纯 ABS、Ag-ABS、AgCu-ABS 分别通过冷场发射电子扫描显微镜（S-4800，日立高新技术株式会社）观察表面形貌，电镜分辨率为 2.0nm。

通过拉曼（Raman）光谱（Lab RAM Aramis 型激光共聚焦拉曼光谱仪，Horiba Jobin Yvon 公司）分析试样表面物质结构变化，激发波长 532nm，输出功率 3mW。

通过 X 射线光电子能谱（XPS）仪（ESCALAB250Xi 型，英国 Thermo Scientific 公司）分析表面成分，非单色 Al $K\alpha$（1486.6eV）为 X 射线源，工作电压 13kV，阳极电流 18mA。

12.7.2.4　抗菌实验

采用由西南大学生物技术学院提供的大肠杆菌为实验菌，通过平板计数法计算灭菌率。首先，将实验样品纯 ABS、Ag-ABS、AgCu-ABS 裁剪成 1cm×2cm 的试片，并用医用酒精清洗后烘干备用。用生理盐水将细菌液稀释至 $10^4 \sim 10^5 CFU/mL$，向每个试管中滴入 4mL 菌液，将剪裁好的试片放入试管中，摇晃使细菌液与样品表面充分接触后，试管放入湿度 95% 以上、温度在 (37±1)℃ 的恒温箱中培养 24h。试管取出后将细菌液用生理盐水按 1∶10 比例稀释两次，摇晃均匀后取液 50μL 滴在无菌琼脂平板上，涂布均匀后放入湿度 95% 以上、温度在 (37±1)℃ 的恒温箱中培养 24h。观察比较细菌生长情况，统计培养皿上的菌落数，并按式（1）

计算材料的灭菌率。

$$R(\%) = (B-C)/B \times 100\%$$

式中，R 为材料的灭菌率；B 为对照组培养皿中的菌落数量；C 为改性组培养皿中的菌落数量。

12.7.3 结果与讨论

12.7.3.1 材料表征结果及分析

（1）SEM 分析　图 12-3 为试样纯 ABS、Ag-ABS、AgCu-ABS 的 SEM 照片。发现在离子注入前 ABS 树脂表面较为光滑［图 12-3a)］，但在离子注入后 ABS 树脂表面变得凹凸不平［图 12-3(b)、图 12-3(c)］。这是由于将离子注入到 ABS 树脂表面时，发生了侵蚀作用，该侵蚀分为由高能离子与聚合物表面撞击所导致的溅射侵蚀和注入离子化学活性对材料表面的化学侵蚀。ABS 树脂表面在被侵蚀的过程中，材料的晶体部分与非晶体部分的侵蚀速率不同，造成细微的凹凸状，同时，聚合物表面被溅射出来的物质受到离子气体激励后会向表面逆扩散，在低温区会重新聚合，这将导致溅射物边溅射边重聚，形成较大凹凸状区域。

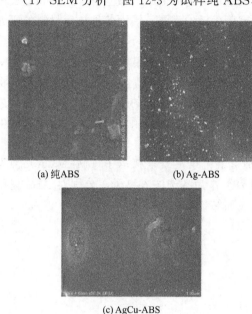

(a) 纯ABS　　　(b) Ag-ABS

(c) AgCu-ABS

图 12-3　样品 SEM 图像（×50000）

（2）Raman 分析　试样纯 ABS、Ag-ABS、AgCu-ABS 的 Raman 光谱如图所示。ABS 树脂的特征峰值为 620、1000、1033、1157、1184、1200、1452、1585、1603、2238、2850、2914、3004、3058cm^{-1}。对比三个样品的谱线发现在离子注入后，谱线的强度有所减弱，这是由于离子注入过程中高能离子轰击 ABS 树脂表面，导致部分化学键被打断引起 ABS 树脂表面化学成分变化；而且在 1000～1800cm^{-1} 范围出现一个较大的背底，根据 Lee 的研究发现，在离子注入聚合物后出现无序碳，其表现为在 1360cm^{-1} 处出现 D 峰，在 1580cm^{-1} 处出现 G 峰，并且随着注入程度的加大两个峰宽逐渐扩大最终成为一个峰。由此可判断引起强背底出现的原因是 ABS 树脂表面经过高强离子束流的轰击引起化学键断裂，形成了无序碳层。

（3）XPS 分析　对样品纯 ABS、Ag-ABS、AgCu-ABS 分别进行 XPS 表征。图 12-4(a)、(b) 分别为 Ag-ABS、AgCu-ABS 的全谱，从图谱中可以看出在 Ag-ABS 中出现了 C1s 峰、O1s 峰、Ag3d 峰与 N1s 峰，在 AgCu-ABS 中出现了 C1s 峰、O1s 峰、Ag3d 峰、N1s 峰与 Cu2p 峰。

研究表明，在离子注入聚合物后银离子以 Ag_2O 形式存在；同时，将 AgCu-ABS 中的 Cu2p 峰进行拟合［如图 12-4(c)］，可以分为结合能位于 932.6eV 处的 Cu^+ 峰与结合能位于 933.6eV 处的 Cu^{2+} 峰，前者以 Cu_2O 形式存在，后者以 CuO 形式存在。

将纯 ABS、Ag-ABS、AgCu-ABS 中的 C1s 峰进行拟合，得到拟合谱图分别为图 12-5(d)～(f)，发现在纯 ABS 表面存在 C—C 键、C—H 键、C≡N 键、C—O—H 键；在注入银离子后，Ag-ABS 表面形成了 O—C=O 键；在银铜离子双注入后，AgCu-ABS 表面形成了 O—C=O 键与—C=O 键。并且根据图 3h 发现 ABS 树脂在改性后，O1s 峰的强度增大，表明离子注入后材料表面出现富氧，与图 12-4(e)、图 12-4(f) 中所增加的含氧新键 O—C=O 与—C=O 的结果相一致。图 12-5(g) 为纯 ABS、Ag-ABS 与 AgCu-ABS 中的 C1s 峰对比图像，纯 ABS 中有卫星峰出现，而在离子注入后 Ag-ABS 与 AgCu-ABS 中卫星峰消失，这是由于在离子注入过程中 ABS 树脂表面受到高能离子轰击使得苯环被破坏，出现了悬挂键。

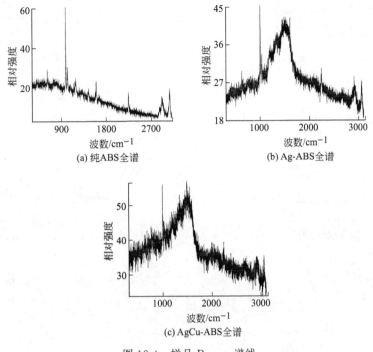

(a) 纯ABS全谱

(b) Ag-ABS全谱

(c) AgCu-ABS全谱

图 12-4 样品 Raman 谱线

12.7.3.2 抗菌实验

采用大肠杆菌作为实验菌种，实验结果显示 Ag-ABS 的灭菌率为 83.9%，AgCu-ABS 的灭菌率为 87.9%（见表 12-8），表明银离子注入与银铜离子双注入后 ABS 树脂均显示出良好的抗菌效果，但银铜离子双注入的抗菌效果要好于银离子注入。这是由于银铜离子双注入后银离子与铜离子都显示出良好的抗菌性，但双注入材料的银离子与铜离子的总离子数要高于银离子注入的总离子数，这使得在相同时间内有更多与细菌发生相互作用的离子，因而提高了灭菌率。

表 12-8 实验样品灭菌率对比

样品	Ag-ABS	AgCu-ABS
灭菌率/%	83.9	87.9

通过 XPS 表征发现，注入后银与铜以离子形式存在于样品之中。相关文献表明离子的抗菌性能与离子的价态有关，且离子的相关氧化物的抗菌性能要好于单质。在银离子注入 ABS 树脂后，银离子可强烈地吸引细菌体中蛋白质上的巯基，破坏细菌合成酶的活性，干扰脱氧核糖核酸（DNA）的复制，在细菌被杀死后，银离子能从死菌体中游离出来，继续与其他细菌接触，延长杀菌时效。银铜离子双注入后，Ag^+ 具有抗菌作用的同时，Cu^{2+} 的存在将增强抗菌效果，因为 Cu^{2+} 具有氧化还原作用，可以和细胞膜及膜蛋白质结合，破坏其结构进入细胞后破坏电子传递系统的酶，从而杀灭细菌。

12.7.4 结论

（1）通过 MEVVA 源分别对 ABS 树脂进行银离子注入和银铜离子双注入，样品在 SEM

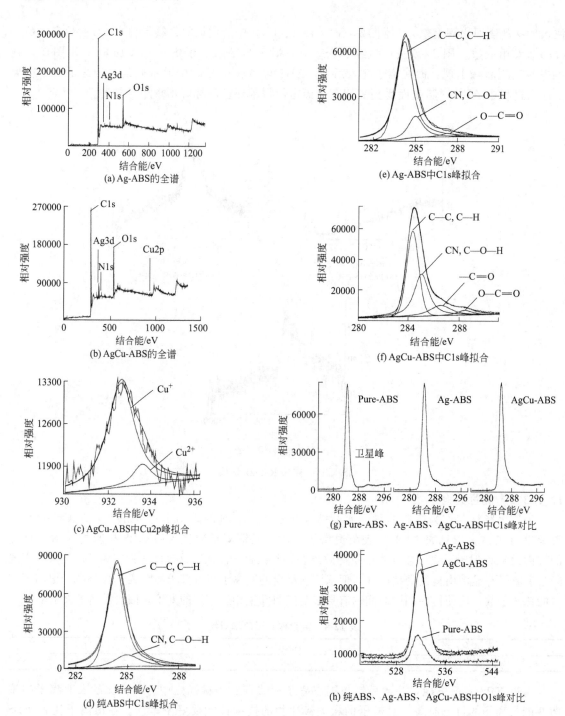

图 12-5　各个样品的 XPS 图谱

下观察发现，注入后 ABS 树脂表面发生了侵蚀致使表面呈现凹凸状。经过 Raman 表征后发现，高能量的离子束轰击致使化学键发生断裂，出现无序碳层。经过 XPS 表征发现，银离子存在于 Ag_2O 中，铜离子分别存在 CuO 与 Cu_2O 中；在银离子注入后 ABS 树脂表面出现 O—C=O 键，在银铜离子双注入后 ABS 树脂表面出现 O—C=O 键与—C=O 键；对比 C1s 峰的变化，发现卫星峰消失；对比 O1s 峰的变化，发现在离子注入后材料表面出现富氧。

（2）通过抗菌实验发现银离子注入样品与银铜双注入样品均表现出良好的抗菌性能，但银铜双注入样品的抗菌性能更佳，灭菌率达到 87.9%。

第13章 稀土助剂

13.1 稀土化合物在塑料工业中的应用

(李敏贤，陈　俊，钱玉英等)

　　稀土化合物无毒、高效，具有独特的物理、化学性能，作为塑料助剂，在改进塑料加工、使用性能及赋予其新功能等方面均有独特而显著的功效。因此，稀土化合物在塑料工业中的应用研究越来越引起人们的关注和重视，成为稀土应用和塑料助剂研究的一个新领域。目前，稀土化合物在塑料中主要作为无毒热稳定剂、表面改性剂、晶型成核剂、光敏剂、光转换剂、抗菌剂等助剂应用，现对此进行概述。

13.1.1　PVC无毒热稳定剂

　　聚氯乙烯（PVC）是五大通用塑料之一，其制品具有广泛的用途。但是，PVC存在热稳定性差的缺点，加工时必须添加热稳定剂以抑制其热降解。传统的PVC热稳定剂主要有无机铅盐、金属皂和有机锡三大类数十个品种。但是，其中性能较高的品种不是有毒（无机铅盐、钡-镉皂），就是价格昂贵（有机锡）。为保护环境、改善劳动卫生条件并提高PVC工业的竞争力，亟须研究开发并推广应用毒性低而性能价格平衡性好的新型热稳定剂。

　　稀土热稳定剂是近年来在我国出现的无毒且性价比较高的新型PVC热稳定剂。20世纪70年代，国外已开始了无毒热稳定剂的研发，但由于稀土资源贫乏，对稀土热稳定剂的深入研究及应用一直受到限制。而国内直至20世纪80年代初才开始稀土化合物在PVC热稳定剂中的应用研究工作，但进展较快。20世纪90年代，四川大学、汕头大学、中南大学、广东工业大学、福州大学等，对稀土化合物用作PVC热稳定剂开展了深入研究，合成出硬脂酸稀土、月桂酸稀土、苯甲酸稀土、辛酸稀土、柠檬酸稀土、苹果酸稀土、马来酸酯稀土、邻苯二甲酸单辛酯稀土等多种稀土化合物PVC热稳定剂。其中尤以硬脂酸稀土的研究较多，发现其类似于硬脂酸钙、钡，具有长期热稳定剂的特征，但透明性、压析性均优于后者。

　　广东炜林纳功能材料有限公司通过大量的实验研究，开发出一种新型结构的稀土钙锌多功能复合稳定剂。它依据稀土化合物特性及作用机理，结合PVC加工特性，利用轻稀土与钙、锌元素、配位体的协同效应，添加多种有效物质，通过"一包化"调优技术复合而成。具有优异的热稳定性、润滑性、耐候性、透明性、无毒、无臭、绿色环保、安全卫生、利于环境保护，与PVC分散性、相容性好，无硫化污染，能改善提高制品的可焊性，冲击性等力学性能；抗析出、成型加工性好，能进行稳定的生产、延长生产周期。该产品经过SGS国际认证机构检测，8大重金属含量完全符合EN71标准，无毒安全。将该产品投放市场，应用于PVC管材、型材、板材等制品加工获得成功，国外至今未见相关商业化报道。

　　随着国际环保法规的日益严格与完善，传统稳定剂遭到前所未有的质疑，寻求绿色环保稳定剂成为各国当务之急。而采用稀土化合物全面取代铅、镉等有毒重金属稳定剂将成为实现化学建材环境友好化的重要手段。

13.1.2　无机粉体表面改性剂

　　聚丙烯（PP）具有良好的物理力学性能、加工性能和电绝缘性能等，是一种密度小、综合性能优良的通用高分子材料，广泛用作各种改性材料的基础树脂。各种 PP 基无机粒子改性材料已广泛应用于电器、汽车、建筑等领域。但是，常用的无机粒子，一般都是表面能很高的极性物质，比表面积大，与表面能低的非极性 PP 基体间性能差别很大，在采用熔融加工的方法复合时，二者因相容性差，使得无机粒子无法被 PP 熔体浸润而容易自身聚集成团，分散性不好，且界面粘接差，导致复合物的冲击强度、断裂伸长率、加工流变性能等急剧下降。同样把各类无机填料加到聚乙烯（PE）、聚氯乙烯（PVC）中也常常出现类似的问题。

为改善与 PP、PE、PVC 基体树脂间的相容性，通常对无机粒子进行表面处理。处理无机粒子的方法很多，如氧化处理、热处理、等离子体处理以及用表面改性剂（通常也称作偶联剂、桥合剂）处理等。其中最有效、便于操作，也是最广为应用的是利用表面改性剂处理技术。目前报道的表面处理剂很多，如价格低廉的脂肪酸及其衍生物和其他表面活性剂、硅烷类、钛酸酯类和铝酸酯类偶联剂以及近来出现的锆酸酯类、磷酸酯类、硼酸酯类、锡酸酯类、异氰酸酯类等偶联剂。这些表面改性剂，通常都是两亲性物质，其中一些基团与填料表面吸附或与表面的结合水或—OH 反应，另一些基团（或长链）与基体反应（或缠结），改变填料的表面性能，加速和改善填料的分散，将填料与基体树脂结合起来，改善复合物的力学性能。

稀土化合物作为塑料助剂在聚氯乙烯制品中已广泛应用，但其在聚烯烃材料方面的应用研究还相对较少。北京化工大学、广州化学研究所较早开展了这方面的工作，发现某些稀土化合物在聚烯烃制品中使用时也具有一些奇特的效果。近年来，广东炜林纳功能材料有限公司与中科院广州化学所、复旦大学、北京市化学工业研究院、中科院化学研究所、四川大学、中国石化股份有限公司燕山树脂研究所、中国石油天然气股份有限公司兰州化工研究院等单位合作，在国家"863 计划"等支持下，开发出一种稀土配合物 REC，用作无机粒子的表面处理，可改善粒子在 PP 基体中的分散性，提高复合物的冲击性能和流动性。力学性能测试结果表明，用 2.5%REC 处理过的 $CaCO_3$ 在一定条件下可使 PP 复合物的缺口冲击强度提高到纯 PP 的 2 倍左右，表现出明显的无机粒子增韧效果。该产品售至多家单位使用，反应良好，具有较好的社会效益和经济效益。

13.1.3 聚丙烯 β 成核剂

PP 是高结晶性聚合物，它的结晶度、晶型及晶体的结构形态对其性能起关键作用。自 1989 年以来，中国科学院长春应用化学研究所在稀土氧化物微粉、超微粉填充聚合物方面做了许多工作，深入研究了多种稀土化合物对高聚物结晶行为、力学性能、动态力学及形态结构的影响，开拓了稀土应用于高分子的新天地。随后，广东炜林纳功能材料有限公司等开发出以稀土多元络合物或稀土与第ⅡA 族金属形成的双核络合物作为 PP 的 β 成核剂。

该稀土 β 成核剂已投入市场进行工业化应用，具有用量少、成核效率高的优点，且对均聚聚丙烯、嵌段共聚聚丙烯和无规共聚聚丙烯都有很好成核作用，能在保持材料刚性的同时显著提高均聚、共聚聚丙烯的韧性和热变形温度，断裂强度及弯曲模量也稍有改善，成为世界上目前已经工业化的两类 β 成核剂之一。值得关注的是，这种稀土 β 成核剂在提高 PP 的热变形温度（HDT）方面，具有十分突出的优势。当该成核剂添加量为 0.3% 时，负荷热变形温度为 115℃，提高约 35℃，即使在冲击强度为最大值的点（添加量为 0.1%），热变形温度也可提高 19℃。采用传统的芳香酰胺类 β 成核剂按上述添加量进行对比实验，结果热变形温度升高幅度分别是 22℃和 13℃，明显低于前者。

13.1.4 光敏剂

为解决日益严重的塑料废弃物污染问题，实现"环境友好塑料材料"对自然环境、人类、生物圈无害或相对危害较小，塑料行业多年来主要围绕减量化、无害化、清洁化、节能化等方面开展基础理论研究，尤其降解塑料的研究和开发受到世界各国的普遍重视。目前已研究和开发的降解塑料主要有光降解塑料、生物降解塑料、光-生降解塑料、可环境消纳塑料。其中，光降解技术成本低，反应条件温和，不会产生二次污染。许多难以生物降解的物质都能通过光催化降解转化为二氧化碳、水或毒性较小的有机物。尤其是添加光敏催化剂的光降解塑料、光-生降解塑料、可环境消纳塑料因工艺技术较简单，成本相对较低，市场前景备受青睐。塑料中含有的杂质（如羰基化合物，溶解在聚合物中的氧等）或加入的光敏剂物质，被光激活（吸收光能）可增大聚合物高分子光降解速率。

随着光催化降解塑料技术研究的不断深入，人们发现稀土化合物可作为光敏剂，且具有避光继续氧化的特性，能极大促进塑料的彻底降解。20 世纪 90 年代中期，福建省测试技术研究所和福州市塑料研究所拉开了稀土光敏剂催化降解塑料的研究序幕，紧接着福建师范大学等研究机构开展了系统研究。进入 21 世纪后，武汉化工学院、大连理工大学、湖南大学、南昌大学、华南理工大学、兰州大学等一大批高校研究机构陆续加入该研究行列。研究表明，硬脂酸铈是低毒、无色、无味的有效光敏剂，可与硬脂酸铁盐或其他稀土化合物复配用作可控光降解聚乙烯食品袋、包装袋、杂货带、农用膜和饮料罐等制品，有效解决了 HDPE 购物袋的降解难题。除聚乙烯外，杨珂等还率先在国内将硬脂酸铈用于聚丙烯共混纤维的光催化降解研究，结果表明：硬脂酸铈是 PP 的一种有效光敏剂，其含量越高，光催化作用越强。

随着相关理论及应用研究的不断深入，研究队伍的不断壮大，稀土光催化降解塑料技术的研究领域正朝着光敏剂高分子量化、多功能化、普适化、降解塑料品种多样化、塑料降解功能多元化等方向迅速发展。

13.1.5　光转换剂

光致发光是某些稀土有机配合物或无机稀土发光物质具有的重要特性。稀土化合物在一定波长的光线激发下，可发射稀土元素特征的荧光。大多数具有光致发光性能的稀土元素在紫外光的激发下可产生的发射波长均在可见光区，将这类稀土化合物通过物理或化学的方法分散到高分子基体中，制成农用薄膜，则这种薄膜在宏观上就具有将对植物光合作用无效的紫外光"转换"为有利于光合作用的可见光。人们把这种具有这种"光转换"功能的物质称为"光转换剂"，这种塑料薄膜即为"光转换膜"。

稀土光转换剂（LCA）实际上就是一种稀土发光材料，它在高分子材料领域已实现产业化并获得大规模应用。目前所用的稀土光转换剂，以三配体的稀土有机化合物为主。尽管转光性能较好，但仍存在以下问题：一是荧光寿命短，强度衰减快，长期暴露在紫外辐射下，发光强度降低明显，其表面还有变暗的趋势。这可能是由于空气中氧气使配合物三重态猝灭，同时某些光化学反应又使之分解。二是成本昂贵，如合成转红橙光用的铕配合物，为保证较高的荧光亮度，原料稀土氧化物的纯度要达到 99.99% 左右，价格昂贵。氧化铕售价达 3000 元/kg 左右，所用某些配体为分析纯有机物，价格也十分昂贵，某些 β-二酮类配体或氮杂菲类配体，售价也在每千克数千元，致使光转换剂用于农膜，价格太高。三是光转换剂与高分子基体的相容性不好，分散性差，导致薄膜透光率下降，甚至光转换所产生的可见光增加抵不上透光率下降造成的可见光减少；光转换剂与某些助剂间存在不良作用，对农膜的某些物理性能也产生了不良影响等。

解决上述问题，是当前光转换剂及光转换膜研究的重要课题。目前来看，一是利用稀土离子间的"敏化作用"，用低纯度的稀土化合物来制备成本较低、荧光亮度高的光转换剂；二是设法把与中心离子配位的三个或多个配体以适当的方式连接，使这些配体形成围绕中心离子中的"笼子",合成"笼型"配合物,以增强其稳定性,解决光转换剂光分解的问题。

除上述低分子稀土有机配合物分散于高分子中制备高分子荧光材料外,近年来稀土高分子配合物荧光材料的研究也引人注目,以稀土元素与高分子配体直接构成链形成的配合物,配体高分子链上连接的配基一般为 β-二酮基、吡啶基、羧基等。Okamoto 合成了聚丙烯酸,苯乙烯/丙烯酸共聚物、1-乙烯奈基/丙烯酸共聚物、苯乙烯/马来酸酐等含 Sm^{3+}、Eu^{3+}、Tb^{3+}、Dy^{3+}、Er^{3+} 等的离聚体。还有人合成了 Eu^{3+}、Tb^{3+} 的双吡啶高分子稀土配合物。这种方法制备的光转换膜,发光效率高且稳定,可解决发光中心在基体中的分散问题,在制备高附加值的发光器件方面,显示出诱人的前景。但是由于工艺复杂,成本极高,用于农用薄膜,目前尚有一段距离。

13.1.6 稀土抗菌剂

进入 21 世纪以来,塑料制品已成为人们的日常生活中必不可少的一部分。例如在人们日常接触的各种家用电器(电话、洗衣机、电脑、电器开关等)中都已大量采用了塑料制品。另一方面由于环境污染等原因的影响,这些人们日常接触的塑料制品表面往往会带有大量细菌,成为一个个细菌污染源和疾病传播源。据统计,全世界每年死亡人数中大约有 1700 万人是因细菌传染而引起的。发展和研究具有抗菌性能的塑料制品,对于改善人们的生活环境,减少疾病发生率、保护人类身体健康等方面都具有十分重要的现实意义。抗菌塑料的抗菌效果与其采用的抗菌剂有直接关系。目前应用最广泛的是耐热性好、抗菌谱广、有效期长的无机抗菌剂,其制备通常采用银离子及其化合物。但载银无机抗菌剂在应用时,存在成本高,耐候性差,制品易变黑,对霉菌、真菌几乎没有抗菌效果等缺点。

稀土化合物的抗菌作用早已引起人们的关注,因为稀土元素本身具有明显的抗菌特性。对于稀土的抑菌机理,目前尚没有较好的解释,但人们已逐渐从分子水平上来研究稀土的生物活性。实验得知,具有抗菌作用的稀土配合物,其有机配体都是至少在环上含有羧基、羟基或磺酸基的芳香族化合物,不会出现任何碱性基团。有些稀土配合物的抗菌活性与配体相当,而多数稀土配合物的抗菌活性高于配体,这是由于稀土与配体发生了协同作用,大大增加了抗菌效果。

稀土化合物除了具有抗菌功能外,它还能作为其他抗菌成分的增效元素起作用,有效强化银系抗菌剂的抗菌性能。利用稀土元素的光激活特性可以研制一种复合型稀土激活载银系无机抗菌剂,将具有激活活性的稀土元素添加入银系无机抗菌剂中以提高和改善无机抗菌剂的性能。稀土元素的镧系元素具有光激活活性,而且这种激活效应能有效强化银系抗菌剂的抗菌性能,抑制银系无机抗菌剂的变色。实验表明稀土元素的掺入可以有效提高抗菌剂的杀菌率,样品的耐紫外光照性能在不同程度上有所提高,耐变色性能的改善程度与掺入抗菌离子种类和数量、稀土元素种类、制备和后处理工艺等因素有关。

抗菌剂的结构对抗菌性能的发挥、抗菌剂和基体材料的亲和性、对材料物理性能、力学性能的影响具有重要的作用。因此,进一步探讨稀土化合物的抗菌机理,重点着眼于具有抗菌效果的新稀土结构设计,在提高抗菌剂效率的基础上,改善抗菌剂与基体材料的相容性。

13.1.7 其他应用

稀土元素因其电子结构的特殊性而具有光、电、磁等特性,若能把稀土元素引入到塑料基质中,获得一类稀土功能塑料,不但能在一定程度上保持着稀土功能材料的特性,又兼有塑料成型加工方便、重量轻、比强度高和成本低等优点。

13.1.7.1　稀土防辐射材料

美国国家种子截面中心采用高分子材料为基材，添加稀土元素制成的塑料板材，其热中子屏蔽效果优于无稀土材料5～6倍。其中添加钐、铕、钆、镝等元素的稀土材料的种子吸收截面最大，具有良好的俘获中子的的作用。目前，稀土防辐射材料在军事技术中主要应用在核辐射屏蔽、坦克热辐射屏蔽。将稀土防辐射涂料涂覆在坦克、舰艇、掩蔽部和其他军事装备上，也可以起到防辐射的作用。

未来辐射屏蔽材料的研究发展重点是探索具有优良综合屏蔽效果的稀土/高分子复合材料和含金属的高分子材料。在材料的制备工艺过程中，不仅需要寻找适当的稀土元素添加到稀土/高分子复合材料中去，还要求摸索出添加到高聚物中的金属元素的类型、配比及分散状况，不断寻找适当的方法以充分利用这些加入的稀土、金属元素的优异性能，从而进一步提高复合材料的屏蔽性能。

13.1.7.2　稀土永磁材料

稀土永磁材料是近年来最引人注目的永磁材料，将其通过原位聚合（磁粉加入聚合物单体中，通过引发聚合而将其分散于聚合物中）或共混的方式加入高分子载体（通常为热塑性、热固性树脂及某些橡胶）中，可制备稀土磁性高分子材料。这种材料既有磁铁的特性，又有塑料的特性，可成型形状复杂的异型材，二次加工方便，尺寸精度高，成本低廉，重量轻，特别是力学性能好，不易破碎，非常适用于电器、仪表，微型电机等行业，已得到广泛应用。

与铁氧体类或 AlNiCo 类磁性高分子材料相比，高分子基稀土磁性材料在磁性、力学性能、耐热性等方面都有比较明显的优势。如以稀土磁粉代替铁氧磁粉并以 2：17 的质量比加入到环氧树脂中压制成形所得到的磁性高分子材料，其矫顽磁力由 191.1kA/m 提高到 557.3kA/m，而最大磁能积则由 13.5kT·A/m 增加到 135.4kT·A/m，远远超过同样条件下用铁磁体制得的高分子材料。Cheng 的研究也表明含铒的稀土卟啉聚合物在低温下的铁磁性行为。YoBhioka 证实了含钆丙烯酸类共聚物具有强顺磁性，这都为稀土/高分子复合磁性材料的开发提供了技术基础。除上述掺杂型稀土磁性材料外，近年来发现某些稀土高分子配合物也有优良的磁性，如 Nishide 等发现甲基丙烯酸类共聚物的含钆配合物具有强顺磁性。如果用高分子稀土配合物作为磁性材料，则可能解决掺杂型材料中存在的磁粉生锈问题。

13.1.7.3　稀土导电材料

稀土元素由于其独特的电子结构使其在导电高分子中也获得了应用。为了提高高分子导电体的导电性和稳定性，Chen 等将 15 种无水稀土氯化物作为掺杂剂对聚乙炔薄膜进行掺杂改性。结果表明，掺杂的聚乙炔膜导电率提高了1～3 个数量级，而且可作为良好的基材进一步与 $FeCl_3$、I_2 掺杂获得稳定性和导电性更好的高分子薄膜。

13.1.7.4　稀土催化材料

稀土化合物的实际应用是从催化剂开始的，稀土催化体系是一类具有高活性的催化体系，对二烯烃、烯烃、开环聚合等具有良好的催化活性，且可以合成高分子量聚合物。沈之荃已对近期的相关研究工作加以总结，这里也不再赘述。除上述几个领域之外，稀土化合物在高分子科学中还有着其他应用，在此不一一列举。

13.1.8　结语

我国是稀土资源大国，矿藏量占世界已探明总贮量的 80%，亦是产量大国，生产分离能力也位于世界首位。素有材料中"味精"之称的稀土元素，已成为 21 世纪的战略元素。充分利用我国的稀土资源优势，开发稀土化合物在高分子科学中的应用不仅具有学术意义而且具有实际应用价值，为国民经济可持续协调发展做出巨大贡献。经过多年的探索，稀土化合物在塑料工业中的应用研究已经取得令人瞩目的进展，但相关的基础研究和应用研究中仍存在一些缺陷和不足，需要继续丰富和深化理论认识，进一步指导并促进稀土化合物在塑料乃至其他各种工业中应用研究。

13.2 稀土表面处理剂的应用

（宋晓庆，何　阳，钱玉英等）

高分子材料中添加无机粒子，是获得具有某些独特性能高分子改性材料最有效和最便宜的途径之一。无机粒子在自然界中种类多，储存广，易于加工、价格低廉（一般仅为通用塑料价格的 1/20～1/2），因而已广泛用于聚合物的改性和增量。随着填充改性技术的发展及对无机粒子性能认识的提高，各具特色的种种无机粒子，不仅广泛用作改善材料强度、刚性、尺寸稳定性及耐热性能等的添加剂，还用以提高或赋予材料阻燃、防菌、防静电、防辐射、导电、磁性等性能。填充改性具有许多其他改性方法不可替代的优点。

稀土化合物是一类性能奇特的物质，被认为是构筑信息时代新材料的宝库。在一些体系中加入少量的稀土往往会出现意想不到的效果，因而有"工业味精"之称。近年我们开发成功一类有效、价廉、环境友好的新型表面处理剂——WOT。无机粒子经其处理后，可改善在聚合物基体中的分散性，提高复合物的冲击性能及流动性，本章介绍了用 WOT 处理了五种具有相近粒径的无机粒子，考察在与 PP 熔融混合制备复合物时，WOT 对不同无机粒子的处理效果。

13.2.1 实验部分

13.2.1.1 主要原料和设备

（1）原材料　稀土表面处理剂（WOT），广东炜林纳功能材料有限公司；碳酸钙（CaCO₃），400 目重质，密度 2.71g/cm³，广东广平实业公司；硫酸钡（BaSO₄），400 目，密度 4.52g/cm³，市售；氢氧化镁［Mg(OH)₂］，800 目，密度 2.40g/cm³，市售；聚丙烯（PP）：市售。

（2）主要设备　高速混合机，SHR—IOA，张家港市轻工机械厂；旋转黏度计，NDJ-1，上海天平仪器厂；红外分光光谱仪，RFX-65A，美国 Analect 公司；双辊开炼机，XKR-160型，湛江机械厂；平板硫化机，QLB-D 型，湖州橡胶机械厂；电子万能拉力试验机，CMT-5000，深圳新三思计量技术有限公司；冲击试验仪，WPM，德国。

13.2.1.2 实验方法

（1）表面极性测试　无机粒子的表面极性用以下方法简单进行评价：在 500mL 烧杯中盛满水，分别将少量各种无机粒子撒入烧杯中，观察其漂浮在水面上还是沉落到杯底，前者表明无机粒子为疏水性表面，后者则为亲水性表面。

（2）力学性能测试　复合物样品由两步法制备：首先，PP 在双辊开炼机上于 170℃塑化后，加入各种无机粒子（包括未处理和用 WOT 处理过的，下文所说处理过的无机粒子，无特别说明时，WOT 用量均为 2.5%），混炼均匀后下片；然后，用平板硫化机于 190℃、150kgf/cm² 压力下上压制成 1mm、4mm 厚的片。其中 1mm 厚的片按 GB 1040—83 冲成哑铃形样条，利用电子万能拉力试验机测定拉伸强度、断裂强度、断裂伸长率等；4mm 片按 GB 1043—83 机械切割成 Izod 缺口冲击样条，测冲击性能。所有力学性能测试均在 23℃±1℃下进行，每组样品至少测 5 个样条，取平均值。

13.2.2　WOT 处理对无机粒子表面性能的影响

13.2.2.1　表面性能

按照上述试验方法，取少许 $CaCO_3$、$Mg(OH)_2$、$BaSO_4$ 撒入水中时，立即沉淀到水底，这是因为它们都是亲水的极性物质。经稀土偶联剂 WOT 处理后，无机粒子逐渐开始漂浮于水面上，且随着处理剂用量的增加，漂浮的无机粒子越来越多，说明各种粒子的表面从亲水性逐渐转变为疏水性，且随着 WOT 用量的增加，疏水性表现得更为明显。在处理剂用量超过 1.0% 时，$CaCO_3$、$Mg(OH)_2$ 和 $BaSO_4$ 基本均漂浮于水面上，搅拌后形成的悬浮液较为稳定，静置 5min 未出现分层。说明 WOT 对 $CaCO_3$、$Mg(OH)_2$、$BaSO_4$ 的表面改善效果明显。

13.2.2.2　液体石蜡/无机粒子悬浮体系的黏度

S. J. Monte 曾用氯化矿物油模拟 PVC 熔体来研究钛酸酯偶联剂在 PVC/$CaCO_3$ 体系中的作用。发现可用氯化矿物油/$CaCO_3$ 体系的黏度定量地评价经处理 $CaCO_3$ 的表面性能及其在低分子介质中的分散性，进而反映出 $CaCO_3$ 在 PVC 熔体中的浸润性及分散性。较低的黏度一般意味着无机粒子在基体中有更好的相容性和分散性。

同样可以利用液体石蜡模拟 PP 熔体，测定液体石蜡/无机粒子悬浮体系的黏度，来评价各种无机粒子经 WOT 处理前后与 PP 的相容性及在 PP 中分散性的变化。各种无机粒子在 120℃ 的烘箱中烘 6h 后，于高速混合器中，加入不同量的 WOT，在 85℃ 下高速搅拌 10min，即得处理好的各种无机粒子；为了消除混合过程的影响，不加 WOT 的各种无机粒子也经同样烘干、高速搅拌过程。处理及未经处理的各种无机粒子以不同比例加入液体石蜡中，搅拌形成悬浮液，测定其表观黏度。

不同含量 WOT 处理的 $CaCO_3$/液体石蜡 75%（质量分数）悬浮体系，黏度随处理剂用量变化的情况如图 13-1 所示。可以看出，WOT 用量增加，体系黏度降低。当 WOT 用量在 0 到 0.8%（相对于无机粒子总质量）时，体系黏度从 7900mPa·s 急剧下降到 950mPa·s。超过 0.8% 后，WOT 用量增加，对体系黏度无明显影响。黏度值在 WOT 含量大约 0.8% 处出现拐点，可能是 WOT 在 $CaCO_3$ 表面形成单分子层所需的最小用量。一般认为，对于改善浸润性和分散性，处理剂在无机粒子表面形成单分子层就够了，过量的处理剂对表面性能无进一步改

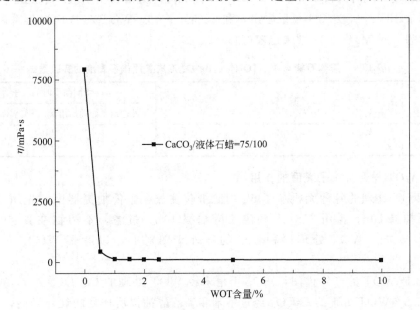

图 13-1　WOT 用量对 $CaCO_3$/液体石蜡体系黏度的影响

善作用。

图 13-2 是液体石蜡/CaCO$_3$ 悬浮体系黏度随 CaCO$_3$ 含量变化的曲线。可以看出，未经处理的 CaCO$_3$ 体系，在 CaCO$_3$ 含量大约 30％时黏度急剧升高；而 2.5％ WOT 处理过的 CaCO$_3$ 悬浮体系，黏度出现急剧上升时的 CaCO$_3$ 含量约为 165％，在 0 到 165％的含量范围内，黏度均非常低。经处理过的 CaCO$_3$ 含量为 175％的体系，与未处理 CaCO$_3$ 含量为 35％的体系黏度相当。说明 WOT 处理确能对 CaCO$_3$ 与液体石蜡的相容性产生显著改善。

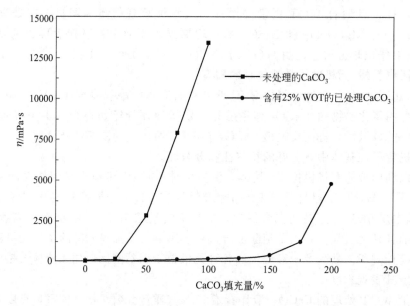

图 13-2　CaCO$_3$ 用量对 CaCO$_3$/液体石蜡体系黏度的影响

对 Mg(OH)$_2$、BaSO$_4$ 与液体石蜡形成的悬浮体系，其黏度与处理剂用量间的关系，也与图 13-1、图 13-2 类似。各体系在黏度 WOT 用量曲线上发生黏度突变时的 WOT 用量 （w_a/w_f）、黏度无机粒子含量曲线上未处理粒子体系发生黏度突变时的粒子含量 （w_f）、处理过粒子体系发生黏度突变时的粒子含量 （$w_{f\text{-}WOT}$），及黏度均为某一相同值时未处理、处理粒子的含量均列于表 13-1。从表 13-1 可以看出，和 CaCO$_3$ 一样，WOT 对 BaSO$_4$ 体系黏度降低有非常明显的效果，对 Mg(OH)$_2$ 效果也较好。

表 13-1　液体石蜡与 Mg (OH)$_2$、BaSO$_4$ 形成悬浮体系黏度的实验数据

填充剂	w_a/w_f /%	w_f /%	$w_{f\text{-}WOT}$ /%	相同黏度时的粒子含量		
				无处理剂	处理剂用量 2.5％WOT	黏度/mPa·s
Mg(OH)$_2$	0.85	20	90	25	110	175
BaSO$_4$	0.6	70	170	25	125	62.5

13.2.2.3　WOT 与无机粒子表面的作用

取经 WOT 处理的各种无机粒子 5g 用滤纸包住放入索氏抽提器中，先用 250mL 甲苯于 140℃下抽提 10h，再用 250mL 的沸乙醇抽提 10h，过滤，不溶物在真空干燥器中干燥至恒重，与未经 WOT 处理同种粒子的红外谱图对照，以考察 WOT 与无机物间的作用。

图 13-3 是 WOT 的红外谱图，图 13-4 是未经 WOT 处理的 CaCO$_3$、2.5％WOT 处理的 CaCO$_3$ 及 2.5％WOT 处理的 CaCO$_3$ 经过甲苯和沸乙醇抽提后样品的红外光谱，分别记作 1、2 和 3。

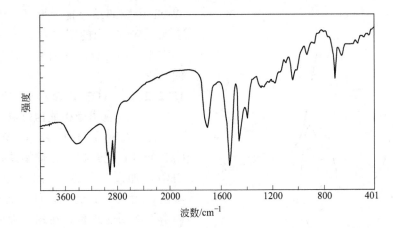

图 13-3 WOT 的红外谱图

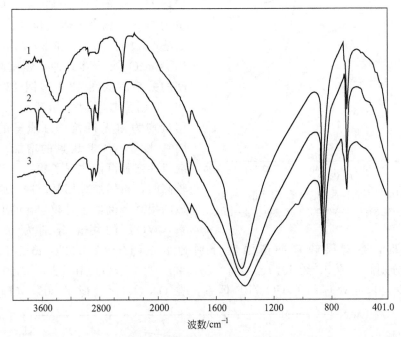

图 13-4 三种 $CaCO_3$ 的红外光谱

1—未经 WOT 处理的 $CaCO_3$；2—WOT 处理的 $CaCO_3$；3—2 号样品经过两步抽提后

在 WOT 的图谱中，可以看出在 $2919cm^{-1}$ 和 $2850cm^{-1}$ 处各有一个较强吸收峰和较弱的吸收峰（分别对应于 C-H 的不对称弯曲振动和对称弯曲振动），说明 WOT 中有—CH_2—存在。在图 13-4 中，正如预期的那样，在用 WOT 处理过样品的图谱 2 中，这两个峰依然存在，且相对强弱也未发生改变；未经处理样品的图谱 1 中无此二吸收峰出现。

值得注意的是，处理过的样品，经抽提将游离的 WOT 等除去后，图 13-3 上，尽管—CH_2—的吸收峰强度与 2 相比有所减弱，但这两个特征峰仍然存在，并且 $2919cm^{-1}$ 处峰强度大于 $2850cm^{-1}$ 处峰的强度，即仍有—CH_2—存在。这说明 WOT 在无机粒子表面上的粘接，不仅是物理吸附，还有化学作用发生，从而形成了抽提不掉的物质。

由图 13-5 可知，$LaCl_3$ 中镧的结合能为 $840.7eV$，La_2O_3 中镧的结合能为 $839.1eV$，WOT 中镧的结合能为 $837.7eV$，比相 $LaCl_3$ 中的 La^{3+} 的结合能下降了 $3.0eV$，说明 WOT 中的多元醇多元酸酯与 La^{3+} 发生了配位结合；WOT 活化 $CaCO_3$ 中镧的结合能为 $836.2eV$。比

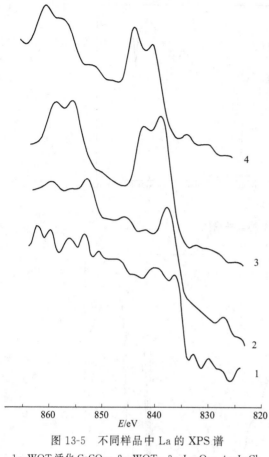

图 13-5 不同样品中 La 的 XPS 谱

1—WOT 活化 CaCO₃；2—WOT；3—La₂O₃；4—LaCl₃

WOT 中镧的结合能又降了 1.5eV，这同样表明，WOT 中的镧与 CaCO₃ 中的氧发生了一定程度的键合，从而进一步验证了图 13-4 的结论。

13.2.2.4 WOT 处理对 PP/无机粒子复合物力学性能的影响

图 13-6 是不同用量 WOT 处理的 CaCO₃/PP 复合物的悬臂梁缺口冲击强度与 CaCO₃ 加入量（w/w）间的关系曲线。可以看出，用 WOT 处理后的 CaCO₃/PP 体系，冲击性能明显改善，在相当大的无机粒子含量范围内，冲击强度随 CaCO₃ 用量的增加而增大。复合物冲击强度最大值出现在填充量约 50%，相当于体积含量 24.7%。图 13-6 是 70/30、50/50 和 30/70（质量比）的 PP/CaCO₃ 复合体系冲击强度与 WOT 用量间的关系。从图 13-6 和图 13-7 可以看出，WOT 用量较低时（如低于 1.0%—处理剂用量均为占无机粒子总质量的百分比，下同），随着 WOT 用量的增加，复合体系的缺口冲击强度随之显著提高。当 WOT 用量较高时，再增加其用量，冲击强度不再有明显的提高，例如，对 50/50 的 PP/CaCO₃ 体系，WOT 的用量分别为 0.5%，1.0%，

2.5%，5.0% 时，悬臂梁缺口冲击强度分别为 8.10kJ/m²、9.32kJ/m²、8.92kJ/m² 和 9.01kJ/m²，分别高于纯 PP 约 50%、80%、70% 和 72%。WOT 用量为 2.5% 时体系具有最大的冲击强度。未经处理的 CaCO₃/PP 体系，在 CaCO₃ 含量低于 30%（即体积含量的

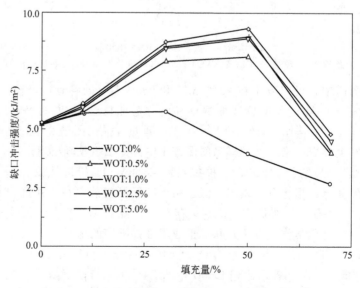

图 13-6 无机粒子含量对 PP/CaCO₃ 冲击强度的影响

11.74%）时，增加 CaCO₃ 量使体系的冲击强度有轻微提高，但进一步增加时，冲击强度几乎单调下降。含 50% 未处理 CaCO₃ 的复合物，缺口冲击强度只有 3.92kJ/m²，为纯 PP 的 75%。

对 PP/无机粒子复合物，断裂伸长率也是反映材料韧性的重要指标。图 13-8 是不同 WOT 用量处理 CaCO₃/PP 复合物，断裂伸长率与 CaCO₃ 用量间的关系。从图中可以看出，未处理的 CaCO₃ 加入后，体系的断裂伸长率都较低，填充量稍大（高于 30%）时，均低于纯 PP。WOT 处理 CaCO₃ 填充的体系，断裂伸长率在较大填充量范围（50% 内）随无机粒子量的增加而提高，超过一定量时，增加无机粒子含量，则断裂伸长率降低。还可以看出，在相同无机粒子含量下，WOT 用量增加，体系的断裂伸长率也随之提高。但过量的 WOT 会导致体系其他物性的降低。

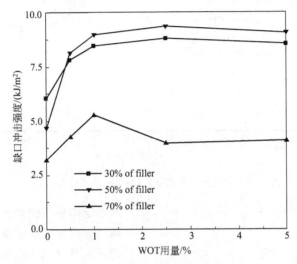

图 13-7　WOT 用量对 PP/CaCO₃ 冲击强度的影响

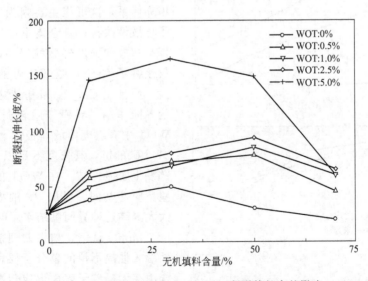

图 13-8　无机物含量对 PP/CaCO₃ 断裂伸长率的影响

从图 13-9 可以看出，CaCO₃ 量增加，PP/CaCO₃ 复合物的拉伸强度降低。值得注意的是，在无机粒子含量较低（不超过 30%）时，与未处理的 CaCO₃ 体系相比，WOT 处理后的 CaCO₃ 体系拉伸强度有一定提高。WOT 的用量过大时，拉伸强度反而降低，这可能是润滑作用所致。例如，含 30%CaCO₃ 的复合体系，当 WOT 用量分别为 0、0.5%、1.0%、2.5% 和

5.0%时，拉伸强度分别是 26.0MPa、26.79MPa、27.5MPa、26.4MPa 和 24.9MPa，其中，1.0%具有较好的效果。

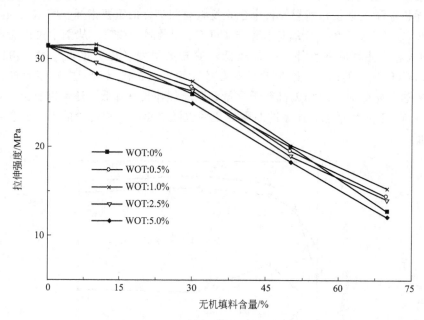

图 13-9　无机物含量对 PP/CaCO₃ 拉伸强度的影响

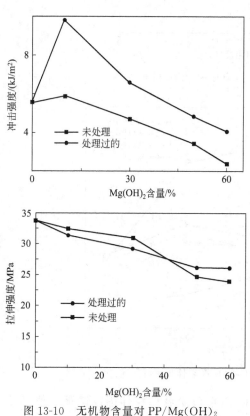

图 13-10　无机物含量对 PP/Mg(OH)₂
冲击强度（a）和断裂强度（b）的影响

决定体系拉伸强度的主要因素为粒子与基体间界面作用的强弱及粒子分散性。当填充量很高时（如 70%时），处理过的 CaCO₃ 填充体系的拉伸强度均高于未处理 CaCO₃ 填充体系，这可能主要因为 WOT 处理使粒子分散性改善；复合体系冲击韧性大幅度的提高和拉伸强度轻微的提高，证明 WOT 不仅改善了 CaCO₃ 在 PP 中的浸润性和分散性，而且在 CaCO₃ 和基体之间产生了一定的界面作用。界面作用较弱的原因可能是，WOT 中有机配体的非极性"长尾"是 18～21 个碳的链，其长度不足以与 PP 的大分子链发生明显缠结。在 WOT 的配体中引入某些反应性基团，增加 PP 的极性，则有可能大大提高这种界面黏结作用的强度。

Monte 认为，如果处理剂在无机粒子表面形成抽提不掉的单分子层，即可通过化学作用在无机粒子表面形成包覆层时，则这种处理剂有可能实现在明显提高复合材料冲击性能、流变性能的同时，克服通常无机粒子复合体系拉伸强度明显降低的缺点。本工作在一定程度上支持了这种观点。用 2.5%的 WOT 处理前后，PP/Mg(OH)₂ 体系的力学性能见图 13-10。

13.2.3　结论

（1）WOT 可明显改变各种无机粒子的表面性能，经 WOT 处理后的无机粒子表面由亲水性变为疏水性。WOT 用量增加，疏水性更明显。WOT 与 $CaCO_3$ 在处理过程中形成了溶剂抽提不掉的包覆层，二者间除物理吸附，还有化学作用发生；WOT 与其他几种粒子间无化学作用发生。

（2）WOT 处理可提高各种无机粒子与 PP 复合体系的加工流动性。

（3）力学性能测试表明，用 2.5% WOT 处理过的 $CaCO_3$ 在一定条件下可使 PP 复合物的缺口冲击强度提高到纯 PP 的 2 倍左右，表现出明显的无机粒子增韧效果。当 WOT 用量为 1.0% 时，PP/$CaCO_3$ 体系具有较均衡的韧性和强度。其他几种粒子经 WOT 处理后的 PP 复合物，韧性均高于相同含量未处理同种粒子的复合物。

（4）FTIR、EPS 的分析表明，WOT 在 $CaCO_3$ 表面上的粘接，不仅仅是物理吸附作用，而且还有更强的化学键合发生，即 WOT 中的以镧为主的轻稀土元素可能与 $CaCO_3$ 中的氧发生配位。这种配位作用的产生赋予了 WOT 活化 $CaCO_3$ 优异的性能。这是 WOT 具有优异的表面处理作用的原因。

13.3　顺丁烯二酸镧接枝聚乙烯型离聚物

（左冬强，陈庆华，曾晓强等）

离聚物是指大分子链上含有少量离子基团的高聚物，也称为离聚体，其中离子基团的摩尔含量不超过 15%。离聚物中键合有离子基团，其分子内部具有普通聚合物体系所没有的特殊作用：①离子-离子相互作用；②离子-偶极相互作用；③氢键相互作用等。上述特殊的相互作用使离聚物在改性聚合物领域有着重要应用。

目前，制备离聚物较成熟的方法主要有共聚合法和接枝法。共聚合法的基本思路是先将单体共聚合成带极性基团的共聚物，再把极性共聚物中和得到离聚物，共聚合法可以获得较高离子化程度的离聚物，但反应条件苛刻，较难实现产业化。接枝法是可以将聚合物分子直接官能团化的方法，与共聚合法相比，接枝法所需条件较为温和，较易实现大规模生产。接枝法大致有两条思路：①先在大分子链上接枝极性基团，然后用皂化的方法将聚合物中和成盐；②先合成含不饱和键的金属配合物，然后再将配合物作为单体接枝到高分子上制成离聚物。利用思路②制备离聚物的过程较为简单，但配合物单体在基体中的分散效果较差，接枝率较低，故研究报道较少。利用接枝法可制备接枝离聚物，它们在聚合物共混改性中常用作相容剂。

文章采用接枝法中②的思路，以自制的顺丁烯二酸镧（LaA）为接枝单体，聚乙烯（PE）为基体，采用熔融接枝法制备顺丁烯二酸镧接枝聚乙烯型离聚物（PE-g-LaA），然后通过 FT-IR 红外光谱、DSC 分析和旋转流变分析等手段对离聚物进行表征。在熔融接枝过程中，添加乙醇酸作为溶剂，增加了单体分散性，提高了接枝率。

13.3.1　实验部分

（1）主要原料与设备　顺丁烯二酸镧（LaA），自制；过氧化二异丙苯（DCP），化学纯，国药集团化学试剂有限公司；乙醇酸（$C_2H_4O_3$），分析纯，西亚试剂；聚乙烯（PE），HD5070EA，辽宁华锦化工有限责任公司；转矩流变仪，哈尔滨哈普电气技术责任有限公司；

旋转流变仪，美国 TA 公司；差示扫描量热仪，美国 TA 公司。其他试剂均为分析纯。

（2）离聚物的制备　PE 粒料在 80℃下鼓风干燥 10h 后备用，将所需原料按表 13-2 中的配方混合均匀，然后利用加料斗转入转矩流变仪的恒温密炼室，设定温度 170℃，启动电机密炼 9min，得到混炼均匀的 PE 接枝物。

表 13-2　PE-g-LaA 离聚物制备基础配方

组分	PE/g	LaA/g	$C_2H_4O_3$/mL	DCP/g
纯 PE	50	0	0	0
EMA1	50	1.5	0	0.25
EMA2	50	2.5	0	0.25
EMA3	50	2.5	3	0.25
EMA4	50	5.0	0	0.25

注：表中 $C_2H_4O_3$ 的浓度为 0.15g/mL。

（3）离聚物的提纯　首先称取一定质量的 PE 接枝物，将其放入盛有二甲苯的锥形瓶中，在 130℃下磁力搅拌使接枝物完全溶解后用热滤漏斗过滤，滤液转入盛有丙酮的烧杯中沉淀出 PE 及其接枝物，然后抽滤获得沉淀物（用丙酮洗涤）。将抽滤所得产物再次溶于二甲苯，重复以上步骤 2~3 次。最后将纯化后的产物真空干燥备用。

（4）接枝率的测定　准确称取 3gPE 及 3g 经纯化后的 PE 接枝物，一同放入马弗炉中，在 900℃下灼烧 3h。准确称取二者残留物的质量，两个质量之差即为 3gPE 接枝物中经灼烧生成的氧化镧质量。将氧化镧的量换算成顺丁烯二酸镧的量计算出接枝率。接枝率计算公式如下：

$$\omega = \frac{(m_2 - m_1)M_1}{3M_2} \times 100\%$$

式中，m_1 和 m_2 分别为 PE 及其接枝物煅烧后质量；M_1 为顺丁烯二酸镧的分子量；M_2 为氧化镧的分子量。

（5）分析测试与表征

① 红外光谱　5700FT-IR 红外光谱仪，将纯化后的离聚物样品用 KBr 压片法进行测试；美国 Nicolet 公司。

② DSC 测试　称取 4~6mg 的干燥样品放入铝坩埚中。以 10℃/min 的速率升温到 190℃，平衡 3min；再以 10℃/min 的速率降温到 30℃，平衡 3min；然后以 10℃/min 的速率升温到 190℃。

③ 动态流变分析　选择直径为 25mm 的平行铝板夹具，夹具间距为 1mm，测试温度为 180℃，应变为 1%，频率扫描范围为 0.1~100rad/s。

13.3.2　结果与讨论

（1）扭矩-时间关系

图 13-11 是 PE 及其接枝物的扭矩时间曲线。由图 13-11 可知：①纯 PE 只有一个加料峰，添加 LaA 的体系则在 60s 后出现 1 个逐渐上升的反应峰，且体系表现出比纯 PE 更高的平衡扭矩；②随着 LaA 用量的增加，平衡扭矩呈增大趋势，当 LaA 用量达到 10% 时，接枝反应达到饱和，平衡扭矩不再增加；③添加乙醇酸溶剂的体系（EMA3）在 110s 左右出现 1 个较明显的反应峰，可能是因为溶剂提高了 LaA 的分散性，有利于接枝反应的进行。

（2）接枝率的测定　表 13-3 为 PE 接枝物的接枝率数据，由表 13-3 可知，PE-g-LaA 的接枝率随 LaA 含量的增加而升高；另外，在其他条件相同的情况下，添加乙醇酸溶剂的组分

（EMA3）比未添加组分（EMA2）接枝率高，说明溶剂的加入提高了单体的分散性，有利于进行接枝反应，这与扭矩-时间关系曲线结论相一致。

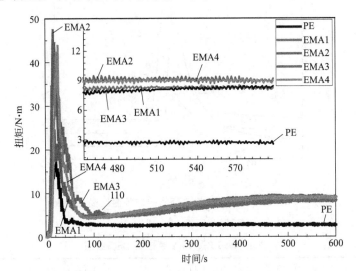

图 13-11 PE 及其接枝物的扭矩时间关系

表 13-3 PE-*g*-LaA 的接枝率数据

组分	EMA1	EMA2	EMA3	EMA4
接枝率 $\omega/\%$	0.6	1.3	1.7	1.9

（3）红外光谱 图 13-12 是 PE 及其提纯接枝物的红外图谱，其中 a 和 b 分别代表纯 PE 和 PE-*g*-LaA。从图中可以看出，与纯 PE 相比，接枝产物 PE-*g*-LaA 在 1544cm^{-1} 处出现一个新的吸收峰，这是 LaA 中羧酸根的特征吸收峰，说明 LaA 已经接枝到 PE 分子链上。

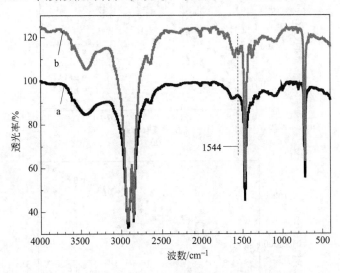

图 13-12 PE 及其提纯接枝物的红外光谱图

（4）DSC 测试 由图 13-13 及表 13-4 的数据可知：①纯 PE 的结晶峰温度 T_c 为 115.7℃，相对于纯 PE 而言，PE-*g*-LaA 离聚物的 T_c 都向高温方向移动，说明离聚物有促进 PE 成核的效果。②离聚物的结晶度 X_c 均比纯 PE 小，这是因为枝化破坏了 PE 分子链的规整性，使聚合物基体结晶度下降。③EMA3 比 EMA2 的结晶度高，可能是因为乙醇酸溶剂的添加提高了 LaA 的分散性，使离聚物的结晶度增大。

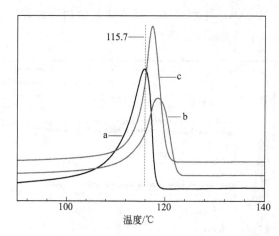

图 13-13　PE 及其离聚物的非等温结晶曲线

a—PE；b—EMA2；c—EMA3

表 13-4　PE-*g*-LaA 离聚物 DSC 数据

组分	T_c/℃	$T_{1/2}$/℃	ΔH_m/(J/g)	X_c/%
PE	115.7	5.2	219.2	76.4
EMA2	118.7	5.8	154.6	53.9
EMA3	118.6	6.3	204.4	72.0

注：$T_{1/2}$ 为半峰宽，T_c 为结晶峰温度；ΔH_m 为样品的熔融热焓；X_c 为结晶度。

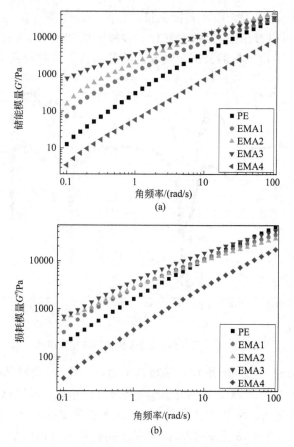

图 13-14　PE 及其接枝物 G'、G'' 与角频率的关系

（5）动态流变分析　由图 13-14 可知：①与纯 PE 相比，EMA1、EMA2 的 G' 和 G'' 均有上升，这是由于支链的引入增加了分子链的缠绕，降低了分子链的流动性，且离子聚集体的形成具有物理交联作用，使体系熔体强度得到提高，二者共同作用引起体系模量上升。②接枝物体系的模量随 LaA 含量的增加而增大，但过量的 LaA 会引起体系异质性变化，当添加 LaA 达到 10 份时，EMA4 体系模量反而下降，故 LaA 的最佳用量为 5 份。③同等条件下，EMA3 比 EMA2 的模量大，这是因为乙醇酸溶剂能够提高单体的分散性，促进接枝反应的进行，这与扭矩-时间关系曲线及接枝率测定结果一致。

13.3.3　结论

（1）利用熔融接枝法可以制备出顺丁烯二酸镧接枝聚乙烯型离聚物（PE-*g*-LaA）。

（2）通过控制 LaA 的添加量，可以得到不同接枝率的产物，LaA 的最佳用量为 5 份。

（3）当 LaA 用量为 5 份时，添加乙醇酸溶剂可以提高体系的接枝率、熔体强度和结晶度。

第14章 转矩流变仪

14.1 哈普转矩流变仪在塑料加工中的应用

（孙红占，李 迎）

橡塑材料在加工成型的过程中，几乎都要涉及其流动性。在挤出、注塑、吹膜、压延等工艺中，材料的流动性不但影响加工行为，还会影响最终产品的力学性能。转矩流变仪是研究材料的流动、塑化、热稳定性、剪切稳定性的理想设备，可广泛地应用于科研和生产，是进行科学研究以及指导生产的重要仪器。与研究材料流动性的一般性仪器——黏度计相比，转矩流变仪提供了更接近于实际加工的动态测量方法，可以在实验室环境内类似实际加工的情况下，模拟大型挤出机生产过程并连续、准确、可靠地对材料的流变性能进行测定，如多组分物料的混合、热固性树脂的交联固化、弹性体的硫化、材料的动态稳定性、PVC-U 材料配方开发等。

PVC-U 是热敏性塑料，在热和光的作用下，很容易发生脱 HCl 反应，即通常说的降解。降解的结果是塑料制品强度下降、变色，出黄线、黑线，严重时导致制品失去使用价值。塑料挤出时轴向携带连续的黄线或黑线现象，是塑料异型材生产企业中常见的多发故障。根据经验，PVC-U 型材发黄大多是因为：①PVC 树脂基础配方存在问题；②挤出设备螺筒内物料流动不畅出现糊料所致。

14.1.1 配方设计

配方是为制得某种塑料制品，在树脂中混入助剂而形成的复合体系。针对 PVC-U 树脂的各种缺点、加工条件和应用场合，其常用助剂主要包括：热稳定剂、抗冲击改性剂、加工助剂、填充剂、润滑剂和光稳定剂等。一个可行的、优良的配方，正式投产前需要进行大量的配方成分组合实验、流变性能测试、挤出实验测试以及产品性能测试等，这必然消耗人力物力且生产周期长，利用哈普 RM-200 转矩流变仪可以在投入较少的物料（68~70g）条件下，方便、快捷、准确的实现对配方开发的校正，应用哈普转矩流变仪设计的配方流程如图 14-1 所示。

14.1.1.1 哈普流变仪工作原理及功能

在特定的温度、转子转速下，一定量的 PVC-U 物料投放到混料腔中，由粉状固体变成熔体的塑化过程中，受转子转动、压锤等高速热剪切作用下产生的阻抗而描绘出的模拟 PVC-U 物料由玻璃态到高弹态，再逐渐到黏流态的实际动态加工过程的一种试验装置。主要功能是：通过测量转矩与温度、转速与时间的关系来反映了物料的黏度和消耗功率的多少，因而可用它进行 PVC-U 型材配方的设计和指导工艺条件的选择，节省大量实际生产试验时间与实验物料。

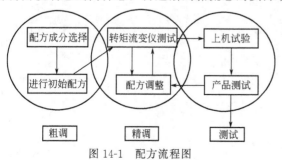

图 14-1 配方流程图

14.1.1.2 流变曲线分析

典型的 PVC-U 流变曲线以及物料状态与实际加工设备之间的关系如图 14-2 所示。

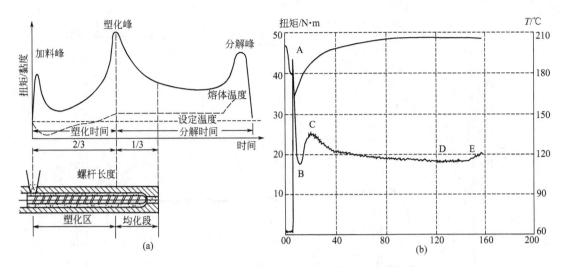

图 14-2 PVC-U 流变曲线及加工设备中的物料状态

如图 14-2 所示干混料被压入混炼腔室内，曲线出现了一个尖锐的装载峰 A 点，A 点对应的是加料峰；A 点的高低与转速大小和干混料的表观密度有关，随料温升高逐渐接近混炼预设温度，树脂软化，空气被排除，转矩减小到 B 点。由于热和剪切作用，树脂颗粒破碎，颗粒内的物料从表面开始塑化，物料黏度逐渐增加，转矩迅速升高到 C 点，C 点对应的峰为塑化峰。随着塑化后物料内部残留空气排除，物料中各处温度趋于一体，熔体结构逐渐均匀，转矩逐渐降低达到相对稳定值的平衡转矩 D 点。经过长时间混炼，PVC-U 熔体中热稳定剂逐渐丧失作用时，物料开始分解并交联，颜色由黄变褐，转矩从 E 点迅速增高，D 点对应分解峰。由 PVC-U 的热融合行为得知，在 PVC-U 树脂加工过程中，PVC-U 树脂分子的物理形态变化过程是由聚合物分子破碎、微晶融化、排序重组、最终构成大分子三维网络。这个过程表征在物理变化上为玻璃态-高弹态-黏流态。这三种变化在 PVC-U 加工过程当中起到相当重要的作用。塑化转矩，平衡转矩的大小，塑化时间的长短可以用来评定与指导配方体系在生产过程中的实施。同时塑化转矩的高低还能反应出材料加工的能耗多少，因而具有非常好的生产指导性。

14.1.2 实验部分

14.1.2.1 实验原料

本节中 1# 基础配方以及所采用的各种助剂均是来自哈尔滨中大型材科技股份有限公司。原料包括 PVC 树脂，碳酸钙（轻质 $CaCO_3$），抗冲击改性剂 CPE，加工助剂 ACR，钛白粉 TiO_2，PE 蜡，硬脂酸（Hst），钙锌热稳定剂。

14.1.2.2 设备及仪器

实验设备：哈普电气技术责任有限公司 RM-200C 转矩流变仪、天津泰斯特混料机以及 JJ-BC 千分之一精度天平。

实验条件：转子转速为 35r/min；实验温度为一区 185℃、二区 185℃、三区 185℃；物料质量 70g。

14.1.2.3 实验数据处理

（1）重复性实验 当 PVC-U 物料中某助剂成分及用量改变时，会使流变曲线发生相应的变化。这就要求转矩流变仪具有良好的实验重复性和转矩测量精度，以便正确分辨配方中成分改变引起的流变曲线的细微变化。重复性如图 14-3 所示。

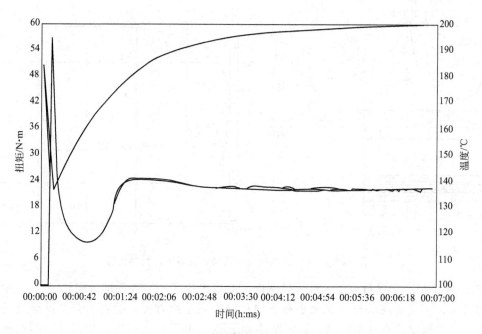

图 14-3　流变仪重复性实验

　　为确保每次实验的温度一致、物料重量一致、实验之间间隔大致相等以及加料时间尽量相等的前提下，曲线反映了转矩流变仪具有很好的测量精度和温度分布在现性。

　　(2) 助剂用量对塑化性能的影响　在 PVC-U 配方的设计以及调整过程中，要求转矩流变仪具有很高的测量精度，以此来分辨助剂成分以及用量改变对流变曲线的影响。对于 PVC-U 配方中某些助剂来说，就算微小的添加量，在挤出机的热和剪切力作用下，也会改变物料的塑

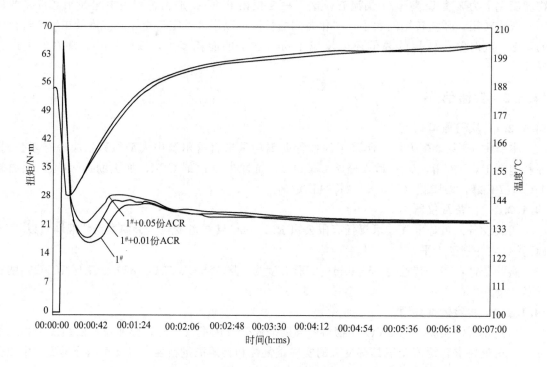

图 14-4　助剂用量对塑化性能的影响

化速率，直接决定样品的塑化效果与成型质量，且对型材使用性能有很大影响。例如本文中哈尔滨中科大型材的 PVC-U 配方，其加工助剂 ACR 成分用量对塑化性能的影响如图 14-4 所示。

如图 14-4 所示，在 1# 配方基础上添加 0.1 质量份的加工助剂 ACR，已经引起流变曲线的显著变化，其最小扭矩和塑化扭矩均提高，塑化时间缩短塑化过程提前，进而由此判断影响物料的加工性能，可见 RM-200C 转矩流变仪具有较高的测试精度。

（3）润滑平衡体系的调整　润滑剂一般分为内部润滑剂和外部润滑剂。内润滑剂一般多是极性物质，能较好的相溶于树脂各层粒子间隙，减少分子链段间的相互作用，从而降低熔体黏度，降低塑化扭矩，促进塑化过程。润滑剂的极性与 PVC 树脂的极性越相似，其润滑作用越明显，当内润滑剂用量超过它在聚合物中的溶解度时，会产生迁移现象转而变成外润滑剂。

外润滑剂一般极性较差，不易溶于 PVC 树脂，能减少与加工设备表面间的摩擦力，提高辊筒的剥离性能使产品表面光滑，抑制黏附现象的发生，延迟塑化。所以调控好二者的比例即可控制塑化速率。润滑剂品种的选择、用量大小往往会影响到产品的加工性能、表面质量和低温冲击强度，所以润滑平衡体系的调整对 PVC-U 型材配方至关重要。

14.2　使用转矩流变仪评价 PVC 的熔合度（凝胶化度）

（王文治，石兴凤，董兴梅）

14.2.1　概述

由于 PVC 聚合物不溶解于其单体中，造成 PVC 树脂颗粒有类似石榴那样的多层次结构，其最具特征的层次是树脂颗粒、初级粒子和微晶三个层次。典型的 PVC 树脂颗粒的层次结构尺寸及形貌分别参见表 14-1、图 14-5。在 PVC 初级粒子里面，PVC 主要以无定型的微区结构存在，尺寸约 $0.01\mu m$，但也含有 10% 以下的微晶。微晶的晶粒很小、缺陷较多，故其熔程宽，PVC 微晶的熔程至今未另定论（115～245℃）。

表 14-1　悬浮聚合 PVC 颗粒的层次结构

层次	微晶		微区	初级粒子	初级粒子凝聚体	液滴粒子	树脂颗粒
	轴向	径向					
尺寸/μm	0.0007	0.0041	0.01	1	3～10	30～100	100～200

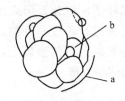
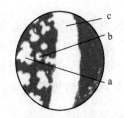
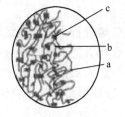

(a) PVC颗粒
a—PVC颗粒,直径100～200μm;
b—原生单体液滴区,30～100μm

(b) 原生单体液滴区
a—初级粒子,1μm;
b—初级粒子凝聚体,3～10μm;
c—皮层,厚度0.5～5μm

(c) 微区
a—无定型区;
b—带状分子;
c—微晶,0.01μm

图 14-5　悬浮聚合 PVC 颗粒的层次结构

在加工过程中，PVC 的塑化并不是以分子链为流动单元进行简单的玻璃态转变为黏流态的行为，而是发生了颇为复杂的熔合行为，即凝胶化行为。其特征是在热和剪切作用下，PVC 颗粒的层次结构逐步发生变化。在较低的熔融温度，颗粒的皮层破裂，然后层次结构继续破坏，直至生成初级粒子流动单元。温度进一步升高，初级粒子破裂，更多原生微晶熔化，然后形成均一熔体（见图14-6）；原先有序排列的PVC分子松弛伸张而贯穿到邻近的初级粒子中，初级粒子界面之间有较多带状分子互相缠结。冷却时，已熔化的原生微温生成次生微晶，并形成三维大分子网络；除了初级粒子里面，在原先初级粒子的边界也形成次生微晶，这部分边界上的次生微晶对三维大分子网络的强度起关键作用。

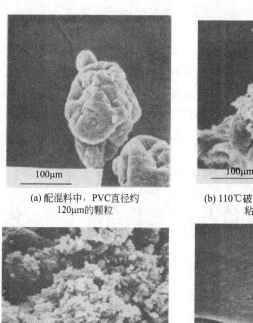

(a) 配混料中，PVC直径约
120μm的颗粒

(b) 110℃破裂的PVC颗粒,可见表面
粘着的初级粒子

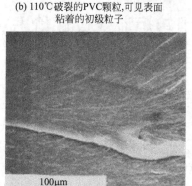

(c) 约135℃以初级粒子为主,只能见到
很少的破碎PVC颗粒

(d) 215℃形成熔体

图 14-6　转矩流变仪实验过程中，PVC颗粒渐次解构的SEM图像

简言之，PVC的熔合行为就是PVC混配料在加工成型过程中，PVC树脂颗粒的多层次结构渐次解构，大部分原生微晶熔化，随后冷却生成次生微晶，形成以次生微晶为交联点的三维网络结构的过程。

对PVC熔合行为的研究发端于20世纪70年代，至今仍在不断深化。研究工作主要集中在PVC熔合行为的本质，熔合行为的影响因素，并对熔合行为进行表征和评测，熔合行为和熔合度对PVC制品使用性能的影响等方面。本节在研读这些研究报告的基础上，通过实验验证，提出一种使用转矩流变仪评价PVC熔合度的简便、实用的新方法

14.2.2　关于"熔合"与"凝胶化"

在英文文献中，对PVC加工过程的上述行为采用熔合（fusion）或凝胶化（gelation）这两个术语来描述，也有fusion（gelation）两者并用表述的。在中文文献中，可能是先入为主之故大部分采用术语"凝胶化"，因而对术语"熔合"比较陌生。为了表征和评测PVC加工过程的这种特性，ASTM D2538-02《Standard Practice for Fusion of Poly（Vinyl Chloride）(PVC) Compounds Using a Torque Rheometer》，所采用的就是fusion这一术语，也许是与此有关，"熔合"这一术语逐渐为国内PVC业界所认知。

在材料科学领域中，fusion通常是指一种或数种固态物质熔融后变成另一种固态物质，如

合金的冶炼。fusion 的中文有"熔合"、"融熔"、"熔化"、"融合"等多种译法，对 PVC 加工过程的这一特性，我们认为选用熔合这一译法较为合适。"熔"表述了 PVC 颗粒的层次结构渐次破坏直至微晶融熔；"合"则指微晶中的带状分子链贯穿到相邻的初级粒子中，相互缠结生成三维网络结构。这是一种以微晶为交联点的物理交联，生成的三维网络结构是热塑性的。

凝胶化（gelation）通常为热固性塑料所使用的术语，凝胶是交联高聚物的溶胀体，此溶胀体既不溶解，也不熔融。凝胶化是指热固性树脂在完全固化之前，由于发生部分交联，物料由液态变成黏度高的难以流动的凝胶态，这种交联是化学交联，是不可逆的。

基于以上的认识，对 PVC 的这一加工特性，我们初步认为选用"熔合"这一术语较为合适。当然，经历了近 50 年，国际上对表述 PVC 这一特征行为的术语都还未达成共识，因此，中文应使用"凝胶化"、"熔合"还是"融合"有待进一步探究。

14.2.3　PVC 制品熔合度的评价方法

PVC 加工成型过程中，由于配方、设备、工艺参数等因素的影响，使其制品有不同的熔合度，熔合度的高低对 PVC 制品的性能有着明显的影响。常用检测 PVC 制品熔合度的方法有溶剂吸收法、差示扫描量热法（DSC）和毛细管流变仪法（CR）等。

14.2.3.1　溶剂吸收法

这是利用大分子三维网络结构在适当溶剂中的溶胀特性来检测熔合度的方法。

在设置的温度下，将样品浸入丙酮或二氯甲烷等溶剂中一定时间后，观察其外观、形状的变化情况来评价熔合度，GB/T 13526—2007《硬聚氯乙烯（PVC-U）管材二氯甲烷浸渍试验方法》就是这种方法，这种方法虽然操作简便，但却无法进行定量检测。

14.2.3.2　DSC 法

含有晶体的高聚物样品在 DSC 的升温过程中会呈现熔融峰，PVC 微晶的熔融峰范围为 115～245℃。经历了熔合过程的 PVC，其 DSC 曲线出现二个熔融峰，低温峰为次生微晶熔融峰（A 峰），高温峰为加工过程中未熔融的原生微晶熔融峰（B 峰），以这两个熔融峰的热焓 H_A 和 H_B 的比值，按式(14-1)计算熔合度 D_f：

$$D_f = \frac{H_A}{H_A + H_B} \times 100 \tag{14-1}$$

DSC 法是一种简便的定量检测方法，但 DSC 测试的样品只为几毫克，而 PVC 熔合过程物料的结构很不均一，因此，如何使所取的微量样品对整体物料具有代表性，就是一个很值得注意的问题。另外，DSC 曲线中，高温峰的尾部通常很平滑，而 PVC 微晶熔程的上限至今仍然说不清楚，PVC 的权威专家 Summers 2008 年说 PVC 微晶熔程的上限至少为 245℃，因此，PVC 微晶高温峰的终点不好确定，也就是说，分母难以算出。

14.2.3.3　毛细管流变仪法（CR）

对于同一配方的样品，熔合度越高则样品的弹性越高。毛细管流变仪法就是根据熔体通过零长毛细管（低长径比毛细管）时的入口压力降与熔体弹性的相关性来检测熔合度。

此法是一种较好的定量检测方法，并能直接反映试样的流变性能，但对于每一个配方的干混料，都必须先测试 5 个以上的粒料的入口压力降，将测得的入口压力降对相应的造粒温度制作参考曲线，实验工作量大。此外，这种方法还会产生后熔合，即试料在毛细管流变仪中再次受热，进一步发生熔合，使测试结果偏高。

14.2.4　转矩流变仪法评价 PVC 熔合度

14.2.4.1　PVC 转矩流变曲线的成因

与其他热塑性树脂不同，PVC 的转矩流变曲线在加料峰之后会出现另一个峰，称为熔合峰，习惯称为塑化峰，这是 PVC 的特征峰，见图 14-7。

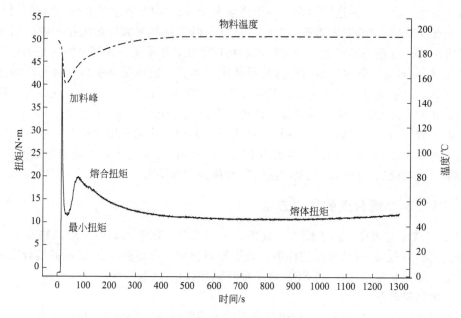

图 14-7　PVC 的转矩流变曲线

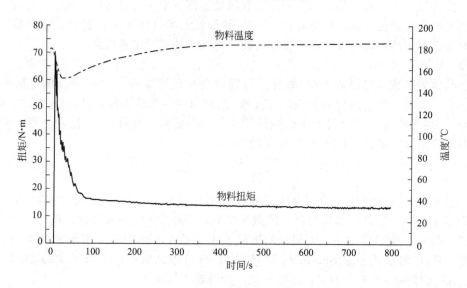

图 14-8　PP 粉料的转矩流变曲线

除 PVC 及 PVC-C 之外的其他热塑性树脂，不论是商品状的粒料，还是聚合生成的原生态粉料，加入转矩流变仪之后，树脂由固态直接熔化为黏流态，所以加料峰之后，扭矩快速下降后趋于平稳（PP 粉料的转矩流变曲线见图 14-8），达到与其熔体黏度相对应的熔体扭矩，也称平衡扭矩。

PVC 的熔合行为使得在其转矩流变曲线的加料峰之后又出现另一个峰，即所谓熔合峰，这是 PVC 或 PVC-C 熔合行为的特征峰，如图 14-7 所示。图 14-7 下方的曲线为试料的扭矩曲线，上方为试料的温度曲线。扭矩曲线左边尖锐的峰为加料峰，加料峰右边的峰称为熔合峰，其扭矩值称为熔合扭矩值或最大扭矩值（$T_{orq.\,max}$），加料峰与熔合峰之间的扭矩最低点称为最小扭矩，其值称为最小扭矩值（$T_{orq.\,min}$）。熔合峰之后的平稳部称为熔体扭矩（也称平衡扭矩)。

Summer 等人对 PVC 流变曲线上的特征点 a，b，c，d，e（见图 14-9）取样，分别进行 SEM 形态分析检测，DSC 法熔合度（凝胶化度）检测，结果表明，从 a 点至 e 点，样品的熔合度逐步升高，PVC 颗粒渐次破碎，至熔合扭矩处（c 点）粒子基本消失而转化为熔体。综合他们的研究结果，可对 PVC 的转矩流变曲线作如下解读：

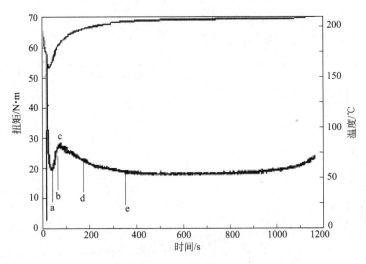

图 14-9 PVC 转矩流变曲线上的取样点

流变曲线的加料峰是由于把试料压入到混炼室中的外加载荷造成的，加料峰的形状与外加载荷的变化相关。外加载荷消失，加料峰扭矩急速下降，而与此同时，一方面，PVC 配混料在热能和机械能的作用下，PVC 树脂颗粒渐次解构，粒子不断细化，粒子间摩擦力渐次加大；另一方面，配混料中的低熔点组分熔化，使 PVC 粒子黏结，因而，扭矩下降到最低值后开始回升，形成最小扭矩。在最小扭矩处，物料为 PVC 颗粒、初级粒子、初级粒子凝聚体及它们的团块的混合物，最小扭矩值的高低，与混合物的组成相关。

最小扭矩之后，物料温度快速上升，初级粒子数量急速增加，界面互相融结，物料黏弹性急速增大，因此，扭矩快速上升并达到最大值（熔合扭矩）。在熔合扭矩处，初级粒子已很好熔合，以致不能观看到各个粒子的形态。熔合扭矩处，PVC 由粒子流动转化为熔体流动。

熔合扭矩之后，粒子结构消失并逐步形成连续熔体，因而，这一部分转矩流变曲线的形状与其他热塑性树脂的流变曲线形状相同，物料温度由于摩擦热的作用继续上升而后趋于平衡值，扭矩随物料温度升高而下降，其后趋于平衡值。

14.2.4.2 流变仪法的原理

在流变曲线的最小扭矩 a，最小扭矩至熔合扭矩的中间点 b，熔合扭矩 c，熔体扭矩 e，熔合扭矩与熔体扭矩中间的 d 点处（见图 14-9）分别停机，立即从混炼室中取出样品，迅速投入冰水中冷却，晾干，破碎，分别作为熔合过程 a，b，c，d，e 各特征点的样品，将这些样品及其基础混配料在同样的实验条件测试其流变曲线，其结果见图 14-10 和图 14-11，图中的曲线 1，2，3，4，5，6 分别为基础配混料和样品 a，b，c，d，e 各点的流变曲线。

从图 14-10 和图 14-11 看出，随着样品熔合度的增高，流变曲线的最低扭矩值 $T_{orq\,min}$ 越来越接近最高扭矩值 $T_{orq\,max}$，说明样品的熔合度越高，最高扭矩值与最低扭矩值的差值越小。将手工混合的配混料作为基础配混料，因未经受剪切和加热，其熔合度为零。而最高扭矩值与最低扭矩值两者的差值为零的样品，其熔合度为 100%，则用式（14-2）可计算出被测样品的

熔合度 D_f。

$$D_f = \left(1 - \frac{T^s_{orq\,max} - T^s_{orq\,min}}{T^c_{orq\,max} - T^c_{orq\,min}} \right) \times 100 \qquad (14\text{-}2)$$

式中 $T^s_{orq\,max}$ —— 样品的最大扭矩值；

           $T^s_{orq\,min}$ —— 样品的最小扭矩值；

           $T^c_{orq\,max}$ —— 基础配混料的最大扭矩值；

           $T^c_{orq\,min}$ —— 基础配混料的最小扭矩值。

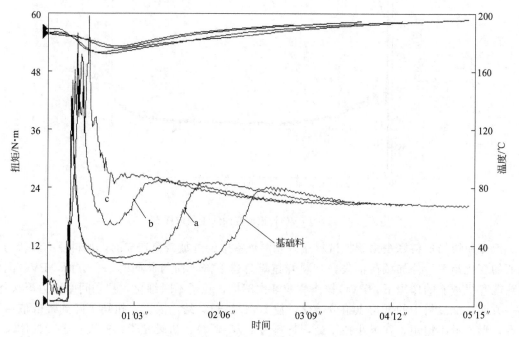

图 14-10 基础配混料和样品 a，b，c 的流变曲线

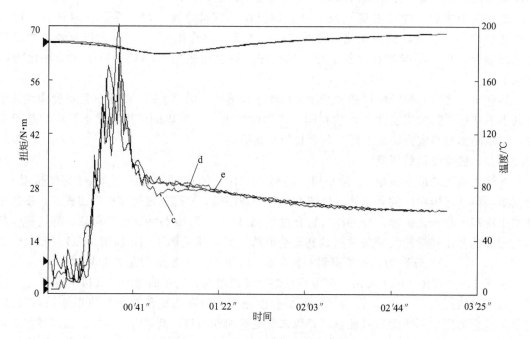

图 14-11 样品出 c，d，e 的流变曲线

14.2.4.3　应用例

表 14-2 为 PVC-U 给水管管件的两个样品，其加工工艺条件相同，配方的差别只在于润滑剂，2# 样品配方的润滑剂较少。表 14-2 和图 14-12、图 14-13 为这两个样品及其基础配混料的流变曲线的测试结果和熔合度。从表 14-2 可以看出，2# 样品因为润滑剂少，故其熔合时间短，熔合速率大，因此，在相同的加工工艺条件下，制品的熔合度大。

本方法的优点是简单、快速，只需在同样的实验条件下，测试基础配混料和样品的转矩流变曲线就能计算样品的熔合度。

表 14-2　两个样品流变曲线的特征参数及熔合度

样品编号	最小扭矩 /N·m	熔合时间 /s	熔合温度 /℃	熔合扭矩 /N·m	(熔合扭矩-最小扭矩) /N·m	平衡扭矩 /N·m	D_f /%
1# 管件	16.8	51	175	17.9	1.1	9.5	84.7
1# 基础配混料	10.1	85	180	17.3	7.2	10.3	0
2# 管件	熔合峰消失				0	12.3	100
2# 基础配混料	18.4	48	173.4	25.9	7.5	13	0

14.2.5　熔合度对制品性能的影响

20 世纪 70 年代末，Benjamin 用 K 值 65 的 PVC 树脂，采用典型的管材配方，制取直径为 50mm×46mm 的 4 个管材样品，用毛细管流变仪法测得样品的凝胶化度（gelation level）分别为 32%，44%，68% 和 90%。4 个样品的力学性能测试结果见表 14-3，从表 14-3 可见，拉伸屈服强度随凝胶化度的增加而提高，当凝胶化度为 68% 和 90% 时拉伸屈服强度达最大值，断裂伸长率在凝胶化度为 44% 时呈最大值。0℃ 的拉伸冲击强度和断裂伸长率在凝胶化度为 68% 时达最大值；20℃ 的拉伸冲击强度和断裂伸长率在凝胶化度为 44% 时达最大值。

表 14-3　PVC-U 管材凝胶化度对各种物理性能的影响

性能		单位	数值			
凝胶化度		%	32	44	68	90
拉伸冲击强度	拉伸屈服强度(20℃)	MPa	54	55	56	56
	断裂伸长率(20℃)	%	108	133	115	56
	能量(0℃)	N·mm/mm²	381	706	711	656
	断裂伸长率(0℃)	%	3	15	16	12
	能量(20℃)	N·mm/mm²	624	763	733	697
	断裂伸长率(20℃)	%	15	19	18	16

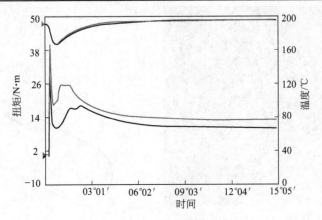

图 14-12　基础配混料的流变曲

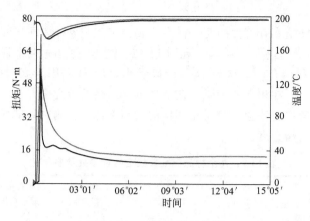

图 14-13　管件的流变曲线

对 4 种不同凝胶化度的管材分别做了 20℃ 和 60℃ 的长期预测强度水压试验，凝胶化度 32％的试样，60℃ 的水压试验仅仅在 10～15h 之后就发生脆性破裂，而且其环应力-破坏时间衰减曲线，即长期预测强度曲线的斜率偏离常规的衰减曲线的斜率，这种管材 20℃ 水压试验仅在 1000h 之后就发生脆性断裂，可以推定，这种管材不能满足 20℃、50 年其环应力为 25MPa 的使用要求。凝胶化度 44％的样品，60℃ 的首次脆性破裂时间接近 300h，但是，20℃ 的试验没有观察到脆性破裂。凝胶化度 68％ 和 90％ 的样品，60℃ 试验在 1000h 之前没有出现脆性破裂，其 20℃ 的试验曲线能够线性外推到 25MPa 的特性值，因而可以认为，其出现脆性破裂的可能性会超过 50 年。

2004 年，VANSPEYBROECK，P 等报道，对经过 60℃、环应力 12.5MPa 水压试验，管径 90mm 的 PVC-U 管材，从管材的外壁、芯部、内壁分别取样，用 DSC 检测所取样品的熔合度。对于在规定试验时间内（1000h）不破坏的管材进行随机取样，测得的结果见表 14-4。

表 14-4　没有破坏的管材的熔合度

管壁部位	熔合度/％	T_g/℃
内壁	92	84
芯部	99	84
外壁	84	84

对于在 350h 出现脆性断裂的管材，则在其裂口周边的三个位置取样进行检测，见图 14-14 和图 14-15，其结果见表 14-5。

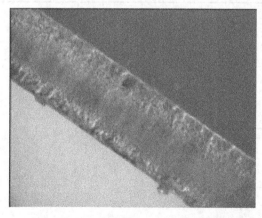

图 14-14　出现脆性断裂的管材（上边中间的黑洞为裂口）

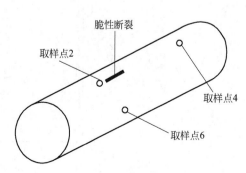

图 14-15　取样位置

表 14-5 出现脆性断裂的管材的熔合度

取样位置	管壁部位	取样量/mg	T_g/℃	熔合度/%
2	内壁	20.9	85	91
	芯部	21.5	84	78
	外壁	18.8	84	96
4	内壁	20.0	84	93
	芯部	20.2	86	70
	外壁	20.4	84	88
6	内壁	20.5	84	97
	芯部	19.6	77	67
	外壁	21.5	79	98

　　分析实验结果可知，不发生破裂的管材的熔合度都在 80% 以上，而且由于管材在挤出、冷却成型过程中由于冷却速率的原因，芯部熔合度最高，外壁最低。而 350h 发生脆性断裂的管材却是芯部熔合度最低，低于 80%，呈现"夹生"的现象。

第15章　填充与复合

15.1　无机粉体复合技术

近年来，随着无机粉体加工技术和高分子材料复合技术的进步，在高分子材料中应用的无机粉体已从传统意义上的填充剂变为高性能改性剂或功能性助剂，其使用范围越来越广。然而，由于无机粉体的种类繁多，其本体的化学组成、表面物理化学特征和物理形态学特征上存在着多样性，目前的复合技术还远远不能做到对每一种无机粉体都能最大限度地发挥其应用价值。

若人们能在技术上找到更合理的利用各种无机粉体的方法，使其不仅能在提高材料性能方面发挥其本征性的特性，而且可以在提高材料性能的同时，大幅度地降低其价格成本，以适应更广泛的工业用途的需要，这在高分子材料工程应用上将有着重要的价值，在高分子材料科学与技术上也有重要意义。

本章提出了利用材料体系中组成物质之间的作用关系，对高分子/无机粉体复合体系中各种微观相界面进行划分的基本方法和原则，提出了对不同层次的微观相界面进行设计和调控的各种有效方法，建立各种复合技术，并开发出了一系列高性能复合材料。

15.1.1　高分子/无机粉体复合体系中微观相界面的设计与调控

复合材料体系中的许多基本问题，在本质上都可归属于和材料中表面·界面有关的问题。如由于复合材料体系中存在着大量的微观相界面，因各种构成材料间的热膨胀（或收缩）系数差、模量差等因素而导致的界面应力，及其对其外部施加的拉伸、弯曲、冲击等各种应力，在通过这些相界面进行传递的过程中，其传递方式必将对复合材料体系的物性产生根本的影响。因此，必须加深对高分子/无机粉体中表面·界面等有关问题的科学认识，揭示相界面对提高材料物性的诱导规律，才能制造出高性能化的高分子复合材料。

我们根据基体高分子和无机粉体所组成的复合体系中各种相界面的特征，把无机粉体和偶联剂之间通过某种物理化学作用所形成的相界面称之为第1相界面，把偶联剂和基体高分子之间通过缠绕等作用所形成的相界面称之为第2相界面。对于第1相界面我们可以基于无机粉体的种类、无机粉体表面的物理和化学性质，通过考察其和各种偶联剂之间的物理化学作用进行设计和调控。对于第2相界面我们可以通过改变无机粉体粒径、偶联剂分子链长或在其分子上置入不同的官能团等方法进行设计和调控。而在某些情况下，为了使体系实现更好的物理力学性能，或者为了对体系赋予某种功能性的特征，仅仅通过对第1相界面或第2相界面的设计和调控是不够的，此时我们有必要在体系中加入其他的小分子或大分子物质，并使其通过分子间力、氢键或官能团等和偶联剂之间发生作用，自行组装在导入到无机粉体上的偶联剂附近，和基体高分子之间形成新的相界面，我们将之称为第3相界面，而改变其和偶联剂之间的作用方式，则是对第3相界面进行设计和调控的基础。

15.1.2　高分子/无机粉体复合技术

在现行工业技术上，使用各种无机粉体可以达到不同的改性目的，如滑石粉或云母可以改善材料的强度和刚性，高岭土可以改善材料的绝缘性，$Mg(OH)_2$ 或 $Al(OH)_3$ 可以改善材料的阻燃性，$CaCO_3$ 可以降低材料的成本，但这些无机粉体的使用往往会使材料的性能特别是冲击韧性产生较大幅度的降低。

基于以上对高分子/无机粉体复合材料中各种微观相界面进行分类的原则和设计与调控的原理，在技术实践上，利用高分子/无机粉体复合体系中各种微观相界面的分子自组装机制，提出和建立了对不同层次的微观相界面进行设计和调控的各种有效方法，并通过对以下典型技术方法的确立，开发出了一系列高性能或功能性复合材料。

15.1.2.1　第三相界面导入法

以 HDPE 树脂和 $CaCO_3$ 的复合体系为例，本研究基于第三相界面导入法，确立了助偶联剂法、反应性助偶联剂法、超薄界面（层）法等技术，可以在同样的材料体系条件下，只需通过改变偶联剂和助偶联剂的种类，调控其微观相界面的形成方式，就可达到对 HDPE 树脂进行增韧、超韧、增强增韧、耐热、耐低温、阻燃改性等不同的目的。

如表 15-1 对 HDPE 树脂超韧化的例子所示，在 2100J 型 HDPE 中添加 30%（质量）的 $CaCO_3$，当 $CaCO_3$ 表面不处理时，试样的韧性下降，其缺口冲击强度明显低于基体树脂。经铝酸酯偶联剂处理后，其试样的冲击强度较基体树脂略有增加，而将 $CaCO_3$ 用铝酸酯偶联剂处理并加入助偶联剂后，材料的韧性出现极其显著的飞跃，其冲击断口仅断裂 1/2 左右且出现较大面积的应力发白区，缺口冲击强度可达基体树脂的 12 倍左右。对该体系而言，$CaCO_3$ 的添加量在 10%~50%（质量）广域的条件下，材料的冲击强度均可达到基体树脂的 10~12 倍，可见微观相界面的形成方式对材料的性能影响是至关重要的。

表 15-1　反应性偶联剂和助偶联剂对 HDPE/CaCO₃ 复合体系冲击韧性的影响

HDPE	CaCO₃/%（质量）	Al 偶联剂/%（对 CaCO₃ 质量）	缺口冲击强度/(J/m)	断裂状态
100	—	—	56.2	完全断裂
70	30	—	34.4	完全断裂
70	30	2	59.4	完全断裂
70	30	2	663.0①	未断裂

① 添加助偶联剂。

利用第三相界面导入法，不仅可使各种常规的无机粉体的复合材料性能得到较好的改善，而且对各种功能性粉体的复合体系有着更为重要的意义和价值。以水镁石（以氢氧化镁为主要成分的天然矿物）、$Mg(OH)_2$ 或 $Al(OH)_3$ 等功能性无机粉体为例，因这些粉体可以改善材料的阻燃性，适应无卤阻燃技术的发展潮流其应用越来越广泛，但由于其阻燃作用是靠这些无机粉体的结晶水来实现的，其添加量太小则达不到所要求的效果，而添加量太大，又会使材料的物理力学性能极度下降。不言而喻，对这些功能性无机粉体而言，解决材料物理力学性能下降问题是实现其应用价值的关键所在。

表 15-2 为 HDPE 树脂和水镁石或 $Al(OH)_3$ 的复合材料的性能。可以看出在高添加量［如 50%（质量）］条件下，材料的冲击韧性提高数倍，而且拉伸强度也无明显降低。两体系氧指数均随添加量提高而增加至 24 左右。说明第 3 相界面导入法在功能性粉体的复合材料中的应用，即能实现对材料的功能性赋予，又能实现对材料物理力学性能的改善。

表 15-2　HDPE 树脂/水镁石或 Al(OH)₃ 复合材料的性能

粉体种类/添加量/%（质量）	偶联体系	缺口冲击强度/(J/m)	拉伸强度/MPa	氧指数
—	—	73.5	24.2	17.7
水镁石/30	CA	499.1	24.0	23.0

续表

粉体种类/添加量/%（质量）	偶联体系	缺口冲击强度/（J/m）	拉伸强度/MPa	氧指数
水镁石/50	CA	317.6	22.4	24.1
水镁石/30	LA	559.6	24.4	—
水镁石/30	LA	473.7	22.6	—
Al(OH)$_3$/40	LA	231.4	—	22.5
Al(OH)$_3$/40	6R	386.4	22.5	—

注：HDPE 树脂为 2200J。

15.1.2.2　界面诱导法

界面诱导法是遵循热力学的基本原则而确立的对复合材料中相界面进行调控的新技术，我们通过考察界面诱导法对复合体系中微观相界面的形成及其对材料物理力学性能的影响，从界面诱导机制、诱导条件、相态结构、界面自由能等角度证明了界面诱导技术在高性能或多功能性复合材料制备中的应用价值。并利用界面诱导法确立了高强增韧型 PP/CaCO$_3$、超韧型 PP/CaCO$_3$、永久抗静电性 PP/CaCO$_3$、增韧型 POM/CaCO$_3$ 等复合材料的制备技术。

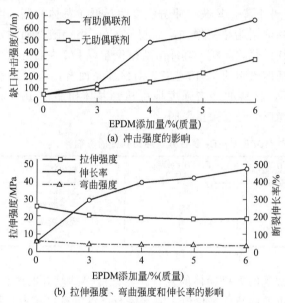

图 15-1　EPDM 添加量对 PP/EPDM/CaCO$_3$ 复合体系机械物性的影响

以超韧型 PP/CaCO$_3$ 复合体系为例。现行工业技术对 PP 树脂的增韧，一般需要添加大量的以 EPDM、EPR 等为代表的橡胶弹性体，这些弹性体的添加将使材料的成本有相当大幅度的增加。而本研究以均聚丙烯为基体树脂并采用添加 CaCO$_3$ 和少量 EPDM 的方法，并利用界面诱导技术实现了对 PP/CaCO$_3$ 复合材料的超韧化。由图 15-1（a）和（b）所示：在 CaCO$_3$ 和 EPDM 存在的条件下，助偶联剂可对提高材料增韧效果起到显著的作用，如 EPDM 添加量为 4%（质量）以上时，助偶联剂添加系的冲击强度可较未添加系提高近 1 倍，达到 500～700J/m，该体系虽然弯曲强度和拉伸强度有一定程度的下降，表现出类似于 PP/EPDM 合金的性质，但体系不仅有较高冲击韧性，而且有较大的断裂伸长率，其基本性能指标除密度较大、收缩率较小外，和目前工业生产的汽车保险杠相同。该体系中，EPDM 的增韧效率之所以有明显的提高，是因为助偶联剂可以将其诱导并包覆在 CaCO$_3$ 表面上所致。

15.1.2.3　共复合法

共复合法是在有效的界面设计与调控的基础上，利用两种或两种以上物理化学性质、形状要素不同的无机粉体的合理组合，达到对材料进行增强增韧、阻燃等不同改性目的的复合技术。

以高分子材料中比较常用的填充剂滑石粉和 CaCO$_3$ 为例。由于 CaCO$_3$ 表面活性较大，用特殊的偶联剂对其进行表面处理，可以在其表面与基体树脂之间形成牢固的相界面，使复合体系韧性大幅度提高，但 CaCO$_3$ 粉体呈近球状的形态，其添加往往容易引起材料拉伸强度的大幅度下降，而且对提高材料刚性的作用效果较小。与之相比，滑石粉是一种典型的呈层片状结构的粉体，具有较大的径厚比，其添加不但可以在较大程度上提高复合材料的拉伸强度、刚度、表面硬度、耐热性及高温下的抗蠕变性等诸多性能，但由于滑石粉表面活性较小，且至今未能发现有效的偶联剂，其添加一般将引起材料韧性的大幅度降低（图 15-2）。

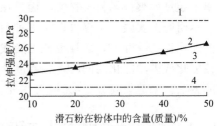

图 15-2　滑石粉在粉体中的含量对复合体系拉伸强度的影响

1—滑石粉；2—滑石粉/碳酸钙；
3—基体；4—碳酸钙

这是因为在滑石粉层片之间只存在较弱的范德华力作用，容易在混炼时因强剪切而产生相对滑移；且由于滑石粉层片表面的氧原子处于原子价饱和状态，因而表面活性较低，尽管在粉碎过程中因机械性折断，可能使层片边缘产生少量的破坏原子价，但也不能从根本上改变其层片活性低的状况，则滑石粉不可能像 $CaCO_3$ 那样通过和偶联剂反应形成相应的力学作用层。因此，即使在少量添加的情况下，滑石粉也将因层片相对滑移在体系中产生大量的弱界面，弱界面引起的损伤破坏将使体系的韧性极度下降。对这样典型的无机粉体，若能同时发挥片状滑石粉的增强作用和近球状 $CaCO_3$ 的增韧作用，则可得到综合力学性能较好的复合材料。

将滑石粉和 $CaCO_3$ 对 HDPE 树脂进行共复合的结果，体系综合了片状粉体和近球状粉体的优点，得到了综合力学性能较好的复合材料。如在 $CaCO_3$ 和滑石粉总添加量为 50%，且滑石粉配合比为 50% 的情况下，复合体系的拉伸强度为 26.5MPa、冲击强度为 248J/m，分别比 HDPE 基体树脂提高了 10% 和 340%；在滑石粉配合比为 30% 的情况下，复合体系的拉伸强度比基体树脂略高，而冲击强度则提高了 590%。

15.1.2.4　直接复合法

自 20 世纪 80 年代人们首次获得采用插层聚合法制备的 PA6/蒙脱土插层复合材料以来，至今几乎各种高分子和蒙脱土插层复合体系均已有文献报道，有些体系已经进入了产业化或已开始了产业化的探讨。聚丙烯（PP）树脂是国内外产量大、应用领域广泛的通用型塑料，以其为对象的研究当然具有更为重要的意义，但由于聚丙烯分子的非极性且无反应性官能团等原因，事实上有关聚丙烯/蒙脱土纳米复合材料方面的研究进展一直较慢。目前，有关 PP/蒙脱土复合材料的制备方法主要有原位复合法（即将催化剂承载于有机化蒙脱土上通过聚合的方法制备）和熔融复合法（在 PP 树脂中添加大量的 PP-g-MAH 接枝物后和有机化蒙脱土混合，然后通过双螺杆挤出机混炼的方法制备），但这些复合方法需要通过较复杂的过程，而且所达的复合效果也未必很突出。因此，有关聚丙烯插层复合这一研究领域一直引起着人们的广泛关注。

我们采用直接复合法，可直接经注射成型制备聚丙烯/蒙脱土复合材料。该方法可将 PP 树脂、有机化蒙脱土及少量的插层剂混合后，直接加入注塑机成型，则得到的制品的冲击韧性能有较大的提高（可提高 2～3 倍，而 PP 冲击韧性差恰恰是其主要的缺点之一）。复合体系的冲击强度和硅酸盐层片层间距是相关的，插层剂可以使蒙脱土中硅酸盐片层层间距的增大，而且可以提高蒙脱土颗粒和 PP 基体之间的作用强度，均有利于使 PP/蒙脱土复合体系的冲击强度得以提高，如图 15-3 所示。目前，我们已在对该方法改进的基础上，制

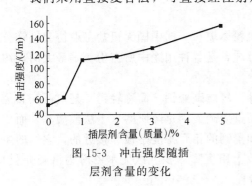

图 15-3　冲击强度随插层剂含量的变化

备出了超韧性聚丙烯复合材料，而且该方法在功能化方面也表现出很好的前景。

本研究的实践，不仅可以从多种角度使以往作为廉价填料的各种无机粉体，变成了实现高性能化用途的改性剂，而且也使之变成了实现多功能化用途的改性剂，可以在实现高分子材料高性能化或多功能化的同时，大幅度地降低材料的价格成本。证明基于对微观相界面设计与调控的方法，来建立高分子/无机粉体复合技术是有重要意义的，今后将在各方面有新的展开。

15.2 无机粉体材料在聚烯烃塑料中的应用

15.2.1 无机粉体材料在塑料中应用的重要意义

我国是塑料制品生产和应用的大国，在世界上仅次于美国，稳居第二位。塑料制品的年产量已达到 3000 万吨以上，而且仍然在持续快速增长。就我国 13 亿人口来讲，其人均消费量仍然很低，因此塑料制品的生产和消费仍有巨大的发展余地。由于塑料用原料主要来自用石油加工的合成树脂，因此原料市场直接受到石油价格的冲击。从 2003 年年底开始的原料涨价，其幅度之大、持续时间之长都是历史上罕见的，一直持续到今日仍然居高不下。正如大家所熟知的，塑料制品的成本 2/3 以上来自原材料，原料价格上涨，能源价格上涨，而塑料制品的价格上涨不了，竞争又十分激烈，降低原材料成本成为当务之急，而使用廉价的无机矿物制成的粉体材料成为降低塑料制品原材料成本的首选举措。合成树脂的价格越高，涨价幅度越大，使用无机粉体材料的优势和重要性就越加显著。

无机粉体材料在塑料中的应用有着悠久的历史，几乎伴随着塑料材料的诞生和发展。在长期的应用实践中，粉体材料的种类和规格也在不断地变化，人们认识到除增量的作用外，如果使用得当，还可以改善塑料材料某些方面的性能，如提高韧性、刚性，改善表面的硬度和印刷性等，甚至还可以赋予塑料材料新的功能，如阻燃、抗静电等。近年来"白色污染"问题困扰着我们，受到上至中央领导、下至黎民百姓等社会各界的高度关注，各种规定、措施、办法层出不穷，正可谓"政府部门三令五申、产业界各执己见、新闻界持续热炒、消费者无所适从"，至今禁白、治白收效甚微。正是在这样的背景下，一些科研单位和生产企业调整思路，以科学的发展观指导新技术、新产品的开发，研究发现使用无机粉体材料填充改性塑料，通过先进的技术将其经济性、功能性和环保性有机地统一，产品投放市场受到欢迎。

15.2.2 聚烯烃塑料常用的无机粉体材料的种类和加工技术

聚烯烃塑料常用的无机粉体材料有重质碳酸钙、轻质碳酸钙、滑石粉、高岭土等。近年来大力开发功能性粉体材料，其中沉淀硫酸钡或重晶石粉、氢氧化镁及水镁石的粉碎物都是重要的品种。

15.2.2.1 碳酸钙

碳酸钙是塑料加工时用得最广、用量最大的无机粉体填料，据中国无机盐工业协会钙镁分会统计，每年用于塑料填充的碳酸钙总量在二百多万吨，是各种用途中所占份额是最大的，约40%左右。

根据加工方法不同，碳酸钙分为轻质和重质两种。轻质碳酸钙（简称轻钙）是由石灰石经煅烧、消化、碳化而成的，其间经历了化学反应；而重质碳酸钙是经研磨（干法或湿法）而成的，只有粒径大小的变化而无化学反应过程。轻钙和重钙的相对密度是极为接近的，它们的主要区别在于表观密度，即同样体积时质量不同，工业上用沉降体积（以无水乙醇为沉降介质）加以判别，轻钙的沉降体积在 2.5ml/g，而重钙通常在 1.2～1.9ml/g。

轻钙的历史悠久，生产技术成熟，由于生产企业多，竞争激烈，其价格仅数百元一吨，在聚氯乙烯管材和异型材中应用很多，至今仍没有其他更好的填料能够替代它。近几年超细、超微细的轻钙大量问世，叫得最响的是"纳米碳酸钙"。纳米碳酸钙只是轻质碳酸钙的一种，其特征主要是初始粒子（一次粒子）的粒径范围为数十个纳米。对于塑料加工企业来说，粉体材料的粒径越小，填充塑料的力学性能越好、制品表面的光泽和细腻程度也越好，但其前提是粉体材料必须以颗粒的形式像大海中的海岛一样均匀分布在塑料基体中，这些颗粒的尺寸、形状、表面状态（比表面积以及是否经过表面处理）直接决定着填充材料的性能和使用无机粉体材料的整体效果。遗憾的是，目前由轻钙企业提供给我们的产品都是大大小小的凝聚体（二次粒子），而我们塑料加工企业现有的加工设备还不足以在加工过程中将这些凝聚体打散，形成真正意义上的小尺度海岛结构，不仅不能显现出优异的性能，还有可能成为材料内部的缺陷，造成填充塑料性能的劣化。因此在没有解决好分散技术的时候，片面追求颗粒微细化和纳米化是不现实的，这也是目前众多纳米碳酸钙生产线有其名无其实的重要原因。

重质碳酸钙在我国大量用于塑料填充始于 20 世纪 80 年代初，在塑料原料稀缺的年代里，用雷蒙磨生产的 400 目的重钙为我国塑料工业的发展立下了汗马功劳，创造了巨大的物质财富，带来了显著社会效益。进入 90 年代，随着粉碎技术与设备的进步，各种粒径分布的研磨重钙产品展现在塑料加工企业面前，为我们提供了使用和选择的可能。进入 21 世纪后，超细、超微细的研磨重钙产品越来越多，质量越来越好，价格也越来越能够被塑料加工企业所接受。但必须说明，一是同轻钙一样，重钙也并不是越细越好，就目前的应用技术水平来说，最大粒径 5～10μm（相当于 2500 目至 1250 目），粒径分布适当的产品就可以满足大多数塑料制品的加工要求；二是就目前的研磨技术和设备来说，无论是干法还是湿法，都不可能通过机械力将重钙颗粒研磨至纳米尺度。

15.2.2.2　滑石粉

滑石粉是大家所熟知的塑料用填料，它的最大优势是层状结构和硬度低，前者可使填充塑料的刚性和耐热性提高，而后者可大大减轻填充塑料加工时物料对所接触的机械设备、模具的磨损。

滑石粉和云母、高岭土等含硅（Si）的无机粉体材料一样，对红外线具有阻隔作用，这一特性已用于聚乙烯农用薄膜的制造，加有 5% 左右滑石粉的农用大棚膜可以有效地阻隔红外线热辐射，从而提高薄膜的保温性。

滑石粉的粉碎技术也已成熟，市场上可以提供数百目至数千目的各种粒径范围的产品。值得注意的是滑石粉颗粒层状结构的层间作用力仅为微弱的范德华力，在外力作用下，相邻两层极易产生滑移或完全脱离开来，这对用高速混合机进行滑石粉表面处理时十分重要，因为在粉状颗粒不断碰撞时，新的颗粒表面不断产生，意味着用偶联剂处理滑石粉时，很难达到高的表面活化率。

15.2.2.3　高岭土

高岭土有两种，即天然水合的软质高岭土和硬质高岭土煅烧而成的煅烧高岭土。前者经水洗、除铁、烘干即可得到，亦称之为水洗高岭土；后者则通常与煤伴生，亦称之为煤系高岭土，经过粉碎煅烧而成。

高岭土具有极强的结团倾向，颗粒粒径越小就越显著。高岭土极易吸潮，在使用之前必须充分干燥。对于煤系高岭土必须经过煅烧才能作为高岭土使用。煅烧通常分为脱水、脱碳和产物转化三个阶段。在 700～800℃ 温度下高岭石脱失羟基变成偏高岭石，原高岭石表面及空隙中吸附和充填的碳有机物逸出，从而增大了高岭土的比表面积和反应活性，白度也得到显著提高。必须注意的是控制煅烧温度十分重要，低了影响脱碳，高了会使高岭石转化为莫来石和石英，而这两种矿物成分硬度极高，在塑料加工时会造成加工机械设备和模具的严重磨损。

使用煅烧高岭土主要是为了提高塑料的绝缘强度，特别是制造 PVC 动力电缆护套料时必须使用。高岭土在塑料中应用还可以在不显著降低伸长率和冲击强度情况下，提高基体塑料的拉伸强度和模量。近年来的研究还表明高岭土对红外线的阻隔作用显著，在农用薄膜中使用，其保温效果优于滑石粉。

15.2.2.4 氢氧化镁和水镁石粉

氢氧化镁在 340℃时可失去结晶水，而失水后的产物氧化镁是耐火材料。由于失水反应是吸热反应，因此使用氢氧化镁可实现聚烯烃塑料的低烟无卤阻燃，氢氧化镁兼具填充、阻燃和抑烟三大作用。较之起同样作用的氢氧化铝，由于其分解温度高于聚烯烃塑料的加工温度（180～220℃），因此在填充塑料加工时，所加入的氢氧化镁不会提前分解。

用氢氧化镁实现聚烯烃低烟无卤阻燃的最大困难是只有加入达质量百分比 60％的氢氧化镁时，聚烯烃塑料才能达到相应用途的阻燃要求，而此时填充材料的力学性能、加工流动性以及制品的外观都受到极大的影响。

氢氧化镁可用海水或咸水湖的湖水制作，主要是利用其中的氯化镁，但由于杂质很难除净，故氢氧化镁的制造成本较高。近年来国内开始使用天然矿物水镁石经粉碎研磨制成粉体材料，已成功地代替化学方法生产的氢氧化镁用于低烟无卤阻燃聚烯烃塑料。

15.2.2.5 沉淀硫酸钡及重晶石粉

沉淀硫酸钡是经化学方法制成的粉体材料，其粒度范围和白度在一定程度上是可以控制的。沉淀硫酸钡最大的特点是相对密度大，可达 4.5 左右，但因能吸收 X 射线和 γ 射线，故可用于防护高能辐射的塑料材料。此外用其填充的聚丙烯塑料，注射成型后的制品表面光泽好，故现在常用于高光泽聚丙烯制品的制造。

天然硫酸钡矿称为重晶石，属斜方晶系，通过粉碎和研磨也可达到适当的粒度。我国安亿实业有限公司推出的重晶石粉其白度可达 95％以上，粒度可在 D97 为 2～45μm 范围内选择。

15.2.2.6 其他

可以用于聚烯烃塑料填充改性的无机粉体材料还有硅灰石粉、云母粉、二氧化硅以及其他矿物粉末。由于价格的原因或这些粉体材料本身的不足之处，如硅灰石粉硬度太高，使用后基体塑料容易变色等，限制了它们的大量应用，但如果改性塑料的性能只有使用某种粉体材料才能达到时，这些粉体材料的优势可以得以充分发挥，如云母作为增强型填料或使基体塑料的刚性和耐热性大幅度提高，其效果是滑石粉或其他填料很难达到的。

15.2.3　塑料改性对无机粉体材料的基本要求

经过多年的应用实践，可以认识到在对塑料用的无机粉体材料提出要求时，必须考虑到以下几点。

（1）价格不能高　在所有填料中重钙是最便宜的，而且物美价廉，因此如果一种无机粉体材料没有自己的独特功能，仅仅是想替代重钙做普通增量剂使用是无法与重钙抗衡的。

（2）密度的影响成为大量使用无机粉体材料的瓶颈　无机粉体材料的密度都很大，通常是聚烯烃塑料的 2 倍以上，有的粉体材料看起来较轻，但仅仅是堆积起来的体积较大，真正以单个颗粒形态分散在塑料基体中时，仍然是其真密度在起作用，除非颗粒与基体塑料之间存在较大的空隙。当粉体材料在质量上 1∶1 地代替了基体塑料时，它所占有的体积仅为同样质量的基体塑料的几分之一。这种体积上的缩小直接影响到以面积或长度计量的挤出、压延等成型方法制造的塑料制品的数量，或注塑成型制品的个数，因为注塑成型时模具的型腔容积是一定的。塑料加工企业在考虑使用无机填料带来的利益时，必须考虑到同样质量的原材料生产的产品的数量，如果使用填料带来的经济利益被制品数量的减小所抵消，甚至得不偿失，使用无机粉体材料的积极性肯定会大打折扣。

必须指出的是，有些塑料制品对密度影响不甚敏感，如单向拉伸成型的聚丙烯扁丝和打包带，由于在拉伸过程中，基体塑料的总量虽然因填料的存在而减少，但由于受到拉伸比的限制，最终的结果是使用了填料后并不影响制品的总长度，这可以理解为聚丙烯大分子被拉伸时相互之间产生较大的空隙，形成网格，在仍然具有较高强度的时候，其长度没有发生太大的缩减。在填充聚乙烯吹塑薄膜时，因存在着纵向拉伸和径向吹胀，其密度的增加也不是非常显著，如重钙加入量为 30% 时，其填充 HDPE 薄膜的密度从 $0.95 g/cm^3$ 增加到 $1.10 g/cm^3$ 左右，仅增加了 15%，而同样情况下，注塑成型的重钙填充 HDPE 制品密度达 $1.30 g/cm^3$ 以上，增加 30% 多。

可以认为如果在密度的影响方面，让管材、型材和注塑制品也能达到不受影响或少受影响，将是无机粉体材料在塑料中的应用技术的重大突破，无机粉体材料将会得到更加广泛的应用。

（3）防止或减少副作用　使用一种填料在达到预期的目的时应当不出现其他的副作用，或者这种副作用在可以容忍的范围内。例如在所有的非金属矿填料中滑石粉的硬度最低，大量使用时对塑料加工机械设备及模具的磨损最轻；碳酸钙比滑石粉硬度高，但由于与通常使用的氮化钢钢材表面硬度相差较大，虽有磨损，还不严重，权衡结果还可以容忍；煅烧高岭土和硅灰石的硬度相当高，尽管它们有自己独特的功能，但要认真对待使用这些填料给加工机械设备和模具带来的磨损问题，否则会得不偿失。在 20 世纪 80 年代曾掀起过工业废渣——红泥或粉煤灰玻璃微珠填充塑料的热潮，但最终没有得以推广，其重要原因之一就是这些填料对加工机械设备的磨损过于严重，特别是未经分选的粉煤灰，如果直接用于塑料加工，对螺杆和螺筒的磨损是相当严重的。

色泽也是重要因素之一，有的填料对塑料的加工性能、力学性能影响虽有好有坏，但总有可取的地方，但填料本身色泽不好，无法做白色或浅色的填充塑料制品，就会极大地限制其应用。上面所说的工业废渣红泥经研究表明对聚氯乙烯塑料的加工热稳定性和成型制品的耐光老化都有一定的好处，但因其自身颜色是红色的，无法制成浅色的填充塑料制品，大大限制了它的应用。碳酸钙虽然色泽好，有的白度很高，做白色的填充塑料制品很好，但如果做彩色的，一方面要加大色母料的用量，使其成本上升；另一方面因碳酸钙的存在，材料表面呈消光状态，色泽也不再鲜艳，这对某些追求表面艳丽光亮的（如啤酒周转箱）塑料制品就带来使用上的顾虑。

此外还有一些填料尽管可以给塑料材料的性能带来好的影响，但由于非金属矿填料很难保证其纯度，某些杂质可能会对高分子材料的耐光、热性带来不利影响，有的可能对材料的绝缘性、介电性带来不利影响，这些也是需要进行认真考虑的。

（4）要尽量方便使用　过去我们仅能得到的是比较粗的粉末，随着超细粉碎加工技术的进步，粒径问题看来已经解决了，其实不然。目前在塑料加工行业中仍然是能用粗的不用细的，一方面是价格相差较大，另一方面是细的粉末在表面处理、与塑料混合混炼时都带来许多麻烦的问题。特别是粒径达到 $10\mu m$ 以下甚至更细时，目前我们所使用的高速混合机有很多不适用的地方，处理不好反而还不如用粒径粗的效果好。如果再细到纳米级，那么一般的塑料加工厂更没有相应的加工设备使其在塑料基体中呈纳米尺寸分散，粒径细就没有积极的意义了。

使用方便也包括表面处理简单有效。对碳酸钙的表面处理已被绝大多数塑料企业掌握，但对滑石粉、云母粉、硅灰石粉甚至煅烧高岭土的表面处理仍然是个技术难题，如果新开发一种矿物填料，对其表面特点不清楚，更难以让塑料加工厂接受。解决这个问题的方法：一是非矿填料生产厂按用户要求将其填料表面处理出厂前做好，二是在出售给用户时讲明如何进行表面处理，以达到预期要求。

（5）强调节约石油资源，促进环境保护方面的作用，尽量避免含有或加工时混入有害的杂质 无机粉体材料在塑料中应用能否达到最佳的综合效果，既要考虑到填充改性塑料材料本身的性能和功能，又要考虑到带来的经济利益，同时也应当突出使用无机粉体材料带来的节约石油资源和促进环境保护方面的作用。众所周知，石油是地球上不可再生的资源，我国已成为石油消费大国，节约石油不仅对我国经济的发展具有重要意义，对整个人类社会也是重大贡献。目前我国塑料制品的年产量已达到3000万吨，如果其中含有10％的无机粉体材料，就意味着每年节约出三百多万吨石油，意味着少建几个大型石油化工厂，其重要性是不言而喻的。同时由于无机粉体材料有益于填充塑料的环境可消纳性，包括可焚烧性、填埋后促进塑料的降解、对地下水没有污染等，都堪称为典型的环境友好材料。为此我们希望来自非金属矿的无机粉体材料中不含对人体有害的重金属化合物，当然也不希望在开采、研磨加工时混入其他有害杂质。

15.2.4 无机粉体材料在聚烯烃塑料制品中的应用

聚烯烃塑料制品中使用无机粉体材料的情况见表15-3。

表 15-3 聚烯烃塑料制品使用无机粉体材料的情况

塑料制品	使用填料种类	添加量/质量份	作　用
聚丙烯扁丝	碳酸钙	10～20	增量、增白、改善印刷性
聚丙烯打包带	碳酸钙	50～150	增量、提高摩擦系数
聚乙烯薄膜	碳酸钙	40～50	增量、有益于环境保护
聚乙烯管材	碳酸钙	20～40	增量
聚乙烯缠绕管、波纹管	滑石粉	20～40	提高刚性
聚丙烯注塑制品	碳酸钙、滑石粉	40～50	代替 ABS 降低成本
聚乙烯大棚膜	滑石粉、高岭土	5～10	提高保温性
聚乙烯垃圾袋	碳酸钙	40～50	提高可焚烧性
聚丙烯快餐托盘	碳酸钙	200	降低成本、提高尺寸稳定性
汽车保险杠	滑石粉	20～30	保持刚性、高低温抗冲击性
汽车、家电部件	滑石粉	30～50	提高耐热性
电缆护套料	碳酸钙	10～15	降低成本
动力电缆芯绳	碳酸钙	180～200	降低成本
板框压滤机过滤板	碳酸钙	40～50	提高结晶度、降低成本
高光泽聚丙烯	沉淀硫酸钡	40～50	保持塑料表面光泽度
无卤低烟电缆护套料	氢氧化铝、氢氧化镁	150	阻燃、消烟
汽车用电机风扇叶等	云母	40～50	提高耐热性
空调、电视机、洗衣机等外壳及零部件	碳酸钙、滑石粉	40～60	降低成本、提高尺寸稳定性

15.2.4.1 聚丙烯编织袋（布）用扁丝、聚丙烯打包带

聚丙烯编织袋（布）用扁丝、聚丙烯打包带都属于单向拉伸制品，即聚丙烯塑料的分子在拉伸过程中得以取向，其拉伸方向的强度得到显著提高，大大超过实际使用要求，为使用廉价的填料打下了基础。聚丙烯编织袋（布）用扁丝的国家标准规定拉伸负荷≥0.32N/tex，而纯聚丙烯扁丝的拉伸负荷可达 0.5N/tex 以上，当碳酸钙的添加量达到20质量份时，扁丝的拉伸负荷仍能达到国标要求。聚丙烯打包带包括机包带和手包带，都可以添加较大量的碳酸钙，但由于机包带需要一定的刚性，碳酸钙添加过多会使打包带变软，影响在打包机上使用。

在扁丝和打包带中使用的都是 400 目的重质碳酸钙，因其价廉、加工流动性好，可满足使用要求，多年来一直未有改变。为了使重钙在塑料中分散均匀，都先将重钙加工成填充母料。

近年来填充母料的生产技术发生了很大变化，载体树脂成分越来越少，重钙比例高达 85％以上，加工机械设备也大都采用同向旋转双螺杆挤出机，不同档次的产品价格有很大差别，可以满足不同用户的需要。

15.2.4.2　聚乙烯薄膜

聚乙烯薄膜制成的购物袋、背心袋已遍布社会生活的各个角落，也是让社会各界最为关注的"白色污染"之一，主张禁用的城市越来越多，主张收费以遏止使用的舆论越叫越响，主张用降解塑料包打天下根治白色污染的层出不穷，更有甚者以塑料有毒为由妄图吓阻消费者远离塑料袋。遗憾的是塑料袋仍然我行我素，白色污染丝毫没有减轻。冷静下来思考，一个真理就是时至今日我们已经离不开塑料袋了，面对 2003 年肆虐的"非典"，医护人员的防护、医疗垃圾的装运哪一样离开得了塑料薄膜呢？截堵不如疏导，用更好的性能价格比的材料，用更符合时代特征的技术与方法，才能真正将保护环境的美好愿望一步步地加以实现。无机粉体改性的聚乙烯薄膜目前还不能承担起彻底杜绝"白色污染"的神圣使命，但这种材料用于制造不易回收或无回收利用价值的包装用塑料袋，无疑将大大减轻对环境的压力和不利影响。无机粉体材料填充的聚乙烯薄膜（袋）因其功能性和环保性的统一，加之价格低廉，无疑将成为现阶段最有推广价值和应用前景的环境友好材料。

在聚乙烯塑料中加入 1250 目重钙，当添加量达到 30％时，其吹塑薄膜的力学性能仍能满足国标的要求，见表 15-4。

表 15-4　以 HDPE7000F 和 HDPE6098 为基体材料的重钙填充 PE 薄膜的力学性能

力学性能 PE 薄膜	拉伸强度 /MPa		断裂伸长率 /%		落镖冲击强度 （120g，无破损次数）	直角撕裂强度 /(N/mm)	
	纵	横	纵	横		纵	横
HDPE7000F	54.3	56.6	435	440	10	145.7	203.4
HDPE7000F＋C 母料	35.9	31.5	390	425	9	111.7	144.0
HDPE6098	53.9	50.7	380	520	7	141.4	216.6
HDPE6098＋B 母料	29.5	29.3	420	475	6	95.9	149.9
含重钙 30％的日本样品	21.1	31.9	470	370	10	156.9	101.3
国标 GB12025—89	优等品≥30 合格品≥25		优等品≥150 合格品≥150		优等品 120g，≥6 次 合格品 60g，≥6 次	无规定	

注：在填充 PE 薄膜中 1250 目重钙的重量百分数为 30％±0.5％。

福建师范大学化学与材料科学院陈庆华等人在"可环境消纳型环境友好塑料"——"光钙型多功能环境友好塑料材料"的理论及配方、加工工艺、产品性能方面做了大量研究工作并取得多项成果。

（1）少用合成树脂，节约石油资源　石油是地球上不可再生的资源，少用合成树脂就是节约地球上不可再生的资源，特别是我国由石油自给步入到自给率不足 60％的严峻形势逼迫我们面对这样的事实，在塑料材料中使用 20％～30％的无机矿物是对社会的重大贡献。经过实际测算，每生产 100 万个可装 1.5kg 物品的塑料袋耗用合成树脂 PE1.5 吨，而加入 30％重质碳酸钙的 PE 塑料袋仅需用聚乙烯 1.05 吨，尽管存在因密度不同不能简单替代，但若在全国生产的 300 万吨左右的包装塑料袋中使用无机粉体，至少可以节省 70 万吨的合成树脂。正如大家所熟知的，70 万吨合成树脂意味着一座投资上百亿的大型石油化工企业，同样少用不易在大自然中降解的聚乙烯塑料也符合治理塑料"白色污染"的减量化原则。从另一方面看无机矿物的采集和加工所消耗的能源远远低于石油的开采和加工，用来源于自然又可无害地回归自然的无机矿物代替以石油为原料的合成树脂，本身就是对环境保护的贡献！

（2）促进塑料的光降解　聚乙烯薄膜降解的标志之一是羰基指数 CI 的增加。实验表明，到达羰基指数某一数值时，含30％碳酸钙的光降解PE膜和含30％滑石粉的光降解PE膜分别比纯PE膜提前一段时间，见表15-5。

表 15-5　CI 达到某值时 PE 薄膜曝晒时间　　　　　　　　　　　　　　　单位：d

项　目	纯光降解膜	含30％碳酸钙光降解膜	含30％滑石粉光降解膜
CI＝6 时	6	4	5
CI＝45 时	35	30	32

（3）促进塑料填埋后降解　土壤中的水与二氧化碳对填埋的高分子材料几乎不起作用，俗称200年不烂，但对塑料制品中的无机矿物粉末有迅速的侵蚀作用，如 $CaCO_3 + CO_2 + H_2O \longrightarrow Ca(HCO_3)_2$，生成物有一定的水溶性，脱离塑料制品后留下微孔，可以大大增加塑料制品触氧面积，有利于制品的老化和崩解。

（4）无机矿物回归自然对土壤无害　碳酸钙、白云石、滑石粉等无机矿物可以认为是对人健康安全的物质，在塑料被填埋后，这些矿物粉体回归自然时不会对地下水构成污染，不会给生态环境带来任何危害。

化学需氧量（COD_{cr}）通常用来衡量水中还原性物质污染的程度，含淀粉15％的生物降解PE薄膜的 COD_{cr} 值为96，而含15％无机矿物的 PE 薄膜的 COD_{cr} 值为0。

（5）焚烧时燃烧充分，对环境危害小　事实表明，对于某些塑料包装物是无回收利用价值或因回收再生代价太大不宜回收的，填埋又要占据大量土地，在某些地区焚烧仍然是处理包括塑料材料在内的城市固体废弃物的首选方法。通过有关部门测算，在城市固体废弃物中塑料材料大约占8％，而且多数情况扮演着固体废弃物外包装的角色。因此垃圾袋能否及时燃烧和燃烧是否充分是焚烧处理的关键问题之一。20世纪80年代以来在日本盛行的垃圾袋，明确要求重质碳酸钙含量达30％，主要就是为了保护焚烧炉和有利于塑料袋的充分燃烧。此外在固体垃圾中，经常遇到含氯（Cl）元素的物质，在燃烧过程中有可能生成包括二噁英在内的各种有毒、有害物质，碳酸钙的存在有可能消除含氯物质的隐患，还有可能吸收 HCl、H_2S 等酸性气体，减少焚烧产物向大气中排放有害物质数量。

碳酸钙存在时聚乙烯薄膜的燃烧可以更彻底更充分，其原因是塑料薄膜遇热膨胀时，碳酸钙的存在会形成无数微细的孔，相当于增大了燃烧表面积。实验表明，100g含有30％碳酸钙和1％焚烧热氧降解剂的 PE 膜完全燃烧所需的时间仅为4s，是同样质量PE薄膜所需时间的1/3。

15.2.4.3　煅烧煤系高岭土在农用塑料薄膜中的应用

地球上接受到的来自太阳的光的波长98％集中在 $0.3 \sim 3.0 \mu m$ 范围内，分为紫外光（$0.3 \sim 0.4 \mu m$）、可见光（$0.4 \sim 0.7 \mu m$）和红外光（$0.7 \mu m$ 以上）三大部分，其中白天供农作物进行光合作用的可见光是太阳光转化为地球上的热能的主要形式。夜晚从地球表面向大气层散发热量的主要形式即能量的90％是以 $7 \sim 25 \mu m$ 的红外光辐射的，其峰值为 $11 \sim 13 \mu m$。用农用塑料薄膜扣成的大棚，主要是使棚内温度远高于棚外，使农作物得以早发芽、早成熟，寒冷的季节里棚内作物也照样能够生长。普通的不含红外光阻隔剂的聚乙烯薄膜对红外光的阻隔能力很差，不足25％，因此虽然在白天太阳光透过棚膜，将能量留在棚内转化成热能，使棚内温度升高，但在夜间由于棚膜对红外光阻隔性差，大部分热量会以辐射形式散失到棚外。为此只能增加棚膜的厚度，而这种增加不仅提高阻隔性有限，而且受膜的成本限制也不可无限制地加厚。唯一的办法是将对红外光有阻隔作用的物质加到塑料薄膜中使其红外光辐射到棚膜上时，不能穿透过去，又重新反射回棚内，达到塑料大棚保温的效果。

纯聚乙烯薄膜（厚度 0.08～0.1mm）对 $7 \sim 25 \mu m$ 波长范围的红外光透过率为70％～80％，通过添加红外光阻隔剂，可使红外光透过率减少到50％以下。德国 Constab 聚合物-化学有限公司可将红外光透过率减少至 25％以下，北京市塑料研究所研制的 0.05mm 厚的无机填料填充的聚乙烯薄膜，7～11μm 波长范围的红外光透过率可减至 36％；河南省焦作市第一塑料厂生产的 0.05mm 厚的无机填料填充的聚乙烯薄膜，7～14μm 波长范围的红外光透过率可减至 39％。这些数字基本上代表了我国目前使用无机填料填充的具有阻隔红外光功能的高保温型农用塑料薄膜的技术水平。

德国 Constab 聚合物-化学有限公司以中国出产的黏土为原料制成商品牌号为 Constab IR 0404 Id 的红外光阻隔功能母料，在聚乙烯薄膜中添加 7％，使 7～14μm 范围内的红外光透过率减少至 25％以下。

15.2.4.4　低密度高性价比家电壳体用无机粉体/聚丙烯复合材料

无机粉体/聚丙烯复合材料的研究成果已非常多，但若用于注塑制品，其填充材料密度增大问题十分突出，如重钙添加量为 40％时，填充聚丙烯的密度达到 1.4 g/cm³ 以上。在高填充时如何使注塑成型的填充塑料制品的密度仍保持在较低水平，是衡量无机粉体填充塑料应用技术水平高低的重要标志。王普选等在无机粉体材料添加量高达 45％的情况下，使注塑成型的填充聚丙烯电视机后壳的密度＜1.2g/cm³，在这一领域取得突破。由于大量无机粉体材料的存在，可燃物减少近一半，可以使填充聚丙烯的燃烧性能达到与阻燃高抗冲聚苯乙烯（HIPS）相似的程度（缓燃级），从而可以代替溴系阻燃剂阻燃的 HIPS，同时还可以使电视机后壳的制造成本有所下降，受到电视机企业的欢迎（见表 15-6）。

表 15-6　低密度高性价比指标家电壳体用无机粉体/聚丙烯复合材料的性能

性　能	指　标	性　能	指　标
熔体流动速率/(g/10min)	8.78	缺口冲击强度/(kJ/m²)	室温　19.5
密度/(g/cm³)	1.18		−23℃　6.0
水分含量/%	0.03	热变形温度/℃	108
拉伸强度/MPa	18	尺寸收缩率/%	0.96
断裂伸长率/%	20	阻燃等级	HB
弯曲强度/MPa	32	邵氏硬度	91

15.2.4.5　低烟无卤阻燃聚丙烯电缆料

氢氧化镁阻燃聚丙烯电缆料在地铁工程和其他重点工程中得到应用，而且因其材料性能、加工性能和外观都在随着加工技术进步而不断提高，呈现出价格下降、完全国产化、需求和应用正在增加的趋势。

表 15-7 列出由上海电缆研究所材料及特种光电缆检验实验室最近出具的国内某家企业生产的低烟无卤阻燃电缆料的性能检测结果。

表 15-7　典型的低烟无卤阻燃电缆料的性能

项　目	检测结果	项　目	检测结果
密度/(g/cm³)	1.56	体积电阻率(20℃)/Ω·m	$1.1×10^{12}$
拉伸强度/MPa	15.9	介电强度/(MV/m)	29
断裂伸长率/%	138	氧指数/%	42
耐热老化:经过 100℃×240h		电导率/(μS/cm)	4.6
拉伸强度	15.4 MPa	pH 值(IEC 60754-2—1997)	6.3
拉伸强度变化率(最大)	−3%	烟密度 D_m(有焰法)(GB/T 8323—1987)	55
断裂伸长率	130%	HCl 气体发生量(IEC 60754-1—1994)	3.7
断裂伸长率变化率(最大)	−6%		

15.2.4.6　高光泽改性聚丙烯

长期以来，ABS 树脂的价格高于聚丙烯树脂，特别是液相本体法生产的粉状聚丙烯，因此以粉状聚丙烯为原料，加入碳酸钙、滑石粉等，借以提高基体聚丙烯塑料的耐热性、刚性和降低制品成型收缩率，达到以廉价的原材料代替 ABS 的目的。20 世纪 80 年代日本 CALP 株式会社来华技术交流，带来改性聚丙烯系列产品，共二十多种三百多个规格，其中大部分品种都含有 30%～40% 的碳酸钙或滑石粉。他们的样品、图片和数据给当时的中国塑料加工行业带来巨大冲击，很多企业效仿，但效果不佳。究其原因，是我们的重钙和滑石粉的细度还停留在几百目上，我们的表面处理剂和分散剂还不能生产，用于混炼加工的设备当时还仅限于开炼机和密炼机，对聚丙烯塑料的混炼加工这些设备还无可奈何。曾几何时，我们的粉体材料、助剂和加工设备发生了翻天覆地的变化，形形色色的改性聚丙烯产品相继问世并且完全国产化，如小轿车的保险杠、仪表板、家电外壳、电器骨架、家具等，在很大程度上缓解了 ABS 树脂供应不足的局面，还大大降低了塑料制品的成本。

无机粉体改性聚丙烯用于家电外壳有很多优点，但不如 ABS 的主要问题是制品表面光泽度差，为此许多厂家推出高光泽改性聚丙烯，已经成为制造空调、热水器、饮水机等众多家电外壳的首选材料。表 15-8 为国内某厂生产的高光泽改性 PP 的性能数据。

表 15-8　高光泽改性聚丙烯的性能

项　　目	性能测试数据		
	高光泽、尺寸稳定	超高光泽、高流动性、耐寒	高光泽、高刚性、尺寸稳定、耐热
熔体流动速率/(g/10min)	6	10	5
密度/(g/cm³)	1.07	1.07	1.05
拉伸强度/MPa	34	28	35
拉伸断裂伸长率/%	50	50	50
弯曲强度/MPa	46	40	48
弯曲弹性模量/MPa	1700	1500	2200
简支梁缺口冲击强度/(kJ/m²)	3.5	4.5	3.5
悬臂梁缺口冲击强度/(J/m)	45	50	45
热变形温度/℃	120	115	125
注塑成型收缩率/%	1.3～1.5	1.3～1.5	1.3～1.5
光泽度/%	88	95	87

15.2.5　小结

无机粉体材料在聚烯烃塑料中的应用已取得瞩目成绩，而且随着新理论、新技术的出现还将展现出更加广阔的应用前景。从现在起相当一段时间里，粉体颗粒和基体树脂之间的界面形态是取得重大突破的战略要地。

曾经发明铝酸酯偶联剂的福建师范大学章文贡教授提出粉体表面原位组合化学改性的理论及实施方法，成为新一代粉体表面改性技术的突出代表。

粉体表面原位组合化学改性的基本原理是：利用或改变无机微粉体表面组成或结构，使其生成足够密度的活性基团，在无机粉体表面上与至少两种以上改性物按预定顺序进行原位组合化学合成，生成满足特定使用目的的、在结构与性能上相互配合并协同起作用的有机改性层。

在无机粉体加工或其母料制备过程中，在粉体表面上直接进行原位化学合成，生成在结构与性能上相互配合并协同起作用的有机改性层。目前的偶联剂或表面活性剂改性虽然其中一些也涉及化学作用，但生成的改性层保留了偶联剂或表面活性剂的基本结构和性能，而这种改性强调的是每一步均为化学反应，形成多齿的强化学结合，而且经几步组合化学反应获得的有机改性层，在结构和性质上已不同于所有的改性物，因此灵活应用改性物和反应可生成适应各种要求的有机改性层，有很大的选择性和灵活性。

根据粉体表面原位化学改性的不同应用目的，可在不同高分子基材中实现填充、增强、增韧、防沉降、降黏、抗静电、增艳、紫外线吸收、电磁波屏蔽、消音、抗震等，需要研究能最好体现上述某种功能的改性物类型、官能团、结构、链长和空间位阻及其对改性过程、储存稳定性及应用目的等方面的影响。

清华大学高分子研究所于建教授也针对粉体填料和聚合物基体之间相界面做了大量研究工作，提出界面诱导与调控的理论和应用技术，特别是对聚烯烃/碳酸钙复合材料采用偶联剂和助剂形成新的过渡层，在重钙添加量达到 50％时，复合材料的缺口冲击强度比纯基体塑料提高数倍，甚至十几倍。

中国科学院化学研究所欧玉春研究员提出核-壳结构刚性粒子增韧技术，即以碳酸钙、滑石粉等刚性粒子为核并在聚合物基体中均匀分散；在刚性粒子表面包覆一层具有一定形变能力的弹性体（橡胶或热塑性弹性体），该弹性体与聚合物基体相容性良好。这种核-壳结构的刚性粒子在塑料基体中均匀分散就可以实现基体塑料在刚性不明显下降的情况下大幅度提高抗冲击韧性。根据相容性的要求在聚烯烃塑料中使用核-壳结构的刚性粒子，最好选择三元乙丙橡胶（EPDM）、乙丙橡胶或乙烯和辛烯的共聚物（POE）作壳材料。必须指出的是为了使无机粉体颗粒表面的包覆层弹性体在加工过程中不脱落，粉体颗粒表面先经偶联剂处理形成与包覆层弹性体牢固地结合是十分必要的。

众多的研究结果表明，在无机粉体材料的种类、规格可供充分选择、混炼设备能力也已达到先进水平的国情下，加强粉体材料颗粒表面处理技术、处理设备和所需的助剂方面的研究已成为当务之急。我们相信随着这个领域中学术上和技术上的突破与成熟，一个包括聚烯烃塑料在内的无机粉体材料改性塑料的应用新高潮将会到来，为塑料工业的发展，同时也对人类社会作出应有的贡献！

15.3　常见无机填料表面处理剂及其在聚合物复合材料中的应用

近年来，随着无机填料在塑料、橡胶、胶黏剂等高分子材料工业及复合材料领域中应用越来越广泛，作为影响复合材料性能的最为关键因素，无机填料的表面处理及其在聚合物复合材料中应用的研究日益受到了人们的重视。无机填料的表面改性方法，主要包括表面的物理改性和化学改性两大类。利用各种表面改性剂或化学反应而对无机填料粉体进行表面改性的方法，统称为化学法。目前用得最多的表面改性剂是表面活性剂、有机低聚物和偶联剂。本文综述了采用表面活性剂、有机低聚物和偶联剂等对无机填料进行表面改性的机理及在聚合物中应用的研究现状，并重点介绍应用于阻燃无机填料——水镁石的表面处理剂以及无机填料表面处理研究的新进展。

15.3.1　常见无机填料表面处理剂

15.3.1.1　表面活性剂

表面活性剂有阳离子型、阴离子型与非离子型，如高级脂肪酸及其脂类、醇类、酰胺类和金属盐类。其分子的一端为长链烷基，与聚烯烃分子有一定的相容性；另一端为羧基、醚基或金属盐等极性基团，可与无机填料表面发生化学作用或物理吸附，从而有效覆盖填料表面。此外表面活性剂本身有一定的润滑作用，可以降低熔体黏度从而改善填充复合体系的流动性。

常用的表面活性剂为硬脂酸及其盐类、酯类等。一般说来，表面活性剂对含有元素周期表中第二主族元素（如钙、镁等）的矿物作用效果较好。Banhegyi 等研究 PP/CaCO₃ 填充体系的介电性能时发现，用硬脂酸处理 CaCO₃ 粒子，体系的吸水性降低，介电损耗增加，表明硬脂酸盐具有能使体系界面分子松弛的作用。Papirer 等采用氚示踪法研究了硬脂酸在 $CaCO_3$ 表面形成一薄层亲油性结构层，使其与液体的接触角发生了变化，且随着包覆程度的增加，填料接触角相应增大，而表面能显著降低，完全包覆的 $CaCO_3$ 表面能非常接近于纯硬脂酸的表面能，经过处理的 $CaCO_3$ 不显示极性。

15.3.1.2 低聚物

无规聚丙烯、聚乙烯蜡以及部分氧化低分子量聚乙烯等有机低聚物的特点是与聚烯烃具有相同或相似的分子结构，作为无机填料的表面处理剂在聚烯烃的填充改性中得到广泛应用。吴大城等研究表明，采用无规聚丙烯、天然橡胶、EVA 包覆 $CaCO_3$ 制成填充母料，然后填充到等规聚丙烯、PVC、尼龙中，不仅提高了复合材料的韧性，而且改善了材料的加工性能。此外，有机磷酸酯也是一类比较常用的表面处理剂。Nakatsuha 等研究了磷酸酯对 $CaCO_3$ 的包覆处理，认为磷酸酯可以与 $CaCO_3$ 表面的结合水发生化学反应。刘最芳等使用 Lank 化学公司的牌号为 Phospholen PNPQ 的磷酸酯处理滑石粉填充 PP，结果表明有着很好的处理效果。

15.3.1.3 偶联剂

采用偶联剂对填料表面进行改性是目前应用最广、发展最快的一种技术。与其他处理剂相比，偶联剂的种类多，适用范围广，改性效果较好，但价格昂贵。常用的偶联剂有硅烷类、钛酸酯类、硼酸酯类、磷酸酯类和锆铝酸酯类等。目前使用最多的偶联剂是硅烷偶联剂、钛酸酯和铝酸酯偶联剂。在选用偶联剂时，要综合考虑基体树脂的类型和填料的物理化学性质。

（1）硅烷偶联剂　硅烷偶联剂是一种含有四官能团的分子，用硅烷偶联剂改性无机填料时首先要对它进行水解，生成硅醇，硅醇与无机填料表面的活性基团反应，使无机填料表面活化，完成对无机填料的改性。硅烷偶联剂对改善聚烯烃填充体系的强度和耐热性的效果更为突出，主要用于以增强作用为主的短玻璃纤维和其他长径比较大的填料，如云母、硅酸盐、三氧化铝、陶土等具有显著效果。

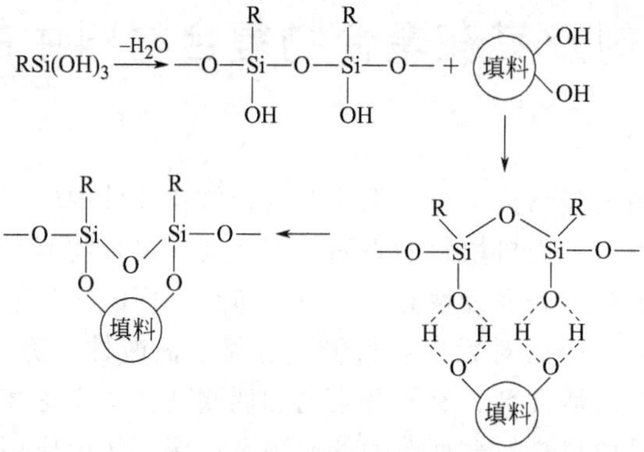

图 15-4　硅烷偶联剂与填料作用机理

按照 Arkies 提出的理论模式，硅烷在填料表面上的反应过程如图 15-4 所示；硅烷首先接触空气中的水分发生水解反应，进而发生脱水反应形成低聚物，这种低聚物与无机物表面的羟基形成氢键，通过加热干燥，发生脱水反应形成部分共价键，最终结果是无机物表面被硅烷覆盖。从上述作用机理可以看出，无机物的表面没有羟基时，就很难发挥出相应的作用或效果。

（2）钛酸酯偶联剂　与硅烷偶联剂不同，钛酸酯偶联剂能赋予填充体系较好的综合性能，如钛酸酯偶联剂处理 $CaCO_3$、炭黑、玻璃纤维和滑石粉时，能与无机填料表面的自由质子反应，在填料表面形成有机单分子层，因而能显著改善无机填料与聚烯烃之间的相容性。

钛酸酯偶联剂与无机粒子表面的连接主要是化学吸附，即偶联剂与无机粒子表面通过羟基反应而连接起来，使粒子表面由亲水性变为憎水性，改善无机粉体与有机体的亲和性。化学吸附的作用过程如图 15-5 所示。

15.3.2 用于水镁石的表面处理剂

水镁石 $[Mg(OH)_2]$ 具有热稳定性好、不挥发、不易析出、不产生有毒气体、不腐蚀加工设备、抑烟作用显著、价格便宜等优点，是一种环保型"绿色"阻燃填料。用于 $Mg(OH)_2$

粉体表面改性的主要是阴离子表面活性剂、有机磷酸酯、偶联剂 3 种处理剂。

15.3.2.1　阴离子表面活性剂

适用于 $Mg(OH)_2$ 的阴离子表面活性剂主要是长链脂肪酸及其钠盐，其作用原理为：阴离子表面活性剂中的亲水基与亲油基分别与 $Mg(OH)_2$ 和聚合物发生相互作用，提高了 $Mg(OH)_2$ 在聚

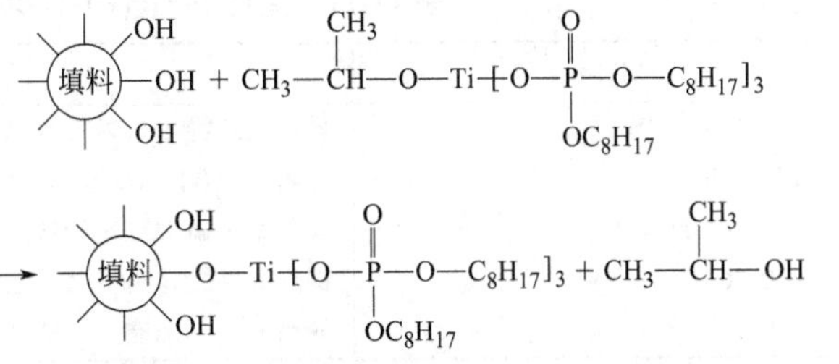

图 15-5　钛酸酯偶联剂与填料的作用机理

合物材料中的分散性和相容性，从而改善了阻燃材料的力学性能。表 15-9 为适用于氢氧化镁表面处理的阴离子表面活性剂及其适用填充的树脂基体。

表 15-9　$Mg(OH)_2$ 常用阴离子表面活性剂及其适用树脂

名　称	硬脂酸	硬脂酸钠	油酸钠	十二烷基酸钠	二十二烷酸钠	褐煤酸钠
适用的基体树脂	PP,PE,PVC	PP,PE	PE,PP,PVC	PU,PP	ABS,PP,PE,PVC	ABS,PA

15.3.2.2　有机磷酸酯

用于 $Mg(OH)_2$ 表面处理的有机磷酸酯一般含有较长链段的烷基或芳香基团，其分子式可表示为：

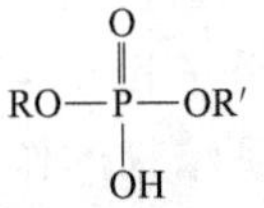

$$RO-\overset{\overset{\textstyle O}{\|}}{\underset{\underset{\textstyle OH}{|}}{P}}-OR'$$

与聚合物基体有良好的相容性和缠绕作用，而所含的磷酸酯中的 HO 基团则能和 $Mg(OH)_2$ 的表面的羟基或键合水产生化学或氢键结合。Nascimento R. S. 等用脂肪或芳香基有机磷酸酯处理 $Mg(OH)_2$ 填充 PA6，结果表明，磷酸酯处理能提高 PA6 的阻燃性能和抑制滴落，并认为其原因是磷酸酯在高聚物燃烧时有膨胀效应和促进聚合物成炭作用。蓝方等使用自制的磷酸酯处理 $Al(OH)_3$，结果表明使 $HDPE/Al(OH)_3$ 填充材料的韧性有了较大提高，与钛酸酯和铝酸酯比较，有较好的处理效果。

15.3.2.3　偶联剂

使用偶联剂对 $Mg(OH)_2$ 进行表面活化是最常用和最方便的一种方法。常用的偶联剂有硅烷偶联剂和钛酸酯偶联剂两大类。处理方法有干法和湿法两种，前者适用于耐水性较差的钛酸酯，为了保证偶联剂能均匀分散在 $Mg(OH)_2$ 的表面，可使用惰性溶剂将钛酸酯偶联剂溶解分散后对 $Mg(OH)_2$ 进行涂覆活化处理，一般惰性溶剂与偶联剂的用量比为（3∶1）~（10∶1），可选的惰性溶剂有甲苯、二甲苯、石油醚等。对于硅烷类偶联剂可选用湿法，即在水中溶解后喷淋于 $Mg(OH)_2$ 粉末上，在温度为 70~90℃，搅拌速度大于 500r/min 的条件下，活化处理 20~60min，以保证处理效果。常用于 $Mg(OH)_2$ 表面处理的硅烷类偶联剂和钛酸酯偶联剂见表 15-10 和表 15-11。

表 15-10　$Mg(OH)_2$ 常用的硅烷类偶联剂

型　号	名　　称	适 用 材 料
A151	乙烯基三乙氧基硅烷	PP,PE
A174	γ-甲基丙烯酸丙酯基三甲氧基硅烷	PP,PE,PC,PVC,PA
A-1100	γ-氨丙基三乙氧基硅烷	PP,PS,PC,PVC
A-1120	N-β 氨乙基-γ-氨丙基三乙氧基硅烷	PE,PMMA
χ-12-53μ	乙烷基三(特-丁基过氧化)硅烷	PP,PE,PC,PVC,PA
γ-5986	联酰胺硅烷	PP,PE,PA
γ-9072	改性胺硅烷	PP,PA,PBT

表 15-11　适用于 Mg(OH)₂ 表面处理的钛酸酯偶联剂

型　号	名　称	适用材料
TC-101(TTS)	异丙基三异十八酰钛酸酯	PP,PS
TC-109	异丙基三(十二烷基苯磺酰基)钛酸酯	PE,PP,ABS,PS
TC-2(TTOP-12)	异丙基三磷酸二辛酯钛酸酯	LDPE,软 PVC
TC-301	四异丙基二亚磷酸二辛酯钛酸酯	HDPE,PS
TC-114	异丙基三焦磷酸二辛酯钛酸酯	硬 PVC,PS

　　硅烷类偶联剂因其是具有特殊结构的低分子有机硅化合物，对改善填充材料的强度和耐热性效果突出。而钛酸酯偶联剂则能赋予高聚物材料较好的综合性能，包括加工温度下良好的流动性以及使用温度下较高的强度和韧性，其中尤以对冲击性能的改善最为显著。

　　一般处理 Mg(OH)₂ 最为常用的是单烷基钛酸酯偶联剂，其分子结构通式为 R-O-Ti-(O-X-R'-Y)ₙ，其中烷氧基（R-O）能与 Mg(OH)₂ 发生反应，在其表面形成钛酸酯单分子膜，使得 Mg(OH)₂ 获得良好的分散性和润湿性，从而降低 Mg(OH)₂ 的表面能，提高 Mg(OH)₂ 与树脂基体的相容性。当基团 X 为羟基、羧基、砜基时可以改善 Mg(OH)₂ 的水热稳定性，含 P、卤原子时可赋予聚合物材料更好的阻燃效果。R' 为直链烷烃，具有增大与聚合物材料相容性、降低体系黏度、提高冲击性能的作用。Y 为不饱和基团，可与聚合物材料产生交联，提高混溶效果。当使用钛酸酯偶联剂处理过的 Mg(OH)₂ 与聚合物材料混合时，偶联剂以单分子膜包覆在表面，其有机长链与复合材料的大分子相互缠结或交联。在外力作用下能自由伸展和收缩，使界面的单分子膜有一定的弹性而起到增韧的作用，从而使聚合物材料具有良好的抗弯曲性、冲击性和耐疲劳性。

15.3.3　无机填料表面处理研究的新进展

15.3.3.1　表面包覆-偶联剂表面处理

　　一般无机填料化学稳定性好，不易与其他基团反应生成化学键；而且与聚合物基体的结合很弱，所以直接偶联改善效果并不显著。目前采用先表面包覆再用偶联剂表面处理是一种无机填料表面处理改性的新方法。

　　郭明波等对钛酸钾晶须进行表面无机包硅处理再用硅烷偶联剂改性的方法。实验结果表明，包硅处理后，经硅烷偶联剂 KH-570 表面改性的钛酸钾晶须能与基体更好地相容，达到较好的增强效果。冯钠等利用乙酸乙酯作为均匀沉淀剂，通过乙酸乙酯在硅酸钠溶液中的水解反应诱发硅酸盐聚合，在四针状氧化锌晶须（T-ZnOw）表面包覆了一层 SiO₂，使其一定程度上具有 SiO₂ 的性质，进一步偶联处理相对容易，从而提高了 T-ZnOw 在聚合物中的分散性。

　　其原理为：

　　乙酸乙酯的水解反应：

$$CH_3COOCH_2CH_3 + H_2O \xrightarrow{OH^-} CH_3COO^- + CH_3CH_2OH + H^+ \tag{15-1}$$

　　乙酸电离出 H^+：

$$CH_3COOH \Leftrightarrow CH_3COO^- + H^+ \tag{15-2}$$

　　反应生成硅酸：

$$SiO_3^{2-} + 2H^+ H_2O \Leftrightarrow H_4SiO_4 \tag{15-3}$$

　　成核：正硅酸与 T-ZnOw 表面羟基发生缩合或部分正硅酸以物理吸附的形式吸附在 T-ZnOw 的表面。

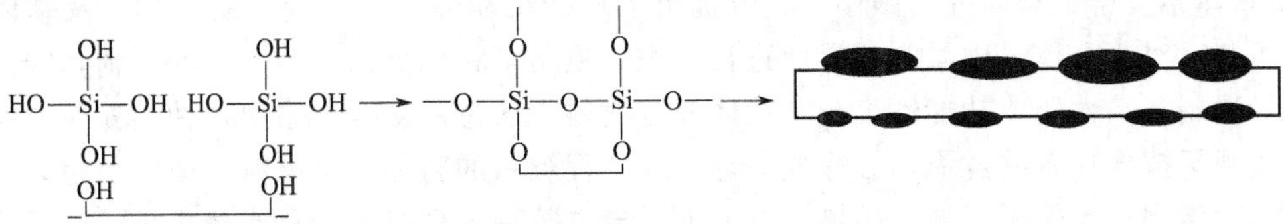

生长：以各个成核点为中心，吸附层开始生长，在此基础上控制体系条件，使得 H_4SiO_4 在 T-ZnOw 表面形成包覆后进一步脱水缩聚形成 SiO_2 包覆层（图 15-6）。

图 15-6　生长过程

15.3.3.2　外膜层改性法

陈卫平等通过表面包裹的方法在钛酸钾晶须的表面包裹了聚甲基丙烯酸甲酯膜，形成了以钛酸钾晶须为核，聚甲基丙烯酸甲酯为壳的复合粒子。研究表明，改性后的晶须表面能降低，在有机溶液中的界面张力大大降低，与聚甲基丙烯酸甲酯的界面性质相似，晶须由亲水性变为疏水性，在有机溶液中的分散性显著提高。

曹丽云等采用溶胶-凝胶法在硼酸铝晶须表面制备 Al_2O_3 薄膜来改变硼酸铝晶须的表面化学性质。结果表明改性后硼酸铝晶须表面由微结晶的氧化铝涂层组成。

15.3.4　小结

由于聚合物与填料的热膨胀系数、熔点、密度和表面能等差异很大，直接或过多地填充无机填料往往导致填充复合材料体系内部具有较大的界面张力和较差的相容性，聚合物复合材料的某些力学性能下降，对无机填料进行表面改性处理就是解决这一问题的最有效方法。通过在填料表面连接各种官能团，使表面具有反应活性，从而改善聚合物与无机填料的界面性质，增强黏结性，使之尽可能与聚合物基体实现表面性能、化学性能、酸碱性能、热性能乃至几何形貌等方面的匹配，是制备高性能复合材料的有效途径。

15.4　高性能高分子/无机粉体复合材料

（于　建，郭朝霞）

作为自然界或工业产品、副产品中广泛存在的各种碳酸盐、硅酸盐、磷酸盐、氧化物、氢氧化物、硫酸盐等物质，不仅种类繁多，而且价格低廉，为高分子/无机粉体复合材料的发展提供了广阔的空间。聚合物/无机粉体复合材料在全球范围内已有较长应用历史，伴随着近年来中国粉体制备技术的不断进步，无机粉体在高分子材料中的应用也越来越广泛。但由于中外学者在利用无机粉体过程中未能掌握实现高分子/无机粉体复合材料高性能化或多功能化的关键性技术，因此长时间以来习惯性地将各种无机粉体只作为填料，单纯用于降低材料的成本。在国民经济迅速发展的今天，人们对高性能且低价位高分子材料的具有极大需求，其创新技术不仅涵盖了高分子材料科学研究的前沿问题，而且在国内外高分子材料领域研究具有特殊的地位，必将对中国高分子工业发展产生重大影响。

许多高分子复合材料体系中的基本问题，其本质上都可归属于材料中表面界面的问题。因此，必须加深对高分子/无机粉体中表面界面等基础问题上的科学认知，才能在高分子/无机粉体复合材料的关键性技术上取得突破，制造出高性能化和功能化的高分子复合材料。在高分子/无机粉体系复合材料研究实践中，笔者提出了按无机粉体、偶联剂、助偶联剂及基体之间的作用机制，对复合体系中微观相界面进行分类，提出了将相界面分为 3 类的原则，继而采用界面诱导法制备高性能或功能性高分子粉体复合材料。通过对复合体系中各种相界面的设计与调控，实现了按设计者的意愿，去完成聚烯烃或工程塑料的粉体复合材料：增韧、超韧、增强增韧、增强增刚、耐热耐低温、阻燃、抗静电、导电等一系列高性能化或功能化。以下笔者对若干有代表性的创新技术进行了总结性介绍。

15.4.1　高分子/无机粉体系复合体系中微观相界面的设计

在以多相多组分为特征的高分子/无机粉体复合体系中，存在着种种不同性质微观相界面，这些微观相界面对复合材料的性能产生至关重要的影响。在研究实践中，笔者根据高分子/无机粉体复合体系中各种物质之间的作用关系，提出了微观相界面分类的原则，把体系中存在的各种微观相界面简化为 3 个基本的相界面，其分类概念如图 15-7 所示。

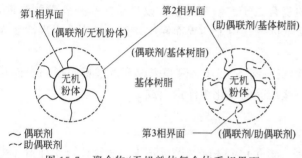

图 15-7　聚合物/无机粉体复合体系相界面分类概念示意图

笔者将无机粉体表面和偶联剂之间相互作用的概念性界面称之为第 1 相界面，该界面的形成与性质取决于无机粉体表面活性，也取决于偶联剂和无机粉体表面反应的形式和特征，通过改变无机粉体粒径可以改变其界面面积。通过改变无机粉体或偶联剂种类可以改变其界面强度；将偶联剂（或助偶联剂）和基体高分子之间相互作用的概念性界面称之为第 2 相界面，该界面的形成与性质取决于偶联剂或助偶联剂和基体树脂之间的亲和性或反应性，通过改变偶联剂或助偶联剂的种类和分子特征，可以改变其界面层厚度、界面物理化学性质或界面强度；将偶联剂和助偶联剂之间相互作用的概念性界面称之为第 3 相界面，该界面的形成与性质取决于二者之间的相容性或反应性。在此应指出的是，助偶联剂的使用并非必要条件，但在对以上 3 种基本相界面的理解和把握的基础上，通过改变不同界面调控方法为高分子/无机粉体复合材料的性能设计提供了极大的技术空间。

15.4.2　利用界面设计法实现对材料的增强增韧

无机刚性粒子对复合体系的增韧效果，与其和基体树脂之间所形成界面的状态有较强的依赖关系。为了形成对增韧有利的界面状态，通常要求偶联剂尽可能和无机刚性粒子、基体树脂形成较为牢固的物理化学结合，因为这种结合越牢固，就越容易使无机刚性粒子和基体树脂之间产生良好的应力传递，从而有效地促进基体树脂使之发生屈服和塑性形变，吸收更多的冲击能提高材料的韧性。

$CaCO_3$ 是一种较常用的无机刚性粒子，如图 15-8 所示，采用相同的 $CaCO_3$ 和 HDPE 树脂条件下，两体系的差别仅仅在于因偶联剂及助偶联剂的种类不同所导致界面性质不同。在此使用的基体树脂是 HDPE 中韧性较差的，其试样的缺口冲击强度仅为 56.3J/m，而分别添加了用不同方法偶联处理的 $CaCO_3$ 后，各试样的冲击强度均有明显提高，且根据偶联剂及助偶联剂种类不同两体系表现出的倾向也不同。如图 15-8（a）所示，体系在 $CaCO_3$ 质量分数为 20%～30% 时，冲击强度曲线出现峰值，峰值区试样的冲击强度是基体树脂的 12 倍，峰值以后试样的冲击强度虽有一定的下降，但在 $CaCO_3$ 质量分数为 50% 时仍然保持着 8 倍以上。如

图 15-8(b) 所示，体系在 $CaCO_3$ 质量分数为 10%～20%时，试样的冲击强度也可达基体树脂的 10～12 倍并出现最大值，但 $CaCO_3$ 质量分数超过 30%后，体系的冲击强度将急剧下降。

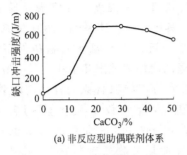

(a) 非反应型助偶联剂体系

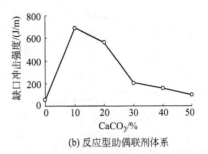

(b) 反应型助偶联剂体系

图 15-8　不同界面调控方法对 HDPE/$CaCO_3$ 复合材料缺口冲击强度的影响

采用图 15-8(b) 所示的表面处理方法，分别针对高岭土、硅灰石及绢英粉等对 HDPE 复合，考察了无机刚性粒子种类对 HDPE 的增韧效果。由表 15-12 可知，在此条件下，绢英粉也可对 HDPE 产生良好的增韧作用，而且其增韧行为也和 $CaCO_3$ 相似，当质量分数为 10%～20%时其试样的冲击强度可达基体树脂的 8～9 倍以上。与之相比，高岭土和硅灰石尽管也能在一定程度上增加材料的韧性，但增韧的幅度较小。高岭土和硅灰石对基体树脂增韧效果较差的原因在于偶联剂未能和其表面进行有效的反应，使偶联剂和无机刚性粒子之间形成良好的结合。通过以上例子可以看出，不同界面调控方法对高分子/无机粉体复合材料性能的影响是明显的。

表 15-12　无机刚性粒子种类对 HDPE 树脂的增韧效果

HDPE[①]	粉体种类	粉体质量分数/%	偶联剂/助偶联剂 （对 $CaCO_3$）/%	缺口冲击强度/(J/m)
90	$CaCO_3$	10	3/1	680.4
80	同上	20	3/1	554.8
70	同上	30	3/1	184.5
90	绢英粉	10	3/1	505.1
80	同上	20	3/1	459.5
70	同上	30	3/1	103.3[②]
90	高岭土	10	3/1	107.2
80	同上	20	3/1	64.3
70	同上	30	3/1	39.8
90	硅灰石	10	3/1	79.6
80	同上	20	3/1	70.4
70	同上	30	3/1	82.2

① HDPE：2100J；

② 800 目。

15.4.3　利用界面设计法实现对材料低温韧性的改善

以 HDPE 等为代表的聚烯烃树脂可用于制作各种中空容器、管材及注射制品，但在低温环境下使用时，不可避免地会出现韧性下降的问题，特别是作为各种室外用途的管材以及在冷库中或低温地区使用的周转箱、托盘等塑料制品，这一问题显得尤为突出。利用界面设计改变无机粉体和基体树脂之间界面层的性质，可以有效地改善其低温韧性。

图 15-9 为 3 种不同分子量的 HDPE、$CaCO_3$ 复合体系，其室温和 $-30℃$ 低温条件下的缺

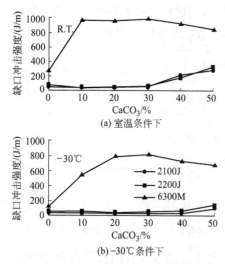

图 15-9 各种 HDPE 树脂复合体系的
冲击强度和 CaCO₃ 质量分数的关系

口冲击强度随 $CaCO_3$ 质量分数的变化。从图中可以看出，在室温条件下，虽然各种 HDPE 树脂因其分子量不同而表现出差别较大的基础韧性，但在 $-30℃$ 低温条件下其缺口冲击强度均比室温下降低约 40%～50% 左右。其中 2100J 体系和 2200J 体系因其基体树脂的分子量相近，在室温和低温条件下，两体系随 $CaCO_3$ 含量的增加表现出几乎相同的变化倾向。但对于分子量较大的 6300M 体系而言，其体系不仅可在较低的 $CaCO_3$ 质量分数下发生脆韧转变，而且在 $-30℃$ 的低温条件下，其曲线的形状也不发生改变，并在 $CaCO_3$ 质量分数范围为 10%～50% 内保持大于 500J/m 以上的冲击强度，甚至可达基体树脂的 4～6 倍，且其断裂伸长率也可在一定范围内得到调整，显示出极好的低温冲击韧性。

以上复合体系的低温韧性得到改善的原因在于偶联剂/助偶联剂和基体树脂之间产生了物理缠结作用，相当于在 $CaCO_3$ 表面上附加了柔性的力学作用层，而这种柔性的力学作用层可以促使基体树脂使之易于产生剪切屈服或塑性形变，吸收较多的冲击能从而引起体系冲击强度的提高。对基体树脂韧性较好的复合体系而言，由于其冲击韧性不仅和 $CaCO_3$ 表面力学作用层的贡献有关，也和基体中存在的不完全结晶区域的贡献有关，因此其体系可在 $CaCO_3$ 质量分数为 10%～50% 的范围内，显示出极好的低温冲击韧性；对基体树脂韧性较差的复合体系而言，其冲击韧性主要取决于 $CaCO_3$ 表面力学作用层的贡献，因此其体系只能在 $CaCO_3$ 质量分数为 50% 的较高条件下显示出一定低温冲击韧性的改善效果。

15.4.4 利用界面设计法实现对材料阻燃性能的提高

$Mg(OH)_2$ 对高分子材料的阻燃效果早已被人们所认知，但因其价格高、有效阻燃所需的添加量大以及大量添加会导致材料性能地大幅度下降等问题一直限制了其应用技术的发展。而水镁石作为一种天然矿物，主要成分为 $Mg(OH)_2$，理论组成为 MgO 为 69.12%、H_2O 为 30.88%，热分解脱水温度介于 420～520℃ 之间，该温度与一般物品的燃烧温度接近，因此可以用作防火涂料和阻燃剂，且材料成本可以大大降低。例如以天然水镁石矿物来取代 $Mg(OH)_2$，则成本可大大下降。研究采用界面调控技术探讨了 HDPE/水镁石复合体系界面设计方法，及其和材料物理机械性能、阻燃性能的关系。

表 15-13 是偶联剂对水镁石填充 HDPE 复合效果的影响。从表中可以看出，在反应性助偶联剂的存在下复合体系不仅拉伸强度不下降，而且冲击强度可以提高 5～10 倍。这说明水镁

表 15-13　偶联剂对水镁石填充 HDPE 复合效果的影响

组分及其质量分数/%		缺口冲击强度/(J/m)	拉伸强度/MPa	氧指数 OI
水镁石	偶联体系			
0	—	56.3	22.0	17.7
30	CA	499.1	24.0	—
30	LA	559.6	24.4	23.0
50	CA	317.6	22.4	—
50	LA	473.7	22.6	24.1

石是活性表面，可以同一般的偶联剂发生反应性偶联，与基体树脂形成一定厚度、粘接良好的力学界面层，促进基体发生屈服和塑性形变，使复合体系的韧性提高。另外，在 30％的添加量时，水镁石对基体树脂的强度影响不大，所得到的复合材料在保持强度基本不变的基础上使韧性大幅度提高，具备一定的实用性。

对于具有阻燃性能的复合材料，阻燃剂的添加量越大，阻燃效果就越好。但从上表可以看出，虽然各复合体系的冲击强度和拉伸强度在水镁石质量分数为 50％时都比 30％时有所下降，但当水镁石质量分数增大到 50％时体系的拉伸强度依然和基体树脂相等，冲击强度也达到基体树脂的 5～10 倍，这充分体现了助偶联剂对实现偶联剂分子链的延长，从而更好地促进基体树脂发生屈服和塑性形变的重要作用。氧指数是指在规定条件下，试样在氧氮混合气流中，维持燃烧所需的最低氧气浓度，以氧所占体积百分数的数值表示。通常认为氧指数 OI 小于 21 的塑料为易燃塑料，OI 为 22～25 的则具有自熄性；OI 达到 26～27 的属难燃塑料；OI 为 28～30 为极难燃的塑料。研究结果表明：水镁石的加入对 HDPE 的燃烧性能有显著影响，材料的 OI 值从 17.7 上升到质量分数为 50％添时的 24.0，从易燃塑料转变为具有自熄性的塑料。

一般复合体系只有当水镁石的添加量达到相当数量时材料才能出现明显的阻燃性能，其 OI 值在质量分数为 50％以上时将有更大的变化，但材料的力学性能也因 $Mg(OH)_2$ 的大量添加而受到破坏。该研究条件 OI 值和同等添加量下的 $Mg(OH)_2$ 复合体系基本相同，意味着随水镁石添加量的增加材料的 OI 值将有较大的提升空间，同时可以获得具有较好的阻燃效果和较高力学性能的水镁石复合材料。

15.4.5　利用界面设计法实现对材料导电性能的提高

在高分子导电复合材料研究中，笔者曾提出在体系中添加炭黑（CB）、多壁碳纳米管（MWCNTs）等碳素材料的同时，添加 $CaCO_3$、滑石粉（Talc）、硅灰石等无机粉体材料，一方面可利用无机粉体和基体树脂间的界面设计改善材料的韧性或刚性等力学性能，另一方面也可利用其体积排除作用改善材料的导电性能的方法。此外，笔者还建立了界面诱导法制备复合材料的技术，在 PP、POM 的超韧改性或永久抗静电化等方面取得了显著的作用效果。

在导电复合材料制备中，利用界面诱导技术同样也能使其导电性能得到明显地提高。以图 15-10 的 PC/MWCNTs 导电复合体系为例，在 PC 树脂中添加 MWC-NTs 时，复合体系的导电性能将随 MWCNTs 添加量的增加而提高，在体系中加入少量 HDPE 时，体系的导电性能反而下降。而采用界面诱导法技术，可将 $CaCO_3$ 和 HDPE 同时添加到 PC/MWCNTs 体系中，并通过改变 $CaCO_3$ 和 HDPE 之间的界面性质和热力学作用，HDPE 将会自发地形成一层薄膜并包覆在 $CaCO_3$ 表面，形成"核壳"结构，这样一方面 $CaCO_3$ 的加入起到体积占位

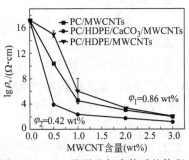

图 15-10　PC 共混及复合体系的体积电阻率和 MWCNTs 添加量的关系

作用，使分散在 PC 相中 MWCNTs 的有效浓度增加，另一方面部分 MWCNTs 将会分散在 HDPE 相和 PC 的界面上，提高 MWCNTs 导电网络的构建效率，最终使体系的导电性能得到有效地提高。从图 15-10 中还可以看出，当 MWCNTs 质量分数为 0.5％时，PC/MWCNTs 体系的体积电阻率 $\lg\rho_v$ 为 11，单独加入 HDPE 后体系的 $\lg\rho_v$ 增大到 16，完全失去了导电性能。而将 $CaCO_3$ 和 HDPE 同时添加并采用界面诱导技术时，PC/HDPE/CaCO$_3$/MWCNTs 体系的 $\lg\rho_v$ 仅为 4，降低了 12 个数量级。此外，PC/HDPE/CaCO$_3$/MWCNTs 体系的逾渗值 φ_2 仅为 0.42％，比 PC/MWCNTs 体系的逾渗值（$\varphi_1 = 0.86\%$）降低了一半。

笔者选择性地简介了笔者在有关高分子/无机粉体复合材料领域的一些研究成果。其成果表明：在利用界面设计与调控技术的条件下，将各种具有不同表面活性、不同粒子形态、不同物理化学特征的无机粉体和各种高分子材料进行合理地复合，不仅有效地改善了高分子材料的物理力学性能，而且对材料赋予了广泛的功能性特征。近 20 多年来，随着中国工业制造无机粉体种类，如：滑石粉、轻质碳酸钙、重质碳酸钙、硅灰石、水镁石、沸石、娟云母、云母、高岭土、硅藻土等物质基础的不断丰富，将为中国高分子复合材料制备与应用技术提供更巨大的发展空间。

15.5 PP/EPDM/滑石粉微孔发泡复合材料

（程　实，胡凌骁，丁玉梅等）

自从微孔发泡这个概念提出以后，针对聚丙烯微孔成型的研究一直都是热点。纯的聚丙烯由于熔体强度低，其发泡效果不理想。PP 与 EPDM 共混后，不仅可以提高制品的冲击强度，而且可以改善材料的熔体强度，改善制品的泡孔微观形态，但是会在一定程度上降低 PP 的刚性。而加入一定量的滑石粉，不仅可以增加复合材料的刚性，而且滑石粉可以作为成核剂，来提高微孔聚丙烯的泡孔成核效率。目前，针对 EPDM、滑石粉和聚丙烯三者共混增强增韧微孔发泡方面的研究较少，文章研究了共混物中滑石粉的含量对于 PP/EPDM/滑石粉复合材料的微观形态和力学性能的影响，以提高 PP 微孔发泡复合材料制品的综合性能，扩大 PP 微孔发泡复合材料制品的应用范围。

15.5.1 实验部分

15.5.1.1 主要实验原料

PP，ST868M，台湾福聚股份有限公司；EPDM，3745P，美国陶氏公司；滑石粉，5000目，广西龙胜滑石粉公司；氮气，99.9%，北京东方医用气体有限公司；偶联剂，KH550，南京曙光公司。

15.5.1.2 实验仪器及设备

高速混合机，GRH-10，辽宁省阜新轻工机电设备厂；双螺杆挤出机，SHJ-30，南京杰亚挤出装备有限公司；微发泡注射成型机，PT130，力劲机械有限公司；超临界气体注入设备，FPC-1/V/N2，北京中拓机械有限公司；电子万能材料试验机，LR30KPlu，英国 Lloyd 公司；冲击试验机，resilimpactor 6957，意大利西斯特公司；扫描电子显微镜，JSF-7600，日本日电公司。

15.5.1.3 PP/EPDM/滑石粉三元复合制品的制备

（1）原材料制备　先用含量 1.5% 的偶联剂对滑石粉进行表面改性处理，然后将 PP/EPDM/滑石粉以质量比 75/25/0、75/23/2、75/21/4、75/19/6、75/17/8、75/15/10 在高速混合机分别共混 8min，随后使用双螺杆挤出机进行造粒。挤出造粒所采用的加工工艺如下：从加料段到机头的温度（单位：℃）是 140、155、170、175、180、180、185、185、180，挤出机转速 100r/min，喂料速率 12r/min。

（2）制品制备　使用微发泡注射成型机在相同工艺条件下将上述 6 组 PP 复合材料制成符合国标要求的常规和微孔发泡的拉伸、弯曲和冲击样条。主要加工工艺参数如下：熔体温度 180℃，注射速度 75mm/s，注射时间 0.8s，注射压力为 70MPa，超临界气体注入压力 170MPa，模具温度 25℃。

15.5.1.4 性能表征测试

力学性能测试：拉伸强度、弯曲强度和冲击强度的测试分别按照国标 GBT 1040.2—2006、GBT 9341—2000 和国标 GBT 1843—2008 进行。

微孔制品微观形态观察：先将微孔制品在一定量的液氮中浸泡 3～5min，取出后立即脆断，然后用刀片将制品切成符合要求的样品，最后喷金后在扫描电镜下观察。

15.5.2 结果及讨论

15.5.2.1 滑石粉的含量对 PP/EPDM/滑石粉微孔发泡制品微观形态的影响

图 15-11 是 PP/EPDM/滑石粉微孔发泡复合材料的 SEM 图，其不同滑石粉含量下的泡孔平均直径和泡孔密度如图 15-12 所示。如图 15-11、图 15-12 所示，当滑石粉质量分数在 0～4％时，随着滑石粉含量的升高，微孔制品的泡孔平均直径变小，且泡孔的密度变大，泡孔分布也变得相对均匀。这是因为加入适量的滑石粉，不仅可以提高复合材料的熔体强度，增加气泡成长过程中的阻力，减小泡孔的直径；而且 PP 与滑石粉两相交界处能量位垒低，滑石粉可以促使气体在两相交界处异相成核，以增加气体的成核点来提升泡孔的密度。这两种促进因素的协同作用，使复合材料的泡孔密度增加，泡孔平均直径减小。

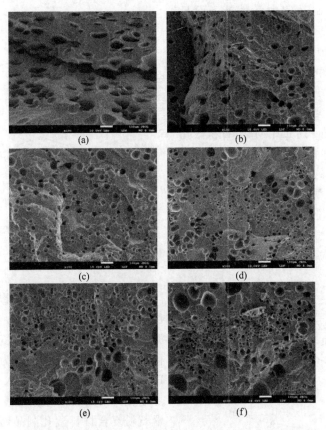

图 15-11 不同滑石粉含量下的 PP/EPDM/滑石粉微孔发泡复合材料的 SEM 图
滑石粉质量分数 (a) 0；(b) 2％；(c) 4％；(d) 6％；(e) 8％；(f) 10％。

当滑石粉含量超过 4％后，随着滑石粉含量继续增大，微孔制品的泡孔平均直径开始变大，且泡孔密度减小，并逐渐出现气泡合并和大泡孔等现象。这主要是因为随着滑石粉含量继续增加，会导致滑石粉颗粒和 EPDM 粒子等粒子之间的相互聚集，引起了发泡不均匀的现象。而且随着滑石粉含量的升高，复合材料中 PP 的相对含量降低，而泡孔只是存在 PP 区域，这

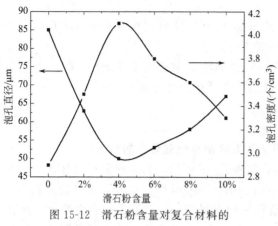

图 15-12　滑石粉含量对复合材料的
泡孔平均直径和泡孔密度的影响

也会引起泡孔密度的降低。因此，只有添加适量滑石粉的 PP/EPDM/滑石粉复合材料，才会有较好的发泡效果。

15.5.2.2　滑石粉的含量对 PP/EPDM/滑石粉微孔发泡复合材料力学性能的影响

图 15-13 为滑石粉含量对复合材料对拉伸强度的影响，从图可以看出，随着滑石粉含量的增加，复合材料实心制品的拉伸强度呈现总体下降的趋势，但是下降的幅度不大。这是因为微细的滑石粉具有片状结构，相对 $CaCO_3$ 等无机填料而言，可以较好的保持制品的拉伸强度。

对于复合材料微孔制品而言，随着滑石粉含量的升高，拉伸强度先增大后减小，并且在滑石粉含量为 4% 时，取得最大值。这主要是因为在发泡程度相同的情况下，泡孔平均直径越小，泡孔密度越大，且泡孔分布均匀时，微孔可以很好地保持制品的力学性能，而且 PP/EPDM/滑石粉复合材料实心制品的拉伸强度相对于没有添加滑石粉的 PP/EPDM 实心制品而言下降幅度小；这两者的综合作用导致了滑石粉质量分数为 2% 和 4% 的 PP/EPDM/滑石粉微孔复合材料制品的拉伸强度高于未加滑石粉的 PP/EPDM/滑石粉微孔复合材料制品的拉伸强度。而随着滑石粉含量继续升高，泡孔的分布形态变差，微孔制品导致保持原有力学性能的能力变差，且 PP/EPDM/滑石粉复合材料实心制品的拉伸强度相对于没有添加滑石粉的 PP/EPDM 实心制品的拉伸强度之间的差值加大，因而出现了与实心制品拉伸强度相同的下降趋势。

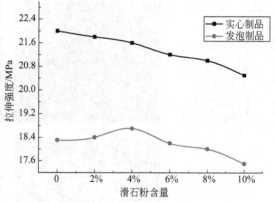

图 15-13　滑石粉含量对复合材料拉伸强度的影响

图 15-14 为滑石粉含量对复合材料弯曲强度的影响，从图可以看出，随着滑石粉含量的升高，PP/EPDM/滑石粉复合材料实心制品弯曲强度逐渐提高。这是因为滑石粉的刚性强于 PP/EPDM 复合材料，加入一定量的滑石粉后，可以提升滑石粉的弯曲强度。对于 PP/EPDM/滑石粉复合材料微孔制品而言，随着滑石粉含量升高，其弯曲强度也是不断提高。这是因为尽管在滑石粉添加量为 2%、4% 时，微孔制品的气泡微观形态不断改善，保持制品弯曲性能的能力提升，但是随着滑石粉含量升高，实心制品弯曲强度提升幅度较大，因而未出现如拉伸强度那样先升高后降低的变化趋势。

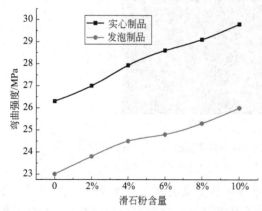

图 15-14　滑石粉含量对复合材料弯曲强度的影响

图 15-15 为滑石粉含量对复合材料冲击
强度的影响，从图中可以看出，随着滑石粉
含量的升高，PP/EPDM/滑石粉复合材料
实心制品冲击强度逐渐下降。滑石粉含量从
0~4% 之间变化时，实心制品冲击强度降幅
小；随后，实心制品的冲击强度降幅变大。
这主要是因为复合材料中有 EPDM 这种较
强韧性的物质，加入一定量的滑石粉后，意
味着 EPDM 的含量降低，从而导致了实心
制品的冲击强度降低。而对于 PP/EPDM/
滑石粉微孔制品而言，当滑石粉的质量分数
在 0~4% 之间时，冲击强度随着滑石粉含

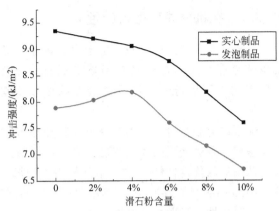

图 15-15　滑石粉含量对复合材料冲击强度的影响

量的升高而增大；而当滑石粉含量超过 4% 后，冲击强度随着滑石粉含量升高而降低。这也是
因为滑石粉含量在 0~4% 的范围时，制品的微观形态逐渐改善，使微孔制品冲击强度损失较
少，且此范围内的 PP/EPDM/滑石粉复合材料实心制品与未添加 PP/EPDM 复合材料实心制
品相比，冲击强度降幅小，从而使当滑石粉质量分数为 4% 时，微孔制品的冲击强度取得极
大值。

对于复合材料实心制品而言，随着滑石粉含量的增高，拉伸强度和冲击强度呈现减小的趋
势，而弯曲强度呈现增大的趋势。而对于复合材料微孔制品而言，趋势并不完全相同，且当滑
石粉的质量分数为 4% 时，微孔制品的综合力学性能最佳。此比例的 PP/EPDM/滑石粉复合材
料微孔制品，相对于未添加滑石粉的 PP/EPDM 复合材料微孔制品而言，其拉伸强度、弯曲
强度、冲击强度分别提高了 2%、6%、4%。因而，加入适量滑石粉，可以有效地提高了 PP/
EPDM/滑石粉复合材料微孔制品的力学性能。

15.5.3　结论

（1）对于 PP 复合材料微孔制品而言，添加适量的滑石粉和 EPDM 与单独添加 EPDM 相
比，PP 复合材料制品的泡孔形态有较大的改善，且当滑石粉含量为 4% 时，微孔制品的微观
形态最好；

（2）与未添加滑石粉的 PP/EPDM 复合材料微孔制品相比较，滑石粉含量为 4% 的 PP/
EPDM/滑石粉复合材料微孔制品的力学性能有一定的提升。

15.6　有机硅球形微粉的性质及其功能应用

（王志雄）

本节主要介绍聚甲基硅倍半氧烷有机硅球形微粉，一般粒径范围在 0.8~10μm 之间，每
差别 0.5μm 即可分别供应规格品种，用户可根据需要选择不同粒径的有机硅球形微粉，它们
都具有耐化学性、稳定的耐热性，耐紫外线、耐候性及改善分散加工性等特点。相比其他有机
球形粉（例如聚甲基丙烯酸甲酯 PMMA 粉），聚甲基硅倍半氧烷有机硅球形微粉热塑加工时
不会因局部高温出现黑点现象，制品长期使用不黄变；相比于二氧化硅等无机粉体，不存在与
塑料树脂相容性难的问题，在多次加工过程也不会因挤压剪切使微球体破碎，保持着有机硅球
形粉初始的物理性质。

15.6.1　有机硅球形微粉的性质

有机硅球形微粉是一种粉末状硅树脂，粉末状硅树脂主要有两种制法：一是由硅氧烷单体直接水解缩合反应得到球形微粉；二是由现成的固化块状硅树脂出发，通过机械粉碎得到无定形粉末，包括可溶型的甲基 MQ 硅树脂粉等。两者的形态、性质和作用有所不同。

球形硅树脂微粉是一类真球形、粒径分布非常窄的固体粉末，其化学结构为不溶不熔的三官能基成分致密交联的固化树脂。球形硅树脂微粉具有密度小、耐热性、润滑性、疏水性好等有机硅制品的优良性能。主要用于塑料、橡胶、涂料、油墨、化妆品以及液晶显示器背光模组、LED 照明光扩散板/膜、热敏印刷品等的制造，以改善其润滑性、光学特性、疏水性、防污性、脱模性、阻燃性等属性。

球形硅树脂微粉的品种有稳定非反应型（主要成分为聚甲基硅倍半氧烷）、可交联反应型（主要成分为：环氧基、氨基、甲基丙烯酰氧基、巯基、乙烯基等反应性基团的聚有机硅倍半氧烷）以及功能改性型（如亲水型、紫外光吸收型）等类型。

图 15-16 和图 15-17 是有机硅球形微球的 SEM 图和粒度分布。

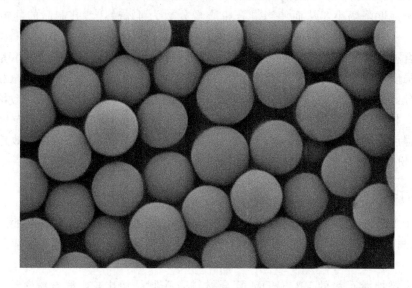

图 15-16　有机硅球形微粉末的 SEM 图

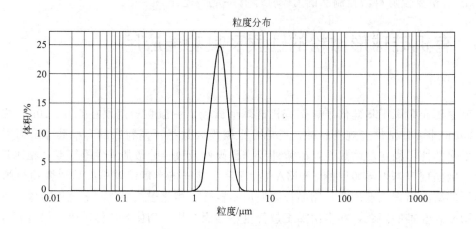

图 15-17　有机硅球形微粉的粒度分布

15.6.2　与其他有机、无机球形粉的区别

有机硅含有 Si—O—Si 键，这一点与硅酸盐类等无机物结构单元相同，同时又含有 Si—C 键（烃基）因而具有部分有机物的性质。由于这种双重性，使有机硅聚合物具有一般无机物的耐热性、耐燃性、耐候性等特性外，同时又具有绝缘性、热塑性、柔软性等有机聚合物的特性，可控合成的分子结构赋予有机硅材料兼有无机和有机材料的优点。

15.6.3　在功能塑料母粒中的应用

（1）用于光扩散母粒　有机硅球形微粉可添加到 PC、PS、PMMA 等透明塑料中以提供优良的光扩散性能，具有良好的冲击强度、雾度和透光率的平衡性。与无机微粉类光扩散剂比较，具有密度小、分散性好、润滑性佳、尤其是透光率高的优势；与其他有机微粉类（如PMMA 粉）光扩散剂比较，有机硅光扩散剂具有产生的雾度效率更高、耐热性更为突出、色质稳定、不黄变、无黑点、颗粒微观形态控制更精细、粒径分布更窄等显著优势。光扩散母粒中光扩散剂（机硅球形微粉）含量视用户的设备和工艺而定，一般以 3%～10% 为宜，含量过低不经济，含量过高不利于分散，也容易在料斗中产生密度梯度差。造粒设备若是使用有侧加料装置的挤出机可以省去提前混料设备和工序，但工艺调整略显复杂。混料工艺请注意以下几点：

① 用转速为每分钟几十转的双锥型混料机比较好，如果用高速搅拌机，请用低速。

② 将塑料粒子先加入混料机，再加塑料粒子重量 0.1%～0.3% 的二甲基硅油作为混合扩散油，开机将塑料粒子表面打湿，再加入有机硅球形微粉光扩散剂，粉体由硅油均匀吸附在塑料粒子表面，混合均匀出料，过挤出机造粒；

③ 二甲基硅油加入量控制在可使塑料粒子表面被打湿即可，加多易造成单螺杆打滑不吃料现象，二甲基硅油的黏度，夏季控制在 500mPa·s，冬季控制在 350mPa·s。

（2）用于防粘母粒　有机硅球形微粉可添加到 BOPP、BOPET、CPP/CPE、IPP/IPE、POF 等透明塑料中，制成有效成分在 3%～7% 的高端防粘塑料母粒，有机硅球形微粉超透明的特性能将防粘剂对薄膜的光学性能的影响降至最低，实现薄膜的超透明应用；赋予防粘薄膜层极佳的光学视觉性能：高透光率、光泽度，良好防粘效果。适用于生产水晶膜、超低雾度BOPP 等薄膜，防粘层不黄变、加工和使用过程起防粘作用的粉体不脱落。

（3）用于其他工程塑料改性母粒　有机硅球形微粉可添加到 PPS、PVC、PS、PC、PA66、ABS 等各种工程塑料中，在改性配方中起到阻燃抑烟、内外润滑、提高工程塑料的力学性能、提高塑料制品的加工性能等功效，可作为抑烟剂、干性润滑分散剂、耐温高透防粘剂、降低玻纤外露剂等与其他功能助剂的复配使用，提升各种改性工程塑料的功能指标。

15.6.4　在塑料制品配方工艺中的应用

塑料建材及建筑用塑料制品大多含有大比例的填充改性无机粉体，这带来了分散不均匀、挤出效率低、机械性能下降、制品表面性能差等问题，有机硅球形微粉独具的无机和有机双重特性能帮助解决无机粉体难以在塑料树脂均匀分散的问题，是一种稳定高效的内外润滑剂，只需添加 0.5%～1% 的有机硅球形微粉就可明显解决以上生产工艺难题并提升高填料建筑塑料制品的物理性能。

15.6.5　在功能塑料薄膜中的应用

有机硅球形微粉非常适合配制涂布液精密涂布光扩散膜；除了优良的透光率和雾度均

衡光学性能外，有机硅球形微粉更具有相当窄的粒径分布，又有各种粒径规格可供选择，更适合精密涂布不同涂层厚度的光扩散膜，其耐紫外线照射、耐老化性能可延长光扩散膜的使用寿命。

有机硅球形微粉也适用于高透明耐脱落的高端防粘薄膜，可采用内添加双向拉伸法生产。

第 16 章　废旧塑料回收利用

16.1　废旧塑料循环利用技术研究进展

（郑　阳，李宗佩，廖传华）

塑料制品自 20 世纪问世以来，具有质量轻、强度高、耐腐蚀、化学稳定性好、加工方便以及美观实用等特点，广泛应用于世界范围内的各个领域。但因难于自然降解，废旧塑料的有效治理已成为环境保护突出的问题。常规填埋技术虽然投资少，操作简单，但会侵占大量土地，影响土壤的通透性，妨碍植物呼吸及养分的吸收。焚烧技术虽然可实现减量化要求，同时回收部分能源，但此过程中易释放大量轻质烃类、氮化物、硫化物以及剧毒物质二噁英，直接威胁人类及生态环境健康，且焚烧时产生的 HCl 气体会导致酸雨的加剧。而实现废旧塑料的循环利用不仅能有效防止对环境的污染，还能充分利用有限资源创造经济效益，具有明显的环境效益和经济效益。

16.1.1　废旧塑料对环境的危害

废旧塑料对环境的破坏，主要是指由被丢弃的废旧塑料散落在农田、市区、风景旅游区、水利设施和道路两侧，对城市环境、人体健康、耕地土壤、石油资源消耗等产生方面的负面影响。

16.1.1.1　对生物体的毒害性

为了改善塑料的可塑性和强度，满足制品的各种使用性能，几乎所有的塑料制品都添加了一定量的添加剂。例如，在聚氯乙烯中，添加剂邻苯二甲酸酯类增塑剂，其使用量达到35％～50％，随着时间的推移，增塑剂可由塑料中迁移到环境中。由于过去一直认为其毒性低，但最新研究表明，邻苯二甲酸酯类增塑剂具有一般毒性和特殊毒性（如致畸、致突变性或具有致癌活性），在人体和动物体内发挥着类雌性激素的作用，干扰内分泌，可以造成人体生殖功能异常、男性精子数量减少。而且其水解和光解速率都非常缓慢，属于难降解有机污染物，在大气、土壤和水体中均有残留。全世界每年向海洋和江河中倾倒的塑料垃圾已造成海洋生物的大量死亡。

16.1.1.2　对土壤和大气环境的危害

（1）废旧塑料属难降解高分子化合物，在自然条件下难以分解，混在土壤中，破坏土壤原来良好的理化性状，阻碍肥料的均匀分布，影响土壤的透气性，不利于植物根系生长，影响作物吸收养分和水分，从而导致农作物减产。

（2）混入生活垃圾处理中的废旧塑料根本无法有效治理，卫生填埋及堆肥处理无法分解。塑料密度小，体积大，能很快堆满场地，降低填埋场处理垃圾的能力；而且，填埋后的场地由于地基松软，垃圾中的细菌、病毒等有害物质很容易渗入地下，污染地下水，危及周围环境。

16.1.1.3　浪费大量不可再生资源

所有的塑料都是以煤、石油和天然气等不可再生的化石资源为原料合成的，其合成过程需消耗大量的资源和能源。对于每年大量产生的废旧塑料，如果不采取积极的循环利用措施，将对日益紧缺的不可再生资源造成巨大的浪费。

16.1.1.4 视觉污染

废旧塑料散落在城市风景区、水体、道路（尤其是铁路）两侧，垃圾站或垃圾场的周围，严重破坏了城市的整体美感，影响市容，有碍观瞻。

正由于废旧塑料会对环境造成上述破坏，因此如何实现废旧塑料的循环利用已备受国内外关注。目前，基于"垃圾是放错了地方的资源"这一理念，对于废旧塑料，可采取物理方法和化学方法实现循环利用。

16.1.2 废旧塑料的物理循环利用技术

再生利用技术，是采用物理方法实现废旧塑料的循环利用。目前应用的物理循环利用技术主要分为简单再生技术和物理改性再生技术。

16.1.2.1 简单再生技术

简单再生技术是将回收的废旧塑料经过分选、清洗、破碎、熔融、造粒后直接成型加工生产再生制品，主要用于回收塑料生产及加工过程中产生的边角料、下脚料等，也用于回收那些易清洗和挑选的一次性废弃品。由于工艺简单、成本低、投资少，因此简单再生技术得到了广泛应用。如将废软聚氨酯泡沫塑料按一定的尺寸要求破碎后，用作包装容器的缓冲填料和地毯衬里料，或将废旧的聚氯乙烯制品经破碎及直接挤出后用于建筑物中的电线护管；硬质 PVC 塑料主要采用重新造粒的方法，将经分拣洗净的废旧 PVC 塑料在双辊炼塑机上混炼，根据废料的来源和质量，加入各种精添加剂，经充分混炼后出片、切粒，过滤挤出制得再生粒料。PVC 门窗废料经收集、分选，除去玻璃和金属，清洁、粉碎后可与新料一起，通过共挤出工艺生产再生门窗型材。回收后的 PET 塑料先进行分离处理，分离的 PET 碎料经挤出机挤出造粒制成粒料。PET 粒料用途广泛，一是重新制造 PET 瓶（但再生粒料不能用于与食品直接接触场合）；二是纺丝制造纤维，经玻纤增强的再生 PET 具有较好的耐热性和力学强度，可用来制作汽车零部件；PE 农用薄膜可用于生产再生粒料，用于生产农膜，也可用于制造化肥包装袋、垃圾袋、农用再生水管、栅栏、树木支撑、盆、桶、垃圾箱、土工材料等。

然而，由于各种塑料混入的比例不同及相容性各异，采用简单再生法生产的再生制品的质量不稳定、性能较差、易变脆，不适合制作高档次的塑料制品，其应用受到一定的限制。改善再生料力学性能的最好途径就是采用物理改性或化学改性的方法对废旧塑料进行改性，以接近、达到或超过纯塑料的性能。

16.1.2.2 物理改性再生技术

物理改性是根据不同废旧塑料的特性加入不同的改性剂，使其转化为高附加值的有用材料。废旧塑料经过改性后，力学性能得到显著改善，可用于制作档次较高的塑料制品。这类改性再生利用的工艺路线较复杂，有的需要特定的机械设备。

物理改性包括：填充改性、增强改性、增韧改性和共混改性。

（1）填充改性 是指通过添加填充剂改善废旧塑料的性能，增加制品的收缩性，提高耐热性等，其实质是使废旧塑料与填充剂混合，使混合体系具有所加填充剂的性能。

（2）增强改性 通过加入玻璃纤维、合成纤维、天然纤维等，提高热塑性废旧塑料的强度和模量，从而扩大应用范围。

（3）增韧改性 使用弹性体或共混热塑性弹性体与回收的废旧塑料共混进行增韧改性。

（4）共混改性 将废旧塑料与其他物质通过特定的加工手段和方法混合在一起，使改性后的共混材料兼具两者的性能。共混物中的两相仍保持各自特性，共混之后也没有新的物质产生，只是两相界面处形成结合，体现出彼此性能互补，也被称为"高分子合金"。

16.1.2.3　化学改性

化学改性是指通过接枝、共聚等方法在分子链中引入其他链节和功能基团，或通过交联剂等进行交联，或通过成核剂、发泡剂对废旧塑料进行改性处理，使废旧塑料被赋予较高的抗冲击性能、优良的耐热性、抗老化性等，以便进行再生利用。

化学改性包括：氯化改性、交联改性、接枝共聚改性。

(1) 氯化改性　通过氯化改性可取得良好的阻燃、耐油性能，使产品具有广泛的应用价值。

(2) 交联改性　通过交联可大大提高其拉伸性能、耐热性能、耐环境性能、尺寸稳定性能、耐磨性能、耐化学性能等。交联有三种类型：辐射交联、化学交联、有机硅交联。聚合物的交联度可通过添加交联剂的多少或辐射时间的长短来控制。交联度不同，其力学性能也不同。

(3) 接枝共聚改性　即用接枝单体通过一定的接枝方法进行接枝。接枝改性的目的是为了提高塑料与金属、极性塑料、无机填料的黏结性或增容性，改性后塑料的性能取决于接枝物的含量、接枝链的长度等。

16.1.2.4　物理化学改性

除了上述的物理改性和化学改性外，用于塑料改性的原位反应挤出和改性与成型工艺同时实现化学改性和物理改性，突破了过去了的化学改性、物理改性和成型加工之间的界限或不连续化，大幅度缩短了塑料材料制备和制品生产的周期，有效改善了再生塑料的综合力学性能。

16.1.3　废旧塑料的化学循环利用技术

化学循环技术也称资源化利用技术，是指针对成分复杂不易分离、或者混合处理后效果不好的塑料制品，采用化学的方法实现综合效益最大化的利用方法。采用化学循环利用技术既可以节省和利用资源，降低处理费用，又可消除或减轻废旧塑料对环境的影响，是近年来废旧塑料资源化利用研究的焦点，主要包括热分解油化技术、高炉喷吹技术、共焦化技术、热能利用技术等。

16.1.3.1　热分解油化技术

是通过加热或加热的同时加入一定量的催化剂，使塑料分解为初始单体或还原为类似石油的物质，进而制取化工原料（如乙烯、苯乙烯、焦油等）和液体燃料（如汽油、柴油、液化气）。主要包括热裂解、热解-催化裂解法和催化裂解法。

(1) 热裂解　废旧塑料的分离较为复杂，若将其分类后再裂解，要花费一定的设备投资、能源和时间，回收成本较高。热裂解一般是在反应器中将那些无法分选和污染的废旧塑料加热到其分解温度（600～900℃）使其分解，再经吸收、净化处理而得到可利用的分解物。

各种废旧塑料都有自己的热裂解温度特性。对常见的废旧塑料如聚氯乙烯、聚乙烯、聚丙烯和聚苯乙烯，通常进行分段热裂解，如在低温阶段对聚苯乙烯进行热裂解，可回收具有较高价值的苯乙烯单体和轻质燃料油，高温段回收重质燃料油。

刘以荣等利用不同的废塑料进行热解实验，发现热解产物受原料种类的影响。PS、PP、PE 热解产物的液体收率高，而对于废 PET，难以用单独热降解的方法生产燃油。

Ponto 等研究了原料对产物的影响，发现原料中 PE 的增加会导致产物中烷烃的质量分数增加；PS 的增加可使产物中芳烃增加；更多的 PP 有利于烯烃的生成；增加 PS 和 PP 有利于增加产物的辛烷值。

(2) 催化裂解　由于热裂解反应温度较高，难以控制，而且对设备材质的要求也较高。为降低反应温度和运行成本、提高产率，常使用催化裂解。

刘公召等研究了原料和催化剂对产油情况的影响，结果表明：以聚丙烯或聚苯乙烯为原料时，催化剂的加入量对轻质油收率的影响不大；而以聚乙烯为原料时，轻质油的收率随催化剂加入量的增加而明显提高。杨震等使用自制的含大孔径分子筛的 NLG 系列催化剂对聚烯烃类塑料进行热解。热分解后油的产率、油品中汽油馏分和质量等指标均比较理想，而且催化剂可重复再生，成本低廉。

Sharratt 等利用流化床反应器对 HDPE 进行了催化热解的研究。由于该实验使用了 HZSM-5 催化剂，使裂解反应在低温条件下进行，还可增加产物中小分子烃类的质量分数。

程水源等研究了不同比例的聚乙烯和聚丙烯在不同催化剂下的产油情况，发现聚丙烯所占的比例越高，液体的回收和汽油组分的产率就越高，复合催化剂比单一催化剂的效果要好。李骁祥等采用热解-催化裂解的方法对聚乙烯（PE）、聚丙烯（PP）、聚苯乙烯（PS）混合塑料进行了热解研究，得出 PE、PP、PS 三种塑料的最佳热解反应温度分别为 430℃、410℃、360℃，最佳催化裂解温度为 350℃。

Wang 等将热塑性塑料 PE、PP、PS、PET 和 ABS 与废润滑油一起进行共炼，发现与废润滑油共炼后无需高压加氢过程就可生产优质的油品。反应的最佳条件是：温度 460℃，时间 30min。在此条件下 HDPE 和 LDPE 均能达到最高产率（＞99％）。Yanika 等采用红泥为催化剂和 Cl 元素的吸收剂对 PVC 进行脱氯研究，发现在温度为 350℃的条件下，1h 的脱氯效率即可超过 90％。

热分解油化技术具有很多优点：产生的氮氧化物、硫氧化物较少；生成的气体或油能在低空气比下燃烧，废气量较少，对大气的污染较少；热裂解残渣中腐败性有机物量较少；排出物的密度高，结构致密，废物被大大减容；能转换成有价值的能源。然而，该法也存在一些问题：处理的原料单一；生产出的油达不到国家标准；催化剂价格高、寿命短、设备投资大；工艺流程复杂，操作困难，不能规模化生产，必须结合废旧塑料的收集、分选、预处理等和后处理中的烃类精馏、纯化等技术，才能实现工业化应用。

16.1.3.2 超临界水油化技术

超临界水油化技术是以超临界水为介质，对废旧塑料实现快速、高效分解的方法。由于该方法具有分解速率快、二次污染少，而且比较经济等优点，现已成为国内外的研究热点。

马沛生等对 PS 以及 PS/PP 混合塑料进行了超临界水降解的研究，发现 PS 可在温度 380℃的条件下、1h 内完全降解；质量比为 7/3 的 PS/PP 可在温度 390℃的条件下、1h 内完全降解。侯彩霞等研究了 PE 以及 PE/PS 混合塑料的超临界水降解情况。当反应温度为 440℃、反应时间为 30min 时，PE 和 PE/PS 的混合物完全降解为液体和气体。苏晓丽等以 PE 为原料进行超临界水降解，考察了反应条件对产物成分的影响，发现温度和反应时间是影响油收率和组成的主要因素。随着温度的升高和反应时间的延长，油的收率下降，气相产物的收率增加，油品轻质化程度提高。王军等研究了 PP 的超临界水降解情况，获得最佳反应条件：水与 PP 的质量比应大于 2.67。要使回收率达到 90％以下，反应时间应超过 2.5h。

超临界水油化技术的优势是：分解反应速率高，可以直接获得原单体化合物；可以避免热分解时发生的炭化现象，油化率提高；反应在密闭系统中进行，不污染环境；反应速率快，效率高；反应过程几乎不用催化剂，易于反应后产物的分离操作。但同时也存在如下问题：需在高温高压条件下进行，设备投资大，操作成本难以降低；反应过程中存在的腐蚀与盐堵塞问题限制了其工业化应用。

16.1.3.3 热能利用技术

废旧塑料主要由碳、氢两种元素组成，化学成分和重油接近，燃烧热达 33.6～42MJ/kg。热能利用技术就是将难以再生利用的废旧塑料通过焚烧而回收利用其热能。随着城市生活垃圾中废旧塑料的比重日益增加，焚烧回收热能、发电的可能性越来越大。

（1）直接焚烧技术　对于没有进行分类收集和分选的混合塑料，进行焚烧回收热能是最为实用的方法之一。但大多废旧塑料由于焚烧不稳定而产生成分复杂的废气和大量毒性极强的污染物，如多环芳烃、二噁英、呋喃、酸性化合物、一氧化碳等，有些废旧塑料在焚烧后还会产生镉，对环境产生二次污染。因此，废旧塑料焚烧的关键技术是燃烧和排烟处理。此外，废旧塑料焚烧法还存在着投资大、设备损耗和维修运转费用高等问题。

为了使废塑料中蕴含的能源得以充分释放并利用，各国都在开发控制焚烧二次污染的技术，如美国开发了垃圾固体燃料技术（简称 RDF），德国和日本开发了高炉喷吹炼铁技术。

（2）垃圾固体燃料技术　RDF 是将难以再生利用的废旧塑料加以粉碎，并与生石灰为主的添加剂混合、干燥、加压、固化成直径为 20～50mm 的颗粒燃料，使废旧塑料体积减小，且无臭，质量稳定，其发热量相当于重油，发电效率高，NO_x 和 SO_x 等的排放量很少。对于不便直接燃烧的含氯高分子材料废弃物可与各种可燃垃圾如废纸、木屑、果壳等配混制成固体燃料，替代煤用作锅炉和工业窑炉的燃料，不仅能使含氯组分得到稀释，而且便于储存运输。但由于其设备昂贵，不宜推广。

（3）高炉喷吹技术　是利用废旧塑料良好的燃烧性能，将其经分选、粉碎并进行球团化处理，制成粒径适宜的颗粒，取代部分煤粉从风口喷入高炉，用作炼铁高炉的还原剂和燃料，以减少焦炭的消耗，进而获得很好的经济和社会效益。在高炉中废旧塑料的能量利用率高达80%，其中 60% 是以化学能的形式用来还原铁矿石。

高炉喷吹技术在德国和日本等国家已研究开发了 30 多年，早期实验时每吨铁水喷吹废旧塑料（喷塑比）10kg，现在的喷塑比最大可达 250kg。李博知等介绍了高炉喷吹的研究现状及可能带来的经济效益。王家伟等对塑料高炉喷吹技术进行了改进，改进后的工艺先将废旧塑料与煤共熔，然后经冷却、破碎后喷入高炉。改进工艺与传统工艺相比，具有基建投资少、流程简单、煤与废旧塑料的混合均匀等优点。曹枫等对 PVC 废旧塑料脱氯进行了实验研究，得出最佳脱氯温度为 320～340℃。

高炉喷吹技术的主要优点在于废旧塑料可以用于以高炉为基础的现行钢铁制造设施。作为预处理，废旧塑料只需加工到能将其进料投到高炉中即可，因此生产成本低，经济效益好，能量可得到充分的利用；在高炉风口前 2000℃ 的高温区和强还原性气氛下，不易产生二噁英、NO_x 和 SO_x 等有毒有害气体。但该法也存在如下问题：要把废旧塑料加工成一定粒度的块状才能喷入高炉中，使得加工成本较高；含氯塑料需首先进行脱氯处理，否则会损坏设备；虽然生产成本较低，但设备的初期投资较大。

另外，日本开发的移动式气化炉采取气化加高温熔融焚烧，可从根本上解决二噁英和重金属污染的问题；水泥回转窑喷吹废旧塑料的技术可将废旧塑料代煤的比例提高到 55%。

16.1.3.4　共焦化技术

废旧塑料与煤共焦化技术是新近发展起来的可以大规模处理混合废旧塑料的工业化实用型技术。它是基于现有炼焦炉的高温干馏技术，将废旧塑料按一定比例配入炼焦煤中，经 1200℃ 高温干馏，可分别得到 20% 的焦炭（用作高炉还原剂）、40% 的油化产品（包括焦油和柴油，用作化工原料）和 40% 的焦炉煤气（用作发电等）。产物按炼焦工艺焦炉产物的常规处理方式进行，实现废旧塑料的资源化利用和无害化处理。此项工艺依托现有钢铁企业的炼焦炉、焦油回收系统、煤气净化与回收利用系统，不需对传统的炼焦工艺进行改造，只需增加破碎、混合、成型设备即可投入生产应用，大大降低了传统塑料热解工艺的初期投资与运行费用。在不影响焦炭质量的前提下，可增加炼焦工艺的焦油产率和高热值煤气，有利于废旧塑料 100% 的资源化利用，并产生较好的经济效益，因此在国内研究得较多。

孙秀环等对废旧塑料与煤共焦化产品的产率进行了研究，发现焦油的产率随着废旧塑料添加比例的增大而增加。胡新亮等研究发现废旧塑料的配比应控制在 2% 以下。赵融芳等研究了焦化过程中 ZnO、Fe_2O_3 等脱硫剂的脱硫效果，认为脱硫剂与可挥发性硫的摩尔比为 1.2：1 时，脱硫效果较好。余广炜等报道了废旧塑料配煤共焦化时产生协同效应。当废旧塑料的添加量为 1% 时，协同效应强度最大；当废旧塑料的配入比例达到 5% 时，协同效应强度不明显。王力等通过同位素示踪研究发现焦化过程中溶剂和富氢塑料都起供氢作用。

废旧塑料与煤共焦化技术的优势是：对废旧塑料的原料要求相对较低；加工后的塑料与煤混合技术较简单；处理规模较大；工艺流程简单，设备投资较小，建设周期短，无需对传统焦化工艺进行改造即可投入生产应用，无需增加新设备，大大降低了初期投资与运行费用；废旧塑料处理过程实现全密闭操作，而且废旧塑料不直接焚烧，防止了二噁英类剧毒物质的产生；塑料在超过其熔点时溶解，对煤可起到溶剂的作用，有利于煤中小分子的析出；允许含氯的废旧塑料进入焦炉，含氯塑料在干馏过程中产生的氯化氢可以在上升管喷氨冷却过程中被氨水中和，从而有效避免氯化物造成的二次污染和对设备及管道的腐蚀。

废旧塑料与煤共焦化技术存在的问题是：催化剂对共液化反应效果有很大的影响，所以对共液化体系来讲，选择适当的催化剂是非常重要的，而且也是十分困难的。各种煤的热解温度范围及挥发分的生成速率差异较大，导致了热解温度高的煤所生成的自由基由于缺乏废旧塑料的供氢作用而再次相互聚合，引起焦油收率的降低。

16.2 回收尼龙的扩链改性

（毛晨曦，李向阳，张鸿宇，王克智）

扩链剂是目前改性塑料行业出现的一类新型助剂，通过热稳定性好的多官能团化合物使大分子发生偶联或支化反应提高聚合物的分子量。扩链反应通常用反应挤出技术完成，具有简便、快速、安全等优点，提高产品性能，改善材料品质，从而提高改性塑料产品的竞争力。回收尼龙中添加扩链剂可以缓和回收尼龙的熔体流动，提升回收尼龙的模量强度甚至韧性，提升回收尼龙的抗水解性能，大幅度提升产品的物理性能使其达到新料或者优于新料的性能。但是回收尼龙中含有大量的阻燃剂，其在加工过程会释放出酸性物质，大大的影响扩链剂的效果。

本研究通过在双螺杆挤出机反应挤出中，利用吸酸剂对扩链剂 KL-E4370 进行保护，提高扩链剂对回收尼龙的扩链效率。考查了扩链剂的用量、吸酸剂的品种、共混条件等对扩链反应的影响，为回收尼龙的进一步开发应用提供新的依据。

16.2.1 实验部分

(1) 原料　回收尼龙，福建塑胶有限公司；扩链剂 KL-E4370，山西省化工研究所；液体石蜡，吸酸剂三乙醇胺，氧化镁，氧化钙，市售。

(2) 回收尼龙的扩链　共混前，回收尼龙在 100℃下干燥 4h。干燥好的回收尼龙放入塑料袋中添加 0.1% 的液体石蜡混合均匀，然后再加入一定比例的扩链剂和吸酸剂混合均匀。将混合物加入 SHJ-2 同向旋转的双螺杆挤出机（南京杰亚挤出装备有限公司）中，长径比 40，主机频率确定，从加料口到机头各个区的温度（单位：℃）分别为 210/225/235/240/240/235/

230，挤出，水冷拉条，造粒，然后在 100℃下干燥 4h。

（3）表征　回收尼龙的熔融指数由 SRZ-400D 型液晶显示熔体流动速率测定仪测量，长春市智能仪器设备有限公司；配重为 2.16kg，温度 230℃。

16.2.2　结果与讨论

（1）扩链剂的用量和回收尼龙熔融指数的关系　回收尼龙含有很多添加剂和杂质，在加工过程中使得尼龙降解形成端氨基和羧基，而这些官能团反过来加速尼龙的降解。环氧官能化扩链剂 KL-E4370 每个分子上含有 9～12 个环氧官能团，与氨基和羧基都可以发生反应，起到扩链、支化和交联的作用。

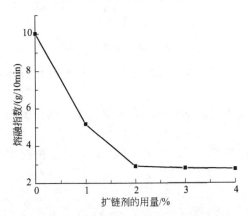

图 16-1　扩链剂的用量与熔融指数的关系　　　图 16-2　吸酸剂的用量与熔融指数的关系

从图 16-1 中可以看出来，经环氧官能化扩链剂 KL-E4370 扩链后，熔融指数变小，熔体黏度增大，流动性变差。随着扩链剂用量的进一步增大，熔融指数下降的幅度不明显。由于考虑到成本因素，本实验中扩链剂的用量为 2%。

（2）吸酸剂的品种对熔融指数的影响　回收尼龙中含有大量的阻燃剂，阻燃剂在加工过程会释放出酸性物质，这些酸性释放物会与环氧官能团反应，降低扩链剂的效能。通过添加吸酸剂，吸收掉这些酸性释放物。不同品种的吸酸剂与熔融指数的关系见表 16-1。

表 16-1　不同品种的吸酸剂与熔融指数的关系

吸酸剂品种	无	三乙醇胺	氧化镁	氧化锌
熔融指数(g/10min)	2.9	5.1	2.5	2.5

从表 16-1 中可以看出，添加不同的吸酸剂对熔融指数的影响区别很大。可能是由于吸酸剂碱性的强弱不同引起的。强碱性的三乙醇胺在高温下自身也很容易与环氧官能团反应，达不到保护环氧官能团的作用。而弱碱性的无机填料通常添加 1%，就能使熔融指数下降 13.8%。

（3）吸酸剂的用量对熔融指数的影响　吸酸剂都是弱碱性物质，在高温下也都可以与环氧官能团反应。如果添加量过多的话，反而会影响扩链效果。从图 16-2 中可以看出来，随着吸酸剂用量的增大，回收尼龙的熔融指数先呈下降趋势，到达一个低点后急剧上升。当吸酸剂用量为 2% 时，回收尼龙熔融指数为 2.28g/10min，下降的幅度最大。

（4）主机频率和熔体温度对扩链效果的影响　本实验中所用的扩链剂 KL-E4370 为环氧类扩链剂，其在回收尼龙的加工温度下几秒钟就起到扩链作用；回收尼龙加工过程中一般熔体温度都在 230℃以上，温度太低不能挤出。

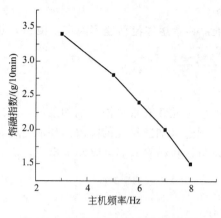

图 16-3 主机频率与熔融指数的关系

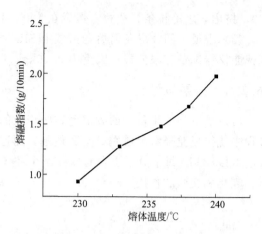

图 16-4 熔体温度与熔融指数的关系

从图 16-3，图 16-4 中可以看出，在保证回收尼龙扩链和加工的前提下，回收料在双螺杆中停留的时间越短，熔体温度越低扩链效果越明显。

回收尼龙的扩链改性是一个复杂的过程，不仅受扩链剂 KL-E4370 用量，吸酸剂种类和用量的影响，而且与加工条件息息相关。

扩链剂 KL-E4370 用量为 2%，吸酸剂氧化镁用量为 2%，加工温度 230℃，主机频率为 8Hz 下改性效果最好。

第17章 应用技术

17.1 塑料配方设计要点

配方设计的关键为选材、搭配、用量、混合四大要素，表面看起来很简单，但其实包含了很多内在联系，要想设计出一个高性能、易加工、低价格的配方也并非易事，需要考虑的因素很多，作者累积多年的配方设计经验提供如下几个方面的因素供读者参考。

17.1.1 树脂的选择

（1）树脂品种的选择　树脂要选择与改性目的性能最接近的品种，以节省加入助剂的使用量。

如耐磨改性，树脂要首先考虑选择三大耐磨树脂 PA、POM、UHMWPE。

如透明改性，树脂要首先考虑选择三大透明树脂 PS、PMMA、PC。

（2）树脂牌号的选择　同一种树脂的牌号不同，其性能差别也很大，应该选择与改性目的性能最接近的牌号。如耐热改性 PP，可在热变形温度 100～140℃ 的 PP 牌号范围内选择，我们要选用本身耐热 140℃ 的 PP 牌号，具体如大韩油化的 PP-4012。

（3）树脂流动性的选择

① 配方中各种塑化材料的黏度要接近，以保证加工流动性。对于黏度相差悬殊的材料，要加过渡料，以减小黏度梯度。如 PA66 增韧、阻燃配方中常加入 PA6 作为过渡料，PA6 增韧、阻燃配方中常加入 HDPE 作为过渡料。

② 不同加工方法要求流动性不同。

不同品种的塑料具有不同的流动性，按此将塑料分成高流动性塑料、低流动性塑料和不流动性塑料，具体如下所述。

高流动性塑料——PS、HIPS、ABS、PE、PP、PA 等。

低流动性塑料——PC、MPPO、PPS 等。

不流动性塑料——F4、UHMWPE、PPO 等。

同一品种塑料也具有不同的流动性，主要原因为分子量、分子链分布的不同，所以同一种原料分为不同的牌号。不同的加工方法所需用的流动性不同，所以牌号分为注塑级、挤出级、吹塑级、压延级等，具体见表 17-1。

表 17-1　不同加工方法与熔体流动指数的关系

加工方法	熔体流动指数/(g/10min)	加工方法	熔体流动指数/(g/10min)
压制、挤出、压延	0.2～8	涂覆、滚塑	1～8
流延、吹塑	0.3～15	注塑	1～60

③ 不同改性目的要求流动性不同，如高填充要求流动性好，如磁性塑料、填充目料、无卤阻燃电缆料等。

（4）树脂对助剂的选择性

① 如 PPS 不能加入含铅和含铜助剂。

② PC 不能用三氧化锑，可导致解聚。

③ 助剂的酸碱性，应与树脂的酸碱性要一致，否则会起两者的反应。

17.1.2 助剂的选择

（1）按要达到的目的选用助剂 按要达到的目的选择合适的助剂品种，所加入助剂应能充分发挥其预计功效，并达到规定指标。规定指标一般为产品的国家标准、国际标准，或客户提出的性能要求。助剂的具体选择范围如下。

① 增韧。选弹性体、热塑性弹性体和刚性增韧材料。

② 增强。选玻璃纤维、碳纤维、晶须和有机纤维。

③ 阻燃。溴类（普通溴系和环保溴系）、磷类、氮类、氮/磷复合类膨胀型阻燃剂、三氧化二锑、水合金属氢氧化物。

④ 抗静电。各类抗静电剂。

⑤ 导电。碳类（炭黑、石墨、碳纤维、碳纳米管）、金属纤维和粉，金属氧化物。

⑥ 磁性。铁氧体磁粉，稀土磁粉包括钐钴类（$SmCo_5$ 或 Sm_2Co_{17}）、钕铁硼类（NdFeB）、钐铁氮类（SmFeN），铝镍钴类磁粉三大类。

⑦ 导热。金属纤维和粉末，金属氧化物、氮化物和碳化物，碳类材料如炭黑、碳纤维、石墨和炭纳米管，半导体材料如硅、硼。

⑧ 耐热。玻璃纤维、无机填料、耐热剂如取代马来酰亚胺类和 β 晶型成核剂。

⑨ 透明。成核剂，对 PP 而言 α 晶型成核剂的山梨醇系列 Millad 3988 效果最好。

⑩ 耐磨。F4、石墨、二硫化钼、铜粉等。

⑪ 绝缘。煅烧高岭土。

⑫ 阻隔。云母、蒙脱土、石英等。

（2）助剂对树脂具有选择性

① 红磷阻燃剂对 PA、PBT、PET 有效。

② 氮系阻燃剂对含氧类有效，如 PA、PBT、PET 等。

③ 成核剂对共聚聚丙效果好。

④ 玻璃纤维耐热改性对结晶性塑料效果好，对非晶型塑料效果差。

⑤ 炭黑填充导电塑料，在结晶性树脂中效果好。

17.1.3 助剂的形态

同一种成分的助剂，其形态不同，对改性作用的发挥影响很大。

（1）助剂的形状

① 纤维状助剂的增强效果好。助剂的纤维化程度可用长径比表示，L/D 越大、增强效果越好。这就是为什么加玻璃纤维要从排气孔加入，熔融状态比粉末状有利于保持长径比，减小断纤概率。

② 圆球状助剂的增韧效果好、光亮度高。硫酸钡为典型的圆球状助剂，因此高光泽 PP 的填充选用硫酸钡，小幅度刚性增韧也可用硫酸钡。

（2）助剂的粒度

① 粒度的两种表达方法，见表 17-2。

表 17-2 粒度的两种表达方法

目数	20	80	100	150	200	325	400	625	1250	2500	12500
粒度/μm	833	175	147	104	74	43	38	20	10	5	1

注：目数为每平方英寸筛网上的筛孔数目。

② 助剂粒度对力学性能的影响。粒度越小，对填充材料的拉伸强度和冲击强度有益。例如，不同粒度的 20％硅灰石填充 PA6 对力学性能的影响见表 17-3。

表 17-3 不同粒度的 20％硅灰石填充 PA6 对力学性能的影响

性　能	1250 目	800 目	400 目	325 目	150 目
拉伸强度/MPa	127.5	127.4	126.0	124.5	124.5
冲击强度/(kJ/m²)	15.5	15.1	14.8	14.4	13.5

再如，就冲击强度而言，三氧化二锑的粒径每减少 $1\mu m$，冲击强度就会增加 1 倍。

③ 助剂粒度对阻燃性能的影响。阻燃剂的粒度越小，阻燃效果就越好。例如水合金属氧化物和三氧化二锑的粒度越小，达到同等阻燃效果的加入量就越少。

例如，在 LDPE 中加入 80 份不同粒度的氢氧化铝的阻燃效果见表 17-4。

表 17-4 在 LDPE 中加入 80 份不同粒度的氢氧化铝的阻燃效果

粒度/μm	25	5	1
氧指数/％	23	28	33

再如，ABS 中加入 4％粒度为 $45\mu m$ 的三氧化二锑与加入 1％粒度为 $0.03\mu m$ 的三氧化二锑阻燃效果相同。

④ 助剂粒度对配色的影响。着色剂的粒度越小，着色力越高、遮盖力越强、色泽越均匀。但着色剂的粒度不是越小越好，存在一个极限值，而且对不同性能的极限值不同。对着色力而言，偶氮类着色剂的极限粒度为 $0.1\mu m$，酞菁类着色剂的极限粒度为 $0.05\mu m$。对遮盖力而言，着色剂的极限粒度为 $0.05\mu m$ 左右。

⑤ 助剂粒度对导电性能的影响。以炭黑为例，其粒度越小，越易形成网状导电通路，达到同样的导电效果加入炭黑的量降低。但同着色剂一样，粒度也有一个极限值，粒度太小易于聚集而难于分散，效果反倒不好。

（3）助剂的表面处理　助剂与树脂的相容性要好，这样才能保证助剂与树脂按预想的结构进行分散，保证设计指标的完成，保证在使用寿命内其效果持久发挥，耐抽提、耐迁移、耐析出。如大部分配方要求助剂与树脂均匀分散，对阻隔性配方则希望助剂在树脂中层状分布。除表面活性剂等少数助剂外，与树脂良好的相容性是发挥其功效和提高添加量的关键。因此，必须设法提高或改善其相容性，如采用相容剂或偶联剂进行表面活化处理等。

所有无机类添加剂的表面经过处理后，改性效果都会提高。尤其以填料最为明显，其他还有玻璃纤维、无机阻燃剂等。

表面处理以偶联剂和相容剂为主，偶联剂具体如硅烷类、钛酸酯类和铝酸酯类，相容剂为树脂对应的马来酸酐接枝聚合物。

17.1.4　助剂的加入量

（1）有的助剂加入量越多越好　具体如阻燃剂、增韧剂、磁粉、阻隔等，加入量越多越好。

（2）有的助剂加入量有最佳值　如导电助剂，形成到电通路后即可，再加入无效果；再如偶联剂，表面包覆即可，在加无用；又如抗静电剂，在制品表面形成泄电荷层即可。

17.1.5　助剂与其他组分关系

配方中所选用的助剂在发挥自身作用的同时，应不劣化或最小限定地影响其他助剂功效的发挥，最好与其他助剂有协同作用。在一个具体配方中，为达到不同的目的可能加入很多种类的助剂，这些助剂之间的相互关系很复杂。有的助剂之间有协同作用，而有的助剂之间有对抗作用。

17.1.5.1 协同作用

协同作用是指塑料配方中两种或两种以上的添加剂一起加入时的效果高于其单独加入的平均值。

（1）在抗老化的配方中，具体协同作用　两种羟基邻位取代基位阻不同的酚类抗氧剂并用有协同效果；两种结构和活性不同的胺类抗氧剂并用；抗氧化性不同的胺类和酚类抗氧剂复合使用有协同效果；全受阻酚类和亚磷酸酯类抗氧剂有协同作用；半受阻酚类与硫酯类抗氧剂有协同作用，主要用于户内制品中；受阻酚类抗氧剂和受阻胺类光稳定剂；受阻胺类光稳定剂与磷类抗氧剂；受阻胺类光稳定剂与紫外光吸收剂。

（2）在阻燃配方中，协同作用的例子　在卤素/锑系复合阻燃体系中，卤系阻燃剂可于 Sb_2O_3 发生反应而生成 SbX_3，SbX_3 可以隔离氧气从而达到增大阻燃效果的目的；在卤素/磷系复合阻燃体系中，两类阻燃剂也可以发生反应而生成 PX_3、PX_2、POX_3 等高密度气体，这些气体可以起到隔离氧化2的作用，另外，两类阻燃剂还可分别在气相、液相中相互促进，从而提高阻燃效果。

17.1.5.2 对抗作用

对抗作用是指塑料配方中两种或两种以上的添加剂一起加入时的效果低于其单独加入的平均值。

（1）在防老化塑料配方中，对抗作用的例子

① HALS 类光稳定剂不与硫醚类辅抗氧剂并用，原因为硫醚类滋生的酸性成分抑制了 HALS 的光稳定作用。

② 芳胺类和受阻酚类抗氧剂一般不与炭黑类紫外光屏蔽剂并用，因为炭黑对胺类或酚类的直接氧化有催化作用抑制抗氧效果的发挥。

③ 常用的抗氧剂与某些含硫化物，特别是多硫化物之间，存在对抗作用。其原因也是多硫化物有助氧化作用。

④ 如 HALS 不能与酸性助剂共用，酸性助剂会与碱性的 HALS 发生盐化反应，导致 HALS 失效；在酸性助剂存在时，一般只能选用紫外光吸收剂。

（2）在阻燃塑料配方中，也有对抗作用的例子

① 卤系阻燃剂与有机硅类阻燃剂并用，会降低阻燃效果。

② 红磷阻燃剂与有机硅类阻燃剂并用，也存在对抗作用。

（3）其他对抗作用的例子

① 铅盐类助剂不能与含硫化合物的助剂一起使用，否则引起铅污染。因此在 PVC 加工配方中，硬脂酸铅润滑剂和硫醇类有机锡千万不要一起加入。

② 硫醇锡类稳定剂不能用于铜电缆的绝缘层中，否则引起铜污染。

③ 又如在含有大量吸油性填料的填充配方中，油性助剂如 DOP、润滑剂的加入量要相应增大，以弥补被吸收部分。

17.1.5.3 配方各组分混合要均匀

（1）有些组分要分次加入　对于填料加入量太大的配方，填料最好分两次加入，第一次在加料斗，第二次在中间侧加料口。如 PE 加入 150 份氢氧化铝的无卤阻燃配方，就要分两次加入，否则不能造粒。

对于填料的偶联剂处理，一般要分三次喷入方可分散均匀，偶联效果好。

（2）合理排布加料顺序　在 PVC 或填充母料的配方中，各种料的加料顺序很重要。填充母料配方中，要先加填料，混合后升温后可除去其中的水分，利于后续的偶联处理。在 PVC 配方中，外润滑剂要后加，以免影响其他物料的均匀混合。

17.1.5.4　配方对其他性能的负面影响

所设计的配方应该不劣化或最小限定地影响树脂的基本物理力学性能，最起码要保留原有的性能，最好能顺便提高原树脂的某些性能。但客观存在的事实是，任何事物都具有两面性，在改善某一性能时，可能降低其他性能，可谓顾此失彼。因此在设计配方时，一定要全面考虑，尽可能不影响其他性能。如高填充配方对复合材料的力学性能和加工性能影响很大，冲击强度和拉伸强度都大幅度下降，加工流动性变差。如果制品对复合材料的力学性能有具体要求，在配方中要做具体补偿，如加入弹性体材料弥补冲击性能，加入润滑剂改善加工性能。

下面举几个经常受影响的性能。

（1）冲击性　大部分无机材料和部分有机材料都降低配方的冲击性能。为了补偿冲击强度，在设计配方时需要加入弹性体。如在填充体系的 PP/滑石粉/POE 配方，在阻燃体系 ABS/十溴/三氧化二锑/增韧剂配方。

（2）透明性　大多数无机材料对透明性都有影响，选择折射率与树脂相近的无机材料对透明性影响会小些。近来，透明填充母料比较流行，主要针对 HDPE 塑胶袋，加入特殊品种的滑石粉对透明性影响小，但不是绝对没有影响。

有机材料也对透明性有影响，如 PVC 增韧，只有 MBS 不影响透明性，而 CPE、EVA、ACR 都影响其透明性。

在无机阻燃材料中，胶体五氧化二锑不影响透明性。

（3）颜色性　有些树脂本身为深色，如酚醛树脂本身为棕色、导电树脂如聚苯胺等本身为黑色。

有些助剂本身也具有颜色性，如炭黑、炭纳米管、石墨、二硫化钼都为黑色，红磷为深红色，各类着色剂为五颜六色。

在配方设计时，一定要注意助剂本身的颜色及变色性，有些助剂本身颜色很深，这会影响制品的颜色，难以加工浅色制品。如炭黑为黑色，只能加工深色制品；其他如石墨、红磷、二硫化钼、金属粉末及工业矿渣等本身都带有颜色，选用时要注意。还有些助剂本身为白色，但在加工中因高温反应而变色，如硅灰石本身为白色，但填充到树脂中加工后就成浅灰色了。

（4）其他性能　塑料的导热改性一般为加入金属类和碳类导热剂，但此类导热剂又是导电剂，在提高导热性同时会提高导电性，从而影响绝缘性。而导热很多用于要求绝缘的材料如线路板、接插件、封装材料等。为此要绝缘导热不能加入具有导电性的导热剂，只能加入绝缘类导热剂，如陶瓷类金属氧化物。

17.1.5.5　配方应具有可加工性

配方要保证适当的可加工性能，以保证制品的成型，并对加工设备和使用环境无不良影响。复合材料中助剂的耐热性要好，在加工温度下不发生蒸发、分解（交联剂、引发剂和发泡剂除外）；助剂的加入对树脂的原加工性能影响要小；所加入助剂对设备的磨损和腐蚀应尽可能小，加工时不放出有毒气体，损害加工人员的健康。

（1）流动性

① 大部分无机填料都影响加工性，如加入量大，需要相应加入加工改性剂以补偿损失的流动性，如加入润滑剂等。

② 有机助剂一般都促进加工性，如十溴二苯醚、四溴双酚 A 阻燃剂都可促进加工流动性，尤其四溴双酚 A 的效果更明显。

③ 一般的改性配方都需加入适量的润滑剂。

(2) 耐热性 保证助剂在加工过程中不要分解，除发泡剂、引发剂、交联剂因功能要求必须要分解外。

① 氢氧化铝因分解温度低，不适合于 PP 中使用，只能用于 PE 中。

② 四溴双酚 A 因分解温度低，不适合于 ABS 的阻燃。

③ 大部分有机染料分解温度低，不适合高温加工的工程塑料。

④ 香料的分解温度都低，一般在 150℃以下，只能用 EVA 等低加工温度的树脂为载体。

⑤ 改性塑料配方因加工过程中剪切作用强烈，都需要加入抗氧剂，以防止热分解发生，而导致原料变黄。

17.1.5.6 塑料配方组分的环保性

具体要求为配方中的各类助剂对操纵者无害、对设备无害、对使用者无害、对接触环境无害。以前环保的要求范围小，只是对食品、药品等与人体接触要无毒即可。现在的要求高了，与人体间接接触的也不行，要对环境无污染，如土、水、大气层等。

(1) 人体卫生性 树脂和所选助剂应该绝对无毒，或其含量控制在规定的范围内。

(2) 对环境污染 所选组分不能污染环境。

① 铅盐不能用于上水管。

② 铅盐不能用于电缆护套；埋地渗入土壤中，农作物吸收后人食用；架空雨淋进入土壤中，农作物吸收后人食用。

③ 几种增塑剂 DOA、DOP 不能用于玩具、食品包装膜。

④ 铅、镉、六价铬、汞重金属不能用，污染土壤。

⑤ 多溴联苯、多溴联苯醚不能用，产生二噁英，污染大气层。

17.1.5.7 助剂的价格和来源

在满足配方的上述要求基础上，配方的价格越低越好。在具体选用助剂时，对同类助剂一定要选低价格的种类。如在 PVC 稳定配方中，能选铅盐类稳定剂就不要选有机锡类稳定剂；在阻燃配方中，能选硼酸锌则不选三氧化二锑或氧化钼。具体应遵循以下原则。

① 尽可能选择低价格原料，降低产品成本。

② 尽可能选库存原料，不用购买。

③ 尽可能选当地产原料，运输费低，可减少库存量，节省流动资金。

④ 尽可能选国产原料，进口原料受外汇、贸易政策、运输时间等因素影响大。

⑤ 尽可能选通用原料，新原料经销单位少，不易买到，而且性能不稳定。

17.2 无毒 PVC 塑料配方技术

17.2.1 环保要求

在最近几十年中，PVC 一直成为人们争论的焦点。PVC 对人体健康和环境的影响，从科学、技术和经济等方面分析存在着不同的观点。然而在这近几十年里 PVC 对环境和人体健康的所造成的影响及潜在危害也已成为不争的事实。综合分析 PVC 生命周期是十分必要的，在科学的基础上分析 PVC 在生命周期期间的各种环境问题及对人体健康的影响，从而采取一些方法来减少甚至消除这些影响，这也正是我们开发无毒 PVC 塑料的目的所在。

PVC 是目前世界上仅次于聚乙烯用量最大，用途最广的塑料之一。在全世界绿色和平运动的压力下，发达国家对 PVC 塑料制品已经提出了严格的环保要求。为了保护环境，保障人们的身体健康，提高我国 PVC 塑料制品的竞争能力，开发无毒 PVC 塑料意义非凡。实现 PVC 塑料的无毒化，即是要实现 PVC 树脂本身、PVC 添加剂的无毒化，主要有以下几个方面。

17.2.1.1 VCM 残留含量限制

聚氯乙烯（PVC）是一种聚合材料，它是由分子式为 CH_2 ＝$CHCl$ 的单体氯乙烯（VCM）聚合而成。实验证明 VCM 是致癌物质，在极低的浓度下直接接触便会对人体产生危害，VCM 在土壤中具有高移动性，且不易被分解，必须严格控制将 VCM 排放到空气和水中，并最大限度降低 VCM 在最终聚合物中的含量。研究资料表明，VCM 健康安全浓度必须控制在 5mg/kg 以下，并且不能长时间暴露在 VCM 环境之中。美国肯塔基州（Kentucky）罗以斯瓦 (Louisville) 一座氯乙烯聚合工厂 16 个员工同时被检查出患有肝血管瘤（hepatic angiosarcoma），这一惨痛的教训第一次向世界证明了 VCM 对人体的巨大伤害性。

在一些发达国家和地区中规定，用于食品级的 UPVC 树脂中氯乙烯单体含量不得超过 5mg/kg，其制品不得超过 1mg/kg，才能使制品对人体无害。如食品容器中 VCM 单体含量：美国、日本要求小于 $15\mu g/kg$，中国台湾地区要求小于 1mg/kg。我国规定疏松型 PVC 产品中，VCM 残留量不得大于 5mg/kg；卫生级 PVC 树脂中，VCM 残留量不得大于 5mg/kg；PVC 包装材料中的 VCM 含量必须在 1mg/kg 以下。

同时实现聚合过程中的引发剂无毒化、溶剂无毒化，彻底消除聚合过程引入 PVC 树脂中的甲苯、氰基等有毒有害物质，才能真正意义上达到 PVC 树脂的"绿色标准"。

17.2.1.2 PVC 稳定剂无毒化

PVC 分子结构是不稳定的，在光和热的作用下，会发生脱氯化氢的降解反应，这可以通过加入稳定剂来避免。稳定剂通常由重金属盐如铅、镉、钡化合物或金属皂盐钙、锌、稀土化合物或有机锡化合物组成。大量的事实表明，铅、镉类化合物对人体健康的巨大危害性和对环境的严重危害性。铅、镉类稳定剂的使用，一直以来是环境保护主义者或者绿色和平组织反对 PVC 材料的焦点之一。

从 1996 年 9 月开始，美国只准许铅含量小于 2×10^{-4} 的 PVC 制品进入市场，美国消费者产品安全委员会第 96-150 号文件和第 4426 号文件都对此有明确规定。加拿大、南美一些国家也已颁布法规严禁在 PVC 制品中使用铅系稳定剂，如加拿大卫生部 1994-48 号文件。2001 年 3 月 1 日起，欧盟 PVC 工业界承诺不再使用镉热稳定剂。欧洲议会 2000 年通过环保法案 76/769/EEC-PVC 材料环保要求绿皮书：要求 2003 年 8 月起，在电器类材料中禁止使用铅盐类物资，到 2005 年达到全面禁用。日本规定在 2002～2005 年，除少数几个品种外均不得使用铅盐稳定剂。

世界发达国家对 PVC 塑料制品的铅、镉含量提出了严格的要求：铅含量要求小于 50mg/kg，镉含量要求小于 5mg/kg。而我国铅类稳定剂的使用仍占主体，镉类稳定剂也还在被大量使用，铅、镉类稳定剂占据了热稳定剂总用量的 70％以上。在我国实现 PVC 塑料无毒化，全面禁止铅、镉类稳定剂的使用，推广钙锌、有机锡等无毒稳定剂的使用是重中之重的工作。

17.2.1.3 PVC 增塑剂无毒化

纯 PVC 机械硬度高、耐候性优良、耐化学品，是性能优良的电绝缘材料。PVC 的力学特性可以通过低分子量化合物混合于聚合物中来改变。加上增塑剂使各种材料具有重要的可变特性，使 PVC 具有广泛的用途。增塑剂品种主要包括邻苯二甲酸酯类、对苯二甲酸酯类、脂肪酸酯类、烷基磺酸苯酯类和含氯增塑剂类等。其中以邻苯二甲酸酯类所占比例最大，其产量约占增塑剂总产量的 70％。

邻苯二甲酸酯类增塑剂常用于玩具和儿童用品中，它在较高的含量下会发生迁移、析出，对儿童可能造成的风险。对于邻苯二甲酸酯是否对儿童健康存在危害，世界各大检测机构一直争论不休。为了确保儿童的身体健康，欧盟于 1999 年 12 月 7 日正式作出决定（1999/815/EC 指令）：在欧盟成员国内，对三岁以下儿童使用的与口接触的玩具以及其他儿童用品（如婴儿奶嘴、出牙器等）中的聚氯乙烯塑料（简称 PVC 塑料）中的增塑剂含量进行限制，要求 PVC 中所含 6 种邻苯二甲酸酯类物质（DEHP、DINP、DNOP、DBP、DIDP、BBP），总含量不超过 0.1%。

由于 PVC 邻苯二甲酸酯类增塑剂的析出问题和对环境影响的不确定因素，部分发达国家甚至决定在儿童玩具制品中禁用 PVC 或逐年减少柔性 PVC 的使用，同时含氯增塑剂被发现与致癌物质二噁英的生成有关，对 PVC 材料发展产生了极大的负面影响。不过环保增塑剂的使用令这一问题得到改观。如乙酰柠檬酸三丁酯（ATBC），世界各国均批准它于玩具、医疗制品及食品包装（FDA，EC-Syn. Doc，Jap. PVC-List）。

17.2.1.4　PVC 阻燃剂无毒化

阻燃剂是塑料加工的重要助剂之一，它可以使塑料具有难燃性、自熄性和消烟性，从而提高塑料产品的安全性能。就产量和用量来看，目前阻燃剂已成为仅次于增塑剂的大宗塑料助剂，全球阻燃剂消费量已超过 100 万吨。阻燃剂品种主要包括卤素阻燃剂（包括氯系阻燃剂和溴系阻燃剂）、磷系阻燃剂和无机阻燃剂等。其中以氯系阻燃剂所占比例最大，约占阻燃剂总产量的 80%。

卤素阻燃剂在燃烧时会生成大量的烟、有毒及有腐蚀性的气体，这些烟气可以导致单纯由火所不能带来的电路系统开关损坏，以及其他金属对象的腐蚀。有毒的烟气还会对人体的呼吸道及其他器官造成危害，甚至引起窒息而威胁生命。多氯代二苯并二噁英与多氯代二苯并呋喃、多溴代二苯并二噁英（PBDDs）和多溴代二苯并呋喃（PBDFs）、多氯联苯和多氯代萘等臭名昭著的二噁英类化合物据研究发现正是在卤素阻燃剂燃烧时所生成。

发达国家已开始禁止使用各种卤素阻燃剂，并制定了相应的法律法规。例如德国规定从 1995 年起在电子设备的外壳中禁用各种溴化物阻燃剂；瑞典专业雇员联盟的 TCO95 认证也规定，在电子设备中 25g 以上的塑料零件中均禁用有机氯化物和有机溴化物添加剂。

我国整个塑料行业有机卤素类阻燃剂的使用量约占阻燃剂整体用量的 80%，使用的有机卤素类阻燃剂主要以氯化石蜡为主，虽说价格低廉，但是确给使用和废弃处理时带来严重的安全隐患和环境污染问题。随着优良的环保无机阻燃剂的兴起，减少使用或不使用含卤素、不含重金属阻燃剂必将成为塑料行业的趋势。

17.2.1.5　PVC 着色剂无毒化

塑料着色剂就是能使塑料着色的一种助剂，主要有颜料和染料两种。颜料是一种不溶的，以不连续的细小颗粒分散于整个树脂中而使之上色的着色剂，包括无机和有机两类。染料则是可溶解于树脂的有机化合物着色剂，比无机化合物更牢固、鲜艳、透明。

塑料着色及其他添加剂一样，在使用过程中可能有一定量迁移至制品表面，并进入周围介质中，通过吸入、食入、皮肤接触，最终直接或间接进入人体，一直对人体健康造成危害。在使用食品包装材料、化妆品包装材料、玩具和日用品时更可能发生这种情况。塑料着色剂可能对人体造成危害的关键性因素之一就是所用着色剂本身的毒性大小。

偶氮染料是多种塑料常用的着色剂之一，是指包含一个或多个偶氮基团—N ＝N—，而与其连接部分至少含有一个芳香族结构的染料。其本身并无毒性，但偶氮染料在一定的条件下，将分解还原出各种芳香胺类，其中有 20 余种芳香胺类是人体的致癌物质或对人类健康有一定程度的危害性。此外，某些染料从化学结构上看不存在致癌芳香胺，但由于在合成过程中中间体的残余或杂质和副产物的分离不完善而仍可被检测出存在致癌芳香胺。重金属颜料如铬黄、镉红、镉银朱、镉朱红等慢性毒性极强，也都对人体存在很大的潜在危害性。

1994 年 7 月，德国政府首次以立法的形式，禁止生产、使用和销售可还原出致癌芳香胺的偶氮染料以及使用这些染料的产品，荷兰政府和奥地利政府也发布了相应的法令。欧盟已经立法，禁止偶氮染料的使用。在我国，偶氮化合物染料仍被很广泛的应用于塑料、纺织，甚至应用于食品领域，其危害是相当大的；另外，重金属颜料也还在广泛使用之中。这些都是不符合环保要求的，亟待改善。

17.2.1.6　PVC 游离酚含量限制

PVC 树脂本身并不含有游离酚，但由于 PVC 的成型需要加入各种添加剂，这便有可能引入游离酚类化合物。游离酚类为原浆毒，可直接抑制造血细胞的核分裂，对骨髓中核分裂最活跃的幼稚细胞具有明显的毒作用，在细胞形态上可见到核浓缩、脑浆中出现毒性颗粒和空泡。酚类与骨髓细胞中硫基起作用，可导致谷胱甘肽和维生素 C 代谢障碍，破坏血细胞。酚类化合物特别是对苯二酚或邻苯二酚还可影响白细胞中 DNA 的合成，导致染色体畸变。

游离酚类化合物的存在，不仅对操作工人的健康产生危害，而且在 PVC 塑料制品使用过程中可能会发生缓慢释放，对环境和人们的身体健康造成潜在危害。目前世界发达国家不仅是对涂料、酚醛塑料和脲醛塑料中的游离酚含量限定制定了法律法规，近年来对 PVC 塑料中的游离酚含量也提出了严格限制要求，如许多欧美客户要求 PVC 制品中游离酚含量必须小于 5mg/kg。这对我国 PVC 制品出口又提出了新的要求，必须引起我们的高度重视。

17.2.2　对策

对于 PVC 制品的安全问题我们应该从如下 3 个方面考虑，缺一不可：一是要注意使用原材料加工者的安全；二是要注意成品使用者的安全；三是要注意其废弃物对环境的安全。而我国对相当一部分 PVC 产品的管制中，只是限定了操作环境的安全，使用过程中某种有害物质在 PVC 制品中的可迁移或可析出含量，并没有考虑 PVC 制品的废弃回收。所以要从根本上消除 PVC 对人身健康和环境的危害，还是有一定距离的。

欧洲在 1992 年的第 5 届欧洲环境行动方案中，提出了以产品为导向的环境政策（IPP；Integrated Product Policy），大力提倡绿色产品及可持续消费。并开始引用北欧成功的环保标章制度，刺激消费者对于"绿色产品"的需求。同时，欧洲各国也鼓励领先企业，利用一些工具，并透过赋税诱因、价格机制等方式，逐步开发绿色产品市场。

在 IPP 政策中，是利用"管头"（front-of-pipe）的方式，取代"管末"（end-of-pipe）的方式来解决环境问题。我们要从根本上消除 PVC 的潜在危害，实现 PVC 塑料无毒化，IPP 政策是相当值得我们借鉴和推广使用的。

17.2.3　配方技术

PVC 塑料制品配方的设计涉及多个方面，配方中各组分的配合，对塑料制品性能有很大影响。它可以通过各种助剂、改性剂的不同配方来制造性能不一的产品，如各种软硬度、耐热、耐腐蚀的 PVC 电线电缆，耐冲击、耐压的 PVC 管道，管件及异型材等。在配方中，各组分的作用都是有相互关系的，不能孤立的选配。在选择组分时，应全面考虑各方面的因素，如物理性能、流动性能、成型性能和化学性能等。

以下为 PVC 配方设计的简单流程：

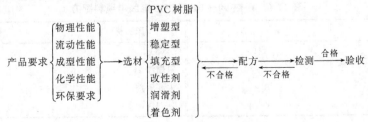

任何配方的设计都是以产品的需求作为起点，通过对需求的评定来选择原材料，制定配方，制样后再进行检测分析，对不合格的地方加以改进，最后得到合格的产品。本文将以无毒钙锌稳定剂为例来阐述无毒 PVC 塑料配方设计的重点，即润滑剂的选择。

以无毒钙锌稳定剂设计配方在大的整体与铅盐类稳定剂、有机锡类稳定剂、稀土稳定剂是相同的，其主要的区别在于润滑剂的选择。如下为几种稳定剂的固有润滑性及需并用的润滑剂种类。

润滑性顺序：

含硫有机锡 < 有机锡 < 无机稳定剂 < 液体复合稳定剂 < 粉末金属皂类

并用方法：

内润滑剂在常温下与树脂有一定的相容性，在高温下相容性增大，从而产生内增塑作用，可以削弱分子间作用力，减小内摩擦，降低熔体黏度，防止强烈的内摩擦导致塑料地过热，提高流动性，提高制品的产量和设备的加工效率。外润滑剂与树脂的相容性小，在加工中析出到熔体表面，降低熔体与接触金属之间的摩擦力，防止熔体黏附模具，改善制品的外观质量，保证制品表面的粗糙度达标。

在以钙锌为稳定剂的配方体系，需以内润滑为重点，适当加入外润滑剂，以达到内润滑与外润滑的平衡。但配方中若有氯化聚乙烯等改性剂存在时，因为它本身会促进熔化，需适当减少内润滑剂，以达到润滑平衡。

17.2.4 生产技术

几乎对所有 PVC 制品而言，钙/锌复合稳定剂都可以满足它们的要求，实验证明钙锌复合稳定剂性能和铅盐类稳定剂相当，制品的加工性能、颜色变化、耐候性方面都能得到保证，并且钙锌复合稳定剂其耐候性能更为优良。以下为使用钙锌稳定剂制作软质及半硬质，硬制品的基本配方，当然各种不同 PVC 制品所使用的钙/锌复合稳定剂是不相同的，其中的成分要作必要的调整。

(1) 耐热 70℃电线电缆料　典型配方见表 17-5。

(2) 耐热 90～105℃电线电缆料　典型配方见表 17-6。

(3) 45P（85A）PVC 插头料　典型配方见表 17-7。

(4) 透明无毒医用软管　典型配方见表 17-8。

表 17-5　耐热 70℃ PVC 电线电缆料配方　　　　单位：质量份

原　材　料	配　方	原　材　料	配　方
PVC($K=65\sim67$)	100	CaCO$_3$	40～60
增塑剂 DOP	40～60	阻燃油 2635	4
环氧大豆油 EPOXY	3～5	内润滑剂	0.6
钙锌复合稳定剂	4～6	外润滑剂	0.2

表 17-6　耐热 90～105℃ PVC 电线电缆料配方　　　　单位：质量份

原　材　料	配　方	原　材　料	配　方
PVC($K=65\sim67$)	100	CaCO$_3$	20～30
1.8.1 DIDP/TOTM	45～60	阻燃油 2635	4
环氧大豆油 EPOXY	3～5	内润滑剂	0.6
钙锌复合稳定剂	6～8	外润滑剂	0.2

表 17-7　PVC 插头料配方　　　　　　　　　　　　单位：质量份

原 材 料	配 方	原 材 料	配 方
PVC($K=58\sim60$)	100	钙锌复合稳定剂	$5\sim6$
增塑剂 DOP/DIDP/TOTM	45	内润滑剂	0.6
环氧大豆油	3	外润滑剂	0.4
$CaCO_3$	$40\sim60$		

表 17-8　透明无毒医用 PVC 软管配方　　　　　　单位：质量份

原 材 料	配 方	原 材 料	配 方
PVC($K=65\sim67$)	100	钙锌复合稳定剂	2
柠檬酸酯	$40\sim50$	外润滑剂	0.2
环氧大豆油	$4\sim6$		

（5）透明无毒压延膜　典型配方见表 17-9。

表 17-9　透明无毒 PVC 压延薄膜料配方　　　　　单位：质量份

原 材 料	配 方	原 材 料	配 方
PVC($K=65\sim67$)	100	钙锌复合稳定剂	2
增塑剂 DOP/DINP/柠檬酸酯	$40\sim60$	外润滑剂	0.3

（6）无毒环保 PVC 玩具料　典型配方见表 17-10。

表 17-10　无毒环保 PVC 玩具料典型配方　　　　单位：质量份

原 材 料	配 方	原 材 料	配 方
PVC($K=65\sim67$)	100	钙锌复合稳定剂	3
柠檬酸酯 D4 或 B2	$40\sim80$	外润滑剂	0.5
环氧大豆油	3		

（7）无毒 PVC 上下水管材　典型配方见表 17-11。

表 17-11　无毒 PVC 上下水管配方　　　　　　　单位：质量份

原 材 料	配 方	原 材 料	配 方
PVC($K=65\sim67$)	100	增韧剂 CPE	$3\sim8$
环氧大豆油	4	加工助剂	1
钙锌复合稳定剂	$3\sim5$	内润滑剂	0.6
$CaCO_3$	$5\sim10$	外润滑剂	0.2

17.3　小剂量塑料助剂配混方法和技巧

（杨　涛）

　　塑料原料需要经过熔融、模塑等过程制成各种形状的制品，才能发挥其作用，服务于人类。塑料原料品种众多，而且新品种不断涌现，但每一种塑料都有其局限性，既有自身性能的独特之处，也有自己的薄弱环节，没有十全十美的塑料材料。因此，利用助剂和（或）其他高分子材料优化塑料性能成为塑料加工行业的常规手段。

　　塑料助剂也称塑料添加剂，是聚合物进行加工时，为改善其加工性能或为改善树脂本身性能不足，而必须添加的一些化合物。塑料助剂按用途可分为工艺用助剂和功能性助剂。在塑料加工生产和技术进步中具有十分重要的作用。

　　根据配方中添加比例的大小可以将塑料助剂分为高剂量、中剂量、低剂量以及小剂量助剂。这种区分并非专业分类方法，所以，它们之间没有明确的界限。小剂量，一般指配方中添加量在 0.5 质量份（以 100 质量份塑料或树脂计）以下的助剂产品。

塑料助剂对加工过程和产品性能的贡献及其重要程度，与其添加量的多少没有直接关系，小剂量助剂往往是必须的，而且是不可或缺的，在配方中具有十分重要的作用。

由于小剂量塑料助剂在配方中用量小、作用大，而且一般价格都比较高，所以对于它的使用有更严格的要求，不仅要称量和添加准确，而且要求混合到位、分散均一。否则，会因为分散不均而导致最终制品性能差异和缺陷。

直接混合方法是塑料加工中的主要混料方式，所采用的设备比较庞大，混合效果一般，适合于用量较大的助剂产品，不太适合小剂量塑料助剂产品。这是因为小剂量助剂产品添加量有限，在整个塑料混合体系中占比很小，容易因助剂积聚造成局部浓度差异。如果要达到整体使用要求，实际操作中往往需要考虑增加一定用量，以弥补因局部积聚或粘壁等损失的数量。这不仅会增加成本，造成浪费，还会因局部该助剂浓度过高造成一些加工和性能问题。

先预混合处理，再把预处理料按比例与其它配方成分混合均匀，成为解决上述小剂量助剂使用难题的有效方法。塑料母料技术是最具代表性的小剂量助剂有效添加方式，是 20 世纪 80 年代发展起来的一种新型塑料配混技术。

塑料母料是一种塑料助剂的浓缩物，国外称为 plastics concentrates，是把塑料助剂超量地、均匀地载附于树脂中而制得的聚集体。制造塑料制品时，不必再加入该种塑料助剂，而只需加入相应的母料即可。母料将传统的助剂直接加入改为间接加入，这种方法使用方便，已成为塑料助剂重要添加方式之一。目前已开发的母粒品种，按其用途不同可分为填充母料、着色母料、改性母料及加工母料四大类。其中着色母料和改性母料中很多都是小剂量塑料助剂品种，如着色剂、扩链剂、芳香剂、防雾剂、抗静电剂等。

塑料母料一般多制成粒料形式，有时也称为母粒。其实针对不同的塑料助剂品种和塑料配方体系，塑料母料也有其他形式。

比如，PVC 树脂为粉状，配方中所需添加的着色剂，一般会先制成高浓度的色粉，而不是色母粒。这是因为粒料和粉料无法达到更均匀的混合效果。再如，PVC 软制品中，要添加大量的增塑剂，配方中一些小剂量的助剂，可以用经过计量的一部分增塑剂先混合均匀，再把混合液投入到配方混配体系中。采用这种方式，液体小剂量助剂与增塑剂混合均匀即可直接使用，粉体小剂量助剂与增塑剂混合后，有时还经过研磨使其进一步分散，然后再与配方体系共混。这种方法对提高 PVC 制品的质量有很大帮助。

除此之外，表面偶联处理、升温混合、采用适当的加料顺序是提高和完善母料技术和塑料配混技术的常用方式和手段，具有较好的实际效果。

但母料添加方式也存在一定问题。常规的塑料助剂母料，市场上还比较容易购得，而一些特殊母料品种，如塑料品种特殊或助剂产品特殊，或者是一些新助剂产品等，就很难买到相应助剂母料。而这就需要加工者自己加工制作母料。

自制塑料助剂母料，不仅需要母料加工所需的混合、挤出造粒装备，同样也面临助剂与塑料载体混合均匀的问题。因此，塑料助剂的母料添加方式也存在一定问题和局限性，对于添加特殊品种的小剂量塑料助剂的塑料加工研究尤为不适合。

针对上述情况，结合实际研究和生产工作经验，笔者给出一个小剂量塑料助剂喷雾配混技巧，供大家参考。

对于液体小剂量塑料助剂，可以用直接喷雾或混合喷雾添加的方式。直接喷雾就是利用喷雾器使其雾化成微小液滴，喷洒到基体塑料颗粒上，达到比较均匀的分散效果。混合喷雾就是先将小剂量液体助剂与不会对基体塑料材料产生不良影响的易挥发的溶剂类产品混合（以扩大实际添加的液体量，提高分散的均匀性），再将混合溶液喷洒到基体塑料颗粒上。

固体小剂量塑料助剂，也可采用喷雾添加的方式。因为它们多为有机类产品，如扩链剂、交联剂、芳香剂、光亮剂、部分着色剂、防雾剂、抗静电剂等。这些有机类助剂产品一般都有其优良的有机溶剂，可以形成有机溶液。有机溶剂多易挥发，溶剂挥发后，溶质将以微小粒子析出。将按配方计量的有机类粉体助剂先溶解到适量的有机溶剂中，再用喷雾器将溶液喷洒到已计量的塑料颗粒上。喷洒时，如果塑料数量较少，可以先将塑料颗粒平铺，然后直接将溶液喷洒到颗粒上；如果塑料数量较多，要将溶液喷洒到被搅拌翻滚的塑料颗粒上。由于溶液呈雾状喷洒到塑料颗粒上，其表面积增大，挥发速率和挥发量增加，随着溶剂的大量挥发，溶质（粉体助剂）将以微小固体颗粒形态沉积到塑料颗粒表面，比较均匀地分散到塑料颗粒中，实现小剂量粉体助剂均匀分散、混合到塑料颗粒中的目的。如：扩链剂 ADR-4300 在 PET 中使用时，可以采用氯仿作为有机溶剂将其溶解，再喷雾分散到 PET 上。

喷雾添加小剂量塑料助剂的方法，主要适用于一些试验研究和小批量生产，是对塑料母料配混技术的补充。使用时，喷雾器上会粘留一定量的助剂产品，所以在正式使用前，要提前对喷雾器进行润湿处理。需要注意的是，挥发性很强的液体塑料助剂不能采用这种配混方式。此外，注意所选用喷雾器材质的耐溶剂性能，避免其被溶剂和（或）助剂溶解，造成损失和伤害。还有，溶剂的毒性也是需要使用者格外注意和小心的。

17.4　不同种类添加剂对聚丙烯加工稳定性的影响

聚丙烯常见的高分子材料之一，在工业界有广泛的应用。它具有强度高、硬度大、耐磨、耐弯曲疲劳、耐热温度高、耐湿和耐化学性优良、容易加工成型、价格低廉等优点。同时具有低温韧性差、不耐老化等缺点，产量大、应用广泛的通用高分子品种。缺点是低温韧性差，不耐老化。但可分别通过改性和使用添加剂予以克服，因此添加剂对于聚丙烯的工业化应用作用巨大。聚丙烯的添加剂种类很多，常见的有不同种类抗氧剂如：酚类抗氧剂、亚磷酸酯类抗氧剂、硫酯类抗氧剂以及吸酸剂、紫外线吸收剂、受阻胺光稳定剂、抗静电剂、爽滑剂等。本文作用对聚丙烯用各种添加剂的加工稳定性进行了综合研究，从实验所得数据对各种添加剂的应用作用进行了分析，找出了不同种类添加剂的加工稳定性作用规律。

17.4.1　实验简介

将不同种类添加剂按设计添加量加入约 500g 聚丙烯粉料中，充分混合后加入双螺杆挤出机进行多次挤出造粒，每次挤出造粒留样约 50g。对留样进行黄变指数、熔融指数、氧化诱导期进行检测，并对所统计的数据进行整理、分析。

17.4.1.1　实验目的

对常用于复配的单元助剂产品（抗氧剂、吸酸剂、抗静电剂等）的应用性能进行逐一实验、评价，为配方设计、进一步开发高效复配助剂新品种提供依据。

17.4.1.2　实验设备及实验材料

（1）实验设备　双螺杆挤出机，SHJ-20B，南京杰恩特机电有限公司；熔体流动速率仪，MFI-1211，承德市金建检测仪器有限公司；色差计，SC-80C，北京康光光学仪器有限公司；差热分析仪，DZ3320A，南京大展机电技术研究所。

（2）实验材料　聚丙烯粉料，中石化（青岛）040（熔融指数约为 4.0g/10min，每个配方用量 500g）；抗氧剂为山东省临沂市三丰化工有限公司生产的产品，其他种类添加剂为市售工业品，见表 17-12。

表 17-12　单元助剂编号及添加量

类别	产品	添加量/(mg/kg)
酚类抗氧剂	1010	1000
	1076	1000
	1330	1000
	BHT	1000
	405	1000
亚磷酸酯类抗氧剂	168	1000
	626	500
	636	500
硫酯类抗氧剂	DSTDP	1000
	DLTDP	1000
吸酸剂	ZnSt	500
	CaSt	500
	DHT-4A	200
紫外线吸收剂	531	1000
受阻胺光稳定剂	944	1000
抗静电剂	GMS	250
爽滑剂	芥酸酰胺	1000
	油酸酰胺	1000
其他助剂	聚丙烯 A	300

17.4.1.3　实验条件

（1）挤出造粒条件　参见表 17-13。

表 17-13　挤出造粒机挤出造粒加工参数

温度/℃							熔体压力/MPa
一区	二区	三区	四区	五区	机头	熔体	
190	200	210	210	200	190	203	0.1

（2）测试条件

① 熔融指数　温度 230℃，砝码质量 2.16kg。

② 氧化诱导期　升温速率 20℃/min，测试温度 190℃。

17.4.2　实验数据与分析

17.4.2.1　黄变指数分析

（1）二次挤出黄变指数　二次挤出黄变指数趋势见图 17-1，从图 17-1 可以看出二次挤出助剂的添加对粒子黄变指数影响较大。

① 酚类抗氧剂的加入，对聚丙烯二次挤出的黄变指数略有不良影响趋势，酚类抗氧剂按黄变指数从低到高排序为 1076＜3114＜空白＜1010＜BHT＜1330，1010 对黄变指数略有不良影响，1076 对黄变指数影响不大，其他受阻酚对黄变指数的影响与 1010 相近。

② 胺类抗氧剂对聚丙烯二次挤出的黄变指数影响趋势与受阻酚相似。

③ 亚磷酸脂类、硫酯类辅助抗氧剂可以明显降低聚丙烯二次挤出的黄变指数，其中亚磷酸脂类效果显著，按黄变指数从低到高排序为：626＜636＜168＜DSTDP＜DLTDP＜空白，亚磷酸酯中 626 对黄变指数贡献好于其他亚磷酸酯及硫代酯。

④ 吸酸剂可以较好的降低粒子黄变指数，尤其硬脂酸钙效果最佳，吸酸剂按黄变指数从低到高排序为：CaSt＜DHT-4A＜ZnSt＜空白。

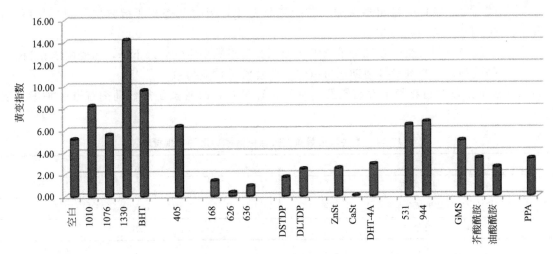

图 17-1　二次挤出黄变指数趋势图

⑤ 紫外线吸收剂、受阻胺光稳定剂对黄变指数的影响与受阻酚相近。

⑥ 抗静电剂、爽滑剂及聚丙烯 A 可以略微改善粒子黄变指数。

（2）多次挤出黄变指数变化　多次挤出对黄变指数的影响见图 17-2，从图 17-2 可以看出多次挤出助剂的添加对粒子黄变指数变化趋势影响较大。

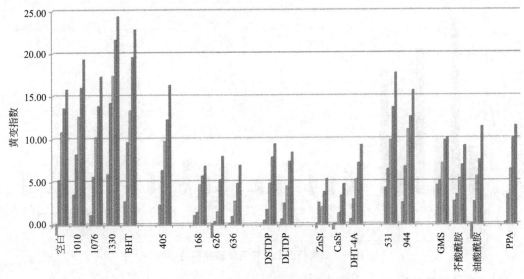

图 17-2　多次挤出对黄变指数的影响

注：从左往右依次为 1～5 次挤出

① 酚类抗氧剂的加入，对聚丙烯多次挤出黄变指数变化趋势有明显不良影响，酚类抗氧剂按多次挤出黄变指数稳定性从低到高排序为：1076＜405＜空白＜1010＜1330＜BHT。1010 对黄变指数略有不良影响，1076 对黄变指数变化趋势无不良影响，有特别明显的不良影响，其他受阻酚对黄变指数变化趋势的影响与 1010 相近。

② 胺类抗氧剂对聚丙烯多次挤出黄变指数变化趋势影响趋势与受阻酚相似。

③ 亚磷酸脂类、硫酯类可以明显降低聚丙烯多次挤出黄变指数变化趋势，其中亚磷酸脂类效果显著，按黄变指数变化从低到高排序为：

168＜626＜636＜DLTDP＜DSTDP＜空白，亚磷酸酯中 168 对多次挤出黄变指数稳定性贡献好于其他亚磷酸酯及硫代酯，说明 168 多次加工稳定性效果好。

④ 吸酸剂可以较好的稳定多次加工黄变指数变化，吸酸剂按黄变指数从低到高排序为：CaSt＜ZnSt＜DHT-4A＜空白。

⑤ 紫外线吸收剂、受阻胺光稳定剂多次加工黄变指数稳定性效果下降，与受阻酚相当。

⑥ 抗静电剂、爽滑剂等其他助剂可以略微改善粒子黄变指数。

从多次加工黄变指数稳定性结果及助剂性价比分析，改善黄变指数助剂首选品种参见表17-14。

表 17-14 改善聚丙烯黄变指数首选添加剂种类推荐表

类　别	品　种
主抗氧剂	1076、1010
辅助抗氧剂	168、626
吸酸剂	CaSt

17.4.2.2　氧化诱导期分析

从图 17-3 中可以得知，添加的助剂中只有酚类抗氧剂、胺类抗氧剂会明显改善聚丙烯二次挤出粒子的氧化诱导期，辅助抗氧剂、吸酸剂、光稳定剂、抗静电剂等对氧化诱导期无贡献。因此提高氧化诱导期首先要从主抗氧剂着手。主抗氧剂按氧化诱导期从小到大排序为 BHT＜1076＜405＜1330＜1010。

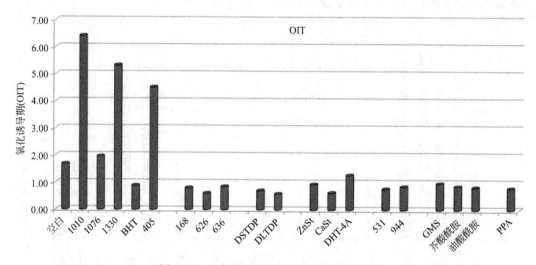

图 17-3　二次挤出聚丙烯氧化诱导期趋势图

17.4.2.3　熔融指数分析

(1) 二次挤出熔融指数　二次挤出熔融指数趋势见图 17-4。从图 17-4 中可以看出，受阻酚类主抗氧剂对熔融指数稳定性贡献明显，亚磷酸酯类抗氧剂对熔融指数稳定性略有贡献，受阻胺、抗静电剂、爽滑剂对熔融指数稳定性无明显影响，吸酸剂对熔融指数稳定性有相反作用。

① 酚类抗氧剂的加入，对聚丙烯二次挤出的熔融指数有明显改善，酚类抗氧剂按熔融指数从低到高排序为：BHT＜1330＜1010＜1076＜空白。1010 对熔融指数显著稳定性，1076 对熔融指数稳定性差于 1010，其他受阻酚对熔融指数的影响与 1010 相近。

② 胺类抗氧剂对聚丙烯二次挤出的熔融指数影响趋势与受阻酚相似，但略差于受阻酚。

③ 亚磷酸脂类、硫酯类可以降低聚丙烯二次挤出的熔融指数，但效果略差于受阻酚，其中亚磷酸脂类效果显著，按熔融指数从低到高排序为：626＜636＜168＜DLTDP＜DSTDP＜

空白，亚磷酸酯中 626 对熔融指数贡献好于其他亚磷酸酯及硫代酯，原因是 626 活性特别高，起效快。

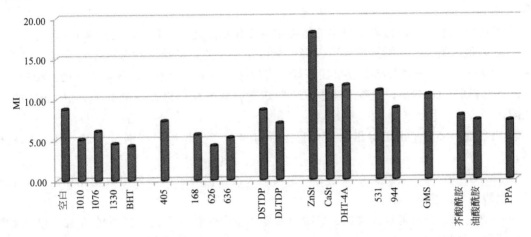

图 17-4 二次挤出熔融指数趋势图

④ 吸酸剂对熔融指数有相反作用，特别是 ZnSt，不良影响很明显，吸酸剂按熔融指数从低到高排序为：空白＜CaSt＜DHT-4A＜ZnSt。

⑤ 紫外线吸收剂、受阻胺光稳定剂对聚丙烯二次挤出粒子的熔融指数稳定性影响不明显。

⑥ 抗静电剂、爽滑剂等其他助剂可以略微改善粒子熔融指数。

（2）多次挤出熔融指数变化 多次挤出对熔融指数的影响见图 17-5。从图 17-5 可以看出，受阻酚类主抗氧剂对多次加工熔融指数变化稳定性贡献明显，亚磷酸酯类抗氧剂对多次加工熔融指数变化稳定性略有贡献，受阻胺、抗静电剂、爽滑剂、对熔融指数稳定性无明显影响，吸酸剂对熔融指数稳定性有相反作用。

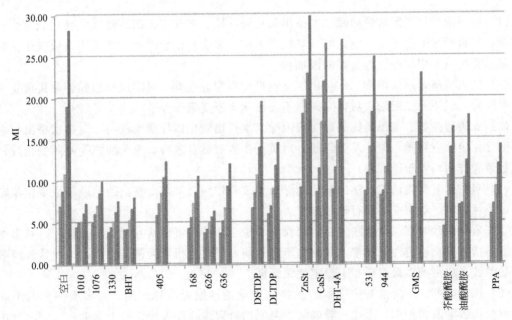

图 17-5 多次挤出对熔融指数的影响

注：从左往右依次为 1～5 次挤出

① 酚类抗氧剂的加入，对聚丙烯多次挤出的熔融指数变化稳定性有明显改善，酚类抗氧

剂按熔融指数从低到高排序为：1330＜BHT＜1010＜1076＜空白。1010 对多次加工熔融指数变化有显著稳定性，1076 对熔融指数稳定性差于 1010，其他受阻酚对多次加工熔融指数变化的影响与 1010 相近。

② 胺类抗氧剂对聚丙烯多次挤出的熔融指数变化稳定性影响趋势与受阻酚相似。

③ 亚磷酸酯类、硫酯类抗氧剂可以降低聚丙烯多次挤出的熔融指数变化稳定性，但效果略差于受阻酚，其中亚磷酸脂类效果显著好于硫代酯，按熔融指数从低到高排序为：626＜168＜636＜DLTDP＜DSTDP，亚磷酸酯中 626 对熔融指数变化稳定性贡献好于其他亚磷酸酯及硫代酯。

④ 吸酸剂对多次挤出熔融指数变化稳定性有显著相反作用，特别是 ZnSt，不良影响很明显。

⑤ 紫外线吸收剂、受阻胺光稳定剂对聚丙烯多次挤出粒子的熔融指数变化稳定性影响不明显，趋势和二次挤出一致。

⑥ 抗静电剂、爽滑剂对多次加工熔融指数变化稳定性影响不大，聚丙烯 A 加工助剂对按熔熔融指数变化稳定性略有帮助。

从多次加工熔融指数稳定性结果及助剂性价比分析，改善多次挤出熔融指数变化稳定性助剂首选品种参见表 17-15。

表 17-15　改善聚丙烯熔融指数首选添加剂种类推荐表

类　别	品　种
主抗氧剂	1010、1330、3114
辅助抗氧剂	168、626
吸酸剂	滑石粉、CaSt、DHT-4A、ZnO

17.4.3　结论

(1) 受阻酚类抗氧剂对聚丙烯二次挤出氧化诱导期、多次挤出的熔融指数变化稳定性有明显改善，对黄变指数有不良影响，综合氧化诱导期、多次挤出熔融指数及黄变指数变化，1010 是受阻酚类抗氧剂中综合性能最好的添加剂。

(2) 胺类抗氧剂对聚丙烯二次挤出氧化诱导期有明显改善、对多次挤出的熔融指数变化稳定性有改善，但不及受阻酚，对黄变指数不良影响大于受阻酚。

(3) 亚磷酸酯类、硫酯类抗氧剂对聚丙烯二次挤出氧化诱导期无改善，对多次挤出的熔融指数变化稳定性有帮助，但不及受阻酚，对黄变指数有显著改善，亚磷酸酯类对黄变指数、熔融指数改善作用均大于硫代酯。

(4) 吸酸剂对聚丙烯二次挤出氧化诱导期无改善作用、对多次挤出的熔融指数变化稳定性有明显不良影响，对黄变指数有改善作用。

(5) 紫外线吸收剂、受阻胺光稳定剂对聚丙烯二次挤出氧化诱导期无改善作用、对多次挤出的熔融指数变化稳定性无改善，并略有不良影响，对黄变指数无改善作用，因此紫外线吸收剂、受阻胺光稳定剂对聚丙烯加工稳定性无帮助。

(6) 抗静电剂、爽滑剂对聚丙烯二次挤出氧化诱导期无改善作用、对多次挤出的熔融指数、黄变指数无改善作用，因此抗静电剂、爽滑剂对聚丙烯加工稳定性无帮助。

(7) 综合氧化诱导期、多次挤出熔融指数及黄变指数变化及助剂性价比分析，没有一种添加剂能够同时改善聚丙烯的氧化诱导期、熔融指数、黄变指数，如要综合改善 OIT、MI、YI，则需将各种不同添加剂进行复配使用。

17.5 医用消光 PVC 材料的制备研究

（张 晓，董合军，李 静等）

PVC 是制作一次性医用输注器械的主要材料。但同时用 PVC 材料制备输液（血）袋存在以下缺点：①低温柔性差，特别在 −20℃ 以下明显变硬，容易破裂；②PVC 材料中的增塑剂邻苯二甲酸二辛酯（DOP）迁移性较大，危害人体的健康；③目前市面上袋式输液器的分液袋在较高温度的环境中发黏。目前提高 PVC 的低温韧性大都采用加入丁腈橡胶（NBR）、热塑性聚氨酯弹性体（TPU）、甲基丙烯酸甲酯-丁二烯-苯乙烯三元共聚物（MBS）、氯化聚乙烯（CPE）等的方法，这些方法增加了材料的成本，也容易造成材料达不到医用要求；而普通 PVC 树脂制备的分液袋产品表面发光，不能较好地解决表面发黏的问题。针对上述问题，新近研究的消光软质 PVC 输液器不仅有很好的质感，而且能在不用添加增韧剂的情况下达到优异的低温韧性，并能有效降低 DOP 的析出，因而越来越多医生和病人倾向于使用基于消光 PVC 的一次性医疗制品。

消光材料一般是指制品表面光泽度在 2%～15%，一般以 60°角测量为准。消光 PVC 树脂含有一定的凝胶成分，由于凝胶的作用，消光 PVC 树脂在加工过程中表现出与普通树脂不同的黏弹性，从而使制品表面形成细微的凹凸起伏。当光线照射到制品表面时发生漫反射，从而制品表面的镜面反射有所降低，表现出消光性能。同时由于凝胶结构的存在，阻碍增塑剂的析出，使制品表面无黏性，有很好的手感，达到类似热塑性弹性体性质的软质制品。

17.5.1 试验部分

17.5.1.1 试验原料

消光 PVC 树脂，G-1300，平均聚合度为 1200～1400，四氢呋喃不溶物含量 19.0%～25.0%，上海氯碱化工股份有限公司；PVC，S-1300，中石化齐鲁股份有限公司；DOP，山东齐鲁增塑剂股份有限公司；环氧大豆油（ESO），广州市新锦龙实业有限公司；膏状钙锌稳定剂、润滑剂、亚磷酸一苯二异辛酯（PDOP）、亚磷酸三（壬基苯酯）均为市售；5402 医用分液袋（MF）料，某公司产品。

17.5.1.2 试验设备

电子万能试验机，KDⅢ-2 型，深圳市凯强利试验仪器有限公司；光电光泽计，GZ-11 型，上海试验仪器厂；平板硫化仪，XLB-D350×350×2，上海第一橡胶机械厂；高速混合机，SHR-25 型，江苏白熊机械有限公司；邵氏橡塑硬度计，XHS 型，营口市材料试验机有限公司；65 单螺杆挤出机及造粒系统，无锡康达塑胶机械有限公司。

17.5.1.3 样品制备

（1）配料 在高速混合机中加入 PVC 树脂粉（包括消光剂 G-1300 和 S-1300）、稳定剂，混合机转速为 441r/min。当温度到 65℃ 后加入 DOP、抗氧化剂、ESO，混合 1.5min 后提高运转速率至 877r/min；当温度达到 110℃ 后，加入润滑剂，并持续搅拌到 135℃，然后放料到冷锅，冷混直到料温降至 40℃ 以下，下料装袋备用。

（2）制样 取一定量上述粉料在双辊开炼机（165～175℃）上打三角包炼片，然后制备成测试所需的样片。

17.5.1.4 性能测试

（1）物理性能 树脂消光性能测试，将高混过后的粉料加工成 0.4mm 厚的样片，辊压温度为 170℃，混炼时间为 4min。采用光电光泽计测定光泽度，测量角为 60°，标准板为黑玻璃。

力学性能按照 GB/T 15593—1995 标准中 5.3 规定检测。

（2）化学性能　水溶出物化学性能、醇溶出物试验、粒料化学性能均按照 GB/T 15593—1995 中 5.4 规定检测。

（3）生物性能　热原实验在成都市新津事丰医疗器械有限公司品质部检测；溶血、细胞毒性试验在四川大学检测；急性全身毒性、皮内刺激、过敏实验在四川省医疗器械检测中心检测。所参照标准为 GB/T 15593—1995 中 5.6 规定。

17.5.2　结果与讨论

17.5.2.1　不同消光树脂的含量对材料消光性能的影响

按照下述配方考察了消光树脂的含量对制品消光性能的影响：消光树脂（G-1300）/PVC（S-1300）份数比分别为 0∶100、20∶80、40∶60、50∶50、60∶40、80∶20、100∶0，DOP 加入量为 50 份，环氧大豆油为 5 份，其他助剂适量。实验结果如图 17-6 所示。由图 17-6 可以看出，随着消光 PVC 树脂 G-1300 含量的增加，制品的消光性能提高。在添加量达到 40 份以上时，消光性能增加缓慢。

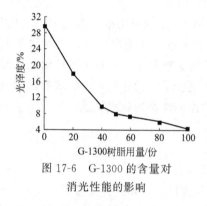

图 17-6　G-1300 的含量对消光性能的影响

G-1300 树脂含有部分的凝胶结构（分散相），由于凝胶结构的松弛回弹作用与连续相的区别较大，制品表面在由黏流态转变为高弹态和玻璃态产生微小的凹凸起伏，外观即为消光。加入的普通树脂 S-1300，可以改善 G-1300 树脂的加工性能，同时能有效降低最终材料的成本。综合消光性能及成本，选择消光树脂/普通树脂份数比为 40∶60 为研究基础。

17.5.2.2　消光树脂对材料力学性能的影响

将制备的试验料与 5402 医用分液袋（MF）料进行性能对比，结果见表 17-16。从表 17-16 可以看出，试验料比 5402 分液袋料有更好的弹性，同时低温韧性也较好，制备的分液袋克服了普通 PVC 材质的分液袋在寒冷地区易在折叠处破损的缺点，这与消光树脂含有凝胶结构有很大的关系。

表 17-16　试验料与 5402 分液袋料力学性能对比表

项　目	5402MF 料	试验料	国标规定值
拉伸强度/MPa	19	21.3	≥13.0
断裂伸长率/%	330	450	250
邵氏硬度/A	74	77	≤80
低温脆性（-20℃）	未通过	通过	未规定

17.5.2.3　化学性能研究

亚磷酸酯类稳定剂同金属皂并用后，能络合金属氯化物，改善耐热性和耐候性，保持透明性。但是目前 PVC 配方中常用的为亚磷酸一苯二异辛酯（PDOP），其极易引起材料的易氧化物超标。不同亚磷酸酯辅助稳定剂对 PVC 性能影响见表 17-17。从表 17-17 可以看出，亚磷酸酯在加入量很小的情况下，可提高 PVC 的热稳定性，亚磷酸三（壬基苯酯）较 PDOP 难析出，故不易引起易氧化物超标。

表 17-17　不同亚磷酸酯辅助稳定剂对 PVC 性能影响

亚磷酸酯及其用量	现　象
无	粒料发黄
0.3 份 PDOP	粒料透明,易氧化物超标
0.3 份亚磷酸三(壬基苯酯)	粒料透明,易氧化物合格

注：G1300/S-1300 份数比为 40∶60，DOP 为 50 份，环氧大豆油为 5 份，其他助剂适量。

表 17-18　试验料与 5402 分液袋料化学性能对比表

项　目	5402MF 料	试验料	国标规定值
易氧化物(0.02mol/L KMnO$_4$ 消耗量)/(mL/20mL)	0.13	0.05	≤0.3
重金属/(μg/mL)	不超	不超	≤0.3
醇溶出物(DOP)/(mg/100mL)	8.5	6	≤10
紫外线吸收(230～360nm)	0.13	0.14	≤0.3

制备的试验料与 5402 医用分液袋（MF）料化学性能的对比结果见表 17-18。从表 17-18 可以看出，由于加入的消光树脂含有交联结构，能有效阻止 DOP 及其他助剂的析出。

17.5.2.4　生物性能研究

从表 17-19 可以看出，消光树脂 G-1300 阻碍 DOP 的析出，使得材料生物性能提高。虽然细胞毒性都是 0 级，但是试验料在 7d 后的细胞相对增殖度（RGR）明显高于 5402 分液袋的值，溶血率更低。

17.5.3　结论

（1）随着 PVC 消光树脂用量的增加，材料的消光性提高。G1300/S-1300 份数比为 40∶60 时即可达到很好的消光效果，非常适合制备高档的袋式输液器的膜袋。

表 17-19　试验料与 5402 分液袋料生物性能对比表

检测项目	5402MF 料	试验料	国标规定值
热原	无致热源	无致热源	无致热原
溶血	溶血率0.9%	溶血率0.7%	溶血率≤5%
细胞毒性	0级	0级	≤2级
急性全身毒性	不产生	不产生	不产生
皮内刺激	符合规定	符合规定	家兔经皮内注射浸提液后,72h内无明显的红斑或水肿
过敏	符合规定	符合规定	过敏反应小于 2 级,过敏率不大于 28%

（2）加入 40 份的消光树脂，明显提高了材料的断裂伸长率和韧性，通过−20℃试验，低温韧性也有提高，能有效解决普通 PVC 材质的袋式输液器在低温的环境中破损的问题。

（3）亚磷酸酯在加入量很小的情况下，就能提高 PVC 的热稳定性，亚磷酸三(壬基苯酯)较 PDOP 难析出，故不易引起易氧化物超标。

（4）消光树脂独特的交联结构，能有效阻碍 DOP 等助剂的析出，提高材料的生物相容性。

（5）对比了试验料与 5402 分液袋料的力学性能、化学性能、生物性能，前者性能较优。